国外优秀数学著作
原 版 系 列

几何图上的微分方程

（俄文）

[俄罗斯] 尤里·波科尔内
[俄罗斯] 奥列格·彭金
[俄罗斯] 弗拉基米尔·普利亚季耶夫
[俄罗斯] 阿列克谢·波罗夫斯基
[俄罗斯] 康斯坦丁·拉扎列夫
[俄罗斯] 谢尔盖·沙布罗夫
著

哈爾濱工業大學出版社
HARBIN INSTITUTE OF TECHNOLOGY PRESS

黑版贸审字 08-2020-098 号

Автор Ю. В. Покорный, О. М. Пенкин, В. Л. Прядиев, А. В. Боровских, К. П. Лазарев, С. А. Шабров Название Дифференциальные уравнения на геометрических графах ISBN 5-9221-0425-X

图书在版编目(CIP)数据

几何图上的微分方程:俄文/(俄罗斯)尤里·波科尔内等著.
—哈尔滨:哈尔滨工业大学出版社,2021.1
ISBN 978-7-5603-9337-7

Ⅰ.①几… Ⅱ.①尤… Ⅲ.①微分方程-俄文
Ⅳ.①O175

中国版本图书馆 CIP 数据核字(2021)第 012924 号

策划编辑 刘培杰
责任编辑 刘家琳 钱辰琛
封面设计 孙茵艾
出版发行 哈尔滨工业大学出版社
社　　址 哈尔滨市南岗区复华四道街 10 号 邮编 150006
传　　真 0451-86414749
网　　址 http://hitpress.hit.edu.cn
印　　刷 哈尔滨圣铂印刷有限公司
开　　本 880 mm×1 230 mm 1/32 印张 23.625 字数 660 千字
版　　次 2021 年 1 月第 1 版 2021 年 1 月第 1 次印刷
书　　号 ISBN 978-7-5603-9337-7
定　　价 138.00 元

Оглавление

Предисловие

Дифференциальные уравнения на сетях — один из относительно новых (он существует около 20 лет) разделов теории дифференциальных уравнений. Настоящая монография — итог работ в этом направлении, выполненных Ю.В. Покорным и его учениками (г. Воронеж). В центре внимания исследований стояли модели, связанные с колебаниями различных систем, составленных из упругих элементов.

Главы 1 и 6 написаны Ю.В. Покорным и А.В. Боровских, глава 2 — Ю.В. Покорным, главы 3–5 — Ю.В. Покорным и В.Л. Прядиевым, глава 8 — А.В. Боровских и К.П. Лазаревым, глава 7 — Ю.В. Покорным и С.А. Шабровым, глава 9 — О.М. Пенкиным.

Результаты, изложенные в этой книге, получены при поддержке грантов МНФ и Правительства России № JE 7100 (1995 г.), грантов РФФИ № 96-01-00355 (1996–1998 гг.), № 01-01-00417 и № 01-01-00418 (2001–2003 гг.), грантов Госкомвуза в области фундаментального естествознания № 95-0-1.8-97 (1996–1997 гг.) и № 97-0-1.8-100 (1998–2000 гг.) и в области математики № 11 (1998–2000 гг.), гранта Минобразования РФ № Е 00-1.0-154 (2001–2002 гг.).

Издание книги осуществлено при поддержке гранта Российского фонда фундаментальных исследований № 03-01-14027 (2003 г.).

Авторы выражают свою благодарность за многочисленные обсуждения полученных результатов В.А. Ильину, В.А. Кондратьеву, В.В. Жикову, Н.Х. Розову, С.М. Никольскому, П.Л. Ульянову, Н.В. Азбелеву, А.Г. Костюченко, А.М. Седлецкому, А.А. Шкаликову. Авторы считают своим долгом почтить светлую память О.А. Олейник, поддержавшей их первые шаги в этом направлении, и С.Б. Стечкина, инициировавшего несколько лет назад начало работы над этой книгой.

Введение

Обыкновенное дифференциальное уравнение на отрезке

$$-(pu')' + qu = f \qquad (= \lambda \rho u) \tag{1}$$

является основополагающим понятием при анализе моделей самых разных задач естествознания. Возникает оно и при анализе процессов в сложных системах, допускающих представление в виде набора одномерных континуумов, взаимодействующих только через концы (см., например, [49, 90, 111, 134, 140]). Ассоциируя подобную систему в виде пространственной сети (геометрического графа) Γ, исследователь получает на каждом ребре такой сети уравнение вида (1), а в узлах сети, где ребра смыкаются, решения смежных уравнений связаны условиями взаимодействия (трансмиссии) вида

$$\sum_{\gamma} \alpha_\gamma(a) u'_\gamma(a) = 0, \tag{2}$$

где суммирование ведется по ребрам γ, примыкающим к узлу a. Соотношение (2) является выражением и закона Кирхгофа для электрических цепей, и баланса натяжений в упругих струнных сетках. В граничных (тупиковых) узлах — их множество всюду обозначается через $\partial\Gamma$ — обычны условия типа

$$u\big|_{\partial\Gamma} = 0. \tag{3}$$

Серьезное внимание математиков к таким задачам было привлечено совсем недавно (см., например, [11, 42, 56, 114, 136, 149, 150], более полные библиографические комментарии см. в гл. 1). Корректная математическая постановка задачи (1)–(3) для разных прототипов изначально сопровождалась общим подходом — взглядом на задачу (1)–(3) как на краевую для системы (по ребрам) обыкновенных дифференциальных уравнений при краевых условиях (2), (3) (см. [1, 35, 44]). Такой подход, применявшийся на первых порах (как, например, в [23, 56, 57, 83, 87, 137]), оказался эффективным лишь в том круге вопросов, где структура сети Γ особой роли не играет (например, при анализе асимптотики спектра). Однако при таком декомпозиционном (пореберном) подходе главенствующую роль среди краевых условий начинают играть условия трансмиссии (2), и всякий достаточно глубокий разговор о решениях задачи невозможен без существенного использования матрицы инциденций Γ.

Исходя из нашего интереса к упругим колебаниям струнных сеток в проблему условий (2) пришлось «упереться» почти сразу. Физически наглядное свойство — положительность функции влияния — оказалось изнурительным по доказательству уже в простейшем случае, когда (1) принимает вид $-u'' = f$. Более того, в рамках декомпозиционного подхода оказалось уже невозможным внятно описать такие, казалось бы, простейшие свойства, как выпуклость нагруженной сетки, принцип максимума, число перемен знака и пр. Эта беспомощность в физически очевидных ситуациях послужила толчком к пересмотру стандартного подхода. *Форма нагруженной плоской сетки*, напоминая форму аналогичной упругой пленки, *должна быть графиком решения.* Тем самым решения задачи (1)–(3) должны искаться среди скалярных функций, определенных и непрерывных сразу на всей сети Г, т. е. заведомо склеенных в узлах. А это привело к мысли о «погружении» условий трансмиссии (2) в само уравнение (1). Такое изменение оказалось весьма продуктивным, хотя и потребовало разработки новых технологий анализа на сетях (см., например, [67–70, 81, 82]).

Эволюция наших взглядов и серия достаточно глубоких результатов отражались хотя и в многочисленных, но в достаточно фрагментарных работах (в этой связи стоит отметить работы [23, 24, 34, 57–59, 66, 75, 76, 81, 82, 85, 89, 92]).

Подготовка этой книги заставила заново переработать имевшийся материал и пересмотреть всю понятийную систему новой теории, подчеркнув существо нового взгляда и наиболее продвинутые результаты, среди которых — теория неосцилляции дифференциальных неравенств (включая аналоги теорем сравнения Штурма, теоремы Валле–Пуссена и пр.), достаточно полный аналог осцилляционных спектральных теорем Штурма–Лиувилля вплоть до оценки числа нулей собственных функций и их перемежаемости (и это — на сети, где уже понятие «между нулями» требует естественного толкования), концепция функции Грина, развитие идеологии дифференцирования по мере в приложении к качественному анализу дифференциальных уравнений и ряд обобщений (теория уравнений четвертого порядка и теория дифференциальных уравнений на стратифицированных множествах). Все более ранние результаты, касавшиеся задачи Штурма–Лиувилля, продвинуты здесь на случай, когда условия трансмиссии вместо (2) принимают вид

$$\Big(-\sum_{\gamma} \alpha_{\gamma}(a) u'_{\gamma}(a)\Big) + k(a)u(a) = F(a) \quad (= \lambda m(a)u(a)), \tag{4}$$

допуская в реальных системах сосредоточенные в узлах внешние нагрузки, массы, стоки и пр.).

Структура дальнейшего изложения такова.

Глава 1 имеет обзорный характер и содержит типичные постановки задач на сетях, список наиболее употребительных понятий и обозначений, обзор работ, посвященных данной тематике.

Глава 2 содержит подробный анализ цикла задач, приведших к разработке теории уравнений на геометрических графах. Здесь, пользуясь элементарными средствами анализа, мы показываем все основные особенности и парадоксы, связанные с уравнениями на сетях.

Глава 3 содержит изложение теории обыкновенных дифференциальных уравнений на пространственной сети. В параграфе 3.1 дается точная постановка и первичный анализ уравнения на сети Γ в форме

$$-\frac{d}{d\Gamma}\,(pu') + qu = f, \tag{5}$$

где подразумевается

$$\frac{d}{d\Gamma}(pu')(x) = (pu')'(x)$$

на каждом ребре сети и $\dfrac{d}{d\Gamma}(pu')(x)$ определяется левой частью (2) в каждой «внутренней» вершине Γ. В п. 3.1.1 вводятся основные термины на пространственной сети, реализуемой в виде геометрического графа. В п. 3.1.2 объясняется корректность постановки задачи (1), (3), (4) вследствие вариационного принципа: реальное состояние системы приводит к минимуму полный потенциал энергии. В п. 3.1.3 комментируются естественные корни условий (4) и показывается, что они имеют дивергентную природу. Введение на сети меры с атомами во внутренних узлах обнаруживает возможность трактовать главный член в условиях (4) (или левую часть в (2)) как производную по мере от $u'(x)$. В п. 3.1.4 обсуждается смысл понятия «физическая граница» для исходной задачи. Начальный анализ однородного уравнения

$$-\frac{d}{d\Gamma}\,(pu') + qu = 0 \tag{6}$$

проводится в п. 3.1.5, где получены первые содержательные результаты, устанавливающие эллиптический характер его свойств (включая аналог принципа максимума). Существенным оказывается вводимое понятие S-зоны — аналога «промежутка между соседними нулями» из скалярной теории осцилляции.

Параграф 3.2 главы 2 посвящен краевым задачам на сети. В п. 3.2.1 излагаются разные версии (подходы к трактовке) краевой задачи на сети для уравнения (5) с условиями $u\big|_{\partial\Gamma} = 0$. Общий взгляд (п. 3.2.2) позволяет установить нелокальную разрешимость уравнения на сети, выяснить зависимость решений от параметра, установить дискретность спектра и пр.; п. 3.2.3 посвящен функции Грина и ее представлениям, соответствующим разным версиям. В п. 3.2.4 вводится понятие s-расширения задачи, позволяющего считать функцию Грина на s-расширенной сети решением однородного уравнения с неоднородным условием в «вершине s».

Глава 4 посвящена неосцилляции на пространственной сети. В параграфе 4.1 вводится понятие *неосцилляции* однородного уравнения, когда любое решение «меняет знак не более одного раза». Устанавливается цикл эквивалентных свойств, в том числе существование знакопостоянного решения ($\not\equiv 0$) и возможность единой на сети факторизации уравнения в виде

$$\frac{d}{d\varphi}\,\frac{d}{d\psi}(hu) = 0.$$

В параграфе 4.2 более полно выявляется эллиптический характер задачи: на решения неравенства

$$-\frac{d}{d\Gamma}(pu') + qu \geqslant 0$$

переносятся свойства решений однородного уравнения. Изучаются «граничные неравенства», заменяющие предположение о знаке решения внутри Γ условием на его знак на $\partial\Gamma$. Здесь же устанавливается эквивалентность неосцилляции знакопостоянству функции Грина. В параграфе 4.3 устанавливаются априорные оценки типа классического неравенства Харнака, для чего строится *теория «шатров» на* Γ. В параграфе 4.4 анализируется функция Грина задачи (5), (3) для случая $\operatorname{supp} f = \Omega \neq \Gamma$, и этот анализ позволяет эффективно описать эквивалентную (5), (3) задачу на Ω.

В параграфе 4.5 углубляется анализ распределения нулей решений уравнения в связи с размерностью пространства решений задачи Дирихле ($u|_{\partial\Gamma} = 0$) для него. Здесь изучается свойство *критической неосцилляции* — аналога неосцилляции на интервале между соседними нулями в скалярной теории. Устанавливаются условия, при которых неравенства

$$Lu \geqslant 0, \quad u|_{\partial\Gamma} \geqslant 0 \tag{7}$$

превращаются в равенства. Соответствующий факт способен удивить даже в случае, когда Γ есть всего лишь отрезок: любое решение на $[0, \pi]$ неравенства $u'' + u \leqslant 0$ при условиях $u(0) \geqslant 0$, $u(\pi) \geqslant 0$ имеет вид $u(x) = C \sin x$ (при некотором $C = \mathrm{const}$). Как следствие, устанавливаются аналоги теорем сравнения Штурма и теорем Валле–Пуссена (критерий неосцилляции).

Глава 5 посвящена спектральной теории задачи Штурма–Лиувилля на геометрическом графе. В параграфе 5.1 обсуждается структура спектра, наличие геометрической и алгебраической простоты собственных значений. Основным инструментом здесь оказывается именно свойство критической неосцилляции, изученное в главе 4. В п. 5.1.1 изучается неосцилляция пучка

$$L_\lambda = L - \lambda\rho I$$

в связи со спектром задачи

$$L_\lambda u = 0, \quad u|_{\partial\Gamma} = 0,$$

устанавливаются условия геометрической простоты ведущего собственного значения, оценивается спектральный радиус; п. 5.1.2 посвящен условиям корневой (алгебраической) простоты, что приводит к выделению класса *простых* задач (например, когда Γ является деревом и некоторые решения не имеют нулей во внутренних вершинах). Для простых задач справедливы свойства краевых неравенств. В п. 5.1.3 вводится понятие *локальной вырожденности* задачи, связываемое с оценкой размерности собственного подпространства. В п. 5.1.4 построенная в параграфе 5.1 теория позволяет достаточно полно обсудить *осцилляцию на дереве*. В п. 5.1.5 изучается спектральная задача *в общем положении*, показывается вещественность и простота всех точек спектра.

Параграф 5.2 посвящен осевому вопросу осцилляционной спектральной теории — распределению нулей в задаче Штурма–Лиувилля. В п. 5.2.1 приводится точная формулировка осцилляционной спектральной теоремы для задачи Штурма–Лиувилля на геометрическом графе. В п. 5.2.2 описывается метод «накачки нулей» с помощью решения $u_\lambda(x)$ уравнения

$$-\frac{d}{d\Gamma}\,(pu') + qu = \lambda\rho u,$$

обнуляющегося во всех точках $\partial\Gamma$, кроме одной. В пп. 5.2.3–5.2.7 обсуждается эволюция этих нулей внутри графа и соответствующие бифуркации при прохождении внутренних узлов. В п. 5.2.8 устанавливается точная перемежаемость спектра задачи на графе со спектрами задач на подграфах.

Глава 6 посвящена изложению проблем и концепций, связанных с построением функции Грина на геометрическом графе. В п. 6.1.1 излагается принятый многими авторами аксиоматический подход, а в п. 6.1.2 обсуждаются дефекты этого подхода, как чисто математические, так и смысловые, связанные с утерей в рамках этого подхода физического смысла функции Грина как функции влияния. В п. 6.1.3 изложена методология, которая, на взгляд авторов, избавлена от всех этих дефектов и не теряет при этом ничего в содержательном плане: свойства функции Грина возникают здесь не как аксиомы, а как следствия основных теорем. Сравнение ее с аксиоматическим подходом осуществляется в п. 6.1.4, а эффективность предложенного подхода иллюстрируется далее в п. 6.1.5, где осуществляется предельный переход и получаются свойства для *предельных срезок* функции Грина в концах отрезка, и в параграфе 6.2, где применение этого подхода к векторным, разрывным задачам и задачам с дискретными компонентами дает как уже известные, так и новые результаты.

В параграфе 6.3 строится уже функция Грина задачи на геометрическом графе; п. 6.3.1 посвящен общей конструкции (для произвольного уравнения и произвольных условий в вершинах), а п. 6.3.2 посвящен построению функции Грина задачи Штурма–Лиувилля. Для иллюстрации возможности использовать в качестве фундаментального решения не только функцию Коши здесь в качестве такого решения берется функция, составленная из функций Грина двухточечных задач, заданных на каждом ребре. Обсуждению тождественности построенной функции Грина и функции влияния посвящен п. 6.3.3. Именно здесь на почве соотнесения полученных результатов с физикой возникает явная необходимость перехода на язык меры.

Глава 7, по-видимому, содержит первое изложение систематического применения поточечного дифференцирования по мере на отрезке в спектральной теории дифференциальных уравнений. Эта глава содержит теорию уравнения Штурма–Лиувилля с производными по мерам, являющуюся параллелью классической. Параграф 7.1 содержит общую теорию таких уравнений: вариационный вывод (п. 7.1.1), точное описание объекта — уравнения с производной по мере (п. 7.1.2), свойства определителя Вронского (п. 7.1.3), теорему о непрерывной (точнее, C^1-непрерывной) зависимости решения от параметра (п. 7.1.4). Параграф 7.2 посвящен изложению качественной теории уравнения Штурма–Лиувилля с производными по мерам. Сюда вошли аналоги теорем сравнения Штурма (п. 7.2.1), теории неосцилляции (п. 7.2.2) и теоремы о дифференциальных неравенствах (п. 7.2.3). Реализация концепции функции Грина для уравнений с производными по мерам приведена в параграфе 7.3. Параграф 7.4 посвящен осцилляционным теоремам; здесь изложена модификация на случай уравнения с производными по мере метода «накачки нулей», позволяющего отследить эволюцию нулей у семейства решений, зависящего от спектрального параметра и благодаря этому отождествить собственные значения как моменты «прохода» очередного нуля через концевую точку отрезка. По существу эта глава является «трамплином» для реализации концепции уравнений с производными по мере на геометрических графах.

Глава 8 посвящена распространению теории уравнения Штурма–Лиувилля на уравнения четвертого порядка на сетях. Ключевым здесь, как ни удивительно, оказалось то же самое соображение, что и в теории уравнений второго порядка, — считать все условия, кроме условий Дирихле, «реализацией» дифференциального уравнения в вершинах графа. Даже в случае, когда граф тривиален и является отрезком, это дает совершенно новый взгляд: считать условия шарнирного закрепления балки «уравнением» — довольно неожиданная мысль, однако этот взгляд позволил вскрыть целый пласт свойств, в других постановках просто нереализуемых. Например, принцип максимума, которого в классической постановке не существует — четырехмерное пространство функций не может состоять только из монотонных функций. Серия последовавших за обоснованием принципа максимума результатов показала, что уравнение четвертого порядка в описанный выше трактовке обладает практически тем же комплектом свойств, что и уравнение второго порядка.

Параграф 8.1 содержит точное формальное описание изучаемого класса задач, параграф 8.2 уточняет в случае задач описанного класса реализацию изложенной в главе 6 концепции функции Грина. В параграфе 8.3 изложен принцип максимума для уравнения четвертого порядка (в описанном выше смысле) на отрезке и для уравнения на геометрическом графе. Параграф 8.4 посвящен методу редукции, означающему по существу замену «ненагруженной» массами (силами) части сети условиями «пружин», о которой говорилось (для уравнений второго порядка) в параграфе 4.4. Параграф 8.5 посвящен исследованию той задачи, которая получается благодаря методу редукции; она оказывается, вообще говоря, нераспадающейся многоточечной (если «нагруженным» является только одной ребро, то двухточечной) краевой задачей, которая, тем не менее, обладает рядом знакорегулярных свойств (из которых важнейшее — положительность функции Грина), характерных для двухточечных задач с распадающимися условиями.

Наконец, глава 9 посвящена теории дифференциальных уравнений на стратифицированных множествах. Простейшим стратифицированным множеством, по-видимому, является многогранник: его внутренность — страт размерности 3, а граница, состоит из граней (стратов размерности 2), стыкующихся по ребрам (стратам размерности 1), которые в свою очередь смыкаются в вершинах (стратах размерности 0). В чуть более сложных конструкциях многогранник может иметь внутренние перегородки (также стратифицированные), «отростки» и т. д. В обычных, классических постановках дифференциальное уравнение (например, уравнение Лапласа) задается внутри многогранника, а вся граница считается «пассивной» — она не обладает собственной реакцией (например, на деформацию, если речь идет об упругой системе). Для уравнения на стратифицированном множестве — это, хотя и важный, но частный случай. Здесь предполагается, что собственными реакциями обладают страты всех размерностей (что, кстати, нередко соответствует физике: так, для жидкостей поверхностные эффекты являются достаточно «самостоятельными» относительно «внутренней» гидродинамики). Случай же, когда реакции сосредоточены только на стратах максимальной размерности, называется «мягким».

Оказывается, что как в «мягком», так и в «жестком» случае удается построить в том или ином варианте практически полную параллель классической теории эллиптических уравнений. Правда, при этом в привычных свойствах, которые раньше считались понятными до очевидности, обнаруживаются совершенно новые, необычные стороны. Так, граничная производная оказывается естественной компонентой оператора Лапласа, условие Неймана и Вентцеля оказывается дифференциальным уравнением, а границей оказывается не геометрическая граница описываемого объекта, а то множество точек, где задано условие Дирихле (впрочем, этот эффект уже ранее возник в теории уравнений на геометрических графах).

Параграф 9.1 посвящен уравнениям с «жестким» лапласианом на стратифицированных множествах. В п. 9.1.1 детально обсуждается понятие стратифицированного множества и естественные постановки задач на таком множестве, описываемые совокупностью уравнений на стратах различной размерности; п. 9.1.2 вводит в основной формализм теории уравнений на стратифицированных множествах, позволяющий записать описанную выше систему уравнений как единый оператор дивергентного типа, который естественно назвать *оператором Лапласа–Бельтрами* на стратифицированном множестве. Ключом для такого описания оказывается *стратифицированная мера*, относительно которой и вычисляется дивергенция. В п. 9.1.3 на основе введенного формализма стратифицированной дивергенции выводятся аналоги основных формул многомерного анализа — формул Грина. Один из первых содержательных результатов, получаемых благодаря введенному формализму — аналог леммы Бохнера, — излагается в п. 9.1.4. Отметим, что аналогом «замкнутого многообразия» оказывается стратифицированное множество, на котором не задано условие Дирихле. Область, на границе которой задано условие Неймана, в этом смысле ничем не отличается от сферы. Здесь же доказываются теоремы о несовместных дифференциальных неравенствах.

Неравенству Пуанкаре посвящен п. 9.1.5. Именно здесь возникает новое, специфическое для стратифицированных множеств понятие *прочности*, ассоциируемое обычно с «принципом прокола»: иголкой невозможно удержать мембрану — она проколется. Прочность состоит, грубо говоря, в том, что смежные страты должны иметь размерность, отличающуюся только на единицу.

Неравенство Пуанкаре оказывается ключевым для целого цикла результатов: обоснования слабой разрешимости задачи Дирихле (п. 9.1.6), существование сильно непрерывной полугруппы (п. 9.1.7) для параболического уравнения, слабый (п. 9.1.8) и сильный (п. 9.1.9) принципы максимума. Следует отметить, что сильный принцип максимума потребовал специфических формулировок, существенно отличающихся от классических. Здесь обосновывается и аналог леммы Олейник–Хопфа о нормальной производной; он оказывается эффективным средством для доказательства принципа максимума.

Параграф 9.2 посвящен теории «мягкого лапласиана». Сюда вошли как результаты, специфичные для таких уравнений, так и результаты, которые для уравнения с общим, жестким лапласианом пока остаются открытыми. В п. 9.2.1 содержатся необходимые для дальнейшего изложения определения и указываются изменения, которые необходимы для переноса результатов параграфа 9.1 на мягкий лапласиан; п. 9.2.2 посвящен теореме о среднем значении и получаемым на ее основе сильному принципу максимума и неравенству Харнака, являющемуся в свою очередь основой метода Пуанкаре–Перрона доказательства уже сильной разрешимости задачи. Это доказательство приводится в п. 9.2.4 на основе аналога формулы Пуассона (для стратифицированного шара), который выводится в п. 9.2.3.

Глава 1

ЗАДАЧИ НА СЕТЯХ И УРАВНЕНИЯ НА ГЕОМЕТРИЧЕСКИХ ГРАФАХ

В этой главе, имеющей обзорный характер, описываются основные постановки задач, особенности, связанные с их анализом, основные подходы и методы исследования соответствующих дифференциальных уравнений.

1.1. Типичные постановки задач на сетях

1.1.1. Модели физического происхождения.

1. *Малые поперечные колебания сетки из струн.* Каждый одномерный фрагмент сетки (т. е. каждая струна) описывается обычным уравнением колебаний

$$q(x)\,\frac{\partial^2 u}{\partial t^2} = \frac{\partial}{\partial x}\,p(x)\,\frac{\partial u}{\partial x} \tag{1.1}$$

($u(t,x)$ — деформация), в узлах сетки заданы условия связи — непрерывности деформации и баланса сил, действующих на узел со стороны каждой из примыкающих к узлу струн (аналитически каждая из этих сил выражается через первую одностороннюю производную). На границе сетка закреплена, что выражается условиями Дирихле. Примеры таких постановок см. в [56, 81, 108]. Мы придаем струнной модели большое значение в силу ее «геометричности»: решение есть просто форма, которую принимает сетка.

2. *Колебания решетки из стержней.* Здесь поперечная деформация каждого фрагмента также описывается скалярным дифференциальным уравнением, но уже четвертого порядка

$$q(x)\,\frac{\partial^2 u}{\partial t^2} = -\frac{\partial^2}{\partial x^2}\,p(x)\,\frac{\partial^2 u}{\partial x^2} + \frac{\partial}{\partial x}\,r(x)\,\frac{\partial u}{\partial x};$$

в узлах заданы условия сочленения. В отличие от сетки из струн сочленения стержней даже в физически характерных ситуациях значительно более разнообразны: помимо условий непрерывности и баланса внешних сил, равного сумме односторонних третьих квазипроизводных

$$\frac{\partial}{\partial x}\, p(x) \frac{\partial^2 u}{\partial x^2} - r(x)\, \frac{\partial u}{\partial x},$$

здесь должен быть учтен тип скрепления стержней в узле, который может варьироваться от шарнирного (все односторонние вторые производные равны нулю) до жесткой спайки (условия компланарности всех троек касательных векторов и два условия баланса проекций вращающих моментов на плоскость решетки). На границе (в граничных вершинах) задаются условия закрепления решетки, традиционные для стержней (жесткое или шарнирное). Примеры таких постановок см. в [9, 132].

3. *Гидросеть.* Здесь на каждом линейном фрагменте сети возникает одномерное уравнением Навье–Стокса для сжимаемой жидкости

$$\frac{\partial u}{\partial t} + u\, \frac{\partial u}{\partial x} - \mu\, \frac{\partial^2 u}{\partial x^2} = 0$$

(где $u(t, x)$ — скорость течения), в узлах задано условие непрерывности давлений (производных от $u(t, x)$ по x) и условие баланса общего расхода — сумма расходов по всем примыкающим ребрам равна нулю (расход равен скорости u, умноженной на площадь поперечного сечения трубы). Постановки задач для гидросетей см., например, в [18]. Аналогичные модели возникают при моделировании акустических сетей и волноводов.

4. *Электрическая сеть.* Здесь на каждом линейном фрагменте сети задается уравнение электрических колебаний в проводнике с распределенными емкостью, индуктивностью и сопротивлением, что описывается уравнением в частных производных второго порядка, отличающимся от (1.1) наличием диссипативного члена. В узлах сети задаются условие непрерывности потенциала и условие баланса токов, известные как законы Кирхгофа. Аналогичные модели широко используются и для описания нейронных сетей (см., например, [90, 136])

5. *Уравнение теплопроводности и уравнение диффузии.* Здесь на каждом ребре (теплопроводящем элементе) задано классическое уравнение теплопроводности

$$C(x)\, \frac{\partial u}{\partial t} = \frac{\partial}{\partial x}\, p(x)\, \frac{\partial u}{\partial x}.$$

В узлах сети заданы естественные условия непрерывности температуры и баланса тепловых потоков. Такие модели исследовались в [32, 115, 117, 118, 124, 135, 138, 140].

Все перечисленные задачи являются динамическими и описываются уравнениями в частных производных. При отыскании стационарных решений уравнения в частных производных заменяются обыкновенными дифференциальными уравнениями. Применение метода Фурье, как и в задаче о собственных колебаниях, приводят к спектральной задаче на графе ([23, 56, 66, 89, 114, 116, 119, 120, 136, 137] и др.).

6. *Стационарные состояния электронов в молекуле* [16, 49] описываются спектральной задачей с уравнениями

$$-u''(x) + q(x)u = k^2 u$$

на ребрах, с условиями непрерывности и с условиями баланса потоков (выражаемых через сумму односторонних первых производных) в узлах. В отличие от моделей струнной и стержневой системы на границе задаются не условия типа Дирихле, а условия типа Неймана — равенство нулю первой производной.

Взаимодействие молекулы с «внешним пространством» [49] описывается в терминах совместного самосопряженного расширения двух операторов: оператора $-u'' + q(x)u$ на сети и обычного оператора Лапласа в трехмерном пространстве. По существу это — взаимодействие молекулы с внешним пространством «через узлы» сети, при этом особенности потенциала в окружающем пространстве (описываемые через два коэффициента — при минус первой и нулевой степенях) связываются («отождествляются») с особенностями потенциала (функции влияния, функции Грина) на сети (тоже описываемыми через два коэффициента — значение в узле и сумма производных в этом узле). Аналогично ставится задача взаимодействия молекулы с «внешним миром», но в случае, когда «внешний мир» состоит из набора бесконечных лучей, выходящих из узлов сети [16]. Дискретный аналог такой модели рассмотрен в [45, 46].

1.1.2. Модели математического происхождения.

7. *«Тканая мембрана»*. Двумерный оператор Лапласа на области заменяется на локально одномерный на достаточно густой сетке, приближающей эту область. В отличие от обычной дискретизации такая аппроксимация дает более полную картину спектра мембраны, который аппроксимируется «по всей ширине», т. е. не «снизу» (только частично), а «сверху» — по вложению (весь спектр плюс некая «паразитная» часть, которая при измельчении сетки «уходит в бесконечность»); см. [36, 50, 149, 150].

Отметим, что предельный переход в таких моделях родствен предельному переходу в моделях перфорированных областей [21], отличие по существу только в том, что в моделях перфорированных областей линейные фрагменты решетки считаются все-таки имеющими ненулевую толщину (хотя и малую, порядка малой величины ε, по которой осуществляется усреднение).

8. *Диаграмма бифуркаций.* Если $f(x)\colon\ \mathbb{R}^2 \to \mathbb{R}$ — достаточно гладкая, растущая на бесконечности функция, то для каждого $C \in \mathbb{R}$ линия уровня (а точнее, каждое множество $\{x\colon\ f(x) = C\}$) представляет собой объединение конечного или бесконечного числа замкнутых несамопересекающихся кривых (циклов). Вне критических значений при изменении C кривые деформируются непрерывно, и каждое непрерывно деформирующееся семейство циклов можно сопоставить некоторому линейному отрезку, каждая точка которого соответствует своему циклу. При прохождении C через критическое значение циклы могут сливаться (или разъединяться), что в терминах соответствующих линейных фрагментов можно интерпретировать как «стыковку» двух разных фрагментов и дальнейшее продолжение одним (либо, наоборот, разветвление одного на два или более). В целом в качестве параметризующего множества получается некоторый граф. Если каждой точке этого графа поставить те или иные характеристики соответствующего цикла (площадь охватываемой поверхности или длину кривой), то динамику изменения этих параметров можно описывать дифференциальными уравнениями, причем в точках стыка опять появляются условия типа баланса (при слиянии циклов их площади складываются).

Подобная модель появляется и при исследовании бифуркаций вихревых течений в жидкости [105].

1.1.3. Различные расширения постановок.

9. *Нелинейные модификации*: нелинейные волны на сетях [109], спектральные задачи для нелинейных уравнений [93], краевые задачи для нелинейных уравнений [84] и пр.

10. *Векторные задачи.* В качестве примера приведем модель сот [154]: гексагональная решетка, на каждом ребре которой задана система из двух уравнений четвертого порядка (описывающих поперечные колебания) и одного уравнения второго порядка (описывающего продольные колебания). В узлах задаются условия непрерывности и баланса сил. Специфика задачи состоит в том, что в проекциях на оси координат продольные силы, действующие на одних ребрах, уравновешиваются с поперечными, действующими на других, и тем самым задача оказывается «сильно перевязанной» краевыми условиями.

11. *Обратные задачи* для уравнений на графах могут возникать не только в традиционной постановке — восстановление потенциала для задачи Штурма–Лиувилля по спектру (здесь, в отличие от отрезка, необходимы не две, а существенно большее количество задач). Содержательной на графе оказывается и «задача Каца» — о восстановлении по спектру формы (структуры) графа. Правда, первые

результаты в этом направлении имели отрицательный характер (см., например, [155]).

12. *Задача граничной управляемости* [121, 130, 132, 133, 151]. Эволюционная система вида 1–5 п. 1.1.1 из начального состояния переводится в заданное за счет воздействия на граничные вершины сети. Отметим, что сейчас в теории граничной управляемости появились новые направления, открытые работами В. А. Ильина [26–30], — конструктивная управляемость (когда не просто обосновывается существование управления, а предъявляется его явная формула) и относительная управляемость (когда полной управляемости нет, но она появляется при выполнении некоторых выписываемых явно соотношений между параметрами задачи). Подобные постановки естественны и для управления на сетях, где они, по-видимому, получат соответствующее развитие.

13. *Уравнение на стратифицированном многообразии* [52–54]. Это одно из наиболее естественных обобщений уравнения на сети: вместо множества, составленного из одномерных фрагментов, рассматривается множество, сконструированное из многомерных фрагментов. Такие множества и называются *стратифицированными* (в зарубежных источниках часто используют термин *ветвящееся пространство* [111, 112, 142]). Так, обычный куб является стратифицированным многообразием, состоящим из одного трехмерного страта (внутренность куба), шести двумерных стратов (грани, точнее, их внутренности), двенадцати одномерных стратов (ребра) и восьми нульмерных стратов (вершины). Такого типа модели возникают, например, в упругих задачах, когда грани и ребра обладают своими собственными упругими свойствами, не сводимыми к упругости внутренности куба. Яркий пример такого множества — струнная сетка с ячейками, затянутыми мембраной. Здесь на струне, к которой приклеен край мембраны, «граничное условие» мембраны склеивается с дифференциальным уравнением на струне в одно соотношение; получается условие типа баланса второй производной по касательному направлению (вдоль струны) и первой нормальной производной (перпендикулярно струне внутрь мембраны). Аналогично в терминах дифференциального уравнения на стратифицированном множестве описывается пластинчатая конструкция с ребрами жесткости и пр.

1.2. Математическая формализация

Основной проблемой, связанной с математической формализацией задач на сетях, является по существу проблема синтеза: обычно описание процесса на каждом ребре — хорошо изученная задача на отрезке. А вот объединение процессов на ребрах в единое целое оказывается связанным с существенными трудностями: наиболее очевидные подходы оказываются слишком поверхностными и недостаточными для серьезного, глубокого анализа. Ниже изложены наиболее типичные из используемых подходов.

1.2.1. Скалярный подход. Это один из самых простых подходов, соответствующий представлению о расчленении сети в узлах и «выкладыванию» ее ребер в одну линию. Каждое ребро параметризуется своим отрезком $[a_i, a_{i+1}]$ вещественной оси ($a_0 < a_1 < \ldots$ $\ldots < a_r$, r — число ребер). В результате получается внешне обычное дифференциальное уравнение на отрезке $[a_0, a_r]$. Оно задано во всех точках отрезка, кроме точек a_i, в которых уравнение заменено краевыми условиями (вообще говоря, нераспадающимися, рассматриваемыми как краевые). Тем самым математической моделью оказывается многоточечная негладкая краевая задача. Такой подход эффективен в ситуациях, когда структура сети не имеет принципиального значения, например, при получении асимптотики типа

$$\lambda_n = \frac{\pi^2 n^2}{l^2} + O(n) \tag{1.2}$$

как для спектральной задачи Штурма–Лиувилля (здесь l — суммарная длина всех ребер, если имеется в виду задача с уравнением $-y'' = \lambda y$). Наверное, ни один из специалистов, занимавшихся дифференциальными уравнениями на сетях, не прошел мимо асимптотики (1.2).

Отметим, что приведенная асимптотика является достаточно грубой. Она позволяет обосновать, например, метод Фурье и управляемость, но не позволяет описать картину локализации собственных значений, из-за чего в задачах на графах почти неизбежно появляется проблема кратных собственных значений. Так, для простейшей задачи, описывающей набор из трех одинаковых струн (единичной длины), связанных в одной точке, асимптотика будет иметь вид

$$\lambda_n = \frac{\pi^2 n^2}{9} + O(n),$$

в то время как «настоящий» спектр состоит из двух серий собственных значений — простой

$$\lambda_n = \frac{\pi^2 (2n+1)^2}{4}$$

и двухкратной

$$\lambda_n = \pi^2 n^2.$$

Нетрудно проверить, что асимптотическое соответствие здесь есть. Дело в том, что погрешность асимптотики имеет тот же порядок, что и разность между соседними значениями главной части, а константа, фигурирующая в погрешности, оказывается в несколько раз больше соответствующего коэффициента (в нашем случае равного $2\pi^2/9$).

Вычисление же следующего члена асимптотики уже требует учета структуры сети, и, насколько нам известно, эта задача пока в общем случае не решена.

Скалярный подход делает достаточно прозрачным ряд общих свойств краевых задач на сетях (связь однозначной разрешимости и существование функции Грина). Однако поиск в рамках этого подхода условий разрешимости оказывается уже весьма нетривиальным занятием: краевые условия имеют весьма сложную природу (их описание требует использования матрицы смежности графа сети), и аналитическое исследование оказывается уже практически невозможным. В самосопряженном случае отчасти помогает метод квадратичных форм, но в несамосопряженном случае задача достаточно сложная.

1.2.2. Векторный подход. Каждое ребро сети параметризуется одним и тем же отрезком (например, $[0,1]$), а решения нумеруются в соответствии с какой-либо предварительной нумерацией ребер. Набор этих решений образует вектор-функцию, которая удовлетворяет векторному дифференциальному уравнению (с диагональным потенциалом в случае задачи Штурма–Лиувилля), а условия согласования оказываются двухточечными (как правило, нераспадающимися) краевыми условиями.

Этот подход по существу является чисто внешним «заменителем» предыдущего скалярного, использование его зависит от вкуса. Он имеет небольшое преимущество: с точки зрения этого подхода становится очевидным не только существование функции Грина, но и ее непрерывность всюду, кроме вершин графа, и непрерывная дифференцируемость (со стандартной оговоркой о наличии скачка предпоследней производной на диагонали).

Векторный подход, наряду со скалярным, используется и в конструкциях, опирающихся на абстрактные функционально-аналитические результаты: порождающий задачу оператор оказывается заданным либо в прямом произведении пространств, каждое из которых соответствует «своему» ребру, либо в пространстве вектор-функций. Например, для задачи Штурма–Лиувилля берется произведение соболевских пространств W_2^1.

Правда, для соболевских пространств условие, связывающее в вершине производные решений, оказывается уже несколько условным: для его корректной формулировки необходимо привлекать термины следов. В самосопряженном случае этих проблем удается избежать, применяя формализм самосопряженных расширений минимального оператора. В несамосопряженном случае ситуация оказывается уже гораздо сложнее. Ниже мы опишем другой подход («интегральный»), который позволяет обойти эти проблемы, но требует уже несколько другой модели.

1.2.3. Синтетический подход. Этот подход связан с рассмотрением сети как цельного геометрического объекта. Более того, как единое целое рассматривается вся система дифференциальных соотношений. Подсказку для такого рассмотрения дает, в первую очередь, физика. Дело в том, что те условия баланса, которые возникают в вершинах графа, имеют ту же физическую природу, что и уравнения на ребрах. Так, в случае сетки из струн уравнение на отрезке есть уравнение баланса внешней силы и равнодействующей сил натяжения, приложенных к бесконечно малому участку струны. И та, и другая являются бесконечно малыми, и потому при их сравнении и появляется лишняя, вторая производная. В вершине же все приложенные силы являются, вообще говоря, конечными, и поэтому условие баланса оказывается конечным соотношением между первыми производными. Аналогично обстоит дело и в моделях электрических сетей, гидравлических и др. Поэтому оказывается естественным и дифференциальные уравнения на ребрах, и условия согласования в вершинах считать реализациями одного и того же дифференциального уравнения.

Но где задано это дифференциальное уравнение? Оказалось, что для анализа удобно ввести «новый» объект, называемый *геометрическим графом* (термин «геометрический» подчеркивает, что ребра являются не символами связей, а геометрическими объектами — отрезками). Он представляет собой структуру, состоящую из «абстрактных» отрезков и вершин, примыкание которых друг к другу описывается некоторым отношением. «Абстрактность» отрезков означает, что их не обязательно вкладывать в какое-то пространство $\mathbb{R}^n$, а скорее следует считать многообразиями, допуская при необходимости их перепараметризацию. Такой взгляд оказывается естественным и с физической точки зрения: в задаче 4 п. 1.1.1 электрические свойства контура с током не зависят (если пренебречь явлениями самоиндукции) от того, прямой проводник, изогнутый или вообще сложен «змейкой». Точно так же теплопроводящие свойства линейного фрагмента сети (задача 5 п. 1.1.1) не зависят от его внешней геометрии, а зависят только от распределения внутренних характеристик.

Описанная нами конструкция оказывается, вообще говоря, частным случаем *стратифицированного множества*, однако по ряду причин оказывается естественным оставить за ней название «геометрический граф», а под стратифицированным множеством понимать объект более высокой размерности (когда характерные для стратифицированных множеств проблемы примыкания многообразий становятся нетривиальными).

Таким образом, в синтетическом подходе мы будем говорить о дифференциальном уравнении, например, об уравнении Штурма–Лиувилля

$$-(p(x)u')' + \lambda q(x)u = f(x) \tag{1.3}$$

на геометрическом графе Γ, которое на ребре γ_i при фиксированной параметризации реализуется в виде дифференциального уравнения

$$-(p_\gamma(x)u_\gamma')' + \lambda q_\gamma(x)u_\gamma = f_\gamma(x), \tag{1.4}$$

а в вершине a — в виде условия

$$-\sum(\alpha_\gamma(a))u_\gamma'(a) + q(a)u(a) = f(a). \tag{1.5}$$

Здесь $u_\gamma(\,\cdot\,)$ означает сужение $u\colon\ \Gamma \to \mathbb{R}$ на ребро γ, а $u_\gamma'(a)$ — «крайнюю» производную u_γ в конце a ребра γ по направлению «внутрь γ». При этом, как видно, условие (1.5) может оказаться неоднородным, в нем может присутствовать «потенциал», причем $q(a)$ и $f(a)$ никак не связаны с предельными значениями $q_\gamma(x)$ и $f_\gamma(x)$; в случае, например, сетки из струн коэффициент $q(a)$ есть жесткость пружинной опоры в вершине a, а $f(a)$ — приложенная к этой вершине сосредоточенная сила. Суммирование ведется по всем ребрам γ, примыкающим к вершине a, что мы будем в дальнейшем обозначать записью $\gamma \in \Gamma(a)$ под знаком суммирования.

1.2.4. Интегральный подход. Синтетический подход, являясь весьма удобным, позволяет получать существенно более глубокие и яркие результаты, чем скалярный или векторный подход, но и он имеет изъяны. Дело здесь в интерпретации уравнений на ребрах как дифференциальных уравнений на многообразиях. Это означает по существу, что мы каждое ребро должны снабдить параметризацией с правилами пересчета при переходе из одной параметризации в другую как коэффициентов дифференциальных уравнений, так и условий согласования. Обычно этих сложностей избегают введением некоторой фиксированной более или менее естественной параметризации, например, через длину ребра в смысле метрики объемлющего пространства или просто отрезком $[0, 1]$.

Однако оказывается, что в физических задачах такой подход не вполне адекватен. Реальные физические системы (например, сетка из струн) обладают параметризациями физического свойства, игнорирование которых приводит к существенным формальным трудностям. Так, естественная параметризация задается распределениями массы, внешней силы, силы упругой реакции струны и силы упругой реакции внешней среды. Правда, эти параметризации друг с другом, вообще говоря, не согласованы; например, может быть сосредоточенная реакция внешней среды в одной точке, а в другой — сосредоточенная масса, так что говорить об одной универсальной параметризации тут не удается.

Решение этой проблемы лежит на пути введения терминов меры и дифференцирования по мере.

Действительно, если обозначить $1/p(x)dx$ через $d\sigma$, $q(x)dx$ через $d\mu$, а $f(x)dx$ через dF, то дифференциальное уравнение (1.3) запишется в виде

$$-\frac{d}{d\mu}\left(\frac{du}{d\sigma}\right)+\lambda u=\frac{dF}{d\mu}. \tag{1.6}$$

Преимущества такой формы записи очевидны: мера уже не зависит от выбора параметризации, да и вообще параметризация оказывается излишней. Кроме того, введение в рассмотрение не только распределенных, но и сосредоточенных мер (например, в узлах графа) позволяет вписать условия баланса в вершинах в формализм самого обычного дифференцирования по атомарной мере.

Последний подход, являясь по существу самым естественным, имеет тем не менее свои «недостатки». Во-первых, в общих рассмотрениях фигурирующие в уравнении меры могут быть взаимно сингулярны, и это создает некоторые аналитические трудности. Во-вторых, аппарат дифференцирования и интегрирования по мерам сейчас довольно хорошо разработан для производных порядка не выше второго (этому вопросу посвящена гл. 7). Для производных более высоких порядков приходится (см. [71]) производить дробление атомарных мер (это дробление существенно и физично, но выходит за рамки классического исчисления мер). В-третьих, это требует взгляда на уравнение на сети с достаточно абстрактной точки зрения, которая в конкретных задачах может оказаться неуместной (понятно, что для простой квадратной сетки из однородных струн формализм мер не нужен). Поэтому мы в зависимости от задач и целей будем комбинировать все перечисленные подходы. Как правило, основным является синтетический подход — он позволяет детально описать и уравнение, и условия согласования, а с другой стороны — формулировки результатов получаются краткими.

1.3. Основные понятия

Здесь мы приведем «базовый», типовой набор понятий, характерный для задач на геометрических графах. В различных главах этой книги эти определения будут уточняться или модифицироваться в зависимости от нужд исследования.

1. Под *геометрическим графом* понимается одномерное стратифицированное многообразие. *Ребро* графа — это одномерное гладкое регулярное многообразие (кривая). *Вершина* графа — точка. Удобно считать, что ребра графа и вершины заданы независимо друг от друга и, кроме того, задано отношение: какие концы каких ребер отождествляются с данной вершиной. При этом в принципе не исключаются и петли (два конца одного ребра отождествляются с одной и той же вершиной), и кратные ребра (несколько ребер имеют в качестве

своих концов одни и те же вершины). Хотя, согласно общепринятому определению, граф считается абстрактным множеством, удобно предполагать, что он вложен в $\mathbb{R}^2$ или $\mathbb{R}^3$, считая ребра обычными пространственными кривыми, соединяющими точки-вершины и не имеющими самопересечений; во многих задачах эти кривые являются просто прямолинейными отрезками.

Ребра обозначаются через γ или (если они занумерованы индексом i) через γ_i, вершины — через a (или a_j, при этом нумерация вершин предполагается независимой от нумерации ребер), граф обозначается через Γ.

2. *Индекс* вершины — количество примыкающих к ней ребер с учетом кратности примыкания (в случае петель). Индекс может принимать значение 1 (концевое ребро), 2 (вырожденная внутренняя вершина), 3 и более (невырожденная внутренняя вершина). Через $\Gamma(a)$ обозначается совокупность ребер, примыкающих к вершине a. При постановке краевых задач полезным оказывается следующее свойство: сумма индексов всех вершин графа равна удвоенному количеству ребер.

3. Скалярная функция $u(x)$ на графе — обычное отображение $u\colon \Gamma \to \mathbb{R}$. Сужение функции $u(x)$ на ребро γ обозначается через $u_\gamma(x)$.

При обсуждении свойства непрерывности функции, заданной на графе, удобно различать три случая. Первый — обычная непрерывность (непрерывность на каждом ребре как на интервале, вплоть до его концов; все пределы функции по ребрам, примыкающим к данной вершине, совпадают и их общее значение есть значение функции в этой вершине). Множество непрерывных на Γ функций обозначается через $C(\Gamma)$. Второй случай — кусочная непрерывность (непрерывность на ребрах, но пределы в одной и той же вершине по разным ребрам различные, функции не приписывается никакого значения в вершине). Множество кусочно непрерывных функций обозначается через $C[\Gamma]$ (иногда $C[R(\Gamma)]$, где под $R(\Gamma)$ понимается несвязное формальное объединение ребер — замкнутых отрезков). Третий случай — дискретная непрерывность: (непрерывность на каждом ребре как на интервале, наличие значений в вершинах, однако значения в вершинах никак не связаны с пределами по ребрам, примыкающим к этим вершинам). Множество таких функций обозначается через $C\{\Gamma\}$. Первый тип непрерывности обычно используется для решений дифференциальных уравнений, второй — для их производных, а третий — для коэффициентов уравнения и правых частей (в п. 1.2.4 мы обозначали естественность и необходимость постановок задач с такими коэффициентами и правыми частями).

4. Через $C^n[\Gamma]$ (или $C^n[R(\Gamma)]$) обозначается пространство функций, на каждом ребре n раз непрерывно дифференцируемых вплоть до

границы (т. е. все производные принадлежат $C[\Gamma]$). В этом пространстве, собственно говоря, и задается дифференциальный оператор. Чтобы не выписывать отдельно условия непрерывности в вершинах графа, удобно ставить задачу в пространстве $C^n(\Gamma) = C^n[\Gamma] \cap C(\Gamma)$. Как показывают примеры, предполагать непрерывность производных в вершинах графа нефизично, поэтому в определение $C^n(\Gamma)$ включается только непрерывность самой функции.

Для функции из $C^n[\Gamma]$ вводятся в рассмотрение *крайние производные*

$$u_\gamma^{(k)}(a)$$

этой функции в вершине a графа по направлению «внутрь» ребра γ ($\gamma \in \Gamma(a)$); k — порядок производной ($0 \leqslant k \leqslant n$). Это обычные производные функции $u_\gamma(x)$, заданной на ребре γ, вычисленные в концевой точке ребра (где применяется одностороннее дифференцирование) и умноженные, если ребро параметризовано в направлении к a, на $(-1)^k$, чтобы интерпретировать их как производные по направлению от концевой точки внутрь ребра.

5. Линейное дифференциальное уравнение на ребре — это обычное дифференциальное уравнение на кривой. Считается, что при некоторой фиксированной параметризации $x(s)$ оно описывается уравнением

$$p_0(s)u^{(n)} + p_1(s)u^{(n-1)} + \ldots + p_n(s)u = f(s), \tag{1.7}$$

а при смене параметризации коэффициенты пересчитываются по соответствующим формулам (при этом, естественно, предполагается достаточная гладкость замены параметра).

Условие согласования в вершине — это любая комбинация значений функции и ее граничных производных в этой вершине. Формально это записывается как

$$\varkappa u(a) + \sum_{\gamma \in \Gamma(a)} \sum_{k=1}^{n-1} \alpha_{\gamma k} u_\gamma^{(k)}(a) = f(a). \tag{1.8}$$

Левую часть этого равенства удобно обозначать через $l(y)$ — это общий вид функционала, «сосредоточенного» в вершине a. Обычно предполагается, что $\varkappa + \sum \alpha_{\gamma k}^2 > 0$, если же все $\alpha_{\gamma k}$ равны нулю, то такие условия выделяются особо как *краевые* (или условия Дирихле, по аналогии с уравнениями в частных производных).

Причина такого особого отношения к условиям Дирихле состоит в том, что в физически интерпретируемых задачах оказывается, что любые условия согласования, кроме условий Дирихле, играют по существу ту же роль, что и дифференциальные уравнения на ребрах, они порождаются теми же физическими законами, и поэтому естественно считать их «дифференциальным уравнением в точке». Выше мы уже говорили о такой интерпретации: уравнение (1.3) на ребре реализуется в виде (1.4), а в вершине — в виде (1.5). При этом если индекс вершины равен 1 (к ней примыкает только одно ребро), то (1.5) превращается в условие

$$-\alpha u'(a) + q(a)u(a) = f(a),$$

т. е. в условие типа Штурма–Лиувилля, а если $q(a) = 0$ — в условие Неймана.

Условие же Дирихле играет особую роль: в нем значение решения в точке определяется не «через уравнение», а «напрямую», вопреки уравнению, действие на эту точку близлежащих элементов исходной физической системы игнорируется. По существу условие нетривиальности набора $\alpha_{\gamma k}$ — это условие регулярности дифференциального уравнения в вершине. Если же набор тривиален, уравнение в вершине «теряет» порядок и превращается в условие Дирихле.

6. *Краевая задача* на графе в пространстве $C^n[\Gamma]$ — это набор дифференциальных уравнений (1.7) на ребрах и условий согласования (1.8) в вершинах графа (в том числе условий Дирихле). Задача считается «нормальной», если суммарное число условий согласования (включая условия непрерывности, если они есть) и условий Дирихле равно числу ребер, умноженному на порядок дифференциального уравнения. В случае четного порядка n это выполняется, например, если в каждой вершине a задается $(n/2) \cdot |\Gamma(a)|$ условий.

Обыкновенным линейным дифференциальным уравнением на графе Γ в $C^n[\Gamma]$

$$Lu = f \tag{1.9}$$

называется любая совокупность дифференциальных уравнений (1.7) на ребрах и регулярных условий согласования (1.8) в вершинах графа (без условий Дирихле, если они есть).

Совокупность вершин, в которых задано условие Дирихле, называется *границей* графа и обозначается $\partial\Gamma$. Вершины графа, не являющиеся граничными, называются *внутренними.*

7. Пример. Задача Дирихле для уравнения Штурма–Лиувилля в $C^2(\Gamma)$

$$-(p(x)u')' + q(x)u = f(x), \quad x \in \Gamma, \tag{1.10}$$

— это набор уравнений

$$-(p_\gamma(x)u'_\gamma)' + q_\gamma(x)u_\gamma = f_\gamma(x), \quad x \in \gamma,$$

на ребрах, набор условий согласования

$$-\sum_{\gamma\in\Gamma(a)} (\alpha_\gamma(a))u'_\gamma(a) + q(a)u(a) = f(a)$$

в вершинах с индексами больше 1 и условия Дирихле

$$u(b) = 0$$

в вершинах с индексами 1. Условия непрерывности в вершинах «зашиты» (как было обещано) в пространство $C^2(\Gamma)$.

Если подсчитать, что в каждой вершине задано $|\Gamma(a)| - 1$ условий непрерывности и либо одно условие согласования, либо одно условие Дирихле, то суммарное количество условий оказывается равным сумме индексов всех вершин, т. е. удвоенному числу ребер. Именно такую размерность имеет прямая сумма пространств решений однородных уравнений на ребрах графа, так что задача действительно «нормальная» в традиционном понимании — количество условий равно размерности ядра дифференциального оператора.

1.4. Краткий обзор результатов

Первые работы по теории дифференциальных уравнений на графах появились в 80-х годах XX века и были связаны с различными моделями: диффузии [135], распространения нервного импульса [116, 136], упругих сеток [56, 66], распределения электронов в молекуле [16, 49]. В работах [114, 137, 149, 150] обыкновенное дифференциальное уравнение второго порядка на графе рассматривалось как аналог уравнения Лапласа.

В работах [56, 66, 86] был исследован спектр простейшей задачи, когда граф является пучком (набор из k ребер, примыкающих к одной вершине) с условиями Дирихле на границе. Был обнаружен эффект кратности (причем по всей ширине спектра) собственных значений, описаны собственные функции. Работа [49] тоже была посвящена структуре спектра, однако там рассматривалась задача Неймана и, кроме того, основную часть работы занимала задача взаимодействия молекулы со средой: рассматривалось совместное самосопряженное расширение операторов $-u''$ на графе и оператора Лапласа в $\mathbb{R}^3$, заданных в подпространстве функций, аннулирующихся в вершинах графа. Базис дефектного пространства такого сдвоенного оператора составляют функции влияния (функции Грина) задачи на графе с особенностями в узлах графа и потенциалы, тоже с особенностями в вершинах графа, для оператора в $\mathbb{R}^3$. Самосопряженное расширение определяется теми или иными условиями связи между коэффициентами, определяющими дефектную функцию. Доказано, что у такой задачи спектр распадается на две части — «внешнюю» и «внутреннюю»; «внешняя» асимптотически стремится к спектру задачи в $\mathbb{R}^3$ без учета графа, а «внутренняя», наоборот, к спектру задачи на графе, изолированном от окружающего пространства. Изучена матрица рассеяния, отвечающая этой задаче.

Результаты зарубежных математиков посвящены главным образом обоснованию разрешимости «эллиптической» (фактически — для уравнения Штурма–Лиувилля) задачи, исследованию структуры и асимптотики ее спектра и получению оценок резольвенты (см. [107, 116, 134–136, 139, 141]), что позволило обосновать с помощью общих методов функционального анализа в гильбертовых пространствах существование и единственность решения эволюционного уравнения, существование соответствующей полугруппы и т. п. [115, 135, 140]. Практически все исследователи использовали либо скалярный, либо векторный подход, в их результатах структурные особенности сети не играли принципиального значения. Более того, в подавляющем большинстве случаев изучалось уравнение с постоянными на ребрах коэффициентами, так что основные сложности, которые приходилось преодолевать, были «формально-структурного» характера — как «сконструировать» характеристический определитель спектральной задачи.

К этому же периоду относятся и первые результаты по более «тонкому» исследованию спектра: в [139] получены оценки отношений соседних собственных значений, а в [138] было обнаружено, что спектр линейного графа (ребра соединены последовательно) может быть вычислен через нули полиномов Чебышева.

Отметим особо постановку задачи для волнового уравнения [108] и работы [149, 150], в которых, по-видимому, впервые (правда, независимо этот результат был получен и в [50]) было обнаружено свойство близости спектра сетки из струн и спектра мембраны. В [36] эта близость была квалифицирована как «склеивание» спектральных последовательностей, когда спектр одной отличается от спектра другой только при достаточно больших значениях спектрального параметра.

Конец 80-х — начало 90-х годов были связаны с довольно бурным развитием теории дифференциальных уравнений на сетях. Наиболее крупные циклы работ принадлежат G. Lumer (Mons, Belgium), S. Nicaise и его научной группе, из членов которой особо отметим F. Ali-Mehmeti; J. von Below (Calais, France); J.-P. Roth (France); J. E. Lagnese, G. Leugering и E.J.P.G. Schmidt (США, Германия, Канада). В нашей стране основные исследования уравнений на сетях проводятся творческой группой Ю. В. Покорного, которую представляют авторы настоящей монографии.

Исследования группы S.Nicaise были связаны с использованием методов абстрактного функционального анализа для разрешения эволюционных задач. Поэтому основной акцент в исследовании здесь сосредоточен, с одной стороны, на исследовании функционально-аналитических свойств уравнений с переменными коэффициентами [116], а с другой — на переходе к рассмотрению «ветвящихся пространств» — аналогов сети, но имеющих более высокую размерность [118]. Значительные результаты здесь достигнуты в анализе особенностей оператора Лапласа в полигональных областях, как выпуклых, так и невыпуклых [143].

В работах [130–133, 144, 145, 151] изучалась задача управляемости (главным образом граничной управляемости) системой из стержней. Основой являлись спектральные асимптотики, оценки резольвенты и абстрактные функционально-аналитические теоремы теории граничного управления.

Остановимся более подробно на работах авторов настоящей монографии. В [57, 81, 82] на основе синтетического взгляда на уравнение удалось получить ряд результатов, оказавшихся основой дальнейших исследований. Это, прежде всего, принцип максимума в слабой (максимум/минимум решения на всем графе совпадает с максимумом/минимумом на границе) и сильной (отсутствие нетривиальных внутренних максимумов/минимумов) форме для уравнения

$$-(p(x)u')' = 0$$

с положительной функцией $p(x)$. Будучи распространенным на решения дифференциальных неравенств

$$-(p(x)u')' \geqslant 0,$$

он стал основой для обоснования однозначной разрешимости задачи Дирихле для уравнения

$$-(p(x)u')' + q(x)u = f(x)$$

с положительной функцией $p(x)$ и неотрицательной функцией $q(x)$. Основным инструментом для анализа здесь стало понятие S-*зоны* — связного подмножества в графе, внутри которого решение не имеет нулей, а на границе обращается в нуль. S-зона оказалась естественным аналогом промежутка «между соседними нулями» для одномерных задач; в терминах S-зоны удалось описать аналоги теоремы Штурма о перемежаемости нулей и доказать соответствующие теоремы сравнения.

Более глубокий анализ распределения нулей решений однородных уравнений позволил построить для уравнения второго порядка аналог теории неосцилляции [58, 59, 67, 73] (напомним, что в случае отрезка неосцилляция означает отсутствие других нулей у решения, аннулирующегося в граничной точке отрезка). Это дало возможность точно описать деформацию S-зон при изменении спектрального параметра и ассоциировать ведущее собственное значение спектральной задачи с верхней границей тех значений, при которых дифференциальное уравнение не осциллирует (т. е. решения не имеют S-зон). Отсюда следуют, в частности, простота ведущего собственного значения и строгая положительность ведущей собственной функции. Современное состояние теории неосцилляции на графах изложено в гл. 4.

Следующий цикл результатов — теория функции Грина для уравнений второго порядка [34, 75–77]. Здесь существенную сложность представлял анализ функции Грина $G(x, s)$ при значениях аргумента, близких к вершинам графа. Было доказано существование пределов (предельных срезок)

$$G_i(x,a) = \lim_{x \to a, x \in \gamma_i} G(x,s)$$

и обнаружено, что эти пределы, вообще говоря, различны (в зависимости от ребра). При этом выявился нетривиальный факт: для непрерывности функции Грина по второй переменной в вершине графа необходимо и достаточно, чтобы коэффициенты $\alpha_i(a)$ в условиях согласования

$$-\sum_{i \in I(a)} \alpha_i(a) u_i'(a) + q(a)u(a) = f(a)$$

совпадали с пределами $p_i(a)$ коэффициентов в дифференциальных уравнениях на ребрах. Последнее в свою очередь эквивалентно самосопряженности задачи, так что непрерывность функции Грина оказалась напрямую связана с самосопряженностью.

Конструктивное построение функции Грина на геометрическом графе тоже имеет специфические особенности. Естественно, что она строится путем комбинации некоторого фундаментального решения и решений однородного уравнения, однако на графе, в отличие от отрезка, нет достаточно «естественного», гладкого фундаментального решения. Такое фундаментальное решение приходится «склеивать» из фундаментальных решений на ребрах. При этом в качестве фундаментальных решений на ребрах можно брать как функции Коши, так и функции Грина элементарных двухточечных задач. Последний прием имеет дополнительное преимущество — он не выводит за пределы пространства $C(\Gamma)$, что избавляет от работы с условиями непрерывности и резко сокращает выкладочную рутину. Общие вопросы теории функции Грина для уравнений на графах изложены в гл. 6.

Продолжалось исследование спектральной асимптотики краевой задачи для уравнения Штурма–Лиувилля с переменными коэффициентами, где обоснована спектральная полнота (в смысле М.В. Келдыша) системы корневых функций [23–25]. Были получены оценки кратности собственного значения задачи Дирихле для уравнения Штурма–Лиувилля (к сожалению, эти результаты в центральной печати пока и не опубликованы): для графа-дерева кратность не превосходит числа граничных вершин минус единица, для графа с циклами эта оценка увеличивается на цикломатическое число. В дополнительных предположениях эту оценку можно уточнять, чему был посвящен целый ряд тезисов докладов на конференциях.

Еще одно направление, появившееся в 90-е годы, — исследование обыкновенных дифференциальных уравнений четвертого порядка на сетях [9]. Здесь также следует отметить полезность синтетического подхода: рассмотрение условий согласования как реализации дифференциального уравнения позволило для решений такого уравнения обосновать такой же принцип максимума, что и для уравнений второго порядка, и на основе его произвести обоснование разрешимости краевых задач, изучить ряд свойств функции Грина (непрерывность и положительность), доказать простоту и положительность ведущего собственного значения. Современное состояние теории уравнений четвертого порядка представлено в гл. 8.

В 90-х годах был получен также ряд новых качественных результатов в спектральной теории задачи Штурма–Лиувилля для уравнений на графах: аналоги осцилляционных теорем Штурма (вещественность и простота собственных значений, перемежаемость нулей собственных функций) на графе-дереве [88, 89] (здесь оказалось существенным, являются ребра графа соизмеримыми или нет: наличие соизмеримых ребер вызывает появление кратных точек спектра) и теоремы о перемежаемости спектров (тоже для графа-дерева). Последний результат интересен тем, что позволяет хотя бы частично «локализовать» распределение собственных значений. Перемежаемость состоит в том, что спектр задачи на графе оказывается перемежающимся с совокупностью всех спектров частных задач на подграфах, на которые распадается исходный граф при удалении из него любой (одной) внутренней вершины. Если какое-то значение в совокупном спектре частных задач встречается m раз, то для исходной задачи это значение является точно $(m-1)$-кратной точкой спектра. Подробно этот результат изложен в гл. 5.

Текущий период (с середины 90-х годов XX века) характеризуется как изобилием новых постановок и направлений, так и существенным расширением круга математиков, занимающихся такими вопросами.

Помимо уже упомянутой выше теории уравнений четвертого порядка [80, 119–121], активно начали исследоваться векторные задачи [110] (особенно модели сот [154]), нелинейные уравнения [84, 93], обратные задачи (отметим работу [155], посвященную вопросу о том, можно ли по спектру восстановить структуру графа, и содержащую довольно тонкий анализ структуры спектра уравнения на сети), предельные переходы в спектре от тканой мембраны к области и от решетки к пластине [36, 146]. Начали интенсивно изучаться волновые процессы на сетях [7, 109, 113]

Теория дифференциальных уравнений на сетях обнаружила родственные связи с теорией усреднения в моделях перфорированных сред [21] и с теорией бифуркаций в вихревых потоках [105].

Получила распространение теория дифференциальных уравнений на стратифицированных множествах (второй и выше размерности) — многомерном аналоге геометрического графа (им посвящена гл. 9).

Широкий круг результатов представлен в сборнике трудов прошедшей в 1999 г. конференции в г. Люмини (Франция) [156].

Глава 2
СТРАННОСТИ ЗАДАЧ НА ГРАФАХ

Ниже приводится несколько весьма простых примеров, позволяющих наблюдать своеобразие качественных свойств задач на графах, их несколько неожиданный характер на фоне классических задач.

2.1. Задача Штурма–Лиувилля

Классическая задача Штурма–Лиувилля

$$-(pu')' + qu = \lambda mu \qquad (0 \leqslant x \leqslant l), \tag{2.1}$$

$$u(0) = u(l) = 0 \tag{2.2}$$

с достаточно регулярными вещественными коэффициентами при $p > 0$ и $q \geqslant 0$, $m \geqslant 0$ ($\not\equiv 0$) обладает следующими свойствами.

1. Ее спектр состоит из неограниченной последовательности положительных простых собственных значений $\lambda_0 < \lambda_1 < \lambda_2 < \ldots < \lambda_n < \ldots$ (простота λ_k алгебраическая, означающая как одномерность множества отвечающих λ_k собственных функций, так и отсутствие присоединенных элементов).

2. Если через φ_k обозначить как-либо нормированные собственные функции, отвечающие λ_k, то φ_0 не имеет нулей внутри $(0, l)$, а φ_k ($k \geqslant 1$) имеет точно k нулей; все эти нули простые.

3. При каждом k нули функций φ_k и φ_{k+1} перемежаются, т. е. между любыми соседними нулями φ_k есть точно один нуль φ_{k+1}, и наоборот.

Эти свойства, наглядные и легко интерпретируемые физически, чрезвычайно важны для приложений. Эти свойства, называемые *гармоническими*, характерны и для собственных колебаний обычной струны (в качественном описании они были известны еще древним грекам). Распространению этих свойств на более широкие классы краевых задач, начатому работами О.Келлога и М.Крейна, посвящена обширная литература. В частности, они справедливы для задачи вида (2.1), (2.2), в которой уравнение (2.1) в конечном наборе $\xi_1 < \xi_2 < \ldots < \xi_m$ точек из $(0, l)$ заменяется связями вида

$$u'(\xi_i + 0) - u'(\xi_i - 0) = k_i u(\xi_i) \qquad (k_i > 0)$$

для непрерывных в точке ξ_i решений либо связями вида

$$u'(\xi_j - 0) = u'(\xi_j + 0) = k_j[u(\xi_j + 0) - u(\xi_j - 0)] \qquad (k_j > 0),$$

где для случая струны первые связи соответствуют сосредоточенным упругим опорам (типа пружин), а вторые — упругим сочленениям в точках ξ_j разрыва. После этого результата для явно нестандартной задачи естественно ожидать, что для сетки из простых струн подобные свойства в той или иной форме должны сохраниться. Однако ожидания эти терпят крах уже в совершенно тривиальных ситуациях.

2.2. «Струнный крест»

Рассмотрим пару одинаковых однородных натянутых струн, расположенных в одной плоскости перпендикулярно друг другу и имеющих общую середину, где они связаны (рис. 2.1). Будем считать, что этот узел помещен в начало координат x_1Ox_2, оси которых направлены вдоль струн. Считая длины струн равными 2π (для удобства вычислений), предположим единичными натяжение и плотность распределения масс. Тогда отклонения (деформации) этих струн в ортогональном к x_1Ox_2 направлении определяются парой функций $u_1(x_1)$ и $u_2(x_2)$, заданных при $-\pi \leqslant x_1,\ x_2 \leqslant \pi$. Если собственные колебания возможны, то соответствующие амплитудные функции должны быть собственными функциями для следующей задачи:

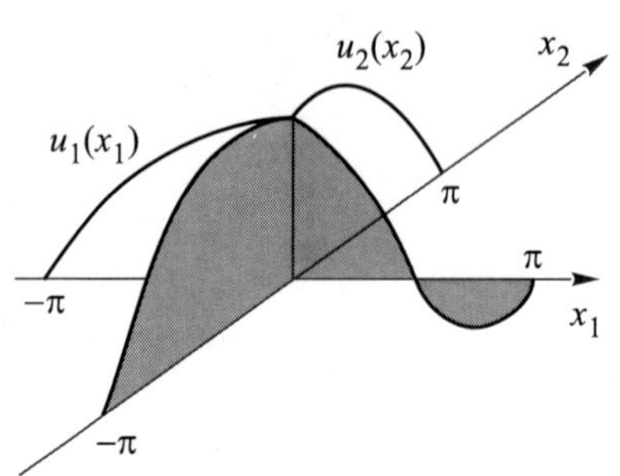

Рис. 2.1. «Струнный крест»

$$-u_1'' = \lambda u_1, \quad -u_2'' = \lambda u_2, \tag{2.3}$$

при условиях закрепления концов, аналогичных (2.2),

$$u_1(\pm\pi) = 0, \quad u_2(\pm\pi) = 0 \tag{2.4}$$

и условии связи в узле $(x_1, x_2 = 0)$

$$u_1(0) = u_2(0). \tag{2.5}$$

Условие баланса натяжений в общем узле означает дополнительно

$$u_1'(+0) - u_1'(-0) + u_2'(+0) - u_2'(-0) = 0. \tag{2.6}$$

Взаимодействуя друг с другом в нуле, $u_1(x_1)$ и $u_2(x_2)$ могут иметь при $x_i = 0$ изломы, что означает правомерность (2.3) лишь при $x_1 \neq \neq 0$, $x_2 \neq 0$. Тем самым мы имеем в (2.3) фактически не два, а четыре уравнения — по числу сторон нашего «струнного креста».

Несложно показывается, что спектр описанной задачи веществен и лежит на положительной полуоси. Положим в (2.3) $\lambda = \omega^2$. В силу симметрии «креста» и условий (2.4)–(2.6) собственные функции $\varphi^k(x)$ должны на каждой стороне «креста» иметь (с точностью до множителя) вид

$$\varphi_1^k(x) = \sin\frac{k+1}{2}\,(x+\pi), \quad \varphi_2^k(x) = \sin\frac{k+1}{2}\,(x+\pi), \tag{2.7}$$

и спектр состоит из последовательности $\omega_k = (k+1)/2$ $(k = 0, 1, \ldots)$. При этом каждому четному k $(= 0, 2, 4, \ldots)$ соответствует простое собственное значение, которому соответствует собственное колебание в точности вида (2.7) как по x_1, так и по x_2: обе струны колеблются с одинаковой собственной частотой, совпадая по амплитуде в общей точке без изломов в ней (график φ^0 приведен на рис. 2.2). Каждому нечетному k соответствует трехмерное собственное пространство, причем соответствующие линейно независимые собственные функции могут быть выбраны так: две из них соответствуют собственному колебанию, при котором одна из поперечных струн неподвижна, а другая колеблется, имея в нуле нулевую амплитуду (рис. 2.3). Третья собственная функция соответствует колебанию, при котором звучат лишь две накрест лежащие половинки струн, тогда как другие две половинки молчат, как если бы в нуле система была закреплена. Последняя форма собственного колебания подсказывает, что на однородной сетке из струн любая квадратная ячейка может являться носителем стоячей волны, для которой все струны вне ячейки неподвижны, стороны ячейки колеблются с одинаковой частотой, причем противо-

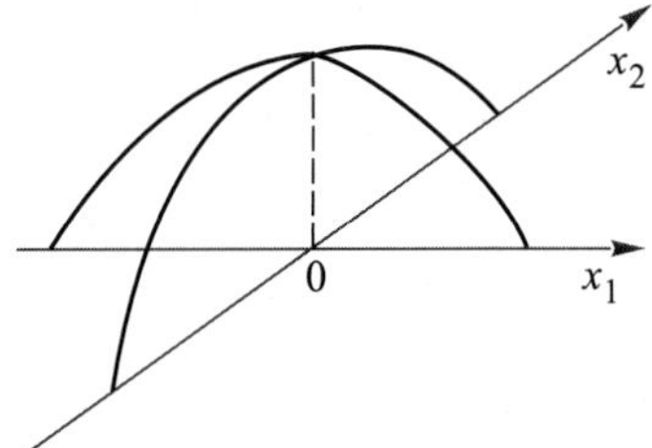

Рис. 2.2. Простое собственное значение

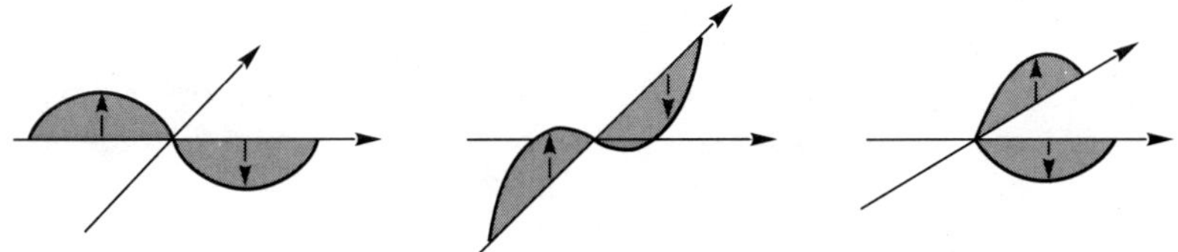

Рис. 2.3. Кратное собственное значение

положные стороны синхронизированы одинаковыми по направлению колебаниями, а соседние — противоположными (рис. 2.4).

Таким образом, для рассмотренной системы («струнного креста») за счет взаимодействия пары обычных струн всего лишь в одной точке нарушается свойство 1 — теряется простота точек спектра. Аналоги же свойств 2 и 3 для собственных частот ω_k с нечетными k просто отсутствуют, так как у собственных функций появляются неизолированные нули и как понимать «перемежаемость» нулей (глядя, например, на рис. 2.2 и рис. 2.3) — не ясно.

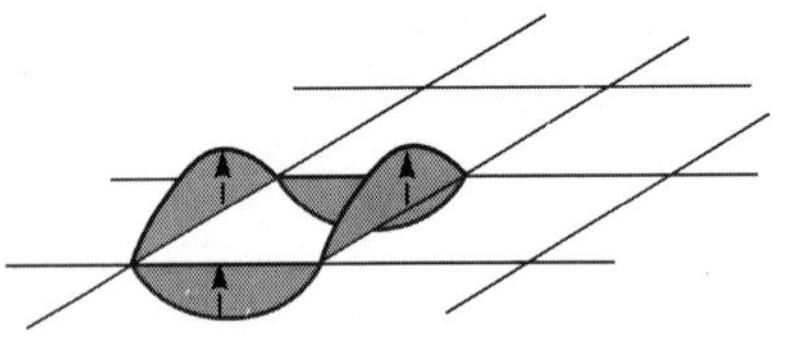

Рис. 2.4. Стоячая волна

В чем причина столь грубого нарушения природных гармонических свойств, характерных для одной струны (ведь каждое плечо нашего «креста» — обычная струна)?

Первая гипотеза: обе поперечные струны идентичны, и описанные нарушения гармоничности колебаний — следствие симметрии системы. Однако если одну из струн удлинить вдвое, потеря простоты у некоторых собственных частот сохранится. Эта аномалия сохранится и если исходные струны пересечь (перевязывая) не серединами, а третями (чтобы каждая делилась в отношении $1:2$).

Вторая гипотеза: дело не в симметрии системы и не в идентичности исходных двух струн, а в их соразмерности. Проверка этой гипотезы и явилась изначальным направлением наших интересов. О том, что при внешней физической простоте объекта в задаче имеется весьма непростая математическая «подкладка», свидетельствует следующий далее пример.

2.3. Пучок из трех струн

Упростим предыдущую ситуацию, отбросив одно из четырех ребер «креста», т. е. рассмотрев систему из трех струн, натянутую в форме рогатки (или буквы Y) с одним общим концом. На каждом ребре уравнение для собственных функций и частот примет вид

$$\begin{aligned} -u_1'' &= \lambda u_1 \qquad (0 \leqslant x_1 \leqslant l_1),\\ -u_2'' &= \lambda u_2 \qquad (0 \leqslant x_2 \leqslant l_2),\\ -u_3'' &= \lambda u_3 \qquad (0 \leqslant x_3 \leqslant l_3). \end{aligned} \tag{2.8}$$

Здесь мы через $u_1(x)$, $u_2(x)$, $u_3(x)$ обозначаем деформации (отклонения от состояния равновесия) каждой из трех струн, считая их длины соответственно равными l_1, l_2, l_3 и используя в качестве аргумента натуральный параметр, т. е. расстояние точки от общего узла. Условия в общей точке примут вид

$$u_1(0) = u_2(0) = u_3(0) \qquad u_1'(0) + u_2'(0) + u_3'(0) = 0. \tag{2.9}$$

При $l_1 = l_2 = l_3$ спектр собственных частот этой задачи будет таким же, что и в предыдущей: свойство простоты отсутствует у каждой нечетной собственной частоты (кратности равны 2).

Сделаем еще одно упрощение в данной задаче, чтобы заведомо исключить симметрию и одновременно допустить переформулировку задачи в стандартных одномерных терминах. Для этого мы предположим, что третья струна не загружена массами. Это означает, что третье уравнение в (2.8) будет иметь вид $-u_3'' = 0$ и решения его — просто линейные функции с нулем в точке $x_3 = l_3$. Для каждой из них $u_3' = \text{const}$, и поэтому $u_3'(x_3) = u_3'(0) = -u_3(0)/l_3$. Отсюда в силу (2.9) следует

$$u_1'(0) + u_2'(0) = \frac{1}{l_3}\, u_1(0) = \frac{1}{l_3}\, u_2(0). \tag{2.10}$$

Теперь мы можем «скаляризовать» задачу: изменив знак аргумента в первом уравнении (2.8) для первой струны, мы будем приписывать его отрезку $[-l_1, 0]$, оставив второе на отрезке $[0, l_2]$. Тем самым мы получаем единое уравнение

$$-u'' = \lambda u \qquad (-l_1 \leqslant x \leqslant l_2) \tag{2.11}$$

сразу на отрезке $[-l_1, l_2]$, причем слева от нуля $u(\cdot)$ описывает деформации первой струны, а справа — второй. Правда, есть одна неприятность: можно говорить лишь об односторонних производных $u'(-0)$ и $u'(+0)$ при $x = 0$, а потому уравнение (2.11) при $x = 0$ лишено смысла. Зато в этой точке $x = 0$ имеются условия

$$u(-0) = u(+0) = l_3[u'(+0) - u'(-0)], \tag{2.12}$$

адекватные (2.10). Полученная задача имеет две интерпретации.

Уравнение (2.11) описывает (при $x \neq 0$) вместе с условиями (2.12) и условиями закрепления $u(-l_1) = u(l_2) = 0$ упругие колебания обычной струны, натянутой вдоль отрезка $[-l_1, l_2]$, у которой в точке $x = 0$ имеется упругая опора (пружина) с жесткостью $k = 1/l_3$. Традиционная математическая интерпретация уравнения (2.11) (при $x \neq 0$) с условиями (2.12) в точке $x = 0$ имеет вид уравнения

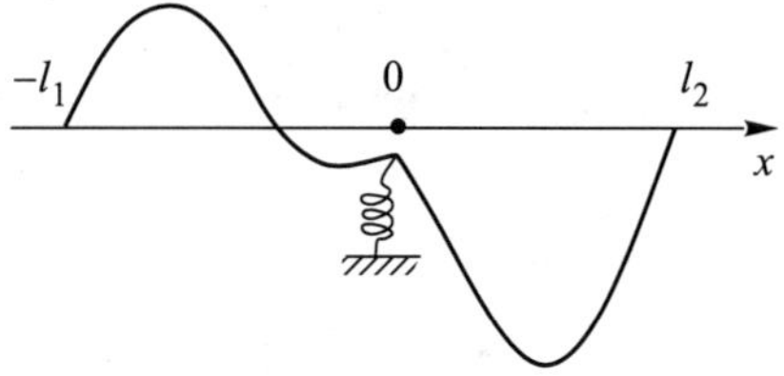

Рис. 2.5. Струна с пружинкой

$$-u'' + k\delta(x)u = \lambda u, \tag{2.13}$$

где $\delta(x)$ — обычная дельта-функция Дирака и $k = 1/l_3$. Однако формальная простота уравнения (2.13) обманчива: для случая обобщенных коэффициентов аналогов осцилляционных теорем Штурма–Лиувилля пока нет. Теория обобщенных функций (распределений) не располагает средствами, позволяющими устанавливать свойства простоты нулей собственных функций, числа этих нулей, их перемежаемости и пр.

Последний пример с его физической наглядностью (струна с пружинкой) и формальной простотой (2.13) обнажил в свое время главную проблему — непригодность стандартных математических методов для качественного анализа деформаций струнных сеток и их упругих колебаний.

2.4. «Тканая мембрана»

Ниже изучается связь спектров квадратной мембраны и аппроксимирующей ее достаточно густой равномерной сетки из струн. Показывается, что главные части обоих спектров совпадают вплоть до кратностей собственных значений.

1. Плоская сетка из струн, очевидно, не является одномерным объектом и при достаточно мелких ячейках должна обнаруживать родственность с мембраной. Вопрос о сходстве их спектров, возникший более десяти лет назад, уже при постановке сопровождался серьезными сомнениями физической природы: реакции мембраны и прямоугольной сетки на точечное воздействие качественно различны. Ведь мембрана противодействует по континууму направлений, а сетка — всего лишь по четырем (если усилие сосредоточено в узле) или даже по двум направлениям.

На примере квадратной однородной мембраны ниже показывается, что переход к достаточно густой сетке из струн («тканой мембране») не меняет спектра в главном (см. [36]).

2. Спектр Λ однородной мембраны, натянутой на квадрат $Q = [0, l] \times [0, l]$, определяется задачей

$$\sigma \Delta u + \lambda \rho u = 0, \tag{2.14}$$

$$u|_{\partial Q} = 0, \tag{2.15}$$

где ρ ($=$ const) — плотность распределения масс и σ ($=$ const) — внутреннее напряжение мембраны, обеспечиваемое равномерным ее натяжением. Спектр Λ, вещественный, положительный. Собственными значениями являются числа

$$\lambda_k = \frac{\pi^2 \sigma}{l^2 \rho}\, k \tag{2.16}$$

при таких натуральных k, которые допускают представление $k = n^2 + m^2$ с целыми n, m. Количество таких представлений при каждом k определяет кратность λ_k.

Рассмотрим на том же квадрате $Q = [0;\ l]\times[0;\ l]$ сетку Γ_h из струн с квадратными ячейками $h \times h$, закрепленную в узлах, лежащих в ∂Q (их совокупность обозначим $\partial\Gamma_h$). Обозначим через ρ_h плотность струн, а через σ_h — их натяжение. Будем считать, что в узлах Γ_h, не лежащих на границе ∂Q, т. е. не попавших в $\partial\Gamma_h$ (их совокупность обозначим через $I(\Gamma_h)$), помещены грузы с массами m_h. Если значения m_h, σ_h и ρ_h связать с параметрами σ, ρ мембраны равенствами

$$\rho = \frac{2\rho_h h + m_h}{h^2}, \quad \sigma = \frac{\sigma_h}{h}, \tag{2.17}$$

то такую сетку можно считать физической дискретизацией исходной мембраны, и наоборот, мембрану можно считать осреднением такой сетки. Назовем такую сетку из струн «*тканой мембраной*». Оказывается, ее спектр при малых h адекватен «началу» $\lambda_0, \lambda_1, \lambda_2, \ldots, \lambda_n$ спектра Λ со сколь угодно большим n. Точнее говоря, верна

Теорема 2.1. *Для того чтобы положительное число λ было точкой спектра описанной «тканой мембраны» Γ_h, необходимо и достаточно, чтобы λ удовлетворяло одному из уравнений*

$$2\cos\frac{\pi h}{l}\,i + 2\cos\frac{\pi h}{l}\,j = 4\cos h\sqrt{\lambda\,\frac{\rho_h}{\sigma_h}} - m_h\sqrt{\frac{\lambda}{\rho_h\sigma_h}}\,\sin h\sqrt{\lambda\,\frac{\rho_h}{\sigma_h}}$$
$$(i, j = 1, \ldots, N-1), \tag{2.18}$$

$$\left(\sin h\sqrt{\lambda\,\frac{\rho_h}{\sigma_h}}\right)^{N^2-1} = 0, \tag{2.19}$$

где обозначено $N = l/h$.

Равенства (2.18), (2.19) дают точное описание спектра Γ_h и определяет кратность каждой точки спектра. Так, решения уравнения (2.19) имеют кратность $N^2 - 1$. Решения уравнений (2.18) при фиксированной сумме $i^2 + j^2$ сливаются при $h \to 0$, что опять же определяет кратность общего решения как точки спектра. Из (2.19) видно, что решения λ этого уравнения при малых h сколь угодно далеки от нуля. Поэтому «начало спектра» Λ_h мембраны Γ_h определяется уравнениями (2.18), из которых следует, что

$$\lambda_k^h = \lambda_k + O(h), \tag{2.20}$$

где $\lambda_0, \lambda_1, \ldots$ — спектр мембраны, т. е. последовательность (2.16), а λ_0^h, $\lambda_1^h, \ldots$ — спектр сетки Γ_h, упорядоченный по возрастанию.

3. Для доказательства теоремы 2.1 опишем вначале соответствующую «тканой мембране» Γ_h математическую модель колебаний. На-

помним, что $h = l/N$ определяет размер квадратной ячейки. На каждом ребре этой ячейки (если оно не лежит на границе ∂Q) для струны справедливо обычное соотношение

$$\sigma_h u'' + \lambda \rho_h u = 0, \tag{2.21}$$

где производные берутся вдоль ребра ячейки. Обозначим через a_{ij} узел сетки Γ_h с координатами (ih, jh) при $i, j = \overline{0, N}$. Горизонтальное ребро сетки, соединяющее соседние вершины a_{ij} и $a_{i+1,j}$, обозначим через γ_{ij}^1, а вертикальное ребро между $a_{i,j}$ и $a_{i,j+1}$ — через γ_{ij}^2. Для функции $u(x)$, заданной на Γ_h, сужения на ребра γ_{ij}^k будем обозначать через u_{ij}^k. Любое из этих сужений удовлетворяет уравнению (2.21). Рассматриваемые функции $u(x)\colon\ \Gamma_h \to \mathbb{R}$ непрерывны во всех внутренних узлах, и, кроме того, в этих узлах должны удовлетворять условию баланса натяжений, что означает

$$\sigma_h \left[(u_{ij}^1)'(a_{ij}) - (u_{i-1,j}^1)'(a_{ij}) + (u_{ij}^2)'(a_{ij}) - (u_{i,j-1}^2)'(a_{ij}) \right] + \\ + \lambda m_h u_{ij}(a_{ij}) = 0. \tag{2.22}$$

Закрепление сетки на границе квадрата Q приводит к аналогичным (2.15) условиям

$$u_{i0}(0) = u_{iN}(N) = u_{0i}(0) = u_{Ni}(N) = 0. \tag{2.23}$$

Нам удобно далее каждое ребро γ_{ij}^k $(k = 1{,}2)$ параметризовать в направлении от a_{ij} скаляром t, меняющимся от 0 до h. Вид уравнения (2.21) для функций $u_{ij}^k(t)$ сохранится.

Решение $u_{ij}^k(t)$ уравнения (2.21) представимо в виде

$$u_{ij}^k(t) = A_{ij}^k \sin\left(\sqrt{\frac{\lambda\rho_h}{\sigma_h}}\ t\right) + B_{ij}^k \cos\left(\sqrt{\frac{\lambda\rho_h}{\sigma_h}}\ t\right), \tag{2.24}$$

где A_{ij}^k, B_{ij}^k — некоторые постоянные. В силу непрерывности решений в целом на сетке для каждого из внутренних узлов a_{ij} значения u_{ij} вдоль примыкающих ребер должны быть одинаковы. Обозначая это значение через $\overline{u}_{ij}$, имеем

$$\overline{u}_{ij} = u_{ij}^k(0) = u_{i-1,j}^1(h) = u_{i,j-1}^2(h),$$

или, с учетом (2.24),

$$\overline{u}_{ij} = B_{ij}^k,$$

$$\begin{aligned} \overline{u}_{ij} &= A_{i-1,j}^1 \sin\left(h\sqrt{\frac{\lambda\rho_h}{\sigma_h}}\right) + B_{i-1,j}^1 \cos\left(h\sqrt{\frac{\lambda\rho_h}{\sigma_h}}\right), \\ \overline{u}_{ij} &= A_{i,j-1}^2 \sin\left(h\sqrt{\frac{\lambda\rho_h}{\sigma_h}}\right) + B_{i,j-1}^2 \cos\left(h\sqrt{\frac{\lambda\rho_h}{\sigma_h}}\right). \end{aligned} \tag{2.25}$$

Условия на границе (2.23) дополняют (2.25) соотношениями

$$\overline{u}_{ij} = 0 \qquad (\text{при} \;\; a_{ij} \in \partial\Gamma_h). \tag{2.26}$$

Подстановка (2.24) в (2.22) приводит к соотношениям

$$\sqrt{\lambda\rho_h\sigma_h}\,\Bigg[A^1_{ij} - A^1_{i-1,j}\cos\!\left(h\sqrt{\frac{\lambda\rho_h}{\sigma_h}}\right) + B^1_{i-1,j}\sin\!\left(h\sqrt{\frac{\lambda\rho_h}{\sigma_h}}\right) +$$

$$+ A^2_{ij} - A^2_{i,j-1}\cos\!\left(h\sqrt{\frac{\lambda\rho_h}{\sigma_h}}\right) + B^2_{i,j-1}\sin\!\left(h\sqrt{\frac{\lambda\rho_h}{\sigma_h}}\right)\Bigg] + \lambda m_h u_{ij} = 0,$$

или, если для упрощения обозначить

$$\sin\!\left(h\sqrt{\frac{\lambda\rho_h}{\sigma_h}}\right) = s, \quad \cos\!\left(h\sqrt{\frac{\lambda\rho_h}{\sigma_h}}\right) = c, \tag{2.27}$$

к соотношениям

$$\frac{1}{s}\sqrt{\lambda\rho_h\sigma_h}\,\big[(u_{i+1,j} - cu_{ij}) - c(u_{ij} - cu_{i-1,j}) + s^2u_{i-1,j} +$$

$$+ (u_{i,j+1} - cu_{ij}) - c(u_{ij} - cu_{i,j-1}) + s^2u_{i,j-1}\big] + \lambda\rho_h u_{ij} = 0,$$

что преобразуется к виду

$$\frac{1}{s}\left[(u_{i-1,j} + u_{i+1,j} + u_{i,j-1} + u_{i,j+1}) - \left(4c - sm_h\sqrt{\frac{\lambda}{\rho_h\sigma_h}}\right)u_{ij}\right] = 0. \tag{2.28}$$

Таким образом, для каждого λ мы имеем систему уравнений (2.25), (2.26), (2.28), линейных относительно A^k_{ij}, B^k_{ij}, $\overline{u}_{ij}$. Нули по λ определителя этой системы дают искомый спектр. Этот определитель с учетом специфики системы допускает представление в виде

$$\begin{vmatrix} D_1 & D_2 \\ 0 & D_3 \end{vmatrix}, \tag{2.29}$$

где строки фрагмента $(D_1\;D_2)$ составлены из коэффициентов уравнений (2.25), (2.26), причем

$$D_1 = \left(\overbrace{\begin{matrix} s & c & 0 & 0 & \ldots & 0 & 0 \\ 0 & 1 & 0 & 0 & \ldots & 0 & 0 \\ \cdots & \cdots & \cdots & \cdots & \cdots & \cdots & \cdots \\ 0 & 0 & 0 & 0 & \ldots & s & c \\ 0 & 0 & 0 & 0 & \ldots & 0 & 1 \end{matrix}}^{4N(N-1)}\right),$$

где также использованы обозначения (2.27). Блок D_3 в (2.29) составлен из коэффициентов соотношений (2.28), а определитель D_3 допускает представление $(s)^{-(N-1)^2}|\widetilde{D}_3|$, где $\widetilde{D}_3$ составлен из коэффициентов системы уравнений

$$(u_{i-1,j}+u_{i+1,j}+u_{i,j-1}+u_{i,j+1})-\alpha u_{ij}=0,\quad \alpha=4c-sm_h\sqrt{\frac{\lambda}{\rho_h\sigma_h}}\,.$$

Таким образом определитель (2.29) обращается в нуль лишь при $s^{N^2-1}=0$, что приводит к (2.19), или при $|\widetilde{D}_3|=0$.

Следующий наш шаг обусловлен представлением $|\widetilde{D}_3|=|G-\alpha I|$, где G — матрица смежности графа, полученного из Γ_h выбрасыванием граничных вершин a_{ij} $(\in\partial\Gamma_h)$ и ребер, к ним примыкающих. Тем самым нули $|\widetilde{D}_3|=0$ совпадают со спектром алгебраического графа с матрицей смежности G. Этот спектр состоит из чисел вида

$$\alpha=2\cos\frac{\pi i}{N}+2\cos\frac{\pi j}{N}$$

при $i,j=\overline{1,N-1}$, т. е.

$$4c-sm_h\sqrt{\frac{\lambda}{\rho_h\sigma_h}}=2\cos\frac{\pi ih}{l}+2\cos\frac{\pi jh}{l},$$

что с учетом (2.27) приводит к (2.18).

4. Формулы (2.18), (2.19) позволяют изучить спектр «тканой мембраны» достаточно подробно. Вполне очевидный уход в бесконечность при $h\to 0$ решений уравнения (2.19) отмечался выше. Зависимость решений (2.18) от h достаточно нетривиальна, так как множество этих решений для каждой пары i,j образует неограниченную последовательность, число таких пар i,j, конечное при фиксированном h, неограниченно возрастает при $h\to 0$. Рассмотрим вначале поведение решений (2.18) при фиксированных i,j. Оно особенно просто, если все $m_h=0$, т. е. загрузка массами в узлах сетки отсутствует. Тогда уравнения (2.18) принимают вид

$$2\cos\frac{\pi ih}{l}+2\cos\frac{\pi jh}{l}=4\cos h\sqrt{\frac{\lambda\rho_h}{\sigma_h}}\,,$$

что дает явное представление для собственных значений

$$\lambda_{hk}=\left[\pm\arccos\frac{1}{2}\left(\cos\frac{\pi ih}{l}+\cos\frac{\pi jh}{l}\right)+2\pi k\right]^2\frac{\sigma_h}{h^2\rho_h},\quad k\in\mathbf{Z}.$$

Рассмотрим теперь общий случай ненулевых m_h. Положим

$$\mu=\sqrt{\lambda\frac{\rho_h}{\sigma_h}}\,h,\quad \gamma_{ij}=\frac{1}{2}\left(\cos\frac{\pi ih}{l}+\cos\frac{\pi jh}{l}\right),\quad g=\frac{m_h}{2\rho_h h}. \tag{2.30}$$

Для μ эквивалентное (2.18) уравнение имеет вид

$$\gamma_{ij}-\cos\mu+g\mu\sin\mu=0. \tag{2.31}$$

Это уравнение при фиксированных i, j имеет лишь простые корни. Для его левой части $f(\mu) = \gamma_{ij} - \cos\mu + g\mu\sin\mu$ соседние экстремумы имеют противоположные знаки (проверяется непосредственно). Поэтому нули f перемежаются экстремумами, что позволяет давать оценки нулям f. Значения i, j мы по-прежнему фиксируем.

Эквивалентное $f'(\mu) = 0$ уравнение имеет вид $\operatorname{tg}\tau = -\dfrac{g}{g+1}\,\tau$, и его решения оцениваются так:

$$\frac{\pi}{2}\,(2k-1) \leqslant \tau_k \leqslant \pi k, \tag{2.32}$$

причем $\tau_0 = 0$. Здесь $\tau_0 < \tau_1 < \tau_2 < \ldots$ — последовательность корней уравнения $f'(\mu) = 0$. Если через $\mu^0, \mu^1, \mu^2, \ldots$ обозначить последовательность корней уравнения (2.31) при фиксированных i, j, то из (2.32) сразу следует, например, что $0 \leqslant \tau_0 \leqslant \mu^0 \leqslant \tau_1 \leqslant \pi$

$$\frac{\pi}{2}\,(2k-1) \leqslant \tau_k \leqslant \mu_k \leqslant \tau_{k+1} \leqslant \pi(k+1).$$

Особенно важно здесь, что эти оценки не зависят от i, j. Отсюда с учетом связи (2.30) $\mu^k(h)$ с $\lambda_k(h)$ легко увидеть, что $\lambda_1(h), \lambda_2(h), \ldots$ при $h \to 0$ уходят в бесконечность равномерно по i, j. Для оценки поведения наименьшего (при фиксированных i, j) корня $\lambda_0(h)$ уравнения (2.18) представим (2.18) с помощью разложения Тейлора по степеням h. С учетом равенств (2.17) получим

$$\frac{\pi^2}{l^2}\,(i^2 + j^2) = \frac{\rho}{\sigma}\,\lambda + O(h^2),$$

что означает

$$\lambda = \frac{\pi^2\sigma}{l^2\rho}\,(i^2 + j^2) + O(h^2).$$

Сопоставление этого равенства с (2.16) приводит к следующему основному результату этого пункта.

Теорема 2.2. *При каком угодно большом M спектр «тканой мембраны» Γ_h при достаточно малых h отличается (в пределах $|\lambda| < M$) от спектра непрерывной мембраны лишь на $O(h^2)$.*

2.5. Банальная стыковка

Простейшее уравнение

$$-u''(x) = f(x) \qquad (0 \leqslant x \leqslant 1) \tag{2.33}$$

возникает для малых деформаций $u(x)$ натянутой струны с закрепленными концами

$$u(0) = u(1) = 0. \tag{2.34}$$

Представим себе, что струна разрезана на два куска в точке $x = \xi$ $(0 < \xi < 1)$, а затем обратно «спаяна» в один. Для каждого из кусков справедливо аналогичное (2.33) уравнение

$$-u''(x) = f(x) \quad (0 \leqslant x < \xi), \qquad -u''(x) = f(x) \quad (\xi < x \leqslant 1). \quad (2.35)$$

Решения (2.33) удовлетворяют в точке ξ очевидным условиям:

(У$_1$) условию непрерывности

$$u(\xi - 0) = u(\xi + 0); \tag{2.36}$$

(У$_2$) условию гладкости

$$u'(\xi - 0) = u'(\xi + 0). \tag{2.37}$$

Если теперь забыть об исходном уравнении (2.33) и попытаться из двух кусков (2.35) с помощью (У$_1$), (У$_2$) связать единое на $[0,1]$ уравнение, нам еще необходимо вспомнить об отсутствующей в (2.35)–(2.37) точке $x = \xi$ и доопределить в ней решения общим в силу (2.36) значением, т. е. выполнить условие:

(У$_3$) значение $u(\xi)$ удовлетворяет равенству

$$u(\xi) = u(\xi - 0) \qquad (= u(\xi + 0)). \tag{2.38}$$

Условия (У$_1$), (У$_2$) стандартны при склейке двух соседних уравнений в единое. При этом (У$_2$) является частным случаем *условий гладкости* (*трансмиссии*), используемых в задачах на сетях при сшивании во внутренних узлах решений уравнений на смыкающихся ребрах.

Назовем пару уравнений вместе с условиями (У$_1$)–(У$_3$) *сшитым уравнением*, а при дополнительных условиях (2.34) — *сшитой задачей.* Рассматривая эту задачу в классе непрерывных решений, мы можем ее считать краевой для (2.35) при условиях (У$_2$) и (2.34). Обычно так и делается.

Адекватна ли «сшитая задача» исходной (2.33), (2.34)?

Предложение 2.1. *Функция Грина $G_\xi(x,s)$ сшитой задачи не совпадает с функцией Грина $G(x,s)$ исходной задачи.*

Доказательство заключается в прямой проверке. Исходя из стандартных аксиом имеем

$$G(x,s) = \begin{cases} x(1-s), & 0 \leqslant x < s \leqslant 1, \\ s(1-x), & 0 \leqslant s < x \leqslant 1, \end{cases} \tag{2.39}$$

и $G_\xi(x,s) \equiv G(x,s)$ при $s \neq \xi$. Если же $s = \xi$, то $G_\xi(x,s)$, удовлетворяя уравнениям (2.35) при $f \equiv 0$ (т. е. $u'' = 0$) и условиям (2.34) и (2.37), ничем иным, кроме тождественного нуля, быть не может. Итак,

$$G_\xi(x,\xi) \equiv 0 \qquad (0 \leqslant x \leqslant 1), \tag{2.40}$$

в то время как $G(x,\xi) > 0$ при $x \in (0,1)$.

На первый взгляд отличие $G_\xi(x,s)$ от $G(x,s)$ всего лишь на одной прямой $s=\xi$ из квадрата $[0,1]\times[0,1]$, т. е. на множестве меры нуль, несущественно, и формула

$$u(x)=\int\limits_0^1 G_\xi(x,s)f(s)\,ds\equiv\int\limits_{[0,\xi)} G(x,s)f(s)\,ds+\int\limits_{(\xi,1]} G(x,s)f(s)\,ds$$

для, например, непрерывных правых частей, ничего другого, кроме решений исходной задачи, дать не может. И все же эта разница G и G_ξ настораживает, привлекая дополнительное внимание к точке $x=\xi$.

Суждение 1. *Нулевое значение $G(x,s)$ при $s=\xi$ делает несущественным значение $f(\cdot)$ в точке $x=\xi$, «убивает $f(\xi)$», вынимая точку ξ из области интегрирования. Тем самым (2.40) как бы спасает задачу от оплошности исследователя.*

Какие же здесь могут быть оплошности? А хотя бы уже те, которые сделаны нами в предыдущих совсем элементарных, казалось бы, рассуждениях.

Предположим, как нам и хотелось, что «сшитая задача» соответствует струне, склеенной в точке ξ из двух кусков. Пусть $F(x)$ — внешняя нагрузка, приложенная на промежутке $[0,x]$. Тогда F имеет ограниченное изменение, и соответствующая деформация $u(x)$ выразится в виде

$$u(x)=\int\limits_0^1 G_\xi(x,s)\,dF(s),$$

где интеграл понимается по Лебегу–Стилтьесу. Равенство (2.40) означает, что скачок $F(\xi+0)-F(\xi-0)$ будем в этом интеграле «вырублен», т. е. никакого значения для решения задачи не будет иметь. Но этот скачок — сосредоточенная сила. Почему струна (хотя и связанная) на нее не реагирует?

С другой стороны, решение $u(x)$ сшитой задачи с нагрузкой $F(x)$ должно удовлетворять равенству $u'(x)=F(x)$. Но тогда условие (2.37) означает, что у $F(x)$ скачка в точке $x=\xi$ и быть не должно. С чем же тогда борется «защитное» свойство (2.40), само порожденное условием (2.37)?

Функция Грина $G_\xi(x,s)$ должна быть функцией влияния связанной пары струн, т. е. определять форму отклонения системы под влиянием единичной силы, сосредоточенной в точке s. Равенство (2.40) означает, что при воздействии на систему только лишь в точке $x=\xi$ система не изменяет состояния. Но это возможно лишь в случае, если струна в точке $x=\xi$ закреплена, т. е. при условии

$$u(\xi)=0. \tag{2.41}$$

Но такого условия у нас не было, да и не могло быть.

К условию (2.41) нас неизбежно приводит другое соображение. Отвечающая связанной паре струн (как любой физической системе) краевая задача должна быть самосопряженной, а ее функция Грина — симметричной. Поэтому из (2.40) должно следовать $G_\xi(\xi, s) \equiv 0$ при $0 \leqslant s \leqslant 1$, что приводит к (2.41).

Суждение 2. *Сшитая задача* (2.34)–(2.38) *не отвечает паре связанных струн. При этом условие* (2.37) *нельзя считать краевым, поскольку оно зависит от поведения правой части f в точке $x = \xi$.*

Следствие. *Условия* (2.36)–(2.38) *не решают задачу объединения пары* (2.35) *в единое на* $[0, 1]$ *уравнение* (2.33).

В чем наш главный промах? В точке $x = \xi$ так и остались не расшифрованными ни объединяющее уравнение, ни его правая часть. Поэтому доопределение (2.38) в точке $x = \xi$ хоть и физично, но математически не подкреплено ни уравнением в этой точке, ни значением $f(\xi)$. Эта точка, бывшая граничной для двух многообразий, так и осталась граничной в их объединении. Поэтому и функцию Грина $G(x, s)$ объединенной задачи нельзя определить ни при $x = \xi$, ни при $s = \xi$.

Предложение 2.2. *Функция Грина $G(x, s)$ задачи* (2.33), (2.34) *совпадает с функцией Грина для уравнения*

$$-u''(x) = f(x) \quad (x \neq \xi), \qquad u'(\xi + 0) - u'(\xi - 0) = f(\xi) \tag{2.42}$$

при условиях

$$u(0) = u(1) = 0, \qquad u(\xi + 0) = u(\xi - 0). \tag{2.43}$$

Сразу обратим внимание на то, что в постановке (2.42) объединенное уравнение мы задали и в точке $x = \xi$. То есть прежнее условие гладкости (2.37) вынули из перечня краевых и, превратив его в неоднородное, отнесли к толкованию объединенного уравнения в точке $x = \xi$. Что нам дает право такого толкования?

Введем функцию

$$\mu(x) = x + \vartheta(x - \xi),$$

где $\vartheta(x)$ — функция Хевисайда, т. е.

$$\vartheta(x) = \frac{1}{2}\left(1 + \frac{x}{|x|}\right)$$

при $x \neq 0$. Так как $d\mu(x) = dx$ (по Стилтьесу) при $x \neq \xi$ и

$$\left.\frac{d\varphi}{d\mu}\right|_{x=\xi} = \frac{\varphi(\xi + 0) - \varphi(\xi - 0)}{\mu(\xi + 0) - \mu(\xi - 0)} = \varphi(\xi + 0) - \varphi(\xi - 0)$$

(по Радону–Никодиму), то равенства (2.42) оказываются реализацией одного и того же равенства

$$-\frac{d}{d\mu}\,u'(x) = f(x), \tag{2.44}$$

не содержащего оговорок о точке ξ. Включение производных по мере в последнем уравнении не меняет при условиях (2.43) аксиом функции Грина, что позволяет убедиться в совпадении функций Грина непосредственной проверкой. Последний взгляд (2.44) на объединяющее дифференциальное уравнение уже допускает включение ξ в область определения решений, превращая и ее в связанное множество.

2.6. Комментарии

Знаменитые теоремы Штурма об осцилляционных гармонических свойствах спектра были установлены в связи с задачей диффузии [152, 153]. Более столетия они поражали не только глубиной результатов, но и физичностью терминов: узлы и пучности, их перемежаемость легко наблюдаемы, а их количество существенно. Общая природа этих теорем была установлена Келлогом [127–129], объяснившим осцилляционные свойства спектра специальными свойствами функции Грина. Тем самым была открыта дорога для переноса теорем Штурма на более широкие классы краевых задач, в том числе на упругие колебания стержней (см. библиографию в [15, 41]). Переход от двухточечных задач к многоточечным был осуществлен Ю. В. Покорным [63, 64] и расширен В. Я. Дерром [20]. Общая схема исследования, характерная для всего этого направления — построение функции Грина и доказательство того, что она порождает некое ядро Келлога. Это требовало совершенствования знакорегулярных чисто скалярных методов (см., например, [8, 74, 78]).

В описанном круге проблем до обращения к упругим сеткам Ю. В. Покорный и его ученики изучили ряд нестандартных задач для систем типа цепочки шарнирно-сочлененных стержней и даже для натянутой цепочки из перемежающихся стержней и струн (см. [65, 78]). В последнем случае соответствующее спектральное уравнение

$$(p_0u'')'' - (pu')' = \lambda mu$$

оказывалось на отрезке непостоянным по порядку: коэффициент p_0 отличен от нуля лишь на участках, соответствующих стержням. Успешное преодоление возникающих трудностей приводило к выводу: если задача физична и соответствует упругой системе, то ее спектр наверняка гармоничен; обоснование этого факта — «дело техники». Эта уверенность была поколеблена уже начальным анализом простейшей упругой сетки — «струнного креста». Обнаруженные странности не поддавались объяснению прежним подходом. Началась разработка новых методов.

Крест из неоднородных струн был изучен в [56]. Далее удалось изучить спектр произвольного пучка из одинаковых струн [66] и системы из двух упруго связанных пучков [86], а также пучка стержней с общим шарнирным сочленением. Переход от пучков к более сложным сеткам оказался чрезвычайно трудным [57] даже при анализе знакопостоянства функции Грина — совершенно очевидного физически свойства.

Вопрос о сходстве спектров тканой мембраны и классической возник у нас уже давно как вопрос о формах описания физического сходства объектов. Описанный в параграфе 2.4 результат приведен в [36]. Этот результат сохраняется, если квадратную границу области заменить более общей, равно как и сетку квадратную — сеткой прямоугольной, треугольной и т. д. Степень общности результата в этом плане авторам в настоящий момент не ясна.

Склейка решений во внутренних узлах графа — постоянный источник проблем, возникающих как бы «из ниоткуда», что наглядно иллюстрирует простейшая задача, приведенная в параграфе 2.4. Поэтому отнесение условий трансмиссии к граничным (стандартный взгляд зарубежных исследователей) вынуждает преодолевать трудности, не связанные с природой задачи. До обращения к синтетическому подходу, аналогичному изложенному в п. 1.2.3, немало трудностей возникало и у нас, особенно при описании и анализе функции Грина. Ниже внесение атомов меры во внутренние узлы — систематический прием, применяемый при интегрировании по графу.

Разобранный в параграфе 2.5 пример означает, что, даже мысленно порвав задачу в точке ξ, связать ее воедино мы можем лишь: либо восстановив в точке ξ исходное уравнение $-u''(\xi) = f(\xi)$, либо (если этого сделать нельзя, как при стыковке разных уравнений) представив в качестве уравнения в этой точке условие трансмиссии, поместив для этого в точку $x = \xi$ атом меры.

Глава 3

ОБЩАЯ ТЕОРИЯ УРАВНЕНИЙ ВТОРОГО ПОРЯДКА НА ГЕОМЕТРИЧЕСКИХ ГРАФАХ

3.1. Обыкновенное дифференциальное уравнение на пространственной сети

Ниже дается точная постановка и начальный анализ главного объекта исследований — уравнения вида

$$-\frac{d}{d\Gamma}\left(p(x)u'\right) + q(x)u = f(x) \tag{3.1}$$

на геометрической сети Γ. Это уравнение подразумевает стандартную форму

$$-(p(x)u')' + q(x)u = f(x) \tag{3.1_1}$$

на всех ребрах сети, а в ее внутренних узлах означает, что

$$-\left(\sum_{\gamma\subset\Gamma(x)} \alpha_\gamma(x)\frac{d}{d\gamma}\,u(x)\right) + q(x)u = f(x), \tag{3.1_2}$$

где суммирование проводится по всем ребрам γ, примыкающим к x, а под $\dfrac{d}{d\gamma}u(x)$ подразумевается производная $u(\,\cdot\,)$ внутрь ребра γ. Начав с необходимых понятий и договоренностей, мы приводим физическую мотивацию (с помощью вариационного принципа) рассматриваемого класса уравнений, показываем дивергентную природу $\dfrac{d}{d\Gamma}$, устанавливаем, что (3.1_2) является «слабой реализацией (3.1_1)» в узлах. В п. 3.1.5 доказываются два качественных результата, важных для дальнейшего.

3.1.1. Функции на сетях. Пусть Γ — геометрическая сеть из $\mathbf{R}^n$, реализованная в виде открытого связного геометрического графа. Если ребра сети допускают достаточно гладкую параметризацию и не имеют самопересечений, мы можем считать их прямолинейными интервалами (не включая в них внутренние узлы). Тем самым нам удобно считать, что Γ состоит из некоторого набора непересекающихся интервалов

$$\gamma_i = (a_i, b_i) = \{x = a_i + \lambda(b_i - a_i)\colon\ 0 < \lambda < 1\} \qquad (i = \overline{1, m}), \quad (3.2)$$

называемых *ребрами*, и некоторой совокупности их концов. Множество этих концов обозначается далее через $J(\Gamma)$, каждая точка из него называется *внутренней вершиной* (*узлом*) графа Γ. Концы интервалов (3.2), не включенных в $J(\Gamma)$, называются *граничными* или *тупиковыми вершинами* Γ, их множество обозначается через $\partial\Gamma$. Объединение всех ребер обозначается через $R(\Gamma)$. Таким образом, $\Gamma = R(\Gamma) \cup J(\Gamma)$. На Γ индуцируется топология из $\mathbf{R}^n$. Всюду далее, когда речь будет идти об открытых и замкнутых подмножествах Γ, будет иметься в виду именно эта топология.

Такого рода сети (графы) возникают при описании самых разных технологических систем. Применяемая при этом стандартная теория графов (далее — алгебраическая теория, см., например, [4, 5, 48, 101, 102]) удобна лишь тогда, когда ребра являются только символами связи между разными объектами, когда сами связи достаточно просты, и важно только знать, есть связь между данной парой объектов или ее нет. Интересующие нас системы в корне другие. В них ребра отвечают реальным одномерным континуумам, на которых возможна своя достаточно нетривиальная динамика, как в упругих сетях, в электрических цепях, в системах волноводов и в нейронных сетях. Такие системы в определенном смысле двойственны к предыдущим: в них именно узлы связывают процессы на ребрах, причем связи эти достаточно просты. Чтобы подчеркнуть значимость ребер графа, мы далее постоянно употребляем слова *сеть* и *граф* как синонимы.

Изложенные выше термины — граф (сеть), ребро, вершина (узел) — традиционны для алгебраической теории графов [4, 5, 48, 101, 102]. Ниже вводятся понятия, контрастирующие по терминам с упомянутыми работами. Например, *подграф*. Мы называем так любое связное открытое подмножество из Γ. Ведущая роль топологии на Γ, ее постоянное использование при анализе непрерывных на Γ функций делают открытые (в относительной топологии Γ) множества рабочим инструментом. Например, для непрерывной на Γ функции множество решений неравенства $u(x) > 0$ открыто, и любая его компонента связности формально имеет описание, идентичное исходному для Γ, т. е. тоже является графом. Именно поэтому мы остановились на термине *подграф*. Термин *подсеть* нам представляется менее благозвучным. Итак,

Определение 3.1. Любое связное открытое подмножество Γ называется *подграфом* Γ.

Подграф $\Gamma_0 \subset \Gamma$ имеет внутренние вершины только из $J(\Gamma)$, т. е. любая внутренняя вершина подграфа является внутренней и для Γ. Более того, всегда будет считаться, что $J(\Gamma_0) = J(\Gamma) \cap \Gamma_0$. С граничными для Γ_0 вершинами ситуация другая. Их множество $\partial\Gamma_0$ может содержать точки, не входящие ни в $\partial\Gamma$, ни в $J(\Gamma)$ (когда точка $a \in \in \partial\Gamma_0$ оказывается внутренней для одного из ребер Γ). Если γ — содержащее $a \in \partial\Gamma_0$ ребро Γ, то в подграф Γ_0 оно входит не все, а лишь одним куском, отсекаемым a. Именно в этом — главное отличие нашего термина *подграф* от используемого в алгебраической теории, где куски ребер — бессмысленное понятие и где вершинами подграфа могут быть лишь вершины исходного графа.

Мы рассматриваем далее скалярнозначные функции, определенные и равномерно непрерывные на Γ. Последнее адекватно тому, что они допускают непрерывное доопределение на $\partial\Gamma$. Множество таких функций обозначается далее через $C(\Gamma)$.

Нам придется дифференцировать заданные на Γ функции. Естественно, говорить о производных во внутренних вершинах трудно, так как к ним примыкают по нескольку ребер (как правило, не менее трех). Дифференцирование функции $u(x)\colon \ \Gamma \to R$ внутри любого ребра γ осуществляется по натуральному параметру, причем предполагается, что для этого на ребре выбрана ориентация — одно из двух возможных направлений. Например, на ребре $\gamma = (a, b)$ при ориентации «от b к a» производная $\dfrac{du}{dx}(x_0)$ определяется как

$$\frac{d}{d\lambda}\, u\left(b + \lambda \frac{(a-b)}{\|a-b\|}\right)$$

в точке $\lambda_0 = \|x_0 - b\|$. При изменении ориентации знак u' меняется на противоположный. Однако знак второй производной u'' (или квазипроизводной $(pu')'$) уже не зависит от ориентации ребра.

С производными первого порядка нам почти не придется иметь дела. Встречаться они будут в основном в крайних точках ребер. Не желая обременять себя оговорками о вре́менной (на несколько фраз) локальной параметризации, мы раз и навсегда введем понятие *крайней производной.* Так мы называем производную $u'(x)$ в точке $x = = a$ — конце интервала $\gamma = (a, b)$ — при его параметризации «от a», т. е. *внутрь интервала.* Обозначать крайнюю производную мы будем через $\dfrac{du}{d\gamma}(a)$.

Крайние производные удобны уже симметричностью равенства

$$\int\limits_{(a,b)} (pu')'dx = -\left[p(a)\,\frac{du}{d\gamma}\,(a) + p(b)\,\frac{du}{d\gamma}\,(b)\right]$$

относительно концов a, b интервала $\gamma = (a, b)$.

Ребра графа Γ предполагаются занумерованными произвольно, их набор $\{\gamma_i\}_{i=1}^m$ вместе с $J(\Gamma)$ определяет Γ, их объединение мы договорились обозначать через $R(\Gamma)$. Чтобы выделить из $\{\gamma_i\}_{i=1}^m$ те ребра, которые примыкают к данной вершине a, мы вводим множество $\Gamma(a)$, обозначая так подграф, состоящий из a и примыкающих к a ребер. Тем самым высказывание «γ_i примыкает к a» адекватно записи $\gamma_i \subset \Gamma(a)$.

Говоря о непрерывности на $R(\Gamma)$ какой-либо функции, мы подразумеваем ее равномерную непрерывность на каждом ребре Γ. Множество таких функций обозначается далее через $C[R(\Gamma)]$. Во внутренних узлах Γ каждая из таких функций может иметь различные пределы вдоль различных ребер, примыкающих к одному узлу. Естественно считать, что $C(\Gamma) \subset C[R(\Gamma)]$. При этом $[R(\Gamma)]$ может признаваться формальным объединением замыканий $[\gamma_i]$ всех ребер Γ.

Заданная на Γ функция $z(x)$, лежащая в $C[R(\Gamma)]$, может иметь в точках $J(\Gamma)$ (т. е. во внутренних узлах) значения, никак не связанные с ее пределами вдоль примыкающих ребер. Поэтому для $a \in J(\Gamma)$ мы будем различать обозначения $z(a)$ и $z_\gamma(a)$, где

$$z_\gamma(a) \overset{\text{def}}{=} \lim_{x \to a,\, x \in \gamma} z(x).$$

Всюду далее для заданной на $R(\Gamma)$ функции $z(x)$ ее сужение на ребро γ обозначается через $z_\gamma(x)$, а $z_i(x)$ означает $z_{\gamma_i}(x)$, т. е. сужение $z(x)$ на γ_i.

3.1.2. Вариационная мотивация. Пусть Γ — геометрическая сеть, расположенная вдоль некоторого физического объекта, отклонение элементов которого от состояния равновесия одномерно. Обозначим через $u(x)$ такое отклонение (деформацию). Пусть $f(x)$ — плотность распределения внешней силы, вызвавшей отклонение $u(x)$. Через $f(a)$ обозначается сосредоточенная сила, приложенная к точкам $a \in J(\Gamma)$. Тогда энергия воздействия этих сил на систему выразится затраченной работой, т. е. величиной

$$V_1(u) = \sum_{i=1}^{m} \int\limits_{\gamma_i} f u\, du + \sum_{a \in J(\Gamma)} f(a) u(a).$$

Если отклонению системы упруго препятствует внешняя среда, то накапливаемая энергия определяется работой, затрачиваемой на преодоление сопротивления среды, т. е. величиной

$$V_2(u) = \sum_{i=1}^{m} \int\limits_{\gamma_i} q\, \frac{u^2}{2}\, dx + \sum_{a \in J(\Gamma)} q(a)\, \frac{u^2(a)}{2},$$

где $q(x)$ — плотность распределения упругости среды и $q(a)$ — коэффициент упругости опоры (типа пружины), сосредоточенной в узле a.

Мы предполагаем, что за счет внутреннего сопротивления система накапливает энергию, определяемую выражением

$$V_3(u) = \sum_{i=1}^{m} \int\limits_{\gamma_i} p\,\frac{u'^2}{2}\,dx,$$

как, например, в упругих деформациях (поперечных для струн, продольных для стержней и пр.). Производные $u'(x)$ входят здесь во вторых степенях, что снимает необходимость фиксированной ориентации ребер.

Мы считаем, что в граничных точках (из $\partial\Gamma$) положение системы фиксировано, т. е. деформации ее нулевые:

$$u|_{\partial\Gamma} = 0. \tag{3.3}$$

Общая потенциальная энергия системы $V(u)$, соответствующая возможной (виртуальной) деформации $u(x)$, определяется равенством

$$V(u) = V_2(u) + V_3(u) - V_1(u)$$

или

$$V(u) = \sum_{i=1}^{m}\left[\int\limits_{\gamma_i}\left(\frac{qu^2}{2} + \frac{pu'^2}{2} - fu\right)\right]dx + \left[\sum_{a\in J(\Gamma)} q(a)\,\frac{u^2(a)}{2} - f(a)u(a)\right]. \tag{3.4}$$

Реальная деформация системы, отвечающая устойчивому равновесию, должна давать минимум $V(u)$. Именно это положение служит (со времен Гильберта) фундаментом математического описания физического объекта. В физике обычно говорят о принципе стационарного (т. е. экстремального для V) положения.

Мы всюду предполагаем неразрывность системы, что означает непрерывность $u(x)$ на Γ, и достаточную гладкость деформации на ребрах.

Классическая схема Лагранжа отыскания первой вариации

$$\delta\Phi(u)h = \frac{d}{d\lambda}V(u+\lambda h)\Big|_{\lambda=0}$$

приводит к выражению

$$\delta\Phi(u)h = \sum_{i=1}^{m}\int\limits_{\gamma_i}(quh + pu'h' - fh)\,dx + \sum_{a\in J(\Gamma)}(q(a)u(a)h(a) - f(a)h(a)).$$

Интегрируя по частям каждый из интегралов по ребру γ_i:

$$\int\limits_{\gamma_i} pu'h'\,dx = -\int\limits_{\gamma_i}(pu')'h\,dx - \left(p(a)\,\frac{du}{d\gamma}\,(a)h(a) + p(b)\,\frac{du}{d\gamma}\,(b)h(b)\right), \tag{3.5}$$

и обозначая через $u_i(x)$ сужение $u(x)$ на γ_i, мы можем представить $\delta\Phi(u)h$ в виде $\delta\Phi(u)h = \sum_1(u,h) + \sum_2(u,h)$ при

$$\sum\nolimits_1(u,h) = \sum_{i=1}^{m} \int\limits_{\gamma_i} (-(pu')' + qu - f)h\,dx,$$

$$\sum\nolimits_2(u,h) = -\sum_{i=1}^{m} \left(p_i(a_i)\,\frac{du}{d\gamma_i}\,(a_i)h_i(a_i) + p_i(b_i)\,\frac{du}{d\gamma_i}\,(b_i)h(b_i) \right) + \\ + \sum_{a\in J(\Gamma)} (q(a)u(a) - f(a))h(a),$$

где a_i, b_i означают концы ребра γ_i. Так как $h|_{\partial\Gamma} = 0$, то в первой сумме присутствуют лишь слагаемые с a_i и b_i из $J(\Gamma)$. Перегруппировав всю первую группу (собирая подгруппы вокруг вершин из $J(\Gamma)$), мы можем представить $\sum_2$ в виде

$$\sum\nolimits_2(u,h) = \sum_{a\in J(\Gamma)} h(a)\left[q(a)u(a) - f(a) - \sum_{\gamma_i\subset\Gamma(a)} p_i(a)\,\frac{du}{d\gamma_i}\,(a)\right],$$

где, напомним, $\gamma_i \subset \Gamma(a)$ означает, что γ_i примыкает к a.

Из равенства $\delta\Phi(u)h = 0$ $(\forall h)$, следующего из принципа Ферма, мы в силу произвола h должны естественным образом получить $\sum_1(u,h) = 0$ $(\forall h)$ и $\sum_2(u,h) = 0$ $(\forall h)$, откуда должно следовать

$$-(p(x)u'(x))' + q(x)u(x) = f(x) \qquad (x \in R(\Gamma)), \tag{3.6}$$

$$-\sum_{\gamma_i\subset\Gamma(a)} p_i(a)\,\frac{du}{d\gamma_i}\,(a) + q(a)u(a) = f(a) \qquad (a \in J(\Gamma)). \tag{3.7}$$

Избегая рутинных обсуждений тонкостей обоснования (3.6), (3.7), мы предполагаем выполненными условия, обеспечивающие правомочность проведенных рассуждений, по сути стандартных (см., например, [2]). Достаточно, например, чтобы p' и q были равномерно непрерывны на каждом ребре, а f суммируема. Обычно из физических соображений бывает ясно, что $p > 0$ равномерно на Γ и $q \geqslant 0$.

Итак, реальная деформация $u(x)$ исходного объекта должна, помимо (3.3), удовлетворять равенствам (3.6) и (3.7). Является ли эта система равенств полной, т. е. совпадает ли количество равенств с количеством подлежащих определению параметров?

Равенства (3.6), реализуемые на каждом ребре, — обыкновенные дифференциальные уравнения второго порядка. Семейство всех решений каждого уравнения зависит от двух параметров, а на всех ребрах в целом число этих неизвестных параметров $2m$. Количество условий (3.3) совпадает с числом $|\partial\Gamma|$ граничных вершин (здесь и далее через $|X|$ обозначается число элементов в X). Число условий (3.7) равно $|J(\Gamma)|$. Кроме того, мы не должны забывать предположение о непрерывности $u(x)$ во всех внутренних вершинах, что означает

$$u_i(a) = u_j(a) \tag{3.8}$$

для любых γ_i, γ_j из $\Gamma(a)$. Таких условий (линейно независимых) в каждой точке $a \in J(a)$ будет $(\mathrm{ind}(a) - 1)$, где через $\mathrm{ind}(a)$ обозначено количество примыкающих к a ребер. Всего этих последних условий будет

$$\sum_{a\in J(\Gamma)} (\mathrm{ind}(a) - 1) = \sum_{a\in J(\Gamma)} \mathrm{ind}(a) - |J(\Gamma)|.$$

Складывая количества условий трех типов, имеем

$$|\partial\Gamma| + |J(\Gamma)| + \left(\sum_{a\in J(\Gamma)} \mathrm{ind}(a) - |J(\Gamma)|\right) = |\partial\Gamma| + \sum_{a\in J(\Gamma)} \mathrm{ind}(a).$$

Последняя сумма равна удвоенному числу ребер (проверяется тривиально: мы имеем число примыканий ребер — их m штук — к их концам, которых $2m$ штук).

Таким образом, задача (3.3), (3.6), (3.7) в классе непрерывных в целом на Γ и непрерывно дифференцируемых на каждом ребре функций поставлена вполне разумно. Если изначально речь вести не о статической деформации, а о собственных колебаниях, то f должна быть заменена силой инерции, что, по принципу Даламбера, приводит к замене в правых частях (3.6) и (3.7) f на $\omega^2 \rho u$, где ω — собственная частота, $\rho(x)$ — плотность распределения масс на $R(\Gamma)$ и $\rho(a)$ — сосредоточенные массы во внутренних узлах $a \in J(\Gamma)$.

3.1.3. Естественные условия. Каждое из условий (3.7) локализовано в одной точке, как и в (3.3). Обычно такие условия принято считать краевыми, в отличие от равенств (3.6), являющихся обыкновенными дифференциальными уравнениями. Однако условия (3.3) отличаются от (3.7) тем, что первые были даны изначально, а вторые получены при вариационном обосновании. Подобные условия, не оговоренные заранее, обычно называют *естественными.* Мы показываем далее, что эти условия не просто естественны, но могут считаться *реализацией* (3.6) *во внутренних узлах.*

Во-первых, условия (3.7) получены *совершенно однотипно* с (3.6) из условия $\delta\Phi(u)h = 0$ $(\forall h)$, т. е. имеют идентичное происхождение.

Во-вторых, они имеют дивергентную природу. В самом деле, пусть u — достаточно гладкая на $R(\Gamma)$ функция, $\nabla u(x) = \mathrm{grad}\, u(x)$ — задаваемое на $R(\Gamma)$ векторное поле. Воспользуемся гидродинамической интерпретацией и подсчитаем поток поля $p(\nabla u(x))$ через поверхность малой окрестности внутреннего узла $a \in J(\Gamma)$.

Такая окрестность имеет вид «ε-ежика» — пучка с узлом в точке a и достаточно малыми кусками $(a, a + \varepsilon_i)$ интервалов γ_i, примыкающих к a. Граница этой окрестности совпадает с набором точек $a + \varepsilon_i$ из $\gamma_i \subset \Gamma(a)$. В каждой такой точке проекция $\nabla u'(a + \varepsilon_i)$ на внешнюю к окрестности нормаль совпадает с производной $u'(a + \varepsilon_i)$, вычисленной при ориентации γ_i в направлении «от a». Поэтому поток поля $p(\nabla u')$ через рассматриваемую поверхность равен

$$\sum_{\gamma_i \subset \Gamma(a)} p(a + \varepsilon_i) u'(a + \varepsilon_i),$$

что при стягивании этой окрестности к точке a (т. е. при $\varepsilon_i \downarrow 0$) приводит к

$$(L_0 u)(a) = \sum_{\gamma_i \subset \Gamma(a)} p_i(a) \frac{d}{d\gamma_i} u'(a). \tag{3.9}$$

Если при этом точке a приписать единичный объем, то $(L_0 u)(a) = \operatorname{div}(p \nabla u)(a)$.

В-третьих, возможен взгляд на выражение (3.9) как на «слабую производную по Γ» от (pu') в точке a.

Введем на Γ меру μ, полагая ее линейной (и единичной плотности) на каждом ребре γ_i и атомарной (сосредоточенной) в каждой из внутренних вершин $a \in J(\Gamma)$, считая, что в каждой из вершин соответствующий дифференциал Стилтьеса $(d\mu)(a)$ равен единице. Введение такой меры позволяет, например, свернуть выражение (3.4) для энергии $V(u)$ в виде

$$V(u) = \int_\Gamma \left(p \frac{u'^2}{2} + q \frac{u^2}{2} - fu \right) d\mu, \tag{3.10}$$

если положить

$$(pu')(a) = 0 \qquad (a \in J(\Gamma)). \tag{3.11}$$

Последнее допущение в рамках п. 3.1.2 вполне физично, так как функция $p(x)$, определяющая линейную упругость системы в точке x, сама в свою очередь определяется двусторонними окрестностями точки x, а в крайних точках каждого ребра линейная упругость отсутствует.

Введем в рассмотрение достаточное множество Φ бесконечно дифференцируемых на $R(\Gamma)$ и непрерывных на Γ (т. е. в точках из $J(\Gamma)$) финитных функций с компактными относительно Γ носителями. Для любой функции $\phi \in \Phi$, носитель которой U_ϕ содержит лишь одну внутреннюю вершину a $(\in J(\Gamma))$, имеем

$$\int_\Gamma (pu')\phi' d\mu = \int_{\Gamma \cap U_\phi} (pu')\varphi' d\mu = \int_{\{a\}} (pu')\varphi' \, d\mu + \\ + \sum_{\gamma_i \subset \Gamma(a)} \left(\int_{\gamma_i \cap U_\varphi} (p_i u')\phi' dx \right) = (pu'\varphi')(a) + \sum_{\gamma_i \subset \Gamma(a)} \int_a^{x_i} (p_i u') \, d\phi,$$

где (a, x_i) — минимальный по включению интервал, содержащий $\gamma_i \cap U_\phi$. Отсюда в силу (3.11) и равенства

$$\int_a^{x_i} (p_i u')\, d\phi = -\left[\left(p_i \frac{du}{d\gamma_i}\right)(a)\phi(a)\right] - \int_a^{x_i} (p_i u')'\phi\, dx$$

(учитываем, что $\phi(x_i) = 0$) следует

$$\int_\Gamma (pu')\phi' d\mu = -\left[\sum_{\gamma_i \subset \Gamma(a)} \left(p_i \frac{du}{d\gamma_i}\right)(a)\right]\phi(a) - \int_{\Gamma \setminus \{a\}} (pu')'\phi\, dx. \quad (3.12)$$

Здесь для определенности на каждом γ_i можно считать фиксированной какую-либо из двух ориентаций, знак $u'\phi'$ и $u''\phi$ от этого не зависит. Через p_i обозначается сужение p на γ_i, так что $p_i(a)$ есть предельное в точке a значение $p(x)$ вдоль ребра γ_i. Напомним, что, вообще говоря, $p_i(a) \neq p(a)$. С учетом того, что $(d\mu)(x) = dx$ при $x \in R(\Gamma)$ и $(d\mu)(a) = 1$ при $a \in J(\Gamma)$, мы, пользуясь (3.11), можем переписать (3.12) в виде

$$\int_\Gamma (pu')\phi'\, d\mu = -\int_\Gamma \frac{d}{d\Gamma}(pu')\phi\, d\mu, \quad (3.13)$$

где обозначено

$$\frac{d}{d\Gamma}(pu')(x) = \begin{cases} (pu')'(x), & x \in R(\Gamma), \\ \displaystyle\sum_{\gamma_i \subset \Gamma(x)} p_i(x) \frac{du}{d\gamma_i}(x), & x \in J(\Gamma). \end{cases}$$

Поскольку любая $\varphi \in \Phi$ может быть представлена в виде конечной суммы функций, носитель каждой из которых содержит ровно одну внутреннюю вершину, то можно считать, что (3.13) выполняется при всех $\varphi \in \Phi$. А выполнение равенства (3.13) при всех $\varphi \in \Phi$ означает, что функция $\dfrac{d}{d\Gamma}(pu')$ реализует слабую μ-производную от функции $(pu')(x)$, доопределяемой в $J(\Gamma)$ нулями согласно (3.11). Таким образом, (3.6) и (3.7) могут считаться реализациями на Γ одного уравнения $-\dfrac{d}{d\Gamma}(pu') + qu = f$ вида (3.1).

3.1.4. Замечание о «физической границе». Как уже отмечалось, граничные вершины сети Γ отличаются от внутренних совсем не тем, что к внутренним вершинам примыкает по нескольку ребер, а к граничным — лишь по одному. Для нас разница определяется задачей, которая ставится на графе, и граничными являются лишь те вершины, где система изначально закреплена. Тем самым мы допускаем в $J(\Gamma)$ точки, к которым примыкает всего лишь по одному ребру. В таких вершинах равенства (3.7) принимают вид

$$-p(a)u'(a) + q(a)u(a) = f(a),$$

где $u'(a)$ означает крайнюю производную (при дифференцировании «от a»). Если $q(a)$ и $f(a)$ равны нулю, то мы имеем $u'(a) = 0$ — типичное условие свободного (незакрепленного) конца в задаче о струне. При $f(a) = 0$ и $q(a) \neq 0$ получается хорошо известное из скалярной теории условие Штурма–Лиувилля. Предлагаемый нами взгляд на подобные (естественные) условия как на реализацию уравнения в точке приводит к неожиданному даже для обычных одномерных задач наблюдению: уже в задаче об одной струне с упругими креплениями концов при нашем подходе оказывается, что $\partial\Gamma = \varnothing$, а концы составляют $J(\Gamma)$.

3.1.5. Однородное уравнение на сети. Мы начинаем здесь анализ соответствующего (3.1) однородного уравнения

$$Lu \overset{\text{def}}{=} -\frac{d}{d\Gamma}(pu') + qu = 0, \tag{3.14}$$

где полагается

$$\frac{d}{d\Gamma}(pu')(x) = \begin{cases} (pu')'(x), & x \in R(\Gamma), \\ \sum\limits_{\gamma \subset \Gamma(x)} \alpha_\gamma(x) \dfrac{d}{d\gamma} u(x), & x \in J(\Gamma). \end{cases} \tag{3.15}$$

Заданные на Γ функции $p(x)$ и $q(x)$ предполагаются лежащими в $C[R(\Gamma)]$, т. е. равномерно непрерывными на каждом ребре. Для p предполагается дополнительно сильная положительность на $R(\Gamma)$, т. е. что $\inf\limits_{R(\Gamma)} p > 0$. Числа $\alpha_\gamma(x)$ предполагаются положительными. Решения (3.14) будем искать лишь среди заданных на всем Γ функций $u(x)$ из $C(\Gamma)$, для которых $(pu')' \in C[R(\Gamma)]$. Множество таких функций обозначается далее через $C^2(\Gamma)$.

Являясь промежуточным объектом между скалярным и многомерным уравнениями, (3.14) несет в себе заряд свойств эллиптического типа.

Теорема 3.1. *Любое знакопостоянное решение $u(x)$ однородного уравнения (3.14) либо тривиально ($\equiv 0$), либо не имеет нулей в Γ. В последнем случае из равенства $u(a) = 0$ при каком-то $a \in \partial\Gamma$ следует $u'(a) \neq 0$.*

Доказательство. Пусть $u(x) \geqslant 0$ и Q — множество нулей $u(x)$ в Γ. Если Q не пусто, то оно относительно замкнуто в Γ. Покажем, что если Q не пусто, то оно и открыто в Γ, откуда будет следовать, что $Q = \Gamma$.

Пусть $\widetilde{x}$ — некоторая точка из Q. Если $\widetilde{x}$ есть внутренняя точка какого-то ребра γ_{i_0}, то $\widetilde{x}$ есть точка минимума для $u_{i_0}(x)$ на γ_{i_0}, вследствие чего не только $u_{i_0}(\widetilde{x}) = 0$, но и $u'_{i_0}(\widetilde{x}) = 0$. Поэтому $u(x) \equiv \equiv 0$ на γ_{i_0}, т.е. $\gamma_{i_0} \subseteq Q$, а значит, точка $\widetilde{x}$ является внутренней в Q. Пусть теперь $\widetilde{x}$ совпадает с одной из внутренних вершин. Тогда в силу неотрицательности (вследствие $u(x) \geqslant u(\widetilde{x}) = 0$) всех $\dfrac{d}{d\gamma}\,u(\widetilde{x})$ (для $\gamma \subset \Gamma(\widetilde{x})$) должно быть

$$\frac{d}{d\gamma}\,u(\widetilde{x}) = 0$$

(для тех же γ), т. е. на каждом примыкающем к $\widetilde{x}$ ребре γ функция $u(x)$ удовлетворяет нулевым начальным (в точке $x = \widetilde{x}$) условиям и однородному линейному дифференциальному уравнению, т. е. должна быть тождественным нулем. Значит, $u(x) \equiv 0$ на всех примыкающих к $\widetilde{x}$ ребрах, т. е. $\widetilde{x}$ — опять внутренняя точка для Q. Таким образом, Q открыто в Γ. Если $u(a) = 0$ при $a \in \partial\Gamma$, причем $u'(a) = 0$, то на примыкающем к a ребре складывается предыдущая ситуация, т. е. $u(x) \equiv 0$ на этом ребре, что по доказанному возможно лишь в случае $u(x) \equiv 0$ на Γ. Теорема доказана.

Для любой непрерывной на отрезке $\mathbb{R}^1$ функции $u(x)$ множество точек, где $u(x) > 0$ (или $u(x) < 0$), есть объединение непересекающихся интервалов, расположенных между нулями u. Для случая функций, заданных на *графе* (*сети*), такое множество имеет подобную же структуру, но с более сложно устроенными компонентами связности. Эти компоненты, в скалярном случае адекватные интервалам между соседними нулями u, в случае общего графа (общей сети) могут содержать внутренние узлы и не только ребра Γ (целиком), но и куски ребер. В любом случае такие компоненты связности имеют локально идентичную Γ структуру. Мы их договорились называть *подграфами* Γ.

Подграф $\Gamma_0 \subset \Gamma$ сам является графом в смысле определения из п. 3.1.1, для него определены $J(\Gamma_0)$ и $\partial(\Gamma_0)$, однако если $J(\Gamma_0) \subseteq \subseteq J(\Gamma)$, т.е. внутренние вершины Γ_0 есть внутренние узлы Γ, то $\partial\Gamma_0$ может содержать точки Γ, не лежащие в $\partial\Gamma$, и граничными для Γ_0 могут оказаться точки, лежащие внутри каких-то ребер Γ. Этим наш термин *подграф* отличается от принятого в алгебраической теории, где подграф должен иметь граничные (тупиковые) вершины только из множества всех вершин $(J(\Gamma) \cup \partial\Gamma)$ исходного графа. Любой собственный подграф $\Gamma_0 \subset \Gamma$ должен иметь непустую границу $\partial\Gamma_0$, даже если $\partial\Gamma = \varnothing$.

Определение 3.2. Для непрерывной на Γ функции $u\colon \Gamma \to \to R$ мы под *S-зоной* функции $u(\cdot)$ понимаем любой подграф $\Gamma_0 \subseteq \subseteq \Gamma$, на котором u не имеет нулей и в граничных точках которого она обнуляется.

Теорема 3.2 (принцип сравнения). *Пусть $u(x)$ — нетривиальное решение уравнения* (3.14) *и Γ_0 — какая-либо из его S-зон. Тогда* *любое знакопостоянное на* Γ_0 *решение* $v(x)$ *уравнения* (3.14) *коллинеарно* $u(x)$ *на* Γ_0.

Доказательство. Сужая рассмотрения на Γ_0, можно считать, что $\Gamma_0 = \Gamma$, $u(x) > 0$ на Γ и $v(x) \geqslant 0$ на Γ. Если $v(x) \not\equiv 0$ на Γ, то в силу теоремы 3.1 $v(x) > 0$ на Γ, причем $v'(a) > 0$ во всех точках $a \in \partial\Gamma$, в которых $v(a) = 0$ (здесь и далее $z'(a)$ при $a \in \partial\Gamma$ означает крайнюю производную $dz(a)/d\gamma$ вдоль единственного ребра γ, примыкающего к a). А так как $u(a) = 0$ и $u'(a) > 0$ всюду на $\partial\Gamma$, то отношение $h(x) \equiv u(x)/v(x)$ может быть доопределено на $\partial\Gamma$ до непрерывной на $\overline{\Gamma} = \Gamma \cup \partial\Gamma$ функции. Поэтому число $\lambda_0 = \sup\limits_{\Gamma} h(x)$ конечно, причем, очевидно, $\lambda_0 > 0$. Предположим, что $h(x) \not\equiv \lambda_0$, и рассмотрим максимизирующую $h(x)$ последовательность $\{x_n\}$. Пусть $\widetilde{x}$ — одна из ее предельных точек. Рассмотрим функцию

$$z(x) = \lambda_0 v(x) - u(x).$$

Она неотрицательна в Γ, является решением уравнения (3.14) и, согласно теореме 3.1, не имеет нулей в Γ. Поэтому если $\widetilde{x} \in \Gamma$, то $z(\widetilde{x}) > 0$, и, значит, $\lambda_0 v(\widetilde{x}) - u(\widetilde{x}) \geqslant \varepsilon u(\widetilde{x})$ при некотором $\varepsilon > 0$. Но это означает

$$h(\widetilde{x}) = \frac{u(\widetilde{x})}{v(\widetilde{x})} \leqslant \frac{\lambda_0}{1+\varepsilon},$$

что противоречит определению λ_0. Следовательно, $\widetilde{x} \notin \Gamma$. Поэтому $\widetilde{x} \in \partial\Gamma$ и $u(\widetilde{x}) = 0$ (так как $u|_{\partial\Gamma} = 0$). Если $v(\widetilde{x}) > 0$, то

$$\lambda_0 = \frac{u(\widetilde{x})}{v(\widetilde{x})} = 0,$$

что невозможно. Поэтому $v(\widetilde{x}) = 0$ и, в силу теоремы 3.1, $v'(\widetilde{x}) > 0$. Но тогда

$$\lambda_0 = \sup_{\Gamma} \frac{u(x)}{v(x)} = \lim_{x \to \widetilde{x}} \frac{u(x)}{v(x)} = \frac{u'(\widetilde{x})}{v'(\widetilde{x})}.$$

Отсюда следует, что $z'(\widetilde{x}) = \lambda_0 v'(\widetilde{x}) - u'(\widetilde{x}) = 0$. Таким образом, для нетривиального (по предположению $h \not\equiv \lambda_0$) неотрицательного решения $z = \lambda_0 v - u$ уравнения (3.14) мы имеем $z(\widetilde{x}) = z'(\widetilde{x}) = 0$, что противоречит теореме 3.1. Значит, $h(x) \equiv \lambda_0$. Теорема доказана.

Теоремы 3.1 и 3.2 позволят далее построить теорию неосцилляции на сети. Содержательность этих теорем можно пояснить и сейчас сравнением с соответствующими им классическими (одномерными) аналогами.

Следствие 1 (перемежаемость нулей). *Пусть* $u(x)$ — *нетривиальное решение* (3.14) *и* Γ_0 — *какая-либо его* S*-зона. Тогда любое решение* $v(x)$ *уравнения* (3.14), *не коллинеарное* $u(x)$ *в* Γ_0, *меняет знак в* Γ_0 *и в* $\partial\Gamma_0$ (*а потому значения* u/v *на* $\overline{\Gamma_0}$ *заполняют сплошь* $(-\infty, +\infty)$).

Скалярный аналог известен — между нулями одного решения любое другое, неколлинеарное ему, меняет знак. Доказательство напрямую следует из теоремы 3.2: если v неколлинеарно u на Γ_0, то v не может сохранять знак в Γ_0. Если бы v сохраняло знак на $\partial\Gamma_0$, меняя его в Γ_0, то внутри Γ_0 существовала бы S-зона v, на которой u было бы знакопостоянным, что тоже невозможно.

Следствие 2 (аналог принципа максимума). *Если $u(x)$ — решение уравнения* (3.14) *без нулей в* Γ, *то для любого решения v того же уравнения, неколлинеарного с u, отношение v/u не может иметь внутри* Γ *ни глобальных максимумов, ни глобальных минимумов.*

Действительно, если λ_0 — экстремальное значение v/u, то функция $h = v - \lambda_0 u$ должна быть знакопостоянной на Γ, имея внутри нулевое значение, что влечет, по теореме 3.1, $h \equiv 0$, т. е. коллинеарность v и u.

Следствие 3. *Если u — решение* (3.14) *без нулей в* Γ, *а v — решение того же уравнения, то отношение v/u не может иметь в* Γ *нетривиальных локальных экстремумов.*

Экстремум функции в некоторой точке мы называем *нетривиальным*, если в любой ее окрестности функция отлична от тождественной постоянной.

Действительно, если λ_0 — значение локального экстремума v/u, достигаемое в точке x_0, то функция $h = v - \lambda_0 u$ в некоторой окрестности точки x_0 знакопостоянна и равна 0 в точке x_0, и, значит, по теореме 3.1, $h \equiv 0$ в этой окрестности, т. е. x_0 — точка тривиального экстремума v/u.

3.2. Краевая задача на сети

В математических работах задачи на сетях (с той или иной степенью общности) появились в форме вопроса о непрерывных решениях системы

$$-(pu')' + qu = f \quad (x \in R(\Gamma)), \tag{3.16}$$

$$-\sum_{\gamma\subset\Gamma(a)} \alpha_\gamma(a)\,\frac{du}{d\gamma}\,(a) + q(a)u(a) = f(a) \quad (a \in J(\Gamma)), \tag{3.17}$$

$$u(a) = 0 \quad (a \in \partial\Gamma), \tag{3.18}$$

где (3.16) — обыкновенные дифференциальные уравнения, заданные порознь на ребрах γ_i, а (3.17) и (3.18) — линейные связи, заданные локально в конечном числе точек — во внутренних и граничных вершинах Γ. В настоящей работе мы в основном рассматриваем эту систему как краевую задачу

$$-\frac{d}{d\Gamma}(pu') + qu = f, \qquad u|_{\partial\Gamma} = 0,$$

относя равенства (3.18) к краевым условиям, а (3.16), (3.17) — к реализациям на $\Gamma = R(\Gamma) \cup J(\Gamma)$ единого уравнения на целом связном множестве Γ. Однако такой взгляд не единственно возможный и даже не первый. Более того, такой взгляд, открывая дорогу для качественных результатов (типа рассмотренных в п. 3.1.5), оставляет в стороне такие важнейшие и традиционные для ОДУ вопросы, как разрешимость нашего обыкновенного дифференциального уравнения (3.16), (3.17) на всем Γ, продолжимость решений, заданных на части Γ (например, на ребре), размерность пространства решений, условия однозначной дефиниции решений и пр. Ответы на подобные вопросы возможны на основе общей теории краевых задач, если на систему (3.16)–(3.18) посмотреть по-другому.

3.2.1. Разные версии задачи (3.16)–(3.18). При традиционном взгляде ситуация вроде бы банальна: обычная краевая задача для системы (3.16) дифференциальных уравнений с краевыми условиями. Однако:

— уравнения (3.16), хоть и совсем простые, и даже скалярные, заданы каждое на своем носителе — ребре сети Γ. У решений разных уравнений разные аргументы, что не позволяет считать систему (3.16) единым уравнением для вектор-функции от скалярного аргумента;

— если на систему (3.16) смотреть как на набор не связанных друг с другом уравнений, то необходимо вспомнить про условие непрерывности интересующих нас решений во внутренних узлах

$$u_i(a) = u_j(a) \quad (\gamma_i, \gamma_j \subset \Gamma(a)). \tag{3.19}$$

Здесь, напомним, $\gamma_i \subset \Gamma(a)$ означает примыкание γ_i к a, а через $u_i(x)$ обозначено сужение функции $u(x)\colon\ \Gamma \longrightarrow R$ на ребро γ_i;

— если мы захотим забыть о графе Γ, переформулировав задачу в независимых от Γ терминах как бы на некоторой системе интервалов, объявив их концы граничными точками, то условия (3.17), (3.19) придется оснастить дополнительной фиксированной матрицей, определяющей связь между индексами согласуемых решений u_i с номерами концов соответствующих интервалов. В качестве такой матрицы может браться либо матрица графа, либо матрица инциденций этого графа.

Введение матриц, описывающих структуру графа, особенно осложняет существо картины.

Сведение поставленной задачи к стандартной с последующим использованием результатов общей теории краевых задач [1, 35, 44] может осуществляться одним из перечисленных ниже способов; каждый *подход* дает соответствующую *версию* задачи.

(а) *Декомпозиционный подход.* Пусть $[\gamma]$ обозначает замыкание интервала $\gamma = (a, b)$ из R^n, т. е. $[\gamma] = [a, b]$. Обозначим через $C^2[\gamma]$ множество определенных на γ функций $u(x)$, которые вместе с производными до второго порядка $(pu')(x)$, $(pu')'(x)$ допускают доопределение до непрерывных на $[\gamma]$. Для данного набора $\{\gamma_i\}_1^m$ ребер Γ обозначим через $C^2[R(\Gamma)]$ произведение таких пространств $C^2[\gamma_i]$. Система (3.16) может теперь рассматриваться как единое уравнение в $C^2[R(\Gamma)]$. Условия (3.17)–(3.19) порождаются системой линейных и непрерывных в $C^2[R(\Gamma)]$ функционалов, определяемых с участием матрицы инциденций.

(б) *Скаляризующий подход.* Задача сводится к одному скалярному уравнению на отрезке. Обозначим через α_i длину интервала γ_i. Очевидный линейный изоморфизм позволяет отождествить γ_1 с интервалом $(0, \alpha_1)$, ребро γ_2 — с интервалом $(\alpha_1, \alpha_1 + \alpha_2)$, ребро γ_i — с интервалом (ξ_{i-1}, ξ_i), где $\xi_i = \alpha_1 + \cdots + \alpha_i$ и $i = \overline{1, m}$. Тогда каждое из уравнений системы (3.14) превращается в уравнение на соответствующем интервале (ξ_{i-1}, ξ_i), что приводит к единому уравнению второго порядка на $(0, \xi_m)$, правда, с оговоркой: оно нарушается во всех точках ξ_i $(i = \overline{1, m-1})$. Условия (3.17)–(3.19), сопровождаемые матрицей инциденции, превращаются в многоточечные краевые условия нелокального типа — они связывают значения и производные решений в разных точках ξ_i.

(в) *Векторный подход.* Задача сводится к стандартной (см., например, [1, 35, 44]) постановке в классе вектор-функций. На каждом ребре γ_i вместо натуральной вводится каноническая параметризация отрезком $[0, 1]$ по типу $\{x = a + t(b - a), 0 < t < 1\}$, после чего все уравнения могут считаться заданными на одном отрезке $[0, 1]$, а решения $u_i(t)$ на разных ребрах γ_i оказываются координатами одной вектор-функции $u(t) = (u_1(t), \ldots, u_m(t))$. Синхронизация аргументов не портит дела, так как решения (3.16) во внутренних точках разных ребер никак не взаимосвязаны. Условия (3.17)–(3.19) оказываются двухточечными. Естественно, без матрицы графа (или инциденций) здесь не обойтись. Получаемая двухточечная задача не является, вообще говоря, распадающейся, так как некоторые краевые условия могут связывать решение обоими концами. Для того чтобы за счет перенумерации и переориентации ребер система краевых условий оказалась распадающейся, когда каждое условие локализовано в одном конце отрезка $[0, 1]$, необходимо, чтобы граф был двудольным, т. е. чтобы его вершины можно было разбить на два класса так, чтобы любые две смежные вершины (являющиеся концами одного ребра) оказались в разных классах. Двудольным является любой граф, имеющий структуру дерева, т. е. не обладающий циклами.

(г) *Связный подход.* Этот подход предполагает однородность условий (3.17). Граф Γ из рассмотрений не выбрасывается, а служит носителем аргументов искомых функций. Решение системы (3.16)–(3.18) ищется в классе функций, определенных и непрерывных на е д и н о м множестве Γ. Отпадает необходимость помнить об условиях (3.19) так же, как и о матрице инциденций. Условия (3.17), будучи однородными (называемые *условиями гладкости* или *условиями трансмиссии*), вносятся в определение решения уравнений (3.16). Сами эти уравнения рассматриваются уже скорее не как система, а как комплект уравнений на Γ, что приближает этот подход к декомпозиционному. Краевыми признаются здесь лишь условия (3.18), задаваемые на границе: $u|_{\partial\Gamma} = 0$. Связный подход позволяет взглянуть на решения как на формы деформированной сетки, как на определенные на всей сети Γ функции, графиками которых являются «паутинки над Γ».

(д) *Синтетический подход.* Условия (3.17) считаются реализацией исходного уравнения во внутренних вершинах, а (3.16) — реализацией того же уравнения на ребрах. Таким образом, одно уравнение второго порядка задано сразу на всем графе, включая вершины из $J(\Gamma)$. Краевые условия ставятся только на границе: $u|_{\partial\Gamma} = 0$. В отличие от предыдущего подхода, здесь снимаются возможные особенности решений во внутренних узлах, устраняемые дополнительными условиями гладкости (трансмиссии). Функцию последних выполняет само уравнение в точке $a \in J(\Gamma)$, допускающее, в отличие от условий трансмиссии, ненулевые правые части $f(a)$.

Последний подход используется в дальнейшем как основной при исследовании задачи (3.16)–(3.18), позволяя даже внешне отразить эллиптическую природу устанавливаемых качественных свойств. Остальные подходы оказываются полезными при использовании отдельных результатов классической теории.

3.2.2. Некоторые общие факты. Всюду далее мы будем предполагать выполненными «естественные» (с точки зрения упругих задач) условия, когда в (3.16) функции $p(x)$, $q(x)$ и $f(x)$ равномерно непрерывны на каждом ребре Γ, причем $\inf p > 0$ и $\alpha_\gamma(a) > 0$ для всех $a \in J(\Gamma)$ и $\gamma \subset \Gamma(a)$.

В *«естественных»* условиях для каждого ребра γ соответствующее ему уравнение (3.16) однозначно разрешимо на всем γ (на замыкании $[\gamma]$ этого ребра) для любой начальной задачи, в том числе и для крайних задач вида

$$u(a) = 0, \quad \frac{d}{d\gamma}\, u(a) = 1, \tag{3.20}$$

$$u(a) = 1, \quad \frac{d}{d\gamma}\, u(a) = 0, \tag{3.21}$$

где a — один из концов γ (узлов Γ), $u(a)$ — предельное (вдоль γ) значение $u(\cdot)$ в точке $x = a$ и $du(a)/d\gamma$ — соответствующая крайняя производная. Недифференцируемость p для однозначной разрешимости (3.20) и (3.21) здесь не помеха, достаточно заметить, что, например, в случае $\gamma \subset \mathbb{R}^1$ можно перейти к другой независимой переменной

$$y = \int\limits_a^x \frac{ds}{p(s)}.$$

Разрешимость в целом на Γ или на $R(\Gamma) = \bigcup\limits_{i=1}^m \gamma_i$ задачи (3.16)–(3.19) будет определяться взаимодействием всех отдельных связей этой задачи.

1. Пусть L — аддитивное однородное отображение из E_1 в E_2, где E_1 и E_2 — линейные пространства. Пусть L «накрывает» E_2, т. е. $E_2 \subseteq LE_1$. Пусть L имеет конечномерное ядро $N(L) = \{u \in \in E_1 \colon Lu = 0\}$. Пусть $l_1, \ldots, l_k$ — линейные на E_1 функционалы, где $k = \dim N(L)$.

Лемма 3.1. *Для однозначной разрешимости в E_1 общей краевой задачи*

$$Lu = f, \quad l_i(u) = c_i \quad (f \in E_2, \quad c_i \in \mathbb{R}, \quad i = \overline{1, k}) \tag{3.22}$$

при любой $f \in E_2$ и любых $c_i \in \mathbb{R}$ $(i = \overline{1, k})$ необходимо и достаточно, чтобы однородная задача

$$Lu = 0, \quad l_i(u) = 0 \quad (i = \overline{1, k}) \tag{3.23}$$

имела в E_1 только нулевое решение.

Общую задачу (3.22) мы называем *невырожденной*, если для нее истинны высказывания, образующие двойную импликацию в лемме 3.1, т. е. если однородная задача (3.23), кроме тривиального $u = 0$, никаких других решений в E_1 не имеет. Для невырожденности необходимо и достаточно, чтобы был отличен от нуля детерминант $\det \|l_i(\psi_j)\|_{i,j=1}^k$, где $\{\psi_j\}_{j=1}^k$ — произвольный базис из $N(L)$ (пространства решений уравнения $Lu = 0$).

2. Пусть $\{\psi_j\}$ — какой-либо базис из $N(L)$. Введем форму (предполагая невырожденность задачи)

$$\Theta(y;\ A_1, \ldots, A_n) = \frac{1}{\det\|l_i(\psi_j)\|_{i,j=1}^k} \begin{vmatrix} y & \psi_1 & \ldots & \psi_k \\ A_1 & l_1(\psi_1) & \ldots & l_1(\psi_k) \\ \hdotsfor{4} \\ A_k & l_k(\psi_1) & \ldots & l_k(\psi_k) \end{vmatrix}$$

$$(y \in E_1, \quad A_i \in \mathbb{R}),$$

удобную для явного представления различных решений задачи (3.22). Так, если y — какое-либо решение уравнения $Lu = f$, то решение z задачи (3.22) дается выражением $z = \Theta(y;\ l_1(y) - c_1, l_2(y) - c_2, \ldots, l_k(y) - c_k)$. Решение полуоднородной задачи $Lu = f$, $l_i(u) = 0$ $(i = \overline{1,k})$ дается выражением $\Theta(y;\ l_1(y), l_2(y), \ldots, l_k(y))$. Если $K\colon E_2 \to E_1$ есть какое-либо правое обратное к L отображение, т. е. $LKf \equiv f$ при $f \in E_2$, то равенство

$$Gf = \Theta(Kf;\ l_1(Kf), \ldots, l_k(Kf))$$

определяет *оператор Грина*, позволяющий формулой $u = Gf$ выразить решение полуоднородной задачи $Lu = f$, $l_i(u) = 0$ $(i = \overline{1,k})$.

При нулевом функциональном аргументе $\Theta(0;\ A_1, A_2, \ldots, A_k)$ дает решения однородного уравнения $Lu = 0$ с условиями $l_i(u) = -A_i$. В частности, формула

$$h_j = \Theta(0;\ \underbrace{0, \ldots, 0}_{j-1}, -1, 0, \ldots, 0) \quad (j = \overline{1,k})$$

определяет базис в $N(L)$, биортогональный к $\{l_i\}_1^k$, т. е. $l_i(h_j) = \delta_{ij}$ $(i, j = \overline{1,k})$, где δ_{ij} — символ Кронекера. Этот базис позволяет, например, представить оператор Грина в виде

$$Gf = Kf - \sum_{j=1}^{k} l_j(Kf)h_j.$$

3. Как уже говорилось, каждый из пяти приведенных в п. 3.2.1 взглядов на задачу (3.16)–(3.19) мы будем называть *версией* этой задачи. К любой версии применима лемма 3.1, причем

$$(Lu)(x) \equiv (-pu')'(x) + (qu)(x)$$

в первых четырех версиях и

$$(Lu)(x) \equiv -\left(\frac{d}{d\Gamma}\, pu'\right)(x) + (qu)(x)$$

в пятой.

Пространство E_1 везде состоит из функций, заданных и достаточно гладких на множестве Ω, где $\Omega = R(\Gamma)$ в декомпозиционной версии, $\Omega = (0, \xi_1) \cup (\xi_1, \xi_2) \cup \ldots \cup (\xi_{m-1}, \xi_m)$ в скаляризующей версии, $\Omega = (0, 1)$ при векторном подходе и $\Omega = \Gamma$ в последних двух версиях, где вдобавок E_1 сужено условиями непрерывности (3.19). Для всех версий однородные задачи (3.23), соответствующие (3.16)–(3.19), эквивалентны.

Лемма 3.2. *Для невырожденности задачи* (3.16)–(3.19) *необходимо и достаточно невырожденности любой из ее версий.*

4. Внешне наиболее простой для задачи (3.16)–(3.19) является декомпозиционная версия. Скаляризующая и векторная версии, сводя

функцию на графе к функциям скалярного аргумента, превращают исходную задачу в объект стандартной теории, из которой следует, например,

Лемма 3.3. *Пусть $\rho(x) \in C[R(\Gamma)]$. Тогда при каждом λ существуют линейно независимые на $[R(\Gamma)]$ решения $\psi_\lambda^1(x)$, $\psi_\lambda^2(x), \ldots$ $\ldots, \psi_\lambda^{2m}(x)$ уравнения*

$$-(p(x)u')' + q(x)u = \lambda\rho(x)u \quad (x \in R(\Gamma)), \tag{3.24}$$

каждое из которых аналитично по λ (в смысле метрики $C^1[R(\Gamma)]$).

Для доказательства достаточно выбрать на каждом ребре γ_i один из концов a, с помощью которого при фиксированном λ определить условиями (3.20) и (3.21) два линейно независимых на γ_i решения $h_i^1(x)$, $h_i^2(x)$. Продолжая h_i^1 и h_i^2 на остальные ребра γ_k $(k \neq i)$ тождественным нулем и сохраняя обозначения, получим линейно независимую в целом на $R(\Gamma)$ систему $\{h_i^1, h_i^2\}_{i=1}^m$. Так как условия (3.20) и (3.21) в векторной версии определяют обычную задачу Коши, то из общей теории следует аналитическая зависимость от λ каждой из функций h_i^1, h_i^2, построенных указанным способом, при каждом фиксированном λ.

5. Рассмотрим для уравнения (3.24) однородные условия

$$-\sum_{\gamma \subset \Gamma(a)} \alpha_\gamma(a) \frac{d}{d\gamma} u(a) + q(a)u(a) = 0 \quad (a \in J(\Gamma)), \tag{3.25}$$

соответствующие (3.17), вместе с однородными условиями (3.18), (3.19).

Число λ назовем *точкой спектра* этой задачи, если она при этом значении λ вырождена, т. е. имеет нетривиальное решение.

Теорема 3.3. *Спектр задачи* (3.24) *с условиями* (3.25), (3.18), (3.19), *дискретен и образует неограниченную последовательность.*

Доказательство основано на стандартном соображении. Если $\{\psi_\lambda^k(x)\}_{k=1}^{2m}$ — построенный в лемме 3.3 базис решений уравнения (3.24), и через $l_1, \ldots, l_{2m}$ обозначены порождающие (3.18), (3.19), (3.25) функционалы, то невырожденность рассматриваемой спектральной задачи означает отличие от нуля определителя

$$\Delta(\lambda) = \det \|l_i(\psi_\lambda^k)\|_{i,k=1}^{2m}, \tag{3.26}$$

который оказывается аналитической по λ функцией.

6. В синтетической версии, в отличие от остальных, спектральная задача определяется более сильным уравнением

$$-\frac{d}{d\Gamma}(pu') + qu = \lambda\rho u,$$

которое дополняет (3.24) вместо (3.25) условиями типа (3.17) при $f(a) = \lambda\rho(a)u(a)$. Однородные условия (3.18), (3.19) сохраняются. Спектр этой задачи отличен, вообще говоря, от предыдущего, хотя его структура аналогична.

В самом деле, по сравнению с (3.26) характеристический детерминант $\Delta_\Gamma(\lambda)$ для синтетической версии будет отличаться от (3.26) заменой строки вида

$$-\sum_{\gamma\subset\Gamma(a)} \alpha_\gamma(a)\,\frac{d}{d\gamma}\,\psi_\lambda^k(a) + q(a)\psi_\lambda^k(a) \quad (k = 1, \ldots, 2m),$$

соответствующей условию (3.17) в каждой точке $a \in J(\Gamma)$, на строку

$$-\sum_{\gamma\subset\Gamma(a)} \alpha_\gamma(a)\,\frac{d}{d\gamma}\,\psi_\lambda^k(a) + q(a)\psi_\lambda^k(a) - \lambda\rho(a)\psi_\lambda^k(a) \quad (k = 1, \ldots, 2m),$$

что сохранит для $\Delta_\Gamma(\lambda)$ аналитичность по λ.

Теорема 3.4. *Пусть $\tau \in \partial\Gamma$ и $u_\tau^\lambda(x)$ — решение уравнения*

$$-\frac{d}{d\Gamma}\,(pu') + qu = \lambda\rho u$$

при условиях

$$u_\tau(\tau) = 1, \quad u_\tau(x) = 0 \quad (x \in \partial\Gamma,\ x \neq \tau).$$

Тогда функция $\Delta_\Gamma(\lambda)u_\tau^\lambda(x)$ аналитична по λ в метрике $C^1[R(\Gamma)]$.

Доказательство. Достаточно воспользоваться явным представлением (см. п. 2) с помощью формы Θ и учесть аналитичность исходной системы $\{\psi_\lambda^k\}_{k=1}^{2m}$.

3.2.3. Функция Грина. Исходной задаче в каждой из версий может быть придан общий вид (3.22).

Определение 3.3. *Функцией Грина для какой-то версии* мы называем функцию $G(x,s)$ такую, что решение соответствующей полуоднородной задачи

$$Lu = f, \quad l_i(u) = 0 \quad (i = \overline{1,k}) \tag{3.27}$$

при любой функции f может быть представлено в виде

$$u(x) = \int\limits_\Omega G(x,s)f(s)\,ds, \tag{3.28}$$

где Ω — область аргументов $u(\cdot)$.

Во всех подходах, кроме векторного (где $\Omega = (0,1)$ и где функция $G(x,s)$ является матрицей для каждой пары $x, s \in (0,1)$), функция $G(x,s)$ скалярнозначна, а интеграл в (3.28) берется либо по $R(\Gamma)$, либо по объединению интервалов (ξ_i, ξ_{i+1}), либо по Γ; в синтетической версии интеграл берется по мере $\mu(x)$, введенной в п. 3.1.3.

Теорема 3.5. *Для невырожденной задачи каждая ее версия имеет функцию Грина, единственную в классе непрерывных по x на Ω.*

Доказательство проведем единообразно для всех версий (кроме синтетической) в терминах задачи (3.27). Пусть $H(x, s)$ — какое-либо фундаментальное решение уравнения $Lu = f$. Это значит, что

$$z(x) = \int\limits_{\Omega} H(x, s)h(s)\, ds$$

есть решение $Lu = f$ при любой $f(x)$ непрерывной на Ω.

Пусть $\{\psi_j\}_1^k$ — фундаментальная система решений уравнения $Lu = 0$ такая, что $l_i(\psi_j) = \delta_{ij}$ $(j = \overline{1, k})$. Здесь δ_{ij} — символ Кронекера. Тогда равенство

$$G(x, s) = H(x, s) - \sum_{i=1}^{k} l_i(H(\,\cdot\,, s))\psi_i(x) \tag{3.29}$$

определяет функцию Грина, что проверяется либо прямой проверкой, либо согласно п. 2. При этом операция вычисления функционала l_i «по x» коммутирует с интегрированием вдоль Ω «по s» ввиду специфики всех условий (3.17)–(3.19), локализованных в узлах Γ, т. е. в граничных для Ω точках. Единственность функции Грина — тривиальное следствие невырожденности.

Остается показать существование фундаментального решения. Мы его просто предъявим. Сначала — для уравнения (3.16) на произвольном интервале $\gamma = (a, b)$, где можно взять функцию Грина любой краевой задачи на γ или, например, функцию

$$H_\gamma(x, s) = \frac{1 + \operatorname{sign}(x - s)}{-2p(s)}\ \frac{\phi_1(x)\phi_2(s) - \phi_2(x)\phi_1(s)}{\phi_1'(s)\phi_2(s) - \phi_2'(s)\phi_1(s)}.$$

Здесь ребро $\gamma = (a, b)$ параметризовано в любом из двух направлений отрезком $[0, l]$ (l — длина γ) при отождествлении точек $x, s \in \gamma$ с числами из $(0, l)$. В качестве $\phi_1(\,\cdot\,)$, $\phi_2(\,\cdot\,)$ взята какая-либо фундаментальная на γ система решений уравнения $Lu = 0$. В любом из этих двух вариантов фундаментальное решение $H_\gamma(x, s)$ удовлетворяет по первой переменной при фиксированном $s \in \gamma$ условию

$$-p(s)\left[\frac{d}{d\gamma_s'}\, u(s) + \frac{d}{d\gamma_s''}\, u(s)\right] = 1, \tag{3.30}$$

где в символах крайних производных участвуют два примыкающих к s куска γ_s' и γ_s'' интервала γ, образуемых выбрасыванием из γ точки s.

Выбрав на каждом ребре γ_i аналогичную функцию $H_i(x,s)$, можно построить «диагональное» фундаментальное решение $H(x,s)$ на всем $R(\Gamma)$, полагая

$$H(x,s) = \begin{cases} H_i(x,s), & (x,s) \in \gamma_i \times \gamma_i, \\ 0, & (x,s) \in \gamma_i \times \gamma_j \quad (i \neq j). \end{cases}$$

Использование такого фундаментального решения в формуле (3.29) переносит на функцию Грина свойство (3.30) скачка производной на «диагонали» $x = s$ в $R(\Gamma) \times R(\Gamma)$.

Для синтетической версии формула (3.28) должна быть уточнена необходимостью учета значений $f(x)$ в узлах из $J(\Gamma)$, что вынуждает брать интеграл по Стилтьесу с мерой $\mu(x)$, линейной на всех γ_i и единичной (атомарной) в точках из $J(\Gamma)$. Поэтому функция Грина должна быть доопределена при $s \in J(\Gamma)$.

Обозначим через $G(x,b)$ $(b \in J(\Gamma))$ решение однородного уравнения

$$-(pu')' + qu = 0 \quad (x \in R(\Gamma)),$$

удовлетворяющего всем условиям (3.18), (3.19), а также условиям

$$(Lu)(a) = \begin{cases} 1, & a = b, \\ 0, & a \in J(\Gamma),\ a \neq b, \end{cases}$$

где через $(Lu)(a)$ обозначается левая часть уравнения (3.17). В силу невырожденности задачи такие функции определяются однозначно. Тогда формула (3.28) уточняется равенством

$$u(x) = \int\limits_{\Gamma} G_\mu(x,s) f(s)\, d\mu(s) = \int\limits_{R(\Gamma)} G_\Sigma(x,s) f(s)\, ds + \sum_{a \in J(\Gamma)} G(x,a) f(a),$$

причем на $R(\Gamma) \times R(\Gamma)$ функция $G_\mu(x,s)$ совпадает с функцией Грина $G_\Sigma(x,s)$ связной версии, а на каждом $\gamma \times \gamma$ — с функцией Грина $G_0(x,s)$ декомпозиционной версии. Теорема доказана.

Использованное при построении функции Грина представление (3.29) удобно тем, что дает возможность выбирать различные фундаментальные решения. Непосредственно из представления (3.29) следует

Теорема 3.6. *Если задача* (3.16)–(3.19) *невырождена, то функция Грина* $G_0(x,s)$ *ее декомпозиционной версии обладает следующими свойствами:*

(а) *при каждом* $s \in R(\Gamma)$ *функция* $g_s(x) = G_0(x,s)$ *удовлетворяет однородному уравнению* $Lu(x) = 0$ *при* $x \neq s$;

(б) $g_s(x)$ *удовлетворяет* (3.30);

(в) $g_s(x)$ *удовлетворяет всем однородным условиям* (3.18), (3.19), (3.25);

(г) $G_0(x,s)$ *равномерно непрерывна на каждом из прямоугольников* $\gamma_i \times \gamma_j$;

(д) *при параметризации в любом из двух направлений каждого ребра* γ_i *функция* $\dfrac{d}{dx}\, G_0(x,s)$ *равномерно непрерывна на* $\gamma_i \times \gamma_j$ $(i \neq j)$ *и на треугольниках* $T_i^{\pm} = \{(x,s) \in \gamma_i \times \gamma_i \colon\ \pm(s-x) > 0\}$ $(c_i = \overline{1,m})$ (*знак «больше» здесь соответствует выбранной параметризации* γ_i).

Следствие. *Функция Грина* $G_\Sigma(x,s)$ *связной версии обладает следующими свойствами*:

(а_σ) *при каждом* $s \in R(\Gamma)$ *она является по* x *непрерывным на* Γ *решением уравнения* $Lu(x) = 0$ (*при* $x \neq s$);

(б_σ) *удовлетворяет условиям* (3.30);

(в_σ) *удовлетворяет по* x *условиям* $u|_{\partial\Gamma} = 0$;

(г_σ) *равномерно непрерывна на каждой из компонент связности множества* $\Gamma \times R(\Gamma)$;

(д_σ) *обладает свойством* (д).

Замечание. Все свойства (а_σ)–(д_σ) сохраняются и для функции Грина $G_\mu(x,s)$ синтетической версии. При этом свойство (а_σ) верно и при $s \in J(\Gamma)$, а в (б_σ) свойство (3.30) меняется при $s \in J(\Gamma)$ на равенство $(Lu)(s) = 1$ (где $(Lu)(s)$ при $s \in J(\Gamma)$ определяется левой частью (3.17) при $a = s$).

3.2.4. s-расширение задачи на сети. Если для данной невырожденной задачи фиксировать точку $s \in R(\Gamma)$ и объявить ее новым узлом, обозначив новообразованный граф через $\Gamma \cdot s$, то равенство (3.30) мы можем рассматривать как условие трансмиссии типа (3.17) (полагая $\alpha_{\gamma_s'}(s) = p(s) = \alpha_{\gamma_s''}(s)$, $q(s) = 0$, $f(s) = -1$) в новоявленном узле $s \in J(\Gamma \cdot s)$. Перенося на $\Gamma \cdot s$ исходное уравнение (3.16) при $x \neq s$ и все условия (3.17)–(3.19) с дополнительным предположением о непрерывности решений в дополнительном (новообретенном) внутреннем узле s, мы получим для $G_\Sigma(x,s)$ задачу по x, аналогичную исходной. Решение соответствующей однородной задачи совпадает с решением однородной задачи, отвечающей (3.16)–(3.19), поэтому невырожденность новой задачи обеспечена невырожденностью исходной. Тем самым установлена

Теорема 3.7. *Свойства* (а_σ)–(д_σ) *не только необходимы для функции* $G_\Sigma(x,s)$, *но и достаточны для ее однозначного определения.*

Метод s-расширения оказывается продуктивным и для главной в настоящей работе синтетической версии. Пусть s — произвольная точка из $R(\Gamma)$. Сохраним все связи (3.17)–(3.19), а также уравнения (3.16) при $x \neq s$, дополнив их в точке $x = s$ условием непрерывности и уравнением

$$-p(s)\left[\frac{d}{\gamma_s'}\,u(s)+\frac{d}{\gamma_s''}\,u(s)\right]=f(s),$$

аналогичным (3.30). При $s \in J(\Gamma)$ мы задачу (3.16)–(3.19) не меняем. Новообразованную задачу на $\Gamma \cdot s$ мы называем *s-расширением* исходной. Невырожденность s-расширения, очевидно, эквивалентна невырожденности исходной задачи.

Проведенный выше анализ функции Грина резюмирует

Теорема 3.8. *Функция Грина $G_\mu(x, s)$ при каждом $s \in \Gamma$ есть решение s-расширения исходной задачи при $f(x) \equiv 0$ на $\Gamma \setminus \{s\}$ и при $f(s) = 1$.*

Рассмотрение функции Грина как обычного решения (по x) чуть измененной задачи резко упрощает анализ важных качественных свойств, избавляя от необходимости отдельно обсуждать поведение функции Грина на «диагонали» $x = s$, которая, в отличие от скалярного случая, не диагональ обычного квадрата $a \leqslant x, s \leqslant b$, а граф, расположенный в $\Gamma \times \Gamma$ (об упорядоченности на котором, как и об аналогах левого и правого треугольников $a \leqslant x \leqslant s \leqslant b$ и $a \leqslant s \leqslant x \leqslant \leqslant b$ скалярного квадрата, говорить трудно, в особенности, если Γ имеет циклы).

Всюду далее задачу на сети мы будем изучать в синтетической версии. Поэтому, говоря о функции Грина, мы будем применять стандартное обозначение $G(x, s)$, опуская символ версии μ.

Глава 4
ТЕОРИЯ НЕОСЦИЛЛЯЦИИ ДЛЯ УРАВНЕНИЙ И НЕРАВЕНСТВ ВТОРОГО ПОРЯДКА НА СЕТИ

Свойство *неосцилляции* для обыкновенного дифференциального уравнения (или оператора L)

$$Lu \equiv -\left(pu'\right)' + qu = 0 \tag{4.1}$$

на отрезке $[a, b] \subset \mathbb{R}$ означает, что любое нетривиальное решение (4.1) имеет в $[a, b]$ не более одного нуля. В вариационном исчислении это свойство адекватно так называемому условию Якоби. Свойство *неосцилляции* играет ключевую роль в теории дифференциальных неравенств вида $Lu \geqslant 0$, где оно в силу теоремы Валле–Пуссена эквивалентно наличию у такого неравенства строго положительного на $[a, b]$ решения. Последнее свойство имеет самые разнообразные приложения в теории краевых задач для уравнения (4.1). Естественно, что аналогичные свойства играют решающую роль и для краевых задач на пространственных сетях, где на каждой дуге сети задано уравнение вида (4.1), а в узлах, где дуги смыкаются, решения смежных уравнений удовлетворяют *условиям смычки* (или, как говорят, *условиям согласования* или *условиям трансмиссии*).

4.1. Неосцилляция уравнений второго порядка

Неосцилляция уравнения (4.1) на отрезке означает, что нетривиальное решение не может иметь два различных нуля. Для непрерывной на сети Γ функции $u(x)$ аналогом промежутка между соседними нулями является S-зона u, т. е. такой подграф $\Gamma_0 \subseteq \Gamma$ ($\Gamma_0 \neq \varnothing$), что $u(x) \neq 0$ на Γ_0 и $u|_{\partial\Gamma_0} = 0$. Далее рассматривается оператор

$$Lu \equiv -\frac{d}{d\Gamma}\left(pu'\right) + qu$$

и порождаемое им уравнение

$$-\frac{d}{d\Gamma}\left(pu'\right) + qu = 0 \tag{4.2}$$

в предположениях п. 3.1.5: p и q лежат в $C[R(\Gamma)]$, т. е. равномерно непрерывны на каждом ребре, причем коэффициент $p(x)$ в целом на Γ равномерно положителен. Напомним, что

$$\frac{d}{d\Gamma}\,(pu')(x) = \begin{cases} \dfrac{d}{dx}\left(p(x)\,\dfrac{d}{dx}\,u(x)\right), & x \in R(\Gamma), \\ \displaystyle\sum_{\gamma\subset\Gamma(x)} \alpha_\gamma(x)\,\frac{d}{d\gamma}\,u(x), & x \in J(\Gamma), \end{cases} \tag{4.3}$$

при $\alpha_\gamma(x) > 0$. Решения (4.2) ищутся в пространстве $C^2(\Gamma)$ функций $u(\cdot)$ из $C(\Gamma)$, для которых $(pu')' \in C[R(\Gamma)]$.

Определение 4.1. Уравнение (4.2) и порождающий его оператор

$$Lu \overset{\text{def}}{=} -\frac{d}{d\Gamma}\,(pu') + qu$$

называются *неосциллирующими* на графе Γ, если любое нетривиальное решение (4.2) не может иметь S-зоны в Γ (не допускается, в частности, чтобы весь граф Γ был S-зоной, когда $u(x) \neq 0$ в Γ и $u|_{\partial\Gamma} = 0$).

Если L не осциллирует на Γ, то задача

$$Lu = f, \qquad u|_{\partial\Gamma} = 0 \tag{4.4}$$

невырождена. В самом деле, для нетривиального решения $u(x)$ задачи (4.4) (при $f \equiv 0$) любая компонента связности непустого множества из Γ, где $u(x) > 0$ или $u(x) < 0$, оказывается подграфом, в граничных точках которого $u(x) = 0$, что делает этот подграф S-зоной u.

Пусть задача (4.4) невырождена. Введем в рассмотрение для каждой граничной вершины $\tau \in \partial\Gamma$ задачу

$$Lu = 0, \quad u(\tau) = 1, \quad u(x) = 0 \quad (x \in \partial\Gamma, \quad x \neq \tau), \tag{4.5}$$

обозначив ее решение через через u_τ.

Теорема 4.1. *Если $\partial\Gamma \neq \varnothing$, то следующие свойства эквивалентны:*

(а) *каждая из задач* (4.5) *имеет неотрицательное на Γ решение;*

(б) *существует решение w уравнения* (4.2), *положительное на $\overline{\Gamma}$, т. е. такое, что $\inf\limits_{\Gamma} w > 0$;*

(в) *существует неотрицательное на Γ решение, ненулевое хотя бы в одной из точек $\partial\Gamma$;*

(г) *уравнение* (4.2) *не осциллирует на Γ;*

(д) *существует функция $h(x)$ такая, что $\inf\limits_{\Gamma} h > 0$, и при всех u*

$$Lu \equiv -\frac{1}{h}\,\frac{d}{d\Gamma}\left(h^2 p\left(\frac{u}{h}\right)'\right). \tag{4.6}$$

Последнее, с учетом (4.3), *означает, что*

$$(Lu)(x) = -\frac{1}{h(x)}\frac{d}{dx}\left(h^2(x)p(x)\left(\frac{u(x)}{h(x)}\right)'\right) \quad (x \in R(\Gamma)), \tag{4.7}$$

$$(Lu)(x) = -\sum_{\gamma\subset\Gamma(x)} h(x)\alpha_\gamma(x)\left(\frac{d}{d\gamma}\,\frac{u}{h}\right)(x) \quad (x \in J(\Gamma)). \tag{4.8}$$

Доказательство. При условии (а) каждое решение u_τ, по теореме 3.1, строго положительно на Γ. Поэтому их сумма по всем $\tau \in \partial\Gamma$ не имеет нулей и в $\partial\Gamma$. Значит, (а)$\Rightarrow$(б).

Импликация (б)$\Rightarrow$(в) очевидна, а (в)$\Rightarrow$(г) легко следует из теоремы 3.2. При условии (г) каждая $u_\tau(x)$ существует в силу невырожденности задачи (4.4) и не может иметь отрицательных S-зон, а потому и отрицательных значений. Поэтому из (г) следует (а). Представление (4.6) справедливо, если положить $h = w$, где w взято из (б). Поэтому (б) $\Rightarrow$ (д). Наоборот, если L можно представить в виде (4.6) при некоторой $h(x) \in C^2(\Gamma)$, равномерно положительной на Γ, то из (4.6) сразу следует, что $(Lh)(x) \equiv 0$. А это есть условие (б). Таким образом, (б) и (д) эквивалентны, что и доказывает теорему.

Следствие 1. *При $q \equiv 0$ уравнение* (4.2) *не осциллирует на* Γ, *если $\partial\Gamma \neq \varnothing$. В этом случае решением* (4.2) *является функция $u(x) \equiv \equiv 1$, удовлетворяющая (б).*

Следствие 2 (краевые неравенства). *Если L не осциллирует на Γ, то для любого нетривиального решения* (4.2) *из неотрицательности на $\partial\Gamma$ ($\neq \varnothing$) следует строгая положительность на Γ.*

Например, решение u_τ любой из задач (4.5) строго положительно в Γ.

Доказательство. Пусть u — решение (4.2). Если $u(x) < 0$ в какой-то точке $x \in \Gamma$, то из неравенств $u|_{\partial\Gamma} \geqslant 0$ следует существование в Γ отрицательной S-зоны, что противоречит неосцилляции L. Поэтому $u(x) \geqslant 0$ на Γ, и если $u \not\equiv 0$, то в силу теоремы 3.1 $u(x) > 0$ при $x \in \Gamma$.

Следствие 3. *Пусть $E(L)$ — множество решений неосциллирующего на Γ уравнения $Lu = 0$. Поставим в соответствие каждому решению $u(x) \in E(L)$ набор $\{u(\tau)\}_{\tau\in\partial\Gamma}$. Это соответствие — изоморфизм не только линейный, но и порядковый, причем структурной единицей оказывается функция $v \in E(L)$ такая, что $v \equiv 1$ на $\partial\Gamma$.*

Действительно, каждую функцию $z(x)$ из $E(L)$ можно единственным образом представить в виде $z(x) = \sum\limits_{\tau\in\partial\Gamma} z(\tau)u_\tau(x)$, где $\{u_\tau\}_{\tau\in\partial\Gamma}$ — решения задач (4.5), образующие базис в $E(L)$.

Следствие 4. *Пусть* $w(x)$ — *сильно положительное на* $\overline{\Gamma}$ *решение уравнения* $Lu = 0$. *Тогда для решения* u_τ *любой из задач* (4.5) *выполнено*

$$\left(\frac{u_\tau}{w}\right)'\Big|_{x=\tau} \neq 0.$$

Доказательство. Согласно следствию 2 к теореме 3.2 τ есть точка максимума (u_τ/w) на $\overline{\Gamma} = \Gamma \cup \partial\Gamma$. Поэтому функция $h(x) = u_\tau(\tau)w(x) - w(\tau)u_\tau(x)$ неотрицательна на Γ, причем $h(\tau) = 0$.

Если бы было

$$\left(\frac{u_\tau}{w}\right)'(\tau) = 0,$$

то получили бы $h'(\tau) = 0$. Неравенство $h(x) \geqslant 0$ $(\not\equiv 0)$ в сочетании с $h(\tau) = h'(\tau) = 0$ при $\tau \in \partial\Gamma$ противоречит теореме 3.2.

4.2. Дифференциальные неравенства

Под решением дифференциального неравенства

$$(Lu)(x) \geqslant 0 \quad (x \in \Gamma) \tag{4.9}$$

мы понимаем решение уравнения $Lu = f$ при какой-либо неотрицательной функции $f \in C[R(\Gamma)]$. Аналогично эллиптическим задачам на дифференциальные неравенства переносится ряд важных свойств уравнений.

Ослабляя предположение о *неосцилляции* L *на* Γ, скажем, что L *не осциллирует внутри* Γ, если L не осциллирует на любом собственном (т. е. отличном от Γ) подграфе $\Gamma_0 \subset \Gamma$. Другими словами, для любого нетривиального решения уравнения $Lu = 0$ в Γ не может быть S-зон, отличных от Γ. Ясно, что из неосцилляции «на Γ» следует неосцилляция «внутри Γ».

Теорема 4.2. *Пусть* L *не осциллирует внутри* Γ. *Пусть для* $u \in C^2(\Gamma)$ $(u \not\equiv 0)$ *справедливы неравенства*

$$(Lu)(x) \geqslant 0, \quad u(x) \geqslant 0 \quad (x \in \Gamma). \tag{4.10}$$

Тогда $u(x) > 0$ *в* Γ.

Если при этом $u(a) = 0$ *для какой-либо* $a \in \partial\Gamma$, *то* $u'(a) \neq 0$.

Доказательство. Предположим, что в условиях теоремы некоторое неотрицательное на Γ решение $u(x)$ $(\not\equiv 0)$ не всюду на Γ строго положительно. Тогда множество $\Omega = \{x\colon\ u(x) > 0\}$ не совпадает с Γ. Пусть Ω_0 — какая-либо компонента связности Ω. Так как Ω_0 — подграф Γ, не совпадающий с Γ, то в $\partial\Omega_0$ существует точка $\widehat{x}$, не лежащая в $\partial\Gamma$, т. е. принадлежащая Γ. В ней, очевидно, $u(\widehat{x}) = 0$.

Так как $\widehat{x}$ оказывается точкой минимума u в Γ, то в случае, когда $\widehat{x}$ лежит внутри какого-либо ребра Γ, получаем $u'(\widehat{x}) = 0$ (независимо от выбранной в окрестности $\widehat{x}$ ориентации). Если же $\widehat{x} \in J(\Gamma)$, т. е. является внутренним узлом, то

$$\frac{d}{d\gamma}\, u(\widehat{x}) \geqslant 0$$

для любого $\gamma \in \Gamma(\widehat{x})$. Поэтому в силу (4.3)

$$\frac{d}{d\Gamma}\, (pu')(\widehat{x}) \geqslant 0.$$

А так как $u(\widehat{x}) = 0$, то

$$(Lu)(\widehat{x}) \equiv -\frac{d}{d\Gamma}\, (pu')(\widehat{x}) + q(\widehat{x})u(\widehat{x}) \leqslant 0.$$

Но, с другой стороны, $(Lu)(x) \geqslant 0$ при всех x, откуда $(Lu)(\widehat{x}) = 0$, т. е.

$$\frac{d}{d\Gamma}\, (pu')(\widehat{x}) = 0,$$

что в силу неотрицательности всех слагаемых в (4.3) влечет $\dfrac{d}{d\gamma}\, u(\widehat{x}) = 0$ при всех $\gamma \in \Gamma(\widehat{x})$. Таким образом, для любого ребра γ_0 подграфа $\Omega_0 \subset \Gamma$, примыкающего к $\widehat{x}$ $(\in \partial\Omega_0)$, верны равенства

$$\frac{d}{d\gamma_0}\, u(\widehat{x}) = 0, \qquad u_{\gamma_0}(\widehat{x}) = 0. \tag{4.11}$$

Так как Ω_0 не совпадает с Γ, то L не осциллирует на Ω_0 и (согласно (б) из теоремы 4.2) существует решение $w(x)$ уравнения $Lu = 0$, равномерно положительное на Ω_0. Очевидно, $w(\widehat{x}) > 0$. Зададим на γ_0 ориентацию в направлении от $\widehat{x}$ и воспользуемся представлением

$$Lu \equiv -\frac{1}{w}\,\frac{d}{dx}\left(w^2 p\,\frac{d}{dx}\left(\frac{u}{w}\right)\right).$$

Неравенство $Lu \geqslant 0$ означает здесь, что для функции

$$\varphi(x) \equiv w^2(x)p(x)\left(\frac{u_{\gamma_0}(x)}{w(x)}\right)'$$

на γ_0 имеет место $\varphi'(x) \leqslant 0$, т. е. $\varphi(x)$ не возрастает на γ_0. Согласно (4.11) должно быть $\varphi(\widehat{x}) = 0$. Поэтому $\varphi(x) \leqslant 0$ на γ_0. Но тогда и $\left(\dfrac{u_{\gamma_0}}{w}\right)(x)$ не возрастает на γ_0, что в силу $u(\widehat{x}) = 0$ означает $\dfrac{u_{\gamma_0}}{w} \leqslant 0$ на γ_0, а это противоречит неравенству $u(x) > 0$ на Ω_0. Поэтому Ω_0 не может отличаться от Γ. Значит, $u > 0$ на Γ. Если при этом окажется, что $u(\widehat{z}) = 0$ для некоторой $\widehat{z} \in \partial\Gamma$ и $u'(\widehat{z}) = 0$, то в окрестности $\widehat{z}$ (на примыкающем к $\widehat{z}$ ребре) справедливы предыдущие рассуждения, приводящие к противоречию с неравенством $Lu \geqslant 0$.

Теорема полностью доказана.

Являясь для неравенства с неосциллирующим оператором точным аналогом теоремы 3.1, предыдущее утверждение допускает эффектное уточнение: свойство $u(x) \geqslant 0$ достаточно проверять лишь на границе $\partial\Gamma$, о чем говорит следующая

Теорема 4.3. *Пусть L не осциллирует внутри Γ. Тогда любое нетривиальное решение $u(x)$ неравенства $Lu \geqslant 0$, неотрицательное на границе $\partial\Gamma$, т. е. такое, что $u|_{\partial\Gamma} \geqslant 0$, строго положительно внутри Γ.*

Доказательство. Покажем вначале, что $u(x)$ неотрицательно в Γ. Предполагая противное, рассмотрим какую-либо его отрицательную S-зону Γ_0.

Положим $\lambda_0 = \inf\limits_{\Gamma_0} \varphi$, где $\varphi = u/w$ и w — строго положительное на Γ_0 решение уравнения $Lu = 0$.

Очевидно, $\lambda_0 < 0$ и $\lambda_0 = \varphi(\widetilde{x})$ при некотором $\widetilde{x} \in \Gamma_0$. Поэтому функция $h = u - \lambda_0 w$ удовлетворяет на Γ_0 неравенству $Lh \geqslant 0$, неотрицательна на Γ_0 и имеет нулевое значение в Γ_0, что противоречит теореме 4.2. Поэтому $u(x) \geqslant 0$ на Γ. Но теперь мы оказываемся в условиях теоремы 4.2, применение которой к $u(x)$ завершает доказательство.

Следствие 1. *Если L не осциллирует на Γ, то для любых двух решений v и w неравенства (4.9) при условиях $u|_{\partial\Gamma} = 0$ существуют $\alpha > 0$ и $\beta > 0$ такие, что $\alpha v(x) \leqslant w(x) \leqslant \beta v(x)$ на Γ.*

Доказательство. Обе функции v и w строго положительны в Γ, имея ненулевые производные в $\partial\Gamma$. Поэтому отношение v/w допускает доопределение до непрерывной на $\Gamma \cup \partial\Gamma$ функции, не имеющей нулевых значений.

Следствие 2 (обобщенная выпуклость). *Пусть L не осциллирует внутри Γ. Пусть $u(x)$ — произвольное решение неравенства $Lu \geqslant 0$ ($\not\equiv 0$). Тогда для любого подграфа $\Gamma_0 \subseteq \Gamma$ справедливо неравенство*

$$u(x) > h(x) \qquad (x \in \Gamma_0),$$

где h — решение задачи

$$Lh = 0, \qquad (h-u)\big|_{\partial\Gamma_0} = 0. \tag{4.12}$$

В самом деле, функция $(u - h)$ удовлетворяет условиям теоремы 4.3. Условие (4.12) в скалярном случае $Lu = -u''$ на отрезке определяет обычную секущую ($h'' = 0$), проходящую через точки $u(\xi_1)$, $u(\xi_2)$ при $(\xi_1, \xi_2) = \Gamma_0$, так что описанное свойство адекватно строгой выпуклости вверх скалярной функции. Это свойство является достаточно глубоким обобщением обычной выпуклости даже для скалярного оператора $Lu \equiv -(pu')' + qu$ при $q \geqslant 0$.

Следствие 3. *Для неосцилляции L на Γ необходимо и достаточно, чтобы функция Грина $G(x,s)$ задачи (4.4) была строго положительной на $\Gamma \times \Gamma$.*

Действительно, из неосцилляции L следует невырожденность задачи (4.4). Соответствующая функция Грина $G(x,s)$ при $x \neq s$ удовлетворяет однородному уравнению $Lu = 0$. Сохраняя это свойство для s-расширения исходной задачи (см. п. 3.2.4), функция $g(x) = G(x,s)$, согласно теореме 3.8, удовлетворяет на $\Gamma \cdot s$ уравнению $Lu = f$ при $f(x) \equiv 0$ на $\Gamma \setminus \{s\}$ и $f(s) = 1$. Поэтому $Lg \geqslant 0$ на $(\Gamma \cdot s)$ и $g|_{\partial(\Gamma \cdot s)} = 0$. А так как, очевидно, расширенное на $\Gamma \cdot s$ уравнение не осциллирует, то в силу теоремы 4.3 $g(x) > 0$.

Пусть теперь задача (4.4) невырождена и $G(x,s)$ — ее функция Грина, неотрицательная на $\Gamma \times \Gamma$. Покажем вначале ее строгую положительность. Функция $g(x) = G(x,s)$ при $s \in \Gamma$ является решением s-расширения задачи (4.4), а значит, решением неоднородной задачи, и поэтому $g(x) \not\equiv 0$. А так как $(Lg)(x) \equiv 0$ при $x \neq s$, то на любой компоненте связности множества $\Gamma \setminus \{s\}$ функция $g(x)$ оказывается в условиях теоремы 3.1, и потому $g(x) > 0$.

Покажем теперь, что L не осциллирует на Γ. Предполагая противное, будем иметь нетривиальное решение $u_0(x)$ уравнения $Lu = 0$ и некоторую его S-зону $\Gamma_0 \subseteq \Gamma$. Из невырожденности задачи (4.4) следует, что $\Gamma_0 \neq \Gamma$. Поэтому существует точка $s_0 \in \Gamma$, не лежащая в Γ_0. Возьмем функцию $g(x) = G(x, s_0)$. Она строго положительна на Γ_0 и отлична от нуля хотя бы в одной точке $\partial\Gamma_0$ — той, которая не входит в $\partial\Gamma$ ($\partial\Gamma_0 \not\subset \partial\Gamma$). Отсюда в силу теоремы 4.1 (равносильность (в) и (г)) следует неосцилляция L на Γ_0, что противоречит определению Γ_0 как S-зоны нетривиального решения.

4.3. Неравенство Харнака. Шатры на сетях

Пусть L не осциллирует на Γ. Ниже показывается, что для любого неотрицательного на Γ решения $u(x)$ неравенства $Lu \geqslant 0$ на каждом локально компактном (относительно Γ) подмножестве $\Omega \subset \Gamma$ справедлива оценка

$$\max_{\Omega} u(x) \leqslant \varkappa \min_{\Omega} u(x), \tag{4.13}$$

где константа $\varkappa$ зависит лишь от Ω. Неравенство (4.13) — точный аналог классического неравенства Харнака для эллиптических задач на многообразиях.

Определение 4.2. *Шатром* с вершиной в точке $\xi \in \overline{\Gamma} = \Gamma \cup \partial\Gamma$ называется функция $Ш_\xi(x)$ из $C(\Gamma)$, удовлетворяющая уравнению $Lu = 0$ при $x \neq \xi$ и условиям $u(x) = 0$ при $x \in \partial\Gamma$, $x \neq \xi$. *Высотой шатра* $Ш_\xi(x)$ называется число $Ш_\xi(\xi)$. При единичной высоте шатер называется *единичным*.

Достаточно наглядная интерпретация шатра — форма упруго натянутой плоской сетки, если ее оттянуть в одной точке на единичное расстояние. Для невырожденной задачи (4.4) функция Грина $G(x,s)$

при каждом $\xi \in \Gamma$ дает математически содержательный пример шатра $Ш_\xi(x) = G(x, \xi)$. Для любого шатра из его неотрицательности следует в силу теоремы 3.1 его строгая положительность на Γ. Аналогично следствию 3 теоремы 4.2 можно показать, что неосцилляция L на Γ достаточна для неотрицательности (и даже строгой положительности) любого единичного шатра.

Пусть $w(x)$ — равномерно положительное на Γ решение уравнения $Lu = 0$, существующее в случае неосцилляции L согласно теореме 4.2 (эквивалентность (б) и (г)).

Лемма 4.1. *Для любой точки* $\xi \in \Gamma \cup \partial\Gamma$ *и соответствующего единичного шатра* $Ш_\xi(x)$ *функция* $\dfrac{1}{w} Ш_\xi$ *имеет максимум только в точке* $x = \xi$.

Доказательство. Для каждой компоненты связности Γ_0 множества $\Gamma \setminus \{\xi\}$ точка ξ оказывается граничной, т. е. $\xi \in \partial\Gamma_0$. Согласно следствию 2 теоремы 3.2 функция $Ш_\xi/\omega$ не может иметь экстремумов внутри Γ_0. А так как $Ш_\xi(x) = 0$ при всех $x \in \partial\Gamma_0$, кроме $x = \xi$, то ξ — единственная точка экстремума $Ш_\xi/w$ на $\Gamma_0 \cup \partial\Gamma_0$.

Лемма 4.2. *Если L не осциллирует на Γ, то для того, чтобы шатер $Ш_\xi$ был мажорантой $Ш_\eta$, т. е. чтобы $Ш_\xi(x) \geqslant Ш_\eta(x)$ при всех $x \in \Gamma$, необходимо и достаточно, чтобы второй шатер $Ш_\eta$ не превосходил в своей вершине $Ш_\xi$, т. е. чтобы $Ш_\eta(\eta) \leqslant Ш_\xi(\eta)$.*

Доказательство. Необходимость очевидна. Покажем достаточность, предполагая $Ш_\xi(\eta) \geqslant Ш_\eta(\eta)$. Пусть вначале $Ш_\xi(\eta) = Ш_\eta(\eta)$. Рассмотрим функцию $h(x) = Ш_\xi(x) - Ш_\eta(x)$. На любой компоненте связности множества $\Gamma \setminus \{\eta\}$, которая не содержит в своем замыкании ξ, функция $h(x)$ оказывается решением неосциллирующего на этой компоненте уравнения $Lu = 0$, причем решением с нулями на границе этой компоненты. Значит, $h \equiv 0$ на каждой такой компоненте. Пусть теперь Γ_0 — компонента $\Gamma \setminus \{\eta\}$, содержащая в своем замыкании ξ. Согласно предыдущей лемме ξ является единственной точкой максимума $Ш_\xi/w$, а η — единственной точкой максимума $Ш_\eta/w$. Поэтому

$$\left(\frac{Ш_\xi}{w}\right)(\xi) > \left(\frac{Ш_\xi}{w}\right)(\eta) = \left(\frac{Ш_\eta}{w}\right)(\eta) \geqslant \left(\frac{Ш_\eta}{w}\right)(x)$$

при $x \in \Gamma$, в том числе и при $x \in \Gamma_0$.

При $x = \xi$ имеем отсюда

$$\left(\frac{Ш_\xi}{w}\right)(\xi) > \left(\frac{Ш_\eta}{w}\right)(\xi),$$

т. е. $Ш_\xi(\xi) > Ш_\eta(\xi)$. Поэтому $h(\xi) > 0$. В целом функция $h(x) = Ш_\xi(x) - Ш_\eta(x)$ удовлетворяет однородному уравнению $Lu = 0$ при $x \neq \xi \in \overline{\Gamma}_0$, имеет положительное значение в точке $x = \xi$ и нулевые значения на границе $\partial\Gamma_0 \setminus \{\xi\}$, т. е. является шатром на Γ_0. Но тогда ввиду неосцилляции L на Γ (а значит, и на Γ_0) $h > 0$ на Γ_0.

Если $Ш_\xi(\eta) > Ш_\eta(\eta)$, то вместо $Ш_\eta(x)$ предыдущие рассуждения можно провести для функции $Ш^1_\eta(x) \equiv \gamma Ш_\eta(x)$ при $\gamma = Ш_\xi(\eta)/Ш_\eta(\eta)$, также являющейся шатром на Γ с вершиной в точке $x = \eta$ и совпадающей по значению в этой точке с $Ш_\xi(x)$. Из неравенства $\gamma > 1$ тогда будет следовать требуемое.

Лемма 4.3. *Пусть L не осциллирует на Γ и $\gamma = (a, b)$ — произвольное ребро Γ. Тогда для любой точки $\xi \in \gamma$ единичный шатер $Ш_\xi(x)$ связан с единичными шатрами $Ш_a$ и $Ш_b$ (с вершинами в точках a и b соответственно) неравенствами*

$$Ш_a(x) \geqslant Ш_a(\xi)Ш_\xi(x) \geqslant Ш_a(b)Ш_b(x) \quad (x \in \Gamma). \tag{4.14}$$

Доказательство. Первое из требуемых неравенств следует из леммы 4.2 — достаточно сравнить значения шатров $Ш_a(\cdot)$ и $Ш_a(\xi)Ш_\xi(\cdot)$ в точке ξ. Для доказательства второго в силу той же леммы достаточно показать, что

$$(Ш_a(\xi)Ш_\xi)(b) = (Ш_a(b)Ш_b)(b).$$

Это будет доказано (так как $Ш_b(b) = 1$), если мы покажем, что

$$(Ш_a(\xi)Ш_\xi)(x) \equiv Ш_a(x)$$

при $x \in (\xi, b)$.

Рассмотрим множество $\Gamma \setminus \{\xi\}$ и его компоненту связности Γ_0, содержащую (ξ, b). На Γ_0 разность $(Ш_a(\xi)Ш_\xi)(x) - Ш_a(x)$ удовлетворяет уравнению $Lu = 0$ (без купюр), имея нулевые значения на $\partial\Gamma_0$, включая точку ξ. Поэтому она должна быть тождественным нулем. Лемма доказана.

Лемма 4.4. *Пусть L не осциллирует на Γ. Тогда существует строго положительная на Γ функция $g_0(x) \in C(\Gamma)$, ограничивающая снизу все единичные шатры на Γ.*

Доказательство. Если γ — произвольное ребро Γ и $\gamma = (a, b)$, то, согласно (4.14), любой единичный шатер с вершиной в точке $\xi \in \gamma$ оценивается снизу неравенством

$$Ш_\xi(x) \geqslant \frac{Ш_a(b)}{Ш_a(\xi)}\, Ш_b(x),$$

где в качестве b берется точка из $J(\Gamma)$. Такой выбор обеспечивает отделенность от нуля $Ш_a(\xi)$ при $\xi \in \gamma$. (Если граф Γ совпадает с ребром (a, b), то мы можем добавить в (a, b) фиктивную внутренюю вершину и провести рассуждения в терминах s-расширений.)

Таким образом, для любого ребра γ из Γ существует единичный шатер $Ш_b(x)$ с вершиной $b \in J(\Gamma)$ такой, что при некотором $K = K(\gamma)$ верно

$$Ш_\xi(x) \geqslant K(\gamma)Ш_b(x).$$

А так как число ребер и число вершин у Г конечны, то лемма верна при некотором $K_0 > 0$ и

$$g_0(x) = \min_{b \in J(\Gamma)} Ш_b(x). \tag{4.15}$$

Лемма 4.5. *Пусть L не осциллирует на Γ. Тогда для любого неотрицательного на Γ решения $u(x)$ ($\not\equiv 0$) неравенства $Lu \geqslant 0$ справедлива оценка*

$$u(x) \geqslant u(\xi) Ш_\xi(x) \quad (x, \xi \in \Gamma),$$

где $Ш_\xi$ — единичный шатер с вершиной в точке ξ.

Доказательство. На каждой компоненте связности Γ_0 множества $\Gamma \setminus \{\xi\}$ функция $h(x) = u(x) - u(\xi)Ш_\xi(x)$ оказывается решением неравенства $Lu \geqslant 0$ и имеет неотрицательные на $\partial\Gamma_0$ значения. Остается сослаться на теорему 4.3.

Теорема 4.4. *Если L не осциллирует на сети Γ, то любое неотрицательное на $\partial\Gamma$ решение неравенства $Lu \geqslant 0$ удовлетворяет оценке*

$$u(x) \geqslant \|u\| g_0(x) \quad (x \in \Gamma), \tag{4.16}$$

где, как обычно, $\|u\| = \sup\limits_{\Gamma} u(x)$, а g_0 — положительная на Γ функция, определяемая равенством (4.15).

Доказательство. В условиях теоремы $u(x) > 0$ на Γ (по теореме 4.3). Пусть s — точка максимума $u(x)$ на $\Gamma \cup \partial\Gamma$, т.е. $\|u(x)\| = u(s)$.

Тогда в силу леммы 4.5

$$u(x) \geqslant u(s)\, Ш_s(x) = \|u\|\, Ш_s(x),$$

после чего остается воспользоваться равенством (4.15).

Следствие 1. *В условиях теоремы для любого локально компактного в Γ множества Ω существует константа $\varkappa = \varkappa(\Omega, L)$ такая, что для каждого неотрицательного на $\partial\Gamma$ решения неравенства $Lu \geqslant 0$ верно неравенство Харнака* (4.13), *достаточно положить в* (4.16) *$x = x_0$, где x_0 — точка минимума функции и на Ω.*

Следствие 2. *Если L не осциллирует на Γ, то функция Грина $G(x, s)$ задачи* (4.4) *удовлетворяет аналогичному* (4.16) *неравенству*

$$G(x, s) \geqslant g_0(x) \sup_{\tau \in \Gamma} G(\tau, s) \quad (x, s \in \Gamma). \tag{4.17}$$

Доказательство. Для любой неотрицательной на Γ функции f решение задачи (4.4), удовлетворяя (4.16), должно удовлетворять неравенству

$$\int_\Gamma G(x,s)f(s)\,d\mu \geqslant g_0(x) \left\| \int_\Gamma G(x,s)f(s)\,d\mu \right\| \geqslant \int_\Gamma [g_0(x)G(\tau,s)f(s)\,d\mu]$$

при всех $x, \tau \in \Gamma$. Но тогда

$$\int_{\Gamma} [G(x,s) - g_0(x)G(\tau,s)] f(s)\, d\mu \geqslant 0 \quad (x, \tau \in \Gamma),$$

что в силу произвола неотрицательной $f(\,\cdot\,)$ означает

$$G(x,s) - g_0(x)G(\tau,s) \geqslant 0 \quad (x, \tau, s \in \Gamma).$$

Последнее, как легко видеть, эквивалентно (4.17).

Замечание. Аналогично, из (4.17) следует (4.16) для любого решения задачи (4.4) с неотрицательной f. Поэтому утверждение теоремы 4.4 просто эквивалентно (4.17).

4.4. О локализации носителя

Заданная на сети Γ задача

$$Lu = f, \quad u|_{\partial\Gamma} = 0 \tag{4.4}$$

может быть редуцирована к задаче на более узком подмножестве, если $f \equiv 0$ на некоторой существенной части Γ. Физически задача вполне естественна, так как относится к случаю, когда экспериментировать с системой, т. е. воздействовать на нее и наблюдать за ней, мы можем только на некоторой ее части. Аналогичная ситуация возникает в задаче о собственных колебаниях (описываемой спектральной задачей $Lu = \lambda\rho u$, $u|_{\partial\Gamma} = 0$), когда массы распределены лишь на части системы, т. е. $\rho(x) \equiv 0$ на другой части.

Ниже в этом параграфе предполагается неосцилляция L.

Пусть Ω — подмножество Γ такое, что $f(x) \equiv 0$ вне Ω, т. е. на $\Gamma_0 = \Gamma \setminus \Omega$. Нас интересует вопрос о возможности переопределения исходной задачи на Ω так, чтобы решение новой задачи совпадало на Ω с решением исходной (т. е. чтобы о прежней «составляющей» задачи на $\Gamma_0 = \Gamma \setminus \Omega$ можно было полностью забыть). Если $G(x,s)$ — функция Грина задачи (4.4), то ее решение при $f \equiv 0$ на Γ_0 имеет вид

$$u(x) = \int_{\Omega} G(x,s) f(s)\, d\mu \quad (x \in \Gamma), \tag{4.18}$$

где суммирование происходит уже по Ω.

Подчеркнем, что в (4.18) $x \in \Gamma$, так как сужая интегрирование на Ω, т. е. пользуясь значениями $G(x,s)$ лишь при $s \in \Omega$, мы тем не менее пользуемся $G(x,s)$ как функцией по x, определенной на всем Γ. Сужение (4.18) по x на Ω означает тем самым переход к задаче на Ω такой, что ее функция Грина при $x, s \in \Omega$ совпадает с $G(x,s)$.

Назовем ребро γ *перемычкой* в Γ, если выбрасывание любой его точки из Γ приводит к потере связности. Если Γ имеет структуру дерева, т. е. не содержит циклов, то все его ребра являются перемычками.

Пусть x_0 — какой-либо внутренний узел Γ и Γ_0 — одна из компонент связности $\Gamma \setminus \{x_0\}$, образующаяся при выбрасывании x_0 из Γ. Компоненту Γ_0, если к x_0 из Γ_0 примыкает всего лишь одно ребро, оказывающееся перемычкой, мы назовем *ветвью* (*веткой*) исходной сети Γ. Очевидно, $\partial\Gamma_0 \setminus \{x_0\} \subseteq \partial\Gamma$. Точку x_0 назовем *основанием* ветви Γ_0.

Пусть $f(x) \equiv 0$ на ветви Γ_0. Нас интересует далее вопрос о сужении задачи (4.4) и формулы (4.18) на $\Omega = \Gamma \setminus \Gamma_0$. Функция Грина $G(x, s)$ при $s \in \Omega$ есть шатер с вершиной в Ω, определенный, однако, и на Γ_0, причем с помощью условий на $\partial\Gamma_0 \setminus \{x_0\}$. Чтобы переопределить задачу нужным образом, необходимо для всех шатров $\text{Ш}_\xi(x)$ с вершинами в Ω отбросить их куски над Γ_0, сохранив их в целости над Ω. Согласно лемме 4.2 шатер $\text{Ш}_\xi(x) = G(x, \xi)$ при $\xi \in \Omega$ будет мажорантой для шатра

$$\text{Ш}_{x_0}(x) = \frac{G(x_0, \xi)}{G(x_0, x_0)}\, G(x, x_0) \qquad (\text{Ш}_\xi(x) \geqslant \text{Ш}_{x_0}(x)),$$

так как значения их в точке $x = x_0$ совпадают. Рассуждениями, аналогичными рассуждениям в доказательстве леммы 4.3, можно показать, что обе эти функции на Γ_0 совпадают. Таким образом, переход к новой задаче на Ω означает утрату $G(x, x_0)$ на Γ_0, компенсируемую каким-либо условием в точке x_0.

Взяв $G(x, x_0)$ изолированно на Γ_0, мы имеем шатер, однозначно определяемый своим значением в вершине x_0 (в остальных точках $\partial\Gamma_0$ его значения нулевые). Множество шатров на Γ_0 с вершиной в точке x_0 одномерно. Обозначим через $g_0(x)$ единичный из них по высоте. Пусть γ_0 — ребро из Γ_0, примыкающее к x_0. Из сказанного ранее следует, что γ_0 — перемычка, соединяющая $\Gamma_0 \setminus \gamma_0$ с $\Omega = \Gamma \setminus \Gamma_0$. Любой шатер с вершиной в точке x_0 определяется его высотой:

$$\text{Ш}_{x_0}(x) = \text{Ш}_{x_0}(x_0) g_0(x).$$

Поэтому и

$$\frac{d}{d\gamma_0}\, \text{Ш}_{x_0}(x) = \text{Ш}_{x_0}(x_0)\, \frac{d}{d\gamma_0}\, g_0(x).$$

Полагая здесь $\dfrac{d}{d\gamma_0}\, g_0(x_0) = \varkappa_0$, и учитывая, что на γ_0 шатры Ш_{x_0} и Ш_ξ $(\xi \in \Omega)$ совпадают, имеем

$$\frac{d}{d\gamma_0}\, G(x, \xi)\Big|_{x=x_0} = \varkappa_0 G(x, \xi)\Big|_{x=x_0}.$$

Но тогда и для любого решения задачи (4.4) в точке $x = x_0$ должно выполняться равенство

$$\frac{d}{d\gamma_0}\,u(x_0) = \varkappa_0 u(x_0), \tag{4.18$_1$}$$

что означает возможность представления в точке x_0 исходного уравнения $Lu = f$, т. е.

$$-\frac{d}{d\Gamma}\,(pu') + qu = f, \tag{4.19}$$

в виде

$$\Bigl(-\sum_{\gamma\subset\Gamma(x_0)\setminus\gamma_0}\alpha_\gamma(x_0)\,\frac{d}{d\gamma}\,u(x_0)\Bigr) + (q(x_0) - \alpha_{\gamma_0}(x_0)\varkappa_0)u(x_0) = f(x_0). \tag{4.20}$$

Таким образом, при $f(x) \equiv 0$ на Γ_0 мы, интересуясь решениями задачи (4.4) только на $\Omega = \Gamma \setminus \Gamma_0$, можем полностью исключить Γ_0 из рассмотрения, заменив уравнение (4.19) в точке $x = x_0$ на (4.20) и пользуясь прежним уравнением в остальных точках Ω. Поскольку Ω — связное множество (точку x_0 мы из него не удаляли), получаем на Ω типичное уравнение на сети с краевыми условиями $u|_{\partial\Omega} = 0$.

Проведенные выше рассуждения резюмирует

Теорема 4.5. *Пусть L не осциллирует на Γ и Γ_0 — некоторая ветвь Γ с основанием x_0.*

Тогда для любой f, тождественно равной нулю на Γ_0, при некотором $\varkappa_0$ решение задачи (4.4) совпадает на $\Omega = \Gamma \setminus \Gamma_0$ с решением суженной задачи

$$(L_\Omega u)(x) \equiv -\frac{d}{d\Omega}\,(pu')(x) + q_\Omega(x)u(x) = f(x) \quad (x \in \Omega), \qquad u|_{\partial\Omega} = 0,$$

идентичной исходной задаче во всех точках $\Omega \cup \partial\Omega$, кроме точки $x = x_0$. Точнее,

$$\frac{d}{d\Omega}\,(pu')(x) = \frac{d}{d\Gamma}\,(pu')(x)$$

при всех $x \in \Omega \setminus \{x_0\}$, равно как и $q_\Omega(x) = q(x)$ при тех же x.

Если же $x = x_0$, то

$$q_\Omega(x_0) = q(x_0) - \alpha_{\gamma_0}(x_0)\varkappa_0,$$

а для $\dfrac{d}{d\Omega}\,(pu')(x_0)$ в соответствующей сумме по $\gamma \in \Omega(x_0)$ отсутствует слагаемое $\alpha_{\gamma_0}(x_0)\,\dfrac{d}{d\gamma_0}\,u(x_0)$. Суженный таким образом на Ω оператор

$$L_\Omega u = -\frac{d}{d\Omega}\,(pu') + q_\Omega u$$

не осциллирует на Ω.

Что касается неосцилляции L_Ω, то здесь достаточно заметить лишь, что если решение v уравнения $L_\Omega u = 0$ ($x \in \Omega$) имеет S-зону Ω_0, то в случае $x_0 \notin \Omega_0$ множество Ω_0 будет S-зоной расширения v на Γ (т. е. того решения w уравнения $Lu = 0$ ($x \in \Gamma$), сужением которого на Ω является v); в случае же $x_0 \in \Omega_0$ множество $\Omega_0 \cup \Gamma_0$ будет S-зоной w, так как ввиду неосцилляции L на Γ (а значит, и на Γ_0) $w(x)w(x_0) > 0$ для всех $x \in \Gamma_0$. Таким образом, осцилляция L_Ω на Ω повлечет осцилляцию L на Γ, что противоречит условию теоремы.

В порядке физической интерпретации на упругой сети Γ рассмотрим точку $x_0 \in J(\Gamma)$, являющуюся основанием некоторой ветви Γ_0. Предположим, что $q(x_0) = 0$, т. е. в точке x_0 отсутствует внешняя упругая опора (типа пружины). Тогда для любой внешней нагрузки $f(x)$ с носителем вне Γ_0 (т. е. при $f \equiv 0$ на Γ_0) реакция системы на $(\Gamma \setminus \Gamma_0)$ за счет (4.18_1) такова, как будто влияние Γ_0 на систему заменено влиянием подставляемой (вместо всего Γ_0) упругой опоры в точке x_0.

Описанный прием может быть обращен «обнулением $q(x)$ во внутренних вершинах». К точкам $a \in J(\Gamma)$, для которых $q(a) \neq 0$, мы можем «прирастить» дополнительное ребро, на котором связь типа (4.18_1) обеспечивается элементарным уравнением $-u'' = 0$ (пружины меняются на элементарные струны).

В рамках описанного подхода Γ_0 и $\Omega = \Gamma \setminus \Gamma_0$ можно поменять ролями: если к Ω добавить γ_0, то $(\Omega \cup \gamma_0)$ окажется такой же ветвью, что и Γ_0. Поэтому проделанная процедура может озвучиваться, как *сужение задачи на ветвъ*. Аналогично описывается процедура сужения задачи на пару не смежных ветвей (с разными основаниями) Ω_0 и Ω_1. В этом случае множество $\Omega_0 \cup \Omega_1 = \Omega$ оказывается несвязным, в отличие от выбрасываемого множества $\Gamma \setminus (\Omega_0 \cup \Omega_1)$, являющегося подграфом Γ. Суженная на $\Omega_0 \cup \Omega_1$ задача, сохраняя взаимодействие Ω_0 с Ω_1 в рамках исходного уравнения (с помощью исходной функции Грина), может быть определена на некотором связном графе $\widehat{\Omega}$, изоморфном объединению Ω_1, Ω_2 и некоторой добавленной точки, в которой решение суженной задачи будет разрывным (разные пределы вдоль Ω_1 и вдоль Ω_2), что накладывает отпечаток на аналогичные (4.20) условия. Подробнее на этом мы здесь не останавливаемся.

4.5. Критическая неосцилляция

Ниже проводится более детальный анализ распределения нулей решений однородного уравнения в связи с размерностью пространства решений соответствующей однородной задачи $Lu = 0$, $u|_{\partial\Gamma} = 0$.

Для более детального анализа неравенства $Lu \geqslant 0$ нам потребуется выделение из введенного в параграфе 4.2 свойства *неосцилляции внутри* Γ более тонкого свойства *критической неосцилляции в* Γ. Для случая скалярного уравнения $Lu = 0$ на интервале $(a, b) \subset R$ *неосцилляция на* (a, b) означает отсутствие у любого нетривиального решения двух разных нулей в замкнутом промежутке $[a, b]$. Таким образом, если $\xi_1 < \xi_2$ — два различных соседних нуля решения $u(x) \not\equiv \equiv 0$ уравнения $Lu = 0$, то свойства *неосцилляции на* (ξ_1, ξ_2) наверняка нет, а свойство *неосцилляции внутри* $\Gamma_0 = (\xi_1, \xi_2)$ наверняка есть, как и *неосцилляция на* любом подынтервале (η_1, η_2), лежащем строго внутри (ξ_1, ξ_2). Вычленяя критический, предельный характер свойства *неосцилляции внутри* S-зоны относительно *неосцилляции на* любом ее собственном подграфе, введем

Определение 4.3. Уравнение $Lu = 0$ (и оператор L) назовем *критически неосциллирующим* на Γ, если оно не осциллирует на любом отличном от Γ подграфе $\Gamma_0 \subset \Gamma$, но на самом Γ неосциллирующим не является.

Согласно свойству (в) теоремы 4.1 уравнение $Lu = 0$ критически не осциллирует на Γ, если Γ есть S-зона одного из его решений.

Теорема 4.6. *Пусть L критически не осциллирует на Γ. Тогда любое решение неравенств*

$$Lu \geqslant 0, \quad u|_{\partial\Gamma} \geqslant 0 \tag{4.21}$$

превращает их в равенства, т. е. оказывается решением задачи

$$Lu = 0, \quad u|_{\partial\Gamma} = 0. \tag{4.22}$$

Доказательство. По условию Γ является S-зоной некоторого решения $v(x)$ (> 0) уравнения $Lu = 0$, т. е. решения задачи (4.22). Пусть $u(x)$ — нетривиальное решение (4.21). В силу теоремы 4.3 $u(x) > 0$ на Γ. Рассмотрим функцию $\varphi = u/v$. Пусть $\lambda_0 = \inf_\Gamma \varphi$ достигается в точке $x_0 \in \Gamma$. Тогда функция $h = u - \lambda_0 v$ в силу теоремы 4.3 есть тождественный нуль, что влечет утверждение теоремы. Пусть теперь $\lambda_0 = \inf_\Gamma \varphi$ достигается в одной из граничных точек $a \in \partial\Gamma$. Так как $\lambda_0 \geqslant 0$ и, очевидно, $\lambda_0 < +\infty$, то из равенства $v(a) = 0$ следует, что $u(a) = 0$. Но тогда $\lambda_0 = u'(a)/v'(a)$, и неотрицательная на Γ функция $h = u - \lambda_0 v$, удовлетворяя неравенству $Lh \geqslant 0$ на Γ, имеет в точке $x = a$ нулевое значение и нулевую производную, что, в силу теоремы 4.2, влечет $h \equiv 0$. Теорема доказана.

Доказанное свойство оказывается удивительным даже в скалярном случае: если $u(x)$ — любое решение неравенства

$$u''(x) + u(x) \leqslant 0,$$

на $[0, \pi]$, неотрицательное в точках $x = 0$ и $x = \pi$, то $u(x) \equiv C \sin x$ при некотором $C = \text{const}$.

С л е д с т в и е 1 (аналог теоремы сравнения Штурма). *Рассмотрим на Γ два уравнения*

$$(pu')' + qu = 0, \tag{4.23}$$

$$(pv')' + Qv = 0. \tag{4.24}$$

Пусть $Q \geqslant q$ на Γ.

Тогда для каждой S-зоны решения $u(x)$ первого уравнения любое решение $v(x)$ второго уравнения, неколлинеарное $u(x)$ на Γ_0, не может быть знакопостоянным в Γ_0, т. е. наверняка меняет в Γ_0 знак.

Д о к а з а т е л ь с т в о. Предполагая противное, будем считать $v(x) \geqslant 0$ на Γ_0. Тогда функция $h = v - u$ будет удовлетворять на Γ_0 равенству $-(ph')' - qh = (Q - q)v$, т. е. неравенству $Lh \geqslant 0$, удовлетворяя на Γ_0 условиям теоремы 4.6. Значит, $Lh = 0$, и остается применить следствие 1 теоремы 3.2.

Классическую теорему Штурма мы получаем, меняя слова «для каждой S-зоны» на адекватное для $\Gamma \subset R$ выражение «между соседними нулями».

С л е д с т в и е 2. *Если $Lu = 0$ критически не осциллирует на Γ, то пространство решений задачи (4.22) одномерно.*

С л е д с т в и е 3 (критерий неосцилляции). *Для неосцилляции L на Γ необходимо и достаточно существование строго положительного на $\overline{\Gamma} = \Gamma \cup \partial\Gamma$ решения неравенства $Lu \geqslant 0$.*

Д о к а з а т е л ь с т в о. Необходимость тривиально следует из теоремы 4.1 (эквивалентность (г) и (б)). Пусть теперь $u(x)$ — строго положительное на $\overline{\Gamma}$ решение неравенства $Lu \geqslant 0$. Если v — какое-либо решение уравнения $Lu = 0$ и Γ_0 — его S-зона, то на Γ_0 уравнение критически неосциллирует и функция u удовлетворяет условиям теоремы 4.6. Следовательно, $u\big|_{\partial\Gamma_0} = 0$, что противоречит предположению $u(x) > 0$ на $\overline{\Gamma}$.

Приведенный результат является точным аналогом теоремы Валле-Пуссена для скалярных уравнений второго порядка на отрезке из $\mathbb{R}$. Если взять $u(x) \equiv 1$, то получим пример достаточного условия неосцилляции — неравенство $q(x) \geqslant 0$.

Глава 5

СПЕКТРАЛЬНАЯ ТЕОРИЯ ШТУРМА–ЛИУВИЛЛЯ НА ГЕОМЕТРИЧЕСКИХ ГРАФАХ

5.1. Спектр задачи на графе

Изложенные в предыдущих главах результаты (особенно в параграфе 4.5) позволяют изучать на графе Γ спектр задачи Штурма–Лиувилля

$$L_0 u \equiv -(pu')' + qu = \lambda \rho u, \qquad u|_{\partial\Gamma} = 0. \tag{5.1}$$

Предполагая уравнение $Lu = 0$ неосциллирующим на Γ, мы будем получать спектральные теоремы, анализируя свойства решений пучка уравнений

$$L_\lambda u \equiv L_0 u - \lambda \rho u = -(pu')' + (q - \lambda\rho)u = 0 \tag{5.2}$$

или пучка операторов $L_0 - \lambda\rho I$. Напомним, что знаковых ограничений на q мы выше не налагали. Далее предполагается, что $\rho(x) \geqslant 0$ ($\not\equiv 0$) на Γ и $\rho \in C[R(\Gamma)]$.

5.1.1. Неосцилляция пучка $L - \lambda\rho I$. Изученные выше осцилляционные факты позволяют сравнивать собственные функции $u_\lambda(x)$ и $u_\mu(x)$, соответствующие разным собственным значениям λ и $\mu > \lambda$: нули u_λ и u_μ перемежаются в том смысле, что в любой S-зоне u_λ заведомо u_μ меняет знак (теорема сравнения). Однако в целом мы имеем пока лишь базу для более глубокого анализа.

Теорема 5.1. *Множество M вещественных λ, при которых уравнение* (5.2) *не осциллирует на* Γ, *ограничено сверху и не пересекается со спектром* Λ *задачи* (5.1). *При этом*:

(а) *точка* $\lambda_0 = \sup M$ *принадлежит* Λ;

(б) $M = (-\infty, \lambda_0)$.

Доказательство. Пустота пересечения $M \cap \Lambda$ очевидна. Предположение о неограниченности M сверху означает, что при каких угодно больших значениях λ уравнение (5.2) не осциллирует на отрезке строгой положительности ρ; а это противоречит классической теореме сравнения Штурма на этом отрезке. Из теоремы сравнения следует, что если $\lambda \in M$, то $(-\infty, \lambda) \subset M$, т. е. M связно. Покажем, что $\lambda_0 = \sup M$ не принадлежит M.

Обозначим через $w(x, \lambda)$ сумму по $s \in \partial\Gamma$ решений $u_s(x, \lambda)$ задач

$$L_\lambda u = 0, \quad u(s) = 1, \quad u(b) = 0 \quad (b \in \partial\Gamma \setminus \{s\}). \tag{5.3}$$

Согласно теореме 3.4 каждая из функций $u_s(x, \lambda)$ мероморфна по λ, а ее полюсы содержатся в Λ. При каждом $\lambda \in M$ функция $w(x, \lambda)$ строго положительна не только на Γ, но и на $\partial\Gamma$. Если $\lambda_0 \in M$, то функция $w(x, \lambda_0 + \varepsilon)$ при достаточно малых $\varepsilon > 0$ строго положительна на компакте $\Gamma \cup \partial\Gamma$. Но тогда в силу теоремы 4.1 в M входят и значения $\lambda = \lambda_0 + \varepsilon$ при $\varepsilon > 0$, что противоречит определению λ_0. Этим доказано в силу связности M свойство (б).

Покажем теперь, что $\lambda_0 = \sup M$ принадлежит спектру Λ. Если бы $\lambda_0 \notin \Lambda$, то при стремлении $\lambda \to \lambda_0$ при $\lambda < \lambda_0$ функция $w(x, \lambda)$ имела бы в пределе $w(x, \lambda_0) \geqslant 0$ на Γ и сохраняла бы значения $w(b, \lambda_0) = 1$ во всех граничных вершинах $b \in \partial\Gamma$. Наличие у уравнения (5.2) при $\lambda = \lambda_0$ неотрицательного решения без нулей в $\partial\Gamma$ означает неосцилляцию (5.2) (теорема 4.1, эквивалентность (в) и (г)), т. е. включение $\lambda_0 \in M$, что противоречит доказанному выше. Таким образом, $\lambda_0 = \sup M$ есть вещественное собственное значение задачи (5.1).

Теорема 5.2. *Соответствующая λ_0 собственная функция задачи* (5.1) *не имеет нулей в* Γ. *Алгебраическая кратность λ_0 равна единице.*

Доказательство. Фиксируем какую-либо вершину $b_0 \in \partial\Gamma$. Обозначим соответствующее ей при $s = b_0$ решение задачи (5.3) через $u_0(x, \lambda)$. Пусть μ_k — некоторая сходящаяся к λ_0 последовательность, причем $\mu_k < \lambda_0$. Соответствующая ей последовательность $u_k(x) = u_0(x, \mu_k)$ не ограничена (так как λ_0 — полюс). Нормируем ее с помощью нормы $C(\Gamma)$. Функции

$$v_k = \frac{u_k}{\|u_k\|}$$

удовлетворяют уравнению (5.2) при $\lambda = \mu_k$, и $v_k(a) = 0$ при всех $a \in \partial\Gamma$, отличных от выбранной выше вершины b_0. В самой этой вершине

$$v_k(b_0) = \frac{u_k(b_0)}{\|u_k\|} = \frac{1}{\|u_k\|},$$

т. е. $v_k(b_0) \to 0$.

Если подставить $v_k(x)$ в (5.2) (при $\lambda = \mu_k$), то из ограниченности $\|v_k\|$ можно сделать вывод об относительной компактности последовательности $\{v_k\}$ в $C^1[R(\Gamma)]$. Пусть $v_0(x)$ — ее предельная точка. Можно считать, что $v_k \rightrightarrows v_0$. Из интегральной обратимости оператора L следует его естественная замкнутость, что позволяет считать предельную функцию $v_0(x)$ решением задачи (5.1) при $\lambda = \lambda_0$. Неотрицательность $v_0(x)$ и отличие от тождественного нуля следуют из неравенств $v_k(x) > 0$ на Γ и $\|v_k\| = 1$ при всех k. Последнее свойство v_0 в силу теоремы 3.1 означает $v_0(x) > 0$ на Γ. Отсюда в свою очередь следует, что соответствующее λ_0 инвариантное пространство имеет единичную размерность (см. следствие 2 из теоремы 4.6). Если бы v_0 имела присоединенный элемент, то он был бы нетривиальным решением уравнения

$$L_0 u - \lambda_0 \rho u = \rho v_0$$

при условиях $u\big|_{\partial\Gamma} = 0$. Но это невозможно, так как $\rho v_0 \geqslant 0$ (но не равно нулю тождественно) и $L_0 - \lambda_0 \rho$ критически не осциллирует на Γ (см. теорему 4.6).

Следствие 1. *Если L_0 не осциллирует на Γ, то все комплексные точки $\lambda \in \Lambda$ удовлетворяют неравенству $|\lambda| > \lambda_0$.*

Для доказательства остается рассмотреть невещественные точки спектра Λ. Пусть $\lambda = |\lambda|(\alpha + i\beta)$ — одна из таких точек, причем α и β вещественны и $\alpha^2 + \beta^2 = 1$. Из вещественности коэффициентов уравнения следует, что для λ существует пара вещественных функций $u(x), v(x)$ (из $C^2(\Gamma)$) с нулями на $\partial\Gamma$ и таких, что

$$L_0 u = |\lambda|\rho(\alpha u - \beta v), \qquad L_0 v = |\lambda|\rho(\beta u + \alpha v).$$

Последнее означает, что в линейной оболочке E_2 элементов u и v оператор $L_0/(|\lambda|\rho)$ осуществляет поворот.

Пусть $u_0(x)$ — соответствующая λ_0 собственная функция задачи (5.1). Рассмотрим на E_2 множество функций вида $\nu u + \mu v$ таких, что

$$u_0 \geqslant \nu u + \mu v,$$

и максимизируем на нем $\nu^2 + \mu^2$, полагая $\sup(\nu^2 + \mu^2) = T_0$. Пусть ν_0 и μ_0 — соответствующая максимизирующая пара, т.е. $\nu_0^2 + \mu_0^2 = T_0$ и $\nu_0 u(x) + \mu_0 v(x) \leqslant u_0(x)$ на Γ. Для неотрицательной функции

$$f = (u_0 - \nu_0 u - \mu_0 v)\rho$$

решение $z(x)$ задачи $L_0 z = f$, $z|_{\partial\Gamma} = 0$ должно удовлетворять, согласно теореме 4.3 (следствие 1), при некотором $\varepsilon \in (0;\ 1/\lambda_0)$ неравенству $z(x) \geqslant \varepsilon u_0(x)$ на Γ. Но тогда из равенств

$$\rho u_0 = \frac{1}{\lambda_0}\, L_0 u_0, \qquad \rho u = \frac{1}{|\lambda|}\, L_0(\alpha u + \beta v), \qquad \rho v = \frac{1}{|\lambda|}\, L_0(\alpha v - \beta u)$$

должно следовать

$$L_0 z = f = L_0\left[\frac{u_0}{\lambda_0} - \frac{\nu_0}{|\lambda|}\,(\alpha u + \beta v) - \frac{\mu_0}{|\lambda|}\,(\alpha v - \beta u)\right],$$

что ввиду неосцилляции L_0 дает

$$z = \frac{u_0}{\lambda_0} - \frac{\nu_0}{|\lambda|}(\alpha u + \beta v) - \frac{\mu_0}{|\lambda|}(\alpha v - \beta u).$$

Таким образом,

$$\varepsilon u_0 \leqslant \frac{1}{\lambda_0} u_0 - \frac{\nu_0}{|\lambda|}(\alpha u + \beta v) - \frac{\mu_0}{|\lambda|}(\alpha v - \beta u),$$

откуда

$$|\lambda| \left(\frac{1}{\lambda_0} - \varepsilon\right) u_0 \geqslant (\nu_0 \alpha - \mu_0 \beta) u + (\nu_0 \beta + \mu_0 \alpha) v.$$

Но тогда

$$u_0 \geqslant \frac{\lambda_0/|\lambda|}{1 - \varepsilon\lambda_0} \left[(\nu_0 \alpha - \mu_0 \beta) u + (\nu_0 \beta + \mu_0 \alpha) v\right],$$

откуда по определению числа T_0 должно следовать

$$T_0 \geqslant \left(\frac{\lambda_0}{|\lambda|(1 - \varepsilon\lambda_0)}\right)^2 \left[(\nu_0 \alpha - \mu_0 \beta)^2 + (\nu_0 \beta + \mu_0 \alpha)^2\right] = \\ = \left(\frac{\lambda_0}{|\lambda|(1 - \varepsilon\lambda_0)}\right)^2 (\nu_0^2 + \mu_0^2),$$

т. е.

$$T_0 \geqslant \left(\frac{\lambda_0}{|\lambda|(1 - \varepsilon\lambda_0)}\right)^2 T_0,$$

что ввиду $\varepsilon \in (0;\ 1/\lambda_0)$ влечет $|\lambda| > \lambda_0$.

Следствие 2. *Любое нетривиальное решение неравенства $L_0 u \leqslant \lambda_0 \rho u$ (или $L_0 u \geqslant \lambda_0 \rho u$) при условиях $u|_{\partial\Gamma} = 0$ пропорционально $u_0(x)$.*

Очевидно ввиду теоремы 4.6.

Таким образом, ведущее собственное значение задачи (5.1) на произвольном графе Γ обладает всеми основными свойствами, присущими аналогичной задаче на отрезке. С остальными точками спектра дело обстоит гораздо сложнее, о чем свидетельствуют самые разные примеры.

5.1.2. Корневая простота. Мы продолжаем далее интересоваться вопросом об условиях, при которых вещественные точки спектра задачи (5.1) имеют единичную алгебраическую кратность (являются простыми), т. е. соответствующие корневые пространства одномерны. Для этого мы пользуемся развитой в гл. 4 теорией, усиливая теорему 4.6.

Вопрос о кратности точки спектра удобно обсуждать в форме вопроса о размерности пространства всех решений системы

$$Lu = 0, \qquad u\big|_{\partial\Gamma} = 0. \tag{5.4}$$

Обозначая это пространство через $E(L)$, мы интересуемся в конечном счете условиями, обеспечивающими равенство

$$\dim E(L) = 1, \tag{5.5}$$

что означает геометрическую простоту соответствующей точки спектра. Нас будет интересовать также вопрос об алгебраической простоте, означающей при условии (5.5) отсутствие решений у задачи

$$Lz = \rho u, \qquad z\Big|_{\partial\Gamma} = 0, \tag{5.6}$$

где $u(x)$ — нетривиальное решение (5.4). Знаковых ограничений на коэффициент q оператора

$$Lu \equiv -\frac{d}{d\Gamma}(pu') + qu$$

мы здесь не налагаем, поскольку вместо L в (5.4) мы допускаем $L_\lambda = L_0 - \lambda\rho$; в частности, мы допускаем далее и осцилляцию L на Γ.

Необходимое условие равенства (5.5) дает

Теорема 5.3. *Если* $\dim E(L) \geqslant 2$, *то для каждой граничной вершины* $a \in \partial\Gamma$ *существует нетривиальное решение* $w(x)$ *задачи* (5.4), *равное тождественному нулю на примыкающем к* a *ребре.*

Доказательство почти очевидно. Пусть a — какая-то вершина из $\partial\Gamma$ и γ — примыкающее к ней ребро. Пусть $u(x)$, $v(x)$ — линейно независимые нетривиальные решения (5.4), ненулевые на γ. Каждое из них должно иметь в точке $x = a$ ненулевую производную (иначе, имея нулевые начальные данные в точке $x = a$, оно должно быть тождественным нулем на γ). Функция $w(x) = u'(a)v(x) - v'(a)u(x)$ в точке $x = a$ удовлетворяет равенствам $w(a) = w'(a) = 0$ (напомним: если $a \in \partial\Gamma$, то $z'(a)$ — крайняя производная), и потому $w(x) \equiv 0$ на γ.

Здесь нам помогло то обстоятельство, что на каждом ребре уравнение $Lu = 0$ адекватно обычному однородному уравнению на отрезке.

Следствие. *Если каждое нетривиальное решение* (5.4) *имеет в* Γ *только изолированные нули, то справедливо* (5.5).

Полученное условие, будучи достаточно простым и понятным по формулировке, малоэффективно из-за необходимости анализа структуры множества нулей у каждого решения. Заменить «каждое решение» на, скажем, «хотя бы одно решение» нельзя. Сказанное означает необходимость учета связи между структурой множества нулей у функций из $E(L)$ и структурой графа.

Обозначим через $Y(\Gamma)$ множество $\{a \in J(\Gamma)\colon\ \mathrm{ind}(a) \geqslant 3\}$.

Определение 5.1. Назовем точку $x \in \Gamma$ *простой*, если $c \notin Y(\Gamma)$ и $\Gamma \setminus \{x\}$ несвязно.

Если Γ является *деревом*, т. е. не содержит циклов (подмножеств, гомеоморфных окружности), то простыми у него оказываются точки из любого ребра. В общем же случае простые точки — это точки $\Gamma \setminus Y(\Gamma)$, не лежащие в циклах.

Определение 5.2. Назовем *задачу* (5.4) *простой*, если у некоторого ее решения все нули в Γ являются простыми точками.

Теорема 5.4. *Если задача* (5.4) *простая, то верно* (5.5).

Доказательство. Пусть $v_0(x)$ — какая-либо функция из $E(L)$, имеющая в Γ лишь простые нули. Число нулей у $v_0(x)$ конечно, так как в противном случае $v_0(x) \equiv 0$ на некотором ребре с одним из концов в $Y(\Gamma)$.

Дальнейшие рассуждения мы проведем индукцией по числу S-зон функции $v_0(x)$. Если v_0 имеет только одну S-зону, то требуемое вытекает из следствия 2 теоремы 4.6. Пусть теперь теорема верна для любой простой задачи в случае, когда некоторое ее решение имеет нули только в простых точках, имея в Γ число S-зон, не превосходящее k. Пусть для некоторой простой задачи имеется функция $v_0(x) \in E(L)$ с числом S-зон $k+1$ и только с простыми нулями. Обозначим через $\{\Gamma_i\}_1^{k+1}$ совокупность этих S-зон. Назовем S-зоны Γ_i, Γ_j *смежными*, если $\partial\Gamma_i \cap \partial\Gamma_j \neq \varnothing$. Каждая нулевая точка v_0, будучи простой в Γ, является граничной точкой для двух (и только двух) смежных S-зон. И наоборот, если Γ_i и Γ_j смежны, то $|\partial\Gamma_i \cap \partial\Gamma_j| = 1$, и единственная точка $\partial\Gamma_i \cap \partial\Gamma_j$ является простым нулем v_0. Поэтому отношение смежности на множестве $\{\Gamma_i\}_1^{k+1}$ позволяет рассматривать эти S-зоны как вершины дискретного (алгебраического) графа, ребра которого определяются указанным отношением смежности и могут считаться реализованными в виде простых нулей v_0. Этот «надграф» назовем его *S-графом* (является деревом). В самом деле, наличие цикла $(\Gamma_{i_1}, \Gamma_{i_2}, \ldots, \Gamma_{i_\alpha}, \Gamma_{i_1})$ в S-графе повлекло бы существование цикла графа Γ, содержащегося в $\bigcup\limits_{j=1}^{\alpha} \Gamma_{i_j}$ и содержащего в себе простой нуль v_0 (например, определяющий смежность Γ_{i_1} и Γ_{i_2}), а это невозможно.

Итак, построенный S-граф из S-зон является деревом, а потому имеет хотя бы один крайний элемент. Обозначим его через Γ_{i_0}. К S-зоне Γ_{i_0} может примыкать только один элемент S-графа. Обозначим его через Γ_{j_0}. Обозначим через b общую точку для $\partial\Gamma_{i_0}$ и $\partial\Gamma_{j_0}$ (такая точка единственна).

Пусть $u(x)$ — произвольная функция из $E(L)$. Так как, кроме b, в $\partial\Gamma_{i_0}$ входят лишь точки из $\partial\Gamma$, то $u(x) = 0$ при всех $x \in \partial\Gamma_{i_0}$, $x \neq b$. Отсюда в силу следствия 1 теоремы 3.2 следует, что $u(x) \equiv Cv_0(x)$ на Γ_{i_0} (так как u не меняет знак в $\partial\Gamma_{i_0}$). Но тогда функция $\omega =$

$= u - Cv$ обращается в нуль и в точке $x = b$, причем $\omega'(b \pm 0) = 0$. Поэтому $\omega(x)$ должна быть тождественным нулем и на ребре Γ_{j_0}, примыкающем к b, т. е. $\omega(x)$ имеет в Γ_{j_0}, а значит, и в $\Gamma \setminus (\Gamma_{i_0} \cup \{b\})$, неизолированные нули. А на графе $\Gamma \setminus \Gamma_{i_0}$, для которого теорема верна по предположению индукции, $\omega(x)$ удовлетворяет уравнению и имеет нули во всех граничных вершинах. Поэтому $\omega \equiv C_1 v_0$ на $\Gamma \setminus (\Gamma_{i_0} \cup$ $\cup \{b\})$, что ввиду конечности числа нулей v_0 и бесконечности числа нулей (в $\Gamma \setminus \Gamma_{i_0}$) функции ω возможно, лишь если $\omega(x) \equiv 0$ на $\Gamma \setminus \Gamma_{i_0}$. Значит, $u(x) \equiv Cv_0(x)$ на Γ. Теорема доказана.

Замечание. По своему смыслу условие простоты задачи допускает проверку редукцией к менее сложным задачам. Например, если Γ является пучком, т. е. имеет единственную внутреннюю вершину, то простота исходной задачи обеспечивается невырожденностью аналогичных (двухточечных) задач на каждом ребре.

Рассуждения, проведенные выше, сохраняют справедливость для более общей ситуации *краевых неравенств*, развивая теорему 4.6. Пусть задача (5.4) простая, и $v_0(x)$ — какое-либо ее нетривиальное решение. Пусть $u(x)$ — нетривиальное решение неравенств

$$v_0(x)Lu \geqslant 0 \quad (x \in \Gamma), \qquad v_0'(s_0)u(s_0) \geqslant 0, \tag{5.7}$$

причем $u(x) = 0$ во всех точках из $\partial\Gamma$, отличных от s_0. Как и ранее, через $v_0'(s_0)$ мы обозначили крайнюю производную.

Теорема 5.5. *В перечисленных условиях $u(x) \in E(L)$, т. е. $u(x)$ обращает оба неравенства в (5.7) в равенства, и $u'(x)$ не имеет нулей в $\partial\Gamma$.*

Доказательство аналогично доказательству теоремы 5.4 и проводится по числу S-зон функции $v_0(x)$. В случае одной S-зоны утверждение теоремы идентично утверждению теоремы 4.6. В условиях перехода от k к $k+1$ (по числу S-зон) выберем произвольно $x_0 \in \Gamma$, являющуюся простым нулем v_0. Обозначим через Γ_1 и Γ_2 компоненты связности множества $\Gamma \setminus \{x_0\}$. Пусть γ' и γ'' — ребра подграфов Γ_1 и Γ_2 соответственно, примыкающие к x_0. Тогда верно хотя бы одно из неравенств

$$\frac{d}{d\gamma'}\, v_0(x_0)u(x_0) \geqslant 0, \qquad \frac{d}{d\gamma''}\, v_0(x_0)u(x_0) \geqslant 0.$$

Поэтому хотя бы на одном из подграфов (можно считать, что на Γ_1) утверждение доказываемой теоремы верно (в силу предположения индукции). Но тогда $Lu \equiv 0$ на Γ_1 и $u\big|_{\partial\Gamma_1} = 0$, откуда, во-первых, в силу теоремы 5.4 следует $u \equiv C_1 v$ на Γ_1, во-вторых, $u(x_0) = 0$. Последнее влечет, в частности, что сужение u на Γ_2 тоже удовлетворяет условиям доказываемой теоремы, и, значит (опять-таки в силу предположения индукции), $Lu \equiv 0$ на Γ_2 и $u\big|_{\partial\Gamma_2} = 0$. По теореме 5.4 получаем отсюда $u \equiv C_2 v_0$ на Γ_2. Но тогда независимо от того, является x_0 вершиной Γ или нет,

$$C_1 = \lim_{\gamma' \ni x \to x_0} \frac{u(x)}{v_0(x)} = \frac{\dfrac{d}{d\gamma'}\, u(x_0)}{\dfrac{d}{d\gamma'}\, v_0(x_0)} = \frac{\dfrac{d}{d\gamma''}\, u(x_0)}{\dfrac{d}{d\gamma''}\, v_0(x_0)} = \lim_{\gamma'' \ni x \to x_0} \frac{u(x)}{v_0(x)} = C_2,$$

и, значит, $u \equiv C_1 v$ на всем Γ. Этим теорема и доказана.

В следующем пункте при анализе распределения нулей собственных функций нам понадобится следующее обобщение только что доказанной теоремы.

Теорема 5.6. *Пусть* v_0 — *нетривиальное решение задачи* (5.4) *без нулей в циклах* Γ. *Пусть* $u(x)$ — *решение неравенств* $v_0 Lu \geqslant 0$ $(x \in \Gamma)$, $(v_0' u)|_{\partial\Gamma} \geqslant 0$. *Тогда на любой* S*-зоне* v_0 *функция* u *коллинеарна* v_0, *причем, если какие-то две* S*-зоны* v_0 *имеют общую граничную вершину* x_0 *и при этом* x_0 *не является граничной вершиной для других* S*-зон* v_0, *то коэффициенты коллинеарности на этих двух* S*-зонах совпадают.*

Доказательство практически повторяет предыдущее после перехода к графу $\Gamma \setminus Z$, где Z — множество тривиальных нулей v_0 (нуль функции мы называем *тривиальным*, если в некоторой его окрестности эта функция тождественно равна нулю).

Для спектральной задачи (5.1) свойство простоты нуждается в проверке всего лишь на одной из собственных функций соответствующего собственного значения $\lambda \in \Lambda$. Выполнение этого свойства влечет *простоту не только геометрическую, но и алгебраическую.* В самом деле, если $u(x) \in E(L)$, то умножение (5.6) на $u(x)$ приводит к неравенству

$$u(x)(Lz)(x) = \rho(x) u^2(x) \geqslant 0,$$

которое в силу теоремы 5.5 влечет противоречие: $\rho u^2 \equiv 0$.

Если Γ является деревом, то простота задачи (5.4) обеспечивается условием отсутствия у нетривиального решения $u(x) \in E(L)$ нулей в вершинах графа.

5.1.3. Локальная вырожденность. Через $E(L)$, как и ранее, мы обозначаем пространство решений задачи $Lu = 0$, $u|_{\partial\Gamma} = 0$ для данного графа Γ. В условиях п. 5.1.2 $\dim E(L) = 1$, если нетривиальные элементы $u \in E(L)$ принимают нулевые значения лишь в конечном фиксированном наборе простых точек из Γ.

Скажем, что $E(L)$ *вырождено в точке* $x_0 \in \Gamma$, если некоторая нетривиальная функция $u(x) \in E(L)$ обращается в этой точке в нуль.

Дефектом вырождения $E(L)$ в точке x_0 мы будем называть число $dE(L, x_0)$, равное размерности пространства $H(x_0)$ функций из

$E(L)$, обращающихся в нуль в точке x_0. Короче говоря, $dE(L, x_0) = \dim H(x_0)$ при $H(x_0) = \{u \in E(L)\colon u(x_0) = 0\}$.

Дефект $dE(L, x_0)$ назовем *полным*, если $dE(L, x_0) = \dim E(L)$, т. е. если $u(x_0) = 0$ для любой $u(x)$ из $E(L)$.

Если $\dim E(L) \geqslant 2$, то $E(L)$ вырождено в каждой точке $x \in \Gamma$, так как для любой линейно независимой пары $u, v \in E(L)$ функция $h(x) = u(x_0)v(x) - v(x_0)u(x)$ обращается в нуль в точке x_0, причем хотя бы одна из функций u, v, h нетривиальна, обнуляясь в точке x_0. Более того, согласно теореме 5.3 в этом случае каждое тупиковое ребро (примыкающее к одной из граничных вершин) является сплошным нулем одной из нетривиальных функций $u \in E(L)$.

Лемма 5.1. *Пусть $x_0 \in \Gamma$ и $H(x_0) \neq E(L)$, т. е. $u(x_0) = 0$ не для всех $u(x) \in E(L)$ (x_0 не есть точка полного вырождения). Тогда*

$$\dim H(x_0) = \dim E(L) - 1.$$

Для доказательства достаточно отметить, что функционал $l(u) = u(x_0)$ линеен на конечномерном $E(L)$ и его гиперплоскость совпадает с $H(x_0)$, отличаясь от $E(L)$.

Эта лемма позволяет оценивать $\dim E(L)$ редукцией по размерности.

Обозначим через $Z(\Gamma)$ множество точек, каждая из которых принадлежит хотя бы одному циклу Γ. Пусть N — количество простых циклов в Γ, т. е. минимальное количество ребер, которые необходимо удалить, чтобы получилось дерево.

Теорема 5.7. *Пусть некоторое решение $v_0 \in E(L)$ имеет вне множества $Z(\Gamma)$ нули лишь в простых точках Γ. Тогда*

$$\dim E(L) \leqslant N + 1.$$

Точность (неулучшаемость по N) полученной оценки подтверждается теоремой 5.4 и простыми примерами при $N \geqslant 1$.

Доказательство проводится индукцией по N. При $N = 0$ исходный граф Γ является деревом, и требуемое следует из теоремы 5.4. Пусть утверждение верно при $N \leqslant k$. Предположим противное при $N = k + 1$. Если v_0 не имеет нулей в $Z(\Gamma)$, то задача простая и $\dim E = 1$. Пусть у v_0 найдется нулевая точка $x_0 \in Z(\Gamma)$. Выбрасывая x_0 из Γ, мы превращаем ее в граничную для оставшегося графа, для которого число простых циклов не превосходит k. Это означает по предположению индукции, что $\dim H(x_0) \leqslant k + 1$. Но тогда в силу леммы 5.1

$$\dim E(L) \leqslant \dim H(x_0) + 1 \leqslant k + 2 = N + 1,$$

что и требовалось доказать.

Определение 5.3. Скажем, что Γ *ветвится* в точке x_0 из $J(\Gamma)$, а x_0 назовем *точкой ветвления* Γ, если при выбрасывании x_0 из Γ каждая из компонент связности оставшегося множества $\Gamma \setminus \{x_0\}$ является ветвью, т. е. примыкает к x_0 лишь одним ребром. Для ветвления Γ в x_0 достаточно, чтобы x_0 не принадлежала ни одному циклу из Γ.

Пусть x_0 — одна из ветвящихся вершин Γ. Обозначим через Γ_i $(i = \overline{1, k})$ все компоненты связности множества $\Gamma \setminus \{x_0\}$. Каждая из них — ветвь с основанием x_0. Очевидно,

$$\Bigl(\bigcup_i \partial\Gamma_i\Bigr) \setminus \{x_0\} = \partial\Gamma.$$

Рассмотрим на ветви Γ_i соответствующее сужение$E(L)$, определяемое задачей

$$Lu = 0, \quad u\big|_{\partial\Gamma_i} = 0 \qquad (i = \overline{1, k}). \tag{5.8}$$

Множество решений такой задачи обозначим через $H(\Gamma_i)$.

Скажем, что функция $u(x) \in H(\Gamma_i)$ *гладко примыкает к* x_0, если $u'(x_0) = 0$. Очевидно, это возможно лишь, если $u(x) \equiv 0$ на ребре из Γ_i, примыкающем к x_0. Если этим свойством обладают все функции из $H(\Gamma_i)$, то пространство $H(\Gamma_i)$ назовем *гладко примыкающим к* x_0.

Положим $d_i = \dim H(\Gamma_i)$ $(i = \overline{1, k})$.

Лемма 5.2. $\dim H(x_0) = d_1 + \ldots + d_k$ *в том и только том случае, когда все пространства* $H(\Gamma_i)$ *гладко примыкают к* x_0. *В противном случае* $\dim H(x_0) = \bigl(\sum_i d_i\bigr) - 1$.

Доказательство. Обозначим через H^0 прямую сумму всех пространств $H(\Gamma_i)$. Если функции из каждого $H(\Gamma_i)$, определенные лишь на Γ_i, считать продолженными на остальную часть Γ тождественным нулем, то H^0 оказывается и алгебраической суммой $H(\Gamma_i)$ $(i = \overline{1, k})$.

Пусть $u(x)$ — произвольная функция из $H(x_0)$. Обозначим через $u^i(x)$ ее сужение на Γ_i, т. е. положим $u^i(x) = u(x)$ при $x \in \Gamma_i$ и $u^i(x) = 0$ при $x \notin \Gamma_i$. Очевидно, $u^i(x) \in H(\Gamma_i)$, причем $u^1 + \ldots + u^k = u$. Поэтому $H(x_0) \subseteq H^0$. Если все $H(\Gamma_i)$ гладко примыкают к x_0, то для любой $u(x) \in H(x_0)$ соответствующие ей $u^i(x)$ удовлетворяют в точке x_0 условиям гладкости и, значит, $u^i(x)$ также принадлежат $H(x_0)$, откуда следует равенство $H(x_0) = H^0$. Если же хотя бы одно из $H(\Gamma_i)$ не примыкает гладко к x_0, то $H(x_0)$ есть правильная часть H^0. При этом $H(x_0)$ есть гиперплоскость в H^0, порождаемая условием гладкости, что означает $\dim H(x_0) = \dim H^0 - 1$. Для завершения доказательства достаточно воспользоваться равенством $\dim H^0 = d_1 + \ldots + d_k$.

5.1.4. Осцилляция на дереве. Структура дерева позволяет превратить полученные условия (типа гладкого примыкания) в эффективные признаки. Ниже всюду Γ предполагается деревом.

Приводимое ниже свойство (предложение 5.1), полезное в первую очередь для компонент типа ветвей, небезынтересно и с общих позиций.

Предложение 5.1. *Пусть b — некоторая граничная вершина Γ. Пусть существует решение v_0 уравнения $Lu = 0$, нулевое во всех точках $\partial\Gamma$, кроме b. Тогда $E(L)$ гладко примыкает к b, т. е. любое решение из $E(L)$ имеет в точке b не только нулевое значение, но и нулевую производную.*

Доказательство. В предположении противного существует функция $z(x) \in E(L)$, для которой $z'(b) \neq 0$. Будем считать, что $v_0(b) > 0$ и $z'(b) > 0$. Из множества решений (точек из Γ) неравенства $v_0(x) > 0$ выберем компоненту связности, примыкающую к b. Обозначим ее через $\Gamma_0(v_0)$. Очевидно, L не осциллирует на $\Gamma_0(v_0)$. Поэтому S-зона $z(x)$, примыкающая к b и обозначаемая через $\Gamma_0(z)$, не содержится в $\Gamma_0(v_0)$. Значит, некоторая граничная для $\Gamma_0(v_0)$ точка b_1 лежит внутри $\Gamma_0(z)$. Поэтому $v_0(b_1) = 0$ и $z(b_1) > 0$, причем, очевидно, $v_0'(b_1 + 0) > 0$ (при дифференцировании по направлению внутрь $\Gamma_0(v_0)$). Из уравнения в точке b_1, имеющего для $u = v_0$ (в силу равенства $v_0(b_1) = 0$) вид

$$\sum_{\gamma \subset \Gamma(b_1)} \alpha_\gamma(b_1) \frac{d}{d\gamma}\, u(b_1) = 0,$$

получаем, что $v_0(x)$ не есть тождественный нуль в одном из подграфов Γ, примыкающих к b_1 «извне $\Gamma_0(v_0)$». Удаляя из Γ точку b_1 и выбирая из образовавшихся компонент связности отличную от $\Gamma_0(v_0)$, на которой v_0 не есть тождественный нуль вблизи b_1, мы оказываемся на этой компоненте (обозначим ее Γ^1) в той же ситуации, что и в начале рассуждений. Только решения v_0 и z поменялись ролями: z имеет нули на $\partial\Gamma^1/b$, а v — на всем $\partial\Gamma^1$. Поскольку, за счет перехода от Γ к Γ^1 число s-зон одной из функций (v_0) уменьшилось на единицу, через конечное число аналогичных шагов мы получим подграф, являющийся s-зоной одной функции, на которой другая будет строго положительна, не будучи пропорциональной первой, так как имеет нули не во всех граничных точках этой S-зоны.

Замечание. Проведенные рассуждения показывают фактически, что любая функция $u(x)$ из $E(L)$ есть тождественный нуль на всем примыкающем к b подграфе $\Gamma_0(v_0)$, на котором $v_0(x) > 0$. В самом деле, эти рассуждения верны для любой точки $x_0 \in \Gamma_0(v_0)$ и компоненты связности множества $\Gamma \setminus \{x_0\}$, не содержащей b в качестве граничной вершины.

Следствие. *В условиях последнего предложения пространство $E(L)$ совпадает с $H(x_0)$ при некотором $x_0 \in Y(\Gamma)$.*

В силу предыдущего замечания $u \equiv 0$ на $\Gamma_0(v_0)$, что ввиду условия гладкости (трансмиссии) влечет $\partial\Gamma_0(v_0) \subseteq \partial\Gamma \cup Y(\Gamma)$. И утверждение следствия получим, взяв $x_0 \in Y(\Gamma) \cap \partial\Gamma_0(v_0)$. Если же $Y(\Gamma) \cap \cap\, \partial\Gamma_0(v_0) = \varnothing$, то $\partial\Gamma_0(v_0) = \partial\Gamma$, т.е. $u \equiv 0$ на Γ, что тоже влечет требуемое.

Определение 5.4. Точку $x_0 \in J(\Gamma)$, будем называть *полным нулем для* $u(x) \in E(L)$, если $\dfrac{d}{d\gamma}\, u(x_0) = 0$ для всех $\gamma \subset \Gamma(x_0)$. Очевидно, в этом случае $u(x) \equiv 0$ на всех ребрах $\gamma \subset \Gamma(x_0)$.

Предложение 5.2. *Пусть $x_0 \in J(\Gamma)$ и $H(x_0) \neq E(L)$, т.е. существует хотя бы одно решение $u(x) \in E(L)$, отличное от нуля в точке x_0. Тогда x_0 есть полный нуль для всех функций из $H(x_0)$.*

Действительно, пусть $v_0(x) \in E$ и $v_0(x_0) > 0$. Выбрасывая x_0 из Γ, обозначим через $\Gamma_1, \ldots, \Gamma_k$ компоненты связности оставшегося множества. На каждой из них для v_0 выполняются все условия предложения 5.1. Поэтому любая функция из $H(x_0)$ есть тождественный нуль на каждом ребре, примыкающем к x_0.

Следствие. *Если вершина $x_0 \in J(\Gamma)$ не является полным нулем хотя бы для одной функции $u(x) \in E(L)$, то $E(L) = H(x_0)$, т.е. точка x_0 является нулем для всех функций из $E(L)$.*

Мы сохраним далее обозначения $\Gamma_1(x_0), \ldots, \Gamma_k(x_0)$ за полным набором компонент связности множества $\Gamma \setminus \{x_0\}$. Скажем, что компонента $\Gamma_i(x_0)$ *тривиальна* для $E(L)$, если размерность соответствующего пространства $H(\Gamma_i(x_0))$ нулевая, т.е. $H(\Gamma_i(x_0)) = \{0\}$. Для тривиальности компоненты достаточно, чтобы на ней L не осциллировал.

Определение 5.5. Назовем вершину $x_0 \in J(\Gamma)$ *регулярной*, если тривиальными являются все примыкающие к ней ветви, исключая, может быть, одну. Скажем, что $E(L)$ находится *в общем положении* для Γ, если все внутренние вершины регулярны.

Теорема 5.8. *Если $E(L)$ находится в общем положении для Γ, то $\dim E(L) \leqslant 1$. При этом $\dim E(L) = 1$, если $E(L) \neq H(x_0)$ при всех $x_0 \in J(\Gamma)$, и $\dim E(L) = 0$ в противном случае.*

Доказательство проведем по числу $|J(\Gamma)|$ внутренних вершин. Если такая вершина одна, обозначим ее через b, и если при $x_0 = b$ соответствующее пространство $H(x_0)$ отлично от $E(L)$, то x_0 есть полный нуль для всех $u(x) \in H(x_0)$, вследствие чего на каждом Γ_i, совпадающем с одним из ребер, $u(x) \equiv 0$. Поэтому $\dim H(x_0) = 0$ и $\dim E(L) = 1$. Если же $H(x_0) = E(L)$, то в силу тривиальности для $E(L)$ всех компонент-ребер, кроме одного (обозначим его через γ), имеем $u(x) \equiv 0$ на $\Gamma \setminus \gamma$ для любой $u(x) \in E$. Но тогда вдобавок к нулям на концах γ функция $u(x)$ в силу уравнения в точке x_0 имеет в ней и нулевую производную, а потому $u(x) \equiv 0$ и на γ, т. е. на всем Γ. Таким образом, в этом случае $\dim E(L) = 0$.

Предположим справедливость теоремы для любой задачи при $|J(\Gamma)| \leqslant k$ и рассмотрим случай, когда граф имеет $k+1$ внутренних вершин. Пусть x_0 — произвольная вершина из $J(\Gamma)$. Если $H(x_0)$ не совпадает с $E(L)$, то x_0 является полным нулем в $H(x_0)$ и, в частности, в каждой из компонент Γ_i для функций из соответствующего ей аналогичного пространства. Среди этих компонент нетривиальная лишь одна. Пусть это будет Γ_{j_0}. При $i \neq j_0$ должно быть $\dim H(\Gamma_i) = 0$. На Γ_{j_0} любая функция из $H(\Gamma_{j_0})$ обращается в нуль на ребре, примыкающем к x_0. Поэтому она обращается в нуль и на другом конце x_1 этого ребра. Но это значит, что пространство $H(\Gamma_{j_0})$ является пространством типа $H(x_1)$, причем определено оно на графе Γ_{j_0} с числом внутренних вершин, заведомо меньшим k. Это значит по предположению индукции, что $\dim H(\Gamma_{j_0}) = 0$. Но тогда в силу лемм 5.1 и 5.2 $\dim E = 1$. Если же $H(x_0) = E(L)$, то $E(L)$ является суммой пространств $H(\Gamma_i)$, из которых по условию теоремы нульмерны все, кроме, возможно, одного. Если ненулевую размерность имеет $H(\Gamma_{i_0})$, и если γ — ребро Γ_{i_0}, примыкающее к x_0, то любая функция $u(x) \in H(\Gamma_{i_0})$ имеет в точке x_0 нулевое значение и нулевую производную, а потому $u(x) \equiv 0$ на всем γ. Но тогда нулем для $u(x)$ является и другой конец γ, являющийся в Γ_{i_0} внутренней вершиной. Мы снова редуцировали задачу к задаче на Γ_{i0}, имеющем меньшее число внутренних вершин, и в силу предположения индукции, $E(L) = H(\Gamma_{i_0}) = \{0\}$. Теорема доказана.

5.1.5. Спектральная задача в общем положении. Нами разработаны уже достаточно мощные средства для анализа всех точек спектра задачи (5.1)

$$L_0 u = \lambda \rho u, \quad u|_{\partial\Gamma} = 0 \tag{5.1}$$

в предположении, что Γ является деревом.

Общность положения спектральной задачи (5.1) в случае, когда Γ есть дерево, мы понимаем в соответствии с определением 5.5. В переводе на спектральный язык это означает следующее.

Пусть $x_0 \in Y(\Gamma)$ и $\Gamma_1(x_0), \ldots, \Gamma_k(x_0)$ — полный набор компонент связности множества $\Gamma \setminus \{x_0\}$. Обозначим через $\Lambda_1(x_0), \Lambda_2(x_0), \ldots$ $\ldots, \Lambda_k(x_0)$ спектры соответствующих краевых задач на $\Gamma_i(x_0)$

$$L_0 u = \lambda \rho u, \quad u\Big|_{\partial\Gamma_i(x_0)} = 0.$$

Точка $x_0 \in Y(\Gamma)$ *находится в общем положении для задачи* (5.1), если

$$\Lambda_i(x_0) \cap \Lambda_j(x_0) = \varnothing$$

при $i \neq j$, т. е. спектры $\Lambda_1(x_0), \ldots, \Lambda_k(x_0)$ попарно не пересекаются.

Задача (5.1) на графе-дереве Γ *удовлетворяет условию общности положения*, если в общем положении находятся все вершины $Y(\Gamma)$.

Теорема 5.9. *Пусть Γ является деревом, и пусть задача (5.1) находится в общем положении. Тогда все ее точки спектра вещественны и имеют единичные как геометрическую, так и алгебраическую кратности, а соответствующие собственные функции не имеют нулей в $Y(\Gamma)$.*

Доказательство. Вещественность спектра следует из возможности преобразовать исходную задачу к эквивалентной самосопряженной. Так как Γ является деревом, то, взяв любую из его граничных вершин и упорядочив Γ иерархически, с направлением убывания от этой вершины (как от корня), мы можем поочередно преобразовать каждое из уравнений на ребрах домножением его на константу так, что для новообразованных коэффициентов $\widetilde{p}_\gamma(x)$ (пропорциональных исходным $p_\gamma(x)$) в точках $a \in J(\Gamma)$ будет справедливо $\alpha_\gamma(a) = \widetilde{p}_\gamma(a)$, что придает уравнениям в этих точках самосопряженную форму

$$-\sum_{\gamma\subset\Gamma(a)} \left(\widetilde{p}_\gamma(a)\,\frac{d}{d\gamma}\,u(a)\right) + q(a)u = \lambda\rho(a)u.$$

Самосопряженность полученной задачи достаточно очевидна (она видна из интегральных преобразований п. 3.1.2). Спектр при таком подходе не меняется.

Пусть λ_k — какая-то точка спектра из Λ. Положим

$$Lu \equiv -(pu')' + (q - \lambda_k\rho)u,$$

а через E обозначим соответствующее пространство решений задачи

$$Lu = 0, \quad u\big|_{\partial\Gamma} = 0.$$

Так как $\lambda_k \in \Lambda$, то $\dim E \geqslant 1$. Пусть x_0 — произвольная вершина из $Y(\Gamma)$. Точка λ_k может по условию входить лишь в один из соответствующих спектров $\Lambda_i(x_0)$, а потому нетривиальной может быть только одна из соответствующих компонент $\Gamma_i(x_0)$. Поэтому x_0 — регулярная вершина. То же и для других точек из $Y(\Gamma)$. Поэтому E находится в общем положении для Γ. Отсюда согласно теореме 5.8 вытекает $\dim E = 1$, причем $u(x_0) \neq 0$ для любой $u(x) \in E$. В силу произвольности $x_0 \in Y(\Gamma)$ любая $u(x) \in E$ $(u(x) \not\equiv 0)$ не имеет нулей во всех точках из $J(\Gamma)$. Если $h(x)$ — присоединенная для $u(x)$ функция, то для нее должно быть верно тождество

$$u(x)\,(Lh)\,(x) \equiv \rho(x)u^2(x) \geqslant 0,$$

и на каждой ветви, примыкающей к любой $a \in Y(\Gamma)$, выполнены условия теоремы 5.5, в силу чего $u(x) \equiv 0$ — противоречие. Теорема полностью доказана.

5.2. Осцилляционная спектральная теория

Вещественность и простота всех точек спектра задачи (5.1), установленные в теореме 5.9, дополняются в случае неотрицательности q положительностью спектра (см. следствие 1 из теоремы 5.2). Если перенумеровать точки спектра в порядке возрастания $\lambda_0 < \lambda_1 < \lambda_2 < \ldots$ и через $\varphi_0, \varphi_1, \ldots$ обозначить соответствующие им собственные функции, то в силу теоремы сравнения (следствие 1 теоремы 4.6) нули φ_{k+1} расположены гуще, чем φ_k, в том смысле, что φ_{k+1} меняет знак в любой S-зоне φ_k. Обратное заключение, позволяющее доказать, что φ_k имеет точно k нулей, весьма нетривиально и в скалярной теории Штурма–Лиувилля. Для графа типа дерева этому свойству и посвящен настоящий параграф.

В основе лежит анализ распределения нулей и S-зон собственных функций основной задачи

$$L_0 u \stackrel{\text{def}}{=} -\frac{d}{d\Gamma}(pu') + qu = \lambda \rho u, \quad u\big|_{\partial\Gamma} = 0 \tag{5.9}$$

и их зависимости от соответствующих точек Λ. Мы предполагаем всюду, что L_0 не осциллирует на Γ, а Γ является деревом, причем $\partial\Gamma \neq \emptyset$, а индексы всех внутренних вершин больше 1 ($\operatorname{ind}(a) > 1$ для всех $a \in J(\Gamma)$). Кроме того, ниже предполагается, что ρ на $R(\Gamma)$ отделена от нуля.

5.2.1. Осцилляционная теорема. Основной результат настоящего параграфа дает

Теорема 5.10. *Пусть Γ является деревом и L_0 не осциллирует на Γ. Пусть выполняется условие общности положения. Тогда спектр Λ задачи (5.9) состоит из неограниченной последовательности вещественных и строго положительных простых собственных значений $\lambda_0 < \lambda_1 < \lambda_2 < \ldots$ При этом соответствующая λ_k собственная функция $\varphi_k(x)$ имеет в Γ точно k нулей, в каждом из которых она меняет знак, и $k+1$ S-зон; в каждой S-зоне функции $\varphi_k(x)$ содержится ровно один нуль функции $\varphi_{k+1}(x)$.*

Доказательство вещественности, строгой положительности и простоты всех точек спектра Λ осуществлено выше (см. теорему 5.9). Отсутствие нулей у $\varphi_0(x)$ тоже уже доказано (см. теорему 5.2). Наличие нулей φ_{k+1} в каждой из S-зон φ_k вытекает из теоремы сравнения (следствие 1 теоремы 4.6); единственность же нуля φ_{k+1} в каждой из S-зон φ_k наверняка будет иметь место, если φ_k имеет в Γ ровно k нулей (при любом k). Таким образом, для доказательства теоремы 5.10 достаточно установить, что φ_k имеет ровно k нулей в Γ.

Пока не ясный вопрос о числе нулей и S-зон собственных функций будет изучен отслеживанием эволюции нулей по λ в процедуре, которая получила название *метод накачки нулей.* Резюмирующая теорема, описывающая связь этой непрерывной процедуры с дискретным результатом (расположением нулей φ_k), приводится в следующем пункте.

5.2.2. Метод «накачки нулей». Взяв произвольную вершину $b \in \partial\Gamma$ и обозначив через x_0 другой конец примыкающего к b ребра, продолжим интервал $(x_0;\ b)$ за пределы Γ («вправо» от точки b) до бесконечности, обозначив это продолжение через $[b;\ \infty)$. Добавим это продолжение $[b;\ \infty)$ к Γ и обозначим новый граф через $(\Gamma + [b, \infty))$. Продолжим на $[b;\ \infty)$ коэффициенты p, q, r уравнения

$$L_\lambda u \stackrel{\text{def}}{=} L_0 u - \lambda \rho u = 0 \tag{5.10}$$

по непрерывности так, чтобы при положительных λ, достаточно близких к нулю, новое уравнение, не осциллируя на Γ, осциллировало бы на $[b;\ \infty)$, причем каждое нетривиальное решение имело бы бесконечное число нулей. Обозначим через $u(x, \lambda)$ решение (5.10) с нулями во всех точках $\partial\Gamma \setminus \{b\}$. Будем считать $u(x, \lambda)$ как-либо нормированной. Для положительных λ, достаточно близких к нулю, обозначим нулевые точки $u(x, \lambda)$ на $[b;\ \infty)$ в порядке их возрастания (имеется в виду, что на $[b;\ \infty)$ введен порядок «от b») через $z_0(\lambda)$, $z_1(\lambda), \ldots$ $\ldots,\ z_k(\lambda), \ldots$ Все они — простые нули $u(x, \lambda)$, непрерывно зависящие от λ. В силу теоремы сравнения (следствие 1 теоремы 4.6) каждая из функций $z_k(\lambda)$ строго убывает по λ, пока ее значения принадлежат лучу $(x_0;\ \infty)$.

Если λ_0 — ведущее собственное значение, то $z_0(\lambda_0) = b$. При дальнейшем увеличении λ ($\geqslant \lambda_0$) все нулевые точки $z_i(\lambda)$ сместятся влево.

Когда очередная из них $z_k(\lambda)$ совпадет с b, соответствующее решение $u(x, \lambda)$, обнулившись в точке $x = b$, окажется собственной функцией (5.9), а значение λ, для которого $z_k(\lambda) = b$, — собственным значением. Поскольку попаданию $z_k(\lambda)$ в точку b должно было предшествовать прохождение через эту точку предыдущих нулей $z_0(\lambda)$, $z_1(\lambda), \ldots$ $\ldots,\ z_{k-1}(\lambda)$, то равенство $z_k(\lambda) = b$ определяет λ_k, т. е. k-е собственное значение. Все предыдущие нули $u(x, \lambda)$, оказавшиеся (за счет увеличения λ) внутри Γ, должны проследовать влево от b, к внутренней вершине x_0 и далее, на смежные с $(x_0;\ b)$ ребра Γ. На какие именно ребра каждый нуль проскальзывает, а на какие нет? И как дальше эти нули распределяются, формируя соответствующие S-зоны собственных функций? Будут нули $u(x, \lambda)$ множиться при прохождении через внутренние вершины или нет? Зависят ли эти бифуркации от количества примыкающих к вершине ребер? И не исчезнут ли при этом некоторые из нулей $u(x, \lambda)$? Эти и смежные вопросы в эквивалентной форме обсуждаются ниже.

Характер предстоящих трудностей легко предвидеть с помощью той же функции $u(x,\lambda)$. Связь нулей этой функции с параметром λ и их эволюцией при изменении λ определяется уравнением $u(x,\lambda) = 0$ в виде неявной функции $x(\lambda)$. Эта функция заведомо многозначна (при каждом λ функция $u(x,\lambda)$ может иметь по x много нулей, и количество их возрастает с возрастанием λ). В этой многозначности удобно разобраться, выделяя непрерывные ветви. Для каждой такой ветви необходимо отследить, куда при возрастании λ она сворачивает во внутренних вершинах. Вдобавок к этому оказывается, что основной инструмент анализа — теорема о неявной функции — неприменима, если нормировка $u(x,\lambda)$ осуществлена в целом на Γ нормой одного из функциональных пространств; такая нормировка резко ухудшает регулярные свойства $u(x,\lambda)$.

Для формулировки основного результата о *зависимости сопряженных точек от* λ зафиксируем произвольную $b \in \partial\Gamma$ и рассмотрим функцию

$$w_\lambda(x) = \Delta_\Gamma(\lambda) u_b^\lambda(x),$$

где u_b^λ — решение (5.10), обнуляющееся в $\partial\Gamma \setminus \{b\}$ и равное 1 в точке b. При $\lambda \in \Lambda$ определим $w_\lambda(x)$ как $\lim\limits_{\mu\to\lambda} w_\mu(x)$. В силу теоремы 3.4 w_λ аналитична в метрике $C^1[R(\Gamma)]$.

Для описания зависимости от λ нулей функции w_λ введем на Γ частичный порядок «к b». А именно, будем говорить, что для $x_1, x_2 \in \Gamma$ точка x_1 меньше x_2, и писать $x_1 < x_2$, если непрерывная кривая с концами в точках x_1 и b, лежащая в $\Gamma \cup \{b\}$, содержит x_2. Следует отметить, что при такой упорядоченности сравнимы не всякие точки Γ, т. е. из $x_1 \not< x_2$ (для $x_1, x_2 \in \Gamma$) не всегда следует $x_1 > x_2$ (например, если $c \in Y(\Gamma)$, а Γ_1 и Γ_2 — различные компоненты связности $\Gamma \setminus \{c\}$, не содержащие b в качестве граничной вершины, то точки $x_1 \in \Gamma_1$ и $x_2 \in \Gamma_2$ несравнимы).

Наконец, введем в рассмотрение множество

$$M = \bigcup_{c\in Y(\Gamma)} \ \bigcup_{j:\ b\notin\partial\Gamma_j(c)} \Lambda_j(c),$$

где $Y(\Gamma)$ — множество внутренних вершин индекса не ниже 3. При этом, не ограничивая общности, можно считать нумерацию $\Gamma_i(c)$ выбранной так, что $b \in \partial\Gamma_1(c)$, так что можно будет писать

$$M = \bigcup_{c\in Y(\Gamma)} \ \bigcup_{j>1} \Lambda_j(c).$$

Теорема 5.11. *Пусть* Γ *является деревом, а* L_0 *не осциллирует на* Γ. *Пусть*

$$\forall\,(c \in Y(\Gamma)),\ \forall\,(j > 1),\ \ \forall\,(i > j) \qquad [\Lambda_i(c) \cap \Lambda_j(c) = \varnothing]. \qquad (5.11)$$

Тогда:

(а) *при каждом* $\lambda \in \Lambda$ *функция* w_λ *является собственной функцией задачи* (5.9);

(б) *существует счетный набор непрерывных и строго убывающих функций*

$$\{z_k(\lambda)\}_{k=0}^{\infty}, \quad z_k\colon (\lambda_k;\ +\infty) \to \Gamma, \quad z_k(\lambda_k + 0) = b, \quad z_k(+\infty) \in \partial\Gamma \setminus \{b\},$$

обладающих тем свойством, что если $\lambda \in (\lambda_k;\ \lambda_{k+1}] \setminus M$, *то множество нулей функции* w_λ *совпадает с* $\{z_0(\lambda), \ldots, z_k(\lambda)\}$, *причем графики* z_k $(k = \overline{0, \infty})$ *попарно не пересекаются.*

Замечание. Из пункта (б) теоремы 5.11 следует, что очередной нуль $z_k(\lambda)$, во-первых, «стартует» из точки b «позже» предыдущих, а во-вторых, никогда их не «догоняет». Таким образом, можно утверждать, что $z_i(\lambda) \nleq z_j(\lambda)$ при $i > j$.

5.2.3. Доказательство пункта (а) теоремы 5.11.

Лемма 5.3. *Пусть выполнены условия теоремы* 5.11. *Тогда никакая собственная функция задачи* (5.9) *не может иметь нулевую производную в точке* b.

Доказательство. Пусть φ — собственная функция задачи (5.9) и $\varphi'(b) = 0$. Тогда $\varphi \equiv 0$ на ребре, примыкающем к b. Пусть Γ_0 — максимальный по включению подграф Γ, содержащий ребро, примыкающее к b, такой, что $\varphi \equiv 0$ на Γ_0. Тогда $\partial\Gamma_0 \subset \partial\Gamma \cup Y(\Gamma)$ (иначе Γ_0 не максимален), причем $\partial\Gamma_0 \neq \partial\Gamma$, иначе $\Gamma_0 = \Gamma$. Значит, существует $c \in Y(\Gamma)$ такая, что $\varphi \equiv 0$ на примыкающем к c ребре компоненты $\Gamma_1(c)$, содержащей Γ_0 (и точку b), и не все производные φ в точке c равны нулю. Но тогда в силу уравнения (5.10) в точке c получим, что $\varphi \not\equiv 0$, как минимум, на двух компонентах из набора $\{\Gamma_j(c)\}_{j>1}$, что противоречит (5.11). Лемма доказана.

Следствие. *Пусть выполнены условия теоремы* 5.11. *Тогда для любого* $c \in Y(\Gamma)$ *и любого* $j > 1$ *собственная функция задачи*

$$L_\lambda u = 0 \quad (x \in \Gamma_j(c)), \quad u\big|_{\partial\Gamma_j(c)} = 0 \tag{5.12}$$

не может иметь нулевой производной в точке c.

Доказательство. Пусть y — собственная функция задачи (5.12), причем $y'(c) = 0$. Тогда, доопределяя y на $\Gamma \setminus \Gamma_j(c)$ тождественным нулем, получим собственную функцию задачи (5.9) с нулевой производной в точке b, что противоречит лемме 5.3. Следствие доказано.

Доказательство теоремы 5.11 начнем с (а).

Пусть $\lambda \in \Lambda$. Тогда

$$w_\lambda(b) = \lim_{\mu \to \lambda} \Delta_\Gamma(\mu) u_b^\lambda(b) = 0.$$

Остается показать, что $w_\lambda \not\equiv 0$. Функцию w_λ можно переписать в виде

$$w_\lambda(x) = \begin{vmatrix} \psi_\lambda^1(x) & \cdots & \psi_\lambda^{2m}(x) \\ l_2[\psi_\lambda^1] & \cdots & l_2[\psi_\lambda^{2m}] \\ \cdots & \cdots & \cdots \\ l_{2m}[\psi_\lambda^1] & \cdots & l_{2m}[\psi_\lambda^{2m}] \end{vmatrix}; \tag{5.13}$$

здесь предполагается, что $l_1(u) \stackrel{\mathrm{def}}{=} u(b)$. Если $w_\lambda \equiv 0$, то

$$0 = w_\lambda(x_0) = \begin{vmatrix} \psi_\lambda^1(x_0) & \cdots & \psi_\lambda^{2m}(x_0) \\ l_2[\psi_\lambda^1] & \cdots & l_2[\psi_\lambda^{2m}] \\ \cdots & \cdots & \cdots \\ l_{2m}[\psi_\lambda^1] & \cdots & l_{2m}[\psi_\lambda^{2m}] \end{vmatrix},$$

где x_0 — любая точка Γ, в которой собственная функция φ, отвечающая λ, отлична от нуля. Но равенство нулю последнего определителя означает существование нетривиального решения v уравнения $L_\lambda u = 0$, обнуляющегося как на $\partial\Gamma \setminus \{b\}$, так и в точке x_0. В силу предложения 5.1, если $v(b) \neq 0$, то $\varphi'(b) = 0$, что противоречит лемме 5.3. Значит, $v(b) = 0$, т. е. v — собственная функция (5.9), отвечающая λ. При этом φ и v линейно независимы, так как если $C_1\varphi + C_2 v \equiv 0$, то $0 = C_1\varphi(x_0) + C_2 v(x_0) = C_1\varphi(x_0)$, т. е. $C_1 = 0$ (последнее тут же влечет и $C_2 = 0$). Но в таком случае функция $v'(b)\varphi - \varphi'(b)v$ (она нетривиальна, поскольку $\varphi'(b) \neq 0$ будет собственной функцией (5.9), обладающей нулевой производной в точке b, что противоречит лемме 5.3. Это противоречие означает, что $w_\lambda \not\equiv 0$. Пункт (а) теоремы 5.11 доказан.

5.2.4. Свойства нулей функции w_λ. Для доказательства пункта (б) теоремы 5.11 нам понадобится ряд вспомогательных утверждений, позволяющих понять некоторые детали поведения нулей функции w_λ при изменении λ.

Ниже $Z(\lambda)$ — множество нулей функции $w_\lambda(x)$.

Лемма 5.4. *В условиях теоремы* 5.11 *следующие три условия эквивалентны*:

(I) *множество* $Z(\lambda)$ *конечно*;

(II) $Z(\lambda) \cap Y(\Gamma) = \varnothing$;

(III) $\lambda \notin M$.

Доказательство. Пусть $Z(\lambda) \cap Y(\Gamma) \neq \varnothing$, т. е. существует $c \in \in Y(\Gamma)$ такая, что $w_\lambda(c) = 0$. Тогда в силу (5.11) w_λ тривиальна на $\Gamma_2(c)$ или на $\Gamma_3(c)$ (иначе $\Lambda_2(c) \cap \Lambda_3(c) \ni \lambda$), что влечет бесконечность $Z(\lambda)$. Импликация (I)$\Rightarrow$(II) доказана.

Пусть теперь $Z(\lambda)$ не содержит точек $Y(\Gamma)$. Выберем произвольно $c \in Y(\Gamma)$ и $j > 1$ и допустим, что $\lambda \in \Lambda_j(c)$, т. е. существует решение $y \not\equiv 0$ задачи (5.12). Сужение v функции w_λ на $\Gamma_j(c)$ не имеет нулей в $Y(\Gamma_j(c)) \cup \{c\}$, но обращается в нуль на $\partial\Gamma_j(c) \setminus \{c\}$. Значит, в силу предложения 5.1 $y'(c) = 0$, а это противоречит следствию из леммы 5.3. Импликация (II)⇒(III) доказана.

Допустим, наконец, что $\lambda \notin M$, но $Z(\lambda)$ бесконечно. Тогда w_λ имеет бесконечно много нулей на некотором из ребер Γ, откуда следует, что $w_\lambda \equiv 0$ на этом ребре. Обозначим через R_0 объединение тех ребер, на которых $w_\lambda \equiv 0$, и рассмотрим $c = \sup R_0$. Пусть γ — ребро, примыкающее к c, все точки которого больше c. В силу определения c получаем $w_\lambda \not\equiv 0$ на γ, что в силу уравнения (5.10) в точке c влечет нетривиальность w_λ на одном из $\Gamma_j(c)$ $(j > 1)$. Последнее противоречит тому, что $\lambda \notin M$. Значит, γ не существует, т. е. $c = b$. Но тогда w_λ есть собственная функция (5.9) с нулевой производной в b, что противоречит лемме 5.3, и, значит, $Z(\lambda)$ конечно. Лемма доказана.

Далее $U_\varepsilon(x)$ означает ε-окрестность точки x.

Л е м м а 5.5. *Пусть выполнены условия теоремы* 5.11. *Пусть ζ — изолированный нуль w_{λ_*}.*

Тогда найдутся $\varepsilon > 0$ и $\delta > 0$ такие, что существует единственная функция $z\colon\ U_\delta(\lambda_*) \to U_\varepsilon(\zeta)$, удовлетворяющая условиям $z(\lambda_*) = \zeta$ и $w_\lambda(z(\lambda)) \equiv 0$; при этом z убывает и непрерывна на $U_\delta(\lambda_*)$.

Если к тому же $\lambda_* \in \Lambda$, то ε и δ можно считать такими, что существует единственная функция $z_b\colon\ (\lambda_*;\ \lambda_* + \delta) \to U_\varepsilon(b)$, удовлетворяющая условиям $z_b(\lambda_* + 0) = b$ и $w_\lambda(z_b(\lambda)) \equiv 0$; при этом z_b убывает и непрерывна на $(\lambda_*;\ \lambda_* + \delta)$.

Д о к а з а т е л ь с т в о. Заметим сначала, что $\zeta \notin Y(\Gamma)$. Действительно, в противном случае в силу (5.11) $w_{\lambda_*} \equiv 0$ на $\Gamma_2(\zeta)$ или на $\Gamma_3(\zeta)$, откуда следует, что ζ — неизолированный нуль w_{λ_*}. Ниже наряду с обозначением $w_\lambda(x)$ мы будем использовать альтернативное: $w(x, \lambda)$. Если

$$h(x) \overset{\text{def}}{=} \frac{\partial}{\partial\lambda}\, w(x, \lambda_*),$$

то $L_{\lambda_*} h \equiv \rho w_{\lambda_*}$, и, значит, $w_{\lambda_*} L_{\lambda_*} h \geqslant 0$, причем $h\big|_{\partial\Gamma\setminus\{b\}} = 0$. Считая, что производная

$$w'(\zeta, \lambda_*) \overset{\text{def}}{=} \frac{d}{dx}\, w(x, \lambda_*)\big|_{x=\zeta}$$

взята в отрицательном (в смысле ориентации Γ) направлении, получим теперь, что неравенство $h(\zeta)w'(\zeta, \lambda_*) \geqslant 0$ в силу теоремы 5.5 повлекло бы, что $L_{\lambda_*} h \equiv 0$ на $\widetilde{\Gamma}$, где $\widetilde{\Gamma}$ — множество точек, меньших ζ, в которых $w_{\lambda_*} \neq 0$. Последнее в сочетании с $L_{\lambda_*} h \equiv \rho w_{\lambda_*}$ означает тривиальность w_{λ_*} на $\widetilde{\Gamma}$, что противоречит определению $\widetilde{\Gamma}$. Стало быть, $h(\zeta)w'(\zeta, \lambda_*) < 0$, что после применения теоремы о неявной функции (например, в форме, приведенной в [37]) и влечет первую часть утверждения леммы.

Вторая часть леммы, касающаяся случая $\lambda_* \in \Lambda$, устанавливается такими же рассуждениями с той лишь разницей, что теорема о неявной функции «односторонняя». Лемма доказана.

Лемма 5.6. *Пусть выполнены условия теоремы* 5.11. *Пусть* ζ — *нетривиальный и неизолированный нуль* w_{λ_*}.

Тогда $\zeta \in Y(\Gamma)$ *и найдутся* $\varepsilon > 0$ *и* $\delta > 0$ *такие, что существует единственная функция* $z\colon\ U_\delta(\lambda_*) \to U_\varepsilon(\zeta)$ *такая, что* $z(\lambda_*) = \zeta$ *и* $w_\lambda(z(\lambda)) \equiv 0$; *при этом* z *убывает и непрерывна на* $U_\delta(\lambda_*)$, *при* $\lambda \in (\lambda_* - \delta;\ \lambda_*)$ *ее значения принадлежат* $\Gamma_1(\zeta)$, *а при* $\lambda \in (\lambda_*;\ \lambda_* + \delta)$ — *подграфу* $\Gamma_{j_0}(\zeta)$, *где* j_0 *больше* 1 *и определяется (единственным образом) из включения* $\lambda_* \in \Lambda_{j_0}(\zeta)$.

Доказательство. Нетривиальность ζ как нуля w_{λ_*} означает, что в любой окрестности ζ существуют точки, в которых $w_{\lambda_*} \neq 0$. Если $\zeta \in R(\Gamma)$ или $\zeta \in J(\Gamma) \setminus Y(\Gamma)$, то неизолированность ζ сразу же повлечет $w'_{\lambda_*}(\zeta) = 0$ (по всем допустимым направлениям), а значит, и тривиальность ζ. Поэтому $\zeta \in Y(\Gamma)$. Неизолированность ζ тогда влечет отличие от нуля ровно двух производных w_{λ_*} в точке ζ (отличие от нуля более чем двух таких производных противоречит условию (5.11)).

Без ограничения общности можно считать, что $w_{\lambda_*} \equiv 0$ на $\bigcup\limits_{j>2} \Gamma_j(c)$, поскольку в силу (5.11) включение $\lambda_* \in \Lambda_j(\zeta)$ имеет единственное решение среди $j > 1$.

Рассмотрим функцию $w_2(x, \lambda)$, которая определяется по графу $\Gamma_2(\zeta)$ и его граничной вершине ζ так же, как $w(x, \lambda)$ определяется по Γ и b. Включение $\lambda_* \in \Lambda_2(\zeta)$ влечет, во-первых, что $w_2(x, \lambda_*)$ есть собственная функция задачи (5.12) для $c = \zeta$ (в силу п. (a) теоремы 5.11, который уже доказан выше), во-вторых, что $(w_2)'(\zeta, \lambda_*) \neq 0$ (по лемме 5.3).

Предположение о линейной независимости $w_2(\cdot, \lambda_*)$ и $w(\cdot, \lambda_*)$ (на $\Gamma_2(\zeta)$) повлекло бы наличие нулевой производной у функции

$$v(\,\cdot\,) = (w_2)'(\zeta, \lambda_*)w(\cdot, \lambda_*) - w'(\zeta, \lambda_*)w_2(\cdot, \lambda_*)$$

в точке ζ (при нетривиальности v в целом на $\Gamma_2(\zeta)$), что противоречило бы лемме 5.3.

Значит, $w_2(\cdot, \lambda_*)$ и $w(\cdot, \lambda_*)$ линейно зависимы, что влечет совпадение их нулей на $\Gamma_2(\zeta)$. Применяя теперь к $w_2(\cdot, \lambda)$ вторую часть леммы 5.5, придем к существованию положительных δ и ε и единственной функции

$$z\colon\ [\lambda_*;\ \lambda_* + \delta) \to U_\varepsilon(\zeta) \cap \Gamma_2(\zeta)$$

таких, что $z(\lambda_*) = \zeta$ и $w_2(z(\lambda), \lambda) \equiv 0$; при этом z убывает и непрерывна на $[\lambda_*;\ \lambda_* + \delta)$. При этом δ можно считать настолько малым, что $w_2(\zeta, \lambda) \neq 0$ и $w(\zeta, \lambda) \neq 0$ при $\lambda \in [\lambda_*;\ \lambda_* + \delta)$, что влечет линейную зависимость $w_2(\cdot, \lambda)$ и $w(\cdot, \lambda)$, так как иначе $w_2(\zeta, \lambda)w(\cdot, \lambda) - w(\zeta, \lambda)w_2(\cdot, \lambda)$ есть нетривиальное решение задачи (5.12) (для $c = \zeta$) при всех $\lambda \in [\lambda_*;\ \lambda_* + \delta)$, а это невозможно хотя бы в силу дискретности $\Lambda_2(\zeta)$. Но тогда нули $w(\cdot, \lambda)$ и $w_2(\cdot, \lambda)$ совпадают (на $\Gamma_2(\zeta)$) при $\lambda_* \leqslant \lambda < \lambda_* + \delta$, что влечет те же свойства $z(\lambda)$ по отношению к $w(\cdot, \lambda)$, что и по отношению к $w_2(\cdot, \lambda)$.

Вводя для $j > 2$ функции w_j, аналогичные функции w_2, и проводя для w_j те же рассуждения, что и выше, придем к совпадению нулей w и w_j при $\lambda \in (\lambda_*;\ \lambda_* + \delta)$. При этом ни один из нулей функций w_j не может стремиться при $\lambda \downarrow \lambda_*$ к ζ, так как иначе $\lambda_* \in \Lambda_j(\zeta)$ не только при $j = 2$, но и при некотором $j > 2$ — противоречие с условием общности положения (5.11).

Тем самым обосновано, что ε можно считать малым настолько, что при λ больших λ_* и близких к λ_* нулей в $U_\varepsilon(\zeta) \cap \Gamma_j(\zeta)$ при $j > 2$ у функции w_λ нет. Не может их быть и в $U_\varepsilon(\zeta) \cap \Gamma_1(\zeta)$ (это уже следует из леммы 5.5).

Наконец, так же, как и в доказательстве леммы 5.5, устанавливается неравенство $h(\zeta)w'(\zeta, \lambda_*) < 0$ (для краевой по отношению к графу $\Gamma_2(\zeta)$ производной), откуда в силу уравнения (5.10) в точке ζ для краевой по отношению уже к $\Gamma_1(\xi)$ производной выполнено $h(\zeta)w'(\zeta, \lambda_*) > 0$. Применение теперь левосторонней теоремы о неявной функции влечет возможность доопределения z на $(\lambda_* - \delta;\ \lambda_* + \delta)$ с удовлетворением всех свойств, заявленных в утверждении леммы. Лемма доказана.

Лемма 5.7. *Пусть выполнены условия теоремы* 5.11. *Пусть* $(\mu;\ \nu) \cap M = \varnothing$.

Тогда множество $Z(\lambda)$ *на* $(\mu;\ \nu)$ *квалифицировано отделено от* $\partial\Gamma \setminus \{b\}$, *т. е.*

$$\exists(\varepsilon > 0) \ \ \forall\,(\lambda \in (\mu;\ \nu))$$

($Z(\lambda)$ *не пересекается с* ε*-раздутием* $\partial\Gamma \setminus \{b\}$).

Доказательство. Рассмотрим дифференциальный оператор $L_{\nu+1}$ и какие-либо его интервалы неосцилляции, примыкающие к точкам из $\partial\Gamma \setminus \{b\}$. В силу леммы 5.4 множество $Z(\lambda)$ конечно; при этом

$$w_\lambda\big|_{\partial\Gamma\setminus\{b\}} = 0.$$

Поэтому в силу теоремы сравнения (следствие 1 из теоремы 4.6), так как $\lambda < \nu + 1$, w_λ не имеет нулей в интервалах неосцилляции $L_{\nu+1}$. Осталось положить ε равным минимуму длин этих интервалов. Лемма доказана.

Лемма 5.8. *Пусть выполнены условия леммы* 5.7.

Тогда расстояния между различными точками $Z(\lambda)$, *лежащими на одном ребре, не могут быть сколь угодно малыми, т. е. существу-*

ет $\varepsilon > 0$ *такое, что для любого ребра* γ *графа* Γ *из* $x_1, x_2 \in \gamma \cap Z(\lambda)$ (*при* $x_1 \neq x_2$) *следует*

$$\|x_1 - x_2\| > \varepsilon.$$

Доказательство. В предположении противного найдутся ребро γ и последовательности

$$\{\widetilde{\lambda}_n\}_{n=1}^{\infty} \subset (\mu, \nu), \quad \{x'_n\}_{n=1}^{\infty} \subseteq \gamma \cap Z(\widetilde{\lambda}_n), \quad \{x''_n\}_{n=1}^{\infty} \subseteq \gamma \cap Z(\widetilde{\lambda}_n)$$

такие, что $x'_n - x''_n \to 0$. Последовательности x'_n и x''_n можно считать сходящимися к некоторой $x_0 \in \overline{\gamma}$.

Выберем $\varepsilon > 0$ так, чтобы $\gamma \cap U_\varepsilon(x_0)$ являлся промежутком неосцилляции оператора $L_{\nu+1}$. Ввиду сходимости x'_n и x''_n к x_0 найдется номер, начиная с которого x'_n и x''_n окажутся в $\gamma \cap U_\varepsilon(x_0)$, что вследствие конечности $Z(\widetilde{\lambda}_n)$ (это вытекает из леммы 5.4) противоречит теореме сравнения (следствие 1 из теоремы 4.6), так как $\widetilde{\lambda}_n < \nu + 1$. Лемма доказана.

Лемма 5.9. *Пусть выполнены условия теоремы* 5.11. *Пусть интервал* $(\mu;\ \nu)$ *не пересекается ни с* M, *ни с* Λ.

Тогда $|Z(\lambda)| \equiv \text{const}$ *на* $(\mu;\ \nu)$.

Доказательство. Из равномерной непрерывности w_λ по λ вытекает замкнутость множества

$$G_Z = \{(\lambda;\ x) \in \mathbb{R} \times \overline{\Gamma}\colon w_\lambda(x) = 0\}.$$

Действительно, если $(\mu_k;\ x_k) \in G_Z$ и $(\mu_k;\ x_k) \to (\mu_0;\ x_0)$, то $x_0 \in \in \overline{\Gamma}$ и

$$|w_{\mu_0}(x_0)| =$$

$$= |w_{\mu_k}(x_k) - w_{\mu_0}(x_0)| \leqslant |w_{\mu_k}(x_k) - w_{\mu_0}(x_k)| + |w_{\mu_0}(x_k) - w_{\mu_0}(x_0)|;$$

остается воспользоваться равномерной сходимостью w_{μ_k} к w_{μ_0} и непрерывностью w_{μ_0}.

Пусть $\sigma \in (\mu;\ \nu)$. В силу леммы 5.4 $Z(\sigma)$ конечно, а в силу леммы 5.5 $|Z(\lambda)| \geqslant |Z(\sigma)|$ в некоторой окрестности σ; поэтому если $|Z(\lambda)| \not\equiv \text{const}$ в любой окрестности σ, то существует последовательность $\sigma_k \to \sigma$ такая, что $|Z(\sigma_k)| > |Z(\sigma)|$.

Стало быть, существует, как минимум, $|Z(\sigma)| + 1$ почленно различных последовательностей

$$\{\zeta_k^i\}_{k=1}^{\infty} \subset \Gamma \quad (i = \overline{1, |Z(\sigma)| + 1})$$

таких, что $w_{\sigma_k}(\zeta_k^i) = 0$ для всех i и k. Никакие две из этих последовательностей не могут, в силу леммы 5.5, сходиться к одной точке из $Z(\sigma) \cup \{b\}$ (последовательности $\{\zeta_k^i\}_{k=1}^{\infty}$ можно считать сходящимися ввиду компактности $\overline{\Gamma}$). Как следствие, ввиду замкнутости G_Z существует i_0 такое, что $\zeta_k^{i_0}$ сходится к некоторой $b_0 \in \partial\Gamma \setminus \{b\}$. Но этот факт с учетом конечности $Z(\sigma_k)$ противоречит тому, что w_{σ_k} в силу теоремы сравнения (следствие 1 теоремы 4.6) не может иметь нулей в интервале неосцилляции, например, уравнения $L_{\sigma+1}u = 0$ (а такой интервал, примыкающий к b_0, конечно, существует).

Тем самым установлено, что $|Z(\lambda)| \equiv |Z(\sigma)|$ в некоторой окрестности точки σ. Ввиду произвольности σ отсюда следует, что существует покрытие интервала $(\mu;\ \nu)$ интервалами постоянства $|Z(\lambda)|$. По лемме Гейне–Бореля для всякого отрезка, содержащегося в $(\mu;\ \nu)$, существует конечное подпокрытие этого покрытия, что влечет постоянство $|Z(\lambda)|$ на любом отрезке из $(\mu;\ \nu)$. Лемма доказана.

З а м е ч а н и е. Совершенно аналогично доказывается, что если в условиях леммы 5.9 $\nu \in \Lambda$ и $Z(\nu)$ конечно, то $|Z(\lambda)| = |Z(\nu)|$ для всех $\lambda \in (\mu;\ \nu]$; разница лишь в том, что в случае $\sigma = \nu$ нужно рассматривать только левостороннюю окрестность точки ν.

5.2.5. Предельные положения нулей. Ниже через $|Z(\lambda \pm 0)|$ обозначается $\lim\limits_{\mu\to\lambda\pm 0} |Z(\mu)|$.

Л е м м а 5.10. *Пусть выполнены условия теоремы* 5.11. *Если $\lambda_* \in \Lambda$ и $Z(\lambda_*)$ конечно, то*

$$|Z(\lambda_* + 0)| = |Z(\lambda_*)| + 1 = |Z(\lambda_* - 0)| + 1,$$

т. е. при переходе λ через точку спектра задачи (5.9) *количество нулей w_λ увеличивается ровно на* 1.

Д о к а з а т е л ь с т в о. Равенство $|Z(\lambda_* - 0)| = |Z(\lambda_*)|$ следует из последнего замечания. В силу второй части леммы 5.5 $|Z(\lambda_* + 0)| >$ $> |Z(\lambda_*) \cup \{b\}|$, поэтому если $|Z(\lambda_* + 0)| \neq |Z(\lambda_*)| + 1$, то

$$|Z(\lambda_* + 0)| > |Z(\lambda_*) \cup \{b\}|.$$

Но тогда, как и при доказательстве леммы 5.15, мы придем сначала к существованию последовательности $\sigma_k \downarrow \lambda_*$ и почленно различных последовательностей

$$\{\zeta_k^i\}_{k=1}^{\infty} \quad (i = \overline{1, |Z(\lambda_*) \cup \{b\}| + 1})$$

таких, что $w_{\sigma_k}(\zeta_k^i) = 0$. Последнее в силу леммы 5.5 с учетом замкнутости G_Z повлечет сходимость одной из $\{\zeta_k^i\}$ к некоторой точке $b_0 \in$ $\in \partial\Gamma \setminus \{b\}$, а значит, и противоречие с неосцилляцией L_{λ_*+1} на достаточно малом интервале, примыкающем к b_0. Лемма доказана.

Пусть $I = (\mu, \nu)$ не пересекается ни с M, ни с Λ, а $\mu, \nu \in M \cup \Lambda$. По лемме 5.9, если выполнены условия теоремы 5.11, то $|Z(\lambda)| \equiv \mathrm{const}$ на I. Договоримся в этом случае значение этой константы обозначать через $l(I)$, а I называть *нерасширяемым интервалом постоянства функции* $|Z(\lambda)|$ или, короче, *нерасширяемым интервалом.*

Лемма 5.11. *Пусть выполнены условия теоремы* 5.11. *Пусть* I — *нерасширяемый интервал.*

Тогда существуют непрерывные и убывающие на I *функции* z_1, $z_2, \dots, z_{l(I)}$ *такие, что*

$$\forall(\lambda \in I) \quad [Z(\lambda) = \{z_1(\lambda), z_2(\lambda), \dots, z_{l(I)}(\lambda)\}].$$

При этом графики функций $z_1, z_2, \dots, z_{l(I)}$ *попарно не пересекаются, а среди значений этих функций нет точек* $Y(\Gamma)$.

Доказательство. Пусть $\sigma \in I$ и $Z(\sigma) = \{\zeta_1, \zeta_2, \dots, \zeta_{l(I)}\}$. В силу первой части леммы 5.5 найдутся $\varepsilon > 0$ и $\delta > 0$ такие, что для любого $i = \overline{1, l(I)}$ найдется единственная функция $z_i\colon U_\delta(\sigma) \to U_\varepsilon(\zeta_i)$ такая, что $z_i(\sigma) = \zeta_i$ и $w_\lambda(z_i(\lambda)) \equiv 0$, причем функция z_i убывает и непрерывна. Каждую из этих z_i можно продолжить по непрерывности с сохранением убывания на весь I. Действительно, пусть, например, z_1 не продолжаема так за $(\alpha; \beta)$, и β не совпадает с правым концом I. При этом в силу леммы 5.7

$$\zeta_1(\beta - 0) \notin \partial\Gamma \setminus \{b\}.$$

Но $\zeta_1(\beta - 0)$ не принадлежит и $Y(\Gamma)$, так как иначе в силу замкнутости множества

$$G_Z = \{(\lambda, x) \in R \times \overline{\Gamma}\colon w_\lambda(x) = 0\},$$

и тогда было бы $\zeta_1(\beta - 0) \in Z(\beta)$, т.е. $Z(\beta) \cap Y(\Gamma) \neq \varnothing$.

Последнее в силу леммы 5.4 влечет $\beta \in M$, что противоречит условию.

Таким образом, $\zeta_1(\beta - 0)$ — изолированный нуль множества $Z(\beta)$, что, по лемме 5.5, влечет непрерывную продолжаемость z_1 вправо за β с сохранением убывания. Полученное противоречие доказывает непрерывную продолжаемость z_1 с сохранением убывания вплоть до правого конца интервала I.

Аналогично доказывается непрерывная продолжаемость с сохранением убывания и вплоть до левого конца I.

Пересечение графиков функций z_i и z_j $(i \neq j)$ противоречит лемме 5.5, ибо влечет неединственность неявной функции, определяемой уравнением $w(x, \lambda) = 0$, график которой проходит через общую точку графиков z_i и z_j.

Наконец, выше, доказывая, что $\zeta_1(\beta - 0) \notin Y(\Gamma)$, мы фактически уже установили, что среди значений функций z_j не может быть точек множества $Y(\Gamma)$. Лемма доказана.

Лемма 5.12. *Пусть выполнены условия леммы* 5.11, *а* $z_1, z_2, \dots \dots, z_{l(I)}$ — *функции, определяемые утверждением леммы* 5.11. *Пусть* ν — *правый конец интервала* I.

Тогда при $i \neq j$ выполняется

$$z_i(\nu - 0) \neq z_j(\nu - 0).$$

Доказательство. Допустим, что $z_i(\nu - 0) = z_j(\nu - 0)$, где $i \neq j$. Обозначим это общее предельное значение функций z_i и z_j через x_0. Если x_0 — точка некоторого ребра γ, то для λ, достаточно близких к ν, точки $z_i(\lambda)$ и $z_j(\lambda)$, не совпадая друг с другом (см. лемму 5.11), будут лежать на γ; при этом в силу стремления λ к $\nu - 0$ расстояние между ними может быть сколь угодно малым, что противоречит лемме 5.8. Если же $x_0 \in J(\Gamma)$, то точки всех ребер, примыкающих к x_0, кроме одного (обозначим его снова через γ), меньше x_0.

Значит, поскольку x_0 меньше как $z_i(\lambda)$, так и $z_j(\lambda)$, то, начиная с некоторого λ, как $z_i(\lambda)$, так и $z_j(\lambda)$ окажутся на γ, что при $\lambda \to \nu - 0$ снова приведет к противоречию с леммой 5.8. Лемма доказана.

Лемма 5.13. *Пусть выполнены условия леммы* 5.11, *а* $z_1, z_2, \ldots$ $\ldots, z_{l(I)}$ — *функции, определяемые этой леммой. Пусть* $I = (\mu;\ \nu)$.

Тогда для любого $i = \overline{1, l(I)}$ *существуют* $z_i(\mu + 0)$ *и* $z_i(\nu - 0)$. *При этом, если* $c_0 = \max Y(\Gamma)$ *и* $\nu \in \Lambda_{j_0}(c_0)$ *при некотором* $j_0 > 1$, *то существует единственное* i_0 *такое, что*

$$z_{i_0}(\nu - 0) = c_0.$$

Доказательство. Существование пределов z_i в точках μ и ν следует из убывания этих функций. Далее, $w_\nu(x) \not\equiv 0$ на $\Gamma_1(c_0)$ в силу леммы 5.3. Поэтому если $w_\nu(c_0) = 0$, то c_0 — нетривиальный нуль w_ν, причем неизолированный (иначе нарушается условие (5.11)). Но тогда в силу леммы 5.6 существует единственная функция $\widetilde{z}\colon\ (\nu - \delta;\ \nu) \to$ $\to \Gamma_1(c_0)$ (здесь δ — некоторое положительное число) такая, что $\widetilde{z}(\lambda) \in$ $\in Z(\lambda)$ и $\widetilde{z}(\lambda) \downarrow c_0$, откуда сразу следует утверждение леммы.

Если же $w_\nu(c_0) \neq 0$, то, выбирая нетривиальное решение φ задачи

$$L_\nu u = 0 \quad (x \in \Gamma_{j_0}(c_0)), \qquad u(x) = 0 \quad (x \in \partial\Gamma_{j_0}(c_0))$$

так, чтобы $\varphi'(c_0) w_\nu(c_0) \geqslant 0$, увидим, что для φ и w_ν на $\Gamma_{j_0}(c_0)$ выполнены условия теоремы 5.6, в силу которой $w_\nu(c_0) = 0$. Получили противоречие с предположением $w_\nu(c_0) \neq 0$. Лемма доказана.

5.2.6. Доказательство пункта (б) теоремы 5.11. Доказательство теоремы 5.11 завершает следующее утверждение.

Лемма 5.14. *Пусть выполнены условия теоремы* 5.11. *Пусть для некоторого* $k \in \{0\} \cup \mathbb{N}$ *существует набор непрерывных и убывающих функций* $z_j\colon (\lambda_j;\ \lambda_k] \to \Gamma$ (*где* $j = \overline{0, k-1}$) *таких, что* $z_j(\lambda_j + 0) = b$, *графики* z_j ($j = \overline{0, k-1}$) *попарно не пересекаются и*

$$\forall (j = \overline{0, k-1}) \quad \forall (\lambda \in (\lambda_j;\ \lambda_{j+1}] \setminus M) \quad [Z(\lambda) = \{z_0(\lambda), \ldots, z_j(\lambda)\}].$$

Тогда существует непрерывная и убывающая функция z_k: $(\lambda_k, \lambda_{k+1}] \to \Gamma$ *и существуют непрерывные и убывающие продолжения функций* z_j $(j = \overline{0, k-1})$ *на* $(\lambda_k, \lambda_{k+1}]$ *такие, что*:

1) $z_k(\lambda_k + 0) = b$;

2) *графики* z_j $(j = \overline{0, k})$ *попарно не пересекаются*;

3) $\forall(\lambda \in (\lambda_k;\ \lambda_{k+1}] \setminus M)\ [Z(\lambda) = \{z_j(\lambda)\colon j = \overline{0, k}\}]$.

Доказательство проведем индукцией по числу ребер графа.

Поскольку в случае, когда Γ имеет ровно одно ребро, утверждение леммы верно, можно считать, что Γ имеет более чем одно ребро, а для графов с количеством ребер меньшим, чем у Γ, утверждение леммы 5.14 верно. Пусть c_0 — вершина, соседняя с b, и предположим сначала, что $c_0 \in Y(\Gamma)$. Пусть M_j — множество, определяемое по графу $\Gamma_j(c_0)$ $(j > 1)$ и его граничной вершине c_0 так же, как M определяется по Γ и b. Тогда $M_j \subset M$ для любого $j > 1$. Более того,

$$M = \bigcup_{j>1} (M_j \cup \Lambda_j(c_0))\,. \tag{5.14}$$

Введем в рассмотрение функции $w_j(x, \lambda)$, которые определяются по графу $\Gamma_j(c_0)$ и его граничной вершине c_0 так же, как $w(x, \lambda)$ определяется по Γ и b. В силу (5.14), если $\lambda \notin M$, то $\lambda \notin M_j$, и, значит, множество нулей каждой из функций $w_j(x, \lambda)$ при $\lambda \notin M$ конечно. Кроме того, при $\lambda \notin M$ для любого $j > 1$ функции w_j и w не могут быть линейно независимыми на $\Gamma_j(c_0)$, иначе функция

$$w_j(c_0, \lambda) w(x, \lambda) - w(c_0, \lambda) w_j(x, \lambda),$$

будучи нетривиальной (ибо в силу леммы 5.4 $w(c_0, \lambda) \neq 0$, если $\lambda \notin M$), обнуляется в c_0, а это влечет $\lambda \in \Lambda_j(c_0) \subset M$, что противоречит исходному предположению $\lambda \notin M$.

Значит, при $\lambda \notin M$ для любого $j > 1$ найдется $C_j \neq 0$ такое, что $w(\cdot, \lambda) \equiv C_j w_j(\cdot, \lambda)$ на $\Gamma_j(c_0)$. Последнее в сочетании с конечностью нулей $w_j(\cdot, \lambda)$ при $\lambda \notin M$ влечет, во-первых, совпадение нулей $w(\cdot, \lambda)$ и $w_j(\cdot, \lambda)$ на $\Gamma_j(c)$, во-вторых, совпадение количества нулей $w(\cdot, \lambda)$ на $\bigcup\limits_{j>1} \Gamma_j(c_0)$ с суммой (по $j > 1$) количеств нулей функций $w_j(\cdot, \lambda)$, если только $\lambda \notin M$.

Рассмотрим теперь $z_0(\lambda_k), z_1(\lambda_k), \ldots, z_{k-1}(\lambda_k)$. Допустим, что $\lambda_k \notin M$. По только что доказанному часть из этих нулей совпадает со всеми нулями функций $w_j(\,\cdot\,, \lambda_k)$ $(j > 1)$. Пусть количество нулей $w_j(\,\cdot\,, \lambda_k)$ равно k_j $(j > 1)$.

Из предположения индукции (учитываем, что количестбо ребер у $\Gamma_j(c_0)$ меньше, чем у Γ) следует, в частности, что $\lambda^j_{k_j-1} < \lambda_k < \lambda^j_{k_j}$ (где λ^j_s — собственные значения, образующие спектр $\Lambda_j(c_0)$), и, значит, первые $\widetilde{k} = \sum\limits_{j>1} k_j$ нулей функции $w(\cdot, \lambda)$ (т. е. $z_0(\lambda), z_1(\lambda), \ldots$

$\ldots, z_{\widetilde{k}-1}(\lambda))$ продолжаемы с выполнением всех свойств, оговоренных в утверждении леммы, на $[\lambda_k;\ +\infty)$. (То, что именно *первые* $\widetilde{k}$ нулей $z_0(\lambda), z_1(\lambda), \ldots, z_{\widetilde{k}-1}(\lambda)$ лежат в $\bigcup\limits_{j>1} \Gamma_j(c_0)$, следует из условия

$$z_j(\lambda_j + 0) = b \quad (j = \overline{0, k-1})$$

и попарного непересечения графиков z_j).

Остальные нули функции $w(\,\cdot\,, \lambda_k)$ (их $(k - \widetilde{k})$ штук) лежат в $(c_0;\ b)$. Из условий леммы вытекает, что

$$c_0 < z_{\widetilde{k}}(\lambda_k) < z_{\widetilde{k}+1}(\lambda_k) < \ldots < z_{k-1}(\lambda_k) < b$$

(здесь мы опять учитываем равенства $z_j(\lambda_j + 0) = b$ и попарное непересечение графиков z_j). Возможны три варианта:

$$\lambda_{k+1} < \nu \stackrel{\text{def}}{=} \min_{j>1} \lambda^j_{k_j}, \tag{5.15}$$

$$\lambda_{k+1} = \nu, \tag{5.16}$$

$$\lambda_{k+1} > \nu. \tag{5.17}$$

В случае (5.15) из предположения индукции вытекает, что количество нулей в $\bigcup\limits_{j>1} \Gamma_j(c_0)$ при изменении λ в промежутке $(\lambda_k;\ \lambda_{k+1}]$ сохраняется, т. е. останется равным $\widetilde{k}$. Количество же нулей $w(\cdot, \lambda)$ при λ, достаточно близких к λ_k справа в силу леммы 5.5 будет равно $(k - \widetilde{k}) + 1$, причем, существует непрерывная и убывающая функция (обозначим ее через z_k) такая, что $z_k(\lambda_k + 0) = b$. Функции $z_{\widetilde{k}}$, $z_{\widetilde{k}+1}, \ldots, z_k$ продолжаемы на $(\lambda_k;\ \lambda_{k+1}]$ в соответствии с утверждении леммы 5.11, причем будет выполнено

$$c_0 < z_{\widetilde{k}}(\lambda_{k+1}) < z_{\widetilde{k}+1}(\lambda_{k+1}) < \ldots < z_{k+1}(\lambda_{k+1}) < b$$

(первое неравенство — в силу леммы 5.11, остальные, кроме последнего, — в силу леммы 5.12).

В случае (5.16) та же аргументация приводит к выводу о существовании z_k и о продолжаемости функций $z_{\widetilde{k}}$, $z_{\widetilde{k}+1}, \ldots, z_{k-1}$ на $(\lambda_k;\ \lambda_{k+1})$ с выполнением всех утверждений леммы 5.11. Остается лишь, пользуясь их непрерывностью, доопределить их в точке λ_{k+1} пределами слева. При этом условие попарного непересечения графиков в точке λ_{k+1} будет обеспечиваться леммой 5.12.

Допустим теперь, что выполнено (5.17). Являясь минимумом, ν достигается при единственном значении j, которое мы без ограничения общности можем считать равным 2. Тогда $\nu = \lambda^2_{k_2}$. Так же, как и в случае (5.16), показывается, что существует функция z_k, определенная на $(\lambda_k;\ \nu]$, и существуют продолжения $z_{\widetilde{k}}, z_{\widetilde{k}+1}, \ldots, z_{k-1}$ на $(\lambda_k;\ \nu]$, удовлетворяющие требуемым свойствам на этом промежутке. При этом в силу леммы 5.13

$$z_{\widetilde{k}}(\nu) = c_0 < z_{\widetilde{k}+1}(\nu) < z_{\widetilde{k}+2}(\nu) < \ldots < z_k(\nu) < b$$

(строгие неравенства, кроме последнего выполняются с учетом леммы 5.12). Но тогда c_0 является неизолированным и нетривиальным нулем функции $w(\cdot,\nu)$ (ибо, к примеру, $w(\cdot,\nu)\equiv 0$ на $\Gamma_3(c_0)$, так как $\nu\notin\Lambda_3(c_0)$). Значит, в силу леммы 5.6, функция $z_{\widetilde{k}}$ единственным образом непрерывно продолжаема в некоторую правую окрестность ν, причем это продолжение является убывающей функцией, а образ его лежит в $\Gamma_2(c_0)$.

Таким образом, количество нулей функции $w(\cdot,\lambda)$ в $\bigcup\limits_{j>1}\Gamma_j(c_0)$ при переходе λ через ν увеличивается ровно на 1. При этом для λ, достаточно близких к ν справа, $(c_0;\ b)$ будет содержать ровно $k-\widetilde{k}$ нулей $w(\cdot,\lambda)$: $z_{\widetilde{k}+1}(\lambda)$, $z_{\widetilde{k}+2}(\lambda)$, …, $z_k(\lambda)$. Покажем теперь, что строго между ν и λ_{k+1} нет точек из $\bigcup\limits_{j>1}\Lambda_j(c_0)$. Это повлечет сразу, в силу леммы 5.11, что количество нулей у $w(\cdot,\lambda)$ в $[c_0;\ b)$ останется равным $k-\widetilde{k}$ при всех $\lambda\in(\nu;\ \lambda_{k+1}]$. Поскольку же в силу предположения индукции при тех же λ количество нулей $w(\cdot,\lambda)$ и в $\bigcup\limits_{j>1}\Gamma_j(c_0)$ не меняется (оно равно $\widetilde{k}+1$), мы получим утверждение леммы.

Допустим, что в $(\nu;\ \lambda_{k+1})$ все-таки есть точки из $\bigcup\limits_{j>1}\Lambda_j(c_0)$. Тогда, обозначая наименьшую из этих точек через ν_1, те же рассуждения, что и в случае (5.17), приводят к заключению, что $w(c_0,\nu_1)=0$, причем $w(\,\cdot\,,\nu_1)$ имеет в $(c_0;\ b)$ $k-\widetilde{k}-1$ нулей. Но функция $w(\,\cdot\,,\lambda_k)$ имеет в $(c_0;\ b)$ $k-\widetilde{k}$ нулей, обнуляясь еще и в точке b. Значит, она имеет $k-\widetilde{k}$ S-зон, и по теореме сравнения (следствие 1 из теоремы 4.6) $w(\,\cdot\,,\nu_1)$ должна иметь в каждой из этих S-зон нули, а значит, как минимум, $k-\widetilde{k}$ нулей. Полученным противоречием требуемое доказано.

Если соседняя с b вершина не содержится в $Y(\Gamma)$, то приведенные выше рассуждения остаются верными, если в качестве c_0 взять $\max Y(\Gamma)$.

Если же $Y(\Gamma)=\varnothing$, то, во-первых, $|\partial\Gamma|=2$, а во-вторых, $M=\varnothing$; в силу этого предыдущие рассуждения, не теряя своей справедливости, резко упростятся, если c_0 положить совпадающей со второй граничной вершиной Γ (отличной от b). Лемма доказана.

5.2.7. Доказательство теоремы 5.10.

Лемма 5.15. *Если выполнено условие общности положения, то $M\cap\Lambda=\varnothing$.*

Доказательство. В предположении противного придем к существованию $k = \overline{0, \infty}$, $c \in Y(\Gamma)$ и $j > 1$ таких, что $\lambda_k \in \Lambda_j(c)$. Можно сразу считать, что c является одним из инфимумов множества

$$\{d \in Y(\Gamma)\colon \exists (i > 1)\ \ [\lambda_k \in \Lambda_i(d)]\}$$

(ввиду частичности порядка на Γ таких инфимумов может быть несколько). Но тогда, взяв нетривиальное решение $y(x)$ задачи

$$L_{\lambda_k} u = 0 \quad (x \in \Gamma_j(c)), \qquad u\big|_{\partial\Gamma_j(c)} = 0, \tag{5.18}$$

получим, что y не имеет нулей в $Y(\Gamma_j(c))$, т. е. задача (5.18) простая. Можно считать, что собственная функция φ_k задачи (5.9), отвечающая λ_k, такова, что $y'(c)\varphi_k(c) \geqslant 0$, где производная крайняя по отношению к $\Gamma_j(c)$. Применяя теперь теорему 5.5, получаем $\varphi_k(c) = 0$, что противоречит теореме 5.9. Лемма доказана.

Теорема 5.10 теперь следует из теоремы 5.11 и леммы 5.15, поскольку в силу леммы 5.15 из условия общности положения вытекает, что $w(\,\cdot\,, \lambda_k)$, являясь собственными функциями задачи (5.9), имеют конечное число нулей, а значит (см. теорему 5.11), ровно k нулей.

5.2.8. Перемежаемость спектров. При условии общности положения из доказательства леммы 5.14 можно усмотреть, что точки спектра Λ строго перемежаются с точками $\bigcup\limits_j \Lambda_j(c_0)$, где объединение берется по всем j. Точнее говоря, имеет место цепочка неравенств

$$\lambda_0 < \nu_0 < \lambda_1 < \nu_1 < \ldots < \lambda_k < \nu_k < \ldots, \tag{5.19}$$

где $\nu_0, \nu_1, \ldots, \nu_k, \ldots$ — точки $\bigcup\limits_j \Lambda_j(c_0)$, перенумерованные в порядке возрастания.

Действительно, при доказательстве леммы 5.14 показано, что строго между λ_k и λ_{k+1} не может лежать более чем одна точка множества $\bigcup\limits_{j>1} \Lambda_j(c_0)$. Но можно установить и большее: если в $(\lambda_k;\ \lambda_{k+1})$ лежит точка ν из $\bigcup\limits_{j>1} \Lambda_j(c_0)$, то в этом интервале нет точек из $\Lambda_1(c_0)$. В самом деле, при $\lambda \in (\lambda_k;\ \nu)$ функция w_λ имеет в $(c_0;\ b)$ ровно $k - \widetilde{k}$ нулей, а при $\lambda \in (\nu;\ \lambda_{k+1})$ — ровно $k - \widetilde{k} - 1$ нулей. И, значит, если некоторое $\lambda^1_{k_1} \in (\lambda_k;\ \lambda_{k+1})$, то, рассматривая $\lambda \in (\lambda_k;\ \min\{\nu;\ \lambda^1_{k_1}\})$, получим (применяя теорему сравнения из параграфа 4.5), что $k_1 \geqslant k - \widetilde{k} - 1$, а рассматривая $\lambda \in (\max\{\nu;\ \lambda^1_{k_1}\};\ \lambda)$, что $k - \widetilde{k} - 1 \geqslant k_1 - 1$, что противоречит предыдущему неравенству.

Если же в $(\lambda_k;\ \lambda_{k+1})$ нет точек из $\bigcup\limits_{j>1} \Lambda_j(c_0)$, то из доказательства леммы 5.14 вытекает, что $w_{\lambda_{k+1}}$ имеет в $(c_0;\ b)$ ровно $k - \widetilde{k} + 1$ нулей, а w_{λ_k} — ровно $k - \widetilde{k}$ нулей при обнулении обеих в точке b. Но тогда, рассматривая на $(c_0;\ b)$ задачу Коши

$$L_\lambda u = 0 \quad (x \in (c_0;\ b)), \qquad u(b) = 0, \quad u'(b) = 1, \tag{5.20}$$

придем к тому, что решения этой задачи $\dfrac{w(\,\cdot\,, \lambda_k)}{w'(b, \lambda_k)}$ (при $\lambda = \lambda_k$) и $\dfrac{w(\cdot, \lambda_{k+1})}{w'(b, \lambda_{k+1})}$ (при $\lambda = \lambda_{k+1}$) принимают в точке c_0 значения строго разных знаков, откуда и следует существование $\widetilde{\lambda} \in (\lambda_k;\ \lambda_{k+1})$ такого, что решение (5.20) при $\lambda = \widetilde{\lambda}$ обнуляется в точке c_0, т. е. $\widetilde{\lambda} \in \Lambda_1(c_0)$.

Наконец, покажем, что $\Lambda \cap \Big(\bigcup\limits_j \Lambda_j(c_0)\Big) = \varnothing$. Действительно, предположение противного ввиду непересечения Λ и M (см. лемму 5.15) влечет $\Lambda \cap \Lambda_1(c_0) \neq \varnothing$, и, стало быть, некоторая собственная функция задачи (5.9) обнуляется в точке c_0, а это противоречит отсутствию нулей в $Y(\Gamma)$ у собственных функций (5.9) (теорема 5.9).

Глава 6
ФУНКЦИЯ ГРИНА И ФУНКЦИЯ ВЛИЯНИЯ

Эта глава посвящена методам анализа функции Грина, адаптированным к неклассическим задачам для обыкновенных дифференциальных уравнений (в том числе на пространственных сетях). Вопросы, связанные с функцией Грина на графах, уже отчасти комментировались в гл. 2 и кратко обсуждались в гл. 3, а в настоящей главе анализируется весь спектр взглядов на функцию Грина (от гильбертовой системы аксиом до прямого аналога функции влияния) и в систематической форме излагается теория функции Грина для неклассических задач и задач на графах.

6.1. Функция Грина задачи на отрезке

6.1.1. Аксиоматический подход. Уже с начала XX века (после знаменитых теорем Фредгольма) переход от дифференциальных уравнений к интегральным считается одним из авангардных методов анализа краевых задач. В отличие от дифференциальных операторов интегральные операторы являются «улучшающими»: они обычно повышают гладкость, являются вполне непрерывными в естественной топологии, допускают хорошие конечномерные (т. е. матричные) аппроксимации и т. д. Уже в 30-е годы работами Рисса был заложен фундамент общей теории интегральных (а по существу — вполне непрерывных) операторов в функциональных пространствах.

Возможность перехода от задач математической физики к интегральным уравнениям базируется на фундаментальном понятии функции Грина. Если состояние некоего протяженного объекта описывается функцией $u(x)$ (где x — точка занимаемой этим объектом части Ω пространства) и если $u(x)$ подчиняется (в силу каких-либо физических законов) линейным связям в форме дифференциального уравнения

$$Lu(x) = f(x) \quad (x \in \Omega) \tag{6.1}$$

при некоторых дополнительных условиях

$$l(u) = 0, \tag{6.2}$$

то в естественных предположениях $u(x)$ может быть выражено в виде

$$u(x) = \int_{\Omega} G(x, s) f(s)\, ds, \tag{6.3}$$

где $G(x, s)$ — функция Грина задачи (6.1), (6.2). Дифференциальное выражение Lu в (6.1) порождается физической природой изучаемой системы, а функция $f(x)$ — внешним воздействием на нее.

Интегральная форма (6.3) обращения дифференциального оператора L является основополагающим свойством функции Грина $G(x, s)$. Именно представление (6.3) позволяет исследовать задачи математической физики средствами современного анализа. Однако это требует от функции Грина не просто самого факта ее существования, но и наличия тех или иных ее свойств как функции двух переменных (какой-либо регулярности, симметричности, знакоопределенности, оценок и пр.). Но как получить эти свойства?

Оказывается, анализ различных свойств функции Грина наталкивается на странную для математики проблему — крайне неудачное определение основополагающего понятия. Со времен Гильберта функция Грина понимается как объект, определяемый некоторым набором аксиом. При внешней элегантности такое определение годится лишь для простейших задач. И даже для них извлечь непосредственно из аксиом функции Грина какие-либо достаточно элементарные свойства (типа непрерывности по совокупности переменных ее производных) оказывается неразрешимой задачей. Далее, при расширении классов изучаемых задач сохранение аксиоматического подхода требует модификации аксиом, но как именно модифицировать аксиомы, не ясно: этот вопрос оказывается за рамками аксиоматического подхода. И даже при удачном расширении набора аксиом «утяжеленная» ими функция Грина оказывается закрытой для анализа. Если же говорить о построении и анализе функции Грина для существенных расширений классических задач — от уравнений с обобщенными коэффициентами до нестандартных задач (как на сетях), то аксиоматический подход оказывается если не тупиковым, то предельно неэффективным. Ниже иллюстрируется порочность такого подхода даже для достаточно несложных задач, когда явно представленной системе вида (6.1), (6.2) соответствуют традиционно определяемые аксиомы, очевидным образом противоречащие физическому смыслу.

Возникающие при применении аксиоматического подхода проблемы решает другое, давно назревшее определение. А именно: *функцией Грина* предлагается называть функцию $G(x, s)$, для которой любое решение задачи (6.1), (6.2) представимо в форме (6.3). Здесь сохраняется исходный физический смысл функции Грина как функции влияния, перечень аксиом превращается в набор свойств, справедливых в той или иной мере, и, главное, открывается возможность варьирования способов «явного» представления функции Грина, обеспечивающего достаточную гибкость при анализе ее локальных свойств в различных нестандартных задачах.

6.1.2. Аксиомы или интеграл? Широкой математической общественности понятие функции Грина хорошо известно из курса «Дифференциальные уравнения» в связи с задачей Штурма–Лиувилля

$$L_\lambda u \equiv -(pu')' + (q-\lambda)u = 0 \quad (0 \leqslant x \leqslant 1), \tag{6.4}$$

$$\begin{cases} \alpha_0 u(0) - \alpha_1 u'(0) = 0, \\ \beta_0 u(1) + \beta_1 u'(1) = 0. \end{cases} \tag{6.5}$$

Соответствующее определение функции Грина (см. [38, с. 332–334]), восходящее ко временам Гильберта — эпохе повальной аксиоматизации оснований математики, — звучит так (для случая непрерывных коэффициентов при $p > 0$).

Определение 6.1. *Функцией Грина* задачи (6.4), (6.5) называется функция $G(x, s)$, определенная при x, s из $[0, 1]$, которая обладает следующими свойствами. При каждом фиксированном s:

1) $G(x, s)$ непрерывна по x;

2) при $x \neq s$ производная $\dfrac{\partial}{\partial x} G(x, s)$ непрерывна, а при $x = s$ имеет скачок $\dfrac{\partial}{\partial x} G(s+0, s) - \dfrac{\partial}{\partial x} G(s-0, s) = -\dfrac{1}{p(s)}$;

3) при $x \neq s$ функция $G(x, s)$ дважды дифференцируема по x и удовлетворяет по x дифференциальному уравнению (6.4);

4) при $x \neq s$ функция $G(x, s)$ удовлетворяет по x каждому из условий (6.5).

На основании этих аксиом достаточно простыми рассуждениями показывается, что (если λ не принадлежит спектру) для любой $f \in C[0, 1]$ решение уравнения $L_\lambda u = f$ при условиях (6.5) задается формулой (6.3).

Приведенное определение канонизировано не только в учебной литературе, но и в серьезных монографиях (см., например, [35, 44, 96, 103]), где для уравнений старших порядков определение функции Грина претерпевает чисто «косметические» изменения, связанные с заменой второго порядка на n-й: непрерывность производных по x до порядка $n-2$ вместо 1), непрерывность $\dfrac{\partial^{n-1}}{\partial x^{n-1}} G(x, s)$ при $x \neq s$ и аналогичный скачок при $x = s$ вместо 2) и аналоги свойств 3), 4). При этом рассматриваются обычно двухточечные условия.

Что дает приведенное определение?

Во-первых, при каждом s для функции Грина как функции переменной x аксиомы дают набор условий, обеспечивающий (для невырожденных задач) однозначную разрешимость.

Во-вторых, существующая в силу однозначной разрешимости 1)–4), функция Грина $G(x, s)$ в силу самих изначальных аксиом обеспечивает интегральное представление (6.3).

Оба эти обстоятельства, подчеркивая двойственную роль аксиом, в своем единстве способны произвести впечатление глубиной описания и красотой объекта. По-видимому, именно такое чисто эмоциональное впечатление заслоняло от аудитории и авторов весьма деликатный дефект, транслируемый во всех изданиях. Однако при ближайшем рассмотрении этот дефект оказывается не таким уже деликатным, а при некритическом использовании описанного определения — способным привести к фатальным последствиям.

Мы здесь имеем в виду аксиому о скачке $\dfrac{\partial^{n-1}}{\partial x^{n-1}}\, G(x, s)$ на диагонали $x = s$. Дело в том, что при доказательстве интегрального обращения в форме (6.3) у этой производной требуется скачок не по первой, а по второй переменной.

Итак, скачок на диагонали у $G^{(n-1)}(x, s) = \dfrac{\partial^{n-1}}{\partial x^{n-1}}\, G(x, s)$ постулируется не по той переменной.

Можно ли это поправить, изменив в соответствующей аксиоме скачок по первой переменной на скачок по второй? Ответ однозначный — нет, так как тогда система аксиом перестанет однозначно определять $G(x, s)$.

Можно ли считать, что все авторы серьезных книг не обращают внимания на этот момент? Опять же — нет, так как на соответствующем этапе подмена одного скачка другим сопровождалась словами типа «как легко видеть», «несложно показать» и пр. Однако эти слова скрывают рассуждения, которые совсем не так тривиальны даже для уравнений второго порядка.

Совпадение на диагонали $x = s$ скачков $G^{(n-1)}(x, s)$ как по x, так и по s вытекало бы из возможности доопределения $G^{(n-1)}(x, s)$ на каждом из замкнутых треугольников $0 \leqslant x \leqslant s \leqslant 1$ и $0 \leqslant s \leqslant \leqslant x \leqslant 1$ до непрерывной по совокупности переменных функции. Тем самым $G^{(n-1)}(x, s)$ на диагонали $x = s$ доопределяется двояко, т. е. со стороны каждого из двух треугольников, обеспечивая в нем совокупную непрерывность. А из традиционных формулировок аксиом не ясно даже, гарантирована ли равномерная совокупная непрерывность $G^{(n-1)}(x, s)$ даже и вне диагонали.

И еще об одном явном дефекте аксиоматического определения: невозможно судить о поведении функции Грина в окрестности сторон $s = 0$ и $s = 1$ квадрата $0 \leqslant x,\ s \leqslant 1$, на котором она должна быть определена. А для приводимого ниже элементарного примера невозможно судить даже о непрерывности.

Рассмотрим задачу

$$u'' = f, \quad u(0) = 0, \quad u'(1) = 0.$$

На прямой $s \equiv 1$ функция Грина $G(x,1) = g(x)$ должна удовлетворять однородному уравнению $u'' = 0$ и условию $u(0) = 0$. Поэтому $g(x) \equiv kx$ при некотором k и при $x < 1$. А что в точке $x = 1$? Поскольку $g(x)$ должна быть непрерывной, то соответствующее значение $g(x)$ в точке $x = 1$ должно быть $g(1) = g(1-0) = k$. Но при $x = 1$ мы имеем второе краевое условие $u'(1) = 0$, откуда $u'(1) = (kx)|_{x=1} = k = 0$ и, следовательно, $G(x,1) \equiv 0$. Однако прямой подсчет $G(x,s)$ показывает, что $G(x,s) \equiv x$ при $x < s$. Налицо очевидная потеря непрерывности $G(x,s)$ на стороне $s = 1$, что противоречит физическому смыслу задачи (струна с закрепленным левым и свободным правым концом). При этом оказывается, что $G(1,s) \equiv s$; это означает несимметричность функции Грина для самосопряженной задачи.

В чем здесь дело? Опять же — в скачке $G^{(n-1)}$ на диагонали, где в концевых точках этот скачок способен прийти в противоречие с краевыми условиями.

Разобраться с подобными ситуациями аксиомы не только не помогают, но и мешают. Уточнять картину если и удается, то только строя интегральное обращение совершенно из других соображений и убеждаясь затем (чтобы получить право пользоваться термином «функция Грина») в справедливости псевдогильбертовых аксиом для ядра построенного интегрального оператора.

Уже в 20-е годы XX века после теории Фредгольма и теории Гильберта–Шмидта для интегральных уравнений начали появляться достаточно глубокие результаты, чрезвычайно привлекательные для анализа краевых задач «через функцию Грина». Так, Келлогом [127–129] было показано, что замечательные осцилляционные свойства спектра (число нулей собственных функций, их перемежаемость и пр.) объясняются следующими условиями на функцию Грина $G(x,s)$: ассоциированные ядра, возникающие в теории Фредгольма,

$$\Delta G \begin{pmatrix} x_1 & \ldots & x_n \\ s_1 & \ldots & s_n \end{pmatrix} = \det \|G(x_i, s_j)\|_{i,j=1}^{n}$$

неотрицательны при любых $0 < x_1 < x_2 < \ldots < x_n < 1$ и $0 < s_1 < < s_2 < \ldots < s_n < 1$ и строго положительны на диагонали $x_i = s_i$ $(i = \overline{1,n})$ этих симплексов. Именно эти свойства ядер Келлога послужили основой для доказательства [15] осциляционных свойств собственных колебаний балки (стержня). Другой пример — удивительный результат Урысона [97], согласно которому для нелинейного уравнения $Lu = f(x,u)$ с вогнутой по u функцией $f(x,u)$ (типа $f(x,u) \equiv x^\alpha$ при $0 < \alpha < 1$) и равномерно положительной функцией Грина (для L) в $\mathbb{R}^+$ существует некоторый интервал (λ_0, λ_1), для которого каждому $\lambda \in (\lambda_0, \lambda_1)$ соответствует единственная собственная функция $u_\lambda(x)$ такая, что:

а) $u_\lambda(x)$ строго положительна;

б) $u_\lambda(x)$ строго возрастает по λ;

в) $u_\lambda(x)$ равномерно стремится к нулю при $\lambda \to \lambda_1$ и неограниченно возрастает при $\lambda \to \lambda_1$.

Уже эти два результата (теорема Келлога и Урысона) для приложений к краевым задачам требуют проверки для функции Грина либо свойств Келлога, либо строгой положительности. Но как извлечь эти свойства из аксиом? М.Г. Крейн перешагнул эту проблему в задаче о стержне, прибегнув к анализу совершенно ясной функции влияния. Дальнейшее использование ядер Келлога для уравнений старших порядков, равно как и результатов Урысона, было осуществлено много позднее за счет изменения взглядов на функцию Грина.

Такое изменение происходило неизбежно, если функция Грина использовалась по существу — как средство интегрального обращения и последующего анализа задачи, а не как иллюстрация торжества аксиоматического подхода.

Рассмотрим теперь парадоксы, возникающие при применении стандартного «метода функции Грина» (так обычно называют построение ее определяющей системы аксиом) для неклассических задач. Мы ограничимся достаточно простым примером математической модели системы, состоящей из двух шарнирно-сочлененных стержней. Если система расположена вдоль отрезка $[0, l]$ оси Ox и если $u(x)$ — деформация (отклонение в точке x упругой линии от положения равновесия — тождественного нуля), то связь $u(x)$ с внешней силой определяется равенством

$$(pu'')'' = f(x) \qquad (p > 0), \tag{6.6}$$

краевыми условиями закрепления концов

$$u(0) = u'(0) = u(l) = u'(l) = 0$$

и условиями шарнира во внутренней точке $x = \xi$ из $(0, l)$

$$u''(\xi) = 0. \tag{6.7}$$

Но здесь мы должны вспомнить, что стержень у нас не один, а точка $x = \xi$ есть точка сочленения левого и правого стержней. Поэтому в (6.6) у нас не одно, а два уравнения: левое при $x \in [0, \xi)$ и правое при $x \in (\xi, l]$. Поэтому должны быть свои решения (6.6) как слева от ξ, так и справа. Эти решения должны непрерывно сопрягаться в точке ξ. Считая любую пару таких решений единой функцией $u(x)$, определенной на $[0, \xi) \cup (\xi, l) = [0, l] \setminus \xi$, мы лишаемся права говорить о ее производных в самой точке ξ. Тем более, что система наверняка в шарнире имеет излом, т.е. разные производные $u'(\xi - 0)$ и $u'(\xi + 0)$. Но тогда символ $u''(\xi)$, строго говоря, бессмыслен. На самом деле вместо (6.7) должны фигурировать два условия

$$u''(\xi - 0) = u''(\xi + 0) = 0, \tag{6.8}$$

к которым обычно добавляется условие непрерывности в точке $x = \xi$ перерезывающей силы

$$(pu'')'(\xi - 0) = (pu'')'(\xi + 0). \tag{6.9}$$

Функция влияния данной системы интуитивно совершенно ясна. Напомним, что под *функцией влияния* распространенной вдоль $[0, l]$ системы понимается функция $K(x, s)$, описывающая (по x) форму, которую принимает система под воздействием единичной силы, приложенной в точке s. Тогда для произвольной силы, приложенной на всем протяжении, соответствующая форма системы определяется равенством

$$u(x) = \int_0^l K(x, s)\, dF(s),$$

где $dF(s)$ — сила, приложенная к элементарному участку $[x, x + dx]$. В целом $F(x)$ определяется силой, действующей на участок $[0, x]$. Если $F(x)$ гладкая, то $dF(x) = f(x)dx$. Таким образом, *если функция Грина $G(x, s)$ рассматриваемой задачи существует, то она ничем иным, кроме как функцией влияния, быть не может.*

Но как на рассматриваемую задачу перенести стандартное определение функции Грина? Как описать весь перечень аксиом, однозначно ее определяющий? И даже зная заранее, что эта функция существует, ведь функция влияния здесь есть.

Вообще говоря, функция $G(x, s)$ определена на квадрате $0 \leqslant x, s \leqslant l$. Мы можем формально рассмотреть задачу в классе решений $u(x)$ из $C^4[0, l]$ (предполагая $f(x)$ непрерывной). Тогда можно говорить о непрерывности функций $G(x, s)$, $G^{(1)}(x, s)$, $G^{(2)}(x, s)$ при всех x и третьей «производной» $(pG'')'_x$ при $x \neq s$. И тогда можно требовать у последней наличия нужного скачка при $x = s$. Но какие условия нам задавать для $G(x, \xi)$?

Ясно, что эта функция должна удовлетворять по x уравнению $(pu'')'' = 0$ при $x \neq \xi$. Здесь проблем нет. Ясно также, что должны удовлетворяться две пары условий на концах. Для однозначного определения $G(x, \xi)$ остается найти еще четыре условия-аксиомы. Непрерывность решений вместе с производными до третьего порядка дает четыре условия плюс равенство (6.8) — всего пять условий. Какие из этих условий следует включить в аксиомы, а какое из них лишнее? Еще менее приятное обстоятельство — условие скачка в точке $x = \xi$ третьей производной $(G'')'$ оказывается уже шестым. И это условие явно противоречит условию (6.9). Может быть, это условие следует исключить из перечня аксиом вместе с противоречащим ему условием (6.9)?

С другой стороны, поскольку $G(x, s)$ — функция влияния, то $G(x, \xi)$ есть форма нашей системы, соответствующая единичной силе, приложенной в точке $x = \xi$ шарнирного сочленения. Но физически совершенно ясно, что контур $G(x, \xi)$ нашей системы в точке ξ будет иметь излом, что означает скачок $G'(x, \xi)$ при $x = \xi$. Значит, условие непрерывности первых производных $G(x, \xi)$ тоже лишнее. Получается, что для определения $G(x, \xi)$ у нас остается всего лишь три условия, не вызывающих сомнения. Но нужно-то четыре! Где взять недостающее?

В случае рассмотренного нами примера верный ответ известен: недостающим условием является уже рассматривавшееся равенство

$$(pu'')'(\xi + 0) - (pu'')'(\xi - 0) = 1.$$

Тем самым, с одной стороны, обеспечивается непрерывность $G(x, s)$ по совокупности переменных во всем $[0, l] \times [0, l]$, а с другой — так определенная функция Грина действительно описывает реакцию физической системы на единичное воздействие в точке s как для $s \neq \xi$, так и для $s = \xi$.

Можно было бы вообще не задаваться таким «мелким» вопросом, как: чему равна $G(x, s)$ при $s = \xi$? Действительно, ведь решение $u(x)$ описывается формулой

$$u(x) = \int_a^b G(x, s) f(s)\, ds, \tag{6.10}$$

и изменение $G(x, s)$ при каком-то отдельном значении s совершенно не влияет на ответ. Пренебрежение значениями $G(x, \xi)$ было бы резонно, если бы формула (6.10) была «конечной инстанцией». Однако фигурирующая в (6.10) и в уравнении (6.6) функция $f(x)$ на самом деле не есть физическая величина: измеряемой физической величиной является сила, действующая на конечный фрагмент стержня. Фигурирующая же в (6.6) и (6.10) $f(s)$ — это плотность распределения этой силы, т. е. физическая величина, продифференцированная относительно достаточно «произвольной» параметризации стержня отрезком вещественной прямой.

Более точно соответствует физике замена $f(s)ds$ в (6.10) на dF — дифференциал меры, описывающей реальную физическую величину F как функцию сегмента. Величина F может быть как сосредоточенной в отдельных точках, так и распределенной, но формула

$$y(x) = \int_a^b G(x, s)\, dF \tag{6.11}$$

остается справедливой независимо от характера этого распределения. Отметим еще один любопытный момент: в отличие от $f(x)$, мера, порождающая dF, уже не зависит от параметризации, равно как и $G(x, s)$, и поэтому (6.11) является уже, стало быть, свойством исходной физической системы, а не свойством описания ее в терминах математики.

Формула (6.11), по существу содержащая интеграл Стилтьеса, показывает, что значения $G(x, s)$ для отдельных s нельзя игнорировать: в интеграле Стилтьеса (6.11) важно каждое значение интегрируемой функции, поскольку при разных внешних воздействиях в любой без исключения точке может оказаться сосредоточенная сила (атом меры).

6.1.3. Скалярная задача: классические факты в неклассическом изложении. Имея целью снятие перечисленных выше традиционных неточностей и неясностей в определении функции Грина, мы сначала для простоты обсудим классический случай двухточечной задачи, изложив схему построения и анализа функции Грина. Далее отметим естественные обобщения, а потом уже перейдем к задачам на графах.

Итак, пусть на $[a, b] \subset R^1$ задана двухточечная краевая задача, определяемая линейным уравнением

$$p_0(x)y^{(n)} + p_1(x)y^{(n-1)} + \ldots + p_n(x)y = f(x) \tag{6.12}$$

с непрерывными коэффициентами и n краевыми условиями

$$l_j(y) = R_j, \tag{6.13}$$

с функционалами $l_j(y)$ вида

$$l(y) = \sum_{i=1}^{n} \alpha_i y^{(i-1)}(a) + \sum_{i=1}^{n} \beta_i y^{(i-1)}(b). \tag{6.14}$$

Теорема 6.1. *Для того чтобы краевая задача* (6.12), (6.13) *была однозначно разрешимой для любой правой части* $f(x)$ *и любого набора значений* R_j, *необходимо и достаточно, чтобы однородная задача* ($f(x) \equiv 0$, $R_j \equiv 0$) *имела только тривиальное решение.*

Доказательство основывается на представлении общего решения (6.12) в виде

$$y(x) = y_0(x) + \sum_{i=1}^{n} c_i \varphi_i(x), \tag{6.15}$$

где $\varphi_i(x)$ — фундаментальная система решений однородного уравнения, а $y_0(x)$ — произвольное частное решение неоднородного уравнения. Подстановка (6.15) в условия (6.13) дает систему линейных алгебраических уравнений с матрицей $\|l_j(\varphi_i)\|$, так что утверждение теоремы сводится к элементарной теореме из линейной алгебры.

Эта теорема делает полезным следующее определение.

Определение 6.2. Задачу (6.12), (6.13) назовем *невырожденной*, если соответствующая однородная задача имеет только тривиальное решение.

Изучение критериев невырожденности составляет отдельную проблему (в теории уравнений на геометрических графах она решается, например, с помощью принципа максимума или на основе свойства неосцилляции; см. гл. 3 и 4). Мы ее касаться не будем, предполагая всюду далее невырожденность рассматриваемой задачи (или, что то же самое, отличие от нуля детерминанта $\det \|l_j(\varphi_i)\|$).

Для простоты фундаментальную систему решений мы будем выбирать так, чтобы она оказалась биортогональной набору функционалов $l_j(\cdot)$ (это по существу просто смена базиса в конечномерном пространстве). Эта система будет ниже обозначаться через $\{z_i(x)\}$, так что $l_j(z_i) = \delta_{ij}$ (δ_{ij} — символ Кронекера). Тогда решение краевой задачи выписывается явно:

$$y(x) = \left[y_0(x) - \sum_{j=1}^{n} z_j(x) l_j(y_0)\right] + \sum_{j=1}^{n} R_j z_j(x). \tag{6.16}$$

Эта формула представляет решение в виде суммы решений полуоднородных задач: одной с $R_j = 0$ при $f(x)$ из (6.4), и другой — с $f(x) \equiv 0$ при ненулевых R_j. Что касается второй группы слагаемых в (6.16), то мы к ней далее возвращаться не будем (отметим только, что она содержит столько членов, сколько условий (6.13) являются неоднородными). В центре нашего внимания будет первое слагаемое. Поэтому далее мы будем рассматривать только однородные условия

$$l_j(y) = 0. \tag{6.17}$$

Определение 6.3. *Функцией Грина* задачи (6.12), (6.13) будем называть любую функцию $G(x, s)$, позволяющую получить решение задачи (6.12), (6.17) в виде

$$y(x) = \int_a^b G(x, s) f(s)\, ds. \tag{6.18}$$

Теорема 6.2. *Для любой невырожденной задачи* (6.12), (6.17) *функция Грина существует.*

Доказательство состоит попросту в выражении y_0 в формуле (6.16) через $f(x)$. Это можно сделать, например, с помощью функции Коши

$$K(x, s) = \frac{1}{W(s) p_0(s)} \begin{vmatrix} z_1(s) & \ldots & z_n(s) \\ z_1'(s) & \ldots & z_n'(s) \\ \ldots & \ldots & \ldots \\ z_1^{(n-2)}(s) & \ldots & z_n^{(n-2)}(s) \\ z_1(x) & \ldots & z_n(x) \end{vmatrix} \tag{6.19}$$

($W(x)$ — определитель Вронского функций $z_1(x), \ldots, z_n(x)$) в виде

$$y_0(x) = \int_a^x K(x, s) f(s)\, ds. \tag{6.20}$$

Желая привести фигурирующий здесь интеграл с переменным верхним пределом к интегралу с постоянными пределами вида (6.18), представим (6.20) в виде

$$y_0(x) = \int_a^b G_0(x, s) f(s)\, ds, \tag{6.21}$$

где обозначено

$$G_0(x, s) = \begin{cases} K(x, s), & a \leqslant s \leqslant x \leqslant b, \\ 0, & a \leqslant x \leqslant s \leqslant b. \end{cases} \tag{6.22}$$

На диагонали $x = s$, очевидно, $K(s, s) \equiv 0$, поэтому включение значения $x = s$ и в ту, и в другую строку не приводит к противоречиям. Подставляя (6.21) в (6.16), получаем

$$y(x) = \int_a^b G_0(x, s) f(s)\, ds - \sum_{j=1}^n z_j(x) l_j\left(\int_a^b G_0(x, s) f(s)\, ds \right), \tag{6.23}$$

так что вопрос о представимости $y(x)$ в форме (6.18) упирается только в возможность перестановки функционалов l_j под знак интеграла.

Вообще говоря, такая перестановочность имеет место в силу известных свойств функции Коши: так как $K^{(i)}(s, s) = 0$ при $i = 0, \ldots, n-2$, то из (6.20) следует

$$y_0^{(i)}(x) = \int_a^x K^{(i)}(x, s) f(s)\, ds \quad (i = 0, \ldots, n-1),$$

и потому для функционала $l(y)$ вида (6.14)

$$l(y) = \int_a^b \left[\sum_{i=1}^n \beta_i K^{(i-1)}(b, s) \right] f(s)\, ds.$$

Обозначая здесь сумму в квадратных скобках через $\psi(s)$ (для $l_j(y)$ — соответственно через $\psi_j(s)$), получаем из (6.23)

$$y(x) = \int_a^b \left[G_0(x, s) - \sum_{j=1}^n z_j(x) \psi_j(s) \right] f(s)\, ds,$$

что не только доказывает теорему, но и предъявляет $G(x,s)$ явно:

$$G(x,s) = G_0(x,s) - \sum_{i=1}^{n} z_i(x)\psi_i(s), \tag{6.24}$$

или, в более «классической» форме,

$$G(x,s) = \begin{cases} K(x,s) - \sum\limits_{i=1}^{n} z_i(x)\psi_i(s), & a \leqslant s \leqslant x \leqslant b, \\ -\sum\limits_{i=1}^{n} z_i(x)\psi_i(s), & a \leqslant x \leqslant s \leqslant b. \end{cases} \tag{6.25}$$

Следствие 1. *$\psi_i(s)$ непрерывны на $[a,b]$.*

Действительно, если обозначить через

$$l^b(y) = \sum_{i=1}^{n} \beta_i y^{(i-1)}(b)$$

составляющую функционала (6.14), сосредоточенную в точке b, то получим

$$\psi_j(s) = \frac{1}{p_0(s)W(s)} \begin{vmatrix} z_1(s) & \ldots & z_n(s) \\ \ldots & \ldots & \ldots \\ z_1^{(m-2)}(s) & \ldots & z_n^{(n-2)}(s) \\ l_j^b(z_1) & \ldots & l_j^b(z_n) \end{vmatrix}. \tag{6.26}$$

Следствие 2. *$G(x,s)$ непрерывна вместе со своими производными по x до порядка n в каждом треугольнике $a \leqslant x \leqslant s \leqslant b$ и $a \leqslant s \leqslant x \leqslant b$ вплоть до границы.*

Действительно, этим свойством обладает как сумма $\sum\limits_{i=1}^{n} z_i(x)\psi_i(s)$, так и (см. (6.19)) функция $K(x,s)$.

Следствие 3. *Непрерывная функция $G(x,s)$, дающая представление решения в виде* (6.18) *единственна.*

Это следствие требует особого комментария. Обычно доказывают единственность не для функции, дающей решение, а для функции, удовлетворяющей условиям… Как показано в предыдущем пункте, это, вообще говоря, не одно и то же — все зависит от того, наличие каких условий мы предполагаем у функции Грина.

Следствие 4. *Для любого фиксированного $s \in (a,b)$*

$$G^{(i)}(s+0,s) - G^{(i)}(s-0,s) = \begin{cases} 0, & i \leqslant n-2, \\ \dfrac{1}{p_0(s)}, & i = n-2. \end{cases} \tag{6.27}$$

В самом деле, из (6.26) следует, что разность (6.27) совпадает с $K^{(i)}(s,s)$, которая (в чем нетрудно убедиться, глядя на (6.19)) как раз равна правой части (6.27).

Следствие 5. *Для любого фиксированного $s \in (a,b)$ и любого $l_j(y)$ из условий* (6.14), $l_j(G(x,s)) = 0$.

Действительно, $l_j(G(x,s)) = l_j(G_0(x,s)) - \psi_j(s)$, а

$$l_j(G_0(x,s)) = \sum_{i=1}^{n} \alpha_i^j G_0^{(i-1)}(a,s) + \sum_{i=1}^{n} \beta_i^j G_0^{(i-1)}(b,s) = \\ = \sum_{i=1}^{n} \beta_i^j K^{(i-1)}(b,s) = \psi_j(s).$$

Следствие 6. *Для любого фиксированного $s \in (a,b)$ функция $G(x,s)$ является решением однородного уравнения* (6.12) *на $[a,s]$ и на $[s,b]$.*

Теорема 6.3. *Если двухточечная задача* (6.12), (6.13) *невырождена, то функция $G(x,s)$, определяемая для каждого фиксированного $s \in (a,b)$ условиями:*

(а) *она является решением однородного уравнения на $[a,s]$ и на $[s,b]$;*

(б) *при $x = s$ она удовлетворяет условиям*

$$G^{(j)}(s+0,s) - G^{(j)}(s-0,s) = \begin{cases} 0, & 0 \leqslant j \leqslant n-2, \\ \dfrac{1}{p_0(s)}, & j = n-2; \end{cases}$$

(в) *она удовлетворяет краевым условиям $l_j G(\,\cdot\,,s) = 0$;*
существует и единственна.

Доказательство по существу алгебраическое: из условия (а) следует

$$G(x,s) = \begin{cases} z_1(x)\chi_1(s) + \ldots + z_n(x)\chi_n(s), & a \leqslant s \leqslant x \leqslant b, \\ -(z_1(x)\psi_1(s) + \ldots + z_n(x)\psi_n(s)), & a \leqslant x \leqslant s \leqslant b. \end{cases}$$

Из условия (б) следует, что $\chi_i(s) + \psi_i(s)$ удовлетворяют системе

$$z_1^{(j)}(s)[\chi_1(s) + \psi_1(s)] + \ldots + z_n^{(j)}[\chi_n(s) + \psi_n(s)] = \\ = \begin{cases} 0, & 0 \leqslant j \leqslant n-2, \\ \dfrac{1}{p_0(s)}, & j = n-2, \end{cases} \tag{6.28}$$

откуда немедленно следует, что

$$z_1(x)[\chi_1(s) + \psi_1(s)] + \ldots + z_n(x)[\chi_n(s) + \psi_n(s)] \equiv K(x,s),$$

и поэтому

$$G(x,s) = G_0(x,s) - \sum_{i=1}^{n} z_i(x)\psi_i(s).$$

И, наконец, условие (в) (в предположении, что изначально была выбрана такая фундаментальная система решений, что $l_j(z_i) = \delta_{ij}$) немедленно дает

$$\psi_i(s) = l_i(G_0(\,\cdot\,,s)).$$

Теорема доказана.

6.1.4. Комментарий. Приведенное выше определение функции Грина внешне достаточно сильно отличается от аксиоматического определения, ставшего хрестоматийным. Предлагаемый ответ на вопрос, что есть функция Грина, на фоне гильбертовых аксиом может показаться даже примитивным — вполне аналогично тому, что в ответ на классический вопрос, что есть число, можно ответить: то, что отвечает на вопрос *сколько*, или можно привести соответствующую систему аксиом (по Кантору или Пеано).

Однако уметь считать гораздо важнее, чем знать строго формализованное определение числа. Точно так же переход от дифференциальных уравнений к интегральным не самоцель, как полагают обычно авторы расширений понятия функции Грина на различные классы краевых задач.

Смысл описанного нами подхода не столько в попытке дать оригинальное определение функции $G(x,s)$, порождающей интегральное обращение дифференциального оператора L (хотя здесь мы возвращаемся к исходному смыслу функции Грина, к ее физическим корням, к пониманию функции Грина как функции влияния), сколько в изложении схемы явного построения этой функции.

Что дает приведенная нами схема?

а) Становится ясно, что формула (6.24) есть «прямой потомок» формулы (6.15) общего решения неоднородного уравнения.

б) Видно, что функция Грина есть по существу конечномерное возмущение «фундаментального решения» $G_0(x,s)$, от которого она и наследует не совсем обычные свойства на диагонали $x = s$.

в) Достигнута значительная степень общности определения.

г) Становится понятно, что в рамках схемы (в частности, в формуле (6.24)) можно функцию $G_0(x,s)$, определяемую согласно (6.22) и (6.19), заменить на любую функцию $H(x,s)$, обладающую следующим свойством: для любой $f \in C[a,b]$ формула

$$y(x) = \int_a^b H(x,s)f(s)\,ds$$

дает решение неоднородного уравнения (6.12). Такую функцию мы будем называть, как в [33], *фундаментальным решением.* В качестве такой функции можно брать, например,

$$H(x, s) \equiv \frac{1}{2}\operatorname{sign}(x - s)K(x, s),$$

где $K(x, s)$ определяется из (6.19), или, при прежних $K(x, s)$ и $G_0(x, s)$ взять

$$H(x, s) = G_0(x, s) - K(x, s),$$

что приводит к представлению

$$H(x, s) = \begin{cases} 0, & a \leqslant s \leqslant x \leqslant b, \\ -K(x, s), & a \leqslant x \leqslant s \leqslant b. \end{cases}$$

Последнее, в силу единственности функции Грина, позволяет придать ей следующий вид, отличный от (6.25):

$$G(x, s) = \begin{cases} \sum\limits_{i=1}^{n} z_i(x)\psi_i(s), & 0 \leqslant s \leqslant x \leqslant b, \\ -K(x, s) + \sum\limits_{i=1}^{n} z_i(x)\psi_i(s), & a \leqslant x \leqslant s \leqslant b. \end{cases}$$

д) Оказывается, в качестве фундаментального решения, т. е. вместо $G_0(x, s)$, можно брать и любую известную функцию Грина для уравнения (6.12) при каких-либо других краевых условиях. Эти условия могут быть самыми простыми, лишь бы они обеспечивали невырожденность задачи.

е) Схема позволяет дать явное представление функции Грина и для произвольной фундаментальной системы $\{\varphi_i\}_1^n$ однородного уравнения

$$G(x, s) = \frac{1}{\Delta_n} \begin{vmatrix} H(x, s) & \varphi_1(x) & \cdots & \varphi_n(x) \\ \psi_1(s) & l_1(\varphi_1) & \cdots & l_1(\varphi_n) \\ \psi_2(s) & l_2(\varphi_1) & \cdots & l_2(\varphi_n) \\ \dots & \dots & \dots & \dots \\ \psi_n(s) & l_n(\varphi_1) & \cdots & l_n(\varphi_n) \end{vmatrix},$$

где $H(x, s)$ — какое-либо фундаментальное решение, $\Delta_n = \det \|l_i(\varphi_k)\|$ и, аналогично предыдущему, обозначено $\psi_k(s) = l_k(H(\cdot, s))$.

ж) Согласно изложенным соображениям, мы не обязаны использовать только одно фиксированное явное представление функции Грина на всем квадрате $a \leqslant x,\ s \leqslant b$, а можем пользоваться на любом его участке наиболее полезным для анализа вариантом.

Что мы теряем, отказываясь от аксиоматического подхода к определению функции Грина? Только внешний эффект чудесного появления фукнции, дающей решение краевой задачи, из изначально не очевидного набора аксиом; эффект, способный лишь поразить воображение вновь посвящаемого, но не дающий возможности более глубокого анализа.

6.1.5. Предельные срезки функции Грина. Вернемся к нашей задаче (6.12), (6.13). Как было показано в теореме 6.2, функция Грина непрерывна на $[a, b] \times [a, b]$. Поэтому, даже будучи заданной условиями, перечисленными в теореме 6.3 при $a < s < b$, она по непрерывности продолжается на весь квадрат. Пределы $G(x, s)$ при $s \to a$ и $s \to b$ мы будем называть *предельными срезками* функции Грина $G(x, s)$ и обозначать соответственно $G(x, a+0)$ и $G(x, b-0)$. Точно так же в более сложных задачах, когда $G(x, s)$ при некотором $s = \xi \in$ $\in (a, b)$ имеет разрыв, мы будет вводить соответствующие предельные срезки, которые будут обозначаться $G(x, \xi \pm 0)$.

Что за функция $G(x, a+0)$? Из формулы (6.25) следует, что она является решением однородного уравнения на всем $[a, b]$. Каким условиям удовлетворяет эта функция? Понятно, что условия склейки

$$G^{(i)}(s+0, s) - G^{(i)}(s-0, s) = \begin{cases} 0, & 0 \leqslant i \leqslant n-2, \\ \dfrac{1}{p_0(s)}, & i = n-1, \end{cases} \tag{6.29}$$

при $s = a$ просто неприменимы, ибо левее точки a у нас ничего нет — ни уравнения, ни функции Грина. Очевидно также, что $G(x, a+0)$ не может удовлетворять однородным краевым условиям; иначе, в силу невырожденности задачи, $G(x, a+0) \equiv 0$, что противоречит уже простейшим примерам. По существу при $s \to a$ условия склейки (6.29) вступают в некое взаимодействие с краевыми условиями: $G(s-0, s)$ сближается с $G(a, s)$, в то время как $G(s+0, s)$ сближается с $G(s, a+0)$. Но каков результат этого взаимодействия? Ответ дается следующей теоремой.

Теорема 6.4 (о предельной срезке). *Пусть функция $G(x, s)$ определена в $[a, b] \times [a, b]$ формулами*

$$G(x, s) = \begin{cases} \varphi_1(x)\chi_1(s) + \ldots + \varphi_n(x)\chi_n(s), & a \leqslant s \leqslant x \leqslant b, \\ \varphi_1(x)\psi_1(s) + \ldots + \varphi_n(x)\psi_n(s), & a \leqslant s \leqslant x \leqslant b, \end{cases} \tag{6.30}$$

где функции $\varphi_i(x) \in C^n[a, b]$, $\chi_i(x)$, $\psi_i(s) \in C[a, b]$, и пусть $G(x, s)$ удовлетворяет при $a < x = s < b$ условиям склейки:

$$G^{(i)}(s+0, s) - G^{(i)}(s-0, s) = \begin{cases} 0, & 0 \leqslant i \leqslant n-2, \\ h(s), & i = n-1. \end{cases} \tag{6.31}$$

Тогда для любого краевого функционала $l(y)$ вида

$$l(y) = \sum_{i=1}^{n} \alpha_i y^{(i-1)}(a) \tag{6.32}$$

имеет место формула

$$l(G(\cdot, a+0)) = \lim_{s\to a+0} l(G(\,\cdot\,, s)) + \alpha_n h(a+0). \tag{6.33}$$

Доказательство. Из формулы (6.30), гладкости $\varphi_i(x)$ и непрерывности $\chi_i(s)$, $\psi_i(s)$ следует непрерывность $G(x,s)$ по совокупности переменных вместе с производными в каждом треугольнике $a \leqslant s \leqslant \leqslant x \leqslant b$ и $a \leqslant x \leqslant s \leqslant b$. Поэтому для функции $g(x) = G(x, a+0)$ имеем

$$g^{(j)}(a) = \sum_{i=1}^{n} \varphi_i^{(j)}(a)\chi_i(a) = \lim_{s\to a} \sum_{i=1}^{n} \varphi_i^{(j)}(s)\chi_i(s) = \lim_{s\to a} G^{(j)}(s+0, s) \tag{6.34}$$

(поскольку $g(x)$ определяется верхней из формул (6.30), мы берем предел по соответствующему треугольнику $a \leqslant s \leqslant x \leqslant b$). С другой стороны,

$$G^{(j)}(s+0, s) = G^{(j)}(s-0, s) + \begin{cases} 0, & 0 \leqslant j \leqslant n-2, \\ h(s), & j = n-1, \end{cases}$$

а

$$\lim_{s\to a} G^{(j)}(s-0, s) = \lim_{s\to a} \sum_{i=1}^{n} \varphi_i^{(j)}(s)\psi_i(s) = \sum_{i=1}^{n} \varphi_i^{(j)}(a)\psi_i(a) =$$

$$= \lim_{s\to a} \sum_{i=1}^{n} \varphi_i^{(j)}(a)\psi_i(s) = \lim_{s\to a} G^{(j)}(a, s). \tag{6.35}$$

Значит, при $0 \leqslant j \leqslant n-2$

$$\begin{aligned} g^{(j)}(a) &= \lim_{s\to a} G^{(j)}(a, s), \qquad 0 \leqslant j \leqslant n-2, \\ g^{(n-1)}(a) &= \lim_{s\to a} G^{(n-1)}(a, s) + h(a+0). \end{aligned} \tag{6.36}$$

Остается умножить (6.36) на α_j и сложить; получаем

$$l(G(\cdot, a+0)) = l(g) = \lim_{s\to a} l(G(\,\cdot\,, s)) + \alpha_n h(a+0).$$

Теорема доказана.

Замечание 1. Нетрудно проверить, что для предельной срезки $G(x, a+0)$ и любого функционала вида

$$l(y) = \sum_{i=1}^{n} \varkappa_i y^{(i-1)}(\eta) \tag{6.37}$$

для любого $\eta > a$ выполнено

$$l(G(\cdot, a+0)) = \lim_{s \to a+0} l(G(\,\cdot\,, s)).$$

Замечание 2. Аналогичный факт имеет место для второй предельной срезки: для функционала вида

$$l(y) = \sum_{i=1}^{n} \beta_i y^{(i-1)}(b)$$

выполнено

$$l(G(\cdot, b-0)) = \lim_{s \to b-0} l(G(\,\cdot\,, s)) - \beta_n h(b-0), \tag{6.38}$$

а для любого функционала вида (6.37) с $\eta < b$

$$l(G(\cdot, b-0)) = \lim_{s \to b-0} l(G(\,\cdot\,, s)).$$

Следствие 1. *Предельная срезка $G(x, a+0)$ функции Грина краевой задачи* (6.12), (6.13) *является решением однородного уравнения* (6.12), *удовлетворяющим неоднородным краевым условиям*

$$l_j(y) = \frac{\alpha_n^j}{p_0(a+0)}.$$

Предельная срезка $G(x, b-0)$ тоже удовлетворяет однородному дифференциальному уравнению и условиям

$$l_j(y) = \frac{-\beta_n^j}{p_0(b-0)}. \tag{6.39}$$

Следствие 2.

$$G(x, a+0) = \frac{1}{p_0(a+0)} \sum_{j=1}^{n} \alpha_n^j z_j(x),$$

$$G(x, b-0) = -\frac{1}{p_0(b-0)} \sum_{j=1}^{n} \beta_n^j z_j(x).$$

6.2. Функция Грина векторной, разрывной и многоточечной задачи

Соображения, использованные в параграфе 6.1, можно резюмировать в достаточно общем виде.

Пусть E_1 и E_2 — линейные пространства, L — действующий из E_1 в E_2 линейный (аддитивный однородный) оператор. Назовем A *обыкновенным оператором*, а уравнение вида $Lu = h$ $(h \in E_2)$ *обыкновен-*

ным уравнением, если:

(а) L действует из E_1 на E_2, т.е. $LE_1 \supset E_2$;

(б) корневое пространство $N(L) = \{u\colon\ Lu = 0\}$ конечномерно.

Свойство (а) означает, что при любом $h \in E_2$ уравнение $Lu = h$ имеет хотя бы одно решение. Согласно (б) произвольное решение этого уравнения можно представить через фиксированное частное u_0 в виде

$$u = u_0 + \sum_{i=1}^{n} \alpha_i \psi_i,$$

где $\{\psi_i\}_1^n$ — какой-либо базис в $N(L)$.

Если обыкновенное уравнение $Lu = h$ сопровождается набором линейных условий $l_i(u) = C_i$ $(i = 1, n)$, где $l_i \in E_1^*$ и C_i — некоторые числа, то эту пару (уравнение плюс условия) мы называем (L, l)-*задачей*. Эту задачу мы называем *невырожденной*, если соответствующая ей однородная задача

$$Lu = 0, \quad l_i(u) = 0 \qquad (i = \overline{1, n})$$

имеет только тривиальное решение.

Совершенно аналогично схеме из параграфа 6.1 показывается, что при $n = \dim N(L)$ (L, l)-задача однозначно разрешима для любого $h \in E_2$ и для любых чисел $C_i \in R$ в том и только том случае, когда она невырождена. Последнее эквивалентно отличию от нуля определителя $\det \|l_i(\varphi_k)\|_1^n = \Delta$.

Если u_0 — частное решение уравнения $Lu = h$, то соответствующее однородным условиям $l_i(u) = 0$ решение (L, l)-задачи может быть выражено формулой

$$u = \frac{1}{\Delta} \begin{vmatrix} h & \varphi_1 & \cdots & \varphi_n \\ l_1(h) & l_1(\varphi_1) & \cdots & l_1(\varphi_n) \\ \hdotsfor{4} \\ l_n(h) & \cdots & \cdots & l_n(\varphi_n) \end{vmatrix},$$

где определитель с первой строчкой из элементов абстрактного пространства E_1 понимается, как линейная комбинация элементов этой строки с коэффициентами, определяемыми обычными минорами из остальных (числовых) строк.

Приведенную формулу можно сделать единообразной для всех правых частей $h \in E_2$, если каким-либо образом определена операция $K\colon\ E_2 \to E_2$, ставящая каждому $h \in E_2$ в соответствие решение $u = Kh$ уравнения $Lu = h$. Единая формула, интерпретирующая все правые части, принимает вид $u = Gh$ при

$$Gh = \frac{1}{\Delta}\begin{vmatrix} Kh & \varphi_1 & \cdots & \varphi_n \\ l_1(Kh) & l_1(\varphi_1) & \cdots & l_1(\varphi_n) \\ \cdots & \cdots & \cdots & \cdots \\ l_n(Kh) & l_n(\varphi_1) & \cdots & \varphi_n(\varphi_n) \end{vmatrix}.$$

Оператор G естественно называть оператором Грина. Его представление особенно упрощается, если функционалы $\{l_i\}_1^n$ биортогональны базису $\{\varphi_i\}_1^n$ из $N(l)$, т.е. $l_i(\varphi_k) = \delta_{ik}$. Тогда

$$Gh = \frac{1}{\Delta}\Big(Kh - \sum_{i=1}^{n} l_i(Kh)\varphi_i\Big).$$

В конкретных приложениях эта схема эффективна уже в случае, когда для заданного в каком-либо пространстве дифференциального уравнения оказывается однозначно разрешимой хоть какая-нибудь задача Коши. И тогда в качестве K можно брать интегральный оператор, порождаемый соответствующей функцией Коши. В рамках описанной схемы можно существенно изменять выбор оператора K. В то же время эта схема допускает трансформацию, если исходную задачу

$$Lu = h,$$

$$l_i(u) = C_i \quad (i = \overline{1,n})$$

преобразовать в урезанную по количеству условий задачу

$$L_1 u = h,$$

$$l_i(u) = C_i \quad (i = k+1, k+2, \ldots, n)$$

с дополнением оператора L до оператора $L_1\colon\ E_1 \to E_2 \times R^k$, определяемого, как

$$L_1 u = \begin{pmatrix} Lu \\ l_1(u) \\ \cdots \\ l_k(u) \end{pmatrix}.$$

Последнее соображение часто оказывается полезным при анализе нестандартных задач.

6.2.1. Векторные задачи. Приведем реализацию описанной общей схемы для векторного дифференциального уравнения вида

$$P_0(x)y^{(n)} + P_1(x)y^{(n-1)} + \ldots + P_n(x)y = f(x) \tag{6.40}$$

(где $y\colon\ [a,b] \to \mathbb{R}^m,\ y \in C^n[a,b],\ P_i(x)$ — $m \times m$-матрицы, $f(x)$ — непрерывная m-мерная вектор-функция) с краевыми условиями

$$l_j y = R_j \quad (R_j \in \mathbb{R}^m,\ j = 1,\ \ldots,\ n) \tag{6.41}$$

с «вектор-функционалами» вида

$$l(y) = \sum_{k=1}^{n} A_k y^{(k-1)}(a) + \sum_{k=1}^{n} B_k y^{(k-1)}(b), \tag{6.42}$$

где A_k, B_k — $m \times m$-матрицы (систему условий (6.41) можно считать также системой из $n \cdot m$ скалярных условий). Мы будем обсуждать только простейший случай, когда матрицы $P_i(x)$ диагональные (каждая компонента $y_i(x)$ удовлетворяет своему уравнению.

Теорема 6.5. *Пусть задача* (6.40), (6.41) *невырождена.*

Тогда ее решение для любой правой части существует, единственно и выражается формулой

$$y(x) = \int_a^b G(x,s) f(s)\, ds + \sum_{j=1}^{n} Z_j(x) R_j, \tag{6.43}$$

где $Z_j(x)$ — $m \times m$-*матричные функции, биортогональные к* $l_j(\,\cdot\,)$:

$$l_j(Z_k) = I_m \delta_{jk}, \tag{6.44}$$

а $G(x,s)$ — *непрерывная матричная функция, определяемая формулой*

$$G(x,s) = G_0(x,s) - \sum_{j=1}^{n} Z_j(x) \Psi_j(s), \tag{6.45}$$

где

$$G_0(x,s) = \begin{cases} 0, & a \leqslant x \leqslant s \leqslant b, \\ K(x,s), & a \leqslant s \leqslant x \leqslant b, \end{cases}$$

$K(x,s)$ — *матричная функция Коши,*

$$K(x,s) = \operatorname{diag}(K_i(x,s)),$$

$$K_i(x,s) = \frac{1}{p_0^i(s) W^i(s)} \begin{vmatrix} \varphi_1^i(s) & \ldots & \varphi_n^i(s) \\ \varphi_1^{i(1)}(s) & \ldots & \varphi_n^{i(1)}(s) \\ \vdots & \ddots & \vdots \\ \varphi_1^{i(n-2)}(s) & \ldots & \varphi_n^{i(n-2)}(s) \\ \varphi_1^i(x) & \ldots & \varphi_n^i(x) \end{vmatrix},$$

а $\Psi_j(s) = l_j^b(K(\,\cdot\,, s))$.

Следствие 1. *$\Psi_i(s)$ непрерывны на $[a, b]$, $G(x, s)$ непрерывна вместе с производными до порядка n на каждом треугольнике $a \leqslant \leqslant x \leqslant s \leqslant b$, $a \leqslant s \leqslant x \leqslant b$.*

Следствие 2. *$G(x, s)$ определяется следующими свойствами:*

1) каждый ее столбец является решением однородного уравнения (6.40), за исключением «диагональных» компонент $G_{ii}(x, s)$, для которых уравнение нарушается при $x = s$;

2) каждый ее столбец удовлетворяет (при $a < s < b$) краевым условиям (6.41);

3) при $x = s$ функции $G_{ii}(x, s)$ удовлетворяют условиям склейки:

$$G_{ii}^{(j)}(s+0, s) - G_{ii}^{(j)}(s-0, s) = 0 \quad (0 \leqslant j \leqslant n-2),$$

$$G_{ii}^{(n-1)}(s+0, s) - G_{ii}^{(n-1)}(s-0, s) = \frac{1}{p_0^i(s)}$$

($p_0^i(s)$ — компоненты диагональной матрицы $P_0(s)$ из (6.40)).

6.2.2. Функция Грина разрывной задачи. Пусть на $[a, b]$ задано дифференциальное уравнение

$$p_0(x)y^{(n)} + p_1 y^{(n-1)} + \ldots + p_n(x)y = f(x), \tag{6.46}$$

выполненное всюду, кроме конечного числа точек $(a =)\ \xi_0 < \xi_1 < \ldots \ldots < \xi_m < \xi_{m+1}\ (= b)$, в которых допускаются разрывы первого рода как у производных, так и у решения, и пусть в каждой точке ξ_i заданы условия

$$l_{ij}(y) = R_{ij} \quad (i = \overline{1, m},\ j = \overline{1, n}) \tag{6.47}$$

с функционалами вида

$$l(y) = \sum_{k=1}^{n} \alpha_k y^{(k-1)}(\xi + 0) + \sum_{k=1}^{n} \beta_k y^{(k-1)}(\xi - 0). \tag{6.48}$$

Кроме того, будем предполагать, что в точках a и b заданы условия

$$l_j(y) = R_j \quad (j = 1, \ldots, n) \tag{6.49}$$

с функционалами вида

$$l(y) = \sum_{k=1}^{n} \alpha_k y^{(k-1)}(a) + \sum_{k=1}^{n} \beta_k y^{(k-1)}(b). \tag{6.50}$$

Коэффициенты в каждом условии свои, так что реально нам придется иметь дело с коэффициентами, снабженными тремя индексами: α_k^{ij} (i — номер точки ξ_i, в которой задан функционал, j — номер этого функционала, k — номер производной, при которой стоит коэффициент).

В принципе к этой задаче можно подойти двояко: можно просто повторить для нее общую схему, взяв в качестве E_1 множество функций, определенных и достаточно гладких на $[a, b]$ всюду, кроме точек $\xi_1, \ldots, \xi_n$, а можно свести задачу к векторной: решение на $[\xi_i, \xi_{i+1}]$ обозначить через y_i, каждый отрезок $[\xi_i, \xi_{i+1}]$ параметризовать отрезком $[0, 1]$ и, сделав замену переменных в уравнении, получить задачу (6.40), (6.41) (как условия (6.47), (6.48), так и условия (6.49), (6.50) приобретают вид (6.41), (6.42)).

Конечно, второй способ проще в формальном плане: не нужно ничего доказывать, только сослаться на теорему 6.1. Однако в контексте дальнейшего исследования он имеет существенный недостаток: перепараметризация и замена переменных требуют перерасчета коэффициентов, условий и т. п. в терминах нового параметра, а затем результаты нужно «вернуть» в термины исходной задачи, произведя обратный пересчет. Понятно, что от такого оперирования параметризациями по существу ничего не меняется, но прозрачность, ясность рассуждений (которая будет крайне необходима для анализа более сложных задач — на графах) несколько теряется. Поэтому мы изложим здесь схематично результаты, получаемые проведением рассуждений в пространстве E_1 кусочно гладких функций.

Прежде всего отметим, что размерность пространства решений однородного уравнения (6.46) на $[a, b]\backslash\{\xi_i\}$ равна $n(m + 1)$ (порядок уравнения, умноженный на число промежутков), что соответствует количеству условий (6.47)–(6.50). Как и ранее, мы будем выбирать (в предположении невырожденности задачи) фундаментальную систему решений, биортогональную к системе краевых условий. Систему решений мы будем нумеровать так же, как и систему краевых условий: nm решений $z_{ij}(x)$ и еще n решений $z_i(x)$. При этом предполагается, что $l_{ij}(z_{i'j'}) = \delta_{ii'}\delta_{jj'}$, $l_i(z_{i'}) = \delta_{ii'}$, $l_{ij}(z_{i'}) = l_i(z_{i'j'}) = 0$.

Далее, фундаментальное решение для выражения y_0 через правую часть можно выбирать «покусочно». Например, положив для $(x, s) \in$ $\in [\xi_i, \xi_{i+1}] \times [\xi_j, \xi_{j+1}]$

$$G_0(x, s) = \begin{cases} 0, & i \neq j, \\ K(x, s), & i = j,\ \xi_i \leqslant s \leqslant x \leqslant \xi_{i+1}, \\ 0, & i = j,\ \xi_i \leqslant x \leqslant s \leqslant \xi_{i+1}, \end{cases} \tag{6.51}$$

где $K(x, s)$ — функция Коши уравнения (6.46), определяемая формулой типа (6.19). Впрочем, возможен и другой вариант, когда на каждом квадрате $[\xi_i, \xi_{i+1}]$ мы задаем не функцию Коши, продолженную нулем, а функцию Грина какой-нибудь простой двухточечной задачи (например, с r нулями в ξ_i и $n - r$ нулями в ξ_{i+1}).

Последний прием весьма эффективен, когда в условия (6.47), (6.48) входит достаточное число условий гладкости; в этом случае, «склеив» $G_0(x, s)$ так, чтобы она имела требуемую гладкость, можно и возмущения ее $z_i(x)$ брать из класса гладких функций, сильно снизив размерность этого возмущения. Ниже мы покажем, как этот прием работает в уравнениях второго порядка на графах.

Выбор фундаментальной системы решений $z_j(x)$ и фундаментального решения $G_0(x, s)$ — по существу единственная проблема. Все остальное — уже «накатанная дорога».

Теорема 6.6. *Решение невырожденной задачи* (6.46), (6.47), (6.49), *может быть представлено формулой*

$$y(x) = \int_a^b G(x, s) f(s)\, ds + \sum_{i,j=1}^{n} R_{ij} z_{ij}(x) + \sum_{i=1}^{n} R_i z_i(x),$$

где

$$G(x, s) = G_0(x, s) - \sum_{i,j=1}^{n} z_{ij}(x)\psi_{ij}(s) - \sum_{i=1}^{n} z_i(x)\psi_i(s),$$

$G_0(x, s)$ *определяется формулой* (6.51), *а*

$$\psi_{ij}(s) = \begin{cases} l_{ij}^{-}(K(\,\cdot\,, s)), & s \in [\xi_{j-1}, \xi_j], \\ 0, & s \notin [\xi_{j-1}, \xi_j], \end{cases}$$

$$\psi_i(s) = \begin{cases} l_i^{b}(K(\,\cdot\,, s)), & s \in [\xi_m, b], \\ 0, & s \notin [\xi_m, b] \end{cases}$$

$\Big($*через* l_{ij}^{-} *и* l_i^b *обозначены соответственно*

$$l_{ij}^{-}(y) = \sum_{k=1}^{n} \beta_k^{ij} y^{(k-1)}(\xi_j - 0), \qquad l_i^b(y) = \sum_{k=1}^{n} \beta_k y^{(k-1)}(b)\Big).$$

Следствие 1. $\psi_{ij}(s)$, $\psi_i(s)$ *непрерывны на каждом* $[\xi_i, \xi_{i+1}]$; *функция* $G(x, s)$ *непрерывна вместе с производными до порядка* n *на каждом прямоугольнике* $[\xi_i, \xi_{i+1}] \times [\xi_j, \xi_{j+1}]$ *при* $i \neq j$ *и на треугольниках* $\xi_i \leqslant s \leqslant x \leqslant \xi_{i+1}$, $\xi_i \leqslant x \leqslant s \leqslant \xi_{i+1}$.

Следствие 2. $G(x, s)$ *может быть определена из следующих условий. Для каждого* s $(\xi_i < s < \xi_{i+1})$:

1) $G(x, s)$ *является решением однородного уравнения* (6.46) *на* $[\xi_j, \xi_{j+1}]$ *при* $i \neq j$, *а также на* $[\xi_i, s]$ *и* $[s, \xi_{i+1}]$;

2) $G(x, s)$ *удовлетворяет однородным условиям* (6.47), (6.49);

$$3)\ G^{(j)}(s + 0, s) - G^{(j)}(s - 0, s) = \begin{cases} 0, & 0 \leqslant j \leqslant n - 2, \\ \dfrac{1}{p_0(s)}, & j = n - 1. \end{cases} \tag{6.52}$$

Замечание. Условие (6.52), как нетрудно заметить, практически ничем не отличается от условий (6.47), (6.48), так что $G(x, s)$ при фиксированном s есть по существу решение такой же «разрывной» задачи, что и исходная, отличающейся добавлением к набору точек $\xi_1, \ldots, \xi_m$

еще одной — точки s. Причем для «расширенной» задачи соответствующая однородная эквивалентна исходной: условия (6.52) в однородном варианте означают просто гладкость $G(x, s)$ при $x = s$. Поэтому «расширенная» и исходная задачи невырождены одновременно. Этим и объясняется столь тесная связь между невырожденностью задачи и существованием функции Грина. Взгляд на функцию Грина как на решение расширенной задачи впервые появился в [64] и был эффективно использован в теории многоточечных обобщенных задач Валле–Пуссена В. Я. Дерром (см., например, [20]).

Перейдем теперь к анализу предельных срезок $G(x, \xi_j \pm 0)$. Поскольку на каждом прямоугольнике $[\xi_i, \xi_{i+1}] \times [\xi_j, \xi_{j+1}]$ функция $G(x, s)$ является линейной комбинацией (с непрерывно зависящими от s коэффициентами) фундаментальной системы решений, то

$$\lim_{s \to \xi_j + 0} l(G(\,\cdot\,, s)) = l(G(\cdot, \xi_j + 0)) \tag{6.53}$$

для любого l вида (6.48), заданного в точке, отличной от ξ_j. А для функционала, заданного в той же самой точке ξ (далее вместо ξ_j мы будем писать просто ξ), т.е. для

$$l(y) = \sum_{k=1}^{n} \alpha_k y^{(k-1)}(\xi + 0) + \sum_{k=1}^{n} \beta_k y^{(k-1)}(\xi - 0),$$

пользуясь представлением его в виде суммы двух слагаемых

$$l^+(y) = \sum_{k=1}^{n} \alpha_k y^{(k-1)}(\xi + 0), \qquad l^-(y) = \sum_{k=1}^{n} \beta_k y^{(k-1)}(\xi - 0),$$

для которых при $s \to \xi + 0$ справедливо

$$l^-(G(\,\cdot\,, s)) \to l^-(G(\cdot, \xi + 0)),$$

$$l^+(G(\,\cdot\,, s)) \to l^+(G(\cdot, \xi + 0)) - \frac{\alpha_n}{p_0(\xi + 0)}$$

(для l^+ мы попадаем в условия теоремы 6.4 о предельной срезке; в роли $[a, b]$ выступает $[\xi_j, \xi_{j+1}]$), мы получаем

$$l(G(\cdot, \xi + 0)) = \lim_{s \to \xi + 0} l(G(\,\cdot\,, s)) + \frac{\alpha_n}{p_0(\xi + 0)}. \tag{6.54}$$

Аналогично,

$$l(G(\cdot, \xi - 0)) = \lim_{s \to \xi - 0} l(G(\,\cdot\,, s)) - \frac{\beta_n}{p_0(\xi - 0)}. \tag{6.55}$$

Из (6.53)–(6.55) следует

Теорема 6.7. *Предельные срезки $G(x, \xi_j \pm 0)$ удовлетворяют следующим условиям:*

1) *они являются решениями однородного уравнения* (6.46);

2) *они удовлетворяют однородным условиям* (6.47)–(6.50), *заданным в точках, отличных от* ξ_j;

3)
$$l_{ij}(G(x,\xi_j+0)) = \frac{\alpha_n^{ij}}{p_0(\xi_j+0)}, \tag{6.56}$$

$$l_{ij}(G(x,\xi_j-0)) = -\frac{\beta_n^{ij}}{p_0(\xi_j-0)}. \tag{6.57}$$

Следствие 1.

$$G(x,\xi_j+0) = \frac{1}{p_0(\xi_j+0)} \sum_{i=1}^{n} \alpha_n^{ij} z_{ij}(x),$$

$$G(x,\xi_j-0) = -\frac{1}{p_0(\xi_j-0)} \sum_{i=1}^{n} \beta_n^{ij} z_{ij}(x).$$

Следствие 2. *Функция* $G(x,s)$ *непрерывна по* s *в точке* ξ_j *тогда и только тогда, когда*

$$\frac{\alpha_n^{ij}}{p_0(\xi_j+0)} = -\frac{\beta_n^{ij}}{p_0(\xi_j-0)},$$

т. е. когда во всех условиях (6.47)–(6.50) *фигурируют только скачки функции* $p_0(x)y^{(n-1)}(x)$ *в точках* ξ_j.

6.2.3. Функция Грина общей задачи на $[a,b]$ с дискретной компонентой. Как известно, аксиоматика функции Грина без особых проблем переносится на краевые задачи общего вида

$$p_0(x)y^{(n)} + \ldots + p_n(x)y = f(x), \tag{6.58}$$

$$l_j(y) = R_j \tag{6.59}$$

с любыми функционалами $l_j \in (C^{n-1}[a,b])^*$, не содержащими дискретной компоненты, т. е. функционалами, для которых в каноническом представлении

$$l(y) = \sum_{k=1}^{n-1} \alpha_k y^{(k-1)}(a) + \int_a^b y^{(n-1)}(x)\, d\mu(x) \tag{6.60}$$

мера $d\mu(x)$ непрерывна. Случая наличия дискретной компоненты обычно избегают по понятным причинам: не ясно, как задать аксиоматику. Ниже мы на основе схемы теорем 6.1–6.3 получим соответствующий результат для функционалов с мерами, имеющими дискретную компоненту.

Пусть задана задача (6.58), (6.59) с функционалами $l_j(y)$ вида

$$l(y) = \sum_{r=1}^{m} \vartheta_r y^{(n-1)}(\xi_r) + \sum_{k=1}^{n-1} \alpha_k y^{(k-1)}(a) + \int_a^b y^{(n-1)}(x)\,d\mu(x), \quad (6.61)$$

где $a \leqslant \xi_1 < \ldots < \xi_m \leqslant b$ — конечный набор точек, а $d\mu(x)$ — непрерывная мера. Второе и третье слагаемые обозначим через $l'(y)$, так что

$$l_j(y) = \sum_{r=1}^{m} \vartheta_r^j y^{(n-1)}(\xi_r) + l'_j(y). \quad (6.62)$$

Пусть задача невырождена и $z_j(x)$ — биортогональная к $l_j(\,\cdot\,)$ фундаментальная система решений однородного уравнения (6.58).

Теорема 6.8. *Решение невырожденной задачи* (6.58), (6.59), (6.61) *с непрерывной* $f(x)$ *представляется в виде*

$$y(x) = \int_a^b G(x, y) f(s)\,ds,$$

где

$$G(x, s) = G_0(x, s) - \sum_{i=1}^{n} z_i(x)\psi_i(s),$$

$$G_0(x, s) = \begin{cases} 0, & a \leqslant x \leqslant s \leqslant b, \\ K(x, s), & a \leqslant s \leqslant x \leqslant b, \end{cases}$$

а

$$\psi_i(s) = \sum_{\substack{1 \leqslant r \leqslant m \\ \xi_r > s}} \vartheta_r^i K^{(n-1)}(\xi_r, s) + l'_i(G_0(\,\cdot\,, s))$$

(первое слагаемое есть по существу «главная часть» функционала (6.62), *примененная к* $G_0(x, s)$*). При этом* $\psi_i(s)$ *кусочно непрерывны на* $[a, b]$ *с разрывами 1-го рода в точках* ξ_r.

Следствие 1. *При фиксированном* $s \neq \xi_r$ *функция* $G(x, s)$ *может быть найдена из следующих условий:*

1) $G(x, s)$ *является решением однородного уравнения* (6.58) *на* $[a, s]$ *и на* $[s, b]$;

2) $G(x, s)$ *удовлетворяет всем условиям* (6.59);

3) $G^{(i)}(s + 0, s) - G^{(i)}(s - 0, s) = \begin{cases} 0, & 0 \leqslant i \leqslant n - 2, \\ \dfrac{1}{p_0(s)}, & i = n - 1. \end{cases}$

Следствие 2. *Предельные срезки* $G_+(x,\xi_k) = \lim\limits_{s\to\xi_k+0} G(x,s)$ *и* $G_-(x,\xi_k) = \lim\limits_{s\to\xi_k-0} G(x,s)$ *удовлетворяют следующим условиям:*

1) $G_\pm(x,s)$ *являются решениями однородного уравнения* (6.58) *на* $[a,\xi_k]$ *и на* $[\xi_k,b]$;

2) $$G_\pm^{(i)}(\xi_k+0,\xi_k) - G_\pm^{(i)}(\xi_k-0,\xi_k) = \begin{cases} 0, & 0 \leqslant i \leqslant n-2, \\ \dfrac{1}{p_0(\xi_k)}, & i = n-1; \end{cases}$$

3)
$$\sum_{r\neq k} \vartheta_r^j G_+^{(n-1)}(\xi_r,\xi_k) + \vartheta_k^j G_+^{(n-1)}(\xi_k-0,\xi_k) + l_j'(G_+(\cdot,\xi_k)) = 0,$$

$$\sum_{r\neq k} \vartheta_r^j G_-^{(n-1)}(\xi_r,\xi_k) + \vartheta_k^j G_-^{(n-1)}(\xi_k+0,\xi_k) + l_j'(G_-(\cdot,\xi_k)) = 0.$$

Следствие 3. $G_+(x,\xi_k) \neq G_-(x,\xi_k)$.

Таким образом, $G(x,s)$ разрывна по s в точке ξ_k и имеет в этой точке соответствующие односторонние пределы. По аналогии с функциями одной переменной этот разрыв можно называть *разрывом первого рода* на прямой $s = \xi_k$.

6.3. Функция Грина задачи на графе

По существу все проблемы аналитического характера, связанные с функцией Грина уравнения на графе, нами уже решены: разрывная задача из п. 6.2.2 есть фактически задача на простейшем — линейном — графе, когда последовательность вершин ξ_k соединена ребрами $[\xi_k,\xi_{k+1}]$. Отличие состоит только в том, что в случае задачи на графе общего типа к одной вершине примыкают не одно или два, а именно несколько ребер.

6.3.1. Общая схема. Пусть Γ — связный геометрический граф, $V(\Gamma) = \{a_j\}$ — набор его вершин, $[\Gamma] = \{\gamma_i\}_{i=1}^N$ — объединение его ребер. В пространстве $C^n[\Gamma]$ функций, n раз непрерывно дифференцируемых на каждом ребре вплоть до концов, рассматривается краевая задача, определяемая уравнениями n-го порядка на ребрах (мы будем предполагать, что они снабжены фиксированной параметризацией)

$$p_0^i(x)y_i^{(n)} + p_1^i(x)y_i^{(n-1)} + \ldots + p_n^i(x)y_i = f_i(x) \quad (x \in \gamma_i) \tag{6.63}$$

и условиями в вершинах

$$l_{kj}(y) = R_{kj} \quad \left(1 \leqslant j \leqslant |V(\Gamma)|,\ \ 1 \leqslant k \leqslant N_j,\ \ \sum_{j=1}^{|V(\Gamma)|} N_j = Nn\right) \tag{6.64}$$

при

$$l(y) = \sum_{i \in I(a)} \sum_{r=1}^{n} \alpha_{ri} y_{i\nu}^{(r-1)}(a). \tag{6.65}$$

Здесь $I(a)$ — множество номеров ребер, примыкающих к a, индекс ν означает, что производные считаются в направлении «от вершины»; в случаях, исключающих двусмысленность, этот индекс мы будем опускать. В нумерации l_{kj} индекс j указывает номер вершины a_j, k — номер условия в этой вершине, так что для l_{kj} надо в (6.65) читать $a = a_j$, $\alpha_{ri} = \alpha_{ri}^{kj}$. В случае когда n четное, в каждой вершине обычно задается $\frac{n}{2}\,|I(a_j)|$ условий.

Для изучения функции Грина задачи (6.63)–(6.65) можно применить один из трех методов:

— *метод векторизации*, состоящий в том, что каждое ребро параметризуется отрезком $[0,1]$, функции $y_i(x)$ объявляются компонентами вектор-функции $\overline{y}(x)$, а условия (6.64), (6.65) оказываются краевыми двухточечными условиями (достоинство — простота и быстрота; недостаток — необходимость перепараметризации и пересчета всех коэффициентов, краевых условий и т. д., что создает трудности в последующем исследовании);

— *метод скаляризации*, когда каждое ребро γ_i параметризируется своим отрезком $[\xi_i, \xi_{i+1}]$ числовой прямой (т. е. ребра «выкладываются в линию»), при этом, естественно, смежные ребра оказываются, как правило, достаточно далекими друг от друга, но, тем не менее, мы получаем аналог уже исследованной нами разорванной задачи (6.46)–(6.50). Правда, условия в ней не локализованы (каждое в своей точке), а связывают значения решения и его производных во многих точках, распределенных по всему отрезку (достоинство — можно избежать существенной перепараметризации и обойтись простыми сдвигами параметра, сохраняющими все коэффициенты; недостаток — «разбросанность» смежных ребер по отрезку $[\xi_1, \xi_{N+1}]$, в результате чего простой предельный переход $x \to a_j$ или $s \to a_j$ на графе необходимо «отслеживать» на геометрически несмежных друг с другом интервалах $[\xi_i, \xi_{i+1}]$, что несколько снижает прозрачность рассуждений);

— *метод синтетический*, когда граф не «режется» на куски, ничем не перепараметризуется, а рассматривается как единое множество, на котором просто реализуется уже знакомая схема.

Последним путем мы и пойдем.

В предположении невырожденности задачи (для задач на графах она устанавливается исходя, например, из принципа максимума или теории неосцилляции; см. гл. 3, 4) фундаментальная система решений $z_{kj}(x) \in C^n[\Gamma]$ выбирается биортогональной к $l_{kj}(\,\cdot\,)$ (число функционалов (6.64), как отмечено, равно Nn — числу ребер, умноженному на порядок дифференциального уравнения, что в точности совпадает с размерностью пространства решений однородного уравнения). Фундаментальное решение, дающее выражение частного решения неоднородного уравнения через $f(x)$, проще всего строить «пореберно», взяв на каждом ребре свое фундаментальное решение — функцию Коши или функцию Грина. Здесь мы обсудим вариант с функциями Коши, а в следующем пункте — для уравнения Штурма–Лиувилля с функциями Грина, где за счет их удачного выбора можно существенно упростить выкладки.

Итак,

$$G_0(x,s)=\begin{cases} 0, & x\in\gamma_i,\ s\in\gamma_{i'},\ i\neq i',\\ 0, & \gamma_i=[a',a''],\ a'\leqslant x\leqslant s\leqslant a'',\\ K_i(x,s), & \gamma_i=[a',a''],\ a'\leqslant s\leqslant x\leqslant a''.\end{cases} \tag{6.66}$$

Неравенства на ребре $\gamma_i=[a',a'']$ понимаются в смысле направления, определяемого заданной параметризацией ребра, хотя это на самом деле непринципиально: можно взять фундаментальное решение равным нулю на треугольнике $a'\leqslant s\leqslant x\leqslant a''$ и $(-1)^n K_i(x,s)$ на $a'\leqslant$ $\leqslant x\leqslant s\leqslant a''$; в случае отрезка это соответствует замене

$$y_0=\int\limits_{a'}^{x}K(x,s)f(s)\,ds$$

на

$$y_0=(-1)^n\int\limits_{a''}^{x}K(x,s)f(s)\,ds.$$

Представим общее решение неоднородного уравнения (6.63) в виде

$$y_0=\int\limits_{\Gamma}G_0(x,s)f(s)\,ds+\sum_{j=1}^{|V(\Gamma)|}\sum_{k=1}^{N_j}C_{kj}z_{kj}(x) \tag{6.67}$$

(интеграл по Γ понимается как сумма интегралов по ребрам с фиксированной параметризацией), и исходя из условия (6.64) с учетом биортогональности l_{kj} и z_{kj} получаем для C_{kj} выражение

$$C_{kj}=-l_{kj}\Bigg(\int\limits_{\Gamma}G_0(x,s)f(s)\,ds\Bigg)+R_{kj}.$$

Поскольку в l_{kj} вычисляются производные только в вершине a_j, имеет место разложение

$$l_{kj}\Bigg(\int\limits_{\Gamma}G_0(x,s)f(s)\,ds\Bigg)=\sum_{i\in I(a_j)}l^i_{kj}\Bigg(\int\limits_{\gamma_i}G_0(x,s)f(s)\,ds\Bigg),$$

где через l_{kj}^i обозначена часть выражения (6.65) для функционала l_{kj}, в которой вычисляются производные по i-му ребру:

$$l_{kj}^i = \sum_{r=1}^{n} \alpha_{ri}^{kj} y_i^{(r-1)}(a_j). \qquad (6.68)$$

А на ребре γ_i мы оказываемся просто в условиях отрезка: необходимо вычислить краевой функционал от фундаментального решения на $\gamma_i \times \times \gamma_i$. Единственная тонкость здесь связана с параметризацией: если a_j является «началом» ребра γ_i, то

$$l_{kj}^i\Bigg(\int\limits_{\gamma_i} G_0(x,s)f(s)\,ds\Bigg) = 0,$$

а если «концом», то

$$l_{kj}^i\Bigg(\int\limits_{\gamma_i} G_0(x,s)f(s)\,ds\Bigg) = \int\limits_{\gamma_i} l_{kj}^i(K_i(\,\cdot\,,s))f(s)\,ds.$$

Обозначение

$$\psi_{kj}^i(s) = l_{kj}^i(K_i(\,\cdot\,,s)) \qquad (s \in \gamma_i) \qquad (6.69)$$

(это функции непрерывные в силу представления (6.19) для $K_i(x,s)$) дает нам формулу

$$l_{kj}\Bigg(\int\limits_{\Gamma} G_0(x,s)f(s)\,ds\Bigg) = \sum_{i\in I(a_j)} \int\limits_{\gamma_i} \psi_{kj}^i(s)f(s)\,ds = \int\limits_{\Gamma} \psi_{kj}(s)f(s)\,ds,$$

где

$$\psi_{kj}(s) = \begin{cases} \psi_{kj}^i(s), & i \in I(a_j), \\ 0, & i \notin I(a_j). \end{cases} \qquad (6.70)$$

Окончательно для решения краевой задачи (6.63)–(6.65) получаем формулу

$$y(x) = \int\limits_{\Gamma} G(x,s)f(s)\,ds + \sum R_{kj} z_{kj}(x), \qquad (6.71)$$

где

$$G(x,s) = G_0(x,s) - \sum_{j=1}^{|V(\Gamma)|} \sum_{k=1}^{N_j} \psi_{kj}(s) z_{kj}(x). \qquad (6.72)$$

Теорема 6.9. *Решение невырожденной краевой задачи* (6.63)–(6.65) *определяется формулой* (6.71), *где* $z_{kj}(x)$ — *биортогональная к* $l_{kj}(\,\cdot\,)$ *фундаментальная система решений однородного уравнения* (6.63), *функция* $G(x,s)$ *определяется формулой* (6.72), $G_0(x,s)$ — *фундаментальное решение вида* (6.66), $\psi_{kj}(s)$ *определяются согласно* (6.68)–(6.70).

Следствие 1. *Функции $\psi_{kj}(s)$ непрерывны на каждом ребре γ_i вплоть до концов.*

Следствие 2. *Функция $G(x,s)$ непрерывна по совокупности переменных вместе с производными по x до порядка n на каждом прямоугольнике $\gamma_i \times \gamma_j$ для $i \neq j$ и на каждом треугольнике, на которые делит квадрат $\gamma_i \times \gamma_i$ диагональ $x = s$.*

Теорема 6.10. *Функция $G(x,s)$ однозначно определяется следующими условиями.*

При каждом фиксированном s, лежащем внутри ребра γ_i:

1) *она является решением однородного уравнения (6.63) на всех γ_j $(j \neq i)$ и на $\gamma_i \setminus \{s\}$;*

2) *она удовлетворяет всем условиям (6.64), (6.65);*

3) *при $x = s$ она удовлетворяет условиям склейки*

$$G^{(j)}(s+0,s) - G^{(j)}(s-0,s) = \begin{cases} 0, & 0 \leqslant j \leqslant n-2, \\ \dfrac{1}{p_0^i(s)}, & j = n-1 \end{cases} \tag{6.73}$$

(ориентация предельного перехода $s \pm 0$ и направление дифференцирования определяется выбранной параметризацией ребра γ_i).

Доказательство. То, что функция (6.72) удовлетворяет свойствам (6.63)–(6.65), проверяется непосредственно. Единственность функции, удовлетворяющей 1)–3), следует из того, что условия 1)–3) фактически определяют задачу вида (6.63)–(6.65), но на графе Γ_s, в котором точка s объявлена внутренней вершиной, и ей приписаны условия (6.73), которые в терминах производных по направлению от вершины можно переписать в виде, соответствующем (6.65):

$$y_{\nu_1}^{(j)}(s) + (-1)^{j-1} y_{\nu_2}^{(j)}(s) = \begin{cases} 0, & 0 \leqslant j \leqslant n-2, \\ \dfrac{1}{p_0^i(s)}, & j = n-1, \end{cases}$$

где ν_1, ν_2 — пара противоположно направляющих векторов ребра γ_i в точке s. Однородная задача на Γ_s эквивалентна исходной однородной задаче на Γ, поэтому невырожденность задачи (6.63)–(6.65) влечет существование и единственность решения задачи на Γ_s, определяемой условиями 1)–3) теоремы.

И, наконец, последний результат этого пункта — о предельных срезках функции Грина $G(x,s)$, когда $s \to a_j$. Поскольку s может приближаться к a_j по разным ребрам, примыкающим к a_j, естественно рассмотреть отдельно каждый предел

$$G_i(x, a_j) = \lim_{\substack{s \to a_j \\ s \in \gamma_i}} G(x,s).$$

Теорема 6.11. *Предельные срезки $G_i(x, a_j)$ удовлетворяют следующим условиям:*

1) *они являются решениями однородного уравнения* (6.63) *на* Γ;
2) *они удовлетворяют однородным условиям* $l_{kj'}(y) = 0$ *для* $j' \neq j$;
3) *они удовлетворяют условиям*

$$l_{kj}(y) = \frac{\vartheta_i \alpha_{n-1,i}^{kj}}{p_0^i(a_j)}, \tag{6.74}$$

где $\vartheta_i = 1$, *если* γ_i *ориентировано по направлению от* a_j *и* $\vartheta_i = (-1)^n$, *если ребро ориентировано по направлению к* a_j.

Доказательство состоит в ссылке на то, что на каждом ребре $\gamma_{i'}$, отличном от γ_i, предельный переход, в силу формулы (6.72), совершается в конечномерном пространстве решений однородного уравнения, и поэтому предельный переход справедлив под знаком любого краевого функционала $l_{kj'}^{i'}(\cdot)$ для $i' \neq i$. А на ребре γ_i мы находимся в условиях теоремы 6.4 о предельной срезке, применение которой и дает нам (6.74). Коэффициенты ϑ_i возникают при замене производной по направлению ребра (согласно заданной на ребре γ_i ориентации) на граничную производную: если a_j является «концом» (а не «началом») ребра γ_i, то необходимо вместо формулы (6.33) использовать формулу (6.38) (что дает дополнительный минус) и тем, что $y_i^{(n-1)}(a_j) = (-1)^{n-1} y_{i\nu}^{(n-1)}(a_j)$.

6.3.2. Функция Грина задачи Штурма–Лиувилля на сети. Пусть Γ — геометрический граф (мы по-прежнему будем предполагать его связность), $V(\Gamma) = \{a_j\}$ — набор его вершин, $[\Gamma] = \{\gamma_i\}_{i=1}^N$ — набор его ребер. Рассмотрим задачу

$$-(p_i(x)y_i')' + q_i(x)y_i = f_i(x), \quad x \in \gamma_i, \tag{6.75}$$

$$y_i(a) = y_j(a) \quad \forall i, j \in I(a) \quad (a \in V(\Gamma)), \tag{6.76}$$

$$-\sum_{i \in I(a)} \alpha_i(a) y_i'(a) + \beta(a) y(a) = F(a) \quad (a \in J(\Gamma) \subset V(\Gamma)), \tag{6.77}$$

$$y(a) = R(a) \quad (a \in \partial\Gamma = V(\Gamma) \setminus J(\Gamma)). \tag{6.78}$$

Условия (6.77) и (6.78) означают, что некоторые вершины снабжены условиями типа Дирихле (они считаются *граничными*, их множество обозначается $\partial\Gamma$), а в остальных задано условие гладкости (6.77) — эти вершины считаются *внутренними* и их множество обозначается $J(\Gamma)$. Вообще говоря, $\partial\Gamma$ и $J(\Gamma)$ не обязательно совпадают соответственно с множеством концевых вершин (к которым примыкает только одно ребро) и вершин, к которым примыкает более одного ребра. Для простоты можно предполагать, что такое совпадение есть.

Хотя в общем случае мы ставили задачу в $C^n[\Gamma]$, условия (6.76) показывают, что нас интересуют только непрерывные на всем графе функции. Множество таких функций мы будем обозначать $C(\Gamma)$ (в отличие от множества $C[\Gamma]$ «пореберно» непрерывных функций). Поэтому далее условия (6.76) мы будем включать в определение решения, рассматривая задачу (6.75), (6.77)–(6.78) в $C^2(\Gamma) = C(\Gamma) \cap C^2[\Gamma]$.

Реализацию схемы теорем 6.9–6.11 здесь можно упростить, используя специфику задачи. Во-первых, фундаментальное решение $G_0(x, s)$ естественно строить сразу непрерывным. Для этого вместо функций Коши удобно использовать функции Грина: обозначив через $G_i(x, s)$ $(x, s \in \gamma_i)$ функцию Грина двухточечной задачи

$$-(p_i(x)y_i')' + q_i(x)y_i = f_i(x), \qquad y_i\big|_{\partial\gamma_i} = 0$$

(для этого нужна невырожденность этой задачи, но в рассматриваемых далее физически осмысленных предположениях $p_i(x) > 0$, $q_i(x) \geqslant \geqslant 0$ невырожденность есть), положим

$$G_0(x, s) = \begin{cases} 0, & x \in \gamma_i,\ s \in \gamma_j,\ i \neq j, \\ G_i(x, s), & x, s \in \gamma_i. \end{cases} \tag{6.79}$$

Такой выбор $G_0(x, s)$ позволяет и возмущающие решения выбирать непрерывными. Причем в силу специфики задачи удобно разбить эти решения на две группы: решения $v_b(x)$ $(b \in \partial\Gamma)$, удовлетворяющие однородным условиям (6.77) и условиям

$$v_b(a) = \delta_{ab} \quad (a \in \partial\Gamma), \tag{6.80}$$

и решения $w_b(x)$ $(b \in J(\Gamma))$, удовлетворяющие нулевым граничным условиям и условию

$$l_a(w_b) = \delta_{ab} \quad (a \in J(\Gamma)), \tag{6.81}$$

где через $l_a(y)$ обозначен функционал из левой части (6.77).

Теорема 6.12. *Решение задачи* (6.75), (6.77), (6.78) *в* $C^2(\Gamma)$ *представляется в виде*

$$y(x) = \int_\Gamma G(x, s) f(s)\, ds + \sum_{b\in\partial\Gamma} R(b) v_b(x) + \sum_{b\in J(\Gamma)} F(b) w_b(x), \tag{6.82}$$

где

$$G(x, s) = G_0(x, s) - \sum_{b\in J(\Gamma)} w_b(x)\psi_b(s), \tag{6.83}$$

а

$$\psi_b(s) = \begin{cases} 0, & s \in \gamma_i,\ i \notin I(b), \\ -\alpha_i(b) G'_{i\nu}(b, s), & s \in \gamma_i,\ i \in I(b). \end{cases} \tag{6.84}$$

Доказательство повторяет рассуждения теоремы 6.9. При этом наблюдаются существенные упрощения: в формулу $G(x,s)$ не вошли слагаемые, содержащие $v_b(x)$, так как $G_0(x,s)$ уже удовлетворяет нулевым значениям на границе. Из (6.83), (6.84) следует, что функция Грина $G(x,s)$ удовлетворяет задаче на Γ_s (т. е. для $y \in C^2(\Gamma_s)$)

$$-(p_i(x)y_i')' + q_i(x)y_i = 0, \tag{6.85}$$

$$-\sum_{i\in I(a)} \alpha_i(a)'y_i(a) + \beta(a)y(a) = 0, \tag{6.86}$$

$$-\sum_{\nu(s)} p(s)y_\nu'(s) = 1, \tag{6.87}$$

$$y\big|_{\partial\Gamma} = 0, \tag{6.88}$$

которая является задачей вида (6.75), (6.77), (6.78).

Предельный переход при $s \to a \in J(\Gamma)$ дает нам следующую теорему.

Теорема 6.13. *Предельные срезки $G_i(x,b)$ $(i \in I(b))$ удовлетворяют следующим условиям*:

1) *они являются решениями однородного уравнения* (6.75) *в* $C^2(\Gamma)$;
2) *они удовлетворяют нулевым граничным условиям* (6.78);
3) *они удовлетворяют однородным условиям $l_a(y)$ для $a \neq b$*;
4) $l_b(G_i(x,b)) = \dfrac{-\alpha_i(b)}{-p_i(b)} = \dfrac{\alpha_i(b)}{p_i(b)}$.

Следствие 1. $G_i(x,b) = \dfrac{\alpha_i(b)}{p_i(b)}\, w_b(x)$.

Следствие 2. $G_i(x,b) = G_j(x,b)$ *тогда и только тогда, когда* $\dfrac{\alpha_i(b)}{p_i(b)} = \dfrac{\alpha_j(b)}{p_j(b)}$.

Следствие 3. *В условиях следствия* 2 $G(x,b) = w_b(x)$ *тогда и только тогда, когда* $\alpha_i(b) = p_i(b)$.

6.3.3. Функция Грина как функция влияния. Следствия 1–3 из теоремы 6.13 показывают, что в случае задачи

$$-(p_i(x)y_i')' + q_i(x)y = f_i(x), \tag{6.89}$$

$$-\sum_{i\in I(a)} p_i(a)y_i'(a) + \beta(a)y(a) = F(a), \tag{6.90}$$

$$y\big|_{\partial\Gamma} = 0 \tag{6.91}$$

(а именно такого рода задачи возникают в моделях физического происхождения) решение имеет вид

$$y(x) = \int\limits_{\Gamma} G(x,s) f(s)\, ds + \sum_{a \in J(\Gamma)} G(x,a) F(a). \tag{6.92}$$

Формула (6.92) неизбежно вызывает естественные ассоциации: функции $f(s)$ и $F(a)$ явно имеют родственную физическую природу, и поэтому (6.92) на самом является деле единым интегралом. «Сворачивание» выражений типа (6.92) обычно осуществляется на основе интеграла Стилтьеса

$$y(x) = \int\limits_{\Gamma} G(x,s)\, dF, \tag{6.93}$$

где F — некоторая мера. Осмысленно ли это с математической и, главное, с физической точки зрения? Оказывается, что да. Действительно, если вспомнить физический смысл уравнения

$$-(p(x)y')' + q(x)y = f(x) \tag{6.94}$$

(например, как уравнения деформации струны), то окажется, что функция $f(x)$ не физическая величина, а некоторая ее производная. Измеряемой физической величиной является сила, действующая на конечный фрагмент струны. Если фрагмент $[x_1, x_2]$, то сила $F[x_1, x_2]$. Это по-существу мера — конечная σ-аддитивная функция отрезка (и, по стандартной процедуре продолженная, функция множества). Функция же $f(x)$, которая фигурирует в (6.94), — плотность этой меры. Плотность, вычисляемая относительно какой-нибудь другой меры. Обычно (при заданной параметризации отрезка) «другая» мера — это разность значений параметра, отвечающая точкам x_1 и x_2. Поэтому в (6.94) следовало бы писать не $f(x)$, а $dF(x)/dl(x)$, или, проще, dF/dx.

Некоторой мерой определяется по существу и второе слагаемое в левой части (6.94): $q(x) = dQ(x)/dx$. Так что уточненное уравнение (6.94) выглядит как

$$-\frac{d}{dx}\,(p(x)y') + \frac{dQ}{dx}\, y = \frac{dF}{dx},$$

или (если перейти в термины дифференциалов)

$$-d(p(x)y') + y(x)dQ = dF. \tag{6.95}$$

Уравнение (6.95) замечательно тем, что в нем уже не фигурирует параметризация отрезка: меры dQ и dF являются инвариантами.

Правда, остается еще внутреннее дифференцирование в первом слагаемом, но и там от него можно избавиться введением функции

$$\sigma(x) = \int \frac{dx}{p(x)},$$

что приводит (6.95) к виду, уже полностью инвариантному относительно параметризации (и в котором параметризация уже просто не требуется)

$$-d\left(\frac{dy}{d\sigma}\right) + y\,dQ = dF. \tag{6.96}$$

Таким образом, преобразование уравнения (6.94) в (6.96) показывает, что замена

$$\int_a^b G(x,s)f(s)\,ds = \int_a^b G(x,s)\,dF(s)$$

более чем естественна и физична. Более того, уравнение (6.96) не надо модифицировать для $y(x) = G(x,s)$: эта функция при фиксированном s оказывается как функция от x решением уравнения

$$-d\left(\frac{dy}{d\sigma}\right) + y\,dQ = d\Theta_s, \tag{6.97}$$

где $d\Theta_s$ — мера, имеющая носителем единственную точку s, в которой сосредоточен единичный атом этой меры.

Вернемся к уравнению на графе. Основная сложность, связанная с переходом в уравнении на графе к форме (6.96), состоит в том, что граф — уже по существу неодномерное множество. На отрезке мера всегда ассоциируется с некоторой производящей ее функцией, и поэтому дифференцирование по мере и дифференцирование относительно функции, ее порождающей, — практически одно и то же. Совсем иначе обстоит дело в многомерном случае, где мера и функция — две вещи разной природы. Граф тут оказывается таким своеобразным «промежуточным» между одномерными и многомерными объектами, что на нем мера и функция хотя и отличаются, но не настолько, чтобы можно было «утерять» ту связь между ними, которая была в одномерной ситуации.

Осталось решить вопрос, можно ли уравнение (6.96) распространить на внутренние вершины графа. Как формула (6.92), так и внешний вид условия (6.90) показывают, что, по-видимому, именно это условие выполняет роль уравнения (6.96) в вершине: $F(a)$ есть сосредоточенная в вершине сила, $\beta(a)$ — сосредоточенная в вершине упругая реакция внешней среды (атом меры dQ), коэффициенты в сумме совпадают с $p_i(a)$ — аналогия более чем полна. Конечно, можно было бы просто считать (6.90) реализацией (6.96) в вершине формально, однако такой «математический» прием совершенно неубедителен с физической точки зрения.

Постараемся понять, почему же

$$-\sum_{i\in I(a)} p_i(a)y'_{i\nu}(a)$$

— это «мера», заданная в точке a, и как она соотносится с $-d(py')$ на отрезке.

Наиболее прозрачное соображение, по-видимому, следующее. В пространстве $\mathbb{R}^n$ любое гладкое векторное поле порождает некоторую меру как функцию множества. Для множества с гладкой границей это — поток векторного поля через границу множества

$$\chi(\Omega) = \int\limits_{\partial\Omega} (F, \nu)\, ds.$$

В случае, когда $F = \operatorname{grad}\varphi$, скалярное произведение равно $d\varphi/d\nu$, так что

$$\chi(\Omega) = \int\limits_{\partial\Omega} \frac{\partial\varphi}{\partial\nu}\, ds. \tag{6.98}$$

Классическое уравнение Лапласа (например, в $\mathbb{R}^3$) получается сравнением (6.98) с «эталонной» мерой — потоком векторного поля

$$\frac{1}{3}\, r = \frac{1}{6} \operatorname{grad} \|r\|^2$$

(число 3 в знаменателе — размерность пространства)

$$\mu(\Omega) = \frac{1}{3}\int\limits_{\partial\Omega} (r, \nu) ds = \frac{1}{6}\int\limits_{\partial\Omega} \frac{\partial\|r\|^2}{\partial\nu}\, ds,$$

так что

$$\Delta\varphi = \operatorname{div}(\operatorname{grad}\varphi) = \frac{d\chi}{d\mu} \tag{6.99}$$

в смысле обычного относительного дифференцирования мер.

В случае графа Γ в роли множества Ω выступает подграф (мы будем предполагать, что он связен); $\partial\Omega$ — его концевые вершины; в качестве $d\varphi/d\nu$ выступает

$$\frac{dy}{(d\sigma, \nu)}, \tag{6.100}$$

где $(d\sigma, \nu) = d\sigma$, если σ возрастает в направлении ν и $-d\sigma$ в противном случае;

$$\mu(\Omega) = \sum_{x\in\partial\Omega} \sum_{i\in I_\Omega(x)} \frac{dy}{(d\sigma_i, \nu_i)} = \sum_{x\in\partial\Omega} \sum_{i\in I_\Omega(x)} p_i(x) y'_{i_\nu}(x), \tag{6.101}$$

где $I_\Omega(x)$ — множество ребер, содержащих x, но лежащих вне Ω, а ν_i — вектор «внешней нормали» к Ω, т. е. вектор, направленный из $x \in \partial\Omega$ во вне Ω вдоль ребра γ_i. Если x — внутренняя точка одного из ребер, то $|I_\Omega(x)| = 1$; если x — внутренняя вершина, то $I_\Omega(x)$ может содержать и несколько ребер, в этом случае соответствующие выражения (6.100) суммируются по $i \in I_\Omega(x)$.

Если теперь Ω «стягивать» к точке s, то для s, лежащего внутри ребра, Ω, очевидно, рано или поздно сведется к отрезку $[x_1, x_2] \ni s$, а выражение (6.101) сведется к выражению

$$\frac{dy}{(d\sigma, \nu)}(x_1) + \frac{dy}{(d\sigma, \nu)}(x_2). \tag{6.102}$$

При $x_1 \to s$, $x_2 \to s$ выражение (6.102) превращается в дифференциал. Чтобы не путать дифференциал меры с дифференциалом функции, мы будем обозначать его d^*. Сравнение полученного дифференциала с дифференциалом другой меры $\mu(x)$, непрерывной в точке s, дает

$$\frac{d^*\left(\dfrac{dy}{d\sigma}\right)}{d^*\mu} = (y'_\sigma)'_\mu,$$

так как на отрезке отношение дифференциалов мер равно отношению порождающих их функций. Сравнение $d^*\left(\dfrac{dy}{d\sigma}\right)$ с атомарной мерой $d\Theta_s$, имеющей единичный атом в точке s, дает

$$\frac{dy}{(d\sigma, \nu_1)} + \frac{dy}{(d\sigma, \nu_2)} = 1$$

— в точности условие (6.87) для функции Грина. А если x — внутренняя вершина, то сравнение $d^*\left(\dfrac{dy}{d\sigma}\right)$ с атомарной мерой дает как раз

$$\sum_{i\in I(a)} \frac{dy}{(d\sigma_i, \nu_i)} = \sum_{i\in I(a)} p'_i(a) y'_{i\nu}(a),$$

т. е. выражение из (6.90).

Таким образом, в терминах дифференциалов вся система (6.89), (6.90) записывается как единое уравнение

$$-d^*\left(\frac{dy}{d\sigma}\right) + y d^* Q = d^* F, \tag{6.103}$$

где d^*Q — мера с плотностью $q(x)$ на ребрах и атомами $\beta(a)$ во внутренних вершинах, а d^*F — мера с плотностью $f(x)$ на ребрах и атомами $F(a)$ во внутренних вершинах.

Если $d^*\mu$ — некоторая мера, относительно которой d^*Q и d^*F абсолютно непрерывны, то (6.103) можно записать в виде «поточечного» уравнения

$$-\frac{d^*}{d^*\mu}\left(\frac{dy}{d\sigma}\right) + y\,\frac{d^*Q}{d^*\mu} = \frac{d^*F}{d^*\mu}. \tag{6.104}$$

Решение уравнения (6.103)–(6.104) дается формулой

$$y(x) = \int\limits_{\Gamma} G(x, s)\, d^*F, \tag{6.105}$$

где $G(x, s)$ — решение (6.103) или (6.104) с $d^*F = d^*\Theta_s$.

Последнее означает, что $G(x, s)$ не зависит от параметризации ребер, является функцией от точки графа и представляет собой *функцию влияния* — реакцию системы на единичное воздействие, к которому применим принцип суперпозиции: для любого воздействия d^*F реакция выражается интегралом (6.105).

Глава 7
К ТЕОРИИ ШТУРМА–ЛИУВИЛЛЯ ДЛЯ УРАВНЕНИЙ С ОБОБЩЕННЫМИ КОЭФФИЦИЕНТАМИ

В этой главе для обобщенного уравнения

$$-(pu')' + Q'u = \lambda R'u + F' \tag{7.1}$$

в классе абсолютно непрерывных на $[0,1]$ функций $u(x)$ и при ограниченной вариации p, Q, R, F строится аналог классической осцилляционной теории при условиях

$$u(0) = u(1) = 0. \tag{7.2}$$

Основой анализа служит предложенный в [72] подход использования общей теории интеграла, позволяющий заменять в (7.1) обобщенные производные на относительные производные по мере (в смысле Радона–Никодима), что превращает (7.1) в поточечно определенное уравнение, т. е. обыкновенное, допуская далее применение классических методов анализа.

7.1. Общая теория

7.1.1. Вариационная мотивация. Пусть D — стандартное пространство основных функций (бесконечно дифференцируемых финитных с компактными в $(0,1)$ носителями). Для обобщенных функций q, f (функционалов из D^*) должны существовать порождающие их дифференциалы Стилтьеса dQ и dF, где Q и F — функции ограниченной вариации. Обозначим через dg дифференциал, порождающий qu, так что $dg = u\,dQ$, т. е. с точностью до константы

$$g(x) = \int\limits_0^x u\,dQ. \tag{7.3}$$

Тогда (7.1) как равенство в D^* реализуется на D в виде

$$-\int \varphi\,d\,(pu') + \int \varphi\,dg = \int \varphi\,dF, \tag{7.4}$$

откуда следует $-pu' + g - F = \text{const}$ или, с учетом (7.3),

$$-(pu') + \int\limits_0^x u\,dQ - F = \text{const}\,. \qquad (7.5)$$

Последнее означает, что функция $-(pu' + F)$ должна быть Q-абсолютно непрерывной, имея скачки лишь в точках разрыва Q. Если ξ — одна из таких точек, то в ней согласно (7.5) должно быть

$$-\Delta\,(pu')\,(\xi) + u(\xi)\Delta Q(\xi) = \Delta F(\xi), \qquad (7.6)$$

где $\Delta z(\xi)$ означает $\Delta z \overset{\text{def}}{=} z(\xi + 0) - z(\xi - 0)$. Если $\mu(x)$ — строго возрастающая функция (через μ мы обозначаем и порождающую (см. [19, 94, 95]) ее меру, для которой как Q, так и F являются μ-абсолютно непрерывными), то, используя дифференцирование $d/d\mu$ по Радону–Никодиму (относительное дифференцирование по Петровскому), имеем из (7.5)

$$-\frac{d}{d\mu}\,(pu') + u\,\frac{d}{d\mu}\,Q = \frac{d}{d\mu}\,F. \qquad (7.7)$$

Последнее равенство адекватно поточечно задаваемым дифференциальным уравнениям. В точках разрыва μ уравнение (7.7) реализуется в виде (7.6).

Естественность (7.7) как интерпретация уравнения (7.1) с обобщенными коэффициентами может быть подкреплена и физической мотивацией. Предположим, что задача (7.1), (7.2) имеет вариационную природу, определяя минимум энергии одномерной деформируемой системы

$$V(u) = \int\limits_0^1 p\,\frac{u'}{2}\,du + \int\limits_0^1 \frac{u^2}{2}\,dQ - \int\limits_0^1 u\,dF,$$

где, например, p — сила натяжения, $Q(x)$ — распределение упругой реакции внешней среды и F — распределение внешней нагрузки ($u(x)\,dF(x)$ — работа на элементе dx на смещение его на дистанцию u). Предположение об интегральном представлении энергии вполне физично. Схема Лагранжа, приводящая к нулю первую вариацию, дает

$$\Delta V(u)\,\varphi \overset{\text{def}}{=} \int\limits_0^1 pu'd\varphi + \int\limits_0^1 \varphi u\,dQ - \int\limits_0^1 \varphi\,dF = 0 \qquad (\forall \varphi \in D). \qquad (7.8)$$

После замены (7.3) в силу допустимости интегрирования по частям для интеграла Римана–Стилтьеса $\left(\int \varphi\,dg = -\int g\,d\varphi \text{ и } \int \varphi\,dF = -\int F\,d\varphi\right)$

имеем из (7.8)

$$\int_0^1 (pu' - g + F)\, d\varphi = 0 \quad (\varphi \in D), \tag{7.9}$$

что приводит к (7.5). Последнее соображение, использованное Дюбуа-Реймоном для негладких экстремалей (и позволившее ему для гладких Q и F продифференцировать (7.5) по x), послужило в 30-е годы XX века поводом для толкования уравнений (7.4) и (7.9) как обобщения-переноса (7.1) на некий более общий класс функций.

7.1.2. Уравнение с дифференцированием по мере. Всюду далее предполагается, что $\inf p > 0$ и что Q и R не убывают на $[0,1]$ (это наиболее характерно для приложений). Мы предполагаем также отсутствие особенностей (непрерывность коэффициентов уравнения) в концах отрезка.

Пусть Q, R и F являются μ-абсолютно непрерывными относительно некоторой возрастающей функции $\mu(x)$. В качестве такой функции μ мы можем взять

$$\mu(x) \equiv x + Q(x) + R(x) + F_+(x) + F_-(x),$$

где первое слагаемое взято, чтобы обеспечить строгую монотонность μ, а через F_+ и F_- обозначены неубывающие функции из жорданова представления $F = F_+ - F_-$.

Будем обозначать в дальнейшем через E_μ множество абсолютно непрерывных на $[0,1]$ функций $u(x)$, производные которых имеют ограниченное изменение на $[0,1]$ и, более того, для которых функция $p(x)\,du(x)/dx$ является μ-абсолютно непрерывной. Множество μ-абсолютно непрерывных на $[0,1]$ функций будем обозначать через A_μ. Каждая функция $z(x)$ из A_μ непрерывна во всех тех точках, где непрерывна $\mu(x)$. Очевидно, $A_\mu \subset BV[0,1]$.

Использование производных по Радону–Никодиму позволяет обобщенное уравнение (7.1) записать как поточечное:

$$-\frac{d}{d\mu}(pu') + Q'_\mu u = \lambda R'_\mu u + F'_\mu. \tag{7.10}$$

Решением (7.10) будем называть любую функцию из E_μ, которая удовлетворяет (7.10) почти всюду (по μ-мере).

Обозначим через $S(\mu)$ множество точек ξ разрыва функции μ. Их счетное множество, каждая из них имеет μ-меру, равную

$$\Delta\mu(\xi) = \mu(\xi + 0) - \mu(\xi - 0).$$

В каждой точке $\xi \in S(\mu)$ квазипроизводная $(pu')(x)$ может иметь скачок, что дает тройное значение для $d(pu')(\xi)/d\mu$. Непосредственно в самой точке ξ мы имеем отношение скачков

$$\frac{d}{d\mu}(pu')(\xi) = \frac{\Delta(pu')(\xi)}{\Delta\mu(\xi)}.$$

Наряду с этим в точке ξ с помощью соответствующих односторонних предельных переходов определены еще две производные, $\frac{d}{d\mu}(pu')(\xi-0)$ и $\frac{d}{d\mu}(pu')(\xi+0)$. Эта тройственность разрыва следует из представления

$$(pu')(x) = (pu')(0) + \int\limits_0^x \frac{d}{d\mu}(pu')\,d\mu,$$

эквивалентного определению μ-производной по Радону–Никодиму.

Отмеченная многозначность толкования уравнения (7.10) в точках множества $S(\mu)$, а следовательно, неоднозначность его в целом на $[0,1]$, снимается следующим образом.

Обозначим через J_μ отрезок $[0,1]$, из которого выброшено множество $S(\mu)$ всех точек разрыва μ, т.е. $J_\mu = [0,1] \setminus S(\mu)$. Введем на J_μ метрику равенством $\varrho(x,y) = \mu(y+0) - \mu(x-0)$ для $x<y$. Пополнение J_μ по этой метрике обозначим через $\overline{[0,1]}_\mu$. В этом множестве вместо прежних (выброшенных из $[0,1]$) точек $\xi \in S(\mu)$ появляются пары $\xi-0$ и $\xi+0$. Индуцируя на $\overline{[0,1]}_\mu$ исходную упорядоченность, имеем $\xi-0<\xi+0$. Формальное объединение $\overline{[0,1]}_\mu$ с $S(\mu)$, при котором $\xi-0<\xi<\xi+0$ для каждой $\xi \in S(\mu)$, обозначим через R_μ. В этом множестве точки из $S(\mu)$ как бы вставлены на прежние места, но теперь они обрамлены с боков уже собственными в R_μ элементами $\xi-0$, $\xi+0$, а не символами предельных переходов в этих точках, как было ранее.

Напомним, что BV_0 означает подпространство таких функций ограниченной вариации, у которых значения в точках разрыва не определены (в отличие от BV, где в точках разрыва функции обязаны иметь значения). Если функция $\mu(x)$ задает дифференциал Стилтьеса $d\mu$, т.е. определяет меру Стилтьеса или Лебега–Стилтьеса, то собственные значения μ в ее точках разрыва никакой роли не играют. Поэтому μ в подобном случае обычно полагается непрерывной справа. Однако такое предположение при работе с μ-производными оказывается некорректным, приводя к ошибкам (см. комментарии в [71]). Поэтому определяющую дифференциал Стилтьеса $d\mu$ функцию $\mu(x)$ мы будем считать определенной лишь на J_μ и на $\overline{[0,1]}_\mu$. В то же время для любой μ-интегрируемой функции $f(x)$ ее промежуточное (между $\xi-0$ и $\xi+0$ при $\xi \in S(\mu)$) значение $f(\xi)$ существенно и функцию необходимо считать определенной на R_μ.

Согласно сказанному уравнение (7.10) задается как поточечное на R_μ. Непрерывность на $[0,1]$ решения $u(x)$ позволяет в силу ра-

венств
$$u(\xi - 0) = u(\xi) = u(\xi + 0)$$
считать его заданным и на R_μ. В то же время производная $u'(x)$, которая предполагается μ-абсолютно непрерывной, должна быть из BV_0 и не иметь собственных значений в точках $\xi \in S(\mu)$. Последнее означает, что при постановке задачи Коши для уравнения (7.10) мы должны различать в точках разрыва μ левую (с $u'(\xi + 0)$) и правую (с $u'(\xi - 0)$) задачи. Поскольку постановка задачи Коши «раздваивается» в точках из $S(\mu)$, мы будем задавать ее на «расширенном» отрезке $\overline{[0,1]}_\mu$.

Теорема 7.1. *Для любых чисел u_0, v_0 и точки $x_0 \in \overline{[0,1]}_\mu$ уравнение* (7.10) *имеет единственное решение, удовлетворяющее условиям*
$$u(x_0) = u_0, \quad u'(x_0) = v_0, \tag{7.11}$$
которое при каждом λ принадлежит E_μ и является целой по λ функцией.

Доказательство. Фиксируя λ и полагая $Q_\lambda = Q - \lambda M$, для решения $u(x)$ имеем
$$\frac{d}{dx}\, u(x) = \frac{1}{p(x)} \int\limits_{x_0}^{x} u(s)\, dQ_\lambda(s) + v(x), \tag{7.12}$$
где обозначено
$$v(x) = \frac{1}{p(x)} \left[p(x_0)v_0 - F(x) + F(x_0) \right].$$
Заметим, что в силу непрерывности $u(x)$ интегрирование в (7.12) производится по Риману–Стилтьесу. Последующее обычное интегрирование в пределах от x_0 до x после изменения в двойном интеграле порядка интегрирования приводит к равенству
$$u(x) = \int\limits_{x_0}^{x} g(x,\tau) u(\tau)\, dQ_\lambda(\tau) + z(x), \tag{7.13}$$
где положено $g(x,\tau) = \int\limits_{\tau}^{x} \frac{ds}{p(s)}$, а через $z(x)$ обозначены не зависящие от $u(x)$ члены: $z(x) = u_0 + \int\limits_{x_0}^{x} v(\tau) d\tau$. Ввиду непрерывности $z(x)$ и совокупной непрерывности $g(x,\tau)$ мы имеем в (7.13) интегральное уравнение (типа Вольтерра) в $C[0,1]$. Легко проверяется, что спектральный

радиус оператора

$$(K_\lambda u)(x) = \int_{x_0}^{x} g(x,\tau)u(\tau)\,dQ_\lambda(\tau) \tag{7.14}$$

равен нулю, откуда следует однозначная разрешимость (7.13) и равномерная сходимость к решению соответствующего ряда Неймана

$$u = (I - K_\lambda)^{-1} z = \sum_{n=0}^{\infty} (K_\lambda)^n z.$$

Если в последнем представлении заменить согласно (7.14) Q_λ на $Q - \lambda M$, то для решения $u_\lambda(x)$ уравнения (7.13) мы получим степенной по λ ряд, равномерно по x сходящийся при любом λ, что и означает требуемую регулярность u_λ по λ. Принадлежность $u_\lambda(x)$ пространству E_μ следует из представления (7.13) и вытекающего из него тождества (7.12). Теорема доказана.

Следствие 1. *При* $F'_\mu = 0$ (*т. е.* $F = \text{const}$) *соответствующее однородное уравнение* (7.10) *с нулевыми начальными условиями, заданными в любой точке* $[0,1]$, *имеет только тривиальное решение* $u(x) \equiv 0$.

Следствие 2. *Многообразие решений уравнения* (7.10) *двумерно.*

7.1.3. Определитель Вронского. Для пары функций ϕ_1, ϕ_2 из E_μ рассмотрим обычный определитель Вронского

$$W(\phi_1,\phi_2)(x) = \begin{vmatrix} \phi_1(x) & \phi_2(x) \\ \phi'_1(x) & \phi'_2(x) \end{vmatrix} \quad (x \in \overline{[0,1]}_\mu).$$

Лемма 7.1. *Для любых двух решений* ϕ_1, ϕ_2 *уравнения*

$$-(pu')' + Q'_\mu u = \lambda R'_\mu u \tag{7.15}$$

следующие свойства эквивалентны:

(а) $W(\phi_1,\phi_2)(x) = 0$ *хотя бы при некотором* $x \in \overline{[0,1]}_\mu$;
(б) $W(\phi_1,\phi_2)(x) \equiv 0$;
(в) ϕ_1 *и* ϕ_2 *линейно зависимы.*

Доказательство на основе теоремы 7.1 проводится элементарно — алгебраическими рассуждениями. Прямой проверкой устанавливается и

Лемма 7.2. *Для любых двух решений* ϕ_1, ϕ_2 *из* E_μ *уравнения* (7.15) *функция* $p(x)W(\phi_1,\phi_2)(x)$ *непрерывна.*

Теорема 7.2. *Для любой пары решений* ϕ_1, ϕ_2 *уравнения* (7.15)

$$p(x)W(\phi_1,\phi_2)(x) \equiv \text{const} \quad (x \in \overline{[0,1]}_\mu).$$

Доказательство. Обозначим $p(x)W(\phi_1, \phi_2)(x)$ через $(pW)(x)$. Проверка μ-абсолютной непрерывности осуществляется непосредственно. Далее мы будем использовать обозначение

$$\Delta_\varepsilon \phi = \phi(x+\varepsilon) - \phi(x+0).$$

Пусть Z — множество точек, в которых существует μ-производная $(pW)'_\mu(x)$. Для произвольной точки x из Z и любого положительного ε имеем

$$\frac{\Delta_\varepsilon(pW)}{\Delta_\varepsilon\mu} = \begin{vmatrix} \dfrac{\Delta_\varepsilon\phi_1}{\Delta_\varepsilon\mu} & \dfrac{\Delta_\varepsilon\phi_2}{\Delta_\varepsilon\mu} \\ (p\phi_1')(x+\varepsilon) & (p\phi_2')(x+\varepsilon) \end{vmatrix} + \begin{vmatrix} \phi_1(x) & \phi_2(x) \\ \dfrac{\Delta_\varepsilon(p\phi_1')}{\Delta_\varepsilon\mu} & \dfrac{\Delta_\varepsilon(p\phi_2')}{\Delta_\varepsilon\mu} \end{vmatrix}.$$

Первое слагаемое справа равно

$$\frac{\varepsilon}{\Delta_\varepsilon\mu} \begin{vmatrix} \dfrac{\Delta_\varepsilon\phi_1}{\varepsilon} - \phi_1'(x+0) & \dfrac{\Delta_\varepsilon\phi_2}{\varepsilon} - \phi_1'(x+0) \\ p\phi_1'(x+\varepsilon) & p\phi_2'(x+\varepsilon) \end{vmatrix} + \\ + \frac{\varepsilon}{\Delta_\varepsilon\mu} \begin{vmatrix} \phi_1'(x+0) & \phi_2'(x+0) \\ p\phi_1'(x+\varepsilon) & p\phi_2'(x+\varepsilon) \end{vmatrix}.$$

В последнем выражении

$$\begin{vmatrix} \phi_1'(x+0) & \phi_2'(x+0) \\ p\phi_1'(x+\varepsilon) & p\phi_2'(x+\varepsilon) \end{vmatrix} \to 0, \qquad \frac{\Delta_\varepsilon\phi_i}{\varepsilon} \to \phi_i'(x+0) \quad (i = 1{,}2).$$

В силу определения M всегда $\Delta_\varepsilon\mu \geqslant \varepsilon$, так что отношение $\varepsilon/(\Delta_\varepsilon\mu)$ ограничено. Поэтому

$$\lim_{\varepsilon\to+0} \begin{vmatrix} \dfrac{\Delta_\varepsilon\phi_1}{\Delta_\varepsilon\mu} & \dfrac{\Delta_\varepsilon\phi_2}{\Delta_\varepsilon\mu} \\ (p\phi_1')(x+\varepsilon) & (p\phi_2')(x+\varepsilon) \end{vmatrix} = 0.$$

Для второго слагаемого имеем (так как $\phi_i(x)$ — решения однородного уравнения (7.15))

$$\Delta_\varepsilon(p\phi_i') = \int\limits_{x+0}^{x+\varepsilon} \phi_i(s)\, dQ_\lambda(s),$$

где через Q_λ, как и выше, обозначена функция $Q(x) - \lambda R(x)$. Поэтому

$$\begin{vmatrix} \phi_1(x) & \phi_2(x) \\ \dfrac{\Delta_\varepsilon(p\phi_1')}{\Delta_\varepsilon\mu} & \dfrac{\Delta_\varepsilon(p\phi_2')}{\Delta_\varepsilon\mu} \end{vmatrix} = \frac{1}{\Delta_\varepsilon\mu} \int\limits_{x+0}^{x+\varepsilon} \begin{vmatrix} \phi_1(x) & \phi_2(x) \\ \phi_1(s) & \phi_2(s) \end{vmatrix} dQ_\lambda(s).$$

В силу непрерывности подынтегральной функции найдется такая точка x^*, что

$$\begin{vmatrix} \phi_1(x) & \phi_2(x) \\ \dfrac{\Delta_\varepsilon(p\phi_1')}{\Delta_\varepsilon\mu} & \dfrac{\Delta_\varepsilon(p\phi_2')}{\Delta_\varepsilon\mu} \end{vmatrix} = \frac{\phi_1(x)\phi_2(x^*) - \phi_1(x^*)\phi_2(x)}{\varepsilon} \cdot \frac{\varepsilon}{\Delta_\varepsilon\mu} V_{x+0}^{x+\varepsilon}(Q_\lambda).$$

Покажем, что при $\varepsilon \to 0$ выражение

$$\frac{\phi_1(x)\phi_2(x^*) - \phi_1(x^*)\phi_2(x)}{\varepsilon}$$

ограничено. Имеем

$$\phi_i(x^*) - \phi_i(x) = \phi_i'(x+0)(x^* - x) + o(x^* - x),$$

откуда следует

$$|\phi_i(x^*) - \phi_i(x)| \leqslant \varepsilon(|\phi_i'(x+0)| + o(1));$$

это влечет за собой ограниченность указанных выше отношений. Из ограниченности $\varepsilon/(\Delta_\varepsilon\mu)$ следует теперь, что $(pW)'_\mu(x+0) = 0$, а это означает, что $(pW)'_\mu(x) = 0$ почти всюду, т. е. $pW \equiv \text{const}$. Теорема доказана.

7.1.4. Непрерывная зависимость от параметра. В интересах спектральной задачи мы уточним свойство непрерывной (в равномерной топологии) зависимости решения от спектрального параметра.

Лемма 7.3. *Для решения $u(x)$ задачи*

$$-\frac{d}{d\mu}(pu') + Q'_\mu u = F'_\mu, \qquad u(x_0) = u_0, \quad u'(x_0) = v_0 \tag{7.16}$$

выполняется неравенство

$$\|u(x)\| \leqslant e^C \|z(x)\|, \tag{7.17}$$

где $C = V_0^1(Q)/c_0$, V_0^1 — вариация, $\|u\| = \max\limits_{[0,1]} |u(x)|$ и через z обозначена функция

$$z(x) = u_0 + \int\limits_{x_0}^{x} \frac{p(x_0)v_0 - F(t) + F(x_0)}{p(t)}\, dt.$$

Для доказательства достаточно воспользоваться представлением решения в виде ряда Неймана.

Следующая лемма достаточно очевидна.

Лемма 7.4. *Для производной pu' решения $u(x)$ задачи* (7.16) *выполняется неравенство*

$$V_0^1(pu') \leqslant \|u\| V_0^1(Q) + V_0^1(F). \tag{7.18}$$

Теорема 7.3. *Пусть u_λ — решение уравнения*

$$-(pu')'_\mu + (Q'_\mu - \lambda R'_\mu)u = F'_\mu(x) \tag{7.19}$$

при начальных условиях

$$u(x_0) = u_0, \qquad u'(x_0) = v_0, \tag{7.20}$$

заданных в точке $x_0 \in \overline{[0,1]}_\mu$.

Тогда u_λ не только непрерывна по λ, но и непрерывно дифференцируема по λ.

Доказательство. Пусть $u(x)$ и $v(x)$ — решения задачи (7.19), (7.20) при значениях параметра λ_0 и λ соответственно. Обозначим через $w(x)$ разность $v(x) - u(x)$. Функция $w(x)$ является решением задачи

$$\begin{gathered} -(pw')'_\mu + (Q'_\mu - \lambda R'_\mu)w = (\lambda - \lambda_0)u(x)R'_\mu, \\ w(x_0) = 0, \qquad w'(x_0) = 0. \end{gathered} \tag{7.21}$$

На основании леммы 7.3 имеем оценку для w

$$\|w(\cdot,\lambda)\| \leqslant e^{C_1}\|z(\cdot,\lambda)\|, \tag{7.22}$$

где

$$C_1 = V_0^1(Q) + |\lambda| V_0^1(R),$$

$$z(x,\lambda) = (\lambda - \lambda_0)\int\limits_{x_0}^{x} \frac{1}{p(t)} \int\limits_{x_0}^{t} u(s)\,dR(s)\,dt.$$

Оценим максимум функции z. Последовательно имеем

$$|z(x,\lambda)| \leqslant |\lambda - \lambda_0| \left| \int\limits_{x_0}^{x} \frac{1}{p(t)} \left| \int\limits_{x_0}^{t} |u(s)|\,dR(s) \right| dt \right| \leqslant |\lambda - \lambda_0| \, \frac{\|u\|}{c_0}\, V_0^1(R),$$

откуда

$$\|z(\cdot,\lambda)\| \leqslant |\lambda - \lambda_0| \, \frac{\|u\|}{c_0}\, V_0^1(R). \tag{7.23}$$

Далее, для вариации pw' на основании (7.18) имеем

$$V_0^1(pw') \leqslant \|w(\cdot,\lambda)\|\, V_0^1(\widetilde{Q}) + V_0^1(\widetilde{F}); \tag{7.24}$$

здесь

$$\widetilde{Q}(x,\lambda) = Q(x) - \lambda R(x), \qquad \widetilde{F}(x,\lambda) = (\lambda - \lambda_0)\int\limits_0^x u(s)\,dR(s).$$

Для вариаций функций $\widetilde{Q}(x,\lambda)$ и $\widetilde{F}(x,\lambda)$ имеем оценки

$$V_0^1(\widetilde{Q}) \leqslant V_0^1(Q) + |\lambda| V_0^1(R), \tag{7.25}$$

$$V_0^1(\widetilde{F}) \leqslant |\lambda - \lambda_0| \, \|u\| V_0^1(R). \tag{7.26}$$

На основании неравенств (7.22), (7.23), (7.25) и (7.26) оценку (7.24) мы можем переписать в виде

$$V_0^1(pw') \leqslant |\lambda - \lambda_0| \|u\| V_0^1(R) \left[\frac{e^{C_1}}{c_0} \left(V_0^1(Q) + |\lambda| V_0^1(R) \right) + 1 \right].$$

Теперь утверждение первой части теоремы следует из неравенства

$$\|w\|_\mu \leqslant |\lambda - \lambda_0| \, \|u\| V_0^1(R) \left[\frac{e^{C_1}}{c_0} \left(V_0^1(Q) + |\lambda| \, V_0^1(R) + 1 \right) + 1 \right],$$

где $\|w\|_\mu = \max |w| + V_0^1(pw')$ — норма в E_μ.

Докажем теперь вторую часть теоремы. Разделив обе части уравнения (7.21) на $(\lambda - \lambda_0)$ и введя обозначение $y = w/(\lambda - \lambda_0)$, имеем

$$-(py')'_\mu(x) + (Q'_\mu - \lambda R'_\mu) y = u(x) R'_\mu(x). \tag{7.27}$$

Таким образом, для определения y мы получили уравнение (7.27). Величина y пока определена только при $\lambda \neq \lambda_0$. Определим ее при $\lambda = \lambda_0$ так, чтобы y удовлетворяло уравнению (7.27) и при $x = x_0$ обращалась в нуль вместе со своей производной. Так как y и y'_x обращается в нуль при $x = x_0$ для всех λ и коэффициенты уравнения (7.27) удовлетворяют первой части теоремы, то y непрерывно зависит от параметра λ по норме $\|u\|_\mu$ при всех λ достаточно близких к λ_0, следовательно, y и y'_x стремятся к определенным пределам при $\lambda \to \to \lambda_0$, что влечет существование производных $\dfrac{\partial u}{\partial \lambda}$ и $\dfrac{\partial^2 u}{\partial x \, \partial \lambda}$, причем для определения $\dfrac{\partial u}{\partial \lambda}$ мы получаем уравнение

$$-\left(p \left(\frac{\partial u}{\partial \lambda} \right)' \right)'_\mu (x) + (Q'_\mu - \lambda R'_\mu) \frac{\partial u}{\partial \lambda} = u(x) R'_\mu.$$

Для завершения доказательства осталось повторить рассуждения первой части теоремы для $\partial u / \partial \lambda$, чтобы обосновать ее непрерывность.

7.2. Качественная теория задачи Штурма–Лиувилля

7.2.1. Теоремы сравнения. Остановимся теперь на качественных свойствах исходной задачи описываемых теоремами типа теорем Штурма. Очевидно, любое нетривиальное решение однородного уравнения

$$-\frac{d}{d\mu} (pu') + Q'_\mu u = 0$$

может иметь лишь конечное число нулей.

Теорема 7.4. *Для любых двух линейно независимых решений ϕ_1, ϕ_2 однородного уравнения*

$$-\frac{d}{d\mu}(pu') + Q'_\mu u = 0$$

нули в $\overline{[0,1]}_\mu$ перемежаются, т.е. для любой пары нулей ξ_1, ξ_2 решения ϕ_1 другое решение меняет между ними знак (и наоборот).

Доказательство. Пусть ξ_1 и ξ_2 — соседние нули решения ϕ_1. Мы можем считать, что $\phi_1(x) > 0$ на (ξ_1, ξ_2). Если $\phi_2(x) \neq 0$ на $[\xi_1, \xi_2]$, то можно считать, что $\phi_2 > 0$ на этом отрезке. При достаточно большом k можно считать, что $k\phi_2(x) \geqslant \phi_1(x)$ на $[\xi_1, \xi_2]$. Беря в этом неравенстве inf по k, будем иметь при некотором $k_0 > 0$ и каком-то $\tau \in [\xi_1, \xi_2]$, что функция $h = \lambda_0\phi_2 - \phi_1$ неотрицательна в окрестности τ и $h(\tau) = 0$. Но тогда одна из производных $h'(\tau \pm 0)$ заведомо равна нулю, что в силу теоремы 7.1 влечет $h \equiv 0$. Рассуждения упрощаются, если ϕ_2 обращается в нуль в одной из точек ξ_1, ξ_2.

Рассмотрим теперь два уравнения

$$-\frac{d}{d\mu}(pu') + Q'_1 u = 0, \tag{7.28}$$

$$-\frac{d}{d\mu}(pv') + Q'_2 v = 0. \tag{7.29}$$

Теорема 7.5. *Пусть $Q'_1 \geqslant Q'_2$ в естественном смысле, т.е. функция $Q_1 - Q_2$ неубывающая. Пусть $u(x)$ — нетривиальное решение (7.28) и ξ_1, ξ_2 — его нулевые точки в $\overline{[0,1]}_\mu$.*

Тогда любое решение $v(x)$ ($\not\equiv 0$) уравнения (7.29) меняет в интервале (ξ_1, ξ_2) знак.

Доказательство. Из уравнений (7.28) и (7.29) после подстановки в них решений $u(x)$, $v(x)$, домножения первого на $v(x)$, а второго на $u(x)$, будем иметь

$$\int\limits_{\xi_1+0}^{\xi_2-0} v\,d(pu') - \int\limits_{\xi_1+0}^{\xi_2-0} u\,d(pv') = \int\limits_{\xi_1+0}^{\xi_2-0} uv\,d(Q_1 - Q_2). \tag{7.30}$$

Правая часть в предположении $v(x) \geqslant 0$ неотрицательна (если $u(x)$ была неотрицательной). После интегрирования по частям обоих слагаемых слева для левой части (7.30) мы получим представление (в результате взаимоликвидации пары интегралов)

$$[v(pu')]_{\xi_1+0}^{\xi_2-0} - [u(pv')]_{\xi_1+0}^{\xi_2-0} = [p(vu')]_{\xi_1+0}^{\xi_2-0}, \tag{7.31}$$

где слагаемые с upv' самоликвидировались ввиду $u(\xi_1 + 0) = u(\xi_2 - 0) = 0$. Но $u'(\xi_1 + 0) > 0$ и $u'(\xi_2 - 0) < 0$. Поэтому выражение (7.31), а значит, и левая часть (7.30), строго отрицательно, что противоречит неотрицательности правой части (7.30).

7.2.2. Неосцилляция. Назовем, следуя традиции, однородное уравнение

$$-\frac{d}{d\mu}(pu') + Q'_\mu u = 0 \tag{7.32}$$

неосциллирующим на $[0,1]$, если любое нетривиальное его решение имеет не более одного нуля. Свойство неосцилляции для обыкновенных дифференциальных уравнений играет фундаментальную роль в качественной теории.

Теорема 7.6. *Для неосцилляции* (7.32) *достаточно, чтобы* $Q'_\mu \geqslant 0$, *т. е. чтобы функция* $Q(x)$ *не убывала.*

Доказательство. Покажем вначале, что (7.32) не осциллирует при $Q'_\mu \equiv 0$. Если $u(x)$ — решение уравнения ($u(x) \not\equiv 0$)

$$-\frac{d}{d\mu}(pu') = 0,$$

то $(pu') \equiv \mathrm{const}$, откуда следует, что $u'(x)$ (если $u'(x) \not\equiv 0$) не имеет нулей в $\overline{[0,1]}_\mu$, т. е. $u(x)$ строго монотонна. Значит, $u(x)$ может иметь не более одного нуля. Случай $u'(x) \equiv 0$ тривиален.

Пусть теперь $Q'_\mu \geqslant 0$ ($\not\equiv 0$) и ξ_1, ξ_2 — какие-либо нулевые точки нетривиального решения (7.32). Взяв за пределами (ξ_1, ξ_2) любую точку η, построим решение $v(x)$ уравнения $d(pu')/d\mu = 0$, удовлетворяющее условиям $v(\eta) = 0$, $v'(\eta + 0) = 1$ (или $v'(\eta - 0) = 1$). Тогда по теореме 7.5 у $v(x)$ должен быть нуль строго между ξ_1, ξ_2, что, как показано в предыдущем абзаце, невозможно.

Теорема 7.7. *Пусть однородное уравнение* (7.32) *не осциллирует на* $[0,1]$. *Тогда существует строго положительная на* $[0,1]$ *функция* $\phi(x) \in E_\mu$ *такая, что выражение*

$$Lu = -\frac{d}{d\mu}(pu') + Q'_\mu u$$

имеет вид

$$Lu = -\frac{1}{\phi}\frac{d}{d\mu}\left(p\phi^2 \frac{d}{dx}\left(\frac{u}{\phi}\right)\right) \tag{7.33}$$

для любой $u(x)$ *из* E_μ.

Доказательство. Покажем, что в условиях теоремы уравнение (7.32) имеет положительное на $[0,1]$ решение. Обозначим через $u(x)$ и $v(x)$ решения начальных задач $u(0) = 0$, $u'(0) = 1$ и, соответственно, $v(1) = 0$, $v'(1) = -1$. Тогда $u(x) > 0$ на $(0,1]$ и $v(x) > 0$ на $[0,1)$ и, следовательно, $\phi(x) = u(x) + v(x) > 0$ на всем $[0,1]$. Для найденного решения ϕ равенство (7.33) и (7.32) проверяется простым раскрытием скобок в (7.33). Теорема доказана.

7.2.3. Дифференциальные неравенства. Рассмотрим дифференциальное неравенство

$$Lu = -(pu')'_\mu + Q'_\mu u \geqslant 0, \tag{7.34}$$

понимая под ним уравнение $Lu = F'$ с какой-либо неубывающей μ-абсолютно непрерывной F. Заметим, что решением (7.34) является, например, функция Грина, если она существует, любой краевой задачи для уравнения $Lu = F'_\mu$, так как $G(x,s)$ удовлетворяет уравнению $Lu = \pi(x-s)$ [1], где $\pi(x-s)$ равна 1, если $x = s$, и 0 в противном случае.

Теорема 7.8. *Пусть L не осциллирует на $[0,1]$. Тогда любое неотрицательное нетривиальное решение неравенства* (7.34) *не имеет нулей в* $(0,1)$, *причем $u'(0) \neq 0$, если $u(0) = 0$ (аналогично $u'(1) \neq 0$, если $u(1) = 0$).*

Доказательство. Воспользовавшись представлением (7.33), для функции $\psi(x) = p\phi^2 \dfrac{d}{dx}\left(\dfrac{u}{\phi}\right)$ имеем тождество

$$\psi(x) = \psi(0) - \int\limits_0^x \phi\, dF,$$

следовательно, функция $\psi(x)$ не возрастает на $[0,1]$.

С другой стороны, если $u(x_0) = 0$ в какой-либо точке x_0, то из неравенства $u(x) \geqslant 0$ следует, что x_0 реализует минимум функции $u(x)$ и, очевидно, x_0 является точкой минимума u/ϕ. Но тогда содержащий точку x_0 максимальный отрезок $[x_1, x_2]$, на котором $u(x)/\phi(x) = 0$, реализует в своей окрестности перемену знака с минуса на плюс как у $(u/\phi)'$, так и у $\psi(x) = p\phi^2(u/\phi)'$, что противоречит невозрастанию $\psi(x)$.

Пусть теперь $u(0) = 0$. Предположим, что $u'(0) = 0$. Тогда, очевидно, имеем

$$\left(\frac{u}{\varphi}\right)'(0) = 0, \quad \left(p\varphi^2\left(\frac{u}{\varphi}\right)'\right)(0) = 0,$$

т. е. $\psi(0) = 0$, что означает в силу невозрастания $\psi(x)$, что $\psi(x) \leqslant 0$ на $[0,1]$; то же имеет место и для $(u/\varphi)'(x)$. Но тогда u/φ не возрастает на $[0,1]$, и в силу $(u/\varphi)(0) = 0$ имеем $(u/\varphi)(x) \leqslant 0$, т. е. $u(x) \leqslant 0$ на $[0,1]$, что противоречит доказанному ранее неравенству $u(x) > 0$. Теорема доказана.

---

[1] Здесь следует отметить одно обстоятельство. Мера по которой производится внешнее дифференцирование другая, а именно, она равна $\mu(x) + \vartheta(x-s)$, где $\vartheta(x)$ равна 0 при $x < 0$ и 1 при $x > 0$.

Будем говорить, что L *не осциллирует лишь внутри* $(0,1)$, если L не осциллирует на любом замкнутом отрезке $[x_1, x_2]$, не совпадающем с $[0,1]$, и не обладает этим свойством на всем $[0,1]$.

Теорема 7.9. *Пусть L не осциллирует лишь внутри $(0,1)$. Тогда любое решение $Lu \geqslant 0$ при условиях*

$$u(0) \geqslant 0, \qquad u(1) \geqslant 0 \tag{7.35}$$

превращает эти неравенства в равенства.

Доказательство. Так как L не осциллирует лишь в $(0,1)$, то существует положительное на $(0,1)$ решение $v(x)$ уравнения $Lu = 0$, обращающееся в нуль на границе $(0,1)$. Пусть $u(x)$ — нетривиальное решение $Lu \geqslant 0$ при условиях (7.35). Рассмотрим функцию $\phi = u/v$. Если она не константа и если ее нижняя грань $\lambda_0 = \inf\limits_{(0,1)} \phi$ достигается в одной из точек $x_0 \in (0,1)$, то функция $h = u - \lambda_0 v$ будет противоречить теореме 7.8. Пусть $\lambda_0 = \inf\limits_{(0,1)} \phi$ достигается в одной из граничных точек $(0,1)$. Обозначим ее через a, т. е. $a = 0$ или $a = 1$. Если $\lambda_0 > -\infty$, то из конечности λ_0 (так как, очевидно, $\lambda_0 < \infty$) и равенства $v(a) = 0$ следует, что $u(a) = 0$. Но тогда $\lambda_0 = u'(a)/v'(a)$ и неотрицательная на $(0,1)$ функция $h = u - \lambda_0 v$, удовлетворяя (7.34), имела бы в точке $x = a$ нулевое значение и нулевую производную, противореча теореме 7.8.

Предположим теперь, что $\lambda_0 = \inf\limits_{(0,1)} \phi = -\infty$. Это возможно в силу неравенства $u(a) \geqslant 0$ лишь в случае (так как $v(x) \neq 0$ на $(0,1)$), когда $u(a) = 0$. А так как $v'(a) > 0$ и предел $\phi = u/v$ при $x \to a$ равен $u'(a)/v'(a)$, то равенство $\lambda_0 = -\infty$ невозможно. Значит, функция $\phi = u/v$ есть константа на $(0,1)$.

Теорема 7.10. *Пусть $v_0(x)$ — нетривиальное решение системы*

$$Lv = 0, \quad v(0) = v(1) = 0 \tag{7.36}$$

и $u(x)$ — решение неравенств

$$v_0(x)Lu \geqslant 0 \quad (x \in (0,1)), \qquad v_0'(1-0)u(1) \leqslant 0, \tag{7.37}$$

такое что $u(0) = 0$.

Тогда найдется такая константа C, что $u(x) \equiv Cv_0(x)$.

Доказательство проведем индукцией по количеству нулей $v_0(x)$ в $(0,1)$. Если $v_0(x)$ сохраняет знак в $(0,1)$, утверждение следует из теоремы 7.9.

Предположим, что теорема верна для любого решения задачи (7.36), имеющего k нулей. Пусть v_0 — решение (7.36) с $k+1$ нулями. Если $\{\xi_i\}_1^{k+1}$ — нули этого решения, то на интервале $(0, \xi_1)$ выполнены все условия теоремы 7.9, что влечет $u(x) \equiv C_0 v_0(x)$ при некоторой $C_0 \neq 0$. Теперь на $(\xi_1, 1)$ выполняются все предпосылки теоремы и у $v_0(x)$ k нулей; тогда по предположению индукции существует $C_1 \neq 0$, для которой $u(x) \equiv C_1 v_0(x)$ на $(\xi_1, 1)$. Остается доказать, что $C_0 = C_1$. Для этого сначала заметим, что pv_0' непрерывна в точках ξ_k. Если ξ_k принадлежат $S(\mu)$, то мы имеем равенство $(pv_0')(\xi_k - 0) = (pv_0')(\xi_k + 0)$, которое и означает непрерывность $pv_0'(x)$. Если же $\xi_k \notin S(\mu)$, то непрерывность pv_0' очевидна. Аналогично устанавливается непрерывность $pu'(x)$. Теперь из непрерывности pu' и pv_0' следует, что отношения производных $\dfrac{u_0'(\xi_1+0)}{u_0'(\xi_1-0)}$ и $\dfrac{v_0'(\xi_1+0)}{v_0'(\xi_1-0)}$ одинаковы $\left(\text{и равны } \dfrac{p(\xi_1-0)}{p(\xi_1+0)}\right)$. Поэтому $C_0 = C_1$, и $u(x) \equiv C_0 v_0(x)$ на всем $(0,1)$. Теорема доказана.

7.3. Краевые задачи и функция Грина

Рассмотрим теперь краевую задачу

$$Lu = f, \qquad l_1 u \equiv u(0) = 0, \qquad l_2 u \equiv u(1) = 0, \tag{7.38}$$

где, как и выше, $Lu = -(pu')'_\mu + qu$; через q и f обозначены соответственно $q = Q'_\mu$ и $f = F'_\mu$. Задачу (7.38) назовем *невырожденной*, если однородная задача (при $f \equiv 0$) имеет только тривиальное решение.

Тривиальным образом устанавливается

Теорема 7.11. *Краевая задача* (7.38) *невырождена тогда и только тогда, когда определитель матрицы* $\|l_i\phi_j\|_{i,j=1}^2$ *отличен от нуля, где* $\{\phi_i\}_{i=1}^2$ *— произвольная фундаментальная система решений однородного уравнения в* (7.38).

Определение 7.1. Функция $G(x,s)$ двух переменных $x, s \in [0,1]$ называется *функцией Грина краевой задачи* (7.38), если она удовлетворяет условиям:

1) $G(x,s)$ непрерывна по совокупности переменных;
2) при $x \neq s$ она удовлетворяет по x однородному уравнению;
3) при всех s выполнено $G(0,s) = G(1,s) = 0$;
4) если $x \notin S(\mu)$, то

$$(pG'_x)(x+0,x) - (pG'_x)(x-0,x) = -1,$$

а при $x \in S(\mu)$

$$(pG'_x)(x+0,x) - (pG'_x)(x-0,x) - G(x,x)\Delta Q(x) = -1.$$

Пусть $\phi_1(x)$ и $\phi_2(x)$ образуют фундаментальную систему решений для однородного уравнения, так что $l_i\phi_j = \Delta_{ij}$. Пусть $W(x)$ — вронскиан этой системы.

Непосредственной проверкой устанавливаются

Утверждение 7.1. *Если краевая задача (7.38) невырождена, то функция Грина существует и может быть определена равенством*

$$G(x,s) = -\frac{1}{pW}\begin{cases}\phi_2(x)\phi_1(s), & 0 \leqslant s \leqslant x \leqslant 1,\\ \phi_1(x)\phi_2(s), & 0 \leqslant x \leqslant s \leqslant 1.\end{cases} \tag{7.39}$$

Утверждение 7.2. *У невырожденной краевой задачи функция Грина единственна.*

Наличие функции Грина позволяет установить интегральную обратимость дифференциального оператора, а именно установить следующую теорему.

Теорема 7.12. *Если краевая задача (7.38) невырождена, то формула*

$$u(x) = \int\limits_0^1 G(x,s)f(s)\,d\mu(s) \tag{7.40}$$

дает ее решение.

Доказательство. Равенство (7.40) можно записать в виде

$$u(x) = -\frac{\phi_2(x)}{pW}\int\limits_0^x \phi_1(s)f(s)\,d\mu(s) - \frac{\phi_1(x)}{pW}\int\limits_x^1 \phi_2(s)f(s)\,d\mu(s), \tag{7.41}$$

где $x \in \overline{[0,1]}_\mu$.

Так как $l_i\phi_j = \Delta_{ij}$ и $\mu(x)$ — непрерывна в концах $\overline{[0,1]}_\mu$, то из (7.41) следует $l_i u = 0$ $(i = 1, 2)$.

Абсолютная непрерывность функции $u(x)$ очевидна. Покажем, что производная $u'(x)$ функции $u(x)$ определяется равенством

$$u'(x) = -\frac{\phi_2'(x)}{pW}\int\limits_0^x \phi_1(s)f(s)\,d\mu(s) - \frac{\phi_1'(x)}{pW}\int\limits_x^1 \phi_2(s)f(s)\,d\mu(s) \tag{7.42}$$

(где $x \in \overline{[0,1]}_\mu$).

Докажем равенство (7.42) для правых производных (для левых рассуждения аналогичны). Обозначая, как и ранее, $\Delta_\varepsilon u = u(x+\varepsilon) - - u(x+0)$, при $\varepsilon > 0$ получаем

$$\frac{\Delta_\varepsilon u}{\varepsilon} = -\frac{1}{pW}\,\frac{\Delta_\varepsilon\phi_2}{\varepsilon}\int\limits_0^{x+\varepsilon} \phi_1(s)f(s)\,d\mu(s) - \frac{1}{pW}\,\frac{\Delta_\varepsilon\phi_1}{\varepsilon}\int\limits_{x+\varepsilon}^1 \phi_2(s)f(s)\,d\mu(s) - \\ - \int\limits_{x+0}^{x+\varepsilon} \frac{\phi_2(x)\phi_1(s) - \phi_1(x)\phi_2(s)}{\varepsilon}\,f(s)\,d\mu(s).$$

Пределы первого и второго слагаемых при $\varepsilon \to +0$ равны

$$-\frac{\phi_2'(x+0)}{pW}\int\limits_0^{x+0}\phi_1(s)f(s)\,d\mu(s),\qquad -\frac{\phi_1'(x+0)}{pW}\int\limits_{x+0}^{1}\phi_2(s)f(s)\,d\mu(s).$$

Докажем, что

$$\lim_{\varepsilon\to+0}\int\limits_{x+0}^{x+\varepsilon}\frac{\phi_2(x)\phi_1(s)-\phi_1(x)\phi_2(s)}{\varepsilon}\,f(s)\,d\mu(s)=0. \tag{7.43}$$

Действительно, в силу непрерывности подынтегральной функции

$$\int\limits_{x+0}^{x+\varepsilon}\frac{\phi_2(x)\phi_1(s)-\phi_1(x)\phi_2(s)}{\varepsilon}\,dF(s)=\frac{\phi_2(x)\phi_1(x^*)-\phi_1(x)\phi_2(x^*)}{\varepsilon}\,V_{x+0}^{x+\varepsilon}(F), \tag{7.44}$$

где

$$F(x)=\int\limits_0^x f(s)\,d\mu(s)\quad (x\in\overline{[0,1]}_\mu).$$

Поскольку при доказательстве теоремы 7.2 было установлено, что отношение

$$\frac{\phi_2(x)\phi_1(x^*)-\phi_1(x)\phi_2(x^*)}{\varepsilon}$$

ограничено, формула (7.43) является следствием (7.44) и равенства $\lim\limits_{\varepsilon\to+0}V_{x+0}^{x+\varepsilon}(F)=0$. Кроме того, из (7.42) следует, что $u'(x)$ $(x\in\overline{[0,1]}_\mu)$ имеет ограниченное изменение.

Докажем, что

$$(pu')'_\mu(x+0)=-\frac{1}{pW}\,(p\phi_2')'_\mu(x+0)\int\limits_0^{x+0}\phi_1(s)f(s)\,d\mu(s)-$$
$$-\frac{1}{pW}\,(p\phi_1')'_\mu(x+0)\int\limits_{x+0}^{1}\phi_2(s)f(s)\,d\mu(s)-f(x+0), \tag{7.45}$$

$$\Delta(pu')(x)=-f(x)\Delta\mu(x)-\frac{\phi_2(x)\Delta Q(x)}{pW}\int\limits_0^{x-0}\phi_1(s)f(s)\,d\mu(s)-$$
$$-\frac{\phi_2(x)\phi_1(x)}{pW}\,f(x)\Delta Q(x)\Delta\mu(x)-\frac{\phi_1(x)\Delta Q(x)}{pW}\int\limits_{x+0}^{1}\phi_2(s)f(s)\,d\mu(s), \tag{7.46}$$

если $x\in S(\mu)$.

Заметим, что μ-абсолютная непрерывность $(pu')(x)$ устанавливается стандартным способом, следовательно, μ-производная функции $(pu')(x)$ существует почти всюду (по μ-мере). Пусть x — одна из таких точек. Тогда для $\varepsilon > 0$

$$\frac{\Delta_\varepsilon(pu')}{\Delta_\varepsilon\mu} = -\frac{\Delta_\varepsilon(p\phi_2')}{pW\Delta_\varepsilon\mu}\int\limits_0^{x+\varepsilon}\phi_1(s)f(s)\,d\mu(s) - \\ - \frac{(p\phi_2')(x+0)}{pW\Delta_\varepsilon\mu}\int\limits_{x+0}^{x+\varepsilon}\phi_1(s)f(s)\,d\mu(s) - \\ - \frac{\Delta_\varepsilon(p\phi_1')}{pW\Delta_\varepsilon\mu}\int\limits_{x+\varepsilon}^{1}\phi_2(s)f(s)\,d\mu(s) - \frac{(p\phi_1')(x+0)}{pW\Delta_\varepsilon\mu}\int\limits_{x+0}^{x+\varepsilon}\phi_2(s)f(s)\,d\mu(s). \tag{7.47}$$

Пределы первого и третьего слагаемых в правой части (7.47) соответственно равны

$$-\frac{(p\phi_2')'_\mu(x+0)}{pW}\int\limits_0^{x+0}\phi_1(s)f(s)\,d\mu(s),$$

$$-\frac{(p\phi_1')'_\mu(x+0)}{pW}\int\limits_{x+0}^{1}\phi_2(s)f(s)\,d\mu(s).$$

Остается показать, что

$$\lim_{\varepsilon\to 0}\frac{1}{pW}\int\limits_{x+0}^{x+\varepsilon}\frac{(p\phi_2')(x+0)\phi_1(s) - (p\phi_1')(x+0)\phi_2(s)}{\Delta_\varepsilon\mu}\,f(s)\,d\mu(s) = f(x+0). \tag{7.48}$$

Из равенства

$$(p\phi_2')(x+0)\phi_1(s) - (p\phi_1')(x+0)\phi_2(s) = [(p\phi_2')(x+0) - (p\phi_2')(s)]\,\times \\ \times\,\phi_1(s) - [(p\phi_1')(x+0) - (p\phi_1')(s)]\,\phi_2(s) + pW$$

вытекает

$$\frac{1}{pW}\int\limits_{x+0}^{x+\varepsilon}\frac{(p\phi_2')(x+0)\phi_1(s) - (p\phi_1')(x+0)\phi_2(s)}{\Delta_\varepsilon\mu}\,f(s)\,d\mu(s) = \frac{\Delta_\varepsilon F}{\Delta_\varepsilon\mu} + \\ + \int\limits_{x+0}^{x+\varepsilon}\frac{\big[(p\phi_2')(x+0) - (p\phi_2')(x)\big]\,\phi_1(s) - \big[(p\phi_1')(x+0) - (p\phi_1')(s)\big]\phi_2(s)}{pW\Delta_\varepsilon\mu}\,dF(s).$$

Первое слагаемое при $\varepsilon \to 0$ стремится к $f(x+0)$, а для второго имеем оценку

$$\left| \int\limits_{x+0}^{x+\varepsilon} \frac{\big[(p\phi_2')(x+0)-(p\phi_2')(s)\big]\phi_1(s) - \big[(p\phi_1')(x+0)-(p\phi_1')(s)\big]\phi_2(s)}{pW\Delta_\varepsilon\mu}\, dF(s)\right| \leqslant$$

$$\leqslant \frac{1}{pW}\, V_{x+0}^{x+\varepsilon}(p\phi_2')\|\phi_1\|\left|\frac{\Delta_\varepsilon F}{\Delta_\varepsilon\mu}\right| + \frac{1}{pW}\, V_{x+0}^{x+\varepsilon}(p\phi_1')\|\phi_2\|\left|\frac{\Delta_\varepsilon F}{\Delta_\varepsilon\mu}\right|,$$

откуда, с учетом $V_{x+0}^{x+\varepsilon}(p\phi_i') \to 0$ $(i=1,2)$, вытекает (7.48), что и доказывает (7.45). Остается доказать равенство (7.46). Имеем

$$\Delta(pu')(x) = -\frac{\Delta(p\phi_2')(x)}{pW}\int\limits_0^{x+0}\phi_1(s)f(s)\,d\mu(s) -$$

$$-\frac{\Delta(p\phi_1')(x)}{pW}\int\limits_{x+0}^{1}\phi_2(s)f(s)\,d\mu(s) - \frac{(p\phi_2')(x-0)}{pW}\,\phi_1(x)f(x)\Delta\mu(x) +$$

$$+\frac{(p\phi_1')(x-0)}{pW}\,\phi_2(x)f(x)\Delta\mu(x),$$

откуда находим

$$\Delta(pu')(x) = -\frac{\Delta(p\phi_2')(x)}{pW}\int\limits_0^{x-0}\phi_1(s)f(s)\,d\mu(s) - \frac{\Delta(p\phi_2')(x)}{pW}\,\phi_1(x)\times$$

$$\times f(x)\Delta\mu(x) - \frac{\Delta(p\phi_1')(x)}{pW}\int\limits_{x+0}^{1}\phi_2(s)f(s)\,d\mu(s) - f(x)\Delta\mu(x);$$

остается заметить, что $\Delta(p\phi_2')(x) = \phi_2(x)\Delta Q(x)$, и тем самым равенство (7.46) доказано.

Для точек $x \notin S(\mu)$, в которых $(pu')'_\mu$ существует, имеем

$$-(pu')'_\mu(x) + u(x)q(x) = \frac{1}{pW}\,(p\phi_2')'_\mu(x)\int\limits_0^x\phi_1(s)f(s)\,d\mu(s) +$$

$$+\frac{1}{pW}\,(p\phi_1')'_\mu(x)\int\limits_x^1\phi_2(s)f(s)\,d\mu(s) + f(x) -$$

$$-\frac{q(x)\phi_2(x)}{pW}\int\limits_0^x\phi_1(s)f(s)\,d\mu(s) - \frac{q(x)\phi_1(x)}{pW}\int\limits_x^1\phi_2(s)f(s)\,d\mu(s),$$

и, замечая, что $-(p\phi_i')'_\mu + q\phi_i = 0$ $(i = 1, 2)$, получаем

$$-(pu')'_\mu(x) + u(x)q(x) = f(x).$$

Для точек $x \in S(\mu)$

$$-\Delta(pu')'_\mu(x) + u(x)q(x) = f(x)\Delta\mu(x) +$$

$$+ \frac{\phi_2(x)\Delta Q(x)}{pW} \int\limits_0^{x-0} \phi_1(s)f(s)\,d\mu(s) + \frac{\phi_1(x)\phi_2(x)}{pW} f(x)\Delta Q(x)\Delta\mu(x) +$$

$$+ \frac{\phi_1(x)\Delta Q(x)}{pW} \int\limits_{x+0}^{1} \phi_2(s)f(s)\,d\mu(s) - \frac{\phi_2(x)\Delta Q(x)}{pW} \int\limits_0^{x-0} \phi_1(s)f(s)\,d\mu(s) -$$

$$- \frac{\phi_1(x)\phi_2(x)}{pW} f(x)\Delta Q(x)\Delta\mu(s) - \frac{\phi_1(x)}{pW}\Delta Q(x) \int\limits_{x+0}^{1} \phi_2(s)f(s)\,d\mu(s),$$

откуда следует равенство

$$-\Delta(pu')'_\mu(x) + u(x)\Delta Q(x) = \Delta F(x).$$

Теорема доказана.

7.4. Осцилляционные свойства спектра

Пусть $G(x,s)$ — функция Грина краевой задачи

$$Lu = f, \quad u(0) = u(1) = 0.$$

Тогда задача

$$Lu = \lambda R'_\mu u, \quad u(0) = u(1) = 0 \tag{7.49}$$

эквивалентна уравнению

$$u(x) = \lambda \int\limits_0^1 G(x,s)R'_\mu(s)u(s)\,d\mu(s).$$

Оператор

$$Au(x) = \int\limits_0^1 G(x,s)R'_\mu(s)u(s)\,d\mu(s)$$

в силу непрерывности функции Грина является вполне непрерывным в пространстве $C[0,1]$. Следовательно, спектр оператора A состоит из собственных значений, причем единственно возможная точка сгущения собственных значений интегрального оператора A есть 0, откуда вытекает, что ∞ — единственная предельная точка собственных значений задачи (7.49). Алгебраическими рассуждениями устанавливается вещественность и простота (алгебраическая и геометрическая) собственных значений.

Ниже (при анализе распределения нулей собственных функций) нам потребуется аналог теоремы о неявной функции для функций ограниченной вариации.

Обозначим через $U_\Delta(x_0, \lambda_0)$ множество тех x и λ, для которых выполняются неравенства $|x - x_0| < \Delta$ и $|\lambda - \lambda_0| < \Delta$.

Теорема 7.13. *Пусть $u(x_0, \lambda_0) = 0$, причем $u(x, \lambda)$ непрерывна в некоторой окрестности $U_\Delta(x_0, \lambda_0)$ точки (x_0, λ_0) и имеет непрерывную частную производную u'_λ с конечным изменением при каждом фиксированном $\lambda \in [\lambda_0 - \Delta, \lambda_0 + \Delta]$, а производная u'_x (которая, вообще говоря, может иметь разрывы) имеет конечное изменение на отрезке $[x_0 - \Delta, x_0 + \Delta]$ при каждом фиксированном $\lambda \in [\lambda_0 - \Delta, \lambda_0 + \Delta]$.*

Если производная $u'_x(\tau, \lambda)$ отлична от нуля и сохраняет знак при всех $\tau \in \overline{[x_0 - \Delta, x_0 + \Delta]}_\mu$ и $\lambda \in [\lambda_0 - \Delta, \lambda_0 + \Delta]$, то существует прямоугольник

$$\{x_0 - \Delta_1 < x < x_0 + \Delta_1, \lambda_0 - \Delta_2 < \lambda < \lambda_0 + \Delta_2\},$$

внутри которого уравнение $u(x, \lambda) = 0$ определяет x как однозначную функцию от λ для $\lambda_0 - \Delta_2 < \lambda < \lambda_0 + \Delta_2$, принимающую значение x_0 при $\lambda = \lambda_0$ и обладающую производной, определенной на $\overline{I}_\mu = \overline{[x_0 - \Delta_1, x_0 + \Delta_1]}_\mu$, которая имеет конечное изменение на $\overline{I}_\mu$.

Доказательство существования и непрерывности неявной функции проводится теми же рассуждениями, что и в классическом случае. Покажем справедливость второй части теоремы.

Так как $u(x(\lambda), \lambda) \equiv 0$, то предел

$$\lim_{\Delta\lambda \to 0} \frac{u(x(\lambda + \Delta\lambda), \lambda + \Delta\lambda) - u(x, \lambda)}{\Delta\lambda}$$

существует и равен нулю. По условию

$$\lim_{\Delta\lambda \to 0} \frac{u(x + \Delta x, \lambda + \Delta\lambda) - u(x + \Delta x, \lambda)}{\Delta\lambda} = u'_\lambda(x, \lambda),$$

где через Δx обозначено $x(\lambda + \Delta\lambda) - x(\lambda)$; следовательно,

$$\lim_{\Delta\lambda \to 0} \frac{u(x + \Delta x, \lambda) - u(x, \lambda)}{\Delta\lambda}$$

также существует. Поскольку $x = x(\lambda)$ непрерывна, то Δx стремится к нулю, когда $\Delta\lambda \to 0$.

Если предел $\lim\limits_{\Delta x\to 0}\dfrac{u(x+\Delta x,\lambda)-u(x,\lambda)}{\Delta\lambda}$ существует (по условию он отличен от нуля), то существует и предел $\lim\limits_{\Delta\lambda\to 0}\dfrac{\Delta x}{\Delta\lambda}$. Тогда $u'_\lambda(x,\lambda)+$ $+\,u'_x(x,\lambda)x'(\lambda)=0$. Откуда

$$x'(\lambda)=-\frac{u'_\lambda(x,\lambda)}{u'_x(x,\lambda)}.$$

Если предел не существует, то существуют по крайней мере две различные последовательности $\Delta'_k\lambda$ и $\Delta''_k\lambda$ для которых $\Delta'_k x<0$ и $\Delta''_k x>0$ соответственно. Но по условию левая и правая производные функции $u(x,\lambda)$ по x существуют. Тогда

$$u'_\lambda(x-0,\lambda)+u'_x(x-0,\lambda)x'(\lambda)=0,$$
$$u'_\lambda(x+0,\lambda)+u'_x(x+0,\lambda)x'(\lambda)=0.$$

Таким образом, мы получаем, что

$$x'(\lambda)=-\frac{u'_\lambda(x,\lambda)}{u'_x(x,\lambda)},$$

где $x\in\overline{[x_0-\Delta,x_0+\Delta]_\mu}$. Так как u'_λ непрерывна и имеет ограниченную вариацию, u'_x отлична от нуля, сохраняет знак и имеет конечное изменение, то x'_λ является функцией с конечным изменением, на чем доказательство теоремы завершается.

Рассмотрим теперь вопрос о распределении нулей собственных функций основной задачи

$$Lu\equiv-(pu')'+qu=\lambda\rho u,\qquad u(0)=u(1)=0 \tag{7.50}$$

(здесь $q=Q'_\mu$ и $\rho=R'_\mu$) в зависимости от спектрального параметра λ.

Продолжим на $[1;\ \infty)$ коэффициенты p, q, ρ уравнения

$$Lu-\lambda\rho u=0 \tag{7.51}$$

по непрерывности константами. При $\lambda<\lambda_0$ (λ_0 — первое собственное значение) новое уравнение, не осциллируя на $[0,1]$, будет осциллировать на $[0;\ \infty)$, где каждое нетривиальное решение будет иметь бесконечное число нулей. Обозначим через $u(x,\lambda)$ решение (7.51) при условии $u(0)=0$. Будем считать $u(x,\lambda)$ как-либо нормированной. Обозначим нулевые точки $u(x,\lambda)$ на $[1;\ \infty)$ в порядке их возрастания через $z_0(\lambda)$, $z_1(\lambda),\ldots,$ $z_k(\lambda),\ldots$ Все они — простые нули $u(x,\lambda)$, непрерывно зависящие от λ. В силу теоремы Штурма каждая из функций $z_k(\lambda)$ строго убывает по λ, когда ее значение принадлежит лучу $(0;\ \infty)$.

При λ, совпадающем с ведущим собственным значением λ_0, очевидно, $z_0(\lambda_0)=1$. Если λ непрерывно увеличивать, то все нулевые точки $z_i(\lambda)$ сместятся влево. Когда очередная из них $z_k(\lambda)$ совпадет с 1, соответствующее решение $u(x,\lambda)$, обнулившись в точке $x=1$, окажется собственной функцией (7.50), а значение λ, для которого $z_k(\lambda) = 1$, — собственным значением. Поскольку попаданию $z_k(\lambda)$ в точку 1 должно было предшествовать прохождение через эту точку предыдущих нулей $z_0(\lambda)$, $z_1(\lambda), \ldots$, $z_{k-1}(\lambda)$, то равенство $z_k(\lambda) = 1$ определяет λ_k, т. е. k-е собственное значение.

Характер предстоящих трудностей легко предвидеть с помощью той же функции $u(x, \lambda)$. Связь нулей этой функции с параметром λ и их эволюцией при изменении λ определяется уравнением $u(x, \lambda) = 0$ в виде неявной функции $x(\lambda)$. Эта функция заведомо многозначна (при каждом λ функция $u(x, \lambda)$ может иметь по x много нулей, и количество их возрастает с возрастанием λ). Однако оказывается, что поведение такой многозначной функции можно исчерпывающим образом описать, выделяя непрерывные ветви.

Теорема 7.14. *Пусть L не осциллирует на $[0, 1]$.*

Тогда спектр Λ задачи (7.50) *состоит из неограниченной последовательности вещественных строго положительных простых собственных значений $\lambda_0 < \lambda_1 < \ldots$ При этом соответствующая λ_k собственная функция $\phi_k(x)$ имеет в $(0, 1)$ точно k нулей, в каждом из которых она меняет знак; нули ϕ_k и ϕ_{k+1} перемежаются.*

Доказательство вещественности, строгой положительности и простоты всех точек спектра Λ осуществлено выше. Наименее ясный вопрос о числе нулей собственных функций будет изучен отслеживанием движения нулей при изменении λ с помощью метода «накачки нулей» (см. п. 5.2.2).

Рассмотрим зависящее от параметра λ семейство w_λ решений уравнения (7.51), которое мы определим следующим образом:

$$w_\lambda(x) = -\begin{vmatrix} 0 & \psi_1(x, \lambda) & \psi_2(x, \lambda) \\ 0 & l_1[\psi_1(\cdot, \lambda)] & l_1[\psi_2(\cdot, \lambda)] \\ 1 & l_2[\psi_1(\cdot, \lambda)] & l_2[\psi_2(\cdot, \lambda)] \end{vmatrix}, \tag{7.52}$$

где $\{\psi_i(x, \lambda)\}_{i=1}^2$ — фундаментальная система решений уравнения (7.51). Ниже наряду с обозначением $w_\lambda(x)$ мы будем использовать альтернативное: $w(x, \lambda)$. Непосредственно проверяется, что

$$w_\lambda(0) = 0, \quad w_\lambda(1) = \det \|l_i[\psi_j(\cdot, \lambda)]\|_{i,j=1}^2. \tag{7.53}$$

Как функции ψ_j, так и их первые две производные (по первому аргументу) не только непрерывны, но и дифференцируемы по λ любое число раз, а w_λ в силу (7.52) наследует эти свойства.

Теорема 7.15. *Пусть выполнены условия теоремы* 7.14.

Тогда:

1) *при $\lambda \in \Lambda$ функция w_λ есть собственная для задачи* (7.50);

2) *существует счетный набор непрерывных и строго убывающих функций $\{\zeta_k(\lambda)\}_{k=1}^\infty$, $\zeta_k\colon\ (\lambda_{k-1};\ +\infty) \to [0, 1]$, $\zeta_k(\lambda_{k-1} + 0) = 1$, об-*

ладающих тем свойством, что при $\lambda \in \mathbb{R}$ множество нулей $Z(\lambda)$ функции w_λ совпадает с $\{\zeta_1(\lambda), \ldots, \zeta_k(\lambda)\}$.

Теорема 7.15 влечет утверждение теоремы 7.14 о количестве нулей собственных функций задачи (7.50).

Доказательство теоремы 7.15 начнем со свойства (1).

Пусть $\lambda_* \in \Lambda$. Поскольку $\det \|l_i[\psi_j(\cdot, \lambda_*)]\| = 0$, то из (7.53) сразу следует, что $w_{\lambda_*}(1) = 0$. Поэтому достаточно показать, что $w_{\lambda_*} \not\equiv 0$. Представление (7.52) при $\lambda = \lambda_*$ можно переписать в виде

$$w_{\lambda_*}(x) = -\begin{vmatrix} \psi_1^*(x) & \psi_2^*(x) \\ l_2[\psi_1^*] & l_2[\psi_2^*] \end{vmatrix}, \tag{7.54}$$

где $\psi_j^*(x) := \psi_j(x, \lambda_*)$. Если $w_{\lambda_*} \equiv 0$, то $\psi_1^*(x) \cdot l_2[\psi_2^*] \equiv l_2[\psi_1^*] \cdot \psi_2^*(x)$. Последнее тождество противоречит линейной независимости $\psi_1^*(x)$ и $\psi_2^*(x)$, стало быть, $w_{\lambda_*} \not\equiv 0$. Пункт (1) теоремы 7.15 доказан.

Прежде, чем завершить доказательство теоремы 7.15, докажем ряд вспомогательных утверждений.

Лемма 7.5. *Каково бы ни было число λ_*, найдется $\varepsilon > 0$ и найдется $\Delta > 0$ такие, что для любого $z \in Z(\lambda_*) = \{x \in (0,1)\colon w_{\lambda_*}(x) = 0\}$ функция $\zeta\colon U_\Delta(\lambda_*) \to U_\varepsilon(z)$, удовлетворяющая условиям:*

1) $\zeta(\lambda_*) = z$;

2) $w_\lambda(\zeta(\lambda)) \equiv 0$;

существует и единственна. При этом ζ убывает и непрерывна на $U_\Delta(\lambda_*)$.

Если, кроме того, $\lambda_* \in \Lambda$, то и для $z = 1$ найдутся такие $\varepsilon > 0$ и $\Delta > 0$, что функция $\zeta_1\colon\ (\lambda_*;\ \lambda_* + \Delta) \to U_\varepsilon(1)$, удовлетворяющая условиям:

1) $\zeta_1(\lambda_* + 0) = 1$;

2) $w_\lambda(\zeta_1(\lambda)) \equiv 0$;

существует и единственна. При этом ζ_1 убывает и непрерывна на $(\lambda_*;\ \lambda_* + \Delta)$.

Доказательство. Пусть $z \in Z(\lambda_*)$. Если

$$h(x) = \frac{\partial}{\partial\lambda}\, w(x, \lambda_*),$$

то $L_{\lambda_*} h = \rho w_{\lambda_*}$, причем $h(0) = 0$. Значит, $w_{\lambda_*} L_{\lambda_*} h \geqslant 0$, и на $(0, z)$ применима теорема 7.10, согласно которой неравенство $h(z) w'(z - 0, \lambda_*) \leqslant \leqslant 0$ влечет выполнение на $(0, z)$ тождества $L_{\lambda_*} h \equiv 0$, которое в сочетании с $L_{\lambda_*} h = \rho w_{\lambda_*}$ означает тривиальность w_{λ_*} на $(0, z)$, противоречащую конечности множества нулей w_{λ_*}. Стало быть, $h(z) w'(z, \lambda_*) > 0$, что после применения теоремы о неявной функции и влечет (с учетом конечности $Z(\lambda_*)$) первую часть утверждения леммы.

Вторая часть леммы, касающаяся случая $\lambda_* \in \Lambda$, устанавливается такими же рассуждениями с той лишь разницей, что теорема о неявной функции «односторонняя». Лемма доказана.

Лемма 7.6. *Пусть* $(\nu_1;\ \nu_2) \cap \Lambda = \varnothing$. *Тогда* $|Z(\lambda)| \equiv \text{const}$ *на* $(\nu_1;\ \nu_2)$.

Доказательство. Из равномерной непрерывности w_λ по λ вытекает замкнутость множества

$$G_Z = \bigl\{(\lambda;\ x) \in \mathbb{R} \times [0,1] \colon w_\lambda(x) = 0\bigr\}.$$

В самом деле, если $(\lambda_k;\ x_k) \in G_Z$ и $(\lambda_k;\ x_k) \to (\lambda_0;\ x_0)$, то $x_0 \in [0,1]$ и

$$|w_{\lambda_0}(x_0)| = |w_{\lambda_k}(x_k) - w_{\lambda_0}(x_0)| \leqslant$$
$$\leqslant |w_{\lambda_k}(x_k) - w_{\lambda_0}(x_k)| + |w_{\lambda_0}(x_k) - w_{\lambda_0}(x_0)|.$$

И остается воспользоваться равномерной сходимостью w_{λ_k} к w_{λ_0} и непрерывностью w_{λ_0}.

Пусть $\sigma \in (\nu_1;\ \nu_2)$. В силу леммы 7.5 $|Z(\lambda)| \geqslant |Z(\sigma)|$ в некоторой окрестности σ; поэтому если $|Z(\lambda)| \not\equiv \text{const}$ в любой окрестности σ, то существует последовательность $\sigma_k \to \sigma$ такая, что $|Z(\sigma_k)| > |Z(\sigma)|$. Стало быть, существует, как минимум, $|Z(\sigma)| + 1$ почленно различных последовательностей

$$\{z_k^i\}_{k=1}^{\infty} \subset (0,1) \qquad (i = \overline{1;\ |Z(\sigma)| + 1})$$

($z_k^i \neq z_k^j$ при $i \neq j$) таких, что $w_{\sigma_k}(z_k^i) = 0$ для всех i и k. При этом никакие две из них не могут (в силу леммы 7.5) сходиться к одной точке из $Z(\sigma) \cup \{1\}$ ($\{z_k^i\}_{k=1}^{\infty}$ можно считать сходящимися ввиду компактности $[0,1]$). Значит, существует i_0 такое, что $z_k^{i_0}$ сходится к 0. Но этот факт с учетом конечности $Z(\sigma_k)$ противоречит тому, что при $|\sigma_k - \sigma| < 1$ функция w_{σ_k} не может иметь нулей в интервале неосцилляции уравнения $L_{\sigma+1}u = 0$, примыкающем к $x = 0$.

Тем самым установлено, что $|Z(\lambda)| \equiv |Z(\sigma)|$ в некоторой окрестности точки σ. Ввиду произвольности σ отсюда следует, что существует покрытие интервала $(\mu;\ \nu)$ интервалами постоянства $|Z(\lambda)|$. По лемме Гейне–Бореля для всякого отрезка, содержащегося в $(\mu;\ \nu)$, существует конечное подпокрытие этого покрытия, что влечет постоянство $|Z(\lambda)|$ на любом отрезке из $(\mu;\ \nu)$.

Замечание. Совершенно аналогично доказывается, что если в условиях предыдущей леммы $\nu_2 \in \Lambda$, то $|Z(\lambda)| = |Z(\nu_2)|$ для всех $\lambda \in (\nu_1;\ \nu_2]$; разница лишь в том, что в случае $\sigma = \nu_2$ нужно рассматривать левостороннюю окрестность точки ν.

Лемма 7.7. *Если* $\lambda_* \in \Lambda$, *то*

$$|Z(\lambda_* - 0)| = |Z(\lambda_*)| = |Z(\lambda_* + 0)| - 1,$$

т. е. при переходе λ *через точку спектра задачи* (7.49) *количество нулей* w_λ *увеличивается ровно на* 1.

Доказательство. Равенство $|Z(\lambda_* - 0)| = |Z(\lambda_*)|$ следует из последнего замечания. В силу второй части леммы 7.5

$$|Z(\lambda_* + 0)| > |Z(\lambda_*)|,$$

поэтому если $|Z(\lambda_*)| \neq |Z(\lambda_* + 0)| - 1$, то

$$|Z(\lambda_* + 0)| \geqslant |Z(\lambda_*)| + 2,$$

что в силу принципа Дирихле приводит вместе с неравенством $|Z(\lambda_*) \cup \cup \{1\}| < |Z(\lambda_* + 0)|$ к противоречию с леммой 7.5.

Лемма доказана.

Теперь утверждение теоремы 7.15 следует из приведенных лемм, а теорема 7.14 оказывается прямым следствием теорем 7.15 и 7.5.

Глава 8
УРАВНЕНИЯ ЧЕТВЕРТОГО ПОРЯДКА

Уравнение стержня, выведенное еще в конце XVIII века Эйлером, играет в дифференциальных уравнениях особую роль. По существу оно является «стартовым» для обобщений: если какое-то свойство задачи Штурма–Лиувилля удается установить и для стержня, это почти наверняка означает наличие общего результата для уравнений n-го порядка.

В настоящей работе рассматривается дифференциальное уравнение на сети (геометрическом графе), являющееся моделью стержневой конструкции. Первые работы по дифференциальным уравнениям на сетях появились в начале 80-х годов XX века и связаны были главным образом с исследованием задачи Штурма–Лиувилля. Уравнения четвертого порядка на сетях стали рассматриваться только в 90-х годах [9, 131]. В них исследовались, как правило, различные системы стержней, описываемых уравнениями $(p_i y_i'')'' = (q_i y_i')'$ на ребрах и различными условиями шарнирного и упруго-шарнирного закрепления. Несмотря на кажущуюся простоту формулировок, даже модели физического происхождения оказываются очень трудными для анализа. Уже простейшие результаты — обоснование разрешимости краевых задач, асимптотика спектра и т. п. — устанавливаются с трудом и нередко в предположении постоянства коэффициентов [9, 119]. Получен ряд результатов в задачах граничного управления [132, 133], но только там, где работают «грубые» методы функционального анализа, безразличные к структуре и топологии сети. Практически не исследована даже такая простая по формулировке задача, как деформация решетки из жестко спаянных стержней. Ей отвечают условия

$$y'_{i\nu}\sin(\vartheta_j-\vartheta_k)+y'_{j\nu}\sin(\vartheta_k-\vartheta_i)+y'_{k\nu}\sin(\vartheta_i-\vartheta_j)=0 \quad (i,j,k\in I(a)), \tag{8.1}$$

$$\sum_{i\in I(a)} p_i(a)y_i''(a)\sin\vartheta_i=\sum_{i\in I(a)} p_i(a)y_i''(a)\cos\vartheta_i=0, \tag{8.2}$$

$$y_i(a)-y_j(a)=0 \quad (i,j\in I(a)), \tag{8.3}$$

$$\sum_{i\in I(a)} \alpha_i(a)[(p_i y_i'')'_\nu - q y'_{i\nu}](a) + \rho(a)y(a) = 0. \tag{8.4}$$

Здесь ϑ_i — углы, образованные направляющими векторами стержней с некоторым выбранным направлением, условия (8.1) описывают компланарность всех троек касательных векторов, два следующих условия (8.2) определяют баланс вращающих моментов (в проекции на плоскость решетки), в (8.3) заданы условия непрерывности, а в (8.4) — условие баланса сил. Учет в такой модели крутильных деформаций приводит к векторной задаче с еще более сложными условиями, аналогичной популярной сейчас модели сот [154]. Интересная модель стержневой системы изучена в [80]. В данной работе мы обсуждаем модель упруго-шарнирно сочлененных стержней. В центре внимания — аналоги монотонных свойств решений, функция Грина и ее свойства, различные методы редукции задачи к более простым.

8.1. Основные понятия и постановки задач

Пусть Γ — геометрический граф в $\mathbb{R}^3$, $V(\Gamma)$ — множество его вершин и $E(\Gamma)$ — множество ребер. Множество вершин разобьем на два подмножества: $\partial\Gamma$ — граничные вершины, принадлежащие только одному ребру, и $J(\Gamma)$ — внутренние вершины, принадлежащие нескольким ребрам. Пусть ребра и вершины пронумерованы каким-либо образом; тогда ребра будем обозначать через γ_i $(i = \overline{1,k})$; множество номеров ребер, содержащих вершину a, обозначим через $I(a)$.

Мы рассматриваем вещественнозначные функции на графе. Сужение функции $y(x)$ на ребро γ_i будем обозначать $y_i(x)$.

Производная функции на ребре определяется как производная на ориентированном многообразии и обозначается $y_i'(x)$. Аналогично определяются производные высших порядков. Каждой вершине $a \in V(\Gamma)$ соответствует набор производных $y_i^{(j)}(a)$ вдоль ребер, примыкающих к a. Естественно, производные нечетного порядка зависят от ориентации ребра, поэтому при записи условий с производными в вершинах мы будем использовать «универсальные» производные по направлению «от вершины», которые будем обозначать $y_{i\nu}^{(j)}(a)$ (одномерный аналог производных по внутренней нормали). Однако для четной производной ориентация не важна, и поэтому для краткости вместо $y_{i\nu}''$ мы пишем просто y_i''.

Пусть на Γ задана топология, индуцированная из $\mathbb{R}^3$. Через $C(\Gamma)$ обозначим пространство непрерывных на Γ функций в смысле указанной топологии. Формальное произведение пространств $C(\gamma_i)$ $(i = \overline{1,k})$ обозначим $C[\Gamma]$. Удобно считать, что любая функция из $C[\Gamma]$ задана на графе, непрерывна внутри ребер и в граничных вершинах, а в каждой внутренней вершине ей приписан набор значений — пределов в этой вершине вдоль примыкающих ребер. Через $C^n[\Gamma]$ обозначим пространство функций из $C[\Gamma]$, имеющих производные до порядка n, принадлежащие $C[\Gamma]$. Через $C^n(\Gamma)$ обозначим пространство функций из $C(\Gamma)$, имеющих производные до порядка n из $C[\Gamma]$.

Под дифференциальным уравнением на графе Γ мы будем понимать, следуя [57] (см. также гл. 3), совокупность дифференциальных уравнений на ребрах и совокупность условий согласования в вершинах графа.

Уравнения на ребрах имеют вид

$$(p_i(x)y_i'')'' - (q_i(x)y_i')' = f_i(x) \quad (x \in \gamma_i). \tag{8.5}$$

Формальную совокупность уравнений (8.5) мы будем записывать единой формулой

$$(p(x)y'')'' - (q(x)y')' = f(x) \quad (x \in [\Gamma]), \tag{8.6}$$

считая $y(\cdot) \in C^4[\Gamma]$, $p(\cdot) \in C^2[\Gamma]$, $q(\cdot) \in C^1[\Gamma]$, $f(\cdot) \in C[\Gamma]$. Дополнение (8.6) до «полноценного» уравнения на графе будет осуществляться условиями согласования следующих типов, характерных для соединений стержней (мотивацию см. в [9, 39, 78]).

Непрерывность в вершине a (условие (c)):

$$y_i(a) - y_j(a) = 0 \quad \forall\, i, j \in I(a).$$

Упругое защемление в вершине a (условие $(\beta\vartheta)$):

$$\beta_i(a)y_i''(a) - \vartheta_i(a)y_{i\nu}'(a) = 0 \quad (i \in I(a)).$$

Упругая опора в вершине a (условие $(\alpha\rho)$):

$$\sum_{i \in I(a)} \alpha_i(a)D_\nu^3 y_i(a) + \rho(a)y(a) = F(a).$$

Здесь и далее через $D^3 y$ обозначена третья квазипроизводная $(p(x)y'')' - q(x)y'$, а под $D_\nu^3 y_i(a)$ понимается ее значение в вершине a вдоль ребра γ_i по направлению «от вершины».

Отдельно выделим частные случаи, получающиеся при обращении некоторых коэффициентов в нуль.

Шарнирное соединение (условие (β)):

$$y_i''(a) = 0 \quad (i \in I(a)).$$

Жесткое защемление (условие (ϑ)):

$$y_{i\nu}'(a) = 0 \quad (i \in I(a)).$$

Условие гладкости (*баланс сил*; условие (α)):

$$\sum_{i \in I(a)} \alpha_i(a)D_\nu^3 y_i(a) = F(a).$$

Частный случай условия $(\alpha\rho)$, получающийся при $\alpha_i(a) = 0$, мы будем выделять особо — это условия Дирихле (условие (ρ)):

$$y(a) = \varphi(a).$$

Мы будем предполагать, что условия $(\beta\vartheta)$ (или (β), или (ϑ)) заданы во всех вершинах графа, условия $(\alpha\rho)$ или (α) — во внутренних вершинах, а условия Дирихле (ρ) — в граничных вершинах.

Таким образом, под дифференциальным уравнением на графе Γ мы понимаем совокупность

$$(p(x)y'')'' - (q(x)y')' = f(x), \qquad y \in C^4(\Gamma), \tag{8.7}$$

$$\beta_i(a)y_i''(a) - \vartheta_i(a)y_{i\nu}'(a) = 0, \qquad i \in I(a), \qquad a \in V(\Gamma), \tag{8.8}$$

$$\sum_{i \in I(a)} \alpha_i(a) D_\nu^3 y_i(a) + \rho(a)y(a) = F(a), \quad a \in J(\Gamma) \tag{8.9}$$

(условие непрерывности «спрятано» в требование $y \in C^4(\Gamma)$).

Краевая задача на графе — это система (8.7)–(8.9) вместе с условиями Дирихле

$$y(a) = \varphi(a), \qquad a \in \partial\Gamma \tag{8.10}$$

с заданной «граничной функцией» $\varphi\colon\ \partial\Gamma \to \mathbb{R}$.

Совокупность (8.7)–(8.10) мы иногда будем обозначать

$$Ly = f, \quad y|_{\partial\Gamma} = \varphi,$$

понимая под f совокупность правых частей уравнений (8.7) и условий (8.9).

При исследовании задачи (8.7)–(8.10) мы будем предполагать выполнение следующих условий (далее называемых условиями *плюс-регулярности*):

- $p(\cdot) \in C^2[\Gamma]$, $q(\cdot) \in C^1[\Gamma]$, $f(\cdot) \in C[\Gamma]$; $p(x) \geqslant 0$, $q(x) \geqslant 0$ на $[\Gamma]$; $\beta_i(a) \geqslant 0$, $\vartheta_i(a) \geqslant 0$ для всех $a \in V(\Gamma)$ и $i \in I(a)$; $\alpha_i(a) \geqslant 0$, $\rho(a) \geqslant 0$ для всех $a \in J(\Gamma)$ и $i \in I(a)$;
- для всех $a \in V(\Gamma)$ и $i \in I(a)$ выполнено $\beta_i(a) + \vartheta_i(a) > 0$;
- $p(x) > 0$ на $[\Gamma]$ и для всех $a \in J(\Gamma)$, $i \in I(a)$ выполнено $\alpha_i(a) > 0$;
- для любого ребра $\gamma_i = [a, b]$ положительна по крайней мере одна из величин $\max\limits_{x \in \gamma_i} |q(x)|$, $\vartheta(a)$, $\vartheta(b)$.

Первая серия условий определяется физическим смыслом задачи, вторая есть просто предположение невырожденности самих условий $(\beta\vartheta)$, третья означает регулярность дифференциального выражения как на ребрах, так и в вершинах. И лишь четвертое условие требует дополнительного объяснения. Дело в том, что при нарушении этого условия задача оказывается вырожденной. Это — своего рода «предельная» ситуация, когда спектр задачи из строго положительного становится неотрицательным: первое собственное значение оказывается равным нулю.

8.2. Разрешимость краевой задачи и функция Грина

Здесь мы следуем общей схеме, заложенной в [34, 76] и подробно представленной в гл. 6. Она состоит, во-первых, в обосновании общих результатов (эквивалентности разрешимости неоднородной задачи на графе и ее невырожденности, т.е. отсутствию у однородной задачи нетривиальных решений) путем интерпретации уравнения на графе как векторного дифференциального уравнения. После этого краевая задача и функция Грина исследуются «синтетическими» методами — мы возвращаемся к пониманию уравнения на графе как единого объекта, а функции Грина как обобщенного решения этого уравнения и анализируем ее свойства «в целом» с учетом структуры графа.

Итак рассмотрим задачу (8.7)–(8.10).

Лемма 8.1. *Краевая задача* (8.7)–(8.10) *на графе* Γ *эквивалентна некоторой двухточечной краевой задаче для векторного дифференциального уравнения четвертого порядка.*

Доказательство сводится к параметризации всех ребер γ_i отрезком $[0,1]$. Сужения $\overline{y}_i(\tau) = y_i(x(\tau))$ удовлетворяют уравнениям

$$(\overline{p}_i\overline{y}_i'')'' - (\overline{q}_i\overline{y}_i')' = \overline{f}_i$$

и образуют вектор-функцию $\overline{y}(\tau)\colon\ [0,1] \to \mathbb{R}^k$, где k — число ребер графа. Функция $\overline{y}(\tau)$ оказывается решением векторного дифференциального уравнения

$$(P(\tau)\overline{y}'')'' - (Q(\tau)\overline{y}')' = \overline{f}(\tau) \quad \big(\overline{P} = \operatorname{diag}(\overline{p}_i(\tau)),\ \overline{Q} = \operatorname{diag}(\overline{q}_i(\tau))\big),$$

а условия непрерывности (c), условия согласования (8.8), (8.9) и Дирихле (8.10) преобразуются в краевые для компонент $\overline{y}(\tau)$.

Замечание. Краевые условия в векторной задаче являются, вообще говоря, нераспадающимися. Возможность свести задачу на графе к задаче с распадающимися условиями эквивалентна свойству *двудольности* графа, когда все его вершины можно разбить на две группы так, что любые две вершины, соединенные ребром, оказываются в разных группах.

Лемма 8.2. *Неоднородная краевая задача* (8.7)–(8.10) *имеет единственное решение для любых правых частей (функций* f_i *на ребрах, значений* $F(a)$ *во внутренних вершинах) и любых граничных* *значений $\varphi(a)$ тогда и только тогда, когда однородная задача имеет только тривиальное решение.*

Доказательство сводится к использованию леммы 8.1 и соответствующего результата теории краевых задач для дифференциальных уравнений на отрезке.

Определение 8.1. Задачу (8.7)–(8.10) будем называть *невырожденной*, если соответствующая однородная задача имеет только тривиальное решение.

Замечание. Лемма 8.2, как нетрудно видеть, не обосновывает однозначную разрешимость задачи, а лишь сводит ее к невырожденности. Само обоснование невырожденности (кстати, имеющей место не всегда) является довольно нетривиальным и будет производиться в следующем параграфе на основе принципа максимума.

Лемма 8.3. *Решение невырожденной задачи* (8.7)–(8.10) *может быть представлено в виде*

$$y(x) = \int\limits_{\Gamma} G(x,s) f(s)\, ds + \sum_{b\in J(\Gamma)} F(b) w_b(x) + \sum_{b\in\partial\Gamma} \varphi(b) v_b(x), \qquad (8.11)$$

где:

1°) $w_b(\cdot) \in C^4(\Gamma)$ — *частные решения задачи* (8.7)–(8.10), *отвечающие* $f(x) \equiv 0$, $F(a) = \delta_{ab}$ (δ_{ab} — *символ Кронекера*), $\varphi(a) \equiv 0$;

2°) $v_b(\cdot) \in C^4(\Gamma)$ — *частные решения задачи* (8.7)–(8.10), *отвечающие* $f(x) \equiv 0$, $F(a) \equiv 0$, $\varphi(a) = \delta_{ab}$;

3°) *функция* $G(x,s)$ *вместе со своими производными по* x *до четвертого порядка непрерывна по совокупности переменных вплоть до границы на каждом прямоугольнике* $\gamma_i \times \gamma_j$ $(i \neq j)$ *и на каждом из симплексов, на которые диагональю* $x = s$ *разбивается квадрат* $\gamma_i \times \gamma_i$;

4°) *при каждом фиксированном* s, *являющимся внутренней точкой некоторого ребра* γ_*, *функция* $G(x,s)$ *по* x *удовлетворяет однородному уравнению*

$$(p_i(x) y_i'')'' - (q_i(x) y_i')' = 0 \qquad (8.12)$$

на $\gamma_i \neq \gamma_*$ *и на* $\gamma_i = \gamma_*$ *всюду, кроме точки* s;

5°) *функция* $G(x,s)$ *по* x *удовлетворяет однородным условиям* (8.8)–(8.10);

6°) *функция* $G(x,s)$ *на диагонали* $x = s$ *удовлетворяет условиям непрерывности вместе с производными* $\dfrac{\partial G(x,s)}{\partial x}$, $\dfrac{\partial^2 G(x,s)}{\partial x^2}$ *и условию скачка третьей квазипроизводной, взятой по* x,

$$D^3_\nu G(s,s) + D^3_{-\nu} G(s,s) = 1 \qquad (8.13)$$

(ν, $-\nu$ — пара противоположно ориентированных направляющих векторов ребра γ_*, отнесенных к точке s);

7°) *функция $G(x, s)$ условиями 4°)–6°) определяется однозначно.*

Доказательство так же, как и в случае леммы 8.2, сводится к ссылке на лемму 8.1 и известные свойства функции Грина двухточечной задачи. Для получения интегрального представления (8.11) из векторного

$$\overline{y}(\tau) = \int_0^1 \overline{G}(\tau, t)\overline{f}(t)\, dt + \sum_j F_j w_j(\tau), \tag{8.14}$$

где $\overline{G}(\tau, t) = \|G_{ij}(\tau, t)_{i,j}\|$ — матричная функция Грина, достаточно увидеть, что после возврата к исходной параметризации функция $G_{ij}(\tau, t)$ есть сужение на прямоугольник $\gamma_i \times \gamma_j$ некоторой функции $G(x, s)$, определенной на $[\Gamma] \times [\Gamma]$. Единственным «специфическим» местом в рассуждениях является переход от условий скачка на диагонали у $D^3 G_{ii}(\tau, t)$ к условию (8.13). Здесь можно просто заметить, что уже в случае отрезка, если $D^3 G(s+0, s) = D^3_\nu G(s, s)$, то $D^3 G(s-0, s) = -D^3_{-\nu} G(s, s)$, и поэтому

$$D^3 G(s+0, s) - D^3 G(s-0, s) = D^3_\nu G(s, s) + D^3_{-\nu} G(s, s).$$

Такая форма удобна для использования в уравнениях на графах, так как она не зависит от направления параметризации.

Набор условий 4°)–6°), как нетрудно видеть, в точности соответствовал бы определению решения задачи $Ly = 0$, $y|_{\partial\Gamma} = 0$, если бы не условия в точке s. Эти условия, с одной стороны, не являются дифференциальными уравнениями (что мы привыкли иметь на ребрах), а с другой стороны, — не вполне соответствуют тем типам условий, которые мы задаем в вершинах (как внутренних, так и граничных). Тем не менее нам удобно считать, следуя [78], что функция $y(x) = G(x, s)$ является обобщенным решением краевой задачи

$$Ly = \delta(x - s), \quad y|_{\partial\Gamma} = 0. \tag{8.15}$$

Как видно из леммы 8.3, векторный подход гарантирует непрерывность функции Грина $G(x, s)$ только на прямоугольниках $\gamma_i \times \gamma_j$. Существование равномерных пределов на границе этих прямоугольников и условия непрерывности в вершинах графа $a \in J(\Gamma)$ дают совпадение пределов

$$\lim_{x \to a, x \in \gamma_i} G(x, s) = \lim_{x \to a, x \in \gamma_j} G(x, s)$$

для всех $i, j \in I(a)$, т. е. функция непрерывна по переменной x на всем графе. А вот с непрерывностью по переменной s дело обстоит сложнее.

Чтобы точно описать поведение $G(x, s)$ в вершине $s = a \in \gamma_j$, мы введем понятие *предельной срезки*:

$$G_j(x, a) = \lim_{s \to a, s \in \gamma_j} G(x, s).$$

Покажем, что каждая предельная срезка является решением некоторой краевой задачи на графе. Воспользуемся тем, что на прямоугольниках $\gamma_i \times \gamma_j$ $(i \neq j)$ функция Грина представима в виде

$$\sum_{m=1}^{4} \omega_m(x) \psi_m(s),$$

где $\omega_m(x)$ — фундаментальная система решений однородного уравнения (8.12) на γ_i. Поэтому при $s \to a$ $(s \in \gamma_j)$ выполнено

$$G(x, s) \to \sum_{m=1}^{4} \omega_m(x) \psi_m(a),$$

т. е. $G_j(x, a)$ тоже является решением однородного уравнения на γ_i $(i \neq j)$. Более того, для любого функционала вида

$$l(y) = \sum_{m=0}^{3} v_m y_{i\nu}^{(m)}(a) \quad (a \in \gamma_i,\ i \neq j)$$

имеем

$$l(G_j(\cdot, a)) = \lim_{s \to a, s \in \gamma_j} l(G(\,\cdot\,, s)).$$

Следовательно, $G_j(x, a)$ удовлетворяет: во-первых, условиям (8.8) при всех $b \notin \gamma_j$ и при $b \in \gamma_j$, но при $j \neq i$; во-вторых, однородным условиям (8.10) для всех граничных вершин; в-третьих, однородным условиям (8.9) при всех $b \notin \gamma_j$.

Более тонкий анализ требуется для предельного перехода на квадрате $\gamma_j \times \gamma_j$ (когда x и s принадлежат одному ребру). Поскольку этот переход осуществляется только на одном ребре, мы может воспользоваться следующим результатом для отрезка $[a, b] \in \mathbb{R}$.

Теорема 8.1 (о предельной срезке функции Грина на отрезке). *Пусть функция* $G(x, s)\colon\ [a, b] \times [a, b] \to \mathbb{R}$ *имеет вид*

$$G(x, s) = \begin{cases} \sum\limits_{m=1}^{4} \omega_m(x) \psi_m(s), & a \leqslant x \leqslant s \leqslant b, \\ \sum\limits_{m=1}^{4} \omega_m(x) \chi_m(s), & a \geqslant x \geqslant s \geqslant b, \end{cases} \tag{8.16}$$

где

$$\omega_m(\,\cdot\,) \in C^4[a, b], \qquad \psi_m(\,\cdot\,) \in C[a, b], \qquad \chi_m(\,\cdot\,) \in C[a, b] \quad (m = \overline{1, 4}).$$

Пусть, кроме того, при всех $s \in (a, b)$ выполнены условия

$$\begin{gathered} G(s+0, s) = G(s-0, s), \\ \frac{\partial^k G(s+0, s)}{\partial x^k} = \frac{\partial^k G(s-0, s)}{\partial x^k} \quad (k = \overline{1, 2}), \\ \frac{\partial^3 G(s+0, s)}{\partial x^3} = \frac{\partial^3 G(s-0, s)}{\partial x^3} + \mu(s) \quad (\mu(\,\cdot\,) \in C[a, b]). \end{gathered} \tag{8.17}$$

Тогда:

1°) $\lim\limits_{s \to a} G(x, s) = G(x, a) = \sum\limits_{m=1}^{4} \omega_m(x) \chi_m(a)$;

2°) *для любого функционала* $l(y) = \sum\limits_{m=0}^{3} u_m y^{(m)}(b)$ *имеет место равенство*

$$l(G(\cdot, a)) = \lim_{s \to a} l(G(\,\cdot\,, s));$$

3°) *для любого функционала* $l(y) = \sum\limits_{m=0}^{3} v_m y^{(m)}(a)$ *имеет место равенство*

$$l(G(\cdot, a)) = \lim_{s \to a} l(G(\,\cdot\,, s)) + v_3 \mu(a). \tag{8.18}$$

Доказательство. Представление (8.16) функции Грина и непрерывность всех фигурирующих в нем функций гарантирует, что как верхняя, так и нижняя формула дают функции равномерно непрерывные по совокупности переменных. В силу (8.17) равномерные пределы на диагонали как в верхнем, так и в нижнем треугольнике совпадают. Поэтому «склеенная» функция также будет равномерно непрерывной, откуда и следует утверждение 1°) теоремы.

Далее заметим, что для вычисления производных

$$G^{(k)}(x, s) = \frac{\partial^k G(x, s)}{\partial x^k}$$

в окрестности точки $x = b$, $s = a$ мы пользуемся только нижней формулой в (8.16). Отсюда получаем утверждение 2°) теоремы.

Для доказательства утверждения 3°) отметим, что основная проблема здесь — «смена формулы»: при $s > a$ производные $G^{(k)}(a, s)$ вычисляются по верхней формуле, а при $s = a$ — по нижней. Мы осуществим смену формулы, пользуясь (8.17). С одной стороны,

$$G^{(k)}(x, a)\big|_{x=a} = \sum_{m=1}^{4} \omega_m^{(k)}(a) \chi_m(a) = \lim_{s \to a} \sum_{m=1}^{4} \omega_m^{(k)}(s) \chi_m(s) = \\ = \lim_{s \to a} G^{(k)}(s+0, s). \tag{8.19}$$

С другой стороны,

$$\lim_{s\to a} G^{(k)}(a,s) = \lim_{s\to a}\sum_{m=1}^{4}\omega_m^{(k)}(a)\psi_m(s) = \lim_{s\to a}\sum_{m=1}^{4}\omega_m^{(k)}(s)\psi_m(s) = \\ = \lim_{s\to a} G^{(k)}(s-0,s). \quad (8.20)$$

Из (8.19), (8.20) следует, что

$$G^{(k)}(x,a)|_{x=a} = \lim_{s\to a} G^{(k)}(a,s) + \begin{cases} 0, & \text{при } 0\leqslant k\leqslant 2, \\ \mu(a), & \text{при } k=3. \end{cases}$$

Отсюда получаем формулу (8.18), и теорема доказана.

Теперь воспользуемся доказанной теоремой для предельного перехода в $G(x,s)$ при $s\to a$ (когда x,s принадлежат одному ребру γ_j и $\gamma_j \ni a$). Нетрудно видеть, что $G(x,s)$ имеет представление (8.16) через фундаментальную систему решений однородного уравнения (8.12) на γ_j, и все остальные условия теоремы 8.1 выполняются в силу свойств функции Грина. Поэтому $G_j(x,a)$ является решением однородного уравнения на γ_j. Далее в силу утверждения 2°) теоремы 8.1 после предельного перехода при $s\to a$ функция $G_j(x,a)$ удовлетворяет тем же однородным условиям (8.10) и (8.9) в вершине $b\in\gamma_j$ $(b\neq a)$, что и $G(x,s)$ при $s\neq a$. Применяя утверждение 3°) теоремы 8.1, получаем выполнение для $G_j(x,a)$ однородных условий (8.8) в вершине a (они не содержат третьих производных). Условие в вершине a, содержащее третью производную, у нас одно —

$$\sum_{i\in I(a)}\alpha_i(a)[(p_i y_i'')_\nu' - q y_{i\nu}'](a) + \rho(a)y(a) = 0,$$

и предельный переход согласно утверждению 3°) дает для предельной срезки $y(x) = G_j(x,a)$ выполнение условия

$$\sum_{i\in I(a)}\alpha_i(a)[(p_i y_i'')_\nu' - q y_{i\nu}'](a) + \rho(a)y(a) = \alpha_j(a). \quad (8.21)$$

Таким образом, доказано следующее утверждение.

Теорема 8.2 (о предельной срезке функции Грина на графе). *Функция $G_j(x,a)$ является решением однородного уравнения на всех ребрах графа и удовлетворяет всем однородным условиям* (8.8)–(8.10), *за исключением условия* (8.9) *в вершине a, которое имеет вид* (8.21).

Следствие 1. *Для фиксированной вершины a все предельные срезки $G_j(x,a)$ $(j\in I(a))$ пропорциональны между собой и пропорциональны решению $w_a(x)$ из формулы* (8.11).

Следствие 2 (критерий непрерывности функции Грина $G(x, s)$ по s). *Для того чтобы $G_i(x, a) = G_j(x, a)$, необходимо и достаточно, чтобы $\alpha_i(a) = \alpha_j(a)$.*

Следствие 3. *Если все коэффициенты $\alpha_i(a) = 1$, то $G(x, a) = w_a(x)$, так что формула (8.11) может быть переписана в виде*

$$y(x) = \int_\Gamma G(x, s)\, dF, \tag{8.22}$$

где dF — мера на графе, порожденная плотностями распределения $f(x)$ на ребрах и сосредоточенными атомами $F(a)$ в точках $a \in J(\Gamma)$ [1].

Преимущество, которым обладает формула (8.22) по сравнению с (8.11), состоит в том, что в (8.22) фактически не используется параметризация: как $G(x, s)$ (функция на $\Gamma \times \Gamma$), так и мера dF является инвариантами. Формула (8.22) по существу характеризует $G(x, s)$ как *функцию влияния* — реакцию системы на единичное сосредоточенное воздействие в точке s.

8.3. Принцип максимума

Принцип максимума для исследования дифференциальных уравнений второго порядка на графе впервые использовался в [81, 82]. Он оказался удобным и надежным инструментом, работающим в таких условиях, в которых векторный подход оказывался неприменимым ввиду его трудоемкости. Так, обоснование невырожденности разных классов краевых задач приводит в случае векторного подхода к достаточно сложной матрице нераспадающихся, вообще говоря, краевых условий, по структуре аналогичной матрице инциденции графа. Принцип же максимума, будучи справедлив лишь на одном ребре, после «склеивания» (с учетом условий согласования) дает принцип максимума для всего графа, после чего обоснование невырожденности становится тривиальным. Здесь мы обсудим принцип максимума для уравнений четвертого порядка.

Сначала рассмотрим принцип максимума на отрезке $[a, b] \subset \mathbb{R}$ для уравнения

$$(py'')'' - (qy')' = 0. \tag{8.23}$$

[1] В этом случае понимание функции $G(x, s)$ как обобщенного решения краевой задачи (8.15) можно распространить и на случай $s = a$ (для внутренних вершин). В противном случае под решением (8.15) для $s = a$ необходимо считать $w_a(x)$, а $G_j(x, a)$ считать решениями уравнения $Ly = \delta_j(x - a)$, введя в рассмотрение «краевые» δ-функции $\delta_j(x - a) = \lim\limits_{s \to a,\, s \in \gamma_j} \delta(x - s)$.

Здесь

$$y \in C^4[a,b], \quad p \in C^2[a,b], \quad q \in C^1[a,b], \quad p(x) > 0, \quad q(x) \geqslant 0$$

на $[a,b]$.

Конечно, даже на отрезке четырехмерное пространство решений такого уравнения не может состоять лишь из монотонных (как это следовало бы из принципа максимума) функций. Однако решения, удовлетворяющие двум краевым условиям:

$$\begin{aligned} \beta(a)y''(a) - \vartheta(a)y'(a) = 0, \\ \beta(b)y''(b) + \vartheta(b)y'(b) = 0, \end{aligned} \tag{8.24}$$

$$\big(\beta(a), \vartheta(a), \beta(b), \vartheta(b) \geqslant 0, \quad \beta(a) + \vartheta(a) > 0, \quad \beta(b) + \vartheta(b) > 0\big),$$

обладают свойством монотонности, и образуют подпространство, размерность которого оказывается совпадающей с числом граничных вершин, что и создает основу для его параметризации значениями функций в граничных вершинах.

Теорема 8.3. 1°). *Всякое решение $y(x)$ уравнения (8.23) на отрезке $[a,b]$, удовлетворяющее условиям (8.24), либо постоянно, либо строго монотонно.*

2°). *Если $q(x) \not\equiv 0$ или $q(x) \equiv 0$, но $\vartheta(a) + \vartheta(b) \neq 0$, то $y(x)$ возрастает (постоянно или убывает) на $[a,b]$ тогда и только тогда, когда $(py'')' - qy' < 0$ ($= 0$ или > 0).*

Доказательство. Пусть $y(x) \not\equiv \mathrm{const}$. Предположим противное: $y(x)$ имеет экстремумы внутри (a,b). Так как производная $y'(x) \not\equiv$ $\not\equiv 0$, то в силу уравнения (8.23) она имеет конечное число нулей. Следовательно, $y(x)$ на (a,b) имеет конечное число точек экстремума: $x_1 < x_2 < \ldots < x_k \quad (k \geqslant 1)$.

Обозначим $x_0 = a$ и $x_{k+1} = b$. Функция $y(x)$ строго монотонна на каждом отрезке $[x_i, x_{i+1}]$, причем промежутки возрастания и убывания чередуются, поэтому

$$(y(x_{i+1}) - y(x_i))(y(x_i) - y(x_{i-1})) < 0 \quad (i = \overline{1,k}). \tag{8.25}$$

Умножим (8.23) на $y(x)$ и проинтегрируем полученное равенство по промежутку $[x_i, x_{i+1}]$:

$$0 = \int\limits_{x_i}^{x_{i+1}} y(x)[(py'')'' - (qy')']\,dx =$$

$$= \int\limits_{x_i}^{x_{i+1}} [p(y'')^2 + q(y')^2]\,dx + [((py'')' - qy')y - py''y']\Big|_{x_i}^{x_{i+1}}.$$

Поскольку $y(x)$ — решение (8.23), то $(py'')' - qy' \equiv \text{const}$ $(= c)$, и получаем равенство

$$c(y(x_i) - y(x_{i+1})) = \int\limits_{x_i}^{x_{i+1}} [p(y'')^2 + q(y')^2]\, dx - py''y'\Big|_{x_i}^{x_{i+1}} \quad (i = \overline{0,k}). \tag{8.26}$$

Здесь интеграл неотрицателен, внеинтегральные члены равны нулю для внутренних экстремумов и неотрицательны для точек a и b в силу условий (8.24). Поэтому выполнено неравенство

$$c(y(x_i) - y(x_{i+1})) \geqslant 0$$

для всех i.

При этом по крайней мере на одном из промежутков $[x_i, x_{i+1}]$ правая часть (8.26) положительна. Действительно, в противном случае в силу конечности числа нулей у производной $y'(x)$ обязательно $q(x) \equiv \equiv 0$, в силу положительности $p(x)$ выполнено $y''(x) \equiv 0$ и в силу условий $\vartheta(a) + \vartheta(b) > 0$ по крайней мере одно из значений $y'(a)$ и $y'(b)$ равно нулю, а значит функция, $y(x)$ постоянна, что противоречит нашему предположению $y(x) \not\equiv \text{const}$.

Таким образом, среди неравенств $c(y(x_i) - y(x_{i+1})) \geqslant 0$ имеется хотя бы одно строгое. Но тогда $c \neq 0$ и все неравенства строгие (поскольку $y(x_i) - y(x_{i+1}) \neq 0$). И если $k \geqslant 1$, то при каждом $1 \leqslant i \leqslant k$ выполнено неравенство

$$(y(x_{i+1} - y(x_i))(y(x_i) - y(x_{i-1})) > 0,$$

что противоречит (8.25).

Следовательно, $k = 0$, и единственный промежуток монотонности функции $y(x)$ — отрезок $[a, b]$. Утверждение 1 доказано.

При доказательстве утверждения 2°) заметим, что, как было показано, для непостоянного решения $y(x)$ имеем

$$c(y(a) - y(b)) = \int\limits_a^b (py''^2 + qy'^2)\, dx - py''y'\Big|_a^b > 0.$$

Поэтому $D^3y \equiv c > 0$ эквивалентно $y(a) > y(b)$ ($y(x)$ убывает), неравенство $D^3y < 0$ эквивалентно $y(a) < y(b)$ ($y(x)$ возрастает), а равенство $D^3y = 0$ возможно лишь для постоянного решения $y(x)$.

Теорема доказана.

Замечание. Если $q(x) \equiv 0$, $\vartheta(a) = \vartheta(b) = 0$, то $y'' \equiv 0$, и решением будет любая линейная функция, однако уточнить направление монотонности (как это сделано в 2°) невозможно.

Теперь рассмотрим принцип максимума для однородного уравнения на графе Г.

Теорема 8.4. *Пусть* Γ — *связный граф, уравнение задачи* (8.7)–(8.9) *плюс-регулярно и* $\rho(a) \equiv 0$ *на* $J(\Gamma)$.

Тогда:

1°) $y(x) \equiv \mathrm{const}$ *является решением однородного уравнения;*

2°) *если* $\partial\Gamma = \varnothing$, *то других решений однородное уравнение не имеет;*

3°) *если* $\partial\Gamma \neq \varnothing$, *то любое непостоянное решение однородного уравнения достигает наибольшего и наименьшего значений лишь на* $\partial\Gamma$;

4°) *если* $a \in \partial\Gamma$ — *точка глобального максимума (минимума) непостоянного решения* $y(x)$, *то* $D^3_\nu y(a) > 0$ (< 0).

Доказательство. Утверждение 1°) очевидно. Для доказательства утверждений 2°) и 3°) заметим, что из теоремы 8.3 следует, что, если решение $y(x)$ достигает наибольшего значения во внутренней точке ребра, то оно постоянно на всем ребре, и это наибольшее значение достигается и в вершинах, являющихся концами этого ребра. С другой стороны, если $y(x)$ достигает наибольшего значения во внутренней вершине a графа, то в силу утверждения 2°) теоремы 8.3 получаем $D^3_\nu y_i(a) \geqslant 0$ для всех $i \in I(a)$. Но в силу условия $\sum\limits_{i\in I(a)} \alpha_i(a) D^3_\nu y_i(a) = 0$ и положительности коэффициентов $\alpha_i(a)$ это возможно лишь при выполнении $D^3_\nu y_i(a) = 0$, что опять же в силу утверждения 2°) теоремы 8.3 влечет постоянство решения на всех ребрах, примыкающих к a. Эти два соображения вместе со связностью графа обеспечивают постоянство $y(x)$ на всем графе, если только наибольшее значение достигается не на $\partial\Gamma$. В случае $\partial\Gamma = \varnothing$ получаем утверждение 2°), а в случае $\partial\Gamma \neq \varnothing$ — утверждение 3°). Утверждение 4°) следует из утверждения 2°) теоремы 8.3 и доказанного утверждения 3°). Теорема доказана.

Теорема 8.5. *Пусть* Γ — *связный граф, уравнение* (8.7)–(8.9) *плюс-регулярно и функция* $\rho(a)$ *положительна хотя бы в одной внутренней вершине.*

Тогда:

1°) *если* $\partial\Gamma = \varnothing$, *то однородное уравнение не имеет нетривиальных решений;*

2°) *если* $\partial\Gamma \neq \varnothing$, *то любое нетривиальное решение однородного уравнения может достигать положительного глобального максимума и отрицательного глобального минимума только на границе графа;*

3°) *если* $a \in \partial\Gamma$ — *точка, в которой нетривиальное решение* $y(x)$ *однородного уравнения достигает положительного глобального максимума (отрицательного глобального минимума), то* $D^3_\nu y(a) > 0$ (< 0).

Доказательство. Пусть $y(x) \not\equiv 0$. Если решение $y(x)$ достигает положительного глобального максимума M внутри ребра, то, как и в предыдущей теореме, оно оказывается постоянным на ребре и принимает то же самое значение в вершинах, являющихся его концами. Если значение M достигается в вершине b, в которой коэффициент $\rho(b) = 0$, то снова, как и в предыдущей теореме, имеем $y(x) = M$ на всех примыкающих ребрах и во всех смежных вершинах.

В силу связности графа решение $y(x)$ принимает значение M в некоторой вершине a, для которой $\rho(a) > 0$. Так как в этой вершине, в силу утверждения 2°) теоремы 8.3, должно быть $D_\nu^3 y_i(a) \geqslant 0$ $(i \in I(a))$, а в силу проведенных рассуждений $y(a) = M > 0$, то получаем

$$\sum_{i \in I(a)} \alpha_i(a) D_\nu^3 y_i(a) + \rho(a) y(a) > 0.$$

Это противоречие с однородным условием (8.9) показывает, что предположение о существовании внутри графа положительного глобального максимума неверно. Для завершения доказательства утверждения 2°) остается отметить, что отсутствие отрицательного глобального минимума у функции $y(x)$ равносильно отсутствию положительного глобального максимума у функции $(-1)y(x)$.

При $\partial\Gamma = \varnothing$ все точки графа являются внутренними, поэтому справедливо утверждение 1°). Утверждение 3°) следует из утверждения 2°) теоремы 8.3 и доказанного утверждения 2°). Теорема доказана.

С помощью теорем 8.4 и 8.5 получим условия невырожденности некоторых краевых задач на графе.

Теорема 8.6. *Пусть Γ — связный граф. Если $\rho(a) \equiv 0$ для $a \in J(\Gamma)$, то плюс-регулярная задача* (8.7)–(8.10) *невырождена тогда и только тогда, когда $\partial\Gamma \neq \varnothing$.*

Доказательство. Рассмотрим однородную задачу. Если $\partial\Gamma = \varnothing$, то задача имеет очевидное решение $y(x) \equiv c \neq 0$. Если же $\partial\Gamma \neq \varnothing$, то в силу теоремы 8.4

$$\max_{x \in \Gamma} |y(x)| = \max_{x \in \partial\Gamma} |y(x)| = 0,$$

т. е. $y(x) \equiv 0$. Теорема доказана.

Аналогично получается следующее утверждение.

Теорема 8.7. *Пусть Γ — связный граф. Если $\rho(a) > 0$ хотя бы в одной вершине $a \in J(\Gamma)$, то плюс-регулярная задача* (8.7)–(8.10) *невырождена.*

Из теорем 8.6 и 8.7 следует замечательный факт — возможность параметризации пространства решений однородного уравнения на графе граничными значениями функций.

Теорема 8.8. *Пусть Γ — произвольный граф (не обязательно связный), каждая компонента связности которого имеет непустую границу.*

Тогда соответствие между решениями однородной плюс-регулярной задачи (8.7)–(8.9) *на* Γ *и наборами их значений на границе является взаимно однозначным.*

Доказательство. В силу доказанной в теоремах 8.6 и 8.7 невырожденности (для несвязного графа получаемой покомпонентно) однородная краевая задача (8.7)–(8.9) с граничными условиями $y(a) = \varphi(a)$ $(a \in \partial\Gamma)$ имеет единственное решение. Это означает, что соответствие

$$y \to \{y(a)\}_{a\in\partial\Gamma}$$

является обратимым и сюръективным, а значит, взаимно однозначным. Теорема доказана.

Перейдем теперь к ситуации, в которой задача оказывается вырожденной. Как мы уже отмечали, это связано с нарушением последнего условия плюс-регулярности. Мы рассмотрим задачу (8.7)–(8.10), когда $q(x) \equiv 0$, $\rho(a) \equiv 0$, все $\beta_i(a) = 1$, $\vartheta_i(a) = 0$:

$$(p(x)y'')'' = 0 \quad (p(\cdot) \in C^2(\Gamma), \quad p(x) > 0, \quad y(\cdot) \in C^4(\Gamma)), \tag{8.27}$$

$$\sum_{i\in I(a)} \alpha_i(a) D_\nu^3 y_i(a) = 0, \qquad y_i''(a) = 0 \quad (i \in I(a), \qquad a \in J(\Gamma)), \tag{8.28}$$

$$y''(a) = 0, \qquad y(a) = 0 \quad (a \in \partial\Gamma). \tag{8.29}$$

Теорема 8.9. *Пусть* Γ — *связный граф. Тогда размерность пространства решений задачи* (8.27)–(8.29) *равна числу внутренних вершин графа.*

Доказательство. Покажем, что каждому решению $y(x)$ этой задачи взаимно однозначно соответствует набор значений $c_i = y(a_i)$ в вершинах $a_i \in J(\Gamma)$. Достаточно показать, что любой набор значений однозначно определяет решение (обратное очевидно). По заданному набору $y(a_i) = c_i$ при $a_i \in J(\Gamma)$ и $y(a_i) = 0$ при $a_i \in \partial\Gamma$ определим на Γ функцию $y(x)$ с помощью линейной интерполяции на каждом ребре.

Очевидно, что $y(x)$ непрерывна на Γ и $y''(x) = 0$ на каждом ребре. Следовательно, $(p(x)y'')'' = 0$, выполнены условия $(c), (\alpha), (\beta), (\rho)$ и $y(x)$ — решение задачи.

Если $u(x)$ — произвольное решение задачи с теми же значениями в вершинах, то pu'' линейна на каждом ребре. В силу условий (8.28), (8.29) на концах ребер $u''(x) = 0$, и поэтому $u''(x) \equiv 0$. Тогда $u(x)$ линейна на каждом ребре и совпадает с $y(x)$.

Итак, между пространством решений однородной задачи и пространством векторов с компонентами c_i установлен изоморфизм. Значит их размерности равны. Теорема доказана.

Рассмотрим теперь уравнения (8.27) с условиями (8.28) и

$$\beta(a)y''(a) - \vartheta(a)y_\nu'(a) = 0, \qquad y(a) = 0 \quad (a \in \partial\Gamma). \tag{8.30}$$

Для формулировки соответствующего результата введем следующие определения.

Граничные вершины графа назовем *вершинами нулевого порядка*. Вершины из $J(\Gamma)$, смежные (соединенные ребром) хотя бы с одной вершиной из $\partial\Gamma$, назовем *вершинами первого порядка*; оставшиеся вершины из $J(\Gamma)$, смежные хотя бы с одной вершиной первого порядка, назовем *вершинами второго порядка* и т. д.

Теорема 8.10. *Пусть Γ — связный граф. Если в условиях* (8.30) $\vartheta(a) > 0$ *для каждой вершины $a \in \partial\Gamma$, то размерность пространства решений задачи* (8.27), (8.28), (8.30) *равна числу вершин порядка больше* 1.

Доказательство. Рассуждая аналогично доказательству теоремы 8.9, покажем, что каждому набору значений $y(a_i) = c_i$ в вершинах порядка больше 1 взаимно однозначно соответствует решение $y(x)$. Дополнив этот набор нулями в вершинах порядка меньше 2, построим функцию $y(x)$ с помощью линейной интерполяции на каждом ребре. Очевидно, что $y(x)$ является решением задачи. Покажем, что решение $u(x)$ задачи с тем же набором значений в вершинах порядка больше 1 совпадает с $y(x)$. На любом ребре, соединяющем вершины порядка не меньше 1, в силу уравнения и условий (8.28) получаем, что $u'' \equiv 0$ и $u(x)$ линейно.

Пусть a — вершина порядка 1. Для всех ребер, соединяющих ее с неграничными вершинами, $D^3_\nu u_i(a) = 0$ в силу линейности $u(x)$. Для всех ребер, соединяющих ее с граничными вершинами, мы можем воспользоваться теоремой 8.3, и поэтому с учетом $u(b) = 0$ $(b \in \partial\Gamma)$ получаем, что $D^3_\nu u_i(a) > 0$ $(< 0,\ = 0)$ тогда и только тогда, когда $u(a) > 0$ $(< 0,\ = 0)$. Но тогда для $u(a) \neq 0$ сумма

$$\sum_{i \in I(a)} D^3_\nu u_i(a)$$

имеет тот же знак, что и $u(a)$, а это противоречит первому условию (8.28).

Значит, $u(a) = 0$, $D^3_\nu u_i(a) = 0$ для всех $i \in I(a)$, $D^3 u(x) \equiv 0$, $u''(x) \equiv 0$ на ребрах, соединяющих a с границей, а тогда в силу (8.30) $u(x) \equiv 0$ на всех этих ребрах.

Таким образом, $u(x) \equiv 0 \equiv y(x)$ на ребрах, соединяющих граничные вершины с вершинами порядка 1; $u(a) = y(a)$ во всех вершинах порядка 1 и выше; функции $u(x)$, $y(x)$ являются линейными на ребрах, соединяющих такие вершины. Значит, $u(x) \equiv y(x)$ на всем Γ. Теорема доказана.

Следствие. *Если в условиях теоремы граф Γ не имеет вершин второго порядка, то краевая задача невырождена.*

8.4. Метод редукции

Этот метод позволяет свести изучение задачи на графе Γ для правой части, отличной от нуля только на подграфе Γ_1 (например, образованном одним ребром), к задаче на Γ_1 со специальными краевыми условиями. При этом решения обеих задач совпадают на Γ_1. Такое сведение очень удобно, например, при анализе функции Грина, для которой правая часть сосредоточена в одной точке.

Идея метода состоит в использовании теоремы 8.8 о параметризации множества решений однородного уравнения значениями в вершинах подграфа. Это позволяет любой функционал (а нас интересуют функционалы краевых производных в условиях согласования) на решениях уравнения на подграфе $\Gamma \setminus \Gamma_1$ выразить через линейную комбинацию значений этих решений в точках примыкания к Γ_1. Тогда можно полностью исключить $\Gamma \setminus \Gamma_1$ из рассмотрения, перейдя к многоточечной задаче на Γ_1 с «перевязанными» условиями. Использование принципа максимума при этом позволяет определить знаки коэффициентов в полученных условиях и соотношения между ними.

Пусть на связном графе Γ (с более чем одним ребром) задана плюс-регулярная задача (8.7)–(8.10), причем $F(a) = 0$ при всех $a \in J(\Gamma)$, $\varphi(a) = 0$ для всех $a \in \partial\Gamma$, а $f(x) \equiv 0$ вне некоторого ребра $\gamma = [a_1, a_2]$.

Множество $\Gamma \setminus [a_1, a_2]$ распадается, вообще говоря, на набор компонент связности Γ_j.

Обозначим y_{Γ_j} — сужение y на Γ_j, y_γ — сужение y на ребро $\gamma = [a_1, a_2]$.

Хотя каждое Γ_j формально не содержит вершин a_1 и a_2, мы пополним их теми вершинами, к которым они примыкали, но будем считать их граничными для Γ_j. Если Γ_j примыкает к вершине a_k по нескольким ребрам, то пополнять будем каждое ребро.

Рассмотрим сужения на Γ_j дифференциального уравнения $Ly = f$: на ребрах $\gamma_i \in \Gamma_j$ заданы уравнения (8.5), во всех вершинах подграфа Γ_j (включая примыкающие к γ) заданы условия (8.8), во внутренних вершинах подграфа Γ_j — условия (8.9).

Тогда исходное уравнение эквивалентно набору из:

— уравнений на Γ_j;

— уравнения на γ;

— условий непрерывности $y_{\Gamma_j}(a_1) = y_\gamma(a_1)$, $y_{\Gamma_j}(a_2) = y_\gamma(a_2)$;

— условий гладкости

$$\alpha_\gamma(a_k) D^3_\nu y_\gamma(a_k) + \sum_{\Gamma_j \ni a_k} \sum_{\substack{i \in I(a_k) \\ \gamma_i \in \Gamma_j}} \alpha_i(a_k) D^3_\nu y_i(a_k) + \rho(a_k) y(a_k) = 0 \tag{8.31}$$

$$(k = \overline{1,2});$$

а исходная краевая задача эквивалентна совокупности из краевых задач на Γ_j, уравнения на γ, условий непрерывности и гладкости.

Лемма 8.4. *Множество решений уравнения на Γ_j, удовлетворяющих условию*

$$y|_{\partial\Gamma\cap\Gamma_j} = 0, \qquad y_{i_1}(a_k) = y_{i_2}(a_k)$$
$$(i_1, i_2 \in I(a_k); \qquad \gamma_{i_1}, \gamma_{i_2} \in \Gamma_j, \qquad k = \overline{1,2}),$$

является:

1°) *одномерным, если Γ_j примыкает только к одной из вершин a_1, a_2; при этом если Γ_j примыкает к a_k $(k = \overline{1,2})$, то*

$$y(x) = y(a_k)z^k(x), \tag{8.32}$$

где $z^k(x)$ — решение уравнения на Γ_j с нулями на $\partial\Gamma \cap \Gamma_j$ и единицей во всех «экземплярах» точки a_k;

2°) *двумерным, если Γ_j примыкает к обеим вершинам a_1 и a_2; при этом*

$$y(x) = y(a_1)z^1(x) + y(a_2)z^2(x), \tag{8.33}$$

где $z^r(x)$ — решение уравнения на Γ_j, удовлетворяющее нулевым условиям на $\partial\Gamma \cap \Gamma_j$ и $z^r(a_k) = \delta_{kr}$ $(k, r = \overline{1,2})$.

Доказательство состоит в применении к Γ_j теоремы 8.8 о параметризации, из которой при условиях $y|_{\partial\Gamma} = 0$ и при совпадении пределов $y(x)$ при $x \to a_1$ $(x \to a_2)$ по разным ребрам примыкания получаются формулы (8.32), (8.33).

Обозначим

$$\sigma_{jk}(y) = \sum_{\substack{i\in I(a_k)\\ \gamma_i\in\Gamma_j}} \alpha_i(a_k)D_\nu^3 y_i(a_k) \tag{8.34}$$

— вклад подграфа Γ_j в условие (8.31) в точке a_k $(k = \overline{1,2})$.

Тогда для решения $y(x)$ на графе Γ_j, примыкающем к двум вершинам a_1, a_2, получим

$$\sigma_{jk}(y) = y(a_1)\sigma_{jk}(z^1) + y(a_2)\sigma_{jk}(z^2),$$

а для решения $y(x)$ на графе Γ_j, примыкающем лишь к одной вершине a_k получим

$$\sigma_{jk}(y) = y(a_1)\sigma_{jk}(z^k).$$

Подставляя полученные выражения в условия гладкости (8.31), получим

$$\alpha_\gamma(a_k)D_\nu^3 y_\gamma(a_k) + \sum_{\Gamma_j\ni a_k} (\sigma_{jk}(z_j^1)y(a_1) + \sigma_{jk}(z_j^2)y(a_2)) + \\ + \rho(a_k)y(a_k) = 0 \quad (k = \overline{1,2}) \tag{8.35}$$

(если Γ_j примыкает только к a_1, то считаем формально $z_j^2 \equiv 0$; аналогично, если Γ_j примыкает только к a_2, то $z_j^1 \equiv 0$).

Если обозначить теперь

$$\begin{aligned} \rho_1(a_1) &= \rho(a_1) + \sum_{\Gamma_j \ni a_1} \sigma_{j1}(z_j^1), \quad \rho_2(a_1) = -\sum_{\Gamma_j \ni a_1} \sigma_{j1}(z_j^2), \\ \rho_2(a_2) &= \rho(a_2) + \sum_{\Gamma_j \ni a_2} \sigma_{j2}(z_j^2), \quad \rho_1(a_2) = -\sum_{\Gamma_j \ni a_2} \sigma_{j2}(z_j^1), \end{aligned} \tag{8.36}$$

то условия (8.35) оказываются условиями вида

$$\begin{aligned} \alpha_1(a_1)D_\nu^3 y(a_1) + \rho_1(a_1)y(a_1) - \rho_2(a_1)y(a_2) = 0, \\ \alpha_1(a_2)D_\nu^3 y(a_2) - \rho_1(a_2)y(a_1) + \rho_2(a_2)y(a_2) = 0. \end{aligned} \tag{8.37}$$

Вместе с дифференциальными уравнениями на ребре γ и условиями (8.8) в его концах условия (8.37)образуют полноценную, самостоятельную задачу на γ. Тем самым мы получили следующий результат.

Теорема 8.11. *Плюс-регулярная задача* (8.7)–(8.10) *с* $F(a) \equiv 0$, $\varphi(a) \equiv 0$ *и* $f(x) \equiv 0$ *вне ребра* $\gamma = [a_1, a_2]$ *эквивалентна набору задач:*

1°) *задаче*

$$(p(x)y'')'' - (q(x)y')' = f(x), \tag{8.38}$$

$$\beta_\gamma(a_1)y''(a_1) - \vartheta_\gamma(a_1)y'(a_1) = 0, \quad \beta_\gamma(a_2)y''(a_2) - \vartheta_\gamma(a_2)y'(a_2) = 0, \tag{8.39}$$

$$\alpha_\gamma(a_1)D_\nu^3 y(a_1) + \rho_1(a_1)y(a_1) - \rho_2(a_1)y(a_2) = 0, \tag{8.40}$$

$$\alpha_\gamma(a_2)D_\nu^3 y(a_2) - \rho_1(a_2)y(a_1) + \rho_2(a_2)y(a_2) = 0 \tag{8.41}$$

на ребре $\gamma = [a_1, a_2]$ (*ее решение обозначим* $y_\gamma(x)$);

2°) *набору задач* (8.7)–(8.10) *на подграфах* Γ_j *с условиями*

$$y_{\Gamma_j}\Big|_{\partial\Gamma \cap \Gamma_j} = 0, \quad y_{\Gamma_j}(a_k) = y_\gamma(a_k) \quad (\textit{для}\ \ a_k \in \Gamma_j).$$

Для исследования задачи (8.38)–(8.41) необходимо еще уточнить знаки коэффициентов. Очевидно, что $p(x)$, $q(x)$, $\beta_\gamma(a_k)$ и $\vartheta_\gamma(a_k)$ берутся из исходной задачи и удовлетворяют предположениям плюс-регулярности. Что же касается коэффициентов $\rho_i(a_k)$, то их свойства получаются с помощью следующего утверждения.

Лемма 8.5. 1°. *Если* Γ_j *примыкает к обеим точкам* a_1 *и* a_2, *то*

$$\sigma_{j1}(z^1) > 0, \quad \sigma_{j2}(z^1) < 0, \quad \sigma_{j2}(z^2) > 0, \quad \sigma_{j1}(z^2) < 0, \tag{8.42}$$

$$\sigma_{j1}(z^1) + \sigma_{j1}(z^2) \geqslant 0, \quad \sigma_{j2}(z^1) + \sigma_{j2}(z^2) \geqslant 0, \tag{8.43}$$

причем равенство в (8.43) *имеет место тогда и только тогда, когда* $\Gamma_j \cap \partial\Gamma = \varnothing$, $\rho(a) \equiv 0$ *на* Γ_j.

2°. *Если* Γ_j *примыкает только к* a_1, *то* $\sigma_{j1}(z^1) \geqslant 0$, *причем* $\sigma_{j1}(z^1) = 0$ *тогда и только тогда, когда* $\Gamma_j \cap \partial\Gamma = \varnothing$, $\rho(a) \equiv 0$ *на* Γ_j.

3°. *Если* Γ_j *примыкает только к* a_2, *то* $\sigma_{j2}(z^2) \geqslant 0$, *причем* $\sigma_{j2}(z^2) = 0$ *тогда и только тогда, когда* $\Gamma_j \cap \partial\Gamma = \varnothing$, $\rho(a) \equiv 0$ *на* Γ_j.

Доказательство сводится к применению одного из вариантов принципа максимума (теорем 8.4 или 8.5). Если Γ_j примыкает к двум точкам, a_1 и a_2, то $z^1(x)$ — решение уравнения, обращающееся в нуль на всей границе $\partial\Gamma_j$, кроме вершин, совпадающих с a_1 (таких граничных вершин у Γ_j может быть несколько, так как Γ_j может примыкать к a_1 несколькими ребрами). В этих точках z^1 имеет максимум, и поэтому $D^3_\nu z^1_i(a_1) > 0$. В граничных вершинах, совпадающих с a_2 решение z^1 имеет минимум, и поэтому $D^3_\nu z^1_i(a_2) < 0$. Суммирование полученных неравенств дает первые два неравенства (8.42).

Аналогично, рассмотрение функции $z^2(x)$ дает вторую пару неравенств (8.42).

Для доказательства (8.43) заметим, что функция $z^1 + z^2$ равна 1 в обеих вершинах a_1, a_2, а в остальных граничных вершинах (если они есть) равна нулю.

Если имеются граничные вершины, отличные от a_1 и a_2, то в точках a_1 и a_2 достигается глобальный максимум, и в силу последних утверждений теорем 8.4 или 8.5 получим

$$D^3_\nu(z^1_i + z^2_i)(a_1) > 0 \quad (i \in I(a_1)),$$

$$D^3_\nu(z^1_i + z^2_i)(a_2) > 0 \quad (i \in I(a_2)), \quad \gamma_i \in \Gamma_j.$$

Суммирование этих неравенств дает (8.43).

Если же других граничных вершин, кроме a_1 и a_2, нет, но $\rho(a) \not\equiv 0$ на Γ_j, мы можем вновь воспользоваться последним утверждением теоремы 8.5, а если $\rho(a) \equiv 0$, то, очевидно, $z^1(x) + z^2(x) \equiv 1$, и поэтому

$$\sigma_{jk}(z^1) + \sigma_{jk}(z^2) = 0 \quad (k = \overline{1,2}).$$

Утверждения 2°) и 3°) леммы доказываются аналогично.

Следствие 1. $\rho_i(a_k) \geqslant 0$ $(i, k = \overline{1,2})$.

Следствие 2. $\rho_1(a_1) \geqslant \rho_2(a_1)$, $\rho_2(a_2) \geqslant \rho_1(a_2)$, *причем одно из неравенств строгое.*

Следствие 3. $\rho_1(a_2)$ *и* $\rho_2(a_1)$ *могут обращаться в нуль только одновременно, и это имеет место тогда и только тогда, когда каждый подграф* Γ_j *примыкает только к одной из вершин* a_1, a_2 *(это означает, что для любой точки* $\xi \in (a_1, a_2)$ *множество* $\Gamma \setminus \{\xi\}$ *несвязно).*

Следствие 4. $\rho_1(a_k) = \rho_2(a_k)$ *тогда и только тогда, когда все подграфы* Γ_j, *примыкающие к вершине* a_k, *не содержат вершин из* $\partial\Gamma$

и для всех вершин a этих подграфов $\rho(a) = 0$ $(k = \overline{1,2})$. При этом оказывается, что $\rho_1(a_k) = \rho_2(a_k) = 0$.

Введем на множестве $\Gamma \setminus (a_1, a_2)$ функции Z^1 и Z^2, сужения которых на каждый подграф Γ_j, примыкающий к вершинам a_1, a_2, совпадают соответственно с функциями z^1 и z^2, описанными в лемме 8.4. Тогда справедливо следующее утверждение.

Теорема 8.12. *Пусть выполнены условия теоремы 8.11 и $G(x,s)$ — функция Грина задачи* (8.7)–(8.10).

Тогда для $x, s \in \gamma$ функция $G(x,s)$ совпадает с функцией Грина $G_\gamma(x,s)$ задачи (8.38)–(8.41), *а для $s \in \gamma$, $x \in \Gamma \setminus (a_1, a_2)$ выполнено равенство*

$$G(x,s) = Z^1(x)G_\gamma(a_1, s) + Z^2(x)G_\gamma(a_2, s);$$

при этом функции $Z^1(x)$, $Z^2(x)$ неотрицательны и одновременно обе не обращаются в нуль при $x \notin \partial\Gamma$.

Доказательство. При s, являющейся внутренней точкой ребра γ, функция Грина $G(x,s)$ по x является обобщенным решением однородной задачи (8.7)–(8.10). Поэтому для нее повторяются рассуждения в доказательстве теоремы 8.11, редуцирующие задачу на графе (теперь с обобщенной правой частью $f(x) = \delta(x - s)$) к задаче на отрезке. Это дает равенство $G(x,s) = G_\gamma(x,s)$ для s, лежащих внутри γ. Затем с помощью предельного перехода в полученном равенстве по s получаем справедливость утверждения при совпадении s с концами ребра γ. Теорема доказана.

8.5. Факторизация дифференциального оператора, неосцилляция и знакорегулярность

В этом параграфе мы продолжим исследование качественных свойств краевых задач, начатых с принципа максимума, и рассмотрим часть знакорегулярных [41] свойств, основывающихся на понятии неосциллирующего [40] (disconjugate [125]) дифференциального оператора. Здесь мы установим положительную обратимость задач для уравнения четвертого порядка на отрезке и на графе и положительность их функций Грина.

Рассмотрим сначала задачу (8.38)–(8.41), которую для отрезка $[a, b] \subset \mathbb{R}$ запишем в виде

$$(p(x)y'')'' - (q(x)y')' = f(x), \tag{8.44}$$

$$\beta(a)y''(a) - \vartheta(a)y'(a) = 0, \quad \beta(b)y''(b) + \vartheta(b)y'(b) = 0, \tag{8.45}$$

$$\alpha(a)D^3y(a) + \rho_1(a)y(a) - \rho_2(a)y(b) = 0,$$
$$\alpha(b)D^3y(b) + \rho_1(b)y(a) - \rho_2(b)y(b) = 0. \tag{8.46}$$

Здесь выполнены следующие условия плюс-регулярности:

• $p(\cdot) \in C^2[a,b]$, $q(\cdot) \in C^1[a,b]$, $f(\cdot) \in C[a,b]$, $p(x) > 0$, $q(x) \geqslant 0$ на $[a,b]$;

• коэффициенты $\beta(a)$, $\vartheta(a)$, $\beta(b)$, $\vartheta(b)$, $\alpha(a)$, $\rho_1(a)$, $\rho_2(a)$, $\alpha(b)$, $\rho_1(b)$, $\rho_2(b)$ неотрицательны;

• $\beta(a) + \vartheta(a) > 0$, $\beta(b) + \vartheta(b) > 0$, $\alpha(a) + \rho_1(a) + \rho_2(a) > 0$, $\alpha(b) + \rho_1(b) + \rho_2(b) > 0$ (условия не вырождаются);

• $\rho_1(a) \geqslant \rho_2(a)$, $\rho_2(b) \geqslant \rho_1(b)$, причем одно из неравенств строгое, а другое неравенство может обратиться в равенство только при нулевых коэффициентах;

• по крайней мере одна из величин $\max\limits_{x\in[a,b]} |q(x)|$, $\vartheta(a)$, $\vartheta(b)$ положительна.

Обозначив $y' = u$, $D^3y = (py'')' - qy' = g$, получим естественное разложение (8.44) в суперпозицию трех задач (называемую обычно *факторизацией*):

задачу

$$g' = f(x); \tag{8.47}$$

задачу

$$(pu')' - qu = g, \tag{8.48}$$

$$\beta(a)u'(a) - \vartheta(a)u(a) = 0, \quad \beta(b)u'(b) + \vartheta(b)u(b) = 0; \tag{8.49}$$

и задачу

$$y' = u,$$
$$\rho_1(a)y(a) - \rho_2(a)y(b) = -\alpha(a)g(a), \tag{8.50}$$
$$\rho_1(b)y(a) - \rho_2(b)y(b) = -\alpha(b)g(b).$$

Здесь задачи (8.47) и (8.50), (8.50) связаны между собой краевыми условиями, а задача (8.48), (8.49) — это самостоятельная задача Штурма–Лиувилля.

Напомним определения и факты (см. [40, 41, 125, 148]), необходимые для дальнейшего изложения.

Пусть задан дифференциальный оператор

$$(Lu)(x) \equiv p_0(x)u^{(n)} + p_1(x)u^{(n-1)} + \ldots + p_n(x)u,$$

где $p_i(x)$ $(i = \overline{0,n})$ — непрерывные функции и $p_0(x) \neq 0$ на $[a,b]$.

Оператор L называется *неосциллирующим*, если любое нетривиальное решение уравнения $Lu = 0$ имеет на $[a,b]$ не более $n-1$ нулей с учетом кратностей.

Для неосциллирующего оператора справедливо следующее утверждение.

Теорема 8.13 (см. [148]). 1°. *Следующие условия эквивалентны:*
а) *оператор L неосциллирующий;*
б) *L может быть представлен в виде разложения*

$$(Lu)(x) = h_n(x)\,\frac{d}{dx}\Big(h_{n-1}(x)\,\frac{d}{dx}\Big(\dots\frac{d}{dx}\,(h_0(x)u)\dots\Big)\Big) \tag{8.51}$$

($h_i \in C^{n-i}[a,b]$, $h_i(x) \neq 0$, $x \in [a,b]$, $i = \overline{0,n}$);
в) *существует фундаментальная система решений $u_1(x)$, $u_2(x), \dots, u_n(x)$ уравнения $Lu = 0$ такая, что все вронскианы*

$$W_0(x) = 1, \quad W_1(x) = u_1(x), \quad W_2(x) = W(u_1(x), u_2(x)), \quad \dots$$
$$\dots, \quad W_n(x) = W(u_1(x), \dots, u_n(x))$$

отличны от нуля на $[a,b]$.

2°. *Коэффициенты разложения (8.51) связаны с вронскианами формулами*

$$\begin{gathered} h_0(x) = \frac{1}{W_1(x)}, \quad h_n(x) = p_0(x)\,\frac{W_n(x)}{W_{n-1}(x)} \\ h_i(x) = \frac{W_i^2(x)}{W_{i+1}(x)W_{i-1}(x)}, \quad (i = \overline{1, n-1}). \end{gathered} \tag{8.52}$$

Для оператора с разложением (8.51) по аналогии с обычными производными введем квазипроизводные

$$\mathcal{D}^0 u = h_0 u, \qquad \mathcal{D}^i u = h_i(x)\frac{d}{dx}\,\mathcal{D}^{i-1} u \quad (i = \overline{1,n}). \tag{8.53}$$

При этом $\mathcal{D}^n u = Lu$.

В случае дифференциального оператора второго порядка

$$L_2 u = (pu')' - qu \quad (p \in C^2[a,b], \;\; q \in C^1[a,b], \;\; p(x) > 0, \;\; x \in [a,b])$$

неосцилляция эквивалентна существованию строго положительного решения $u_1(x)$ уравнения $L_2 u = 0$.

Для $q(x) \geqslant 0$ неосцилляция оператора L_2 обоснована следующим утверждением.

Лемма 8.6. *Пусть $p(x) > 0$, $q(x) \geqslant 0$ на $[a,b]$.*
Тогда для решения $u_1(x)$ задачи Коши

$$L_2 u = 0, \qquad u(a) = 1, \qquad u'(a) = 0$$

выполнены неравенства $u_1(x) > 0$, $u_1'(x) \geqslant 0$ на $[a,b]$. При этом, если $q(x) \not\equiv 0$, то $u_1'(b) > 0$.

Напомним, как определяется число перемен знака $S(u)$ для непрерывной функции $u(x)$ на $[a,b]$.

Промежуток $[\alpha, \beta]$ называется *промежутком знакопостоянства* функции $u(x)$, если она сохраняет на нем знак (вообще говоря, нестрогий) и $u(x) \not\equiv 0$ на $[\alpha, \beta]$. *Числом перемен знака* $S(u)$ называется минимальное число точек, разбивающих $[a, b]$ на промежутки знакопостоянства $u(x)$. Если такого конечного разбиения не существует, то считается, что $S(u) = \infty$. Условие минимальности фактически означает, что на соседних промежутках $u(x)$ имеет разные знаки, и в этом смысле их граничная точка может считаться *точкой перемены знака*. Для функции $u(x)$, сохраняющей знак на $[a, b]$, естественно полагается $S(u) = 0$, а для $u(x) \equiv 0$ принимается $S(u) = -1$. При $0 \leqslant S(u) < \infty$ через $\operatorname{sign}_1 u$ обозначается знак функции на первом слева промежутке знакопостоянства.

Определение 8.2. Краевую задачу

$$Lu = f(x), \qquad l_i(u) = 0 \quad (i = \overline{1, n})$$

и оператор, порожденный ею, назовем *знакорегулярными*, если при любой $u(x)$ из $C^n[a, b]$, удовлетворяющей краевым условиям, справедливо неравенство

$$S(u) \leqslant S(Lu).$$

Если, кроме того, из дополнительного условия $S(u) = S(Lu) \geqslant 0$ следует, что

$$\operatorname{sign}_1 u \cdot \operatorname{sign}_1 Lu > 0 \quad (< 0),$$

то задачу назовем *позитивно* (*негативно*) *знакорегулярной*.

Заметим, что из знакорегулярности следует невырожденность задачи. Достаточно глубоко изучены условия знакорегулярности для краевых задач с неосциллирующим оператором и распадающимися двухточечными краевыми условиями. Одним из наиболее общих результатов здесь является теорема Калафати [31, 41]. Нам понадобится ее частный случай для оператора второго порядка.

Теорема 8.14. *Краевая задача*

$$h_2(x) \frac{d}{dx} \left(h_1(x) \frac{d}{dx} (h_0(x) u)\right) = g(x), \tag{8.54}$$

$$\begin{aligned} \widetilde{\beta}(a)\mathcal{D}^1 u(a) - \widetilde{\vartheta}(a)\mathcal{D}^0 u(a) = 0, \\ \widetilde{\beta}(b)\mathcal{D}^1 u(b) + \widetilde{\vartheta}(b)\mathcal{D}^0 u(b) = 0, \end{aligned} \tag{8.55}$$

где $h_i \in C^{2-i}[a, b]$ *и* $h_i(\,\cdot\,) > 0$ $(i = \overline{0, 2})$, $\mathcal{D}^0 u, \mathcal{D}^1 u$ *определены равенствами* (8.53), *является негативно знакорегулярной, если* $\widetilde{\beta}(a)$, $\widetilde{\vartheta}(a)$, $\widetilde{\beta}(b)$, $\widetilde{\vartheta}(b)$ *неотрицательны, и*

$$\widetilde{\beta}(a) + \widetilde{\vartheta}(a) > 0, \qquad \widetilde{\beta}(b) + \widetilde{\vartheta}(b) > 0, \qquad \widetilde{\vartheta}(a) + \widetilde{\vartheta}(b) > 0.$$

Кроме того, если $g(x) \geqslant 0$ *и* $g(x) \not\equiv 0$, *то* $u(x) < 0$ *на* (a, b).

Замечание. Здесь наиболее существенным является условие неотрицательности коэффициентов; неравенства

$$\widetilde{\beta}(a) + \widetilde{\vartheta}(a) > 0, \qquad \widetilde{\beta}(b) + \widetilde{\vartheta}(b) > 0$$

означают, что ни одно из условий (8.55) не является вырожденным $(0 = 0)$. При $\widetilde{\vartheta}(a) = \widetilde{\vartheta}(b) = 0$ задача вырождена.

С помощью теоремы Калафати докажем следующее утверждение.

Лемма 8.7. *Пусть выполнены условия плюс-регулярности. Тогда задача* (8.48), (8.49) *негативно знакорегулярна. Кроме того, если* $g(x) \geqslant 0$ *и* $g(x) \not\equiv 0$, *то* $u(x) < 0$ *на* (a, b).

Доказательство. Покажем, что задача (8.48), (8.49) эквивалентна некоторой задаче вида (8.54), (8.55).

Неосцилляция оператора L_2 в (8.48) следует из леммы 8.6. По теореме 8.13 оператор L_2 можно представить в виде разложения (8.51) с положительными $h_i(\,\cdot\,)$. Построим разложение согласно (8.52). Возьмем решения u_1, u_2 уравнения $L_2 u = 0$ с начальными условиями

$$u_1(a) = 1, \qquad u_1'(a) = 0, \qquad u_2(a) = 0, \qquad u_2'(a) = 1.$$

Тогда $W_1(x) \equiv u_1(x) > 0$ в силу леммы 8.6. Кроме того, $W_2(a) = 1$, и поэтому по формуле Лиувилля $W_2(x) > 0$ на $[a, b]$.

Итак, при

$$h_0 = \frac{1}{u_1}, \qquad h_1 = \frac{u_1^2}{W_2}, \qquad h_2 = \frac{pW_2}{W_1}$$

уравнение $(pu')' - qu = g$ можно представить в виде (8.54).

Согласно (8.53) имеем

$$\mathcal{D}^0 u = h_0 u = \frac{u}{u_1}, \qquad \mathcal{D}^1 u = h_1 (\mathcal{D}^0 u)' = \frac{h_1(u'u_1 - uu_1')}{u_1^2} = \frac{u'u_1 - uu_1'}{W_2}.$$

Отсюда

$$u = u_1 \mathcal{D}^0 u, \qquad u' = \frac{W_2 \mathcal{D}^1 u + uu_1'}{u_1} = \frac{W_2}{u_1}\, \mathcal{D}^1 u + u_1' \mathcal{D}^0 u.$$

Тогда

$$u(a) = \mathcal{D}^0 u(a), \qquad u'(a) = \mathcal{D}^1 u(a),$$

$$u(b) = u_1(b) \mathcal{D}^0 u(b), \qquad u'(b) = \frac{W_2(b)}{u_1(b)}\, \mathcal{D}^1 u(b) + u_1'(b) \mathcal{D}^0 u(b).$$

Краевые условия (8.49) примут вид

$$\begin{gathered} \beta(a)\mathcal{D}^1 u(a) - \vartheta(a)\mathcal{D}^0 u(a) = 0, \\ \frac{\beta(b)W_2(b)}{u_1(b)}\, \mathcal{D}^1 u(b) + (\vartheta(b)u_1(b) + \beta(b)u_1'(b))\mathcal{D}^0 u(b) = 0, \end{gathered} \tag{8.56}$$

т. е. имеют вид (8.55) при

$$\widetilde{\beta}(a) = \beta(a), \quad \widetilde{\vartheta}(a) = \vartheta(a), \quad \widetilde{\beta}(b) = \frac{\beta(b)W_2(b)}{u_1(b)},$$

$$\widetilde{\vartheta}(b) = \vartheta(b)u_1(b) + \beta(b)u_1'(b).$$

Поскольку $\beta(a)$, $\vartheta(a)$, $\beta(b)$, $\vartheta(b)$ неотрицательны, то $\widetilde{\beta}(a)$, $\widetilde{\vartheta}(a)$, $\widetilde{\beta}(b)$, $\widetilde{\vartheta}(b)$ также неотрицательны. Из $\beta(a) + \vartheta(a) > 0$ и $\beta(b) + \vartheta(b) > 0$ следует

$$\widetilde{\beta}(a) + \widetilde{\vartheta}(a) > 0, \quad \widetilde{\beta}(b) + \widetilde{\vartheta}(b) > 0.$$

Из $\vartheta(a) + \vartheta(b) > 0$ следует

$$\widetilde{\vartheta}(a) + \widetilde{\vartheta}(b) > 0.$$

Если же $\vartheta(a) = \vartheta(b) = 0$, то из леммы 8.6 имеем

$$u_1'(b) > 0,$$

а из неравенства $\beta(b) + \vartheta(b) > 0$ имеем $\beta(b) > 0$, и тогда

$$\widetilde{\vartheta}(a) + \widetilde{\vartheta}(b) = \beta(b)u_1'(b) > 0.$$

Итак, задача (8.48), (8.49), эквивалентна задаче (8.54), (8.55), и утверждения теоремы следуют из теоремы 8.14.

Применим теперь знакорегулярность задачи (8.48), (8.49) в факторизации (8.47)–(8.50) для анализа положительной обратимости исходной задачи (8.44)–(8.46).

Теорема 8.15. 1°. *Краевая задача* (8.44)–(8.46) *с условиями плюс-регулярности однозначно разрешима.*

2°. *Из условий* $f(x) \geqslant 0$, $f(x) \not\equiv 0$ *следует* $y(x) > 0$ *внутри* (a, b).

3°. *Кроме того, если* $\alpha(b)\rho_2(a) > 0$ *или* $\alpha(a) > 0$, *то* $y(x) > 0$ *и для* $x = a$, *а выполнение* $\alpha(a)\rho_1(b) > 0$ *или* $\alpha(b) > 0$ *влечет* $y(b) > 0$.

Доказательство. Из условий плюс-регулярности имеем

$$\rho_1(a) \geqslant \rho_2(a), \quad \rho_2(b) \geqslant \rho_1(b).$$

Рассмотрим случай, когда оба неравенства строгие. Обозначим

$$\eta = (\rho_1(a)\rho_2(b) - \rho_2(a)\rho_1(b))^{-1}.$$

Решая (8.46) (или, что то же, (8.50)) относительно $y(a)$ и $y(b)$, получим

$$\begin{aligned} y(a) &= \eta[\alpha(b)\rho_2(a)g(b) - \alpha(a)\rho_2(b)g(a)], \\ y(b) &= \eta[\alpha(b)\rho_1(a)g(b) - \alpha(a)\rho_1(b)g(a)], \end{aligned} \tag{8.57}$$

$$y(b) - y(a) = \eta\{\alpha(a)g(a)[\rho_2(b) - \rho_1(b)] + \alpha(b)g(b)[\rho_1(a) - \rho_2(a)]\}. \tag{8.58}$$

Покажем сначала, что однородная задача имеет только тривиальное решение. Воспользуемся факторизацией (8.47)–(8.50). Из задачи (8.47) получаем $g(x) \equiv \text{const}$. Если $g(x) > 0$, то в силу леммы 8.7 получаем $u(x) = y'(x) < 0$ на (a, b). Значит, $y(x)$ убывает и $y(a) > y(b)$, что в силу $g(a) > 0$, $g(b) > 0$ противоречит равенству (8.58). Аналогично получаем, что $g(x)$ не может быть отрицательной. Значит, $g(x) \equiv 0$. Но тогда из знакорегулярности (8.48), (8.49) получаем

$$u(x) = y'(x) \equiv 0, \qquad y(x) \equiv \text{const}.$$

В силу (8.57) из $g(x) \equiv 0$ следует $y(a) = y(b) = 0$ и $y(x) \equiv 0$ на $[a, b]$.

Покажем теперь положительную обратимость. Пусть $f(x) \geqslant 0$, $f(x) \not\equiv 0$. Тогда $g(x)$ не убывает и $g(x) \not\equiv 0$. Аналогично предыдущему получаем невозможность неравенств $g(x) \geqslant 0$ и $g(x) \leqslant 0$ на $[a, b]$. Следовательно, $g(x)$ меняет знак один раз с минуса на плюс. То есть $S(g) = 1$, $\operatorname{sign}_1 g = -1$, причем $g(a) < 0$ и $g(b) > 0$. Из условий (8.57) в этом случае получаем $y(a) \geqslant 0$, $y(b) \geqslant 0$, при этом условия 3°) теоремы гарантируют $y(a) > 0$ или $y(b) > 0$.

В силу знакорегулярности (8.48), (8.49) из $S(g) = 1$ следует $S(u) \leqslant 1$. Если $S(u) = 0$, то $u(x) \geqslant 0$ или $u(x) \leqslant 0$ на $[a, b]$, что приводит к нестрогой монотонности $y(x)$ и неравенству $y(x) \geqslant 0$.

Если $y(x)$ не убывает, то из $y(x) \geqslant 0$ и $y(s) = 0$ для $a < s \leqslant b$ следует $y(x) = 0$ на $[a, s]$. А значит, $g(x) = 0$ на $[a, s]$, что противоречит $g(a) < 0$. Аналогично, если $y(x)$ не возрастает, то из $y(s) = 0$ при $a \leqslant s < b$ следует $g(x) = 0$ на $[s, b]$, что противоречит $g(b) < 0$. Следовательно, выполнено неравенство $y(x) > 0$ в (a, b).

Если $S(u) = 1$, то в силу негативной знакорегулярности при некотором $d \in (a, b)$ имеем $u(x) \geqslant 0$, $u(x) \not\equiv 0$ на $[a, d]$ и $u(x) \leqslant 0$, $u(x) \not\equiv 0$ на $[d, b]$. Поэтому $y(x)$ не убывает на $[a, d]$ и не возрастает на $[d, b]$. Поскольку $y(a) \geqslant 0$, $y(b) \geqslant 0$, получаем неравенство $y(x) \geqslant 0$ на $[a, b]$. Более того, здесь $y(x) > 0$ на (a, b), поскольку $y(s) = 0$ для некоторой точки $s \in (a, b)$ приводит к равенству $y(x) = 0$ на $[a, s]$ при $s \leqslant d$ или на $[s, b]$ при $s \geqslant d$, что противоречит $g(a) < 0$ или $g(b) > 0$.

Теперь рассмотрим случай

$$\rho_1(a) = \rho_2(a), \qquad \rho_2(b) > \rho_1(b).$$

В силу следствий из леммы 8.5 это возможно только при $\rho_1(a) = \rho_2(a) = \rho_1(b) = 0$. Следовательно, условия (8.46) примут вид

$$\alpha(a) D^3 y(a) = 0, \qquad \alpha(b) D^3 y(b) - \rho_2(b) y(b) = 0,$$

причем $\alpha(a) > 0$, $\alpha(b) \geqslant 0$, $\rho_2(b) > 0$. Отсюда для однородной задачи, пользуясь факторизацией (8.47)–(8.50), получаем

$$D^3 y(x) = g(x) \equiv 0.$$

Знакорегулярность задачи (8.48), (8.49) дает

$$y'(x) = u(x) \equiv 0.$$

Из второго краевого условия имеем $y(b) = 0$, следовательно, $y(x) \equiv 0$, и задача невырождена.

Далее, из $f(x) \geqslant 0$, $f(x) \not\equiv 0$ следует, что $g(x)$ не убывает. Поскольку $g(a) = 0$, отсюда получаем

$$g(x) \geqslant 0, \quad g(x) \not\equiv 0, \quad g(b) > 0.$$

В силу леммы 8.7 $u(x) = y'(x) < 0$ на (a, b) и $y(x)$ убывает. Второе краевое условие при $\alpha(b) > 0$ дает $y(b) > 0$, а при $\alpha(b) = 0$ получаем $y(b) = 0$. Отсюда следуют утверждения 2°) и 3°).

Теорема доказана.

Замечание. Знакорегулярность задачи (8.48), (8.49) означает, в частности, что из $(py'')' - qy' > 0$ $(< 0,\ = 0)$ следует, что $y' < 0$ $(> 0,\ = 0)$. Это совпадает с формулировкой принципа максимума из теоремы 8.3.

Теорема 8.16. *Функция Грина $G(x, s)$ плюс-регулярной краевой задачи* (8.44)–(8.46) *строго положительна внутри $[a, b] \times [a, b]$, а если $\alpha(a) > 0$ и $\alpha(b) > 0$, то и на всем квадрате.*

Доказательство. Пусть $s \in (a, b)$. Воспользуемся факторизацией задачи (8.47)–(8.50) при $f(x) = \delta(x - s)$. Тогда для функции

$$g(x) = \begin{cases} c + 1 & \text{при} \quad x > s, \\ c & \text{при} \quad x < s \end{cases}$$

повторяем доказательство утверждений 2°) и 3°) теоремы 8.15 и получаем, во-первых, $c < 0$, $c + 1 > 0$, во-вторых, строгую положительность функции $y(x) = G(x, s)$ для $x \in (a, b)$, а при $\alpha(a) > 0$ и $\alpha(b) > 0$ и для $x = a$ и $x = b$.

Пусть теперь $s = a$. Тогда функция $y(x) = G(x, a)$ удовлетворяет краевой задаче

$$(p(x)y'')'' - (q(x)y')' = 0, \tag{8.59}$$

$$\beta(a)y''(a) - \vartheta(a)y'(a) = 0, \quad \beta(b)y''(b) + \vartheta(b)y'(b) = 0, \tag{8.60}$$

$$\alpha(a)D^3y(a) + \rho_1(a)y(a) - \rho_2(a)y(b) = \alpha(a), \tag{8.61}$$

$$\alpha(b)D^3y(b) + \rho_1(b)y(a) - \rho_2(b)y(b) = 0. \tag{8.62}$$

Из положительности $G(x, s)$ при $(x, s) \in (a, b) \times (a, b)$ и непрерывности на всем квадрате получаем $y(x) \geqslant 0$. В силу теоремы 8.3 $y(x)$ монотонна. Случай $y(a) = 0 \leqslant y(b)$ исключается условием (8.61), поскольку $\mathcal{D}^3y(a) = c < 0$. Случай $y(a) > 0 = y(b)$ исключается условием (8.62), поскольку $\mathcal{D}^3 y(b) = c + 1 > 0$. Значит, $y(a) > 0$, $y(b) > 0$ и $y(x) > 0$ на $[a, b]$, что и требовалось доказать.

Отметим, что при этом $y(a) > y(b)$, так как $0 < y(a) < y(b)$ противоречит условию (8.62).

Теорема 8.17. *Функция Грина плюс-регулярной краевой задачи* (8.7)–(8.10) *строго положительна внутри множества* $\Gamma \times \Gamma$.

Доказательство. Пусть $s \in \gamma = [a, b]$. Рассмотрим редукцию задачи (8.7)–(8.10) к задаче (8.44)–(8.46) на ребре γ. Следствия 1–4 из леммы 8.5 обеспечивают плюс-регулярность задачи (8.44)–(8.46) и условия $\alpha(a) > 0$ и $\alpha(b) > 0$ (если ребро γ не концевое, т. е. $\gamma \cap \cap \partial\Gamma = \varnothing$). Тогда в силу теоремы 8.16 функция Грина $G_\gamma(x, s)$ этой задачи строго положительна на квадрате $\gamma \times \gamma$ (вплоть до концов для неконцевого ребра). Из теоремы 8.12 и положительности $G_\gamma(x, s)$ и $Z^k(x)$ $(k = \overline{1, 2})$ получаем утверждение теоремы.

Следствие. *Из условий* $f(x) \geqslant 0$ *на* Γ *и* $f(x) \not\equiv 0$ *для плюс-регулярной краевой задачи* (8.7)–(8.10) *с однородными условиями следует неравенство* $y(x) > 0$ *на* $\Gamma \setminus \partial\Gamma$.

Глава 9

ЭЛЛИПТИЧЕСКИЕ УРАВНЕНИЯ ВТОРОГО ПОРЯДКА НА СТРАТИФИЦИРОВАННОМ МНОЖЕСТВЕ

Ряд задач математической физики, связанных с поведением сложных систем, составленных из элементов, имеющих различные размерности или различные физические характеристики, удобно моделировать краевыми задачами на стратифицированных множествах Ω. Подходы к уравнениям на сетях, описанные в других главах настоящей мотографии, допускают развитие и на этот случай.

Геометрия стратифицированного множества значительно сложнее геометрии графа (Ω теперь является связным объединением конечного числа многообразий различных размерностей), но в целом удается реализовать методологические принципы, разработанные для уравнений на графах.

Основным из этих принципов является интерпретация всех дифференциальных соотношений, относящихся к составным элементам множества, в виде единого уравнения на Ω дивергентного типа. Дивергенция, как и в классическом случае, оказывается плотностью потока векторного поля на Ω по специальной *стратифицированной* мере. Однако чтобы получить содержательные результаты, потребовалось выделить специальный класс так называемых *прочных* стратифицированных множеств. Характер получаемых результатов определяется типом прочности Ω. В данной работе описаны два типа прочности Ω. В связи с этим она разбита на два параграфа.

9.1. Уравнения и неравенства с жестким лапласианом

9.1.1. Предварительные определения и комментарии. В этом пункте на примере простой механической задачи обсуждаются основные особенности уравнений на стратифицированных множествах и дается описание класса стратифицированных множеств, рассматриваемых в этой работе.

Традиционное определение стратифицированных множеств имеется, например, в [99]. Здесь мы даем определение, более приспособленное для изучения дифференциальных уравнений на них.

Мы называем связное множество $\Omega \subset \mathbb{R}^n$ *стратифицированным*, если задана последовательность замкнутых множеств (стратификация)

$$\varnothing = \Omega^{k_{-1}} \subset \Omega^{k_0} \subset \ldots \subset \Omega^{k_m} = \Omega$$

такая, что $\Omega^{k_p} \setminus \Omega^{k_{p-1}}$ $(p \geqslant 0)$ — гладкое подмногообразие в $\mathbb{R}^n$ размерности k_p. Его связные компоненты $\sigma_{k_p i}$ называются *стратами*. Вообще говоря, стратов некоторой размерности, не превосходящей максимальной $d = d(\Omega)$, может и не быть в Ω.

Предполагаются выполненными следующие два условия.

• Граница $\partial\sigma_{ki}$ страта σ_{ki} $(k > 0)$ является объединением стратов меньшей размерности.

• Если σ_{k-1i} примыкает к σ_{kj} (что означает $\sigma_{k-1i} \subset \partial\sigma_{kj}$ и символически записывается в виде $\sigma_{k-1i} \prec \sigma_{kj}$) и $Y \in \sigma_{kj}$ стремится вдоль некоторой непрерывной кривой (лежащей в σ_{kj}) к точке $X \in \sigma_{k-1i}$, то касательное пространство $T_Y\sigma_{kj}$ стремится к некоторому предельному положению $\lim\limits_{Y\to X} T_Y\sigma_{kj}$, содержащему $T_X\sigma_{k-1i}$.

Второе условие исключает из рассмотрения сингулярные примыкания, изображенные на рис. 9.1. Всюду далее предполагается, что число стратов конечно, и все они имеют компактные замыкания. В некоторых случаях дополнительно предполагается, что замыкания стратов допускают ориентацию.

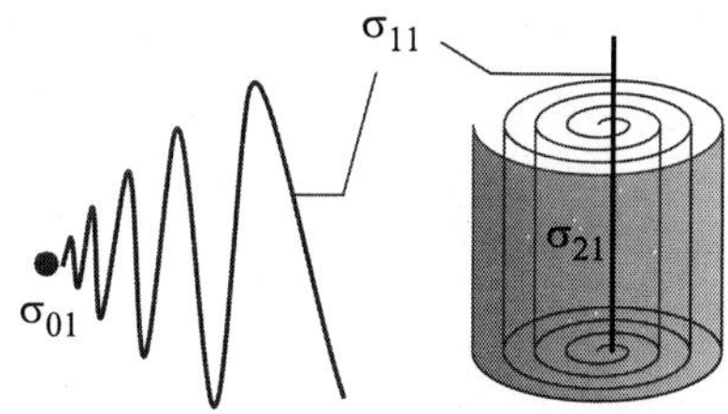

Рис. 9.1. Запрещенные примыкания

Одно и то же множество может допускать много различных стратификаций. В приложениях стратификация определяется, как правило, исходя из контекста задачи. К примеру, если рассматривается задача о перемещениях точек механической системы, составленной из струн, мембран и упругих тел, то эти отдельные элементы естественно рассматривать как одномерные, двумерные и трехмерные страты. Участки системы, в которых она закреплена, естественно рассматривать как границу. В соответствии с этим Ω разбивается на два подмножества:

• Ω_0 — открытое, связное подмножество Ω (в топологии, индуцированной на Ω из $\mathbb{R}^n$), составленное из его стратов и такое, что $\overline{\Omega}_0 = \Omega$;

• $\partial\Omega_0 = \Omega \setminus \Omega_0$ — граница Ω_0 (в большей части главы предполагается $\partial\Omega_0 \neq \varnothing$).

Особенно простой класс стратифицированных множеств конструируется следующим образом. На первом шаге выбирается конечный набор точек в $\mathbb{R}^n$, которые объявляются нульмерными стратами. На втором шаге некоторые пары точек соединяются гладкими кривыми так, что в целом получается связное множество. Дуги кривых будут служить одномерными стратами. Если в образовавшемся таким способом геометрическом графе имеются циклы, то образованные ими ячейки заполняются гладкими двумерными поверхностями — двумерными стратами конструируемого стратифицированного множества Ω. Этот процесс повторяется конечное число раз. Образованные таким способом стратифицированные множества будем называть *простыми*.

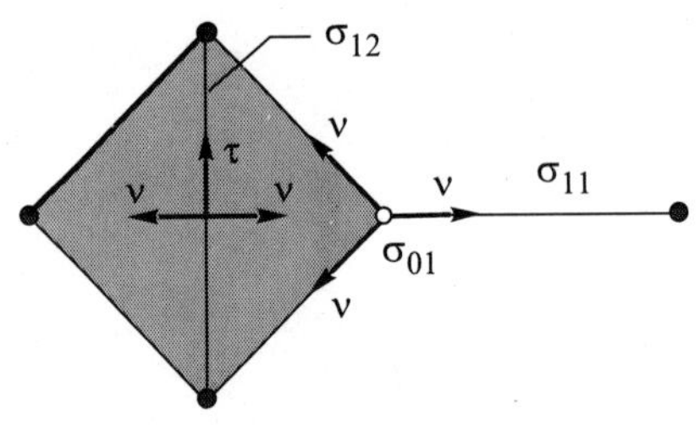

Рис. 9.2. Пример стратифицированного множества

Пример простого стратифицированного множества дает, например, рис. 9.2.

Дальнейшее изложение нам удобно иллюстрировать с помощью следующего простого примера.

Пусть имеется плоская система, составленная из натянутых струн и мембран, как на рис. 9.2. Обозначим через $u\colon\ \Omega \to \mathbb{R}$ функцию, описывающую поперечные перемещения точек системы, вызванные малой нагрузкой f, ортогональной к ее плоскости. Здесь $\partial\Omega_0$ составлена из одномерного и четырех нульмерных стратов (на рисунке они выделены жирными линиями и точками). На $\partial\Omega_0$ зададим условия Дирихле

$$u\big|_{\partial\Omega_0} = \varphi. \tag{9.1}$$

Перемещения точек стратов из Ω_0 описываются следующими дифференциальными уравнениями, выражающими равновесие внешних и внутренних сил.

На двумерных стратах это обычное уравнение Пуассона

$$-p_{21}\Delta u = f_{21}. \tag{9.2}$$

На страте σ_{11} имеем одномерный вариант того же уравнения

$$-p_{11}u_{\tau\tau} = f_{11}. \tag{9.3}$$

Здесь $u_{\tau\tau}$ — вторая производная по касательному к σ_{11} направлению.

На σ_{12} уравнение выглядит так:

$$-(p_{12}u_{\tau\tau} + \sum_{\sigma_{2i}\succ\sigma_{12}} p_{2i}u_{\mathbf{v}}) = f_{12}. \tag{9.4}$$

Вектор $\mathbf{v}$ направлен внутрь σ_{2i} и ортогонален к σ_{12} (на рис. 9.2 таких векторов два). Второе слагаемое в скобках обусловлено влиянием мембран на струну. В страте σ_{01} получаем

$$-\sum_{\sigma_{1i}\succ\sigma_{01}} p_{1i}u_{\mathbf{v}} = f_{01}. \tag{9.5}$$

Коэффициенты p_{ki} здесь предполагаются постоянными; при $k = 1$ — это натяжения струн, а при $k = 2$ — напряжения в мембранах. Единицей измерения их является $\text{Н}/\text{м}^{k-1}$. Нагрузка f_{ki} измеряется в $\text{Н}/\text{м}^{k}$.

Уже в этом простом примере видны характерные особенности уравнений на стратифицированных множествах.

• Множество Ω, на котором задаются уравнения, может иметь довольно сложную геометрию. Оно не является многообразием и поэтому не допускает введения даже локальных координат. Построение полноценного математического анализа на таком множестве, на первый взгляд, представляется проблематичным.

• Дифференциальные уравнения, соответствующие различным элементам Ω, различны по виду. Коэффициенты их имеют разные размерности, так что нет смысла обсуждать их непрерывность в целом на Ω; речь может идти только о непрерывности в пределах отдельных стратов. Если о непрерывности решения в целом на Ω еще можно говорить, то о гладкости — уже нет, поскольку Ω не является, вообще говоря, многообразием. Тем не менее в пределах отдельных стратов гладкость решения имеет смысл.

Эти особенности порождают существенные трудности уже при элементарном анализе задач. Достаточно распространенный способ их преодоления следующий (см., например, [108, 109, 115, 116, 118, 122, 134, 135, 138, 142, 143]).

Заметим, что на стратах, не взаимодействующих своими внутренними точками с другими стратами (назовем их *свободными*; на рис. 9.2 это σ_{11} и двумерные страты), уравнения имеют вид уравнения Пуассона. Поэтому естественно рассмотреть «синтетический» оператор $p\Delta$, действующий на произведении пространств $C^2(\sigma_{ki})$, соответствующих свободным стратам. Остальные уравнения интерпретируются как условия «склейки» (*трансмиссии*) и включаются наряду с условиями непрерывности в определение решения уравнения $-p\Delta u = f$.

На основе этого подхода были получены исчерпывающие результаты о разрешимости краевых задач как в классической, так и в обобщенных постановках, асимптотики спектра и др. (см. работы, цитированные в предыдущем абзаце). Следует заметить, что все это было сделано при существенных ограничениях на геометрию Ω; в основном рассматривался случай, когда Ω — геометрический граф или область в $\mathbb{R}^n$, перегороженная конечным числом гладких многообразий, на которых задавались условия трансмиссии.

Однако в этом цикле результатов обращает на себя внимание почти полное отсутствие результатов качественного типа (каковыми являются сильный принцип максимума, лемма о нормальной производной и пр.). Оказалось, что описанный выше подход плохо приспособлен к получению таких результатов. Дело в том, что свойства устанавливаемые, например, в принципе максимума, для решений уравнения вида $p\Delta u = 0$ являются глобальными. Отсутствие максимума внутри области в применении к стратифицированным множествам должно означать отсутствие максимума во всех стратах из Ω_0, в то время, как описанный выше подход предполагает отнесение к внутренности Ω объединение только свободных стратов, поскольку условия трансмиссии функционируют как краевые условия, а соответствующие им страты обретают статус внутренних границ. Очевидно, это затрудняет как поиск правильных формулировок результатов о качественных свойствах решений, так и их доказательство.

В следующем пункте мы начинаем систематическое описание иного подхода. Суть его сводится к следующим двум принципам:

• хотя уравнения (9.2)–(9.5) различны по форме, они выражают одно и то же обстоятельство — локальное равновесие системы, поэтому нужно применять единый формализм к описанию этих уравнений;

• подмножество Ω_0, на котором заданы уравнения, следует считать внутренностью Ω, а $\partial\Omega_0$ его границей. Поэтому при описании качественных свойств решений, при определении функциональных пространств и т. д. классическую «область в $\mathbb{R}^n$» необходимо заменять на Ω_0.

Этот подход развит в работах [13, 14, 51, 54, 59–61]. Близкий подход, связанный с решением краевых задач, описывающих неоднородные среды с периодической структурой, развит в работах В.В. Жикова [21, 22].

9.1.2. Дивергенция и оператор Лапласа–Бельтрами на стратифицированном множестве. Каждый страт как подмногообразие в $\mathbb{R}^n$ является также и римановым многообразием. С помощью римановой метрики стандартным образом определяются элемент объема и мера Лебега μ_k на σ_{ki}; при $k = 0$ мера μ_0 — это единичная мера, сосредоточенная в точке. Из этих локальных мер можно сконструировать *стратифицированную* меру μ на Ω. А именно, для $\omega \subset \Omega$ полагаем

$$\mu(\omega) = \sum_{\sigma_{ki}} \mu_k(\omega \cap \sigma_{ki}). \tag{9.6}$$

Поскольку меры μ_k имеют разные размерности, то для уравнивания размерностей слагаемых в формуле (9.6) можно считать, что на каждом страте распределена масса с единичной плотностью и считать $\mu_k(\omega \cap \sigma_{ki})$ массой. Множества, для которых (9.6) имеет смысл, естественно называть *μ-измеримыми.* Понятия измеримой и суммируемой функций определяются стандартно. Интеграл Лебега суммируемой функции $f\colon \Omega \to \mathbb{R}$ сводится к сумме интегралов Лебега по отдельным стратам:

$$\int\limits_{\Omega} f\, d\mu = \sum_{\sigma_{ki}} \int\limits_{\sigma_{ki}} f\, d\mu. \tag{9.7}$$

Справа вместо $d\mu_k$ стоит $d\mu$, поскольку сужение меры μ на σ_{ki} совпадает с μ_k по построению.

В терминах меры μ определим дивергенцию векторного поля на Ω как плотность потока этого поля. Наши рассуждения будут носить эвристический характер, поскольку итоговая формула будет принята в качестве определения дивергенции. Впрочем, строгие вычисления проводятся не намного сложнее.

Пусть $\mathbf{F}$ — векторное поле на Ω_0. Будем называть его *касательным* к Ω_0, если его сужение на каждый страт σ_{ki} принадлежит касательному пространству $T\sigma_{ki}$.

Будем называть $\mathbf{F}$ *гладким*, если, например, его ковариантные компоненты гладки в замыкании каждого страта. В определении гладкости можно пользоваться координатами из $\mathbb{R}^n$ вместо локальных координат на каждом страте. Для определения дивергенции нам достаточно принадлежности $\mathbf{F}$ классу C^1. Никакого непрерывного согласования полей на разных стратах не требуется.

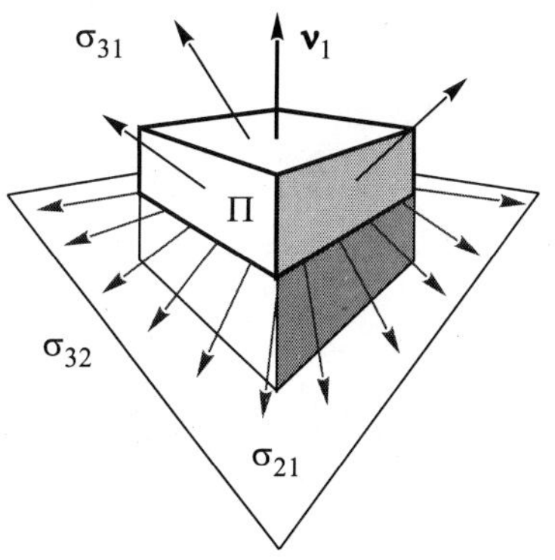

Рис. 9.3. Поток векторного поля

Пусть страт σ_{21} примыкает к двум трехмерным стратам, как показано на рис. 9.3. Выделим маленький параллелепипед Π с центром в точке $X \in \sigma_{21}$, составленный из двух кубиков с длиной ребра, равной Δl. Посчитаем поток $\Phi_\Pi(\mathbf{F})$ (наружу) векторного поля через поверхность этого параллелепипеда. Для наглядности будем интерпретировать $\mathbf{F}$ как поток жидкости, имеющий размерность л/м$^{k-1}$ на страте σ_{ki}. Вклад в общий поток жидкости, текущей по σ_{21} (это поток через границу пересечения $\Pi \cap \sigma_{21}$), вычисляется по классической формуле. Он приближенно равен $\nabla_2\mathbf{F}(X)\Delta s$, где $\Delta s = (\Delta l)^2$, а $\nabla_2\mathbf{F}$ — обычная двумерная дивергенция на σ_{21}.

Поток через любую пару противоположных вертикальных граней есть $o(\Delta s)$. В самом деле, поток через одну из этих граней приближенно равен $\mathbf{F}(Y)\cdot\boldsymbol{\nu}\Delta s$, где Y можно взять, например, в центре грани. Этот поток компенсируется потоком через противоположную грань (поскольку нормаль к ней имеет противоположное направление), поэтому суммарный эффект имеет вид $o(\Delta s)$. Потоки через горизонтальные противоположные грани не компенсируют друг друга, поскольку эти грани лежат в различных стратах, а поле $\mathbf{F}$ может претерпевать разрывы при переходе со страта на страт. Сумма этих потоков равна

$$(\mathbf{F}(Y_1)\cdot\boldsymbol{\nu}_1 + \mathbf{F}(Y_2)\cdot\boldsymbol{\nu}_2)\Delta s,$$

где Y_1 и Y_2 — центры верхней и нижней граней. В итоге получаем

$$\Phi_\Pi(\mathbf{F}) = (\nabla_2\mathbf{F}(X) + \mathbf{F}(Y_1)\cdot\boldsymbol{\nu}_1 + \mathbf{F}(Y_2)\cdot\boldsymbol{\nu}_2)\Delta s + o(\Delta s).$$

Дивергенцию $\nabla\mathbf{F}(X)$ естественно определить как предел отношения $\Phi_\Pi(\mathbf{F})$ к стратифицированной мере параллелепипеда Π при стягивании последнего к точке X. Учитывая, что $\mu(\Pi) = \Delta s + \Delta v$, где Δv — объем параллелепипеда Π, получим в пределе

$$\nabla\mathbf{F}(X) = \nabla_2\mathbf{F}(X) + \sum_{\sigma_{3i}\succ\sigma_{21}} \boldsymbol{\nu}\cdot\mathbf{F}\big|_{\overline{3i}}(X); \tag{9.8}$$

индекс у $\boldsymbol{\nu}$ опущен, поскольку парой стратов σ_{k-1i}, σ_{kj} и точкой X он определяется однозначно, по крайней мере в рассматриваемом случае.

Здесь и далее обозначение вида $\mathbf{F}\big|_{\overline{kj}}(X)$ при $X\in\sigma_{k-1i}\prec\sigma_{kj}$ означает, что вместо $\mathbf{F}(X)$ берется предельное значение $\mathbf{F}(Y)$, когда Y стремится к X вдоль некоторой кривой, лежащей в σ_{kj}. В иных терминах $\mathbf{F}\big|_{\overline{kj}}$ — продолжение по непрерывности на $\overline{\sigma}_{kj}$ сужения u на σ_{kj}. В рассматриваемых нами ситуациях такое продолжение будет существовать всегда. Однако в случае, когда примыкание σ_{k-1i} к σ_{kj} кратное, это продолжение может оказаться многозначным. Так будет, например, когда Ω выглядит, как показано на рис. 9.4 слева.

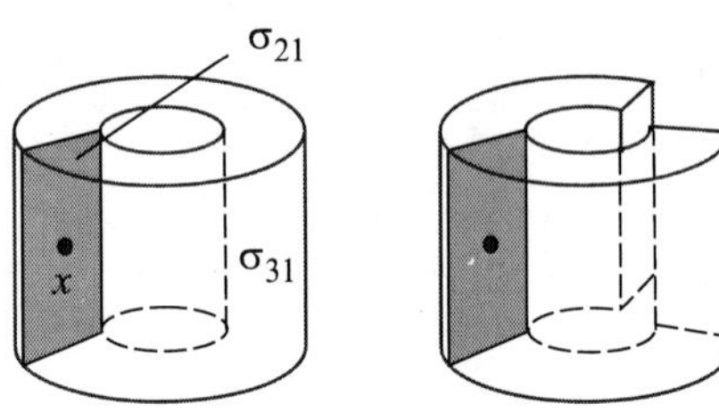

Рис. 9.4. Кратное примыкание

Здесь σ_{31} дважды примыкает к σ_{21}. Поскольку дивергенция в точке X — понятие локальное, можно разбить страт σ_{31} на два страта с простым примыканием, как показано на рис. 9.4 справа. Такое введение искусственных стратов приводит к тому, что в (9.8) слагаемому, соответствующему страту с кратным примыканием, будет отвечать несколько однотипных слагаемых.

В общем случае дивергенция на Ω_0 определяется формулой

$$\nabla\mathbf{F}(X) = \nabla_{k-1}\mathbf{F}(X) + \sum_{\sigma_{kj}\succ\sigma_{k-1i}} \boldsymbol{\nu}\cdot\mathbf{F}\big|_{\overline{kj}}(X), \tag{9.9}$$

где $X\in\sigma_{k-1i}$.

Пусть теперь $u\colon\ \Omega_0\to\mathbb{R}$ дважды дифференцируема внутри каждого страта σ_{kj}, причем первая дифференцируемость имеет место вплоть до точек тех граничных стратов $\sigma_{k-1i}\prec\sigma_{kj}$, которые не лежат в $\partial\Omega_0$; множество таких функций обозначим через $C^2_\sigma(\Omega_0)$. Полагая в формуле (9.9) $\mathbf{F}=\nabla u$ (как обычно, действие ∇ на скалярные функции интерпретируется как взятие градиента), получаем аналог оператора Лапласа–Бельтрами на стратифицированном множестве

$$\Delta u(X) = \Delta_{k-1} u(X) + \sum_{\sigma_{kj} \succ \sigma_{k-1i}} \boldsymbol{\nu} \cdot \nabla u\big|_{\overline{kj}}(X), \tag{9.10}$$

где Δ_{k-1} — классический оператор Лапласа–Бельтрами на σ_{k-1i}.

Положим также $\Delta_p u = \nabla(p\nabla u)$, где p имеет производные первого порядка на каждом страте σ_{kj} вплоть до точек его граничных стратов σ_{k-1i}, не входящих в $\partial\Omega_0$. Это аналог эллиптического оператора дивергентного типа. В случае $p > 0$ будем называть его *жестким лапласианом.*

Нам потребуется выражение оператора Δ_p через риманову метрику, наследуемую стратами как подмногообразиями $\mathbb{R}^n$. Для этого определим сначала несколько необычный набор локальных координат на Ω_0. Напомним, что поскольку само Ω_0 многообразием не является, введение полноценных координат на нем невозможно.

Пусть $X \in \sigma_{k-1i}$. Зададим вблизи X на σ_{k-1i} локальные координаты $x^1, \ldots, x^{k-1}$ и для каждого σ_{kj} дополним их еще одной координатой x^k, положительной на σ_{kj} и обращающейся в нуль на σ_{k-1i}. Этот способ введения координат показан на рис. 9.5.

Тот факт, что несколько координатных осей обозначены одинаково, к недоразумениям не приведет, поскольку из контекста будет ясно, о какой координате идет речь в данный момент.

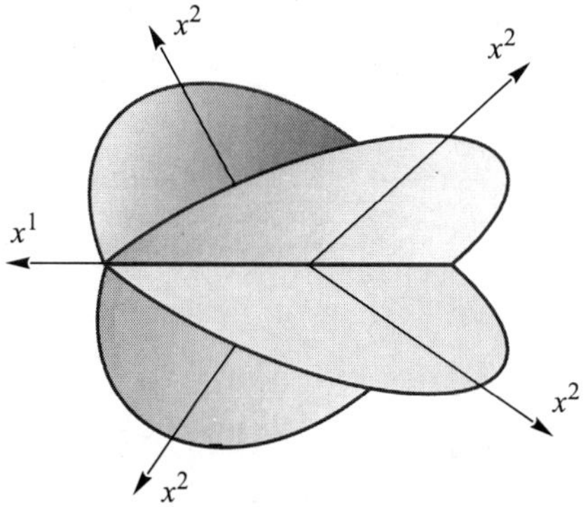

Так как выражение через риманову метрику классической части оператора Δ_p хорошо известно, нам остается только выразить через нее нормаль $\boldsymbol{\nu}$. Нетрудно проверить, что нормаль к σ_{k-1i} в точке X, направленная внутрь σ_{kj}, имеет вид

$$\boldsymbol{\nu} = \frac{g^{k\alpha}}{\sqrt{g^{kk}}}\, \mathbf{r}_{x^\alpha}.$$

Рис. 9.5. Стратифицированные координаты

Здесь $\mathbf{r} = \mathbf{r}(X)$ означает радиус-вектор точки X в $\mathbb{R}^n$, а $g^{\alpha\beta}$ — контравариантные компоненты римановой метрики на σ_{kj}. Буква X будет использоваться и для обозначения набора ее координат $X^1, \ldots, X^n$ в $\mathbb{R}^n$; в пределах одного страта вместо $\mathbf{r} = \mathbf{r}(X)$ можно писать $\mathbf{r} = \mathbf{r}(x)$, понимая под x локальные координаты точки X. По повторяющимся индексам, помеченным греческими буквами, предполагается суммирование.

Выражение для дивергенции в римановой метрике имеет вид

$$\nabla\mathbf{F}(X) = \frac{1}{\sqrt{g}}\,\frac{\partial}{\partial x^{\alpha}}\left(\sqrt{g}\,g^{\alpha\beta}F_{\beta}\right)(X) + \sum_{\sigma_{kj}\succ\sigma_{k-1i}} \frac{g^{k\alpha}}{\sqrt{g^{kk}}}\,\mathbf{r}_{x^{\alpha}}F_{\alpha}\Big|_{\overline{kj}}(X), \tag{9.11}$$

где g — определитель матрицы G, составленной из ковариантных компонент римановой метрики, а F_{α} — ковариантные компоненты вектора $\mathbf{F}$. Следует заметить, что в первом слагаемом участвуют только первые $k-1$ компонент метрики (это относится и к определителю g); α и β меняются от 1 до $k-1$. Во втором слагаемом α меняется от 1 до k.

Оператор Δ_p имеет вид

$$\Delta_p u(X) = \frac{1}{\sqrt{g}}\,\frac{\partial}{\partial x^{\alpha}}\left(p\sqrt{g}\,g^{\alpha\beta}\frac{\partial u}{\partial x^{\beta}}\right)(X) + \\ + \sum_{\sigma_{kj}\succ\sigma_{k-1i}}\left(p\,\frac{g^{k\alpha}}{\sqrt{g^{kk}}}\,\frac{\partial u}{\partial x^{\alpha}}\right)\Bigg|_{\overline{kj}}(X). \tag{9.12}$$

Нетрудно проверить, что уравнения (9.2)—(9.5) могут быть записаны в виде $-\Delta_p u = f$. Мы будем в основном рассматривать задачу Дирихле следующего вида:

$$Lu = \Delta_p u - qu = f, \tag{9.13}$$

$$u\big|_{\partial\Omega_0} = \varphi. \tag{9.14}$$

Задача (9.13), (9.14) без ограничений (далеко не очевидных) на геометрическое устройство Ω, вообще говоря, не имеет даже слабого решения в пространствах типа Соболева. Далее все это будет обсуждено, а сейчас мы переходим к формированию минимального арсенала технических средств для исследования задачи (9.13), (9.14).

9.1.3. Формулы Грина. Здесь замыкания стратов предполагаются ориентируемыми.

Мы начнем со стратифицированного аналога теоремы о дивергенции. Множество функций $C^1_{\sigma}(\Omega)$, фигурирующее в следующей теореме, определяется так же, как и $C^1_{\sigma}(\Omega_0)$, но без упоминания $\partial\Omega_0$, т.е. мы исключаем «порчу» функции на $\partial\Omega_0$. Индекс σ в обозначении функционального пространства означает, что требования к функциям предъявляются только в пределах отдельных стратов. Например, функция из $C^1_{\sigma}(\Omega)$ не обязана быть непрерывной в целом на Ω; она может претерпевать разрывы при переходе со страта на страт.

Теорема 9.1. *Пусть* $\mathbf{F} \in C^1_\sigma(\Omega)$. *Тогда*

$$\int\limits_{\Omega_0} \nabla \mathbf{F}\, d\mu = -\int\limits_{\partial\Omega_0} \mathbf{F}_\nu\, d\mu, \tag{9.15}$$

где $\mathbf{F}_\nu$ *при* $X \in \sigma_{k-1,i}$ *определяется так*:

$$\mathbf{F}_\nu(X) = \sum (\boldsymbol{\nu} \cdot \mathbf{F})\big|_{\overline{kj}}(X);$$

суммирование производится по всем $\sigma_{kj} \succ \sigma_{k-1,i}$, *не лежащим в* $\partial\Omega_0$.

При нашем определении дивергенции эта формула почти очевидна. Тем не менее строгое ее доказательство весьма громоздко. Поэтому мы приведем лишь схематическое доказательство.

Доказательство. В силу (9.7) интеграл в левой части сводится к сумме интегралов вида

$$\int\limits_{\sigma_{ki}} \nabla \mathbf{F}\, d\mu.$$

В стратах максимальной размерности $d = d(\Omega)$ дивергенция $\nabla \mathbf{F}$ тождественна ее классической части $\nabla_d \mathbf{F}$. Поэтому в силу обычной теоремы о дивергенции имеем

$$\int\limits_{\sigma_{di}} \nabla \mathbf{F}\, d\mu = \int\limits_{\sigma_{di}} \nabla_d \mathbf{F}\, d\mu = -\sum_{\sigma_{d-1,j} \prec \sigma_{di}} \int\limits_{\sigma_{d-1,j}} \boldsymbol{\nu} \cdot \mathbf{F}\big|_{\overline{di}}\, d\mu. \tag{9.16}$$

Знак минус показывает, что мы пользуемся внутренними нормалями. В правой части интегрирование производится лишь по $(d-1)$-мерным стратам, поскольку обычная $(d-1)$-мерная мера остальной части границы $\partial\sigma_{di}$ равна нулю. Не исключено, что $\partial\sigma_{di}$ вообще не содержит $(d-1)$-мерных стратов. В этом случае пустая сумма в правой части формулы (9.16) полагается равной нулю, поскольку интеграл слева, очевидно, равен нулю. Пусть $\sigma_{d-1,j} \prec \sigma_{di}$ не принадлежит $\partial\Omega_0$. Рассмотрим интеграл от дивергенции по $\sigma_{d-1,j}$. Из формулы (9.9) получаем

$$\int\limits_{\sigma_{d-1,j}} \nabla \mathbf{F}\, d\mu = \int\limits_{\sigma_{d-1,j}} \nabla_{d-1} \mathbf{F}\, d\mu + \sum_{\sigma_{dl} \succ \sigma_{d-1,j}} \int\limits_{\sigma_{d-1,j}} \boldsymbol{\nu} \cdot \mathbf{F}\big|_{\overline{dl}}\, d\mu. \tag{9.17}$$

Мы видим, что при сложении равенств (9.16), (9.17) интеграл в правой части (9.16), отвечающий $\sigma_{d-1,j}$, взаимно уничтожается с одним из интегралов в (9.17) (среди всех σ_{dl} в (9.17) имеется и σ_{di}). Обозначим через σ_m объединение всех m-мерных стратов из Ω_0. Из только что сказанного следует, что суммирование всех равенств (9.16), (9.17) приводит к формуле

$$\int\limits_{\sigma_d \cup \sigma_{d-1}} \nabla \mathbf{F}\, d\mu = \int\limits_{\sigma_{d-1}} \nabla_{d-1} \mathbf{F}\, d\mu - \sum_{\sigma_{d-1,j} \subset \partial\Omega_0} \int\limits_{\sigma_{d-1,j}} \boldsymbol{\nu} \cdot \mathbf{F}\big|_{\overline{dl}}\, d\mu. \tag{9.18}$$

Далее всю предыдущую аргументацию следует применить к первому интегралу справа в (9.18); в нем снова фигурирует классическая дивергенция, поэтому снова можно воспользоваться обычной теоремой о дивергенции. Продолжая эту процедуру вплоть до стратов минимальной размерности, получим доказываемую формулу.

Положим
$$C^1(\Omega) = C^1_\sigma(\Omega) \cap C(\Omega),$$
где $C(\Omega)$ — множество непрерывных на Ω функций. Аналогично определяется множество $C^2(\Omega)$.

Пусть $v \in C^1(\Omega)$, $u \in C^2_\sigma(\Omega)$. Тогда при $p \in C^1_\sigma(\Omega)$ имеем $\mathbf{F} = pv\nabla u \in C^1_\sigma(\Omega)$, и мы можем применить к $\mathbf{F}$ формулу (9.15). В результате получаем
$$\int\limits_{\Omega_0} \nabla(pv\nabla u)\, d\mu = -\int\limits_{\partial\Omega_0} (pv\nabla u)_\nu\, d\mu = -\int\limits_{\partial\Omega_0} v(p\nabla u)_\nu\, d\mu.$$
В последнем равенстве мы воспользовались непрерывностью v. Вспоминая выражение (9.9) для дивергенции, имеем в точке $X \in \sigma_{k-1,i}$
$$\nabla(pv\nabla u)(X) = \nabla_{k-1}(pv\nabla u)(X) + \sum_{\sigma_{kj}\succ\sigma_{k-1,i}} (pv\nabla u\cdot\boldsymbol{\nu})\big|_{\overline{kj}}(X).$$
Первое слагаемое здесь равно
$$\frac{1}{\sqrt{g}}\,\frac{\partial}{\partial x^\alpha}\left(\sqrt{g}\,g^{\alpha\beta}pv\,\frac{\partial u}{\partial x^\beta}\right)(X) = \\ = v\,\frac{1}{\sqrt{g}}\,\frac{\partial}{\partial x^\alpha}\left(\sqrt{g}\,g^{\alpha\beta}p\,\frac{\partial u}{\partial x^\beta}\right)(X) + p\nabla u\nabla v;$$
напомним, что скалярное произведение ковариантных векторов h^1 и h^2 (а таковыми как раз и являются градиенты) равно сумме $g^{ij}h^1_i h^2_j$. Таким образом, имеем
$$\nabla(pv\nabla u)(X) = (p\nabla u\nabla v)(X) + \\ + v\left(\frac{1}{\sqrt{g}}\,\frac{\partial}{\partial x^\alpha}\left(\sqrt{g}\,g^{\alpha\beta}p\,\frac{\partial u}{\partial x^\beta}\right) + \sum_{\sigma_{kj}\succ\sigma_{k-1,i}} (p\nabla u\cdot\boldsymbol{\nu})\big|_{\overline{kj}}\right)(X) = \\ = (p\nabla u\nabla v)(X) + (v\Delta_p u)(X).$$
Отсюда получаем аналог первой формулы Грина. А именно, имеет место следующая

Теорема 9.2. *Пусть $u \in C^2_\sigma(\Omega)$, $v \in C^1(\Omega)$. Тогда*
$$\int\limits_{\Omega_0} v\Delta_p u\, d\mu = -\int\limits_{\Omega_0} p\nabla v\nabla u\, d\mu - \int\limits_{\partial\Omega_0} v(p\nabla u)_\nu\, d\mu. \tag{9.19}$$

Из теоремы 9.2 немедленно следует аналог второй формулы Грина.

Теорема 9.3. *Если* $u, v \in C^2(\Omega)$, *то*

$$\int\limits_{\Omega_0} (v\Delta_p u - u\Delta_p v)\, d\mu = \int\limits_{\partial\Omega_0} (u(p\nabla v)_\nu - v(p\nabla u)_\nu)\, d\mu. \tag{9.20}$$

Вспоминая выражение для оператора L:

$$Lu = \Delta_p u - qu,$$

в силу равенства $vLu - uLv = v\Delta_p u - u\Delta_p v$ получаем, что в условиях теоремы 9.3 имеет место следующее равенство:

$$\int\limits_{\Omega_0} (vLu - uLv)\, d\mu = \int\limits_{\partial\Omega_0} (u(p\nabla v)_\nu - v(p\nabla u)_\nu)\, d\mu. \tag{9.21}$$

В частности, если граница $\partial\Omega_0$ пуста, получаем отсюда

$$\int\limits_{\Omega_0} (vLu - uLv)\, d\mu = 0. \tag{9.22}$$

Заметим, что, хотя выражение $(p\nabla v)_\nu$ определено нами лишь на границе Ω_0, его можно рассматривать и в Ω_0; в Ω_0 оно совпадает с «неклассической» частью оператора Δ_p, т.е. с последней суммой в правой части (9.12).

9.1.4. Лемма Бохнера и несовместные неравенства. Здесь приводятся простые следствия формул Грина. Мы следуем работам [54, 60, 61]. Всюду далее коэффициент $p \in C^1_\sigma(\Omega_0)$ предполагается положительным. Ограничения на знак коэффициента $q \in C_\sigma(\Omega_0)$ (если они будут необходимы) будут всякий раз указываться явно. Множество Ω предполагается ориентируемым. Следует заметить, однако, что все утверждения этого пункта справедливы и в общем случае. К примеру, лемма Бохнера следует и из сильного принципа максимума, доказываемого в п. 9.1.9 без предположения об ориентируемости Ω.

Теорема 9.4. *Пусть* $u, v \in C^2(\Omega)$, u — *положительное в* Ω_0 *решение неравенства* $Lu = \Delta_p u - qu \geqslant 0$, *обращающееся в нуль на* $\partial\Omega_0$ *и удовлетворяющее на* $\partial\Omega_0$ *неравенству* $(p\nabla u)_\nu > 0$, *а* v — *положительное на* Ω_0 *решение неравенства* $Lv \leqslant 0$.

Тогда u *и* v *являются решениями задачи Дирихле*

$$Lw = 0, \tag{9.23}$$

$$w\big|_{\partial\Omega_0} = 0. \tag{9.24}$$

Доказательство. Из условий теоремы и формулы (9.21) имеем

$$0 \leqslant \int\limits_{\Omega_0} vLu\,d\mu = \int\limits_{\Omega_0} uLv\,d\mu + \int\limits_{\partial\Omega_0} (u(p\nabla v)_\nu - v(p\nabla u)_\nu)\,d\mu =$$

$$= \int\limits_{\Omega_0} uLv\,d\mu + \left(-\int\limits_{\partial\Omega_0} v(p\nabla u)_\nu\,d\mu\right) \leqslant 0,$$

откуда (в силу неположительности слагаемых) сначала получаем

$$\int\limits_{\Omega_0} uLv\,d\mu = \int\limits_{\partial\Omega_0} v(p\nabla u)_\nu\,d\mu = 0,$$

а затем $Lv = 0$, $v\big|_{\partial\Omega_0} = 0$. Из приведенных неравенств следует также

$$\int\limits_{\Omega_0} vLu\,d\mu = 0,$$

откуда, ввиду положительности v и неотрицательности Lu имеем $Lu = 0$ на Ω_0. Теорема доказана.

Замечание 9.1.1. По крайней мере в случае $d = d(\Omega) = 2$ условие $(p\nabla u)_\nu > 0$ можно опустить. Это следует из доказываемой далее леммы о нормальной производной.

Замечание 9.1.2. В случае $\partial\Omega_0 = \varnothing$ условие $(p\nabla u)_\nu > 0$ естественным образом отпадает (как и обращение в нуль на границе), а утверждение состоит в том, что u и v являются решениями уравнения $Lw = 0$.

В одномерном случае ($d = 1$) можно доказать, что u с точностью до множителя совпадает с v (см., например, [59]). В общем случае это пока не доказано.

Теорема 9.5. *Пусть* $q \geqslant 0$ *и* $\partial\Omega_0 = \varnothing$ (*т. е.* $\Omega_0 = \Omega$).
Тогда если неравенство $Lu \geqslant 0$ *имеет решение* $u \in C^2(\Omega_0)$, *положительное на* Ω, *то* $u \equiv \mathrm{const}$ *на* Ω *и* $q \equiv 0$.

Доказательство. Так как $\partial\Omega_0 = \varnothing$, из (9.22) при $v \equiv 1$ получаем

$$\int\limits_{\Omega} Lu\,d\mu = -\int\limits_{\Omega} qu\,d\mu.$$

Поскольку правая часть этого равенства неположительна, а по условию теоремы $Lu \geqslant 0$, избежать противоречия возможно только если $Lu = 0$.

Заметив теперь, что функция $v \equiv 1$ удовлетворяет неравенству $Lv \leqslant 0$, на основе замечания к теореме 9.1.2 заключаем, что u и v — решения уравнения $Lw = 0$. Но тогда $q \equiv 0$, а следовательно, $L = \Delta_p$. Полагая в (9.19) $v \equiv 1$ получаем, что для любой функции $u \in C^2(\Omega)$

(в рассматриваемом случае $\partial\Omega_0 = \varnothing$) выполняется равенство

$$\int\limits_{\Omega} \Delta_p u \, d\mu = 0,$$

так что из $\Delta_p u \geqslant 0$ следует $\Delta_p u = 0$. Из того же равенства при $v \equiv u$ получаем

$$\int\limits_{\Omega} u\Delta_p u \, d\mu = -\int\limits_{\Omega} p\nabla u \nabla u \, d\mu,$$

и в силу доказанного равенства $\Delta_p u = 0$ и неотрицательности подынтегральной функции справа получаем $\nabla u = 0$ на Ω. Отсюда следует, что $u\,|_{ki} \equiv c_{ki} = \text{const}$ (здесь $u\,|_{ki}$ — сужение u на σ_{ki}). С учетом непрерывности u получаем $u \equiv \text{const}$ на Ω. Теорема доказана.

Следствие. *Пусть* $\partial\Omega_0 = \varnothing$ *и* $\Delta_p u \geqslant 0$ *на* Ω $(u \in C^2(\Omega_0))$. *Тогда* $u \equiv \text{const}$.

Для доказательства достаточно заметить, что при большом C функция $v = u + C$ будет положительным решением неравенства $\Delta_p v \geqslant 0$.

Приведенный результат является точным аналогом известной леммы Бохнера [106], утверждающей, что если u — решение неравенства $\Delta u \geqslant 0$ на компактном римановом многообразии, то $u \equiv \text{const}$ (компактность многообразия подразумевает в том числе отсутствие у него края).

Таким образом, оператор Δ_p на стратифицированном множестве без границы оказывается аналогом оператора Лапласа–Бельтрами, например, на сфере. Отсюда получается довольно любопытный вывод. А именно, пусть Ω — круг на плоскости. Рассмотрим его внутренность как двумерный страт σ_{21}, а границу как одномерный страт σ_{11}. Нетрудно заметить, что результаты этого пункта справедливы и в случае, когда $p \equiv 0$ в стратах σ_{ki} с $k < d(\Omega)$ и $p \equiv 1$ на стратах старшей размерности. Однако уравнение $\Delta_p u = f$ с таким p сводится к совокупности уравнений

$$\Delta u(x) = f(x) \qquad (x \in \sigma_{21}),$$

$$\frac{\partial u}{\partial \nu}(x) = f(x) \qquad (x \in \sigma_{11}),$$

т. е. совпадает с классической задачей Неймана. Так что при нашем подходе задача Неймана не является краевой задачей. Это уравнение на стратифицированном множестве без границы. Напомним, что у нас граница $\partial\Omega_0$ фактически определяется как часть Ω, на которой задается условие Дирихле. Все это было бы лишь курьезным замечанием, если бы не было набора абсолютно идентичных качественных свойств решений уравнения $\Delta_p u = f$ на сфере и на произвольном стратифицированном множестве без границы. Далее мы проиллюстрируем это еще раз на примере формулы Пуассона в стратифицированном шаре.

9.1.5. Неравенство Пуанкаре на стратифицированном множестве. В этом пункте мы следуем работе [14]. В то время как предыдущие утверждения имеют место для произвольного стратифицированного множества, подчиненного требованиям пункта 9.1.1, неравенство Пуанкаре доказано лишь в предположении так называемой *прочности* Ω. Это означает, что любой страт из $\sigma_{ki} \subset \Omega_0$ можно соединить с каким-нибудь граничным стратом σ_{mj} цепочкой стратов $\sigma_{k_1 i_1}, \sigma_{k_2 i_2}, \ldots, \sigma_{k_p i_p}$ (назовем ее *прочной цепочкой*) со следующими свойствами:

- $\sigma_{k_1 i_1} = \sigma_{ki}$, $\sigma_{k_p i_p} = \sigma_{mj}$;
- для любого $1 \leqslant q \leqslant p-1$ либо $\sigma_{k_q i_q} \prec \sigma_{k_{q+1} i_{q+1}}$, либо $\sigma_{k_q i_q} \succ \succ \sigma_{k_{q+1} i_{q+1}}$;
- $|k_{q+1} - k_q| = 1$ для любого $1 \leqslant q \leqslant p-1$;
- все $\sigma_{k_q i_q}$, кроме $\sigma_{k_p i_p}$, лежат в Ω_0.

На рис. 9.6 приведен пример прочного (слева) и непрочного стратифицированного (справа) множества. В качестве граничного страта

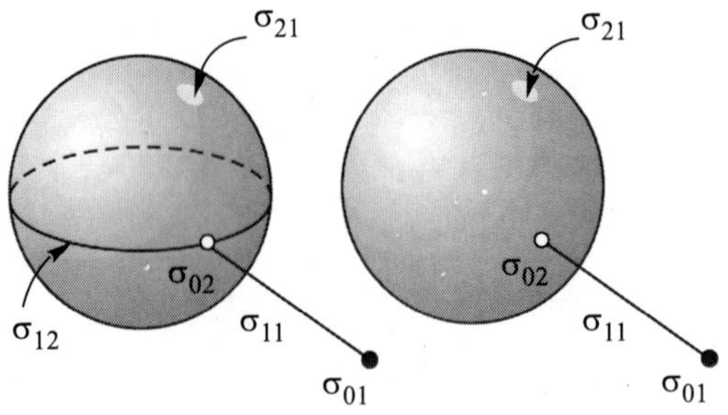

Рис. 9.6. Прочное и непрочное стратифицированные множества

здесь взят страт σ_{01}. Страт σ_{21} справа не может быть соединен прочной цепочкой со стратом σ_{01}.

Естественно ожидать, что неравенство Пуанкаре для рассматриваемого нами случая должно иметь вид

$$\int\limits_{\Omega} u^2 d\mu \leqslant C \int\limits_{\Omega_0} (\nabla u)^2 d\mu. \tag{9.25}$$

Мы покажем, что неравенство (9.25) имеет место для любой функции $u \in \overset{\circ}{H}{}^1_\mu(\Omega)$ с независящей от u константой C. Пространство $\overset{\circ}{H}{}^1_\mu(\Omega)$ определяется как пополнение пространства $C_0^1(\Omega)$ (функций из $C^1(\Omega)$, обращающихся в нуль на $\partial\Omega_0$) по норме, определяемой следующим скалярным произведением:

$$\langle u, v \rangle = \int\limits_{\Omega_0} \nabla u \nabla v \, d\mu.$$

Неравенство (9.25) означает, что $\overset{\circ}{H}{}^1_\mu(\Omega)$ непрерывно вложено в пространство $L^2_\mu(\Omega)$ квадратично суммируемых по мере μ функций. Последнее пространство можно определить и как пополнение $C_0(\Omega)$ по норме, определяемой скалярным произведением

$$(u, v) = \int\limits_\Omega uv\,d\mu.$$

К сожалению, доказательство неравенства (9.25) довольно сложно. Оно получается комбинированием специальных неравенств на отдельных стратах. Эти неравенства составляют предмет следующих трех лемм. Для простоты мы ограничиваемся двумерным случаем, поскольку сможем иллюстрировать доказательства рисунками. В формальной части изменений при переходе к общему случаю не требуется.

Прежде всего заметим, что отдельный страт может быть устроен весьма сложно; он может не допускать введения глобальных координат и иметь «дыры». Обычно трудности, связанные с анализом уравнений на многообразиях с нетривиальной топологией, преодолевают построением подходящего разбиения единицы. В нашем случае это сделать весьма трудно. Следующая лемма позволяет обойтись без построения разбиения единицы.

Лемма 9.1. *Пусть* $u \in \overset{\circ}{H}{}^1_\mu(\Omega)$. *Пусть, далее,* $\sigma_{ki} \subset \Omega_0$ *и* $\sigma_{k-1j} \prec \prec \sigma_{ki}$, $\sigma_{k-1l} \prec \sigma_{ki}$. *Тогда существует не зависящая от* u *константа* C *такая, что*

$$\int\limits_{\sigma_{k-1j}} u^2 d\mu \leqslant C\Bigg(\int\limits_{\sigma_{k-1l}} u^2\,d\mu + \int\limits_{\sigma_{ki}} (\nabla u)^2\,d\mu\Bigg). \tag{9.26}$$

Доказательство. Рассмотрим сначала простой случай, когда σ_{ki} — треугольник, а σ_{k-1j} и σ_{k-1l} — две его стороны (рис. 9.7). Неравенство (9.26) достаточно доказать для функций из $C^1_0(\Omega)$; для функций из $\overset{\circ}{H}{}^1_\mu(\Omega)$ оно тогда получается предельным переходом.

Имеем

$$u(x, x) = u(x, 0) + \int\limits_0^x \frac{\partial u}{\partial y}\,(x, s)\,ds.$$

Отсюда получаем

$$u^2(x, x) \leqslant 2u^2(x, 0) + 2\Bigg(\int\limits_0^x \frac{\partial u}{\partial y}\,(x, s)\,ds\Bigg)^2 \leqslant$$

$$\leqslant 2u^2(x, 0) + 2d\int\limits_0^x \left(\frac{\partial u}{\partial y}\right)^2 (x, s)\,ds,$$

где d — диаметр треугольника. Интегрируя это неравенство по x от 0 до a с учетом того, что $d\mu = \sqrt{2}\, dx$ на σ_{k-1j} и $\left(\dfrac{\partial u}{\partial y}\right)^2 (x, s) \leqslant (\nabla u)^2$, получим

$$\frac{1}{\sqrt{2}} \int\limits_{\sigma_{k-1j}} u^2 d\mu \leqslant 2 \int\limits_{\sigma_{k-1j}} u^2 d\mu + 2d \int\limits_{\sigma_{ki}} (\nabla u)^2 d\mu,$$

откуда и следует требуемое неравенство с константой

$$C = \max\,(2\sqrt{2}\,, 2\sqrt{2}\,d).$$

Если страт σ_{ki} является криволинейным треугольником, то нужно предварительно подвергнуть его диффеоморфизму Φ, в результате чего может лишь измениться величина константы в доказываемом неравенстве.

Пусть теперь страт σ_{ki} произволен, т. е. может не допускать глобальных координат и иметь «дыры». В этом случае нужно подвергнуть его достаточно мелкой триангуляции, как показано на рис. 9.8. В результате страт разбивается на страты, подобные уже рассмотренным.

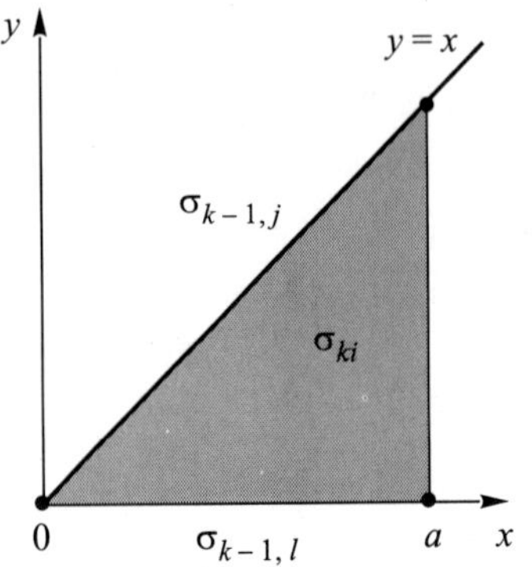

Рис. 9.7. К лемме 9.1. Простейший случай

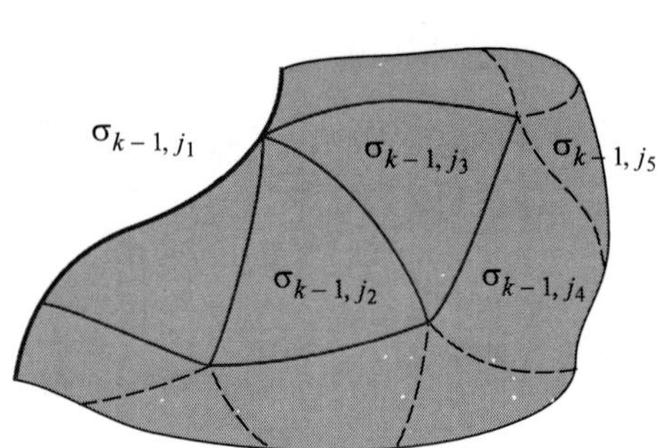

Рис. 9.8. Страт σ_{ki}, разбитый на треугольные части

Возьмем какую-нибудь цепочку $\sigma_{k-1j_1}, \ldots, \sigma_{k-1j_m}$ вспомогательных стратов в σ_{ki}, обладающую следующими свойствами:

- $\sigma_{k-1j_{p+1}}$ и σ_{k-1j_p} являются сторонами треугольника σ_{kj_p};
- $\sigma_{k-1j_1} \subset \sigma_{k-1j}$ и $\sigma_{k-1j_m} \subset \sigma_{k-1l}$

К каждому страту σ_{kj_p} уже можно применять неравенство (9.26). Обозначая соответствующую константу через C_{j_p}, получим

$$\int\limits_{\sigma_{k-1j_p}} u^2 d\mu \leqslant C_{j_p} \left(\int\limits_{\sigma_{k-1j_{p+1}}} u^2 d\mu + \int\limits_{\sigma_{kj_p}} (\nabla u)^2 d\mu \right).$$

Последовательное применение таких неравенств для $p = 1, 2, \ldots, m$ приводит к неравенству

$$\int\limits_{\sigma_{k-1j_1}} u^2 d\mu \leqslant C\Bigg(\int\limits_{\sigma_{k-1j_m}} u^2 d\mu + \sum_{p=1}^{m} \int\limits_{\sigma_{kj_p}} (\nabla u)^2 d\mu \Bigg)$$

с константой $C = \max\limits_{1 \leqslant p \leqslant m} C_{j_1} C_{j_2} \ldots C_{j_p}$.

Поскольку все σ_{kj_p} лежат в исходном страте σ_{ki}, а σ_{k-1j_m} — в σ_{k-1l}, получаем после очевидного огрубления

$$\int\limits_{\sigma_{k-1j_1}} u^2 d\mu \leqslant C\Bigg(\int\limits_{\sigma_{k-1l}} u^2 d\mu + \int\limits_{\sigma_{ki}} (\nabla u)^2 d\mu \Bigg).$$

Вспомогательный страт σ_{k-1,j_1} составляет лишь часть страта $\sigma_{k-1,j}$. Однако такое же неравенство справедливо и для остальных частей $\sigma_{k-1,j}$. Суммируя неравенства по всем этим частям, получим (9.26). Лемма 9.1 доказана.

Лемма 9.2. *Пусть* $u \in \overset{\circ}{H}{}^1_\mu(\Omega)$, $\sigma_{ki} \subset \Omega_0$ *и* $\sigma_{k-1j} \prec \sigma_{ki}$. *Тогда существует такая не зависящая от* u *константа* C, *что*

$$\int\limits_{\sigma_{ki}} u^2 d\mu \leqslant C\Bigg(\int\limits_{\sigma_{k-1j}} u^2 d\mu + \int\limits_{\sigma_{ki}} (\nabla u)^2 d\mu \Bigg). \tag{9.27}$$

Доказательство. Как и выше, будем считать, что $u \in C_0^1(\Omega)$. Вновь предположим, что σ_{ki} выглядит, как на рис. 9.7. Имеем

$$u(x, y) = u(x, 0) + \int\limits_0^y \frac{\partial u}{\partial y}(x, s)\, ds,$$

откуда следует

$$u^2(x, y) \leqslant 2u^2(x, 0) + 2\Bigg(\int\limits_0^y \frac{\partial u}{\partial y}(x, s)\, ds \Bigg)^2 \leqslant$$
$$\leqslant 2u^2(x, 0) + 2d \int\limits_0^y \left(\frac{\partial u}{\partial y} \right)^2 (x, s)\, ds.$$

Интегрируя по x от y до a, получаем

$$\int\limits_y^a u^2(x, y)\, dx \leqslant 2\int\limits_y^a u^2(x, 0)\, dx + 2d \int\limits_y^a \Bigg(\int\limits_0^y \frac{\partial u}{\partial y}^2 (x, s)\, ds \Bigg) dx \leqslant$$
$$\leqslant 2 \int\limits_{\sigma_{k-1j}} u^2 d\mu + 2d \int\limits_{\sigma_{ki}} \left(\frac{\partial u}{\partial y} \right)^2 d\mu.$$

Наконец, интегрируя по y, получаем

$$\int\limits_{\sigma_{ki}} u^2 d\mu \leqslant 2d \int\limits_{\sigma_{k-1j}} u^2 d\mu + 2d^2 \int\limits_{\sigma_{ki}} (\nabla u)^2 d\mu,$$

откуда и следует (9.27).

Как и в предыдущей лемме, случай криволинейного треугольника сводится к уже рассмотренному применением диффеоморфизма.

Теперь обратимся к общему случаю. Снова воспользуемся описанной выше триангуляцией. На рис. 9.8 помечены только $(k-1)$-мерные страты. Возьмем такую цепочку $\sigma_{kj_p}, \ldots, \sigma_{kj_1}$ k-мерных стратов триангуляции, что страт σ_{k-1,j_q} располагается между σ_{kj_q} и $\sigma_{kj_{q-1}}$ при $q > 1$. Напомним, что $\sigma_{k-1,j_1} \subset \sigma_{k-1,j}$. Применив уже доказанный вариант неравенства (9.27) к паре стратов $\sigma_{k-1,j_p} \prec \sigma_{kj_p}$, получим

$$\int\limits_{\sigma_{kj_p}} u^2 d\mu \leqslant C_{j_p}\Bigl(\int\limits_{\sigma_{k-1,j_p}} u^2 d\mu + \int\limits_{\sigma_{kj_p}} (\nabla u)^2 d\mu\Bigr).$$

Далее будем использовать только неравенство (9.26). Применив его сначала к паре стратов σ_{k-1,j_p} и $\sigma_{k-1,j_{p-1}}$, затем к аналогичной паре $\sigma_{k-1,j_{p-1}}$ и $\sigma_{k-1,j_{p-2}}$ и т. д., придем к неравенству

$$\int\limits_{\sigma_{kj_p}} u^2 d\mu \leqslant C\Bigl(\int\limits_{\sigma_{k-1,j_1}} u^2 d\mu + \sum_{s=1}^{p} \int\limits_{\sigma_{kj_s}} (\nabla u)^2 d\mu\Bigr),$$

где $C = \max\limits_{1 \leqslant p \leqslant m} C_{j_1} C_{j_2} \ldots C_{j_p}$. В правой части мы можем взять $\sigma_{k-1,j}$ вместо σ_{k-1,j_1}. Суммируя по всем σ_{kj_s}, получим (9.27). Таким образом, лемма 9.2 доказана.

Лемма 9.3. *В условиях леммы* 9.2 *существует такая не зависящая от* u *константа* C, *что*

$$\int\limits_{\sigma_{k-1j}} u^2 d\mu \leqslant C\Bigl(\int\limits_{\sigma_{ki}} u^2 d\mu + \int\limits_{\sigma_{ki}} (\nabla u)^2 d\mu\Bigr). \tag{9.28}$$

Доказательство. Для случая треугольника, изображенного на рис. 9.7, имеем

$$u(x,0) = u(x,y) - \int\limits_0^y \frac{\partial u}{\partial y}(x,s)\, ds.$$

Теперь нужно продолжить функцию u нулем в верхний треугольник квадрата $[a,b] \times [a,b]$, чтобы иметь возможность проинтегрировать неравенство

$$u^2(x,0) \leqslant 2\left(u^2(x,y) - a\int\limits_0^y \left(\frac{\partial u}{\partial y}\right)^2(x,s)\,ds\right),$$

очевидным образом получающееся из предыдущего равенства.

Дальнейшие оценки делаются так же, как в предыдущих леммах, поэтому мы позволим себе их опустить. Впрочем, можно было бы с самого начала считать страт σ_{ki} квадратом, а не треугольником; для доказательства неравенства Пуанкаре это непринципиально. Для криволинейных треугольников предварительно применяем выпрямляющий диффеоморфизм.

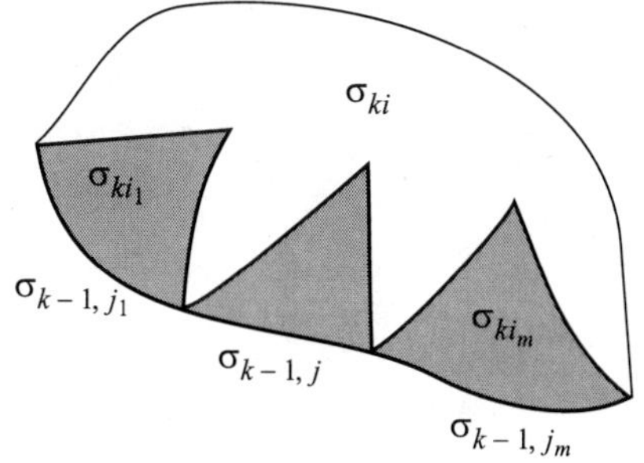

Рис. 9.9. К лемме 9.3. Разбиение на части вдоль σ_{k-1j}

Теперь предположим, что σ_{ki} произволен. Вдоль страта $\sigma_{k-1,j}$ расположим достаточно мелкие вспомогательные страты $\sigma_{ki_1}, \ldots, \sigma_{ki_m}$, лежащие внутри σ_{ki} так, как это показано на рис. 9.9. Примыкающую к $\sigma_{k-1,j}$ часть страта σ_{ki_p} обозначим через σ_{k-1,i_p}. Используя неравенство 9.28, получим

$$\int\limits_{\sigma_{k-1,i_p}} u^2 d\mu \leqslant C_p\left(\int\limits_{\sigma_{ki_p}} u^2 d\mu + \int\limits_{\sigma_{ki_p}} (\nabla u)^2 d\mu\right).$$

После очевидной оценки правой части будем иметь

$$\int\limits_{\sigma_{k-1,i_p}} u^2 d\mu \leqslant C_p\left(\int\limits_{\sigma_{ki}} u^2 d\mu + \int\limits_{\sigma_{ki}} (\nabla u)^2 d\mu\right).$$

Складывая эти неравенства, приходим к (9.28) с константой, равной сумме констант C_p. Лемма доказана.

Теперь мы можем сформулировать основной результат этого пункта.

Теорема 9.6. *Пусть Ω — прочное стратифицированное множество. Тогда существует такая не зависящая от u константа C, что*

$$\int\limits_{\Omega} u^2\, d\mu \leqslant C \int\limits_{\Omega_0} (\nabla u)^2 d\mu \tag{9.29}$$

для любой функции $u \in H_0^1(\Omega)$.

Доказательство. Для произвольного страта $\sigma_{ki} \subset \Omega_0$ и некоторого страта $\sigma_{k_p m_p} \subset \partial\Omega_0$ в силу прочности Ω существует прочная цепочка стратов $\sigma_{ki} = \sigma_{k_1 m_1}, \sigma_{k_2 m_2} \ldots, \sigma_{k_p m_p}$.

Используя либо лемму 9.2, либо лемму 9.3 (в зависимости от того, что имеет место: $k_2 - k_1 = -1$ или $k_2 - k_1 = 1$), получим

$$\int\limits_{\sigma_{k_1 i_1}} u^2 d\mu \leqslant C_{k_1 i_1} \Bigg(\int\limits_{\sigma_{k_1 i_1}} (\nabla u)^2 d\mu + \int\limits_{\sigma_{k_2 i_2}} (\nabla u)^2 d\mu \Bigg) + C_{k_1 i_1} \int\limits_{\sigma_{k_2 i_2}} u^2 d\mu.$$

Точно таким же образом можно оценить последний интеграл в правой части получившегося неравенства. После некоторого количества подобных оценок получим

$$\int\limits_{\sigma_{k_1 i_1}} u^2 d\mu \leqslant C_{k_1 i_1} \int\limits_{\sigma_{k_1 i_1}} (\nabla u)^2 d\mu + C_{k_1 i_1}(1 + C_{k_2 i_2}) \times$$

$$\times \int\limits_{\sigma_{k_2 i_2}} (\nabla u)^2 d\mu + \ldots + C_{k_1 i_1} C_{k_2 i_2}(1 + C_{k_3 i_3}) \int\limits_{\sigma_{k_3 i_3}} (\nabla u)^2 d\mu +$$

$$+ C_{k_1 i_1} \ldots C_{k_{p-2} i_{p-2}} \int\limits_{\sigma_{k_{p-1} i_{p-1}}} (\nabla u)^2 d\mu +$$

$$+ C_{k_1 i_1} \ldots C_{k_{p-2} i_{p-2}} \int\limits_{\sigma_{k_{p-1} i_{p-1}}} u^2 d\mu.$$

Так как для последней разности всегда $k_p - k_{p-1} = -1$ (поскольку $\sigma_{k_p i_p} \subset \partial\Omega_0$), мы можем применить лемму 9.2 для завершения оценки. Принимая во внимание то, что u обращается в нуль на границе, имеем

$$\int\limits_{\sigma_{ki}} u^2 d\mu \leqslant C_{ki} \Bigg(\int\limits_{\sigma_{k_1 i_1}} (\nabla u)^2 d\mu + \ldots + \int\limits_{\sigma_{k_{p-1} i_{p-1}}} (\nabla u)^2 d\mu \Bigg) \leqslant$$

$$\leqslant C_{ki} \int\limits_{\Omega_0} (\nabla u)^2 d\mu$$

с константой $C_{ki} = 2 \max\limits_{1 \leqslant q \leqslant p-1} C_{k_1 i_1} \ldots C_{k_q i_q}$. Таким образом получено неравенство (9.29) с константой $C = \sum C_{ki}$, и теорема 9.6 доказана.

Возникает естественный вопрос: насколько ограничительным является прочность стратифицированного множества для неравенства Пуанкаре, а следовательно, и для разрешимости задачи Дирихле? Оказывается, прочность стратифицированного множества не только достаточное, но и необходимое условие для выполнения неравенства Пуанкаре [157].

Ранее неравенство Пуанкаре на стратифицированных множествах доказывалось в [55]. Однако требования к прочности стратифицированного множества были намного более ограничительными (хотя в явном виде они там не сформулированы), это видно из приведенного в этой работе доказательства.

Отметим, что в связи с краевыми задачами в перфорированных областях В.В. Жиков (см. [21]) ввел так называемое условие p-связности перфорированной области. Наличие этого свойства обеспечивает эффективность метода усреднения в применении к таким задачам. В какой-то степени наше условие прочности играет аналогичную роль, обеспечивая в конечном итоге хорошие свойства краевой задачи на стратифицированном множестве. Вероятно, в случае, когда Ω имеет периодическую структуру, возможно и применение самого метода усреднения.

9.1.6. Слабая разрешимость задачи Дирихле на стратифицированном множестве. Как обычно, неравенство Пуанкаре влечет слабую разрешимость задачи Дирихле. В настоящем пункте мы приводим доказательство этого утверждения. Сразу заметим, что при этом классической разрешимости может не быть даже при очень хороших коэффициентах p и q в правой части. Дело здесь в геометрическом устройстве Ω; для классической разрешимости прочности множества оказывается недостаточно. Существует гипотеза, что достаточным условием является усиленная прочность. Она отличается от обычной прочности тем, что уже любые два страта можно соединить прочной цепочкой $\sigma_{k_1 i_1}, \sigma_{k_2 i_2}, \ldots, \sigma_{k_p i_p}$, в которой только крайние страты могут принадлежать границе $\partial\Omega_0$. Во всех изученных на классическую разрешимость задачах (см., например, [143]) это условие выполняется, даже если оно не оговаривается явно. В общем случае вопрос пока остается открытым.

Назовем *слабым решением задачи Дирихле*

$$\Delta_p u - qu = f, \tag{9.30}$$

$$u|_{\partial\Omega_0} = 0 \tag{9.31}$$

функцию u из $\overset{\circ}{H}{}^1_\mu(\Omega, p, q)$, для любого $v \in \overset{\circ}{H}{}^1_\mu(\Omega, p, q)$ удовлетворяющую соотношению

$$\int\limits_{\Omega_0} (p\nabla u \nabla v + quv)\, d\mu = -\int\limits_{\Omega_0} fv\, d\mu. \tag{9.32}$$

Пространство $\overset{\circ}{H}{}^1_\mu(\Omega, p, q)$ определяется как пополнение $C_0^1(\Omega)$ по норме, порождаемой скалярным произведением левой части (9.32). Замыкание $C_0^1(\Omega)$ по норме $\|\cdot\|_{[\,]}$, порожденной этим скалярным произведением, является гильбертовым пространством.

Как обычно, наше определение слабого решения основано на интегральном тождестве, следующем из формулы Грина.

Пусть $F(v)$ — функционал из правой части (9.32). Введем следующее обозначение:

$$C_f = \left(\int\limits_{\Omega_0} f^2 d\mu \right)^{1/2}.$$

Для любой функции $v \in \overset{\circ}{H}{}^1_\mu(\Omega, p, q)$ верно следующее неравенство:

$$|F(v)|^2 \leqslant C_f^2 \int\limits_{\Omega_0} v^2 d\mu \leqslant C_f^2 C \int\limits_{\Omega_0} (\nabla v)^2 d\mu,$$

где C — константа из неравенства Пуанкаре. Используя очевидное неравенство

$$\int\limits_{\Omega_0} (\nabla v)^2 d\mu \leqslant \frac{1}{\alpha} \int\limits_{\Omega_0} p(\nabla v)^2 d\mu \leqslant \frac{1}{\alpha} \|v\|^2_{[\,]},$$

где α — существенный минимум функции p, и комбинируя последние два неравенства, можно сделать вывод, что функционал F ограничен. Так как этот функционал линейный, мы можем применить для него теорему представления Рисса. По этой теореме существует единственная функция $u \in \overset{\circ}{H}{}^1_\mu(\Omega, p, q)$ такая, что тождество (9.32) справедливо для всех $v \in \overset{\circ}{H}{}^1_\mu(\Omega, p, q)$.

Таким образом, мы доказали следующую теорему.

Теорема 9.7. *Пусть Ω — прочное стратифицированное множество. Для любого $f \in L^2_\mu(\Omega)$ задача* (9.30), (9.31) *имеет единственное слабое решение $u \in \overset{\circ}{H}{}^1_\mu(\Omega, p, q)$.*

Замечание 9.1.3. Если p и q ограничены сверху, то пространство $\overset{\circ}{H}{}^1_\mu(\Omega, p, q)$ совпадает с пространством $\overset{\circ}{H}{}^1_\mu(\Omega)$, так как в этом случае норма $\|\cdot\|_{[\,]}$ эквивалентна норме $\|\cdot\|_{\langle\rangle}$. Поэтому в этом случае построенное выше решение принадлежит $\overset{\circ}{H}{}^1_\mu(\Omega)$. Если же p имеет интегрируемые слабые производные первого порядка на каждом страте, то мы можем утверждать, что функция u удовлетворяет (9.30) по Фридрихсу. Более точно, оператор L допускает самосопряженное расширение $\widetilde{L}$ на $\overset{\circ}{H}{}^1_\mu(\Omega, p, q)$ и $\widetilde{L}u = f$.

В следующем пункте мы покажем, что такое продолжение возможно. В любом случае функция u является решением (9.30) в смысле теории обобщенных функций.

9.1.7. Самосопряженное расширение оператора L. На множестве функций из $C_0^2(\Omega)$ оператор L удовлетворяет тождеству $(u, Lv) = (Lu, v)$. Это следствие второй формулы Грина. Поэтому если мы покажем, что $C_0^2(\Omega)$ плотно в $L_\mu^2(\Omega)$, то тем самым покажем симметричность оператора L в $L_\mu^2(\Omega)$. Доказательство этого начнем со следующей леммы. Упоминающаяся в ней регулярность области имеет обычный «барьерный» смысл (см., например, [17]), обеспечивающий классическую разрешимость задачи Дирихле в ней.

Лемма 9.4. *Пусть u — непрерывная в замыкании регулярной области $G \subset \mathbb{R}^k$ функция, а φ задана и непрерывна на ∂G. Пусть, далее, ε — такое положительное число, что*

$$\big| u\,|_{\partial G}(X) - \varphi(X)\big| < \varepsilon$$

для всех $X \in \partial G$.

Тогда найдется такая функция $v \in C^2(G) \cap C(\overline{G})$, что:
$v\,|_{\partial G} = \varphi$;
$|u(X) - v(X)| < 3\varepsilon$ *для всех* $X \in G$.

Доказательство. Пусть P — полином, приближающий u в $\overline{G}$ с точностью до ε. Если P совпадает с φ на границе области G, то полагаем $v = P$. В противном случае полагаем $v = P + h$, где h — решение следующей задачи Дирихле:

$$\Delta_k h = 0,$$

$$h|_{\partial G} = (\varphi - P)\,|_{\partial G}.$$

Действительно, очевидно, что v совпадает с φ на границе области G. Кроме того, так как $|\varphi(X) - P(X)| < 2\varepsilon$ на границе G, то в силу принципа максимума $|h(X)| < 2\varepsilon$ в замыкании области G. Но тогда

$$|u(X) - v(X)| \leqslant |u(X) - P(X)| + |h(X)| < 3\varepsilon.$$

Лемма доказана.

Замечание 9.1.4. Если область G имеет кусочно гладкую границу, а функция φ гладкая на каждом гладком участке границы, то функция v дифференцируема вплоть до тех точек границы, которые лежат на ее гладких участках.

Замечание 9.1.5. Утверждение леммы легко переносится на случай, когда G — k-мерное подмногообразие пространства $\mathbb{R}^n$. В качестве многочлена P, фигурирующего в доказательстве, нужно взять сужение на G некоторого многочлена в $\mathbb{R}^n$. В этом варианте утверждение будет применяться к стратам.

Чтобы упростить наши рассуждения, будем предполагать, что Ω — простое стратифицированное множество (определение простого стратифицированного множества см. в п. 9.1.1). Заметим, что простое стратифицированное множество обязательно является прочным. Хотя обратное, вообще говоря, неверно, изменения, которые нужно сделать в приводимом далее доказательстве в случае произвольного прочного множества, достаточно очевидны.

Теорема 9.8. *Пространство $C_0^2(\Omega)$ плотно в $C_0(\Omega)$ по норме*

$$\|u\| = \max_{\Omega} |u(X)|.$$

Доказательство. Пусть $u \in C_0(\Omega)$. Будем строить приближающую u функцию $v \in C_0^2(\Omega)$ последовательно, начиная со стратов нулевой размерности. А именно положим $v = u$ в нульмерных стратах.

На одномерных стратах из $\partial\Omega_0$ полагаем $v \equiv 0$ (т. е. вновь $v = u$). Если же $\sigma_{1i} \subset \Omega_0$, то, применяя лемму 9.4 (в которой в качестве G нужно взять σ_{1i}, а в качестве значений функции φ на границе σ_{1i} — уже определенные значения v в нульмерных стратах), продолжаем v в σ_{1i} так, что v отличается от u в каждой точке σ_{1i} не более чем на ε. Таким образом, получаем на объединении нульмерных и одномерных стратов функцию класса $C_0^2(\Omega^1)$, отличающуюся от u не более чем на ε.

Далее переходим к двумерным стратам σ_{2i}. Если $\sigma_{2i} \subset \partial\Omega_0$, то, как и выше, полагаем $v \equiv 0$. В противном случае применяем лемму 9.4, принимая, как и выше, в качестве значений φ на границе σ_{2i} уже определенные значения v. Дальнейшие рассуждения очевидны.

Из определения $L_\mu^2(\Omega)$ и доказанной теоремы получаем следующее утверждение.

Следствие. *Пространство $C_0^2(\Omega)$ плотно в $L_\mu^2(\Omega)$ по норме последнего.*

Отсюда и из равенства $(u, Lv) = (Lu, v)$ получаем, что оператор L является симметрическим в $L_\mu^2(\Omega)$. Кроме того, из неравенства Пуанкаре следует отрицательная определенность этого оператора в $L_\mu^2(\Omega)$ при $q \geqslant 0$. Последнее неравенство можно даже несколько ослабить. В самом деле, из первой формулы Грина при $u \in C_0^2(\Omega_0)$ имеем

$$(u, Lu) = \int\limits_{\Omega_0} u(\nabla(p\nabla u) - qu)\, d\mu = -\int\limits_{\Omega_0} (p(\nabla u)^2 + qu^2)\, d\mu.$$

Однако, с другой стороны,

$$\int\limits_{\Omega_0} (p(\nabla u)^2 + qu^2)\, d\mu \geqslant \int\limits_{\Omega_0} \left(q + \frac{\alpha}{C}\right) u^2 d\mu,$$

где, как и выше, через α обозначен минимум функции p. Отсюда видно, что при $q + \alpha/C \geqslant \beta > 0$ (а для этого не обязательно, чтобы коэффициент q был положительным) выполняется неравенство

$$(u, Lu) \leqslant -\beta(u, u),$$

что и означает отрицательную определенность L.

Из отрицательной определенности и симметричности L следует, что он допускает самосопряженное расширение в $L^2_\mu(\Omega)$ (см., например, [3]), которое мы обозначим через $\widetilde{L}$.

Из самосопряженности и отрицательной определенности оператора $\widetilde{L}$ получается, как известно, следующая оценка резольвенты $R(\lambda;\ \widetilde{L}) = (\lambda I - \widetilde{L})^{-1}$:

$$\|R(\lambda;\ \widetilde{L})\| \leqslant \frac{1}{\lambda - \omega}$$

при $\lambda > \omega$; в нашем случае в качестве ω можно взять любое неотрицательное число. Из данной оценки и теоремы Хилле–Иосиды (см., например, [147]) получаем следующее утверждение.

Теорема 9.9. *Оператор $\widetilde{L}$ является производящим оператором сильно непрерывной полугруппы операторов в $L^2_\mu(\Omega)$.*

9.1.8. Слабый принцип максимума. Здесь нам понадобится обобщение первой формулы Грина на случай, когда $u \in C^2_\sigma(\Omega)$, $v \in C^1_\sigma(\Omega)$, т. е. когда обе функции могут претерпевать разрывы при переходе со страта на страт.

Отправным моментом является формула (см. п. 9.1.3)

$$\int\limits_{\Omega_0} \nabla(pv\nabla u)\, d\mu = -\int\limits_{\partial\Omega_0} (pv\nabla u)_\nu d\mu.$$

Пусть $\sigma_{k-1,i} \subset \Omega_0$ и $X \in \sigma_{k-1,i}$. Как и в п. 9.1.3, выражение $\nabla(pv\nabla u)$ преобразуется к виду

$$\nabla(pv\nabla u) = p\nabla u\nabla v + \ v\nabla_{k-1}(p\nabla u) + \sum_{\sigma_{kj}\succ\sigma_{k-1,i}} \boldsymbol{\nu}\cdot(pv\nabla u)\big|_{\overline{kj}} =$$

$$= p\nabla u\nabla v + v\Big(\nabla_{k-1}(p\nabla u) + \sum_{\sigma_{kj}\succ\sigma_{k-1,i}} \boldsymbol{\nu}\cdot(p\nabla u)\big|_{\overline{kj}}\Big) +$$

$$+ \sum_{\sigma_{kj}\succ\sigma_{k-1,i}} \Big(\boldsymbol{\nu}\cdot(pv\nabla u)\big|_{\overline{kj}} - v\boldsymbol{\nu}\cdot(p\nabla u)\big|_{\overline{kj}}\Big) =$$

$$= p\nabla u\nabla v + v\Delta_p u + \sum_{\sigma_{kj}\succ\sigma_{k-1,i}} \Big(\boldsymbol{\nu}\cdot(pv\nabla u)\big|_{\overline{kj}} - v\boldsymbol{\nu}\cdot(p\nabla u)\big|_{\overline{kj}}\Big).$$

Последнее слагаемое является суммой произведений скачков $v\,|_{\overline{kj}}(X) - v(X)$, умноженных на $\boldsymbol{\nu}\cdot(p\nabla u)\big|_{\overline{kj}}(X)$. Эту сумму условимся обозначать через $\{v, (p\nabla u)_\nu\}$. Таким образом, получаем следующее утверждение.

Теорема 9.10. *Пусть* $u \in C^2_\sigma(\Omega)$, $v \in C^1_\sigma(\Omega)$ *и* Ω *является ориентируемым стратифицированным множеством. Тогда имеет место формула*

$$\int\limits_{\Omega_0} v\Delta_p u\,d\mu = -\int\limits_{\Omega_0} p\nabla u\nabla v\,d\mu - \int\limits_{\Omega_0}\{v,(p\nabla u)_\nu\}d\mu - \int\limits_{\partial\Omega_0}(pv\nabla u)_\nu d\mu. \tag{9.33}$$

При $v \in C^1(\Omega)$ средний интеграл справа обращается в нуль, а выражение $(pv\nabla u)_\nu$ преобразуется к виду $v(p\nabla u)_\nu$, и мы снова приходим к формуле (9.19).

Слабый принцип максимума, в отличие от сильного, переносится на уравнения на стратифицированных множествах в неизменном виде. А именно, имеет место следующая теорема.

Теорема 9.11. *Пусть* $q \in C_\sigma(\Omega_0)$ *неотрицательна, а множество* Ω *ориентируемо. Тогда для решения неравенства* $L_q u \geqslant 0$, $u \in C^2(\Omega_0) \cap C(\Omega)$ *имеет место соотношение*

$$u(Y) \leqslant \max_{X\in\partial\Omega_0} u^+(X),$$

для любого $Y \in \Omega$, *где* $u^+(X) = \max\{0, u(X)\}$.

Напомним, что Ω называется *ориентируемым*, если замыкания стратов являются ориентируемыми многообразиями. Данная теорема верна и в случае произвольного прочного множества Ω. Однако ее доказательство довольно громоздко даже в рассматриваемом здесь случае. Доказательство существенно упростилось бы, если бы на стратифицированном множестве удалось ввести достаточно простую конструкцию сглаживания функций. Наиболее простая из таких конструкций — сглаживание по Фридрихсу–Соболеву — на стратифицированные множества, к сожалению, не переносится.

Доказательство. Прежде всего докажем теорему в случае $q \equiv 0$, т. е. $L = \Delta_p$.

Обозначим через Φ класс неотрицательных функций из $C^1_\sigma(\Omega)$, обращающихся в нуль в окрестности $\partial\Omega_0$. Для любой функции $\varphi \in \Phi$ имеем

$$\int\limits_{\Omega_0} \Delta_p u\varphi\,d\mu \geqslant 0.$$

Тогда из формулы (9.33) получаем

$$-\int\limits_{\Omega_0} p\nabla u\nabla\varphi\,d\mu - \int\limits_{\Omega_0}\{\varphi,(p\nabla u)_\nu\}d\mu - \int\limits_{\partial\Omega_0}(p\varphi\nabla u)_\nu d\mu \geqslant 0.$$

Интеграл по $\partial\Omega_0$ обращается в нуль, поскольку φ обращается в нуль на границе. Поэтому

$$-\int\limits_{\Omega_0} p\nabla u\nabla\varphi\, d\mu - \int\limits_{\Omega_0} \{\varphi, (p\nabla u)_\nu\} d\mu \geqslant 0. \tag{9.34}$$

Предположим, что вопреки утверждению теоремы, существует такая точка $X_0 \in \sigma_{ki} \subset \Omega_0$, что

$$u(X_0) > \max_{X\in\partial\Omega_0} u^+(X).$$

Выберем такую константу c, что

$$u(X_0) > c > \sup_{X\in\partial\Omega_0} u^+(X).$$

Пусть $\Omega' \subset \Omega_0$ — какая-нибудь связная компонента множества решений неравенства $u(X) - c \geqslant 0$. Положим

$$v(X) = \begin{cases} u(X) - c, & X \in \Omega', \\ 0, & X \notin \Omega'. \end{cases}$$

Функция v непрерывна и неотрицательна, но не принадлежит пространству $C^1_\sigma(\Omega)$, поэтому к ней нельзя применить неравенство (9.34). Однако ее можно приблизить функцией v_ε, применив к v операцию сглаживания в пределах каждого страта. Для этого можно на каждом страте σ_{ki} взять свертку (усреднение) вида

$$v_\varepsilon(x) = \frac{1}{\varepsilon^n} \int\limits_{\sigma'_{li}} \rho\Big(\frac{x-y}{\varepsilon}\Big) v(y)\, dy,$$

где, как обычно, ρ — неотрицательная гладкая функция с единичным интегралом, обращающаяся в нуль в окрестности границы страта.

Здесь мы неявно предположили, что страт допускает введение глобальных координат x. Если это не так, нужно предварительно взять конечное разбиение единицы. Последнее возможно, так как мы предполагаем замыкания стратов компактными. Введение координат на страте σ_{ki} превращает его в область ω_{ki} с кусочно гладкой границей в пространстве $\mathbb{R}^k$. Перед взятием усреднения функцию v следует продолжить в некоторую область $\widetilde{\omega}_{ki}$, содержащую ω_{ki}. Для продолжения через гладкие участки границы ω_{ki} можно, например, применить конструкцию, описанную в [43, 123], с сохранением гладкости на этих участках.

К сожалению, продолженная функция может принимать и отрицательные значения в $\widetilde{\omega}_{ki} \setminus \omega_{ki}$, поэтому функция v_ε не обязана быть неотрицательной. Однако при достаточно малых ε отрицательные значения v_ε малы по абсолютной величине и сосредоточены на «маломерных» участках. Поэтому для произвольного $\delta > 0$ будем иметь

$$-\int_{\Omega_0} p\nabla u\nabla v_\varepsilon\, d\mu - \int_{\Omega_0} \{v_\varepsilon, (p\nabla u)_\nu\} d\mu \geqslant -\delta, \tag{9.35}$$

если только ε достаточно мало.

Поскольку сглаживания на каждом страте осуществляются автономно, функция v_ε может претерпевать разрывы при переходе со страта на страт. Однако при $\varepsilon \to 0$ величины скачков равномерно стремятся к нулю. Поэтому, переходя к пределу в неравенстве (9.35), получим

$$-\int_{\Omega'} p\nabla u\nabla v\, d\mu \geqslant -\delta.$$

Учитывая, что $\nabla u = \nabla v$ на Ω', получаем ввиду произвольности δ невозможное неравенство

$$-\int_{\Omega'} p\nabla u\nabla v\, d\mu \geqslant 0.$$

Изменения в доказательстве, которые нужно сделать для оператора L в случае $q \not\equiv 0$, незначительны. Формула (9.33) для оператора L, очевидно, принимает вид

$$\int_{\Omega_0} vLu\, d\mu = -\int_{\Omega_0} (p\nabla u\nabla v + quv)\, d\mu - \\ - \int_{\Omega_0} \{v, (p\nabla u)_\nu\} d\mu - \int_{\partial\Omega_0} (pv\nabla u)_\nu\, d\mu.$$

Поэтому, повторяя приведенные выше рассуждения, получим следующую формулу:

$$-\int_{\Omega'} (p\nabla u\nabla u + qu(u-c))\, d\mu \geqslant 0,$$

откуда получим противоречивое неравенство

$$-\int_{\Omega'} p\nabla u\nabla u\, d\mu \geqslant \int_{\Omega'} qu(u-c)\, d\mu \geqslant 0.$$

9.1.9. Сильный принцип максимума. Прежде всего заметим, что в классической формулировке сильный принцип максимума на эллиптические уравнения и неравенства на стратифицированных множествах не распространяется. Чтобы в этом убедиться, достаточно, например, на множестве, изображенном на рис. 9.5, задать функцию u следующим образом: $u \equiv 0$ на одномерном страте и любых двух двумерных, а на оставшихся двумерных стратах полагаем u равным второй координате, т. е. $u \equiv x^2$. Нетрудно убедиться, что функция u является решением уравнения $\Delta u = 0$. Тем не менее два двумерных страта сплошь состоят из точек локального максимума функции u. Однако все эти локальные экстремумы тривиальны; для каждого из них найдется окрестность, в которой функция u постоянна. Оказывается, иных локальных экстремумов быть не может. В этом и состоит сильный принцип максимума для эллиптических уравнений на стратифицированных множествах. Уточним это.

Назовем $X_0 \in \Omega$ *точкой локального нетривиального максимума функции* u, если $u(X) \leqslant u(X_0)$ вблизи X_0 и u не является постоянной ни в какой окрестности точки X_0.

Теорема 9.12. *Пусть $u \in C^2(\Omega_0)$ — решение неравенства $Lu \geqslant \geqslant 0$. Если $q \geqslant 0$, то функция u не может иметь в Ω_0 точек неотрицательного локального нетривиального максимума.*

Наше доказательство будет опираться на аналог классической леммы о нормальной производной. Для обычного эллиптического неравенства в области G пространства $\mathbb{R}^n$ она утверждает, что, если его решение достигает своего максимума в граничной точке X_0, то при выполнении некоторых геометрических условий на границе области вблизи X_0 производная u в точке X_0 по направлению внутренней нормали будет отрицательна, если u не является постоянной функцией. Подробности можно найти в [17] или [6].

На первый взгляд, понятие нормальной производной в точке из $\partial\Omega_0$ бессмысленно. К примеру, на рис. 9.2 в угловых точках $\partial\Omega_0$ нет нормалей в обычном смысле. Тем не менее, в таких точках аналогом нормальной производной можно считать выражение $(p\nabla u)_\nu$, стоящее в формуле (9.20) как раз на том месте, где в классической формуле Грина стоит нормальная производная.

Утверждения этого пункта пока не доказаны для произвольного стратифицированного множества, поэтому мы приводим доказательства лишь в двумерном случае, т. е. когда размерности стратов не превосходят 2. Здесь мы следуем идее, изложенной в [47].

Теорема 9.13. *Пусть $u \in C^2(\Omega_0) \cap C^1(\Omega)$ — решение неравенства $Lu \geqslant 0$. Тогда если $X_0 \in \sigma_{k-1i} \subset \partial\Omega_0$ — точка нетривиального максимума, то в каждом из следующих случаев:*

1) $q(X_0) = 0$;

2) $q \geqslant 0$, $u(X_0) \geqslant 0$;

имеет место неравенство $(p\nabla u)(X_0) < 0$.

Доказательство. Рассмотрим сначала случай, когда X_0 лежит в одномерном страте ($X_0 \in \sigma_{1i} \subset \partial\Omega_0$). В каждом из стратов σ_{2j}, к которым примыкает σ_{1i}, оператор L является классическим эллиптическим оператором, а потому применима классическая лемма о нормальной производной, в соответствии с которой по меньшей мере одна из производных $\dfrac{\partial u}{\partial \nu}(X_0)$ отрицательна. Так будет в каждом страте σ_{2j}, на котором функция u непостоянна. Такие страты имеются в силу нетривиальности максимума. С учетом очевидной неположительности аналогичных производных на остальных стратах получаем

$$(p\nabla u)_\nu(X_0) = \sum_{\sigma_{2j}\succ\sigma_{1i}} \left(p\,\frac{\partial u}{\partial \nu}\right)\Big|_{\overline{2j}}(X_0) < 0,$$

поскольку коэффициент p положителен.

Пусть теперь $X_0 \in \sigma_{0i}$ (т. е. $\{X_0\} = \sigma_{0i}$). Предположим сначала, что существует такая окрестность U_{X_0} точки X_0, что $u(X) \not\equiv u(X_0)$ при $X \in U_{X_0}$ и в некоторой точке X_1, принадлежащей какому-либо одномерному страту σ_{1j}, лежащему в Ω_0 и примыкающему к σ_{0i}, выполняется неравенство $u(X_1) < u(X_0)$. На каждой паре $(\sigma_{1i}, \sigma_{2k})$, где $\sigma_{1i} \prec \sigma_{2k}$, введем систему координат (x^1, x^2), приняв σ_{1i} за первую координатную линию, направив вторую внутрь страта σ_{2k}. Находясь в локальной системе координат, будем рассматривать конусы вида

$$\widehat{K}_{2k} = \{x\colon\ 0 \leqslant x^1 \leqslant \delta,\ 0 \leqslant x^2 \leqslant \lambda x^1\}$$

и положим $\widehat{K} = \bigcup\limits_{\sigma_{2k}\succ\sigma_{1i}} \widehat{K}_{2k}$. При естественном отождествлении точек и их координат множеству $\widehat{K}$ соответствует множество K, лежащее в Ω. Его граница ∂K является объединением множеств ∂K_1 и ∂K_2; ∂K_1 (при упомянутом отождествлении) — образ набора отрезков $\{x\colon\ x^2 = \lambda x^1,\ 0 \leqslant x^1 \leqslant \delta\}$, а ∂K_2 — остальная часть ∂K. Числа λ и δ можно взять так, что $K \subset U(X_0)$ и точке X_1 соответствуют координаты $(\delta, 0)$.

Ниже будет показано, что при достаточно малом $\lambda > 0$ существует такая функция $\varphi\colon\ K \to \mathbb{R}$, что

$$L\varphi > 0, \qquad \frac{\partial \varphi}{\partial x^1}(0,0) > 0, \qquad \varphi\big|_{\partial K_1} = 0.$$

Тогда функция $v = u - u(X_0) + \varepsilon\varphi$ при $\varepsilon > 0$ удовлетворяет неравенству $Lv > 0$. На ∂K_1 функция v совпадает с $u - u(X_0)$, а потому неположительна. Если λ достаточно мало, то на ∂K_2 функция $u - u(X_0)$ принимает лишь отрицательные значения, поскольку она отрицательна в точке X_1. Так как ∂K_2 компактно, то при малых положительных ε функция v также отрицательна на ∂K_2. Тем самым v неположительна на ∂K. Из теоремы 9.11 получаем, что v неположительна всюду в K. Отсюда легко следует неравенство

$$\frac{\partial v}{\partial x^1}(X_0) = \frac{\partial u}{\partial x^1}(X_0) + \varepsilon\,\frac{\partial \varphi}{\partial x^1}(X_0) \leqslant 0.$$

С учетом $\dfrac{\partial \varphi}{\partial x_1}(X_0) = 0$ получаем $\dfrac{\partial u}{\partial x^1}(X_0) < 0$. Наконец, из положительности p получаем $(p\nabla u)_\nu < 0$.

Теперь можно освободиться от предположения, что в некоторой точке $X_1 \in U(X_0)$ выполняется строгое неравенство $u(X_1) < u(X_0)$. В самом деле, уже доказанного варианта леммы о нормальной производной достаточно для доказательства сильного принципа максимума для решений неравенства $Lu \geqslant 0$, а из него следует, что значение $u(X_0)$ не может достигаться в Ω_0.

Наконец, заметим, что если $u(X_0) = 0$, то знак q не играет никакой роли. В самом деле, поскольку $u(X) \leqslant 0$ вблизи X_0, то из неравенства $Lu = \Delta_p u - qu \geqslant 0$ следует

$$\Delta_p u - q^- u \geqslant 0, \quad \text{где} \quad q^-(X) = \max\{0, -q(X)\}.$$

Тем самым дело свелось к уже рассмотренному случаю, когда q неотрицательна. Теорема доказана.

Заметим, что в доказательстве использовался слабый принцип максимума, а это предполагало ориентируемость Ω. Однако ориентируемость не предполагалась в условиях только что доказанной теоремы. Дело здесь в том, что наши рассмотрения относились лишь к малой окрестности точки X_0, а в малом все многообразия (в нашем случае — это страты) ориентируемы.

Вернемся к вопросу о существовании функции φ с требуемыми в доказательстве свойствами. Функция φ может быть определена по отдельности в каждом $\widehat{K}_{2k}$ формулой

$$\varphi(x^1, x^2) = \exp\vartheta\left(x^1 - \frac{x^2}{\lambda}\right) - 1.$$

Проверим, что $L\varphi > 0$; проверка остальных свойств не представляет труда.

В точках из σ_{2k} дело сводится к проверке неравенства

$$(L\varphi)(X) = \frac{1}{\sqrt{g}}\,\frac{\partial}{\partial x^\alpha}\left(p\sqrt{g}\,g^{\alpha\beta}\,\frac{\partial\varphi}{\partial x^\beta}\right)(X) - q\varphi(X) > 0,$$

или, иначе, неравенства

$$pg^{\alpha\beta}\frac{\partial^2\varphi}{\partial x^\alpha\partial x^\beta}\,(X) + \frac{1}{\sqrt{g}}\,\frac{\partial}{\partial x^\alpha}\,(p\sqrt{g}\,g^{\alpha\beta})\frac{\partial\varphi}{\partial x^\beta}\,(X) - q\varphi(X) > 0.$$

После очевидных преобразований левая часть приводится к виду

$$\varphi(x^1, x^2)(p\vartheta^2\Phi_1 + \vartheta\Phi_2 + q),$$

где Φ_2 — ограниченная на K функция, а $\Phi_1 = g^{11} - 2g^{12}\lambda^{-1} + g^{22}\lambda^{-2}$, т. е. равна значению положительно определенной квадратичной формы на ненулевом векторе $(1, -\lambda^{-1})$, и, следовательно, положительна. Отсюда видно, что доказываемое неравенство будет верно при достаточно больших положительных ϑ.

То, что неравенство $L\varphi > 0$ выполняется на страте σ_{1i}, проверяется еще проще.

Построение функции φ представляет наибольшую трудность при переносе данного результата на стратифицированные множества большей размерности. Остальная часть наших построений от размерности не зависит.

Теперь переходим к сильному принципу максимума.

Теорема 9.14. *Решение и неравенства $Lu \geqslant 0$ при $q \geqslant 0$ не может иметь в Ω_0 точек локального нетривиального неотрицательного максимума.*

Доказательство. Предположим все же, что указанные максимумы в Ω_0 есть. Прежде всего заметим, что их не может быть в двумерных стратах. В самом деле, в стратах старшей размерности оператор L является классическим равномерно эллиптическим оператором с неотрицательным q. Отсутствие нетривиальных максимумов в этом случае — хорошо известный факт (см., например, [6, 17]).

Пусть $X_0 \in \sigma_{1k}$ — точка нетривиального максимума. В такой точке в силу классической леммы о нормальной производной

$$(p\nabla u)_\nu(X_0) < 0.$$

Кроме того, классическая часть оператора L, а именно $\nabla_1(p\nabla u) - qu$, неположительна в точке X_0; в противном случае было бы $\nabla_1(p\nabla u)(X_0) - qu(X_0) > 0$, что в окрестности максимума невозможно в силу классического принципа максимума. Следовательно,

$$Lu(X_0) = \nabla_1(p\nabla u)(X_0) + (p\nabla u)_\nu(X_0) - qu(X_0) < 0,$$

что противоречит условию теоремы.

Предположим теперь, что $X_0 \in \sigma_{0i}$ — точка нетривиального максимума. Выделим окрестность $U(X_0)$, в которой $u(X) \leqslant u(X_0)$. Здесь следует рассмотреть два случая: $u \equiv u(X_0)$ на $U(X_0) \cap \Big(\bigcup\limits_{\sigma_{1j} \succ \sigma_{0i}} \sigma_{1j}\Big)$ или $u \not\equiv u(X_0)$ на этом же множестве для любой достаточно малой окрестности $U(X_0)$.

Покажем, что оба эти случая невозможны.

В первом случае по крайней мере в одном из одномерных стратов имеется точка максимума (невозможность этого уже обоснована выше). Во втором случае, рассматривая X_0 как фиктивную граничную точку, из доказанной части предыдущей теоремы имеем $(p\nabla u)_\nu(X_0) < 0$. С другой стороны, поскольку в точке X_0 классическая часть оператора L отсутствует, имеем $Lu = (p\nabla u)_\nu - qu \geqslant 0$, откуда $(p\nabla u)_\nu(X_0) \geqslant 0$. Снова получается противоречие. Теорема доказана.

Заметим, что поскольку сильный принцип максимума влечет выполнение слабого, то по крайней мере в двумерном случае ориентируемость Ω, предполагаемая в теореме 9.11, является избыточным требованием.

В заключение приведем утверждение, из которого, в частности, следует сильный принцип максимума для решений строгого неравенства $Lu > 0$. Ограничений на размерность Ω теперь не требуется. Классического аналога этого утверждения нет.

Назовем точку $X_0 \in \sigma_{ki}$ *точкой спуска функции* u, если $u(X) \leqslant \leqslant u(X_0)$ для близких к X_0 точек из σ_{ki} и из всех $\sigma_{k+1,j} \succ \sigma_{ki}$.

Точка максимума, очевидно, является точкой спуска. Обратное, вообще говоря, неверно. Можно лишь говорить о том, что точка спуска является точкой максимума сужения u на объединение упомянутых стратов, т. е. точкой относительного максимума. Будем говорить также, что X_0 — точка спуска неотрицательной высоты, если $u(X_0) \geqslant 0$.

Теорема 9.15. *Пусть $q \geqslant 0$ и $Lu > 0$ на σ_{ki}. Тогда в σ_{ki} функция u не имеет точек спуска неотрицательной высоты.*

Доказательство. Предположим, что найдется $X_0 \in \sigma_{ki}$, являющаяся точкой спуска неотрицательной высоты. По условию

$$Lu(X_0) = \widehat{\Delta}_p u(X_0) + (p\nabla u)_\nu(X_0) - (qu)(X_0) > 0,$$

т. е.

$$(\widehat{\Delta}_p u)(X_0) > -(p\nabla u)_\nu(X_0) + (qu)(X_0), \tag{9.36}$$

где $\widehat{\Delta}_p$ — классическая часть оператора Δ_p. Покажем, что выражение в правой части (9.36) неотрицательно. Неотрицательность первого слагаемого легко следует из определения точки спуска. Неотрицательность же второго слагаемого следует из $u(X_0) \geqslant 0$. Таким образом, классическая часть Lu, а именно $\widehat{\Delta}_p u$, строго положительна в точке X_0. Заметим, что при $k = 0$ классическая часть L равна нулю, и противоречие получается уже на этом этапе. Если $k > 0$, то из классического принципа максимума следует, что функция u не может иметь максимума в X_0 относительно страта σ_{ki}, а потому X_0 не является точкой спуска. Теорема доказана.

Следующий пример показывает, что на нестрогие неравенства это утверждение не распространяется.

В качестве Ω рассмотрим верхний замкнутый полукруг радиуса $\pi/2$, а в качестве $\partial\Omega_0$ — соответствующую замкнутую полуокружность. Одномерными стратами из $\Omega_0 = \Omega \setminus \partial\Omega_0$ будем считать интервалы $(-\pi/2;\ 0)$, $(0;\ \pi/2)$, а точку $(\pi/2;\ 0)$ — нульмерным стратом из Ω_0. Внутренность полукруга — двумерный страт множества Ω_0. Функция $u(x, y) = \exp y \cdot \sin(x + \pi/2)$, как нетрудно проверить, является решением уравнения $Lu = 0$ при $p \equiv 1$, $q \equiv 0$. Тем не менее $(0;\ 0)$ является точкой спуска неотрицательной высоты.

Имея в виду механическую интерпретацию оператора L, нетрудно объяснить исчезновение точки спуска в этом примере при переходе от строгого неравенства к равенству. Действительно, строгое неравенство

$Lu > 0$ означает наличие сосредоточенной нагрузки в точке $(0;\ 0)$, действующей «вниз», что приводит к «провисанию» графика в этой точке, поскольку на примыкающих к этой точке стратах нагрузка распределенная, а следовательно, не могущая нейтрализовать действие сосредоточенной нагрузки в непосредственной близости к точке $(0;\ 0)$.

9.2. Уравнения и неравенства с мягким лапласианом

В этом параграфе мы описываем некоторые результаты, относящиеся к так называемому мягкому лапласиану. Отличие его от жесткого состоит в том, что коэффициент p положителен только на стратах старшей размерности. В остальных стратах $p \equiv 0$. В силу этого условия прочности стратифицированного множества Ω приходится заменить на более жесткие. Механическим примером, приводящим к уравнению с мягким лапласианом, является, например, задача о малых перемещениях системы, составленной только из мембран. Этот случай ближе к классическому, поэтому наше изложение здесь менее подробно. Доказательства даются лишь в случаях, когда действительно возникают трудности.

9.2.1. Определения. Здесь мы сужаем класс стратифицированных множеств, но ослабляем требования на коэффициент p. Почти все утверждения предыдущего параграфа после незначительных изменений в доказательствах переносятся и на этот случай. Поэтому мы не будем здесь возвращаться к рассмотренному в предыдущем параграфе кругу вопросов. Мы комментируем лишь случаи, когда требуются существенные изменения в формулировках и доказательствах. В следующих пунктах мы приведем результаты, характерные именно для рассматриваемого в этом параграфе случая.

В оставшейся части главы будем предполагать, что страты множества Ω являются многогранниками в $\mathbb{R}^n$. Точнее, σ_{ki} — относительная внутренность ограниченного k-мерного многогранника при $k > 0$, а при $k = 0$ — точка.

Как и в п. 9.1.1, предполагается, что граница страта σ_{ki} состоит из стратов меньшей размерности. По-прежнему Ω предполагается связным. Заметим, что условие, касающееся поведения касательных пространств к стратам, теперь выполняется автоматически.

Множество Ω разбивается на два подмножества, Ω_0 и $\partial\Omega_0$; первое используется как аналог области, а второе — граница этой области в топологии, индуцированной на Ω из $\mathbb{R}^n$. В отличие от предыдущего параграфа теперь предполагается, что по крайней мере один $(d-1)$-мерный страт входит в $\partial\Omega_0$. Это условие подсказывается тем обстоятельством, что мембрану нельзя закрепить в отдельной точке.

Будем считать $p \equiv 0$ на стратах, размерность которых меньше размерности $d = d(\Omega)$ множества Ω. На каждом из стратов σ_{di} коэффициент p предполагается постоянным; $p \equiv p_i > 0$. При таких условиях оператор Δ_p на σ_{di} сводится к классическому оператору Лапласа, умноженному на постоянную p_i. На стратах $\sigma_{d-1,i}$ имеем

$$\Delta_p u(X) = \sum_{\sigma_{dj} \succ \sigma_{d-1,i}} p_j(\mathbf{\nu} \cdot \nabla u)\big|_{\overline{kj}}(X), \tag{9.37}$$

т. е. Δ_p сводится к сумме умноженных на p_j производных по внутренним нормалям всех d-мерных стратов σ_{dj}, примыкающих к $\sigma_{d-1,i}$.

На остальных стратах оператор Δ_p вырождается в нуль. Главным образом мы будем интересоваться разрешимостью следующей краевой задачи:

$$\Delta_p u = 0, \tag{9.38}$$

$$u|_{\partial\Omega_0} = \varphi. \tag{9.39}$$

Решение ищется в классе $C^2_\sigma(\Omega_0) \cap C(\Omega)$. Еще раз подчеркнем, что в действительности дифференциальные соотношения имеются лишь в стратах размерности d и $d-1$.

Множество Ω назовем *прочным*, если каждый $(d-1)$-мерный страт $\sigma_{d-1,i} \subset \Omega_0$ можно соединить с каким-либо $(d-1)$-мерным стратом $\sigma_{d-1,j}$, принадлежащим $\partial\Omega_0$, связной цепочкой следующего вида:

$$\sigma_{d-1,i} \prec \sigma_{dk_1} \succ \sigma_{d-1,k_2} \prec \ldots \succ \sigma_{d-1,j},$$

составленной из стратов Ω_0. Данное условие прочности обеспечивает по меньшей мере слабую разрешимость задачи

$$\Delta_p u = f, \tag{9.40}$$

$$u\Big|_{\partial\Omega_0} = 0. \tag{9.41}$$

Построения предыдущего параграфа повторяются здесь с отличием лишь в неравенстве Пуанкаре, которое приобретает вид

$$\int\limits_{\sigma_d \cup \sigma_{d-1}} u^2 d\mu \leqslant C \int\limits_{\sigma_d} (\nabla u)^2 d\mu,$$

где σ_k $(k = d-1, d)$ означает объединение k-мерных стратов Ω_0. В доказательстве используются те же соображения, что и в предыдущем параграфе. При доказательстве слабой разрешимости страты не обязательно предполагать плоскими, а коэффициент p постоянным в пределах каждого d-мерного страта из Ω_0.

Прочное множество Ω будем называть *усиленно прочным*, если при $k \leqslant d-2$ и любом i существует сколь угодно малая окрестность U страта σ_{ki} такая, что множество $U \setminus \sigma_{ki}$ является связным.

Рис. 9.10 дает пример прочного множества, не являющегося усиленно прочным: условие усиленной прочности нарушено в страте σ_{01}. На таком множестве можно гарантировать слабую разрешимость задачи (9.40), (9.41), но не ее классическую разрешимость, поскольку задача получается переопределенная; в точке, соответствующей страту σ_{01} имеется еще условие непрерывности.

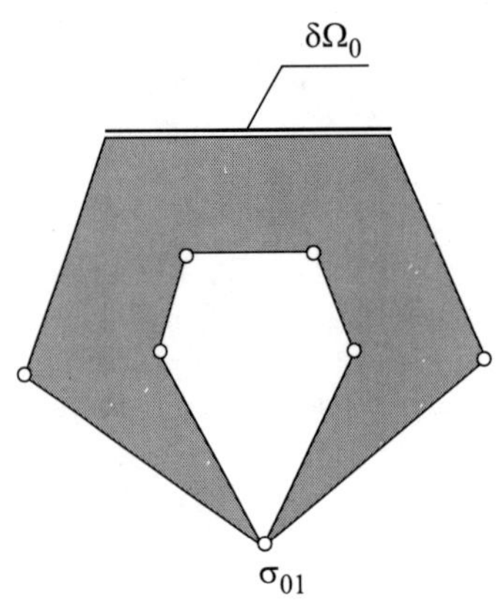

Рис. 9.10. Прочное, но не усиленно прочное множество

9.2.2. Теорема о среднем и некоторые ее следствия. Следующая теорема представляет собой аналог классической теоремы о среднем. Интересно заметить, что для жесткого лапласиана на стратифицированном множестве с плоскими стратами и с $p \equiv 1$ аналог теоремы о среднем пока не найден. Здесь множество Ω_0 предполагается лишь прочным.

Пусть $O \in \sigma_{ki} \subset \Omega_0$. Пусть, далее, число $r > 0$ не превосходит расстояния r_0 от O до всех $(d-1)$-мерных стратов, замыкания которых не содержат точку O; такие r будем называть *допустимыми*. В этом случае множество $\mathfrak{B}_r(O) = B_r(O) \cap \Omega$, где $B_r(O)$ — обычный шар в $\mathbb{R}^n$, назовем *стратифицированным шаром*. Из определения легко следует, что при всех $r \in (0;\ r_0)$ куски сфер $\partial\mathfrak{B}_r(O) \cap \sigma_{dj}$ подобны между собой. (Пример стратифицированного шара изображен на рис. 9.5.) Заметим, что стратифицированные шары обязательно содержат точки d-мерных стратов, поскольку Ω предполагается прочным. Поэтому непусто по крайней мере одно множество $\partial\mathfrak{B}_r^j(O) = \partial\mathfrak{B}_r(O) \cap \sigma_{dj}$.

Теорема 9.16. *Пусть $O \in \Omega_0$, а $u \in C^2(\Omega_0)$ — решение уравнения* (9.38). *Тогда при любом допустимом r*

$$u(O) = \frac{1}{\mu_p(\partial\mathfrak{B}_r(O))} \int\limits_{\partial\mathfrak{B}_r(O)} pu\, d\mu, \tag{9.42}$$

где $\mu_p(\partial\mathfrak{B}_r(O)) = \int\limits_{\partial\mathfrak{B}_r(O)} p\, d\mu$.

Доказательство. Покажем сначала, что производная функции

$$M(r) = \frac{1}{\mu_p(\partial\mathfrak{B}_r(O))} \int\limits_{\partial\mathfrak{B}_r(O)} pu\, d\mu$$

равна нулю. Ввиду того, что p равно нулю на стратах, размерность которых меньше d, ненулевой вклад в интегралы дают только d-мерные страты. В силу упомянутого выше подобия множеств $\partial\mathfrak{B}_r(O)$ при допустимых r имеем (считая, что точка O находится в начале координат пространства $\mathbb{R}^n$)

$$M(r+\Delta r) - M(r) =$$
$$= \frac{1}{\mu_p(\partial\mathfrak{B}_{r+\Delta r}(O))} \int\limits_{\partial\mathfrak{B}_{r+\Delta r}(O)} pu\left(X + \Delta r\left(\frac{X}{r}\right)\right) d\mu_{r+\Delta r} -$$
$$- \frac{1}{\mu_p(\partial\mathfrak{B}_r(O))} \int\limits_{\partial\mathfrak{B}_r(O)} pu(X)\, d\mu_r =$$
$$= \frac{1}{\mu_p(\partial\mathfrak{B}_r(O))} \int\limits_{\partial\mathfrak{B}_r(O)} p\left[u\left(X + \Delta r\left(\frac{X}{r}\right)\right) - u(X)\right] d\mu =$$
$$= \frac{\Delta r}{\mu_p(\partial\mathfrak{B}_r(O))} \int\limits_{\partial\mathfrak{B}_r(O)} [p\nabla u(X)\cdot \boldsymbol{\nu} + o(r)]\, d\mu.$$

Из формулы (9.19), в которой в качестве Ω_0 нужно взять $\mathfrak{B}_r(O)$, а в качестве $\partial\Omega_0$ — его границу $\partial\mathfrak{B}_r(O)$, при $v \equiv 1$ получаем

$$\int\limits_{\partial\mathfrak{B}_r(O)} p\nabla u(X)\cdot\boldsymbol{\nu}\, d\mu = 0.$$

В силу этого имеем

$$\lim_{\Delta r\to 0} \frac{M(r+\Delta r) - M(r)}{\Delta r} = 0.$$

Таким образом, при допустимых r функция $M(r)$ постоянна. Но $M(r) \to u(O)$ при $r \to 0$, что и приводит к формуле (9.42).

Вместо формулы (9.42) нам будет удобнее пользоваться формулой

$$u(O) = \frac{1}{\mu_p(\mathfrak{B}_r(O))} \int\limits_{\mathfrak{B}_r(O)} pu\, d\mu = \mathfrak{M}(r), \tag{9.43}$$

получающейся из (9.42) интегрированием по радиусу.

Аналогично теореме 9.16 доказывается

Теорема 9.17. *Пусть функция $u \in C^2(\Omega_0)$ удовлетворяет неравенству $\Delta_p u \geqslant 0$. Тогда*

$$u(O) \leqslant \mathfrak{M}(r) \tag{9.44}$$

при всех допустимых r.

Непрерывную на Ω_0 функцию, удовлетворяющую (9.44), естественно назвать *p-субгармонической* (или просто *субгармонической*). Естественно также называть *p-гармонической* (или просто *гармонической*) функцию, удовлетворяющую уравнению $\Delta_p u = 0$.

В качестве очевидного следствия теоремы о среднем получаем сильный принцип максимума.

Теорема 9.18. *Решение неравенства $\Delta_p u \geqslant 0$, принадлежащее $C^2(\Omega_0)$, не имеет точек нетривиального локального максимума в Ω_0.*

Очевидно также, что принцип максимума выполняется и для p-субгармонических функций.

Если u — гармоническая в Ω_0, а v — субгармоническая функция, принимающая на границе $\partial\Omega_0$ те же значения, что и u, то $u(X) \geqslant v(X)$ при $X \in \Omega_0$. Разумеется, функции u, v предполагаются непрерывными в Ω. Доказательство этого факта также выводится из принципа максимума.

Аналогично определяется понятие *p-супергармонической* (проще — *супергармонической*) функции. Вообще говоря, от субгармонических функций принято требовать лишь полунепрерывности сверху, а от супергармонических — полунепрерывности снизу; см., например, [10, 104]. Для наших целей этого не потребуется.

Следующее утверждение, являющееся аналогом неравенства Харнака, позволяет перенести на стратифицированные множества метод Пуанкаре–Перрона доказательства классической разрешимости задачи (9.38), (9.39).

Теорема 9.19. *Пусть $\widehat{\Omega}$ — компактное подмножество Ω_0. Тогда существует такая постоянная $C = C(\widehat{\Omega}, \Omega_0)$, что для любой неотрицательной в Ω_0 гармонической функции u*

$$\max_{\widehat{\Omega}} u \leqslant C \min_{\widehat{\Omega}} u.$$

Доказательство этого факта проводится стандартно. Сначала требуемое утверждение доказывается для стратифицированных шаров достаточно малого (или допустимого) радиуса. Делается это на основе теоремы о среднем. Затем $\widehat{\Omega}$ покрывается конечном числом шаров, и нужное неравенство конструируется из неравенств для шаров. Подробности можно найти, например, в [17].

9.2.3. Формула Пуассона для стратифицированного шара. Мы намерены получить классическое решение задачи (9.38), (9.39) методом Пуанкаре–Перрона, т. е. как верхнюю огибающую p-субгармонических функций, принимающих на $\partial\Omega_0$ значения, не превосходящие соответствующих значений функции φ. Это так называемое нижнее решение $\underline{u}$. Множество субгармонических функций с упомянутым свойством обозначим через $\underline{S}_\varphi$. Решение можно также получить как нижнюю огибающую класса $\overline{S}_\varphi$ p-супергармонических функций, принимающих на $\partial\Omega_0$ значения, не меньшие соответствующих значений φ. Это так называемое верхнее решение $\overline{u}$.

Если бы нам удалось найти формулу Пуассона для стратифицированного шара, то в соответствии со стандартной схемой метода Перрона (см., например, [17, 62, 126]) нам удалось бы доказать, что верхнее и нижнее решения являются классическими решениями уравнения (9.38). К сожалению, общую формулу Пуассона пока не удалось найти. Однако удалось найти ее для шаров с центрами в $(d-1)$-мерных стратах. Для шаров с центрами в d-мерных стратах можно воспользоваться классической формулой Пуассона. Этого оказывается достаточно, поскольку дифференциальные соотношения имеются лишь на d- и $(d-1)$-мерных стратах. В остальных стратах имеем лишь условие непрерывности.

Начнем с функции Грина. Ее построение основывается на некоторых соображениях симметрии.

Функция $G(\cdot\,,\cdot)\colon\ \Omega\times\Omega\to\mathbb{R}$ называется *фундаментальным решением оператора* Δ_p *в* Ω_0, если $G(\cdot\,,Y)\in C^2_\sigma(\Omega_0\setminus Y)\cap C(\Omega\setminus Y)$ и для любой финитной функции $\varphi\in C^2_\sigma(\Omega_0)\cap C(\Omega)$ выполняется равенство

$$\int\limits_{\Omega_0} G(X,Y)\Delta_p\varphi(X)\,d\mu=\varphi(Y). \tag{9.45}$$

Обозначим через $K(z;\ y)$ функцию Грина задачи Дирихле в d-мерном шаре $B_r(0)$ из $\mathbb{R}^d$ с координатами $z^1,\ldots,z^d$. Считая, что $y^d\geqslant 0$, с помощью этой функции мы можем определить в стратифицированном шаре $\mathfrak{B}_r(O)$ функцию $G(X,Y)$, определив ее в каждом «полушарии» $\mathfrak{B}_i$ ($\mathfrak{B}_i$ — замыкание множества $\mathfrak{B}_r(O)\cap\sigma_{di}$) следующим образом:

$$G(X,Y)=\begin{cases}\dfrac{p_l+P_l}{2p_l}\,K(x,y)+\dfrac{p_l-P_l}{2p_l}\,K(\widehat{x},y), & X,Y\in\mathfrak{B}_l,\\ K(\widehat{x},y), \quad X\in\mathfrak{B}_j\quad(j\neq l), & Y\in\mathfrak{B}_l,\end{cases} \tag{9.46}$$

где $\widehat{x}$ получается из x заменой x^d на $-x^d$, а P_l — сумма всех p_j $(j\neq l)$, соответствующих всем $\sigma_{dj}\succ\sigma_{d-1,i}$. Мы полагаем $P_l=0$, если к $\sigma_{d-1,i}$ примыкает только один d-мерный страт. Положим также $P=P_l+p_l$.

Теорема 9.20. $\widehat{G}(X,Y)=\dfrac{2}{P}\,G(X,Y)$ *является фундаментальным решением оператора* Δ_p *в шаре* $\mathfrak{B}_r(O)$ *с центром в* d- *или* $(d-1)$-*мерном страте.*

Доказательство. Поскольку, как нетрудно проверить, в d-мерных стратах функция $\widehat{G}(X,Y)$ совпадает с классической функцией Грина оператора Лапласа, нам достаточно рассмотреть только случай, когда O принадлежит $(d-1)$-мерному страту. Интеграл в левой части равенства (9.45), как отмечалось выше, сводится к сумме

$$\sum_{\sigma_{ki}}\int\limits_{\sigma_{ki}} G(X,\Xi)\Delta_p\varphi(X)\,d\mu.$$

Однако в силу того, что p обращается в нуль на стратах σ_{ki} с $k < d$, получаем применительно к $\mathfrak{B}_r(O)$, что

$$\int\limits_{\mathfrak{B}_r(O)} G(X,Y)\Delta_p\varphi(X)\,d\mu = \\ = \sum_{\mathfrak{B}_j} p_j \int\limits_{\mathfrak{B}_j} G(X,Y)\Delta\varphi(X)\,d\mu + \int\limits_{\sigma_{d-1i}\cap\mathfrak{B}_j} G(X,Y)\sum_{\mathfrak{B}_j} p_j\,\frac{\partial\varphi}{\partial x^d}\,d\mu. \tag{9.47}$$

Здесь мы воспользовались представлением оператора Δ_p в стратах размерности $d-1$, фигурирующим в (9.37), и тем, что в d-мерных стратах $\Delta_p = p_i\Delta$. Пусть для определенности $Y \in \mathfrak{B}_l$. В силу (9.46) $G(X,Y)$ гармонична в $\mathfrak{B}_j$ при $j \neq l$, поэтому, учитывая, что φ обращается в нуль на $\partial\mathfrak{B}_r(O)$, с помощью классической формулы Грина получаем

$$\sum_{\mathcal{B}_j} p_j \int\limits_{\mathfrak{B}_j} G(X,\Xi)\Delta\varphi(X)\,d\mu = -\int\limits_{\sigma_{d-1i}\cap\mathfrak{B}_j} G(X,Y)\sum_{\mathfrak{B}_j} p_j\,\frac{\partial\varphi}{\partial x^d}\,d\mu \quad (j \neq l).$$

Аналогичный интеграл по $\mathfrak{B}_l$ с учетом того, что $K(X,Y)$ — фундаментальное решение оператора Лапласа, приводится к виду

$$\int\limits_{\mathfrak{B}_l} G(X,Y)\Delta\varphi(X)\,d\mu = P\varphi(Y) - \int\limits_{\sigma_{d-1i}\cap\mathfrak{B}_l} G(X,Y)p_l\,\frac{\partial\varphi}{\partial x^d}\,d\mu.$$

Преобразуя первое слагаемое в правой части (9.47) с помощью полученных соотношений и деля обе части получаемого равенства на P, получаем (9.45). Теорема доказана.

Так как $\widehat{G}(X,Y) = 0$ при $X \in \partial\mathfrak{B}_r(O)$, то $\widehat{G}(\cdot\,,\,\cdot)$ является функцией Грина оператора Δ_p в стратифицированном шаре. Обычным способом отсюда получаем аналог формулы Пуассона для решения u задачи Дирихле в стратифицированном шаре. А именно

$$u(X) = -\int\limits_{\partial\mathfrak{B}_r(O)} \varphi(Y)\,\frac{\partial\widehat{G}(X,Y)}{\partial\nu}\,d\mu. \tag{9.48}$$

Дифференцирование здесь относится к переменной Y. Знак минус возникает из за того, что мы пользуемся внутренними нормалями. Проверка формулы (9.48) проводится стандартно, поэтому мы не останавливаемся на ней.

9.2.4. Метод Перрона для уравнения на стратифицированном множестве. В отличие от классического случая (см., например, [17, 62, 98, 104, 126]), реализация метода Перрона на стратифицированном множестве значительно более трудоемка. В силу этого мы позволим себе основные моменты метода продемонстрировать на простом примере. В общем случае требуется доказать еще аналог леммы о стирании особенности, что весьма непросто. Этот аналог мы сформулируем в виде следующего утверждения, в котором $\overset{\circ}{\Omega}_0$ — множество, получающееся из Ω_0 после удаления из него стратов σ_{ki} с $k < d-1$.

Теорема 9.21. *Пусть Ω_0 — усиленно прочное множество и u — ограниченная p-гармоническая функция в $\overset{\circ}{\Omega}_0$. Тогда ее можно доопределить до p-гармонической функции на Ω_0.*

Напомним еще раз, что в стратах σ_{ki} с $k < d-1$ дифференциальных соотношений нет, поэтому речь здесь идет лишь о возможности доопределения u на Ω_0 по непрерывности. Заметим также, что для не прочных множеств это утверждение, вообще говоря, неверно. Но на таких множествах классического решения задачи (9.38), (9.39) может и не быть.

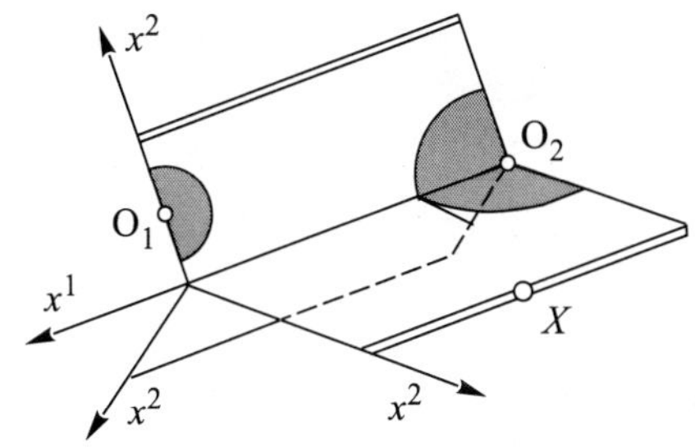

Рис. 9.11

Итак, рассмотрим задачу (9.38), (9.39) на стратифицированном множестве, изображенном на рис. 9.11.

Здесь $\partial\Omega_0$ изображена тремя жирными линиями. Предполагается, что двумерные страты являются прямоугольниками.

Теорема 9.22. *Функция*

$$u(X) = \sup_{v \in \underline{S}_\varphi} v(X)$$

является решением уравнения (9.38) *на* $\overset{\circ}{\Omega}_0$.

Доказательство. Покажем сначала, что при $O \in \sigma_{ki}$ ($k \geqslant d-1$) функция u является p-гармонической в некотором шаре $\mathfrak{B}_r(O)$ (допустимого радиуса, как обычно). С этой целью возьмем произвольный шар $\mathfrak{B}_R(O)$.

Нетрудно показать (см., например, [17, 126]), что максимум конечного числа p-субгармонических функций является p-субгармонической функцией. Пользуясь этим, нетрудно построить монотонно неубывающую последовательность $\{v_n\}$ p-субгармонических функций, сходящуюся к u на плотном множестве в шаре $\mathfrak{B}_r(O)$ при некотором $r < R$. Очевидно, эту последовательность можно считать равномерно ограниченной. Ограниченность сверху следует из принципа максимума для p-субгармонических функций. Ограниченности снизу при необходимости можно добиться заменой v_n на $\max(v_n, m)$, где m — минимум функции φ.

Используя формулу Пуассона, по этой последовательности можно построить последовательность p-гармонических в $\mathfrak{B}_R(O)$ функций u_n, принимающих на $\partial\mathfrak{B}_R(O)$ те же значения значения, что и v_n. Но тогда из неравенства $v_n \leqslant u_n \leqslant u$ следует, что $\{u_n\}$ — неубывающая последовательность, также сходящаяся к u на плотном в $\mathfrak{B}_r(O)$ множестве.

Из неравенства Харнака следует, что из последовательности $\{u_n\}$ можно выделить подпоследовательность, сходящуюся на $\mathfrak{B}_r(O)$ равномерно. Предел будет p-гармонической в $\mathfrak{B}_r(O)$ функцией $\widehat{u}$, совпадающей с u на плотном множестве. Отсюда легко следует, что обе эти функции совпадают на $\mathfrak{B}_r(O)$. Теорема доказана.

Чтобы доказать, что u — решение уравнения (9.38), нам нужно только показать, что u непрерывна на Ω_0. В рассматриваемом нами случае можно обойтись без использования теоремы 9.21. Дело в том, что наши проблемы связаны теперь только с точками вида O_2 (см. рис. 9.11). Используя специфику множества Ω, в точках такого типа снова можно выписать формулу Пуассона в шаре $\mathfrak{B}_r(O_2)$ на основе соображений симметрии. Функция Грина здесь имеет в точности вид (9.46). Только в качестве $K(x,y)$ теперь нужно использовать функцию Грина следующей краевой задачи Дирихле–Неймана:

$$\Delta u = 0,$$

$$u|_{\Gamma_1} = \varphi, \quad \left.\frac{\partial u}{\partial \nu}\right|_{\Gamma_2} = \psi,$$

где G — половина круга радиуса r, лежащая слева или справа от оси x^2 в системе координат (x^1, x^2); Γ_1 — соответствующая часть окружности, а Γ_2 — отрезок оси x^2. Между прочим, эта функция легко получается из формулы (9.46), когда стратифицированный шар состоит лишь из одного полушария $\mathfrak{B}_i$ и $p_i = 1$.

Теперь покажем, что, помимо (9.38), функция u удовлетворяет и условию (9.39). Для этого воспользуемся барьерной техникой.

Как обычно, *барьером в точке* $X \in \partial\Omega_0$ будем называть p-субгармоническую функцию v, положительную в $\Omega \setminus \{X\}$ и обращающуюся в нуль в точке X. Если таковая существует, то точку X принято называть *регулярной*. В случае, когда страты множества Ω являются многогранниками, все точки границы являются регулярными. Мы покажем это на рассматриваемом нами примере.

Итак, пусть X принадлежит одному из отрезков границы, как показано на рис. 9.11. В координатах, указанных на этом рисунке, положим

$$\widehat{v}(x) = \ln\left[(x^1 - x_0^1)^2 + (x^2 - x_0^2 - \delta)^2\right] - \ln(\delta^2),$$

где $(x_0^1;\ x_0^2)$ — координаты точки X, а δ — положительное число. Теперь положим $v(x) = \widehat{v}(x)$ при $(x^1 - x_0^1)^2 + (x^2 - x_0^2 - \delta)^2 \leqslant r^2$, где r меньше расстояния от точки $(x_0^1;\ x_0^2 + \delta)$ (которая лежит на продолжении страта, содержащего X) до одномерных стратов, не содержащих X; ясно, что $r > \delta$. В остальных точках множества Ω положим $v(x) = \ln{(r/\delta)^2}$.

Так определенная на Ω функция, как нетрудно проверить, удовлетворяет всем требованиям, предъявляемым к барьерам.

Теперь проверка того, что функция u удовлетворяет в точке X краевому условию (9.39), стандартна (см., например, [17]). Тем самым вопрос о разрешимости задачи (9.38), (9.39) выяснен в случае множества, изображенного на рис. 9.11.

Рассуждения в общем случае отличаются от приведенных нами незначительно. Построение барьеров проводится так же, как и в рассмотренном нами случае. Можно также рассмотреть случай, когда граничные страты не являются плоскими. Здесь доказательство того, что u удовлетворяет уравнению (9.38), не требует изменений. От границы естественно потребовать регулярности. Вопрос об условиях регулярности подробно не изучался.

Список литературы

1. *Аткинсон.* Дискретные и непрерывные граничные задачи. — М.: Мир, 1968.
2. *Ахиезер Н. И.* Лекции по вариационному исчислению. — М.: Гостехиздат, 1955. — 248 с.
3. *Ахиезер Н. И., Глазман И. М.* Теория линейных операторов в гильбертовом пространстве. — М.: Наука, 1966. — 544 с.
4. *Басакер Р., Саати Т.* Конечные сети и графы. — М.: Наука, 1974. — 368 с.
5. *Белов В. В., Воробьев Е. М., Шаталов В. Е.* Теория графов. — М.: 1976. — 392 с.
6. *Берс Л., Джон Ф., Шехтер М.* Уравнения с частными производными. — М.: Мир, 1966. — 352 с.
7. *Боровских А. В., Копытин А. В.* О распространении волн по сети // Сб. статей аспирантов и студентов матем. ф-та ВГУ. — Воронеж, 1999. С. 21–25.
8. *Боровских А. В., Покорный Ю. В.* Системы Чебышева-Хаара в теории разрывных ядер Келлога // Успехи мат. наук. — 1994. — Т. 49, № 3. — С. 3–42.
9. *Боровских А. В., Мустафокулов Р., Лазарев К. П., Покорный Ю. В.* Об одном классе дифференциальных уравнений четвертого порядка на пространственной сети // Доклады РАН. — 1995. — Т. 345, № 6. — С. 730–732.
10. *Брело М.* Основы классической теории потенциала. — М.: Мир, 1964. — 214 с.
11. *Вольперт А. И.* Дифференциальные уравнения на графах // Матем. сборник. — 1972. — Т. 88, № 4. — С. 578–588.
12. *Гаврилов А. А., Пенкин О. М.* Слабый принцип максимума для эллиптического оператора на стратифицированном множестве // Труды ВВМШ «Понтрягинские чтения — XI». Часть I. — Воронеж, 2000. — С. 48–56.
13. *Гаврилов А. А., Пенкин О. М.* Аналог леммы о нормальной производной для эллиптического уравнения на стратифицированном множестве // Дифференц. уравнения. — 2000. — Т. 36, № 2. — С. 226–232.
14. *Gavrilov A., Nicaise S., Penkin O.* Poincaré's inequality on stratified sets and applications. Rapport de recherche 01.2, Universite de Valenciennes, Février 2001. — P. 1–20.
15. *Гантмахер Ф. Р., Крейн М. Г.* Осцилляционные матрицы и ядра и малые колебания механических систем. — М.-Л.: Гостехиздат, 1950. — 360 с.

16. *Герасименко Н. И., Павлов Б. С.* Задача рассеяния на некомпактных графах // ТМФ. — 1988. — Т. 74, № 3. — С. 345–359.

17. *Гилбарг Д., Трудингер М. Н.* Эллиптические дифференциальные уравнения с частными производными второго порядка. — М.: Наука, 1989. — 464 с.

18. *Гудзовский А. В.* К расчету гидравлических сетей // Доклады РАН. — 1998. — Т. 358, № 6. — С. 765–767.

19. *Данфорд Н., Шварц Дж. Т.* Линейные операторы. — М.: ИЛ, 1962. — 895 с.

20. *Дерр В. Я.* К обобщенной задаче Валле–Пуссена // Дифференц. уравнения. — 1987. — Т. 23, № 11. — С. 1861–1872.

21. *Жиков В. В.* Связность и усреднение. Примеры фрактальной проводимости // Матем. сборник. — 1996. — Т. 187, № 8. — С. 3–40.

22. *Жиков В. В.* Об одном расширении и применении метода двухмасштабной сходимости // Матем. сборник. — 2000. — Т. 191, № 7. — С. 31–72.

23. *Завгородний М. Г., Покорный Ю. В.* О спектре краевых задач второго порядка на пространственных сетях // Успехи мат. наук. — 1989. — Т. 44, № 4. — С. 220–221.

24. *Завгородний М. Г.* Об эволюционных задачах на графах // Успехи мат. наук. — 1991. — Т. 46, № 6. — С. 199–200.

25. *Завгородний М. Г.* Спектральная полнота корневых функций краевой задачи на графе // Доклады РАН. — 1994. — Т. 335, № 3. — С. 281–283.

26. *Ильин В. А.* Волновое уравнение с граничным управлением на двух концах за произвольный промежуток времени // Дифференциальные уравнения. — 1999. — Т. 35, № 11. — С. 1517–1534.

27. *Ильин В. А.* Волновое уравнение с граничным управлением на одном конце при закрепленном втором конце // Дифференциальные уравнения. — 1999. — Т. 35, № 12. — С. 1640–1659.

28. *Ильин В. А.* Граничное управление процессом колебаний на двух концах в терминах обобщенного решения волнового уравнения с конечной энергией // Дифференциальные уравнения. — 2000. — Т. 36, № 11. — С. 1513–1528.

29. *Ильин В. А.* Граничное управление процессом колебаний струны на двух концах при условии существования конечной энергии // Доклады РАН. — 2001. — Т. 376, № 3. — С. 295–299.

30. *Ильин В. А., Тихомиров В. В.* Волновое уравнение с граничным управлением на двух концах и задача о полном успокоении колебательного процесса // Дифференциальные уравнения. — 1999. — Т. 35, № 5. — С. 692–704.

31. *Калафати П. Д.* О функциях Грина обыкновенных дифференциальных уравнений // Докл. АН СССР. — 1940. — Т. 26, № 6. — С. 535–539.

32. *Каменский М. И., Пенкин О. М., Покорный Ю. В.* О полугруппе в задаче диффузии на пространственной сети // Доклады РАН. — 1999. — Т. 368, № 2. — С. 157–159.

33. *Камке Э.* Справочник по обыкновенным дифференциальным уравнениям. — М.: Физматлит, 1961.

34. *Карелина И. Г., Покорный Ю. В.* О функции Грина краевой задачи на графе // Дифференц. уравнения. — 1994. — Т. 30, № 1. — С. 41–47.

35. *Коддингтон Э. А., Левинсон Н.* Теория обыкновенных дифференциальных уравнений. — М.: ИЛ, 1958.

36. *Комаров А. В., Пенкин О. М., Покорный Ю. В.* О спектре равномерной сетки из струн // Известия вузов. — 2000. — Т. 463, № 4. — С. 23–27.

37. *Кудрявцев Л. Д.* Краткий курс математического анализа. — М.: Наука, 1989. — 736 с.

38. *Курант Р., Гильберт Д.* Методы математической физики. Т. 1. — М.: Гостехиздат, 1933.

39. *Лазарев К. П.* О спектре некоторых негладких многоточечных задач: Дисс. ... канд. физ.-мат. наук. — Воронеж, 1988. — 105 с.

40. *Левин А. Ю.* Неосцилляция решений уравнения $x^{(n)} + p_1(t)x^{(n-1)} + \ldots \ldots + p_n(t)x = 0$ // Успехи мат. наук. — 1969. — Т. 24, № 2. — С. 43–96.

41. *Левин А. Ю., Степанов Г. Д.* Одномерные краевые задачи с операторами, не понижающими числа перемен знака // Сиб. мат. журнал. — 1976. — Т. 17, № 3. — С. 606–625; Т. 17, № 4. — С. 813–830.

42. *Мерков А. Б.* Эллиптические уравнения второго порядка на графах // Матем. сборник. — 1985. — Т. 127, № 4. — С. 502–518.

43. *Михайлов В. П.* Дифференциальные уравнения с частными производными. — М.: Наука, 1976. — 392 с.

44. *Наймарк М. А.* Линейные дифференциальные операторы. — М.: Наука, 1969.

45. *Новиков С. П.* Дискретный оператор Шредингера // Труды Математического ин-та им. В.А. Стеклова. — 1999. — Т. 224. — С. 275–290.

46. *Новиков С. П.* Уравнение Шредингера и симплектическая геометрия // Студенческие чтения МК НМУ. — С. 210–217.

47. *Олейник О. А.* О свойствах решений некоторых краевых задач для уравнений эллиптического типа // Матем. сборник (новая серия). — 1952. — Т. 30, № 3. — С. 695–702.

48. *Оре О.* Теория графов. — М.: Наука, 1968. — 352 с.

49. *Павлов Б. С., Фаддеев М. Д.* Модель свободных электронов и задача рассеяния // ТМФ. — 1983. — Т. 55, № 2. — С. 257–269.

50. *Пенкин О. М.* Некоторые вопросы качественной теории краевых задач на графах: Дисс. ... канд. физ.-мат. наук. 01.01.02. — Воронеж, 1988.

51. *Пенкин О. М.* О принципе максимума для эллиптического уравнения на двумерном клеточном комплексе // Доклады РАН. — 1997. — Т. 352, № 4. — С. 462–465.

52. *Пенкин О. М.* О слабом принципе максимума для эллиптического уравнения на двумерном клеточном комплексе // Дифференц. уравнения. — 1997. — Т. 33, № 10. — С. 1404–1409.

53. *Пенкин О. М.* О принципе максимума для эллиптического уравнения на стратифицированных множествах // Дифференц. уравнения. — 1998. — Т. 34, № 10. — С. 1433–1434.

54. *Penkin O. M.* About a geometrical approach to multistructures and some qualitative properties of solutions // Partial Differential Equations on Mul-

tistructures, ed. by F. Ali Mehmeti, J. von Below and S.Nicaise / Lect. Notes Pure Appl. Math. — 2001. — V. 219. — P. 183–192.

55. *Пенкин О. М., Богатов Е. М.* О слабой разрешимости задачи Дирихле на стратифицированных множествах // Мат. заметки. — 2000. — № 6. — С. 874–886.

56. *Пенкин О. М., Покорный Ю. В., Провоторова Е. Н.* Об одной векторной краевой задаче // Краевые задачи. Пермь, 1983. — С. 64–70.

57. *Пенкин О. М., Покорный Ю. В.* О краевой задаче на графе // Дифференц. уравнения. — 1988. — Т. 24, № 4. — С. 701–703.

58. *Пенкин О. М., Покорный Ю. В.* О некоторых качественных свойствах уравнений на одномерном клеточном комплексе // Известия вузов. Математика. — 1996. — № 11. — С. 57–64.

59. *Пенкин О. М., Покорный Ю. В.* О некоторых качественных свойствах уравнений на одномерном клеточном комплексе // Матем. заметки. — 1996. — Т. 59, № 5. — С. 777–780.

60. *Пенкин О. М., Покорный Ю. В.* О дифференциальных неравенствах для эллиптических операторов на сложных многообразиях // Доклады РАН. — 1998. — Т. 360, № 4. — С. 456–458.

61. *Пенкин О. М., Покорный Ю. В.* О несовместных неравенствах для эллиптических операторов на стратифицированных множествах // Дифференц. уравнения. — 1998. — Т. 34, № 8. — С. 1107–1113.

62. *Петровский И. Г.* Лекции об уравнениях с частными производными. — М.: ГТТИ, 1950. — 304 с.

63. *Покорный Ю. В.* О спектре интерполяционной краевой задачи // Успехи мат. наук. — 1977. — Т. 32, вып. 6. — С. 198–199.

64. *Покорный Ю. В.* О неклассической задаче Валле–Пуссена // Дифференц. уравнения. — 1978. — Т. 14, № 6. — С. 1018–1027.

65. *Покорный Ю. В.* О знакорегулярных функциях Грина некоторых неклассических задач // Успехи мат. наук. — 1981. — Т. 36, вып. 4. — С. 205–206.

66. *Покорный Ю. В.* О спектре некоторых задач на графах // Успехи мат. наук. — 1987. — Т. 42, № 4. — С. 128–129.

67. *Покорный Ю. В.* О неосцилляции на графах // Докл. расшир. засед. семинара Ин-та прикл. математики им. И.Н.Векуа. — 1988. — Т. 3, № 3. С. 139–142.

68. *Покорный Ю. В.* О краевых задачах на графах // Численные методы и оптимизация. АН ЭССР. Таллин, 1988. — С. 158–161.

69. *Покорный Ю. В.* О неосцилляции на графах // III Уральская региональная конф. «ОДУ и их приложения», тез. докл., Пермь, 1988. — С. 135.

70. *Покорный Ю. В.* Некоторые качественные вопросы теории краевых задач на графах // Теория и численные методы решения краевых задач для дифференциальных уравнений. Тез. докл. республиканской научной конф. Рига, 1988. — С. 98.

71. *Покорный Ю. В.* О квазидифференциальных уравнениях, порожденных непрерывной системой Чебышева // Доклады РАН. — 1995. — Т. 345, № 2. — С. 171–174.

72. *Покорный Ю. В.* Интеграл Стилтьеса и производные по мере в обыкновенных дифференциальных уравнениях // Доклады РАН. — 1999. — Т. 364, № 2. — С. 167–169.

73. *Покорный Ю. В.* О неосцилляции обыкновенных дифференциальных уравнений и неравенств на пространственных сетях // Дифференц. уравнения. — 2001. — Т. 37, № 5. — С. 661–672.

74. *Покорный Ю. В., Боровских А. В.* О теореме Келлога для разрывных функций Грина // Матем. заметки. — 1993. — Т. 53, вып. 1. — С. 151–153.

75. *Покорный Ю. В., Карелина И. Г.* Нелинейные теоремы сравнения на графах // Матем. заметки. — 1991. — Т. 50, № 2. — С. 149–151.

76. *Покорный Ю. В., Карелина И. Г.* О функции Грина задачи Дирихле на графе // ДАН СССР. — 1991. — Т. 318, № 3. — С. 942–944.

77. *Покорный Ю. В., Карелина И. Г.* Нелинейные теоремы сравнения на графах // Украинский мат. журнал. — 1991. — Т. 43, № 4. — С. 525–529.

78. *Покорный Ю. В., Лазарев К. П.* Некоторые осцилляционные теоремы для многоточечных задач // Дифференц. уравнения. — 1987. — Т. 23, № 4. — С. 658–670.

79. *Покорный Ю. В., Мустафокулов Р.* О позитивной обратимости некоторых краевых задач для уравнения четвертого порядка // Дифференц. уравнения. — 1997. — Т. 33, № 10. — С. 1358–1365.

80. *Покорный Ю. В., Мустафокулов Р.* О положительности функции Грина линейных краевых задач для уравнений четвертого порядка на графе // Известия вузов. Математика. — 1999. — Т. 441, № 2. — С. 75–82.

81. *Покорный Ю. В., Пенкин О. М.* Теоремы Штурма для уравнений на графах // ДАН СССР. — 1989. — Т. 309, № 6. — С. 1306–1308.

82. *Покорный Ю. В., Пенкин О. М.* О теоремах сравнения для уравнений на графах // Дифференц. уравнения. — 1989. — Т. 25, № 7. — С. 1141–1150.

83. *Покорный Ю. В., Пенкин О. М., Провоторова Е. Н.* О спектре некоторых векторных краевых задач // VI Всесоюзная конференция «Качественная теория дифф. уравнений». Тез. докл. Иркутск, 1986. — С. 151–152.

84. *Покорный Ю. В., Пенкин О. М., Прядиев В. Л.* О нелинейной краевой задаче на графе // Дифференц. уравнения. — 1998. — Т. 34, № 5. — С. 629–637.

85. *Покорный Ю. В., Пенкин О. М., Прядиев В. Л.* Об уравнениях на пространственных сетях // Успехи матем. наук. — 1994. — Т. 49, вып. 4. — С. 140.

86. *Покорный Ю. В., Провоторова Е. Н., Пенкин О. М.* О спектре некоторых краевых задач // Вопросы качественной теории дифференциальных уравнений: Сб. науч. тр. — Новосибирск, 1988. — С. 109–113.

87. *Покорный Ю. В., Провоторова Е. Н., Черкашенко И. Л.* О спектре одной «разорванной» краевой задачи // Нелинейные колебания и теория управления, Устинов, 1985, вып. 5. — С. 49–57.

88. *Покорный Ю. В., Прядиев В. Л.* О распределении нулей собственных функций задачи Штурма–Лиувилля на пространственной сети // Докл. РАН. — 1999. — Т. 364, № 3. — С. 316–318.

89. *Покорный Ю.В., Прядиев В.Л., Аль-Обейд А.* Об осцилляционных свойствах спектра краевой задачи на графе // Матем. заметки. — 1996. — Т. 60, вып. 3. — С. 468–469.

90. *Pokornyi Yu.V., Pryadiev V.L., Borovskikh A.V., Pokrovsky A.N.* The problem of intracellular and extracellular potentials of dendritic trees // Proceedings of The 1-st International Symposium «Electrical Activity of The Brain: Mathematical Models & Analytical Methods». — Pushchino, 1997. P.

91. *Покорный Ю.В., Шуринов В.А.* Осцилляционные свойства растянутой цепочки стержней // Нелинейные колебания и теория управления. Устинов. 1985. № 5. — С. 58–63.

92. *Провоторова Е.Н.* О векторных краевых задачах, порождаемых скалярным дифференциальным оператором // Дифференц. уравнения. — 1987. — Т. 23, № 10. — С. 1711–1715.

93. *Прядиев В.Л.* О структуре спектра одного класса нелинейных краевых задач второго порядка // Дифференц. уравнения. — 1999. — Т. 35, № 11. — С. 1575.

94. *Розенфельд А.С., Яхинсон Б.И.* Переходные процессы и обобщенные функции. — М.: Наука, 1966. — 448 с.

95. *Сакс С.* Теория интеграла. — М.: ИЛ, 1949. — 494 с.

96. *Сансоне Дж.* Обыкновенные дифференциальные уравнения. — М.: ИИЛ, 1953.

97. *Урысон П.С.* Труды по топологии и другим областям математики. Т. 1. — М.-Л.: Гостехиздат, 1951.

98. *Уэрмер Дж.* Теория потенциала. — М.: Мир, 1980. — 136 с.

99. *Фам Ф.* Введение в топологическое исследование особенностей Ландау. — М.: Мир, 1970. — 184 с.

100. *Филиппов А.Ф.* Дифференциальные уравнения с разрывной правой частью. — М.: Наука, 1985. — 224 с.

101. *Харари Ф.* Теория графов. — М., 1973. — 304 с.

102. *Харари Ф., Палмер Э.* Перечисление графов. — М., 1977. — 328 с.

103. *Хартман Ф.* Обыкновенные дифференциальные уравнения. — М.: Мир, 1970.

104. *Хейман У., Кеннеди П.* Субгармонические функции. — М.: Мир, 1980. — 304 с.

105. *Шафаревич А.И.* Дифференциальные уравнения на графах, описывающие локализованные асимптотические решения уравнений Навье–Стокса и вытянутые вихри в несжимаемой жидкости // Препринт № 604. Ин-та проблем механики РАН. 1997. — С. 1–41.

106. *Яно К., Бохнер С.* Кривизна и числа Бетти. — М.: ИЛ, 1957. — 152 с.

107. *Ali-Mehmeti F.* A characterization of a generalized C^∞-notion on nets // Integral Equations and Operator Theory. — 1986. — V. 9, № 6. — P. 753–766.

108. *Ali-Mehmeti F.* Regular solutions of transmission and interaction problems for wave equation // Math. Methods Appl. Sci. — 1989. — V. 11. — P. 665–685.

109. *Ali-Mehmeti F.* Nonlinear waves in networks // Mathematical Research. — 1994. — V. 80.

110. *Ali-Mehmeti F., Dekoninck B.* Transient vibrations of planar networks of beams: interaction of flexion, transversal and longitudal waves // Lect. Notes Pure Appl. Math. V. 219. — Berlin: Springer, 2001. — P. 1–18.

111. *Ali-Mehmeti F., Nicaise S.* Some realizations of interaction problems // Lecture Notes in Pure and Appl. Math. V. 135. — Berlin: Springer, 1991. — P. 15–27.

112. *Ali-Mehmeti F., Nicaise S.* Nonlinear interaction problems // Nonlinear Anal. — 1993. — V. 20, № 1. — P. 27–61.

113. Ali *Mehmeti F., Regnier V.* Splitting of the energy of dispersive waves in a star-shaped network // Preprint LMACS 99.7, University of Valenciennes. — 18 p.

114. *von Below J.* A characteristic equation associated to an eigenvalue problem on c^{∞}-network // Linear Algebra and appl. — 1985. — V. 71. — P. 309–325.

115. *von Below J.* Classical solvability of linear parabolic equations on networks // J. Differential Equation. — 1988. — V. 72. — P. 316–337.

116. *von Below J.* Sturm-Liouville eigenvalue problems on networks // Math. Meth. Appl. Sc. — 1988. — V. 10. — P. 383–395.

117. *von Below J.* Parabolic Network equations // Habilitation Thesis, Eberhard-Karls-Universität Tübingen, 1993.

118. *von Below J., Nicaise S.* Dynamical interface transition in ramified media with diffusion // Comm. in Partial Differential Equations. — 1996. — V. 21. — P. 255–279.

119. *Dekoninck B., Nicaise S.* Spectre des réseaux de poutres // C.R. Acad. Sci. Paris. Série 1. — 1998. — T. 326. — P. 1249–1254.

120. *Dekoninck B., Nicaise S.* The eigenvalue problem for networks of beams // Generalized Functions, Operator Theory and Dymnamical Systems, Chapman and Hall Research in Math. — 1999. — P. 335–344.

121. *Dekoninck B., Nicaise S.* Control of network of Euler-Bernoulli beams // ESAIM-COCV. — 1999. — V. 4. — P. 57–82.

122. *Dekoninck B., Nicaise S. The eigenvalue problemma for networks of beams*, Linear Algebra and its Applications. — 2000. — V. 314. — P. 165–189.

123. *Friedman A.* Partial Differential Equations. — Holt: Rinehart and Winston, 1969. — 262 p.

124. *Gaveau B., Okada M., Okada T.* Explicit heat kernels on graphs and spectral analysis: Several complex variables. Princeton Univ. Press. Math. Notes. — 1993. — V. 38. — P. 360–384.

125. *Hartman P.* On disconjugacy criteria // Proc. Amer. Math.Soc. — 1970. — V. 24, № 2. — P. 374–381.

126. *John F.* Partial Differential Equations. — Springer Verlag, 1986. — 250 p.

127. *Kellogg O. D.* The Oscillation of Functions of an Orthogonal Set // Amer. J. Math. — 1916. — № 38. — P. 1–5.

128. *Kellogg O. D.* Orthogonal Function Sets Arising from Integral Equations // Amer. J. Math. — 1918. — № 40. — P. 145–154.

129. *Kellogg O. D.* Interpolation Properties of Orthogonal Sets of Solutions of Differential Equations // Amer. J. Math. — 1918. — № 40. — P. 220–234.
130. *Lagnese J. E.* Modelling and controlability of Plate-Beam systems // J. Math. Systems, Estimation and Control. — 1995. — V. 5. — P. 141–187.
131. *Lagnese J. E., Leugering G., Schmidt E. J. P. G.* Modelling of dynamic networks of thin thermoelastic beams // Math. Meth. Appl. Sci. — 1993. — V. 16. — P. 327–358.
132. *Lagnese J. E., Leugering G., Schmidt E. J. P. G.* Control of planar networks of Timoshenko beams // SIAM J. Control Optim. — 1993. — V. 31. — P. 780–811.
133. *Lagnese J. E., Leugering G., Schmidt E. J. P. G.* Modelling analysis and control of dynamic elastic multi-link structures. — Boston: Birkhäuser, 1994.
134. *Lumer G.* Espaces ramifies, et diffusions sur les reseaux topologiques // C.R.Acad.Sci. Paris. Ser. A-B. — T. 291. — № 12. — P. 627–630.
135. *Lumer G.* Connecting of local operators and evolution equations on network // Lect. Notes Math. V. 787. — Berlin: Springer, 1980. — P. 219–234.
136. *Nicaise S.* Some results on spectral theory over networks, applied to nerve impuls transmission // Lect. Notes Math. № 1771. — Berlin: Springer-Verlag, 1985. — P. 532–541.
137. *Nicaise S.* Estimées du spectre du laplasien sur un réseau topologique fini // C.R. Acad. Sc. Paris. Série 1. — 1986. — T. 303, № 8. — P. 343–346.
138. *Nicaise S.* Diffusion sur les espaces ramifiés // Thesis. Université de Mons, 1986. fini // C.R. Acad. Sc. Paris. Série 1. — 1986. — T. 303, № 8. — P. 343–346.
139. *Nicaise S.* Spectre des reseaux topologiques finis // Bull.Sci.Math. (2). — 1987. — V. 111, № 4. — P. 401–413.
140. *Nicaise S.* Approche spectrale des problemes de diffusion sur les reseaux // Lecture Notes in Math. V. 1235. — Berlin: Springer, 1987. — P. 120–140.
141. *Nicaise S.* Elliptic operators on elementary ramified spaces // Integral-Equations-Operator-Theory. — 1988. — V. 11, № 2. — P. 230–257.
142. *Nicaise S.* Le laplacien sur les reseaux deux-dimensionnels polygonaux topologiques // J.-Math.-Pures-Appl. — 1988. — V. 9, № 2. — P. 93–113.
143. *Nicaise S.* Polygonal interface problems // Methoden und Verfahren der mathematischen Physic. V. 39. Peter Lang Verlag, Frankfurt a.M. 1993. — 250 p.
144. *Nicaise S.* Controlabilite exacte frontiere des problemes de transmission avec singularites // C.R.Acad.Sci.Paris Ser. I Math. — 1995. — V. 320, № 6. — P. 663–668.
145. *Nicaise S.* Controlabilite exacte frontiere de problemes de transmission par adjonction de controles internes // C.R.Acad.Sci.Paris Ser. I Math. — 1995. — T. 321, № 8. — P. 969–974.
146. *Nicaise S., Penkin O.* Relationship between the lower frequency spectrum of plates and network of beams // Math. Meth. Appl. Sci. — 2000. — V. 23. — P. 1389–1399.
147. *Pazy A.* Semigroups of Linear Operators and Applications to Partial Differential Equations. — Berlin: Springer-Verlag, 1983. — 280 p.

148. *Polya G.* On the mean-value theorem corresponding to a given homogeneous differential equation // Trans. Amer. Math. Soc. — 1922. — V. 24. — P. 312–324.

149. *Roth J.-P.* Spectre du laplacien sur un graph // C.R.Acad.Sc. Paris. — 1983. — V. 296. — P. 783–795.

150. *Roth J.-P.* Le spectre du laplasien sur un graphe // Lect. Notes Math. V. 1096. — Berlin: Springer, 1984. — P. 521–539.

151. *Schmidt E. J. P. G.* On the modelling and exact controlability of networks of vibrating strings // SIAM J. Control Optim. — 1992. — V. 30. — P. 229–245.

152. *Sturm C.* Mèmore sur les èquations differentielles linèaires du second ordre // J. Math. Pures Appl. — 1836. — V. 1. — P. 106–186.

153. *Sturm C.* Sur une class d'equations a differences partielle // J.Math.Pures Appl. — 1836. — V. 1. — P. 373–444.

154. *Tautz J., Lindauer M., Sandeman D. C.* Transmission of vibration accross honeycombs and its detection by bee leg receptors // J. Experimental Biology. — 1999. — V. 199. — P. 2585–2594.

155. *von Below J.* Can one hear the shape of a network? // Lect. Notes Pure Appl. Math. V. 219. — Berlin: Springer, 2001. — P. 19–36.

156. Partial differential equations on multistructures ed. by F. ALi-Mehmeti, J. von Below, S.Nicaise // Lect. Notes Pure Appl. Math. — 2001. — V. 219.

157. *Куляба В. В., Пенкин О. М.* Неравенство Пуанкаре на стратифицированных множествах // Докл. РАН. — 2002. — Т. 386, № 4. — С. 453–456.

◎编辑手记

本书是一部版权引进自俄罗斯的俄文原版数学专著,中文书名可译为《几何图上的微分方程》.

本书有多位作者,他们分别是:尤里·维塔利耶维奇·波科尔内,俄罗斯人,教授,物理和数学科学博士,沃罗涅日国立大学数学研究所所长;奥列格·米哈伊洛维奇·彭金,俄罗斯人,博士,沃罗涅日国立大学副教授;弗拉基米尔·列奥尼多维奇·普利亚季耶夫,俄罗斯人,副博士,沃罗涅日国立大学副教授;阿列克谢·弗拉迪斯拉沃维奇·波罗夫斯基,博士,沃罗涅日国立大学副教授;康斯坦丁·彼得罗维奇·拉扎列夫,副博士,沃罗涅日国立大学副教授;谢尔盖·亚历山德罗维奇·沙布罗夫,博士,沃罗涅日国立大学副教授.

本书研究了网格类型流形上微分方程的定性性质,所介绍的是一种新的理论,这一方向的首批成果在40年前才出现,并且此前并没有较系统的介绍.本书中给出了问题的基本说明,建立了非振荡理论的类似物,并研究了格林函数、微分不等式和振荡频谱特性.本书中提出了分层(分支)流形上的椭圆方程的理论.本书适用于研究类网状系统的数学家、力学家、物理学家,以及物理和数学专业的本科生和研究生.

本书的版权编辑佟雨繁女士为方便读者阅读特翻译了本书中的目录如下:

正如本书作者在前言中所介绍的那样:

网格上的微分方程是微分方程理论的一个相对较新的分支(已存在约40年).本书是尤里·维塔利耶维奇·波科尔内及其团队在该方向研究工作的总结.该研究的重点在于由弹性元素组成的各种系统的振动相关模型.

本书第1章和第6章由波科尔内和波罗夫斯基撰写;第2章由波科尔内撰写;第3~5章由波科尔内和普利亚季耶夫撰写;第7章由波科尔内和沙布罗夫撰写;第8章由波罗夫斯基和拉扎列夫撰写;第9章由彭金撰写.

本书中所介绍的成果得到了国际基金会和俄罗斯政府№JE7100(1995年)的支持,俄罗斯联邦财产基金会№96-01-00355(1996~1998年)、№01-01-00417和№01-01-00418(2001~2003年)的资助,俄罗斯联邦国家高等教育委员会基础自然科学领域№95-0-1.8-97(1996~1997年)和№97-0-1.8-100(1998~2000年)与数学领域№11(1998~

2000 年)的资助,俄罗斯联邦教育部№E00-1.0-154(2001 ~ 2002 年)的资助.

本书在俄罗斯基础研究基金№03-01-14027(2003 年)的支持下出版.

本书作者衷心感谢 B. A. 伊林、B. A. 康德拉季耶夫、B. B. 阿兹贝列夫、A. Г. 科斯丘琴科、A. M. 谢德列茨基、A. A. 施卡利基参与多次讨论获得的成果. 向支持他们在这一方向迈出第一步的 O. A. 奥列伊尼克和在几年前首次提议开始进行本书撰写工作的 C. Б. 斯捷奇金致敬.

本书内容与经典的数理方程内容息息相关,比如第六章的格林函数.

拉普拉斯方程或泊松方程与第一类边界条件构成的定解问题叫作第一边值问题或迪利克雷问题;方程与第二类边界条件构成的定解问题叫作第二边值问题或纽曼问题.

设 $u(r)$ 和 $v(r)$ 在区域 T 直到其边界 Σ 上具有连续一阶导数,而在 T 中具有连续二阶导数,应用矢量分析的高斯 - 奥斯特洛德拉格斯基定理于曲面积分

$$\iint_{\Sigma} u \nabla v \mathrm{d}S$$

把它化为体积积分

$$\begin{aligned}\iint_{\Sigma} u \nabla v \mathrm{d}S &= \iiint_{T} \nabla \cdot (u \nabla v) \mathrm{d}V \\ &= \iiint_{T} u \Delta v \mathrm{d}V + \iiint_{T} \nabla u \cdot \nabla v \mathrm{d}V \qquad ①\end{aligned}$$

或写成 $\iiint_{T} u \nabla^2 v \mathrm{d}V$,其中 $\nabla^2 u = \nabla \cdot (\nabla u)$.

这叫作第一格林公式.

同理,又有

$$\iint_{\Sigma} v \nabla u \mathrm{d}S = \iiint_{T} v \Delta u \mathrm{d}V + \iiint_{T} \nabla u \cdot \nabla v \mathrm{d}V \qquad ②$$

① 与 ② 两式相减,得

$$\iint_{\Sigma}(u\nabla v - v\nabla u)\mathrm{d}S = \iiint_{T}(u\Delta v - v\Delta u)\mathrm{d}V$$

亦即

$$\iint_{\Sigma}\left(u\frac{\partial v}{\partial \boldsymbol{n}} - v\frac{\partial u}{\partial \boldsymbol{n}}\right)\mathrm{d}S = \iiint_{T}(u\Delta v - v\Delta u)\mathrm{d}V(\boldsymbol{n}\text{ 为外法向量}) \quad ③$$

这叫作第二格林公式.

今取 $v(\boldsymbol{r})$ 为泊松方程的格林函数 $G(\boldsymbol{r};\boldsymbol{r}_0)$. 对于三维空间,最简单的办法是选取球对称的格林函数

$$G(\boldsymbol{r};\boldsymbol{r}_0) = -\frac{1}{4\pi}\cdot\frac{1}{R}$$

$$R = |\boldsymbol{r} - \boldsymbol{r}_0| = \sqrt{(x-x_0)^2 + (y-y_0)^2 + (z-z_0)^2} \quad ④$$

$\boldsymbol{r}_0$ 是区域 T 中某个特定的点,它作为参数而进入格林函数的表达式 ④.

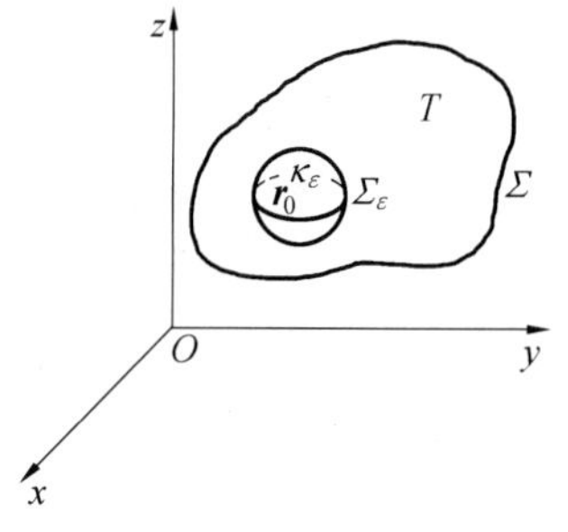

图 1

但是,格林函数 ④ 并不能直接作为 $v(\boldsymbol{r})$ 代入第二格林公式 ③,这是因为格林函数 ④ 在区域里的点 $\boldsymbol{r}_0$ 成为无限大,$G|_{r=r_0} = \infty$,从而高斯 - 奥斯特洛格拉德斯基定理不适用. 为此,以点 $\boldsymbol{r}_0$ 为球心作出半径为 ε 的球面 Σ_ε,把 Σ_ε 所围的体积 K_ε 从 T 挖去(图 1). 对于剩下的体积 $T - K_\varepsilon$,格林公式 ③ 又能成立,即

$$\iint_{\Sigma+\Sigma_\varepsilon}\left(u\frac{\partial}{\partial \boldsymbol{n}}\cdot\frac{1}{R} - \frac{1}{R}\cdot\frac{\partial u}{\partial \boldsymbol{n}}\right)\mathrm{d}S = \iiint_{T-K_\varepsilon}\left(u\Delta\frac{1}{R} - \frac{1}{R}\Delta u\right)\mathrm{d}V$$

泊松方程的格林函数 $\frac{1}{R}$ 只是在点 $\boldsymbol{r}_0$ 有"点电荷",因而在除去点 $\boldsymbol{r}_0$ 的体积 $T - K_\varepsilon$ 中满足拉普拉斯方程. 这样,上式简化为

$$\iint_{\Sigma+\Sigma_\varepsilon}\left(u\frac{\partial}{\partial \boldsymbol{n}}\cdot\frac{1}{R} - \frac{1}{R}\cdot\frac{\partial u}{\partial \boldsymbol{n}}\right)\mathrm{d}S = -\iiint_{T-K_\varepsilon}\frac{1}{R}\Delta u\mathrm{d}V \quad ⑤$$

注意,所有微分和积分运算都是对点 $\boldsymbol{r}$ 的坐标(x,y,z) 进行的,点 $\boldsymbol{r}_0$ 的坐标(x_0,y_0,z_0) 只是作为参数出现于 ⑤.

令 $\varepsilon\to 0$,考察 ⑤

$$\text{右边} \to -\iiint_{T}\frac{1}{R}\Delta u\mathrm{d}V$$

$$\text{左边的}\iint_{\Sigma_\varepsilon} u \frac{\partial}{\partial \boldsymbol{n}} \cdot \frac{1}{R}\mathrm{d}S = -\iint_{\Sigma_\varepsilon} u \frac{\partial}{\partial \boldsymbol{r}} \cdot \frac{1}{R}\mathrm{d}S = -\iint_{\Sigma_\varepsilon} u \frac{1}{R^2}\mathrm{d}S$$
$$= -\iint_{\Sigma_\varepsilon} u \frac{1}{\varepsilon^2}\mathrm{d}S$$
$$= -\iint_{\Sigma_\varepsilon} u \mathrm{d}\Omega \to u(\boldsymbol{r}_0)\iint_{\Sigma_\varepsilon}\mathrm{d}\Omega = 4\pi u(\boldsymbol{r}_0)$$

式中,Ω 是立体角.

$$\text{左边的}\iint_{\Sigma_\varepsilon} \frac{1}{R} \cdot \frac{\partial u}{\partial \boldsymbol{n}}\mathrm{d}S = \varepsilon\iint_{\Sigma_\varepsilon} \frac{\partial u}{\partial \boldsymbol{n}} \cdot \frac{1}{\varepsilon^2}\mathrm{d}S = \varepsilon\iint_{\Sigma_\varepsilon} \frac{\partial u}{\partial \boldsymbol{n}}\mathrm{d}\Omega$$
$$\to \varepsilon \left.\frac{\partial u}{\partial \boldsymbol{n}}\right|_{r=r_0}\iint_{\Sigma_\varepsilon}\mathrm{d}\Omega = 4\pi\varepsilon\left.\frac{\partial u}{\partial \boldsymbol{n}}\right|_{r=r_0} \to 0$$

这样,⑤ 成为

$$u(\boldsymbol{r}_0) = \frac{1}{4\pi}\iint_{\Sigma}\left(\frac{1}{R} \cdot \frac{\partial u}{\partial \boldsymbol{n}} - u \frac{\partial}{\partial \boldsymbol{n}} \cdot \frac{1}{R}\right)\mathrm{d}S - \frac{1}{4\pi}\iiint_T \frac{\Delta u}{R}\mathrm{d}V \qquad ⑥$$

对于泊松方程 $\Delta u = f$,⑥ 即

$$u(\boldsymbol{r}_0) = \frac{1}{4\pi}\iint_{\Sigma}\left(\frac{1}{R} \cdot \frac{\partial u}{\partial \boldsymbol{n}} - u \frac{\partial}{\partial \boldsymbol{n}} \cdot \frac{1}{R}\right)\mathrm{d}S - \frac{1}{4\pi}\iiint_T \frac{f}{R}\mathrm{d}V \qquad ⑦$$

这不妨叫作泊松方程的基本积分公式.

对于拉普拉斯方程 $\Delta u = 0$,⑥ 即

$$u(\boldsymbol{r}_0) = \frac{1}{4\pi}\iint_{\Sigma}\left(\frac{1}{R} \cdot \frac{\partial u}{\partial \boldsymbol{n}} - u \frac{\partial}{\partial \boldsymbol{n}} \cdot \frac{1}{R}\right)\mathrm{d}S \qquad ⑧$$

这叫作调和函数论的基本积分公式.

对于二维空间

$$G(\boldsymbol{r};\boldsymbol{r}_0) = -\frac{1}{2\pi}\ln\frac{1}{R}$$

$$R = |\boldsymbol{r} - \boldsymbol{r}_0| = \sqrt{(x - x_0)^2 + (y - y_0)^2} \qquad ⑨$$

同理可导出二维空间中的基本积分公式

$$u(\boldsymbol{r}_0) = \frac{1}{2\pi}\int_{\Sigma}\left(\left(\ln\frac{1}{R}\right)\frac{\partial u}{\partial \boldsymbol{n}} - u\frac{\partial}{\partial \boldsymbol{n}}\left(\ln\frac{1}{R}\right)\right)\mathrm{d}S -$$
$$\frac{1}{2\pi}\iint_T \Delta u \ln\frac{1}{R}\mathrm{d}S \qquad ⑩$$

以上各个积分公式要求 u 和 $\frac{\partial u}{\partial \boldsymbol{n}}$ 在边界 Σ 上的值都是已知的. 可是

在第一边值问题中,已知的只是 u 在边界 Σ 上的值;在第二边值问题中,已知的只是$\frac{\partial u}{\partial \boldsymbol{n}}$在边界 Σ 上的值.这样看来,这些积分公式既不足以解决第一边值问题,也不足以解决第二边值问题.

其实,这里离问题的解决已经很近了.原来,上面选取格林函数 ④ 和 ⑨ 时只着眼于简单,完全没有考虑边界 Σ 的存在.如果改取在边界 Σ 上为零的格林函数 $G(\boldsymbol{r};\boldsymbol{r}_0)$,对于三维空间,就是说

$$\begin{cases}\Delta_3 G=\delta(x-x_0)\delta(y-y_0)\delta(z-z_0)\\ G|_\Sigma=0\end{cases} \tag{11}$$

则代替 ⑥ 的是

$$\begin{aligned}u(\boldsymbol{r}_0)&=\iint_\Sigma\left(u\frac{\partial G}{\partial \boldsymbol{n}}-G\frac{\partial u}{\partial \boldsymbol{n}}\right)\mathrm{d}S+\iiint_T G\Delta u\mathrm{d}V\\ &=\iint_\Sigma u(\boldsymbol{r})\frac{\partial G}{\partial \boldsymbol{n}}(\boldsymbol{r};\boldsymbol{r}_0)\mathrm{d}S+\iiint_T G(\boldsymbol{r};\boldsymbol{r}_0)\Delta u\mathrm{d}V\end{aligned} \tag{12}$$

由于 $G|_\Sigma=0$,在 ⑫ 中不再出现$\frac{\partial u}{\partial \boldsymbol{n}}$,从而 ⑫ 并不需要知道$\frac{\partial u}{\partial \boldsymbol{n}}$在 Σ 上的值,它就是第一边值问题的解的积分公式.⑪ 中的 $G(\boldsymbol{r};\boldsymbol{r}_0)$ 则叫作第一边值问题的格林函数.

对于二维空间,也可以取在边界 Σ 上为零的格林函数 $G(\boldsymbol{r};\boldsymbol{r}_0)$,则

$$\begin{cases}\Delta_2 G=\delta(x-x_0)\delta(y-y_0)\\ G|_\Sigma=0\end{cases} \tag{13}$$

则代替 ⑩ 的是

$$u(\boldsymbol{r}_0)=\int_\Sigma u(\boldsymbol{r})\frac{\partial G}{\partial \boldsymbol{n}}(\boldsymbol{r};\boldsymbol{r}_0)\mathrm{d}S+\iint_T G(\boldsymbol{r};\boldsymbol{r}_0)\Delta u\mathrm{d}V \tag{14}$$

⑬ 叫作第一边值问题的格林函数,⑭ 是第一边值问题的解的积分公式.

积分公式 ⑫ 和 ⑭ 的物理解释有一个困难.公式左边 u 的矢量 $\boldsymbol{r}_0$ 表明观测点在 $\boldsymbol{r}_0$,右边的积分是对 $\boldsymbol{r}$ 进行的,这表明 $\boldsymbol{r}$ 是源点的矢径;可是,格林函数 $G(\boldsymbol{r};\boldsymbol{r}_0)$ 时的 $\boldsymbol{r}_0$ 却是源点的矢径,而 $\boldsymbol{r}$ 却是观测点的矢径.看来,这两者无法协调.这个困难是可以解决的.原来,格林函数具有对称性 $G(\boldsymbol{r};\boldsymbol{r}_0)=G(\boldsymbol{r}_0;\boldsymbol{r})$,完全可以把 $\boldsymbol{r}_0$ 当作观测点而 $\boldsymbol{r}$ 当作源点.这样一来,积分公式的物理解释就不存在困难了.

现在来证明格林函数的对称性. 在 T 中任取两个定点 $\boldsymbol{r}_1$ 和 $\boldsymbol{r}_2$. 以这两点为中心,各作半径为 ε 的球面 Σ_1 和 Σ_2,从 T 挖去 Σ_1 和 Σ_2 所围的球 K_1 和 K_2,在剩下的区域 $T-K_1-K_2$ 上,$G(\boldsymbol{r};\boldsymbol{r}_1)$ 和 $G(\boldsymbol{r};\boldsymbol{r}_2)$ 并无奇点. 以 $u=G(\boldsymbol{r};\boldsymbol{r}_1)$,$v=G(\boldsymbol{r};\boldsymbol{r}_2)$ 代入格林公式 ③,得

$$\iint_{\Sigma+\Sigma_1+\Sigma_2}\left(u\frac{\partial v}{\partial \boldsymbol{n}}-v\frac{\partial u}{\partial \boldsymbol{n}}\right)\mathrm{d}S=\iiint_{T-K_1-K_2}(u\Delta v-v\Delta u)\mathrm{d}V$$

由于 $G(\boldsymbol{r};\boldsymbol{r}_1)$ 和 $G(\boldsymbol{r};\boldsymbol{r}_2)$ 是调和函数,上式右边为零. 又由于格林函数的边界条件,上式左边 $\iint_{\Sigma}=0$. 这样

$$\iint_{\Sigma_1}\left(u\frac{\partial v}{\partial \boldsymbol{n}}-v\frac{\partial u}{\partial \boldsymbol{n}}\right)\mathrm{d}S+\iint_{\Sigma_2}\left(u\frac{\partial v}{\partial \boldsymbol{n}}-v\frac{\partial u}{\partial \boldsymbol{n}}\right)\mathrm{d}S=0$$

令 $\varepsilon\to 0$,上式成为 $0-4\pi v(\boldsymbol{r}_1)+4\pi u(\boldsymbol{r}_2)-0=0$,即 $G(\boldsymbol{r}_1;\boldsymbol{r}_2)=G(\boldsymbol{r}_2;\boldsymbol{r}_1)$.

至于第二边值问题,表面看来,似乎可以仿照第一边值问题,取法像导数在 Σ 上为零的格林函数 $G(\boldsymbol{r};\boldsymbol{r}_0)$. 对于三维空间,就是说

$$\begin{cases}\Delta_3 G=\delta(x-x_0)\delta(y-y_0)\delta(z-z_0)\\ \left.\dfrac{\partial G}{\partial \boldsymbol{n}}\right|_{\Sigma}=0\end{cases} \tag{15}$$

则代替 ⑥ 的是 $u(r_0)=-\iint_{\Sigma}\frac{\partial u}{\partial \boldsymbol{n}}G\mathrm{d}S+\iiint_{T}G\Delta u\mathrm{d}V$,对于二维空间,就是说

$$\begin{cases}\Delta_2 G=\delta(x-x_0)\delta(y-y_0)\\ \left.\dfrac{\partial G}{\partial \boldsymbol{n}}\right|_{\Sigma}=0\end{cases} \tag{16}$$

则代替 ⑩ 的是

$$u(\boldsymbol{r}_0)=-\int_{\Sigma}\frac{\partial u}{\partial \boldsymbol{n}}G\mathrm{d}S+\iint_{T}G\Delta u\mathrm{d}V$$

可是,拉普拉斯方程和泊松方程的 ⑮ 和 ⑯ 这种形式的格林函数并不存在. 这在物理上是容易看出来的. 不妨把这格林函数看作稳定温度分布,泛定方程右边的 δ 函数表明在 Σ 所围区域 T 里有一个点热源,边界条件表明边界是绝热的. 点热源不停地放出热量,而热量又不能经由边界散发出去,T 里的温度必然要不停地升高,温度的分布不可能是稳定的. 这种情况下,代替格林函数 ⑮ 和 ⑯ 的应是推广的格林函

数. 对于三维空间

$$\begin{cases}\Delta_3 G = \delta(x - x_0)\delta(y - y_0)\delta(z - z_0) - \dfrac{1}{V_T} \\ \left.\dfrac{\partial G}{\partial \boldsymbol{n}}\right|_{\Sigma} = 0\end{cases} \tag{17}$$

式中 V_T 是 T 的体积. 对于二维空间

$$\begin{cases}\Delta_2 G = \delta(x - x_0)\delta(y - y_0) - \dfrac{1}{A_T} \\ \left.\dfrac{\partial G}{\partial \boldsymbol{n}}\right|_{\Sigma} = 0\end{cases} \tag{18}$$

式中 A_T 是 T 的面积. 方程右边添加的项是均匀分布的热汇密度,这些热汇的总体恰好吸收了点热源所放出的热量,不多也不少.

求格林函数的问题 ⑪ 和 ⑬ 本身也是边值问题. 但这是特殊的边值问题,一旦解出这特殊的边值问题,运用解的积分公式就得到一般的边值问题的解.

例如我们在球 $r = a$ 内求解拉普拉斯方程的第一边值问题

$$\begin{cases}\Delta_3 u = 0, r < a \\ u|_{r=a} = f(\theta, \varphi)\end{cases}$$

我们可用电像法求得球的第一边值问题的格林函数为

$$G(\boldsymbol{r};\boldsymbol{r}_0) = -\frac{1}{4\pi}\cdot\frac{1}{|\boldsymbol{r} - \boldsymbol{r}_0|} + \frac{a}{r_0}\cdot\frac{1}{4\pi}\cdot\frac{1}{|\boldsymbol{r} - \boldsymbol{r}_1|}$$

把它代入第一边值问题的解的积分公式 ⑫ 就行了.

为了把 $G(\boldsymbol{r};\boldsymbol{r}_0)$ 代入 ⑫,还必须先算出$\left.\dfrac{\partial G}{\partial \boldsymbol{n}}\right|_{\Sigma}$,引用球坐标系,极点就取在球心. 又

$$\frac{1}{|\boldsymbol{r} - \boldsymbol{r}_0|} = \frac{1}{\sqrt{r^2 - 2rr_0\cos\Theta + r_0^2}} \tag{19}$$

其中 Θ 是矢径 $\boldsymbol{r}$ 跟 $\boldsymbol{r}_0$ 之间的夹角,有

$$\cos\Theta = \cos\theta\cos\theta_0 + \sin\theta\sin\theta_0\cos(\varphi - \varphi_0) \tag{20}$$

计算法向导数

$$\frac{\partial}{\partial \boldsymbol{n}}\cdot\frac{1}{|\boldsymbol{r} - \boldsymbol{r}_0|} = \frac{\partial}{\partial r}\cdot\frac{1}{\sqrt{r^2 - 2rr_0\cos\Theta + r_0^2}}$$

$$= -\frac{r - r_0\cos\theta}{(r^2 - 2rr_0\cos\theta + r_0^2)^{3/2}}$$

分子里的 $\cos\theta$ 可利用 ⑲ 消去

$$\left(\frac{\partial}{\partial \boldsymbol{n}} \cdot \frac{1}{|\boldsymbol{r} - \boldsymbol{r}_0|}\right)_\Sigma = \left.\frac{r_0^2 - |\boldsymbol{r} - \boldsymbol{r}_0|^2 - r^2}{2r|\boldsymbol{r} - \boldsymbol{r}_0|^3}\right|_\Sigma$$

$$= \left.\frac{r_0^2 - |\boldsymbol{r} - \boldsymbol{r}_0|^2 - a^2}{2a|\boldsymbol{r} - \boldsymbol{r}_0|^3}\right|_\Sigma$$

同理

$$\left(\frac{a}{r_0} \cdot \frac{\partial}{\partial \boldsymbol{n}} \cdot \frac{1}{|\boldsymbol{r} - \boldsymbol{r}_1|}\right)_\Sigma = \frac{a}{r_0} \cdot \left.\frac{r_1^2 - |\boldsymbol{r} - \boldsymbol{r}_1|^2 - a^2}{2a|\boldsymbol{r} - \boldsymbol{r}_1|^3}\right|_\Sigma$$

$$= \left.\frac{\frac{a^4}{r_0^2} - |\boldsymbol{r} - \boldsymbol{r}_0|^2\frac{a^2}{r_0^2} - a^2}{2r_0|\boldsymbol{r} - \boldsymbol{r}_0|^3\frac{a^3}{r_0^3}}\right|_\Sigma = \left.\frac{a^2 - |\boldsymbol{r} - \boldsymbol{r}_0|^2 - r_0^2}{2a|\boldsymbol{r} - \boldsymbol{r}_0|^3}\right|_\Sigma$$

于是

$$\left.\frac{\partial G}{\partial \boldsymbol{n}}\right|_\Sigma = -\frac{1}{4\pi} \cdot \left.\frac{r_0^2 - |\boldsymbol{r} - \boldsymbol{r}_0|^2 - a^2}{2a|\boldsymbol{r} - \boldsymbol{r}_0|^3}\right|_\Sigma + \frac{1}{4\pi} \cdot \left.\frac{a^2 - |\boldsymbol{r} - \boldsymbol{r}_0|^2 - r_0^2}{2a|\boldsymbol{r} - \boldsymbol{r}_0|^3}\right|_\Sigma.$$

$$= \frac{1}{4\pi} \cdot \left.\frac{a^2 - r_0^2}{a|\boldsymbol{r} - \boldsymbol{r}_0|^3}\right|_\Sigma$$

代入 ⑫，得到球的第一边值问题的解的积分公式

$$u(r_0, \theta_0, \varphi_0)$$

$$= \int_{\theta=0}^{\pi}\int_{\varphi=0}^{2\pi} f(\theta, \varphi) \frac{1}{4\pi} \cdot \left.\frac{a^2 - r_0^2}{a|\boldsymbol{r} - \boldsymbol{r}_0|^3}\right|_\Sigma a^2\sin\theta\,\mathrm{d}\theta\mathrm{d}\varphi$$

$$= \frac{a}{4\pi}\int_{\theta=0}^{\pi}\int_{\varphi=0}^{2\pi} f(\theta, \varphi) \frac{a^2 - r_0^2}{(a^2 - 2ar_0\cos\theta + r_0^2)^{3/2}}\sin\theta\,\mathrm{d}\theta\mathrm{d}\varphi \quad ㉑$$

这叫作球的泊松积分.

再如我们在半空间 $z > 0$ 内求解拉普拉斯方程的第一边值问题

$$\begin{cases} \Delta_3 u = 0, z > 0 \\ u|_{z=0} = f(x, y) \end{cases}$$

我们先求格林函数 $G(\boldsymbol{r}; \boldsymbol{r}_0)$，得

$$\begin{cases}\Delta_3 G = \delta(x - x_0)\delta(y - y_0)\delta(z - z_0) \\ G|_{z=0} = 0\end{cases}$$

这相当于接地导体平面 $z=0$ 上方的电势，在点 $M_0(x_0, y_0, z_0)$ 放置着电量为 $-\varepsilon_0$ 的点电荷. 这电势可用电像法求得.

设想在 M_0 的对称点 $M_1(x_0, y_0, -z_0)$ 放置电量为 $+\varepsilon_0$ 的点电荷，不难验证，在两个点电荷的电场中，平面 $z=0$ 上的电势确实是零(图 2). 在点 M_1 的点电荷就是电像. 格林函数

$$\begin{aligned}G(\boldsymbol{r};\boldsymbol{r}_0) &= -\frac{1}{4\pi}\frac{1}{|\boldsymbol{r}-\boldsymbol{r}_0|} + \frac{1}{4\pi}\frac{1}{|\boldsymbol{r}-\boldsymbol{r}_1|} \\ &= -\frac{1}{4\pi}\frac{1}{\sqrt{(x-x_0)^2+(y-y_0)^2+(z-z_0)^2}} + \\ &\quad \frac{1}{4\pi}\cdot\frac{1}{\sqrt{(x-x_0)^2+(y-y_0)^2+(z+z_0)^2}}\end{aligned} \tag{22}$$

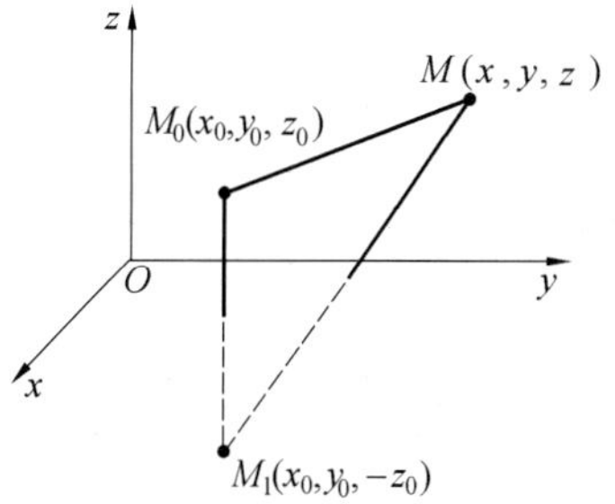

图 2

为了把 $G(\boldsymbol{r};\boldsymbol{r}_0)$ 代入第一边值问题的解的积分公式⑫，需要先计算 $\left.\frac{\partial G}{\partial \boldsymbol{n}}\right|_{z=0}$，即 $-\left.\frac{\partial G}{\partial z}\right|_{z=0}$.

$$\begin{aligned}\left.\frac{\partial G}{\partial \boldsymbol{n}}\right|_{z=0} &= \left(\frac{1}{4\pi}\cdot\frac{\partial}{\partial z}\frac{1}{\sqrt{(x-x_0)^2+(y-y_0)^2+(z-z_0)^2}} - \right. \\ &\quad \left.\frac{1}{4\pi}\cdot\frac{\partial}{\partial z}\frac{1}{\sqrt{(x-x_0)^2+(y-y_0)^2+(z+z_0)^2}}\right)_{z=0} \\ &= \frac{1}{2\pi}\frac{z_0}{((x-x_0)^2+(y-y_0)^2+z_0^2)^{3/2}}\end{aligned}$$

代入⑫即得半空间的第一边值问题的解的积分公式

$$u(x_0,y_0)=\frac{z_0}{2\pi}\int_{-\infty}^{\infty}\int_{-\infty}^{\infty}f(x,y)\cdot$$

$$\frac{1}{((x-x_0)^2+(y-y_0)^2+z_0^2)^{3/2}}\mathrm{d}x\mathrm{d}y \tag{23}$$

这叫作半空间的泊松积分.

我们还可在圆 $\rho=a$ 内求解拉普拉斯方程的第一边值问题

$$\begin{cases}\Delta_2 u=0,\rho<a\\ u|_{\rho=a}=f(\varphi)\end{cases}$$

我们有

$$u(\rho_0,\varphi_0)=\frac{a^2-\rho_0^2}{2\pi}\int_0^{2\pi}\frac{1}{a^2-2a\rho_0\cos(\varphi-\varphi_0)+\rho_0^2}f(\varphi)\mathrm{d}\varphi \tag{24}$$

最后我们在半平面 $y>0$ 内求解拉普拉斯方程的第一边值问题

$$\begin{cases}\Delta_2 u=0,y>0\\ u|_{y=0}=f(x)\end{cases}$$

我们有

$$u(x_0,y_0)=\frac{y_0}{\pi}\int_{-\infty}^{\infty}\frac{1}{(x-x_0)^2+y_0^2}f(x)\mathrm{d}x \tag{25}$$

再举三例:

[问题1]　A. 证明:区域 $\mathscr{D}$ 的格林函数 $G(M,P)$ 是正的. 利用最大模原理. 要注意到 $G=(MP)^{-1}-g$ 在 $\mathscr{D}$ 的边界 S 上取零值,在点 M 的邻域内它是正的.

B. 证明:在曲面 S 上 G 的法向导数 $\mathrm{d}G/\mathrm{d}n$ 是正的.

C. 设 s 是 S 内部的一个闭曲面. 设 G_s 是由 s 所包围的开区域上的格林函数,而 G_S 是由 S 所包围的开区域上的格林函数. 证明:$G_s\leqslant G_S$.

证明　A. 我们已设

$$G(M,P)=\frac{1}{MP}-g(M,P)$$

因为解 g 是正则的,从而它是有界的,所以存在一个以 M 为心,以 α 为半径的球 S',这个球充分小,以至于 $G(M,P)$ 在球 S' 的内部和它的边界上都是正的.

另一方面,$G(M,P)$ 在球面 S 上取零值,并且在由 S' 关于 S 的余集所构成的区域 $\mathscr{D}$ 内是正则的(图3).

如果在某个点 P_0 处,$G(M,P_0)$ 的值是负的,则在 $\mathscr{D}$ 的内部必存在一点 P_1,在 P_1 处 G 取最小值,这是不可能的,因为 G 在 $\mathscr{D}$ 的内部是调和且正则的.

例 如果 S 是以原点为心,以 R 为半径的球,那么我们知道

$$G=\frac{1}{r}-\frac{R}{\rho r'}$$

其中

$$\rho=OM,r=MP,r'=M'P$$

这里 M' 是 M 关于 S 的反演(图 4). 初等几何指出,在 S 的内部 $G>0$.

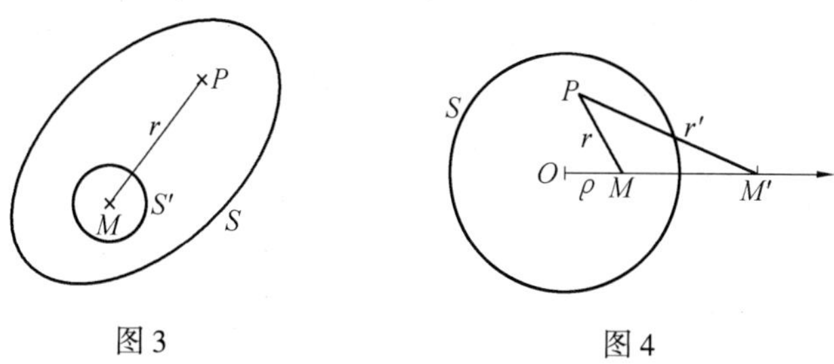

图 3　　　图 4

B. 在曲面 S 上考虑一点 P 和曲面上指向内部的单位法向量(图 5). 用 λ 表示内法线上某点与 P 的距离. G 在法线上所取的值形如 $H(M,\lambda)$,这里 M 是固定的,并且

$$\frac{\mathrm{d}G}{\mathrm{d}n}=\frac{\mathrm{d}}{\mathrm{d}\lambda}H(M,\lambda)$$

$H(M,\lambda)$ 是实变量 λ 的函数,当 $\lambda=0$ 时,它取零值;当 $\lambda>0$ 时,它是正的. 因此在 $\lambda=0$ 处,它的导数是正的.

例 如果 S 是一个球面,则

$$\frac{\mathrm{d}G}{\mathrm{d}n}=\frac{R^2-\rho^2}{Rr^3}$$

C. 函数 G_S-G_s 在 s 的内部是调和且正则的,这是因为

$$G_S-G_s=g_s-g_S$$

如果 P 在 s 上,则根据上面所说的,差 $G_S-G_s=G_S$ 是一个正函数. 因为这个函数在 s 上有极小值,所以它在 s 内和 s 上都是正的. 因此,$G_s<G_S$(图 6).

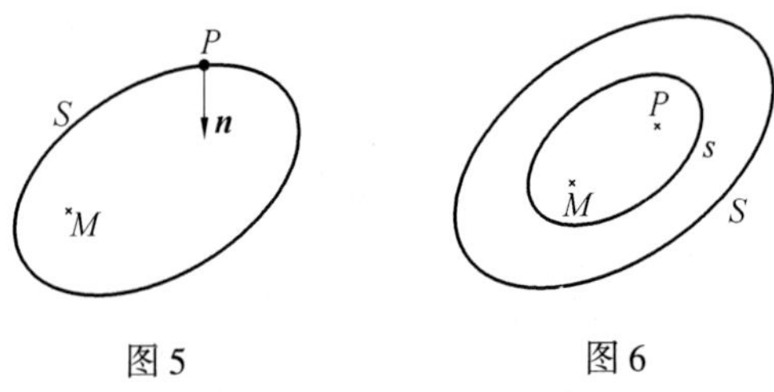

图5　　图6

[问题2]　求一个调和函数$u(x,y,z)$,使得它在以原点为心,以1为半径的球S的内部是正则的,在S上等于z^2.依次用两种方法求解.

A.利用拉普拉斯方程的线性性质,构造一个初等的二次调和多项式.

B.利用公式

$$u(M)=\frac{1}{4\pi}\iint_S u(P)\ \frac{R^2-\rho^2}{Rr^3}\mathrm{d}S$$

选取一个最方便的坐标系.

解答　A.函数z^2是一个二次多项式,我们利用拉普拉斯方程的线性性质来构造函数u.我们已经知道了如何去构造一个二次调和多项式,立刻看出,$2z^2-x^2-y^2=3z^2-(x^2+y^2+z^2)$就是这样的多项式.现在,在球面$S$上,$x^2+y^2+z^2$取常数值$R^2$.因此,这个多项式在球面上取值$3z^2-R^2$.这样一来,多项式

$$z^2-\frac{x^2+y^2+z^2}{3}$$

是调和的,在球面上等于$z^2-R^2/3$.

现在,常数$R^2/3$是调和的.函数

$$z^2-\frac{x^2+y^2+z^2}{3}+\frac{R^2}{3}$$

在S的内部是调和且正则的,在S上取值z^2.因为迪利克雷问题有唯一解,所以这个函数就是所求的解

$$u=\frac{2z^2-x^2-y^2+R^2}{3}$$

B.球面的迪利克雷问题在下述意义下是可解的:存在一个显式解,求这个解归结为计算一个二重积分.

这个公式可写为

$$u(M)=\frac{1}{4\pi}\iint\limits_S u(P)\ \frac{R^2-\rho^2}{Rr^3}\mathrm{d}S$$

其中 ρ 是球心 O 到点 M 的距离, r 是球面上的动点 P 到 M 的距离(图7),现在我们来运用这一公式求解. 我们有

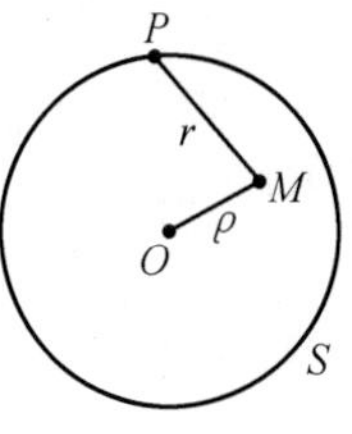

图7

$$4\pi u=\frac{R^2-\rho^2}{R}\iint\limits_S \frac{z^2}{r^3}\mathrm{d}S$$

我们把它化为极坐标. 如果用 x_0,y_0,z_0 表示点 M 的笛卡儿坐标,用 R,θ,φ 表示点 P 的球坐标,则有

$$z=R\cos\theta,\mathrm{d}S=R^2\sin\theta\mathrm{d}\theta\mathrm{d}\varphi$$

$$r^2=R^2+\rho^2-2R(x_0\sin\theta\cos\varphi+y_0\sin\theta\sin\varphi+z_0\cos\theta)$$

由此我们得到 $4\pi u$ 的下述表达式

$$R^3(R^2-\rho^2)\times\iint\limits_S\frac{\cos^2\theta\sin\theta\mathrm{d}\theta\mathrm{d}\varphi}{[R^2+\rho^2-2R(x_0\sin\theta\cos\varphi+y_0\sin\theta\sin\varphi+z_0\cos\theta)]^{3/2}}$$

这个积分看似不能化为初等表达式, 实际上,它可以用初等方法计算,但要做到这一点,尚需作坐标变换.

我们沿 OM 方向取 Z 轴(图8),使得点 M 的坐标是$(0,0,\rho>0)$. 这时, z 就化为新坐标下的线性函数 $\alpha X+\beta Y+\gamma Z$, 这里 $\alpha^2+\beta^2+\gamma^2=1$. 于是

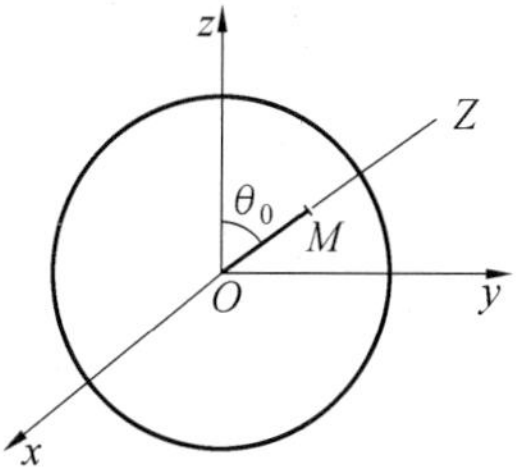

图8

$$4\pi u=\frac{R^2-\rho^2}{R}\iint\frac{(\alpha X+\beta Y+\gamma Z)^2}{r^3}\mathrm{d}S$$

其中

$$X=R\sin\theta\cos\varphi,Y=R\sin\theta\sin\varphi,Z=R\cos\theta$$

$$\mathrm{d}S=R^2\sin\theta\mathrm{d}\theta\mathrm{d}\varphi,r^2=R^2+\rho^2-2R\rho\cos\theta$$

这里 θ,φ 是在新坐标系下的球坐标.

这样一来,我们有

$$(\alpha X+\beta Y+\gamma Z)^2$$
$$=\alpha^2R^2\sin^2\theta\cos^2\varphi+\beta^2R^2\sin^2\theta\sin^2\varphi+\gamma^2R^2\cos^2\theta+$$

$$2\alpha\beta R^2\sin^2\theta\sin\varphi\cos\varphi + 2\alpha\gamma R^2\sin\theta\cos\theta\cos\varphi + 2\beta\gamma R^2\sin\theta\cos\theta\sin\varphi$$

这里 θ 从 0 变到 π, φ 从 0 变到 2π.

因为 r 不依赖于 φ,所以,我们可首先对 φ 积分

$$\iint \frac{(\alpha X + \beta Y + \gamma Z)^2}{r^3}\mathrm{d}S = R^2\int_0^{\pi} \frac{\sin\theta\mathrm{d}\theta}{r^3}\int_0^{2\pi}(\alpha X + \beta Y + \gamma Z)^2\mathrm{d}\varphi$$

现在,关于 φ 的积分是初等的. 由于没有对应于 $\sin\varphi$, $\cos\varphi$, $\sin\varphi\cos\varphi$ 的项,所以还剩下

$$\pi R^2(\alpha^2\sin^2\theta + \beta^2\sin^2\theta + 2\gamma^2\cos^2\theta)$$

这样一来,我们有

$$u = \frac{R^3(R^2-\rho^2)}{4}\int_0^{\pi}\frac{[(\alpha^2+\beta^2)\sin^2\theta + 2\gamma^2\cos^2\theta]\sin\theta\mathrm{d}\theta}{(R^2+\rho^2-2R\rho\cos\theta)^{3/2}}$$

我们把

$$s = R^2 + \rho^2 - 2R\rho\cos\theta$$

取作积分变量. 设

$$(\alpha^2+\beta^2)\sin^2\theta + 2\gamma^2\cos^2\theta = \frac{As^2 + Bs + C}{4R^2\rho^2}$$

这里

$$A = 2\gamma^2 - \alpha^2 - \beta^2$$

$$B = -2(R^2+\rho^2)(2\gamma^2-\alpha^2-\beta^2)$$

$$C = 2\gamma^2(R^2+\rho^2)^2 - (\alpha^2+\beta^2)(R^2-\rho^2)^2$$

于是我们有

$$u = \frac{R^2-\rho^2}{32\rho^3}\int_{(R-\rho)^2}^{(R+\rho)^2}(As^{1/2} + Bs^{-1/2} + Cs^{-3/2})\mathrm{d}s$$

由此我们容易求得

$$u = \frac{1}{8\rho^2}\left[A\left(R^2+\frac{\rho^2}{3}\right) + B\right](R^2-\rho^2) + \frac{C}{8\rho^2}$$

作某些简化后,得

$$u = \frac{(\alpha^2+\beta^2)(R^2-\rho^2) + (R^2+2\rho^2)\gamma^2}{3}$$

这个公式与问题 A 中所求得的公式是一样的. 这里我们有

$$u = \frac{3z^2 + R^2 - (x^2+y^2+z^2)}{3}$$

我们需要用 $\alpha X+\beta Y+\gamma Z$ 代替 z，用 $X^2+Y^2+Z^2$ 代替 $x^2+y^2+z^2$，然后在 $X=Y=0, Z=\rho$ 的情况下，应用所得的公式，于是有

$$u=\frac{3\gamma^2\rho^2+R^2-\rho^2}{3}=\frac{3\gamma^2\rho^2+(R^2-\rho^2)(\alpha^2+\beta^2+\gamma^2)}{3}$$
$$=\frac{(\alpha^2+\beta^2)(R^2-\rho^2)+(R^2+2\rho^2)\gamma^2}{3}$$

这就是我们所要求的.

设 $\mathscr{D}$ 表示由闭曲线 S 所包围的区域，$G(M,P)$ 表示这个区域上的格林函数. 求迪利克雷问题的一个包含以 $\mathrm{d}G/\mathrm{d}n$ 为核的线性积分变换的解. 如果 u_1 是 $\mathscr{D}$ 中的正则调和函数，在 S 上取值 h，则有

$$u_1(M)=\frac{1}{4\pi}\iint_S\frac{\mathrm{d}G}{\mathrm{d}n}h\mathrm{d}S$$

于是提出了下述[问题3]：以 G 为核（宁可取 G，而不取 $\mathrm{d}G/\mathrm{d}n$）的积分变换表示什么？因为 G 定义在 $\mathscr{D}$ 的内部，所以实际上是刻画三重积分

$$\frac{1}{4\pi}\iiint_{\mathscr{D}}Gf\mathrm{d}s$$

的问题，这里 f 是在 $\mathscr{D}$ 中给定的函数. 我们看到，它是非齐次方程

$$\Delta u=f$$

（泊松(Poisson)方程）的一个解.

[问题3] A. 考虑方程

$$\Delta u=f(x,y,z) \tag{26}$$

求定义在区域 $\mathscr{D}$ 内的这个方程的一个正则解，使它在 $\mathscr{D}$ 的边界曲面 S 上取零值. 证明

$$4\pi u(M)=\iiint_{\mathscr{D}}\frac{f}{r}\mathrm{d}x\mathrm{d}y\mathrm{d}z-\iint_S\frac{1}{r}\cdot\frac{\mathrm{d}u}{\mathrm{d}n}\mathrm{d}S$$

这里 r 是参照点 M 与点 P 的距离，点 P 的坐标是 (x,y,z). 由此证明，若 $G(M,P)$ 是区域 $\mathscr{L}$ 的格林(Green)函数，则

$$4\pi u(M)=\iiint_{\mathscr{D}}Gf\mathrm{d}x\mathrm{d}y\mathrm{d}z$$

B. 求㉖的解，使得这个解在曲面 S 上取给定的值 $h(x,y,z)$.

解答 A. 我们记得格林公式为

$$\iiint_{\mathscr{D}}(u\Delta v-v\Delta u)\mathrm{d}x\mathrm{d}y\mathrm{d}z=\iint_{S}\left(u\frac{\mathrm{d}v}{\mathrm{d}n}-v\frac{\mathrm{d}u}{\mathrm{d}n}\right)\mathrm{d}S$$

现在我们来应用这一公式:把 u 取作未知函数,把 v 取作函数 $1/r$,这里 r 表示从固定点 $M(a,b,c)$ 到变点 P 的距离. 格林函数适用于两个函数都是正则的区域. 设 S' 是以 M 为中心,以 ε 为半径的球,$\mathscr{D}'$ 表示 $\mathscr{D}$ 关于 S' 的余集(图9). 因为 $\Delta u=f$,根据假设,在 S 上 $u=0$,所以有

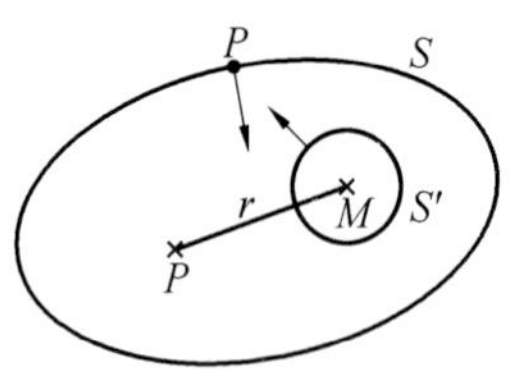

图9

$$-\iiint_{\mathscr{D}'}\frac{f}{r}\mathrm{d}x\mathrm{d}y\mathrm{d}z=-\iint_{S}\frac{1}{r}\cdot\frac{\mathrm{d}u}{\mathrm{d}n}\mathrm{d}S+\iint_{S'}\left(u\frac{\mathrm{d}(1/r)}{\mathrm{d}n}-\frac{1}{r}\cdot\frac{\mathrm{d}u}{\mathrm{d}n}\right)\mathrm{d}S'$$

在这个公式中,法线指向 $\mathscr{D}'$ 的内部,也就是指向 S 的内部,指向 S' 的外部.

在 S' 上,r 是常数(等于 ε),而 $\mathrm{d}r^{-1}/\mathrm{d}n=\mathrm{d}r^{-1}/\mathrm{d}r=-r^{-2}$. 现在

$$\iint_{S'}\frac{1}{r}\cdot\frac{\mathrm{d}u}{\mathrm{d}n}\mathrm{d}S'=\frac{1}{r}\iint_{S'}\frac{\mathrm{d}u}{\mathrm{d}n}\mathrm{d}S'$$

由中值定理,$\iint_{S'}(\mathrm{d}u/\mathrm{d}n)\mathrm{d}S'$ 是

$$\iint_{S'}\mathrm{d}S'=4\pi r^2=4\pi\varepsilon^2$$

与一个有界量的乘积,除以 r 得 $4\pi\varepsilon$,当 ε 趋向于零时,$4\pi\varepsilon$ 趋向于零

$$\iint_{S'}u\frac{\mathrm{d}(1/r)}{\mathrm{d}n}\mathrm{d}S'=-\frac{1}{r^2}\iint_{S'}u\mathrm{d}S'=-4\pi\frac{1}{4\pi r^2}\iint_{S'}u\mathrm{d}S'$$

表达式的右端等于 u 在球面 S 上的平均值乘以 -4π. 当 $\varepsilon\to0$ 时,它趋向于 u 在中心的值,即 $u(M)$. 这样一来,我们有

$$4\pi u(M)=\iiint_{\mathscr{D}}\frac{f}{r}\mathrm{d}x\mathrm{d}y\mathrm{d}z-\iint_{S}\frac{1}{r}\cdot\frac{\mathrm{d}u}{\mathrm{d}n}\mathrm{d}S \tag{27}$$

但是这个公式没有解决所提出的问题,因为 $u(M)$ 在 $\mathscr{D}$ 内的性状依赖于 $\mathrm{d}u/\mathrm{d}n$ 在 S 上的性状,但后者是没有给出的.

因此,我们来引进一个正则调和函数 g,它在 S 上的取值是 $1/r$,并

再一次应用格林公式,像以前一样,把 u 取作未知函数,而这一次把 v 取为 g,得到

$$\iiint_{\mathscr{D}} fg\mathrm{d}x\mathrm{d}y\mathrm{d}z = \iint_{S} \frac{1}{r} \cdot \frac{\mathrm{d}u}{\mathrm{d}n}\mathrm{d}S \quad ㉘$$

从 ㉗ 与 ㉘ 中消去 $\mathrm{d}u/\mathrm{d}n$,可得

$$4\pi u(M) = \iiint_{\mathscr{D}} f\left(\frac{1}{r} - g\right) \mathrm{d}x\mathrm{d}y\mathrm{d}z = \iiint_{\mathscr{D}} Gf\mathrm{d}x\mathrm{d}y\mathrm{d}z$$

这里 $G = r^{-1} - g$ 是区域 $\mathscr{D}$ 的格林函数.

B. 我们求方程 $\Delta u = f$ 的解,使得 u 在曲面 S 上取值 $h(x,y,z)$. 用 u_0 表示问题 A 中所找到的解,这个解在球面上取零值. 我们有

$$\Delta u = f, \Delta u_0 = f$$

因此

$$\Delta(u - u_0) = 0$$

差 $u - u_0$ 是一个调和函数 u_1,它在 S 上取值 h. 我们借助于解一个迪利克雷问题的办法来构造它. 这样一来,我们有

$$u = u_0 + u_1$$

我们知道,若 G 是格林函数,则

$$4\pi u_1(M) = \iint_{S} \frac{\mathrm{d}G}{\mathrm{d}n}h\mathrm{d}S$$

于是有

$$4\pi u = \iiint_{\mathscr{D}} Gf\mathrm{d}x\mathrm{d}y\mathrm{d}z + \iint_{S} \frac{\mathrm{d}G}{\mathrm{d}n}h\mathrm{d}S$$

对应于一线性微分算子 L 和有关的区域 $\mathscr{R}$,以及对沿 $\mathscr{R}$ 的边界上预先给定的适当的条件,通常存在某个连带函数,即格林函数. 它在求解含有算子 L 的偏微分方程所描述的问题中有着重要的作用.

我们认为算子 L 就是二维的拉普拉斯算子 ∇^2,并假设它与迪利克雷型问题相联系,故其解是沿 $\mathscr{R}$ 的边界 C 给定的. 在这种情况下,当 $\mathscr{R}$ 为单连区域时,格林函数的确定与将 $\mathscr{R}$ 的内部保角映射为上半平面的问题有关.

对应于适当的线性微分算子和边界条件,格林函数还有定义在区间上的一维问题和三维或更多维的区域内.

对于二维算子 $L = \nabla^2$,我们的出发点是将方程应用于 xOy 平面上由曲线 C 所围成的区域 $\mathscr{R}$ 所得到的格林定理的二维形式. 为方便计,

设想点 $P(x,y)$ 暂且为 $\mathscr{R}$ 内的一定点,并以 ξ 和 η 表示积分中的"哑变量",由此格林定理可写为

$$\iint_{\mathscr{R}} G\nabla^2\varphi \mathrm{d}\xi \mathrm{d}\eta = \oint_C \left(G\frac{\partial\varphi}{\partial n} - \varphi\frac{\partial G}{\partial n}\right)\mathrm{d}s + \iint_{\mathscr{R}} \varphi\nabla^2 G\mathrm{d}\xi\mathrm{d}\eta \quad (29)$$

在直角坐标时,其中 $\nabla = \boldsymbol{i}\partial/\partial\xi + \boldsymbol{j}\partial/\partial\eta$,且当 $\boldsymbol{n}$ 为 $\mathscr{R}$ 边界 C 上的某点处的外向单位法向量时,$\partial/\partial \boldsymbol{n} = \boldsymbol{n}\cdot\nabla$(图 10).

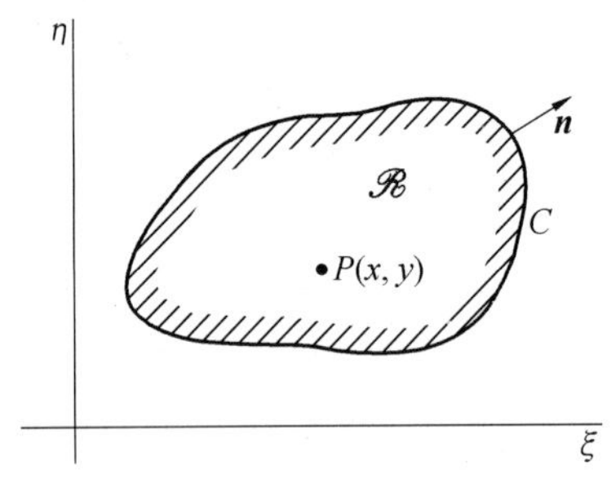

图 10

现假设 φ 在 $\mathscr{R}$ 内满足泊松方程

$$\nabla^2\varphi = h \quad (30)$$

并使它在 C 上有

$$\varphi = f \quad (31)$$

其中 h 和 f 为预先给定的函数. 若函数 G 在 $\mathscr{R}$ 内可确定为

$$\nabla^2 G = \delta(\xi - x)\delta(\eta - y) \quad (32)$$

其中 $\delta(t-c)$ 为位于 $t=c$ 处的 δ 函数,它具有基本性质

$$\int_a^b F(t)\delta(t-c)\mathrm{d}t = \begin{cases} 0 & (c < a) \\ F(c) & (a < c < b) \\ 0 & (c > b) \end{cases}$$

其中 $b > a$,则由于将 $\delta(\xi - x)\delta(\eta - y)$ 看作 ξ 和 η 的函数,故它是位于定点 $P(x,y)$ 的一个 δ 函数,而 (29) 右端的二重积分将化为 $\varphi(x,y)$. 若还使 G 在 C 上有

$$G = 0 \quad (33)$$

则方程 (29) 将取如下形式

$$\iint_{\mathscr{R}} Gh\mathrm{d}\xi\mathrm{d}\eta = -\oint_C f\frac{\partial G}{\partial n}\mathrm{d}s + \varphi(x,y)$$

其中两个被积函数中包含的只是已知函数.

满足㉜和㉝的函数 G 将依赖于流动变量 (x,y) 和哑变量 (ξ,η)，事实上，当有关边界条件沿 $\mathscr{R}$ 的边界规定一个问题的解时，函数 G 就是关于 ∇^2 在区域 $\mathscr{R}$ 内的格林函数，故这一问题是迪利克雷问题. 若将格林函数记为 $G(x,y;\xi,\eta)$，则上述结果改写为

$$\Phi(x,y)=\oint_C f\frac{\partial G}{\partial n}\mathrm{d}s+\iint_{\mathscr{R}}G(x,y;\xi,\eta)h(\xi,\eta)\mathrm{d}\xi\mathrm{d}\eta \tag{34}$$

应当指出，除有关 δ 函数的形式运算应予证明外①，由于当点 $P(x,y)$ 和点 $Q(\xi,\eta)$ 相互趋近时，函数 G 为无界（如后面将证明的），当 h 和 f 的性状充分良好时，在数学上严格证明㉞的确满足㉚和㉛也是相当困难的，特别是在区域 $\mathscr{R}$ 也是无界时，故在此略去. 此外，在后面，将不言而喻地假设 h 和 f 的性状事实上是良好的.

我们看到，当 $f=0$（因而在 C 上 $\varphi=0$），解 φ 完全由在 $\mathscr{R}$ 上的积分给定，而当 $h=0$（因而在 $\mathscr{R}$ 上 $\nabla^2\varphi=0$），解 φ 由沿 C 的积分确定. 此外，可以看出，若将微分方程㉚一般地写为如下方程

$$\nabla^2\varphi+\lambda r\varphi=h \tag{35}$$

其中 λ 为一常量，r 为一预先给定的函数，又若边界条件㉛不变，则㉞的右端将引入一附加项

$$-\lambda\iint_{\mathscr{R}}G(x,y;\xi,\eta)r(\xi,\eta)\varphi(\xi,\eta)\mathrm{d}\xi\mathrm{d}\eta \tag{36}$$

这样，在积分㊱的内外均出现 φ，故此结果是对 φ 求解的一积分方程. 但是这种方程通常无法解析地以封闭形式解出，当要用数值法或其他方法得出一近似解时，这种方程常较某种问题的其他公式为好②.

为了看出上述格林函数在点 $Q(\xi,\eta)$ 趋于点 $P(x,y)$ 时的性状（其中 P 为 $\mathscr{R}$ 的内点），我们考虑 ∇^2G 在 $\mathscr{R}$ 内的中心位于点 P 的圆盘上的积分结果（图 11）

$$\iint_D\nabla^2G\mathrm{d}\xi\mathrm{d}\eta=\oint_\Gamma\frac{\partial G}{\partial n}\mathrm{d}s \tag{37}$$

---

① 当 ∇^2G 取为 δ 函数时应用㉙的证明包括：先限定 ∇^2G 为一连续函数，它在圆盘 $(x-\xi)^2+(y-\eta)^2\leqslant\varepsilon$ 以外为零，且对所有 ε 的正值，在圆盘上的积分为 1. 然后应用㉙后，取 $\varepsilon\to0$ 时的极限. 有关今后 δ 函数的运算，还将考虑类似的延迟极限过程.

② 研究格林函数的主要兴趣，集中于它在积分方程中的应用，这时通常所定义的 G 和这里所采用的代数符号相反，故其负号在㊱中则未出现.

其中 Γ 为 D 的圆边界. 由于 G 满足 ㉜,由此可知,不论 Γ 的半径有多大,㊲ 的左端之值为 1,故 ㊲ 给出

$$\oint_{\Gamma}\frac{\partial G}{\partial n}\mathrm{d}s = 1 \qquad ㊳$$

若距离 PQ 记为 R,则

$$R = \sqrt{(x-\xi)^2 + (y-\eta)^2} \qquad ㊴$$

我们看到,在 Γ 上可写出

$$\mathrm{d}s = R\mathrm{d}\theta,\frac{\partial G}{\partial n} = \frac{\partial G}{\partial R}$$

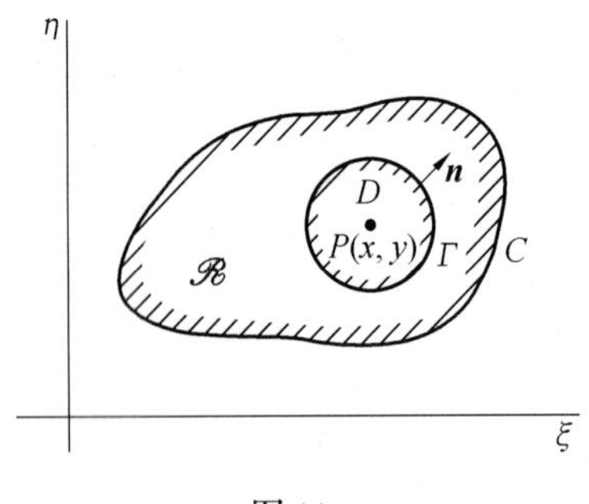

图 11

因此 ㊳ 化为

$$\int_0^{2\pi} R\frac{\partial G}{\partial R}\mathrm{d}\theta = 1$$

并推出 $R\frac{\partial G}{\partial R}$ 在 Γ 上的平均值为($\frac{1}{2\pi}$),因而对 R 的小值,必有$\frac{\partial G}{\partial R} \sim \frac{1}{2\pi R}$,于是

$$G \sim \frac{1}{2\pi}\ln R \quad (R \to 0) \qquad ㊵$$

于是,在此情况下,当 $P(x,y)$ 与 $Q(\xi,\eta)$ 在 $\mathscr{R}$ 内趋于重合时,格林函数按对数规律变为无限大. 因此,G 的另一定义由如下的条件构成:

在 $\mathscr{R}$ 内当 $P(x,y) \neq Q(\xi,\eta)$ 时

$$\nabla^2 G = 0 \qquad ㊶$$

和当 P 与 Q 在 $\mathscr{R}$ 内相互趋近时,㊵ 成立,以及满足 ㉝,因而在 C 上,G

为零. $(2\pi)^{-1}\ln R$ 项有时称为 G 的主部. 由于 $R\neq 0$ 时, $\nabla^2(\ln R)=0$, 容易验证,由此可写出

$$G(x,y;\xi,\eta)=\frac{1}{2\pi}\ln R+g(x,y;\xi,\eta) \quad ㊷$$

其中,在 $\mathscr{R}$ 内 $\nabla^2 g=0$ 和在 C 上

$$g=-\frac{1}{2\pi}\ln R \quad ㊸$$

在此情况下,有

$$G(x,y;\xi,\eta)=G(\xi,\eta;x,y)$$

故格林函数对 (x,y) 和 (ξ,η) 是对称的. 于是,㉜,㊶ 和 ㊸ 中的算子 ∇^2 可取为 $\partial^2/\partial\xi^2+\partial^2/\partial\eta^2$ 或 $\partial^2/\partial x^2+\partial^2/\partial y^2$(或取为其他平面坐标系的另外两个等价的形式).

19 世纪分析数学在严格化的同时,更广泛地向其他科学渗透. 同 18 世纪与力学结合的传统相比,一个新的应用领域是电磁学,这导致了整个 19 世纪数学物理的繁荣,并反过来给分析数学以新的刺激,位势论的产生就是这样的例子.

"位势"这一名称最先由英国数学家格林(George Green, 1793—1841)创用. 格林出身磨坊工人,靠自学成才. 他在 1828 年私人印行的一篇论文《数学分析在电磁理论中的应用》(*An Essay on the Applications of Mathematical Analysis to the Theories of Electricity and Magnetism*)中,发展了已由拉普拉斯、泊松等人引进的位势函数的一般理论,同时建立了许多关键的定理与概念,特别是后来以他的名字命名的"格林公式"与"格林函数",它们已成为现代分析与理论物理的基本工具,格林这篇文章在他去世十年后才正式刊登于克雷尔《数学杂志》.

作用于一给定点的所有电荷基元分别除以它们到该点的距离,然后求和,表示这个和的函数以非常简单的形式给出了整个带电体的吸引力. 在本文中我们将致力于揭示该函数与带电物体中电荷密度之间的关系,并将所获得的关系应用于电学理论.

首先,我们来考虑一个任意形状的物体,上面按已知规律分布着固定电荷. 设 x',y',z' 是该物体一体积元素的直角坐标, ρ' 是该元素中的电荷密度,这样 $\mathrm{d}x'\mathrm{d}y'\mathrm{d}z'$ 就是元素的体积, $\rho'\mathrm{d}x'\mathrm{d}y'\mathrm{d}z'$ 是它包含的

电荷量;又设 r' 是该体积元素与体外一点 P 之间的距离,V 是所有电荷基元分别除以它们到该点的距离然后相加所得的和,设点 P 坐标为 x,y,z,则有

$$r' = \sqrt{(x'-x)^2 + (y'-y)^2 + (z'-z)^2}$$

和

$$V = \int \frac{\rho' \mathrm{d}x' \mathrm{d}y' \mathrm{d}z'}{r'}$$

这里积分展遍所考虑的带电物体的每个元素.

拉普拉斯在《天体力学》一书中已经证明:函数 V 满足方程

$$\frac{\mathrm{d}^2 V}{\mathrm{d}x^2} + \frac{\mathrm{d}^2 V}{\mathrm{d}y^2} + \frac{\mathrm{d}^2 V}{\mathrm{d}z^2} = 0 \text{①}$$

因该方程以后将经常出现,我们把它写成缩写形式 $\delta V = 0$②,符号 δ 在本文中没有其他意义.

为了证明 $\delta V = 0$,我们只需注意:通过微分立即可得 $\delta(1/r') = 0$,因此若用 V 的每个元素来代替上述方程中的 V,该方程成立;因此整个积分(被看作所有这些元素的和)也将满足方程. 当点 P 落在物体内部时,这一推理不再成立,因为此时 V 所包含的某些元素的系数变为无限大,故不一定能推出 V 满足方程 $\delta V = 0$,虽然其每个元素单独考虑时可能使方程满足.

为了确定 V 在物体内部任一点处的值,设想一个半径为 a,包含点 P 的小球,球心与点 P 距离为 b,a 和 b 都是很小的量. 这时 V 的值可以被看成由两部分组成,一部分是球本身的贡献,另一部分则是由整个球外物体所产生. 显然,若用后一部分代替 V,则 δV 等于零,因此我们只要对小球本身确定 δV 的值就行. 这个值已知为

$$\delta\left(2\pi a^2 \rho - \frac{2}{3}\pi b^2 \rho\right)$$

ρ 是球内的电荷密度,从而等于 ρ' 在点 P 的值. 现设 x_1,y_1,z_1 为球心坐标,我们有

$$b^2 = (x_1 - x)^2 + (y_1 - y)^2 + (z_1 - z)^2$$

---

① 格林尚未采用偏微分记号,此处方程即相当于 $\frac{\partial^2 V}{\partial x^2} + \frac{\partial^2 V}{\partial y^2} + \frac{\partial^2 V}{\partial z^2} = 0$,下同.

② 格林用 δ 表示现今文献中所用的 ∇^2,δV 即 $\nabla^2 V = 0$,下同.

因此 $$\delta(2\pi a^2\rho-\frac{2}{3}\pi b^2\rho)=-4\pi\rho$$

于是在整个物体内部有

$$\delta V+4\pi\rho=0$$

在物体外部任意一点,由于 $\rho=0$,这时方程 $\delta V=0$ 可以看作上述方程的特殊情形.

现设 q 是物体外部以 P 为端点的任一射线,那么 $-\frac{\mathrm{d}V}{\mathrm{d}q}$ 等于一个正电基元沿 q 增长方向所受的推力.这是显然的,因为在 $-\frac{\mathrm{d}V}{\mathrm{d}q}$ 中以每个元素替代 V,将给出该元素沿 q 增长方向产生的力,所以 $-\frac{\mathrm{d}V}{\mathrm{d}q}$ 就给出 V 的每个元素所产生的力的总和,或者说在同一方向作用于点 P 的总力.为了说明这一事实当 P 在物体内部时也同样成立,像前述那样将 V 分为两部分,并设点 P 位于小球球面上(或 $b=a$);那么该小球产生的力可表示为

$$\frac{4}{3}\pi a\rho\left(\frac{\mathrm{d}a}{\mathrm{d}q}\right)$$

$\mathrm{d}a$ 是与 q 的增量 $\mathrm{d}q$ 相应的半径 a 的增量,当 $a=0$ 时这部分力显然将变为零,因此我们只需考虑物体球外部分的贡献,它显然等于

$$V-\frac{4\pi}{3}a^2\rho$$

但该量的一次微分当 a 趋于零时与 V 的一次微分相等,因此不论点 P 是在物体内部还是外部,它沿 q 增长方向所受的力总是由 $-\frac{\mathrm{d}V}{\mathrm{d}q}$ 给出.

虽然在上面的讨论中我们只涉及一个物体,但整个推理是一般的,同样适用于由任意多个物体组成的系统,包括在这些物体表面分布着有限量电荷的情形,显然对任何一个这样的物体内部一点 P 我们有

$$\delta V+4\pi\rho=0 \quad ㊹$$

并且,沿以物体内部或外部一点 P 为端点的射线 q 的延长方向的力将同样由 $-\frac{\mathrm{d}V}{\mathrm{d}q}$ 给出,V 表示系统中所有电荷基元分别除以到点 P 的距离

然后求和所得的函数,该函数以如此简单的形式给出电荷基元在任何位置受力的数值. 由于它在下文中频繁出现,我们冒昧地称之为属于该系统的位势函数,它显然是所考虑的电荷基元 P 的坐标的函数.

……

在着手推导物体表面电荷密度与这些表面(电荷仅限于分布于这些表面)内、外部相应的位势函数值之间存在的某些关系以前,我们首先要建立一条今后对我们非常有用的一般定理,这条定理可陈述如下①.

设 U 和 V 是直角坐标 x,y,z 的两个连续函数,其微分系数在一任意形状的固定物体内部任何一点都不会变成无限大,那么

$$\int \mathrm{d}x\mathrm{d}y\mathrm{d}z U\delta V + \int \mathrm{d}\sigma U\left(\frac{\mathrm{d}V}{\mathrm{d}w}\right)$$

$$= \int \mathrm{d}x\mathrm{d}y\mathrm{d}z V\delta U + \int \mathrm{d}\sigma V\left(\frac{\mathrm{d}U}{\mathrm{d}w}\right)$$

三重积分展布于整个物体内部,关于 $\mathrm{d}\sigma$ 的那些积分则展布于该物体的整个表面,而 $\mathrm{d}\sigma$ 表示该曲面的曲面元素,$\mathrm{d}w$ 是与该曲面相垂直的无限小线段,方向由物体表面指向物体的内部.

为了证明这一定理,让我们考虑三重积分

$$\int \mathrm{d}x\mathrm{d}y\mathrm{d}z\left(\left(\frac{\mathrm{d}V}{\mathrm{d}x}\right)\left(\frac{\mathrm{d}U}{\mathrm{d}x}\right) + \left(\frac{\mathrm{d}V}{\mathrm{d}y}\right)\left(\frac{\mathrm{d}U}{\mathrm{d}y}\right) + \left(\frac{\mathrm{d}V}{\mathrm{d}z}\right)\left(\frac{\mathrm{d}U}{\mathrm{d}z}\right)\right)$$

利用分部积分可得

$$\int \mathrm{d}y\mathrm{d}z V''\frac{\mathrm{d}U''}{\mathrm{d}x} - \int \mathrm{d}y\mathrm{d}z V'\frac{\mathrm{d}U'}{\mathrm{d}x} + \int \mathrm{d}x\mathrm{d}z V''\frac{\mathrm{d}U''}{\mathrm{d}y} -$$

$$\int \mathrm{d}x\mathrm{d}z V'\frac{\mathrm{d}U'}{\mathrm{d}y} + \int \mathrm{d}x\mathrm{d}y V''\frac{\mathrm{d}U''}{\mathrm{d}z} -$$

$$\int \mathrm{d}x\mathrm{d}y V'\frac{\mathrm{d}U'}{\mathrm{d}z} - \int \mathrm{d}x\mathrm{d}y\mathrm{d}z V\left(\frac{\mathrm{d}^2U}{\mathrm{d}x^2} + \frac{\mathrm{d}^2U}{\mathrm{d}y^2} + \frac{\mathrm{d}^2U}{\mathrm{d}z^2}\right)$$

像通常一样,量上方的撇号表示这些量在积分界上的值,在目前情形就是在三重积分所展布的物体表面上的值. 现在让我们来考虑相应于较大 x 值的部分 $\int \mathrm{d}y\mathrm{d}z V''\frac{\mathrm{d}U''}{\mathrm{d}x}$. 容易看出,由于 $\mathrm{d}w$ 处处垂直于物体表面,

① 即著名的格林定理,其中所得恒等式现称格林公式.

如果 $d\sigma''$ 是与 $dydz$ 相应的曲面元素,我们将得到

$$dydz=-\frac{dx}{dw}d\sigma''$$

代换后得到

$$\int dydzV''\frac{dU''}{dx}=-\int d\sigma''\frac{dx}{dw}V''\frac{dU''}{dx}$$

类似地可以看出在相应于较小 x 值的部分 $-\int dydzV'\frac{dU'}{dx}$ 中有

$$dydz=+\frac{dx}{dw}d\sigma'$$

因此
$$-\int dydzV'\frac{dU'}{dx}=-\int d\sigma'\frac{dx}{dw}V'\frac{dU'}{dx}$$

于是,由于以 $d\sigma'$ 表示的元素和与以 $d\sigma''$ 表示的元素和在一起构成整个物体的表面,将上述两部分相加就得

$$\int dydz\left(V''\frac{dU''}{dx}-V'\frac{dU'}{dx}\right)=-\int d\sigma\frac{dx}{dw}V\frac{dV}{dx}$$

这里假定关于 $d\sigma$ 的积分展遍整个曲面,dx 是与增量 dw 相应的 x 的增量.

用完全同样的方法我们将得到

$$\int dxdz\left(V''\frac{dU''}{dy}-V'\frac{dU'}{dy}\right)=-\int d\sigma\frac{dy}{dw}V\frac{dU}{dy}$$

$$\int dxdy\left(V''\frac{dU''}{dz}-V'\frac{dU'}{dz}\right)=-\int d\sigma\frac{dz}{dw}V\frac{dU}{dz}$$

因此前面给出的表达式中所有二重积分之和可以通过将刚才求出的三个部分相加而得.这样我们就有

$$-\int d\sigma V\left(\frac{dU}{dx}\cdot\frac{dx}{dw}+\frac{dU}{dy}\cdot\frac{dy}{dw}+\frac{dU}{dz}\cdot\frac{dz}{dw}\right)=-\int d\sigma V\frac{dU}{dw}$$

其中 V 和 $\frac{dU}{dw}$ 均表示在物体表面上的值,因此积分

$$\int dxdydz\left(\frac{dV}{dx}\cdot\frac{dU}{dx}+\frac{dV}{dy}\cdot\frac{dU}{dy}+\frac{dV}{dz}\cdot\frac{dU}{dz}\right)$$

借缩写符号 δ 就变为

$$-\int d\sigma V\frac{dU}{dw}-\int dxdydzV\delta U$$

因为刚才所得积分值当 U 和 V 互换时保持不变,显然它也可以表示为

$$-\int d\sigma U\frac{dV}{dw}-\int dxdydzU\delta V$$

因此如果使同一个量的这两个表达式相等,并改变符号,我们就得到恒等式

$$\int d\sigma V\frac{dU}{dw}+\int dxdydzV\delta U=\int d\sigma U\frac{dV}{dw}+\int dxdydzU\delta V \qquad ㊺$$

于是定理完全获证,不论函数 U 和 V 具有何种形式.

我们在定理的陈述中假设了 U 和 V 的微分系数在所考虑的物体内部有限,这个条件的必要性在以上定理的证明中似乎并不明显,但在所用分部积分法中却表现得很清楚.

为了更清楚地说明这一条件的必要性,我们现在来确定:当两个函数之一(例如 U)在物体内部变为无限时,对公式应进行怎样的修正.我们假定它仅在某一点 P' 处变为无限,并设在该点附近 U 近似等于 $1/r$,r 是点 P' 与元素 $dxdydz$ 之间的距离.于是如果我们环绕 P' 作一半径为 a 的无限小的球,显然我们的定理可应用于该小球以外的整个物体,又因在球内有 $\delta U=\delta(1/r)=0$,三重积分仍被假定展遍整个物体,而这一假定所能引起的最大误差是一个与 a^2 同阶的量.另外,积分 $\int d\sigma U\frac{dV}{dw}$ 相应于球面的部分为一与 a 同阶的无限小量,因此就只需考虑积分 $\int d\sigma V\frac{dU}{dw}$ 的相应于同一球面的部分,而因

$$\frac{dU}{dw}=\frac{dU}{dr}=\frac{d(1/r)}{dr}=-\frac{1}{r^2}=-\frac{1}{a^2}$$

所以当半径 a 趋于零时,这部分积分就变为 $-4\pi V'$,于是方程㊺变为

$$\int dxdydzU\delta V+\int d\sigma U\frac{dV}{dw}$$

$$=\int dxdydzV\sigma U+\int d\sigma V\frac{dU}{dw}-4\pi V' \qquad ㊻_1$$

像前面的方程一样,这里的三重积分也是展遍物体的整个体积,关于 $d\sigma$ 的积分则展布于它的外曲面上,而 V' 是 V 在点 P' 的值.

同样,如果函数 V 在物体内部某一点 P'' 变为无限,而在该点附近则近似等于 $\frac{1}{r'}$,正如 U 在趋近点 P' 时的情形,由以上论述显然将得到

$$\int \mathrm{d}x\mathrm{d}y\mathrm{d}z U\delta V + \int \mathrm{d}\sigma U \frac{\mathrm{d}V}{\mathrm{d}w} - 4\pi U''$$
$$= \int \mathrm{d}x\mathrm{d}y\mathrm{d}z V\delta U + \int \mathrm{d}\sigma V \frac{\mathrm{d}U}{\mathrm{d}w} - 4\pi V' \qquad ⑯_2$$

所有积分与前面一样,U'' 表示 U 在点 P'' 的值,而在该处 V 变为无限. 同样的过程可应用于函数 U 和 V 具有任意多个类似点的情形.

为简明起见,以下我们把使一个函数的微分系数变为无限的点称为该函数的奇异值,于是最初对 U 和 V 所加条件便可表述为:两函数在所考虑的固定物体内部都没有奇异值.

……

根据以上所述容易证明,如果在任一闭曲面上给定了位势函数的值 $\overline{V}$①,那么有且仅有一个函数可以同时满足方程

$$\delta V = 0$$

和 V 在该曲面内部没有奇异值这一条件. 因为由假设 $\delta U = 0$,方程 ⑯$_1$ 将变为

$$\int \mathrm{d}\sigma \overline{U} \frac{\mathrm{d}\overline{V}}{\mathrm{d}w} = \int \mathrm{d}\sigma \overline{V} \frac{\mathrm{d}\overline{U}}{\mathrm{d}w} - 4\pi V'$$

在这个方程中,U 被假定在曲面内部只有一个奇异值即点 P';在无限接近该点处,U 近似等于 $1/r$,r 是与 p' 的距离. 现在假设 U 的值除了满足上述条件外,在边界本身上等于零,那么我们有 $\overline{U} = 0$,该方程将变为

$$\int \mathrm{d}\sigma \overline{V} \frac{\mathrm{d}\overline{U}}{\mathrm{d}w} - 4\pi V' = 0$$

这说明若 $\overline{V}$ 已知,则 V 在点 P' 的值也就确定.

为了使我们相信确实存在如上所说的这样一个函数 U②,设想曲面是一个接地的完全导体,在点 P' 集中了一个单位正电荷,那么由 P' 和它在曲面上的感应电荷所产生的位势函数就是所求的 U 值. 因为由于传导曲面与地面之间的连通关系,在该曲面上的位势函数必为常

① 格林在这里用记号 $\overline{V}$ 表示 V 在曲面上的值.

② 从上述可知,U 即现今文献中所称"格林函数",以下格林指出函数的物理意义.

数,并应等于地面本身的位势函数,即等于零(注意在此情况下它们实际形成一个导体). 因此若取这一位势函数为 U,显然我们得到 $\overline{U}=0$, $\delta U=0$,以及在无限接近 P' 的地方有 $U=1/r$. 另外由于该函数在曲面内部没有其他奇异点,它显然具有在前述证明中所规定的 U 的全部性质.

本书中还提及了若干世界著名数学家的贡献,例如 9.1.6 的迪利克雷问题.

迪利克雷(1805—1859),德国数学家. 生于迪伦,卒于格丁根. 他能说流利的德语和法语,日后成为这两个民族之间的数学、数学家之间的极好的联系人. 他从小爱好数学,中学毕业后,父母希望他能攻读法律,但他却选择了数学. 1822 年到当时数学研究中心巴黎,进入法兰西学院和巴黎理学院学习. 1823 年夏,被费伊聘为家庭教师. 费伊曾是拿破仑时代的英雄,在国民议会中很有声望,迪利克雷因此接触到许多学者名流. 迪利克雷的第一篇数学论文(1825) 是关于数论方面的,这是他长期钻研高斯的《算术探究》的结果. 其中,他运用代数数论的方法处理丢番图方程 $x^5+y^5=Az^5$,进而证明了费马方程 $x^n+y^n=z^n$ 当 $n=5$ 时无整数解. 这是继费马本人(证明了 $n=4$ 的情况) 和欧拉(证明了 $n=3$ 的情况) 之后,对于费马大定理问题的一次突破. 1825 年 11 月,费伊将军去世. 第二年,德国准备实行发展科学技术的计划,迪利克雷于是回国. 先后任教于布雷斯劳(Breslau) 大学和柏林军事学院(1828). 1828 年,被任命为柏林大学的特别教授(1839 年升任教授),这时他才 23 岁,以后的 27 年里,他一直在柏林大学从事研究和教学,对德国数学的发展起了较大的推动作用. 1831 年被选为普鲁士科学院院士. 他在数论方面关于费马大定理问题,又给出了 $n=14$ 无整数解的证明;还探讨了二次型、多项式的素因子、二次和双二次互反律等问题. 1837 年,他发表了第一篇解析数论论文,证明了在任何算术序列 a, $a+b$, $a+2b$, $\cdots$, $a+nb$, $\cdots$(其中 a 与 b 互素) 中,必定存在无穷多个素数. 这就是著名的迪利克雷定理,证明中所用到的级数 $\sum\limits_{n=1}^{\infty}a_nn^{-z}$($a_n$, z 皆为复数) 通称迪利克雷级数.

在数论方面,迪利克雷花了许多精力对高斯的名著《算术研究》进行整理和研究,并且做出了创新. 由于高斯的著作远远超出了当时一般人的水平,以致学术界对这些著作也采取敬而远之的态度,真正的理解者不多. 而迪利克雷却别开生面地应用解析方法来研究高斯的理论,从而开创了解析数论的新领域.

1837 年,他通过引进迪利克雷级数证明了勒让德猜想,也称之为迪利克雷定理:在首项与公差互素的算术级数中存在无穷多个素数.

1839 年,他完成了著名的《数论讲义》(*Vorlesungen über Zahlentheorie*),但 1863 年才出第一版,随后多次再版. 这份讲义经过戴德金整理及增补附录,通过诺特的发展而成为布尔巴基的思想源泉之一.

1840 年,他用解析法计算出二次域 $k=Q(\sqrt{m})$ 的理想类的个数. 二次域的数论,就是高斯与他根据有理整系数的二元二次型的理论发展起来的. 他定义了与二元二次型相关联的迪利克雷级数,也考虑了展布在具有给定判别式 D 的全体二元二次型的类上的迪利克雷级数的和,即等价于二次域的迪利克雷 ξ 函数. 迪利克雷给出了二元二次型类数的公式,这就是现在的二次域的狭义类数公式.

1841 年,他证明了关于在复数 $a+b\mathrm{i}$ 的级数中的素数的一个定理. 在此之前,他还证明了序列 $\{a+nb \mid n\in\mathbf{N}\}$ 的素数的倒数之和是发散的,推广了欧拉的有关结果.

1849 年,他研究了几何数论中的格点问题,并得到由 $uv\leqslant x, u\geqslant 1, v\geqslant 1$ 所围成的闭区域的格点个数的公式,即

$$D(x)=x\log x+(2c-1)x+O(\sqrt{x})$$

其中 c 为欧拉常数.

另外,迪利克雷还阐明了代数数域的单位群的结构. 其中使用了"若在 n 个抽样中,存在 $n+1$ 个对象,则至少在 1 个抽样中,至少含有 2 个对象"这个原理,也就是所谓迪利克雷抽样法,而通常又称之为抽屉原理或鸽笼原理.

在分析学方面,迪利克雷是较早参与分析基础严密化的工作的数学家. 他首次严格地定义函数的概念,在题为"用正弦和余弦级数表示完全任意的函数"("Uber die Darstellung ganzwillkürlicher Functionen durch Sinus-und Cosinusreihen")的论文中,他给出了单值函数的定义,这也是现在最常用的,即若对于 $x\in[a,b]$ 上的每一个值有唯一的

一个 y 值与它对应,则 y 是 x 的一个函数,而且他认为,整个区间上 y 是按照一种还是多种规律依赖于 x,或者 y 依赖于 x 是否可用数学运算来表达,那是无关紧要的,函数的本质在于对应. 他有意识地在数学中突出概念的作用,以代替单纯的计算. 1829 年他给出了著名的迪利克雷函数

$$f(x)=\begin{cases}1, & \text{当 } x \text{ 为有理数} \\ 0, & \text{当 } x \text{ 为无理数}\end{cases}$$

这是难用通常解析式表示的函数. 这标志着数学从研究"算"到研究"概念、性质、结构"的转变,所以有人称迪利克雷是现代数学的真正的始祖.

1829 年,他在研究傅里叶级数的一篇基本论文《关于三角级数的收敛性》中,证明了代表函数 $f(x)$ 的傅里叶级数是收敛的,且收敛于 $f(x)$ 的第一组充分条件. 他的证明方法是,直接求 n 项和并研究当 $n\to\infty$ 时的情形. 他证明了:对于任给的 x 值,若 $f(x)$ 在该 x 处连续,则级数的和就是 $f(x)$;若不连续,则级数的和为

$$(f(x-0)+f(x+0))/2$$

在证明中还需仔细讨论当 n 无限增加时积分

$$\int_0^a f(x)\,\frac{\sin nx}{\sin x}\mathrm{d}x, a>0$$

$$\int_0^b f(x)\,\frac{\sin nx}{\sin x}\mathrm{d}x, b>a>0$$

的极限值. 这些积分至今还称为迪利克雷积分.

1837 年,迪利克雷还证明了,对于一个绝对收敛的级数,可以组合或重排它的项,而不改变级数的和. 又另举例说明,任何一个条件收敛的级数的项可以重排,使其和不相同.

在位势论方面,他提出了著名的迪利克雷问题:在 $\mathbf{R}^n(n\geqslant 2)$ 内,若 D 的边界 S 为紧的,求 D 内的调和级数,使它在 S 上取已给的连续函数值. 也利用迪利克雷原理给出了古典迪利克雷问题的解,由此引起了一般区域的迪利克雷问题,以及更一般的迪利克雷问题.

迪利克雷对自己的老师高斯非常钦佩,在他身边总是带着高斯的名著《算术研究》,即使出外旅游也不例外. 1849 年 7 月 16 日,哥廷根大学举办了高斯因《算术研究》获得博士学位 50 周年的庆典. 庆典上

高斯竟用自己的手稿点燃烟斗,在场的迪利克雷急忙夺过老师的手稿,视为至宝而终身珍藏.迪利克雷去世后,人们从他的论文稿中找到了高斯的这份手稿.

迪利克雷一生只热心于数学事业,对于个人和家庭都是漫不经心的.他对孩子也只有数学般的刻板,他的儿子常说:“啊,我的爸爸吗?他什么也不懂.”他的一个调皮的侄子说得更有趣:“我六七岁时,从我叔叔的数学‘健身房’里所受到的一些指教,是我一生中最可怕的一些回忆.”甚至有这样的传说:他的第一个孩子出世时,向岳父写的信中只写上了一个式子:$2+1=3$.

中国人口众多,数学家人数也居世界首位.在各个分支中又以研究微分方程的为之最,原因之一是中国建国初期急于在工业上赶西方强国,所以在数学研究总体布局中有应用前景的当然要大力发展了,因此微分方程这个理解现实世界的最有力工具肯定是一枝独大的.

一个佐证是在建国初期,纸张极端短缺的时段,居然出版了一本法文的偏微分方程专著,你没听错是法文的,而且是特供专门为中国读者写的,中文书名可译为《偏微分方程论》,出版者是这样介绍的:

> 当代数学界老宿,法国科学院院士,J. 阿达玛教授在偏微分方程理论方面贡献很大,这是众所周知的.阿达玛教授以九十开外之高龄尤奋力著作,写出此书,在他的名著《柯西问题和线性双曲型偏微分方程》(*Le Problème de Cauchy et les Équations aux dérivées partielles linéaires hyperboliques*)的基础上,较全面地阐述了在该书出版后的有关理论的进展,其中包括作者晚年的若干研究成果.

由于此书早已绝版且具有学术和历史文献双重价值,所以我们决定借此存照.

AVIS DE L'EDITEUR

Le Professeur J. Hadamard, Membre de l'Institut de France et mathématicien vénéré de notre époque, a apporté, comme chacun sait, une immense contribution à la théorie des équations aux dérivées partielles. Le Professeur Hadamard qui a plus de 90 ans a travaillé avec le plus grand courage à la rédaction de cet ouvrage.

Se fondant sur son traité "*Le Problème de Cauchy et les Équations aux dérivées partielles linéaires hyperboliques*", devenu depuis longtemps unclassique, l'Auteur traite largement et clairement des théories développées depuis la parution du dit traité, et notamment des résultats qu'il a obtenus, ces dernières années.

Ce livre comprend: Introduction; Données de Cauchy en Général; Le Problème de Dirichlet; Discussion du Résultat de Cauchy; Principes Généraux, Formule Fondamentale et Solution Élementaire; Équations Singulil1res; Type Mixte et l'Équation de Chaleur et le Type Parabolique.

TABLE DES MATIÈRES

§3 LES MÉTHODES EXTRÉMALES DE GAUSS ET DE RIEMANN

§4 MÉTHODE ALTERNÉE. MÉTHODES DE NEUMANN ET DE FREDHOLM

§5 LA MÉTHODE DU BALAYAGE

§6 POINTS RÉGULIERS ET POINTS IRRÉGULIERS

§7 LES"POINTS IDÉAUX" DE R. S. MARTIN

CHAPITRE Ⅲ DISCUSSION DU RÉSULTAT DE CAUCHY

§1 CONTRSDICTION

§2 RELATION AVEC UN PROBLÉME DE PROLONGEMENT

§3 INTERPRÉTATION PHYSIQUE ET ANALYTIQUE. DIVERS TYPES D'ÉQUATIONS

CHAPITRE Ⅳ PRINCIPES GÉNÉRAUX, FORMULE FONDAMENTALE ET SOLUTION ÉLÉMENTAIRE

§1 L'ÉQUATION HYPERBOLIQUE PLANE

§2 FORMULE FONDAMENTALE ET SOLUTION ÉLÉMENTAIRE

§3 QUANTITÉS AUXILIAIRES DS M. MARCEL RIESZ

CHAPITRE Ⅴ LES DEUX TYPES PRINCIPAUX D'ÉQUATIONS ET DE PROBLÉMES

§1 TYPE ELLIPTIQUE

§2 PROBLÉME DE DIRICHLET. UNICITÉ DE LA SOLUTION

§3 PROBLÉME DE DIRICHLET. EXISTENCE DE LA SOLUTION

§4 LES VARIÉTÉS CLOSES

§5 LE TYPE HYPERBOLIQUE

§6 RETOUR SUR LE CARACTÉRE DÉTERMINÉ DU PROBLÉME DE CAUCHY

CHAPITRE Ⅵ PROBLÉMES MIXTES

§1 LE CAS DE $m=2$ et LA MÉTHODE DE

INTRODUCTION

§1 ÉQUATION INDÉFINIE ET CONDITIONS DÉFINIES

1. Nécessité d'ajouter des conditions accessoires à l'équation différentielle. Une équation différentielle ou aux dérivées partielles admet, en principe (nous verrons qu'il y a des exceptions), une infinité de solutions. Dans les cas élémentaires où l'équation peut être intégrée complètement, la solution obtenue contient des constantes ou des fonctions arbitraires. En faisant varier ces éléments arbitraires, il arrive qu'on trouve toutes les solutions possibles, à certaines solutions exceptionnelles près: on dit alors qu'on a "l'intégrale générale".

Lorsqu'on cherche à préciser cette définition, on n'est pas sans rencontrer de sérieuses obscurités①. Mais ce point de vue tend de plus en plus à être abandonné pour une autre raison, qui est que, dans les applications les plus importantes plus particulièrement celles qui ont trait à la Dynamique ou à la Physique, la question n'est pas de trouver n'importe quelle solution de l'équation, mais l'une d'entre elles, vérifiant certaines condi-

① Voir Goursat: *Leçons sur l'intégration des équations aux dérivées partielles du second ordre*, t. I, p. 28 et suivantes. Paris, Hermann, 1896. On trouvera d'autres citations chez Orloff, *Bulletin de l'Académie des Sciences mathématiques et naturelles*. Belgrade, 1939, p. 191. Darboux, dans son enseignement, attirait l'attention sur ces difficultés.

tions supplémentaires, dites *conditions définies*.

Théoriquement, on peut songer à ramener la question ainsi posée à la précédente: car si nous avons "l'intégrale générale", il restera à choisir, dans son expression; les éléments arbitraires de manière à satisfaire aux conditions définies. Mais, en fait, pour une équation aux dérivées partielles, et en dehors de quelques cas particulièrement simples①, ce choix des éléments arbitraires comporte, en général, les plus grandes difficultés. Au contraire, si nous avons trouvé une solution qui satisfait à des conditions définies contenant des données plus ou moins arbitraires, en faisant varier ces données de toutes les manières possibles, nous pouvons généralement obtenir n'importe quelle solution donnée de l'équation, c'est-à-dire " l'intégrale générale".

C'est en se placant à ce point de vue que Cauchy et, vers la même époque, Weierstrass ont, dans une catégorie étendue de cas, résolu un problème fondamental qui se posait en ce qui concerne les équations différentielles, à savoir la démonstration d'existence des solutions. Il n'est nullement évident, en effet, et jusqu'à eux il n'était nullement démontré (en dehors des cas d'intégration élémentaires) qu'une équation différentielle, ordinaire ou aux dérivées partielles, admette quelque solution que ce soit, (et nous verrons que, en ce qui concerne les équations aux dérivées partielles, le contraire peut se présenter). Pour démontrer ce fait, Cauchy et Weierstrass ont dù, dans les cas qu'ils ont étudiés, déterminer d'une manière précise la solution qu'ils construisaient et cela, justement, en adjoignant à l'équation différentielle des conditions définies convenables.

---

① La méthode de d'Alembert pour le problème des cordes vibrantes (Voir ci-après n°3,3°) offre une exemple de cette circonstance.

2. Conditions définies. Conditions initiales, conditions aux limites. L'équation différentielle considérée

$$F=0$$

est une condition imposée à une fonction inconnue u de m variables indépendantes $x_1, x_2, \cdots, x_m$ ou ce qui, en gros, revient au même, de la position d'un point dans un espace E_m à m dimensions① dans lequel les variables en question représentent des coordonnées (cartésiennes ou curvilignes); une autre figuration géométrique peut d'ailleurs être employée, en considérant, au lieu du point dont nous venons de parler, celui qui a pour coordonnées, dans l'espace E_{m+1}, les quantités $x_1, \cdots, x_m, u$. Le premier membre F peut contenir les variables indépendantes, la fonction cherchée et ses dérivées justqu'à un certain ordre; elle devra, si u est une solution, s'annuler *identiquement en* $x_1, \cdots, x_m$ lorsque l'on remplacera u et les dérivées en question par leurs valers en fonction des susdites variables.

De telles solutions sont en général en nombre infini et il s'agit d'en choisir une déterminée en lui imposant des conditions supplémentaires dites *conditions définies*. Ces dernières sont très généralement des relations de forme analogue à la précédente, mais qui, au lieu d'avoir lieu identiquement, sont à vérifier

① Un système de valeurs de m nombres variables correspond d'une manière biunivoque è un point d'un espace duclidien à m dimensions. Mais un espace è m dimensions n'est pas toujours topologiquement èquivalent à un espace euclidien: le contraire se présente déjà pour $m=1$, si E_m-soit ici E_1-est une ligne fermée, *p. ex.* une circonférence. On tourne alors la difficulté en prenant comme coordonnée la longueur de l'arc comptée à partir d'une origine fixe, mais avec la convention indispensable que deux valeurs de x sont considérées comme non distinctes lorsqu'elles différent entre elles de L, longueur totale de la courbe, et que toute fonction de x, pour être bien déterminée, devra admettre la période L. Pareil artifice s'applique pour $m=2$, si E est la surface d'une sphère ou d'un tore ou toute surface topologiquement équivallente à celles là; etc.

seulement le long d'une certaine hypersurface (qui peut en être dite le support) c'est-à-dire pour les valeurs des x satisfaisant à une équation en termes finis déterminée[①].

3. Eclairons ceci, dès à présent, par quelques exemples classiques.

1° Pour le cas le plus simple, celui d'une *équation différentielle ordinaire à une inconnue*

$$dy/dx=f(x,y)$$

la condition définie sera relative à une valeur déterminée de la variable indépendante de x, soit $x=a$ et consistera à se donner la valeur correspondante $y=b$ de y, ce qui revient à assujettir la courbe représentative de la fonction y à passer par un point donné (a,b) de plan. Les théorèmes d'existence que nous rappellerons dans un instant expriment que le problème ainsi posé admet une solution et une seule si la fonction f possède, au moins au voisinage du point (a,b), des propriétés de régulartié convenables.

Au contraire, le théorème d'existence peut tomber en défaut pour certains points *singuliers*, ceux où la fonction f cesse de posséder les propriétés en question.

À cette réserve près, comme il faut bien que la fonction $y(x)$ prenne une valeur ou une autre pour $x=a$, on voit qu'on obtient une solution quelconque en choisissant de toutes les façons possibles a et b, ou même exclusivement b. C'est donc

① Nous nous occupons ici de consitions définies susceptibles de déterminer une solution *quelconque* de l'équation et, par conséquent, conformément à ce qui a été dit en commençant, de passer à l'intégrale générale; nous laissons et laisserons de côté les types de conditions qui conduisent à certaines catégories particulières de solutions, quoique des résultats dignes d'intérêt aient été obtenus dans cette dernière voie. Voir par exemple P. F. Nemenyi, *Advances in Applied Mechanics* Vol. Ⅱ, 1951 (Acad. Press, New York).

bien l'intégrale générale que l'on obtient ainsi.

Des conclusions tout analogues s'appliquent à un système de p équations différentielles ordinaires du premier ordre à p fonctions inconnues

$$dy_i/dx = f_i(x, y_1, y_2, \cdots, y_p) \quad (i=1,2,\cdots,p)$$

dont une solution pourra être déterminée en se donnant les valeurs que doivent prendre, pour $x=a$, les inconnues y_i.

On sait qu'à ce cas se ramène celui du système d'équations différentielles ordinaires le plus général renfermant autant d'équations que d'inconnues. Par exemple, l'équation du second ordre

$$y''=f(y',y,x)$$

se ramène à un système de deux équations du premier ordre en introduisant, comme inconnue auxiliaire, la dérivée y'. Les données de Cauchy sont les valeurs b, b' que prenent, pour $x=a$, l'inconnue y et sa dérivée. Pour la même raison que tout à l'heure, on voit qu'en faisant varier de toutes les manières possibles b et b', on aura l'intégrale générale.

Une équation de la forme précédente régit, en Mécanique rationnelle, le mouvement d'un point matériel sur une droite (ou plus généralement sur une courbe) donnée. x représente alors le temps, de sorte que les conditions quenous venons d'indiquer sont relatives à un instant donné: ce sont des conditions *initiales*.

Mais ce type de conditions définies n'est pas le seul que l'on puisse avoir à considérer. Par exemple, on peut déterminer une solution de l'équation du second ordre en se donnant les valeurs qu'elle prend pour deux valeurs déterminées x_0, x_1 de la variable indépendante. Dans ce problème, qui a fait, en particulier, l'objet de beaux travaux de Picard, x ne représente plus un temps: c'est une variable géométrique, et de telles conditions définies ont le caractère de conditions *aux limites*. Le problème ainsi posé s'apparente d'ailleurs au suivant.

2° *Problème de Dirichlet.* On cherche une fonction u régulière① dans un volume R_3—supposé, pour fixer les idées, limité en tous sens—vérifiant dans tout l'intérieur de R_3, l'équation aux dérivées partielles

$$\frac{\partial^2 u}{\partial x_1^2}+\frac{\partial^2 u}{\partial x_2^2}+\frac{\partial^2 u}{\partial x_3^2}=0$$

on l'astreint, en outre, à prendre des valeurs données aux divers points de la surface frontière de ce domaine, en dehors duquel elle n'est, en principe, pas définie. Ce sont évidemment là des conditions aux limites.

Pareil problème se pose dans un espace à un nombre quelconque de dimensions, et, en particulier, dès le cas de $m=2$, le volume R_m étant remplacé par une aire plane R_2.

3° *Vibrations transversales des cordes. Tuyaux sonores.* Soit une corde tendue de longueur l, parfaitement homogène, attachée à ses deux extrémités. Un quelconque de ses points est défini par sa distance x à l'une des extrémités. La forme de la corde dépendant du temps t, le déplacement u du point-déplacement supposé transversal et très petit-est une fonction de x et de t. Pour déterminer cette fonction, on a d'abord l'équation aux dérivées partielles

$$(e_1) \qquad \frac{\partial^2 u}{\partial x^2}=\frac{1}{w^2}\frac{\partial^2 u}{\partial t^2}$$

ω étant une constante donnée. On se donnera, en outre, les valeurs de u et de $\frac{\partial u}{\partial t}$ pour $t=0$, soit $u(x,0)=g(x)$, $\frac{\partial u}{\partial t}(x,0)=$

① Le sens de ce mot est ici précisé en théorie du Potentiel. On admettra, par exemple, qu'en tout point intérieur à R_3, u doit être continu ainsi que ses dérivées du premier ordre et admettre des dérivées secondes intégrables. Moyennant cela, on démontre que u est toujours fonction holomorphe en tout point intérieur.

$h(x)$. Ce sont là, évidemment, des *conditions initiales.* Mais, de plus, puisque la corde est attachée aux deux bouts, on doit avoir, à tout instant t, $u(0,t)=0$, $u(l,t)=0$, conditions qui sont des *conditions aux limites.*

On voit bien que, ici, x est, par essence, compris dans l'intervalle $(0,l)$: il n'y a, à priori, aucune raison pour que u ait un sens lorsqu'on donne à x une valeur extérieure à cet intervalle.

On notera qu'en faisant varier arbitrairement les fonctions g,h, on n'a pas, cette fois, l'intégrale générale, les conditions aux limites étant évidemment particulières. On la retrouverait, au contraire, en se donnant quelconques, et non plus nulles, les fonctions $u(0,t)$ et $u(l,t)$.

L'équation (e_1) régit également les vibrations de l'air dans un tuyau cylindrique sonore (moyennant l'hypothèse "des tranches"). Il est à noter que, dans ce dernier problème, rien n'empêche, théoriquement, de supposer le milieu indéfini dans les deux sens et, par conséquent, x variable de $-\infty$ à $+\infty$. Il n'y aura plus alors à introduire que des conditions initiales, à l'exclusion des conditions aux limites.

Ces premiers exemples suffisent pour mettre en évidence la distinction qui s'impose entre les deux sortes de conditions que l'on peut avoir à adjoindre à l'équation différentielle, et l'avantage que présente la dénomination de "conditions définies" pour désigner indistinctement les unes et autres. Toutefois, nous conserverons la locution de "données aux limites", commode par sa briévеté et qui se justifie si le *support* de ces données, c'est-à-dire, la ou les variétés le long desquelles les conditions définies sont imposées, est une frontière du domaine R_m dans lequel on cherche à résoudre le probléme.

4. Problèmes unilatéraux et problèmes bilatéraux. Le cas que nous venons de mentionner est d'ailleurs celui qui se présente le plus fréquemment en pratique. On peut toujours d'ailleurs s'y considérer comme placé. Si, en effet, une hypersurface portant tout ou partie des données est intérieure à R_m, on pourra divise ce dernier domaine en deux parties R'_m, R''_m entre lesquelles l'hypersurface en question formera cloison. Le problème *bilatéral* consistant à déterminer une fonction u dans R_m sera ainsi scindé en deux *problèmes unilatéraux*, à savoir la recherche de u dans R'_m et la recherche analogue dans R''_m: après quoi, on pourra se demander si les deux fonctions ainsi obtenues de part et d'autre de la cloison se "prolongent" l'une l'autre. Suivant les cas, on pourra ou non donner un sens à cette question.

Dans le problème de Dirichlet, nous avons dit qu'on se propose de déterminer, dans la région R_m intérieur à une certaine surface fermée, une fonction harmonique que l'on ne suppose pas, à priori, exister en dehors de R_m. A côté de ce problème *intérieur*, on a d'ailleurs souvent à se poser un problème *extérieur*, dont la nouvelle inconnue, assujettie également à prendre des valeurs données sur la surface frontière S, existera et devera être harmonique dans la région illimitée R'_m qui est extérieure à S, cette nouvelle inconnue devant, en outre, s'annuler à l'infini. Mais il faut noter que les solutions obtenues pour ces deux problèmes *ne se prolongent pas* l'une l'autre (au sens qui sera précisé un peu plus loin), même si les données sur S sont les mêmes de part et d'autre.

Dans le problème des cordes vibrantes (où le milieu que l'on étudie, à savoir la corde, est à une dimension, mais ou $m=2$, puisque le temps intervient), $x=0$ et $x=l$ sont, de par la nature de la question, des frontières. Si, comme il est commonde de le faire dans toutes ces théories, on figure schématiquement le temps par une coordonnée cartésienne supplémentaire—ici, une seconde coordonnée—, ces deux frontières seront figurées sur ce diagramme d'espace-temps (Fig. 0. 1), par deux parallèles à l'axe des t. Les données restantes, à savoir les conditions initiales, sont relatives à $t = 0$. On se propose précisément, en général, d éterminer, à l'aide de ces conditions initiales, le mouvement de la corde pour les temps *postérieurs* à cet instant $t = 0$, donc dans la régions R_2 du diagramme d'espace-temps (région laissée en clair sur la Fig. 0. 1) délimitée par le segment $(0, l)$ de l'axe des x et les deux demi-droites $x = 0$, $x = l$ parallèles à la direction positive de l'axe des t.

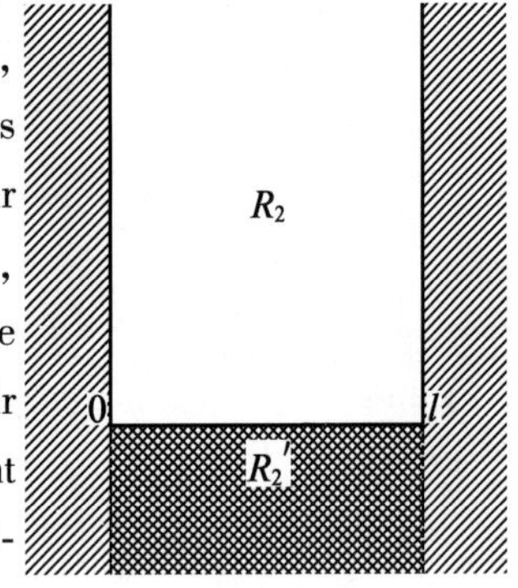

Fig.0.1

Mais rien n'empêcherait de rechercher aussi le mouvement pour des temps antérieurs à l'instant initial, c'est-à-dire de supposer que le mouvement a pu commencer avant $t = 0$: la portion correspondante R'_2 du diagramme d'espace-temps serait bornée par le même segment $(0, l)$ de l'axe des x et les deux parallèles négatives à l'axe des t (traits discontinus de la Fig. 0. 1). Il est clair que les deux mouvements ainsi déterminés, pour $t \leqslant 0$, et pour $t \geqslant 0$, n'en forment qu'un seul et, par conséquent, peuvent être, en ce sens, considérés comme se prolongeant l'un l'autre.

5. Diverses catégories de fonctions. L'équation différentielle (ordinaire ou aux dérivées partielles) s'écrit à l'aide d'une fonction (f au n°3, 1°; F au n°2). Quant aux conditions définies, elles introduisent des nombres donnés s'il s'agit d'une équation différentielle ordinaire, mais à leur tour, des fonctions si l'équation est aux dérivées partielles, ainsi qu'il apparait sur les exemples 2°, 3° du n°3.

Ces fonctions seront, en général, et sauf spécification contraire, supposées continues. Mais on aura, le plus souvent, à leur imposer des contitions plus restrictives que celles-là.

Une fonction sera dite *régulière* si elle est continue et admet des dérivées continues jusqu'à un certain ordre p. Cet ordre variera suivant la nature de la question et, souvent, nous ne nous occuperons pas de rechercher quel est celui qui est nécessaire pour la validité de nos solutions, nous contentant de constater qu'il existe une valeur de p répondant à cette condition.

On restreint encore beaucoup plus la généralité d'une fonction en la supposant *analytique*. On sait que la notion de fonction analytique admet deux définitions parfaitement équivalentes entre elles: 1° la fonction $f(x)$ d'une variable (réelle) x est dite *analytique* dans l'intervalle (a, b), si, x_0 étant un nombre quelconque de l'intervalle①, f admet, en x_0, des dérivées de tous les ordres, et peut être représentée pour x suffisamment voisin de x_0, par une série de Taylor ordonnée suivant les puissances de $x-x_0$ et dont le rayon de convergence est différent de 0. 2° La fonction $f(x)$ est analytique dans l'intervalle (a,b) si on peut définir f de manière qu'elle soit continue et dérivable, non seulement pour les points (réels) de l'intervale (a, b) mains aussi pour tout point $x=x'+x''i$ tel que x' soit intérieur à l'intervalle (a,b) et que la valeur absolue de x'' soit suffisamment petite. La théorie des fonctions de Cauchy montre que ces deux définitions sont équivalentes: Toutes deux peuvent évidemment être étendues au cas de plusieurs variables.

Une surface est dite régulière (analytique), si, au voisinage d'un quelconque de ses points, l'une-convenablement choisie-des coordonnées est fonction régulière (analytique) des autres.

Pour qu'une fonction $f(x)$ soit analytique dans un intervalle

---

① Souvent, les analystes ne cessent pas d'appeler une fonction "analytique", lorsque son domaine d'existence contient des points singuliers (pôles, pints essentiels, etc.).

ouvert (a,b) il ne suffit pas qu'elle admette des dérivées de tous ordres: il faut que ces dérivées satisfassent à une inégalité de la f<orme

$$|f^{(p)}(x)| < \frac{K}{R^p} p! \tag{1}$$

où K et R sont deux nombres positifs indépendants à la fois de x et de p, mais susceptibles de changer lorsqu'on passe d'une fonction f à une autre: cela est nécessaire, comme nous allons dire dans un instant. D'autre part, cette condition est suffisante si elle est supposée rempile dans tout intervalle, extrémités comprises: cela ressort de l'expression classique $\frac{1}{p!}(x-x_0)^p \cdot f^{(p)}[x_0+\theta(x-x_0)]$ du reste de la série arrêtée à un rang quelconque.

Brikhoff① a proposé d'appeler *hypercontinue* toute fonction qui admet des dérivées continues de tous ordres sans que celles-ci admettent une limitation de la forme (1). On connait des exemples classiques, sur lesquels nous aurons l'occasion de revenir, de fonctions hypercontinues sans être analytiques.

Pour qu'une fonction soit analytique, il faut évidemment que, dans l'inégalité (1), les nombres K et R soient indépendants de p pour toute valeur déterminée x_0 donnée à x, sans quoi les termes de la série de Taylor ordonnée suivant les puissances de $(x-x_0)$ ne tendraient pas vers zéro, mais il faut aussi qu'ils soient indépendants de x_0, du moins tant que cette valeur reste comprise dans un intervalle (a', b') strictement intérieur au premier. Cela peut se voir directement en raisonnant dans le domaine réel; mais il suffit, d'autre part, de remarquer

① *Acta Math.*, t. 43 (Voir particulièrement p. 670) Toutefois, Birkhoff réserve cette dénomination pour les fonctions qui ne cessent d'être holomorphes qu'en un point unique.

que R est le rayon d'un cercle de centre x_0 strictement intérieur à la région du plan complexe où f est holomorphe et que K est une borne supérieure de $|f|$ sur la circonférence de ce cercle ou sur n'importe quelle circonférence intérieure à celle-là, mais contenant x_0 à son intérieur.

Une fonction analytique qui dépend d'un ou plusieurs paramèéres est dite *uniformément analytique* par rapport à ces paramètres si, dans l'inégalité (1), les quantités K et R peuvent être assignées indépendamment de ceux-ci. On voit qu'une fonction analytique de x est toujours uniformément analytique par rapport à x. Mais si elle contient en outre d'autres paramètres α, $\beta,\cdots$, non seulement elle devra être continue par rapport à ces paramètres mais son développement uniformément convergent. Toutes ces notions s'étendent d'elles-mêmes aux fonctions de m variables, l'inégalité (1) étant remplacée (pour $m=2$ par exemple) par

$$\left|\frac{\partial^{p+q}f}{\partial x^p\partial y^q}\right|<\frac{K}{R_1^pR_2^q}p!\ q!$$

comme condition nécessaire et suffisante pour qu'une fonction hypercontinue soit analytique.

6. Fonctionnelles. Voisinage. Divers ordres de continuité. La solution u d'un problème tel que ceux que nous avons considérés au n°3 dépend évidemment des fonctions qui figurent dans les données, et non seulement de la valeur de chacune d'elles en tel point déterminé, mais de l'ensemble de ces valeurs dans tout un domaine. On dit que c'est une *fonctionnelle* des données (où ces données figurent comme "arguments").

En Calcul fonctionnel, on définit le *voisinage d'ordre* p, correspondant au nombre positif η, d'une fonction donnée $x_1(t)$ comme l'ensemble des fonctions $x(t)$ telles que

$$|x(t)-x_1(t)|<\eta,\ |x'(t)-x_1'(t)|<\eta,\ \cdots,|x^{(p)}(t)-x_1^{(p)}(t)|<\eta$$

quel que soit $t(a\leqslant t\leqslant b)$. Une fonctionnelle $F[x(\overset{b}{\underset{a}{t}})]$ est dite *continue d'ordre p* pour $x_1(t)$ si, étant donné un nombre positif ε, on peut trouver un nombre positif η tel que pour toute fonction $x(t)$ ayant voisinage d'ordre p, correspondant à η, avec la fonction $x_1(t)$, on ait $|F[x(\overset{b}{\underset{a}{t}})]-F[x_1(\overset{b}{\underset{a}{t}})]|<\varepsilon$.

Nous avons parlé d'une fonction d'une variable pour simplifier l'écriture; mais l'extension aux fonctions de plusieurs variables et aussi au cas où la fonctionnelle F dépend de plusieurs fonctions-arguments, est évidente.

Notons que le voisinage d'ordre p entre deux fonctions est plus restrictif qu'un voisinage d'ordre nul ou inférieur à p, mais que, au contraire, la continuité d'ordre p, pour une fonctionnelle, implique *moins* qu'une continuité d'ordre inférieur.

7. La notion de voisinage intervient déjà à propos d'une propriété bien connue dont nous aurons à tenir compte un peu plus loin.

On sait (théorème de Weierstrass) qu'une fonction simplement continue peut être approchée d'aussi près qu'on le veut par des fonctions analytiques, à savoir par des polynômes.

Or il y a plus: si la fonction $f(x_1,x_2,\cdots,x_m)$ dont il s'agit admet des dérivées continues jusqu'à un certain ordre p, le polynôme d'approximation peut être choisi de maniére à avoir avec f un voisinage (aussi étroit qu'on le veut, c'est-à-dire le nombre η qui figure dans les inégalités ci-dessus écrites ou dans leurs analogues à m variables étant arbitrairement petit) d'ordre égal à p, dans tout le domaine borné R_m dont on s'occupe. Plusieurs des méthodes de démonstration du théorème de Weierstrass peuvent être modifiées aisément de manière à donner le résultat plus complet que nous venons d'énoncer.

Il suffit, par exemple, d'introduire l'intégrale①

$$\prod_k \iint \cdots \int f(z_1, z_2, \cdots, z_m) P_k(z_1 - x_1, z_2 - x_2, \cdots, z_m - x_m) \mathrm{d}T \tag{2}$$

$$\mathrm{d}T = \mathrm{d}z_1 \mathrm{d}z_2 \cdots \mathrm{d}z_m$$

étendue à R_m, —laquelle est visiblement un polynôme par rapport aux x si P_k est lui-même un polynôme par rapport aux $(z_i - x_i)$—et dans laquelle ce polynôme P_k possède les propriétés suivantes:

1° Pour tout système fixe de valeurs de $Z_1, Z_2, \cdots, Z_m$ autre que $Z_1 = Z_2 = \cdots = Z_m = 0$, le polynôme positif $P_k(Z_1, Z_2, \cdots, Z_m)$ tend vers 0 avec $1/k$ ainsi que toutes ses dérivées jusqu'à l'ordre $p-1$, et cela uniformément tant que $Z_1^2 + Z_2^2 + \cdots + Z_m^2$ reste supérieur à un nombre fixe positif h^2 (aussi petit que l'on veut);

2° L'intégrale

$$\iint \cdots \int P_k(Z_1, Z_2, \cdots, Z_m) \mathrm{d}Z_1 \mathrm{d}Z_2 \cdots \mathrm{d}Z_m \tag{3}$$

étendue à un domaine fixe contenant l'origine (et dont la forme est indifférente en raison de 1°) tend vers 1.

Pour montrer que l'approximation de f par le polynôme (2) s'étend aux dérivées de tout ordre inférieur ou égale à p, c'est-à-dire à

$$D^q \prod_k = \frac{\partial^q \prod_k}{\partial x_1^{q_1} \partial x_2^{q_2} \cdots \partial x_m^{q_m}} q_1 + q_2 + \cdots + q_m = q \leqslant p$$

on commencera par calculer une telle dérivée en différentiant sous le signe intégral par rapport aux x ou, ce qui revient au même au facteur $(-1)^q$ près②, par rapport aux z. Ceci fait, on pourra, comme on le fait en Théorie du Potentiel et comme nous

① Tonelli, *Rend. Cir. Mat. Palermo* (t. XXXIX, 1910, p. 1-36).

② Ce changement de signe (pour q impair) est exactement compensé par celui qui est dù-aux intégrations par parties successives.

aruons à le faire plus loin, à intégrer par parties en appliquant aux dérivées ainsi introduites la formules de Green (Voir plus loin n°31): en opérant ainsi un nombre suffisant de fois, on remplace les dérivées de P_k par les dérivées correspondantes de f et on substitue, par conséquent, à la dérivée $D^q f$ l'intégrale

$$\iint\cdots\int D^q f P_k(z_1-x_1,z_2-x_2,\cdots,z_m-x_m)\,\mathrm{d}z_1\mathrm{d}z_2\cdots\mathrm{d}z_m$$

l'égalité ayant lieu à des termes de frontière près portant sur des dérivées de P_k jusqu'à l'ordre $q-1$ seulement. Ces termes tendant vers zéro avec $1/k$ en vertu de 1°, le raisonnement fait sur f s'applique de lui-même à $D^q f$.

Sous ces hypothèses, il est d'abord aisé de voir que, en un point quelconque ($x_1=a_1$, $x_2=a_2$, $\cdots$, $x_m=a_m$) de R_m, l'expression (3) tend, pour k infini, vers $f(a)$. Il suffit pour cela de tracer, de a comme centre, une sphère $\sum$ de rayon h assez petit pour que, à l'intérieur de cette sphère, la fonction f (qui est supposée continue) soit partout comprise entre $f(a)-\varepsilon$ et $f(a)+\varepsilon$. Dans $R_m-\sum$, l'intégrale (2) est infiniment petite① avec $1/k$ et aussi l'intégrale (3), à cause de 1°. Dès lors, (h étant fixé comme nous venons de le dire), l'intégrale (2) est, pour k trèá grand, compris entre $f(a)-\varepsilon'$ et $f(a)+\varepsilon'$, où ε' est un nombre supérieur d'aussi peu qu'on le veut à ε et, par conséquent, lui-même arbitrairement petit pour h suffisamment petit et k suffisamment grand.

On satisfait aux conditions 1° et 2° en prenant pour P_k le polynôme (polynôme de la Vallée-Poussin et Landau, généralisé par Tonelli)

---

① On suppose ici f et ses dérivées jusqu'à l'ordre p continues dans R_m *et sur sa frontière*, moyennant quoi on sait que ces quantités sont bornées et que la continuité est uniforme.

$$P_k(Z_1, Z_2, \cdots, Z_m) = \frac{1}{C_k}[1 - \lambda^2 \sum_i (z_i - x_i)^2]^k$$

où λ est l'inverse de la plus grande dimension de R_m et où le coefficient C_k est choisi de manière à rendre égale à l'unité l'intégrale (3) prise dans l'hypersphère de rayon $1/\lambda$ ayant son centre à l'origine①.

§2 PRÉCISIONS SUR LES CONDITIONS IMPOSÉES AUX SOLUTIONS

8. À l'exemple de Bôcher (dans les Leçons qu'il a professées à l'Université de Paris en 1917), nous aruons à préciser plus qu'on n'a eu, pendant longtemps, l'habitude de le faire, ce qu'on entend par "solution du problème".

1° Equation *indéfinie*. Sauf spécification contraire, elle devra être vérifiée en tout point intérieur à R_m, ce qui implique l'existence, en chaque point intérieur, de toutes les dérivées qui figurent dans cette équation.

Mais il en est autrement aux points frontières, où les dérivées en question peuvent fort bien cesser d'exister. Dans le problème de Dirichlet, où l'équation indéfinie introduit les dérivées du second ordre, on ne fait d'autre hypothèse sur les données aux limites que la simple continuité, et les méthodes classiques, dans le cas de la sphère par exemple, déemontrent l'existence d'une solution sous cette seule hypothèse.

2° *Conditions définies*. Dans le problème de Dirichlet

---

① $$C_k = \frac{\Omega_{m-1}}{\lambda^m}\int_0^1 (1-\rho^2)^k \rho^{m-1} d\rho = \frac{\Omega_{m-1}}{\lambda^m} \frac{k!\ \Gamma(\frac{m}{2})}{\Gamma(\frac{m}{2}+k+1)}$$

en désignant par Ω_{m-1} l'aire de la sphère de rayon 1 dans l'espace à m dimensions.

(n°3,2°), la fonction inconnue u est assujettie à prendre une valeur donnée en chaque point a de la frontière F du domaine R_3 (ou R_m); et, comme le montre déjà l'exemple des cordes vibrantes, ce type de conditions définies est l'un de ceux qui se présentent le plus fréquemment.

Painlevé[①] a observé qu'il y a là une locution dont la signification demande à être précisée.

8a. Principes préliminaires concernant les points-frontières. Tout d'abord nous allons apprendre à écarter certains cas oô la question dont il s'agit perd son sens. A cet effet, rappelons des définitions et des principes aujourd'hui classiques.

Un point p pris dans un domaine $\mathscr{D}$ tel que nous les considèrerons est dit *intérieur* (et nous le supposerons implicitement tel quand nous parlerons de points pris dans $\mathscr{D}$) lorsqu'il est le centre d'un cercle (s'il s'agit du plan) ou d'une sphère ($m=3$) ou d'une hypersphère ($m\geqslant 3$) dont tous les points appartiennent à $\mathscr{D}$; de même, un point n'appartenant pas à $\mathscr{D}$ est dit *extérieur* s'il est le centre d'un cercle, d'une sphère ou d'une hypersphère dont aucun point n'appartient à $\mathscr{D}$.

Tout domaine sur lequel nous opèrerons sera, sauf spécification contraire, supposé *d'un seul tenant* (ou connexe) c'est-à-dire que deux points intérieurs quelconques P et Q pourront être joints par un trait continu dont tous les points seront intérieurs.

Un point a sera au contraire dit appartenir à la *frontière* s'il est à la fois limite de points intérieurs et limite de points extérieurs. Il y aura donc alors des points intérieurs dont la distance à a sera moindre qu'un nombre positif arbitrairement donné et par conséquent si $\mathscr{D}$ est d'un seul tenant des points intérieurs

① *Thése*, Paris, 1887, p. 19-22.

dont la distance à a aura une valeur donnée quelconque inférieure à une certaine quantité r_0.

8b. Nous nous bornerons, dans ce qui va suivre maintenant, aux domaines dont l'existence résulte du théorème classique de Jordan qui, pour nous placer d'abord dans le plan, concerne les lignes décrites par un point (x,y) dont les coordonnées sont des fonctions continues d'un paramètre variable t

$$x=x(t),y=y(t)$$

Une telle ligne est *sans point double* si l'on a[①]

$$x(t_1),y(t_1)\neq x(t_2),\ y(t_2) \text{ lorsque } t_1\neq t_2 \qquad (4)$$

Si, t variant de t_0 à T, l'hypothèse (4) est vérfiée sans exception, on a un *arc de Jordan.* Si, au contraire

$$x(t_0)=x(T),y(t_0)=y(T)$$

notre hypothèse (4) subsistant pour tout autre couple de valeurs t_1,t_2, la ligne dont il s'agit est dite *fermée* et s'appellera *courbe de Jordan* ou encore *contour de Jordan.*

Il est à remarquer que les hypothèses que je viens d'indiquer sont implicitement supposées dans les considérations du n° précédent, lesquelles s'appliquent à des lignes le long desquelles un point a est supposé varier continument. Cela posé, le théorème de Jordan consiste en ce que:

Un *contour de Jordan divise le plan en deux régions et en deux seulement*: l'une intérieure bornée, l'autre extérieure s'étendant à l'infini.

Le fait que le plan est ainsi divisé en deux régions seulement implique que chacune d'elles est d'un seul tenant, c'est-à-dire que deux points quelconques pris dans la région intérieure $\mathscr{D}$, par exemple, peuvent être joints par unchemin continu

① $x(t_1),y(t_1)\neq x(t_2),\ y(t_2)$ signifie que l'on n'a pas à la fois $x(t_1)=x(t_2)$ et $y(t_1)=y(t_2)$

entièrement intérieur à $\mathscr{D}$.

Le fait que le contour considéré S divise le plan en $\mathscr{D}$ et $\mathscr{D}'$ implique que ces deux régions ont S pour frontière commune.

8c. Ce théorème bien connu étant admis, soit a un point déterminé quelconque de S, lequel pourra, sans diminution de la généralité, être supposé correspondre à la valeur o du paramètre t. Il existera des points de $\mathscr{D}$ dont la distance r à ce point a sera aussi petite que l'on voudra. On peut même dire que toute circonférence de centre a et de rayon inférieur à la valeur maxima L de r contient des points intérieurs.

Ce que nous venons de dire du domaine intérieur $\mathscr{D}$ vaut également (sauf la condition d'inégalité $r \leqslant L$) pour le domaine extérieur $\mathscr{D}'$ complémentaire du premier: lui aussi (comprenant par hypothèse des points aussi voisins qu'on le veut de a) contiendra des points et, par conséquent, un ou plusieurs arcs de toute circonférence Γ de centre a. Une telle circonférence (si son rayon est compris entre 0 et L) coupera donc nécessairement S lui-même.

Soit, sur Γ, un point intérieur a_1 : l'arc γ de Γ qui contient a_1, limité à ses intersections b, b' (les plus rapprochées[①] de a_1) avec le contour, sera intérieur à $\mathscr{D}$. Avec chacun des deux arcs S_1, S_2 en lesquels les deux points b, b' divisent le contour, le premier étant celui auquel appartient le centre a, il formera un contour de Jordan, de sorte qu'on aura ainsi divisé $\mathscr{D}$ en deux domaines partiels, l'un $\mathscr{D}_1$ de contour $\gamma+S_1$, l'autre $\mathscr{D}_2$ de contour $\gamma+S_2$. Les valeurs β, β' de notre paramètre t correspondant aux points b, b' tendront d'ailleurs vers zéro avec r (sans quoi elles conduiraient à un point double de S).

① Les fonctions $x(t), y(t)$ étant continues, l'ensemble des points d'intersection du contour S avec Γ est fermé.

(Aucun des deux arcs S_1, S_2 du contour ne rencontre l'arc de cercle b, b' autre part qu'en ses extrémités; mais chacun d'eux peut rencontrer ailleurs la circonférence Γ dont cet arc fait partie).

Sur S_2, r ne s'annule pas et, par conséquent, reste supérieur à un certain minimum $\rho=\rho(r)$, de store qu'une circonférence Γ' de centre a et de rayon $<\rho$ ne peut avoir aucun point commun avec S_2 ni, par conséquent (puisqu'elle contient des points extérieurs) avec $\mathscr{D}_2$. Un point intérieur P tel que $aP<\rho$ appartient donc toujours à $\mathscr{D}_1$ et non à $\mathscr{D}_2$.

Soient P,Q deux tels points. Puisque $\mathscr{D}$ est connexe, P et Q peuvent être joints par un trait continu entièrement intérieur, pour lequel, sans diminuer la généralité, on peut prendre une ligne brisée à côtés rectilignes. Je dis que *l'on peut remplacer ce chemin par un autre dont tous les points soient à une distance de a au plus égale à* r, rayon de Γ.

Si, en effet, le chemin primitivement tracé ne satisfaisait pas à cette condition, c'est qu'il franchirait la circonférence Γ en un point m de γ. Ce faisant, il entrerait dans l'aire $\mathscr{D}_2$. N'ayant aucun point commun avec S, il ne pourrait sortir de $\mathscr{D}_2$ qu'en coupant à nouveau l'arc bb' en un point n. On remplacera alors la partie située dans $\mathscr{D}_2$ par l'arc de cercle $m\ n$. Opérant ainsi pour chacune des rencontres, en nombre fini①, de notre chemin avec γ, le résultat annoncé sera obtenu.

8d. Points accessibles. Puisque a est point-frontière, $\mathscr{D}$ contient à son intérieur une suite de points

① C'est l'avantage que nous trouvons à prendre pour chemin $P\ Q$ une ligne brisée rectiligne.

$$P_1, P_2, \cdots, P_n, \cdots$$

dont les distances à a tendent vers zéro. Mais nous avons à nous demander si a est *accessible*, c'est-à-dire s'il peut être joint à un point intérieur quelconque par un chemin continu dont *tous* les points sont à des distances de a tendant vers zéro.

Dans le cas où nous nous plaçons en ce moment-aire limitée par un coutour de Jordan—, nous pouvons répondre par l'affirmative. En effet, deux points successifs P_i, P_{i+1}, étant à une distance de a moindre qu'une quantité r_i, peuvent être joints l'un à l'autre par un chemin dont tout point p est tel que $ap \leqslant r_i$. Ceci peut être réalisé pour toutes les valeurs dé l'indice i, les r_i tendant vers zéro.

C. Q. F. D.

8e. Points inaccesibles. Telles sont les conclusions auxquelles nous parvenons pour des aires limitées par des courbes de Jordan. Mais la réciproque du théorème de Jordan *n'est pas vraie*. Elle est, par exemple, en défaut pour l'aire $\mathscr{D}$ définie par les inégalités

$$x>0, \ y>\sin(1/x)$$

car l'ordonnée de la courbe $y=\sin(1/x)$, qui consitue une partie de la frontière, ne varie pas continument pour $x=0$.

Une autre partie de la frontière est constituée par le segment $(-1,+1)$ de l'axe des y; or tout point a intérieur à ce segment est *inaccessible* par l'intérieur de $\mathscr{D}$: car sur tout chemin intérieur à $\mathscr{D}$ et tel que x tende vers zéro, y doit prendre une infinité de fois des valeurs égales et même intérieures à -1: par conséquent, un point (x, y) suivant un tel chemin ne saurait avoir le point a pour limite(Fig. 0. 2).

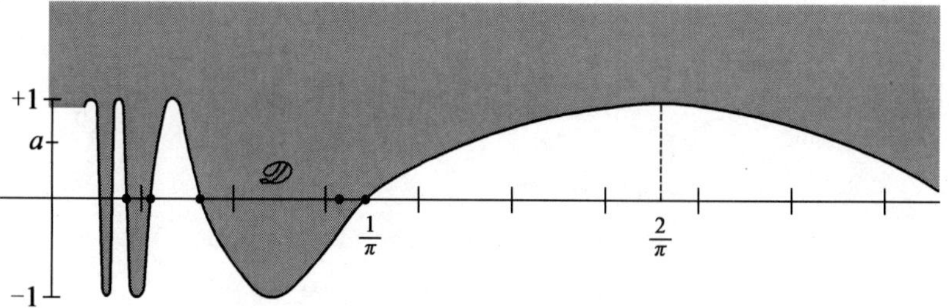

Fig. 0.2

Pour de tels points inaccessibles, les conditions aux limites dont nous avons parlé cesseraient d'avoir un sens.

8f. L'hypothèse dont nous avons parlé peut encore être en défaut d'une autre façon, à savoir par la présence de points doubles ou multiples. D'une manière générale, un point accessible d'une frontière l'est évidemment par une infinité de chemins; mais, dans le cas d'une courbe de Jordan, ces chemins ne sont pas essentielement distincts les uns des autres, en ce sens qu'ils sont réductibles les uns des autres par déformation continue. Or il peut en être autrement ainsi qu'il arrive par exemple pour un domaine constitué par un cercle C de centre O dont on retranche tous les points d'un rayon Oa (Fig. 0.3).

Si on retranche du cercle C, non plus le rayon Oa, mais l'ensemble de petites régions circulaires homothétiques les unes aux autres par rapport à a extérieures les unes aux autres et qui tendent vers a (Fig. 0.3 bis), le point a sera, dans le domaine ainsi défini, accessible par une infinité de chemins essentielle-

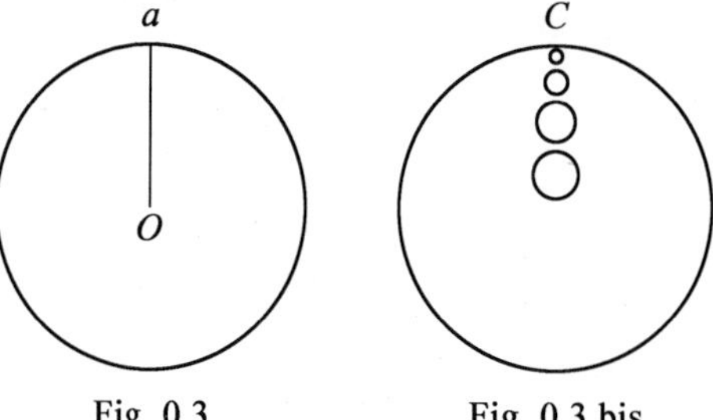

Fig. 0.3　　Fig. 0.3 bis

ment distincts, c'est-à-dire irréductibles les uns aux autres.

L'examen des problèmes aux limites, particulièrement du problème de Dirichlet[①], pour des domaines présentant des singulartiés telles que celles dont nous venons de parler, ouvre un nouveau chapitre auquel d'importants travaux ont été consacrés. Nous ne l'entreprendrons pas et, dans ce qui va suivre, nous admettrons que la frontière du domaine est un contour de Jordan.

9. Les mêmes questions se posent dans les espaces à nombre quelconque m de dimensions; mais elles supposent au préalable la définition d'une variété de Jordan et, en particulier, celle d'une variété close[②].

Il y a lieu de faire d'abord abstraction du fait qu'une telle variété peut être figurée ("immergée") dans l'espace supposé, par exemple, euclidien. Nous supposerons (ceci s'étendant sans difficulté aux hyperespaces) qu'il s'agit de l'espace ordinaire et d'une variété deux fois étendue.

Nous considérerons dans un plan, un point—"point paramétrique"—de coordonnées u, v, —variable dans une certaine aire σ bornée et simplement connexe à laquelle sera dit correspondre un élément E de notre variété.

Dans un second plan, d'une manière analogue, soit prise une aire (toujours bornée et simplement connexe) σ_1 lieu d'un

---

① Voir plus loin Livre Ⅱ.

② le mot "clos" est employé à la place du mot "fermé", qui a reçu un autre sens depuis l'apparition de la théorie des ensembles.

point (u_1, v_1) définissant un second élément E_1. Entre celui-ci et le premier, nous pourrons définir une "contiguïté" d'après laquelle, entre une portion σ' de σ et une portion σ_1' de σ_1 (voir la figure) sera donnée une correspondance ponctuelle, supposée parfaitement biunivoque: si on transporte σ_1, après transformation ponctuelle convenable, sur le plan de σ, de manière à faire coïncider σ_1' avec σ', chaque point coïncidant avec son correspondant, nous conviendrons que ces deux points correspondants et, par conséquent, les deux aires σ', ${\sigma'}_1$ ne sont pas considérées comme distinctes et les éléments contigus pourront être considérés comme n'en formant qu'un seul: dans la frontière de cet élément unique cesseront alors de figurer les arcs de nos deux contours primitifs qui entrent dans les contours de σ' et de σ_1'.

Un troisième élément E_2 pourra être contigu, au sens qui vient d'être dit, à E ou à E_1 ou à tous deux (qu'il existe ou non une partie commune à la fois à tous les trois); et, continuant ainsi, on pourra former une variété dont la frontière, s'il y en a une, sera formée en empruntant au contour de chaque élément partiel le ou les arcs qui ne sont intérieurs à aucun des autres.

Si, finalement, moyennant la convention précédente, il ne subsiste aucune frontière, la variété sera dite close.

Il pourra arriver, et il arrivera très généralement qu'il existe deux ou plusieurs éléments non contigus entre eux. Mais on supposera en général que la variété est *d'un seul tenant*, c'est-à-dire qu'on peut passer par contiguïtés successives d'un élément quelconque à un autre élément quelconque①.

9a. Une même variété peut d'ailleurs, d'une infinité de manières, se représenter sous la forme qui vient d'être indiquée. On ne considèrera pas, en effet, deux variétés V et V' de l'espéce précédente comme distinctes s'il existe entre les points paramétriques qui engendrent V et ceux qui engendrent V' une correspondance parfaite et continue telle que tout point paramétrique de V donne le même point (x, y, z) que son correspondant de V' avec la convention de considérer comme identiques les points accouplés. La décomposition de V' en éléments n'est d'ailleurs pas supposée correspondre à celle de V, le nombre même de ces éléments pouvant être différent.

9b. Ajoutons une restriction qui sera toujours supposée implicitement. Quel que soit P pris sur V, on admettra que, parmi les diverses décompositions de V en éléments que l'on peut effectuer conformément à la conception précédente, il en existe au moins une dans laquelle P n'appartient qu'à un seul élément.

Cette hypothèse est distincte des précédentes: certaines

① Il y a en général lieu de convenir d'une *orientation* pour un élément quelconque E, orientation qui donnera un sens de parcours pour toute petite courbe fermée entourant n'importe quel point intérieur à E. Il est alors supposé que deux éléments contigus devront avoir même orientation dans leur partie commune (ou dans leurs parties communes). Toutefois il pourrait arriver que cette convention ne puisse être maintenue sans conduire à une contradiction, en fournissant pour un élément E^n (éventuellement confondu avec E lui-même) deux orientations inverses suivant que, partant d'un élément initial oriénté E, on passe de E à E^n par deux suites différentes de contiguïté (variété unilatère); mais cette éventualité ne se présentera pas pour nous dnas la suite, et on démontre: (Brouwer, *Math. Annalen*, t. LXXI . p. 332-323) qu'elle est exclue pour une varrété close et qui, immergée dans l'espace ordinaire, est sans point multiple.

variétés admissibles sans elle sont exclues par son intervention①.

9c. Supposons maintenant que soient formées trois fonctions x, y, z de u et de v, la correspondance entre le point (x, y, z) et le point paramétrique (u, v) étant parfaitement univoque et continue. L'élément E donnera ainsi une portion de surface; et c'est ce que l'on appellera *immerger* cet élément dans l'espace ordinaire.

Si un autre élément E_1 est contigu à E, les points correspondants seront supposés fournir un seul et même point (x, y, z). Il peut arriver que deux ou plusieurs points paramétriques *essentiellement* distincts (c'est à dire non correspondants au sens précédent) donnent aussi un même point (x, y, z): ce dernier sera alors dit un point *double* ou *multiple* de la surface définie à l'aide de notre variété.

9d. Cela posé, dans un espace à un nombre quelconque m de dimensions le théorème de Jordan s'énoncera ainsi:

Une variété $(m-1)$ fois étendue, d'un seul tenant, close et sans point multiple, située dans l'espace euclidien E_m, divise cet espace en deux régions et deux seulement: une extérieure (qui s'étend à l'infini) et l'autre intérieure.

Ce théorème a été démontré dans sa première partie par Lebesgue②; la seconde a été établie par M. Brouwer③.

Il est évident, comme nous l'avons vu dans le cas du plan, que la réciproque de ce théorème n'est pas vraie: la frontière

---

① Exemple: le volume du cône ayant pour base une couronne circulaire. Un tel volume est décomposable en parties ayant chacune une correspondance parfaite avec un tétraèdre; mais le sommet du cône doit être commun à deux au moins de ces parties. Dans l'espace E_4, l'hypercône ayant pour base un tore de l'espace ordinaire E_3 et pour sommet un point quelconque extérieur à E_3 offre une circonstance semblable.

② *C. R. Acad. Sc.* t. CLII, p. 841(27 Mars 1911).

③ *Math. Ann.* t. XXI, p. 314(1912).

d'un domaine n'est pas nécessairement une surface de Jordan; des figures analogues à celles du n° **8e** (Fig. 0.2) comportant des points inaccessibles sont aisées à former.

10. Considérant un domaine limité par une frontière S dont tout point sera supposé accessible (ce qui exclura le genre de singularités considéré au n° **8e** ou même en principe, au n° **8*f***) comment se poseront, pour $\mathscr{D}$ et pour S, les problèmes aux limites?

La condition, imposée à une inconnue u, de prendre une certaine valeur déterminée au point frontière a suppose implicitement une continuité de u en ce point; sans quoi, rien n'empêcherait d'assigner, par converntion, à $u(a)$ la valeur donnée, sans que celle-ci ait à avoir aucun rapport avec ce qui se passe aux points intérieurs voisins. De même, dans le problème des cordes vibrantes, la condition, pour u, de s'annuler pour $x=0$ n'aurait pratiquement aucun sens si elle ne signifiait pas que u (pour une valeur constante quelconque de t) doit tendre vers zéro avec x.

Si l'on donne à cette continuité le sens habituel, elle signifiera que $u(x)$ doit tendre vers $u(a)$ de quelque manière que le point intérieur x tende vers le point frontière a. Or, Painlevé observe que, si cela doit avoir lieu en chaque point a d'un certain arc $p\ q$ de la frontière (en nous plaçant pour, fixer les idées, dnas le cas de $m=2$, R_2 étant donc une aire plane), *il faut que les valeurs données aux divers points a varient continument avec a.* En effet, la condition que $u(x)$ tend vers $u(a)$ sur tout chemin intérieur à R_2 et aboutissant en a implique qu'a tout nombre positif ε doit correspondre un cercle C de centre a et de rayon assez petit pour que, dans toute la régions commune à ce cercle et à l'intérieur, de R_2, on ait $|u(x)-u(a)|<\varepsilon$ (sans quoi, on pourrait trouver une suite de points intérieurs à R_2 et de plus en plus rapprochés de a, où l'inégalité précédente ne serait pas vérifiée, et un chemin passant successivement par ces divers points contreviendrait à l'hypothèse). Dès lors, si a'est un point de la frontière intérieur à C, $u(a')$ doit, lui aussi, différer de $(u)a$ de moins de ε puisque (la continuité ayant lieu en a') il est la limite de valeurs $u(x)$ qui vérifient cette condition.

Nous nous sommes placés dans le cas du plan, mais la démonstration est évidemment valable quel que soit le nombre des dimensions.

De plus, la continuité, du moment qu'elle a lieu en tout point de l'arc frontière $p\,q$ (ou d'une portion S' de la surface ou de l'hypersurface frontière), doit être uniforme par rapport à a dans toute portion de frontière strictement intérieure à $p\,q$ (elle serait uniforme sur toute la frontière, si elle devait avoir lieu sur toute cette frontière)①.

On peut aussi avoir à imposer à une fonction inconnue $u = u(x,y)$ la condition qu'une de ses dérivées, $\frac{\partial u}{\partial x}$ par exemple, prenne une valeur donnée u'_{x_0} en un point $a(x_0, y_0)$ de S. Ceci peut d'ailleurs s'entendre de deux façons différentes:

ou bien on demande que u'_{x_0} soit la dérivée partielle de u en a, c'est-à-dire la limite de $\frac{u(x_1)-u(x_0)}{x_1-x_0}$ lorsque le point (x_1, y_0), tout en restant compris dans $\mathscr{D}$, tend vers (x_0, y_0) le long d'une parallèle à l'axe des x;

---

① Inversement (Painlevé, *loc. cit*, lemme I, p. 19), si la relation $u(x)\to u(a)$ est supposée non sur tout chemin aboutissant en a, mais sur un chemin déterminé L, un tel chemin correspondant à chaque position de a sur la frontière et variant continument avec a (L étant, par exemple, la normale en a si la surface frontière a un plan tangent variant continument); si en outre la convergence de $u(x)$ vers $u(a)$ le long de L est uniforme par rapport à a: alors nous sommes ramenés aux conditions de l; noncé précédent, c'est-à-dire que $u(x)\to u(a)$ le long de tout chemin intérieur aboutissant en a et que les valeurs $u(a)$ sont continues en a le long de la frontière.

ou bien on demande que la fonction $\frac{\partial u}{\partial x}(x,y)$ tende vers u'_{x_0} lorsque le point (x, y) tend vers a, au sens précédemment précisé, cette seconde forme de la condition impliquant d'ailleurs la première (sans que la réciproque soit vraie) en vertu du théorème des accroissemnts finis.

§3 PROBLÈMES BIEN POSÉS

11. La question qui nous occupe, dans ce qui va suivre, est de savoir quelles sont les conditions qui, jointes à l'équation différentielle, sont propres à déterminer la solution. À cet effet, nous nous laissons guider par l'analogie avec les équations en termes finis: les problèmes que nous considérerons comme *correctement posés* devront se comporter comme les systèmes d'équations algébriques ou transcendantes dans lesquels le nombre des équations est égal à celui des inconnues.

Dans le cas le plus simple, celui d'équations du premier degré, le système de n équations à n inconnues admet une solution et une seule, sauf si son déterminant est nul, cas où il y a en général impossibilité. Mais une autre circonstance importante caractérise ce cas spécial (et dispense souvent, pour le reconnaitre, du calcul du déterminant). La condition que le déterminant soit nul exprime aussi, comme on sait, que le système rendu homogène en remplaçant par zéro les termes tout connus admet des solutions non nulles; il en résulte qu'alors le système non homogène, s'il admet une solution, en admet plusieurs (et même une infinité).

Ainsi, le fait que, dans un système du premier degré, le nombre des équations est égal au nombre des inconnues correspond à la double circonstance suivante:

1° le système admet en général une solution et une seule;

2° exceptionnellement, il peut être impossible et indéterminé; mais alors (les coefficients restent les mêmes et les termes tout connus variant), il ne cesse d'être impossible que pour devenir indéterminé.

Autrement dit, si l'on peut s'assurer que le système ne peut admettre plus d'une solution, on est, par là même, assuré qu'il en admet une.

Il est remarquable que, sous cette derniére forme, le fait subsiste lros même que les équations ne sont plus du premier degré. C'est ce qu'exprime un beau théorème dû à Schoenflies. Soit

$$(E)\qquad \begin{cases} f_1(x_1,x_2,\cdots,x_m)=X_1 \\ f_2(x_1,x_2,\cdots,x_m)=X_2 \\ \vdots \\ f_m(x_1,x_2,\cdots,x_m)=X_m \end{cases}$$

un système de relations définissant les quantités X comme fonctions continues dex x dans un certain volume v de l'espace à m dimensions: volume que nous supposons, pour simplifier, limité par une surface d'un seul tenant. Supposons que, dans le volume en question et sur sa frontière, on ne puisse pas avoir simultanément les m égalités

$$f_i(x_1,x_2,\cdots,x_m)=f_i(x_1',x_2',\cdots,x_m')\quad (i=1,2,\cdots,m)$$

si l'on n'a pas $x_1=x_1'$, $x_2=x_2'$, $\cdots$, $x_m=x_m'$. Soit alors S la surface (nécessairement fermée et sans point double) que décrit le point X lorsque le point x décrit la frontière s de v. Les équations (E) auront[①] dans v, une solution toutes les fois (et alors seulement)

① Plusieurs démonstration ont été proposées pour ce théorème. En réalité, il n'est pas distinct du théorème bien connu de Jordan sur les courbes et les surfaces fermées: voir Schoenfiles, *Gött. Nachr.* 1899 et notre Note ajoutée au second volume de l'*Introduction à la théorie des fonctions d'une variable* de J. Tannery. L'analogie entre ce cas général et le cas linéaire n'est que partielle. Le système, en cessant d'être possible, ne devient pas, en général, indéterminé: il admet seulement plus d'une solution. C'est ce que l'exemple de l'équation unique $x^2=X$ suffit à mettre en évidence.

que le point X sera à l'intérieur de S. D'après celà, si les équations (E) ont, en x, une solution intérieure à v, pour une position déterminée A du point X, elles en auront également une pour tout point X suffisamment voisin de A.

11a. Ce que nous venons de dire fait prévoir la possibilité de cas d'exception que nous aurons à considérer comme consirmant la règle. À de tels cas d'exception près, un problème bien posé, dans le domaine des équations en termes finis, devra admettre un nombre limité de solutions (ou, tout au plus, une infinité de solutions isolées les unes des autres), s'il est linéaire, on peut préciser qu'il admettra une solution et une seule, autrement dit, qu'il sera possible et déterminé. Lorsque nos problèmes différentiels seront, enx aussi, linéaires①,—c'est le cas qui, jusqu'ici, se présente le plus généralement dans les applications② et qui nous occupera de préférence—, nous nous inspirerons de ce même point de vue et, par conséquent, pour savoir si nous devrons considérer un problème (plus spécialement un problème linéaire) ou plutôt un type général de problèmes comme correctement posé, nous devrons étudier à son egard les questions suivantes:

① C'est-à-dire lorsque, l'équation différentielle étant linéaire les conditions définies contiendront elles mêmes au premier degré la fonction inconnue et ses dérivées.

② Il y a là, en réalité, un fait provisoire destiné à se modifier, dans la plupart des cas, lorsque le développement de la Science conduria à opérer sur des phénomènes physiques de plus en plus intenses. Déjà, en Hydrodynamique, l'equation des ondes sphériques n'est obtenue sous sa forme linéaire qu'en se bornant à la considération de *petits mouvements* d'une masse aérienne. De même, la Théorie de la Relativité renonce, pour les vitesse comparables à celles de la lumière, à considérer la quantité de mouvement comme linéaire et la force vive comme quadratique par rapport à la vitesse; de même pour la loi de Mariotte, etc.

1° le problème est-il possible?

2° est-il déterminé?

(les deux propriétés pouvant exceptionnellement tomber en défaut, mais dans des conditions semblables à celles qui ont été rappelées dans le n° précédent).

11b. Mais, de plus, nous exigerons[①] *que la solution soit continue par rapport aux données*, c'est-à-dire qu'une altération très petite de celles-ci ne puissent changer que très peu les valeurs de la fonction inconnue.

Cette condition doit être nécessairement remplie si le problème est relatif à un phénomène physique quelconque. S'il en est ainsi, en effet, les données aux limites correspondent aux valeurs de certaines grandeurs que l'on peut supposer mesurées physiquement. Or "physiquement" veut toujours dire approximativement. Le champ éléctrique qui règne autour d'un conducteur, les écarts et les vitesses initiales des points d'une corde vibrante ou des molécules d'air d'un tuyau sont connus avec des erreurs que le perfectionnement de nos moyens d'observation pourra diminuer, mais ne pourra jamais annuler. Si ces très petites erreurs suffisaient à changer du tout au tout la marche du phénomène étudié, ce serait comme si les données aux limites n'étaient pas connues du tout; ou mieux encore, le phénomène paraîtrait, dans de telles conditions, régi non par des lois

① Cette troisième condition, que nous avions fait intervenir dans nos *Leçons sur le problème de Cauchy* (Voir p. ex. Edition française, n°s 20 bis, 21), mais sans la considérer comme appartenant à la définition des problèmes bien posés, y a été incorporée avec juste raison, par MM. Hilbert et Courant (*Methoden der math. Phys.* t. II). Nous adoptons ici leur point de vue.

précises, mais par le hasard①.

Toutefois, nous avons vu au n°6 que, pour une fonctionnelle, il existe différents ordres de continuités possibles par rapport à la ou aux fonctionsarguments. Dans l'étude mathématique qui va suivre, nous n'exigerons pas toujours la continuité d'ordre zéro et nous nous contenterons éventuellement d'une continuité d'un ordre supérieur p.

Ainsi, aux deux questions formulées plus haut, nous joindrons la suivante:

3° la solution du problème est-elle fonctionnelle continue, tout au moins d'un ordre convenable p, par rapport aux données?

Après s'être assuré que le problème est bien posé, il restera à calculer la solution dont l'existence est ainsi connue, et les méthodes qui servent à cette seconde partie de la recherche, c'est-à-dire au calcul de la solution, sont souvent les plus propres à la démonstration de son existence ou de son unicité. C'est, toutefois, dans cette mesure seulement que nous l'exposerons, car la première comporte à elle seule un exposé étendu. Encore en laisserons nous de côté, en raison de leur importance même, certaines parties qui, par le puissant développement qu'elles ont prises dans les recherches contemporaines, suffiraient à nous occuper exclusivement si nous voulions les traiter en détail; nous nous contenterons, à leur égard, d'indications sommaires sur les résultats les plus saillants.

① C'est la conception même de hasard telle que nous la devons à Poincaré: il y a hasard lorsqu'un phénomène semble, pour nos sens, ne pas être déterminé par ses conditions initiales, grâce au fait qu'il est notablement modifié par une altération insensible de celles-ci.

CHAPITRE I
DONNÉES DE CAUCHY EN GÉNÉRAL

§1 ÉQUATIONS DIFFÉRENTIELLES ORDINAIRES

12. Soit un système d'équations linéaires destinées à déterminer une ou plusieurs fonctions inconnues d'une variable indépendante unique x. Si le nombre p de ces équations est inférieur à celui n des inconnues, il y aura en général indétermination① (quoique, éventuellement une implssibilité puisse se présenter, par suite de contradictions entre certaines de ces équations). Si p est supérieur à n, il y aura impossibilité sauf relations très particulières entre les conditions ainsi imposées.

Nous supposerons donc qu'il s'agit d'un système de n équations à n inconnues, en excluant les cas adherrants qui, pour $p=n$, pourraient faire apparaitre des circonstances analogues à celles que nous venons de mentionner. D'une manière précise, chaque fonction inconnue $y_i(x)$ figurant avec ses dérivées jusqu'à un certain ordre q_i, nous supposerons le système résolu par rapport à ces dérivées de l'ordre le plus élevé. Dès lors, en introduisant, comme inconnues auxiliaires, les dérivées d'ordre$<q_i$ de chaque x_i, nous voyons qu'on ne diminuera pas la généralité en considèrant le système comme forgé d'équations toutes de premierordre. Le nombre de ces équations,

① Rappelons que ce cas des "équations diophantiennes" pose un remarquable problème qui, pour le cas d'une équation du premier ordre à deux fonctions inconnues, a reçu de Monge, dès 1784, une très belle solution et qui, depuis, a fait l'objet de travaux de Darboux, de Goursat, de Hilbert et, finalement, de E. Cartan, ces derniers d'une importance décisive.

égal au nombre des inconnues tant anciennes que nouvelles, sera d'ailleurs égal à l'ordre du système primitif, en appelant ainsi la somme des indices de dérivation que nous avons désignés par q_i.

Nous pouvons donc nous borner à étudier les systèmes de la forme

$$(S_n) \quad \mathrm{d}y_i/\mathrm{d}x = f_i(x, y_1, y_2, \cdots, y_n) \quad (i=1,2,\cdots,n)$$

Indépendamment l'un de l'autre, Cauchy et Weierstrass ont énoncé leur *théorème fondamental d'existence* d'après lequel (moyennant des conditions de régularité à préciser), à chaque système de $n+1$ *nombres* a, $b_1, b_2, \cdots, b_n$ *correspond*, pour le système précédent, une solution et une seule satisfaisant, pour $x=a$, aux n conditions $y_i(a)=b_i$.

Première démonstration: *Calcul des limites* ou Méthode des *majorantes*. —Cauchy et Weierstrass, chacun de son côté, forment la solution cherchée en la développant par la formule de Taylor suivant les puissances de $(x-a)$. A cet effet, les n fonctions f_i sont supposées elles mêmes holomorphes par rapport aux variables dont elles dépendent au voisinage des valeurs a, b_i attribuées à ces quantités, c'est à dire admettant chacune un développement à rayons de convergence non nuls suivant les puissances de $(x-a)$ et des (y_i-b). Un développement de cette espèce admet toujours un développement "majorant" de la forme

$$\frac{M}{\left(1-\frac{X}{r}\right)\left(1-\frac{Y}{\rho}\right)} \tag{1}$$

ceci voulant dire que, dans le développement du second membre, chaque coefficient est positif et supérieur à la valeur absolue du coefficient (réel ou complexe) correspondant dans le développement du premier membre.

La connaissance des développements des f_i permet de calculer, pour $x=a$, non seulement les valeurs numériques des dérivées premières des y (comme le montrent immédiatement les équations (1), mais celles de toutes les autres dérivées, de manière à former, pour les y_i, des développements en séries entières suivant les puissances de $(x-a)$.

Il reste à s'assurer que ces développements sont convergents dans un cercle de rayon non nul. Pour cela, Cauchy (c'est ce qu'il appelle "Calcul des limites") remarque que le calcul que nous venons d'indiquer, procédant par additions et multiplications à l'exclusion de tout signe moins *admet la majoration*, c'est à dire qu'effectua d'une part sur des données A, d'autre part sur d'autres données (forcément positives) B majorantes des premières, il donne, dans le second cas, des résultats qui majorent ceux du premier.

De tels calculs majorants seront obtenus en remplaçant chacun des f_i par une majorante de la forme (1). L'équation

$$(S') \qquad Y' = \frac{M}{\left(1-\frac{X}{r}\right)\left(1-\frac{Y}{\rho}\right)}$$

à laquelle ils conduisent, s'intégrant immédiatement (elle est à variables séparées), admet une solution holomorphe, nulle avec X et dont le développement en série entière a le rayon de convergence

$$R = r\left(1-\mathrm{e}^{-\frac{\rho}{2Mr}}\right) \tag{2}$$

Dès lors, les séries qui développent les y suivant les puissances de $(x-a)$ convergent également pour $|x-a| \leqslant R$ et, comme elles satisfont aux conditions initiales, elles répondent à la question.

Le théorème est donc démontré, moyennant l'hypothèse d'analyticité faite sur les fonctions f. Il est, de plus, établi que la solution formée comme nous venons de le dire est la seule solution *holomorphe* satisfaisant aux conditions du problème. Mais on ne peut affirmer, jusqu'à nouvel ordre, qu'il n'existe pas d'autres solutions non holomorphes. Cette dernière conclusion va ressortir de la deuxième catégorie de méthodes.

13. Dans cette deuxième sorte de méthodes, la fonction f n'est plus supposée analytique. Il est, dés lors, spécifié jusqu'à nouvel ordre (ce qui n'était pas nécessaire dans la méthode précédente) que l'on se borne au domaine réel, tant pour x que pour y.

Le nombre des inconnues et des équations étant, pour simplifier l'écriture, pris égal à un, ces hypothèses faites sur f seront très larges. Pour commencer, astreignons uniquement la fonction f à être continue pour toutes les valeurs réelles de x, y satisfaisant aux inégalités

$$|x-a| \leqslant \alpha,\quad |y-b| < \beta \tag{3}$$

Nous désignerons par M le maximum des valeurs de $|f|$ dans ce domaine. Complètant l'hypothèse précédente comme nous allons le dire dans un instant, Cauchy a donné, pour former la solution du problème ci-dessus énoncé, une méthode dont le principe avait d'ailleurs été indiqué par Euler et dont l'exposé a été précisé par Lipschitz.

Méthode de Cauchy-Lipschitz

Par analogie avec la définition classique de l'intégrale définie, Cauchy divise l'intervalle (a, x) en intervalles partiels

$$(\xi_0 = a,\ \xi_1),\ (\xi_1,\ \xi_2),\ \cdots,\ (\xi_{p-1},\ \xi_p = x)$$

dans chacun desquels on prendra, pour les inconnues, des fonctions linéaires de x, de manière à tracer, au lieu de la courbe cherchée, une ligne brisée. Si, pour simplifier l'écriture, on se borne à l'équation unique

$$(S_1) \qquad \mathrm{d}y/\mathrm{d}x = f(x, y)$$

(la méthode s'étendant d'elle-même au cas d'un nombre quelconque d'inconnues et d'équations), le premier côté, partant du point initial donné (a, b), a pour équation

$$y = b + f(a, b)(x - a)$$

et se termine à l'abscisse ξ_1; le second côté, partant de l'extrémité (ξ_1, η_1) du premier, a pour équation

$$y=\eta_1+f(\xi_1,\eta_1)(x-\xi_1)$$

et ainsi de suite.

Reste à savoir ce que deviendra l'ordonnée y_{appr}. de la ligne brisée ainsi formée lorsqu'on augmentera indéfiniment le nombre des points de division de manière que tous les intervalles partiels tendent vers zéro. La réponse peut être donnée dès que la fonction f satisfait, par rapport à y, à une hypothèse supplémentaire, à savoir la *condition de Lipschitz*,① laquelle s'écrit ici

$$|f(x,\bar{y}-f(x,y))|<k|\bar{y}-y| \tag{4}$$

pour toute valeur de x et pour tout couple de valeurs de $\bar{y}$, y satisfaisant aux inégalités (3).

On remarquera que, pour cela, une condition suffisante, mais non nécessaire, est l'existence d'une dérivée $\left|\frac{\partial f}{\partial y}\right|$ bornée $(\leqslant k)$.

Moyennant l'hypothèse précédente, on démontre que l'ordonnée de la ligne brisée converge uniformément vers une

---

① Voir, pour les détails, les cours d'Analyse, p. ex. Goursat, *Cours d'Analyse* t. Ⅱ, chap. 1 392, p. 382 de l'édition de 1918.

Plus généralement, nous pourrons avoir éventuellement à imposer à une fonction f une "condition de Hölder", soit, pour une fonction d'une variable

$$|f(\bar{y})-f(y)|<k|\bar{y}-y|^{a}$$

k étant encore une constante positive et α étant un exposant compris entre o (exclu) et 1 inclus. Pour $\alpha=1$, on a la condition de Lipschitz; pour $\alpha<1$, une condition moins restrictive. En remplaçant, dans la discussion qui va suivre, la condition de Lipschitz par une condition de Hölder avec $\alpha<1$, l'unicité de la solutiion ne serait plus assurée.

S'il s'agissait d'une fonction f de n variables, la quantité $|\bar{y}-y|$ devrait être remplacée, comme nous l'avons déjà indiqué, par

$$|\bar{y}_1-y_1|+|\bar{y}_2-y_2|+\cdots+|\bar{y}_n-y_n|$$

limite, solution de l'équation différentielle.

La méthode s'étend d'elle-même au système général à n équations et n inconnues (S_n), la condition de Lipschitz s'écrivant alors

$$|f_i(x,\overline{y_1},\overline{y_2},\cdots,\overline{y_n})-f_i(x,y_1,y_2,\cdots,y_n)|$$
$$<k(|y_{\overline{1}}-y_1|+|y_{\overline{2}}-y_2|+\cdots+|y_{\overline{n}}-y_n|)\quad(i=1,2,\cdots,n)$$

k constant. (4′)

14. Le même résultat peut être obtenu par la méthode des approximations successives dûe à E. Picard.

Remarquons que le problème posé pour l'équation (S_1) équivaut à la résolution de l'équation intégrale

$$y=b+\int_a^x f[\xi,y(\xi)]\,\mathrm{d}\xi \tag{5}$$

laquelle remplace à la fois l'équation différentielle et la condition définie. Grâce au fait que la limite supérieure d'intégration est variable et coincide avec la valeur de x qui figure au premier membre, cette équation peut être considérée (en un sens élargi du mot) comme appartenant au type de Volterra: elle en possède le caractère essentiel, à savoir la rapidité de convergence de la série (9) par laquelle nous allons représenter la solution. Pour résoudre cette équation (5), commençons par y substituer n'importe quelle fonction continue dans $(a-\alpha,a+\alpha)$ et y prenant des valeurs toutes comprises entre $b-\beta$ et $b+\beta$. Cette "fausse position" arbitraire étant choisie, posons d'abord

$$y^{(1)}(x)=b+\int_a^x f[\xi,y^{(0)}(\xi)]\,\mathrm{d}\xi \tag{6}$$

Si la quantité $y^{(1)}$ ainsi calculée *satisfait, pour chaque valeur de x dans l'intervalle considéré, à la seconde condition* (3), ce sera à son tour une fausse pôsition possible et nous porrons poser

$$y^{(2)}(x)=b+\int_a^x f[\xi,y^{(1)}(\xi)]\,\mathrm{d}\xi \tag{7}$$

puis de même

$$\begin{cases} y^{(3)}(x) = b + \int_a^x f[\xi, y^{(2)}(\xi)]\,\mathrm{d}\xi \\ \vdots \\ y^{(m)}(x) = b + \int_a^x f[\xi, y^{(m-1)}(\xi)]\,\mathrm{d}\xi \\ \vdots \end{cases} \tag{7a}$$

Sous la même réserve qui vient d'être spécifiée, ces opérations peuvent être prologées indéfiniment. À l'aide de la condition de Lipschitz, on trouve de proche en proche

$$|y^{(m)}(x) - y^{(m-1)}(x)| < Mk^{m-1}\frac{(x-a)^m}{m!} \tag{8}$$

La série

$$y^{(0)} + (y^{(1)} - y^{(0)}) + (y^{(2)} - y^{(1)}) + \cdots + (y^{(m)} - y^{(m-1)}) + \cdots \tag{9}$$

dont les termes sont fonctions continues de x dans un intervalle convenablement choisi, tend donc uniformément vers une fonction continue $y(x)$ dans le même intervalle. Cette fonction $y(x)$ est bien une solution de (5), puisque, d'après un théorème classique, et tenant, compte de la condition de Lipschitz, on a

$$\lim_{m \to \infty} \int_a^x f[\xi, y^{(m)}(\xi)]\,\mathrm{d}\xi = \int_a^x f[\xi, y(\xi)]\,\mathrm{d}\xi$$

15. Si nous remplaçons la fausse position $y^{(0)}$ par une autre $Y^{(0)}$, les quantités successives (7)-(7a) seront remplacées par d'autres $Y^{(m)}(m = 1, \cdots, \infty)$; mains par les mêmes calculs que ci-dessus, on aura

$$|Y^{(m)}(x) - y^{(m)}(x)| \leqslant Mk^m \frac{(x-a)^m}{m!} \to 0$$

donc $\lim Y^{(m)} = \lim y^{(m)}$.

Ainsi le résultat est indépendant de la fausse position de départ.

Or si cette dernière se trouvait solution de l'équation intégrale, toutes les quantités successives $y^{(m)}$ et, par conséquent, la limite y elle-même seraient identiquement égales à $y^{(0)}$. Il en résult que la solution du problème est *unique*.

16. Tout ce qui précède est subordonné à la supposition que les valeurs de $y^{(1)}$ vérifiaient la seconde inégalité (3) du moment qu'il en était ainsi pour $y^{(0)}$ (ceci entrainant, de proche en proche, le même fait pour tous les $y^{(m)}$, autres fausses positions possibles). Reste à savoir si cette supposition est juste: on va voir que la question peut dépendre de l'intervalle dans lequel on fera varier x.

L'inégalité en question n'intervient que par l'intermédiaire de la condition de Lipschitz (la condition $|f|<M$ n'affectant pas la convergence des opérations). Dès lors deux cas sont à distinguer:

Ⅰ). Il peut arriver que, x étant quelconque dans l'intervalle $(a-\alpha, a+\alpha)$, f soit continu en y avec une condition de Lipschitz (4) vérifiée quel que soit y, et *cela avec une valeur fixe de k*. C'est ce qui a lieu, par exemple, si l'équation est linéaire. On peut alors prendre simplement $(x-a)\leqslant\alpha$.

Ⅱ). Il peut en être autrement, soit que f cesse d'être défini, d'être continu ou de vérifier une condition de Lipschitz par rapport à y lorsque $|y-b|$ surpasse β, soit qu'une pareille condition ait lieu quelque soit y, mais avec un coefficient k qui augmente indéfiniment avec y. Dans ce cas, il faudra astreindre tous les $y^{(m)}$ définis par les relations (7)-(7a) à rester dans l'intervalle $(b-\beta, b+\beta)$ et c'est ce dont on sera sûr si $|x-a|$ est pris inférieur non seulement à α, mais aussi à β/M.

Il est remarquable que ces deux bornes α, β/M soient précisément les mêmes auxquelles on est conduit pour $|x-a|$ dans la méthode de Cauchy-Lipschita, qui impose également les mêmes conditions à f.

Remarque. Le résultat obtenu par la méthode de Picard ou par celle de Cauchy-Lipschitz comprend comme cas particulier celui que donnait le Calcul des limites de Cauchy, puisqu'une fonction holomorphe satisfait toujours à la condition de Lipschitz (celle-ci étant vérifiée dès qu'il existe une dérivée du premier ordre finie).

On peut même, lorsque f est holomorphe, se passer du développement en série entière pour démontrer que la solution est elle-même holomorphe. Il suffit d'appliquer la méthode de Picard non plus dans un intervalle réel, mais dans un domaine complexe.

Il est également démontré par ce qui précède que (fait resté douteux au n°**12**) cette solution holomorphe est la seule① qui prenne la valeur b pour $x=a$.

17. On sait que l'intervalle de définition de notre solution y peut le plus souvent être remplacé par d'autres plus étendus en employant une méthode classique de prolongement analytique. Dans l'intervalle $(a-\alpha', a+\alpha')$, où $\alpha' = \min.\ (\alpha, \beta/M)$, soit choisie une autre valeur ξ_1 de x. En désignant par η_1 la valeur correspondante de y, on peut, en opérant sur ξ_1, η_1 comme nous l'avons fait sur a, b, définir y dans un nouvel intervalle $(\xi_1-\alpha_1$,

① Dans le plan complexe, les intégrations (7), (7a) sont à exécuter le long d'un chemin L joignant les points a, x——chemin arbitraire à l'intérieur de la région (3) du moment où f sera supposée holomorphe dans cette région et $y^{(0)}$ holomorphe pour $|x-a| \leqslant \alpha$. Dans l'inégalité (8), le rôle de $|x-a|$ sera dévolu à la longueur λ du chemin. On a remarqué que, dès lors, le raisonnement pourrait laisser échapper des solutions y dont la valeur b serait atteinte le long de chemins aboutissant en a, mais d'une longueur infinie. Fuchs (Cf. Picard, *Traité d'Analyse*, t. Ⅱ, p. 313) avait évoqué à cet égard un exemple, celui de l'équation différentielle

$$\mathrm{d}y/\mathrm{d}x = -y^2/x$$

dont l'intégrale générale est $y = 1/\log x + C$. de sorte que y peut tendre vers zéro en même temps que x si le point d'affixe x tourne une infinité de fois autour de l'origine. Mais cet exemple n'est pas pertinent, car l'origine est un point singulier pour l'équation précédente. (Il n'est d'ailleurs pas exact qu'un chemin de cette nature soit nécessairement de longueur infinie: le contraire aura lieu pour un chemin composé alternativement de segments de rayons et d'arcs de cercles, si les rayons de ceux-ci forment une série convergente).

$\xi_1+\alpha_1$), lequel débordera en général le premier; et on pourra continuer ainsi de proche en proche.

Ces extensions successives ne seront arrêtées que par la présence d'un *point singulier* de y, c'est à dire d'une valeur de x au voisinage de laquelle M ou k augmente indéfiniment; et cette circonstance ne se présentera qu'avec le cas Ⅱ) du n°**16**.

Elle est donc exclue dans le cas d'une équation linéaire, raison pour laquelle les points singuliers d'une équation linéaire ne sont autres que les points singuliers des coefficients (celui de la dérivée de l'ordre le plus élevé étant réduit à i'unité).

18. En réalité, la condition de Lipschitz, dont nous avons eu à nous servir, n'est pas nécessaire pour affirmer l'existence d'une solution. En toute hypothèse, en effet ou, du moins sous la seule hypothèse que $f(x,y)$ soit continue, on peut affirmer, sinon que *toutes* les lignes brisées de Cauchy-Lipschitz tendent vers une position limite, du moins qu'il en est ainsi pour *une certaine suite* convenablement choisie d'entre elles (c'est à dire que, pour cette suite particulière, l'ordonnée correspondant à une valeur déterminée quelconque de x dans l'interalle où nous nous plaçons tend vers une limite, et cela uniformément par rapport à x): c'est ce qu'on exprime en disant que l'ensemble des-lignes brisées de Cauchy-Lipschitz est compact (Fréchet) ou encore normal(Montel)① C'est ce qu'on va démontrer à l'aide d'un principe qui revêt une importance chaque jour croissante dans les théories dont nous nous occupons ici, principe qui complète le théoréme classique de Bolzano-Weierstarass d'après lequel toute famille bornée de points en nombre infini sur une droite ou dans un espace à un nombre fini quelconque de dimensions admet des points d'accumulation, c'est à dire est compacte au sens

① Voir la note suivante.

précédent[①].

Ce théorème ne s'applique pas dans la question actuelle (non plus que dans d'autres que nous allons avoir à examiner) où il ne s'agit plus d'une famille de *points*, mais d'une famille de *lignes* ou, ce qui revient au même, d'une famille de *fonctions*. Cherchons, avec Ascoli[②] et Arzela[③], dans quelle mesure on peut l'étendre à ces nouvelles conditions. On procède en deux temps:

Ⅰ. Soient d'abord des fonctions dont l'argument, au lieu d'être une variable continue, soit un élément P_m pris dans un certain ensemble dénombrable

$$(E) \qquad\qquad P_1, P_2, \cdots$$

(p. ex. des fonctions définies uniquement pour les valeurs entières de la variable, telles que les considère l'Arithmétique). Il y aura, par hypothèse, une suite infinie S de pareilles fonctions $U^{(n)}$ dont chacune prendra, sur chaque P_n, une valeur déterminée $U_m^{(n)}$.

Au premier élément P_1 de l'ensemble (E) correspondent des valeurs numériques $U_1^{(1)}$, $U_1^{(2)}$, $\cdots$ des fonctions $U^{(n)}$. Celles-ci auront, d'après Bolzano-Weierstrass, une valeur d'accumulation $U_1^{(\infty)}$: autrement dit, notre suite de fonctions comprend une suite partielle

$$S' \qquad\qquad U^{(1)}, U'^{(2)}, U'^{(3)}, \cdots$$

qui converge en P_1 et dont nous pouvons même ne retenir que les termes, y compris $u^{(1)}$, tels que $|\mathrm{U}'^{(n)} - \mathrm{U}'^{(\infty)}| < 1$. Nous

① Dans la conception de M. Montel, on admet l'existence de points-limites à l'infini, moyennant quoi on peut énoncer le théorème sans avoir besoin de l'hypothèse que le point variable reste compris dans un domaine (linéaire. plan ou spatial) limité en tous sens. Sur ce point, la notion de normalité introduite par M. Montel diffère de celle de compacité employée par M. Fréchet. C'est cette dernière qui interviendra dans le cas actuel.

② *Memorie Acc. Lincei*, t. XⅧ, 1883.

③ *Memorie Acc. Bologna*, série 5, t. Ⅷ, 1883.

pouvons aussi, pour simplifier la notation, réduire S *à* S'. Comme, ainsi réduite, la suite comprend encore ∞ fonctions, les valeurs de ces dernières en P_2 admettront encore une valeur d'accumulation et S' comprendra une suite partielle S'': $u^{(1)}$, $u^{(2)}$, $U''^{(3)}$, $\cdots$ convergent en P_2 vers une limite $U''^{(\infty)}$ de manière que, dès le second terme $U''^{(2)} = u^{(2)}$, on ait $|U''^{(n)}_2 - U''^{(\infty)}| < 1/2$ (l'inégalité $|U''^{(n)}_1 - U'^{(\infty)}_1| < 1$ restant acquise); et ainsi de suite. Finalement, la suite

$$u^{(1)}, u^{(2)}, \cdots$$

convergera dans tout l'ensemble (E).

Le théorème de Bolzano-Weierstrass s'étend donc complètement à toute suite infinie de fonctions bornées dans leur ensemble① définies dans un ensemble dénombrable. Une telle suite est nécessairement compacte.

Ⅱ. La conclusion précédente est valable quelle que soit la nature des éléments (E) en dehors desquels il n'était pas jusqu'à présent supposé que les fonctions U existent. Supposons maintenant que les U soient des fonctions de variables continues, par exemple d'une variable x susceptible de décrire un intervalle (a, a'). Dans cet intervalle, nous pourrons choisir une suite dénombrable partout dense: par exemple celle des valeurs commensurables de la variable.

Les fonctions f données seront supposées bornées dans leur ensemble. De plus nous les supposerons non seulement continues, mais *équicontinues*, c'est à dire que l'inégalité

$$|U^{(n)}(x'') - U^{(n)}(x')| < \varepsilon$$

ε étant un nombre positif arbitrairement petit, aura lieu moyennant

① C'est à dire dont les valeurs absolues ont une borne supérieure commune à elles toutes.

$$|x''-x'|<\delta$$

la quantité positive δ pouvant être assignée lorsqu'on donne ε, *indépendamment de l'indice n.*

Dans ces conditions, si nous avons, par la méthode précédente, formé avecles $U^{(n)}$ une suite qui converge pour toutes les valeurs (E) de x, *cette suite convergera pour toute valeur de x dans l'intervalle considéré et définira une fonction continue dans cet intervalle.*

x_0 étant une valeur déterminée quelconque de x comprise dans notre intervalle soit à démontrer que l'on aura $|U^{(n)}(x_0)-U^{(n')}(x_0)|<\varepsilon'=3\varepsilon$. pour toutes les valeurs de n et de n' à partir d'un entier N assignable dàs que l'on donne ε. Par hypothèse, il existera des x' distants de x_0 de moins de δ, donc tels que $|U^{(n)}(x')-U^{(n)}(x_0)|<\varepsilon$ quel que soit p. Si p et q sont pris (d'après notre première partie) de manière que $|U^{(n)}(x')-U^{(n')}(x')|<\varepsilon$, on aura bien, entre $U^{(n)}(x_0)$ et $U^{(n')}(x_0)$, l'inégalité annoncée.

La continuité de la fonction limite ainsi obtenue ressort également de ce qui précède.

19. Pour appliquer ce résultat aux lignes brisées L de Cauchy-Lipschitz ou aux approchées successives de Picard, il nous suffira de nous assurer que les coordonnées de ces lignes sont: 1° bornées dans leur ensemble; 2° fonctions équicontinues de x.

Le premier fait a lieu nécessairement dès que l'on convient de se borner à un intervalle au plus égal à β/M (notation du n°**16**). Le second est une conséquence du premier, du moment que f est supposée bornée.

20. Il faut au contraire une restriction supplémentaire pour affirmer que la solution est unique. En l'absence de toute restriction, il peut se présenter des "points de Peano" par chacun desquels passent plusieurs courbes-solutions.

Un exemple assez général est connu classiquement à cet égard: c'est celui de la *solution singulière*, cans lequel l'intégrale générale

$$F(x,y,C)=0$$

de i'équation donnée, C étant la constante arbitraire d'intégration, admet une enveloppe. Cette dernière étant tangente à chaque enveloppée, c'est à dire aux diffèrentes lignes de la famille précédente, chacun des points de contact appartient à deux lignes solutions de l'équation, savoir l'enveloppe et l'enveloppée.

Mais il y a plus: i'équation différentielle

$$f(y',x,y)=0$$

que l'on déduit de l'équation générale précédente en éliminant C entre cette équation et celle que l'on en déduit par différentiation totale, admet dans ces conditions, non pas deux, mais *une infinité* de courbes-solutions passant par le point de contact O entre l'enveloppe dont nous venons de parler et une enveloppée quelconque (voir la figure ci-contre). On obtient en effet une telle solution, si, à un arc OO' d'enveloppe, on adjoint, au delà du opint O', une portion de l'enveloppée qui a O' pour point le contact. En général, comme on s'en rend compte à l'examen de la figure, l'ensemble des courbes-solutions issues de O ainsi obtenues recouvre toute la région comprise entre l'enveloppe et l'enveloppée tangente en O. (Fig. 1. 1)

Lavrentieff (*Math. Zeitschr.*,)T. XXIII, 1925 p. 197) a formé une équation différentielle qui présente des points de Peano dans tout un carré. Par chacun de ces points, on voit tout d'abord qu'il passe deux courbes-solutions; et on en déduit, en raisonnant comme nous venons de le faire, qu'on peut remplacer "deux" par "une infinité".

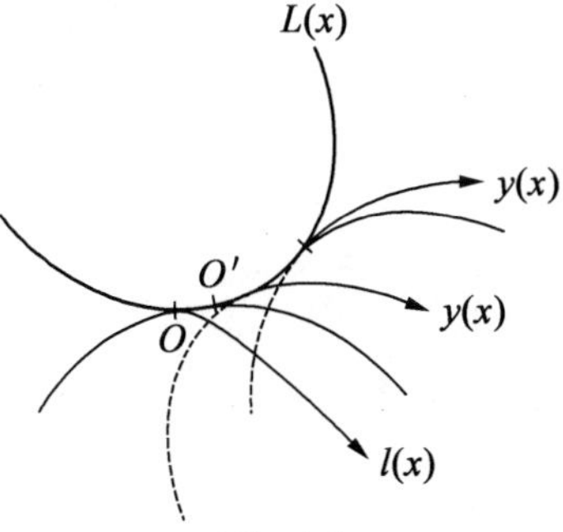

Fig. 1.1

20a. Moyennant quelles propriétés de la fonction f peut-on affirmer que la courbe-solution passant par un point donné (a,b) est unique? On peut, avec Osgood[①], indiquer une condition suffisante très générale d'unicité. Pour que cette équation ne puisse admettre plus d'une solution $y(x)$ qui prenne la valeur b pour $x=a$, il suffit que la fonction f vérifie, quels que soient x et y, *l'inégalité*

$$|f(x,\bar{y})-f(x,y)|<\omega(\bar{y}-y)$$

où la fonction paire et positive $\omega(\eta)$ est telle que l'intégrale

$$\int_0 \frac{\mathrm{d}\eta}{\omega(\eta)}$$

soit infinie (la condition de Lipschitz correspondant à $\omega(u)=k(u)$.

Soient, en effet, $\bar{y}$ et y deux solutions de l'équation, prenant la même valeur b pour $x=a$, et désignons par η la différence (nulle en a) $\eta=\bar{y}-y$. On a

$$\mathrm{d}\eta/\mathrm{d}x=f(x,\bar{y})-f(x,y)$$

donc, d'aprés l'hypothèse

$$\mathrm{d}\eta/\mathrm{d}x<\omega(\eta)$$

ou

① *Monatshefte fiir Math*, *und Phys.*, t. IX, 1898, p. 331.

$$\frac{\mathrm{d}x}{\mathrm{d}\eta} > \frac{1}{\omega(\eta)}$$

La quantité, fonction de η

$$\int_{\eta}^{c} \frac{\mathrm{d}\eta}{\omega(\eta)}$$

où c est une constante arbitraire que nous pourrons prendre supérieure en valeur absolue aux valeurs que peut prendre η dans notre cas actuel, est finie pour $c\eta > 0$, mais augmente indéfiniment pour $\eta \to 0$.

Soient maintenant x_0 une valeur de la variable indépendante pour laquelle nous voulons démontrer que η ne peut être différent de 0; x', une autre valeur de x-comprise entre a et x_0-telle que η reste encore différent de 0 dans l'intervalle (x', x_0). On aura entre les valeurs η_0 et η' de η pour $x = x_0$, x', l'inégalité

$$x_0 - x' > \int_{\eta'}^{\eta_0} \frac{\mathrm{d}\eta}{\omega(\eta)}$$

L'intervalle contenant x_0 et où η garde son signe sans s'annuler se termine à gauche à une valeur a' de x (la valeur a ou une autre) en laquelle η s'annule. Or si l'on fait $x' = a'$, l'inégalité précédente implique une contradiction, puisque le second membre devient infini tandis que le premier reste fini.

C. Q. F. D

20b. Une autre condition suffisante a été obtenue peu après par Tonelli et Bompiani[①]: *il suffit, pour que la ligne-solution passant en un point arbitrairement donné (a, b) soit unique, que $f(x, y)$ soit, pour chaque valeur firxe de x, fonction non croissante de y.*

Supposons en effet, comme tout à l'heure, η différent de zéro-par exemple, positif-pour $x = x_0$ et restant tel dans

① *Rendic. Acc. Lincei*, t. 16(1925), pp. 272, 288.

l'intervalle (x', x_0), étant encore supposé que $a \leqslant x' < x_0$. L'inégalité $\bar{y}>y$ entrainera, d'après notre hypothèse, $f(x,\bar{y}) - f(x,y) = \mathrm{d}\eta/\mathrm{d}x<0$; par conséquent, η ira en croissant lorsque x décroîtra de x_0 à x'. Il est donc impossible qu'il devienne nul pour la valeur de x que nous avons appelée a'.

Les deux condtions suffisantes d'Osgood et de Tonelli sont manifestement distinctes l'une de l'autre, cnacune d'elles pouvant être remplie sans que l'autre le soit. On peut former, comme l'a fait M. Montel①, des types de conditions suffisantes les comprenant toutes deux.

20c. Quant à la condition de continuité par rapport aux données que nous nous sommes imposée au n° **11b** elle est également remplie. Ce fait a été établi pour la première fois, pour le cas analytique, par Poincaré, au tome I des *Méthodes nouvelles de la Mécanique Céleste* (la solution étant même, dans ce cas, fonction holomorphe, non seulement de x, mais de x_0, y_0). La démonstration est encore aisée dans les conditions plus générales où nous nous sommes placés aux n^{os} **13 ~ 14**. Si, en effet, on connait une borne supérieure du coefficient k de la condition de Lipschitz (4), valable quels que soient x_0, y_0 au moins dans un certain domaine de variation, la série (9) à laquelle conduit la méthode de Picard sera uniformément convergente par rapport à x_0, y_0 dans ce domaine, et, par conséquent (puisque tous ses termes sont continus), définira une fonction continue. Plus généralement, on peut supposer que f contienne (continument), outre x, y, un paramètre λ: si k peut être choisi indépendant de ce paramètre, la solution sera une fonction continue de x_0, y_0, λ.

De ce qui précède, il importe de retenir-ce qui avait été

① *Bull. Sc. Math.*, t. L(1926).

perdu de vue jusqu'à une date assez récente-que malgré leur analogie de forme, les résultats obtenus par le Calcul des limites d'une part, par les méthodes des n^{os} **13 ~ 14** de l'autre, ne sont nullement équivalents, les hypothèses faites sur f étant très différentes de part et d'autre.

§ 2 THÉORÈME DE CAUCHY-KOWALEWSKI

21. Si, des équations différentielles, nous passons aux équations aux dérivées partielles, il y a évidemment lieu de prévoir des possibilités beaucoup plus variées. Comme le montrent les exemples 2°,3° du n° **3**, le support des données ne sera plus constitué par un certain nombre de points, mais par des surfaces (ou des lignes), dont la forme pourra éventuellement jouer un rôle important, et pareillement, ces données elles-mêmes seront des fonctions d'une ou de plusieurs variables dont la nature sera susceptible d'influer plus ou moins notablement sur les propriétés du problème. Ces circonstances ont été aperçues par les géomètres du XIXe siècle; qui n'ont cependant pas, comme nous le verrons, attribué toute leur importance aux différences qui existent entre les questions dont nous allons nous occuper et celles que nous avons examinées dans les n^{os} qui précèdent.

Demandons nous, avec Cauchy et Weierstrass①, quel sera, dans le cas de m variables indépendantes, le problème analogue à celui que nous avons étudié dans les n^{os} précédents. Nous supposons encore le nombre des équations égal à celui des inconnues. Observons-et ceci montre déjà combien de circonstanc-

① Voir la note (e), p. 11 de nos *Leçons sur le Problème de Cauchy*, Paris, Hermann, 1932.

es nouvelles peuvent, cette fois, se présenter—qu'on peut avoir à se placer dans d'autres hypothèses①. Bornons nous cependant à celle-ci. Nous considérerons à part l'une des variabl^{s}s soit $x_m = x$. Cauchy envisage les systèmes (ce qu'on peut appeler systèmes *normaux*) dans lesquels la résolution ait pu être opérée par rapport aux dérivées relatives à x d'ordre égal, pour chaque inconnue, à l'ordre le plus élevé auquel cette inconnue figure dans le système, soit, en désignant par $u^{(1)}, u^{(2)}, \cdots, u^{(n)}$ des fonctions inconnues

$$\frac{\partial^{r_i} u^{(i)}}{\partial x^{r_i}} = f_i(x_1, x_2, \cdots, x_{m-1}, x, u^{(1)}, u^{(2)}, \cdots, u^{(n)}, p^{(l)}_{h_1 h_2 \cdots h_m})$$

où les fonctions f_i peuvent contenir les variables indépendantes x, les u eux mêmes et leurs diverses dérivées partielles $p^{(l)}_{h_1 h_2 \cdots h_m} = \dfrac{\partial^h u^{(l)}}{\partial x_1^{h_1} \partial x_2^{h_2} \cdots \partial x_{m-1}^{h_{m-1}} \partial x^{h_m}}$ d'ordre au plus égal, pour chaque inconnue $u^{(i)}$, à l'ordre auquel elle figure dans le système et à l'exclusion de la dérivée qui figure au premier membre correspondant (en sorte que, pour chaque $u^{(l)}$, les sommes $h = h_1 + h_2 + \cdots + h_m$, dans chacun des f_i, doivent être au plus égales à r_l et les h_l, plus petits que r_l).

Pour un tel système, le *problème de Cauchy* consiste à déterminer une solution en se donnant, pour $x = x_m = a$ et en fonction des autres variables $x_1, x_2, \cdots, x_{m-1}$, les valeurs

$$p_k^{(i)} = \frac{\partial^k u^{(i)}}{\partial x^k}(x_1, x_2, \cdots, x_{m-1}, a)$$
$$(i=1,2,\cdots,n; k=0,1,\cdots,r_i-1) \qquad (10)$$

① Un exemple classique est fourni par l'équation aux différentielles totales à trois variables, c'est-à-dire par le système des deux équations $z'_x = X(x,y,z)$, $z'_y = Y(x,y,z)$ destinées à déterminer l'unique fonction inconnue z de x, y, et qui admettent une infinité de solutions communes moyennant une condition d'intégrabilité bien connue.

des dérivées $p_k^{(i)}$ pour toutes les valeurs de k inférieures à r_i. Le théorème d'existence correspondant affirme que ce "*problème de Cauchy*" *admet, au voisinage d'un système déterminé* $a_1, a_2, \cdots, a_m$ *de valeurs des variables indépendantes, une solution et une seule holomorphe par rapport à ces variables, du moment que chacun des* f_i *est lui même holomorphe par rapport à toutes les variables (tant les* x *et les* u *que les* p*) qu'il contient considérées comme autant de variables indépendantes, et chacune des fonctions qui expriment les valeurs initiales, holomorphe par rapport à* $x_1, x_2, \cdots, x_{m-1}$.

La célèbre démonstration donnée de ce théorème par Sophie Kowalewski suit① une marche toute parallèle à la démonstration-nous voulons parler de la *première* démonstration-donnée en ce qui concerne les équations différentielles ordinaires, quoique avec des circonstances nouvelles que nous aurons à signaler. Tout d'abord, comme dans le cas précédemment traité, on simplifie le raisonnement en ramenant le système à être composé d'équations du premier ordre. Les inconnues auxiliaires que l'on devra introduire à cet effet seront les dérivées par rapport à x qui figurent dans le tableau (10), mais, en outre, les dérivées par rapport aux variables in dépendantes autres que x cà l'exception de celles qui ne sont pas différentiées une fois de plus par rapport aux dites variables). Par exemple, dans l'équation du second ordre à deux variables indépendantes

$$r=f(x,y,v,p,q,s,t)$$

On aura à prendre comme inconnues auxiliaires p et q, en définissant la première d'entre elles par les deux équations

---

① Pour les détails de cette démonstration bien connue, voir les Cours d'Analyse: par exemple, Jordan, t. III, chap. III n°s 232-241; Goursat, t. II, Chap. XXII, n°s 387, 456.

$$\frac{\partial u}{\partial x}=p,\ \frac{\partial p}{\partial x}=r$$

La seconde—qui doit donner la dérivée relativement à y—par l'équation[①]

$$\frac{\partial q}{\partial x}=\frac{\partial p}{\partial y}$$

soit autant d'équations que d'inconnues et dont les premiers membres sont les trois dérivées par rapport à x. Mais il n'est plus vrai, comme dans le cas d'une variable indépendante unique, que cette nouvelle forme donnée au système s'obtienne sans changement de l'ordre: celui-ci est trois tandis que l'équation primitive est du second ordre.

Pour un système composé d'équations du premier ordre, les données de Cauchy ne sont autres que les valeurs, pour $x=a$, des fonctions inconnues elles mêmes, soit

$$u^{(i)}(x_1,x_2,\cdots,x_{m-1},a)=u_0^{(i)}(x_1,x_2,\cdots,x_{m-1})$$

En un point déterminé quelconque $(a_1,a_2,\cdots,a_{m-1},a)$ de la variété $x=a$, point que l'on prendra pour origine des corrdonnées, les équations indéfinies et les conditions définies précédentes permettent d'exprimer les dérivées partielles de tous ordres des fonctions cherchées et, par conséquent, d'écrire le développement de Taylor

$$\begin{aligned}&u^{(i)}(x_1,\cdots,x_{m-1},x)\\&=u_0^{(i)}(x_1,\cdots,x_{m-1})+\frac{\partial u^{(i)}}{\partial x}(x_i,\cdots,x_{m-1},a)(x-a)+\cdots+\\&\frac{\partial^p u^{(i)}}{\partial x^p}(x_1,\cdots,x_{m-1},a)\frac{(x-a)^p}{p!}+\cdots\end{aligned}\tag{11}$$

① Cette dernière équation n'est pas équivalente à $q=\partial u/\partial y$, puisqu'elle exprime seulement que q et $\partial u/\partial y$ ont même dérivée par rapport à x; mais elle le devient si on astreint ces deux quantités à être égales entre elles pour $x=a$ (condition à remplir par les données initiales).

de chaucne d'elles suivant les puissances de $(x-a)$, les coefficients étant des fonctions holomorphes des autres variables indépendantes.

Pour démontrer qu'un tel développement est convergent, on peut, sans diminuer la généralité, supposer qu'au point pris pour origine, les valeurs précédentes des inconnues seront également nulles et aussi qu'il en est de même pour les valeurs numériques que prennent au même point les seconds membres des équations (il suffit évidemment pour cela de prendre de nouvelles inconnues différentes des premières par des polynômes du premier degré en x convenablement choisis). Ceci fait, comme le calcul des dérivées successives des u s'opère uniquement par des additions et des multiplications, il suffira de constater qu'il donne des développements convergents lorsqu'on substitue aux f et aux $u_0^{(i)}$ des majorantes, celles-ci étant choisies telles que la solution du problème correspondant puisse se former explicitement; et de telles majorantes, de type analogue à (1) (n°12), sont en effet données soit, comme dans la démonstration primitive de Sophie Kowalewski①, par des foncitions de la variable

$$X=x_1+x_2+\cdots+x_{m-1}+x$$

le système ayant été préalablement changé en un système linéaire par différentiation (voir plus loin, n° **22a**), soit mieux, avec Goursat (*loc. cit.*), en évitant ce changement, mais donnant à X au lieu de la valeur précédente, la valeur

$$X=x_1+x_2+\cdots+x_{m-1}+\frac{x}{\alpha}$$

où α désigne une constante comprise entre zéro et 1 et convenablement choisie.

Le théorème fondamental est ainsi démontré pour tout

① Jordan, *loc. cit.*, t. III, Chap. III.

système normal d'équations analytiques avec données initiales analytiques. Comme, même avant de nous occuper de la convergence, les données du problème nous ont permis de déterrminer tous les coefficients des développements des fonctions cherchées, il est également démontré que, pour un tel problème de Cauchy normal et analytique, il n'existe qu'une seule solution *holomorphe*. La question de savoir s'il peut exister pour le même problème des solutions non holomorphes n'est pas résolue par ce qui précède; nous aurons à y revenir plus loin.

Remarque. Nous avons généralisé aux équations aux dérivées partielles la méthode du Calcul des limites. Nous ne fournissons au contraire, rien d'analogue aux méthodes des n^{os} **13**,**14**: comme il apparaîtra dans ce qui va suivre, il y a là, à moins de nouvelles hypothèses restrictives, une impossibilité qui est dans la nature des choses.

21a. La question du comportement de la solution trouvée considérée comme fonction non seulement des variables x, mais des données du problème, se résout également sans difficulté dans la mesure où elle peut l'être pour le moment, c'est à dire en se bornant à raisonner sur des fonctions analytiques. Supposons que les seconds membres f_i des équations différentielles, les données initiales et même la valeur initiale a (x étant à nouveau dans les calculs qui précèdent, remplacé par $(x-a)$, puisse contenir analytiquement non seulement des variables précédemment énumérées), mais un paramètre auxiliaire λ (que l'on peut supposer nul initialement) de sorte que toutes ces quantieés devront être considérées comme développées suivant les puissances non seulement des quantités précédemment introduites, mais encore de λ. Les développements ainsi formés se majoreront encore moyennant l'introduction, aux dénominateurs, d'un facteur $(1-\lambda/L)$ $(L>0)$; et, dans ces conditions, on constatera encore l'existence d'une solution holomorphe par rapport aux x et à λ.

§ 3 CARACTÉRISTIQUES

22. Notion de caractéristiques. Nous allons maintenant examiner ce qui se passe lorsque les équations données cessent d'être normales, au sens que nous avons donné à ce mot.

Partons d'abord d'une équation à une inconnue: d'une équation du second ordre, par exemple. Supposons la même linéaire, soit[①]

$$(E_1)\quad \sum_{i,k=1}^{m}\sum A_{ik}\frac{\partial^2 u}{\partial x_i \partial x_k}+\sum_{i=1}^{m}B_i\frac{\partial u}{\partial x_i}+Cu=f(x_1,\cdots,x_m)$$

Le cas qui échappe aux considérations précédentes est celui où cette équation n'est pas résoluble par rapport à la dérivée seconde $\frac{\partial^2 u}{\partial x_m^2}$, c'est à dire où le coefficient correspondant A_{mm} est nul, soit que ce coefficient (en principe, comme tous les A, fonction des variables indépendantes x) soit identiquement nul, soit, qu'il s'annule identiquement par rapport à $x_1, x_2, \cdots, x_{m-1}$ pour $x=0$. Dans l'un et l'autre cas, on dit que $x=0$ est une *caractéristique* de l'équation donnée (dans le premier de ces deux cas, tous les plans $x=$constante sont des caractéristiques). S'il en est ainsi, l'équation (E_1), écrite pour $x=0$, *ne détermine plus* u_2: elle se réduit à

$$2\sum{}' A_{mi}\frac{\partial^2 u}{\partial x \partial x_i}+\cdots+B_m\frac{\partial u}{\partial x}+\cdots+Cu=0$$

où $\sum{}'$ désigne une sommation dans laquelle l'indice i ne prend pas la valeur m. Si nous avons choisi tout d'abord u_0, on voit que u_1, doit satisfaire à l'équation

$$2\sum{}' A_{mi}\frac{\partial u_1}{\partial x_i}+\cdots+B_m u_1+\cdots+Cu_0=0 \qquad (12)$$

① Conformément à la notation classique de la théorie des formes quadratiques, on convient que $A_{ik}=A_{ki}$.

Lorsque cette condition n'est pas remplie, le problème est impossible.

L'équation (12) est, en u_1, une équation linéaire aux dérivées partielles du premier ordre. Son intégration se ramène, comme on sait, à celle du système différentiel

$$\frac{dx_i}{2A_{mi}}=\frac{du_1}{-B_m u_1-\cdots-Cu_0} \quad (i=1,2,\cdots,m-1) \qquad (13)$$

dont les courbes solutions s'appelleront *bicaractéristiques* de (E_1). u_1 pourra être pris arbitrairement en un point de chacune de ces courbes, de sorte que son chiox dépend d'une fonction arbitraire de $m-2$ variables.

Différentions maintenant (E_1) par rapport à x et faisons, dans le résultat, $x=0$. Dans le cas général $A_{mm}\neq 0$, la relation ainsi écrite déterminerait un nouveau coefficient du développement (11), à savoir u_3. Dans le cas caractéristique, elle ne contient plus u_3 et s'écrit

$$2\sum{}' A_{mi}\frac{\partial u_2}{\partial x_i}+B_m u_2+\cdots=0 \qquad (12')$$

les termes remplacés par des points ne dépendant que de u_0, u_1, des coefficients de l'équation ainsi que de leurs dérivées. On voit que, u_0 et u_1 ayant été choisis (de manière à satisfaire à la condition (12), c'est-à-dire à rendre le problème possible), l'équation précédente conditionne u_2, quoique sans le déterminer complètement. C'est, en u_2, une équation linéaire aux dérivées partielles du premier ordre de même orme que (12) (elle n'en diffère que dans les termes remplacés par des points), ayant les mêmes caractéristiques que (12), à savoir les bicaractéristiques de l'équation donnée. Donc u_2 n'est pas arbitraire, mais peut être choisi cependant d'une infinité de facons (comme tout à l'heure, son choix depend d'une fonction arbitraire de $(m-2)$ variables).

u_2 une fois choisi, l'équation suivante-celle qu'on obtiendrait en différentiant deux fois l'equation donnée par rapport à x, puis faisant $x = 0$ et qui, dans le cas non-caractéristique, déterminerait u_4-conditionnera u_3, cela par une équation de forme toute semblable à (12) ou à (12′), ayant toujours pour caractéristiques les bicaractéristiques de l'équation donnée, de sorte que u_3 pourra encore être choisie de ∞ façons. On pourra continuer ainsi indéfiniment.

Ainsi, le problème admet, cette fois, une infinité de solutions sous réserve de montrer que la série (11) ainsi obtenue est convergente ou, plus exactement, que les éléments arbitraires qu'elle contient peuvent être choisis de manière à la rendre convergente, ce qui, comme nous le verrons, peut être établi. L'analogue est frappante avec le cas d'un système de p équations du premier degré à p inconnues, puisque: dans le cas général, non-caractéristique, $A_{mm} \neq 0$, le problème est possible et déterminé;

si $A_{mm} = 0$, le problème cesse d'être possible lorsqu'une certaine condition—la condition (12)—n'est pas pemplie;

si cette condition est remplie, le problème, en devenant possible, devient aussi indéterminé.

Remarque. Nous noterons① l'interprétation géométrique des constatations précédentes. Supposant u_0 et u_1 choisis, deux solutions pourront différer par le choix de u_2: elles seront tangentes l'une à l'autre en tous les points du plan $x = 0$ [pour $m = 2$, la fonction inconnue $u(x, y)$ étant représentée par une surface dans l'espace ordinaire, nos deux surfaces solutions se raccorderaient tout le long de leur courbe d'intersection avec $x = 0$]. Si u_2 était le même dans les deux cas, mais avec deux choix différents de u_3, il y aurait contact du second ordre, et ainsi de suite. Au contraire, aucun raccordement de cette espèce n'est possible si $x = 0$ n'est pas une caractéristique (du moins une fois

① Voir nos *Leçons sur la Propagation des Ondes et les Equations de l'Hydrodynamique*, Paris, Hermann, 1903.

démontré, comme nous pourrons le faire dans le cas d'une équation linéaire à coefficients analytiques, que la solution du problème de Cauchy est unique). Grâce à cette propriété, que nous retrouverons dans un instant sous sa forme générale, les caractéristiques (soit celles que nous considérons en ce moment, soit celles que nous introduirons dans un instant) donnent l'interprétation mathématique du phénomène physique des *ondes*.

22a. L'étude des équations non-linéaires peut, au moins dans une certaine mesure, se ramener à la précédente. Partons, par exemple, de l'equation

$$(E) \qquad f(x,y,u,p,q,r,s,t)=0$$

où p,q désignent, comme d'habitude, les dérivées premières de u; r,s,t les trois dérivées secondes. Différentions totalement par rapport à x: nous avons la nouvelle équation

$$(E') \qquad \frac{\partial f}{\partial r}\frac{\partial^3 u}{\partial x^3}+\cdots+=0$$

qui est du troisième ordre et qui, sans être linéaire, est linéaire par rapport aux dérivées de l'ordre le plus élevé: ce qu'on nomme une équation *quasilinéaire*. Pour une telle équation, les données de Cauchy, supposées portées par la droite $x=0$, sont (en fonction de y) les valeurs de u, de p et de r. Nous supposons ces quantités choisies de manière que leurs valeurs et celles de leurs dérivées premières par rapport à y (qui donnent q, s et t) vérifient l'équation primitive (E), moyennant quoi (E') *est entièrement équivalente* à (E). Sur l'équation (E'), on peut raisonner comme nous venons de le faire dans ce qui précède. Les équaitions de ce type donnent cependant lieu à une circonstance paradoxale signalée par Goursat.

Dans le cas normal (non caractéristique), c'est-à-dire si $\partial f/\partial r$ n'est pas nul et si les données sont supposées analytiques, le théorème de Cauchy-Kowalewski s'applique pour les valeurs suffisamment petites de x et pour les valeurs de y comprises dans un intervalle $(y_0-k,\ y_0+k)$ entourant une valeur y_0 de y arbitrairement choisie sous les conditions énumérées dans l'énoncé du théorème fondamental (n°**21**). En général, les données seront holomorphes dans un intervalle (Y_1, Y_2) notablement plus étendu que le précédent (qui pourra même comprendre tout l'axe des y). Ce nouvel intervalle pourra, en donnant à y_0 un certain nombre de valeurs successives, se décomposer en intervalles partiels empiétant les uns sur les autres et à l'intérieur de chacun desquels on pourra, pour x suffisamment petit, définir, par le théorème fondamental, une solution holomorphe du problème. Or toutes ces solutions se prolongeront les unes les autres, puisqu'elles coincideront nécessairement entre elles dans les parties communes aux intervalles successifs: on aura ainsi défini une solution holomorphe unique, pour x suffisamment petit, dans tout l'intervalle (Y_1,Y_2).

22b. Soit maintenant le cas caractéristique. Prenons l'équation quasilinéaire

$$Rr+Ss+Tt+H=0$$

où R,S,T,H sont des fonctions de x,y,u,p,q avec $R=0$ pour $x=0$. Différentions ses deux membres par rapport à x: nous obtenons

$$(a)\qquad R\frac{\partial^3 u}{\partial x^3}+\frac{\partial R}{\partial p}r^2+S\frac{\partial^3 u}{\partial x^2\partial y}+\cdots=0$$

Supposons que $u=u_0$, $\frac{\partial u}{\partial x}=p=u_1$ pour $x=0$. Alors $\frac{\partial u}{\partial y}=q=\frac{\mathrm{d}u_0(y)}{\mathrm{d}y}$. Pour $R=0$, l'équation (a) se réduit à une équation de Riccati

$$(b)\qquad S\frac{\mathrm{d}r}{\mathrm{d}y}+\frac{\partial R}{\partial p}r^2+\cdots=0$$

où les coefficients de $\mathrm{d}r/\mathrm{d}y, r^2,\cdots$sont des fonctions connues de y. L'intégrale générale de (b) est de la forme $r=(Mc+N)/(Pc+Q)$, où c est une constante arbitraire, M,N,P et Q étant des fonctions déterminées de y. Il y a donc, conformément à nos prévisions, une infinité de manières de choisir la fonction r. Mais encore faut-il qu'elle reste finie, ce qui n'a plus lieu si $Pc+Q=0$. Cette dernière circonstance peut être évitée par un choix convenable du paramètre c en un point donné quelconque de l'axe des y; mais, si l'on demande que r soit fini dans tout un intervalle de valeurs de y, il arrivera le plus souvent, lorsque cet intervalle sera assez étendu, que cela ne pourra être obtenu pour aucune valeur de c. Supposons par exemple, les coefficients tels que l'équation de Riccati soit $\mathrm{d}r/\mathrm{d}y+1+r^2=0$, dont l'intégrale générale est $r=\cot g(y-c)$. Cette quantité devient infinie pour toutes les valeurs de la forme $y=c+k\pi$. On pourra donc choisir c de manière qu'elle reste finie dans un intervalle d'anmplitude inférieure à π, mais cela sera impossible pour tout intervalle égal ou supérieur àπ.

23. Problème de Cauchy et Caractéristiques en général.

Nous avons raisonné sur des donées portées par le plan $x=a$. Mais il n'y a aucune raison de se borner à cette forme de support. Nous pouvons considérer des données portées par une surface arbitraire (régulière, sauf spécification contraire)

$$(S) \qquad G(x_1,x_2,\cdots,x_m)=0$$

Il est clair que ce cas se ramène au précédent par une transformation ponctuelle introduisant m nouvelles variables indépendantes $X_1,X_2,\cdots,X_m$ fonctions des premières et dont la dernière X_m ne sera autre que G.

Lorsque le support était le plan $x_m=0$, nous nous donnions, le long de ce plan, les valeurs de u_0 de u et les valeurs u_1 de la dérivée p. Nous aurions tout aussi bien pu dire que, le long de ce plan, nous nous donnions les valeurs de toutes les dérivées premières, puisque les $(m-1)$ premières d'entre elles résultent implicitement, par différentiations, de la connaissance des valeurs de u. De même, lorsque les données seront portées par $G=0$, cela signifiera que l'on se donne, le long de cette surface, les valeurs u_0 de u et les valeurs de toutes les dérivées premières, étant cette fois entendu qu'une seule d'entre elles u_1 est à choisir arbitrairement, les autres s'en déduisant à l'aide de la connaissance des valeurs de u. Par exemple, si l'équation (S) est (régulièrement) résoluble par rapport à x_m, la dérivée u_1 ainsi choisie arbitrairement pourrait être p_m. Si, en effet, on nous donne, le long de (S)

$$\begin{aligned} u &= u_0(x_1, x_2, \cdots, x_m) \\ &= \pi(x_1, x_2, \cdots, x_{m-1}) \end{aligned}$$

$$\frac{\partial u}{\partial x_m} = u_1(x_1, x_2, \cdots, x_m)$$

le long de (S), nous avons

$$p_i = \frac{\partial \pi}{\partial x_i} - p_m \frac{\partial x_m}{\partial x_i}, \quad i = 1, 2, \cdots, m-1$$

Plus généralement, la valeur de u_1, en un point quelconque de (S), pourra être n'importe quelle dérivée extérieure[①], c'ext à dire la dérivée suivant n'importe quelle direction $\alpha(\alpha_1, \alpha_2, \cdots, \alpha_m)$ fixe ou variable, pourve qu'elle ne soit nulle part tangente à (S).

---

① Locution créée par M. Le Rous.

La connaissance d'une telle dérivée extérieure——de la forme $\frac{\mathrm{d}u}{\mathrm{d}\alpha} = \alpha_1 \frac{\partial u}{\partial x_1} + \cdots + \alpha_m \frac{\partial u}{\partial x_m}$, avec $\alpha_1 \frac{\partial G}{\partial x_1} + \cdots + \alpha_m \frac{\partial G}{\partial x_m} \neq 0$, jointe à celle des $m-1$ dérivées

$$\frac{\mathrm{d}u}{\mathrm{d}\beta^{(i)}} = \beta_1^{(i)} \frac{\partial u}{\partial x_1} + \cdots\cdots + \beta_m^{(i)} \frac{\partial u}{\partial x_m}, \quad \frac{\mathrm{d}G}{\mathrm{d}\beta^{(i)}} = 0 \quad (i = 1, 2, \cdots, m-1)$$

prises le long de (S), fait connaitre les m dérivées partielles du u, ceci traduisant le fait géométrique que l'on a ainsi m directions formant un vériable m-èdre et non situées dans le même hyperplay.

Cela posé, imaginous que l'on effecture la transformation ponctuelle① dont nous avons parlé et qui fait correspondre à notre surface (S) le plan $X=0$. Ce plan sera caractéristique si, dans l'équation transformée la dérivée de premier membre par rapport à P_{mm}(le coefficient A_{mm}, si l'équation est linéaire) est nulle. Or, si notre transformation est

$$(T)\qquad \begin{cases} X_1=g_1(x_1,x_2,\cdots,x_m) \\ X_1=g_2(x_1,x_2,\cdots,x_m) \\ \qquad\vdots \\ X_{m-1}=g_{m-1}(x_1,x_2,\cdots,x_m) \\ X_m=g(x_1,x_2,\cdots,x_m)=G(x_1,x_2,\cdots,x_m) \end{cases}$$

nous avons, pour $X_m=0$

$$p_i=\sum P_i\frac{\partial X_i}{\partial x_i},\ p_{ik}=\sum_i P_i\frac{\partial^2 X_i}{\partial x_i\partial x_k}+\sum_i\sum_l P_{il}\frac{\partial X_i\partial X_l}{\partial x_i\,\partial x_k}$$

Substituons ces valeurs de p_i et p_{ik} dans (E) et trouvons $\frac{\partial\mathscr{F}}{\partial P_{mm}}$.

Comme P_{mm} ne dépend que des p_{ik}, nous avons

$$\frac{\partial\mathscr{F}}{\partial P_{mm}}=\sum_{ik}\frac{\partial\mathscr{F}\,\partial p_{ik}}{\partial p_{ik}\partial P_{mm}}$$

mais

$$\frac{\partial p_{ik}}{\partial P_{mm}}=\frac{\partial X_m\partial X_m}{\partial x_i\ \partial x_k}$$

donc

① Voir, pour une forme directe du calcul, nos *Leçons sur la propagation des Ondes* (*Chapitre* Ⅶ) ou le tome Ⅲ du *Cours d'Analyse* de Goursat.

Que les caractéristiques soient conservées par une transformation ponctuelle effectuée sur les variables indépendantes, définie par des équations continument dérivables par rapport à ces variables et à jacobien différent de zéro (autrement dit, que les caractéristiques de la nouvelle équation obtenue après transformation soient les transformées des caractéristiques primitives), cela résulte immédiatement (cf. 25, Remarque) de ce qu'une relle transformation respecte le contact et même l'ordre de ce contact.

$$\frac{\partial \mathscr{F}}{\partial P_{mm}}=\sum_{i,k}\frac{\partial X_m}{\partial x_i}\frac{\partial X_m}{\partial x_k}\frac{\partial \mathscr{F}}{\partial p_{ik}}$$

Si $\frac{\partial \mathscr{F}}{\partial P_{mm}}\neq 0$, le problème a une solution et une seule. Si $\frac{\partial \mathscr{F}}{\partial P_{mm}}=0$, $X_m=0$ est caractéristique de (E). En particulier, lorsque $\mathscr{F}$ est une fonction linéaire de p_{ik}, p_i, u, nous avons $\frac{\partial \mathscr{F}}{\partial p_{ik}}=A_{ik}$, et par suite un plan caractéristique sera $X_m=0$ si X_m est une solution de l'équation

$$\sum A_{ik}\frac{\partial X_m}{\partial x_i}\frac{\partial X_m}{\partial x_k}=0$$

Nous dirons encore que (S) est une *caractéristique* si cette équation est vérifiée, c'est-a-dire, puisque $X_m=G$, si (dans le cas linéaire, A_{ik} devant être remplacé par $\frac{\partial \mathscr{F}}{\partial p_{ik}}$ dans le cas contraire)

$$(\mathscr{A})\qquad \mathscr{A}=\sum A_{ik}\gamma_i\gamma_k=0$$

avec $\gamma_i=\frac{\partial G}{\partial x_i}$.

La forme quadratique $\mathscr{A}$ est dite *forme caractéristique* de l'équation donnée.

Les caractéristiques ainsi définies correspondent, pour les raisons données plus haut, aux ondes propageant un phénomène physique régi par notre équation.

La surface (S), pour être caractéristique, devra, comme on le voit, vérifier une équation aux dérivées partielles du premier ordre et du second degré. On sait qu'une telle équation s'interprète géométriquement en demandant que le plan tangent à (S) en chacun de ses points soit tangent à un certain cône du second ordre ayant pour sommet ce point, celui dont l'équation tangentielle est $(\mathscr{A})$ et que l'on appellera *cône caractéristique*.

Lorsqu'il en est ainsi, il est clair que les conclusions du n°**22** se transportent d'elles-mêmes à la forme actuelle du problème, celle ci dérivant de la première par la transformation ponctuelle (T). Ainsi:

Un problème de Cauchy dont les données sont portées par une surface caractéristique est en général impossible. Une condition de possibilité est nécessaire.

Lorsque cette condition est vérifiée, le problème est indéterminé①. La solution cherchée étant prise sous la forme

$$u=u_0+u_1G+u_2G^2+\cdots+u_pG^p+\cdots \qquad (11')$$

où u_0, u_1 résultent des données de Cauchy, le calcul de chacun des coefficients suivants donne lieu à une indétermination, ce coefficient dépendant (lorque les précédents ont été calculés) d'une fonction arbitraire de $m-2$ variables.

23a. Il reste à définir les lignes que nous appellerons *bicaractéristiques*, celles qui, tracées sur la surface (S), correspondent aux bicaractéristiques trouvées sur le plan $X_m=0$ et qui sont telles qu'un coefficient quelconque u_p du développement (11) (les précédents étant supposés préalablement calculés) soit connu tout le long d'une telle ligne dès qu'on en connait la valeur en un de ses points. On y arriverait aisément en appliquant la transformation (T) au calcul des différents coefficients du n°**23**. Mais on peut se dispenser de ce calcul en faisant appel à notre interprétation géométrique.

Du moment que le plan $X_m=0$ est caractéristique, il doit être, en chacun de ses points, tangent au cône caractéristique ayant son sommet en ce point; et c'est, en effet, ce qu'exprime la condition $A_{mm}=0$. Cela étant, l'inspection des dénominateurs de (13) montre *qu'ils sont proportionnels aux cosinus directeurs de la génératrice de contact.* La direction de cette génératrice est

① Conclusion provisoire, en ce sens qu'elle est subordonnée, comme nous l'avons dit plus haut, à la convergence du développement (11) obtenu.

donc celle de la tangente à la bicaractéristique située sur $X=0$.

Cette propriété se conservera dans la transformation (T) ; et ceci nous donne la direction de la tangente à la bicaractéristique située sur $X=0$, savoir

$$\frac{\mathrm{d}x_1}{\frac{1}{2}\frac{\partial \mathscr{A}}{\partial r_1}}=\frac{\mathrm{d}x_2}{\frac{1}{2}\frac{\partial \mathscr{A}}{\partial r_2}}=\cdots=\frac{\mathrm{d}x_m}{\frac{1}{2}\frac{\partial \mathscr{A}}{\partial r_m}} \qquad (13')$$

(direction qui est bien tangente à (S), puisque le théorème des fonctions homogènes appliqué à $\mathscr{A}$, qui est ici nul, nous donne $\sum \gamma_i \mathrm{d}x_i = 0$, de sorte que les lignes ainsi définies sont bien situées sur (S). Mais, de plus, elles ont, avec l'équation du premier ordre $(\mathscr{A})$, un lien bien connu: ce sont les caractéristiques de cette équation (d'où, puisque celle-ci définit elle-même les caractéristiques de notre équation du second ordre, la dénomination de "bicaractéristiques"). Il en résulte d'après la théorie classique de l'équation aux dérivées partielles du premier ordre[①], que, outre $(13')$, les lignes en question doivent encore vérifier les équations différentielles

$$\mathrm{d}\tau=-\frac{\mathrm{d}r_1}{\frac{1}{2}\frac{\partial \mathscr{A}}{\partial x_1}}=\frac{\mathrm{d}r_2}{\frac{1}{2}\frac{\partial \mathscr{A}}{\partial x_2}}=\cdots=-\frac{\mathrm{d}r_m}{\frac{1}{2}\frac{\partial \mathscr{A}}{\partial x_m}} \qquad (13'')$$

en désignant par $\mathrm{d}\tau$ la valeur commune des rapport $(13')$. L'ensemble de ces relations $(13')$, $(13'')$ suffit à définir les lignes dont il s'agit.

23b. Tout ceci s'étend de soi-même à une équation d'ordre supérieru au second, à ceci près que la forme $\mathscr{A}$, au lieu d'être quadratique, est de degré égal à l'ordre de l'équation donnée.

24. Caractéristiques d'un système d'équations. Sup-

① Voir les Cours d'Analyse, ou Gourasat, *Leçons sur l'intégration des équations aux dérivées partielles du premier ordre*, Paris, Hermann, 1891; deuxième édition, 1921.

posons toujours le nombre d'équations égal à celui des inconnues: Soit, par exemple, le systéme de trois équations linéaires du second ordre aux trois inconnues u, v, w

$$(S) A^{(\mu)} \frac{\partial^2 u}{\partial x^2}+\cdots+B^{(\mu)} \frac{\partial^2 v}{\partial x^2}+\cdots+C^{(\mu)} \frac{\partial^2 w}{\partial x^2}+\cdots=\begin{cases}0 \\ f^{(\mu)}\end{cases} \quad (\mu=1,2,3)$$

où x représente encore la m-ième variable indépendante x_m. Les données de Cauchy, si elles sont protées par $x=0$, seront les valeurs u_0, v_0, w_0 de u, v, w et les valeurs u_1, v_1, w_1 de $\frac{\partial u}{\partial x}$, $\frac{\partial v}{\partial x}$, $\frac{\partial w}{\partial x}$ pour $x=0$. Nous serons dans le cas normal et par conséquant le théorème de Cauchy-Kowalewski sera applicable (si les données sont analytiques), lorsque les équations (S) seront résolubles en $\frac{\partial^2 u}{\partial x^2}$, $\frac{\partial^2 v}{\partial x^2}$, $\frac{\partial^2 w}{\partial x^2}$. Le cas contraire, c'est-à-dire le cas caractéristique, se présentera lorsque le déterminant

$$\begin{vmatrix} A^{(1)} & B^{(1)} & C^{(1)} \\ A^{(2)} & B^{(2)} & C^{(2)} \\ A^{(3)} & B^{(3)} & C^{(3)} \end{vmatrix}$$

sera nul (identiquement par rapport à toutes les variables indépendantes, ou identiquement par rapport aux $m-1$ premières d'entre elles pour $x=0$).

Telle est la condition pour que $x=0$ soit caractéristique. On y ramènera, comme nous l'avons fait plus haut, la question de savoir si une surface déterminée quelconque (S) est caractéristique: la condition pour qu'il en soit ainsi sc déduira de la précédente en remplacant les quantités $A_{mm}^{(\mu)}$, $B_{mm}^{(\mu)}$, $C_{mm}^{(\mu)}$ par les formes quadratiques

$$\mathscr{A}^{(\mu)}=\sum A_{ik}^{\mu} \gamma_i \gamma_k, \ \mathscr{B}^{(\mu)}=\sum B_{ik}^{(\mu)} \gamma_i \gamma_k, \ \mathscr{C}^{(\mu)}=\sum C_{ik}^{(\mu)} \gamma_i \gamma_k$$

Il faudra donc qu'on air

$$(G) \qquad \Delta=\begin{vmatrix} \mathscr{A}^{(1)} & \mathscr{B}^{(1)} & \mathscr{C}^{(1)} \\ \mathscr{A}^{(2)} & \mathscr{B}^{(2)} & \mathscr{C}^{(2)} \\ \mathscr{A}^{(3)} & \mathscr{B}^{(3)} & \mathscr{C}^{(3)} \end{vmatrix}=0$$

Lorsque ce déterminant sera nul tout le long de (S), les résultats seront entièrement parallèles à ceux que nous avons rencontrès pour une équation unique, comme on le voit en prenant d'abord pour (S) le plan $x=0$, ce qui donne des calculs tout semblables à ceux du n°**23** . Le problème de Cauchy exigera alors, pour admettre une solution, une condition de possibilité①. Mais si celle-ci est vérifiée, le problème deviendra indétermine②.

Les choses se passeront de Manière tout analogue pour un système de n équations linéaires à n inconnues.

L'étude d'un système non linéaire se fera encore en le rendant quasilinéaire par différentiation (l'ordre de chaque équation étant élevé d'une unité), ce qui permettra jusqu'à un certain point d'opérer ensuite comme dans le cas linéaire (moyennant des réserves telles que celles que nous avons rencontrées au n° **22b.**

25. Mais cette théorie des systèmes d'équations offre une circonstance nouvelle, qui avait d'ailleurs échappé aux premiers

---

① Le nombre des conditions serait supérieur à l'unité si tous les mineurs de (G) étaient nuls, cas exceptionnel que nous excluons, en particulier, dans la note suivante.

② On peut, sans diminuer la généralité, en remplaçant nos équations par des combinaisons linéaires convenables, supposer que la première équation ne contient ni $\frac{\partial^2 u}{\partial x^2}$, ni $\frac{\partial^2 v}{\partial x^2}$, ni $\frac{\partial^2 w}{\partial x^2}$, tandis que les deux autres donnent les valeurs de $\frac{\partial^2 v}{\partial x^2}$, $\frac{\partial^2 w}{\partial x^2}$, (celles-ci contenant, en général, $\frac{\partial^2 u}{\partial x^2}$). Tenant compte de ces dernières expressions dans la première équation différentielle par rapport à x, on aura, en $u^2=\frac{1}{2}(\frac{\partial^2 u}{\partial x_2})_0$, une équation aux dérivées partielles linéaire du premier ordre et, pour les coefficients suivants des équations analogues aux mêmes caractéristiques, qui seront encore les caractéristiques de (G) et par conséquent, les bicaractéristiques de l'équation proposée. Voir nos *Leçons sur la propagation des Ondes*, p. 276-280.

successeurs de Cauchy. L'application de théorème fondamental de Cauchy-Kowalewski est subordonnée à l'hypothèse que le système peut être résolu par rapport aux dérivées d'ordre le plus élevé de chacune des inconnues par rapport à x. S'il en est autrement, autrement dit, si $x=0$ est une caractéristique, il arrive le plus souvent que l'on peut, par une transformation (T) effectuée sur les variables indépendantes, échapper à cette difficulté; il suffira, pour cela, que le nouveau plan $X=0$ ne soit pas une caractéristique. On a longtemps cru qu'il était toujours possible de se placer dans ces conditions. Or il n'en est rien: *il peut arriver que l'équation* (G) *des caractéristiques soit une identité*[①].

On sait aujourd'hui former, à cet égard, des exemples variés[②]; mais il en est un qui est offert par un des problèmes les plus classiques de la Géométrie infinitésimale, celui de la *déformation des surfaces*: Trouver trois fonctions x, y, z des paramètres α,β telles que l'on ait

$$\begin{cases}\mathscr{F}_1=\left(\frac{\partial x}{\partial\alpha}\right)^2+\left(\frac{\partial y}{\partial\alpha}\right)^2+\left(\frac{\partial z}{\partial\alpha}\right)^2-e(\alpha,\beta)=0\\ \mathscr{F}_2=\frac{\partial x}{\partial\alpha}\frac{\partial x}{\partial\beta}+\cdots+\frac{\partial z}{\partial\alpha}\frac{\partial z}{\partial\beta}-f(\alpha,\beta)=0\\ \mathscr{F}_3=\left(\frac{\partial x}{\partial\beta}\right)^2+\left(\frac{\partial y}{\partial\beta}\right)^2+\left(\frac{\partial z}{\partial\beta}\right)^2-g(\alpha,\beta)=0\end{cases}\tag{14}$$

(les variables indépendantes sont α,β; les inconnues: x, y, z.) Les équations étant du premier ordre, les données de Cauchy relatives à $\alpha=0$ seraient (en fonctions de β) les valeurs correspandantes de x, y, z. Or il est manifeste qu'on ne peut choisir arbitrairement ces trois fonctions, puisqu'elles doivent satisfaire à la troisième équation donnée. La question serait donc

① Voir, par exemple. Bourlet, *Thèse*, Paris, 1891.

② Voir les *Leçons sur la théorie des surfaces* de Darboux, t. Ⅲ.

d'effectrer, sur les variables indépendantes α,β une transformation ponctuelle convenable. Mais après une telle transformation, on trouverait des équations de forme tout analogue aux premières, avec changement seulement dans les seconds membres: on ne pourrait ainsi éviter la difficulté.

D'après ce que nous avons vu plus haut, cela signifie que l'équation des caractéristiques doit se réduire à une identité; cela se vérifie en effet. Différentiant nos trois équations de manière à les rendre quasi-linéaires, nous trouvons

$$\begin{cases}\dfrac{\partial x}{\partial\alpha}\dfrac{\partial^2 x}{\partial\alpha^2}+\dfrac{\partial y}{\partial\alpha}\dfrac{\partial^2 y}{\partial\alpha^2}+\dfrac{\partial z}{\partial\alpha}\dfrac{\partial^2 z}{\partial\alpha^2}=\dfrac{1}{2}\dfrac{\partial e}{\partial\alpha}\\ \dfrac{\partial x}{\partial\alpha}\dfrac{\partial^2 x}{\partial\alpha\partial\beta}+\dfrac{\partial^2 x}{\partial\alpha^2}\dfrac{\partial x}{\alpha\beta}+\cdots+\dfrac{\partial z}{\partial\alpha}\dfrac{\partial^2 z}{\partial\alpha\partial\beta}+\dfrac{\partial z}{\alpha\beta}\dfrac{\partial^2 z}{\partial\alpha^2}=\dfrac{\partial f}{\partial\alpha}\\ \dfrac{\partial x}{\alpha\beta}\dfrac{\partial^2 x}{\partial\alpha\partial\beta}+\dfrac{\partial y}{\alpha\beta}\dfrac{\partial^2 y}{\partial\alpha\partial\beta}+\dfrac{\partial z}{\alpha\beta}\dfrac{\partial^2 z}{\partial\alpha\partial\beta}=\dfrac{1}{2}\dfrac{\partial g}{\partial\alpha}\end{cases}\tag{14'}$$

Les formes $\mathscr{A}$, $\mathscr{B}$, $\mathscr{C}$ sont donc

$$\mathscr{A}^{(1)}=\frac{\partial x}{\partial\alpha}\gamma_1^2,\mathscr{B}^{(1)}=\frac{\partial y}{\partial\alpha}\gamma_1^2,\mathscr{C}^{(1)}=\frac{\partial z}{\partial\alpha}\gamma_1^2$$

$$\mathscr{A}^{(2)}=\frac{\partial x}{\partial\alpha}\gamma_1\gamma_2+\frac{\partial x}{\alpha\beta}\gamma_1^2,\mathscr{B}^{(2)}=\frac{\partial y}{\partial\alpha}\gamma_1\gamma_2+\frac{\partial y}{\alpha\beta}\gamma_1^2,\mathscr{C}^{(2)}=\frac{\partial z}{\partial\alpha}\gamma_1\gamma_2+\frac{\partial z}{\alpha\beta}\gamma_1^2$$

$$\mathscr{A}^{(3)}=\frac{\partial x}{\alpha\beta}\gamma_1\gamma_2,\mathscr{B}^{(3)}=\frac{\partial y}{\alpha\beta}\gamma_1\gamma_2,\mathscr{C}^{(3)}=\frac{\partial z}{\alpha\beta}\gamma_1\gamma_2$$

et leur déterminant est identiquement nul.

Pour ce problème particulier, la difficulté peut être tournée grâce au fait que l'on peut éliminer deux des inconnues x,y par exemple, l'équation résultante en z étant du second ordre. Les données de Cauchy pour $u=0$ seront z et $\dfrac{\partial z}{\partial u}$; en général, la ligne correspondante ne sera pas une caractéristique. Mais ce résultat n'a été obtenu qu'en utilisant les circonstances propres au problème particulier étudié et rien ne dit au premier abord qu'on pourrait trouver un pareil artifice pour d'autres cas où la difficulté se présenterait.

La théorie de Méray et Riquier① a permis, par contre, d'indiquer, les variables indépendantes étant désignées d'avance, des données aptes à déterminer (dans l'hypothèse analytique) une solution d'un système quelconque. En partant de là, on peut, comme l'ont montré, MM. Gunther et Maurice Janet②, disposant du choix des variables indépendantes assigner celles avec lesquelles peuvent apparaître des dégrés d'impossibilité ou d'indétermination qui ne se présentent pas pour un choix quelconque et, par conséquent, mettre en évidence des surfaces jouant le rôle de caractéristiques. On peut ainsi traiter le cas exceptionnel dont nous venons de constater la possibilté et où l'équation (G) serait une identité. C'est ce que nous allons faire en suivant un beau travail de M. Finzi③.

25a. Le nombre des équations étant toujours supposé égal au nombre n des inconnues, supposons-les toutes du même ordre h. Cette hypothèse, qui n'a d'ailleurs qu'un but de simplification d'écriture, ne diminue pas la généralité: comme nous l'avons vu au n° **22a**, une équation peut toujours se remplacer par celle qu'on obtient en la différentiant totalement par rapport à l'une des variables, sous condition de compléter en conséquence les données initiales. Nous pouvons aussi, ce que nous ferons au moins provisoirement, les supposer linéaires, soit

$$\mathscr{F}_i=\sum_i \sum_{h_1\cdots h_m} A^{ij}_{h_1 h_2\cdots h_m}\frac{\partial^{h_1+h_2+\cdots+h_m}u^{(j)}}{\partial x_1^{h_1}\partial x_2^{h_2}\cdots\cdots\partial x_m^{h_m}}+\cdots=0$$

$$(h_1+h_2+\cdots+h_m=h)$$

---

① Voir Riquier, *les systèmes d'équations aux dérivées partielles* (Paris. Gauthier Villars, 1910) et, du même auteur, *Mémorial des Sciences Mathématiques*, Gauthier Villars, 1928.

② Voir M. Janet, *Mémorial des Sciences Math.*, Fasc. XXI (1927).

③ *Proceedings Acad. Néerlandaise des Sciences* (Amsterdam), t. L. 1947. pp. 137-142; 143-150; 288-297; 351-356.

les termes non explicitement écrits ne contenant que des dérivées d'ordre inférieur à h. Chacune de ces équations donne lieu, par rapport à chacune des inconnues qu'elle contient, à une forme

$$\mathscr{A}^{ij} = \sum_{h_1 \cdots h_m} A^{ij}_{h_1 \cdots h_m} \gamma_1^{h_1} \gamma_2^{h_2} \cdots \gamma_m^{h_m}$$

analogue à celles du n° **23**, ou "forme caractéristique partielle". Remarquons que, inversement, connaissant cette forme caractéristique partielle, on peut écrire les termes correspondants de l'équation aux dérivées partielles: il suffira de remplacer chacun des monômes $\gamma_1^{h_1} \cdots \gamma_m^{h_m}$ par la dérivée correspondante $\dfrac{\partial^{h_1+h_2+\cdots+h_m} u^{(i)}}{\partial x_1^{h_1} \partial x_2^{h_2} \cdots \partial x_m^{h_m}}$.

Notons encore que si l'on différentie cette équation par rapport à l'une des variables, x_1 par exemple, les formes caractéristiques partielles qui lui correspondent sont multipliées par γ_1.

C'est avec les n^2 formes caractéristiques partielles que l'on doit composer la forme caractéristique du systéme, soit

$$\Delta = \begin{vmatrix} \mathscr{A}^{11} & \mathscr{A}^{12} \cdots & \mathscr{A}^{1n} \\ \mathscr{A}^{21} & \mathscr{A}^{22} \cdots & \mathscr{A}^{2n} \\ \vdots & \vdots & \vdots \\ \mathscr{A}^{n1} & \mathscr{A}^{n2} \cdots & \mathscr{A}^{nn} \end{vmatrix}$$

Le cas anormal, où nous allons nous placer maintenant, est celui où ce déterminant est supposé identiquement nul par rapport aux γ, aux variables indépendantes x (et, éventuellement①, aux fonctions inconnues ou à certaines de leurs dérivées d'ordre inférieur à h). Cela revient à dire qu'il existera n quantités Δ^i, non toutes nulles, par lesquelles on

① Ceci concerne, en particulier, le cas où le système, non linéaire au départ, aura été rendu tel par une première différentiation, que l'on pourra d'ailleurs compter dans le nombre de celles que la méthode conduit à effectuer.

pourra multiplier respectivement les n lignes de ce déterminant de manière à obtenir, en ajoutant dans chaque colonne, n combinaisons, identiquement nulles. Les Δ^i seront les coefficients des. $\mathscr{A}^{i1}$, par exemple, dans le développement du déterminant suivant les éléments de la première colonne (mineurs de Δ affectés de signes convenables suivant la règle classique) ou les coefficients analogues (qui seront proportionnels aux premiers) du développement suivant les éléments d'une colonne quelconque; ou, si ces n mineurs sont tous nuls, d'autres sousdéterminants d'ordre inférieur à $n-1$. Ce seront, dans tous les cas, par rapport aux γ, des polynômes d'ordre inférieur ou (en général) égal à $h(n-1)$. Nous désignerons par

$$\Delta^i_{r_1 r_2 \cdots r_m}(r_1+r_2+\cdots+r_m)=h(n-1) \tag{15}$$

le coefficient du terme en $\gamma_1^{r_1}\gamma_2^{r_2}\cdots\gamma_m^{r_m}$ dans le polynôme Δ^i.

Dans ces conditions, différentions $h(n-1)$ fois chacune des équations données. On va voir que, *avec ces divers polynômes différentiels* d'ordre nh

$$\frac{\partial^{h(n-1)}\mathscr{F}_i}{\partial x_1^{r_1}\partial x^{r_2}\cdots\partial x_m^{r_m}}(r_1+r_2+\cdots+r_m=(n-1)h) \tag{16}$$

on pourra former une combinaison linéaire dans laquelle tous les termes de l'ordre nh disparaitront (une seule dans le cas où le rang de la matrice est égal à $n-1$; plusieurs linéairement indépendantes entre elles, dans le cas contraire).

Cette combinaison n'est autre que

$$\Phi=\sum_i\sum_{r_1\cdots r_m}\Delta^i_{r_1 r_2\cdots r_m}\frac{\partial^{h(n-1)}\mathscr{F}_i}{\partial x_1^{r_1}\partial x_2^{r_2}\cdots\partial x_m^{r_m}} \tag{17}$$

où les coefficients $\Delta^i_{r_1\cdots r_m}$ sont les quantités (15).

En effet, pour obtenir le coefficient d'une dérivée de l'ordre le plus élevé

$$\frac{\partial^{s_1+s_2+\cdots+s_m}u^{(i)}}{\partial x_1^{s_1}\partial x_2^{s_2}\cdots\partial x_m^{s_m}}\ (s_1+s_2+\cdots+s_m=nh) \tag{18}$$

dans un polynôme différentiel tel que (17), voyons ce que devient ce polynôme lorsqu'on y remplace toutes les dérivées de cette espèce par les monômes correspondants en γ. En opérant d'abord ainsi sur (16), le résultat est $\gamma_1^{r_1}\gamma_2^{r_2}\cdots\gamma_m^{r_m}\mathscr{A}^{ij}$ et donnera un terme en (18) si l'on prend dans $\mathscr{A}^{ij}$, le terme en $\gamma_1^{h_1}\gamma_2^{h_2}\cdots\gamma_m^{h_m}$ avec

$$h_1+r_1=s_1,\ h_2+r_2=s_2,\cdots,\ h_m+r_m=s_m \tag{19}$$

autrement dit, dans $\mathscr{F}_i$, le terme en $\dfrac{\partial^h u^{(i)}}{\partial x_1^{h_1}\partial x_2^{h_2}\cdots\partial x_m^{h_m}}$. Or l'ensemble de tous les termes ainsi détruite dans la combinaison (17), pour un système de valeurs de j et des s, mais en prenant les diverses valeurs possibles de i ainsi que des h et des r sous les conditions (19), n'est autre que le coefficient de la dérivée (18) dans la somme (17), laquelle est, par hypothèse, identiquement nulle quel que soit l'indice j.

L'une des quantités Δ^i, par exemple Δ^1, étant différente de zéro, différentions $h(n-1)$ fois des équations données par rapport à x_m, par exemple (d'où, comme nous l'avons vu, un système qui peut remplacer le premier): la dernière équation pourra être remplacée par la combinaion (17). On aura ainsi un nouveau système composé d'équations d'ordre hn qui sera en général *normal*, c'est-à-dire pour lequel l'équation des caractéristiques ne se réduira pas à une identité: les caractéristiques se définiront à l'aide de cette équations.

25b. Si, au contraire, le nouveau système est encore anormal, on opérera sur lui comme sur le premier; et ainsi de suite.

Il peut toutefois arriver que toutes ces opérations donnent des systèmes anormaux. Mais ceci entraine, pour chacune d'elles, le fait que l'ordre d'une certaine combinaison formée avec les équations données et celles qu'on en déduit par différentiation est inférieur d'une unité au moins à ce qu'il serait dans le cas général. De ce fait, il manquera, dans une telle combinaison Ω, toutes les dérivées d'ordre le plus élevé. Dès que cela arrvie un nombre suffisant de fois[①], les combinaisons ainsi écrites ainsi que les autres équations résultant de la différentiation des proposées ne contiendront qu'un nombre de dérivées des u (en y comptnat les dérivées d'ordre zéro c'est-à-dire les u elles-mêmes) inférieur à leur nombre total, de sorte que l'on pourra éliminer entre elles les u et toutes leurs dérivées, ce qui donnera une identité finale

$$\mathscr{H}(x, \mathscr{F}_1, \mathscr{F}_2, \cdots, \mathscr{F}_n) = 0 \qquad (20)$$

où $\mathscr{H}$ est formé avec les $\mathscr{F}$, un certain nombre de dérivées de chacune d'elles et les variables indépendantes, mais ne contient plus directement les inconnues ni leurs dérivées.

S'il en est ainsi, les équations données ne sont plus véritablement indépendantes[②]. Leurs premiers membres le sont encore au sens algébrique du mot, c'est-à-dire qu'en considérant les x, les u et tous les p comme autant de nombre arbitraires, les relations $\mathscr{F}_1 = \mathscr{F}_2 = \cdots = \mathscr{F}_{n-1} = 0$ n'entraineraient pas $\mathscr{F}_n = 0$; mais les premiers membres $\mathscr{F}_i$ sont "différentiellement liés": les équations $\mathscr{F}_1 = \mathscr{F}_2 = \cdots = \mathscr{F}_{n-1} = 0$ entrainent d'après l'identite (20)

$$\mathscr{H}'(x, \mathscr{F}_n) = \mathscr{H}(x, 0, 0, \cdots, \mathscr{F}_n) = 0$$

Deux cas peuvent alors se présenter. En général, la quantité $\mathscr{H}$ ne s'annulera pas lorsqu'on prendra identiquement nuls tous les $\mathscr{F}$ (et, par conséquent, toutes leurs dérivées). Dans ces conditions, notre système sera *incompatible* (Exemple: les équations

$$\frac{\partial}{\partial x}[\mathscr{F}(u,v)] = \varphi(x,y), \quad \frac{\partial}{\partial y}[\mathscr{F}(u,v)] = \psi(x,y)$$

---

① Finzi, *loc. cit.* troisiéme communication (p. 288-297).

② Nous retrouverons ce genre de considérations au n°26a et, dans un cas particulier, au n°26, pour le cas où il y a en apparence plus d'équations que d'inconnues.

où $\mathscr{F}$ est un polynôme différentiel quelconque aux inconnues u, v et oôè la différentielle $\varphi\, dx + \psi\, dy$ n'est pas intégrable).

Prenons maintenant l'hypothèse contraire, de sorte que $\mathscr{H}$ s'annule quand on y prend $\mathscr{F}_n$ identiquement nul.

Soit k l'ordre du polynôème différentiel $\mathscr{H}'$. D'après le théorème fondamental d'unicité (théorème de Cauchy-Kowalewski si on est dans le cas analytique; théorème de Holmgren dans le cas général), $\mathscr{F}_n$ sera identiquement nul si l'on a initialement-c'est-à-dire sur un plan coordonné ou sur une hypersurface S non caractéristique de $\mathscr{H}'$

$$\mathscr{F}_n = \frac{\partial \mathscr{F}_n}{\partial x} = \cdots = \frac{\partial^{k-1} \mathscr{F}_n}{\partial x^{k-1}} = 0 \tag{21}$$

conditions qui s'exprimeront à l'aide des données initiales (telles que nous les avons considérées jusqu'ici) le long de S.

Dès lors, notre, système doit être considéré comme ne contenant qu'en apparence autant d'équations que d'inconnues: l'équation $\mathscr{F}_n = 0$ ne figure plus en réalité que par les relations (21), qui font partie des condition initiales. Notre système est *indéterminé*.

26. Appliquons les considérations générales qui précèdent aux équations de la déformation des surfaces (n° **25**). Le déterminant Δ correspondant étant identiquement nul, nous devons pouvoir, en multipliant respectivement les trois lignes de ce déterminant par trois polynôèmes en γ et ajoutant, trouver dans chaque colonne une somme nulle. Il suffit, en effet, de prendre pour multiplicateurs les trois polynôèmes γ_2^2, $-\gamma_1\gamma_2$, γ_1^2. Donc nous aurons le résultat cherché par la combinaison $\frac{\partial^2 \mathscr{F}_1}{\partial \beta^2} - \frac{\partial^2 \mathscr{F}_2}{\partial \alpha \partial \beta} + \frac{\partial^2 \mathscr{F}_3}{\partial \alpha^2}$, où nous pouvons (25a, note) prendre pour $\mathscr{F}_1$, $\mathscr{F}_2$, $\mathscr{F}_3$ les premiers membres des équations (14). Effectivement, dans la combinaison ainsi formée, les termes du troisième ordre (termes en $\frac{\partial^3(x,y,z)}{\partial\alpha\partial\beta^2}$ et $\frac{\partial^3(x,y,z)}{\partial\beta\partial\alpha^2}$) disparaitront et il restera

$$\left(\frac{\partial^2 x}{\partial\alpha\partial\beta^2}\right)^2-\frac{\partial^2 x}{\partial\alpha^2}\frac{\partial^2 x}{\partial\beta^2}+\left(\frac{\partial^2 y}{\partial\alpha\partial\beta^2}\right)^2-\frac{\partial^2 y}{\partial\alpha^2}\frac{\partial^2 y}{\partial\beta^2}+\left(\frac{\partial^2 z}{\partial\alpha\partial\beta^2}\right)^2-\frac{\partial^2 z}{\partial\alpha^2}\frac{\partial^2 z}{\partial\beta^2}$$
$$=\frac{1}{2}\left(\frac{\partial^2 e}{\partial\beta^2}-2\frac{\partial^2 f}{\partial\alpha\partial\beta}+\frac{\partial^2 g}{\partial\alpha^2}\right)$$

Associant aux deux premières équations (14) différentiées une fois par rapport à α, soit

$$\frac{\partial x}{\partial\alpha}\frac{\partial^2 x}{\partial\alpha^2}+\frac{\partial y}{\partial\alpha}\frac{\partial^2 y}{\partial\alpha^2}+\frac{\partial z}{\partial\alpha}\frac{\partial^2 z}{\partial\alpha^2}=\frac{1}{2}\frac{\partial e}{\partial\alpha}$$

$$\frac{\partial x}{\partial\alpha}\frac{\partial^2 x}{\partial\alpha\partial\beta}+\frac{\partial x}{\partial\alpha}\frac{\partial^2 x}{\partial\alpha^2}+\frac{\partial y}{\partial\alpha}\frac{\partial^2 y}{\partial\alpha\partial\beta}+\frac{\partial y}{\partial\beta}\frac{\partial^2 y}{\partial\alpha^2}+\frac{\partial z}{\partial\alpha}\frac{\partial^2 z}{\partial\alpha\partial\beta}+\frac{\partial z}{\partial\beta}\frac{\partial^2 z}{\partial\alpha^2}=\frac{\partial f}{\partial\alpha}$$

(14′)

on a un système normal. La ligne corrdonnée $\alpha=0$ n'est une caractéristique que si l'on a

$$\begin{vmatrix}\frac{\partial^2 x}{\partial\beta^2} & \frac{\partial^2 y}{\partial\beta^2} & \frac{\partial^2 z}{\partial\beta^2}\\ \frac{\partial x}{\partial\alpha} & \frac{\partial y}{\partial\alpha} & \frac{\partial z}{\partial\alpha}\\ \frac{\partial x}{\partial\beta} & \frac{\partial y}{\partial\beta} & \frac{\partial z}{\partial\beta}\end{vmatrix}=0$$

condition qui, en conformité avec les résultats connus par ailleurs①, exprime qu'une *caractéristique du problème de la déformation n'est autre chose qu'une ligne asymptotique de la surface.*

26a. Le problème de la déformation des surfaces conduit, comme nous le voyons, à un système anormal au départ, mais qui est rendu normal par une première application de la méthode précédente. On est, au contraire, dans le cas extrême envisagé

① Darboux: *loc. cit.* t. Ⅲ. (1ère édition), Liv. Ⅶ, Chap. Ⅳ, n°704.

au n°**25b** avec le problème qu'Einstein① a mis à la base de la Physique mathématique contemporaine, celui de la Relativité généralisée. Il consiste②, l'espace-temps étant rapporté à quatre coordonnées curvilignes entièrement arbitraires③

$$x^{\alpha} \qquad (\alpha=0,1,2,3)$$

à exprimer en fonction de ces quatre paramètres, dix quantités ("potentiels") $g_{\alpha\beta}$ de manière à vérifier un nombre égal d'équations aux dérivées partielles du second ordre.

Puisqu'on ne restreint en rien le choix des coordonnées x auxquelles est rapporté l'espace-temps, rien n'empêche d'effectuer sur elles une transformation biunivoque arbitraire

$$x'^{\alpha}=x'^{\alpha}(x^0,x^1,x^2,x^3) \qquad (\alpha=0,1,2,3) \tag{22}$$

---

① Les mêmes circonstances se présentent dans les problèmes analogues relatif aux hyperespaces et qui consiste, une forme quadratique (définie) de n différentielles

$$\psi=\sum g_{\lambda_{\mu}} \mathrm{d}u_{\lambda}\mathrm{d}u_{\mu} \quad (\lambda_{\mu}=1,2,\cdots,n)$$

étant donnée. à "l'immerger" dans un espace à un nombre suffisamment grand N de dimensions, c. à. d. à la représenter comme la somme des carrés de N différentielles exactes

$$\psi=(\mathrm{d}x_1)^2+(\mathrm{d}x_2)^2+\cdots+(\mathrm{d}x_N)^2$$

Voir le travail de M. Janet (*Ann. Soc. Pol. Math.*, t. V(1926). p. 38 où il est démontré qu'on peut prendre $N=n(n+1)/2$).

② La notation employée au n° 26*a* est celle du Calcul Différentiel Absolu, dans laquelle les diverses lettres sont susceptibles de recevior soit des indices inférieurs, soit (comme c'est le cas pour les corrdonnées x) des indices supérieurs.

Nous raisonnons sur les équations de la gravifique. Les mêmes considérations s'appliqueraient à la théorie du "champ unitaire" (simultanément gravifique et électromagnétique) dans laquelle on écrit non plus dix. mais quatorze équations aux dérivées partielles entre quatorze potentiels inconnus.

③ Toutefois on est conduit à Pestreidre ce choix arbitraire des coordonnées par des conditions d'inégalité lesquelles sont sans influence sur les calculs formels dont nous parlons dans le texte.

Les changements de coordonnées (22) seront supposées respecter les conditions en question.

et tous les calculs devront être *invariants* par la transformation la plus générale de cette espèce. On và voir la conséquence qu'entraîe cette propriété en ce qui concerne le problème de Cauchy, c'est à dire en ce qui concerne la détermination des $g_{\alpha\beta}$ dans l'ensemble de l'espace-temps lorsqu'on se donne les valeurs de ces quantités et, pour chacune d'elles, celle d'une dérivée première (extérieure au sens du n° **23**) tout le long d'une certaine hypersurface S.

L'équation de S étant, par exemple, réduite à

$$x^0=0$$

quel sera, sur le problème ainsi posé, l'effet d'un changement de coordonnées (22) conservant cette hypersurface point par point, c'est à dire se réduisant, en chaque point de S, à la transformation identique $x'^\alpha=x^\alpha$ et, de plus tangente en ce point à la transformation identique, c'est à dire telle que, le long de S

$$\frac{\partial x'^\alpha}{\partial x^0}=\delta_0^\alpha=\begin{cases}0 \text{ pour } \alpha\neq 0\\ 1 \text{ pour } \alpha=0\end{cases}$$

En assujettissant la transformation à vérifier ces conditions $x'^\alpha = x^\alpha$, $\dfrac{\partial x'^\alpha}{\partial x^0} = \delta_0^\alpha$ aux divers points de S, nous n'empêchons pas qu'elle puisse être plus ou moins arbitraire en dehors de S. À une solution déterminée quelconque du problème de Cauchy en correspondant dès lors une infinité d'autres (dépendant de fonctions arbitraires), puisque la transformation ne changera ni (par construction) les données initiales ni (par hypothèse) les équations aux dérivées partielles. Le problème de Cauchy ne sera donc jamais déterminé et l'équation caractéristique (G) telle que nous l'avons formée au n° **24** *se réduira forcément à une identité.*

Opérons maintenant comme il a été dit aux n°**25a, 25b.** Quelles que soient les différentiations aisi effectuées sur les équations du problème, les nouvelles équations ainsi obtenues seront vraies comme les premières non seulemtne dans le système de coordonnées primitif, mais dans tout autre tangent au premier (au sens indiqué ci-dessus) le long de S. Il en résulte qu'on n'arrivera jamais ainsi à un système normal.

Par conséquent, les équations du problème ne peuvent pas être indépendantes (ou plus exactement "différnetiellement indépendantes"): il existera entre elles une ou plusieurs relations de la forme (20).

En fait, dans le cas des équations d'Einstein, on constate qu'il existe entre elles *quatre* relations du type (21), de sorte que, parmi leurs premiers membres, il en est quatre qui, en vertu des équations restantes, s'annuleront identiquement si, en vertu des données initiales, ils s'annulent sur l'hypersurface S qui porte ces données.

Un premier problème sera donc le choix des données initiales de manière à vérifier ces conditions.

Celles-ci étant supposées remplies, le problème de Cauchy serait, dans les termes où nous l'avons formulé jusqu'ici, indéterminé.

Il résulte de ce qui précède que cette indétermination n'est qu'apparente et dûe à celle qui affecte le systàme des coordonnées. Dès lors, pour y échapper, il suffira d'indiquer un moyen de particulariser convenablement ce système. C'est ce qu'a fait M. de Donder①, en adjoignant quatre équations supplémentaires à six des équations d'Einstein (celles qui rest-

① Sans pouvoir indiquer en détail le mode de formation des équations d'Einstein, disons que les inconnues en sont les coefficients $g\lambda\mu(\lambda, \mu = 0, 1, 2, 3)$ de la forme quadratique

$$ds^2 = \sum_{\lambda,\mu} g\lambda\mu dx^\lambda dx^\mu$$

ou "métrique", qui définit la grandeur ds d'un déplacement infiniment petit dans "l'espace-temps" à quatre dimensions-ou encore, ce qui revient au même, les quantités $g^{\lambda\mu}$ liées aux premières par les relations bien connues

$$\sum_h g\lambda h g^{\mu h} = \delta_\mu^\lambda$$

Le choix des coordonnées étant, par hypothèse, arbitraire, on peut admettre que la surfaces S qui porte les données initiales est

$$x^0 = 0$$

Ces données sont alors les valeurs (en fonction de x^1, x^2, x_3) des g, et de leurs dérivées premières par rapport à x^0; et les équations aux dérivées partielles donnent (en général) avec le coefficient g^{00}, les dérivées secondes $\frac{\partial^2}{(\partial x^0)^2}$ des g pour lesquels aucun des indices λ, μ n'a la valeur zéro.

Dans ces conditions, 1° on a ainsi dix équations entre les six dérivées $\frac{\partial^2 g^{\lambda\mu}}{(\partial x^0)^2}$, $\lambda\mu \neq 0$. on peut done éliminer ces dernières, d'où quatre conditions à vérifier par les données le long de S;

2° ces conditions étant supposées remplies, les dérivées secondes des g. ayant au moins un indice nul ne figurent pas dans les équations et, par conséquent, restent indéterminées: c'est l'indétermination signalée dans le texte et que l'on peut faire disparaître en imposant aux coordonnées les quatre conditions de M. de Donder (*la gravifique einsteinienne*, Paris, Gauthier Villars. 1921: p. 40-41). Ces conditions, lesquelles généralisent des relations approximatives utilisées par Einstein lui-même (*Sitzungsberichte* Ak. Berlin, 1918, p. 154), reviennent comme l'a montré M. G. Darmois (*Mémorial des Sciences Mathématiques*,) fasc. XXV. 1927) à assujettir ces coordonnées à être *isothermes*, c'est à dire à annuler le deuxième paramètre différentiel de Beltrami formé à l'aide de la forme métrique précédente (Voir aussi Lichnerowicz, Actualités Scientifiques et Industrielles 833, n° XII; Paris, Hermann, 1939).

ent des dix équations générales, compte tenu des considérations du n° précédent).

Par une pareille adjonction, on ne risque pas de laisser échapper des solutions du problème, car tout système de dix fonctions g peut être rapporté à un système de coordonnées x relativement auxquelles il satisfera aux conditions de M. de Donder.

Grâce à elles, d'autre part, le système devient normal: l'indétermination du problème cesse, sauf si la quantité (donnée) g^{00} est nulle.

Ce dernier cas-comportant, comme on le voit, une indétermination qui ne se présente pas pour une orientation quelconque de l'hypersurface S-est le cas caractéristique. Lorsque, au lieu de prendre une des corrdonnées nulle sur S, on laisse celles-ci quelconques, l'équation de S étant

$$S(x^0, x^1, x^2, x^3) = 0$$

la condition pour qu'on soit dans le cas caractéristique est

$$\sum g^{\lambda\mu} \frac{\partial S}{\partial x^\lambda} \frac{\partial S}{\partial x^\mu} = 0$$

(où le premier membre représente le premier paramètre différentiel de Beltrami), de sorte que S devra, en chacun de ses points, être tangent à un cône caractéristique dont l'équation tangentielle est clle que nous venons d'écirre①.

27. Les systèmes aux dérivées partielles offrent une autre particulartié à noter.

Dans la démonstration de Sophie Kowalewski, on ramène le système à être composé d'équations du premier ordre, résolues par rapport aux dérivées des inconnues relativement à x: c'est une marche analogue à celle qui est suivie pour l'équation différentielle ordinaire. Mais l'analogie n'est pas complète.

---

① On peut aussi, avec M. M. Janet (*C. R. Ac. Sc.*, t CL XXII, 1921, p. 1639; t CLXXIII, 1921, p. 124), examiner ce que deviennent ces considérations générales dans les cas les plus simples, ceux où le nombre n des équations et des inconnues est égal à deux ou trois, ces équations étant du premier ordre.

Pour le système aux deux inconnues u, v

$$\sum_i A_i^{(\mu)} \frac{\partial u}{\partial x_i} + \sum_i B_i^{(\mu)} \frac{\partial v}{\partial x_i} + \cdots = f^{(\mu)} \quad (\mu = 1,2)$$

la forme caractéristique est

$$\sum A_i^{(1)} \gamma_i \cdot \sum B_i^{(2)} \gamma_i - \sum A_i^{(2)} \gamma_i \cdot \sum B_i^{(1)} \gamma_i$$

et, pour qu'elle s'annule identiquement en $\gamma_1, \cdots, \gamma_m$, il faut et il suffit que chacun des facteurs du premier terme soit proportionnel à l'un des facteurs du second (les deux facteurs de proportionnalité étant inverses l'un de l'autre). On voit alors aisément que le système peut se ramener à être composé d'une seule équation du premier ordre à une inconnue et d'une équation en termes finis donnant l'autre inconnue.

Pour le système à trois équations et à trois inconnues-système ($\sum$) du n° 24-à quelques cas simples près analogues à celui que nous venons d'indiquer pour $n=2$, on trouve une forme canonique nouvelle, savoir

$$\begin{aligned}
\mathscr{E}(u,v,w) &\equiv R(v) - Q(w) + au + bv + cw = f \\
\mathscr{F}(u,v,w) &\equiv P(w) - R(u) + a'u + b'v + c'w = f' \\
\mathscr{G}(u,v,w) &\equiv Q(u) - P(v) + a''u + b''v + c''w = f''
\end{aligned}$$

où P, Q, R sont trois expressions différentielles linéaires ne renfermant que des termes du premier ordre et dont aucnne n'est combinaison linéaire des deux autres ($a, b, \cdots, f''$, fonctions connues).

On obtient visiblement une combinaison dépourvue de termes du second ordre en faisant subir aux trois premiers membres les opérations P, Q, R respectivement et ajoutant.

D'abord, contrairement à ce qui a lieu pour les équations différentielles ordinaires, *l'opération inverse n'est pas possible en général.* L'élimination de $n-1$ inconnues entre n équation ne donne pas en général une équation unique, mais plusieurs équations.

En second lieu, s'il est vrai que l'on peut remplacer par exemple, une équation unique du second ordre par un système d'équations du premier ordre, cela exige une élévation apparente de l'ordre. Notre équation du second ordre-à deux variables indépendantes, par exemple-sera remplacée par un système de *trois* équations à trois inconnues (u et ses deux dérivées premières).

Il résulte d'une curieuse remarque de M. Téodoresco① qu'il y a là une impossibilité inhérente à la nature des choses. Considérons un système de deux équations aux dérivées partielles du premier ordre (à quatre variables indépendantes)

$$A_1^{(1)}\frac{\partial u}{\partial x_1}+\cdots+A_4^{(1)}\frac{\partial u}{\partial x_4}+B_1^{(1)}\frac{\partial v}{\partial x_1}+\cdots+B_4^{(1)}\frac{\partial v}{\partial x_4}+C^{(1)}=0$$

$$A_1^{(2)}\frac{\partial u}{\partial x_1}+\cdots+A_4^{(2)}\frac{\partial u}{\partial x_4}+B_1^{(2)}\frac{\partial v}{\partial x_1}+\cdots+B_4^{(2)}\frac{\partial v}{\partial x_4}+C^{(2)}=0$$

La forme caractéristique correspondante sera $\mathscr{A}^{(1)}\mathscr{B}^{(2)}-\mathscr{B}^{(1)}\mathscr{A}^{(2)}$ avec

$$\mathscr{A}^{(1)}=\sum_{i=1}^{4}A_i^{(1)}\gamma_i,\qquad \mathscr{B}^{(1)}=\sum_{i=1}^{4}B_i^{(1)}\gamma_i$$

$$\mathscr{A}^{(2)}=\sum_{i=1}^{4}A_i^{(2)}\gamma_i,\qquad \mathscr{B}^{(2)}=\sum_{i=1}^{4}B_i^{(2)}\gamma_i$$

Une telle forme caractéristique, si elle n'est pas dégénérée, c'est à dire si elle comprend quatre carrés indépendants, se composera de deux carrés positifs et de deux carrés négatifs. Il est dés lors impossible (au moins par des calculs réels) de ramener

① Revue Math. Union interbalkanique, T. I (1936), p. 1.

à un système de la forme précédente une équation unique du second ordre pour laquelle la forme caractéristique se compose de quatre carrés d'un même signe ou de trois carrés de même signe et d'un carré de signe contraire.

27a. L'impossibilité de réduire une équation unique d'ordre n à un système de n équations du premier ordre apparait ainsi dans le cas le plus simple de $n=2$. Mais on peut voir, avec M. Théodoresco, qu'elle est plus essentielle encore dans les autres cas, et que la réduction n'y est pas possible en général, même en introduisant des éléments complexes. Soit toujours m le nombre des variables indépendantes: le nombre des coefficients d'une forme de degré n à m variables est celui des combinaisons complètes (c'est à dire avec répétition) de n objets m à n, égal à $(n+m-1)!\,/n!\,(m-1)!$ celui des coefficients qui figurent dans un tableau rectangulaire de n formes linéaires à m variables est au plus égal à $m\,n^2$ (le nombre des paramètres dont on disposerait étant en réalité beaucoup moindre, par le fait que le déterminant formé à l'aide de ce tableau rectangulaire ne changerait pas par n'importe quelle substitution linéaire de déterminant 1 effectuée soit sur les lignes, soit sur les colonnes). La forme la plus générale de degré n ne pourrait donc être représentée par un déterminant de cette espèce que si l'on avait

$$(n+m-1)!\ n!\ (m-1)!\ \leqslant mn^2$$

Or le premier membre croît plus vite que le second lorsqu'on augmente l'un ou l'autre des deux nombres m, n. Par exemple, pour le cas de quatre variables, l'inégalité n'est vérifiée que jusqu'à $n = 17$; et si, inversement, on se donnait l'ordre n de l'équation, on devrait avoir

$$m\leqslant 7 \text{ pour } n=2$$

$$m\leqslant 5 \text{ pour } n=3,4,5$$

etc.

Pour identifier la forme générale de degré n avec un

déterminant de n^2 formes linéaires, on aurait donc à satisfaire à un système d'équations algébriques dans lequel le nombre d'équations serait supérieur à celui des inconnues.

§4 EXEMPLES DE PROBLÈMES DE CAUCHY

28. Le problème de Cauchy dont nous avons considéré la résolution par la méthode de Cauchy-Kowalewski est un de ceux qu'on est conduit à se poser en Physique mathématique. C'est, nous l'avons vu, (n°3, 3°) le cas lorsqu'on veut étudier les petits mouvements de l'air (en admettant l'hypothèse des tranches) dans un tuyau sonore *illimité dans les deux sens*. L'équation indéfinie est l'équation (e_1) du n° cité et le mouvement sera parfaitement déterminé par les conditions initiales

$$u(x,0)=g(x),\frac{\partial u}{\partial t}(x,0)=h(x)$$

La recherche d'une fonction u satisfaisant à l'équation (e_1) et à ces conditions définies est un problème de Cauchy. Ce problème est bien posé: la méthode connue de d'Alembert en fournit la solution qui est

$$u(x,t)=\frac{1}{2}[g(x+\omega t)+g(x-\omega t)+\frac{1}{\omega}\int_{x-wt}^{x+wt}h(x)\mathrm{d}x] \tag{23}$$

de plus, cette solution est continue, et même d'ordre zéro, par rapport aux données: si nous modifions légèrement les deux fonctions $g(x)$, $h(x)$ en les remplaçant par

$$g(x)+\delta g(x),h(x)+\delta h(x)$$

avec $|\delta g|$, $|\delta h|<\varepsilon$ quel que soit x, d'après la formule de résolution précédente, on aura

$$\delta u=-\frac{1}{x}[\delta g(x+\omega t)+\delta g(x-\omega t)+\frac{1}{\omega}\int_{x-\omega t}^{x+\omega t}\delta h(X)\mathrm{d}X]$$

et par suite

$$\delta u<\varepsilon(1+A), \text{ moyennant } |t|<A$$

ce qui met en évidence la continuité annoncée.

28a. La formule (23) s'obtient par l'introduction des variables

$$\xi=x+\omega t, \eta=x-\omega t$$

c'est à dire en rapportnat l'équation à ses caractéristiques de manière à la ramener à la forme

$$\frac{\partial^2 u}{\partial \xi\, \partial \eta}=0$$

ξ, η étant pris comme coordonnées cartésiennes, la ligne $t=0$ est représentée par la bissectrice de l'angle des coordonnées.

Cette droite peut d'ailleurs être remplacée, pour porter les données de Cauchy, par n'importe quelle ligne droite ou courbe S, satisfaisant à la condition que chacune des deux coordonnées ξ et η y varie d'une manière monotone, soit que toutes deux varient dans le même sens (Cf. ci après, Fig. 1.2 ou Fig. 1.2′), soit qu'elles varient en sens contraire l'une de l'autre (Cf. Fig. 1.3 ou Fig. 1.3′), ceci entrainant dans les deux cas le fait qu'une telle ligne n'est coupée qu'en un point au plus par une caractéristique quelconque.

28b. Il nous importera de savoir traiter aussi, dans les mêmes conditions, le problème de Cauchy pour l'équation à second membre

$$(e_1') \qquad \frac{\partial^2 u}{\partial x\, \partial y}=f(x, y)$$

Les données de Cauchy en chaque point de la ligne S seront la valeur de l'inconune u et celle de l'une de ses dérivées partielles, par exemple $\frac{\partial u}{\partial y}=q$, la connaissance de l'autre dérivée partielle $p=\frac{\partial u}{\partial x}$ en résultant (Cf. n°**23**) par la considération de la dérivée totale

$$\frac{\mathrm{d}u}{\mathrm{d}x}=p+q\frac{\mathrm{d}y}{\mathrm{d}x}$$

prise en considérant y comme exprimé en foncition de x par l'équation de la ligne S, dérivée dont la valeur est connue du moment que u est donné en chaque point de cette ligne.

Les données étant telles, soit $\alpha(x,y)$ un point du plan ou, plus exactement (si nos données ne sont relatives qu'à un arc limité AB de la ligne S) du rectangle ayant ses côtés caractéristiques et dont A, B sont deux sommets opposés. Par ce point, menons les deux caractéristiques, lesquelles coupent S aux deux points (α,y) et (x,β) que nous appellerons pour abréger α et β. La valeur q étant donnée, par hypothèse, au point α, on voit qu'on aura

$$q(x,y)=q_{\alpha}+\int_{\alpha}^{x}f(X,y)\,\mathrm{d}X \tag{24}$$

q étant supposé ainsi calculé en chaque point intérieur à notre rectangle, une intégration le long du segment de droite βy nous donnera, puisque $u\beta$ est supposé connu

$$u(x,y)=u_{\beta}+\int_{\beta}^{y}q(x,Y)\,\mathrm{d}Y \tag{25}$$

Dans cette formule, remplaçons q par sa valeur tirée de la relation précédente (24) où la quantité α, limite inférieure d'intégration, sera remplacée par l'abscisse du point où S est rencontré par la caractéristique $Y=$const. issue d'un point quelconque du segment de droite en question de sorte que q_{α} sera une fonction connue de Y: nous aurons une expression satisfaisant par construction aux conditions du problème et de la forme

$$u=u'+u''$$

laquelle, ainsi qu'il arrive forcément lorsque le problème est linéaire, met en évidence séparément l'influence du second membre de l'équation et celle des données initiales. Il est clair qu'on aura la solution du problème de Cauchy relatif à une équation linéaire quelconque si l'on détermine séparément

1° la solution u' de l'équation sans second membre

$$u' = u_\beta + \int_\beta^y q(Y)\,\mathrm{d}Y$$

2° la solution u'' de l'équaion complète avec données initiales identiquement nulles. Cette dernière

$$u'' = u''(x,y) = \int_\beta^y \mathrm{d}Y \int_{\alpha Y}^x f(X,Y)\,\mathrm{d}X$$

n'est d'ailleurs autre, au signe près, que l'intégrale double

$$u'' = \pm \iint f(X,Y)\,\mathrm{d}X\mathrm{d}Y$$

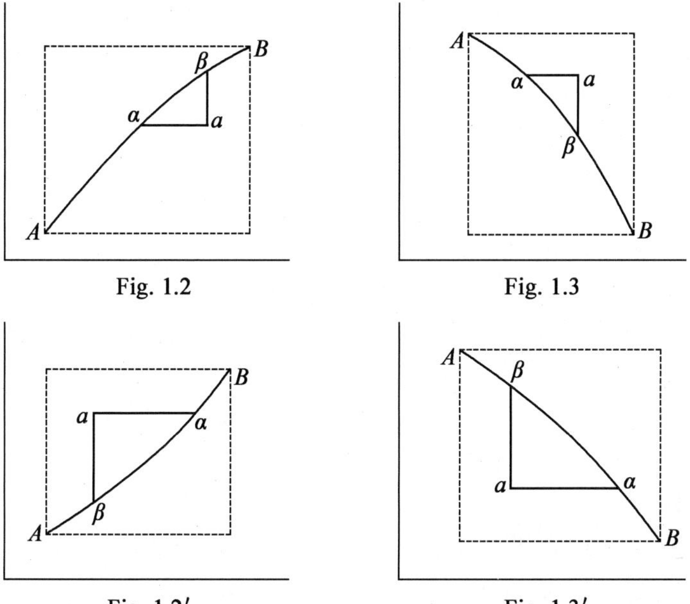

Fig. 1.2 Fig. 1.3

Fig. 1.2′ Fig. 1.3′

étendue au triangle mixtiligne T délimité par les deux caractéristiques issues de a et l'arc $\alpha\beta$ de S. Le signe à prendre devant cette intégrale est subordonné[①] à celui du coefficient angulaire de la tangente à S. Il est + dans le cas des Fig. 1.3, 1.3′; −, si la disposition est celle des Fig. 1.2, 1.2′.

28c. Quant à la condition que la pente de cette ligne par rapport aux axes caractéristiques conserve un signe invariable tout le long de l'arc considéré, elle est essentielle aux considérations précédentes. Si l'on prend pour S une ligne telle que celle qui est représentée Fig. 1.4, notre construction donnerait, entre cette ligne et une caractéristique issue du point donné a, non pas un, mais deux points de rencontre, d'où, pour u deux valeurs différentes qui, si les données étaient choisies arbitrairement, ne concorderaient pas en général. Le problème de Cauchy ainsi posé serait donc impossible, du moins si l'on entend obtenir pour u une fonction uniforme de x,y (le cas contraire pouvant se présenter comme nous le verrons plus tard au Chap. Ⅵ).

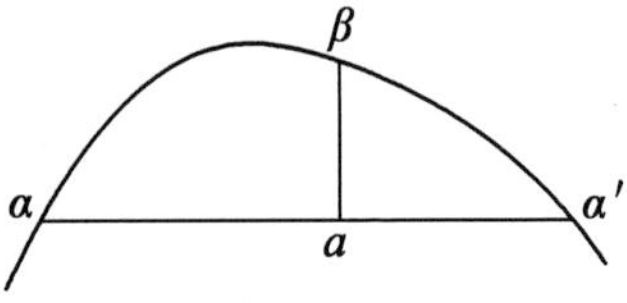

Fig. 1.4

28d. On détermine par le même mode de calcul une solution de l'équation (e_1) ou (e'_1) en se donnant les valeurs de l'inconnue le long de deux demi-droites caractéristiques issues d'un même point-par exemple, les directions positives des deux axes coordonnés-, soit

① Cette circonstance provient de ce que la définition classique de l'intégrale multiple ne renferme rien qui corresponde à celle de l'intégrale simple lorsque les limites n'en sont pas rangées dans leur ordre naturel. Elle disparaîtrait si l'on employait (pour une intégrale double) la notation de Méray $\iint f(X,Y)\ \mathrm{d}(X,Y) = \pm\iint f(X,Y)\ \mathrm{d}X\,\mathrm{d}Y$, le signe changeant avec *l'orientation* de l'aire d'intégration, c'est à dire avec un sens de parcours direct ou rétrograde adopté sur son contour: ce sens $a\ \alpha\beta$ est direct sur les Fig. 1.3 et 1.3′; rétrograde sur les Fig. 1.2 et 1.2′.

$$u=g(x) \quad \text{pour} \quad y=0$$
$$u=h(x) \quad \text{pour} \quad x=0$$

[avec la condition de concordance $g(0)=h(0)$], sans intervention, cette fois, de la donnée d'une dérivée, ceci tenant, comme nous aurons l'occasion de la dire plus loin, à ce que les lignes qui portent les données sont caractéristiques.

Raisonnant comme tout à l'heure et appelant (x, y) un point a quelconque situé dans l'angle des coordonnées positives, on sera conduit à tracer le rectangle R qui a ceux côtés $a\alpha$, $a\beta$ suivant les axes et un sommet en (x,y): la solution sera

$$u(x,y) = u' + \iint_R f(X,Y)\,\mathrm{d}X\,\mathrm{d}Y \tag{25'}$$

La quantité u' aura d'ailleurs ici la forme simple

$$u'(x,y)=g(x)+h(y)-g(0)$$

29. L'equation du son dans un milieu homogène et isotrope, ou *équation des ondes sphériques*, *est*

$$(e_3) \qquad \frac{1}{\omega^2}\frac{\partial^2 u}{\partial t^2}-\frac{\partial^2 u}{\partial x^2}-\frac{\partial^2 u}{\partial y^2}-\frac{\partial^2 u}{\partial z^2}=0$$

Le problème de Cauchy relatif à l'hypersurface $t=0$ consiste à déterminer une solution de cette équation par les conditions—conditions initiales—

$$u(x,y,z,0)=g(x,y,z),\frac{\partial u}{\partial t}(x,y,z,0)=h(x,y,z)$$

Ce problème est bien posé; sa solution est donnée par la formule de Poisson

$$u(x_0,y_0,z_0,t_0)=t_0M_{\omega t_0}(h)+\frac{\mathrm{d}}{\mathrm{d}t_0}[t_0M_{\omega t_0}(g)] \tag{26}$$

où l'on désigne par $M_r(u)$ la moyenne des valeurs que prend la fonction u sur la sphère de centre (x_0,y_0,z_0) et de rayon r. On démontre classiquement que cette solution, qui existe dès que les fonctions g, h sont continues et que la première d'entre elles admet des dérivées du premier ordre, répond à la question, et nous verrons que c'est la seule. De plus elle est visiblement continue par rapport aux données, mais cette fois d'ordre un seulement par rapport à la première d'entre elles.

29a. Le cas intermédiaire d'un milieu à deux dimensions conduit à écrire l'équation "des ondes cylindriques"

$$(e_2) \qquad \frac{1}{\omega^2}\frac{\partial^2 u}{\partial t^2}-\frac{\partial^2 u}{\partial x^2}-\frac{\partial^2 u}{\partial y^2}=0$$

Le problème de Cauchy relatif à $t = 0$ correspond aux données initiales

$$u(x,y,0)=g(x,y),\frac{\partial u}{\partial t}(x,y,0)=h(x,y)$$

sa solution, dont la formation directe a joué un rôle scientifique important-c'est elle qui a provoqué les recherches fondamentales de Volterra-se déduit aisément de celle qui vient d'être écrite, par ce qu'on peut appeler le principe de "descente", c'est à dire en remarquant qu'une solution de (e_2) n'est qutre chose qu'une solution de (e_3) indépendante de z et, en particulier①, la solution du problème du n° précédent lorsque les données g,h en sont prises indépendantes de z.

Il suffit donc②, pour résoudre le problème actuel, d'appliquer la formule (26) à des donnéss g,h fonctions de x, y, mais indépendantes de z. Or si, ayant tracé, dans le plan des x,y, le cercle c de centre (x_0, y_0) et de rayon r, on considère la sphère qui a c pour grand cercle, une quantité ay-

① Que toute solution du problème actuel soit une solution de (e_3) indépendante de z, cela est évident; que, inversement, une solution du problème de Cauchy pour (e_3) avec données g,h indépendantes de z soit elle-même indépendante de z et, par conséquent, vérifie (e_2), cela résulte de ceque (théorème d'unicité) la solution d'un problème de Cauchy serait nécessairement identique à $u(x,y, z+\lambda)$ quelle que soit la constante λ, ce qui revient à dire qu'elle doit être indépendante de z. On a donc deux problèmes rigoureusement équivalents.

② Voir le problème de Cauchy, n° 30 *bis*, p. 71.

ant pour valeur, en chaque point P de la surface de cette sphère ou (ce qui revient au même) de l'hémisphère $z<0$, celle que prend une fonction donnée $u(x,y)$ au point p, projection de P sur le plan de c, la moyenne de cette fonction sur la surface de l'hémisphère sera la quantité $\frac{1}{2\pi r}\mu_r(u)$, où

$$\mu_r(u) = \iint_c \frac{u\,\mathrm{d}x\,\mathrm{d}y}{\sqrt{r^2 - (x - x_0)^2 - (y - y_0)^2}}$$

de sorte que la formule de Poisson donne

$$u(x_0,y_0,t_0) = \frac{1}{2\pi\omega}\left[\mu_{\omega t_0}(u_1) + \frac{\mathrm{d}}{\mathrm{d}t_0}\mu_{\omega t_0}(u_0)\right] \qquad (26')$$

L'équivalence de ce problème avec celui auquel nous venons de le ramener montre immédiatement qu'il est bien posé.

CHAPITRE Ⅱ
LE PROBLÈME DE DIRICHLET

§1 RAPPEL DES PRINCIPES RELATIFS AUX POTENTIELS

30. Pendant que Cauchy fondait la théorie des équations aux dérivées partielles sur l'étude du Problème qui porte son nom, la Physique mathématique conduisait à étudier un problème tout différent: celui de Dirichlet dont nous avons rappelé l'énoncé (n°**3**, 2°).

Formule fondamentale. Toute la théorie, non seulement du problème de Dirichlet mais de tous ceux que nous nous proposons d'examiner dans ce qui va suivre, repose sur une seule et même formule laquelle, pour une fonction $P(x)$ d'une variable, n'est autre que la relation

$$\int_a^b P'(x)\,\mathrm{d}x = P(b) - P(a)$$

Celle-ci a lieu du moment 1° que la fonction P est continue sans exception; 2° qu'elle admet au moins presque partout (c'est à dire en dehors d'un ensemble de mesure nulle) une dérivée P' intégrable, moyennant quoi P est l'intégrale de sa dérivée.

La formule que l'on écrira dans le plan ou dans l'espace E_m est assujettie aux mêmes hypothèses que la précédente, dont elle est une conséquence. Dans l'espace à trois dimensions, la formule est

$$\iiint_{\mathscr{D}}\left(\frac{\partial P}{\partial x}+\frac{\partial Q}{\partial y}+\frac{\partial R}{\partial z}\right)\mathrm{d}x\ \mathrm{d}y\ \mathrm{d}z$$

$$=-\iint_{S}[P\cos(n,x)+Q\cos(n,y)+R\cos(n,z)]\mathrm{d}S \quad (1)$$

l'intégrale triple étant étendue à un volume $\mathscr{D}$ borné par la surface fermée S, le second membre étant une intégrale de surface prise le long de la surface S et n étant la normale intérieure à S. Nous supposons, comme tout à l'heure, que P, Q, R soient continues même sur S et leurs dérivées premières intégrables dans $\mathscr{D}$.

On a, dans le plan (sous les mêmes hypothèses), une formule tout analogue, mais que l'on peut aussi écrire sous la forme équivalente (formule de *Riemann*)

$$\iint_{\mathscr{D}}\left(\frac{\partial P}{\partial x}+\frac{\partial Q}{\partial y}\right)\mathrm{d}x\ \mathrm{d}y=-\int_{S}[P\cos(n,x)+Q\cos(n,y)]\mathrm{d}S$$

$$=\int_{S}P\ \mathrm{d}y-Q\ \mathrm{d}x$$

où, au dernier membre, l'intégration est à effectuer dans le sens direct.

Dans l'espace à m dimensions E_m, supposons que P_1, P_2, $\cdots$, P_m soient des fonctions continues possédant des dérivées premières elles-mêmes continues ou du moins intégrables: nous avons, entre une intégrale m uple prise dans une région $\mathscr{D}$ de E_m et une intégrale $(m-1)$ uple prise sur la frontière S de $\mathscr{D}$, la relation

$$\iint\cdots\int_{\mathscr{D}}\left(\frac{\partial P_1}{\partial x_1}+\frac{\partial P_2}{\partial x_2}+\cdots+\frac{\partial P_m}{\partial x_m}\right)\mathrm{d}x_1\,\mathrm{d}x_2\cdots\mathrm{d}x_m$$

$$=-\iint\cdots\int_{s}[P_1\cos(n,x_1)+P_2\cos(n,x_2)+\cdots+P_m\cos(n,x_m)]\,\mathrm{d}S$$

$\mathrm{d}S$ étant l'élément de surface de S et les cosinus qui figurent au second membre étant ceux de la normale intérieure n à S.

31. Applications aux fonctions harmoniques. Les applications qui ont été faites de ces formules concernent tout d'abord les solutions de l'equation de Laplace, c'est-à-dire (dans l'espace à trois dimensions)

$$(\mathscr{L}_3)\qquad \Delta u=\frac{\partial^2 u}{\partial x^2}+\frac{\partial^2 u}{\partial y^2}+\frac{\partial^2}{\partial z^2}=0$$

Moyennant cette signification du symbole Δ, la formule (1) donne, dans un volume $\mathscr{D}$ de frontière S, où u adment des dérivées premières continues et des dérivées secondes intégrables, v des dérivées premières continues, pendant que u et ses dérivées premières ainsi que v restent continues même sur S

$$(A)\quad \iiint_{\mathscr{D}} v\,\Delta u\,\mathrm{d}x\,\mathrm{d}y\,\mathrm{d}z+\iiint_{\mathscr{D}}\left(\frac{\partial u}{\partial x}\frac{\partial v}{\partial x}+\frac{\partial u}{\partial y}\frac{\partial v}{\partial y}+\frac{\partial u}{\partial z}\frac{\partial v}{\partial z}\right)\mathrm{d}x\,\mathrm{d}y\,\mathrm{d}z$$

$$=-\iint_{s} v\frac{\mathrm{d}u}{\mathrm{d}n}\mathrm{d}S$$

La seconde intégrale triple est symétrique en u et v: elle s'élimine donc en échangeant u avec v et soustrayant, do'où

$$(B)\quad \iiint_{\mathscr{D}}(v\,\Delta u-u\Delta v)\,\mathrm{d}x\,\mathrm{d}y\,\mathrm{d}z=-\iint_{s}\left(v\frac{\mathrm{d}u}{\mathrm{d}n}-u\frac{\mathrm{d}v}{\mathrm{d}n}\right)\mathrm{d}S$$

Une fonction de trois variables réelles x,y,z est dite *harmonique* (ou, quelquefois, *régulièrement harmonique*) dans un domaine $\mathscr{D}$ borné par une surface S, si elle est régulière dans $\mathscr{D}$ (c'est à dire possède des dérivées des deux premiers ordres intégrables dans $\mathscr{D}$), et satisfait à l'équation de Laplace.

Si u est harmonique dans $\mathscr{D}$, nous déduisons de (A),

Pourvu que v et les dérivées premières de u soient continues même sur S

$$(C)\ \iiint_{\mathscr{D}}[(\frac{\partial u}{\partial x}\frac{\partial v}{\partial x}+(\frac{\partial u}{\partial y}\frac{\partial v}{\partial y})+(\frac{\partial u}{\partial z}\frac{\partial v}{\partial z})\mathrm{d}x\ \mathrm{d}y\ \mathrm{d}z$$
$$=-\iint_s(v\frac{\mathrm{d}u}{\mathrm{d}n}\mathrm{d}S$$

En prenant v identiquement égal à u, on a (*deuxième formule fondamentale de la théorie des potentiels*

$$(C')\iiint_{\mathscr{D}}[(\frac{\partial u}{\partial x})^2+(\frac{\partial u}{\partial y})^2+(\frac{\partial u}{\partial z})^2]\mathrm{d}x\ \mathrm{d}y\ \mathrm{d}z=-\iint_s u\frac{\mathrm{d}u}{\mathrm{d}n}\mathrm{d}S$$

Posons d'autre part, dans (C), $v=1$ pendant que u sera supposée harmonique: nous avons

$$(D)\qquad \iint_s\frac{\mathrm{d}u}{\mathrm{d}n}\mathrm{d}S=0$$

D'une manière générale, lorsque u *et* v *sont harmoniques dnas* $\mathscr{D}$ et continues ainsi que leurs dérivées premières sur S, (B) devient

$$(E)\qquad \iint_s(v\frac{\mathrm{d}u}{\mathrm{d}n}-u\frac{\mathrm{d}v}{\mathrm{d}n})\mathrm{d}S=0$$

31a. Faisons maintenant intervenir le potentiel élémentaire $1/r$, où

$$r=+\sqrt{(x-a)^2+(y-b)^2+(z-c)^2}$$

(radical pris positivement), r est la distance du point variable (x,y,z) au point fixe $A(a,b,c)$. Cette fonction vérifie l'équation $(\mathscr{L}_3)$; elle est régulière en tous les points sauf en son "pôle", c'est à dire au point (a,b,c), où elle devient infinie. Si donc ce point $A(a,b,c)$ est extérieur à $\mathscr{D}$, cette fonction est harmonique dans $\mathscr{D}$ et (E) donne

$$(E')\qquad \iint_s(v\frac{\mathrm{d}\frac{1}{r}}{\mathrm{d}n}-\frac{1}{r}\frac{\mathrm{d}v}{\mathrm{d}n})\mathrm{d}S=0$$

Mais si au contraire le point A *est intérieur à* $\mathscr{D}$, le premier membre n'est pas nul: il fait connaître la valeur de v, savoir

(*troisième formule fondamentale*)

$$(E_1') \qquad \frac{1}{4\pi}\iint_s \left(v\frac{\mathrm{d}\frac{1}{r}}{\mathrm{d}n}-\frac{1}{r}\frac{\mathrm{d}v}{\mathrm{d}n}\right)\mathrm{d}S=v(a,b,c)$$

31b. Un cas remarquable est celui où $\mathscr{D}$ est une sphère de rayon quelconque R et A le centre de cette sphère: alors $\frac{\mathrm{d}\frac{1}{r}}{\mathrm{d}n}$ a la valeur constante $1/R^2$ et le second terme de la forme précédente donne un résultat nul en vertu de (D) , de sorte que notre formule se réduit à

$$(D_1') \qquad u_A=\frac{1}{4\pi R^2}\iint_s u\,\mathrm{d}S$$

Ainsi *la valeur d'une fonction harmonique au centre d'une sphère est égale à la moyenne des valeurs qu'elle prend sur la surface* (et par conséquent aussi, moyennant une intégration par rapport à R.

Les formules (C) ~ (E') concernent toutes des fonctions harmoniques. Dans le cas d'une fonction régulière quelconque, son laplacien Δu étant une fonction donnée $f(x,y,z)$, on a, sous l'une ou l'autre des deux hypothèses relativement à la situation du point (a,b,c)

$$(E_2') \qquad \left.\begin{matrix}4\pi\ v(a,b,c)\\ 0\end{matrix}\right\}=\iint_s\left(v\frac{\mathrm{d}\frac{1}{r}}{\mathrm{d}n}-\frac{1}{r}\frac{\mathrm{d}v}{\mathrm{d}n}\right)\mathrm{d}S-\iiint_{\mathscr{D}}\frac{1}{r}\Delta v\ \mathrm{d}x\ \mathrm{d}y\ \mathrm{d}z$$

avec la double formule analogue dans le plan (vior n° suivant).

Le premier membre commun des relations (E'), (E'_1) montre une fonction harmonique à l'intérieur de $\mathscr{D}$ comme *la somme algébrique d'un potentie de simple couche et d'un potentiel de double couche sur S.*

Dans (E'_2), le terme complémentaire est un potentiel de volume.

32. La comparaison de (E') et de (E_1') met en évidence les propriétés connues des potentiels de surfaces, sur lesquelles nous n'avons pas à revenir ici.

Il nous importera d'insister, au contraire, sur l'existence de dérivées secondes du potentiel de volume ou, pour commencer, sur la question analogue concernant les dérivées secondes du potentiel logarithmique

$$V = \iint_{\mathscr{D}} f(X,Y)\log\frac{1}{r}\,\mathrm{d}X\,\mathrm{d}Y \qquad \left(r = \sqrt{(x-X)^2+(y-Y)^2}\right)$$

d'aire plane.

Une condition suffisante pour l'existence de telles dérivées est bien connue, à savoir l'existence des dérivées premières de la fonction f. Plusieurs auteurs ont recherché, dans le même but, des conditions suffisantes moins restrictives. Nous nous placerons ici à un point de vue contraire et nous formerons, avec H. Petrini①, une condition *nécessaire* en même temps que suffisante. Celle qu'a obtenue Petrini concerne l'intégrale

$$\iint_{\mathscr{D}} \frac{\partial^2 \log\frac{1}{r}}{\partial x^2} f(X,Y)\,\mathrm{d}X\,\mathrm{d}Y = \iint_{\mathscr{D}} \frac{\cos 2\theta}{r^2} f(X,Y)\,\mathrm{d}X\,\mathrm{d}Y$$

où r,θ désignent les coordonnées polaires du point courant (X, Y) rapportées à l'origine O—celle qui repreésenterait la dérivée second $\frac{\partial^2 V}{\partial x^2}$ cherchée si la différentiation sous le signe intégral était légitime-mais que, cette fois, on étendra seulement à la partie de $\mathscr{D}$ extérieure au cercle $\mathscr{L}_h$ de rayon h ayant son centre en O. Nous allons montrer, avec Petrini, que la dérivée en question *existe ou n'existe pas suivant que la quantité ainsi formée*

① *Journal de Mathématiques*, t. V(1909), p. 127-233.

$$\iint_{\mathscr{D}-\mathscr{D}_h} \frac{\cos 2\theta}{r^2} f(X,Y)\, \mathrm{d}X\, \mathrm{d}Y \qquad (2)$$

tend ou non vers une limite pour $h \to 0$.

Partons, comme il le fait, de la définition même de la dérivée dont il s'agit. La dérivée première du potentiel logarithmique V, laquelle se calcule simplement par différentiation sous le signe intégral, est, au point O, origine des coordonnées rectillignes X, Y ou polaires r, θ

$$\frac{\partial V}{\partial x} = \iint_{\mathscr{D}} f(X,Y)\, \frac{X}{r^2} \mathrm{d}X\, \mathrm{d}Y = \iint f(X,Y)\, \frac{\cos 2\theta}{r} \mathrm{d}X\, \mathrm{d}Y \qquad (3)$$

Au point $O_1(h,0)$, la dérivée analogue $\partial V_1 / \partial x$ est

$$\frac{\partial V_1}{\partial x} = \iint_{\mathscr{D}} f(X,Y)\, \frac{X-h}{R^2} \mathrm{d}X\, \mathrm{d}Y, \qquad R^2 = r^2 - 2rh\cos\theta + h^2 \qquad (3')$$

et la dérivée cherchée est définie comme la limite

$$\lim Q = \lim \frac{1}{h}\left(\frac{\partial V_1}{\partial x} - \frac{\partial V}{\partial x}\right) \qquad (4)$$

pour $h \to 0$.

Commençons par étendre les deux intégrations (3), (3′) à l'intérieur du cercle $\mathscr{L}_h$ (lequel passe par Q_1). Les intégrales correspandantes sont, on le sait, de l'ordre de h. Si l'on réduit f à la valeur f_0 que cette fonction prend en O, l'intégrale (3) sera identiquement nulle quel que soit h et (3′) aura la valeur πf_0.

En fait, f ne sera pas égale à f_0, mais à $f_0 + s$, où (f étant supposé continu) ε est infiniment petit avec h et ne donnera, par conséquent, qu'un résultat négligeable même vis à vis de h, puisque le quotient par h de l'intégrale

$$\iint \frac{|\cos\theta|}{r} \mathrm{d}X\, \mathrm{d}Y$$

—intégrale où tous les éléments sont pris en valeur absolue—est fini (l'intégrale analogue où r est remplacé par R et θ par un argument Θ, est à éléments tous du même signe).

Dès lors, —dans la limite (4), la contribut ion de l'aire $\mathscr{L}_h$ sera $-\pi f_0$.

32a. Considérons maintenant la partie de $\mathscr{D}$ extérieure au cercle $\mathscr{L}_h$ et son potentiel logarithmique V' ou V_1'. Comme

$$\log\frac{1}{R}=\frac{1}{2}\left(\log\frac{1}{re^{i\theta}-h}+\log\frac{1}{re^{-i\theta}-h}\right)$$

la dérivée

$$\frac{\partial V'_1}{\partial x}=\frac{\partial V'_1}{\partial h}=-\frac{1}{2}\iint f(X,Y)\left(\frac{1}{h-re^{i\theta}}+\frac{1}{h-re^{-i\theta}}\right)\mathrm{d}X\,\mathrm{d}Y$$

pourra, puisque $r>h$, se développer suivant les puissances de $\frac{h}{r}$, savoir

$$\frac{\partial V_1'}{\partial x}=\frac{1}{2}\iint f(X,Y)\Bigg[\frac{1}{re^{i\theta}}\Bigg(1+\frac{h}{re^{i\theta}}+\frac{h^2}{r^2e^{2i\theta}}\frac{1}{1-\frac{h}{re^{i\theta}}}\Bigg)+$$

$$\frac{1}{re^{-i\theta}}\Bigg(1+\frac{h}{re^{-i\theta}}+\frac{h^2}{r^2e^{-2i\theta}}\frac{1}{1-\frac{h}{re^{-i\theta}}}\Bigg)\Bigg]\mathrm{d}X\,\mathrm{d}Y$$

$$=\iint f(X,Y)\Bigg(\frac{\cos\theta}{r}+\frac{h\cos\theta}{r^2}+$$

$$\frac{h^2}{r^2}\frac{r\cos 3\theta-h\cos 2\theta}{R^2}\Bigg)\mathrm{d}X\,\mathrm{d}Y$$

Le premier terme, en $\frac{\cos\theta}{r}$, est celui qui correspond à $h=0$, c'est à dire à la valeur de $\frac{\partial V'}{\partial x}$ en 0. Divisant par h le second terme donnera précisément l'expression (2). Reste le quotient

$$\frac{1}{h}\iint(X,Y)\,\frac{h^2}{r^2}\frac{r\cos 3\theta-h\cos 2\theta}{R^2}\mathrm{d}X\,\mathrm{d}Y$$

Nous allons voir que *ce quotient tend vers zéro avec h.* Posant $r=h\,t$, il s'écrit

$$\iint\frac{f(ht\cos\theta,\ ht\sin\theta)}{t^2}\,\frac{t\cos 3\theta-\cos 2\theta}{t^2-2t\mathrm{cox}\,\theta+1}\,t\,\mathrm{d}t\,\mathrm{d}\theta \qquad (5)$$

La quantité sous le signe $\iint$ n'est infinie que lorsqu'on a à la fois $\theta=0$, π et $t=1$, et cela d'ordre un, ce qui n'empêche pas l'intégrale d'avoir un sens. La limite supérieure d'intégration en t est infinie avec $1/h$; mais, en remplaçant, dans le coefficient de f sous $\iint$, l'élément d'intégration par sa valeur absolue, on a une intégrale en t, θ

$$\iint \frac{\mathrm{d}t}{t^2} \frac{|\ t\cos 3\theta - \cos 2\theta}{t^2 - 2t\mathrm{cox}\ \theta + 1} t\ \mathrm{d}t\ \mathrm{d}\theta \tag{5'}$$

qui reste finie à l'infini; et dès lors, on peut trouver une valeur t_1 de t telle que l'intégrale précédente, prise entre les limites t_1 et ∞ pour t, soit inférieure à un nombre positif arbitrairement petit ε_1, donc la partie correspondante de (5′) à F_{ε_1}, (en appelant F un maximum de $|f|$).

Ayant ainsi fixé t_1, considérons maintenant les valeurs de t comprises entre 1 et t_1. Pour l'une quelconque d'entre elles, r tend encore vers zéro avec h, de sorte que f peut encore être remplacé par f_0, toujours en vertu du fait que (5′) est finie. Or l'intégrale en θ

$$\int_0^{2\pi} [\frac{1}{\mathrm{e}^{2\mathrm{i}\theta}(r\mathrm{e}^{\mathrm{i}\theta} - h)}) + \frac{1}{\mathrm{e}^{-2\mathrm{i}\theta}(r\mathrm{e}^{-\mathrm{i}\theta} - h)})]\mathrm{d}\theta$$

$$= \frac{1}{h}\oint_{|Z|=1} \frac{\mathrm{d}z}{\mathrm{i}z}[\frac{1}{Z^2(t_{Z-1}} + \frac{Z^3}{t-3}] \qquad (Z = \mathrm{e}^{\mathrm{i}\theta})$$

est nulle. Ainsi

$$\lim_{h\to 0}\{[\frac{1}{h}(\frac{\partial V_1}{\partial x} - \frac{\partial V}{\partial x}) - \iint_{\mathscr{D}-\mathscr{D}_h} f\frac{\cos 2\theta}{r^2}\mathrm{d}X\ \mathrm{d}Y]\} = -\pi f_0$$

et chacune des deux limites entre accolades existe ou est inexistante en même temps que l'autre.

32b. Existe-t-il des fonctions $f(x,y)$ continues telles que l'intégrale (2) ne tende vers aucune limite?

*La réponse est affirmative*①. En effet, lorsqu'on en prend tous les éléments en valeur absolue, l'intégrale (2), étendue à $\mathscr{D}$ tout entier, est infinie: autrement dit, l'intégrale étendue à $\mathscr{D}-\mathscr{L}_h$ augmente indéfiniment avec $1/h$.

Nous aruons une intégrale indéfiniment croissante dans ces conditions si nous prenons②

$$f(X,Y)=\frac{\cos 2\theta}{\sqrt{\log A/r}}$$

en désignant par A une longueur supérieure à la plus grande dimension de $\mathscr{D}$.

32c. On peut aller plus loin. Pour cela, commençons par considérer l'expression analogue à la précédente mais formée a l'aide d'un point O'différent de O, soit

$$f'(X,Y)=\frac{\cos 2\theta'}{\sqrt{\log A/r'}}$$

où r', θ' sont les coordonnées polaires du point courant (X,Y) rapportées au pôle O' (l'axe polaire restant parallèle à l'axe des x). En désignant toujour par $\mathscr{L}_h$ le cercle de centre O et de rayon h, l'intégrale

$$\iint_{\mathscr{D}-\mathscr{L}_h} f'(X,Y)\,\frac{\cos 2\theta}{r^2}\,\mathrm{d}X\,\mathrm{d}Y$$

restera finie et continue quel que soit h.

Dès lors l'intégrale en question, lorsqu'on donne successivement à h toutes les valeurs positives correspondant à des points de $\mathscr{D}$, reste au plus égale en valeur absolue à un certain maximum.

Ceci dit, soit

① H. Lebesgue, *Ann. Fac. Sc. Toulouse*, T 1, 1910, particulièrement pp. 62-63. L'expression introduite dans le texte est différente de celles qu'a formées Lebesgue.

② Le dénominateur $\sqrt{\log (A/r)}$ est introduit pour rendre f continu en O. sans que l'intégrale correspondante cesse d'être infinie avec $1/h$.

$$O_0, O_1, O_2, \cdots, O_k, \cdots \tag{6}$$

une suite finie ou dénombrable de points (tous distincts entre eux) de $\mathscr{D}$, laquelle, dans le second cas, pourra être supposée partout dense. En désignant par r_k, θ_k des coordonnées polaires de pôle O_k, et posant

$$f_k(X,Y)=\frac{\cos 2\theta_k}{\sqrt{\log A/r_k}}$$

on aura, pour chaque indice i inférieur à k, un maximum M_k^i de l'intégrale

$$\iint f_k(X,Y)\frac{\cos 2\theta_i}{r_i^2}\mathrm{d}X\,\mathrm{d}Y$$

étendue à l'extérieur du cercle $\mathscr{L}_h^{(i)}$ de rayon arbitraire h qui a pour centre O_i. Ayant pris, une fois pour toutes, une série positive convergente $\sum \alpha_k$, déterminons, pour chaque valeur de k, le nombre β_k de manière à vérifier les k inégalités

$$\beta_k M_k^i \leqslant \alpha_k \qquad (i=0,1,2,\cdots,k-1)$$

Dans ces conditions, si l'on prend

$$f(X,Y)=\sum \beta_k f_k$$

chancune des intégrales

$$\iint_{\mathscr{D}-\mathscr{L}_h^{(i)}} f(X,Y)\frac{\cos 2\theta_i}{r_i^2}\,\mathrm{d}X\,\mathrm{d}Y$$

étendue à l'extérieur d'un cercle de centre O_i et de rayon h, comprendra un terme, correspondant à $k=i$, qui augmente indéfiniment avec $1/h$, la somme des autres termes restent finie, de sorte que notre potentiel logarithmique de densité f n'aura de dérivées secondes en aucun point de la suite (6).

32d. La suite de déductions précédente se transporte① sans modification essentielle au problème analogue qui se pose dans

① Petrini, *Acta Mathematica*, t. XXXI (1908), pp. 127 et suiv.

l'espace à trois dimensions, c'est à dire à celui qui concerne les dérivées secondes en un point de la masse attirante d'un potentiel de volume

$$V = \iiint \frac{f}{r} \mathrm{d}X\, \mathrm{d}Y\, \mathrm{d}Z$$

La dérivée première $\frac{\partial V}{\partial x}$ se forme par différentiation sous le signe $\iiint$, soit

$$\frac{\partial V}{\partial x} = \iiint f \frac{X - x}{r^3} \mathrm{d}X\, \mathrm{d}Y\, \mathrm{d}Z$$

et, si le point attiré est pris à l'origine des coordonnées

$$\frac{\partial V}{\partial x} = \iiint f\,(r\sin\theta\cos\varphi,\ r\sin\theta\sin\varphi,\ r\cos\theta)\, r^2\sin\theta\, \mathrm{d}r\, \mathrm{d}\theta\, \mathrm{d}\varphi$$

en désignant par r, θ, φ les coordonnées polaires d'un point attirant, de sorte que, en particulier, θ est l'angle du vecteur attraction avec l'axe des s.

Au point $C_1(h, 0, 0)$, la dérivée analogue sera

$$\frac{\partial V_1}{\partial x} = \iiint f \frac{X - h}{R^3} \mathrm{d}X\, \mathrm{d}Y\, \mathrm{d}Z$$

où R a la même valeur (3′) que précédemment, et la dérivée $\frac{\partial^2 V}{\partial x^2}$ se présente comme la limite

$$\lim_{h\to 0} \mathrm{Q} = \lim \frac{1}{h}\left(\frac{\partial V_1}{\partial x} - \frac{\partial V}{\partial x}\right) \qquad (4\ \text{bis})$$

Elle ne peut pas se former par différentiation sous $\iiint$, la quantité

$$\frac{\partial^2 \frac{1}{r}}{\partial x^2} = \frac{3\cos^2\theta - 1}{r^3}$$

ne pouvant pas s'intégrer dans un domaine contenant l'origine. Mais, comme précédemment, *cette dérivée existe si et seulement si l'intégrale*

$$\iiint_{\mathscr{D}-\mathscr{S}_h} f(X,Y,Z)\,\frac{\partial^2 \frac{1}{r}}{\partial x^2}$$

$$= \iiint_{\mathscr{D}-\mathscr{S}_h} f(X,Y,Z)\,\frac{3\cos^2\theta - 1}{r^3} r^2 \sin\theta\, \mathrm{d}r\, \mathrm{d}\theta\, \mathrm{d}\varphi$$

(2 bis)

étendue à la portion $\mathscr{D}-\mathscr{S}_h$ du volume considéré extérieure à la sphére $\mathscr{S}_h$ *de centre O et de rayon h, tend vers une limite déterminée lorsque h tend vers zéro.*

Comme tout à l'heure, on évaluera les deux intégrales qui figurent dans (4 bis) en y distinguant les deux portions V, V' ou V_1, V'_1 relatives l'une à l'intérieur de $\mathscr{S}_h$ l'autre à l'extérieur. Réduisant, dans le premier cas, f à la valeur f_0 qu'il prend à l'origine, on trouve aisément pour la premiére la valeur 0 et pour la seconde, la valeur $-4/3\pi f_0$. D'ailleurs, pour la même raison que précédemment, cette réduction de f à f_0 est sans influence sur le résultat du moment que f est supposé continu en 0.

À l'extérieur de $\mathscr{D}_h$, la quantité $t = r/h$ étant supérieure à l'unité, on peut développer suivant les puissances de $1/t$ l'élément d'intégration

$$f(ht \sin\theta \cos\varphi,\ ht \sin\theta \sin\varphi,\ ht \cos\theta)\ \frac{X-h}{R^3} r^2 \sin\theta\, \mathrm{d}\theta$$

$\mathrm{d}\varphi\, \mathrm{d}r$ de $\dfrac{\partial V_1}{\partial x}$, soit

$$h \cdot f \frac{t \cos\theta - 1}{t} \frac{1}{\left(1-\frac{2\cos\theta}{t}+\frac{1}{t^2}\right)^{3/2}} \sin\theta\, \mathrm{d}\theta\, \mathrm{d}\varphi\, \mathrm{d}t$$

$$h \cdot f\left(\cos\theta + \frac{3\cos^2\theta - 1}{t} + \frac{P}{t^2}\right) \sin\theta\, \mathrm{d}\theta\, \mathrm{d}\varphi\, \mathrm{d}t$$

où la quantité $P = P(1/t,\ \theta)$ reste finie pour $t = \infty$, de sorte que nous ne commettrons qu'une erreru arbitrairement petite① en limitant l'intégration par rapport à t à une valeur t_1 prise suffisamment grande.

t_1 étant ainsi fixé, r tend vers zéro avec h, de sorte que f peut encore être remplacé par f_0.

À l'intégrale près relative à l'intérieur de $\mathscr{S}_h$, dont nous avons appris à tenir compte, l'intégration du premier terme de l'expression précédente donne précisément $\frac{\partial V}{\partial x}$; l'intégration du second terme donne la quantité (2 bis).

Quant au terme P/t^2, il donnera à l'intégration, après division par h et pour $h \to 0$, le produit de f_0 par le nombre déterminé②

$$N = 2\pi \int_1^{\infty} \frac{\mathrm{d}t}{t^2} \int_0^{\pi} P\left(\frac{1}{t}, 0\right) \sin\theta \, \mathrm{d}\theta$$

La conclusion trouvée dans le plan s'étend donc à l'espace, les considérations des n$^{\circ s}$ **32b**, **32c** s'étendant sans difficulté.

33. Un tel résultat intéresse d'une manière profonde la ques-

---

① La quantité à intégrer devient infinie pour $t=1$, $\theta=0$, π d'une manière telle que l'intégrale conserve un sens, ainsi qu'il arrive d'ailleurs pour l'intégrale qui représente $\frac{\partial V}{\partial x}$ sous sa forme primitive.

② Il suffit pour notre objet d'avoir constaté que la conclusion de H. Petrini se ramène à l'intervention de la quantité numérique finie et déterminée N: mais, en fait, cette quantité N est nulle. Il en est ainsi, pour tout $t \geqslant 1$, de l'intégrale par rapport à θ

$$l\left(\frac{1}{t}\right) = \int_b^{\pi} \left(\cos\theta - \frac{1}{t}\right) \frac{\sin\theta \, \mathrm{d}\theta}{\left(1 - 2\frac{\cos\theta}{t} + \frac{1}{t^2}\right)^{3/2}} = -\int_{-1}^{+1} \left(x - \frac{1}{t}\right) \frac{\mathrm{d}x}{\left(1 - \frac{2x}{t} + \frac{1}{t^2}\right)^{3/2}}$$

et, d'autre part, p/t^2 représente le reste de la formule de Taylor appliquée à $l\left(\frac{1}{t}\right)$ et arrêtée après le second terme; et en effet, on voit directement que

$$\int_0^{\pi} \left(\cos\theta + \frac{3\cos^2\theta - 1}{t}\right) \sin\theta \, \mathrm{d}\theta = -\int_{-1}^{+1} \left(x + \frac{3x^2 - 1}{t}\right) \mathrm{d}x \text{ est nul}$$

tion qui fait l'objet principal du présent ouvrage, celle de l'existence des solutions des équations aux dérivées partielles.

Nous avons vu comment la question de savoir, d'une manière générale, si une équation aux dérivées partielles admet ou non une solution avait été abordée une première fois par les grands maitres du XIXe siècle. Le théorème de Cauchy-Kowalewsky, qui la résout dans le cas analytique, est souvent nommé "théorème d'existence des équations aux dérivées partielles".

Nous aurons l'occasion de rappeler plus loin comment d'autres théorèmes d'existence peuvent être énoncés pour des données non analytiques.

On pourrait penser que, en réduisant au minimum les exigences et, notamment, en n'insistant pas sur les conditions aux limites, on peut étnedre de tels théorèmes à toute équation aux dérivées partielles.

Nous voyons maintenant① qu'il n'en est rien. Soit f une fonction telle que celles que nous venons de former, c'est à dire telles que le potentiel logarithmique ou newtonien qui en dérive n'admette pas de dérivées secondes. *Les équations*

$$\frac{\partial^2 u}{\partial x^2}+\frac{\partial^2 u}{\partial y^2}=f(x,y) \tag{7}$$

$$\frac{\partial^2 u}{\partial x^2}+\frac{\partial^2 u}{\partial y^2}+\frac{\partial^2 u}{\partial z^2}=f(x,y,z) \tag{7'}$$

n'admettent aucune solution.

Admettons, en effet, l'existence d'une solution u régulière au moins dans une certaine portion $\overline{\mathscr{D}}$ du domaine $\mathscr{D}$. Nous pouvons, dans $\overline{\mathscr{D}}$, lui appliquer notre formule (E'_2) exprimant u comme somme d'un potentiel logarithmique de double couche,

① Aurel Wintner, *American journal of Math.* t. LXXII, 1950, p. 731 et suiv.

d'un potentiel de simple couche et d'un potentiel d'aire étendu à $\overline{\mathscr{D}}$. Les deux premiers sont harmoniques en tout point intérieur à $\overline{\mathscr{D}}$ et nous avons vu que le dernier n'admet de dérivées secondes en *aucun* point de la suite (6), que nous avons pu supposer partout dense dans $\overline{\mathscr{D}}$.

33a. La fonction continue f étant encore une de celles que nous venons de considérer, supposons qu'on la multiplie par une fonction $G(x,y)$ ou $G(x,y,z)$ différente de zéro au point O et admettant au voisinage de ce point des dérivées ou même, plus généralement, satisfaisant à une condition de Hölder

$$G(M)-G(O)=\overline{OM}^{a}\varphi=r^{a}\varphi \qquad (\varphi \quad \text{borné})$$

La nouvelle fonction $f_1=fG$ possédera la même propriété que f. Il en est ainsi, en effet, si l'on égale G à la valeur c qu'il prend en O du moment que cette valeur est différente de zéro; et d'autre part la partie restante donne une intégrale

$$\iint r^{a}\varphi f(X,Y)\ \frac{\partial^2\log\dfrac{1}{r}}{\partial x^2}\mathrm{d}X\ \mathrm{d}Y \text{ ou} \iiint r^{a}\varphi f(X,Y,Z)\ \frac{\partial^2\dfrac{1}{r}}{\partial x^2}\mathrm{d}X\ \mathrm{d}Y\ \mathrm{d}Z$$

convergente.

Cette remarque entraine la conséquence suivante: si une équation (7) ou (7′) n'admet aucune solution, *l'équation*

$$\Delta u-uf=0$$

n'admet d'autre solution que celle qui est identiquement nulle.

Supposons en effet l'existence d'une solution u différente de zéro en un point déterminé quelconque O. Une telle fonction u admettant, d'après l'hypothèse, des dérivées du premier et même du second ordre, satisferait aux conditions que nous venons de postuler pour celle que nous venons d'appeler G et, par conséquent, il ne peut exister de solution pour l'équation

$$\Delta u=f_1=fu$$

34. Propriétés générales déduites des formules (C) –

(E'_2). *Une fonction harmonique est analytique dans tour l'intérieur de son domaine d'existence.*

Car il en est ainsi, en dehors des masses attirantes (ainsi qu'on le constate aisément) pour tout potentiel de simple ou de double couche et nous avons vu-formule (E'_1)-qu'une fonction harmonique est représentable par une somme de tels potentiels.

Par contre, cette propriété cesse en général à la *frontière* S de ce domaine: la résolution du problème de Dirichlet nous apprendra qu'en cet endroit les valeurs de la fonction n'ont plus nécessairement de dérivées par rapport aux déplacements effectués sur S. Mais on a le

Théorème de Duhem *Si deux fonctions harmoniques* u_1, u_2 *définies respectivement dans deux régions* $\mathscr{D}_1$, $\mathscr{D}_2$ *contigües suivant une portion* de frontière commune Σ (arc de ligne, si l'on est dans le plan; aire partielle, dans E_3) *ont en chaque point de cette dernière, la même valeur et la même dérivée normale, ells sont le prolongement analytique l'une de l'autre: leur ensemble constitue une seule fonction harmonique dans toute la région située des deux côtés de* Σ.

Cette fonction u, égale à u_1 dans $\mathscr{D}_1$ et à u_2 dans $\mathscr{D}_2$, permet en effet l'application de la double formule (E'), (E'_1) dans chacun des domaines donnés, ce qui donnera la valeur de $u(A)$ dans l'un d'eux et 0 dans l'autre (suivant la position du point A). Additionnant les résultats obtenus-comme, en chaque point de Σ, les normales n_1, n_2 intérieures à $\mathscr{D}_1$, $\mathscr{D}_2$ respectivement sont directement opposées et que, par conséquent, l'hypothèse faite sur les dérivées normales s'écrit $\mathrm{d}u/\mathrm{d}n_1=-\mathrm{d}u/\mathrm{d}n_2$—tous les termes correspondant aux points de Σ se détruisent et ce qui subsiste est représenté par une intégrale unique étendue à la frontière de $\mathscr{D}_1+\mathscr{D}_2$.

34a. *Une fonction harmonique dans un domaine* $\mathscr{D}$ *ne peut admettre d'extremum* (c'est-à-dire de maximum ou de minimum)

en aucun point A intérieur à ce domaine.

Conséquence de (D') : car un tel point est le centre d'une sphère (dans E_3) ou d'un cercle (dans le plan) σ dont tous les points sont intérieurs à $\mathscr{D}$, de sorte que $u(A)$ est la moyenne des valeurs de u le long de σ et ne peut être supérieur (inférieur) à toutes celles-ci, ou même égla à quelques unes d'entre elles ou supérieur (inférieur) aux autres; tout au plus pourrait-il arriver que l'égalité ait lieu tout le long de σ (ce qui arriverait si u était constant dans tout l'intérieur de σ).

Dès lors, la plus grande et la plus petite valeurs d'une fonction u harmonique dans $\mathscr{D}$ ne peuvent être acquises qu'en des points de S.

Remarques I. On peut se demander si une telle valeur ainsi atteinte sur S et non inférieure (non supérieure) à celles que prend u dans l'intérieur de $\mathscr{D}$, ne peut pas être *égale* à certaines d'entre elles. Nous apprendrons plus loin (**48e**) à répondre par la négative: le maximum (minimum) ainsi atteint est *strict* (sauf pour u constant).

Ⅱ. Une fonction u d'une variable est dite *monotone* dans un intervalle (a, b) si dans cet intervalle elle est soit constamment crossante, soit constamment décroissante. Ceci peut encore s'exprimer en disant que le maximum et le minimum de u dans cet intervalle ou dans tout intervalle compris dans le premier correspondent nécessairement aux extrémités de l'intervalle.

Lebesgue nous a appris à transporter cette définition au cas de fonctions de plusieurs variables. Une telle fonction u sera dite monotone dans un domaine $\mathscr{D}$ si sa plus grande et sa plus petite valeurs correspondent à des points de la frontière, la même circonstance se présentant pour tout domaine $\overline{\mathscr{D}}$ compris dans $\mathscr{D}$. Tel est le cas pour les fonctions harmoniques.

34b. Applications aux conditions aux limites.

1° *Une fonction u harmonique dans un domaine $\mathscr{D}$ et qui prend la valeur zéro en tous les points de la frontière, est identiquement nulle dans tout le domaine considéré.*

Ce fait découle immédiatement de celui que nous venons de constater. Mais il résulte aussi de la formule (C') lorsque celle-ci est applicable, c'est à dire lorsque u admet des dérivées du premier ordre continues même à la frontière. Dans ces conditions en effet, le premier membre de (C') doit être nul, ce qui ne peut être que si u est constant et, par conséquent, nul.

Ce second raisonnement comporte plus d'hypothèses restrictives que le premier. Par contre, il permet de démontrer les faits suivants:

2° *Une fonction harmonique dans $\mathscr{D}$ et dont la dérivée normale s'annule en tous les points de S. est constante.*

3° *Une fonction harmonique dans $\mathscr{D}$ et qui s'annule sur une partie de la frontière S pendant que sa dérivée normale est nulle sur le reste de S, est identiquement nulle dans $\mathscr{D}$.*

4° *Une fonction harmonique dans $\mathscr{D}$ et telle que sa valeur et celle de sa dérivée normale ne puissent être de signes opposés en aucun point de la frontière S, est constante dans tout $\mathscr{D}$.*

34c. Le Problème de Dirichlet et ses analogues.

1) D'après ce qui précède, le **problème de Dirichlet** précédemment énoncé:

"Trouver une fonction u" harmonique dans $\mathscr{D}$ et prenant des "valeurs données sur la frontière."

ne peut avoir plus d'une solution.

En effet, la proposition 1° du n° précédent, appliquée à la différence $U-V$ montre que

Si deux fonctions U, V harmoniques dans $\mathscr{D}$, sont égales en tous les points de S, elles sont identiquement égales en tous les points de $\mathscr{D}$.

2) Le problème de Dirichlet n'est pas le seul que la Physique Mathématique conduise à traiter. On peut avoir aussi à résoudre le *problème de Neumann* (qui pourrait être appelé plus justement *problème de Dini*):

"*Trouver une fonctin harmonique dans $\mathscr{D}$, dont la dérivée normale prenne des valeurs données sur S*".

Ce problème n'est possible, en vertu de (D), que si les valeurs de la dérivée normale satisfont à cette relation.

S'il existe une solution, le même raisonnement que ci-dessus montre quecette solution est déterminée à une constante près.

3) L'Hydrodynamique introduit parfois le problème de Neumann (cas d'un récipient entièrement plein d'un liquide incompressible) mais plus souvent encore (cas d'un liquide à surface libre) un problème d'un type différent, appartenant à la classe de ce que nous appellerons problèmes mêlès①:

"La frontière (S) se composant de deux parties S_1, S_2, trouver une fonction harmonique dans $\mathscr{D}$, prenant des valeurs données sur S_1 et dont "la dérivée normale prenne des valeurs données sur S_2".

Un tel problème ne peut admettre plus d'une solution.

4) Dans d'autres questions de Physique Mathématique, on a à chercher une fonction u harmonique dans $\mathscr{D}$, et satisfaisant, en chaque point de la frontière, à une relation de la forme

$$au-b\ \mathrm{d}u/\mathrm{d}n=f$$

où a, b, f sont des fonctions données, constantes ou variables, de la position du point S, mais les deux premières non

① Locution que nous préférons ici à celle de "problèmes mixtes", que nous avons employée antérieurement, mas que nous jugeons utile de réserver aux problèmes (tels que celui des cordes vibrantes) dont les données sont, en certains points, du type de Cauchy et, en d'autres, du type de Dirichlet.

négatives.

Un tel problème est encore déterminé.

35. Domaines infinis. Jusqu'ici nous avons considéré des régions (de l'espace-ou même des hyperespaces-ou du plan) bornées en tous sens et, en conséquence, limitées par des surfaces et des courbes fermées. Le cas de frontières s'étendant à l'infini ne sera pas abordé dans ce qui va suivre, sauf une exception, la frontière plane ou rectiligne (Cf. n° **41**).

Par contre, il y a lieu de considérer des domaines *extérieurs* à des frontières fermées, telles que la région extérieure à une ou plusieurs surfaces fermées. Les considérations précédentes s'étendent complètement, au moins dans l'espace, à de telles régions lorsqu'on impose aux fonctions harmoniques considérées une condition de comportement à l'infini. Jusqu'à une date récente, on convenait d'assujettir une telle fonction u aux conditions "de régularité" à l'infini (vérifiées et, en conséquence, suggéerées par les propriétés des potentiels newtoniens)

$$u(x,y,z)=O\left(\frac{1}{r}\right),\quad \frac{\partial u}{\partial x},\frac{\partial u}{\partial y},\frac{\partial u}{\partial z}=O\left(\frac{1}{r^2}\right) \tag{8}$$

[O, symbole de Landau, $f=O(g)$ signifiant que $\frac{f}{g}$ (aver $g>0$ reste borné].

On sait aujourd'hui[1] que ces hypothèses peuvent se réduire à une seule beaucoup plus simple, à savoir que u tende vers zéro à l'infini: d'une manière précise, qu'à tout nombre positif ε on puisse faire correspondre le rayon R d'une sphère à l'extérieur de laquelle u soit inférieur en valeur absolue à ε.

Tout d'abord, une fonction u remplissant cette condition peut-elle être régulièrement harmonique dans tout l'espace?

La réponse est négative: une telle fonction ne peut être

[1] Noaillon, *C. R. Ac. Sc.*, t. CLXXIII, pp. 879, 1057 (1923).

qu'identiquement nulle. En effet, sa valeur en un point donné quelconque A serait la moyenne arithmétique de ses valeurs sur une sphère de centre A et de rayon arbitraire R, laquelle, pour R arbitrairement grand, est, d'après l'hypothèse, inférieure en valeur absolue à toute quantité donnée.

Partant de ce premier résultat et considétant, en conséquence, une fonction nulle à l'infini et régulièrement harmonique dans le domaine extérieur à une ou plusieurs surfaces fermées S, on montre facilement qu'une telle fonction est donnée, en un point quelconque $A(a,b,c)$, par la formule (E_1'), autrement dit, est la somme algèbrique d'un potentiel de simple couche et d'un potentiel de double couche portées par S.

Il en résulte que cette fonction u vérifie nécessairement les conditions (8). On peut même préciser celle-ci davantage: si M est la masse totale de la ou des simples couches (les doubles couches n'intervenant pas), on a nécessairement

$$u=\frac{M}{r}+o\left(\frac{1}{r}\right),\quad \frac{\partial u}{\partial r}=M\frac{\partial \frac{1}{r}}{\partial r}+o\left(\frac{1}{r^2}\right) \tag{9}$$

[o, autre symbole de Landau, $f=o(g)$ signifiant $\frac{f}{g}\to o$]

35a. Les propriétés des fonctions harmoniques dans des domaines illimités (moyennant les conditions ci-dessus formulées) se ramènent d'ailleurs à celles relatives aux domaines limités moyennant le **principe des images.** Ce principe① concerne l'effet d'une inversion quelconque. Désignant par O le pôle d'inversion; par p, P, un point quelconque et son homologue, on constate immédiatement, soit en considérant d'abord l'attraction d'une masse placée en un point unique, soit par un calcul direct qu'à toute fonction harmonique u des coordonnées x,y,z de p correspondra une

① Lord Kelvin, *Principles of Natural Philosophy*, IIᵉ Partie, nᵒˢ 511-516.

fonction harmonique U des coordonnées X, Y, Z de P liée à la premiére par la relation

$$U(X,Y,Z)=\frac{Op}{a}u(x,y,z) \quad (a\text{, rayon de la sphère d'inversion})$$

Si u est le potentiel d'une système de masses dm réparties sur un ensemble de points i la fonction transformée U sera le potentiel d'un système de masses réparties sur l'ensemble des points transformés I et de valeurs respectives $d\,M=\frac{a}{O_i}$ dm.

Soient maintenant $\mathscr{D}$ un volume borné en tous sens; O, un point intérieur. Une inversion de pôle O transformera $\mathscr{D}$ en la région $\overline{\mathscr{D}}'$ extérieure à une certaine surface S (ou, éventuellement, à plusieurs surfaces si le volume primitif présentait des cavités); et, inversement toute région $\overline{\mathscr{D}}'$ s'étendant à ∞ mais n'ayant que des frontières à distance finie se transformers, par une inversion ayant son pôle en un point extérieur O, en un volume borné comprenant O. Les fonctions régulières harmoniques dans $\overline{\mathscr{D}}'$ et nulles à ∞ donneront, par inversion, de fonctions régulièrement harmoniques dnas tout l'intérieur de $\mathscr{D}$, O compris; et inversement.

35b. Moyennant la condition supplémentaire que la fonction cherchée s'annule à l'infini, on pourra se poser pour des domaines extérieurs les mêmes problèmes dont il a été parlé au n° **34c**; et ces problèmes seront déterminés-même, cette fois, celui de Neumann qui, d'autre part, n'implique plus de conditions de possibilité. À cette double différence près concernant le problème de Neumann, les résultats sont entièrement parallèles à ceux qui précèdent, du moins pour $m \geqslant 3$ (le cas des problèmes extérieurs plans exige des modifications, en raison du fait que $|\log(1/r)| = \infty$ –et non zéro–pour $r = \infty$).

36. Les conslusions générales auxquelles nous venons d'arriver demandent à être reconsidérées dans deux cas où, sauf précisions nouvelles, la question ne se pose plus.

Le premier est celui des points inaccessibles (**8c**), où elle n'a plus, en principe, aucun sens①.

D'autre part, comme nous le savons (**10**), on ne peut parler sans restriction d'une fonction définie dans un domaine $\mathscr{D}$ (tel qu'une aire plane ou un volume de l'espace ordinaire) et prenant des valeurs données en tous les points de la frontière, que si les dites valeurs données forment une suite continue.

Soit donc, dans l'espace, O un point de la surface S où nous n'exigeons plus que les valeurs données de la fonction inconnue u soient continues, tandis que, au contraire, cette continuité doit avoir lieu en tout autre point de S. La solution d'un problème de Dirichlet ainsi posé est-elle unique? Autrement dit, une telle solution est-elle identiquement nulle, si les données le long de S sont nulles en tout autre point que O?

36a. Si aucune restriction n'est apportée au comportement de u en O, on ne peut rien affirmer. Prenons, par exemple,

---

① Un point a inaccessible par chemin continu peut s'approcher par une suite *discontinue* de points intérieurs à $\mathscr{D}$, et on peut seulement se demander si, sur cette suite, la fonction cherchée u prendra des valeurs tendant vers $u(a)$. Une telle convergence, évidemment très éloignée de la condition que nous avons imposée à une fonction inconnue u pour la considérer comme "prenant" une valeur déterminée en un point a de la frontière, a été retenue par les auteurs contemporains. Voir C. de la Vallée Poussin. *Les nouvelles Méthodes de la Théorie du potentiel* etc., Paris, Hermann (1937), chap. Ⅷ. p. 38.

pour S la sphère $x^2+y^2+z^2-x=0$. La fonction[①]

$$u(x,y,z)=\frac{1}{\sqrt{x^2+y^2+z^2}}\left(\frac{x}{x^2+y^2+z^2}-1\right)$$

est harmonique dnas tout l'intérieur de cette sphère et prend sur toute la surface, à l'exception de l'origine, la valeur zéro: le principe d'unicité est doncen défaut.

Mais ceci tient à ce que, au voisinage de l'origine, cette fonction prend des valeurs infiniment grandes. Au contraire,

Si une fonction u harmonique dans $\mathscr{D}$ et bornée au voisinage d'un point O de S, est nulle en tout point de S autre que O, elle est identiquement nulle dans $\mathscr{D}$.

Plus précisément (Cf. **34a**), pour une fonction u, harmonique dans $\mathscr{D}$, continue en tout point de S autre que O et bornée même au voisinage de O, les valeurs extrêmes M et m dans $\mathscr{D}$ sont les mêmes que les valeurs extrêmes aux points de S autres que O.

Démonstration. Nous pouvons prendre nul le maximum par exemple (en raisonnant sur $u-M$ et non plus sur u). Du point O comme centre, décrivons une petite sphère σ de rayon ρ, et désignons par $v(M)$ le potentiel conducteur de σ on appelle ainsi (cf. plus loin 60) la fonction harmonique à l'extérieur de σ

① Cette fonction se déduit par le "principe des images" de Lord Kelvin, (**35a**), c'est à dire moyennant l'emploi d'une tranformation par rayons vecteurs réciproques, du polynôme $x-1$, évidemment harmonique en tout point à distance finie et nul tout le long du plan $x=1$. Au reste, on la reconnait immédiatement comme harmonique en l'écrivant

$$u=\frac{\partial \frac{1}{r}}{\partial x}-\frac{1}{r}$$

qui, nulle à l'infini, est égale à 1 sur σ, c'est à dire la fonction[①]

$$v_\sigma(M)=\rho/r \tag{10}$$

(r désignant la distance d'un point arbitraire M au point (O). Si de $\mathscr{D}$ on retranche la partie intérieure à σ, il reste une région Δ dont la frontière se compose:

d'une portion de S, le long de laquelle u est nulle ou négative par hypothèse;

d'une portion de la surface σ le long de laquelle, par hypothèse également, u est bornée, soit $|u|<H$. La fonction harmonique

$$u-Hv_\sigma$$

étant dès lors non positive sur toute cette frontière, on aura dans tout Δ

$$u<Hv_\sigma$$

Or si, laissant fixe le point (x,y,z) intérieur à $\mathscr{D}$, nous faisons tendre ρ vers zéro, il en sera de même de la quantité (10) et par conséquent on a nécessairement $u\leqslant 0$.

C. Q. F. D.

Nous verrons par la suite que le résultat peut s'étendre à des cas où l'on cesserait d'être renseigné sur les valeurs frontières non pas seulement en un point unique, mais sur certains ensembles convenablement définis.

37. Moyennant la restriction qui vient d'être spécifiée, nous pouvons affirmer que le problème de Dirichlet ne peut ad-

---

① Pour un nombre supérieur m de dimensions

$$v_\sigma(M)=(\rho/r)^{m-2}$$

Dans le plan

$$v_\sigma R(M)=\frac{\log(R/r)}{\log(R/\rho)}$$

R désignant le rayon d'un cercle suffisamment grand.

mettre plus d'une solution. D'autre part, lorsque nous nous poserons la question de l'existence de cette solution nous pourrons faire abstraction d'n type de discontinuités très général les discontinuités " de première espèce", celles qui interviennent lorsque la frontière S (ligne ou surface fermée) étant divisée en deux parties S_1, S_2, la donnée, suppose continue tant à l'intériear de S_1 qu'à l'intériea de S_2, prend en chaque point de la démarcation entre S_1 et S_2 (extrémités d'un arc de S_1 si l'on est dans le plan; point de la ligne de démarcation L lorsque S est une surface) une valeur déterminée lorsqu'un tel point est atteint en venant de S_1 et une valeur déterminée, mais éventuellement différente de la première, en ce même point lorsqu'il est atteint en partant de l'intérieur de S_2. En effet, dans le cas d'une discontinuité de cette nature, si on dispose d'une fonction v harmonique et bornée dans $\mathscr{D}$ qui, sur S, présent (qualitativement et quantitativement) la même discontinuité que la donnée u, il suffira de raisonner sur la différence $u-v$ pour être ramené au cas des données continues. Or on trouvera cette fonction v en recourant aux potentiels de doubles couches.

Le mode de discontinuité d'un potentiel de double couche en un point O de cette double couche S ne dépend que des valeurs de l'épaisseur sur une portion si petite qu'elle soit de S et entourant O, le reste de S donnant un potentiel qui reste continu même en O.

D'autre part, lorsque μ est identiquement égal à l'unité, on sait que le potentiel en question en M n'est autre chose que l'angle (si l'on est dans le plan) sous lequel on voit de M une portion quelconque de la ligne S ou, dans l'espace, qu'un angle solide, à savoir l'aire sphérique lieu des points où la sphère de centre M et de rayon 1 est rencontrée par la demi-droite qui va de M à un point quelconque P de la couche attirante, chaque élément étant compté positivement ou négativement suivant que, en P, la droite MP traverse S en passant de $\mathscr{D}$ à son complémentaire $\mathscr{D}'$ ou que le passage a lieu en sens inverse. En prenant au contraire chaque élément en valeur absolue, le résultat obtenu reste borné (au plus égal à $2\pi p$ ou à $4\pi p$) s'il en est ainsi, comme nous le supposerons, pour le nombre maximum p de points ou, éventuellement, de segments qu'une droite arbitraire peut avoir en commun avec S.

Cette remarque entraîne que, en un point O où l'épaisseur μ est nulle et continue, le potentiel de double couche est aussi continu (l'intégrale qui le représente étant uniformément convergente). En conséquence, nous voyons que la discontinuité subie par le potentiel d'une double couche d'épaisseur variable continue tant dans S_1 que dans S_2, ne dépend que des valeurs prises par μ en O même, des deux côtés de la démarcation.

1° *Cas du plan.* Soient donc O l'extrémité d'un arc S_1 porteur d'une double couche d'épaisseur μ_1; Λ, un chemin décrit par un point variable M et aboutissant en O avec une tangente déterminée distincte de la tangente à S_1. Désignons par $O\lambda$ la demi-tangente à Λ dirigée dans le sens de l'arc OM et par $O\lambda'$ la demi-tangente opposée (donc dirigée vers $\mathscr{D}'$ pour le cas de la Fig. 2. 1 et non nécessairement pour la Fig. 2. 1 bis). $O\lambda'$ fera avec la tangente à S_1 (d'une manière précise, avec la demi-tangente Ot_1 dirigée dans le même sens que l'arc S_1 lui-même) un angle α_1 différent de zéro. Cet angle sera précisément celui qui sera balayé par la direction du vecteur $MP=MO+OP$ joignant un point M de Λ infiniment voisin de O à un point P, susceptible de parcourir un très petit arc de S_1 à partir du même point. Le potentiel considéré subira donc une brusque diminution (si $\mu_1>0$) de $\mu_1\alpha_1$, au moment de l'arrivée de M en O. En particulier si Λ est tangente à l'arc S_1, la diminution sera de $\mu\pi$, la même que si O était pris intérieur à S_1.

Du point O partira un second arc S_2, constituant avec S_1

une partie de la frontière S du domaine $\mathscr{D}$. L'ouverture ω de $\mathscr{D}$ en O, c'est à dire l'angle sous lequel, de O, on voit la région de $\mathscr{D}$ immédiatement voisine de ce point, sera égale à π si, en O, la tangente varie continument; plus petite que π si O est un point anguleux saillant (Fig. 2. 1) et plus grande que π s'il y a en O un angle rentrant (Fig. 2. 1 bis).

S_2 portera une double couche d'épaisseur μ dont le potentiel en un point M, lorsque ce point tendra vers O suivant la ligen Λ, aura la limite $\mu_2\alpha_2$, en désignant par α_2 l'angle compris entre la demi-tangente $O\lambda'$ et la demitangente $O\,t_2$ à S_2. La somme $\alpha_1+\alpha_2$ sera égale à $2\pi-\omega$. Lorsque la demi-droite $O\lambda$ décrira l'angle $\omega=t_1Ot_2$ en passant de la position Ot_1 à Ot_2, l'angle α_1 ira de la valeur π à$\pi-\omega$ (cette dernière quantité négative① dans le cas de la Fig. 2. 1 bis) pendant que α_2 décrira le même intervalle en sens inverse.

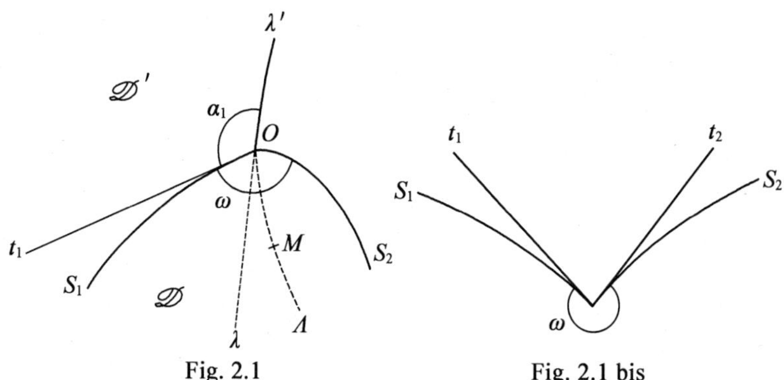

Fig. 2.1 Fig. 2.1 bis

La discontinuité

$$\mu_1\alpha_1+\mu_2\alpha_2 \tag{11}$$

du potentiel total de S_1 et de S_2 dépendra linéairement de α_1: pour $\omega\neq0$, 2π et, par exemple, $\mu_1>\mu_2$; elle ira constamment en décroissant lorsque α_1, partant de la valeur π qui correspond

① Convention de signe d'accord avec celle spécifiée il y a un moment.

à $O\lambda$ tangent à S_1, décroitra constamment jusqu'à la valeur $\pi-\omega$, soit $O\lambda$ tangent à S_2. Si, par exemple, elle est égale à un dans le premier cas et à zéro dans le second, elle aura, pour toute valeur intermédiaire entre les précédentes, donc pour toute position de $O\lambda$ à l'intérieur de l'angle t_1Ot_2, une valeur q *positive et inférieure à* 1.

37a. 2° *Dans le cas de l'espace*, le potentiel, en un point M, d'une double couche d'épaisseur unité portée par une surface ou portion de surface S mesure, comme on sait, l'aire déterminée sur la sphère de centre M et de rayon 1 par les demi-droites qui vont de M aux divers points de S (avec la même convention de signe que tout à l'heure). Si M, d'abord intérieur à $\mathscr{D}$, tend par un chemin quelconque vers un point O de S où le plan tangent est continu et l'épaisseur de la couche également continue, le potentiel de double couche subit une diminution égale à 2π et une autre de la même grandeur si M quitte la surface pour entrer dans la région $\mathscr{D}'$. Mais ici encore il convient d'étudier ce mode de discontinuité lorsque le point O appartient au bord d'une portion de surface occupée par la double couche. Toutefois à cet égard les possibilités géométriques sont nombreuses et nous n'allons pas, ici, entrer dans le détail de leur discussion.

La plus simple d'entre elles, à laquelle nous nous bornerons, est évidemment celle où, le plan tangent à S ayant toujours une orientation continue, la portion S_1 qui porte la double couche est limitée par une ligne L à tangente continue. O étant un point de la ligne L, le lieu des directions issues de O et tangentes à S_1 est un demi-plan donnant en projection sur la sphère unité un demi grand cercle. $O\lambda$ étant comme tout à l'heure la demi-tangente à la ligne Λ dirigée vers $\mathscr{D}'$ laquelle, avec la tangente tOt' à la ligne L, détermine un plan; le dièdre α que ce plan forme avec le plan tangent à S_1 sera le lieu de la direction joignant un point de Λ à un point de S_1 tous deux infiniment voisins de O, de sorte que la valeur limite atteinte en ce point suivant le chemin Λ par un potentiel de double couche d'épaisseur μ distribuée sur S_1 sera mesurée par $\mu\alpha$.

Si maintenant une portion de surface S_2 adjacente à S_1 suivant L, son plan tangent étant le même que celui de S_1 ou formant avec lui un dièdre (ouvert sur $\mathscr{D}$) de grandeur ω inférieure, égale ou supérieure à 2π, est le siège d'une double couche d'épaisseur μ_2, la discontinuité du potentiel total sera (11) et donnera lieu à un calcul exactement identique à celui qui vient d'être fait dans le plan.

§ 2 LA FONCTION DE GREEN

38. Ayant établi que chacun des problèmes que nous venons d'énumérer ne peut admettre plus d'une solution (sauf l'addition d'une constante arbitraire en ce qui concerne le problème de Neumann intérieur), il reste à savoir si une telle solution existe.

Mais avant d'aborder cette partie de la question, notons, pour y revenir d'ailleurs un peu plus loin, le caractère essentiel qui distingue le problème actuel du problème de Cauchy examiné précédemment. Pour une équaion du second ordre, les données de Cauchy, en chaque point du support, sont au nombre de deux, à savoir la valeur de l'inconnue u et celle d'une de ses dérivées premières: par exemple-puisque le support des données est ici la frontière S de $\mathscr{D}$—on serait ainsi conduit à se donner, en un point quelconque de S, la valeur de u *ET* celle de $\mathrm{d}u/\mathrm{d}n$. Or, ici, nous voyons que nous déterminons la fonction inconnue en nous donnant, en chaque point de S, la valeur de u *OU* celle de $\mathrm{d}u/\mathrm{d}n$ (suivant qu'on a affaire à un problème de Dirichlet, à un problème de Neumann ou à un problème mêlé): ce que, d'une manière générale, nous nommerons des données "du type de Diiichlet", en appliquant cette dénomination lorsque (pour une équation do second ordre) une donnée unique sera affectée à chaque point de S.

Cette différence importante a sa répercussion sur toutes les propriétés du problème. Si nous avions le droit de nous donner u *ET* $\mathrm{d}u/\mathrm{d}n$ en chaque point de S, la troisieme formule fondamentale (E') (n° **31**) permettrait de calculer cette inconnue en chaque point intérieur $A(a,b,c)$, et, par conséquent, fournirait la solution. Mais ce n'est pas ce qui a lieu: il faut arriver à représenter la valeur de l'inconnue au point arbitrairement donné $A(a,b,c)$, par une expression où ne figure, en chaque point de S, qu'une seule des deux quantités qu'introduit (E').

39. On y parvient si l'on a pu former-pour le problème de Dirichlet, par exemple-la quantité G appelée *fonction de Green*. On appelle ainsi, $A(a, b, c)$, étant un point arbitrairement donné à l'intérieur de $\mathscr{D}$, une fonction harmonique du point $M(x,y,z)$ définie par les deux propriétés suivantes:

1° G est égale à $1/r-\gamma$, en désignant par γ une fonction harmonique dans $\mathscr{D}$.

2° Cette fonction G s'annule lorsque le point M vient sur S.

Cette quantité G exigeant la donnée préalable du point ou "pôle" A, est, comme on le voit, fonction des coordonnées des deux points A et M.

Pour résoudre, à l'aide de G, le problème de Dirichlet, il suffit de remarquer que la fonction harmonique γ donne lieu, par combinaison avec l'inconnue u, également harmonique, à la relation (E') du n°**31**, soit

$$O = \iint_s \left(u \frac{\mathrm{d}\gamma}{\mathrm{d}n} - \gamma \frac{\mathrm{d}u}{\mathrm{d}n}\right) \mathrm{d}S$$

retranchant membre à membre cette relation de (E_1'), il vient une égalité qui se réduit, suivant que A est intérieur ou extérieur à $\mathscr{D}$, à

$$\left.\begin{matrix} u(a,b,c) \\ 0 \end{matrix}\right\} = \frac{1}{4\pi}\iint_s u\,\frac{\mathrm{d}G}{\mathrm{d}n}\mathrm{d}S \qquad (12)$$

puisque G, coefficient de $\mathrm{d}u/\mathrm{d}n$, s'annule en chaque point de S. On a ainsi la solution cherchée.

La question est de former cette fonction de Green. On remarquera d'ailleurs qu'il s'agit d'un cas particulier du problème de Dirichlet lui-même, puisque la fonction $\gamma(x, y, z)$ est caractérisée par la double propriété d'être harmonique et de prendre, sur S, les mêmes valeurs que $1/r$. .

39a. À noter toutefois que la formation, supposée obtenue, de la fonction de Green n'entraine pas immédiatement la démonstration d'existence pour la solution du problème de Dirichlet. Il reste à s'assurer que la dérivée $\mathrm{d}G/\mathrm{d}n$ qui figure dans la formule (12) existe; que l'expression ainsi formée satisfait à l'équation aux dérivées partielles; enfin, qu'elle prene effectivement les valeurs données à la frontière.

En ce qui regarde l'équation aux dérivées partielles, la vérification résulte de fait que *la fonction de Green est symétrique par rapport aux deux points* A et B dont elle dépend, soit

$$G(A,B)=G(B,A)$$

Ce fait s'établit par la considération de l'intégrale

$$\iint\left(G(M,B)\,\frac{\mathrm{d}G(M,A)}{\mathrm{d}n_M} - G(M,A)\,\frac{\mathrm{d}G(M,B)}{\mathrm{d}n_M}\right)\mathrm{d}S_M$$

étendue à la frontière S décrite par le point M: intégrale qui est nulle (du moins si les dérivées normales qui y figurent sont finies), puisque les quantités $G(M,A)$ et $G(M,B)$ sont nulles pour toute position de M le long de S. Or les quantités en question sont fonctions harmoniques et régulières des coordonnées du point M partout ailleurs qu'au voisinage du point A ou du point B. En entourant ces deux points de petits cercles ou de petites sphères σ_A, σ_B et appliquant la formule fondamentale dans le domaine $\mathscr{D}-\sigma_A-\sigma_B$, on verra, comme cela se passe pour les formules (E') et (12), que le résultat, c'est à dire zéro est égal à $G(A,B)-G(B,A)$ (au facteur 2π ou 4π près).

Puisque G ne change pas lorsqu'on échange respectivement les coordonnées x, y, z du point M avec les coordonnées correspondantes a, b, c du point A et, d'autre part, que cette quantité satisfait à $\frac{\partial^2 G}{\partial x^2}+\frac{\partial^2 G}{\partial y^2}+\frac{\partial^2 G}{\partial z^2}=0$, elle vérifie aussi $\frac{\partial^2 G}{\partial a^2}+\frac{\partial^2 G}{\partial b^2}+\frac{\partial^2 G}{\partial c^2}=0$; d'où résulte que le second membre de (12) est bien une fonction harmonique de a, b, c (moyennant les conditions qui permettent de différentier la relation précédente par rapport à n_M et d'échanger cette différentiation avec celles relatives à a, b, c).

Par contre, l'expression (12) fait intervenir la dérivée $\mathrm{d}G/\mathrm{d}n$, don't l'existence soulève une question très délicate; et quant à la difficulté relative aux valeurs que prend cette expression le long de la frontière, nous verrons qu'elle est essentielle et touche au fond des choses.

39b. Notons par ailleurs les limites supérieure et inférieure suivantes que l'on peut immédiatement assigner à la fonction de Green.

Cette fonction est positive pour toutes les positions occupées par les deux points dont elle dépend à l'intérieur du domaine $\mathscr{D}$. Fixons en effet le premier de ces points ou "pôle" A de cette fonction et entourons ce point d'un petit cercle c. Si le rayon de c est suffisamment petit, G sera certainement positif et même aussi grand qu'on le voudra sur la circonférence de c (puisque le terme soustractif γ qui figure dans son expression reste borné dans ces conditions). Or, d'autre part, G est nul sur la frontière de $\mathscr{D}$. Donc, dans le domaine annulaire qui se déduit de $\mathscr{D}$ en en écartant l'intérieur de c, la fonction G ne peut être négative ni même (Cf. **48e**) nulle en un point intérieur quelconque.

D'autre part, le terme γ, fonction harmonique dans tout $\mathscr{D}$, y est partout positif puisqu'il est défini par des valeurs-frontières toutes positives. Donc G est partout inférieur à $1/r$.

39c. De là résulte que si $\mathscr{D}_1$ est un domaine intérieur à $\mathscr{D}$ (mais contenant le point A et un second point M) ; $G_1 = (1/r) - \gamma_1$, la fonction de Green relative à ce second domaine, *on a* $G_1 < G$: car, sur la frontière de $\mathscr{D}_1$, G_1 est nul tandis que G est positif et, d'autre part, la différence $G - G_1 = \gamma_1 - \gamma$ est harmonique dans $\mathscr{D}_1$.

39d. Notons enfin qu'on peut avoir à prolonger cette fonction de Green en dehors de $\mathscr{D}$: on la définira comme *identiquement nulle* dans le domaine complémentaire $\mathscr{D}'$ (domaine extérieur si $\mathscr{D}$ est un domaine intérieur).

39e. Si d'autre part la fonction u au lieu d'être harmonique, a un Δu quelconque, sous les mêmes conditions de régulartié que dans ce qui précède, la formule (12) sera remplacée par la suivante (correspondant à la formule (E_2') du n°**31**.

$$\left.\begin{matrix} u(a,b,c) \\ 0 \end{matrix}\right\} = \frac{1}{\omega}\left[\iint_s u \frac{\mathrm{d}G}{\mathrm{d}n}\mathrm{d}S - \iiint_{\mathrm{D}} G\,\Delta u\,\mathrm{d}x\,\mathrm{d}y\,\mathrm{d}z\right]$$

$$\left(\omega = \begin{cases} 4\pi \text{ dans l'espace} \\ 2\pi \text{ dans le plan} \end{cases}\right) \qquad (12')$$

40. Toutes ces propriétés s'étendent d'elles mêmes à l'équation de Laplace

$$(L_m) \qquad \frac{\partial^2 u}{\partial x_1^2} + \cdots \frac{\partial^2 u}{\partial x_m^2} = 0$$

à un nombre quelconque m de dimensions. Le cas de $m = 2$ présente en outre des propriétés particulières bien connues, que nous rappellerons brièvement.

Dire que u est solution de (L_2) revient à dire qu'à u on peut associer une deuxième fonction (définie à une constante près)[①] v, dite fonction *conjuguée* de u, telle que $u+\mathrm{i},v$ soit une fonction analytique de la variable complexe $x_1+\mathrm{i}x_2$. Une telle fonction analytique définit une *représentation conforme* du plan (x_1, x_2) sur le plan (u, v). Réciproquement, toute représentation conforme *directe* (c'est à dire conservant non seulement la grandeur des angles en un point quelconque, mais leur sens) du plan fournit une fonction analytique et deux solutions conjuguées u, v de l'équation (L_2).

Les transformations conformes du plan forment évidemment un groupe dont un sous-groupe est évidemment formé par les transformations conformes directes; et par une transformation quelconque de cette espèce (faisant correspondre l'un à l'autre les points x_1,x_2 et u,v), une fonction analytique de $u+\mathrm{i}v$ devient une fonction analytique de $x_1+\mathrm{i}x_2$, de sorte qu'une solution de l'équation (L_2) en x_1, x_2, donne une solution de la même équation lorsqu'on l'exprime en fonction de u, v.

40a. Soit maintenant une aire plane *simplement connexe* donnée. Parmi les diverses transformations conformes qu'on peut lui faire subir, il en est une (ou, plus exactement, une infinité dépendant de trois paramètres arbitraires) qui la changent en une autre aire plane simplement connexe arbitrairement donnée: ce pourquoi il suffit d'ailleurs de s'assurer qu'il existe une transformation conforme de chacune de ces deux aires sur le cercle $C: |x_1+ix_2|\leqslant 1$ ou sur le demi-plan $x_2\geqslant 0$.

① La fonction u étant donnée ainsi que la valeur numérique de v en un point particulier quelconque M_0, la valeur de cette fonction conjuguée v en un autre point arbitraire M est déterminée sans ambiguïté comme égale à $v_0+\int \mathrm{d}v/\mathrm{d}n\, \mathrm{d}s$ si tous les chemins conduisant de M_0 à M sont tracés à l'intérieur d'une même aire *simplement connexe* dans laquelle u est régulière:——conclusion qui d'ailleurs ressort de (D).

Or l'un ou l'autre de ces deux derniers problèmes revient à celui de Dirichlet et, plus précisément, à la formation de la fonction de Green relative à l'aire donnée avec un pôle A arbitrairement donné à l'intérieur de cette aire. Si $G = \log (1/r) - \gamma$ (avec, pour r et γ, les mêmes significations que précédemment) est cette fonction de Green; H, la fonction conjuguée déterminée seulement à un multiple près de 2π, quantité dont elle augmente par une circulation autour de A), la quantité complexe $e^{-(G+iH)}$ est une fonction analytique de $x_1 + ix_2$, réalisant une représentation conforme de l'aire en question sur le cercle C, le point donné A correspondant au centre de ce cercle, c. à. d. à l'origine des coordonnées.

Inversement, si l'on sait représenter conformémént une aire plane donnée sur le cercle-unité ou sur le demi-plan supérieur, le problème Dirichlet relatif à cette aire sera, d'après ce qui précède, ramené à celui qui concerne l'une de celles que nous venons de mentionner en dernier lieu: problème dont la solution est connue, comme nous le rappellerons au n° suivant.

La représentation conforme des aires multiplement connexes est une question notablement différente de la précédente. Une aire p-uplement connexe donnée ne peut pas être représentée conformément sur n'importe quelle autre aire p-uplement connexe. Par exemple, pour $p = 2$, la représentation est possible sur une *certaine* couronne circulaire, dans laquelle le rapport des rayons des deux circonférences limites doit être convenablement choisie.

Il est bien entendu que tout ceci est particulier au cas du plan. Les transformations conformes d'un espace euclidien à $m \geqslant 3$ dimensions sont des combinaisons de déplacements et d'inversions en nombre fini et dépendent d'un nombre fini de paramètres (dix, pour $m = 3$). Il ne peut être question de s'en servir pour transformer un domaine donné de E_m en un autre domaine arbitrairement donné.

41. Pour certaines formes très particulières du domaine $\mathscr{D}$, l'expression de γ et, par conséquent celle de G sont connues. Le cas le plus classique et le plus important à cet égard est celui où $\mathscr{D}$ est une sphère. On a alors $\gamma=\frac{R}{\delta}\frac{1}{MA'}$ où O est le centre de la sphère, R son rayon; δ, la distance OA; A', l'image (**35a**) autrement dit l'inverse du point A par rapport à la sphère. Moyennant cette expression de γ, la formule (12) donne, tout calcul fait

$$U(a,b,c)=\frac{1}{4\pi}\iint U\frac{R^2-\delta^2}{Rr^3}\,\mathrm{d}S \qquad \text{(formule de Poisson)} \tag{13}$$

Un cas limite du précédent est celui où S est un plan[1] et, par conséquent, $\mathscr{D}$ la portion de l'expace située d'un côté déterminé de ce plan: A' est alors le symétrique de A par rapport au plan en question; on a simplement $\gamma=\frac{1}{MA'}$, et (12) se réduit alors à un potentiel de double couche. G peut encore être formé simplement lorsque $\mathscr{D}$ est l'espace lenticulaire compris entre deux sphères se coupant sous un angle sousmultiple de π, y compris le cas où l'une de ces sphères devient un plan et par conséquent, le cas de la demi-sphère; etc.

Notons encore le cas de l'espace compris entre deux plans parallèles, où la fonction de Green se forme à l'aide d'une double série indéfinie d'images, bien connue par la théorie des miro-

---

① Cette forme de S n'est pas, à proprement parler, de celles que doit considérer la théorie actuelle, laquelle suppose S située entièrement à distance finie (même si, comme dans le problème extérieur, $\mathscr{D}$ s'étend à l'infini). Pour que ce problème relatif au plan soit déterminé, il convient de spécifier que U doit s'annuler à l'infini, condition à laquelle, bien entendu, doivent satisfaire les données portées sur le plan.

irs parallèles.

Mêmes résultats pour l'équation plane (L_2), la fonction de Green pouvant être formée comme il vient d'être dit si $\mathscr{D}$ est un cercle, ou un demicercle ou un demi-plan, ou la bande comprise entre deux droites parallèles; etc.

Des fonctions analogues à la fonction de Green existent aussi et peuvent être employées de même dans les autres problèmes dont nous avons parlé au numéro précédent. On peut encore les former explicitement lorsque le domaine considéré est sphérique, (sauf en ce qui concerne le problème mêlé) et, pour le dernier des problèmes énumérés, sous la condition de supposer les coefficients a, b constants. Par exemple, pour le problème de Neumann relatif au plan[①], l'image du point A intervient encore (le terme correspondant devant seulement être ajouté $1/r$ et non plus en être retranché) ce qui conduit, pour la solution, à un potentiel de simple couche; et de même, on pourra résoudre le problème relatif à la région comprise entre deux plans parallèles par une série de potentiels de simples couches.

§3 LES MÉTHODES EXTRÉMALES DE GAUSS ET DE RIEMANN

42. Dès qu'on sort des cas simples dont nous venons de parler, la formation de la fonction de Green, cas particulier du problème de Dirichlet, n'est pas plus aisée que le cas général du même problème. Il n'est pas plus aisé dans un cas que dans l'autre de montrer que la solution existe; et pareille remarque s'applique aux autres problèmes dont il vient d'être parlé.

① Pour ce qui concerne la sphère, voir nos *Leçons sur la propagation des ondes*, chap. I.

La question ou plutôt les questions ainsi posées sont d'une tout autre difficulté que celles qui consistent à établir que la solution du problème est unique. Alors que cette dernière peut être considérée, en principe, comme résolue par les remarques précédentes (nous aurons cependant à y revenir un peu plus loin), la question d'existence, qui fait, comme nous l'avons dit et comme il apparaitra dans la suite, intervenir d'une manière très profonde les propriétés géométriques du domaine, n'a cessé et ne cesse de provoquer de savantes et délicates recherches. Notre intention n'est point de faire connaitre à cet égard les travaux publiés dans la période toute récente, travaux, dont ce que nous allons dire des résultats un peu antérieurs peut être considéré comme préparant la lecture.

Les méthodes par lesquelles on peut établir l'existence de la solution donnent en général-sauf celles qui ont été présentées dans ces dernières années-le moyen de la construire (moyen purement théorique en général, étant donnée la complication des calculs nécessaires).

Une exception s'est totefois présentée dès la naissance de la théorie: c'est le célèbre raisonnement de Riemann (dont, comme nous le dirons plus loin, l'idée première remonte à Gauss) fondée sur le fait que, parmi toutes les fonctions U définies dans $\mathscr{D}$ et prenant des valeurs données sur la frontière S, celle qui donne la valeur la plus petite à l'intégrale (" intégrale de Dirichlet")

$$D(U) = \mathbf{I} = \iiint_{\mathscr{D}} \left[\left(\frac{\partial U}{\partial x}\right)^2 + \left(\frac{\partial U}{\partial y}\right)^2 + \left(\frac{\partial U}{\partial z}\right)^2 \right] \mathrm{d}x \, \mathrm{d}y \, \mathrm{d}z \tag{14}$$

est nécessairement harmonique.

Si ce raisonnement était rigoureux, il donnerait bien la démonstration demandée-tout en étant, bien entendu, inférieur aux autres méthodes proposées dans le même but en ce qu'il ne fournit aucun moyen, même théorique, pour le calcul de la solution.

Mais on sait que Weierstrass a relevé une insuffisance dans ce raisonnement de Riemann. Le minimum d'une quantité dépendant d'une fonction arbitraire-autrement dit le minimum d'une fonctionnelle-n'obéit pas aux mêmes lois que celui d'une fonction ordinaire d'un ou plusieurs paramètres. Dans un cas comme dans l'autre, la quantité considérée a bien une borne inférieure; mais rien ne permet, pour le cas d'une fonctionnelle (contrairement à ce qui a lieu pour une fonction ordinaire, lorsque celle-ci est continue), d'affirmer que cette borne inférieure est effectivement atteinte pour un certain choix de la fonction-argument.

Nous avons déjà rencontré cette difficulté (**18**) à propos des équations différentielles ordinaires, et nous avons constaté qu'un champ de fonctions est *compact*, c'est à dire permet l'application du théorème de Bolzano-Weierstrass:

1° S'il s'agit de fonctions définies uniquement sur un ensemble dénombrable de valeurs de la variable; et aussi (théorème d'Ascoli-Arzelà);

2° Si les fonctions considérées sont équicontinues.

Cette dernière condition était remplie dans le cas traité au n°**18**. Elle ne l'est plus dans le problème actuel.

42a. Qu'il y ait là une difficulté réelle, c'est ce qui apparait si l'on considère le problème de déterminer une fonction harmonique dans $\mathscr{D}$ en se donnant *à la fois*, en chaque point de S, la valeur de u *et* celle de sa dérivée normale, soit

$$\left.\begin{aligned} u &= g(x,y,z) \qquad (15) \\ \mathrm{d}u/\mathrm{d}n &= h(x,y,z) \qquad (15') \end{aligned}\right\} \text{sur } S$$

Un tel problème est manifestement impossible. En effet, l'ensemble des conditions (15) (problème de Dirichlet) suffit, nous le savons, à déterminer une fonction harmonique: s'il existe une fonction harmonique satisfaisant à ces conditions, il n'en existe pas plus d'une. Il n'y a aucune raison pour que la fonction ainsi obtenue vérifie les conditions (15′), la fonction h étant choisie arbitrairement (même sous la restriction $\iint h\,\mathrm{d}S = 0$).

Or, au problème ainsi formulé, le raisonnement de Riemann continuerait à s'appliquer. Considérant toutes les fonctions définies dans $\mathscr{D}$ et satisfaisant, le long de S, aux conditions (15) et (15′), s'il en existait une réalisant le minimum de l'intégrale (14), cette fonction serait nécessairement harmonique, comme on s'en assure aisément, de sorte qu'elle répondrait à la question.

42b. Quel est donc le défaut de ce raisonnement qui, nous le constatons, conduit à une conclusion certainement fausse?

Soit I_0 la borne inférieure de l'intégrale (14) pour toutes les fonctions vérifiant les conditions (15) et (15′): cela signifie qu'il existe des fonctions de cette espèce donnant à (14) une valeur inférieure à $I_0+\varepsilon$ si petit que soit le nombre positif ε; autrement dit, il n'est pas douteux qu'il n'existe une suite de telles fonctions (suite "minimisante") pour lesquelles l'intégrale (14) tend vers I_0. On peut même faire en sorte que ces fonctions tendent, dans $\mathscr{D}$, vers une fonction limite déterminée U_0. Seulement, cette fonction U_0 n'est autre que la solution du problème de Dirichlet défini par (15): elle ne satisfait pas à (15′), quoiqu'elle soit la limite de fonctions qui, toutes, remplissent cette dernière condition. L'ensemble des fonctions vérifiant (15) et (15′) n'est pas compact.

43. L'objection de Weierstrass que nous avons formulée au n° précédent, n'est pas la seule à laquelle on ait à répondre. D'autres difficultés préliminaires se présentent:

1° On ne peut parler d'intégrales multiples, sans autre spécification que sur des domaines de forme suffisamment régulière. Considérant par exemple un domaine plan $\mathscr{D}$, désignons d'une manière générale par P les différents polygones que l'on peut tracer à l'intérieur de $\mathscr{D}$. Si, comme nous le supposerons, $\mathscr{D}$ est borné, les aires de ces polygones sont bornées: leur borne supérieure peut être appelée l'"aire par défaut" de $\mathscr{D}$. D'autre part, si P' désigne, d'une manière générale, un polygone comprenant $\mathscr{D}$ à son intérieur, les aires de ces P' auront une borne inférieure qui sera l'"aire par excès".

Pour les figures dont on a à s'occuper usuellement, ces deux aires, par défaut ou par excès, sont égales, et alors $\mathscr{D}$ est dit "quarrable".

De même on peut, un domaine borné $\mathscr{D}$ de l'espace étant donné, considérer les différents polyèdres P intérieurs à $\mathscr{D}$ et appeler "volume par défaut" de $\mathscr{D}$ la borne supérieure des volumes de ces P; d'autre part, envisageant les différents polyèdres P' qui comprennent $\mathscr{D}$ à leur intérieur, on appellera "volume par excès" de $\mathscr{D}$ la borne inférieure des volumes de ces P' et on pourra parler du volume de $\mathscr{D}$ si le volume par excès est égal au volume par défaut (ce qui revient à dire que la frontière est, au sens qui vient d'être indiqué, de volume nul—ou de même, dans le plan, d'aire nulle).

Si maintenant nous voulons étendre à $\mathscr{D}$ une intégrale multiple où, pour simplifier le langage, la quantité à intégrer srea supposée positive, (cette condition se trouvant réalisée dans le cas qui nous intéresse), il y aura évidemment de même une intégrale par défaut et une intégrale par excès, lesquelles seront égales si-dans le plan par exemple-$\mathscr{D}$ est quarrable et dans ce cas seulement.

43a. 2° Pour appliquer le raisonnement de Riemann, il faut commencer par former des fonctions prenant les valeurs données à la frontière et possédant, au moins à l'intérieur de $\mathscr{D}$, des dérivées premières. Or l'existence de pareilles fonctions, dans le cas général, est loin d'être évidente à priori. Cette difficulté a été écartée par Lebesgue①, lequel a montré que les fonctions en question peuvent être construites de manière à être non seulement monotones (**34a**) mais indéfiniment dérivables.

À la méthode relativement laborieuse employée par Lebesgue, M. Denjoy a récemment substitué une solution simple et élégante.

Sur la frontière S de $\mathscr{D}$, soit pris un ensemble E dénombrable et partout dense de points P_n, non nécessairement tous distincts les uns des autres (il n'est pas exclu qu'un même point P corresponde à un nombre quelconque ou même à une infinité de valeurs de l'entier positif n)②. Donnons-nous d'autre part deux fonctions positives $\varphi(t)$, $\psi(t)$ de la variable positive t la première croissant constamment et indéfiniment avec t et cela de manière que la série $\sum\limits_{n=1,2,\cdots}\dfrac{1}{\varphi(n)}$ soit convergente; la seconde constamment décroissante et égale à ∞ pour $t=0$. Moyennant l'hypothèse faite sur φ, la quantité $U(M)=\sum U_n(M)=\sum\psi(r_n)/\varphi(n)$ sera finie en tout point intérieur à $\mathscr{D}$ et bornée dans tout volume intérieur. Supposons que l'on ait en outre

$$(S) \qquad U(M)\to\infty$$

toutes les fois que le point intérieur M tendra vers un point frontière quelconque Q.

Dans ces conditions, si l'on se donne une répartition quelconque $f(P)$ de valeurs bornées et continues sur S, on pourra former la série $V(M)=\sum f(P_n)U_n(M)$; cette série convergera, elle aussi, en tout point intérieur et uniformément dans tout volume intérieur, de sorte qu'elle représentera une fonction contin-

① *Rendiconti Circ. Mat. Palermo*, Tome XXIV (1907).

② C'est ce qui arrivera nécessairement pour un point frontière isolé.

ue. *La quantité V/U répondra à la question*: : elle tendra bien vers $f(Q)$ lorsque le point intérieur M tendra vers Q.

(Démonstration toute semblable à celle de la règle de l'Hopital pour les formes indéterminées $\frac{\infty}{\infty}$: S' étant, sur S, un voisinage de Q, la sommation sur S' donnera un résultat aussi voisin qu'on le voudra de $f(Q)$ si le voisinage a été pris suffisamment restreint et, S' une fois choisi, la sommation sur $S-S'$, un résultat infiniment petit avec la distance $\overline{MQ}$).

Reste, S étant donné, à choisir l'ensemble E ainsi que les fonctions φ et ψ de manière à vérifier la condition (S).

Le domaine $\mathscr{D}$ de l'espace à m dimensions, étant supposé borne①, sera compris dans un cube **D** d'arête d égale par exemple à un mètre. Divisons le cube **D** pour $m=3$ en 1 000 décimètres cubes $\mathbf{D}_1$ puis en $1\ 000^2$ centimètres cubes, etc. , mais en ne retenant chaque fois que les cubes partiels frontières, c'est à dire dont chacun contiendra au moins un point de S.

L'ensemble E sera formé en prenant un point de S dans chaque $\mathbf{D}_1$, puis un point dans chaque $\mathbf{D}_2\cdots$, un point dans chaque $\mathbf{D}_k\cdots$ ces divers points étant numérotés dans l'ordre où nous venons de les énumérer. Les premiers seront en nombre au plus égal à 10^m, les seconds en nombre au plus égal à 10^{2m} etc. Les points pris dans un cube $\mathbf{D}_k$ auront des rangs $n<H10^{mk}$, $H=\frac{10^m}{10^m-1}$.

D'autre part, après avoir choisi φ (sous la condition de convergence de $\sum\frac{1}{\varphi(n)}$), prenons $\psi(t)=\varphi(ht^{-m})$, avec h constant.

① M. Denjoy traite même le cas d'un domaine illimité.

Moyennant ces conventions, supposons qu'un point M intérieur tende vers le point frontière Q. Il traversera successivement des cubes de chaque ordre. Lorsqu'il sera dans le cube $\mathbf{D}_k$ dont le diamètre est $d\sqrt{m}\ 10^{-k} = \mathbf{d}_k$, tout point P_n également contenu dans ce même cube donnera $r_n = \overline{MP_n} < \mathbf{d}_k$.

Si donc nous prenons pour la constante h la valeur $10^m m^{m/2} H$, chacune des quantités U_n sera, pour $M \subset \mathbf{D}_k$, au moins égale à l'unité. Comme il existe une infinité de termes de cette espèce (un au moins pour chaque valeur de k) le total augmentera indéfiniment avec $1/\overline{MQ}$. C'est le résultat que nous voulions obtenir.

Rien n'empêche d'ailleurs de prendre la fonction φ et par conséquent ψ holomorphes tout le long de la partie positive de l'axe réel, donc aussi dans toute une région avoisinante du plan des t. Alors, à l'intérieur de $\mathscr{D}$, U, V, sommes de séries uniformément convergentes de fonctions holomorphes des x, seront des fonctions holomorphes. On peut donc affirmer non seulement que le problème préliminaire de Lebesgue admet des solutions, mais qu'il admet des solutions analytiques.

3° Il ne suffit pas que, dans l'intérieur de $\mathscr{D}$, les dérivées premières existent, ni même qu'elles soient continues en tout point intérieur. Il faut encore qu'elles puissent servir à former l'intégrale (14), celle-ci ayant une valeur finie lorsqu'on l'étend à tout le domaine $\mathscr{D}$. Or, rien ne prouve que ce soit possible et *en fait, cela ne l'est pas toujours*: les données à la frontière peuvent être telles que toutes les fonctions correspondantes rendent l'intégrale I infinie (les dérivées premières croissant indéfiniment, lorqu'on se rapproche de S, de manière trop rapide pour que cette intégrale conserve un sens). Soit pris, pour simplifier, le problème plan relatif au cercle, les données à la frontière étant représentées, en fonction de l'angle au centre

θ, par un développement trigonométrique

$$f(\theta)=c_0+\sum (c_n\cos n\theta+c'_n\sin n\theta) \qquad (16)$$

toutes les fonctions U prenant sur la circonférence, les valeurs ainsi écrites rendront l'intégrale

$$\iint\left[\left(\frac{\partial U}{\partial x}\right)^2+\left(\frac{\partial U}{\partial y}\right)^2\right]\mathrm{d}x\,\mathrm{d}y=\iint\left[\left(\frac{\partial U}{\partial r}\right)^2+\frac{1}{r^2}\left(\frac{\partial U}{\partial \theta}\right)^2\right]r\,\mathrm{d}r\,\mathrm{d}\theta$$

infinie si la série $\sum n(c_n^2+c'^2_n)$ est divergente, ce qui n'est pas incompatible① avec la convergence de la série $\sum |c_n|+\sum |c'_n|$: donc, avec la convergence uniforme de la série (16).

On voit que, contrairement à la précédente qui pouvait être écartée directement, cette difficulté se présente en fait. Mais on peut la tourner en remplaçant la donnée g, second membre de (15), par une autre g_1 qui en diffère peu et pour laquelle nous soyons certains que la difficulté en question n'intervient pas. En résolvant le problème pour la donnée approchée g_1, puis faisant tendre celle-ci vers g, on aura des solutions qui tendront vers celle que l'on cherche.

43b. Il est, en effet, à noter que la troisième condition que nous avons imposée à nos problèmes (**11**) est ici nécessairement remplie. Si la solution du problème de Dirichlet existe, elle est nécessairement continue, et même continue d'ordre zéro, par

① Exemple

$$c'_n=0,c_n=\begin{cases}(1/2)^{p/2}, & n=2p\\ 0\ , & n\neq 2p\end{cases}$$

Dans un travail inséré au tome XXXV (1954). pp. 247 et suiv. du *Sbornik* de Moscou, M. Nikolsky a cherché à former, non plus sur le développement trigonométrique, mais d'après l'étude directe de la fonction, une condition suffisante pour que cette circonstance ne se présente pas. Celle qu'il énonce s'explique par le comportement, en fonction de $h\to 0$, de l'intégrale

$$\int_0^{2\pi}[f(\theta+h)-f(\theta)]^2\mathrm{d}\theta$$

rapport aux données. Si, en effet, à deux données différentes g et g_1 sur S, correspondent deux solutions différentes u_0 et u_1 dans $\mathscr{D}$, nous savons que $|u_1-u_0|$ n'est jamais plus grand que le maximum de $|g_1-g_0|$.

43c. L'objection fondamentale contre le raisonnement de Riemann reste donc celle de Weierstrass. Une des belles découvertes de Hilbert a été de montrer que la condamnation ainsi prononcée n'était pas sans sppel. Parmi les suites minimisantes de fonctions U qui prennent les valeurs données à la frontière—c'est à dire parmi celles qui donnent à l'intégrale de Dirichlet des valeurs dépassant de moins en moins le minimum—Hilbert et après lui des auteurs tels que Lebesge (article cité) et Tonelli se sont demandé si l'on ne pourrait pas en trouver de convergentes.

Que toutes les suites minimisantes ne satisfassent pas à cette condition, c'est ce qui n'est pas douteux. Sans aller plus loin, il suffit de remarquer qu'une suite minimisante U restera encore telle si l'on change d'une manière plus ou moins arbitraire les valeurs de chaque U sur un ensemble (lequel peut n'être pas nécessairement le même d'un terme de la suite à l'autre) dont la mesure tende vers zéro.

D'après cela, on voit qu'on peut espérer aboutir au résultat cherché en partant d'une première suite minimisante et la corrigeant de manière: 1° à ne pas augmenter, ou à augmenter de moins en moins les valeurs successives de l'intégrale de Dirichlet; 2° à rendre la suite convergente. Or cette dernière condition sera remplie, en vertu du principe d'Ascoli, au moins sur une suite partielle empruntée à U, si l'on a pu modifier les fonctions U de manière à les rendre équicontinues.

S'il en est anisi on pourra former avec les U une suite partielle tendant vers une fonction limite u. Observons toutefois que si l'on veut établir la dérivabilité de u, il resterait à établir l'équicontinuité non seulement des U, mais de leurs dérivées.

C'est cela qu'a dû faire Hilbert dans la solution qu'il a donnée[①] d'un problème à deux dimensions un peu différent de celui de Dirichlet. Partant uniquement du fait que les U peuvent être supposées bornées dans leur ensemble, il leur fait subir une double quadrature tant par rapport à x qu'à y, quadrature dont les résultats

$$V=\int_0^x \mathrm{d}x \int_0^y U\,\mathrm{d}y \tag{17}$$

sont équicontinus puisque leurs dérivées partielles sont bornées.

Jusque là, en vertu de ce qui vient d'être dit plus haut, la difficulté n'est résolue qu'en apparence, puisqu'il ne s'agit pas d'obtenir une suite convergente avec les fonctions V, mais avec les fonctions $U=\frac{\partial^2 V}{\partial x\partial y}$. Mais si l'on fait subir par deux fois aux V le même traitement au'aux U, on obtient une nouvelle fonction W dont les dérivées partielles du second ordre sont aussi continues, de sorte qu'une suite convergente peut être formée non seulement avec les W, mais avec leurs dérivées partielles des deux premiers ordres, donc avec leurs Δ.

Ceci permet l'application de la remarque du n° **34**, d'où l'existence d'une fonction limite ayant non plus seulement des dérivées premières et secondes, mais des dérivées de tous les ordres.

Lebesgue a, peu après[②], repris cette méthode et parvint à démontrer la convergence de la suite des U en les assujettissant à être monotones (n° **34a**), comme on constate[①] que cela est

① *Math. Ann.* t. LIX (1904), pp. 181-186. Hilbert applique sa méthode à un problème particulier, analogue à celui de Dirichlet. R. Courant a modifié la méthode de manière à en permettre la généralisation.

② *Loc. cit.* (Note de n° **43a**).

possible; ainsi:

Des fonctions U_1, et $U_2, \cdots$, définies dans un même domaine, et qui, dans ce domaine donnent des intégrales de Dirichlet admettant une borne supérieure commune, sont équicontinues si elles sont monotones au sens du n° **34a**.

Elles sont équicontinues même aux points de la frontière si, en outre elles sont toutes égales entre elles le long de cette frontière.

1° Un point a intérieur à $\mathscr{D}$ sera le centre d'un cercle C_{r_0} de rayon r_0, tout entier intérieur à $\mathscr{D}$. Par hypothèse, dans ce cercle, une quelconque des U donnera une intégrale de Dirichlet $\iint[(\frac{\partial U}{\partial x})^2+(\frac{\partial U}{\partial y})^2]\mathrm{d}x\,\mathrm{d}y$ ou en coordonnées polaires de pôle a

$$\iint[(\frac{\partial U}{\partial \rho})^2+\frac{1}{\rho^2}(\frac{\partial U}{\partial \theta})^2]\rho\,\mathrm{d}\rho\,\mathrm{d}\theta \geqslant \int\frac{\mathrm{d}\rho}{\rho}\int(\frac{\partial U}{\partial \theta})^2\mathrm{d}\theta \quad (18)$$

inférieure au nombre fixe H. Soit maintenant r' le rayon d'un second cercle C' concentrique et intérieur au premier. Montrons qu'en faisant tendre r' vers zéro, il en sera de même de l'oscillation η de U dans le cercle C'.

Puisque U est monotone, η sera donné par l'oscillation le long de la *circonférence* C' soit $|U(r',\theta_2), -U(r',\theta_1)| = |\int_{\theta_1}^{\theta_2}\frac{\partial U}{\partial \theta}\mathrm{d}\theta|$ et d'après l'inégalité de Schwarz, on aura

$$\eta^2 <|\theta_2-\theta_1||\int_{\theta_1}^{\theta_2}(\frac{\partial U}{\partial \theta})^2\mathrm{d}\theta| < 2\pi\int(\frac{\partial U}{\partial \theta})^2\mathrm{d}\theta$$

Ceci s'aplique non seulement au cercle de reyon r', mais à tous ceux de rayons ρ intermédiaires entre r' et r_0. Prenant alors l'intégrale (18) dans la couronne comprise entre $\rho=r'$ et $\rho=r_0$, il vient

$$\eta^2\int_{r'}^{0}\frac{\mathrm{d}\rho}{\rho} < 2\pi\iint[(\frac{\partial U}{\partial x})^2+(\frac{\partial U}{\partial y})^2]\mathrm{d}x\,\mathrm{d}y < 2\pi H$$

et le coefficient de η^2 croissant indéfiniment avec $1/r'$, notre conclusion est démontrée.

2° Si a est un point frontière, toute circonférence C de rayon suffisamment petit r coupera le contour S et déterminera sur S un arc $\alpha\beta$ et le contour d'une aire de Jordan commune à S et à C. L'oscillation de U dans cette aire, c'est à dire (toujours en vertu de l'hypothèse) l'oscillation sur le contour sera:

soit la différence entre deux valeurs de U le long de C, laquelle se traitera comme tout à l'heure;

soit la différence entre deux valeurs le long de S, laquelle tend vers zéro et cela de même pour toutes les U;

soit la différence entre une valeur le long de C et une valeur le long de S, laquelle est, moyennant l'intervention de l'un des points α et β, la somme de deux termes relevant des deux premières hypothèses.

44. D'autre part, Riemann avait été devancé et, par avance, dépassé par Gauss[①], lequel s'était proposé de résoudre le problème par un potentiel de masses attirantes distribuées sur la surface S

$$\sum m/r = \mathbf{S}\,\frac{1}{r}\,\mathrm{d}m \tag{19}$$

où, au second membre, le signe **S** est mis pour remplacer l'intégration double $\iint$ étendue à S, chaque élément de masse $\mathrm{d}m = \mathrm{d}m(P)$ étant porté par un élément de surface infiniment petit dans toutes ses dimensions autour d'un point P de la surface.

La relation de ce point de vue avec le précédent apparaîtra si, pour un même système de valeurs données le long de S, nous considérons à la fois les deux problèmes de Dirichlet, l'un relatif

① Gauss: *Allgemeine Lehrsätze in Beziehung auf die im verkehrten Verhältnisse des Quadrats der Entfernung wirkenden Anziehungs-und Abstossungs-Kräften. Oeuvers*, tome V, p. 198-242.

au domaine intérieur $\mathscr{D}$ l'autre au domaine extérieur $\mathscr{D}'$ (étant spécifiée, pour ce dernier, la condition d'évanouissement à l'infini avec les conséquences qui en ont été déduites au n° **35**). U_i et U_e étant les deux fonctions harmoniques ainsi définies respectivement dans $\mathscr{D}$ et dans $\mathscr{D}'$, lesquelles coïncident en chaque point de S, les formules (E'), (E'_1), appliquées dans $\mathscr{D}+\mathscr{D}'$, c'est à dire dans l'espace entier, donneront si U_i et U_e sont dérivables suivant les normales intérieure et extérieure n_i, n_e

$$U(a,b,c) = -\frac{1}{4\pi}\iint \frac{1}{r}\left(\frac{dU_i}{dn_i}+\frac{dU_e}{dn_e}\right)dS$$

pour la fonction U égale à U_i dans $\mathscr{D}$ et à U_e dans $\mathscr{D}'$, autrement dit continue au passage de S avec discontinuité portant sur la dérivée normale. U n'est donc autre chose qu'un potentiel de simple couche de densité

$$\rho = -\frac{1}{4\pi}\left(\frac{dU_i}{dn_i}+\frac{dU_e}{dn_e}\right)$$

De tels potentiels possèdent une propriété de *réciprocité* établie tout d'abord par Gauss. Soient deux systèmes de masses (différents ou éventuellement confondus) m et m', donnant respectivement les potentiels U, U'. On a

$$\mathbf{S}U(P')\,dm'(P') = \mathbf{S}U(P')\,dm(P) \qquad (20)$$

Remplaçant en effet, en chaque point P', siège de l'élément dm', le potentiel U par son expression (17) laquelle est une sommation étendue au premier système de masses, et même pour U', on voit que chacun des deux membres représente la sommation double

$$\mathbf{SS}\ dm\ dm'\sqrt{PP'} \qquad (21)$$

(intégrale quadruple; puisque chacun des **S** représente une intégration double) étendue au "produit cartésien" des deux variétés porteuses de nos deux systèmes, c'est à dire à la variété dont chaque élément est constitué par le couple d'un élément dm

du premier système et d'un élément dm' du second.

44a. Si le second système de masses est pris confondu avec le premier, la quantité précédente, qui devient

$$\mathbf{S}\ U\ \mathrm{d}m=-\frac{1}{4\pi}\iint U\left(\frac{\mathrm{d}U_i}{\mathrm{d}n}+\frac{\mathrm{d}U_e}{\mathrm{d}n'}\right)\mathrm{d}S \qquad (20')$$

se transforme par la formule (C') en une intégrale de Dirichlet

$$\frac{1}{4\pi}\iiint\left[\left(\frac{\partial U}{\partial x}\right)^2+\left(\frac{\partial U}{\partial y}\right)^2+\left(\frac{\partial U}{\partial z}\right)^2\right]\mathrm{d}x\ \mathrm{d}y\ \mathrm{d}z$$

étendue à l'espace entier. Cette quantité (20'), où l'on est conduit à voir une *énergie*①, est donc essentiellement positive; elle ne peut s'annuler que si U est constant dans $\mathscr{D}$ et dans $\mathscr{D}'$, donc identiquement nul puisqu'il s'annule à l'infini en étant d'autre part continu partout.

44b. Cela posé, Gauss considère, V étant la fonction donnée, l'intégrale

$$J=\mathbf{S}(U-2V)\ \mathrm{d}m$$

où U est le potentiel dû à l'action de masses positives inconnues dm, don't le total M est cependant donné.

Une telle expression est bornée inférieurement: car U est partout supérieur à M/D, en désignant par D la dimension maxima du domaine siège des masses cherchées, de sorte que l'intégrale précédente est au moins égale à

$$M^2/D-2MV_1$$

en désignant par V_1 un maximum de V.

Appliquons encore la méthode du Calcul des Variations. S'il existe une répartition de masses réalisant le minimum de J, cette dernière quantité devra s'augmenter chaque fois que nous

① On sait, en effet, que le potentiel, en un point a, de l'action exercée par un système de masses m représente le travail de la force exercée par les m sur un point mobile affecté d'une massel, lorsque ce point décrit un chemin allant de la position a à l'infini.

remplacerons ces masses m par d'autres (satisfaisant aux conditions imposées) $m+\varepsilon\mu$, en désignant par μ un nouveau système de masses et par ε un nombre arbitrairement petit. Or, de par ce changement, J reçoit l'accroissement

$$\delta J=\varepsilon\ \mathbf{S}(U\ \mathrm{d}\mu+U\ \mathrm{d}m-2V\ \mathrm{d}\mu)+\mathbf{S}\ \mathrm{d}\mu$$

en désignant par U le potentiel dû aux masses nouvelles μ; ou encore

$$2\varepsilon\ \mathbf{S}(U-V)\ \mathrm{d}\mu+\varepsilon^2\mathbf{S}\ \mathrm{d}\mu \tag{22}$$

puisque, d'après le principe de réciprocité (n° précédent), les deux premiers termes de (22) sont égaux entre eux.

En tenant compte de ce qu'on donne la valeur de M (d'où $\mathbf{S}\mathrm{d}\mu=0$), ceci entraine que la différence $U-V$ soit constante identiquement ou presque partout.

[De plus, on a la condition que les masses m soient partout positives.] Ceci n'apporte aucune restriction au choix des $\mathrm{d}\mu$ là où les m sont, dans la répartition① considérée, différentes de zéro. Il en serait autrement dans une région où les m seraient nulles: dans une telle région, le terme additionnel $\varepsilon\mu$ serait forcément positif, de sorte que la différence $U-V$ aurait à être non plus nécessairement égale, mais seulement *au moins* égale à la constante trouvée tout à l'heure②.

45. Conception générale des masses et des potentiels. La densité ρ a, notons-le, complètement dispaur de nos calculs ou elle n'aurait à figurer que par le produit $\rho\mathrm{d}S$, que nous avons remplacé par $\mathrm{d}m$.

Dans les recherches récentes consacrées à cette théorie, la

① Nous éviterons ici l'emploi du mot "distribution", lequel a reçu un sens différent depuis les travaux de M. Laurent Schwartz.

② Gauss montre que la restriction ainsi apportée à la conclusion générale n'intervient pas en réalité, grâce au fait qu'une région où $\mathrm{d}m=0$ peut être considérée comme n'appartenant pas à la surface S, celle-ci cessant alors d'être fermée.

densité ρ en question n'est introduite à aucun moment et on n'en suppose même plus l'existence non plus que celle des dérivées normales $\mathrm{d}U_i/\mathrm{d}n$, $\mathrm{d}U_e/\mathrm{d}n'$. Le système de masses sur lequel on raisonne est supposé porté par un ensemble absolument arbitraire E et sera défini lorsqu'on aura défini la valeur de la masse m portée par n'importe quel sous-ensemble e de E. Ce sera donc une *fonctin d'ensemble* à savoir de 'lensemble partiel e et (unique restriction) ce sera une fonction *additive*, c'est à dire que si e et e' sont, à l'intérieur de E, deux sous-ensembles① sans point commun (ce qu'on appelle encore ensembles disjoints), la masse portée par l'ensemble total $e+e'$ sera toujours la somme② des masses m, m' portées respectivement par e et par e'.

Les masses seront qualifiées de positives si m est positif sur tout sousensemble e. Comme e pourra être considéré comme un accroissement donné à un autre sous-ensemble e_0 sans point commun avec lui, on voit qu'un système de masses positives est une "fonction croissante" d'ensemble; un système de masses toutes de même signe constituera une fonction monotone d'ensemble.

Dans le même ordre d'idées, on dira que la fonction d'ensemble m admet, en un point P, une dérivée $\mathrm{d}m/\mathrm{d}S$ si tout sous-ensemble e_1 contenant P et devenant infiniment petit dans toutes ses dimensions autour de ce point porte une masse $\mathrm{d}m_1$

---

① Toutefois on convient de se borner aux ensembles *boréliens*, en appelant ainsi ceux qui peuvent se définir à partir d'intervalles rectilignes, de parallèlogrammes, de parallelépipèdes, etc. , par un nombre fini ou une infinité dénombrable de passages à la limite.

② Cette propriété s'étend évidemment d'elle-même au cas de n sousensembles disjoints les uns des autres. Mais on peut avoir à considérer des fonctions d'ensemble "complètement additives", c'est-à-dire présentant la même propriété lorsque. au lieu de n sous-ensembles disjoints, on considère une infinité dénombrable d'entre eux.

dont le rapport à la mesure géométrique① dS de e_1 tend vers une limite déterminée toujours la même de quelque manière que e_1 devienne infiniment petit autour de P. C'est dans le cas où une telle dérivée existe qu'on pourra parler de la densité des masses considérées en P.

45a. Si maintenant $f(P)$ est une fonction de point continue sur E, frontière comprise, l'intégrale

$$\mathbf{S} f(P)\ \mathrm{d}m\ (P) \tag{19'}$$

sera par définition la limite vers laquelle tend la somme

$$\sum f(P_k)_{mk}$$

étendue à des ensembles partiels e_k disjoints entre eux en lesquels est divisé E, un point P_k étant pris dans chacun d'eux, lorsque leur nombre augmente indéfiniment de manière que leur diamètre maximum tende vers zéro. Cette définition de l'intégrale (19′) laquelle est du type de Stieltjes-plus précisément, de Stieltjes-Riemann②—se légitime sans difficulté à la manière habituelle.

Le symbole (19′) se définit également à la manière habituelle lorsque f n'est plus supposée bornée (tout en étant suppposée continue partout où elle est finie) en convenant de "borner" f à A, c'est à dire de remplacer f par $\pm A$ là où $|f| \geqslant A$, puis de passer à la limite en faisant croître A indéfiniment. Dans le cas où les masses m et la fonction f sont de signe constant-positives par exemple-la limite ne cessera d'exister à proprement parler que si elle est infinie.

Le potentiel V des masses m en un point déterminé a sera la quantité (19′) pour $f(P) = 1\sqrt{aP}$.

---

① Il y a lieu de distinguer plusieurs espèces de mesures, car tout système de masses-tout au moins de masses positives-définit une mesure des ensembles tels que e.

② L'hypothèse relative à f peut être rendue moins restrictive si, avec Radon, on utilise à la fois la conception de Stieltjes et celle que l'on doit à Lebesgue.

45b. La formation de la quantité (21) et, par conséquent, la relation (20) s'étendent d'elles mêmes aux intégrales prises au point de vue de Stieltjes-Riemann[①] Il en est de même du fait essentiel que l'intégrale d'énergie $\mathbf{S}U(P)\ \mathrm{d}m\ (P)$ est essentiellement positive. Mais la transformation en une intégrale de volume (C') n'étant plus possible, on est obligé de recourir à d'autres méthodes pour la démonstration de ce fait, en vertu duquel, d'après la relation (20), une solution du problème de Dirichlet avec les données à la frontière $U=V$ fournit un minimum et non plus seulement une valeur stationnaire de l'intégrale J. M. Marcel Riesz aboutit à cet égard[②] par l'introduction d'intégrales dont lui-même et M. O. Frostman ont tiré des conséquences importantes même en ce qui concerne le problème de Dirichlet, mais dont nous reparlerons au Chap. IV, à savoir les quantités

$$\mathbf{S}\,\frac{\mathrm{d}\mu(M)}{r^{\alpha}} \qquad (r=MP)$$

Soient $r'=\overline{MP'}$, $r''=\overline{MP''}$ les distances du point arbitraire M à deux points déterminés P', P''. L'intégrale

$$\mathbf{S}\,\frac{\mathrm{d}\mu(M)}{r'^{\alpha}r''^{\alpha}}$$

étendue à l'espace E_3 entier lieu du point M, laquelle est finie pour $\alpha<3$, $2\alpha>3$, reste visiblement inchangée lorsqu'on soumet toute la figure à un déplacement quelconque et, par conséquent,

---

① La démonstration demande à être reprise s'il s'agit d'intégrales de Stieltjes-Lebesgue (Cf. Note du n°45). Voir de la Vallée Poussin, *Les Nouvelles Méthodes de la Théorie du Potentiel et le Problème Généralisé de Dirichlet*, Paris, Hermann, 1937, n°s 9 et 11.

② *Acta Szeged*, t. IX (1938), pp. 1-12. La démonstration avait été communiquée à O. Frostman et publiée par ce dernier dès 1935 dans sa Thèse (voir la note de la page suivante), travail fondamental par ailleurs.

est une fonction de la seule distance $r = \overline{P'P''}$; en considérant l'effet d'une similitude de rapport quelconque, on voit qu'on a nécessairement

$$\frac{K}{r^{2\alpha-3}} = \iiint \frac{\mathrm{d}x\ \mathrm{d}y\ \mathrm{d}z}{r'^{\alpha} r''^{\alpha}} = \iiint \frac{\mathrm{d}\tau_M}{r'^{\alpha} r''^{\alpha}}$$

($\mathrm{d}\tau_M$, élément de volume de l'espace lieu du point M), K étant un facteur positif purement numérique①: elle donne le potentiel newtonien élémentaire②, pour $\alpha=2$. Tirant de là l'expression de $1/r$ pour la porter dans l'expression de l'intégrale d'énergie (**SS** $1/r\ \mathrm{d}\mu(P')\ \mathrm{d}\mu(P'')$), on obtient l'intégrale③7-uple

$$\frac{1}{K} = \iiint \mathrm{d}\tau\ \mathbf{SS}\ \frac{\mathrm{d}\mu(P')\ \mathrm{d}\mu(P'')}{r'^2 r''^2}$$

Comme, dans cette dernière, l'élément d'intégration est le produit de deux facteurs dont l'un ne dépend que du point P' et l'autre que du point P'', elle s'écrit

$$\iiint \mathrm{d}x\ \mathrm{d}y\ \mathrm{d}z\ \left[\mathbf{S}\ \frac{\mathrm{d}\mu(P')}{r'^2}\right]^2$$

et apparait, par conséquent, comme essentiellement positive, la question de savoir dans quels cas elle peut s'annuler restant seule à examiner④.

45c. La méthode de Gauss présente avec celle de Riemann deux différences qui sont d'ailleurs à son avantage.

1° Une première difficulté que nous avons appris à tourner au n°**43a** s'était présentée au préalable: celle de former des

① *Meddelanden* du Séminaire mathématique de Lund, t. III, p. 29.

② $1/r^{m-2}$ (d'où $\alpha = \frac{m+1}{2}$) pour l'équation analogue (L_m) dans les hyper-espaces.

③ Cette intégrale, à éléments positifs lorsqu'il en est ainsi pour les éléments de masses $\mathrm{d}\mu$ est, manifestement finie et par conséquent convergente dans ces conditions: convergence qui a dès lors lieu aussi pour une intégrale portant sur des éléments $\mathrm{d}\mu$ de signe variable, cette dernière étant majorée par la première.

④ M. Riesz, *loc. cit*; p. 6; Frostman, *loc. cit.*, pp. 31-33.

fonctions qui, harmoniques ou non, prennent les valeurs données à la frontière et, de plus, donnent lieu à des intégrales de Dirichlet finies. Il n'est plus question de cela dans la conception de Gauss, puisque la condition à la frontière, au lieu d'être imposée a priori, se trouve automatiquement réalisée par la distribution minimante.

Il resterait toutefois à examiner ce que deviendrait ce fait dans des cas tels que celui considéré au n° **43a**.

2° La question qui reste à décider, celle de savoir si le minimum de J est *accessible*, c'est à dire peut être effectivement atteint concerne, cette fois, la réalisation de ce minimum par une fonction d'ensemble et non plus une fonction de point. À de telles fonctions d'ensemble on peut étendre le théorème de Bolzano-Weierstrass, mais à condition de définir converablement en ce qui les concerne la notion de limite. $\mu_1, \mu_2, \cdots, \mu_n, \cdots$ étant une suite de fonctions bornées d'ensemble, on dira que la fonction d'ensemble μ est la limite des précédents dans $\mathscr{E}$ non pas (comme il serait naturel au premier abord) si l'on a

$$\lim \mu_n(E) = \mu(E)$$

pour tout ensemble E intérieur à $\mathscr{E}$; mais pour tout ensemble E intérieur à $\mathscr{E}$ *et tel que* μ *soit nul sur toute partie de sa frontière.*

§4 MÉTHODE ALTERNÉE. MÉTHODES DE NEUMANN ET DE FREDHOLM

46. Nous n'en dirons pas plus en ce qui regarde cette première catégorie de méthodes, lesquelles se rattachent aux méthodes fonctionnelles dont il sera reparlé à la fin de cet ouvrage.

Les autres méthodes par lesquelles on s'est proposé, jusqu'à une date récente, de démontrer l'existence de la solution fournissent en même temps un moyen théorique de la calculer. Des procédés très divers ont été suggérés dans ce but. Leur exposé nous entrainerait trops loin. Ils se diviseront naturellement en deux catégories distinctes, ainsi qu'il résulte de la nature de la question:

1° On essaiera de représenter la solution par une expression de forme telle qu'elle satisfasse à l'équation aux dérivées partielles, puis on cherchera à déterminer les arbitraires qui figurent dans cette expression de manière à satisfaire aux conditions aux limites;

2° On peut, au contraire, écrire des expressions qui prennent les valeurs données à la frontière et, parmi elles, en trouver une qui soit harmonique.

Au premier type appartient une méthode bien connue dont on peut dire qu'elle est, en un sens, à la base de toutes les autres: la *méthode alternée* de Murphy-Schwarz①, par laquelle, sachant résoudre le problème de Dirichlet et séparément pour deux domaines $\mathscr{D}_1$ et $\mathscr{D}_2$, on peut obtenir la solution du même problème pour un domaine $\mathscr{D}$ dont la frontière est empruntée partie à celle de $\mathscr{D}_1$ et partie à celle de $\mathscr{D}_2$.

Une forme simple de la méthode concerne des domaines s'étendant à l'infini tels que nous les avons considérés au n° **35**. Soient $\mathscr{D}_1$ et $\mathscr{D}_2$ deux domaines (volumes ou aires planes) bornés sans point commun, de frontières respectives (totalement extérieures l'une à l'autre, elles aussi) S_1, S_2; $\mathscr{D}_1'$, $\mathscr{D}_2'$, leurs complémentaires, ayant naturellement des mêmes frontières; $\mathscr{D}'$, le domaine illimité formé par les points extérieurs tant à

① Le Mémoire de Schwarz figure dans ses Oeuvres (t. II, p. 157); mais Poincaré, dans son enseignement à la Sorbonne, attriuait la découverte de la méthode à Murphy, sans qu'aucun travail de Murphy contenant cette découverte ait jamais été retrouvé depuis. Cette indication de Murphy est reproduite par Poincaré (p. 217) dans le Mémoire fondamental de *l'American Journal*, t. XII.

$\mathscr{D}_1'$ qu'à $\mathscr{D}_2'$. Supposant que nous sachions résoudre le problème de Dirichlet tant par rapport à $\mathscr{D}_1'$ qu'à $\mathscr{D}_2'$, proposons-nous de le résoudre pour $\mathscr{D}'$, c'est à dire de déterminer une fonction harmonique dans $\mathscr{D}'$ et (conformément à la convention, du n° **35** nulle à ∞) assujettie à prendre des valeurs données f_1 le long de S_1 et des valeurs données f_2 le long de S_2.

Nous pouvons par hypothèse résoudre le problème pour $\mathscr{D}_1'$, c'est à dire construire une fonction u_1 harmonique dans ce domaine à l'aide des donnéesfrontières f_1 et, de même, construire une fonction u_2 harmonique dans $\mathscr{D}'_2$ prenant sur S_2 les valeurs données f_2. Ces deux fonctions u_1, u_2 seront en général différentes et c'est cette différence que nous allons faire disparaître en opérant (suivant la locution de Schwarz) des "coups de pompe" successifs, semblables à ceux qui permettent d'épuiser l'air de la cloche d'une machine pneumatique.

Considérons d'abord une fonction harmonique dans $\mathscr{D}_1'$ et égale à 1 sur S_1. Les valeurs de cette quantité dans $\mathscr{D}_1'$ seront toutes comprises entre 0 et 1 et, d'après ce que nous verrons au n° **48e**, leur maximum sur S_2 sera un nombre q également inférieur et non égal à l'unité. Plus généralement, sera au plus égale en valeur absolue à q sur S_2 toute fonction harmonique dans $\mathscr{D}_1'$ et au plus égale en valeur absolue à 1 sur S_1. Pareillement, la fonction harmonique dans $\mathscr{D}_2'$ et égale à 1 sur S_2 aura, sur S_1, un maximum positif q' inférieur à 1, égalité exclue; et il en sera de même pour toute fonction harmonique dans $\mathscr{D}_2'$ dont la valeur absolue sera au plus égale à 1 le long de S_2.

Un premier "coup de pompe à droite" consistera à former, sur S_2, les valeurs $\overline{u_1}$ de notre première fonction u_1, valeurs dont la discordance $f_2-\overline{u_1}$ avec les données frontières qui nous sont imposées sur S_2 sera désignée par g.

Nous corrigerons cette discordance en formant dans $\mathscr{D}_2'$

(coup de pompe à gauche) la fonction harmonique v_1 qui prend sur S_2 les valeurs g. Cette fonction v_1 sera, dans tout $\mathscr{D}'_2$, au plus égale en valeur absolute à $H=\max|g|$. Sur S_1, elle prendra des valeurs g_1 telles que $|g_1|\leqslant Hq'$.

En substituant à u_1 la fonction corrigée u_1+v_1, nous troublons sur S_1 les conditions à la frontière: d'où nécessité d'une nouvelle correction v_2 (deuxième coup de pompe à droite) qui sera, sur S_1, égale à $-g_1$, de sorte que son effet sur S_2 ne pourra être supérieur à $H\,q\,q'$.

On continuera ainsi, par des corrections successives calculées alternativement sur S_1 et sur S_2: corrections dont les amplitudes seront inférieures aux termes successifs de deux progressions géomètriques de raison $q\,q'$, de sorte qu'elles formeront deux séries absolument et uniformément convergentes dont la somme commune (la discordance ayant été réduite à zéro) donnera la fonction cherchée.

La même méthode s'appliquera évidemment à un problème intérieur, celui qu'on déduirait du précédent par la méthode des images et dans lequel le volume intérieur à une surface fermée S pourra être supposé creusé soit d'une première cavité de frontière S_1, d'où le domaine $\mathscr{D}_1$, soit d'une autre cavité totalement extérieure à la première (d'où le domaine $\mathscr{D}_2$) soit à la fois des deux cavités précédentes (domaine $\mathscr{D}$). La résolubilité des deux premiers problèmes de Dirichlet ainsi posés entraîne celle du troisième.

46a. Schwarz lui-même se place dans des conditions différentes. Opérant dans le plan, il considère deux aires $\mathscr{D}_1$, $\mathscr{D}_2$ qui empiètent l'une sur l'autre de sorte que leurs contours $S_1+S'_1$, $S_2+S'_2$ (Fig. 2. 2) sont

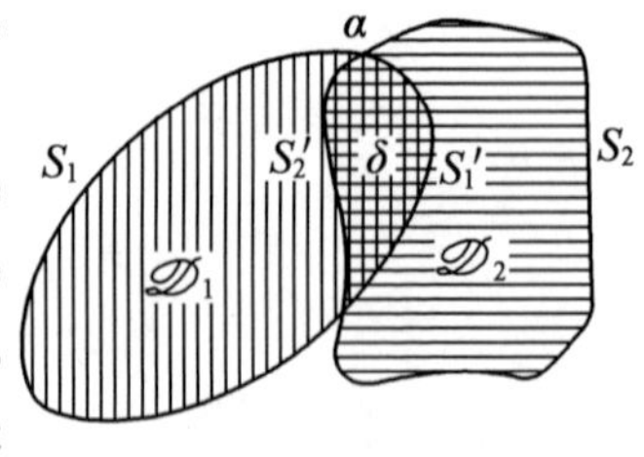

Fig. 2.2

sécants, étant exclu qu'ils puissent être tangents en leurs points communs. $\mathscr{D}_1$ aura donc son contour formé d'une partie S_1 extérieure à $\mathscr{D}_2$ et d'une partie S_1' intérieure à $\mathscr{D}_2$; de même, $\mathscr{D}_2$ aura son contour formé d'une partie S_2 extérieure à $\mathscr{D}_1$ et d'une partie S'_2 intérieure. Sachant, par hypothèse, résoudre le problème de Dirichlet pour chacun des domaines $\mathscr{D}_1$ et $\mathscr{D}_2$, on va montrer qu'il peut être résolu pour le domaine $\mathscr{D}$, qui est la réunion[1] de $\mathscr{D}_1$ et de $\mathscr{D}_2$.

---

① Ce domaine $\mathscr{D}$ *n'est donc pas* lanalogue du domaine $\mathscr{D}$ que nous avions considéré au n° précédent et qui était l'intersection de $\mathscr{D}_1$ et de $\mathscr{D}_2$.

Fig. a

Comme l'a montré M. Miranda (*Rendic. Acc. Sc. Fis. e Mat.* Napoli, t. II_4, 1932), le procédé alterné s'applique à un domaine extérieur $\mathscr{D}'$ constitué par tout le plan à l'exception d'un arc de courbe $\alpha\beta$ (Fig. aci-contre) avec valeurs données f_1 d'un côté de $\alpha\beta$ et valeurs f_2 (en général distinctes des premières sauf aux extrémités α, β) données de l'autre côté, $\mathscr{D}'$ étant considéré comme la réunion de deux domaines $\mathscr{D}_1'$, $\mathscr{D}_2'$ dont les complémentaires sont deux aires planes contigües suivant $\alpha\beta$.

Dans les *Annali di Mat.* (série 4, t. XII, 1933), le même auteur a également appliqué la même méthode, moyennant certaines modifications, au problème analogue dans E_3(tout l'espace moins les points d'une portion de surface ouverte).

Indépendamment de la réunion de deux domaines empiètant l'un sur l'autre, cas pour lequel le problème de Dirichlet se résout par la méthode de Schwarz, ne peut-on se poser le problème de Dirichlet pour la réunion de deux domaines $\mathscr{D}_1'$ et $\mathscr{D}_2'$ *simplement contigus* suivant une closion $\mathscr{S}$(Fig. b ci-contre) et pour chacun desquels on sache résoudre le problème? L'inconnue auxiliare à introduire est alors la suite des valeurs de l'inconnue u suivant $\mathscr{S}$et, d'après le n° 34 la condition pour que l'on ait une solution du problème dans $\mathscr{D}_1 + \mathscr{D}_2$ est donnée par l'identité des valeurs de $\mathrm{d}u/\mathrm{d}n$ de part et d'autre de $\mathscr{S}$, ce qui pourrait s'exprimer par une équation intégrale. La question ainsi posée (cas du plan) a été abordée, dans les Comptes Rendus de l'Académie Soviétique des Sciences (T. C, p. 1 049) par M. Chamansky en remplaçant l'équation intégrale par un système d'un nombre indéfiniment croissant d'équations ordinaires du premier degré, conformément à une méthode dont nous parlerons au Chap. VI.

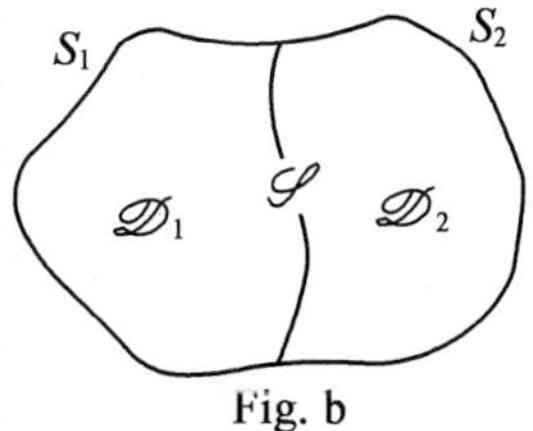

Fig. b

Occupons nous d'abord de la fonction harmonique dans $\mathscr{D}_1$ et qui prend les valeurs 0 sur S_1, 1 sur S'_1. La discontinuité qu'éprouve une telle fonction en un point α commun à S_1 et à S_2 relève des considérations du n° **37**, du moment que la fonction en question est supposée bornée même en ces points. La valeur qu'elle prend lorsqu'on s'approche de l'un des ces points le long de S'_2 sera, d'après le n° **37**, positive et *plus petite* que 1, puisque, par hypothèse, S'_2 et S'_1 ne sont pas tangentes. On trouvera de même la valeur que prend, en un point tel que α, la fonction harmonique dans $\mathscr{D}_2$ et égale à 0 le long de S_2, à 1 le long de S'_2 lorsqu'on approche de α le long de S'_1, valeur qui est, elle aussi, positive et inférieure à l'unité.

Cela posé, et le problème de Dirichlet étant supposé résoluble tant dans $\mathscr{D}_1$ que dans $\mathscr{D}_2$, proposons nous de le résoudre dans $\mathscr{D}$ en nous donnant les valeurs de la fonction inconnue sur S_1 et sur S_2; celles-ci seront supposées coïncider en tout point commun α de manière que la continuité soit respectée. Donnons un coup de pompe à droite, c'est à dire formons la fonction harmonique égale à f_1 le long de S_1 et prenant, sur S'_1, des valeurs que nous nous donnerons arbitrairement Désignons par $\bar{u}_1$ les valeurs qu'elle prend sur S'_2. Un coup de pompe à gauche consistera à former la fonction harmonique dans $\mathscr{D}_2$ à l'aide des données-frontières $\bar{u}_1$ sur S'_2 et f_2 sur S_2. Si cette quantité était, dans l'aire δ, commune à nos deux domaines partiels, identiquement le tout formerait, dans tout $\mathscr{D}$, la fonction unique harmonique qui deonnerait la solution cherchée.

Le cas contraire sera ramenné au premier par le jeu de nos opérations successives, coups de pompe qui épuiseront progressivement la différence g dont il s'agit.

Cette différence $g = u_2 - u_1$, fonction harmonique dans l'aire

δ de contour $S_1'+S_2'$, atteindra le maximum H de sa valeur absolue sur S_1' puisque, sur S_2', elle est nulle. Un nouveau coup de pompe à droite la corrigera par un terme v_1 harmonique dans $\mathscr{D}_1$, mais qui créera sur S_2' une discordance dont le maximum sera plus petit que Hq. Partant de cette dernière, on formera (en lui adjoignant d'autre part des valeurs nulles le long de S_2') un terme correctif défini dans $\mathscr{D}_2$ et dont la valeur absolue sera, sur S_1' et dans toute l'aire δ, inférieure à $H\,q\,q'$, etc. Les opérations se poursuivront exactement comme dans le problème précédent, avec les mêmes évaluations (quoique pour une raison différente) pour les termes correctifs successifs.

Au domaine $\mathscr{D}_1+\mathscr{D}_2$ que nous venons d'étudier, on pourra adjoindre de même un troisième domaine $\mathscr{D}_3$; et ainsi de suite. Le domaine total $\mathscr{D}_-$ résultant de pareilles adjonctions pourra (comme il est à peu près évident et comme nous aurons l'occasion de le montrer d'une manière plus précise par la suite) approcher autant qu'on le voudra par l'intérieur d'une aire plane $\mathscr{D}$ donnée à l'avance. On pourra aussi construire des aires $\mathscr{D}_+$ amboitant $\mathscr{D}$ et se rapprochant de $\mathscr{D}$ d'aussi près qu'on le voudra par l'extérieur.

Dans le premier cas, les fonctions de Green relatives aux aires $\mathscr{D}$ successives iront en croissant (**39b**) et, comme chacune d'elles sera inférieure à la fonction de Green relative à un $\mathscr{D}_+$ quelconque, elles tendront, pour deux points déterminés quelconques, vers une limite qui sera (Cf. plus loin **48f**) une fonction harmonique et dont on peut démontrer qu'elle est bien la fonction de Green relative à $\mathscr{D}$ si l'on montre que la différence des fonctions de Green correspondent respectivement à une aire $\mathscr{D}_-$ et à une aire $\mathscr{D}_+$ peut être rendue aussi petite qu'on le veut.

Nous n'essaierons point cette dernière démonstration parce qu'il reste ensuite une autre difficulté beaucoup plus grave, comme nous l'avons dit: à savoir d'établir, outre l'existence de la fonction de Green, celle de sa dérivée normale.

La même méthode peut être employée au moins dans le cas simple que nous avons traité au n° **37a**, en ce qui concerne l'espace à trois dimensions. Mais on ne pourrait pas passer de là, comme nous venons de le faire, au cas de plus de deux dimensions sans examiner des possibilités géométriques plus compliquées.

47. La plupart des méthodes indiquées comme servant à la résolution du problème de Dirichlet sont plus ou moins directement des méthodes alternées. Tel est tout d'abord le cas pour la méthode bien connue de Carl Neumann, laquelle, par l'intermédiaire d'un travail fondamental de Poincaré, a conduit à celle de Fredholm et qui a son point de départ dans la solution obtenue (**41**) pour le problème de Dirichlet dans le cas de la frontière plane (ou de la frontère rectiligne, s'il s'agit de l'équation à deux variables indépendantes au lieu de trois). En effet, un élément quelconque de la frontière de S peut être assimilé à un élément de plan tangent, ce qui conduit à représenter sa contribution à la solution du problème de Dirichlet par un élément de potentiel de double couche.

Si toute la surface S était remplacée par son plan tangent en un de ses points que nous désignerons① par x, la valeur de l'inconnue étant donnée tout le long de ce plan tangent, nous aurions, comme au n° **41**, un potentiel de double couche d'épaisseur immédiatement connue, è savoir fournie (au facteur

① La notation "x" représente, dans le plan, le paramètre ou, si l'on est dans l'espace, collectivement les coordonnées curvillignes qui définissent un point sur S.

de 2π près) par cette valeur donnée①.

Mais en réalité, les autres éléments de S vont donner, eux aussi, des potentiels de double couche dont l'effet viendra troubler celui du premier. On retombe dès lors sur un problème très analogue à celui que nous considèrions aux n^{os} **46 ~ 46a**. Si on se propose d'obtenir la solutions sous forme d'un potentiel de double couche d'épaisseur μ portée non par un plan tangent, mais par la frontière donnée S, la valeur de ce potentiel en un point quelconque x de S et qui devra être égale à la donnée $f(x)$, sera

$$(\mathbf{E}) \qquad f(x) = \omega\mu(x) + \mathbf{S}\,\mu(y)\;K(x,y)\;\mathrm{d}y$$

où dy désigne un élément d'aire (s'il s'agit d'un problème dans l'espace) ou un élément d'arc (dans le plan) contenant le point y, pendant que $K(x,y)$ représente la dérivée du potentiel élémentaire

$$K(x,y) = \mathrm{d}\,\frac{1}{r}/\mathrm{d}n_y = \begin{cases} \dfrac{1}{r}\cos(r,\,n_y) & (\text{dans le plan}) \\ \dfrac{1}{r^2}\cos(r,\,n_y) & (\text{dans l'espace}) \end{cases}$$

suivant la normale au point y: normale dirigée vers l'intérieur du domaine considéré.

Quant à ω, il sera comme tout à l'heure π (dans le plan)

① On voit la raison pour laquelle il s'impose de chercher la solution du problème de Dirichlet dans un potentiel de double couche au lieu que l'interprétation électrostatique de ce même problème aurait fait songer à l'introduction d'un potentiel de simple couche et conduirait à une équation intégrale "de première espèce", c'est à dire ne présentant pas, au second membre, de terme tout intégré.

Ces équations intégrales de première espèce n'admettent de solution que moyennant des conditions très restrictives: conditions dont l'étude très délicate a été faite par Picard (*Rendic. Circ. Mat. Palermo*, t. XIX, 1910, p. 79) à l'aide de développements suivant les "fonctions propres", puis reprise par M. Paul Lévy (*Leçons d'Analyse fonctionnelle*, Paris, 1922) et par M. Picone (*Rendic. Acc. Lincei*, 1947).

ou 2π (dans l'espace) si S a, comme nous le supposions, une tangente ou un plan tangent déterminé; mais l'équation (**E**) pourrait être écrite même dans le cas contraire, ω étant alors l'ouverture (**37**) du domaine complémentaire de $\mathscr{D}$ au point x.

47a. La surface ou la courbe fermée S, si elle est d'un seul tenant, définit, d'après le théorème de Jordan, deux domaines, l'un borné (si, comme nous continuons à le supposer, S l'est elle-même) l'autre extérieur et s'étendant à l'infini. En chaque point de S, les deux sens de normale et par conséquent les deux noyaux K sont opposés. Quant au premier terme—terme tout intégré—de (**E**), il est le même dans les deux cas partout où S a une tangente ou un plan tangent déterminé. Dans le cas contraire, l'ouverture ω doit être changée en $2\pi-\omega$ ou $4\pi-\omega$. À cette réserve près, nous pourrons étudier ensemble les deux problèmes de Dirichlet correspondant à $\mathscr{D}$ et à $\mathscr{D}'$.

Il peut arriver, par contre, que S se compose de deux ou plusieurs parties séparées: par exemple $\mathscr{D}$ peut être la partie de l'espace extérieure à deux ou plusieurs surfaces fermées S_1, S_2, $\cdots$, S_h. De même (cas qui se déduit du précédent par la méthode des images) un domaine borné $\mathscr{D}$ peut être limité extérieurement par une surface S et intérieurement par des surfaces S_1, S_2, $\cdots$, S_{h-1}, déterminant $(h-1)$ cavités.

Dans tous ces cas, nous puvons convenir de réserver la notation n à la normale dirigée vers l'un des domaines délimités et à la faire intervenir seule, quitte à changer le signe de K lorsqu'il y aura lieu.

Mais il y a plus: on retrouve cette même équation-ou, plus exactement, une équation revenant à la première au point de vue de ce qui va être dit①—dans l'étude du problème de Neumann,

---

① Deux équations de cette nature (que l'on peut appeler "adjointes" l'une à l'autre, suivant une terminologie générale du Calcul Fonctionnel) ont le même dénominateur de Fredholm.

en cherchant à résoudre ce problème par un potentiel-potentiel de simple couche, cette fois—ayant encore S pour surface attirante. Les deux équations se déduisent l'une de l'autre par échange de x avec y dans le noyau K et, en outre, changement de signe de K: l'équation qui correspond au problème de Neumann extérieur est celle qui est relative au problème de Dirichlet intérieur et inversement.

47b. Avce (**E**), nous voyons apparaître dans la théorie des équations aux dérivées partielles les équations intégrales que nous avons rencontrées une première fois (**14**) dans l'étude des équations différentielles ordinaires. (**E**) (équation intégrale "de deuxième espèce") contient, comme l'équation du n° **14**, la fonction inconnue en dehors du signe S. C'est pourquoi C. Neumann peut la traiter par la méthode que nous avons utilisée en cet endroit, celle dont la première idée revient à Liouville. Les opérations successives auxquelles conduit (Cf. **14**) l'application de cette méthode correspondant exactement aux coups de pompe décrits dans ce qui précède et dont chacun a pour but de rétablir une concordance troublée par le précédent.

Seulement ici (même pour une frontière à tangente ou plan tangent continu) l'équation intégrale n'appartient plus au type de Volterra (domaine d'intégration variable avec la position du point x et se réduisant à zéro pour une position déterminée de ce point, comme cela arrivait au n° **14**, ou, si S est une intégrale multiple, le long d'une certaine variété): le nouveau type que nous rencontrons-domaine d'intégration fixe-est d'une résolution beaucoup moins simple. La méthode que nous avons employée au n° **14** ne conduit plus à des opérations nécessairement convergentes. C'est cependant celle-là même dont se sert C. Neumann: elle revient (fait essentiel mis en lumière par Poincaré) à développer u en une série entière suivant les puissances d'un paramètre auxiliaire λ introduit dans l'équation en facteur de l'intégrale qui figure au premier membre de (**E**). La série entière ainsi formée a un rayon de convergence fini: la légitimité des opérations de C. Neumann revient à prouver qu'elle converge pour $\lambda = 1$: Neumann y parvient par un raisonnement géométrique qui était considèré comme problant jusqu'an moment où Lebesgue a fait remarquer qu'il prête à la même objection que Weierstrass a faite à celui de Riemann①.

C'est cette même équation intégrale que reprend à son tour Fredholm en introduisant, lui aussi, le paramètre λ mais par une méthode toute différente et qui est la transposition de celle qui s'applique à la résolution d'un système d'équations du premier degré, l'équation intégrale pouvant être considérée comme la limite d'un système $\mathscr{E}$ de cette espèce où le nombre des équations, égal à celui des inconnues, croît indéfiniment. La solution apparait alors non plus sous forme d'une série entière en λ, utilisable seulement si son rayon de convergence est supérieur à l'unité mais, comme dans les formules classiques de Cramer, sous forme d'une fraction, fonction méromorphe en λ et quotient de deux séries entières à rayons de convergences infinis. La première d'entre elles, celle qui figure au numérateur, est d'ailleurs seule à dèpendre de la position du point variable sur S: la série-dénominateur, analogue au déterminant d'un système tel que $\mathscr{E}$ et, par conséquent, les zéros de la fonction entière qu'elle représente ou pôles②. de la fonction méromorphe

---

① Lebesgue a donné, pour ce cas, le moyen de répondre à l'objection (*Journal de Math.* 2[éme] série, t. XVI, p. 205).

② Pour l'équation intégrale de seconde espèce la plus générale, ces pôles pourraient d'ailleurs manquer: c'est ce qui a lieu, par exemple, lorsque l'équation se réduit au type de Volterra (cas particulier du type de Fredholm) la série de Liouville-Neumann étant alors toujours convergente.

L'intervention, dans le problème de Dirichlet, de ces zéros, c'est-à-dire des pôles de la fonction méromorphe solution du problème prote d'autant plus la marque du génie de Poincaré que. contrairement à ce qui a lieu pour le problème important dont nous parlerons plus loin (n° 101), aucune considération tirée de l'origine physique ou même analytique de la question ne permettait de la prévoir a priori.

qui fournit la solution, sont constants et déterminés par la seule forme de S.

Comme dans le cas de n équations à n inconnues, on est sûr de l'existence de la solution si ce dénominateur, ou *déterminant* de l'équation, est différent de zéro; et cette condition est aussi celle qui exprime que l'équation, est différent de zéro; et cette condition est aussi celle qui exprime que l'équation *homogène* correspondante—celle dans laquelle on prend identiquement nulle la fonction donnée $f(x)$—admet une solution non identiquement nulle: autrement dit, comme au n°**11**, on est sûr que le problème admet toujours une solution, si l'on sait qu'il ne peut en admettre plus d'une.

La méthode de Fredholm ne supprime donc pas, mais permet d'aborder beaucoup plus simplement la difficulté rencontrée dans la méthode de Neumann elle se ramène alors à discuter la présence ou l'absence de pôles $\lambda = \pm 1$. Un tel pôle intervient d'ailleurs effectivement pour le problème de Neumann intérieur et, par conséquent, pour le problème de Dirichlet extérieur: ceci correspondant, pour le problème intérieur, à l'existence de ∞ solutions dépendant d'une constante arbitraire additive et d'autre part à l'existence de la condition de possibilité (D) du n° **31a**: deux faits qui, nous le voyons maintenant, n'en font qu'un. En ce qui concerne le domaine extérieur, la résolubilité de l'équation intégrale exige une condition de possibilité: non qu'il en ait une, en général, pour l'existence de la fonction cherchée, mais parce qu'une fonction harmonique (nulle à ∞) dans $\mathscr{D}'$ ne peut pas en général être représentée par un potentiel de double couche, car un tel potentiel, engendré par des masses de somme algébrique nulle, doit annuler l'intégrale (D) étendue à une surface S' enveloppant S, ainsi que la constante M du n° **35**; et d'autre part, dans un domaine borné $\mathscr{D}$, le potentiel de double couche de densité constante sur S a sa dérivée normale identiquement nulle de sorte qu'une constante arbitraire peut être ajoutée à l'inconnue μ sans changer l'équation.

Dans le cas où $\mathscr{D}$ est la région extérieure à plusieurs surfaces fermées S_i ($i = 1, 2, \cdots, h$) il y aura h conditions de possibilité, chacune des S_i donnant lieu à une intégrale (D) , et d'autre part une h-uple indétermination puisqu'une constante arbitraire peut être ajoutée à l'épaisseur de double couche sur chacune des S_i.

47c. Mais cette méthode de Fredholm suppose la forme de la frontière suffisamment régulière : il faut aue la tangente ou le plan tangent à S existe et varie continument et même que cette continuité safisfasse à une condition de Hölder : (n, n') (angle des normales aux points x, x') $<k.\ \overline{xx'}^{a}$, k et α désignant deux constantes positives. C'est dire qu'on ne peut pas compter sur elle pour la discussion des singularités que nous rencontrerons plus loin.

§5 LA MÉTHODE DU BALAYAGE

48. Parmi les méthodes de la seconde sorte, dans lesquelles on satisfait tout d'abord aux conditions aux limites pour arriver ensuite à vérifier également l'équation aux dérivées partielles, figure la célèbre *méthode du balayage* dûe à Poincaré et qui, comme nous allons le constater, est à la base des progres essentiels réalisés sur ce sujet.

Sous la forme que lui a donnée Poincaré lui-même, cette méthode part de données exprimées par des potentiels : potentiels d'aires planes ou, dans E_3 de volumes. Le problème serait au contraire tout résolu si ces données étaient exprimées toutes par des potentiels de frontière.

Nous pourrons, inversement, ramener le premier cas au second si nous savons résoudre le problème de Dirichlet par la formation de la fonction de Green. Car celle-ci est égale à $1/r-\gamma$ et puisque le chame créé par la masse $+1$ placée en A est annulé par celui qui a pour potentiel $-\gamma$, il est remplacé par celui qui a pour potentiel $+\gamma$. D'autre part la formule (12), appliquée à la fonction $u=1/r$, nous montre que la fonction harmonique qui prend les mêmes valeurs que $1/r$ sur S est le potentiel de simple couche de densité, partout positive ou tout au plus nulle①, $\frac{1}{4\pi}\,\mathrm{d}G/\mathrm{d}n$.

À l'intérieur de notre domaine, par contre, ce remplacement aura pour effet de *diminuer* le potentiel primitif, puisque G est compris entre o et $1/r$.

Substituer ainsi à une masse intérieure A une simple couche positive sur S équivalente en tout point de S-et par conséquent (puisqu'il s'agit de fonctions harmoniques et nulles à l'infini), équivalente dans toute la région extérieure-est ce qu'on appellera, avec Poincaré, *balayer* la masse en question C'est ce que nous savons faire pour un volume sphérique, et le résultat pour une masse intérieure+1 sera une système de masses étalées sur la surface de la sphère, masses finies et toutes positives, la densité étant $\frac{1}{4\pi}\frac{R^2-\delta^2}{Rr^3}$ dans la notation du n° **41**.

48a. Au lieu d'une masse unique, on peut considérer, à

① Cette dernière possibilité n'existe pas en réalité, tout au moins si S a des courbures finies (ou, dans le plan, une courbure finie) au point considéré O de S. S'il en est ainsi, en effet, il existe une sphère σ (ou, dans le plan une circonférence) tangente à S et par ailleurs tout enitère intérieure à S. Or, notre conclusion est acquise pour un domaine sphérique (ou circulaire) d'après le n° 41 où nous avons formé la valeur de $\mathrm{d}G_1/\mathrm{d}n=(\mathrm{d}G_1/\mathrm{d}n)_0$, en désignant par G_1 une fonction de Green relative à σ. Elle est vraie a fortiori pour $(\mathrm{d}G_1/\mathrm{d}n)_0$ toutes les fois que le pôle A est pris intérieur à σ: car, $G-G_1$ étant nul en O et (39c) positif pour toute autre position de A à l'intérieur de σ, on a $\mathrm{d}G/\mathrm{d}n\geqslant \mathrm{d}G_1/\mathrm{d}n$.

Soit d'autre part A pris dans $\mathscr{D}-\sigma$. Considérons, O étant fixé, la quantité G comme fonction des coordonnées de A. C'est (39a) une fonction harmonique et il en est de même de sa dérivée par rapport aux coordonnées de O prise suivant la normale n_0. Cette dernière quantité est nulle lorque A est sur S et positive (sauf en O) lorsque A est dans σ, y compris la frontière; elle est donc positive et non nulle (48e) pour les positions intermédiaires de A.

l'intérieur de $\mathscr{D}$, un système quelconque de masses: celles-ci étant les unes positives, les autres négatives, il suffit d'apprendre à balayer des masses positives.

Le résultat ainsi obtenu à l'intérieur d'une sphère va pouvoir s'étendre à un domaine $\mathscr{D}$ de forme quelconque (tout en étant supposé d'un seul tenant) Un tel domaine peut se remplir avec une infinité dénombrable de sphères $\Sigma_1, \Sigma_2, \cdots, \Sigma_p, \cdots$ toutes entièrement comprises dans $\mathscr{D}$ de telle manière que tout point strictement intérieur à $\mathscr{D}$ soit strictment intérieur à l'une au moins d'entre elles①.

Si l'une quelconque de ces sphères Σ renferme des masses positives, nous pouvons balayer ces masses en les remplaçant par une simple couche étalée sur la surface de cette sphère, simple couche de densité partout positive: opération qui respectera le potentiel à l'extérieur de la sphère, mais en diminuera la valeur à l'intérieur tout en la laissant positive. Effectuons successivement ces balayages dans un ordre tel que chaque sphère soit balayée une infinité de fois (par exemple, numérotons les toutes et balayons la sphère 1, puis 2, puis à nouveau 1 et 2, puis 1, 2,3, et ainsi de suite). En un point intérieur quelconque, le potentiel ira en décroissant par ces balayages et tendra par conséquent (puisqu'il reste positif) vers une limite, laquelle

---

① Soit d_0, $d_1, \cdots, d_v, \cdots$ une suite de longueurs tendant vers zéro. Le domaine $\mathscr{R}_0$ forme des points de $\mathscr{D}$ dont la distance à S est égale ou supérieure à d_0 est de volume fini. Chacun d'eux étant le centre d'une sphère de rayon k d_0(k, coefficient constant compris entre zéro et 1), il existe un nombre fini de telles sphères dont l'ensemble $\mathscr{D}_0$ remplit $\mathscr{R}_0$. On opérera de même sur la région extérieure à $\mathscr{D}_0$, mais formée de points dont la distance à S soit comprise entre d_0 et d_1: et ainsi de suite.

Dans le cas d'un domaine extérieur $\mathscr{D}'$ on introduirait, outre les longueurs précédentes, une suite de longueurs s'augmentant indéfiniment, avec lesquelles on opérerait d'une manière analogue de manière à remplir de sphères tout le domaine $\mathscr{D}'$ jusqu'à l'infini.

pourra être considérée comme la somme d'un série convergente

$$(u_i'-u_i)+(u''_i-u_i')+\cdots \tag{23}$$

dont les termes sont des fonctions harmoniques négatives.

Le problème de Dirichlet sera (sous réserve de la synthèse de la solution telle que nous l'étudierons plus loin) justifiable des opérations précédentes si les valeurs données à la frontière sont celles du potentiel d'un système de masses les unes positives et les autres négatives. D'autre part, si l'on est parti d'une masse +1 placée en un point intérieur A, on doit aboutir à la fonction de Green correspondante①.

48b. Ainsi présentée, la méthode de Poincaré suppose résolue la question de savoir si une fonction est nécessairement représentable comme un potentiel②. D'autre part, l'emploi de la fonction de Green ne fournit la solution que moyennant la formation, à la frontière, de la dérivée normale $\mathrm{d}G/\mathrm{d}n$, laquelle n'est pas obtenue par la méthode précédente. On échappe à ces difficultés en recourant à la notion générale, aujourd'hui courante, de fonctions *sousharmoniques* et *surharmoniques*.

Une fonction $u(x,y,z)$ étant donnée dans une sphère Σ,

---

① Poincaré note qu'à ce dernier problème-p. ex. problème intérieur, pour fixer les idées-on peut substituer la recherche du *potentiel conducteur* d'une surface fermée quelconque S: on appelle ainsi (Cf. plus lqin n° 60) la fonction harmonique dans l'espace $\mathscr{D}'$ extérieur à S (avec la condition de s'annuler à l'infini) qui prend la valeur 1 sur S, c'est à dire le potentiel du champ électrique qui s'établit autour d'un conducteur métallique limité par S, maintenu au potentiel 1 en l'absence d'autres masses électriques influentes. Ce problème revient à la formation de la fonction de Green, à laquelle il se ramème à l'aide du principe des images (35a).

② Cette question a d'ailleurs été étudiée par M. de la Vallée Poussin dans le tome XXIV_5(1938) du *Bulletin de la Classe des Sciences* de l'Académie Royale de Belgique (séances du 11 Juin et du 5 novembre).

On remarquera que, dans la conception de Gauss (45 ~ 45d), la possibilité d'une telle représentation est admise en ce qui concerne la solution.

nous dirons qu'on la rectifie[1] dans cette sphère si, à l'aide de la formule de Poisson, on la remplace par la fonction harmonique $u_\Sigma^*(x,y,z)$ qui prend les mêmes valeurs que u sur la surface de la sphère; la fonction sera dite *surharmonique* dans Σ si on a en tout point intérieur à cette sphère[2]

$$u_\Sigma^*(x,y,z) \leqslant u(x,y,z) \tag{24}$$

(avec une inégalité analogue en remplaçant Σ par toute sphère intérieure).

La fonction u, continue dans $\mathscr{D}$, sera dite *surharmonique* dans $\mathscr{D}$ si elle est surharmonique dans toute sphère intérieure à $\mathscr{D}$. C'est le cas pour tout potentiel de masses positives, ou encore pour toute fonction u admettant des dérivées premières et secondes avec un partout négatif ou nul.

Remarque. En un point intérieur à $\mathscr{D}$, une fonction surharmonique ne peut avoir de minimum; car, dans l'inégalité (24), le premier membre est au moins égal au minimum de u sur la surface de la sphère, de sorte qu'il en est, a fortiori, de même pour le second.

En particulier, une fonction surharmonique non négative sur S est non négative dans tout $\mathscr{D}$.

La fonction u sera, de même, dite "sousharmonique", si dans toute sphère intérieure à $\mathscr{D}$, l'inégalité (24) est remplacée par l'inégalité inverse. Une telle fonction u n'a de maximum en aucun point intérieur: elle est négative dans tout $\mathscr{D}$ si elle l'est sur S.

---

① "Rectifier" u dans Σ n'est pas autre chose que ce que nous avons appelé précédemment "balayer la sphère Σ", mais cette dernière locution est peu commode pour le raisonnement qui va suivre et où nos aurons à rectifier diverses fonctions dans une même sphère.

② Sauf spécification contraire, les inégalités que nous allons écrire seront entendues au sens large, de sorte que la catégorie des fonctions surharmoniques et celle des fonctions sousharmoniques comprendront en particulier les fonctions harmoniques.

La méthode du balayage, telle que nous l'avons exposée dans ce qui précède, n'invoque, en ce qui concerne la fonction qui prolonge à l'intérieur les données-frontières, d'autre propriété que d'être la somme d'une fonction sousharmonique et d'une fonction surharmonique. Or on peut satisfiire à cette condition, sinon pour les données telles qu'elles sont, du moins pour d'autres qui les approchent d'aussi près qu'on le veut. Le théorème classique de Weierstrass nous apprend en effet que de telles valeurs approchées peuvent toujours s'obtenir par un polynôme entier. Mais celui-ci est la somme algébrique de ses termes positifs et de ses termes négatifs, et un polynôme à termes tous positifs aura des dérivées secondes possédant la même propriété, donc sera une fonction sousharmonique si, comme nous avons le droit de le supposer du moment qu'il s'agit du problème intérieur, tout le domaine donné est situé dans le trièdre des coordonnées positives.

Ceci ne s'applique en premier lieu qu'au problème intérieur; mais le problème extérieur se ramène au précédent par la méthode des images.

48c. La parenté de cette méthode du balayage avec le procédé alterné de Murphy-Schwarz apparait sans aller plus loin si on raisonne sur un domaine formé par l'ensemble de deux domaines sécants-par exemple sur l'ensemble de deux sphères sécantes. Le procédé alterné conduit précisément au balayage alternatif de chacune des deux sphères considérées, la seule différence avec la méthode que nous venons d'exposer étant que, dans cette dernière, on raisonne séparément sur les valeurs positives et sur les valeurs négatives, d'où une manière différente de démontrer la convergence des opérations.

48d. Après avoir établi cette dernière, il reste à savoir si la limite obtenue, somme de la série (23), remplit bien les conditions du problème.

Qu'elle satisfasse à l'équation aux dérivées partielles, c'est ce qui résulte d'un théorème fondamental de Harnack.

Reprenons la formule de Poisson (13) (n° **41**) relative à la sphère, en suposant que u soit positif sur toute la surface et, par conséquent, dans tout l'intérieur. Dans ces conditions, u_1 étant la valeur de u en un point strictement intérieur A—sa distance au centre O étant $OA=\delta<R$—cette quantité u_1 est, avec la moyenne des valeurs de u sur la surface, c'est à dire avec la valeur u_0 au centre, dans un rapport égal à $4\pi R^2$ multiplié par une quantité comprise entre le maximum et le minimum du coefficient de U sous le signe $\iint$ au second membre de (13), c'est è dire entre $\dfrac{R-\delta}{R(R+\delta)^2}$ et $\dfrac{R+\delta}{R(R-\delta)^2}$. Étant ainsi en mesure de limiter supérieurement et inférieurement le rapport u_1/u_0, nous pourrons en faire autant pour u_1/u_1' en désignant par A' un second point quelconque supposé, comme le premier, strictement intérieur à la sphère et par u_1' la valeur de u en A'.

48e. Le fait que la valeur d'une fonction harmonique en un point intérieur à $\mathscr{D}$ est inférieure-et non égale-à sa valeur maxima sur la frontière, si du moins la fonction ne se réduit pas à une constante-est visiblement un cas particulier de celui que nous venons d'établir.

48f. Nous serons également en mesure de limiter (supérieurement cette fois), la valeur absolue d'une dérivée quelconque $Du'=\dfrac{\partial^{p+q+r}u'}{\partial x'^p\partial y'^q\partial z'^r}$ de u en tout point donné $A'(x', y', z')$ strictement intérieur: car une telle dérivée, se déduisant de la formule (13) par différentiation sous le signe $\iint$, sera, en valeur absolue, plus petite que Hu_0, en désignant par H un maximum de $4\pi R^2 D(\dfrac{R^2-\delta'^2}{Rr'^3})$ sur la surface (A' restant fixe et

r' désignant sa distance au point variable).

Passons d'une sphère à un volume $\mathscr{D}$ de forme quelconque. Considérons une fonction harmonique u partout positive dans $\mathscr{D}$; soit u_0 sa valeur en un point A strictement intérieur et par conséquent strictement intérieur à l'une des sphères de recouvrement du n° précédent, à Σ_0 par exemple. Si maintenant A' est un autre point strictement intérieur à Σ_0 et, par conséquent, strictement intérieur à une deuxième sphère Σ_1 de la suite, on pourra ($\mathscr{D}$ étant essentiellement supposé d'un seul tenant) passer de l'une à l'autre de ces sphères et par conséquent de A à A' par une suite de sphères intermédiaires dont chacune sera sécante à la précédente et à la suivante. La connaissance de $u(A)$ entrainerait dès lors, de proche en proche, celle d'une borne supérieure pour la dérivée D considérée Du en A ou A'.

Étant donnée une série dont les termes sont des fonctions harmoniques positives dans $\mathscr{D}$, on pourra à chacune d'elles appliquer le résultat précédent et on a ainsi le *théorème de Harnack*①

Si une série de fonctions harmoniques positives dans un domaine connexe $\mathscr{D}$ converge en un point déterminé quelconque strictement intérieur,

1° *elle converge dans tout l'intérieur de $\mathscr{D}$, et cela*

---

① Parmi les conséquences de ce remarquable principe de A. Harnack, notons la suivante:

Si des fonctions harmoniques dans un domaine borné $\mathscr{D}$ sont, dans ce domaine, bornées dans leur ensemble elles sont (14) *équicontinues.* L'ensemble de telles fonctions est donc, comme nous l'avons établi, *compact.*

Ce fait résulte de ce que, sachant limiter dans $\mathscr{D}$ les modules de ces fonctions, nous sommes aussi en état de limiter leurs dérivées dans tout domaine $\mathscr{D}_1$ intérieur à $\mathscr{D}$. Ainsi de toute suite indéfinie de fonctions harmoniques et bornées dans leur ensemble dans $\mathscr{D}$ on peut extraire une suite partielle convergeant uniformément dans tout domaine intérieur.

uniformément dans tout domaine strictement intérieur;

2° *il en est de même pour toutes les séries dérivées*, *lesquelles représentent* par conséquent *les dérivées correspondantes de la somme de la série positive. En particulier*, *cette somme est une fonction harmonique.*

Ce cas est bien celui des séries formées par les balayages successifs de masses positives.

49. Point de vue de M. Perrom. À la méthode du balayage est apparentée celle que l'on doit à M. Perron[1]. Cette méthode partage avec celles de Riemann et de Gauss, par lesquelles nous avons commencé, ce caractère de n'être pas constructive, c'est à dire de n'être qu'une démonstration d'existence et non pas, à quelque degré que ce soit, un moyen de calcul. Mais elle n'est pas, comme les précédentes, subordonnée à l'existence d'un extremum pour une fonctionnelle quelconque; et elle définit la solution par des propriétés intrinsèques, indépendamment de tout procédé spécial d'approximation.

Tout d'abord, M. Perron ne fait sur les données-frontières aucune hypothèse de continuité: il les suppose seulement bornées. Si la fonction f définie en tous les points de S est bornée en un quelconque a, cela signifie que, suivant la manière dont un point variable (continument ou discontinument) tend vers a sur S, les valeurs correspondantes de f pourront tendre vers diverses limites (ou valeurs d'accumulation) possibles: il y aura, dans le cas le plus général, une plus petite valeur limite $\underline{f}$ et une plus grande limite $\bar{f}$.

D'autre part on considérera une fonction u définie et continue en tout point intérieur à $\mathscr{D}$. En désignant par a un point de S, cette quantité u (supposée bornée) ne sera plus

[1] *Math. Zeitschrift*, t. XVIII (1923), pp. 42-54.

nécessairement continue en a mais aura également, pour des points intérieurs b tendant d'une manière arbitraire vers a, soit une valeur limite, soit diverses valeurs limites donc encore une plus grande valeur limite $\overline{u}$ et une plus petite valeur limite $\underline{u}$, (lesquelles seront égales entre elles si u est continue en a).

Nous aurons besoin de noter que la plus grande limite $\overline{u}$ est semi-continue supérieurement par rapport à la position du point a sur S: ε étant un nombre positif, si l'on pouvait trouver sur S des points a' aussi voisins qu'on le voudrait de a et tels que $\overline{u}(a') \geqslant \overline{u}(a)+\varepsilon$, il existerait, aussi près qu'on le voudrait d'un tel point a', des points intérieurs b où u serait supérieur à $\overline{u}(a)+\frac{\varepsilon}{2}$. De tels points b pourraient être trouvés aussi près qu'on le voudrait de a, ce qui contreviendrait à la définition de $\overline{u}$ comme plus grande limite.

M. Perron se propose de trouver la fonction u harmonique dans $\mathscr{D}$ de manière que, en tout point de la frontière, on ait

$$\underline{f} \leqslant \underline{u} \leqslant \overline{u} \leqslant \overline{f} \tag{25}$$

Ce problème (qui d'ailleurs, dans le cas le plus général, n'est nullement déterminé) revient manifestement au problème de Dirichlet ordinaire dans le cas des données continues.

Pour résoudre le problème de Dirichlet ou discuter le problème général qu'on lui substitue, M. Perron utilise les notions définies ci-dessus, de fonction surharmonique ou sousharmonique.

Les valeurs f à la frontière étant données (avec la condition d'être bornées), d'où la connaissance des valeurs limites extrêmes $\underline{f}, \bar{f}$ en chaque point, M. Perron dit que la fonction φ, continue dans l'intérieur de $\mathscr{D}$, est une surfonction (*Oberfunktion*) si:

1° elle est surharmonique dans tout l'intérieur de $\mathscr{D}$;

2° en chaque point a de la frontière, sa valeur—ou, si elle $n'y$ est pas continue, si sa plus petite valeur limite—est $\underline{\varphi}=$ p. p. l. $\varphi \geqslant \bar{f}$.

De même, u sera dite sousfonction (*Unterfunktion*) si elle est sousharmonique dans l'intérieur de $\mathscr{D}$ et a, en tout point a de la frontière, une plus grande valeur limite $\bar{\varphi}=$ p. g. l. φ au plus égale à $\underline{f}$.

Toute surfonction est partout au moins égale à toute sousfonction: leur différence est (remarque du n° précédent) partout non négative. Il existe assurément des surfonctions (p. ex. n'importe quelle constante supérieure au maximum de f) et de même il existe des sousfonctions.

1° De plus, n surfonctions $\varphi_1, \varphi_2, \cdots, \varphi_n$ étant données, une quantité φ égale, en tout point A, à La plus petite des valeurs que prennent ces fonctions en ce point, soit

$$\varphi(A)=\min\{\varphi_1(A), \varphi_2(A), \cdots, \varphi_n(A)\}$$

est encore une surfonction①.

2° une surfonction reste telle si on la rectifie dans une

---

① φ, égale à l'un des φ_k, est évidemment continue et satisfait à la condition à la frontière $\varphi \geqslant \bar{f}$.

Elle vérifie aussi (24) dans toute sphère intérieure Σ. En effet en un point quelconque A intérieur à Σ, la fonction φ est égale à l'une des φ_k, soit à φ_i. Mais sur la surface de Σ on a $\varphi \leqslant \varphi_i$: d'où, entre les fonctions rectifiées φ^* et φ_i^*, l'inégalité $\varphi^* \leqslant \varphi_i^* \leqslant \varphi_i = \varphi$ dans tout l'intérieur de Σ.

sphère intérieure quelconque Σ; de même une sousfonction[①].

Cela posé, soient considérées, dans $\mathscr{D}$, toutes les surfonctions possibles. Leurs valeurs en un point intérieur quelconque A sont bornées inférieurement, puisqu'elles sont au moins égales à la valeur, au même point, d'une sousfonction quelconque. Soit $u=u(A)$ leur borne inférieure précise de sorte que, au point A, toute fonction a une valeur au moins égale à $u(A)$ mais qu'il existe des surfonctions dont la valeur en A est moindre que $u(A)+\varepsilon$, si petit que soit le nombre positif ε.

Nous allons montrer que *la fonction $u(A)$ ainsi définie* (et dont il n'est même pas évident, au premier abord, qu'elle soit continue) *est une fonction harmonique.*

À cet effet, nous allons chercher à l'obtenir en remplaçant, dans sa construction, l'ensemble total des surfonctions par une suite dénombrable d'entre elles.

Commençons par choisir une suite dénombrable de points intérieurs p_i partout dense[②] dans $\mathscr{D}$. Ces points étant numérotés,

---

① Ici encore la fonction ψ est continue et satisfait à la condition à la frontière.

Il faut montrer d'autre part que ψ est surharmonique, c'est à dire qu'en la soumettant à une nouvelle rectification dans n'importe quelle autre sphère $\sigma\subset\mathscr{D}$, on a une rectifiée ψ^* au plus égale à ψ.

La question ne se pose pas si σ est tout entière dans Σ, ψ étant harmonique, ni si $\sigma\subset\mathscr{D}-\Sigma$, puisque ψ est alors identique à φ.

Reste le cas où σ, sécante à Σ, est divisée par elle en deux régions σ_1, σ_2 séparées par une cloison $\mathscr{S}$ empruntée à la surface de Σ.

Dans σ, la quantité $\varphi-\psi$, positive par hypothèse, donnera une rectifiée $\varphi^*-\psi^*$ également positive et, d'autre part, φ^* est au plus égale à φ. L'inégalité $\psi^*\leqslant\varphi$ a donc lieu dans $\sigma_1=\sigma\cap(\mathscr{D}-\Sigma)$, où ψ n'est autre que φ.

Elle a en particulier lieu le long de la cloison $\mathscr{S}$ La différence $\psi-\psi^*$ est dès lors également positive dans la région $\sigma_1=\sigma\cap\Sigma$, car elle y est harmonique et elle s'annule sur la calotte sphérique, empruntée à σ, qui la sépare du reste de Σ.

② Par exemple on peut prendre pour les p_i, les divers points intérieurs à $\mathscr{D}$ dont les coordonnées sont toutes mesurées par des nombres commensurables.

nous allonsm, comme il a été fait dans la méthode du balayage (**48a**), substituer à ce numérotage provisoire un numérotage définitif tel que chacun des points p reçoive une infinité de numéros et non plus un seul. $\varepsilon_1, \varepsilon_2, \cdots, \varepsilon_n, \cdots$ étant une suite de nombres décroissants tendant vers zéro, il existe, par définition de u, une surfonction qui prend, au point p_i(nouveau numérotage), une valeur au plus égale à $u(p_i)+\varepsilon_i$. Nous avons ainsi une suite dénombrable de fonctions φ_i et, à chaque point p, correspondant ainsi (puisque ce point a une infinité de numéros) ∞ surfonctions dont les valeurs en p tendent vers $u(p)$.

Donnons-nous, d'autre part, une sphère déterminée quelconque Σ intérieure à $\mathscr{D}$: nous pouvons rectifier, dans Σ, la premièré surfonction φ_1 de notre liste——soit φ_1^*—ce qui en diminue (ou n'en augmente pas) la valeur sans qu'ellé cesse d'être une surfonction.

En second lieu, nous formerons, en chaque point, la quantité min. (φ_1^*, φ_2) et nous rectifierons le résultat obtenu dans Σ, ce qui nous donnera une nouvelle surfonction φ_2^*.

De même, φ_3^* sera la surfonction min $(\varphi_1^*, \varphi_2^*, \varphi_3^*)$ rectifiée dans Σ, et ainsi de suite indéfiniment. Il est clair:

1° que l'on a toujours $\varphi_i^* \leqslant \varphi_i$;

2° que toutes les φ_i^* sont harmoniques dans Σ;

3° que leurs valeurs en un point quelconque vont constamment en décroissant. La valeur limite $U = \lim\limits_{i=\infty}. \ \varphi_1^*$ s'obtient donc, dans Σ, en retranchant de la première fonction harmonique φ^*, une série convergente de fonctions harmoniques positives. C'est donc, d'après le théorème de Harnack, une fonction harmonique dans cette sphère. En chacun des points particuliers p, on a ,par construction, $U=u$. En tout autre point P, on a, en tout cas, $U \geqslant u$, puisque U est la limite de surfonctions.

Peut-on avoir, en un tel point P intérieur à Σ, $U=u+2h$, avec $h>0$?

S'il en était ainsi, il existerait une surfonction φ ayant, en P, une valeur au plus égale à $U-h$. Dès lors, U et φ étant des fonctions continues, on pourrait de P comme centre, décrire une sphère σ dans laquelle on aurait constamment $\varphi<U-h/2$. Mais ceci est impossible, puisque, en chacun des points particuliers p, dont il existe une infinité à l'intérieur de σ, on a $U=u\leqslant\varphi$.

Donc l'égalité $U=u$ est vérifiée dans tout Σ, de sorte que u est harmonique dans Σ,—donc harmonique dans tout $\mathscr{D}$, puisque Σ est une sphère quelconque intérieure à $\mathscr{D}$.

Nous aurions pu évidemment opérer d'une manière tout analogue en considérant la borne supérieure de toutes les soussonctions; mais, jusqu'à nouvel ordre, nous n'userons pas de cette faculté.

§ 6 POINTS RÉGULIERS ET POINTS IRRÉGULIERS

50. Ce qui précède nous montre que la solution obtenue par la méthode du balayage, comme celle à laquelle conduit la conception de M. Perron, sont bien des fonctions harmoniques.

Par contre la difficulté va être de s'assurer que la fonction ainsi construite prend des valeurs données sur la frontière: circonstance paradoxale, puisque, au contraire, après un nombre fini queloconque de balayages, les valeurs à la frontière étaient toujours celles qui sont imposées, tandis que la fonction obtenue n'était pas harmonique. Cette circonstance tient cependant profondément à la nature des choses, comme nous allons le voir dans un instant, et fait essentiellement intervenir la forme de S. À cet égard, Poincaré fournit la démonstration en tout point O de S tel qu'il existe un cône de révolution de sommet O (et de hauteur finie) dont les points autres que O sont extérieurs à $\mathscr{D}$.

50a. Nous disons que la difficulté relative aux consitions à la frontière est réelle et nullement apparente. On sait aujourd'hui, en effet, qu'il existe des formes de S pour lesquelles le principe de Dirichlet (existence de la solution) *n'est pas vrai sans restriction*: la solution formée par la méthode du balayage, ou par d'autres-prend bien les valeurs données sur S, mais avec exception pour des points particuliers, dits *points irréguliers.*

L'exemple le plus simple, à cet égard, a été donné par Zaremba①: c'est celui où $\mathscr{D}$ est une sphère dont le centre O est considéré comme point frontiére. Nous chercherons donc une fonction u prenant, sur la surface S de la sphère, des valeurs données qu'on peut, sans diminuer la généralité, supposer nulles-et harmonique dans tout l'intérieur de la sphère, sauf au point O, où elle n'est pas assujettie à avoir des dérivées et où, d'autre part, elle doit prendre une valeur donnée.

Cette derniére étant supposée finie, la fonction inconnue restera bornée. Dès lors, elle relève de résultat du n° **36a** et, par comparaison avec la fonction Φ_ρ formée en cet endroit, dans laquelle ρ peut être pris arbitrairement petit, nous voyons que cette inconnue doit être identiquement nulle dans tout l'intérieur de la sphère. Si donc la valeur donnée en O est différente de zéro, *il y a contradiction.*

50b. Dans cet exemple, le point irrégulier est un point isolé de la frontière, mais il n'en est plus de même dans l'exemple suivant, signalé un peuplus tard par Lebesgue②. Soit OA un segment de longueur unité que nous supposons porteur d'une masse attirante de densité mesurée, en chaque point P du segment, par la distance OP. Le potentiel U dû à l'action d'une

① *Bull. Intern. Ac. Sc. Cracovie*, 1909, p. 199.

② *C. R. des Séances Soc. Math. Fr.*, t XI, 27 Novembre 1912, p. 17. Un résultat analogue, obtenu par P. Urysohn, fut publié en 1925 (*Math. Zeitschrift*, t. XXIII) après la mort cruellement prématurée de ce géomètre.

pareille masse devient indéterminé au voisinage du point O. Une infinité de surfaces équi-potentielles-dont, par exemple, la surface de niveau $U=2$, que nous désignerons par S_2-passent par O où elles présentent une singularité, à savoir une pointe saillante: ce sont des surfaces de révolution dont la méridienne admet un point de rebroussement[①] (Fig. 2.3). Soient alors S_1 une

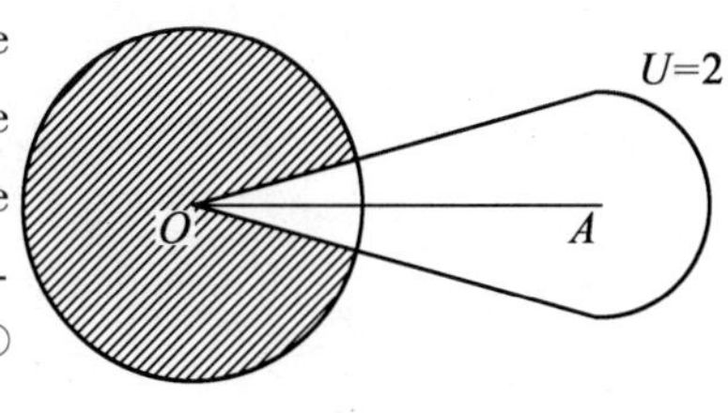

Fig. 2.3

① Prenant OA comme axe des x dirigé positivement et considérant la partie de la figure située dans le plan des xy ou même, plus spécialement, dans le demi-plan $z=0$, $y\geqslant 0$, le potentiel U, c'est à dire l'intégrale

$$U = \int_0^1 \frac{\xi \mathrm{d}\xi}{r} = \int_0^1 \frac{\xi \mathrm{d}\xi}{\sqrt{(\xi - x)^2 + y^2}}$$

infini sur OA, est visiblement positif et, de plus, constamment décroissant soit lorsqu'on décrit une demi-circonférence de centre O en partant d'un point P situé sur la partie positive de l'axe des x pour aboutir au point diamétralement opposé situé sur la partie négative, soit lorsqu'on s'éloigne de l'axe des x perpendiculairement à cet axe (puisque, dans l'un ou l'autre de ces deux cas, chaque élément de l'intégrale est décrossant). Comme $(\xi - x)\mathrm{d}\xi = r\mathrm{d}r$, on a, en appelant M le point $(x, y;\ y\geqslant 0)$

$$\begin{aligned} U &= r_1 - r_0 + x[\log(r_1 + 1 - x) - \log(r_0 - x)] \\ &= r_1 - r_0 + x[\log(r_1 + 1 - x) + \log(r_0 + x)] - 2x \log y \end{aligned}$$

où $r_0 = MO$, $r_1 = MA$. le long de l'axe des y, $U(=r_1 - r_0)$ est plus petit que 1 et il en est de même, d'après les remarques qui viennent d'être faites, si $x<0$. Pour $c>0$, par conséquent. la méridienne de la surface $U=1+c$, laquelle n'est coupée qu'en un point par la partie positive d'une ordonnée quelconque $x=x_0>0$, n'a de points que dans la région des x positifs: tous les termes du dernier membre de l'équation précédente, à l'exception du dernier, sont alors continus à l'origine et y donnent une somme égale à 1, et la résolution par rapport à $\log y$ montre que y a, en fonction de x, le long de cette méridienne, une expression de la forme

$$y = \mathrm{e}^{-\frac{c+\varepsilon}{2x}}$$

ε tendant vers zéro avec x; une telle courbe a, avec l'axe des x, à l'origine, un contact d'ordre infiniment grand et forme, par ailleurs, une boucle fermée entourant le segment OA (fig. 2.3).

sphere de centre O (et, par exemple, de rayon compris entre 0 et 1); la partie du volume de cette sphère située à l'extérieur de S_2: on peut se poser le problème de Dirichlet pour un pareil volume, les valeurs données étant toutes égales à 2 tout le long de S_2 et aux valeurs prises par le potentiel U le long de S_1. La solution u du problème ainsi posé ne peut pas, d'après le n° **36a**, être distincte de U lui-même, grâce au fait que $u-U$, nul en général le long de S_1+S_2, reste borne[①] au voisinage de O. Or U n'est pas une solution du problème, car il reste indéterminé au voisinage de O, au lieu d'y prendre la valeur détérminée 2.

Ainsi il n'est pas toujours vrai que le problème de Dirichlet soit possible: il cesse de l'être lorsqu'existent certains points "irréguliers", en lesquels la condition de Poincaré n'est forcément pas remplie. Toutefois cette conclusion ne concene que l'espace ou les hyperespaces: nous verrons un peu plus loin que les choses ne se passent pas de même dans le cas de l'équation plane (L_2).

51. La découverte, par Zaremba et Lebesgue, des points irréguliers ainsi que la définition générale des masses (**45**) et la méthode par laquelle Gauss définit la solution du problème de Dirichlet ont, dans ces dernières années, profondément transformé la théorie de ce problème. Il en est résulté une série considérable de travaux importants dont il ne nous est possible de donner aucune idée autre que des plus élémentaires, en men-

① Dans toute la partie du plan des x, y extérieure à la boucle formée par la méridienne, U, d'après ce qui a été dit dans la Note précédente, est plus petit que $1+c$.

tionnant les plus simples d'entre eux①.

La solution généralisée de Wiener. La principale impulision a été donnée par les recherches dans lesquelles M. Norbert Wiener s'est proposé de trouver un mode opératoire satisfaisant aux deux conditions suivantes:

s'appliquer à toute forme du domaine $\mathscr{D}$;

aboutir à la solution classique du problème de Dirichlet lorsque celle-ci existe.

À cet effet, on considérera le domaine donné $\mathscr{D}$ comme la limite de domaines $\mathscr{D}_n$ (tels que les systèmes de sphères que nous avons introduits au n° **48a** en vue de la méthode du balayage) intérieurs à lui et tendant vers lui, c'est à dire tels que: 1° tout $\mathscr{D}_n$ soit strictement intérieur à $\mathscr{D}$; 2° tout domaine D (strictement) intérieur à $\mathscr{D}$ soit contenu dans chaque $\mathscr{D}_n$ pour $n>N$ avec N convenablement choisi. $F(x,y,z)$ étant n'importe quelle fonction continue définie dans $\mathscr{D}$ et assujettie à coïncider avec la donnée frontière le long de S, on imagine qu'on résolve le problème de Dirichlet pour chaque $\mathscr{D}_n$, les données à la frontière étant les valeurs correspondantes de F. Une telle solution U_n tendra, lorque $\mathscr{D}_n$ tendra vers $\mathscr{D}$, vers une fonction lim-

---

① Une mise au point de cet ensemble de travaux a été donnée par M. Brelot dans le tome IV (1952) des *Annales de l'Institut Fourier* (Grenoble), pp. 113 et suiv. On y trouvera (p. 134) une bibliographe indiquant les références des principaux travaux.

Le cas des points irréguliers éclaire une question que pose la méthode de Riemann telle que nous l'avons étudiée au n° 42. Nous avons vu que l'ensemble des fonctions u satisfaisant, le long de S, aux conditions (15) (15′) n'est pas compace. Mais la question qui intéresse la méthode de Riemann est de savoir si l'ensemble des fonctions satisfaisant à (15) l'est.

Nous voyons que la réponese peut être négative.

La méthode du balayage, dont les opérations successives ont pour effet de réduire l'intégrale de Dirichlet, donne en ce qui regarde cette intégrale une suite minimisante. Le résultat, en est ou non une fonction admissible——c'est à dire satisfaisant à (15)——suivant l'absence ou la présence de points irréguliers.

ite et cette fonction limite sera indépendante des deux sortes d'éléments arbitraires auxquels sa définition est subordonée, à savoir: 1° de la loi de déformation des contours ou des surfaces S_n qui servent de frontières aux $\mathscr{D}_n$ successifs; 2° du choix de la fausse position F.

L'existence de la limite est assurée pour une loi de déformation déterminée telle que les $\mathscr{D}_n$ aillent en s'élargissant constamment (c'est è dire que chacun d'eux emboite les précédents), lorsque la fonction F est surharmonique, puisque la solutin approchée U_n décroit alors constamment tout en restant supérieure à un minimum fixe. Mais on trouvera la même limite en partant de n'importe quelle autre suite de domaine D intérieurs à $\mathscr{D}$ et tendant vers lui: car D (sans être assujetti à la condition de s'élargir constamment) aura nécessairement, à partir d'un certain moment, sa frontière comprise entre celles de deux domaines de la première suite aussi voisins qu'on le voudra de $\mathscr{D}$.

Quant à l'indépendance de ce même résultat par rapport au choix de la fausse position F, on la constate immédiatement en remarquant que si G est une autre fonction continue coïncidant avec la première le long de S, la différence $|F-G|$ sera inférieure à un nombre positif arbitrairement petit tout le long de S_n et qu'il en sera de même, à l'intérieur de S_n, pour la différence entre U_n et la quantité analogue V_n.

52. Ceci nous amène à revenir sur la méthode du balayage et à considérer sous un jour nouveau ses relations avec la méthode de Wiener que nous venons d'exposer, puisque chacune des opérations en lesquelles consiste cette dernière n'est autre chose que le balayage d'un des domaines $\mathscr{D}_n$. Ces deux méthodes nous apparaissent maintenant comme à peine distinctes l'une de l'autre.

C'est ce que nous allons pouvoir démontrer d'une manière précise①.

Une solution formée soit par la méthode de Poincaré, soit par celle de Wiener est la limite de quantités que l'on obtient en soumettant une fonction de départ continue $F(x, y, z)$ à des opérations Ω Dans le cas de Poincaré, Ω est une suite d'un certain nombre (augmentant indéfiniment avec n) de balayages sphériques, éventruellement répétés plusieurs fois comme il a été explique au n° **48a**.

Dans le cas de Wiener, Ω est le balayage d'un certain volume $\mathscr{D}_n$ intérieur à $\mathscr{D}$.

Dans l'un et l'autre cas le résultat Ω est compris entre les mêmes limites maxima et minima que F, de sorte qu'il est plus petit en valeur absolue que max. $|F|$ et du même signe que F si ce signe est constant.

D'autre part, si F est surharmonique, $\Omega(F)$ l'est également et l'on a $\Omega(F) \leqslant F$; si F est harmonique, c'est l'égalité qui a lieu.

Soient alors, appliquées à une même fonction surharmonique F, Ω_n et $\Omega'_{n'}$ deux opérations de cette espèce:

① Ce fait a été établi par M. Fl. Vasilesco, dans un important travail couronné par l'Académie Royale de Belgique (*Mémoires de l'Académie*, classe des Sciences, Collection 8°, t. XVI. 1937), non seulement en ce qui regarde les deux méthodes dont nous parlons, mais aussi relativement à plusieurs autres sur lesquels nous n'insisterons pas ici.

Comme le remarque M. Vasilesco, cette équivalence est essentielle à constater, au point de vue de l'étude des points irréguliers, puisque sans elle les résultats ne sont pas comparables entre eux. Si, par exemple, une partie des points de la frontière était trouvée formée de points réguliers en vertu d'une condition et que l'autre partie le fût de même, mais en vertu d'une condition obtenue au moyen d'un procédé différent, on ne pourrait pas conclure que le problème de Dirichlet fût possible encore que tous les points de la frontière fussent réguliers.

$\Omega_{n'}(F)\leqslant F$ et $\Omega'_{n'}(F)\leqslant F$ donnent

$$\Omega'_{n'}[\Omega_n(F)]\leqslant\Omega'_{n'}(F),\qquad \Omega_n[\Omega'_{n'}(F)]\leqslant\Omega_n(F)$$

Laissant n' fixe, augmentons indéfiniment n (le nombre des balayages sphériques augmentant indéfiniment dans le cas de Poincaré; le domaine balayé $\mathscr{D}_n$ tendant vers $\mathscr{D}$ s'il s'agit d'opérations de Wiener): nous savons qu'alors $\Omega_n(F)$ tendra uniformément vers une fonction $\Omega(F)$ harmonique dans $\mathscr{D}$. Dès lors la première des inégalités précédentes se réduit à

$$\Omega'_{n'}[\Omega_n(F)]\leqslant\Omega'_{n'}(F)$$

et si, à son tour, n' croît indéfiniment, à

$$\Omega'[\Omega_n(F)]=\Omega(F)\leqslant\Omega'(F)$$

Intervertissant les rôles des $\Omega'_{n'}$ et des Ω_n, nous voyons que nécessairement $\Omega(F)=\Omega'(F)$.

Si, en second lieu, F n'est pas surharmonique, nous savons qu'il est la somme de trois termes:

F_1, partout inférieur en valeur absolue à un nombre arbitrairement donné η;

F_2, surharmonique; F_3, sousharmonique.

Puisque $\Omega'(F_2)=\Omega(F_2)$, $\Omega'(F_3)=\Omega(F_3)$ et que $|\Omega(F_1)|$, $|\Omega'(F_1)|$ sont plus petits que le nombre arbitrairement petit η, donc $|\Omega(F)-\Omega(F)|$ est inférieur à 2η, autrement dit est nul.

Ceci, notons le, démontre à nouveau que le résultat des opérations de Wiener est indépendant du choix des domaines successifs $\mathscr{D}_n$ pourvu qu'ils tendent (intérieurement) vers $\mathscr{D}$.

De même, le résultat de la méthode du balayage est indépendant du choix de la suite des sphères Σ utilisées.

Ces deux méthodes sont équivalentes l'une à l'autre.

On remarquera une conséquence que jusqu'ici nous n'avions pas notée, savoir que le résultat de la méthode du balayage-égal à la solution du problème de Dirichlet lorsque la fonction de départ F coïncide avec cette solution-est indépendant de cette fonction de départ du moment que celle-ci prend les valeurs données à la frontière.

Car cette propriété appartient à la méthode de Wiener.

Une autre conséquence de ce qui précède est que l'inégalité (24) laquelle, par définition caractérise les fonctions surharmoniques, subsiste pour un balayage effectué non plus dans une sphère, mais dans un domaine $\mathscr{D}$ de forme quelconque.

Elle a en effet lieu si $\mathscr{D}$ est une réunion de sphères, et $\mathscr{D}$ peut toujours être considéré comme limite de domaines de cette espèce.

53. À ces deux méthodes, celle du balayage ou celle de Wiener, nous comparerons également celle de Perron, du moins dans le cas des données frontières continues, le seul où la question se pose.

Nous avons appliqué cette méthode en formant, par rapport à la frontière S et aux valeurs frontières f, la borne inférieure $\overline{H}=\overline{H}_f$ des surfonction. Considèrons également la quantité tout analogue $\overline{H}=\overline{H}_f$, borne supérieure des sousfonctions. *Ces deux quantités* (dans le cas de f continu) *sont égales entre* elles. C'est ce qui a été établi pour la première fois par M. Wiener[①]: nous donnerons ici la démonstration simple de M. Brelot[②].

Supposons que les valeurs de f ou de $f-\eta$ (la quantité η étant partout comprise entre 0 et un nombre positif arbitrairement petit ε) soient celles d'une fonction F continue et sousharmonique dans $\mathscr{D}+S$. F sera donc une sousfonction et, comme telle, sera partout au plus égale à la fonction H. Mais, M tendant vers un point déterminé quelconque a de la frontière,

---

① *Journal of Math. and Phys. Massachussets Institute of Technology*, t. IV (1925), pp. 21 et suiv.

② *Acta Univ. Szeged* t. IX (1935), pp. 33 et suiv., spéct, pp. 139-140.

$F(M)$ tend par hypothèse vers $f(a)-\eta$. Dès lors la plus petite limite (pour $M\to a$) de $H\geqslant F$ est au moins égale à $f(a)-\eta$. Donc la fonction (harmonique) $H+\varepsilon$ est une surfonction, et cela si petite que soit la borne positive ε imposée à η.

Ceci s'appliquant de même à la différence entre deux fonctions sousharmoniques, laquelle peut représenter toute fonction continue à une erreur arbitrairement petite près, l'identité $\overline{H}=H$ est bien démontrée.

53a. Les considérations qui précèdent nous permettent de démontrer l'équivalence de la méthode de Perron avec celle de Wiener.

Soit en effet une surfonction quelconque: effectuons sur elle les opérations de Wiener. S'appliquant à une fonction surharmonique, elles ne peuvent avoir pour effet que d'en diminuer la valeur. Donc, au point considéré a la solution de Wiener est au plus égale à toute surfonction et, de même, elle est au moins égale à toute sousfonction: double propriété qui caractérise la solution de Perron.

54. Ayant ainsi établi l'équivalence des deux méthodes de Perron et de Wiener, nous pouvons, à partir d'à présent, nous placer indifféremment à l'un ou l'autre de ces deux points de vue pour rechercher une condition suffisante permettant d'affirmer qu'un point déterminé quelconque a de S est régulier, c'est à dire que la solution obtenue en partant de données continues quelconques prend bien en a la valeur donnée en ce point.

Pour obtenir une condition de régularité de cette espèce, Lebesgue de son côté, Perron lui-même du sien, nous ont appris à utiliser ce qu'on appelle avec Lebesgue une *barrière de régularité*. Nous allons voir qu'une fonction w joue ce rôle, c'est à dire que son existence entraine la régularité du point a si elle satisfait aux conditions suivantes:

1° elle est continue et surharmonique dans $\mathscr{D}$;

2° elle est nulle en a;

3° dans la partie δ commune à $\mathscr{D}$ et à une petite sphère σ de centra a, soit $\delta=\mathscr{D}\cap\sigma$, elle est non négative;

4° dans le reste de $\mathscr{D}$, cette fonction w est partout supérieure à un certain nombre positif w_1.

Supposons en effet qu'il en soit ainsi. La fonction

$$\varphi=f(a)+\varepsilon+Cw$$

sera surharmonique quelles que soient les constantes positives ε et C; et, d'autre part, si ε a été pris suffisamment petit et C suffisamment grand, ses valeurs seront, sur tout S, au moins égales à celles qui sont données[①]. Comme ε peut avoir été pris aussi petit qu'on le veut, *nous formons ainsi des surfonctions dont la valeur en a surpasse d'aussi peu qu'on le veut la donnée* $f(a)$. Mais nous verrons de même *qu'on peut former des sousfonctions dont la valeur en a soit aussi proche qu'on le veut de* $f(a)$.

Dès lors, si un point a en lequel la barrière de régularité existe la solution de Perron, définie à volonté comme borne inférieure des surfonctions ou comme borne supérieure des sous-fonctions, est bien égale à la donnée $f(a)$. Le point a, dans ces conditions, est régulier.

54a. On peut aussi, avec Lebesgue[②], formuler la condition suffisante de régularité en disant *qu'un point a de la frontière est régulier s'il existe unefonction harmonique* (*ou même une fonction surharmonique*) *qui soit continue en a et qui atteigne en ce point*, *et en ce point seulement*, *sa borne inférieure.*

Ainsi le point a est régulier s'il existe *un* système de

---

① Celles-ci, étant continues, seront, sur $S\cap\sigma$, inférieurs à $f(a)+2\varepsilon$ si σ a été pris suffisamment petite. Ayant ainsi choisi ε et σ, on n'aura qu'à prendre C assez grand pour que soit vérifiée sur tout S l'inégalité $\varphi>f(a)+2\varepsilon$.

② *C. R. Ac. Sc.*, t. CLXXVII, p. 349 et suiv., spécialement, p. 353.

données f tel que la solution correspondante prenne en a la valeur donnée comme le veut le problème de Dirichlet au sens classique, pourvu que cette valeur soit un extremum atteint en ce seul point.

En un point irrégulier, le problème de Dirichlet est *impossible* au sens classique pour tout système de données admettant en ce point un extremum strict.

54b. La définition précédente de la barrière de régularité fait encore intervenir les valeurs de u sur l'ensemble du domaine $\mathscr{D}$ et de sa frontière. On peut modifier cette notion de manière à n'introduire que le voisinage du point considéré a: par exemple, la région δ commune à $\mathscr{D}$ et à une petit sphère (ou un petit cercle) σ de centre a: d'où il ressort que la régularité ou l'irrégularité d'un point frontière a est un caractére purement local.

Nous montrerons à cet effet que, pour trouver une barrière de régularité, il suffira d'avoir une fonction W satisfaisant aux trois premières conditions du n° précédent et à une quatrième différente de celle que nous avons formulée tout à l'heure, savoir:

4° W est positif et non nul en tout point de la cloison $\mathscr{S}$ qui sépare δ de la partie restante $\Delta = \mathscr{D} - \delta$ de notre domaine, y compris, s'il y a lieu, la fermeture de l'ensemble ainsi défini et, par conséquent, l'intersection de $\mathscr{S}$ et de la frontière donnée S.

W étant supposé continu, ceci entraine qu'il doit être supérieur, en tous les points de $\mathscr{S}$, à un nombre positif fixe. Il existera dès lors une constante positive C telle que CW soit supérieur à 1 en chaque point de cette cloison.

Dès lors, une barrière de régularité, au sens du n° précédent, sera obtenue si l'on prend:

$w = \min.\ (CW, 1)$ dans δ;

$w = 1$ identiquement, dans Δ.

Une telle quantité sera continue au passage de $\mathscr{S}$, d'après la manière même dont nous avons défini le coefficient C. Elle satisfait bien aux trois premières conditions spécifiées au n° précédent. Il reste à faire voir qu'elle est surharmonique.

Elle l'est assurément tant dans δ (en raison de la remarque 2° à la findu n° **49**) que dans Δ. La question n'existe donc que pour un domaine sphérique (ou circulaire) Σ compris partiellement dans δ et partiellement dans Δ: elle est de savoir si w est, dans Σ, au moins égal à sa rectifiée w^*. Or la différence $w-w^*$ étant soit harmonique (si $w=1$), soit surharmonique (puisque tel est le cas pour CW), prend sa plus petite valeur sur la frontière (empruntée à S ou à $\mathscr{S}$) d'une des deux régions où on la considère; elle est nulle par définition sur la périphére de Σ et forcément nulle ou positive sur la cloison $\mathscr{S}$où $w=1$.

La quantité w ainsi formée est donc bien une barrière de régularité au sens du n° précédent.

55. Nous sommes sûrs que, dans l'espace, la barrière de régularité ne peut pas toujours être construite, puisque le principe de Dirichlet, qui affirme la possibilité du problème, admet des exceptions.

Par contre, dans le plan, la fonction barrière w existe toujours et, par conséquent, le principe de Dirichlet est toujours vrai si $\mathscr{D}$ est limité par n'importe quelle courbe de Jordan (courbe continue et fermée sans point double). On peut prendre

$$w=\text{partie réelle de }\left[\frac{-1}{\log\ (x+\mathrm{i}y)}\right]=\frac{\log\dfrac{1}{r}}{\log^2\dfrac{1}{r}+\varphi^2}$$

en prenant toujours $r=\sqrt{x^2+y^2}$, distance d'un point arbitraire au point a pris comme origine des coordonnées et en désignant par φ l'argument $\varphi=\arctan\ (y/x)$ du vectuer (x,y).

Aucune figure plane de cette espèce ne peut donc présenter

de singulartié analogue à celle que nous avons rencontrée avec M. Lebesgue. Le raisonnement ne tombe en défaut① qu'a partir du moment où l'on peut tourner autour de a sans sortir de $\mathscr{D}$, comme il arrive pour le cercle pointé au centre, analogue à la sphère pointée de Zaremba.

56. Inversement (quel que soit le nombre des dimensions) une barrière de régularité peut être construite pour tout point a supposé régulier. Si tous les points de S autres que a sont réguliers, on obtiendra une telle barrière w en résolvant le problème de Dirichlet avec des données à la frontière f nulles en a et positives sur tout le reste de S: la solution de ce problème satisfera à toutes les conditions postulées ci-dessus. Si l'on n'était pas assuré qu'il n'existe pas par ailleurs de points irréguliers sur S, il suffirait de la remplacer par une autre S' coïncidant avec la première dans le voisinage de a et l'enveloppant partout ailleurs. Ainsi, la possibilité du problème de Dirichlet pour des données ainsi choisies entraine sa possibilité pour d'autres systèmes de données continues (si du moins le point a est, dans une certaine protion de frontière à laquelle il est intérieur, le seul dont la régularité soit douteuse).

57. Le rapprochement du fait que nous venons de constater avec ceux quenous avions obtenus auparavant donne immédiatement la résultat simple et par là même important suivant:

Si un point frontière a est régulier pour un domaine $\mathscr{D}$ (Fig. 2.4, 2.4 bis), *il l'est a fortiori pour tout domaine* $\mathscr{D}_1$ *ayant également a comme point frontière, mais intérieur à* $\mathscr{D}$ *à*

① Voir Perron, *loc. cit.*, § 6, la construction de la fonction w dans des cas qui ne remplissent pas la condition précédente.

l'exception du point a.

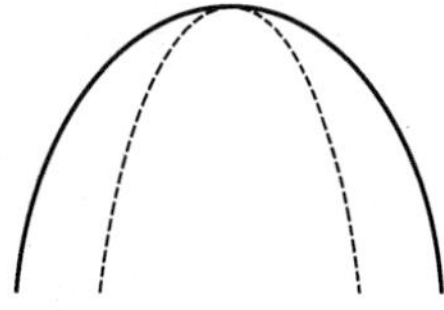

Fig. 2.4

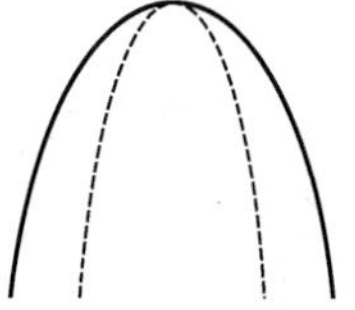

Fig. 2.4 bis

En effet, nous savons que la régularité au point a entraine l'existence d'une barrière de régularité correspondante w. Or une telle fonction w, satisfaisant aux conditions du n° **55** pour $\mathscr{D}$, les remplira également en ce qui concerne $\mathscr{D}_1$.

58. On voit comment on pourra assigner à S, au voisinage d'une de ses points a, des conditions géométriques permettant d'affirmer la régularité de ce point. Sous une forme grossière, on peut, avec Lebesgue, les résumer en disant que "Ce qui semble être essentiel à la régularité d'un point de la frontière, c'est que le voisinage de ce point, extérieur au domaine, ne soit pas trop petit". Dans cet ordre d'idées, Lebesgue a pu généraliser le critère que Poincaré (précédé d'ailleurs à ce point de vue par Zaremba)①, avait supposê, en demandant pour la régularité que sur chaque sphère de centra a et de rayon r assez petit, il existe un point extérieur à $\mathscr{D}$ et distant de $\mathscr{D}$ d'au moins $k\,r$, k étant un nombre positif donné (ceci généralisant le critère précédent en partant de ce dernier et bordant l'espace de manière que chaque sphère de centre a glisse sur elle-même); puis, plus généralement encore②, en affirmant la régularité de a chaque fois qu'il existe un segment de ligne droite ou de courbe analytique extérieur à $\mathscr{D}$ et aboutissant en a de manière à avoir avec S, en ce point, tout au plus un contact d'ordre fini α-autrement

① *Bull. Ac. Sc. Cracovie*, 1909; pp. 197-264.

② *C. R. Ac. Sc.*, t. CLLXXVIII, 1924, p. 349.

dit de manière que M étant un point quelconque du segment, la distance de M à $\mathscr{D}$ soit plus grande que $\beta\, \overline{Ma}^{\alpha}$ où β est un nombre positif fixe.

59. Quant à une barrière d'irrégularité, elle sera fournie par tout exemple mettant le principe de Diriclet en défaut; un peu plus généralement par toute fonction w bornée et sousharmonique ou harmonique, au moins dans un certain voisinage du point a, prenant sur la frontière S des valeurs continues f et dont la plus grande valeur limite en a atteinte par l'intérieur de $\mathscr{D}$ soit supérieure à $f(a)$. Nous aurons immédiatement un problème de Dirichlet impossible en prenant pour données à la frontière ces valeurs f de w, le raisonnement à cet égard n'étant pas distinct de celui du n° **49b** où la barrière w était la fonction V.

59a. Un exemple est fourni par la fonction de Green ayant pour pôle un point déterminé quelconque A intérieur à $\mathscr{D}$. Celle-ci devra, bien entendu, être entendue au sens généralisé, c'est à dire être égale à $(1/r)-\gamma$ où γ est la solution du problème de Dirichlet généralisé avec données frontières égales à $1/r = 1/MA$. Cette fonction de Green généralisée, limite de fonctions de Green calssiques relatives à des domaines $\mathscr{D}_n$ tendant vers $\mathscr{D}$, possède par cela même les propriétés trouvées aux n^{os} **39a** ~ **39d** : en particulier, elle est symétrique par rapport aux coordonnées de chacun d'eux. Le point a de la frontière est irrégulier si cette fonction de Green $G(M, A)$ a une plus grande limite positive pour $M \to a$. On va voir que, inversement, si dans ces conditions $G(M, A) \to 0$, a est régulier①.

Tout d'abord, cette condition est indépendante de la position du pôle A. Celui-ci étant remplacé par un autre A' également intérieur à $\mathscr{D}$, on aura $G(M, A') \to 0$ en même temps

① Bouligand, *Ann. Soc. Polon. Math.*, 1925, pp. 59 et suiv. spéc[t], p. 87.

que $G(M, A)$: c'est une conséquence du principe du n° **48d** appliqué à $G(M, A)$, fonction harmonique des coordonnées de A lorsque ce dernier est susceptible de se déplacer dans un domaine $\mathscr{D}_0$ intérieur à $\mathscr{D}$ et auquel par conséquent M est extérieur à partir du moment où il est suffisamment voisin de a.

59b. Ceci noté et le point frontière a satisfaisant à la condition précédente $\lim\limits_{M \to a} G(M, A) = 0$, soit donnée sur S une suite continue de valeurs dont nous pourrons supposer qu'elles soient celles d'un polynôme $\mathbf{u}$. Remplaçons d'abord (pour nous placer dans les conditions du problème de Dirichlet classique) $\mathscr{D}$ par un domaine intérieur normal $\mathscr{D}_n$. Dans $\mathscr{D}_n$, nous pourrons appliquer au terme correctif $u - \mathbf{u}$ la formule (12′) du n° **29e** où le terme de frontière le long de S_n disparaitra. Passant à la limite, sans difficulté, on a

$$u - \mathbf{u} = \iiint_{\mathscr{D}} \Delta \mathbf{u}(P)\ G(M, P)\ \mathrm{d}\tau_p$$

($\mathrm{d}\tau_p$, élément de volume autour de P)

Nous allons voir que la quantité ainsi obtenue tend vers 0 pour $M \to a$. Il suffira de montrer qu'il en est ainsi pour le potentiel de volume (ou d'aire s'il en est dans le plan) de densité 1, puisque $\mathscr{D}$ sera borné et que G est toujours inférieur au potentiel élémentaire.

Le domaine $\mathscr{D}_0$ peut être pris assez peu différent de $\mathscr{D}$ pour que l'intégtale relative à $\mathscr{D} - \mathscr{D}_0$ soit plus petite que $\varepsilon/3$. D'autre part, si nous introduisons un domaine auxiliaire $\mathscr{D}_1$ intermédiaire entre $\mathscr{D}_0$ et $\mathscr{D}$, on pourra majorer, en fonction de $G(M, A)$, la valeur de $G(M, A')$ pour toute position de A' dans $\mathscr{D}_0$ et toute position de M dans $\mathscr{D} - \mathscr{D}_1$; par conséquent aussi, sous la même condition imposée à M, l'intégrale relative à $\mathscr{D}_0$, laquelle pourra ainsi être rendue, elle aussi, inférieure à $\varepsilon/3$.

D'ailleurs, en remplaçant la donnée f par un polynôme $\mathbf{u}$ nous avons pu ne l'altérer que de moins de $\varepsilon/3$.

Ainsi, moyennant l'hypothèse lim $G(M, A)=0$, on a $|u-\mathbf{u}|<\varepsilon$ *et le point a* est régulier.

60. Un autre type de condition nécessaire et suffisante de régularité a été rattaché par N. Wiener à la notion de capacité, dont il a montré l'importance fondamentale dans cette thérie.

Cette notion est immédiatement introduite dans interprétation électrostatique évidente. Soit un domaine $\mathscr{D}'$ extérieur (c'est à dire s'étendant à l'infini, mais avec frontière S bornée) et supposons d'abord S *normale*, c'est à dire régulière en chacun de ses points: la fonction harmonique v (supposée, comme nous l'avons dit, nulle à ∞) qui prend la valeur constante 1 sur S s'appellera *potentiel conducteur* (ou encore, potentiel *capacitaire*) de S et, dans le domaine borné $\mathscr{D}$ complémentaire de $\mathscr{D}'$, sera par définition prise identiquement égale à 1.

Dans tout le domaine extérieur à S, elle sera comprise entre 0 et 1, de sorte que si une fonction u harmonique dans ce domaine est, sur S, comprise entre H et—H on aura, dans tout le domaine en question

$$|u|\leqslant H$$

Si v admet, sur S, des dérivées normales extérieures (forcément non positives), la dérivées normales intérieure étant identiquement nulle, la quantité

$$c=\frac{1}{4\pi}\iint_{s}\frac{\mathrm{d}v}{\mathrm{d}n_{c}}\,\mathrm{d}S \tag{26}$$

(ou dans le plan, $\frac{1}{2\pi}\int_{s}\frac{\mathrm{d}v}{\mathrm{d}n_{e}}\,\mathrm{d}S$) représentera la masse totale répartie sur S qui donne le potentiel v et dont la densité en chaque point est $\frac{1}{4\pi}\frac{\mathrm{d}v}{\mathrm{d}n_{e}}$ ou $\frac{1}{2\pi}\frac{\mathrm{d}v}{\mathrm{d}n_{e}}$. L'intégrale précédente peut d'ailleurs être prise le long d'une surface enveloppante S'; elle est, en vertu de (D) (n° **31**), indépendante du choix de cette surface. En la prenant infiniment grande, on voit que (26) n'est autre que la constante M qui figure dans les formules (8′) du n° **35**, par conséquent aussi que la limite

$$c = \lim rv \tag{27}$$

Si une surface fermée S_1 comprend à son intérieur une autre surface analogue S_2, son potentiel conducteur v_1 sera, en tout point extérieur P, plus grand que celui de S_2 puisque sur S_1, le premier prendra la valeur un et le second des valeurs plus petites que un. Il en résulte, d'après (27), que la capacité de S_1 sera plus grande que celle de S_2.

Ce qui précède est subordonné à deux conditions, savoir:

1° que S soit normale, de manière à ce qu'on puisse déterminer le Potentiel conducteur par la résolution d'un problème de Dirichlet au sens classique;

2° que ce potentiel conducteur admette, le long de S, des dérivées normales extérieures.

L'une comme l'autre de ces deux conditions peut être en défaut. Mais la première sera remplie si, conformément à la méthode de Wiener, nous remplaçons S par une surface enveloppante normals S_n aussi voisine qu'on le voudra d'ailleurs de la première, après quoi la seconde le sera si l'on remplace à son tour S_n par n'importe quelle surface enveloppante S'_n, laquelle sera tracée dans une région où le potentiel conducteur sera indéfiniment dérivable. Au total, les surfaces S'_n tendront vers S et si nous prenons chacune d'entre elles intérieure aux précédentes, les potentiels conducteurs, essentiellement positifs, iront constamment en décroissant et il en sera de même des capacités; de sorte qu'on obtiendra le potentiel conducteur v de S (fonction harmonique) et sa capacité c par passage à la limite.

Ces opérations s'appliquent non seulement à un volume de E_3, mais à un ensemble borné quelconque e pris dans cet espace. Toutefois, elles supposent implicitement que e est fermé, puisque les surfaces enveloppantes S_n contiennent à leur intérieur la frontière de e; et, si e n'est pas fermé, nous voyons que ce que l'on obtient ainsi est la capacité de la *fermeture* de e.

D'autres sortes de " capacités " on été définies et s'appliquent aux ensembles bornés les plus généraux①; mais les différences qui les distinguent n'interviennent pas tant qu'il ne s'agit que d'ensembles fermés.

60a. Le caractère géométrique de la notion de capacité apparaît et intervient d'une manière remarquable dans sa coïncidence avec celle de *diamètre transfini* d'un ensemble fermé $\mathfrak{M}$, qui fut créée par M. Fekete② pour le cas du plan, sans aucun rapport avec la théorie du potentiel et en vue d'une question d'Algèbre. $\mathfrak{M}$, étant considéré comme appartenant au plan complexe, soient pris, dans $\mathfrak{M}$, n points p_k et soit P le point qui fournit le maximum r_n

$$r_n = \max_{\mathfrak{M}} \sqrt[n]{\overline{P}_{p_1} \overline{P}_{p_2} \cdots \overline{P}_{p_n}} \tag{28}$$

de la moyenne géométrique des distances $\overline{P}_{p_k}$. Les points p_k variant à leur tour dans $\mathfrak{M}$, ce maximum aura un minimum—donc

① Que e soit fermé ou non, la méthode du texte donne la "capacité extérieure"; on peut d'autre part définir la "capacité intérieure" comme la borne supérieure des ensembles fermés contenus dans ε. Dans des cas très généraux, en particulier celui des ensembles ouverts et celui des ensembles fermés, ces deux capacités sont égales entre elles et on peut parler de "capacité" sans faire de distinction.

Une définition directe, c'est à dire applicable directement à un ensemble quelconque sans nécessiter de passage à la limite, a été donnée par M. de la Vallée Poussin: la capacité sera la borne supérieure des masses dont on peut charger l'ensemble sans que son potentiel dépasse nulle part l'unité. On démontre, à l'aide du "théoréme de choix" dont nous avons parlé au n° 45d, que, pour un ensemble fermé cette définition est d'accord avec celle du texte.

② *Math. Zeitschrift*, t. XVII(1923), p. 228.

minimum maximorum—dont la limite, pour $n \to \infty$, sera le "diamètre transfini" de $\mathfrak{M}$, : quantité qui intervient dans la distribution des racines des équations algébriques à coefficients entiers.

C'est plus tard, en passant du plan à l'espace—à savoir en remplaçant dans le logarithme de la quantité (**28**), lequel est un potentiel logarithmique, $\log 1/\overline{P}_{p_k}$ par $1/\overline{P}_{p_k}$ et $\log 1/r_n$ par $1/r_n$ que MM. Polya et Szegö① ont été conduits à une expression analogue qui coïncide avec la capacité. La notion obtenue par MM. Polya et Szegö s'applique d'ailleurs à son tour à plusieurs questions d'Analyse pure et de Théorie des nombres.

61. Moyennant la notion de capacité, N. Wiener obtient une condition nécessaire et suffisante de régularité en décomposant la région extérieure à $\mathscr{D}$ au voisinage de a par des sphères successives de centre a et de rayons en progression géométrique décroissante. Il y aura ou non régularité suivant qu'une certaine série formée avec les capacités de ces régions partielles sera divergente ou convergente.

62. Surtout, la notion de capacité permet de traiter la question fondamentale qui se pose après les considérations précédentes. Nous avons appris à rendre le problème de Dirichlet toujours possible en abandonnant certaines des conditions imposées à la fonction inconnue, celles-ci pouvant cesser d'être vérifiées en certains points spéciaux, dits "points irréguliers"; mais que subsistera-t-il du problème après cette modification? Restera-t-il déterminé? Ne pourrait-il arriver, par exemple, que tous les points de la frontière S soient irréguliers?

Disons tout de suite que cette dernière circonstance ne peut

① Polya et Szegö, *Journal de Crelle*, t. CLXV (1931).

pas se présenter. On démontre[①] que les points réguliers sont partout denses sur S, bien que cette propriété puisse aussi appartenir aux points irréguliers, ainsi que M. Vasilesco[②] en a construit un exemple.

Il importerait donc, nous le voyons, d'être renseignés sur les distributions possibles des points irréguliers. On avait cru au premier abord que ces points formaient un ensemble e de capacité nulle. On est obligé d'abandonner cette hypothèse, du moins d'après la définition donnée ci-dessus de la capacité et qui s'appliquerait à la *fermeture* de e: car la fermeture de e, dans le cas signalé par M. Vasilesco, comprendrait tout S. Mais on a pu démontrer[③] que *l'ensemble des points irréguliers est tel que chacun de ses sous-ensembles fermés soit de capacité nulle*[④].

62a. Or ce théorème d'Evans et Kellogg donne la réponse à la question posée tout à l'heure, à savoir: $e \subset S$ étant un ensemble qui possède la propriété précédente, *une fonction* u, *bornée et harmonique dans* $\mathscr{D}$, *nulle sur* $S-e$, *est identiquement nulle dans* $\mathscr{D}$.

C'est ce qui se démontre par une généralisation directe du

---

① Vasilesco, Journal de Math., 9e série, t. IX (1930), p. 81 et suiv. spéc[t], p. 103, n° 39.

② ibid. p. 104.

③ Théorème d'Evans et Kellogg: Evans. Proceed. Nat. Ac. of Sciences, t. XIX (1933), pp. 457-461.

④ Il suffit de faire cette démonstratin—voir le récent Rapport de M. Brelot à l'Université de Kansas, U. S. A. (Février 1955)—pour l'ensemble s_ε des points M de la frontière tels que $G(M,A) \geqslant \varepsilon > 0$, où A est, comme en 59b, un point intérieur fixe (ensemble vide si $\mathscr{D}$ est normal).

Supposons établi que s_ε est de capacité nulle quel que soit $\varepsilon > 0$. Si, dans ces conditions, nous considèrons un ensemble fermé e formé de points irréguliers M de la frontière, $G(M, A)$ aura, sur e, un minimum positif ε' et, par conséquent, e sera intérieur à un $s_{\varepsilon'}$, donc de capacité mulle comme lui.

raisonnement du n° **36a** , moyennant les deux remarques suivantes①:

1° Soit v le potentiel conducteur d'une surface σ. Si une fonction u harmonique dans l'espace extérieur $\mathscr{D}'_{\sigma}$ est au plus égale à H le long de σ, on aura, en tout point P de $\mathscr{D}'_{\sigma}$

$$u \leqslant Hv(P) \tag{29}$$

2° Soit d'autre part c la apacité de σ et soit $d>0$ la plus courte distance de P à σ. Une répartition de masses de total c donnera évidemment un potentiel au plus égal à celui qu'on obtiendrait en les rassemblant au point de σ le plus rapproché de P: on a donc forcément

$$v(P) \leqslant c/d \tag{30}$$

(et de même $v \geqslant c/d'$, en désignant par d' la plus longue distance du point P à σ).

Ces relations ont lieu non seulement dans le cas où l'on a les deux conditions de régularité précédemment spécifiées, mais dans le cas le plus général, que l'on ramène au premier par passage à la limite. Un ensemble e étant donné sur S, une surface enveloppante σ détachera de $\mathscr{D}$ une région $\delta = \mathscr{D} - (\sigma)$, en désignant par (σ) la région intérieure à σ. La frontière de $\mathscr{D} - \delta$ étant empruntée partie à $S-e$, partie à δ, une fonction harmonique u telle que $u<H$ et qui s'annule sur $S-e$ sera, en chaque point P de $\mathscr{D}-\delta$, inférieure à Hv où v désigne le potentiel conducteur de σ, lequel, à son tour, est limité par l'inégalité (30).

Si l'ensemble e est de capacité nulle (au sens précédemment indiqué), c et v tendront vers zéro lorsque σ se rapprochera indéfiniment de e, d'où $u=0$.

Mais, conformément à ce que nous avons vu tout à l'heure, nous ne pouvons pas nous borner aux ensembles fermés de capacité nulle, et n'avons le droit de supposer remplie, en ce

① Vasilesco, *La notion de capacité*, Paris Hermann (1937), pp. 8 et 12.

qui regarde e, que la condition du n° précédent. Soit donc $e \subset S$ tel que chacun de ses sous-ensembles fermés soit de capacité nulle, et soit encore la fonction u harmonique dans $\mathscr{D}$ et ayant sa plus grande limite nulle ou négative sur $S-e$. Pour $\varepsilon>0$ arbitrairement petit désignons par e_ε l'ensemble (compris dans e) des points où $\bar{u}$ serait supérieur ou égal à ε. *Cet ensemble est fermé*: car si, en un de ses pointslimites a, $\bar{u}$ avait une valeur inférieure à ε, cette quantite $\bar{u}$ n'y serait pas semi-continue supérieurement, contrairement à ce que nous avons vu au n° **49**. e_ε sera donc, d'après notre hypothèse, de capacité nulle. Il pourra être enveloppé de surfaces σ_n tendant vers lui et dont les capacités c_n tendront vers zéro. Détachons donc encore de $\mathscr{D}$ la région intérieure à σ_n, la partie restante δ_n ayant encore pour frontières une partie de S et une partie de σ_n. Sur la première, on aura $u<\varepsilon$; sur la seconde, nous supposerons u moindre (algébriquement) qu'un nombre fixe H. Dès lors, la fonction harmonique

$$U=\varepsilon+Hv_n$$

sera, sur chacune de ces deux frontières partielles et, par conséquent, dans tout $\mathscr{D}-\delta_n$ supérieur à u.

Or en un point déterminé quelconque P pris dans $\mathscr{D}$, cette quantité peut être rendue aussi voisine de zéro qu'on le veut en choisissant convenablement ε et σ_n.

Donc, dans les conditions indiquées, u sera certainement non positive dans tout $\mathscr{D}-\delta_n$ donc finalement dans tout $\mathscr{D}$; le maximum de u pouvant toujours être ramené à zéro sans diminution de la généralité, nous voyons que *le maximum et le minimum d'une fonction harmonique bornée u dans $\mathscr{D}$ sont les mêmes que son maximum et son minimum sur $S-e$, si e est un ensemble dont tout sous ensemble fermé est de capacité nulle.*

Deux fonctions harmoniques prenant les mêmes valeurs sur $S-e$ coïncident dans tout $\mathscr{D}$.

Ceci justifie la qualification d'ensemble *impropre* (sous-entendu " à définir par ses valeurs une fonction harmonique ") attribuée à cet ensemble pris sur S et satisfaisant à la condition introduite ci-dessus. Nous avons dit que cette condition est remplie par l'ensemble des points irréguliers.

§7 LES "POINTS IDÉAUX" DE R. S. MARTIN

La résolution du problème de Dirichlet dans un domaine donné aboutit à attribuer à chaque ensemble s de la frontière S, étant donné d'autre part un point intérieur déterminé quelconque P, une " mesure harmonique" $\mu(s)$ telle qu'une distribution donnée quelconque $\bar{u}$ de valeurs sur S définit une fonction harmonique dans $\mathscr{D}$ prenant en P la valeur **SS** $\bar{u}\, d\mu_p(s)$.

Si le domaine $\mathscr{D}$ est normal, c. a. d. si tous les points de S sont réguliers et si de plus la fonction de Green en un quelconque a de ces points y admet une dérivée normale, la mesure harmonique s'exprime à l'aide de cette dérivée normale.

Les cas autres que celui-là ont fait l'objet de recherches récentes qui en ont permis l'étude en les envisageant sous un point de vue nouveau. C'est à quoi M. R. S. Martin① arrive en adjoigant à un point frontière a des points frontières fictifs ou "points idéaux", correspondant aux diverses valeurs limites que peut atteindre, lorsque le point intérieur M tend vers a de diverses façons, une certaine fonction de ce point (la limite étant unique et par conséquent les points idéaux n'ayant pas à intervenir si l'on est dans le cas normal envisagé en premier lieu).

Nous n'insisterons pas sur cette nouvelle conception et nous nous contenterons de la signaler en renvoyant aux travaux qui lui

① *Transactions of the American Math. Soc.*, t. XLIX (1941), p. 157.

ont été consacrés[1].

CHAPITRE III
DISCUSSION DU RÉSULTAT DE CAUCHY

§1 CONTRADICTION

63. Les deux types de problèmes considérés au Chapitre précédent ne sont pas les seuls dont on ait à s'occuper. Mais il convient d'insister sur eux pour le moment, car ils font apparaître une contradiction qui, chose singulière, n'avait pas été relevée jusqu'à une date récente, mais qui n'en est pas moins flagrante, entre le résultat de Cauchy, établi par la démonstration irréprochable de Sophie Kowalewski, et ce que donne la théorie du problème de Dirichlet et de ses analogues.

Nous avons déjà mis cette contradiction en évidence au n° **37**. Si la connaissance des valeurs numériques de u aux différents points de S est, par elle-même, suffisante à déterminer la fonction inconnue dans le volume $\mathscr{D}$, on n'a évidemment aucun droit d'imposer à u une condition additionnelle quelconque, et, par conséquent, on ne peut pas, outre les valeurs de u, choisir arbitrairement celles de $\mathrm{d}u/\mathrm{d}n$ le long de S. On peut, d'ailleurs, écrire effectivement, entre ces deux séries de valeurs, une infinité de relations qui doivent être vérifiées pour qu'une fonction harmonique correspondant à de telles données puisse exister. Un point quelconque a extérieur à $\mathscr{D}$ fournit une telle relation, puisque, si on appelle r la distance de a à un point arbitraire M de S, on doit avoir l'identité bien connue (n° **31a**.)

---

[1] *Brelot*, *Journ. Math.*, t. XXXV, 1956.

Thèse de Melle Naim: sur le rôle de la frontière de R. S. Maitin dans la théorie du potentiel (Ann. Inst. Fourier, 7,183-281 (1957).

$$\iint\left(u\frac{\mathrm{d}\frac{1}{r}}{\mathrm{d}n}-\frac{1}{r}\frac{\mathrm{d}u}{\mathrm{d}n}\right)\mathrm{d}S=0 \qquad (1)$$

Comment se fait-il que, au contraire, les conclusions de Cauchy-Kowalewski conduisent à un choix arbitraire, en chaque point de S, non seulement de u, mais aussi d'une de ses dérivées premières, telle que la dérivée normale $\mathrm{d}u/\mathrm{d}n$?

Une première explication apparaît: le théorème de Cauchy ne prouve l'existence de la solution du problème de Cauchy que dans le voisinage de la surface S et même, en général, d'une portion limitée de cette surface, tandis que, pour le problème de Dirichlet, la solution doit exister dans l'étendue entière de $\mathscr{D}$. C'est ce qui ne peut avoir lieu si l'on n'a pas les relations (1).

En outre, il existe, entre les deux types de frontière, une différence de nature topologique: la surface S ou plutôt la portion de S qui porte les données dans le problème de Cauchy tel que le traite Sophie Kowalewski, est ouverte, tandis que les données du problème de Dirichlet sont relatives à une surface fermée①.

63a. La double circonstance que nous venons de rappeler suffit-elle à éclaircir l'antinomie dont il s'agit? Nous allons voir

① Que ce caractère topologique joue, en l'espèce, un rôle essentiel, c'est ce qui apparaît clairement dans le cas d'une équation différentielle ordinaire considéré au n° 3(1°), (note). Soit, par exemple, une équation différentielle ordinaire linéaire du second ordre. Les données de Cauchy sont au nombre de deux, à savoir u et $\mathrm{d}u/\mathrm{d}x$ pour $x=a$. Mais si, comme au n° 3 on opère dans un intervalle fermé et que l'on se donne la valeur de u et elle seule aux extrémités de cet intervalle, on a bien ainsi *deux* données, nombre qui convient pour déterminer les constantes d'intégration.

Toutefois, si l'on n'imposait pas à la solution du problème de Dirichlet la condition d'exister et d'être régulière dans tout $\mathscr{D}$, le fait, pour S d'être fermée n'empêcherait pas le problème d'être résolu par le théorème de Cauchy-Kowalewski: car on aurait un élément de solution dans voisinage de chaque petite région de S et (n° 19) ces divers éléments se prolongeraient les uns les autres.

qu'il n'en est rien et que le théorème de Cauchy-Kowalewski, toute rigoureuse qu'en soit la démonstration, est faux dans les conditions où on a souvent voulu l'utiliser.

La démonstration de Sophie Kowalewski part, en effet, des développements des diverses données (équations aux dérivées partielles et données aux limites) en séries de Taylor; c'est dire qu'elle suppose toutes ces données fonctions analytiques et holomorphes, dans un système de domaines convenablement choisis, par rapport aux variables qu'elles contiennent. Cette hypothèse d'analyticité une fois faite, la démonstration ne souffre plus aucune difficulté. Mais il y a là une hypothèse particulière dont le rôle avait été méconnu non seulement à l'époque de Cauchy, de Weierstrass et de Sophie Kowalewski, mais de longues années parès.

Cette erreur s'explique par l'exemple tout analogue au premier abord qu'offre le cas des équations différentielles ordinaires. Après avoir (**12**) indiqué une méthode de Calcul des limites dont celle de Sophie Kowalewski Goursat représente l'analogue, nous avons vu (**13**) qu'on peut également intégrer l'équation par la méthode de Cauchy-Lipschitz ou par la méthodes ne suppose plus le second membre de l'équation analytique, mais n'exige, à son égard, que des conditions de régularité très simples (continuité précisé par la condition de Lipschitz).

Il était tentant d'espérer retrouver, dans le problème aux dérivées partielles, des résultats analogues aux précédents. C'était cependant une idée fausse①. Pour en juger, il convient

---

① Si l'on était parvenu à indiquer, pour la résolution du problème de Cauchy dans le cas actuel, une méthode analogue à celle du n° 13, il en résulterait l'existence de la solution même quand les données ne sont pas analytiques. Il a été tenté des essais dans ce sens: il va sans dire que, au moins dans le cas général, de tels essais étaient voués nécessairement à l'échec.

de se débarrasser des deux circonstances-surface S fermée et existence de la solution dans tout le volume $\mathscr{D}$ qui y est contenu-qui avaient occasionné les conditions de possibilité (1). Plaçonsnous donc dans des conditions absolument comparables à celle où se place la théorie de Cauchy-Kowalewski, c'est-à-dire donnons nous u et $\frac{\partial u}{\partial x}$ non plus sur toute une surface fermée, mais sur une portion de surface ou (dans le cas de deux variables indépendantes) sur une portion de ligne S, l'inconnue n'étant recherchée que dans le voisinage de cette surface ou de cette ligne.

1° Posons nous d'abord le problème *bilatéral*, c'est-à-dire cherchons deux fonctions harmoniques u' et u'' répondant respectivement à la question dans les domaines R' et R'' situés de l'un et de l'autre côté de S. D'après le théorème de Duhem (**34**), les fonction u' et u'' sont le prolongement analytique l'une de l'autre: elles forment, par leur ensemble, une seule et même fonction harmonique définie dans tout l'intérieur de $R'+R''$. Si donc la portion de surface ou de ligne S est analytique, il faut que la distribution de valeurs données tant pour u que pour sa dérivée normale y soit également analytique, sans quoi, le problème est impossible.

64. 2° Il est à présumer que non seulement le problème bilatéral est impossible, mais qu'il en sera en général, de même pour chacun des problèmes *unilatéraux* dont il est la réunion: car il n'y aura pas de raison pour que l'un admette une solution plutôt que l'autre, si les données en sont prises au hasard.

Nous allons démontrer rigoureusement cette conclusion dans le cas où S est une portion de plan ou (dans le cas de deux variables indépendantes) une portion de droite.

En effet, nous pouvons satisfaire, le long de S, à la première série de conditions de Cauchy, c'est-à-dire aux conditions de Dirichlet: nous avons en effet (n° **41**) résolu le problème de Dirichlet pour le plan ou la droite la solution u_0 en étant fournie, au facteur $\frac{1}{2\pi}$ *ou* $\frac{1}{\pi}$ près, par le potentiel d'une double couche étalée sur S et de densité partout égale à la donnée $\bar{u}$. Posons alors $u=u_0+v$: nous sommes ramenés, pour trouver v, au cas où la première série de données est identiquement nulle sur S, soit, si S est une portion du plan des yz

$$\left.\begin{aligned} &v(o, y, z)=0 \\ &\frac{\partial v}{\partial x}(o, y, z)=h(y, z) \end{aligned}\right\} \quad (\text{sur } S)$$

Quant à présent, la fonction v n'est supposée définie que d'un côté du plan, soit $x \geqslant 0$. Définissons-la maintenant de l'autre côté de S par la relation identique

$$v(-x, y, z)=-v(x, y, z)$$

c'est-à-dire par la condition d'être impaire en x. Cette définition respecte la condinuité de la dérivée normale $\frac{\partial v}{\partial x}$ au passage du plan $x=0$. Quant à v lui-même, le long de ce plan, il est également continu, à savoir nul. Le théorème de Duhem est donc encore applicable et la fonction v, définie tant d'un côté que de l'autre du plan, est harmonique et analytique: il y aurait donc impossibilité si la distribution des valeurs h de $\frac{\partial v}{\partial x}$, le long de S (à l'exception peut-être du contour), n'était pas analytique.

Ainsi, dans le cas du problème unilatéral, les valeurs de la première donnée $\bar{u}$ ayant été assignées, celles de $\frac{\partial v}{\partial x}$, pour que le problème soit possible, sont déterminées à l'addition près d'une fonction analytique.

65. On a été tenté de passer outre à la difficulté que nous venons de rencontrer en se fondant sur le fait que les fonctions $u_0(y)$, $u_1(y)$ qui, pour l'équation ($\mathscr{L}_2$) par exemple, réprésentent les données de Cauchy, peuvent, même si elles n'étaient pas analytiques, être approchées d'aussi près qu'on veut par des fonctions analytiques-par des polynômes, d'après le théorème classique de Weierstrass-et en effet, cette objection a été parfois opposée aux considérations précédentes.

C'est commettre une erreur sur la position de la question. Il ne s'agit pas de savoir si, en remplaçant u_0, u_1 par des polynômes d'approximation on altérerait très peu les *données* du problème, mais si on altérerait très peu la *solution*. Or les deux questions ne sont ici nullement équivalentes: en d'autres termes, la solution du problème de Cauchy, pour l'équation de Laplace ($\mathscr{L}_2$), n'est pas, comme nous l'avons demandé, continue (même d'ordre supérieur) par rapport aux données.

Si elle l'était, d'ailleurs, ou tout au moins si cette continuité avait lieu non seulement pour u lui-même, mais aussi pour ses dérivées des deux premiers ordres, la possibilité du problème dans le cas général en résulterait. En effet, remplaçant les deux données $u_0(y)$, $u_1(y)$ par des polynômes d'approximations $P_0(y)$, $P_1(y)$, avec des erreurs inférieures en valeur absolue à un nombre arbitrairement petit ε non seulement sur ces fonctions elle-mêmes, mais sur leurs dérivées premières et secondes, le problème de Cauchy ainsi modifié admettrait une solution v', laquelle en resserrant indéfiniment les approximations de manière à faire tendre ε vers zéro, tendrait vers une limite v, qui répondrait à la question. Nous sommes dès maintenant certains qu'il ne peut en être ainsi.

On peut voir d'ailleurs directement sur un exemple que même dans le cas où elle existe, *la solution du problème de Cauchy relatif à l'équation de Laplace n'est plus continue par rapport aux données*, au sens du n° **11**: fait qui, comme nous l'avons dit, suffit pour qu'il n'y ait pas lieu de considérer ce problème comme bien posé.

Pour le voir, reprenons le problème pour l'équation ($\mathscr{L}_2$) et la frontière rectiligne $x=0$, les données étant, le long de cette droite

$$u(o, y)=0, \frac{\partial u}{\partial x}(o, y)=h(y)$$

Si nous prenions $h(y)$ identiquement nulle, la solution-nous verrons plus tard qu'elle est nécessairement unique-serait elle-même identiquement nulle. Prenons maintenant

$$h(y)=A\sin(ny) \tag{2}$$

en désignant par n un nombre auquel nous donnerons des valeurs de plus en plus grandes et par A un coefficient variable avec n. Si ce coefficient tend vers zéro, il en sera de même, et cela uniformément, de $h(y)$. Le prblème de Cauchy ainsi posé et qui est à données holomorphes a une solution, laquelle est

$$u= (A/n) \sin (ny) \operatorname{sh} (nx) \tag{3}$$

Donnons maintenant à x une valeur déterminée x_0 différente de zéro, positive par exemple. Le sinus hyperbolique augmente alors indéfiniment avec n, et cela comme e^{nx_0}. Si donc A ne tend vers zéro, par exemple, que comme l'inverse d'une puissance de n, la valeur précédente de u, loin de tendre vers zéro, augmentera indéfiniment. La surface représentée en coordonnées rectangulaires x, y, u par l'équation (3) aura une apparence "tuyautée" et ce tuyautage, insensible au voisinage immédiat de l'axe des y, sera d'amplitude indéfiniment croissante avec n dès qu'on ne sera pas sur cet axe. En un mot, l'expression (3) ne dépend pas continument du choix de la fonction $h(y)$.

Elle n'est même pas continue d'ordre supérieur quelconque p: car la dérivée $p^{\text{ème}}$ de l'exprssion (2) renferme, comme coefficient de la ligne trigonométrique, la quantité $A_n n^p$. Pour A_n égal à $1/n^q$ avec $q \geqslant p$, cette dérivée tendra donc vers zéro avec $1/n$: la donnée (2) aura, avec zéro, un voisinage d'ordre p, sans que la solution (3) cesse d'être indéfiniment crossante pour toute valeur de x différente de zéro. Si l'on prenait $A_n = e^{-\sqrt{n}}$, on aurait une quantité $h(y)$ ayant même, avec zéro, un voisinage d'ordre indéfiniment grand (c'est à dire tendant vers zéro ainsi que chacune de ses dérivées de tout ordre), sans que la solution (3) qu'on en déduirait cesse d'être indéfiniment croissante.

Tout ceci s'étend à l'équation ($\mathscr{L}_m$) à un nombre quelconque m de variables indépendantes. Ainsi:

Les solutions de ($\mathscr{L}_m$) sont analytiques dans l'intérieur de leur domaine d'existence;

La solution du problème de Cauchy n'existe pas, en général, si l'on ne suppose pas les données analytiques;

Lorsqu'elle existe, par exemple pour des données analytiques, elle n'est pas continue, de quelque ordre que ce soit, par rapport aux données.

Il est à noter que, comme il résulte des remarques précédentes, ces différents faits sont solidaires les uns des autres.

D'après un remarquable résultat dû à M. Pucci①, l'absence de continuité de la solution u du probléme de Cauchy considérée comme fonctionnelle des données initiales est solidaire du fait que cette solution est susceptible d'augmenter indéfiniment: M. Pucci constate que les choses changent si l'on connait une borne supérieure de la valeur absolue $|u|$.

On remarquera qu'il serait vain de rechercher, pour résoudre le problèe de Cauchy relatif à l'équation de Laplace, des formules analogues à celle que nous avons indiquée au n° **28** du Chapitre Ⅰ: de telles formules ne sauraient exister, puisqu'elles entraineraient la continuité par rapport aux données, alors que, nous le savons, cette continuité n'existe pas.

65a. Une objection peut être imaginée. Ne pourrait-il arriver que le problème de Cauchy relatif à l'équation de Laplace devienne indéterminé? S'il en était ainsi, notre réssultat ne nous empêcherait pas, conformément à ce que nous avons dit an n° **11** de considérer la prlblème comme bien posé.

① *Rendic. Acc. Lincei.*, V. XVIII. 1er Sem., 1995, p. 473.

Mais c'est ce qui ne peut avoir lieu: nous verrons, d'une manière générale, que la solution du problème de Cauchy est unique tant que le support des données n'est pas caractéristique.

66. On ne s'étonnera pas de constateer, sur d'autres points encore que ceux qui précèdent (quoique en relation avec eux) des différences essentielles entre les propriétés de l'équation aux dérivées partielles de Laplace et celles des équations différentielles ordinaires. Pour ces dernires, on sait que les solutions ne peuvent admettre d'autres singularités que celles des coefficients. On pourrait présumer que telles seraient aussi les seules singularités des solutions d'une équaion linéaire aux dérivées partielles, du moins en leur adjoignant celles qui pourraient provenir (suivant une loi qui apparaîtra plus loin) des singularités des données aux limites. Les choses se passent tout différemment, comme le montre l'exemple de la quantité $\frac{1-x}{(1-x)^2+y^2}$ [= partie réelle de $1/(1-x-iy)$] dont la valeur, pour $x=0$ (savoir $1/(1+y^2)$ ainsi que la valeur de sa dérivée $\left(\frac{\partial u}{\partial x}\right)_{x=0}$ savoir $\frac{1-y^2}{(1+y^2)^2}$, est holomorphe pour tout y réel et qui cependant admet la singularité $x=1$, $y=0$.

Dans le même ordre d'idées, soit pris (avec g toujours nul) $h(y)=\Sigma A_n \sin(ny)$, les A_n étant par exemple supposés finis (avec lim. sup. $\sqrt[n]{A_n}>0$) et étant, à cela près, pris au hasard. Un tel problème de Cauchy aura une solution que nous pourrons réduire, pour $x>0$, à $\sum A_n \sin ny \, e^{nx}$. Or la série[①] $\sum A_n e^{nx}$, série entière en $X=e^x$, a pour rayon de convergence e et aussi son cercle de convergence comme coupure, d'après un résultat connu, ce qui montre que cette solution du problème de

① Les termes en exp. $(-nx)$, tendant vers zéro très rapidement pour tout x positif, donnent une série entière nécessairement holomorphe.

Cauchy cesse certainement d'exister pour les valeurs de x supérieures à 1 (quel que soit y), sans quoi elle serait analytique et son développement en série entière holomorphe, au lieu qu'elle admet $X=e$ comme point singulier.

§ 2 RELATION AVEC UN PROBLÈME DE PROLONGEMENT

67. Après avoir constaté sans difficulté l'impossibilité (en général) du problème bilatéral de Cauchy pour l'équation ($\mathscr{L}_m$), nous avons pu en déduire (n° **64**) une conclusion analogue concernant le problème unilatéral pour des données portées par un plan tel que $x=0$, grâce au fait qu'une solution de ($\mathscr{L}_m$) définie d'un côté d'un tel plan peut être prolongée de l'autre côté①.

Ces considératins trouvent-elles leurs analogues pour des formes plus générales de la courbe, de la surface ou (si $m \geqslant 4$) de l'hypersurface S qui porte les données? La question est, on le voit, d'étendre à ces nouvelles conditions le prolongement d'une solution définie d'un côté de S. Elle a été posée par Painlevé (*Thèse* Chap. Ⅱ) et résolue par l'affirmative pour le cas des fonctions analytiques d'une variable. D'une manière générale, S étant supposée analytique, le théorème à établir est la possibilité

---

① M. Serge Bernstein (*Math. Ann.*, t. LXII, 1906, p. 253) démontre, pour l'équation très générale à deux variables indépendantes et du type elliptique $r+t=f(x, y, u, p, q)$ (en désignant par f une fonction analytique) la possibilité du prolongement de toute solution qui prend, sur le contour, une suite de valeurs analytiques. Mais il s'agit d'un contour fermé constitué *sur tout son parcours*, *par une ligne analytique unique et tout le long duquel* la suite des valeurs de u est analytique, au lieu que la méthode du texte, en ce qui concerne l'équation de Laplace ($\mathscr{L}_m$), suppose seulement u analytique sur un *arc* analytique faisant partie du contour. Ces hypothèses, beaucoup moins restrictives, suffisent, pour l'équation générale comme pour ($\mathscr{L}_m$), affirmer la possibilité du prolongement dans le voisinage de l'arc en question.

du prolongement toutes les fois que les valeurs de la solution u en question sont distribuées analytiquement (sans hypothèse, cette fois, sur celles de la dérivée normale).

Ce fait se constate aisément pour l'équation plane ($\mathscr{L}_2$), car le cas de n'importe quelle ligne régulièrement analytique S se ramène à celui de S se ramène à celui de S rectiligne par une transformation conforme, celle-ci restant analytique① jusque le long de S.

Il faut opérer autrement pour $m>2$ et faire tout d'abord intervenir un théorème dû à Bruns②, d'après lequel est analytique, dans le voisinage d'une variété analytique S, le potentiel d'une double couche portée par S et d'épaisseur distribuée analytiquement sur S.

C'est ce que l'on va déduire sans difficulté du théorème de Cauchy-Kowalewski. Celui-ci nous enseigne en effet l'existence d'une fonction harmonique prenant le long de S ou, plus exactement, d'une portion déterminée σ de S les mêmes valeurs que l'épaisseur donnée, avec, une dérivée normale nulle tout le long de σ. Dans le domaine d'existence de la fonction ainsi construite, on peut tracer une surface auxiliaire σ' délimitant avec la première un volume $\mathscr{D}$ dans lequel la fonction harmonique vérifie l'identité (E') du n° **31** a. Notre double couche sera ainsi

① Partant des équations paramétriques, supposées analytiques, de S, soit (t_1, t_2) un intervalle de valeurs du parametre t, auquel correspond un arc de S. En donnant à t des valeurs complèxes à partie réelle comprise dans cet intervalle et à partie imaginaire assez petite, la région ainsi définie du plan des t sera, par la fonction $x+iy$ de t, représentée conformément sur une région R voisine de l'arc S; cette représentation sera biunivoque puisque $x'+iy'$ sera $\neq 0$ sur l'arc S et par conséquent aussi dans tout le voisinage.

② La même propriété appartient à un potentiel de simple couche à densité distribuée analytiquement et se démontre de la même façon.

remplacée par la somme algébrique d'un optentiel de simple couche et d'un potentiel de double couche portés par σ': toutes quantités holomorphes dans le voisinage de σ.

68. D'après le résultat ainsi établi, celui que nous avons en vue sera démontré si nous pouvons mettre les valeurs données u le long de S sous forme d'un potentiel de double couche portée par S et distribuée analytiquement ($\frac{\mathrm{d}u}{\mathrm{d}n}$ étant donc fonction analytique de l'arc de S ou des coordonnées curvilignes sur S).

C'est à quoi l'on arrivera par la méthode de Liouville-Neumann①: méthode qui donnera des opérations convergentes-avec convergence comparable à celle d'une progression gémétrique décroissante-si on l'applique dans une portion S_1 de S suffisamment restreinte. Ceci peut se faire sans diminution de la généralité: car en un point de S_1—plus exactement, dans tout l'intérieur de S_1—le potentiel de simple ou de double couche dû à $S-S_1$ est holomorphe.

La question ne se poserait même pas pour une équation intégrale (où la lettre s, de même que s_0, peut représenter soit la coordonnée unique, soit collectivement les coordonnées d'un point variable)

$$\mu(s_0)=\mathbf{S}\mu(s)K(s, s_0)\mathrm{d}s+f(s_0) \tag{4}$$

dont le noyau $K(s, s_0)$ serait fonction holomorphe② de s_0. Ce

---

① Nous parlons de la méthode de Liouville-Neumann, à l'exclusion des autres voies par lesquelles nous avons vu qu'on peut former la solution du problème de Dirichlet. Il s'agit, en effet, d'être assuré non seulement que cette solution existe, mais qu'elle peut être représentée par un potentiel de double couche.

② Plus exactement, fonction uniformément holomorphe de s_0, c'est-à-dire dont le développement admet une majorante indépendante de s_0.

cas est en particulier① celui du problème de Dirichlet pour l'équation ($\mathscr{L}_2$), que nous avons d'ailleurs appris ci-dessus à traiter par représentation conforme.

Mais il en est autrement② pour un nombre de dimensions $m \geqslant 3$ ou même, dans le plan, pour les équations du type elliptique (voir Chap. suivant) autres que ($\mathscr{L}_2$). Il faut alors prendre, dans l'équation intégrale (4)③

$$K=K(x;a)=\frac{\mathrm{d}}{\mathrm{d}n}[U(x;a)\chi(r)]=U\chi'(r)\cos(r,n)+V\chi(r) \tag{5}$$

$$U \text{ holomorphe}, \ V=\frac{\mathrm{d}U}{\mathrm{d}n};\ \chi(r)=\begin{cases}\log(1/r) & (m=2)\\ 1/r^{m-2} & (m\geqslant 3)\end{cases}$$

---

① L'équation intégrale définissant μ en fonction de l'arc s du contour est

$$\mu(s_0) = \frac{1}{\pi}\int \mu(s)\ d\log\frac{1}{r}/\mathrm{d}n\quad \mathrm{d}s + f(s_0)$$

où r est la distance des deux points définis respectivement, sur le contour, par les deux valeurs s et s_0 de l'arc et n la normale au premier d'entre eux.

Or l'arc étant supposé analytique et régulier, la quantité $\mathrm{d}\log\frac{1}{r}/\mathrm{d}n$ est fonction holomorphe de s_0 même si s_0 et s sont à prendre sur le même arc de S. Pour examiner le cas de valeurs de s_0 voisines de s, il suffit de remarquer que $\mathrm{d}\log\frac{1}{r}/\mathrm{d}n$ est égal à $\frac{\mathrm{d}\theta}{\mathrm{d}s}$ en désignant par θ l'angle que fait la corde ss_0 avec une direction indépendante de s par exemple avec la tangente au point d'abscisse curviligne s_0. Mais, les coordonnées rectangulaires x, y du point s rapportées à cette tangente et à la normale au même point étant holomorphes en s, s_0, il en est de même de

$$\theta=\text{arc tg } y/x=(y/x)-(1/3)(y/x)^3+(1/5)(y/x)^5-\cdots$$

② Nous avions cur (*Bull. Soc. Math. Kazan*, 1927: fascicule consacré au centenaire de Lobatschewski) pouvoir tirer la même conséquence dans le cas de l'équation du second ordre et du type elliptique la plus générale. Cette extension n'est pas légitime.

③ Nous considérons en ce moment des équations ne différant de ($\mathscr{L}_2$) ou de ($\mathscr{L}_3$) que par des termes du premier ordre ou non différentiés. $UX(r)$ ou $UX(r)+$ fonct. holom. est alors la solution élémentaire (Cf. Chap. suivant) de l'équation.

68a. Dans ces nouvelles conditions, on peut encore adopter un domaine d'intégration assez restreint pour que la condition **S** $|K(s,s_0)|\,ds \leqslant J<1$ du **106a** assurant l'existence de la solution, soit remplie. Mais on ne peut pas appliquer directement la différentiation sous le signe **S** à l'intégrale (4). Nous plaçant d'abord dans le plan, de sorte que **S** représente une intégrale simple–, on devra opérer séparément, dans chacun des intervalles partiels en lesquels l'intervalle d'intégration total (α_1, α_2) est partagé par la valeur s_0, le changement de variable $\pm(s-s_0)=\mathbf{s}$, d'où, en désignant par μ_1 le second membre de(4)

$$\mu_1(s_0) = \int_0^{s_1} K(s_0 - \mathbf{s},\ s_0)\mu(s_0 - \mathbf{s})\ d\mathbf{s} +$$

$$\int_0^{s_2} K(s_0 + \mathbf{s},\ s_0)\,\mu(s_0 + \mathbf{s})\ ds + f(s_0)$$

$$\mathbf{s}_j = \pm(\alpha_j - s_0)$$

chacun des deux premiers termes donnant alors, par rapport à un paramètre dont μ, U, V, f pourront avoir à dépendre, la dérivée

$$\int_0^{s_j} \mu(s_0 + \varepsilon\mathbf{s})\ DK(s_0 + \varepsilon\mathbf{s},\ s_0)d\mathbf{s} +$$

$$\int_0^{s_j} K(s_0 + \varepsilon\mathbf{s},\ s_0)\ D\mu(s_0 + \varepsilon\mathbf{s})d\mathbf{s} +$$

$$K(\alpha_j,\ s_0)\mu(\alpha_j)D\mathbf{s}_j,\ (\varepsilon = \varepsilon_j = (-1)^i) \qquad (6)$$

Dans les deux fonctions $\chi(r) = \log(1/r)$ et $\chi'(r) = -(1/r)$, nous allons pouvoir remplacer l'argument r par **s**: car r est développable en série entière suivant les puissances de **s**

$$r = \mathbf{s} + r_2\mathbf{s}^2 + r_3\mathbf{s}^3 + \cdots$$

les coefficients étant holomorphes en s_0 et le premier d'entre eux étant l'unité, de sorte que $(1/r) - (1/\mathbf{s})$ et $\log(1/r) - \log(1/\mathbf{s})$ sont holomorphes en s même pour $\mathbf{s}=0$. La première de ces deux quantités est d'ailleurs à multiplier par dr/dn, quantité holomorphe qui s'annule avec **s**. Moyennant ce remplacement dans $\chi(r)$ et $\chi'(r)$, ces deux quantités ne dépendront plus que de la variable d'intégration, en sorte que les termes de différentiation D correspondants n'existeront plus.

Prenons maintenant pour μ la solution de notre équation (4) et pour D l'opération

$$\delta=\frac{\partial}{\partial s'}+\mathrm{i}\frac{\partial}{\partial s''}\quad (s=s'+\mathrm{i}s'')$$

laquelle donne un résultat nul lorsqu'on l'applique à une fonction monogène au sens de Cauchy comme le sont U, V, $\mathrm{d}r/\mathrm{d}n$ et f. La quantité (6) se réduira à①

$$\sum_{j=1,2}\int_0^{s_j}\mathrm{K}(s_0+\varepsilon\mathbf{s},\ s_0)\ \delta\mu(s_0+\varepsilon\mathbf{s})\mathrm{d}\mathbf{s}$$

et devrait donner la valeur de $\delta\mu$. Or si $|\delta\mu|$ n'était pas nul, elle devrait avoir un maximum M' et, d'autre part, le second membre tel que nous venons de l'écrire serait inférieur à JM' en valeur absolue.

Donc $\delta\mu$ est identiquement nul et μ est une fonction holomorphe②.

69. Nous pouvons raisonner de même, avec des modifications convenables, dans le cas de $m=3$, c'est-à-dire de l'espace ordinaire. S est alors une surface le long de laquelle les coordonnées x^j ($j=1,2,3$) s'expriment en fonction de deux

---

① La fonction μ ou les fonctions μ_k n'étant pas supposées analytiques, il convient de spécifier que, dans le plan ou (comme plus loin) dans l'espace des variables complexes, les intégrations sont à exécuter suivant des chemins rectilignes.

Les parties imaginaires de nos variables étant prises inférieures en valeur absolue à une quantité très petite, un tel allongement des chemins ne troublera pas l'inégalité que nous avons imposée à J.

② Les itérées successives

$$\mu_k(s_0)=\int\mu_{k-1}(s)\ K(s,\ s_0)\mathrm{d}s+f(s_0)$$

ne sont pas analytiques s'il n'en est pas ainsi pour la fonction de départ μ; mais elles le deviendront à la limite: car la même relation donnera

$$M'_k=\max.\ |\delta\mu_k|<JM'_{k-1}$$

paramètres (coordonnées curvilignes) s, t, chaque point x de S correspondant à un point d'une certaine aire σ du plan des s, t et les trois déterminants fonctionnels $D_1=\frac{D(x^2, x^3)}{D(s, t)}$, $D_2=\frac{D(x^3, x^1)}{D(s, t)}$, $D_3=\frac{D(x^1, x^2)}{D(s, t)}$ de deux des x par rapport à s et à t ne s'annulant jamais à la fois: fonctions holomorphes si, comme nous le supposons, la surface S est régulièrement analytique. a^1, a^2, a^3 étant les coordonnées cartésiennes et s_0, t_0 les coordonnées curvilignes correspondantes d'un point A intérieur à S, les quantités analogues x^j relatives à un second point de S auront des développements de la forme

$$x^j-a^j=\xi_{10}\mathbf{s}+\xi_{01}\mathbf{t}+\cdots+\xi_{pq}\mathbf{s}^p\mathbf{t}^q+\cdots \tag{7}$$

($s=s_0+\mathbf{s}$, $t=t_0+\mathbf{t}$), où les coefficients ξ_{10}, ξ_{01} des termes du premier degré en $\mathbf{s}$, $\mathbf{t}$ ne sont autres que les dérivées des x par rapport à s, t au point A, de sorte que, dans la valeur de $r^2=\sum_j (x^j-a^j)^2$, les termes du moindre degré constituent une forme définie

$$E\mathbf{s}^2+2F\mathbf{st}+G\mathbf{t}^2$$

dont les coefficients ne sont autres que ceux de l'élément linéaire de S. On peut supposer cette dernière représentée conformément sur le plan, laquelle représentation sera analytique. Si, comme nous allons le faire dans le raisonnement qui va suivre, on désigne indistinctement par P_p des développements convergents ordonnés suivant les puissances de $\mathbf{s}$, $\mathbf{t}$ et débutant par des termes de degré p, on pourra écrire

$$r^2=H(\mathbf{s}^2+t^2)+P_3$$

H étant une fonction holomorphe de s_0, t_0. En posant $\mathbf{s}=\rho\cos\theta$, $\mathbf{t}=\rho\sin\theta$ de manière à passer aux coordonnées polaires de pôle A, la quantité

$$(1+Q)^{-1/2},\ \left(Q=\frac{1}{H}\frac{P_3}{\mathbf{s}^2+\mathbf{t}^2}\right) \tag{8}$$

coefficient de $1/\rho$ dans l'expression de $1/r$, sera développable en série entière convergente en ρ, du moins sous la condition que la quantité Q soit en valeur absolue inférieure à l'unité.

Or P_3, reste de la formule de Taylor développant r^2 et arrêtée au second ordre, s'exprime par un polynôme homogène du troisième degré en **s**, **t** à coefficients dépendant des dérivées premières et secondes des x: Q est donc de l'ordre de ρ, le rapport Q/ρ ayant une borne supérieure que l'on peut assigner, et cela indépendamment de s_0, t_0, pour tout l'intérieur de l'aire σ supposée suffisamment restreinte.

D'antre part, l'élément dS de la surface aura la valeur $H\mathrm{d}\sigma$, en désignant par $\mathrm{d}\sigma=\rho\ \mathrm{d}\rho\ \mathrm{d}\theta$ l'élément de représentation plane.

Nous venons d'étudier, au point de vue qui nous intéresse, la quantité $1/r$. Considérons maintenant, au même point de vue, la dérivée normale

$$\mathrm{d}\frac{1}{r}/\mathrm{d}n=-\frac{1}{r^2}\cos(r,n)$$

$\mathrm{Cos}\,(r,n)=\frac{1}{H}\sum(x^j-a^j)\frac{\mathrm{d}x^j}{\mathrm{d}n}$ *est, quelle que soit la direction* n, *holomorphe en* ρ pour θ donné; si n est la normale à S, il s'annule avec ρ de sorte que $\rho\mathrm{d}\frac{1}{r}/\mathrm{d}n$ est holomorphe comme l'est $\frac{\rho}{r}$ et comme le sera par conséquent le produit **K** du noyau (5) par ρ.

Pour appliquer la méthode de Liouville à l'équation (4), nous devons former le second membre de celle-ci pour une fonction μ arbitraire, soit

$$\mu_s(s_0,t_0)=\int_0^{2\pi}\mathrm{d}\theta\int_0^{\rho_1}\mu(s_0+\rho\cos\theta,t_0+\rho\sin\theta)\,\mathbf{K}(s_0+\rho\cos\theta,t_0+\rho\sin\theta;s_0,t_0)\,\mathrm{d}\rho+f(s_0,t_0)$$

l'intégrale en ρ étant étendue à l'intervalle $(0, \rho_1)$, où ρ_1 est le segmentintercepté par le contour λ de σ sur la demi-droite de direction θ.

69a. Nous pouvons supposer l'aire arbitraire σ convexe et, pour fixer les idées, circulaire: ρ_1 sera alors fonction holomorphe de s_0, t_0 et $\zeta = e^{i\theta}$, à l'exception du cas où, à la fois, (s_0, t_0) serait un point de λ et la direction θ celle de la tangente en ce point. On écrira de même

$$\mu_{k+1}(s_0, t_0) = \int_0^{2\pi} d\theta \int_0^{\rho_1} \mu_k(s_0 + \rho\cos\theta, t_0 + \rho\sin\theta)\ \mathbf{K}s_0 + \rho\cos\theta, t_0 + \rho\sin\theta; s_0, t_0) d\rho + f$$

69b. Comme précédemment, ces itérées μ_K convergent, moyennant l'inégalité $J<1$, vers une fonction limite μ, solution de l'équation.

Soit maintenant à exécuter sur les quantités ainsi formées une opération de dérivátion D: nous aurons①

$$D\mu_{k+1}(s_0, t_0) = J_1 + J_2 + Df(s_0, t_0)$$

$$J_1 = \int_0^{2\pi} \mu(s_1, t_1)\ \mathbf{K}(s_1, t_1; s_0, t_0)\ D\rho_1 d\theta$$

$$(s_1, t_1 = s_0 + \rho_1\cos\theta, t_0 + \rho_1\sin\theta)$$

$$J_2 = \int_0^{2\pi} d\theta \int_0^{\rho_1} [\mu_k(s_0 + \rho\cos\theta, t_0 + \rho\sin\theta) D\mathbf{K}(s_0 + \rho\cos\theta, t_0 + \rho\sin\theta; s_0, t_0) + \mathbf{K} d\mu_k] d\rho$$

Si dans cette formule on change k en $k+1$, ce changement n'affectera pas $\mathbf{K}$ ni par conséquent la quantité $D\,\mathbf{K}$. La valeur de $D\mu_{k+1} - D\mu_k$ sera ainsi exprimée par la somme de l'intégrale double

① La circonstance particulière signalée au n° 69 a occasionné pour $D\rho_1$ un infini d'ordre 1/2 lequel ne compromet pas l'existence de l'intégrale par rapport à θ et la validité de la formule du texte.

$$\int_0^{2\pi} d\theta \int_0^{\rho_1} \mathbf{K}(D\mu_{k+1} - D\mu_k)\, d\rho = \iint \mathbf{K}(D\mu_{k+1} - D\mu_k)\, dS$$

et de deux intégrales l'une double, l'autre simple, portant sur $(\mu_{k+1}-\mu_k)$, lesquelles-d'après ce que nous savons sur la convergence des μ_k, seront $O(J^k)$, de sorte que

$$M'_k = \max |D\mu_{k+1} - D\mu_k| < JM'_{k-1} + O(J^k)$$

et que la série $\sum (D\mu_{k+1} - D\mu_k)$ convergera à la façon de $\sum kJ^k$, et cela uniformément. $D\mu$ a donc un sens et est solution d'une équation intégrale de même noyau que (4) dont elle se déduit par différientiation sous **S.**

Si nous prenons pour D l'opération S, tous les termes et coefficients holomorphes donneront des résultats nuls et l'on aura simplement, pour la même raison que précédemment dans le cas du plan

$$\delta\mu = \frac{\partial\mu}{\partial s'} + \mathrm{i}\,\frac{\partial\mu}{\partial s''} = 0$$

Ainsi, pour t constant, la valeur de μ sera fonction holomorphe de s. Si par exemple, sur le diagramme σ, on part du centre du cercle pris comme origine dans la direction de l'axe des s, la nouvelle valeur de μ s'exprimera par la série de Maclaurin en s dont les coefficients seront les dérivées partielles $\frac{1}{p!}\frac{\partial^p\mu}{\partial_s^{\,p}}$ à l'origine. Il en sera de même non seulement pour un déplacement quelconque le long de l'axe des t, mais pour un déplacement dans une direction réelle quelconque, sur lequel on pourra raisonner tout pareillement; par conséquent, la série de Maclaurin représentera μ dans tout l'intérieur du cercle σ et μ sera une fonction holomorphe: ce qui, comme nous l'avons vu, entraîne la possibilité de prolonger la solution u au delà de la ligne analytique S et la conséquence que nous avons déduite au n° **64** sur l'impossibilité, en général, du problème de Cauchy non seulement bilatéral, mais même unilatéral.

§ 3 INTERPRÉTATION PHYSIQUE ET ANALYTIQUE. DIVERS TYPES D'ÉQUATIONS

70. Nous voyons combien l'énoncé, au premier abord si général, de Cauchy-Kowalewski voilait la réalité en ce qui concerne l'équation ($\mathscr{L}_m$).

Mais pendant que l'examen de ($\mathscr{L}_m$) nous conduisait à cette constatation, nous avons d'autre part noté des circonstances où les choses se passent tout autrement. C'est ainsi que les petits mouvements d'une colonne d'air indéfinie remplissant un tuyau cylindrique et illimité dans les deux sens, mouvements régis par l'équation

$$(e_1) \qquad \frac{\partial^2 u}{\partial x^2} = \frac{1}{\omega} \frac{\partial^2 u}{\partial t^2}$$

étaient définis et calculables par la formule (23) du n° **28** lorsqu'on se donnait, pour $t=0$, en fonction de x, les valeurs de u et de $\frac{\partial u}{\partial t}$, c'est-à-dire les données mêmes de Cauchy. Seulement, dans cet autre problème, rien ne suppose que les fonctions de x qui expriment ces données soient analytiques. Le problème de Cauchy ainsi posé est bien posé au sens du n° **11**. Non seulement il est possible et déterminé moyennant des conditions très simples en ce qui concerne les données (en fait la simple continuité); mais contrairement à ce qui a lieu pour l'équation ($\mathscr{L}_m$) la solution dépend continument, et même avec continuité d'ordre zéro, des données.

71. Nous sommes donc mis en présence de deux catégories d'équations à peine différentes au premier abord et qui cependant, au point de vue de notre étude actuelle, se comportent de manière entièrement opposée[①]. Pour (e_1), (e_2) ou (e_3),

---

①M. Fantappiè (*Boll. Un. Mat. Ital.*, 1941, pp. 188-195) a obtenu le résultat paradoxal de rattacher, pour l'équation $(\mathscr{L}_2)$ la résolution du problème de Dirichlet à celle d'un problème de Cauchy.

On pourra se poser ce dernier si les données en sont analytiques: soient donc

$$(S) \qquad x=x(t), \ y=y(t)$$

les équations paramétriques de S, chacune des fonctions $x(t)$, $y(t)$ étant analytique et "réelle", c'est-à-dire prenant des valeurs réelles pour t réel. Ceci ayant lieu le long d'un certain segment (t_0) de l'axe réel des t, le long duquel $x'(t)$, $y'(t)$ ne seront jamais nulles ensemble, on aura ainsi défini un arc de ligne S et, du même coup, un système de points imaginaires, ceux que l'on obtient en faisant varier t non plus seulement dans l'intervalle réel (t_0, t_0+T), mais dans la région $\mathscr{R}$ avoisinante du plan de la variable complexe. Si, en outre, les fonctions $x(t)$, $y(t)$ admettent une même période T, S sera une courbe fermée. Donnons nous maintenant, le long du segment (t_0, t_0+T) (et par conséquent dans $\mathscr{R}$) deux fonctions analytiques $u_0(t)$, $u_1(t)$ de période T: nous aurons un problème de Cauchy en imposant à une solution u de $(\mathscr{L}_2)$ les deux conditions

$$u[x(t), y(t)]=u_0(t), \ \frac{\mathrm{d}u}{\mathrm{d}n}[x(t), y(t)]=u_1(t)$$

pour toutes les valeurs, en général complexes, de t appartenant à la région $\mathscr{R}$ définie ci-dessus; $\mathrm{d}u/\mathrm{d}n$ désigne, dans la seconde de ces deux relations, la quantité

$$\frac{\mathrm{d}u}{\mathrm{d}n}=\left(\frac{\partial u}{\partial x}\frac{\mathrm{d}y}{\mathrm{d}t}-\frac{\partial u}{\partial y}\frac{\mathrm{d}x}{\mathrm{d}t}\right):\frac{\mathrm{d}s}{\mathrm{d}t}, \qquad \frac{\mathrm{d}s}{\mathrm{d}t}=\sqrt{x'^2(t)+y'^2(t)}$$

expression où, $x'^2+y'^2$ étant par hypothèse différent de zéro sur tout le segment (t_0, t_0+T) et par conséquent pouvant être supposé tel dans toute la région $\mathscr{R}$ supposée suffisamment restreinte, le radical est fonction uniforme de t et sera par conséquent défini sans ambiguité par la condition d'être positif sur le segment réel. Aucune distinction n'étant actuellement faite entre le réel et l'imaginaire, on peut appliquer à ce problème la méthode de d'Alembert (Cf. 25): (x_0, y_0) étant un point quelconque voisin de S, on mènera par ce point les deux droites

$$x+\mathrm{i}y=x_0+\mathrm{i}y_0, \qquad x-\mathrm{i}y=x_0-\mathrm{i}y_0$$

qui sont des caractéristiques de $(\mathscr{L}_2)$ et on déterminera les deux quantités τ_1, τ_2

on peut se poser le problème de Cauchy; pour $(\mathscr{L}_m)$, ce même problème, déterminé lorsqu'il est possible, n'est pas possible en général: il se comporte à la façon d'un problème impossible par surabondance des données, comme le serait un problème d'Algèbre dans lequel le nombre des conditions imposées serait supérieur à celui des paramètres dont on disposerait pour les remplir. Il s'agit donc d'une différence qualitative, intéressant d'une manière profonde la nature du problème. Une telle circonstance était peu prévisible à priori: elle n'a pas été

---

respectivement par les deux équations

$$x(\tau_1)+iy(\tau_1)=x_0+iy_0, \quad x(\tau_2)-iy(\tau_2)=x_0-iy_0$$

Celles-ci admettront chacune une solution déterminée dans $\mathscr{R}$, en vertu du théorème des fonctions implicites (applicable ici puisque $x'(t)+iy'(t)\neq 0$ dans $\mathscr{R}$——après quoi u (x_0, y_0) sera donné, comme au n° 25, par la somme de $1/2\ u_0(\tau_1)+1/2u_0(\tau_2)$ et d'une intégrale prise entre les limites τ_1, τ_2 dans laquelle l'élément d'intégration condiendra un facteur u_1.

La solution ainsi écrite dépendra donc de la donnée u_0, connue par hypothèse s'il s'agit du problème de Dirichlet, et en outre de la quantité u_1 inconnue jusqu'à nouvel ordre; cette solution sera définie pour les points réels (pour nous borner maintenant à ceux-là) suffisamment voisins de S. *Comment u_1 devra-t-il être choisi si l'on veut que la solution formée existe dans toute l'aire $\mathscr{D}$ entourée par S?*

Pour surmonter cette difficulté, M. Fantappiè (faisant appel à une application donnée par lui du Calcul Foncionnel au cas analytique) remarque qu'une fonction analytique telle que u_0 peut être représentée par la formule fondamentale de Cauchy, c'est-à-dire par une intégrale portant sur un paramètre α et dans laquelle l'unique élément dépendant de la variable t est $\frac{1}{\alpha-1}$. Il suffira donc de répondre à la question pour $u_0(t)=\frac{1}{\alpha-t}$.

Dans un travail ultérieur (Atti R. Acc. Italia, t. XIV, en continuation de la série VI, de l'Acc. dei Lincei, 1943) M. Amerio s'est attaqué à la même difficulté par une méthode différente.

aperçue dès l'abord.

Elle apparait au contraire comme toute natruelle si l'on se reporte aux interprétations physiques. Celles-ci sont connues en ce qui concerne (e_1) ou (e_3)—pour ne pas parler de (e_2), à laquelle on est surtout conduit par son analogie évidente avec (e_3)—: le problème de Cauchy relatif à l'une de ces équations (l'inconnue, s'il s'agit de (e_3), étant, par exemple, le potentiel des vitesses) traduit analytiquement la détermination des petits mouvements d'un gaz homogène et isotrope dans un tuyau sonore indéfini (dans l'hypothèse des tranches) ou dans l'espace à trois dimensions que ce gaz est supposé remplir entièrement, lorsqu'on se donne les données initiales classiques de la Mécanique rationnelle, à savoir les déplacements et les vitesses initiales des molécules à l'instant $t=0$. Ce problème de Cauchy ne se présente pas① pour les phénomènes régis par l'équation ($\mathscr{L}_3$) tels équilibres électriques, thermiques, et aussi mouvements d'un liquide incompressible, les problèmes qui se présentent physiquement étant le problème de Dirichlet ou l'un

① (Remarque dûe à Osée Marcus). On serait, toutefois, conduit au problème de Cauchy en imaginant un fluide incompressible dont on connaîtrait la vitesse en chaque point d'un plan (par exemple du plan $x=0$) ou d'une portion de ce plan. Le mouvement étant supposé irrotationnel et u désignant le potentiel des vitesses, $\frac{\partial u}{\partial x}$ serait donné (pour $x=0$) par la composante parallèle à l'axe des x, pendant que u serait connu grâce à la connaissance de ses dérivées $\frac{\partial u}{\partial y}$, $\frac{\partial u}{\partial z}$ composantes de la vitesse parallèles aux des y et axes des z.

La détermination de u et, par conséquent, du système des vitesses dans tout l'espace à l'aide de pareilles données apparaît, dès l'abord, comme un problème très artificiel et une expérience où ces données seraient choisies à priori comme impossible à réaliser. En fait, nous voyons maintenant, d'une manière certaine que ces données ne peuvent pas être choisies arbitrairement. L'expérience serait-elle réalisable que, d'après ce qui a été dit au n° 11 de l'Introduction, le résultat s'en présenterait, en pratique, comme régi non par des lois fixes, mais par le pour hasard.

de ses analogues—y compris, dans le cas hydrodynamique, des problèmes mêles. Ainsi l'interprétation physique se montre un guide sûr là où l'analyste qui ne recourait pas à elle ne pouvait et n'a pu que s'égarer.

72. Il reste à discerner par un critérium analytique les différentes catégories d'équations dont l'origine physique nous a expliqué la dissemblance. Ce critérium est donné par la nature algébrique de la forme caractéristique.

Si cette forme contient *m* carrés distincts tous du même signe (en d'autres termes, si c'est une forme "définie"), l'équation est dite appartenir au type *elliptique*: les caractéristiques sont imaginaires.

Si elle contient moins de *m* carrés distincts (forme "semi-définie", lorsque les carrés sont du même signe, comme dans le cas de toutes les applications connues), l'équation appartient au type *parabolique*.

Si elle contient *m* carrés distincts, non du même signe (forme indéfinie) de sorte qu'il y a des caractéristiques réelles, on a le type *hyperbolique*. Le seul cas qui se présente dans les applications physiques est celui où tous les carrés, sauf un, ont le même signe: nous l'appellerons le type hyperbolique① à proprement parler, ou encore le type *simplement hyperbolique* s'il y a lieu de préciser par opposition au cas où la forme caractéristique comprendrait plus d'un carré de chaque signe. Ce dernier, qui sera dit le type *ultrahyperbolique*, n'est d'ailleurs introduit par

① Locution employée par Hilbert et Courant dans leur *Methoden der mathematischen Physik* et que nous adopterons comme étant, en effet, préférable à celle de type hyperbolique "normal", précédemment utilisée par nous.

aucune application physique; il a été impossible① jusqu'ici, de formuler, à son égard, un problème de Cauchy bien posé au sens de la théorie précédente.

Ces différentes hypothèses relatives à la forme caractéristique peuvent être aisément distinguées par la nature géométrique du cône caractéristique obtenu (n° **20**) en égalant cette forme à zéro. Tout d'abord, sauf dans le cas parabolique②, on peut passer de l'équation tangentielle de ce cône à son équation ponctuelle, c'est-à-dire, algébriquement, de la forme caractéristique $\mathscr{A}$ à sa "forme adjointe" ou plutôt, pour opérer comme nous serons conduits à le faire par la suite, à sa forme "réciproque" $\mathscr{H}$, en appelant ainsi la forme adjointe de $\mathscr{A}$ divisée par le discriminant de $\mathscr{A}$; cette seconde forme comprend autant de carrés de chaque signe que la première.

Si tous ces carrés, que nous avons supposés indépendants,

---

① Hamel (*Dissertation*, *Göttingue*, 1901) a rencontré l'équation ultrahyperbolique

$$\frac{\partial^2 u}{\partial x\ \partial y}=\frac{\partial^2 u}{\partial z\ \partial t}$$

mais dans un problème de Géométrie (recherche des diverses Géométries où les lignes géodésiques sont des lignes droites) et sans qu'un système quelconque de conditions définies soit imposé par la natrue de la question. L'auteur indique d'ailleurs de telles conditions propres à déterminer l'inconnue mais en suposant les données analytiques par rapport à une partie des variables. Une autre étude d'équation ultrahyperboliques a été faite par M. Coulon (*Thèse*, Paris, 1902), qui traite le problème de Cauchy; mais il ressort de ses calculs mêmes qu'une infinité de conditions de possibilité sont alors nécessaires, cette circonstance étant liée d'ailleurs à la propriété du cône caractéristique que nous mentionnons dans le texte.

② Dans ce dernier cas, on ne peut plus passer de l'équation tangentielle à l'équation ponctuelle (la forme adjointe se réduit au carré d'une forme linéaire): le cône qui serait représenté par l'équation $\mathscr{A}=0$ en y considérant les variables γ du n° 20 comme des coordonnées ponctuelles aurait une ou plusieurs génératrices singulières, de sorte que le cône caractéristique lui-même a un ou plusieurs plans tangents singuliers.

sont de même signe, le cône caractéristique est entièrement imaginaire ou, du moins, n'a d'autre point réel que son sommet.

S'il y a un carré seul de son signe, par exemple, un carré positif en $m-1$ carrés négatifs①, les points réels du cône forment deux nappes distinctes, n'ayant d'autre point commun que le sommet. En effet, l'équation ponctuelle du cône peut s'écrire

$$\mathscr{A}=X_0^2-X_1^2-X_2^2-\cdots-X_{m-1}^2=0 \tag{9}$$

où les X sont des polynômes linéaires indépendants, et nous voyons que X_0 ne peut être nul sans qu'il en soit de même de toutes les autres quantités X, de sorte qu'il y a lieu de distinguer les points où $X_0>0$ de ceux où $X_0<0$, sans qu'il soit possible de passer, le long du cône ou à l'intérieur de ce cône (région $\mathscr{A}>0$) des premiers aux seconds autrement que par l'intermédiaire du sommet. Aucune distinction de cette sorte n'est possible dans le cas ultrahyperbolique②. Dans ce dernier cas, on voit que le cône divise l'espace en deux régions et en deux seulement, tandis que, dans le cas simplement hyperbolique, il en détermine trois, la région $\mathscr{A}>0$, ou région *intérieure*, se composant de deux parties entièrement distinctes, respectivement intérieures l'une à la nappe $X_0>0$ du cône, l'autre à la nappe $X_0<0$.

---

① Nous écrirons toujours l'équation aux dérivées partielles de manière à nous placer dans ces conditions.

② Si X_0, X_1, X_2, X_3, au lieu d'être des coordonnées absolues dans l'espace à quatre dimensions, étaient considérés comme des coordonnées homogènes dans l'espace ordinaire, cette distinction correspondrait à celle qui existe entre hyperboloïde à dexu nappes et hyperboloïde à une nappe: ceci, toutefois, moyennant une convention un peu différente de celle qui est faite habituellement pour les coordonnée homogènes et consistant à à dexu nappe>et hyperbolio ï de à ne considérer les deux points (X_0, X_1, X_2, X_3) et (λX_0, λX_1, λX_2, λX_3) comme identiques entre eux que si λ est positif (puisqu'une génératrice du cône ne figure pas tout entière dans une quelconque des deux nappes, mais n'y contribue que par une demi-droite seulement).

Cette forme du cône caractéristique① dans le cas simplement hyperbolique entraîne, pour les plans passant par le sommet et non tangents, une distinction fondamentale. Certain de ces plans n'auront avec le cône. d'autre point commun que le sommet: tel sera, si l'équation du cône est écrite sous la forme (9), le cas du plan $X_0=0$ et, d'une manière générale, cela aura lieu lorsque les coefficients γ d'un tel plan vérifieront l'inégalité $\mathscr{A}>0$. Tout plan parallèe à celui-ci coupe alors une nappe et une seule du cône, et cela suivant une courbe (ellipse), surface (ellipsoïde) ou hypersurface fermée②. Au contraire, si $\mathscr{A}(\gamma)<0$ (exemple: le plan $X_2=0$), le plan mené par le sommet coupera le cône suivant des génératrices réelles et un plan parallèle le coupera suivant une variété s'étendant à l'infini (pour $m=3$, une hyperbole). Adoptant une locution empruntée à la Théorie de la Relativité, avec laquelle ce que nous disons en ce moment est en relation étroite, nous dirons qu'un plan tel que $X_0=0$ ou $=$const est (par rapport au cône caractéristique) *orienté dans l'espace* et qu'un plan $X_k=$const $(k=1,2,\cdots)$ est *orienté dans* le temps.

En chaque point de l'espace, il y aura un cône caractéristique (ces différents cônes étant tous égaux entre eux si l'équation est à coefficients constants, mais ne l'étant pas dans le cas général): une surface sera dite, en un quelconque de ses points, orientée dans l'espace ou dans le temps suivant que son plan tangent aura, par rapport au cône caractéristique en ce point, l'orientation correspondante.

Un plan passant par le sommet du cône et dont la direction varie continument ne pourra passer d'une orientation d'espace à

---

① Reproduire ici l'article du Bulletin de la société Mathématique de France (Comptes Rendus des Séances, 1912, p. 29).

② En faisant, dans l'équation (9). $X_0=$ const., on trouvera la variété évidemment fermée $x_1^2+x_2^2+\cdots+x_{m-1}^2=$const.

une orientation de temps ou inversement, que par l'intermédiaire d'une position caractéristique.

Dans le cas ultrahyperbolique, il n'y a pas d'orientation d'espace: tout plan passant par le sommet du cône le coupe suivant des génératrices réelles.

Pour $m=2$, il n'y a pas de cas ultrahyperbolique. Les deux directions caractéristiques, supposées réelles et distinctes, issues d'un point donné quelconque déterminent quatre angles opposés par le sommet deux à deux et permettent de diviser les directions non caractéristiques en deux catégories, mais sans que l'une puisse, plutôt que l'autre, être considérée comme orientée dans le temps. Mais l'une d'elles est considérée comme orientée dans le temps si l'autre intervient comme orientée dans l'espace, et vice versa.

73. Des distinctions précédentes dépend la choix des conditions définies propres à déterminer une solution de l'équation.

Laissant de côté, pour le moment, le cas parabolique, nous verrons au Chapitre suivant que les conditions définies qu'il convient d'adjoindre à une équation aux dérivées partielles du type elliptique pour obtenir un problème bien posé sont toujours du type de Dirichlet, c'est-à-dire de celles que nous avons appelées plus spécialement conditions aux limites. Au contraire, on peut se poser le problème de Cauchy dans le cas simplement hyperbolique, comme nous avons vu qu'il se posait pour l'équation des ondes sphériques ou celle des ondes cylindriques, ou encore pour les vibrations d'un tuyau sonore *indéfini*: ceci à l'exclusion du type unltahyperboligue, pour lequel onne connait, quant présent, aucun type de conditions définies conduisant à un problème bien posé.

73a. Nous avons parlé des équations linéaires. Dans le cas d'une équation générale du second ordre telle que $F(x,y,u,p,q,r,s,t)=0$ la forme caratéristique fait intervenir (au lieu des coefficients de l'équation linéaire) les dérivées $\frac{\partial \mathscr{F}}{\partial r}$, $\frac{\partial \mathscr{F}}{\partial s}$, $\frac{\partial \mathscr{F}}{\partial t}$, de sorte que le caractère elliptique ou hyperbolique de l'équation dépend du signe de $\frac{\partial \mathscr{F}}{\partial r}\frac{\partial \mathscr{F}}{\partial t}-(\frac{\partial \mathscr{F}}{\partial s})^2$, quantité qui dépend elle-même non seulement de x, y mais aussi de u et de ses dérivées. Dès lors, en un point donné, une telle équation peut se comporter comme elliptique pour une de ses solutions et comme hyperbolique pour une autre. Mais lorsqu'on étudie le problème de Cauchy avec des données prises le long d'une ligne non caractéristique S, toutes ces quantités, sont connues en chaque point, de sorte qu'on peut dire s'il s'agit d'un problème elliptique ou d'un problème hyperbolique.

Mêmes remarques pour une équation à un plus grand nombre de variables indépendantes.

74. Mais ici intervient la distinction spécifiée ci-dessus en dernier lieu. Dans chacun des trois problèmes dont nous venons de parler, les données de Cauchy sont portées par la variété $t=0$, laquelle est par rapport à l'équation, orientée dans l'espace. Le problème physique correspondant est celui des vibrations de l'air dans un tuyau sonore *indéfini dans les deux sens*, ou celui des petits mouvements dans un milieu occupant le plan *tout entier* ou l'espace *tout entier*.

Cas de l'orientation dans le temps. Problèmes mixtes. L'étude des vibrations dans un tuyau sonore limité (dans les deux sens ou même dans un seul sens) ou le problème, équivalent, des cordes vibrantes se pose différemment. Pour déterminer les petits déplacements transversaux des différents points de la corde, nous nous sommes donné, à l'origine des temps, tout le long de la corde (avec une restriction aux extrémités), les valeurs de ces déplacements et celles des vitesses transversales. Mais d'autre part, pour tenir compte de ce que les extrémités sont attachées, on doit imposer à la solution u, en chacune de ces extrémités, la condition—condition unique—de s'annuler identiquement en t.

Reprenons de même l'équation des ondes sphériques

$$(e_3) \qquad \frac{1}{\omega^2}\frac{\partial^2 u}{\partial t^2} - \left(\frac{\partial^2 u}{\partial x^2} + \frac{\partial^2 u}{\partial y^2} + \frac{\partial^2 u}{\partial z^2}\right) = 0$$

(ou, de même, celle des ondes cylindriques) et envisageons le problème de Cauchy relatif non plus à $t=0$, mais à $x=0$: autrement dit, imposons les conditions définies

$$u(o, y, z, t) = g(y, z, t), \ \frac{\partial u}{\partial x}(o, y, z, t) = h(y, z, t) \tag{10}$$

Le problème ainsi posé n'est pas possible en général.

Pour s'en convaincre, il suffit de prendre le cas particulier où les données g, h sont indépendantes de t. Dans ce cas, il en sera de même de la solution, laquelle devra, dès lors, être une solution de l'équation de Laplace ($\mathscr{L}_2$) (Cf. n° **29**a, note): or nous savons qu'une telle solution n'existe pas, en général dans le cas des données non analytiques①.

Cette différence profonde-qui n'intervient pas pour $m=2$— entre la manière dont se comportent, au point de vue de notre équation, les plans $t=0$ et $x=0$ tient précisément à la distinction géométrique faite ci-dessus: elle correspond au fait que le plan $x=0$ est orienté dans le temps, au lieu que $t=0$ a une orientation d'espace. Nous verrons que l'on peut se poser le problème de Cauchy, moyennant des conditions de régularité simples, en prenant pour support des données n'importe quelle hypersurface orientée dans l'espace.

Relativement à une équation du type ultrahyperbolique, aucune orientation d'hyperplan n'est orientation d'espace. On ne connait pas de conditions définies (en dehors du cas analytique) par lesquelles on puisse déterminer une solution d'une telle équation.

---

① Ce cas de g, h indépendantes de t met également en évidence, sur l'exemple du texte, le fait que la solution, quant elle existe, n'est pas continue de quelque ordre que ce soit par rapport aux données.

74a. Par contre, les variétés orientées dans le temps interviennent dès qu'il s'agit de l'évolution d'un milieu limité. Pour nous rendre aisément compte de l'influence de cet élément géométrique, adressons nous au cas d'un milieu à deux dimensions, c'est-à-dire à l'équation (e_2) : mais au lieu que ce milieu mobile remplisse le plan des xy tout entier, ce qui nous a conduits précédemment au problème de Cauchy, supposons le confiné à une aire limitée par une courbe fermée s. Comme il s'agit d'un mouvement devant se dérouler dans le temps, nous avons à considérer ce dernier comme troisième coordonnée. Dans un tel diagramme d'espace-temps, la courbe s, si elle reste fixe, sera représentée par un cylindre S dont elle sera la section droite-un demicylindre limité par $t=0$, si l'on ne considère que les valeurs positives du temps-: on aura des données initiales g, h le long de cette section droite; une seule donnée, u, par exemple①, en chaque point de la paroi cylindrique. Cette dernière a bien, en chacun de ses points, une orientation de temps par rapport au cône caractéristique, lequel est, à une translation arbitraire près, le cône de révolution $\omega^2 t^2 - x^2 - y^2 = 0$.

---

① Cette valeur de u devra pour $t=0$, être égale à fonction g, et sa dérivée partielle par rapport à t, à la fonction h: ceci pour que les conditions au contour, à l'instant initial, concordent. Le cas contraire, il est vrai, pourrait être examiné comme correspondant à des discontinuités analogues à celles que nous avons étudiées, pour le problème de Dirichlet, au n° 37; mais, ici l'étude de ces "ondes de choc" nécessiterait un examen des propriétés physiques du mouvement (Voir nos *Leçons sur la propagation des Ondes*.

L'équation (e_2) gouverne les vibrations transversales d'une membrane élastique plane supposée tendue sur un cadre rigide; c'est ce cadre qui sera figuré dans l'espace-temps par le cylindre ou le demi-cylindre S. On imposera à u la condition de s'annuler le long de S si le cadre est fixe; on peut d'ailleurs imaginer qu'on communique à la membrane des "vibrations forcées", en imprimant au cadre des vibrations transversales données: les valeurs de u le long de S ne seront plus nulles, mais elles continueront à être des données de la question.

Nous appelerons problèmes *mixtes* ceux où interviennent ainsi deux espèces de données, les unes du type de Cauchy; les autres du type de Dirichlet. Les premières sont toujours portées par des surfaces orientées dans l'espace; les secondes par des surfaces orientées dans le temps.

De tels problèmes mixtes se posent pareillement pour l'équation (e_3): ce sont même, là encore, les seuls qui se posent dans les cas concrets. (e_3) gouverne les petits mouvements d'un gaz homogène, en supposant ces mouvements irrotationels et prenant pour inconnue u le potentiel des vitesses. Les données initiales de Cauchy écrites au n° **29** seraient celles qui conviendraient si ce gaz remplissait entièrement tout l'espace, sans interposition d'aucun autre corps. Mais dans les cas réels il n'en est point ainsi: (le gaz sera, en général, renfermé dans un récipient solide $\mathscr{D}$ ou au contraire comme dans un exemple traité par Duhem) occupera la région $\mathscr{D}'$ extérieure à un solide donné. Dans ces conditions, le potentiel des vitesses ne sera défini que pour les points (x, y, z) situés dans le volume $\mathscr{D}$ du récipient ou dans la région $\mathscr{D}'$ et, par conséquent, l'équation aux dérivées partielles n'aura de sens que pour les points de la région ainsi délimitée; il en sera de même des données initiales g, h. Par contre, en tous les points de la paroi s qui limite $\mathscr{D}$, on connait la composante normale de la vitesse-composante qui devra être nulle si le récipient est invariable de forme et de position-: c'est-à-dire la dérivée normale $\mathrm{d}u/\mathrm{d}n$. On aura donc, cette fois, deux sortes de conditions définies:

1° pour $t=0$, des conditions initiales;

2° à la paroi s et pour toute valeur positive du temps, une seule donnée en chaque point: la valeur de $\mathrm{d}u/\mathrm{d}n$. C'est la un système de conditions aux limites, du type de Dirichlet plus spécialement, analogues à celles que posait le problème de Neumann.

Pour l'équation (e_1), la théorie des tuyaux sonores nous a donné un exemple de problème mixte tout analogue aux deux précédents (à la différence près que présente le cas de $m=2$ et en vertu de laquelle, pour un tuyau sonore que l'on imaginerait illimité dans un sens, rien n'empêcherait, au point de vue purement mathématique, d'intervertir les rôles des variables x et t, en intervertissant en conséquence les deux sortes de conditions définies).

L'évolution d'autres milieux unidimensionels peut introduire de même① des équations aux dérivées partielles du type hyperbolique. C'est le cas, par exemple, pour l'étude des oscillations électriques dans un câble métallique: si ce câble est supposé homogène, l'équation aux dérivées partielles-toujours hyperbolique-différera de (e_1) par l'addition d'un terme du premier ordre et, le câble étant supposé limité, on aura à écrire à chacune des extrémités une condition définie du type de Dirichlet, c'est-à-dire unique pour chaque extrémité et pour chaque valeur du temps.

Revenons à l'équation (e_1) et à la question des tuyaux sonores. Suivant que le tuyau sera fermé ou ouvert, on devra supposer choisies des données de nature différente-de Dirichlet ou de Neumann. Comme le tuyau peut être supposé fermé à une extrémité et ouvert à l'autre on voit qu'on pourra avoir affaire à un problème mêlé.

De plus, ces extrémités pourront être mobiles, de sorte que le diagramme que nous avons figuré au n° **3** sera alors limité non plus par des parallèles à l'axe des t, mais par des lignes S de forme plus ou moins arbitraire.

---

① Le cas analogue, pour un problème d'oscillations électriques, serait celui où le câble serait mis en communication avec une source à potentiel donné non à une extrémité, mais par un contact glissant.

75. Une restriction limitera cependant cet arbitraire, tant pour les lignes tracées dans le plan des x t que pour la surface ou hypersurface dont il a été parlé à propos des équations (e_2), (e_3) : celle que S soit orienté dans le temps, ce qui se traduit par la condition que la vitesse normale de déformation de la frontière soit inférieure à la constante ω, vitesse de propagation des ébranlements dans le milieu considéré.

Jusqu'à une date récente, on n'avait pas eu à considérer le cas contraire, celui où la vitesse de déplacement ou de déformation de la frontière d'abord inférieure à ω-c'est-à-dire, dans le cas des tuyaux sonores, à la vitesse du son—en viendrait à atteindre et à dépasser cette valeur. Il en est autrement depuis les progrès récents de l'aviation, lesquels obligent à considérer de tels mouvements " transsoniques " et les problèmes aux dérivées partielles correspondants, dont nous aruons à parler dans un Chapitre suivant.

CHAPITRE Ⅳ PRINCIPES GÉNÉRAUX, FORMULE FONDAMENTALE ET SOLUTION ÉLÉMENTAIRE

§1 L'ÉQUATION HYPERBOLIQUE PLANE

76. La discussion qui a été présentée au Chapitre précédent nous montre qu'on ne saurait se borner au cas où toutes les données du problème sont analytiques. On est obligé de se placer dans des hypothèses moins particulières non seulement si l'on veut se rapprocher des applications physiques, mais même au point de vue purement mathématique, si l'on veut que la solution obtenue soit continue (au moins d'un ordre suffisamment élevé) par rapport aux données.

Dès lors on ne saurait se contenter des méthodes de développements en séries entières et de Calcul des limites qui nous ont servi au n° **12**. Quant aux méthodes de Cauchy-Lipschitz ou d'approximations successives (n° **13** ~ **14**), nous savons maintenant qu'elles sont inapplicables du moins sous leur forme primitive, puisqu'elles conduiraient à affirmer le théorème de Cauchy-Kowalewski même pour le cas non-analytique, pour lequel ce théorème peut être en défaut.

Par contre, prenant d'abord le cas du plan, ce que nous avons vu au n° **28** permet de traiter le cas de l'équation linéaire hyperbolique à deux variables indépendantes, c'est-à-dire de l'équation qui possède dans le plan deux systèmes de caractéristiques réels et distincts et qui prend, lorsqu'on la rapporte à ces caractéristiques, la forme

$$\frac{\partial^u}{\partial x\ \partial y} + A\frac{\partial u}{\partial x} + B\frac{\partial u}{\partial y} + Cu = f \tag{1}$$

où A, B, C, f sont des fonctions données des variables indépendantes x, y, ou même plus généralement, pour une équation qui ne sera plus supposée linéaire mais (sous des conditions de régularité convenables) de la forme

$$\frac{\partial^2 u}{\partial x\ \partial y} = F(x,\ y,\ u, p,\ q) \tag{1a}$$

c'est ce que nous avons appris à faire dans le cas simple de l'équation (e'_1). Nous savons qu'on peut alors se poser le problème de Cauchy, le support des données étant une ligne droite ou courbe S, assujettie toutefois (n° **28**) à avoir partout la même orientation par rapport aux deux caractéristiques issues d'un de ses points, c'est à dire à la condition que, le long de cette courbe, chacune des coordonnées x, y varie toujours dans le même sens: c'est sous cette condition comme nous l'avons vu au Chap III, qu'elle est l'analogue d'une variété ayant partout une orientation d'espace. En chaque point d'une pareille courbe, nous supposons qu'on se soit donné la valeur de u et celle d'une de ses dérivées extérieures au sens du n° **23**: autrement dit, la valeur de u et celles de ses deux dérivées premières p, q, liées à u par la relation

$$(S') \qquad du = p dx + q dy$$

soit

$$\frac{du}{dx} = p + q\frac{dy}{dx} = p + q\frac{d\beta}{dx}\left(\text{ou } \frac{du}{dy} = p\frac{d\alpha}{dy} + q\right)$$

en désignant par $y = \beta(x)$ ou $x = \alpha(y)$ l'équation de S.

Le problème est alors résolu par les formules[①] (1, 24) ~ (1, 25′) du n° **28** que nous écrirons[②], avec les notations et moyennant les figures (fig. 1.2 et suiv.) du n° **28**

$$u_a = u(x, y) = u_\alpha + \int_\alpha^x p(X, y)\, dX \qquad (2)$$

$$p_a = p_\beta + \int_\beta^y f(x, Y)\, dY \qquad (2a)$$

$$q_a = q_\alpha \int_\alpha^x f(X, y)\, dX \qquad (2b)$$

Ces formules présentent, notons le, une propriété essentielle qui caractérise le cas hyperbolique. Elles ne font intervenir, pour exprimer la solution en a, qu'une partie des données de la question, à savoir celles qui sont portées par l'arc $\alpha\beta$: sur tout le reste de la ligne S, les données peuvent être modifiées arbitrairement sans que la valeur de u en soit altérée. Inversement, les valeurs de u et de ses dérivées en un point déterminé α de la

① Cette notation désigne les formules écrites au Chapitre I sous les n°s (24) - (25′).

② La formule (2) aurait pu être remplacée par l'équation analogue obtenue en échangeant x et y, X et Y, p et q, α et β. Cette nouvelle équation formerait avec (2a) (2b) un système équivalent au premier moyennant (S') comme on le voit en y remplaçant l'intégrale simple par l'intégrale double $\iint f\, dX\, dY$ de la formule (1, 25) avec remplacement de f par F et supposant cette même substitution effectuée dans (2).

ligne S n'influencent la valeur de u que dans l'angle (Fig. 4.1) formé par les deux caractéristiques qui passent par ce point. Ceci traduit mathématiquement le fait physique que ces caractéristiques représentent les ondes qui propagent le phénomène supposé produit en α.

On notera combien ces circonstances sont différentes de ce qui se passait pour le cas elliptique, où la valeur de l'inconnue u en un point aussi voisin qu'on le veut de la frontière fait intervenir les données relatives à *toute* cette frontière.

76a. Les mêmes formules résolvent aussi, pour la même équation (e_1'), le problème posé au n° **28**d, dans lequel les conditions définies consistent dans la donnée des valeurs de l'inconnue le long de deux demi-droites caractéristiques issues d'un même point, soit

$$u(x,0)=\varphi(x),\ x\geqslant 0$$
$$u(0,y)=\psi(y),\ y\geqslant 0$$

Les triangles mixtilignes des Fig. 1.2 et suiv. sont alors rempacées par le rectangle $O\alpha a\beta$ ayant deux côtés suivant les axes et un sommet au point (x,y).

77. De la solution ainsi obtenue pour l'équation (e_1') on va pouvoir passer à celle qui concerne le cas général de l'équation (1) ou (la). Les considérations qui précèdent s'appliquent en effet à n'importe quelle fonction continue f; rien n'empêche donc de remplacer f par la quantité $F(x,y,u,p,q)$, laquelle sera fonction continue de x,y si u,p,q (dont F est supposé dépendre continument) le sont eux-mêmes. On aura dond à déterminer les quantités u,p,q par les équations

$$u_a = u(x,y) = u_\alpha + \int_\alpha^x p(X,y)\,\mathrm{d}X$$

$$p_a = p_\beta + \int_\beta^x F[x,\ Y,\ u(x,\ Y),\ p(x,\ Y),\ q(x,\ Y)]\,\mathrm{d}Y$$

$$q_a = q_\alpha + \int_\alpha^x F[X,\ y,\ u(X,\ y),\ p(X,\ y),\ q(X,\ y)]\,\mathrm{d}X$$

Ces nouvelles formules ne font plus connaître directement les valeurs de u, p, q, puisque les seconds membres contiennent encore ces inconnues: elles constituent, par rapport à ces dernières, un système de trois équations intégrales, système qui est d'ailleurs entièrement équivalent à celui que forme l'équation (1) ou (la) jointe aux conditions définies, puisqu'il en est ainsi pour l'équation (e'_1) jointe aux mêmes conditions, quelle que soit la forme de la fonction f.

Grâce au fait que les intervalles d'intégration, au lieu d'être fixes, sont limités au point où l'on veut calculer les inconnues, leurs valeurs étant données à l'autre extrémité, ce système appartient au type de Volterra. L'application de la méthode de Fredhlom est inutile et la résolution s'obtient à l'aide de la méthode d'itération de Liouville, c'est à dire en partant de trois fonctions $u^{(0)}$, $p^{(0)}$, $q^{(0)}$ choisies d'une façon tout à fait arbitraire (sous la condition d'être bornées et continues) et déterminant les approximations successives $u^{(n)}$, $p^{(n)}$, $q^{(n)}$ par les relations de récurrence que l'on obtiendra en remplaçant u, p, q aux seconds membres par $u^{(n-1)}$, $p^{(n-1)}$, $q^{(n-1)}$ et aux premiers membres par $u^{(n)}$, $p^{(n)}$, $q^{(n)}$.

Le calcul effectué dans ces conditions se présente sans modification comme il a été indiqué au n° **14**. Considérant d'abord le cas linéaire, soit $F=f-Au-Bp-Cq$. Soient $H=\max.(|A|+|B|+|C|)$ et σ le plus grand des intervalles d'intégration, c'est à dire des deux segments $a\alpha$, $a\beta$. On verra, exactement comme au n° **44**:

que ces approximatins $u^{(n)}$, $p^{(n)}$, $q^{(n)}$ convergent à la façon de la série $\sum \frac{(\sigma H)^n}{n!}$;

que les valeurs limites obtenues u, p, q donnent une solution du système (2)-(2b), c'est à dire une solution du problème posé;

que cette solution ne dépend pas du choix des fausses positions de départ $u^{(0)}$, $p^{(0)}$, $q^{(0)}$; et, en conséquence,

qu'elle est unique.

77a. Ces conclusions s'étendent d'elles-mêmes au cas non linéaire, pourvu que la fonction F vérifie une condition de Lipschitz

$$|F(u_2, p_2, q_2)-F(u_1,p_1,q_1)| \\ <A|u_2-u_1|+B|p_2-p_1|+C|q_2-q_1| \qquad (2c)$$

A, B, C étant trois nombres positifs. Toutefois, comme précédemment, eux cas seront à distinguer:

Il peut arriver que, dans la condition de Lipschitz (2c), on puisse prendre des nombres A, B, C constants si grands que soient x, y, u, p, q: nous n'avons alors rien à changer à ce qui vient d'être dit pour le cas linéaire.

En général, il en est autrement: A, B, C ne peuvent être assignés que si l'on connait des limitations non seulement pour σ, soit $\sigma<\sigma_0$, mais pour les quantités $|u|$, $|p|$, $|q|$, soit $|u|<\tau_0$, $|p|<\tau_1$, $|q|<\tau_1$. Alors on ne devra opérer que sur des valeurs des arguments remplissant ces conditions et à cet effet (Cf. n° **16**)-si, comme on le peut moyennant un changement d'inconnue évident, on a annulé les données initiales, c'est à dire les termes en dehors des signes $\int$ aux seconds membres des équations (2)-(2b)—limiter σ à la plus petite des valeurs σ_0, τ_1, $\sqrt{\dfrac{2\tau_0}{M}}$, $M=\max|F|$.

78. Bornons nous maintenant à l'équation linéaire (1).

Dans ce cas, on peut[①] non seulement démontrer comme nous venons de le faire l'existence d'une solution unique, mais, avec **Riemann**, indiquer pour la former une méthode de calcul effectif.

La marche à suivre est, en principe, tout analogue à celle qui a servi au Chap. II. On partira de la formule fondamentale (II, 1) du n° **30**. Celle-ci s'applique à toute intégrale de volume m-uple portant sur une quantité qui se présente comme une divergence. En conséquence, on introduit à côté du polynôme différentiel donné $\mathscr{F}(u)$, un polynôme analogue[①] dit polynôme *adjoint* tel que l'expression

$$v\mathscr{F}(u)-u\mathscr{G}(v)$$

ait la forme voulue.

Pour $m=2$, $\mathscr{F}(u)$ désignant le premier membre de (1), nous aurons le polynôme adjoint

$$\mathscr{G}(v)=\frac{\partial^2 v}{\partial x\partial y}-\frac{\partial(Av)}{\partial x}-\frac{\partial(Bv)}{\partial y}+Cu$$

qui, combiné avec le premier, donne, pour deux fonctions dérivables quelconques u, v, la relation identique

$$v\mathscr{F}(u)-u\mathscr{G}(v)=\frac{\partial P}{\partial x}+\frac{\partial Q}{\partial y}$$

avec

$$P=\frac{1}{2}\left[v\frac{\partial u}{\partial y}-u\frac{\partial v}{\partial y}\right]+Auv,\quad Q=\frac{1}{2}\left[v\frac{\partial u}{\partial x}-u\frac{\partial v}{\partial x}\right]+Buv$$

d'où, pour une aire quelconque et le contour qui limite cette aire

$$\iint[v\mathscr{F}(u)-u\mathscr{G}(v)]\,\mathrm{d}x\,\mathrm{d}y=\int P\,\mathrm{d}y-Q\,\mathrm{d}x$$

---

① Voir les *Leçons* de Darboux, t. II, Livre IV, n°s 357-359, p. 71-81 de la 2ème édition. Voir aussi nos *Leçons sur la propagation des ondes*, Chap. IV, pp. 153-166; Goursat, *Cours d'Analyse*, t. III, Chap. XXVI, p. 146-152 de la 2ème édition; Picard, *Leçons sur quelques types simples d'équations aux dérivées partielles* Leçons 17 ème et suivantes; notre *Cours d'Analyse*, n°s 346-348, pp. 472-478.

78a. $a(x_0, y_0)$ étant le point où l'on se propose de calculer la valer de u, on mènera par a les deux caractéristiques a, α, a, β et, comme au n° **26**, on appliquera la formule précédente dans l'aire délimitée par S et ces deux caractéristiques. Le long de chacune de ces dernières, l'intégrale curviligne du second membre se réduira à un seul de ses deux termes, savoir, si, sur S, y est une fonction décroissante de x

$$\begin{cases} -\int_{x_0}^{x_1} Q(x, y_0)\,\mathrm{d}x = -\int_{x_0}^{x_1} [\frac{1}{2}(v\frac{\partial u}{\partial x} - u\frac{\partial v}{\partial x}) + Buv]\,\mathrm{d}x \\ \int_{y_2}^{y_0} \mathrm{d}y = \int_{y_2}^{y_0} [\frac{1}{2}(v\frac{\partial u}{\partial y} - u\frac{\partial v}{\partial y}) + Auv]\,\mathrm{d}y \end{cases} \tag{3}$$

en désignant par x_1 l'abscisse du point α et par y_2 l'ordonnée du point β. L'intégrale double du premier membre se réduira à $\pm\iint v f\,\mathrm{d}x\mathrm{d}y$ si v est solution de l'equation adjointe $\mathscr{G}(v) = 0$.

Indépendamment de la formule fondamentale introduite dans ce qui précède, la théorie de l'équation (L_m) et du problème de Dirichlet prend pour base le potentiel élémentaire $1/r$ ainsi que la fonction de Green qu'on doit en déduire pour chaque forme du contour S. Ici, nous n'aurons, jusqu'à nouvel ordre, *rien* à considérer qui corresponde à la fonction de Green, aucune quantité auxiliaire qui dépende de la forme de notre domaine: une quantité de cette nature n'interviendra que lorsque nous en viendrons aux problèmes mixtes.

79. C'est l'analogue du potentiel élémentaire (à des différences près qui apparaitront un peu plus loin) que Riemann enseigne à former. II prend pour v, dans la formule (F_2), une solution $\mathscr{V}$ de l'équation adjointe satisfaisant, le long des deux caractéristiques $a\alpha$, $a\beta$, aux conditions

$$\mathscr{V} = \mathrm{e}^{\int_{y_0}^{y} A\mathrm{d}y} \text{ pour } x = x_0\,;\ \mathscr{V} = \mathrm{e}^{\int_{x_0}^{x} B\mathrm{d}x}, \text{ pour } y = y_0 \tag{4}$$

Dans chacune des deux quadratures (3), la différentielle qui figure sous le signe $\int$ devient alors une différentielle exacte et l'intégrale indéfinie se réduit à $+(1/2)\ u\mathscr{V}$ de sorte qu'il vient①

$$u_a = \frac{1}{2}(u\mathscr{V})_\alpha + \frac{1}{2}(u\mathscr{V})_\beta + \int_{\alpha\beta}(P\mathrm{d}y - Q\mathrm{d}x) - \iint \mathscr{V} f\,\mathrm{d}x\,\mathrm{d}y \qquad (5)$$

c'est à dire une expression de u en fonction des seules données du problème, puisque celles-ci font connaitre, u, $\frac{\partial u}{\partial x}$, $\frac{\partial u}{\partial y}$ en chaque point de S. (Voir n° **23**, note).

Si u et ses dérivées étaient données seulement le long d'une *arc* de courbe $\widehat{AB}$, la solution serait déterminée dans le rectangle (Fig. 4.1) ayant pour sommets opposés A, B et ses côtés parallèles aux axes.

D'après cela, comme au n° **77**, les points du plan en lesquels la valeur de l'inconnue est influencée par les données relatives à un arc infiniment petit de S autour d'un point a de cette ligne sont (pour nous borner à la région située d'un côté de S) les points

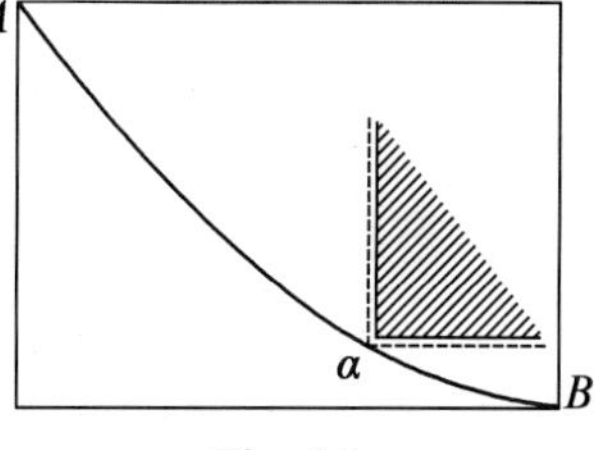

Fig. 4.1

① Dans l'intégrale simple, le coefficient de $u/2$ sous $\int$ est

$$\frac{\partial \mathscr{V}}{\partial x}\mathrm{d}x - \frac{\partial \mathscr{V}}{\partial y}\mathrm{d}y$$

et semblablement pour $\mathscr{V}$, c'est-à-dire une différentielle prise non le long de S, mais dans une direction symétrique de la tangente à S par rapport aux caractéristiques: ce qui est conforme aux conclusions générales que nous trouverons plus loin pour m quelconque.

intérieurs à un angle (Fig. 4.1) de côtés caractéristiques ayant α pour sommet: les caractéristiques représentent les ondes qui *propagent* les ébranlements issus de α.

79a. Pour écrire les conditions (4), on s'est donné au préalable le point particulier (x_0, y_0). La quantité $\mathscr{V}$, définie par l'équation adjointe et ces conditions (4), est donc une fonction de (x_0, y_0) en même temps que de (x, y), absolument comme il arrivait pour le potentiel élémentaire.

Par contre, ce dernier devient infini lorsque les deux points dont il dépend coïncident au lieu que $\mathscr{V}$, fonction partout régulière lorsque les coefficients de l'équation le sont eux-mêmes, prend, dans les mêmes conditions, la valeur 1. Nous verrons plus loin, toutefois, comment cette quantité, partout régulière, est liée étroitement à une autre qui présente la singularité que l'analogie avec la théorie des potentiels pouvait faire conjecturer.

80. Reste à savoir si l'expression (5) obtenue vérifie bien toutes les conditions imposées.

Nous savons par ailleurs qu'il en est ainsi, puisque nous avons établi l'existence d'une solution et d'une solution unique, laquelle ne peut être autre que celle que nous venons d'obtenir. Des vérifications directes sont possibles.

En ce qui concerne l'équation indéfinie (1), la réponse se déduit d'une importante propriété de la fonction de Riemann. Posons nous, pour l'équation $G(v) = 0$, le problème considéré au n° **77b**, c'est à dire définissons une solution de cette équation par les valeurs qu'elle prend le long de deux demi-droites caractéristiques issues d'un point O (x_1, y_1) et supposons que ces valeurs soient

$$u = \mathscr{U} = e^{-\int_{y_1}^{y} A dy} \text{ pour } x = x_1\,;\; u = \mathscr{U} = e^{-\int_{x_1}^{x} B dx},\text{ pour } y = y_1 \tag{2'}$$

c'est-à-dire celles qui caractériseraient la fonction de Riemann $\mathscr{U}$ analogue à $\mathscr{V}$ formée à partir du point O et avec permutation[①] du polynôme différentiel $\mathscr{F}$ et de son adjoint, de sorte que $\mathscr{U}$, considérée comme fonction de x_0, y_0 (tandis que x_1, y_1 jouent maintenant le rôle de paramètres laissés provisoirement constants), le second membre f étant, d'autre part, remplacé par zéro.

Dans ces condition, l'arc de courbe S étant remplaçé par une ligne brisée composée des deux segments αO, $O\beta$, chacune des deux intégrales partielles que donne ainsi l'intégrale simple de la formule (5) se comporte comme le font, en raison du choix de $\mathscr{V}$, les intégrales suivant βa, $a\alpha$, c'est-à-dire que l'intégrale indéfinie s'y réduit à $\pm\frac{1}{2}\mathscr{U}\mathscr{V}$ et qu'il vient, toutes réductions faites[②]

$$\mathscr{U}(x_0, y_0, x_1, y_1)=\mathscr{V}(x_1, y_1, x_0, y_0)$$

C'est la *propriété d'échange*, qui, comme l'on voit, s'énonce ainsi: *la fonction de Riemann ne change pas lorsqu'on échange entre eux les deux points dont elle dépend, en même temps que le polynôme différentiel $\mathscr{F}$ avec son adjoint*: propriété qui sera généralisée un peu plus loin et qui, pour le potentiel élémentaire, se traduit par le fait que $1/r$ est symétrique par rapport aux deux points à l'aide desquels on le construit, étant donné que le polynôme Δ est identique à son adjoint.

Ainsi, il n'existe pour une équation telle que (1) et pour son adjointe, ou plutôt (car ici les second membres sont laissés de côté) pour un polynôme différentiel $F(u)$ et pour son ad-

① La relation entre le polynôme différentiel $\mathscr{F}$ et son adjoint est réciproque, si l'on part du polynôme $\mathscr{G}$ et qu'on opère sur lui comme nous l'ayons fait sur $\mathscr{F}$, on trouve comme adjoint le polynôme primitif.

② Cf. Darboux: *Leçons*, t. II. n° 335, p. 81 de la deuxième édition.

joint, qu'une seule et même fonction de Riemann, fonction de deux points (x, y), (X, Y) et qui est solution de l'équation adjointe lorsqu'on la considère comme fonction de X, Y, de l'équation primitive par rapport à x, y.

81. D'après cette propriété d'échange, l'équation (sans second membre) $F(u)=0$ est vérifiée par la fonction $\mathscr{V}$ de Riemann ainsi que par ses dérivées par rapport à x ou à y, de sorte que pour chacune des intégrales (5), le résultat de la différentiation sous les signes $\iint$ sera nul: on n'aura à tenir compte que de la variabilité de l'aire d'intégration, ce qui donne aisément la vérification demandée.

Pour les conditions définies relatives aux caractéristiques Ox, Oy (**77b**) ou à la première d'entre elles sur la ligne arbitraire S, la vérification ressort de ce que le rectangle R ou le triangle mixtiligne $a\alpha\beta$ deviennent infiniment petits lorque le point a s'approche de la ligne qui porte les données.

Mais ceci est essentiellement subordonné, en ce qui concerne le problème de Cauchy, é la condition, déjà reconnue nécessaire au n° **28c**, que, sur S, aucune des deux coordonnées X, Y n'ait de maximum ou de minimum. Si la ligne S avait une forme telle que celle qui a été représentée fig. 1.4, le triangle $a\alpha\beta$ ne seráit plus toujours infiniment petit avec la distance du point a à S.

La vérification de la seconde condition de Cauchy si S n'est pas caractéristique exigerait des calculs plus compliqués: nous nous référerons purement et simplement à ce qui a été démontré plus haut.

82. La méthode de Riemann, chaque fois qu'elle est applicable, est évidemment supérieure à la démonstration d'existence par l'emploi des équations intégrales: le problème est par elle, "plus résolu", suivant un mot de Poincaré, puisqu'elle fournit une expression directe de la solution en fonction des données. Elle dispense de la démonstration de possibilité pour le problème de Cauchy (sous réserve de vérifier, comme nous l'avons indiqué, que l'expression obtenue repond bien aux conditions du problème). Mais elle ne dispense pas de la démonstration analogue du n° **77** et du calcul correspondant, puisque cette démonstration et ce calcul sont nécessaires pour former la fonction de Riemann, sauf dans les cas simples (tels que celui de l'équation à coefficients constants) où cette fonction est directement connun.

De plus, on ne dispose plus de cette méthode lorsque, comme au n° **77a**, l'équation n'est pas linéaire.

§2 FORMULE FONDAMENTALE ET SOLUTION ÉLÉMENTAIRE

83. La formule fondamentale. Les éléments précédents vont pouvoir se transporter à l'équation linéaire du second ordre à un nombre quelconque de m variables

$$(E) \qquad \sum a_{ik}\frac{\partial^u}{\partial x_i \partial x_k}+\sum B_i\frac{\partial u}{\partial x_i}+Cu=f$$

Nous nous contenterons à cet égard de résumer notre ouvrage *Le problème de Cauchy* (Livre II)[1] auquel nous n'aurons pas de modifications essentielles à apporter et auquel nous renverrons purement et simplement pour le détail.

Nous donnerons d'ailleurs cette théorie sous sa forme *invariantive*, c'est à dire invariante vis à vis des transformations ponc-

① Nous indiquerons par la lettre **C** les renvois que nous aurons à faire à l'ouvrage en question.

Nous pourrons renvoyer aussi, en l'indiquant par les lettres M. R. à l'important Mémoire de M. Marcel Riesz, paru aux *Acta Mathematica*, t. LXXXI.

tuelles effectuées sur les variables indépendantes x considérées non comme des coordonnées cartésiennes, mais comme des coordonnées curvilignes quelconques. À cet effet on prendra comme élément de volume dE de l'espace E_m on plus l'élément de volume euclidien dx_1, d$x_2 \cdots$ dx_m, lequel serait multiplié par le jacobien de la transformation, mais un élément de volume riemannien ρ dx_1 d$x_2 \cdots$ dx_m. Celui-ci, si l'on prend $\rho = \frac{1}{\sqrt{A}}$ (en désignant par A le discriminant de la forme caractéristique $\mathscr{A}$) possède bien, comme on le vérifie sans difficulté et comme nous le retrouverons au n° **85**, la propriété d'invariance voulue du moment que, exécutant une transformation ponctuelle sur les variables x, on transforme en conséquence l'expression de $\mathscr{A}$.

Dans ces conditions, pour le polynôme différentiel donné

$$\mathscr{F}(u) = \sum a_{ik} \frac{\partial^2 u}{\partial x_i \partial x_k} + \sum B_i \frac{\partial u}{\partial x_i} + Cu$$

le polynôme adjoint $\mathscr{G}(v)$ sera défini come étant tel que l'expression $v\mathscr{F}(u) - u\mathscr{G}(v)$, intégrée avec la valeur riemannienne de dE, donne lieu à l'application de la formule de Gauss (n° **30**), c'est à dire devienne, lorsqu'on la multiplie par ρ, une divergence①

$$(F_c) \qquad \rho[v\mathscr{F}(u) - u\mathscr{G}(v)] = \sum \frac{\partial \mathscr{P}_i}{\partial x_i}$$

Ce polynôme adjoint sera

$$\mathscr{G}(v) = \frac{1}{\rho} \sum \frac{\partial^2}{\partial x_i \partial x_k} (\rho a_{ik} v) - \frac{1}{\rho} \sum \frac{\partial}{\partial x_i} (\rho B_i v) + Cv$$

les $\mathscr{P}_i$ étant

$$\mathscr{P}_i = \rho v \sum a_{ik} \frac{\partial u}{\partial x_k} - u \sum \frac{\partial}{\partial x_k} (\rho a_{ik} v) + \rho B_i uv$$

① Les notations seraient à modifier si l'on voulait adopter systématiquement celles du Calcul Différentiel Absolu, ce que nous ne ferons pas ici, mais ce qui est fait dans le Mémoire de M. Marcel Riesz.

La relation entre $\mathscr{F}$ et $\mathscr{G}$ est réciproque (mais l' "équation adjointe" $\mathscr{G}(v)=0$ est prise en général sans second membre, même si l'équation donnée en a un).

L'application de notre formule du n° **30** conduit à effectuer sur le premier membre de (F_c) une intégration m-uple qui sera figurée par le symbole **SSS**, ce qui donnera au second membre une intégration $(m-1)$-uple de surface désignée par **SS**. Dans cette dernière nous aurons apporter les expressions précédentes des $\mathscr{P}_i$ multipliées repectivement par les cosinus directeurs de la normale intérieure à la surface d'intégration S_1 que nous désignerons ici par $\gamma_1, \gamma_2, \cdots, \gamma_m$.

Ceci va faire apparaitre la forme caractéristique $\mathscr{A}$ définie précédemment. Pour compléter l'analogie avec les formules fondamentales classiques, on introduira une direction dépendant du plan tangent à S en un point quelconque M et définie par

$$\frac{\mathrm{d}x_1}{\left(\frac{1}{2}\frac{\partial\mathscr{A}}{\partial\gamma_1}\right)}=\frac{\mathrm{d}x_2}{\left(\frac{1}{2}\frac{\partial\mathscr{A}}{\partial\gamma_2}\right)}=\cdots=\frac{\mathrm{d}x_m}{\left(\frac{1}{2}\frac{\partial\mathscr{A}}{\partial\gamma_m}\right)}=\mathrm{d}v$$

les dénominateurs, qui ne peuvent pas être nuls simultanément tant que le discriminant de $\mathscr{A}$ est supposé différent de zéro (c'est à dire que l'équation n'est pas du type parabolique), seront proportionnels aux cosinus directeurs d'une direction que nous appellerons la *transversale*① à S en M. Une interprétation géométrique simple② est que la transversale est le diamètre conjugué du plan tangent à S par rapport au cône caractéristique. Pour l'équation des potentiels $(\mathscr{L}_m)$, le cône

---

① Notion introduite par M. d'Adhémar (C. R. Février 1901) sous le nom de *conormale*. La locution du texte est empruntée à la terminologie du Calcul des Variations. M. Marcel Riesz (*loc. cit.*) emploie, dans le cas des coefficients constants, celle de "normale lorentzienne", qui pourrait être étendue au cas général.

② Coulon, *Thèse*, Paris (1902), p. 34.

caractéristique est le cône isotrope, de sorte que "transversale" est synonyme de normale. Au moyen de cette nouvelle notion, on a la formule

$$\mathbf{SSS}[v\mathscr{F}(u)-u\mathscr{G}(v)]\,\mathrm{d}E=\mathbf{SS}\,\rho\left(v\,\frac{\mathrm{d}u}{\mathrm{d}\nu}-u\,\frac{\mathrm{d}v}{\mathrm{d}\nu}+Luv\right)\mathrm{d}S$$

L ayant la valeur

$$L=\sum\ \gamma_i\left(B_i-\ \sum_k\frac{\partial a_{ik}}{\partial x_k}\right)-\frac{\mathrm{d}\log\rho}{\mathrm{d}\nu}$$

et $\mathrm{d}E$ étant toujours l'élément riemannien $\rho\ \mathrm{d}x_1\ \mathrm{d}x_2\cdots\ \mathrm{d}x_m$.

Cette formule est valable du moment que les fonctions u, v et leurs dérivées du premier ordre doivent être continues dans le domaine d'intégration fermé, c'est à dire frontière comprise.

Remarque. En général, la dérivée transversale $\frac{\mathrm{d}}{\mathrm{d}\nu}$ est une dérivée extérieure au sens du n° **23**, c'est à dire que la direction correspondante v n'est pas située dans le plan tangent à S. Mais le contraire peut arriver: *la condition nécessaire et suffisante our que la dérivée transversale ne soit pas une dérivée extérieure est* $\mathscr{A}(\gamma, x)=0$, c'est-à-dire *que le plan tangent soit caractéristique.*

Cette circonstance ne peut pas se présenter dans le cas elliptique; elle est au contraire, possible dans le cas hyperbolique: nous l'avons déjà rencontrée aux n°² **76** et suivants.

84. Solutions à surface singulière. La théorie du potentiel introduisait la quantité $1/r$ ou (pour $m=2$) $\log 1/r$. Celle-ci admet, dans le domaine réel, un point singulier unique, mais, si l'on tient compte des points imaginaires①, une surface singulière, à savoir le cône isotrope qui a ce point pour sommet.

① Les calculs purement analytiques et formels qui vont suivre ne font pas intervenir la distinction entre le réel et l'imaginaire ni, par conséquent, entre les différents types d'équations, sauf le type parabolique que nous continuerons à exclure.

Nous considérerons ici, pour l'équation (E), les solutions prenant, au voisinage d'une surface $G=0$, la forme

$$u=UF(G)+w \tag{6}$$

w étant une fonction régulière pendant que F devient singulière pour $G=0$. La forme de la surface le long de laquelle aura lieu cette singularité est régie par le théorème fondamental suivant:

Théorème de Le Roux et Delassus. —Une *surface régulière qui est un lieu de singularités pour une solution d'une équation linéaire aux dérivées partielles à coefficients réguliers est nécessairement caractéristique.*

Dans la démonstration de ce théorème on particularise d'abord la nature de la singularité: nous supposerons la fonction F telle que les quotients $F'(G)/F(G)$ et $F''(G)/F'(G)$ deviennent infinis avec $1/G$. C'est ce qui aura lieu, en particulier, dans les deux cas qui nous intéresseront avant tout savoir $F(G)=G^p$ et $F(G)=\log G$.

(Dans le premier d'entre eux toutefois on doit exclure le cas de p entier naturel, pour lequel il n'y aurait pas de singularité. Nous aurons d'ailleurs dans un instant à exclure des valeurs entières négatives de p pour lesquelles le problème est impossible).

Pour un tel $F(G)$, écrivons le résultat de substitution de l'expression (6), ou plutôt celui de son premier terme, lequel doit donner comme résultat une fonction régulière puisqu'égale et de signe contraire à celui de w. Inversement, si les coefficients de l'équation, ainsi que la fonction G, sont supposés holomorphes, on pourra former une solution de la forme (6) toutes les fois que l'on aura une fonction holomorphe U telle que le résultat de substitution de $\mathscr{F}[UF(G)]$ soit une fonction holomorphe φ: il suffit pour cela de prendre pour terme additionnel w une solution holomorphe de l'équation $\mathscr{F}(w)=-\varphi$, solution dont le théorème de Cauchy-Kowalevski nous montre l'existence.

Nous sommes donc ramenés à exprimer que le résultat de substitution de $UF(G)$, soit, avec $\gamma_i=\frac{\partial G}{\partial x_i}$

$$F''(G)U\mathscr{A}(\gamma)+F'(G)\left(\sum\frac{\partial U}{\partial x_i}\frac{\partial \mathscr{A}}{\partial \gamma_i}+PU\right)+F(G)\mathscr{F}(U) \tag{7}$$

$$P=\mathscr{F}(G)-CG$$

doit être régulier. U sera d'ailleurs supposé ne pas s'annuler① (sauf en des points exceptionnels) le long de la surface singulière. Dès lors, en vertu de la première hypothère faite sur F, le premier terme est, a priori, d'un ordre de grandeur supérieur aux suivants et la somme ne peut pas être identiquement nulle ou même être une fonction regulière tant que le coefficient de $F''(G)$ n'est pas nul, c'est-à-dire tant que $G=0$ n'est pas une caractéristique. L'équation

$$\mathscr{A}\left(\frac{\partial G}{\partial x_1},\frac{\partial G}{\partial x_2},\cdots,\frac{\partial G}{\partial x_m}\right)=0$$

doit être ou une identité, ou tout au moins une conséquence de $G=0$, de sorte qu'on a, en tout cas

$$\mathscr{A}\left(\frac{\partial G}{\partial x_1},\cdots,\frac{\partial G}{\partial x_m}\right)=\mathscr{A}_1 G \tag{8}$$

$\mathscr{A}_1$ étant régulier même pour $G=0$. Le théorème de Le Roux et Delassus est ainsi démontré.

84a. La démonstration de *M.* Le Roux② étend à des singularités quelconques, comme on peut s'en rendre compte, au moins pour $m=2$, à l'aide des résultats que nous venons

---

① Dans le cas contraire, si U s'annulait tout le long de la surface $G=0$, il pourrait être remplacé, dans le premier terme de (6), par $G\,U_1$, en désignant par U_1 une nouvelle fonction régulière, ce qui reviendrait à remplacer $F(G)$ par $GF(G)$: par exemple, pour $F(G)=G^p$, à augmenter l'exposant p d'une unité.

② *Journal de Math.*, 5e série, t. IV, 1898. p. 359 et suivantes, particulièrement p. 402 et suivantes.

d'obtenir jusqu'ici.

Soit, en effet, S une ligne quelconque non caractéristique tracée dans une région $\mathscr{R}$ du plan des x, y où les coefficients de l'équation (1) sont supposés réguliers. Cherchons si cette ligne peut être un lieu de singularités d'une solution u. Nous devrons supposer une telle solution régulière en dehors de S et dans tout le voisinage de S, tout au moins d'un côté de cette ligne, par exemple dans la région $\mathscr{R}_1$ située au dessus de S.

Soit alors, dans cette région, une seconde ligne S' voisine de S et comme elle, non caractéristique. u peut être considéré comme défini par des données de Cauchy relatives à S': on le calculera par l'une ou l'autre des deux méthodes des n^{os} **77** ou **78**, en traçant, par un point quelconque $a(x, y)$, les caractéristiques de ces deux systèmes jusqu'à rencontre avec S. Ce calcul sera valable pour toute position du point a dans $\mathscr{R}$, sur S ou même de l'autre côté de cette ligne, la deuxième ligne S' étant supposée assez voisine de S pour que la région $\mathscr{R}_1$ atteigne et dépasse S.

Pour $m>2$, ce raisonnement pourrait encore s'appliquer moyennant l'emploi des méthodes que nous exposerons plus loin en supposant la surface S non seulement non caractéritique, mais orientée dans l'espace, les coefficients de l'équation étant d'autre part supposés holomorphes.

85. Quoi qu'il en soit, nous allons revenir aux singularités du type (6), les seules qui nous intéresseront.

Supposons donc la condition (8) vérifiée de sorte que $F''(G)$ disparait de la formule (7). Prenons même, cette fois, $F(G)=G^p$. Exprimons que le terme en G^{p-1} s'annule également: il faut que le long de la surface $G=0$

$$\sum \frac{\partial U}{\partial x_i}\frac{\partial \mathscr{A}}{\partial \gamma_i}+[P+(p-1)\mathscr{A}_i]U=0 \qquad (9)$$

(9) est une équation linéaire du premier ordre① dont l'intégration conduit à l'introduction des courbes définies par les équations différentielles ordinaires

$$\frac{\mathrm{d}x_1}{\left(\frac{1}{2}\frac{\partial \mathscr{A}}{\partial \gamma_1}\right)}=\frac{\mathrm{d}x_2}{\left(\frac{1}{2}\frac{\partial \mathscr{A}}{\partial \gamma_2}\right)}=\cdots=\frac{\mathrm{d}x_m}{\left(\frac{1}{2}\frac{\partial \mathscr{A}}{\partial \gamma_m}\right)}=\mathrm{d}s \qquad (10)$$

équaions (7) à la signification près de la valeur commune des m rapports—qui sont en fait les caractéristiques de léquation $\mathscr{A}=0$: ce que nous avons appelé les *bicaractéristiques* de l'équation donnée. La théorie des équations aux dérivées partielles du premier ordre nous apprend② que de telles lignes, si elles sont tracées sur une surface solution de l'équation $\mathscr{A}=0$, vérifient aussi les équations différentielles

$$\frac{\mathrm{d}\gamma_i}{\mathrm{d}s}=-\frac{1}{2}\frac{\partial \mathscr{A}}{\partial x_i} \qquad (10')$$

Le système (10), (10′) est un système *d'equations d'Hamilton*. Comme tel, il possède les deux propriétés suivantes:

Tout d'abord il admet l'intégrale $\mathscr{A}$ = const. Dans les conditions où nous nous plaçons pour le moment, cette valeur constante de $\mathscr{A}$ *doit être nulle*.

Comme $\mathscr{A}$ est une forme quadratique par rapport aux γ,

---

① Le premier membre, qui provient de (7), y est affecté du facteur p. La relation (9) tombe donc en défaut dans le cas de $p=0$, que nous avons d'ailleurs écarté et que nous retrouverons au chapitre suivant. Mais la considération des termes contenant les puissances p, $p+1$, $\cdots$, de G dans l'expression de $\mathscr{F}[UF(G)]$ ferait apparaître les dénominateur $p+1$, $p+2$, $\cdots$: c'est cela qui, comme nous l'avons dit et comme nous le retrouverons au Chap. suivant, entraine une impossibilité pour les valeurs entières et négatives de p.

② Jordan, *Cours d'Analyse*, t. III, n° 245, de l'édition de 1887: Goursat, *Cours d'Analyse*, t. II, n°s 447 et 594 de l'édition de 1918 (les formules étant ici simplifiées par l'absence du terme en Z).

ceci peut s'écrire $\sum \gamma_i \frac{\partial \mathscr{A}}{\partial \gamma_i}=0$ et puisque $\gamma_i=\frac{\partial G}{\partial x_i}$, $\frac{\partial \mathscr{A}}{\partial \gamma_i}=2\frac{\mathrm{d}x_i}{\mathrm{d}s}$, nous donne $G=\mathrm{const}^{\mathrm{te}}$, de sorte qu'une des lignes en question, tracée à partir d'un point de la surface $G=0$ restera constamment sur cette surface.

86. En second lieu, un tel système d'Hamilton peut être considéré comme dérivant d'un problème de Calcul des Variations. Soit l'intégrale

$$I=\int \mathscr{H}(\dot{x}_1, \cdots, \dot{x}_m; x_1, \cdots, x_m)\,\mathrm{d}s$$

qu'il s'agirait de rendre non pas nécessairement maxima ou minima, mais simplement *stationnaire*, c'est à dire dont on se proposerait d'annuler la variation, ce qui donne les équations d'Euler

$$\frac{\mathrm{d}\gamma_i}{\mathrm{d}s}=\frac{\partial \mathscr{H}}{\partial x_i} \tag{11}$$

avec

$$\gamma_i=\frac{\partial \mathscr{H}}{\partial \dot{x}_i} \tag{12}$$

Si l'on applique à la fonction $\mathscr{H}$, considéré provisoirement come dépendant des seules variables $\dot{x}_i$ (les x jouant le rôle de paramètres) la transformation de Legendre, c'est à dire si l'on prend comme variables indépendantes, outre les x, les quantités $\gamma_i=\frac{\partial \mathscr{H}}{\partial \dot{x}_i}$ et qu'on exprime en fonction de ces γ et des x la quantité $\mathscr{A}'=\sum \dot{x}_i \frac{\partial \mathscr{H}}{\partial \dot{x}_i}-\mathscr{H}$, on aura, comme il est bien connu

$$\frac{\partial \mathscr{A}'}{\partial \gamma_i}=\dot{x}_i \tag{11'}$$

de sorte que les relations (12) seront remplacées par (11′) et que l'on aura en outre (11), donc des équations d'Hamilton.

86a. Nous savons à choisir maintenant l'expression $\mathscr{H}(\dot{x}_i; x)$ de manière à ce que $\mathscr{A}'$ soit la quantité $\mathscr{A}$ que nous avons considérée dans les n^{os} précédents. C'est ce que l'on obtient immédiatement en remarquant que la transformation de Legendre est réciproque. Sans particulariser encore la forme de la fonction $\mathscr{A}=\mathscr{A}(\gamma;x)$, on y introduira les variables indépendantes

$$\frac{\partial\mathscr{A}}{\partial\gamma_i}=\dot{x}_i \tag{13}$$

en fonction desquelles on exprimera la quantité

$$\mathscr{H}=\sum\gamma_i\frac{\partial\mathscr{A}}{\partial\gamma_i}-\mathscr{A} \tag{14}$$

qui est celle que l'on devra introduire dans l'intégrale I. Ici $\mathscr{A}$ est une forme quadratique de sorte que l'expression (14) se réduira à $\mathscr{A}$ elle-même. Nous exprimerons cette quantité en fonction dex x en résolvant d'abord par rapport aux γ les èquations (13) : celles-ci donnent

$$\gamma_i=\frac{1}{A}\sum_k h_{ik}\dot{x}_k$$

$$A=\begin{vmatrix} a_{11}\cdots a_{1m} \\ \vdots \\ \cdots a_{ik}\cdots \\ \vdots \\ a_{m1}\cdots a_{mm}\end{vmatrix}$$

étant toujours le déterminant des a_{ik} (discriminant de $\mathscr{A}$), on désigne par h_{ik} le coefficient de a_{ik} dans ce déterminant: après quoi la forme $\mathscr{A}$ sera remplacée par

$$\mathscr{H}(\dot{x}_1,\cdots,\dot{x}_m;x)=\frac{1}{A}\sum h_{ik}(x)\,\dot{x}_i\dot{x}_k$$

(le numérateur étant ce qu'on appelle en Algèbre[①] la *forme adjointe* de $\mathscr{A}$). L'expression précédente sera dite la forme *métrique* correspondant à l'équation considérée et définit un

① Dans cette dénomination, consacrée par l'usage, l'adjectif "adjoint" figure avec une signification sans rapport avec celle que nous lui avons donnée dans la locution, également classique, du n° 83.

élément linéaire①

$$ds^2 = \mathscr{H}(dx_1, dx_2, \cdots, dx_m; x) = \frac{1}{A}\sum h_{ik} dx_i dx_k = \sum g_{ik} dx_i dx_k$$

de la variété sur laquelle nous opérons.

Les équations différentielles qui déterminent les géodésiques de cet élément linéaire, savoir

$$\frac{d}{ds}\frac{\partial\sqrt{\mathscr{H}}}{\partial \dot{x}_i} - \frac{\partial\sqrt{\mathscr{H}}}{\partial x_i} = 0$$

sont autres a priori que les équations (11) (12), puisque $\sqrt{\mathscr{H}}$ y figure au lieu de $\mathscr{H}$; cependant (**C**, p. 118 note) les unes se ramènent aux autres lorsqu'on tient compte de l'intégrale

$$\mathscr{H} = \text{const}^{\text{te}}$$

admise par le système (11) (12).

Les bicaractéristiques de (E), étant solutions des équations (11) (12), seront des géodésiques; mais de plus comme elles annulent la constante d'intégration de la relation précédente, elles pourront êre définies comme les *géodésiques de longueur nulle.*

L'équation (9) permet de se donner U en un point de chacune de ces bicaractéristiques, c'est-à-dire le long d'une variété ($m-2$) fois étendue faisant partie de la surface $G=0$ et non tangente à une bicaractéristique en aucun de ses points.

87. Les opérations par lesquelles on passe, comme nous venons de le dire, de la forme métrique $\mathscr{H}(dx; x)$ à la formc caractéristique $\mathscr{A}$ sont d'ailleurs bien connues d'après les principes posés par Lamé et Beltrami. ($\mathscr{A}$) n'est autre que le premi-

① De cet élément linéaire résulte pour l'élément de volume correspondant la valeur $\rho dx_1 dx_2 \cdots dx_m$, où ρ est la racine carrée du discriminant de la forme $\mathscr{H}$: valeur qui est la même dont nous nous sommes servis au n° 83, car les discriminants des formes $\mathscr{A}$ et $\mathscr{H}$ sont inverses l'un de l'autre.

er paramètre Δ_1 de Lamé-Beltrami. Le second paramètre différentiel

$$\Delta_2(U)=\frac{1}{\rho}\sum_j\frac{\partial}{\partial x_i}\left(\rho g_{ik}\frac{\partial U}{\partial x_k}\right)$$

qui se déduit du premier ou plutôt du paramètre bilinéaire $\Delta_1(U,V)$, coefficient de 2λ dans $\Delta_1(U+\lambda V)$, est un polynôme différentiel du second ordre *identique à son adjoint*: il donne en effet

$$\rho[V\Delta_2 U-\Delta_1(U,V)]=\sum\frac{\partial q_i}{\partial x_i}$$

où $\Delta_1(U,V)$ est symétrique en U et V.

Tout polynôme différentiel linéaire du second ordre pouvant inversement s'écrire $\Delta_2(u)+\sum B_i\frac{\partial u}{\partial x_i}+Cu$, un tel polynôme sera identique à son adjoint alors, et alors seulement, que les B_i seront tous identiquement nuls, soit $F(u)=\Delta_2(u)+Cu$.

88. Les conditions que nous avons imposées à la fonction $F(G)$ seront encore remplies si, au lieu de $F(G)=G^p$, nous prenons $F(G)=\log G$. Ce choix de F nous donnera donc les mêmes conclusions que tout à l'heure, mais dans des conditions plus simples à un certain point de vue. Les relations (8) (9) des n^{os} précédents expriment en effet que, dans le résultat de substitution de $u=UF(G)$, les termes des deux moindres degrés-degrés $(p-2)$ et $(p-1)$-sont absents; mais il restera à faire que ce résultat soit non seulement de l'ordre de G^p, mais identiquement nul: autrement dit, en supposant (cas analytique) le résultat en question développable suivant les puissances croissantes de G, que disparaîssent tous les termes qui suivent ceux dont nous nous sommes déjà occupés. Cette question, sur laquelle nous aurons l'occasion de revenir, a été traitée dans des travaux classiques, moyennant l'hypothèse d'analyticité: elle relève alors de la méthode des fonctions majorantes lorsqu'on prend pour l'une des variables indépendantes la quantité G.

Les choses se présentent autrement pour $F(G)=\log G$. Il y aura un terme $F(U)\log G$: qui ne se réduira avec aucun autre, de sorte que *U devra être lui-même solution de l'équation (sans second membre) donnée.*

Ceci étant acquis, ainsi que la condition (8) moyennant laquelle il n'y aura pas de terme en $F''(G)$, l'équation correspondant à (9) exprimera que le coefficient de $F'(G)=1/G$ disparait pour $G=0$: dès *lors*, *sans aucune nouvelle condition*, notre résultat de substitution sera une fonction régulière, dont il y aura seulement è tenir compte dans le choix du terme régulier w.

88a. C'est à Picard[1] que l'on doit d'avoir formé pour des équations aux dérivées partielles du second ordre plus générales que ($\mathscr{L}_m$) des solutions analogues à log (1/r) ou (1/r). Sa méthode, reposant sur des approximations successives c'est-à-dire, au fond, sur la réduction à une équation intégrale, s'applique aux équations (à deux variables indépendantes) de la forme

$$\Delta u+Cu=0$$

et les solutions obtenues sont de la forme

$$U\log(1/r)+w \tag{6'}$$

U et w étant des fonctions régulières. Dans ce cas, le coefficient C n'a pas besoin d'être analytique, mais seulement lui-même régulier.

Ce résultat fut étendu un peu plus tard par Hilbert et Hedrick et, indépendamment, par nous-mêmes à l'équation complète à deux variables

① *C. R. Acad. Sc.*, 6 avril 1891 et 5 juin 1900.

$$(\mathscr{E}_2) \qquad \Delta u+A\frac{\partial u}{\partial x}+B\frac{\partial u}{\partial y}+Cu=f$$

c'est-à-dire à l'équation renfermant des termes du premier ordre, mais, cette fois, en supposant que les coefficients A, B, C, fonctions données de x, y, sont analytiques, hypothèse que nous allons également adopter aussi dans ce qui va suivre. Grâce à elle, en effet, la distinction du réel et de l'imaginaire n'est plus essentielle; et ceci va nous éclairer sur la signification de la fonction de Riemann que nous avons introduite au n° **79**.

88b. Si, en effet, dansl'équation que nous venons d'écrire, nous introduisons, à la place de X, Y, les nouvelles variables indépendantes $X+iY=x$, $X-iY=y$, elle prend la forme (1) du n° **76**. Que deviendra, dans ces conditions, « la solution élémentaire », c'est-à-dire l'expression (6′) écrite tout à l'heure? U et w resteront des fonctions régulières à déterminer et, quant à r, il aura, en fonction de nos nouvelles variables, la valeur $r=\sqrt{(x-x_0)(y-y_0)}$. Nous devrons donc chercher, pour l'équation $(\mathscr{E}_2)$, une solution de la forme

$$u=U\log[(x-x_0)(y-y_0)]+w$$

ou x_0, y_0 sont les coordonnées d'un point pris arbitrairement. Ce problème relève du calcul fait au n° **85**: conformément à ce que nous avons dit en cet endroit, la fonction U sera déterminée par la double condition de prendre, sur chacune des deux caractéristiques $x=x_0$, $y=y_0$, des valeurs satisfaisant à l'équation différentielle correspondant à (9). Or les deux conditions ainsi obtenues ne sont autres à l'échange près de l'équation donnée avec son adjointe que celles par lesquelles nous avons déterminé la fonction de Riemann.

Ainsi *la fonction de Riemann n'est autre que le coefficient du logarithme dans la solution élémentaire* analogue à (6). Bien qu'elle même régulière, nous voyons qu'elle se relie étroitement à la quantité (6′), laquelle est singulière au point $x=x_0$, $y=y_0$

et le long des deux caractéristiques qui passent en ce point.

89. Le conoïde caractéristique. Considérons maintenant l'équation linéaire générale à m variables indépendantes: nous avons, au n° **85**; envisagé pour une telle équation des solutions de la forme (6) dans lesquelles G était une fonction régulière (et, dans le cas analytique, holomorphe). Le cas qui se présente tout d'abord est celui où non seulement la fonction G, mais aussi la surface $G=0$ sont régulières. C'est celui qui a été envisagé dans les travaux que nous aurons à rappeler au Chap. VI.

Il en va être autrement dans ce que nous allons dire en ce moment. À toute équation aux dérivées partielles du premier ordre $\mathscr{A}=0$ (en désignant par $\mathscr{A}(\gamma_1, \gamma_2, \cdots, \gamma_m)$ une fonction homogène par rapport aux γ) et à un point arbitrairement donné a de l'espace à m dimensions, on peut, comme l'a signalé Darboux, faire correspondre une surface-solution admettant a comme point conique: une telle surface sera l'enveloppe de toutes les surfaces-solutions de $\mathscr{A}=0$ qui passent en ce point et pourra être construite comme le lieu de toutes les caractéristiques de $\mathscr{A}=0$-pour nous, de toutes les bicaractéristiques de l'équation donnée $\mathscr{F}(u)=f$-issues de ce point.

Dans le cas, qui est celui auquel nous avons affaire, où $\mathscr{A}$ est, par rapport aux γ, une forme quadratique, on peut préciser davantage l'équation de cette surface. Un point M pris dans un voisinage convenable $\mathscr{R}$ de a pouvant être joint à a par une géodésique (bien déterminée si on lui impose la condition de ne pas sortir de $\mathscr{R}$), ceci entraine la définition de la *distance géodésiques* $aM=s$. Le carré $\Gamma=s^2$ de cette distance est une fonction régulière (holomorphe si les coefficients de l'équation le sont eux-mêmes) des coordonnées de a et de M, laquelle satisfera à l'équation aux dérivées partielles①

$$\mathscr{A}\left(\frac{\partial \Gamma}{\partial x_1}, \frac{\partial \Gamma}{\partial x_2}, \cdots, \frac{\partial \Gamma}{\partial x_m}; x\right) = 4\Gamma$$

—équation (8) avec $\mathscr{A}_1 = 4$.

90. La solution élémentaire. Pour généraliser le potentiel newtonien, nous chercherons une solution de la forme (6), G étant cette fois la quantité Γ. Ceci donnera lieu à des équations différentielles analogues à (9) et que nous écrirons non plus seulement le long de chaque bicaractéristique issue de a, mais cette fois le long de chaque géodésique (de longueur nulle ou non) issue de ce point.

Seulement le fait que $\Gamma = 0$ n'est plus une surface régulière se traduit par la présence d'un facteur s dont sera affecté $\mathrm{d}U/\mathrm{d}s$: le facteur U de $F(\Gamma)$ que (dans le cas analytique) nous pourrons supposer développé en série entière

$$U = U_0 + \Gamma U_1 + \cdots \tag{15}$$

suivant les puissances de Γ sera déterminé, au moins dans toute une région cotenant a, par une équation de la forme

$$4s\frac{\mathrm{d}U}{\mathrm{d}s} + (P + 4p - 4)U + \frac{\Gamma}{p}\mathscr{F}(U) = \varphi \tag{16}$$

où la dérivée sera supposée prise, en chaque point M, le long de la géodésique à M——jointe à la condition d'être régulière même en a, la fonction φ étant de son côté régulière par rapport aux x et aux a, donc aussi en s.

Le terme en Γ de l'équation précédente n'interviendra pas dans l'équation qui définit U_0. Dans cette dernière, le développement de Γ donne aisément la valeur initiale de la quantité P introduite par (7), soit $P = 2m$, donc l'équation

① L'équation $\Delta s = 1$, équivalente à celle du texte moyennant la relation $s = \sqrt{\Gamma}$, est formée par Darboux *Leçons*, t. II (1915), n° 536, p. 449.

$$2s\frac{\mathrm{d}U}{\mathrm{d}s}+(m+2p-2+\cdots)U+\frac{\Gamma}{2p}\mathscr{F}(U)=\frac{\varphi}{2}$$

Une telle équation ne peut admettre de solution holomorphe en s si le coefficient de U n'est initialement un entier nul ou positif. Le second cas, où la série entière commencerait par un terme en s^q, $q>0$ et s'annulerait avec s, se ramène au premier (grâce à la remarque que la quantité que nous nous proposons de former est fonction non seulement des x, mais des a et que ses dérivées d'ordre q par rapport aux a répondraient précisément à l'hypothèse en question). On prend donc

$$p=-\frac{m-2}{2}$$

ce qui donne pour U_0 une valeur en a différente de zéro, et qui peut être choisie arbitrairement par ailleurs: on la prend égale à 1 et l'on part d'une quantité U_0 donnée (dans toute la région où Γ est défini) par

$$U_0=\mathrm{e}^{-\int_0^s\frac{1}{2s}\left(\frac{p}{2}+2p-2\right)\mathrm{d}s}$$

Seulement nous avons prévu l'exclusion des valeurs entières et négatives de p, et c'est ce dont en effet la nécessité va nous apparaitre actuellement: d'où deux cas à distinguer, que nous pourrons d'ailleurs, au besoin, ramener l'un à l'autre par descente.

1° *Le nombre m est impair.* Le nombre p n'est alors pas entier. Les opérations précédentes peuvent se poursuivre indéfiniment et les U_h qu'elles donnent sont les coefficients d'une série entière (15) dont on établit① qu'elle a un rayon de convergence différent de zéro du moment que les coefficients de l'équation sont holomorphes au voisinage de a: d'où la *solution élémentaire* cherchée, généralisation du potentiel élémentaire

① C. 63, p. 137.

$1/r^{m-2}$. C'est elle que l'analogie avec la théorie du potentiel suggère de substituer pour v dans la formule fondamentale du n° **83**.

2° *m est pair.* p est alors un entier négatif $p = -\frac{m-2}{2} = -p'$. On peut encore former par la même méthode les coefficients de Γ, Γ^2, $\cdots$, $\Gamma^{p'-1}$, ce qui, dans le résultat de substitution de la quantité ainsi construite

$$U_0 + U_1 \Gamma + \cdots + U_{p'-1} \Gamma^{p'-1}$$

ne laisse subsister au dénominateur que la première puissance de Γ; mais (à moins que ce terme en $1/\Gamma$ ne s'annule) le calcul du coefficient de Γ^p donne lieu à une impossibilité et, de fait, des termes en Γ ajoutés à U ne pourraient corriger cette singularité puisqu'ils n'introduiraient dans u que des termes réguliers. On corrigera au contraire la singularité en question si à la quantité précédente on ajoute un terme logarithmique—$U \log \Gamma$. D'après ce qui précède (**88**), U sera déterminé par ses valeurs le long du conoïde, lesquelles, résultant du calcul précédent, seront celles d'une fonction holomorphe U_0. À cela près, il est à noter que toutes ces opérations, jusque et y compris le calcul de U_0, n'ont pas eu à supposer les coefficients analytiques.

Nous utiliserons au contraire cette hypothèse pour le calcul de la quantité

$$\mathscr{U} = \mathscr{U}_0 + \Gamma \mathscr{U}_1 + \cdots + \Gamma^q \mathscr{U}_q + \cdots$$

série entière en Γ à déterminer par la double condition de satisfaire à l'équation $\mathscr{F}(u) = 0$ et de prendre sur le conoïde les mêmes valeurs que $\mathscr{U}_0$: calcul tout semblable au précédent, avec la même démonstration de convergence.

Telle est, dans ce second cas, l'expression dont nous aurons à discuter l'intervention dans la formule fondamentale.

§ 3 QUANTITÉS AUXILIAIRES DE M. MARCEL RIESZ

91. La solution élémentaire dont nous venons d'indiquer la formation est singulière au point a sommet du conoïde, mais aussi sur toute la surface de ce conoïde. La première de ces deux circonstances est essentielle; c'est grâce à elle qu'on peut exprimer à l'aide des données la valeur de la solution en a; mais la seconde subordonne cette expression à la discussion délicate de certaines intégrales divergentes.

M. Marcel Riesz (**MR**, p. 1 ~ 223) a montré qu'on peut triompher de ces difficultés en rattachant la solution élémentaire, qui contient en facteur $1/\Gamma^{\frac{m-2}{2}}$, à une chaîne d'expressions contenant en facteur $1/\Gamma^{\alpha}$ pour des valeurs quelconques de α. Avec M. Riesz, nous commencerons par le cas d'une seule variable indépendante, c'est à dire par l'

Intégrale de Riemann-Liouville (en abrégé, RL). On peut, comme il est bien connu, exprimer par une intégrale simple une fonction ayant pour dérivée d'ordre $\alpha \geqslant 0$ 1 une fonction donnée $f(x)$. Cette expression est

$$I^{\alpha}f(x) = \frac{1}{\Gamma(\alpha)}\int_{\alpha}^{x} f(t)(x-t)^{\alpha-1}\mathrm{d}t \tag{17}$$

Les deux auteurs que nous venons de citer ont remarqué qu'elle conserve un sens pour toute valeur positive de α et même pour toute valeur complexe à partie réelle positive, de sorte que I^{α} peut être appelé *l'intégrale d'ordre* α de $f(x)$. On peut même écrire cette expression pour $a=-\infty$, moyennant des hypothèses simples sur l'allure de f à l'infini. Dautre part, l'identité

$$\mathrm{d}/\mathrm{d}x I^{\alpha}f(x) = I^{\alpha-1}f(x)$$

ayant lieu pour tout $\alpha>1$ (et non pas seulement pour des valeurs entières), les deux auteurs cités en tirent l'extension du symbole

I^{α} aux valeurs négatives de α. Mais, au lieu d'employer, pour les symboles considérés, deux définitions différentes, nous observerons, avec M. Riesz, que l'opération I^{α}, du moment qu'elle porte sur une fonction continue (et moyennant les hypothèses nécessaires lorsque $a=-\infty$) donne une fonction *holomorphe* de α. On se proposera dès lors le prolongement analytique de cette dernière fonction.

Pour α tendant vers 0, l'intégrale devient infinie; mais la présence du diviseur $\Gamma(\alpha)$ fait que le quotient demeure fini: et de fait, sous la seule hypothèse que f soit continue (Cf. **MR**, p. 13), on voit que $I^{0}f(x)$ *n'est autre chose que* $f(x)$. En effet, pour $\alpha>0$

$$I^{\alpha}f(x)=\frac{1}{\Gamma(\alpha)}\int_{\alpha}^{x}[f(t)-f(x)](x-t)^{\alpha-1}\mathrm{d}t+$$
$$\frac{f(x)}{\Gamma(\alpha)}\int_{\alpha}^{x}(x-t)^{\alpha-1}\mathrm{d}t$$

Le dernier terme, égal à $f(x)\ (x-a)^{a}/\Gamma(\alpha+1)$, donne $f(x)$ pour $\alpha\to 0$. Quant au premier, on l'évaluera en décomposant l'intérvalle d'intégration en $(a, x)=(a, x-\delta)+(x-\delta, x)$, donnant les intégrales partielles I', I''. Dans la dernière, $|f(t)-f(x)|$ sera, puisque f est supposée continue, inférieur à un ε arbitrairement petit d'où $|I''|<\varepsilon\dfrac{\delta^{a}}{\Gamma(\alpha+1)}$. δ étant fixé de manière à ce qu'il en soit ainsi, I' tendra vers 0 avec α grâce au dénominateur $\Gamma(\alpha)$.

Si maintenant f admet une dérivée, une intégration par parties permet d'introduire sous $\int$ une puissance α et non plus $\alpha-1$. D'une manière générale, en supposant à $f(x)$ des dérivées continues jusqu'à l'ordre n inclus

$$I^{a}f(x)=\sum_{k=0}^{n-1}\frac{f^{(k)}(a)}{\Gamma(\alpha+k+1)}(x-a)^{\alpha+k}+I^{\alpha+n}f^{(n)}(x)$$

La quantité ainsi formée est identique à $I^{\alpha}f$ lorsque cette dernière existe, c'est à dire pour $\alpha>0$; mais d'autre part, elle est holomoorphe en α pour $\alpha>-n$: elle constitue donc le *prolongement analytique*, pour ces nouvelles valeurs de α, de la fonction I primitivement définie.

Puisque, pour α entier naturel, la quantité (17) exprime le résultat de α quadratures successives exécutées à partir de la même limite inférieure a, on a évidemment, β étant un second entier naturel,

$$I^{\alpha}I^{\beta}f=I^{\alpha+\beta}f \tag{18}$$

Or cette propriété a également lieu pour les autres valeurs de α,β auxquelles nous avons étendu l'expression (17). Dans la définition primitive de celle-ci, cela se vérifie (**MR**, p. 10) en transformant, comme l'a indiqué Dirichlet[①], l'intégrale double que donne le premier membre. La même relation a dès lors lieu *ipso facto* pour les valeurs de α auxquelles s'étend notre porlongement analytique, puisque les deux membres sont fonctions holomorphes de α et de β.

91a. M. Marcel Riesz a remarqué qu'une conception tout analogue peut se transporter aux questions qui nous occupent, à commencer par la théorie des potentiels telle que nous l'avons considérée au Chap. II.

Considérant l'intégrale m-uple

$$I^{\alpha}f(P)=\frac{1}{H_m(\alpha)}\mathbf{SSS}r^{\alpha-m}f(M)\,\mathrm{d}M$$

$\mathrm{d}M$ désignant l'élément de volume $\mathrm{d}x_1\ \mathrm{d}x_2\cdots\ \mathrm{d}x_m$ décrit par le point M $(x_1, x_2, \cdots, x_m)$ et r désignant la distance MP, on va étendre à cette nouvelle expression les trois propriétés établies ci-dessus pour la précedente (à la substitution près du symbole Δ à la dérivation).

① Goursat, *Cours d'Analyse*, t. 1(1917), p. 309.

La formule de composition a, comme nous l'avons vu au Chap. II, reçu de M. Riesz des applications importantes à la théorie du potentiel: elles découlent dans ce cas de ce que la quantité précédente ou *potentiel généralisé*, du moins si l'intégration peut âtre étendue à l'espace entier, est invariante par un déplacement arbitraire et l'est aussi, à un facteur évident près, par une similitude. Sous la même restriction, l'effet de l'opération Δ s'obtient par différentiation sous le signe **SSS.**

Comme

$$\Delta r^{\alpha+2-m}=\alpha(\alpha+2-m)r^{\alpha-m} \tag{19}$$

on aura

$$\Delta I^{\alpha+2}f(P)=I^{\alpha}f(P) \tag{18'}$$

si l'on prend, avec K indépendant de α ou périodique et de période 2

$$H_m(\alpha)=K\cdot 2^{\alpha-1}\Gamma\left(\frac{\alpha}{2}\right)\Gamma\left(\frac{\alpha+2-m}{2}\right)$$

Enfin la propriété $I^{\circ}f(P)=f(P)$ apparaît si l'on passe aux coordonnées polaires—le rayon vecteur r et $m-1$ paramètres angulaires. L'intégrale par rapport à ces derniers étant étendue à l'hypersphère de rayon 1, l'intégrale simple en r se traitera exactement comme il a été indiqué plus haut.

92. Nous n'avons pas à insister plus longuement sur les relations précédentes dans l'espace considéré à la manière habituelle, c'est à dire avec la métrique oridnaire ou "euclidienne" définie par

$$r^2=x_1^2+\cdots+x_m^2$$

Mais la formule (19) a évidemment lieu encore si cette métrique est remplacée par la métrique "lorentzienne"

$$(\Lambda_m)\qquad \mathbf{r}^2=x_1^2-x_2^2-\cdots-x_m^2=x_1^2-\rho^2$$

Δ_2 désignant maintenant l'opérateur lorentzien ou "opérateur des ondes"

$$\Delta_2 = \square = \frac{\partial^2}{\partial x_1^2} - \frac{\partial^2}{\partial x_2^2} - \cdots - \frac{\partial^2}{\partial x_m^2}$$

On considérera spécialement, cette fois, les positions des points M et P telles que $\overline{MP}$ soit un *vecteur de temps*, c'est à dire rende positive l'expression (Λ_m). Pour une position déterminée de P, le point M devra donc être pris à l'intérieur d'une des nappes du cône caractéristique de sommet P: disons, pour fixer les idées, à l'intérieur de la nappe rétrograde $\mathscr{C}-(P)$.

Le groupe des déplacements euclidiens sera remplacé par le *groupe de Lorentz*, c'est à dire par le groupe des substitutions linéaires dont la partie homogène ne change pas la forme (Λ_m) non plus que le signe de x_1 (de manière à ne pas échanger l'une avec l'autre les deux napes d'un cône caractéristique). Comme $\boldsymbol{r}^2$ se déduit, au signe près, de r^2 par le changement de x_1 en i x_1 lequel est sans influence sur les calculs formels que nous considérons pour le moment, le groupe de Lorentz se déduira du groupe euclidien par ce même changement. Nous pouvons alors prévoir que ce groupe permettra de changer l'une en l'autre deux droites de temps quelconques: par exemple de changer n'importe quelle demi-droite de temps rétrograde issue de l'origine en la demi-droite $x_2 = x_3 = \cdots = x_m = 0$, $x_1 < 0$. C'est ce que nous allons pouvoir vérifier.

D'abord le groupe de Lorentz contient le groupe euclidien de l'espace $E_{m-1} = (x_2 \cdots x_m)$: il permet donc d'annuler tous les x d'indices $\geqslant 3$. Ceci fait, il restera à opérer une substitution entre x_1 et $x_2 = \pm\rho$ laquelle n'est autre que la transformation de Lorentz classique. À l'aide des variables

$$x_1 - x_2 = X, \quad x_1 + x_2 = Y$$

d'où $\boldsymbol{r}^2 = X\,Y$, elle s'écrit en multipliant X par un paramètre positif λ et Y par λ^{-1}, ce qui permet évidemment d'opèrer la réduction annoncée.

On peut aller plus loin en combinant les transformations

précédentes avec des homothéties de rapports positifs quelconques. Ainsi élargi, le groupe devient deux fois transitif: il contient, étant donnés deux vecteurs de temps rétrogrades quelconques $\overline{aM}$, $\overline{a'M'}$, une transformation qui change simultanément a en a' et M en M'.

93. On aura maintenant des *potentiels lorentziens généralisés*

$$I^{\alpha}f(Q)=\frac{1}{H}\mathbf{SSS}r_{PQ}^{\alpha-m}f(Q)Q \tag{20}$$

$H=H_m(a)$ étant un nombre fonctin de α, m que nous nous réservons de choisir et le domaine d'intégration étant limité d'une part par une surface S orientée dans l'espace (laquelle peut manquer si la fonction f s'annule d'une façon convenable à l'infini); de l'autre par le nappe rétrograde $\mathscr{C}-(P)$ du cône caractéristique qui a pour sommet P.

Sur cette dernière frontière, $\boldsymbol{r}$ s'annule et par conséquent, cette fois, l'intégrale ne converge en général que pour $\alpha>m-1$. Nous devons donc jusqu'à nouvel ordre nous borner à de telles valeurs de α ou, si l'on considère le domaine complexe, de $\mathscr{R}_{\alpha}$. Dans ces conditions, l'intégrale sera une fonction holomorphe de α, que nous chercherons à prolonger analytiquement pour les autres valeurs de cette variable.

Deux des propriétés du symbole I existent pour $\alpha>m-1$ et peuvent être étudiées dès à présent. On a (19) et par conséquent (18′) si le dénominateur numérique H_m est tel que

$$H_m(\alpha+2)=\alpha(\alpha+2-m)H_m(\alpha)$$

Nous allons d'autre part démontrer que le nouveau potentiel généralisé vérifie la relation de composition (18), autrement dit que les opérateurs I^a *forment un grpupe.* Un point quelconque P de notre espace lorentzien étant pris comme sommet d'un cône caractéristique rétrograde $\mathscr{C}_-(P)$, soient Q un point mobile à l'intérieur de ce cône, R, un second point mobile à l'intérieur du cône rétrograde $\mathscr{C}_-(Q)$ de sommet Q, ce qui revient à dire que R sera variable à l'intérieur du cône $\mathscr{C}_-(P)$ de somme P, et Q à l'intérieur du cône *direct* $\mathscr{C}_+(R)$ de sommet R. On aura, en vertu de la définition

$$(\beta)\, I^\alpha I^\beta f(P) = \mathbf{SSS}_{\mathscr{C}_-(P)} r_{PQ}^{\alpha-m} dQ (\mathbf{SSS}_{\mathscr{C}_-(Q)} r_{QR}^{\beta-m} f(R)\,\mathrm{d}R)$$
$$= \mathbf{SSS}_{\mathscr{C}_-(P)} f(R)\, J_{(PR)}\,\mathrm{d}R$$

avec

$$(PR) = \mathscr{C}_-(P) \cap \mathscr{C}_+(R), \quad J_{(PR)} = \mathbf{SSS}_{(PR)} r_{PQ}^{\alpha-m} r_{QR}^{\beta-m}\,\mathrm{d}Q$$

Nous sommes ramenés à l'évaluation de cette dernière quantité. Les quantités $\boldsymbol{r}$ étant invariantes vis à vis du groupe de Lorentz, il résulte du n° **92** que sans diminuer la généralité nous pouvons effectuer une transformation de ce groupe de manière à ramener les ponts P, R à être sur une même parallèle à l'axe des x_1. Dans le plan des x_1, x_2, le domaine d'intégration $J_{(PR)}$ sera représenté par un carré de côtés caractéristiques ayant pour sommets opposés P et R. La distance $P\ R$ pourra en outre être réduite à l'unité—donc $J_{(PR)}$ se réduire à une fonction de m, α, β—moyennant une homothétie donc on tiendra compte en multipliant le premier facteur par $\overline{PR}^\alpha$, de second par $\overline{PR}^\beta$, donc J par $\overline{PR}^{\alpha+\beta}$.

Les deux relations (18) et (18′) peuvent alors être démontrées, du moins lorsque α et β ou leurs parties réelles sont supérieures à $m-1$, moyennant un choix convenable de la quantité $H_m(\alpha)$.

93a. Un prolongement analytique permet comme précédemment d'éendre la même conclusion à toutes les valeurs de α. Il est, d'ailleurs, indispensable en ce qui concerne l'égalité $I^0 f=f$, laquelle n'a aucun sens sans lui. Pour l'obtenir, nous opérerons①, à partir des coordonnées considérées au n°

① Nous utilisons ici l'excellent exposé de M. Fremberg (*Thèse*, Communications du Séminaire Mathématique de l'Université de Lund, tome VII, 1946).

précédent, le changement de variable

$$x_2 = vx_1 \quad (0 \leqslant v \leqslant 1), \text{ d'où } \boldsymbol{r}^2 = x_1^2(1-v^2)$$

Un point Q de E_m ou, plus exactement, un point intérieur au cône rétrograde $\mathscr{C}_-(P)$ décrira, pour x_1 et v fixés, une sphère de rayon vx_1 dans l'espace E_{m-1} (x_1 = const.). Comme $\mathrm{d}x_1\ \mathrm{d}x_1 = x_1\ \mathrm{d}x_1\ \mathrm{d}v$, l'élément de volume de E_m sera $x_1\ \mathrm{d}x_1\ \mathrm{d}v \cdot (vx_1)^{m-2}\mathrm{d}w$ et l'on aura

$$\begin{aligned} I^a f(P) &= \frac{1}{H}\mathbf{SSS} f(Q) r_{PQ}^{\alpha-m}\mathrm{d}Q \\ &= \frac{1}{H}\mathbf{SSS} f(Q) x_1^{\alpha-1}(1-v^2)^{\frac{\alpha-m}{2}} v^{m-2}\mathrm{d}v\ \mathrm{d}x_1\ \mathrm{d}\omega \end{aligned}$$

$\mathrm{d}\omega$ élément décrit par un point ω mobile sur la sphère unité Ω dans E_{m-1}.

Si au contraire nous faisons varier x_1 seul, notre point Q décrira une demidroite issue de P et limitée à la surface d'espace S ou éventuellement (si f s'annule convenablement à ∞) indéfinie: nous pourrons donc écrire

$$I^\alpha f(P) = \frac{1}{H}\int F(x_1) x_1^{\alpha-1}\mathrm{d}x_1 \tag{21}$$

avec

$$F(x_1) = \mathbf{SS}\mathrm{d}\omega \int_0^1 f(Q)(1-v^2)^{\frac{\alpha-m}{2}} v^{m-2}\mathrm{d}v \tag{21'}$$

l'expression de $f(Q)$ étant celle que nous écrirons plus loin, formule (24).

En fixant provisoirement le point ω $(\omega_0, \omega_3, \cdots, \omega_m)$ sur la sphère unité Ω, on aura à considérer l'intégrale en v

$$\mathscr{S} = \mathscr{S}[f(Q), p, q] = \int_0^1 f(Q)(1-v^2)^{p-1} v^{q-1}\mathrm{d}v$$

$$p = 1 + \frac{a-m}{2}, \quad q = m-1$$

Celle-ci, jusqu'à présent, n'existe que pour $\alpha \geqslant m-1$. Mais si f admet en v une dérivée condinue, on peut intégrer par parties, soit

$$\frac{1}{2}\int_0^1 f(1-v^2)^{p-1}v^{q-2}2v\,\mathrm{d}v = -\frac{1}{2}[f(1-v^2)^p v^{q-2}]_0^1 + \frac{1}{2}\int_0^1 (1-v^2)^p \frac{d}{\mathrm{d}v}(fv^{q-2})\,\mathrm{d}v$$

Si $\alpha>m-1$, le terme tout intégré, cessant d'être infini à la limite supérieure, y deviendra nul①. Dans ce terme aussi bien que sous le signe $\int$, p aura été augmenté d'une unité pendant que l'exposant de v aura diminué de 2 ou de 1, savoir

$$\mathscr{S}(f,p,q)=\mathscr{S}(f,p+1,q-2)+\frac{1}{2}\mathscr{S}\left(\frac{\partial f}{\partial v},p+1,q-1\right) \tag{22}$$

Si les dérivées suivantes de f existent, cette transformation pourra être répétée et en la poussant jusqu'à l'ordre k, on aura une identité de la forme

$$\mathscr{S}(f,p,q)$$
$$=\mathscr{S}(f,p+k,q-2k)+\sum_0^k \mathrm{C}_i^k(p,q)\mathscr{S}\left(\frac{\partial^i f}{\partial v^i},p+k,q+i-2k\right)$$

avec des coefficients $\mathrm{C}=\mathrm{C}_i^k(p,q)$ numériques, dépendant de p, q, k et de i et, par conséquent, si ces dérivées existent et sont continues jusqu'à l'ordre $m/2$ ou②$(m+1)/2$, l'exposant de $(1-v^2)$ aura été rendu >-1 et l'expression ainsi obtenue réalisera le prolongement analytique de l'intégrale (20) jusqu'à la valeur $\alpha=0$ (exclusivement), cette valeur étant celle qui nous intéresse.

Si f était constant, cette constante serait à multiplier par une intégrale dont le prolongement analytique est bien connu car

① La valeur $\alpha=m-1$ pour laquelle l'intégrale le long de $\mathscr{C}$ est finie et $\neq 0$ est utilisée dans les recherches fondamentales de Myron Mathisson.

② La distinction entre les valeurs paires et les valeurs impaires de m influence donc certains détails de calcul. Voir la *Thèse* citée de Fermberg, spécialement p. 35 et pp. 40-41.

(par l'introduction d'une nouvelle variable d'intégration égale à v^2) elle se réduit à l'intégrale eulérienne de première espèce

$$\frac{1}{2}B\left(p, \frac{q}{2}\right)$$

Reportant dans (21), (21′), on voit que l'égalité $I^{\circ}f(P) = f(P)$ sera assurée si nous prenons comme dénominateur $H_m(\alpha)$ la valeur

$$H = H_m(\alpha) = \pi^{\frac{m-2}{2}} 2^{\alpha-1} \Gamma\left(\frac{\alpha}{2}\right) \Gamma\left(\frac{\alpha+2-m}{2}\right) \tag{23}$$

Cette conclusion ne sera pas troublée si l'on tient compte des autres termes de (22), contenant les dérivées de f. En effet, le fait que le domaine auquel est étendue l'intégration (21) tend vers zéro dans toutes ses dimensions pour $x_1 \to 0$ se traduit, pour l'expression

$$f(Q) = f(x_1, vx_1, \omega_i vx_1) \tag{24}$$

la dérivée $\dfrac{\partial f(Q)}{\partial v}$ contient en facteur x_1 et de même pour les dérivées suivantes.

Les trois propriétés fondamentales de notre symbole J. ont dès lors lieu dans la métrique lorentzienne si l'on prend pour $H_m(\alpha)$ la valeur (23).

M. Marcel Riesz est arrivé, par une analyse plus savante dans le détail de laquelle nous n'entrerons pas, à les étendre aux métriques riemanniennes telles que nous les avons considérées précédemment, à coefficients analytiques ou même non analytiques des coordonnées.

CHAPITRE V LES DEUX TYPES PRINCIPAUX D'ÉQUATIONS ET DE PROBLÈMES

La solution élémentaire, telle que nous venons d'apprendre

à la former, est celle qui remplace le potentiel élémentaire classique long $(1/r)$ ou $(1/r)^{m-2}$ lorsque, de l'équation de Laplace, on veut passer à l'équation générale

$$(\mathscr{E})\quad A_{hk}\frac{\partial^2 u}{\partial x_h \partial x_k}+2B_h\frac{\partial u}{\partial x_h}+Cu=f(x_1, x_2, \cdots, x_m)$$

Elle en présente, vis à vis de cette nouvelle équation, les propriétés essentielles sur lesquelles nous nous sommes fondés au Chap. II. Toutefois, il convient de la former non pour l'équation donnée elle-même, mais pour son adjointe, du moins si on la regrade comme fonction des x, le point a étant donné; soit

$$v=v(x;\ a)=\begin{cases}\dfrac{V}{\Gamma^{\frac{m-2}{2}}} & (m\quad \text{impair})\\[2ex] \dfrac{V}{\Gamma^{\frac{m-2}{2}}}-U\log 1/\Gamma & (m\quad \text{pair})\end{cases}$$

cette solution élémentaire, relative à un pôle a donné arbitrairement, de sorte que cette quantité $v=v\ (x;\ a)$ est encore une fonction des coordonnées de deux points. On démontre① (du moins pour le type hyperbolique à un nombre impair de variables) qu'elle ne change pas lorsqu'on échange entre eux les deux points dont elle dépend en même temps que l'équation donnée avec son adjointe. Dans les autres cas la question se pose autrement puisque cette solution élémentaire comporte un terme additif arbitraire.

La quantité Γ qui figure dans cette solution est du même ordre que le carré de la distance euclidienne: dans le cas elliptique que nous considérerons d'abord, le rapport de ces deux quantités ne devient ni nul ni infini. Si, par exemple, nous apportons le point x à des coordonnées polaires de pôle a telles que r et $m-1$ paramètres

① C. n°s 114, 115. Dans ce Chapitre et dans ceux qui vont suivre immédiatement, il est entendu que le type "hyperbolique" sera toujours le type simplement hyperbolique, le cas contraire étant exclu jusqu'à nouvel ordre.

angulaires φ_1, φ_2, $\cdots$, φ_{m-1}, ce rapport ou plutôt sa limite pour r infiniment petit restera comprise entre deux nombres positifs finis et différents de zéro.

C'est la solution élémentaire de l'équation adjointe que nous prendrons pour fonction v dans la formule fondamentale

$$\mathbf{SSS}[v\mathscr{F}(u)-u\mathscr{G}(v)]\mathrm{d}x_1\,\mathrm{d}x_2\cdots\,\mathrm{d}x_m+$$

$$\mathbf{SS}\left(v\frac{\mathrm{d}u}{\mathrm{d}\nu}-u\frac{\mathrm{d}v}{\mathrm{d}\nu}+Luv\right)\mathrm{d}S=0 \qquad (1)$$

du Chapitre précédent, laquelle va remplacer ici la formule (B) du n° **31** avec ses conséquences (E') et (E_1') du n° **31**a, pendant que u désignera une solution de l'équation donnée. Si d'abord ces deux fonctions sont régulières dans le domaine d'intégration, le terme en $\mathscr{G}(v)$ disparaissant et le terme en $\mathscr{F}(u)$ étant soit nul (cas de l'équation sans second membre), soit le produit de v par une fonction donnée f des variables indépendantes, on aura ainsi une relation entre les valeurs de u et de $\mathrm{d}u/\mathrm{d}\nu$ le long de la frontière S. Mais ici, contrairement à ce qui a été fait dans le Chapitre précédent, nous aurons à traiter séparément les deux types d'équations dont nous nous occupons maintenant, en commençant par le type elliptique.

§1 TYPE ELLIPTIQUE

94. Nous nous plaçons donc dans l'hypothèse où la forme caractéristique est une forme définie, en précisant d'ailleurs essentiellement qu'elle sera définie *positive*: il résultera de là que le cosinus de l'angle d'une normale à S avec la transversale correspondante sera toujours positif, c'est à dire qu'elles seront du même côté (nous choisirons le côté intérieur) du plan tangent.

Nous devons nous attendre à rencontrer souvent des faits tout analogues à ceux que nous avons constatés au Chapitre II. C'est ce qu'ont montré en effet de nombreux et importants travaux consacrés à ce sujet par les auteurs contemporains[①].

Nous ne saurions entrer dans le détail des beaux résultats ainsi obtenus nous nous contenterons de transporter à l'équation générale ($\mathscr{E}$) *du type elliptique quelques unes des propriétés les plus importantes du problème de Dirichlet établies déjà dans le cas de l'équation* (L).

Puisque nous sommes dans le cas elliptique la solution élémentaire $v(x;\ a)$ (tant que le point x ne s'éloigne pas trop de a)[②] n'admet d'autre singularité réelle que a lui-même. Donc (en excluant le cas où le point a serait situé sur la frontière S) deux cas seulement sont à distinguer:

1° a est extérieur au domaine $\mathscr{D}$ d'intégration: v et (par hypothèse) u sont régulières. Nous sommes dans le cas considéré à la fin du n° précédent: le second membre de (1) est nul;

2° a est intérieur à $\mathscr{D}$: alors, en opérant comme dans le

---

① Sommerfeld, *Encycl. Allde*, II A7c; Lichtenstein, *Ibid.*, II C-12 (1924), et *Rendic. Circ. Mat. Palermo*, t. XXXIII (1912), pp. 201-211; sternberg, *Math. Zeitschr.*, t XXI (1924), pp. 286-311, désigné par St. dans ce qui va suivre; Feller, *Math. Ann.*, t. CII (1930). pp. 633-649; Giraud, *passim* et surtout Miranda, *Equazioni alle derivate parziali di tipo ellittic* (*Ergebnisse der Mathematik*: Springer, Berlin-Göttingue-Heidelberg, 1955). L'ouvrage de Miranda, que nous désignerons par Mi, contient une bibliographie très complète, donnant en particulier l'indication des travaux de Giraud.

Les auteurs que je viens de citer se préoccupent de réduire au minimum les hypothèses de régularité: question que je laisserai de côté, admettant, dans chaque cas, que cette régularité sera celle qui est ncessaire pour la validité du raisonnement.

② Des singularités de la solution $v(x;\ a)$ peuvent être occasionnées par celles dont serait affecté le faisceau des géodésiques issues de a, lesquelles, si l'équation donnée régit un rayonnement, correspondent à des "caustiques", mais dont un autre exemple remarquable est bien connu, celui de la Géomérie de Riemann où à chaque point a correspond un "opposé" a' transformé du premier par une certaine inversion et tel que les géodésiques issues de a vont toutes passer en a'.

cas newtonien, on aura

$$\mathbf{SSS}v(x;\ a)\ f(x)\ \mathrm{d}x\left.\begin{matrix}0\\ \end{matrix}\right\} + \mathbf{SS}\left(v\ \frac{\mathrm{d}u}{\mathrm{d}\nu} - u\ \frac{\mathrm{d}u}{\mathrm{d}\nu} + L_{uv}\right)\ \mathrm{d}S = -\omega u(a)$$

$$(\mathrm{d}x,\ \text{élément de volume}) \qquad (1')$$

où $\omega u(a)$ sera l'intégrale de surface-et, par conséquent, la quantité $\omega = \omega(a)$, que nous allons retrouver dans la suite, l'intégrale $\mathbf{SS}\ \frac{\mathrm{d}v}{\mathrm{d}\nu}\ \mathrm{d}S$—étendue à une sphère infiniment petite σ de centre a.

95. Sur la surface d'une telle sphère[①], v sera équivalent à $v_0 = \frac{1}{\Gamma_0^{\frac{m-2}{2}}}$ en désignant par Γ_0 le polynôme quadratique

$$\Gamma_0(x;\ a) = \sum H_{hk}(x)(x_h - a_h)(x_k - a_k)$$

et de même chaque dérivée

$$\frac{\partial v}{\partial x_h} = -\frac{m-2}{2}\ \frac{1}{\Gamma^{m/2}}\ \frac{\partial \Gamma}{\partial x_h}$$

pourra être remplacée (étant donné que Γ, fonction holomorphe, est du second ordre en r, rayon de la sphère) par la valeur correspondante[②]

$$-\frac{m-2}{2}\ \frac{1}{\Gamma_0^{m/2}}\ \frac{\partial \Gamma_0}{\partial x_h} = -(m-2)\ \frac{1}{\Gamma_0^{m/2}} \sum H_{hk}(x_k - a_k)$$

ou encore par

$$\frac{\partial v}{\partial x_h} = \frac{(m-2)}{r^m \mathscr{H}^{m/2}(\alpha_1,\ \alpha_2,\ \cdots,\ \alpha_m;\ x)} \sum H_{hk}(a_k - x_k)$$

en introduisant au dénominateur, au lieu des $(a-x)$, les cosi-

① Cf. St. p. 293.

② Les H_{hk} sont fonctions des x. Mais dans l'expression des $\frac{\partial v}{\partial x_h}$ le terme qui traduit cette dépendance est $O\left(\frac{1}{r^{m-2}}\right)$, donc négligeable vis à vis de (2).

Cet ordre est aussi celui de l'approximation qui résulte du remplacement de Γ par Γ_0 dans les formules précédentes.

nus directeurs α_h de la direction **xa**: donc pour $dv/d\nu$,

$$\frac{dv}{d\nu}=\frac{(m-2)}{r^m \mathscr{H}^{m/2}(\alpha_1, \alpha_2, \cdots, \alpha_m)} \sum A_{hl} \cos(n, x_l) \sum H_{hk}(a_k-x_k) \tag{2}$$

Or d'après les relations que nous connaissons entre les A et les H, le $\sum$ du numèrateur se réduit à $\sum (a_k-x_k) \cos (n, x_k)=r \cos (r, n)$ (où r est la direction **xa**). Puisque nous intégrons le long d'une sphère de centre a, le cosinus sera égal à 1 et finalement

$$\omega=\omega(a)=\mathbf{SS}\frac{\mathrm{d}v}{\mathrm{d}\nu}\mathrm{d}S=(m-2)\underset{\Omega}{\mathbf{SS}}\frac{\mathrm{d}\Omega}{\mathscr{H}^{\frac{m}{2}}(\alpha_1, \alpha_2, \cdots, \alpha_m; \alpha)} \tag{3}$$

Ω étant une sphère de rayon 1 et dΩ un élément de surface de cette sphère.

96. La formule précédente comporte une première conséquence générale moyennant l'hypothèse que les coefficients de l'équation sont holomorphes, hypothèse nécessaire jusqu'à nouvel ordre puisque nous en aurons eu besoin pour former la solution élémentaire. Cette analyticité étant admise, les quantités (1′) sont elles-mêmes holomorphes et, pour les mêmes raisons que dans la théorie des potentiels, nous pouvons énoncer la conséquence suivante:

Une solution d'une équation aux dérivées partielles du type elliptique à coefficients holomorphes est elle-même holomorphe autour de tout point intérieu à son domaine d'existence,

avec le *théorème de Duhem*:

Si deux solutions de l'équation ($\mathscr{E}$) du type elliptique et à coefficients holomorphes, définies respectivement dans des régions $\mathscr{D}_1$, $\mathscr{D}_2$ *séparées par une ligne* (si $m=2$), *une surface* (si $m=3$), *ou une hypersurface mitoyenne* $\sum$ *ont en chaque* point de cette dermière la même valeur et même dérivée transver sale[①], *elles sont le prolongement analytique l'une de l'autre.*

On sait dès lors, pour les mêmes raisons qu'au Chap. III, que le problème de Cauchy, du moment que les données ne sont pas analytiques, est certainement impossible d'un côté au moins de la frontière S qui porte ces données.

L'impossibilité des deux côtés pourrait être démontrée si l'on était sûr de pouvoir, comme au Chap. III, prolonger analytiquement d'un côté de S une solution connue de l'autre côté.

Rien n'est démontré à cet égard si les coefficients de l'équation ne sont pas analytiques.

§ 2 PROBLÈME DE DIRICHLET. UNICITÉ DE LA SOLUTION

97. Comme pour l'équation de Laplace, l'expression (1′) de $u(a)$ ne résout pas les problèmes aux limites qui se posent, car elle fait intervenir, en chaque point de S, les deux données de Cauchy, au lieu que, pour notre équation elliptique, une seule de ces quantités doit être considérée comme donnée. On peut, comme précédemment, avoir à se poser des problèmes variés, dont le plus classique est encore celui de Dirichlet, à l'examen duquel nous nous bornerons. Des deux questions essentielles qui se posent, celle de l'existence de la solution et celle de son unicité, nous avons vu que la seconde est la plus simple. On peut y répondre d'une manière générale toutes les

① Rappelons que dans le cas elliptique la dérivée transversale est toujours une dérivée extérieure au sens du n° 20.

Ici, la direction transversale peut être remplacée par n'importe quelle direction extérieure n——par exemple la normale ordinaire——étant bien entendu qu'on choisit la même de part et d'autre: la connaissance de la dérivée suivant la direction n est équivalente à celle de la dérivée suivant la direction ν, car chacune des deux s'exprime en fonction de l'autre et de dérivées prises suivant des lignes tracées sur Σ.

fois que dans la région considérée, la forme caractéristique êtant supposée définie positive, le coefficient C est négatif ou nul. Moyennant cette condition, on peut voir que, à l'intérieur de son domaine d'existence, *une solution u de l'équation sans second membre ne peut avoir ni maximum positif ni minimum négatif.*

Rappelons à cet effet les conditions clasiques qui régissent le maximum ou le minimum relatif d'une fonction u de plusieurs variables. En un tel extremum relatif.

1° u doit être stationnaire, c'est à dire que toutes ses dérivées premières doivent être nulles.

2° la forme quadratique①

$$\sum_{h,k} \frac{\partial^2 u}{\partial x^h \partial x^k} X^h X^k = \sum u_{hk} X^h X^k \qquad (3')$$

qui a pour coefficients les dérivées secondes de u, doit être définie (ou au moins semi-définie, l'existence de l'extrêmum étant douteuse dans ce dernier cas tandis qu'elle est certaine si la forme (3′) est définie): définie ou semidéfinie négative pour un maximum, définie ou semi-définie positive pour un minimum.

97a. Cela posé, en un point a, intérieur au domaine d'existence② de u, commençons par supposer le coefficient C négatif, et voyons si, par exemple, u peut présenter en ce point un minimum négatif. Le dernier terme Cu serait alors positif; les

① Chaque terme correspondant à $h \neq k$ est à doubler comme à l'ordinaire, étant donné la relation

$$\frac{\partial^2}{\partial x^h \partial x^k} = \frac{\partial^2}{\partial x^k \partial x^h}$$

Pour la notation relative aux X, voir plus loin p. 198 note au n° suivant.

② Le résultat qui vient d'être rappelé repose sur la formule de Taylor arrêtée au second ordre avec reste du troisième ordre et est, par conséquent, valable dè que les dérivées du troisième ordre existent et sont continues. La question ne se pose d'ailleurs pas en ce moment puisque dans le cas des coefficients analytiques, u est nacessairement holomorphe.

termes du premier ordre disparaîtraient tous puisque u doit être stationnaire: il faudrait donc que la somme $A^{hk}u_{hk}$ des termes du second ordre soit négative. Or cela est impossible moyennant l'hypothèse fondamentale que la forme caractéristique est définie positive. On a ce théorème d'Algèbre:

*Si les formes quadratiques à m variables*①

$$\mathscr{U}=\sum_{h,k} u_{hk}X^hX^k, \quad \mathscr{A}=\sum_{h,k} A^{hk}\gamma_h\gamma_k$$

sont toutes deux définies positives, la somme

$$\sum_{h,k} A^{hk}u_{hk} \tag{4}$$

est nécessairement positive; elle est positive ou nulle si l'on sait seulement que les deux formes considérées sont définies ou semi-définies positives.

En effet, la forme $\mathscr{U}$ est, par hypothèse, une somme de carrés indépendants (en nombre m si elle est définie; en nombre moindre si elle est semidéfinie). Supposons tout d'abord que la

① Pour nous conformer à la notation du Calcul Différentiel absolu (dont la connaissance n'est pas toutefois supposée ici), nous avons affecté des indices supérieurs aux variables X ainsi qu'aux coefficients A. Les variables X, qui représentent, en réalité, les différentielles des x, sont, en langage du Calcul Différentiel absolu, les composantes d'un vecteur *contrevariant*, c'est-à-dire qu'une transformation ponctuelle arbitraire effectuée sur les coordonnées curvilignes x leur fait subir une substitution bien connue dont les coefficients sont les dérivées partielles des coordonnées d'un système par rapport à celles de l'autre; les variables γ_h sont les composantes d'un vecteur *covariant*, c'est-à-dire qu'elles subissent dans les mêmes conditions une substitution linéaire liée à la première par le fait que la somme $\sum \gamma_h X^h$ soit assujettie à être un "scalaire", c'est-à-dire à rester invariable. Les A^{hk} sont les composantes d'un "tenseur deux fois contrevariant"; les u_{hk}, celles d'un "tenseur deux fois covariant"; la somme (2) est un scalaire.

Lorque ce scalaire (ou invariant) est nul, on dit que les deux termes sont *apolaires* l'une par rapport à l'autre; circonstance qui a une interprétation géométrique classique lorsque l'une des formes est le premier membre de l'équation ponctuelle d'une conique, l'autre le premier membre d'une équation tangentielle.

forme se réduise à l'un de ces carrés, tel que

$$(l_1X^1+l_2X^2+\cdots+l_mX^m)^2$$

ce qui donnerait $u_{hk}=l_hl_k$ et, par conséquent, pour la somme (4), le résultat

$$\sum A^{hk}l_hl_k \tag{4'}$$

nécessairement positif d'après l'hypothèse faite sur $\mathscr{A}$. Ceci ayant lieu pour chacun des carrés dont se compose $\mathscr{U}$, notre conclusion est démontrée.

La somme (4) ne pourrait être nulle que s'il en était ainsi pour chacune des quantités (4'). Si $\mathscr{A}$ est définie, cela ne peut avoir lieu que si tous les l sont nuls, ce qui nécessiterait que $\mathscr{U}$ soit lui-même identiquement nul.

97b. Au contraire, si $\mathscr{A}$ n'était que semi-définie①, il se pourrait qu'une ou plusieurs des sommes partielles (4') soit nulle sans que tous les l le soient; il faudrait, pour cela (à moins que $\mathscr{U}$ ne soit, à son tour, identiquement nulle), que ces l vérifient une ou plusieurs équations homogènes du premier degré

$$l_1\alpha^1+l_2\alpha^2+\cdots+l_m\alpha^m=0$$

Cela peut-il avoir lieu pour tous les termes (4'), ainsi qu'il serait nécessaire pour annuler l'expression (4)? Non, si la forme $\mathscr{U}$ est définie: car alors chacun des carrés indépendants dont se complse cette forme fournirait une solution d'une équation (ou même, éventuellement, de plusieurs équations) du type précédent, et une équation de cette espèce, si elle ne se réduit pas à une identité, ne peut pas admettre m solutions indépendantes. Ainsi, *étant supposé connu que chacune des deux*

① Ceci ne pourra pas se présenter pour nous dans le cas elliptique, mais pourrait intervenir dans le cas parabolique.

formes $\mathscr{A}$ et *$\mathscr{U}$ est définie ou semi-définie, la somme* (4) *ne peut être nulle que*:

1° *si l'une au moins des deux formes est identiquement nulle*;

2° *ou* (condition nécessaire, mais non suffisante) *si toutes deux sont semi-définies.*

98. Ceci acquis, en un point a où une solution u de l'équation ($\mathscr{E}$) du type elliptique privée de second membre ait une valeur négative, le coefficient C étant nul ou négatif, le dernier terme du premier membre serait nul ou positif. Or si ce point correspondait à un minimum, l'ensemble des autres termes donnerait une somme positive: d'où contradiction.

Pareil raisonnement s'appliquerait à un maximum positif.

Si $C=0$, comme $\mathscr{A}$ est définie, le minimum négatif ou le maximum positif ne peuvent exister que si toutes les dérivées secondes de u s'annulaient en cet endroit.

98a. Le cas où l'inégalité $C<0$ est remplacée par $C\leqslant 0$ se ramène au précédent① par un changement d'inconnue. Soit un facteur u_1 que nous supposons essentiellement différent de 0 et, pour fixer les idées, positif dans tout le domaine $\mathscr{D}$, frontière comprise. Posant, dans l'équation donnée, $u=u_1\, u'$, nous avons en u' une nouvelle équation de forme analogue à la première

$$\sum A^{hk}\frac{\partial^2 u'}{\partial x^h\,\partial x^k}+2\sum B'^h\frac{\partial u'}{\partial x^h}+C'u'=0$$

et le coefficient C' sera la valeur de $F(u_1)/u_1$. Ce coefficient C' sera donc négatif s'il en est ainsi pour $F(u_1)$. Or, c'est ce qui a forcément lieu si l'on prend simplement

$$u_1=\alpha-e^{-M_x{}^m}$$

α et M étant deux constantes positives, pourvu que la seconde

① Paraf. *Thèse*, Paris 1892.

d'entre elles soit prise suffisamment grande et, comme cela est évidemment permis, qu'on suppose x positif dans tout $\mathscr{D}$. Car, une telle quantité étant fonction de $x = x^m$ seul, toutes les différentiations par rapport aux autres variables donneront des résultats nuls, de sorte que (en écrivant, pour abréger, A pour A^{mm} et B pour B^m), le résultat de subsitution de u_1 se réduira à

$$\alpha C-(AM^2-2BM+C)\mathrm{e}^{-M_x m}$$

quantité essentiellement négative pour M suffisamment grand, puisque A est nécessairement positif et C négatif ou nul. Le résultat cherché est donc obtenu; la nouvelle inconnue u' ne pourra pas avoir de maximum positif ni de minimum négatif à l'intérieur de $\mathscr{D}$ de sorte qu'elle y sera identiquement nulle, si elle est nulle sur la frontière; et cette dernière conclusion s'étend d'elle-même à l'inconnue primitive u.

98b. Une conséquence remarquable se déduit de là. Ne supposant plus rien sur le signe de C, admettons par contre que la quantité u_1, différente de zéro dans $\mathscr{D}$ et sur S, soit une solution de l'équation donnée. Le même changement d'inconnue que tout à l'heure va nous fournir en u' une équation dans laquelle le coefficient C' du terme non différentié sera nul et à laquelle, par conséquent, ce qui vient d'être dit s'applique, de sorte qu'il ne pourra pas exister de solution régulière u' (par conséquent, pour l'équation donnée, de solution u) nulle sur toute la frontière sans l'être identiquement à l'intérieur. Ainsi:

*Si une équation du second ordre du type elliptique et identique à son adjointe*① admet une solution régulière différente de

① Une équation non identique à son adjointe donnerait lieu à un énoncé analogue, mais de forme moins simple.

Pour une équation identique àson adjointe (Cf. 99) le fait résulterait également des principes du Calcul des Variations (voir nos *Leçons sur le Calcul des Variations* et Duhem, *Hydrodynamique*, *Elasticité*, *Acoustique*).

zéro dans tout le domaine $\mathscr{D}$, frontière comprise, elle ne peut pas admettre de solution régulière qui s'annule sur toute la frontière sans être identiquement nulle.

Ce théorème nous donne, en ce qui regarde les équations aux dérivées partielles du type elliptique, l'équivalent d'un théorème classique de Sturm sur les équations différentielles linéaires ordinaires①.

98c. Les considérations précédentes nous donnent encore une propriété que l'on peut affirmer en sachant seulement que le résultat de la substitution de la fonction continument dérivable u dans le premier membre de l'équation est de signe constant-négatif par exemple. Supoposons que l'on connaisse la solution u_0 de l'équation qui prend sur la frontière S du domaine considéré les mêmes valeurs que u. La différence $u-u_0$ satisfera encore dans $\mathscr{D}$ à l'inégalité

$$\mathscr{F}(u-u_0)<0$$

Mais d'autre part elle s'annulera tout le long de la frontière.

Le raisonnement précédent (**96 ~ 97**), qui continue à s'appliquer pour $\mathscr{F}<0$, montre qu'une telle quantité *ne peut admettre de minimum négatif à l'intérieur de* $\mathscr{D}$ et par conséquent ne peut y prendre que des valeurs positives.

On donnera le nom de fonctions $\mathscr{F}$-convexes à celles qui rendent le polynôme différentiel $\mathscr{F}(u)$ négatif②. Elles sont telles que leurs valeurs à l'intérieur d'un domaine sont toujours au moins égales à la plus petite des valeurs prises à la frontière: propriété qui peut servir de définition à cette notion en ce qui re-

① "$y=y(x)$ et $z=z(x)$ étant deux solutions quelconques non identiquement nulles d'une même équation différentielle linéaire sans second membre et sans terme du premier ordre, les racines des équations $y=0$ et $z=0$ se séparent réciproquement".

② Les fonctions que nous avons appelées surharmoniques au Chap. II sont donc aussi celles que nous pourrions qualifier maintenant le ($\mathscr{L}$)-convexes.

garde une fonction qui ne serait pas dérivable.

99. M. Sternberg et M. W. Feller obtiennent ces mêmes résultats par des considérations inspirées e celles qui les fournissent dans la théorie de l'équation de Laplace.

Soit d'abord[1] une équation de la forme $\Delta_2 u=0$. Dans la relation (1′), prenons pour v la solution élémentaire. Devenant $+\infty$ en a, celle-ci est fonction décroissante de l'arc s le long de chaque géodésique déterminée issue de ce point et l'inégalité $v \geqslant v_1$, où v_1 est une constante positive choisie arbitrairement, définit un arc de cette géodésique. Ceci étant fait sur chacune d'elles, l'égalité $v=v_1$ définit donc une surface renfermant un volume dans lequel $v \geqslant v_1$.

À l'intérieur de ce volume, appliquons la formule (1′) à notre fonction inconnue u et à la quantité $v-v_1$, également solution de l'équation. L'i8ntégrale de volume disparait ainsi que les termes de surface contenant v en facteur, de sorte que le résultat se réduit à

$$u(a)=\frac{1}{\omega}\mathbf{SS}u\frac{\mathrm{d}v}{\mathrm{d}\nu}\mathrm{d}S$$

Reprenons d'autre part la même formule, en remplaçant u par l'unité, laquelle est solution de l'équation, soit

$$\mathbf{SS}\frac{\mathrm{d}v}{\mathrm{d}\nu}\mathrm{d}S=\omega$$

Comparant cette formule à la précédente, les quelles toutes deux contiennent des intégrales **SS** à éléments positifs: nous voyons que la valeur de l'inconnue au point *a est une moyenne* entre les valeurs qu'elle prend à la surface qui limite le volume précédent.

Ceci entraîne la même conclusion que tout à l'heure, relativement à l'inexistence d'un maximum ou d'un minimum et à

① Feller, loc. cit., pp. 641 et suiv.

l'unicité de la solution.

99a. Une autre voie qui nous avait coduits au même résultat pour l'équation ($\mathscr{L}$) est suivie pour $\Delta_2 u = 0$ par M. Sternberg[1]. Multipliant le premier membre de l'équation par la valeur même de l'inconnue, on obtient un résultat analogue à (II, D), savoir

$$\mathbf{SSS}u\Delta_2 u \ \mathrm{d}x_1 \mathrm{d}x_2 \cdots \mathrm{d}x_m = -\mathbf{SSS}\Delta_1 u \ \mathrm{d}x_1 \cdots \mathrm{d}x_m - \mathbf{SS}u \frac{\mathrm{d}u}{\mathrm{d}\nu}\mathrm{d}S$$

Si le long de S, on a soit $u=0$, soit $\frac{\mathrm{d}u}{\mathrm{d}\nu}=0$, et si, d'autre part, dans le volume $\mathscr{D}$, $\Delta_2 u = 0$, l'intégrale de volume à éléments positifs (puisqu'elle porte sur une forme quadratique définie) qui figure au second membre est nulle, ce qui entraine $\frac{\partial u}{\partial x_1} = \frac{\partial u}{\partial x_x} = \cdots = \frac{\partial u}{\partial x_m} = 0$ et $u = \text{const}$, la valeur de la constante étant nulle si, sur tout ou partie de la surface, c'est la première des deux conditions qui est vérifiée.

Nous arrivons donc au même résultat que tout à l'heure, mais cela pour l'équation $\Delta_2 u = 0$. L'extension à l'équation générale rencontre au contraire des difficultés.

100. Il est bien entendu comme nous l'avons déjà vu au Chap. II, qu'on ne peut pas, sans convention nouvelle, parler de fonction prenant sur la frontière S des valeurs données si celles-ci ne sont pas continues. Mais—toujours comme au Chap. II—si la discontinuité a lieu en un point unique a, une solution de l'équation sera déterminée si l'on donne ses valeurs aux divers points de S autres que a en lui imposant en outre la condition d'être bornée même en ce point.

(Même démonstration qu'au Chap. II, le potentiel élémentaire étant remplacé par notre solution élémentaire.)

① St. , pp. 289 et suiv.

101. Valeurs propres ou de résonance. L'hypothèse $C \leqslant 0$ à laquelle nous nous sommes tenus dans ce qui précède est essentielle et étroitement liée à la nature des choses. Pour des valeurs positives de C, il peut arriver que la solution ne soit plus déterminée, c'est-à-dire qu'elle auisse être différente de zéro pour des données (second membre de l'équation ou données frontières) toutes identiquement nulles.

De tels cas exceptionnels jouent un rôle fondamental en Physique Mathématique. On les rencontre dans des problème dont les données (par exemple le coefficient du terme non différentié) contiennent un paramètre arbitraire, en donnant à ce paramètre des valeurs converables.

On peut aborder cette étude en partant de l'équation elliptique générale ($\mathscr{E}$); *mais, en fait, on a très souvent affaire* (*pour* $\lambda=0$) *à l'équation* ($\mathscr{L}$) que nous avons considérée tout d'abord. Introduisant un terme en u, on a à considérer l'équaiton

$$\Delta u+\lambda u=0 \tag{5}$$

ou, un peu plus généralement (F étant une fonction donnée des variables indépendantes)

$$\Delta u+\lambda F u=0 \tag{5'}$$

λ étant un paramètre, nous savons que si, dans (5), λ est négatif ou si, dans (5′), λF est négatif, le problème ne peut admettre plus d'une solution.

Au contraire, il existe, pour chaque domaine $\mathscr{D}$, des valeurs positives de λ pour lesquelles l'équation aux dérivées partielles (5′) admet des solutions s'annulant à la frontière sans être identiquement nulles dans l'intérieur. Ce sont les *valeurs propres* au domaine $\mathscr{D}$ pour un phénomène oscillatoire régi par l'équation

$$\Delta U-F\frac{\partial^2 U}{\partial t^2}=0 \text{ avec } U=U(x,t)-u \sin\left(t\sqrt{\lambda}\right)$$

Ces valeurs propres dépendent essentiellement de la forme de $\mathscr{D}$, conformément au fait général rencontré dans tout ce qui précède.

Les exemples les plus simples font bien ressortir la constatation suivante: si λ n'est pas une valeur propre, le problème de Dirichlet a une solution et une seule; au contraire, pour les valeurs propres de λ, c'est à dire pour les valeurs qui seraient susceptibles de rendre le problème de Dirichlet indéterminé, ce problème est, en général, impossible; il n'admet de solution que moyennant une ou plusieurs conditions de possibilité.

101a. C'est d'abord ce qui se vérifie pour le problème analogue relatif aux équations différentielles ordinaires (Cf. 3.1°). Prenons l'équation élémentaire

$$\frac{d^2u}{dx^2}+\lambda u=0 \tag{6}$$

dans un intervalle que nous pourrons prendre égal à $(0, \pi)$. Si λ est négatif, l'intégrale générale est exponentielle: on voit immédiatement qu'il n'existe aucune solution s'annulant pour $x=0$ et aussi pour $x=2\pi$; on constate aussi sans difficulté qu'il existe une solution (nécessairement unique) prenant pour $x=0$, une valeur donnée A et pour $x=\pi$, une valeur donnée B. Pour les valeurs positives de λ, l'intégrale générale est trigonométrique, mais les résultats aussi sont, à cela près, les mêmes tant que λ n'est pas le carré d'un entier p. Au contraire. pour $\lambda=p^2$, la solution $u=\sin px$ s'annule aux deux extrémités de l'intervalle, mais il n'existe pas de solution prenant des valeurs données A, B respectivement pour $x=0$, π, à moins que l'on n'ait

$$B=(-1)^pA$$

auquel cas il existe non pas une, mais une infinité de solutions de cette espèce, puisque rien n'empêche d'ajouter à l'une d'entre elles le produit de $\sin px$ par une constante arbitraire.

Mêmes constatations pour l'équation $u'' + \lambda\ F(x)\ u = 0$, pourvu que la fonction F soit constamment positive①, etc.

Nous reconnaissons là le fait général auquel il a été fait allusion dans l'Introduction (9) et dont un système d'équations ordinaires du premier degré en nombre égal à celui des inconnues, nous a fourni un premier exemple en vertu du théorème de Fredholm, les choses se passent de manière toute semblable en ce qui concerne les équations (5) ou (5′).

Pareillement, pour l'équaion générale homogène $\mathscr{F}(u) = 0$, soit à rechercher, dans $\mathscr{D}$, une solution s'annulant sur toute la frontière. Toute solution v de l'équation adjointe donnera, d'après (1), une condition de possibilité. Mais d'autre part cette quantité v vérifiera une équation intégrale analogue à celle qu'on impose à u (n° suit[t]), mais s'en déduisant par l'échange de $\mathscr{F}$ avce $\mathscr{G}$—ou, ce qui revient au même, comme nous le savons—par l'échange des deux points x et X dans le noyau. Or un tel échange n'altère pas le dénominateur de Fredholm, don't l'annulation fournit la condition de possibilité du problème dont il s'agit.

101b. Considèrons particulièrement, ici encore, le cas où le premier membre de l'équation dépend linéairement d'un paramètre λ.

La recherche d'une valeur propre pour $\mathscr{F}(u) + \lambda u$ ou, d'une manière générale, pour

$$\mathscr{F}(u) + \lambda F u = 0 \tag{5'}$$

---

① La formation, pour une équation de cette espèce, de la solution $U_1 = U_1(x, \lambda)$ définie par les conditions initiales $U_1(a) = 0$, $U'(a) = 1$; telle que l'indique la démonstration (14) du théorème fondamental d'existence, montre que la quantité $U_1(b, \lambda)$ est, pour b donné, une fonction entière de λ. Les valeurs propres de λ, pour l'intervalle (a, b), sont les racines de l'équation $U_1(b, \lambda) = 0$.

dépend d'une équation générale de Fredholm. En effet, d'une manière analogue à ce que nous avons vu pour l'équation des potentiels et comme nous le dirons dans un instant, on obtient une solution de l'équation à second membre $\mathscr{F}(u)=f$ par l'intégrale de volume[①]

$$u(x)=\frac{1}{\omega}\mathbf{SSS}G(x_1, x_2,\cdots,x_m; X_1, X_2, \cdots, X_m)\cdot$$
$$f(X_1, X_2, \cdots,X_M)\,\mathrm{d}X$$

$\mathrm{d}X$, élément de volume $\mathrm{d}X_1$, $\mathrm{d}X_2$, $\cdots$, $\mathrm{d}X_m$ et G étant la fonction de Green de pôle X pour l'équation $\mathscr{F}(u)=0$; d'une manière précise, on a ainsi la solution qui s'annule à la frontière. Dès lors, une solution de $(5')$ s'annulant à la frontière sera une solution de l'équation intégrale

$$u(x)=-\frac{\lambda}{\omega}\mathbf{SSS}\ G(x, X)F(X)u(X)\,\mathrm{d}X$$

Cette équation intégrale aura des solutions non identiquement nulles alors et alors seulement que λ, autrement dit la valeur propre, annulera le dénominateur de Fredholm.

§ 3 PROBLÈME DE DIRICHLET. EXISTENCE DE LA SOLUTION

102. Ne poursuivant pas davantage l'étude de ces valeurs propres, laquelle par son importance et sa fécondité même nous entrainerait trop loin, nous reviendrons au cas où nous nous sommes placés jusqu'au n° **100** celui de $C\leqslant 0$. Nous savons qu'alors il ne peut exister plus d'une fonction satisfaisant à l'équation $\mathscr{F}=0$ et aux conditions de Dirichlet, c'est-à-dire prenant des valeurs données à la frontière: la question, plus difficile que la précédente, est de savoir si cette fonction existe.

① Nous ne suivrons plus maintenant la notation du Calcul Différentiel Absolu.

Pour y répondre, on partira encore de la solution élémentaire ou plutôt d'une solution élémentaire: car le cas elliptique offre cette difficulté que la solution élémentaire peut, sans cesser d'être telle, être augmentée par l'addition d'une solution régulière quelconque de l'équation $\mathscr{G}(v)=0$. Nous savons déjà qu'il en est ainsi pour m pair; mais dans le cas elliptique, ceci a égalment lieu pour m impair: car une fonction régulière quelconque peut s'écrire $V/\Gamma^{\frac{m-2}{2}}$ si cette fonction et ses dérivées jusqu'à un certain ordre s'annulent à un ordre suffisamment élevé au voisinage de $x=a$.

102a. Une première application de cette remarque est la notion de *fonction de Green*, introduite au n° précédent: la fonction de Green G peut être considérée comme une des formes possibles de la solution élémentaire, le terme additif dont nous venons de parler étant choisi (s'il s'ágit du problème de Dirichlet) de manière que $G=0$ aux divers points de la frontière.

Si (cas particulier du problème de Dirichlet lui-même) on a pu déterminer cette fonction G et que $\mathrm{d}G/\mathrm{d}\nu$ existe et soit intégrable le long de S, la disparition du terme en G sous **SS** permet de donner à la formul (1′), comme au Chap. II, la forme

$$u(a)=-\frac{1}{\omega}\mathbf{SSS}f(X)G(X;a)\,\mathrm{d}X+\frac{1}{\omega}\mathbf{SS}u\,\frac{\mathrm{d}G}{\mathrm{d}\nu}\mathrm{d}S$$

que nous avons déjà employée tout à l'heure.

102b. Si nous ne savons pas construire la fonction G et démontrer l'existence de la dérivée $\mathrm{d}G/\mathrm{d}\nu$ à la surface, pouvons nous néanmoins disposer comme solution élémentaire d'une fonction parfaitement déterminée des coordonnées x et des coordonnées a?

Si une solution élémentaire, construite comme nous l'avons indiqué plus haut, existe dans tout E_m et devient infiniment petite à ∞ dans les mêmes conditions que le potentiel élémentaire ($1/r$ ou $1/r^{m-2}$), elle pourra être employée telle quelle dans les considérations qui vont suivre. Mais le cas contraire peut se présenter et il peut même arriver que les coefficients de l'équation cessent d'exister ou d'être réguliers en dehors d'une certaine région bornée $\mathscr{D}$ de l'espace E_m. On est alors obligé d'envisager le prolongement de ces coefficients en dehors de $\mathscr{D}$ jusqu'à l'infini: prolongement qui ne sera plus analytique.

En dehors du cas des coefficients holomorphes, la solution élémentaire se forme non par la méthode indiquée au Chapitre précédent, mais par celle que l'on doit à. E. E. Levi①: on part de l'expression, algébrique par rapport aux a

$$v_0(x;a)=\frac{1}{\Gamma_0^{1/2}} \text{ ou } v_0(x;a)=\frac{1}{\Gamma_0^{\frac{m-2}{2}}} \tag{7}$$

$$\Gamma_0=\Gamma_0(x;a)=\sum_{h,k} H_{hk}(x_h-a_h)(x_k-a_k)$$

où les valeurs des H_{hk} sont calculées au point x; et l'on en déduit l'expression plus générale

$$v(x;a)=v_0(x;a)+\mathbf{SSS}v_0(x;X)\psi(X;a)\,\mathrm{d}X=v_0+v^*$$

en déterminant la fonction arbitraire $\psi(X_1,\cdots,X_m;\ a_1,\cdots,a_m)$ de manière à obtenir une solution de l'équation, ce qui donne pour ψ une équation intégrale de Frendholm, l'intégration **SSS** étant étendue, pour fixer les idées, à notre région donnée $\mathscr{D}$.

Il s'agira maintenant de prolonger en dehors de $\mathscr{D}$ les valeurs des coefficients $A_{hk}(x)$, et c'est ce que nous nous proposerons de faire de manière à ce que, en dehors d'une sphère S' assez grande pour contenir $\mathscr{D}$ à son intérieur, la forme $\mathscr{A}$ se réduise à $\gamma_1^2+\gamma_2^2+\cdots+\gamma_m^2$ donc $v(x;\ a)$ (pour $m\geqslant 3$) à $1/r^{m-2}$, la question étant de choisir les valeurs des A dans la partie du volume sphèrique S' extérieure à $\mathscr{D}$. Par exemple, supposons la

① Rend. Circ. Mat. Palermo, t. XXIV (1907); pp. 275-317.

forme $\mathscr{A}$ décomposée en les carrés de m formes linéaires①. $\mathscr{P}_h(\gamma)=P_{h1}\gamma_1+P_{h2}\gamma_2+\cdots+P_{hm}\gamma_m$ il faudra que $\mathscr{P}_1$ soit à partir de la surface sphérique S', devenue γ_1; $\mathscr{P}_2$, γ_2, etc; on peut② opèrer ce passage des $\mathscr{P}_h$ aux γ_h de manière à respecter partout la continuité des coefficients et de leurs dérivées jusqu'à un ordre N arbitrairement choisi, celui qui est exigé pour la validité de nos formules (sans termes de surface au passage de S ou de S').

La définition, dans tout E_m, des coefficients de l'équation entraine celle de l'expression $v(x; a)$, cette dernière anant la valeur $1/r^{m-2}$, quel que soit a, lorsque le point x est extérieur à la grande sphère. L'expression ainsi formée de $\mathscr{F}$ est à introduire dans l'équation intégrale qui définit la quantité auxiliaire ψ: d'où la solution élémentaire, laquelle à l'infini coïncidera avec le potentiel newtonien élémentaire.

Nous avons porté notre attention sur l'équation $\Delta_2 u = 0$; mais les mêmes opérations de prolongement peuvent de même s'effectuer sur l'équation complété par des termes du premier ordre et éventuellement un terme non différentié, ces nouveaux prolongments étant tels que leurs valeurs extérieures à S' soient nulles.

103. Ayant ainsi précisé la solution élémentaire, par la condition à ∞, de manière qu'à chaque position du point a corresponde une solution élémentaire et une seule, nous pouvons

① Cette décomposition est à opèrer d'une manière parfaitement déterminée variant continument avec les x: par exemple, conformément à une règle classique, de manière que la première forme $\mathscr{P}_1$ soit la seule à contenir γ_1 (ce qui est toujours possible du moment que nous sommes dans le cas elliptique); la deuxième forme; $\mathscr{P}_2$, la seule des suivantes à contenir γ_2; et ainsi de suite.

② Cf. St. p. 297. Dans notre manière d'opèrer, notre équation prolongée reste partout du type elliptique.

énoncer à son égard la *propriété d'échange*:

La solution élémentaire ne change pas lorsqu'on échange entre eux les points x et a en même temps que le polynôme différentiel donné $\mathscr{F}$ avec son adjoint $\mathscr{G}$.

Cette propositon se démontre, comme la propriété analogue de la fonction de Green et celle de la fonction de Riemann dans le cas hyperbolique à deux variables, en introduisant dans la formule fondamentale les deux fonctions $v(x;\ X)$ et $u(X;\ a)$ des m variables auxiliaires X et intégrant dans l'espace E_m par rapport à ces dernières.

104. Reprenons la formule (1′) qui nous donne une expression de l'inconnue en un point quelconque a: celle-ci apparait comme la somme de trois quantités

$$U(x) = \mathbf{SSS}\rho(X)v(X;\ x)\mathrm{d}X \tag{8}$$

$$V(x) = \mathbf{SS}\ \mathbf{d}(X)v(X;\ x)\mathrm{d}S \tag{8a}$$

$$W(x) = \mathbf{SS}\ \mathbf{m}(X)\ \frac{\mathrm{d}v(X;\ x)}{\mathrm{d}\nu}\ \mathrm{d}S \tag{8b}$$

Celles-ci sont visiblement analogues à un potentiel de volume, à un potentiel superficiel de simple couche et à un potentiel superficiel de double couche. Elles en possèdent les propriétés classiques①, moyennant le résultat que nous venons de démontrer et d'après lequel $v(x;\ a)$, considéré comme fonction des a, est solution élémentaire de l'équation donnée. La démonstration de ces propriétés① n'étant pas essentiellement différente de celles qui s'appliquent aux faits analogues de la théorie du potentiel newtonien, nous pourrons nous borner à cet égard à des indications rapides concernant celles qui interviendront dans la suite.

Le potentiel d'espace, étant donné l'ordre de grandeur de la

① Cf. St., pp. 300-307.

fonction v pour X voisin de x et moyennant la simple hypothèse que ρ soit borné et continu, est lui-même borné et continu et il en est de même de ses dérivées premières, celles-ci se formant sans difficulté par différentiation sous **SSS.** La formation des dérivées secondes, où l'on peut réduire v à son premier terme① v_0, donc U à la partie correspondante U_0, exige une hypothèse supplémentaire. Elle s'opère aisément dans le cas où la densité spatiale admet des dérivées premières②. Si, pour calculer d'abord $\frac{\partial U}{\partial x_h}$, on traite les H comme des constantes et par conséquent v_0 comme fonction des seules différences $(X_h - x_h)$, l'erreur ainsi commise et qui provient des $\frac{\partial H}{\partial X_h}$ sera-toujours pour $r \to 0$—négligeable et l'on peut, sans changer le résultat final, remplacer $\frac{\partial v_0}{\partial x_h}$ par $-\frac{\partial v_0}{\partial X_h}$. À partir de là des transformations toutes pareilles à celles qui concernent le potentiel ordinaire d'espace montrent que la dérivée $\frac{\partial^2 U}{\partial x_h \partial X_k}$ existe donc dans l'hypothèse formulée tout à l'heure et a l'expression

$$\frac{\partial^2 U}{\partial x_h \partial x_k} = \lim_{\sigma \to x} \Big[\underset{\mathscr{D}-\sigma}{\mathbf{SSS}} \rho \frac{\partial^2 v}{\partial x_h \partial x_k} \mathrm{d}X + \mathbf{SS} \rho(X) \frac{\partial v_0}{\partial x_k} \cos(n, x_h) \mathrm{d}S \Big]$$

$$= \lim_{\sigma \to x} \Big[\underset{\mathscr{D}-\sigma}{\mathbf{SSS}} \rho \frac{\partial^2 v}{\partial x_h \partial x_k} \mathrm{d}X + \rho \mathbf{SS} \frac{\partial v_0}{\partial x_k} \cos(n, x_h) \mathrm{d}S \Big]$$

où nous avons pu remplacer $\rho(X)$ par $\rho(x)$. En multipliant par A_{hk} et sommant par rapport à h et k, on a la valeur de $\mathscr{F}(U)$,

---

① E. E. Levi dans son Mémoire des *Rendic. Circ. Mat. Palermo* (*loc. cit.* pp. 311-312. pour $m=2$; pp. 313 et suiv. pour $m \geqslant 3$) étudie le terme restant v^* et la partie correspondante U^* de U, en forme les dérivées successives et constate que, pour $r \to 0$, les dérivées secondes de U^* sont négligeables vis à vis de celles de U_0.

② Des conditions plus larges ont été données par Giraud: Cf. Mi, 13, pp. 23-26.

laquelle, puisque $\mathscr{F}_x(v)=0$, se présente sous la forme

$$\mathscr{F}(U)=-\omega\rho(x)$$

Le coefficient ω ne peut être autre que celui que nous avons désigné par cette notation au n° **95**a (sans quoi il y aurait contradiction entre les résultats ainsi obtenus et celui de ce n°) et c'est ce qui se vérifie sans difficulté à l'aide de la formule précédente. Donc (moyennant la validité de ce calcul, c'est à dire moyennant l'hypothèse faite sur la densité spatiale ou une autre par laquelle on pourrait la remplacer) *la formule* (1′) *donne bien*, dans ces conditions, *une solution de l'équation à second membre* $\mathscr{F}(u)=f$.

105. Nous n'aurons pas, du moins en ce qui regarde le problème de Dirichlet, à faire l'étede du potentiel de simple couche laquelle n'offre d'ailleurs aucune difficulté. Mais il nous faudra connaitre la discontinuité subie par le potentiel de double couche. À celle-ci on doit pouvoir transporter les considérations du Chap. II relatives au potentiel de double couche ordinaire①.

Pour $r=ax$ borné inférieurement, $\mathrm{d}v/\mathrm{d}\nu$ est fini et continu; pour $r\to 0$, on peut lui appliquer les évaluations du n° **95**. Si donc, pour toute portion S de l'aire d'intégration, le rapport S: $(\min r)^{m-1}$ reste borné, l'intégrale ($8b$) restera elle-même bornée: elle sera inférieure en valeur absolue, et cela quel que soit le point a à l'intérieur ou sur la surface, au produit de max $|\mathbf{m}|$ par une quantité fixe.

Il en résulte comme pour la théorie analogue classique, que si le "moment" $\mathbf{m}$ est continu au point a de la surface, l'intégrale ci-dessus avec remplacement de $\mathbf{m}(x)$ par $[\mathbf{m}(x)-\mathbf{m}(a)]$ est uniformément convergente, donc continue même lorsque le point intérieur a' tend vers le point a de la surface.

① Cf. St., pp. 303-305; Mi, pp. 32-36.

Donc aussi la discontinuité subie par le potentiel (8b) ne dépend que de la valeur de **m** au point a lui-même: le facteur de $\mathbf{m}(a)$ sera la discontinuité qui, dans les mêmes conditions, affecte l'intégrale

$$\mathbf{SS}\,\frac{\mathrm{d}v}{\mathrm{d}\nu}\,\mathrm{d}S$$

intégrale précédente pour $\mathbf{m}\equiv 1$, ou encore l'intégrale

$$\mathbf{SS}\,u'\frac{\mathrm{d}v}{\mathrm{d}\nu}\,\mathrm{d}S \tag{9}$$

u' pouvant être pris $\equiv 1$ si $C\equiv 0$ ou dans le cas contraire étant une solution continue et non nulle en a, laquelle, sans diminution de la généralité, pourra être supposée telle que $u'(a)=1$.

u' étant donc solution de notre équation, l'intégrale suivant S pourra être ramenée à une intégration suivant une petite sphère de centra a. Donc si ce point est intérieur, on aura à la limite, pour notre intégrale (9), la valeur (3) calculée au n° **95**

$$\omega u'(a)=(m-2)\,\mathbf{SS}_{\Omega}\frac{d\Omega}{\mathscr{H}^{m/2}(\alpha)}$$

où nous rappelons que l'intégration du second membre est étendue à toute la sphère de rayon 1 et où l'on prend pour a un point déterminé de la surface, s'il s'agit de la limite obtenue en s'approchant de ce point par l'intérieur de $\mathscr{D}$.

Prenons maintenant d'emblée pour a ce point de la surface. Nous pouvons encore remplacer l'aire d'intégration par une aire empruntée à une petite sphère σ de centre a, mais qui sera une portion de σ, celle qui est intérieure à $\mathscr{D}$. Si, comme nous le supposerons, la surface donnée est régulière en a, y admettant un plan tangent Π, le potentiel à la limite sera $W_s=\omega'\mathbf{m}(a)$, en appelant ω' l'intégrale (3) étendue cette fois à la *demi-sphère de* rayon 1 (et de centre a) limitée au plan Π.

Donc, lorsque le point a', venant de l'intérieur de $\mathscr{D}$, arrive au point a de la surface, le potentiel de double couche éprouve la discontinuité

$$W_s - W_i = (\omega' - \omega)\mathbf{m}(a')$$

Comme nous allons le voir et comme il nous importe de le noter, *on a*

$$\omega' = \frac{\omega}{2} \tag{10}$$

car $\mathscr{H}$, forme quadratique par rapport aux α, ne change pas lorsqu'on remplace une direction α par la direction diamétralement opposée, une seule d'entre elles contribuant à l'intégrale (3).

106. Appliquons ce résultat à la résolution du problème de Dirichlet, la solution cherchée étant supposée représentée par un potentiel de double couche W. Les "valeurs prises par W" aux divers point de S sont celles que nous venons de désigner par W_i. En les considérant comme données, on aura par la relation précédente (comme au Chap. II), pour déterminer le moment $\mathbf{m}$ de double couche, une équation intégrale

$$\mathbf{m}(x) = \varphi(x) + \mathbf{SS}_s K(x,y)\mathbf{m}(y)\,\mathrm{d}S_y \tag{11}$$

où les φ sont, au facteur $\omega - \omega'$ près, ces valeurs données et où

$$K(x,\ y) = \frac{1}{\omega - \omega'}\frac{\mathrm{d}v(y;\ x)}{\mathrm{d}\nu_y} \tag{11'}$$

106a. La méthode que Liouville et Neumann avaient donnée (Cf. Chap. II) pour résoudre une équation de cette espèce et qui opère par itération, revient, comme on doit à Poincaré de l'avoir fait ressortir, à affecter à l'intégrale—ou si l'on veut, au noyau K—un multiplicateur numérique λ et à chercher pour la solution un développement

$$\mathbf{m} = m_0 + \lambda\mathbf{m}_1 + \cdots + \lambda^p\mathbf{m}_p + \cdots \tag{12}$$

ordonné suivant les puissances de λ, le premier terme n'étant autre que la donnée φ et les suivants se déduisent les uns des autres par la formule de récurrence

$$\mathbf{m}_{p+1}(x) = \mathbf{SS}_S\mathbf{m}_p(y)K(x,\ y)\ \mathrm{d}y \tag{13}$$

À cette méthode une raison de convergence a conduit à substituer celle de Fredholm qui représente la solution non par une série entière en λ, mais par le quotient de deux séries entières.

Comme condition suffisante pour la convergence de l'algorithme de Liouville-Neumann on a, en effet, l'inégalité, vérifiée pour toute position du point x dans notre domaine d'intégratin

$$J = \mathbf{SS}_S |K(x, y)| \mathrm{d}y < J_1 \tag{14}$$

$J_1 < 1$ étant un nombre positif indépendant du choix de x et l'intégrale étant étendue à ce même domaine①.

Le produit en question résoudrait donc le problème si cette inégalité avait lieu dans le cas qui nous intéresse.

Mais ce n'est pas ce qui a lieu. En effet, si, dans l'intégrale qui figure au dernier terme de (11), on prend $\mathbf{m}$ identiquement égal à 1, on a ce que nous avons appelé ω'. En vertu de (10), le coefficient (14) est *égal à un* comme dans le cas de l'équation ($\mathscr{L}$) de Laplace.

La convergence est donc assurée pour $|\lambda| < 1$, mais n'est plus certaine pour $|\lambda| = 1$. C'est cette difficulté que C. Neumann avait entrepris de tourner par l'artifice que nous avons discute au Chap. II. On y échappe aujourd'hui par la méthode de Fredholm, en représentant la solution non plus par une série entière en λ, mais par le quotient de deux séries entières. La solution $\mathbf{m}$ représentée par le développement (12) admet bien, lorqu'on la considère comme fonction de λ, un point singulier correspondant à $|\lambda| = 1$ (puisque 1 est le rayon de convergence

① Comme nous nous placerons un peu plus loin dans des conditions où $K(x, y)$ sera positif, le signe $|\quad|$ va alors être supprimé.

du développement) ; mais ce point singulier[1] n'est pas $\lambda = 1$, valeur de λ qui n'est pas un zéro du dénominateur, la démonstration donnée à cet égard par Plemeli pour le cas newtonien s'appliquant encore dans le cas actuel. (L'hypothèse que le dénominateur de Fredholm s'annule pour $\lambda \neq 1$ signifierait l'existence d'une solution de l'équation intégrale sans second membre, c'est à dire d'une solution de l'équation aux dérivées partielles, s'annulant sur S, donc dans tout $\mathscr{D}$; et l'on démontre[2] que ceci entraine nécessairement $\mathbf{m}=0$).

107. Nous ne reprendrons pas pour l'équation générale toutes les propriétés dont nous avons parlé au Chap. II, nous contentant de renvoyer aux ouvrages énumérés plus haut: nous ferons seulement exception pour les considérations en relation avec la méthode du balayage et, tout d'abord, pour l'extension au cas actuel du théorème de Harnack.

La question consistant à obtenir, pour le rapport entre les valeurs $u(a)$ et $u(b)$ d'une même solution de l'équation en deux points intérieurs a et b, une borne inférieure et une borne supérieure finies et différentes de zéro, considérons u comme définie par les valeurs qu'elle prend à la surface d'une petite sphère intérieure et, comme précédemment, supposons la représentée par un potentiel de double couche W de moment $\mathbf{m}$. Ce dernier sera solution d'une équation intégrale de noyau (11′).

Nous avons vu que pour un tel noyau le coefficient (14) du n° **106a** est égal à *un*, de telle sorte que l'équation généralisée correspondante affectée du multiplicateur λ relève, pour $\lambda<1$,

---

① La singularité correspond en fait à $\lambda = -1$: le problème de Dirichlet extérieur et le problème de Neumann intérieur (correpondant à $\lambda = -1$), sont en effet impossibles ou indéterminés.

② St., p. 307, Cf. Mi., 15, pp. 32 et suiv.

de la méthode de Liouville-Neumann.

Mais, d'autre part, nous allons montrer que, si la sphère a été prise suffisamment petite, *ce noyau est positif* dans toute cette sphère.

Nous avons calculé la valeur de $\frac{dv}{d\nu}$ au n° **95** la valeur (2), soit

$$\frac{dv}{d\nu}=\frac{m-2}{r^{m-1}\mathscr{H}^{m/2}(\alpha)}\cos(r,n) \tag{2'}$$

a été obtenue moyennant les deux approximations suivantes:

On a réduit la solution élémentaire à son premier terme v_0 en négligeant l'apport du terme v^*;

On a aussi négligé le fait que les H_{hk} sont fonctions des x.

Ces deux approximations n'altèrent la valeur (2) de $\frac{dv}{d\nu}$ que d'une quantité inférieure en valeur absolue à q/r^{m-2}, où q sera un nombre indépendant des positions des points x et a sur S.

D'autre part, ce qui n'arrivait pas dans notre calcul précédent, le point a, au lieu d'être le centre de la surface sphérique d'intégration, est un point de cette surface. Le cosinus qui figure dans (2′) n'est plus identiquement égal à 1; mais il restera toujours positif sur toute la sphère S. De plus, le rayon R de celle-ci pourra être pris assez petit pour que la quantité (2′), c'est à dire la valeur approchée de $\frac{dv}{d\nu}$, l'emporte en valeur absolue sur l'erreur possible résultat de nos approximations: car sur cette sphère $\cos(r, n)$ est égal à $r/2R$.

Dans ces conditions, non seulement la valeur approchée (2′) mais la valeur véritable *seront partout positives*. Dès lors, pour $0<\lambda<1$, la solution sera forcément positive du moment qu'il en est ainsi pour le terme connu φ: car, dans la série (12) qui la fournit, les termes successifs seront tous positifs dans ces conditions.

107a. Qu'il en soit de même quand $\lambda = 1$, c'est ce qui résulte de l'obtention de cette même solution par la méthode de Fredholm (c'est-à-dire comme quotient de deux quantités fonctions entières de λ). La solution reste continue pour $\lambda = 1$, puisque nous savons que cette valeur de λ n'annule pas le dénominateur.

Donc *une solution de l'équation, positive dans une sphère intérieure à* $\mathscr{D}$ *et de rayon* R *suffisamment petit*, u *est représentable par un potentiel de double couche* $\mathscr{F}$ distribuée sur la surface de la sphère avec un moment partout positif.

108. Ce résultat est équivalent à celui que nous avons en vue. Il donne en effet, pour le rapport u_b/u_a des valeurs de u en deux points intérieurs a et b, une borne inférieure et une borne supérieure positives, à savoir les bornes entre lesquelles est compris le rapport $\frac{\mathrm{d}v(x;\ b)}{\mathrm{d}\nu} / \frac{\mathrm{d}v(x;\ a)}{\mathrm{d}\nu}$ lorsque le point x décrit S.

À partir de là, tout se passe comme dans la démonstration ordinaire du théorème: nos sphères dont le rayon R aura été limité comme il avait été dit il y a un instant, seront néanmoins capables de recouvrir par leur ensemble tout domaine $\mathscr{D}'$ intérieur à un domaine donné $\mathscr{D}$ (et cela de manière que tout point compris dans $\mathscr{D}'$ soit *intérieur* à l'une de ces sphères) et, l'on pourra passer d'un point a quelconque intérieur à $\mathscr{D}$ à un autre point quelconque b par une chaine de telles sphères dont chacune soit sécante et non tangente à la précédente: d'où une limitation tant supérieure qu'inférieure pour le rapport u_b u_a, de sorte que la convergence d'une série de fonctions u de cette espèce en a entraine sa convergence en b, convergence uniforme lorsque b décrit $\mathscr{D}'$.

On aura aussi une borne supérieure pour $|Du_b| : u_a$, en

désignant par D un symbole de dérivation déterminé quelconque, car, a étant donné, $D(\frac{dv}{d\nu})$ est borné lorsque x décrit S.

109. La démonstration, une fois acquise, de ce théorème de Harnack permet de transporter complètement à l'équation générale elliptique la méthode du balayage de Poincaré, en établissant que la fonction fournie par cette méthode est bien solution de l'équation aux dérivées partielles. C'est du moins ce que l'on peut affirmer si l'on sait qu'à tout nombre positif ε on peut faire correspondre une fonction dont les valeurs à la frontière ont avec celles qui sont données une différence partout inférieure à ε et qui soit la différence de deux fonctions $\mathscr{F}$-convexes.

Moyennant la même condition, la méthode de N. Wiener fournira une solution de l'équation: elle est d'ailleurs équivalente, pour les mêmes raisons qu'au Chap. II, à celle du balayage.

La méthode de Perron s'étend également au cas général actuel. Etant données sur S des valeurs bornées, mais non nécessairement continues, on définira comme dans le cas de ($\mathscr{L}$) des "sous-fonctions" (fonctions $\mathscr{F}$-convexes dont, en chaque point a de la frontière, la plus grande valeur limite sera au plus égale à la plus petite valeur limite de la donnée) et, en chaque point intérieur a, on considérera la borne supérieure des valeurs de ces sousfonctions: la quantité ainsi définie en chaque point a donnera une fonction $U(a)$ qui sera solution de l'équation.

109a. La généralisation donnée par Perron n'est pas la plus étendue à laquelle on est conduit. Un progrès intéressant dans cette voie a été réalisé dans le cas du plan par M. Cimmino①.

① *Rend. Circ. Mat. Palermo*, t. LXI (1938), pp. 177-221. Cf. Mi, 29, pp. 88 et suiv. On peut penser que l'analyse de M. Cimmino pourra s'étendre à $m>2$.

Ce géomètre admet n'importe quelles données de carré intégrable (ou dont une puissance > 1 soit intégrable) et qui, par conséquent, ne sont même plus nécessairement bornées. D'autre part il considère une famille à un paramètre t de contours S_t qui peuvent être mis en correspondance biunivoque et continument différentiable① avec S pour t suffisament petit, de manière qu'à une valeur déterminée de s, corresponde non seulement un point determiné de s, mais un point déterminé sur chaque S_t. La condition à la frontière imposée à la solution cherchée u sera que la suite de ses valeurs pour S_t converge en moyenne② vers la donnée sur S. On démontre qu'un tel problème ne peut admettre plus d'une solution et on peut③ indiquer des conditions nécessaires et suffisantes pour qu'il en existe une.

110. Lorsque les données-frontières sont continues, nous avons vu dans le cas newtonien que la borne supérieure des sous-fonctions et la quantité analogue, borne inférieure des sur-fonctions, sont identiques. La démonstration donnée à cet égard par M. Brelot (Cf. Chap. II) s'étendra au cas actuel sous la même condition qui a été postulée tout à l'heure pour complèter les résultats de Poincaré et de N. Wiener.

---

① On choisit dans les travaux cités la correspondance par normales à S, le paramètre t étant alors la distance normale d'un point à S. Les lignes $t=$const. seront régulières jusqu'à une certaine valeur de t, dépendant de la courbure (supposée finie) de S.

② On sait que deux fonctions φ, φ_1 de la variable s sont dites très voisines "en moyenne" dans un intervalle (limité) donné si l'intégrale $\int(\varphi-\varphi_1)^2\,ds$—laquelle peut être remplacée indifféremment par l'intégrale analogue $\int P(s)(\varphi-\varphi_s)^2\,ds$, si $P(s)$ est n'importe quelle fonction continue admettant une borne inférieure positive—est très petite, avec définition correspondante de la " convergence en moyenne."

③ Mi, p. 93.

Moyennant cette condition-la même pour les trois-ces méthodes seront équivalentes entre elles; elles fourniront un résultat qui satisfera à l'équation donnée.

Par contre il peut arriver, nous le savons, que la condition à la frontière ne soit pas vérifiée partout: elle peut être en défaut en certains points, dits "irréguliers".

111. Ayant transporté à l'équation linéaire elliptique générale ($\mathscr{E}$) le théorème de Harnack et la théorie de Perron, nous pouvons étendre à cette même équation ($\mathscr{E}$), pour caractériser les points réguliers, la notion de "barrière de régularite", en appelant ainsi, pour un point déterminé a de la frontière, une fonction w possédant les propriétés suivantes:

1° w est $\mathscr{F}$-convexe dans $\mathscr{D}$.

2° $w(a)=0$;

3° γ étant un domaine sphérique convenablement choisi de centre a et $\mathscr{D}'$ la région commune $\mathscr{D}'=\gamma\cap\mathscr{D}$, w est positif dans $\mathscr{D}'$;

4° dans $\mathscr{D}-\mathscr{D}'$, cette fonction w est supérieure à un nombre positif déterminé w_1;

et nous pouvons également remplacer cette définition de la barrière de régularité par

1°, 2°, 3° comme dans (I);

4° w est positif et non nul pour la cloison $\mathscr{S}$ entre $\mathscr{D}'$ et $\mathscr{D}-\mathscr{D}'$ (en particulier, sur $S\cap\mathscr{S}$), la démonstration étant, dans chacun des deux cas, la même qu'au Chap. II pour ($\mathscr{L}$).

On a donc aussi, comme précédemment, la conséquence:

a étant un point de la frontière S d'un domaine $\mathscr{D}$, si a est régulier pour $\mathscr{D}$, il l'est forcément aussi pour un domaine $\mathscr{D}'$ dont la frontière contient a mais qui par ailleurs (en tout cas au voisinage de a) est intérieur à $\mathscr{D}$.

111a. On peut également montrer que $G(x;a)\to 0$ pour x tendant vers un point a de la frontière est une condition non seulement nécessaire, mais suffisante pour la régularité du point a. C'est du moins ce que l'on peut affirmer si l'on est assuré que G est inférieur en valeur absolue à v (ce qui a en particulier nécessairement lieu si v est partout positif): cette condition, jointe au théorème de Harnack démontré il y a un instant, est tout ce dont il est besoin pour démontrer, comme nous l'avons fait au Chap. II, le fait que nous venons d'énoncer.

112. D'autre part, un résultat des plus remarquables a été découvert en ce qui concerne ces points irréguliers.

Il semblerait que la distinction entre eux et les points réguliers doive être reprise sur nouveaux frais et se fasse d'une façon particulière pour chaque équation.

Il n'en est rien: c'est ce qui résulte des travaux de MM. Tautz, püschel① et Mme Oleinik②. Les points irréguliers sur la frontière d'un domaine *sont les mêmes quelle que soit l'équation différentielle (du type elliptique)* considérée. C'est ce qu'on voit en partant du critère de M. N. Wiener, lequel s'étend à toutes les équations de la forme

$$(\mathscr{E}_0) \qquad \Delta_2(u)=0$$

Partons d'une telle équation, qui est celle de l'extremum de l'intégrale

$$\mathbf{SSS}\Delta_1 u \, \mathrm{d}x \tag{15}$$

correspondante. Le domaine $\mathscr{D}$ étant supposé borné, $\mathscr{D}'$ désignant le complémentaire de $\mathscr{D}$ ou du moins la portion connexe de ce complémentaire qui s'étend à l'infini et a un point③

① Tautz, *Math. Ann.*, t. CXVIII (1943); püschel, *Math. Zeitschrift*, t. XXXIV (1932).

② *Recueil Mathématique* (*Sbornik*) de Moscou, 24-66 (1949).

③ Nous supposons que tous les points de S autres que a sont réguliers: nous en avons le droit si a est un point irrégulier isolé, puisque la question posée ne fait intervenir, comme nous le savons, que la forme de S *au voisinage immédiat de* a.

de leur frontière commune S, on peut considèrer le problème de Dirichlet pour $\mathscr{D}'$ avec la valeur 1 tout le long de S et la valeur 0 à l'infini.

Ce problème sera résolu au sens général de Wiener, autrement dit, on considérera S comme limite de surfaces enveloppantes très voisines S_n pour lesquelles le problème soit résoluble au sens classique et, ayant tout d'abord formé une fonction F continue dans $\mathscr{D}'$ prenant la valeur 1 le long de S ainsi que la valeur 0 à l'infini, on calculera la solution u_n de ($\mathscr{E}_0$) qui, nulle à l'infini, coincide avec F le long de S_n, après quoi on passera à la limite en faisant tendre S_n vers S, limite qui, en chaque point de $\mathscr{D}'$, existera et sera indépendante du choix de la fonction arbitraire dans une certaine mesure, F ainsi que de celui des S_n.

Le résultat sera le "potentiel conducteur-($\mathscr{E}_0$)" analogue au potentiel conducteur ordinaire. Le "capacité-($\mathscr{E}_0$)" correspondante sera la limite de l'intégrale

$$- \mathbf{SS}\, u_n \frac{\mathrm{d}u_n}{\mathrm{d}\nu}\, \mathrm{d}S \tag{15'}$$

étendue à S_n, autrement dit la limite de l'intégrale (15) étendue à l'extérieur de S_n.

Nous ferons toutefois l'hypothèse que les coefficients A restent bornés et continus, l'équation restant du type elliptique et le discriminant de la forme caractéristique restant même supérieur à un nombre positif fixe. Dans le cas contraire, il faudrait supposer les coefficients modifiés (**102b**) de manière à devenir constants à partir d'une certaine distance de S. Il est d'ailleurs plus comode de limiter l'espace à une surface enveloppante Σ suffisamment éloignée, sans toutefois qu'à l'intérieur de cette surface l'équation cesse d'être elliptique. Le "potentiel conducteur-($\mathscr{E}_0$) de S par rapport à Σ" sera alors défini (au sens généralisé qui vient d'être indiqué) par les valeurs 1 sur S et 0 sur $\sum$, et la "capacité-($\mathscr{E}_0$) de S par rapport à $\sum$", par l'intégrale (15′) formée sur S' à l'aide de ce potentiel conducteur.

Dans l'un et l'autre cas, cette capacité-($\mathscr{E}_0$) ne sera autre que le minimé de l'intégrale (15) étendue soit à tout $\mathscr{D}'$, soit à portion $\mathscr{D}'_1$ comprise entre S et $\sum$. Cela posé, le caractère régulier ou irrégulier du point a pourra, pour les mêmes raisons que dans la théorie du potentiel ordinaire, se décider à l'aide du critère de N. Wiener. On construira, comme dans la méthode précédamment mentionnée de Wiener, les domaines δ_n formés chacun des points de $\mathscr{D}'$ tels que leur distance à a soit comprise entre "λ" et "λ^{n+1}" (où $\lambda<1$) et on désignera par k_n la capacité-($\mathscr{E}_0$) de chacun d'eux a sera régulier ou irrégulier suivant que la série

$\sum k_n/\lambda^n$

$\sum k_n/\lambda^{(m-2)n}$ dans les hyperespaces: $\sum k_n$ dans le plan)

construite comme chez Wiener avec ces k_n, sera divergente ou convergente.

Les domaines δ_n, servant à former la série de Wiener, sont les mêmes dans les deux cas. La seule différence est donc que nous remplaçons les potentiels conducteurs et les capacités ordinaires par les potentiels conducteurs-($\mathscr{E}_0$) et les capacités-($\mathscr{E}_0$).

Or une forme quadratique définie positive

$$\Delta_1=\sum A_{hk}\gamma_h\gamma_k$$

telle que celle qui figure sous le signe d'intégration dans (15), est, avec $\gamma_1^2+\gamma_2^2+\cdots+\gamma_m^2$, dans un rapport qui reste, pour toutes les valeurs des arguments γ, compris entre deux limites positives et non nulles m, M si même lorsque les coefficients A_{hk} de la forme précédente sont varibles, pourvu:

qu'ils restent bornés et continus;

que la forme reste définie positive (et jamais semi-définie), son discriminant restant supérieur à un nombre positif fixe, la propriété précédente subsiste, c'est-à-dire que le nombre m restera toujours supérieur à une constante positive m_1, et le nombre M inférieur à une constante M_1.

Or ces conditions sont celles dans lesquelles nous avons convenu ci-dessus de nous placer, soit que nous nous soyons arrangés pour rendre des coefficients à constants à ∞, soit que nous avons pris, pour les capacités-($\mathscr{E}_0$), des capacités relatives, en limitant l'espace par une sphère Σ de rayon suffisamment grand. Dès lors, chacune des intégrales (15), étendue à un domaine d_n sera, avec l'intégrale de Dirichlet ($\mathscr{L}$) correspondante, dans un rapport compris entre deux limites positives m_1, M_1 et, en conséquence, la série (16) et la série analogue de Wiener seront convergentes ou divergentes ensembles. Autrement dit. *un point a de la frontière sera régulier ou irrégulier pour le problème relatif à l'équation* ($\mathscr{E}_0$) suivant qu'il sera régulier ou irrégulier pour le problème de Dirichlet ordinaire.

112a. Le théorème ainsi démontré pour l'équation ($\mathscr{E}_0$) a été étendu à l'équation elliptique générale

$$(E) \qquad \mathscr{F}(u)=\Delta_2 u+\sum B_h\frac{\partial u}{\partial x_h}+Cu=\Delta_2 u+\mathscr{F}^*(u)=0$$

($\mathscr{F}^*(u)$, opérateur différentiel du premier ordre) par Mme Oleinik (*loc. cit.*)

Soit par exemple un point frontière a qui, par hypothèse, est irrégulier pour ($\mathscr{L}$) et soit à démontrer qu'il l'est aussi pour ($\mathscr{E}$). Nous savons d'abord (Tautz) qu'il l'est pour ($\mathscr{E}_0$). Nous pouvons donc partir d'une solution u_0 de cette dernière équation, construite par la méthode de Wiener comme limite de solution $u_0^{(n)}$ formées respectivement dans une suite de domaines intérieurs normaux d_n, à partir de données frontières et qui cependant ne satisfait pas à la condition de tendre vers (a) lorsqu'on la forme en un point intérieur $m \to a$. La conclusion annoncée sera démontrée si à u_0 on peut ajouter un terme complementaire u_1 tel que $\mathscr{F}(u_0+u_1)=\mathscr{F}(u_1)+\mathscr{F}^*(u_0)=0$ et qui en même temps reste continu dans le domaine *fermé* $\overline{\mathscr{D}}$.

On satisfera à la première conditions dans chaque $\overline{d}_n$ en prenant pour $u_1^{(n)}$ une intégrale de la forme

$$\iint_{d_n} \Gamma[\mathrm{P},\ \mathrm{Q}][\mathscr{F}^*(u_0)]_{\Omega} \mathrm{d}\Omega$$

où $\Gamma(P, Q)$ est une fonction de Green relative à l'équation (E) et à un domaine **D** convenable. La seconde sera également remplie dans le domaine fermé $\overline{d}_n$ si **D**, domaine normal (par exemple domaine sphérique), est assez grand pour contenir $\overline{\mathscr{D}}$ à son intérieur, tout en étant compris dans la région de détermination des coefficients.

Reste à savoir si ces résultats, valables dans chaque $\overline{d}_n$, le sont à la limite dans $\overline{\mathscr{D}}$; et c'est à quoi Mme Oleinik ne parvient pas sans un système d'évaluations s'appliquant aux diverses equantités qui interviennent dans le calcul et dans le détail desquelles nous n'entrerons pas.

113. Ayant étudié, dans le cas de l'équation générale (E), quelques propriétés importantes du premier problème aux limites ou problème de Dirichlet, nous n'insisterons pas sur le second problème ou problème de Neumann, dans lequel la donnée en chaque point de S n'est plus la valeur de l'inconnue u, mais celle de sa dérivée transversale①. Les relations de ce

① M. Miranda (Mi, 22, p. 67), à la suite de Giraud (*Ann. Sci. Ec. Norm.*, t. XLVII, 1930), appelle plus généralement "problème de Neumann" celui où la donnée est une combinaison linéaire $\alpha u+\beta \frac{\mathrm{d}u}{\mathrm{d}\nu}$.

second problème avec le premier, correspondant à celles du potentiel de simple couche avec le potentiel de double couche, sont toutes pareilles à celles qui ont lieu dans le cas newtonien et se démontrent de la même facon, savoir:

L'un et l'autre des deux potentiels dont il s'agit sont des intégrales étendues à la variation d'un point x sur S et font intervenir la solution élémentaire $v(x; a)$ formée à l'aide d'un point déterminé a situé dans D ou, à la limite, sur S. Dans le potentiel de double couche, la quantité sous **SS** contient la dérivée transversale de v au point x par rapport auquel on intégre; dans la dérivée transversale du potentiel de simple couche en un point a de S figure de même la dérivée de v, mais correspondant à un déplacement transversal *du point a*. Si donc on cherche à résoudre d'une part le problème de Dirichlet par un potentiel de double couche, d'autre part le problème de Neumann par un potentiel de simple couche, on est conduit respectivement à deux équations intégrales qui se déduisent l'une de l'autre:

1° par le changement de signe du noyqu;

2° par l'échange entre les deux points a et x dont il dépend.

À ce dernier échange près, le problème de Dirichlet intérieur donne la même équation intégrale que le problème de Neumann extérieur et le problème de Dirichlet extérieur que le problème de Neumann intérieur. Le second de ces deux problèmes, mais non le premier, implique une condition de possibilité et est indéterminé (contenant dans sa solution une constante arbitraire) lorsqu'il est possible, le dénominateur de Fredholm s'annulant alors.

§4 LES VARIÉTÉS CLOSES

114. Comme nous l'avons signalé dans l'Introduction, il

peut arriver que tout ou partie des conditions aux frontières soit remplacée par des conditions de périodicité. Nous porterons notre attention spécialement sur le cas où ce remplacement est total, où la variété sur laquelle l'équation est étudiée est dépourvue de bords, est une variété *close*.

Une telle variété est définie① comme un ensemble de régions S_i se recouvrant partiellement de telle manière que tout point de S soit *intérieur* à au moins une de ces régions, chacune d'elles ayant sa représentation paramétrique ou "carte", savoir une certaine région δ_i de l'espace euclidien E_m à m dimensions; deux de ces régions S_i S_i peuvent ou non se recouvrir partiellement, avec spécification, dans le premier cas, de la correspondance, que l'on suppose biunivoque et régulière, entre les points appartenant respectivement aux deux cartes et qui correspondent à un seul et même point de la partie commune à δ_i et à δ_i.

Sur une variéte close ainsi constiquée, on pourra écrire une équation aux dérivées partielles linéaire du second ordre si l'on a défini sur elle un *élément linéaire*, savoir, dans chaque région partielle, une forme quadratique de différentielles

$$(\mathscr{H}) \qquad \mathrm{d}s^2 = \sum g_{hk}\mathrm{d}\xi_h\mathrm{d}\xi_k$$

où les ξ_k avce $h=1,2,\cdots,m$, sont les coordonnées cartésiennes d'un point sur la carte, les éléments linéaires sur deux régions qui se recouvrent partiellement se déduisant l'un de l'autre par la correspondance connue entre les cartes de ces deux régions. Lélément linéaire ainsi défini sur tout S nous donnera, sur l'ensemble de cette variété, un paramètre différentiel $\Delta_2 u$ de Lamé-Beltrami et nous pourrons écrire l'équation aux dérivées partielles

① Giraud, *Ann. Soc. Pol. Math.*, t XII (1933), p. 35; Cf. Notre Introduction.

$$(E) \qquad \Delta_2 u = \frac{1}{H} \sum_h \frac{\partial}{\partial \xi_k} \left(\sum_k H A_{hk} \frac{\partial u}{\partial \xi_k} \right)$$

(H^2 discriminant de $\mathscr{H}$)

et même en déduire l'équation linéaire générale du type elliptique

$$(E_0) \qquad \mathscr{F}(u) = \Delta_2 u + \sum B_k \frac{\partial u}{\partial \xi_h} + Cu = 0$$

par l'addition de termes portant sur les dérivées premières et d'un terme non différentié. En vertu de la propriété d'invariance du symbole Δ_2, l'équation (E_0) ainsi écrite sera la même pour tout S pendant que, pour avoir partout la même équation (E), on devra admettre que les B_k sont les composantes d'un "vecteur contrevaritant" c'est à dire se transforment comme les différentielles dξ, en sorte que $\sum B_k \frac{\partial u}{\partial \xi_h}$ soit un scalaire① s'il en est ainsi pour U.

Pour $m=2$, l'équation E_n a été étudiée d'une manière approfondie par Picard② ainsi que les équations voisines telles que

$$(E_0') \qquad \Delta_2 u = f(M)$$

Un premier résultat de Picard s'étend de lui-même à l'équation générale (E) et cela même pour $m>2$, pourvu que l'on suppose, comme précédemment, $C \leqslant 0$: *l'équation* (E) *n'admet comme solutions régulières que des constantes* si $C=0$ et *qu'une solution identiquement nulle si* $C<0$: cela résulte de ce que, sur une variété close, une telle solution ne pourrait admettre, à l'intérieur d'aucune région partielle et par conséquent en aucun point de la variéteé, de maximum positif ou de mini-

① Le coefficient C est un scalaire.

② *Leçons sur quelques problème aux limites de la Théorie des Equations différentielles.* Paris, Gauthier-Villars, 1930; ouvrage auquel nous renvoyons en notant simplement les résultats les plus simples.

mum négatif.

114b. Le cas de $m=2$, auquel s'est attaché Picard, offre des simplifications résultant de ce que l'élément linéaire admet, dans chaque région partielle, une représentation conforme sur l'élément euclidien du plan: circonstance qui ne se retrouve plus en général pour $m>2$. Donc, dans une telle région, on aura

$$\iint \Delta_2 V \,\mathrm{d}S = [\text{sur la carte}]\iint_{\delta_i} \Delta V \,\mathrm{d}\xi_1 \mathrm{d}\xi_2 = \int_{s_i} \frac{\mathrm{d}V}{\mathrm{d}n}\mathrm{d}s \quad (16)$$

et si la variété totale est considérée comme fermée par la juxtaposition de pareilles régions (contitues et non plus se recouvrant partiellement), on peut écrire pour chacun d'elles la formule précédent. En additionnant toutes les égalités ainsi écrites, les intégrales simples prises suivant les cloisons mitoyennnes à deux régions contiguës quelconques se détruisent deux à deux et il reste la condition nécessaires

$$\mathbf{SS} f \,\mathrm{d}S=0 \quad (17)$$

Cette propriété a encore lieu pour l'équation (E) avec un $m>2$ quelconque pourvu que le coefficient correspondant à C dans l'équation adjointe, savoir

$$C-\sum \frac{\partial B_h}{\partial \xi_h}$$

soit nul. Il suffit, pour le voir, puisqu'alors cette adjointe admet la solution $v=1$, d'opérer comme nous venons de le faire en remplaçant l'égalité précédente par notre formule (1), les intégrales simples (dans lesquelles les dérivées normales auront été remplacées par des dérivées transversales) se détruisent encore deux à deux entre parcelles contigueës.

114c. La question de savoir si la condition (17) est suffisante pour l'existence d'une fonction f partout régulière satisfaisant à (E_0) se rattache[①] à l'intervention d'un élément analogue à la solution élémentaire ou à la fonction de Green. Mais ici l'analogie ne peut être que partielle comme nous allons le voir.

Rappelons en effet[②] que l'équation (E_0') est celle qui régit l'équilibre thermique de la surface S sonsidérée comme conductrice mais n'émettant pas de rayonnement. La singulaiité dont serait affectée une solution élémentaire v en un point a s'interpréterait physiquement, à ce point de vue[③], par l'existence d'une *source de chaleur* ayant pour siège une très petite région autour de a, laquelle, à travers la courbe s (sensiblement, par exemple, un très petit cercle) qui limite cette région, répandrait sur le reste de la surface un "flux de chaleur" proportionnel au temps: ce qui, analytiquement, se traduit par le fait:

que, au voisinage de a, u deviendrait infini comme $k \log 1/r$, en appelant r la distance (comptée sur la carte) des images des points a et x;

que l'intégration simple du second membre de (16) prise le long de la petite courbe fermée s ne serait plus nulle, comme cela aruait lieu dans toute autre région de S, mais égale à une constante différente de zéro: par exemple à 2π si $k=1$.

Il résulte de là qu'une pareille singularité ne peut pas être unique: car la courbe s sépare le point singulier du reste de la variété, auquel on peut appliquer l'identité (16), donnant pour la même intégrale simple la valeur zéro. Elle ne peut donc pas se présenter sans l'existence d'au moins une seconde source donnant un flux égal et opposé à celui de la première: moyennant quoi il existera une solution $G(M)=G(M, A, A')$ (en

① Picard, *Leçons*, pp. 203 et suiv.

② Picard, *Leçons*, Chap. X.

③ *Leçons*, p. 172 et suiv.

désignant par A, A' les deux sources dont il s'agit) de (E_0), devenant infiie respectivement comme k log $1/r$ et comme $-k$ long $1r'$ aux deux points en question.

Connaissant, en fonction des coordonnées de M, A, A', cette quantité G, soit formée l'intégrale

$$\mathbf{SS}\ G(M, A, A')f_M \mathrm{d}S_M$$

considérée comme fonction du point A, le point A' étant fixe. Au point A, le Δ_2 de cette quantité sera, au facteur numérique ω près, f_A, ainsi qu'on le voit (f étant suposé admettre des dérivées premières) comme dans la théorie classique①. La source A' (l'intégration ci-dessus étant étendue à une portion déterminée quelconque de S) donnera un flux égal à la valeur correspondante de $\mathbf{SS}\, f_M\ \mathrm{d}S_M$. Ce flux *sera nul*, d'après (17), si l'intégration est étendue à la variété entière et l'on aura ainsi une solution de (E_0).

115. Le problème de Hermann Weyl.—À l'intégration d'une équation aux dérivées partielles du second ordre sur une variété close se rattache un célèbre problème posé par Hermann Weyl: celui de la déformation d'une telle surface.

On sait que la recherche *locale* (c'est à dire dans une région déterminée suffisamment peu étendue) d'une surface de l'espace ordinaire supposée rapportée aux coordonnées curvilignes ξ_h connaissant son élément linéaire

$$\mathrm{d}S^2 = g_{11}\ \mathrm{d}\xi_1^2 + 2g_{12}\ \mathrm{d}\xi_1 \mathrm{d}\xi_2 + g_{22}\mathrm{d}\xi_2^2 \tag{18}$$

dépend② d'une équation aux dérivées partielles du second ordre. Celle-ci n'est plus linéaire, mais appartient à un type remarquable, celui des équations de *Monge-Ampère*

$$A(rt-s^2)+Br+2Cs+B't+D=0 \tag{19}$$

---

① *Leçons*, p. 203.

② Darboux, *Leçons sur la Théorie des surfáces*, *t. III*, liv. VII, p. 254.

r, s, t désignant les trois dérivées secondes en ξ_1, ξ_2 de la fonction inconnue.

Quoique non linéaire, ce type d'équations est étroitement apparenté à l'équation générale linéaire. On y aboutit en effet en soumettant une équation linéaire du second ordre à une transformation de contact non ponctuelle; et le lien direct qui existait entre les deux types d'équations apparait dans la détermination des caractéristiques de (19); leurs coefficients angulaires m_1, m_2 sont donnés par l'équation

$$m^2+2Cm+BB'-AD=0 \tag{20}$$

et la condition pour que ces directions caractériques soient imaginaires, c'est à dire pour que l'équations appartienne au type elliptique, est

$$BB'-AD-C^2>0 \tag{20'}$$

c'est à dire peut être formulée sans savoir de quelle solution de l'équation il s'agit si (ce qui ne sera d'ailleurs *pas* le cas dans nos considérations actuelles) les coefficients sont des fonctions données des variables indépendantes: propriété qui n'a pas lieu en général pour les autres équations non linéaires.

Darboux (*loc. cit.*) forme diverses équations du type (19) en prenant successivement pour inconnues le carré d'une des corrdonnées cartésiennes (ou, ce qui s'en déduit évidemment, cete coordonnée elle-même) ou encore, au facteur 1/2 près, le carré de la distance d'un point quelconque de la surface à l'origine des coordonnées

$$\rho=\frac{x^2+y^2+z^2}{2}$$

C'est cette dernière manière d'écrire l'équation qui s'est montrée de l'usage le plus commode par la suite. Les équations obtenues par Darboux se présentent sous une forme relativement compliquée: mais l'introduction des symboles $\{\ \}$ de Christoffel[1] a permis à M. Nirenberg, dans un travail fondamental dont nous allons avoir à reparler, de donner à l'équation en ρ la forme relativement simple

$$\frac{1}{H^2}\left(\frac{\partial^2\rho}{\partial\xi_1^2}-\begin{Bmatrix}11\\1\end{Bmatrix}\frac{\partial\rho}{\partial\xi_1}-\begin{Bmatrix}11\\2\end{Bmatrix}\frac{\partial\rho}{\partial\xi_2}-g_{11}\right)\left(\frac{\partial^2\rho}{\partial\xi_1^2}-\begin{Bmatrix}22\\1\end{Bmatrix}\frac{\partial\rho}{\partial\xi_1}-\begin{Bmatrix}22\\2\end{Bmatrix}\frac{\partial\rho}{\partial\xi_2}-g_{22}\right)-$$

$$\frac{1}{H^2}\left(\frac{\partial^2\rho}{\partial\xi_1\partial\xi_2}-\begin{Bmatrix}12\\1\end{Bmatrix}\frac{\partial\rho}{\partial\xi_1}-\begin{Bmatrix}12\\2\end{Bmatrix}\frac{\partial\rho}{\partial\xi_2}-g_{12}\right)^2$$

$$=K\left\{2\rho^2-\frac{1}{H^2}\left[g_{11}\left(\frac{\partial\rho}{\partial\xi_2}\right)^2-2g_{12}\frac{\partial\rho}{\partial\xi_1}\frac{\partial\rho}{\partial\xi_2}+g_{22}\left(\frac{\partial\rho}{\partial\xi_1}\right)^2\right]\right\}$$

(laquelle est invariante par un changement de paramètres indépendants), et dans laquelle K représente la courbure totale. *L'équation est de type elliptique si cette courbure est positive*, le discriminant de (20) ne différant de K que par des facteurs carrés parfaits.

115a. En ce qui concerne une portion de surface *ouverte*, l'équation de Monge-Ampère, supposée du type elliptique, peut être étudiée aux points de vue que nous avons considérés dans ce qui précède: elle est analogue à l'équation linéaire du type elliptique, mais non sans une différence. L'équation donnée (19), multipliée par A, s'écrit

$$(At+B)(Ar+B')-(As-C)^2=BB'-AD-C^2$$

quantité >0 dans le cas elliptique.

Dès lors, dans une région où (20′) est partout vérifiée, aucun des deux facteurs du premier terme ne peut changer de signe. L'équation admet donc dans ces conditions *deux* familles de solutions, savoir celles qui rendent positifs les deux facteurs en question et celles qui les rendent tout deux négatifs. En

---

① Voir Levi Cività, *Lezioni di Calcole Differenziale Assolute*, Roma, 1925, p. 128; Bouligand, *Les Principes de l'Analyse Géométrique*, t. I. Paris, 1949, p. 214.

conséquence le problème aux limites, analogue à celui de Dirichlet, consistant à déterminer une solution d'une équation (E) du type elliptique à l'intérieur d'une région $\mathscr{D}$ du plan des variables indépendantes ξ par la connaissance des valeurs qu'elle prend sur le contour S de cette région, peut admettre deux solutions différentes. Tel est le cas par exemple pour l'équation

$$rt-s^2-4\leqslant 0$$

laquelle, à l'intérieur du cercle $x^2+y^2\leqslant a^2$, admet les deux solutions $u=x^2+y^2-a^2$ et $u=-(x^2+y^2-a^2)$, l'une et l'autre nulles tout le long de la circonférence①.

Par contre, on constate qu'il ne peut exister pour un problème de cette espèce plus de deux solutions, chacune des deux familles ci-dessus mentionnées n'en fournissant qu'une (au plus) pour les équations du type elliptique.

D'autre part, l'équation (19) (toujours supposée du type elliptique), étant à coefficients analytiqes, n'admet que des solutions analytiques à l'intérieur de leur domaine d'existence. Cette fois, d'ailleurs, il s'agit d'une prorpiété générale des équations du second ordre et du type ellitique, ainsi, qu'il résulte déjà des principes posés par Hilbert dans ses célèbres *Grundzuge*, et comme M. Hopf en a donné dans la *Math. Zeitschritf*, t. XXXIV, 2ème partie (1931) pp. 194 ~ 233, une démonstration plus générale; celle-ci, pour le cas où l'on saurait seulement que le premier membre de l'équation serait condinument dérivable à l'ordre p avec continuité hölderienne, fournit des propriétés correspondantes pour les solutions.

116. Ceci dit en ce qui concerne les portions de surfaces ouvertes, supposons maintenant que notre ds^2 (18) soit donné

① À noter que ce cercle est aussi petit qu'on le veut, puisque a est arbitraire. Cf. Rellich, *Math. Ann.*, t. CVII (1932), p. 505.

sur toute une surface *close*. Nous ne serons pas étonnés d'apprendre qu'alors les choses se passent tout autrement: l'équation différentielle ne demande plus à être complètée par des conditions définies. Deux surfaces convexes closes qui partout sont applicables l'une sur l'autre, *coïncident à un déplacement* (*et possiblement à une symétrie*) près.

Ceci avait été établi antérieurement pour le cas où l'une des surfaces est une sphère et aussi en ce qui regarde une "déformation infinitésimale". Il était réservé à Hermann Weyl① d'énoncer, quoique sans démonstration complète, la double propriété:

1) Qu'à un élément linéaire de variété close donné sur toute cette variété ne peut correspondre qu'une seule surface (à un déplacement et éventuellement à une symétrie près) admettant cet élément linéaire②;

2) Que, moyennant des conditions convenables de régularité, une telle surface S existe.

On dit encore que l'élément linéaire donné peut ètre "immergé" d'une façon et d'une seule dans l'espace ordinaire.

La partie négatie I)—par laquelle, suivant notre habitude, nous commencerons-n'est pas sans offrir elle-,ême de sérieuses difficultés. La démonstration a été donnée pour la première fois par Cohn-Vossen③. Des formes simplifiées qui on été données

① *Vierteljahrsschritf der naturf. Gesellsch*, t. 61, 1916, pp. 40-72; Sitzber. Berlin, 1917, pp. 250-266.

② Mais on démontre qu'en détachant d'une surface convexe une portion aussi petite que l'on veut, elle devient déformable.

③ Cohn-Vossen, *Gött. Nachr.*, 1927, p. 125.

par H. Hopf et H. Samelson[①] et par Zhitomirsky[②] pendant que d'autre part, une démonstration a été donnée[③] par M. Aimond et une autre par M. Herglotz[④], nous ne pouvons étudier ces diverses démonstrations si toutes-même celle particulièrement simple de Herglotz, font appel de manière assez approfondie aux résultats de la théorie des surfaces.

Pour la démonstration de la partie constructive, les différents auteurs quenous citons considèrent la variété ou surface envisagée comme faisant partie d'une famille de surfaces analogues toutes closes et convexes, dépendant d'une paramètre t et se réduisant, pour $t=0$ à la sphère. On peut voir que si l'immersion est possible pour une des surfaces de la famille, correspondant à une valeur t_0 du paramètre, elle l'est aussi certainement pour toute valeur de t suffisamment voisine de la première[⑤]. Mais ceci n'exclurait pas la possibilité que (comme il arrive dans le cas analogue de l'intégration des équations différentielles ordinaires) l'intervalle des valeurs de t rendant possible le problème étudié ne soit limité par une valeur du paramètre que ces prolongements successifs et par conséquent notre raisonnement ne permettraient pas d'atteindre, une valeur pour laquelle la possibilité de l'immersion cesserait.

---

① *Math. Zeitschr*, t. XLIII (1938), p. 74.

② *Acad. Sc. U. R. S. S.*, *Comptes Rendus*, Nouv, Ser., t. XXV (1939), pp. 347-349.

③ *Comptes Rendus*, 22 Novembre, 1937, p. 948 (Une communication personnelle m'a été adressée en Juin 1938 par l'auteur, donnant au raisonnement une forme purement géométrique).

④ *Abhandl. Séminaire mathématique Hambourg*, t. XV, 1943, p. 127.

⑤ Hans Lewy (Cf. Note suivante).

L'existence de limites donnant une solution du problème s'établit, chez les auteurs dont nous parlons[①], en utilisant la condition de compacité telle que nous l'avons déjà rencontrée au Chapitre I, laquelle introduit la condition d'équicontinuité de la ou des quantités dont on veut démontrer que les valeurs convergent.

M. Hans Lewy (*loc. cit.*) a pu établir la limitation uniforme de toutes les quantités ρ comme conséquence du théorème classique d'O. Bonnet[②] d'après lequel le diamètre d'une surface convexe est borné supérieurement par une quantité que l'on connait lorsqu'on possède une borne inférieure de la courbure totale.

Mais de plus cette même quantité ρ est équicontinue car, en désignant par $d\sigma$ un élément linéaire sur la sphère de rayon ρ, on a $ds^2 = d\rho^2 + d\sigma^2$ de sorte que les deux dérivées de ρ sont uniformément bornées.

Seulement M. Hans Lewy a aussi besoin de la convergence en ce qui regarde les dérivées de ρ, ce qui l'oblige à d'autres démonstrations d'équicontinuité.

117. Cet auteur supposait, pour les coefficients de l'élément linéaire traité, la propriété d'analyticité. Dans le beau travail qu'il a présenté comme Thèse à la New York University,

① Hans Lewy, *Proceed. Nat. Acad. Sc.*, t. XXIV (1938). pp. 104-106.

② *C. R. Acad. Sc. Paris*, t. XL (1850), p. 311 et XLI (1851), p. 32; aussi in Darboux, *leçons*, t. III, Liv. VI, n° 630, p. 103.

M. Nirenberg[①] arrive à se passer de cette hypothèse et ouvre ainsi la voie à la recherche des conditions de régulartié moyennant lesquelles la possibilité du problème peut être affirmée. On sait que l'on appelle classe C_p celle des fonctions continument dérivables jusqu'à l'ordre p inclus. Ici, on a été conduit à considérer en outre les conditions de Hölder auxquelles satisfont ces dérivées, en disant, suivant l'usage, qu'une fonction f de la position d'un point P satisfait à la condition de Hölder d'exposant ω $(0<\omega<1)$ et de coefficient k si, entre ses valeurs en deux point P, Q existe l'inégalité $|f(P)-f(Q)|\leqslant k\ \overline{PQ}^{\omega}$. On a utilisé cette notion pour définir celle dont il vient d'être parlé pour des valeurs non entières de l'indice $p, p=p_1+\omega$ avec[②] $0<\omega<1$: on dit que $f\in C_p$, si cette fonction admet des dérivées partielles jusqu'à l'ordre p_1 inclus, les dérivées d'ordre p_1 satisfaisant à une condition de Hölder d'exposant ω. Dans le même ordre d'idées, on peut définir pour une telle fonction non seulement une norme $\|f\|$, savoir le maximum de sa valeur absolue, et des normes d'ordre entier p_1—savoir (dans une région déterminée $\mathscr{D}$)

$$\|f\|_{p_1}=\|f\|+\|Df\|+\cdots+\|D^{p_1}f\|$$

en désignant par Df toutes les dérivées partielles de $\mathrm{i}^{\text{ième}}$ ordre,

---

① Nirenberg *Thèse*, New York (New York University) (1949) et *Communic. Pure and Appl. Math.*, t. VI, 1953, pp. 337-394. Aurel Wintner, *Proceed*, *Nat. Acad. Sc.*, t. XLII (1956), pp. 157-160.

MM. Blaschke et Herglotz, *Sitzber Acad. Bav*, Munich, 1937, suggérent une méthode variationnelle dans le même but, mais sans la développer d'une manière précise (Voir aussi Cacciopoli, *Ac. Pont Sc.*, t. IV (1940)).

Hermann Weyl lui-même forme une inégalité susceptible de se montrer utile dans la question, à savoir une borne supérieure de la courbure moyenne des surfaces considèrées, calculée à partir de l'élément linéaire (la connaissance de la courbure moyenne en chaque point équivaudrait à la solution de la question posée).

② On admet aussi le plus souvent pour l'expossant ω la valeur $\omega=1$ (condition de "Lipschitz"). Cette valeur sera ici exclue.

$i=1,\cdots,p_1$—mais aussi le norme d'ordre p, comme égale à

$$\|f\|_p=\|f\|_{p_1+\omega}=\|f\|_{p_1}+k \quad (k, \text{ coefficient de Hölder})$$

Le résultat de M. Nirenberg est la possibilité de l'immersion du ds^2 de variété close dans l'espace euclidien ordinaire sous la condition $g_{hk}\in C_r$ avec $r>4$.

117a. Celui que dans un travail de 1956 inséré aux *Proceedings of the National Academy of Sciences* (U. S. A), t. XLII, pp. 157 ~ 160, M. Aurel Wintner a publié améliore le résultat de Nirenberg en remplaçant l'hypothèse $r>4$ par $r=4$. C'est ce que M. Wintner obtient d'ailleurs en utilisant un fait analogue établi par M. Nirenberg lui-même et qui, pour une solution d'une équation aux dérivées partielles (linéaire ou non) du type elliptique, permet de démontrer (au lieu de la supposer) une condition de Hölder vérifiée par les dérivées secondes.

§5 LE TYPE HYPERBOLIQUE

118. Ayant étudié le type hyperbolique et le problème de Cauchy correspondant dans nos Leçons précédentes (**C**), nous nous bornerons à un résumé, en renvoyant pour les détaile à l'ouvrage cité①.

Lorsque le nombre m de variables indépendantes est impair, la solution élémentaire présente, comme ci-dessus, le dénominateur irrationnel $\Gamma^{\frac{m-2}{2}}$. Mais le domaine d'intégration n'est plus celui que nous considérions tout à l'heure et qui contenait à son intérieur le point a où l'on se propose de calculer la solution: il est limité d'une part par une surface, orientée dans l'espace, qui porte des données de Cauchy, de l'autre par une nappe Γ, ici réelle, du conoïde caractéristique de sommet a.

① C., Liv. III, 79-107, pp. 184 et suiv.

Pour qu'une intégrale étendue à un tel domaine converge, il faudrait que la fonction à intégrer, si elle devient infinie au voisinage de Γ, ne le soit qu'à un ordre inférieur à 1; or celles que nous serons conduits à écrire en sertu de la formule (1) le seront à l'ordre $p+1$, où p représente $\frac{m-2}{2}$. C'est la circonstance qui avait arrêté Volterra.

Dans le cas de m impair, par lequel nous avons commencé, nous avons appris à tourner cette difficulté en réduisant de telles intégrales à leurs "parties finies", c'est à dire en défalquant de la fonction à intégrer des termes, définis d'une manière convenable, qui contiennent Γ en dénominateur à des puissances supérieures à l'unité. Mais, en considérant à ce point de vue une intégrale simple de la forme

$$I^{\alpha}f(x)=\frac{1}{\Gamma(\alpha)}\int_{\alpha}^{x}f(t)(x-t)^{\alpha-1}\mathrm{d}t$$

cas auquel on ramène celui qui intervient dans la solution), les termes à défalquer ainsi sont les p premiers termes de la formule de Taylor appliquée à la fonction f à partir de la valeur $x=a$. Ils contiennent donc les valeurs en a, de f et de ses $(p-1)$ premières dérivées, la $p^{\text{ième}}$ étant même supposée exister pour la validité du résultat et, par suite①, les dérivées *de nos données de Cauchy jusqu'au même ordre.*

Le cas de m pair se ramène au précédent② par l'emploi de la descente; mais il peut aussi③ se traiter directement. A cet effet. On remarque, dans l'expression

---

① C., 102-107, pp. 218 et suiv.

② C., Liv. IV: n°s 134-143 *bis*.

③ C., loc. cit., 147-147 *bis*. Toutefois cette seconde méthode devrait être modifiée dans le cas où U serait identiquement nul, qui est précisément celui de l'équation clasique des ondes sphériques.

$$v=\frac{V}{\Gamma^{\frac{m-2}{2}}}-U\log\Gamma$$

de la solution élémentaire, le coefficient U du terme logarithmaique est par lui-même solution de l'équation; de sorte que la connaissance de l'expression précédente nous fournit en réalité *deux* solutions V et U de cette équation. En formant ces deux solutions (pour l'équation adjointe $\mathscr{G}(v)=0$) et les introduisant successivement dans notre formule intégrale où le domaine d'intégration sera limité tout d'abord non à la nappe de conoïde $\Gamma=0$, mais à une surface infiniment voisine $\Gamma=\gamma$, on constate qu'il suffit, pour avoir la valeur en a de la solution cherchée, de retenir dans le résultat obtenu les termes en $1/\gamma$.

La formule obtenue par l'une ou l'autre de ces voies introduit, pour un nombre pair $m=2\,m_1$ de variables indépendantes des dérivées des données de Cauchy jusqu'à l'ordre m_1-2 pour $\frac{\mathrm{d}v}{\mathrm{d}\nu}$, jusqu'à l'ordre m_1-1 pour u, donc,—conclusion tout analogue à celle à laquelle nous avions abouti pour m impair—jusqu'à un ordfe qui croît et cela indéfiniment, avec le nombre des variables.

La nécessité d'avoir à sa disposition un tel nombre de dérivées des données de Cauchy est-elle un résultat des méthodes employées ou est-elle dans la nature des choses? Cette dernière hypothèse apparait évidemment comme présumable. On est renseigné d'une manière plus précise (mais non tout à fait complète) par les résultats qu'a obtenus M. Tedone① en ce qui concerne l'équation des ondes dans l'espace à $m-1$ dimensions

$$\frac{\partial^2 u}{\partial t^2}-\left(\frac{\partial^2 u}{\partial x_1^2}+\frac{\partial^2 u}{\partial x_2^2}+\cdots+\frac{\partial^2 u}{\partial x_{m-1}^2}\right)=0$$

① *Annali di Mat.*, 3ᵉ série, t. I, 1898. M. Tedone considère la multiplicité initiale à orientation d'espace la plus générale.

en opérant à l'imitation de Volterra, c'est à dire en introduisant au lieu de la solution élémentaire $\frac{1}{[(t-t_0)^2-r^2]^{(m/2)-2}}$ celle qu'on en déduit par plusieurs quadratures successives. On obtient dès lors non pas directement la valeur de u en un point $(a_1, \cdots, a_{m-1}, c)$ de l'espace à $m-1$ dimensions, mais une intégrale de la forme

$$\int u(a_1, \cdots, a_{m-1}, t)(c-t)^{m-3}\mathrm{d}t$$

d'où u se déduit par $(m-2)$ différentiations.

Si, pour prendre un cas simple, m étant supposé pair, nous prenons comme multiplicité initiale le plan $t=0$ et ne considérons qu'une des données de Cauchy (par ex. la valeur u_0 de u elle-même) en supposant nulle l'autre, cette intégrale peut s'écrire

$$\int_0^c (c^2-r^2)^{m-3} rM_r \mathrm{d}r \tag{21}$$

où M_r représente la valeur moyenne de u_0 le long de la sphère de centre $a(a_1, \cdots, a_{m-1})$ et de rayon r. Les $((m/2-2)$ premières différentiations, peuvent de toute façon se faire sous le signe $\int$; mais le résultat obtenu ainsi étant de la forme

$$\int_0^c r\psi(c, r)M_r \mathrm{d}r$$

où $\psi(c, r)$ est un polynôme homogène① de degré $(m/2)-2$ en c, r tel que $\psi(t)=t\psi(t, t)$ ne s'annule pas (excepté pour $t=0$), les $m/2$ dérivées suivantes de l'expression (D) *ne peuvent pas* exister si les $(m/2)-1$ premières dérivées de M_r n'existent pas②.

---

① $\psi(t, t)$ est (à un facteur numérique près) le polynôme de Legendre d'ordre $(m/2)-2$.

② Cf. C, p. 183, note (4).

Ces dérivées de $M_r(u_0)$ par rapport à r existent forcément moyennant l'existence, aux mêmes ordres, des dérivées partielles de u_0 par rapport aux coordonnées $a_h(h=1,2,\cdots,m)$ dans le plan $t=0$ (en fonction desquelles elles s'expriment; mais la réciproque est douteuse, même si, en même temps que les dérivées de M_r par rapport à r, on fait intervenir les dérivées de la même quantité par rapport aux coordonnées du centre de la sphère (ou du cercle, ou de l'hypersphère) le long de laquelle la moyenne est prise—ce qui permettra peut-être de l'établir en utilisant le mode de calcul dont il sera question au Chap. (Ici, l'Auteur a laissé vide le numéro du Chap. Note de l'Editeur.)

119. Les considérations qui précèdent concernent le problème de Cauchy dont les données sont supposées portées par une variété S ayant en chacun de ses points une orientation d'espace. Mais il n'est pas interdit et il pourra être utile de considérer le cas où S serait, en totalité ou en partie, caractéristique.

Une surface S rentrant dans la première catégorie ne suffit pas à constituer, avec une nappe rétrograde de conoïde caractéristique, la frontière complète d'une portion R de l'espace E_m, à moins de présenter elle-même des singularités. Celles-ci pouvant être de natures très diverses, ceci n'est pas sans donner lieu à des discussions difficiles[①]. Un mode de singularité est toutefois susceptible de retenir spécialement l'attention; celui d'une frontière constituée elle-même par une nappe (directe) de conoïde caractéristique.

En tout point d'une surface S caractéristique, la direction transversale v cesse d'être une direction extérieure: elle n'est alors autre que celle de la bicaractéristique de contact entre le

① C., 113, p. 242 et 119-125, pp. 261-267.

plan tangent à S et le cône caractéristique.

Cette bicaractéristique sera tout entière située sur S et les dérivées transversales destinées à figurer dans nos formules affecteraient les données de la question portées par S. Les difficultés particulières se présenteront, il est vrai, dans la synthèse de la solution, c'est à dire dans la démonstration du fait que les expressions ainsi formées vérifient bien les conditions à la limite; car, lorsque le point a en lequel on doit les calculer s'approche d'un point x_0 de S, la trace sur S du cône rétrograde de sommet a ne devient pas infiniment petite autour de x_0, mais est sensiblement une bande (infiniment étroite) comprenant la bicaractéristique qui passe par x_0. Mais nous avons appris① à discuter l'influence de cette circonstance et à montrer qu'elle ne compromet pas l'exactitude du résultat.

120. Intervention des conceptions de M. Marcel Riesz. Revenant au problème de Cauchy, nous constatons que la formule de résolution se présente sous des aspects profondément différents suivant que le nombre m des variables indépendantes est pair ou impair. Ce dernier cas, à lui seul, offre des circonstances particulièrement paradoxales puisqu'on y fait interventir des intégrales qui à priori n'ont aucun sens et n'en reçoivent un que par l'introduction de termes correctifs dont le choix n'est nullement indiqué au premier abord.

La méthode appliquée aux valeurs paires de m n'est pas à son tour exempte de circonstances prêtant à la critique. Non seulement la formule à laquelle elle conduit est sans rapport visible avec celle à laquelle on aboutit pour m impair; mais contrairement à cette dernière, elle dissocie la solution élémentaire de manière à troubler son analogie avec le potentiel élémentaire or-

① C., 119-125, pp. 261-267.

dinaire.

Les résultats obtenus se présentent au contraire très naturellement si, avec M. Marcel Riesz, on les rattache à sa belle généralisation de l'intégrale de Riemann-Liouville (Chap. précédent) qui étend à des rangs fractionnaires l'intégration de la quadrature ordinaire. Si, pour nous borner à un cas simple, on traite de l'équation des ondes en milieu homogène à un nombre quelconque $m-1\geqslant 2$ en introduisant, comme nous l'avons indiqué au Chapitre précédent, la métrique lorentzienne

$$r=\sqrt{(x_1-a_1)^2-(x_2-a_2)^2-\cdots-(x_m-a_m)^2}=\sqrt{\Gamma}$$

avec l'équation aux dérivées partielles correspondantes (où Δ reçoit le sens lorentzien

$$\Delta=\frac{\partial^2}{\partial x_1^2}-\frac{\partial^2}{\partial x_2^2}-\cdots-\frac{\partial^2}{\partial x_m^2})$$

et sa solution élémentaire

$$v=\frac{1}{r^{m-2}}$$

on associera à une fonction arbitraire u les différentes quantités

$$f(P)=\frac{1}{H}\ \mathbf{SS}\, f(Q)\, r_{PQ}^{-m}dQ$$

(intégration étendue au même domaine que précédemment) définies directement pour $\alpha>m-2$ mais en réalité pour toute valeur de α grâce au fait qu'elles sont fonctions holomorphes de α (pour $\alpha=0$ et m impair, elles donnent les “parties finies” $1/H$ **SSS** correspondantes et par suite la solution du prblème). En vertu de l'identité

$$I^{\alpha}u=\Delta I^{\alpha+2}u$$

on pourra remplacer la recherche de u par celle de $I^{\alpha}u$ pour une valeur paire suffisamment grande de α, quantité à laquelle il suffira d'appliquer un nombre de fois correspondant l'opérateur Δ pour arriver à $I^0(u)P=u(P)$.

120a. Prenons l'exemple classique de l'équation des ondes cylindriques, c. à. d. $m=3$. Au lieu d'appliquer, comme le voudrait l'analogie avec la théorie du potentiel newtonien, notre identité fondamentale à l'inconnue u et à la solution élémentaire $v=1/r$, on prendra cette fois $v=r$. Dans l'identité ainsi écrite (où toutes les intégrales ont un sens)

$$\mathbf{SSS}(u\Delta r-r\Delta u)\,\mathrm{d}x+\mathbf{SS}(u\,\mathrm{d}r/\mathrm{d}\nu)\,\mathrm{d}S=0$$

les termes de surface se réduisent à ceux qui s'expriment par les données de la question, car, sur la nappe de conoïde, non seulement r est nul, mais il en est de même de la dérivée transversale $\mathrm{d}r/\mathrm{d}\nu$ prise suivant une direction qui n'est autre que celle de la bicaractéristique. On a donc, en fonction de quantités toutes connues par hypothèse, la valeur de l'intégrale $\mathbf{SSS}\ u\Delta r\ \mathrm{d}x=U$, d'où celle de u se déduira en formant ΔU puisque $\Delta r=2/r$.

Pareillement pour les autres valeurs impaires et $\geqslant 3$ de m, on prendra $v=r^{m-2}$ et, pour m pair et $\geqslant 4$, $v=r^{m}$.

L'artifice utilisé pour écarter l'intervention des intégrales divergentes est, on le voit, comme chez Volterra, l'emploi d'une intégration suivie en fin de calcul par la différentiation inverse; mais, ici il s'agit d'opérations invariantes par les transformations du groupe de Lorentz.

121. Le cas des équations à coefficients non analytiques (ces coefficients étant toutefois supposés suffisamment réguliers) peut, comme nous l'indiquions antérieurement①, se traiter par l'emploi d'une "parametrix" ou solution élémentaire incomplète permettant de traduire le problème par une équation intègrale du type de Volterra; mais on peut aussi former la solution élémentaire véritable en la déduisant de la parametrix. Celle-ci, en effet, en se plaçant dans le cas de m pair$=2m_1$, se calculera

① C, p. 415.

par la même suite d'opérations que dans le cas des coefficients holomorphes à ceci près que cette suite sera limitée à m_1 termes. La quantité ainsi formée

$$[v]=\frac{1}{\Gamma^{m_1-1}}\sum_{0}^{m_1-2}V_h\,\Gamma^h \tag{22}$$

donnera dans l'équation adjointe un résultat de substitution Φ qui ne sera plus nul, mais simplement fonction régulière, les dénominateurs Γ ayant disparu.

Suivons encore provisoirement la même marche que dans le cas analytique. Il s'agira de corriger l'expression (22) par un terme—$\mathscr{V}\log\Gamma$ où la fonction $\mathscr{V}$ était (*loc. cit*)① assujettie aux deux conditions:

1° $\mathscr{G}(\mathscr{V})=0$;

2° sur Γ, on doit avoir

$$4s\frac{\mathrm{d}\mathscr{V}}{\mathrm{d}s}+(M-4)\mathscr{V}=\Phi$$

cette dernière condition pouvant être remplacée par celle que, sur Γ, on ait

$$\mathscr{V}=\mathscr{V}_0$$

en désignant par $\mathscr{V}_0$ la fonction régulière qui, non seulemtn sur Γ, mais dans toute la région voisine de a, vérifie la relation précédente, à savoir

$$\mathscr{V}_0=\frac{V_0}{4s^{m_1-1}}\int_a^x\frac{s^{m_1-2}}{V_0}\,\Phi\,\mathrm{d}s$$

où V_0 est le premier terme du numérateur de (22).

Dans le cas analytique, on satisfiat à cette double condition par un développement ordonné suivant les puissances de Γ avec

① C., 65, pp. 141.

$\mathscr{T}_0$ comme premier terme. Mais de toute façon, le problème ainsi posé—détermination d'une solution de l'équation $(v)=0$ par les valeurs qu'elle doit prendre sur un conoïde caractéristique—se traite comme un problème de Cauchy et se traduit de même par une équation intégrale en introduisant la parametrix $[v]$ ou $[u]$ de pôle arbitraire x.

§ 6 RETOUR SUR LE CARACTÈRE DÉTERMINÉ DU PROBLÈME DE CAUCHY

122. La solution du prblème de Cauchy (en supposant qu'elle existe) estelle nécessairement unique si la variété qui porte les données n'est pas caractéristique ou éventuellement tangente à une caractéristique?

Cette question qui se pose à partir du moment où nous ne nous bornons plus à considérer les solutions analytiques, nous intéressera d'autant plus que son étude est en rapport étroit avec celles qui feront l'objet du Chapitre suivant.

Les considérations qui précèdent y répondent pour l'équation linéaire du second ordre simplement hyperbolique, la variété en question étant en outre supposée spatiale. Pour les équations à deux variables, c'est à dire dans lesquelles les coefficients des termes du second ordre ne dépendent explicitement que des variables indépendantes données, de sorte que ces termes peuvent être ramenés à se réduire à $\frac{\partial^2 u}{\partial x\, \partial y}$, les autres termes étant seulement supposés à coefficients continus, nous avons appris à la résoudre à l'aide des équations intégrales.

Que peut-on dire à cet égard dans tous les autres cas?

M. Haar① a observé que ce sujet mériterait d'être examiné même pour l'équation du premier ordre

$$q=F(p, u, x, y) \tag{1}$$

où, suivant l'habitude, p, q désignent les dérivées premières de la fonction u. La théorie classique de Cauchy fait en effet intervenir non seulement ces dérivées, comme il serait naturel, mais aussi les dérivées secondes: ne pourraitelle laisser échapper une solution dérivable une fois seulement? Or, M. Haar démontre le théorème suivant:

Supposons que la fonction $F(p, u, x, y)$ soit continue dans le domaine

$$x_1 \leqslant x \leqslant x_0,\ 0 \leqslant y \leqslant y_0,\ u_1 \leqslant u \leqslant u_2,\ p_1 \leqslant p \leqslant p_2$$

et que, par rapport aux deux premières variables, on ait la condition de Lipschitz

$$|F(p, u, x, y)-F(\bar{p}, \bar{u}, x, y)| \leqslant L|p-\bar{p}|+M|u-\bar{u}|$$

Supposons en outre, que $\varphi(x)$ et sa derivée $\varphi'(x)$ vérifient au sens strict les inégalités

$$u_1<\varphi(x)<u_2,\ p_1<\varphi'(x)<p_2 \tag{2}$$

pour $x_1 \leqslant x \leqslant x_2$. Dans ces conditions, δ étant un nombre suffisamment petit, deux solutions de l'équation donnée, qui satisfont à la condition $u=\varphi(x)$ pour $y=0$ et qui ont des dérivées premières continues par rapport à x et y, sont identiques dans le quadrilatère D limité par les droites

$$y=0,\ y=\frac{1}{L}(x-x_1),\ y=-\frac{1}{L}(x-x_2),\ y=\delta$$

En effet, la différence $U(x, y)$ des deux solutions

① *C. R. Ac. Sc.*, t. 187 (1928), p. 23, *Congrès de Bologne*, 1928 t. III, *Acta Szeged*, t. IV.

M. Rosenblatt, *C. R. Ac. Sc.* (1930); *bull. Soc. Math. Grèce*, t. XII (1931), p. 91; *Prace Mat. Fi.*, t. XXXIX (1931), p. 15, a rendu moins restricutive l'hypothèse du théorème.

supposées vérifierait, pour $|y|$ assez petit, l'inégalité

$$|Q| \leqslant L|P| + M|U| \qquad (3)$$

(où $P = \frac{\partial U}{\partial x}$, $Q = \frac{\partial U}{\partial y}$) et l'on aurait

$$U(x, 0) = 0 \text{ pour } x_1 \leqslant x \leqslant x_2$$

Or de (3) résulte, par les critères habituels, que la fonction $Ue^{-M'y}$, $M' > M$, ne peut admettre de maximum positif ni de minimum négatif dans un triangle, ayant sa base suivant un segment de l'axe des x, non plus que sur les côtés latéraux, ceux-ci ayant les coefficients angulaires $\pm 1/L$: elle est donc nulle dans tout le triangle dont il s'agit si elle est nulle le long de la base.

C. Q. F. D.

Il y a lieu de noter que le raisonnement qui précède permet de limiter en valeur absolue la différence U de deux solutions de l'équation, dans le quadrilatère D du moment qu'on a un maximum m de $|U|$ sur le segment (x_1, x_2) de l'axe des x (et cela toujours moyennant les mêmes hypothèses simples relatives à F). Il montre, en effet, que U est borné par une exponentielle de la forme $e^{M'y}$.

Dès lors on ne peut pas espèrer étendre la méthode précédente aux équations d'ordre supérieur à 1 que nos avons à considérer. Cette méthode aboutit, nous les voyons, à la conclusion que la solution est fonctionnelle continue de la donnée suivant l'axe des x et nous savons, depuis le Chap. II, qu'une telle continuité n'existe pas pour les équations du second ordre et du type elliptique.

123. En ce qui regarde les ordres supérieurs à l'unité, la question est résolue pour une équation ou un système à coefficients analytiques, par un *théorème d'E. Holmgren.*

Comme l'avait fait Sophie Kowalewski, Holmgren part d'un système d'équations du premier ordre supposées homogènes, les données étant alors les valeurs des fonctions inconnues le long d'une variété S. La question est de savoir si un tel système sans seconds membres peut admettre, pour des données nulles, une solution non identiquement nulle.

Soient x_1, y_1, $\cdots$, y_{m-1} les variables indépendantes. Nous pourrons sans diminuer la généralité, moyennant une transformation ponctuelle analytique (et, de plus, tangente à l'orgine à la transformation identique) supposer que la surface S qui porte les données est convexe, la concavité étant tournée du côté des x positifs, de sorte que sa section par un plan arbitraire $x=\omega$, où $\omega>0$ est suffisamment petit, sera une variété fermée et délimitera avec S un volume fermé $\mathscr{D}$. Les équations du système étant mises sous la forme

$$(\mathscr{F}) \qquad \mathscr{F}_i(u)=\frac{\partial u_i}{\partial x}-\cdots \quad (i=1,2,\cdots,n)$$

équation dans lesquelles les termes remplacés par des points sont linéaires et homogènes par rapport aux inconnues elles-mêmes et leurs dérivées du premier ordre relatives aux y, les équations du système adjoint seront de forme analogne

$$(\mathscr{G}) \qquad \mathscr{G}_i(v)=\frac{\partial v_i}{\partial x}-\cdots$$

une solution quelconque u_i du premier système donnant lieu, avec une solution quelconque v_i du second à la formule fondamentale, c'est à dire rendant nulle l'intégrale de frontière

$$\mathbf{SS}\ (u_1v_1+u_2v_2+\cdots+u_nv_n)\,\mathrm{d}S-\mathbf{SS}\ \sum_{ik} A_{ik}u_iv_k\ \mathrm{d}S \qquad (4)$$

où le dernier terme est une intégrale **SS** portant sur une forme bilinéaire par rapport aux u et aux v. La frontière, étant empruntée pour une part à S et pour l'autre à $x=\omega$, cette dernière intégrale ne s'étend qu'à S par le fait que dans les termes non explicitement écrits des expressions ($\mathscr{F}$), ($\mathscr{G}$) il n'est différentié que par rapport aux y.

Pour les u, nous prendrons la solution de ($\mathscr{F}$), nulle sur S, dont nous supposons l'existence; pour les v, une solution de

($\mathscr{G}$) dont les valeurs le long de la section $x=\omega$ seront des ploynômes approchant les u correspondants, soit (le long de $x=\omega$)

$$\bar{v}_i=u_i-\eta_i \quad (i=1,2,\cdots,n)$$

Les v seront, dans le voisinage de $x=\omega$, formés par appliciation du théorème de Cauchy-Kowalewski. Les coefficients du système sont par hypothèse des fonctions holomorphes dans $\mathscr{D}$; comme tels, ils sont (Cf. Chap. I) uniformément holomorphes dans $\mathscr{D}$, c'est à dire que leurs développements en séries entières autour d'un point quelconque $(a, b_1, \cdots, b_{m-1})$ de $\mathscr{D}$ admettront un majorant indépendant de la position de ce point.

Quant aux $\bar{v}_i$, en leur qualité de polynômes, on pourra assigner à leurs valeurs sur $x=\omega$ autour d'un point quelconque $(\omega, b_1, b_2, \cdots, b_{m-1})$ de cette section le développement majorant $H:\prod_h\left(1-\frac{y_h-b_h}{r}\right)$ dans lequel r aura été choisi arbitrairement une fois pour toutes. Le numérateur H dépendra du choix du polynôme, mais, par raison d'homogénéité résultant de la forme de nos équations, multipliera purement et simplement les majorants des solutions $\bar{v}_i$ sans influer sur lerus rayons de convergence, de sorte que ces $\bar{v}_i$ existeront dans tout le domaine $\mathscr{D}$ supposé assez petit.

Ceci fait, le second terme (terme relatif à S) s'annulera dans l'expression (4) et il restera, le long de ω,

$$\mathbf{SS}\ (u_1^2+\cdots+u_n^2)\,\mathrm{d}S-\mathbf{SS}(u_1\eta_1+u_2\eta_2+\cdots+u_n\eta_n)\,\mathrm{d}S=0$$

résultat impliquant contradiction si les η ont été choisis convenablement, c'est à dire si le long de $x=\omega$, les $\bar{v}_i$ approchent d'assez près les u_i. Il n'en sera autrement que si les u_i sont nuls tout le long de la section ω c'est à dire dans tout le domaine qu'elle délimite puisque le plan de section est arbitraire.

C. Q. F. D.

Nous ne nous sommes occupés que d'un côté de S; mais la conclusion se démontrerait d'elle-même en ce qui regarde l'autre côté (moyennant une nouvelle transformation pour changer le sens de convexité de cette surface).

Il semble au premier abord que le résultat pourrait s'étendre à une équation aux dérivées partielles non linéaire grâce au fait que la différence de deux solutions d'une telle équation peut être considérée comme vérifiant une équation linéaire. Seulement, dans le cas général, cette dernière n'est pas à coefficients analytiques même si celle dont on est parti possède cette propriété.

124. On sait aujourd'hui traiter à ce point de vue les équations non linéaires à deux variables indépendantes. M. Hans Lewy① indique dans ce but une méthode très profonde d'approximations successives introduisant des variables caractéristiques.

Il est naturel, dès lros, de supposer que l'équation ou plutôt② le problème posé à son égard appartient au type hyperbolique. Supposant pour un instant connue une solution du problème, elle permettrait de définir deux familles réelles et distinctes de caractéristiques $\lambda = \text{const}$, $\mu = \text{const}$. : on prendra dès lors comme variables indépendantes non plus les variables primitives x et y, mais les paramètres λ et μ, en fonctions desquels non seulement u et ses dérivées, mais x et y eux-mêmes seront considérés comme exprimés: on est alors conduit à écrire pour les huit inconnues x, y, u, p, q, r, s, t un nombre égal déquations différentielles ordinaires mais avec la variable

① H. Lewy, *Gött. Nachr.*, 1927, p. 178; *Math. Ann.* Tomes XCVII, 1927, p. 179; CI, 1929, p. 609; CIV, 1931, p. 325. Cf. K. Friedrichs et H. Lewy, *Math. Ann.*, t. XCIX, p. 200, et C, Appendice III.

② Nous rappelons que le type, pour une équation non linéaire, ne peut être défini que relativement à une solution déterminée de cette équation.

indépendante λ dans six d'entre elles et la variable μ dans les deux autres. On constate qu'un tel système relève encore d'une méthode d'approximations successives se présentant sous une forme profondément nouvelle. A l'égard des résultats ainsi obtenus, lesquels démontrent l'existence d'une solution et d'une seule pour le problème de Cauchy au voisinage de la variété initiale, nous renvoyons à l'analyse très délicate de M. H. Lewy (*loc. cit.*).

124a. Lorsque l'équation est du type elliptique, la question se présente d'une manière nécessairement toute différente: il ne s'agit plus, en effet, de démontrer à la fois que la solution est unique et qu'elle existe, puisqu'alors ce dernier fait n'a pas lieu en général. M. Hans Lewy est donc obligé de partir d'une solution déterminée du problème, supposée analytique et à laquelle il applique la même méthode en introduisant des variables caractéristiques, complexes cette fois.

125. Carleman①, reprenant cette étude d'une équation linéaire du type elliptique, n'est plus obligé de les supposer analytique. En désignant une solution par $u=u'+\mathrm{i}u''$, les deux composantes u', u'' sont assujetties é à un système de la forme

$$\frac{\partial u'}{\partial x}-\frac{\partial u''}{\partial y}=Au'+Bu'', \quad \frac{\partial u'}{\partial y}+\frac{\partial u''}{\partial x}=Cu'+Du''$$

où les coefficients A—D qui figurent aux seconds membres sont simplement supposés continus dans un domaine convexe $\mathscr{D}$. Quant aux inconnues u', u'', on va les assujettir à être continues dans $\mathscr{D}$, une fois continument dérivables dans ce même domaine sauf sur un nombre fini de courbes rectifiables L et, de plus, bornées dans $\mathscr{D}-L$. Ce système peut se remplacer par l'équation unique

---

① *C. R. Ac. Sc.*, t. CXCVII (1933), p. 417-473.

$$\frac{\partial u}{\partial x}+\mathrm{i}\frac{\partial u}{\partial y}=au+b\overline{u}$$

en désignant par $\overline{u}=u'-\mathrm{i}u''$ l'imaginaire conjuguée de u, par a et b certaines fonctions (complexes) continues. Le théorème sera démontré si nous montrons qu'une solution de cette équation—et par conséquent une solution du système équivalent que nous avons décrit tout d'abord—ne peut s'annuler tout le long d'une ligne dans $\mathscr{D}$ sans être identiquement nulle dans $\mathscr{D}$. D'une manière plus générale, Carlemen démontre qu'une solution non identiquement nulle de l'équation ne peut s'annuler en une infinité de points

$$z(=x+\mathrm{i}y)=\alpha_p$$

tendant, pour $p=\infty$, vers une position limite intérieure 0, que nous pourrons prendre comme origine.

Nous considérerons avec lui le quotient

$$f_n=u(z)/\Pi_n$$

avec

$$\Pi_n=\prod_{p=1}^{n}(z-a_p)$$

Comme Π_n, fonction analytique, satisfait à $\frac{\partial \Pi_n}{\partial x}+\mathrm{i}\frac{\partial \Pi_n}{\partial y}=0$, on a, en remplaçant u par $f_n\,\Pi_n$ et divisant par Π_n

$$\frac{\partial f_n}{\partial x}+\mathrm{i}\frac{\partial f_n}{\partial y}=af_n+b\frac{\overline{\Pi}_n}{\Pi_n}\overline{f}_n$$

où le coefficient de $b\,\overline{f}_n$ est de module 1.

Soient Q un cercle de centre O et de rayon R; Σ, la circonféence de ce cercle. Nous allons comparer entre elles deux évaluatons de l'intégrale double $\iint_{\Omega}|f_n(z)\,\mathrm{d}x\,\mathrm{d}y|$.

À cet effet, ξ étant l'affixe d'un point arbitraire à l'intérieur de Ω, multiplions la relation précédente par $\mathrm{d}x\,\mathrm{d}y/2\pi(z-\xi)$ et intégrons dans Ω: nous trouverons par des transformations classiques et tenant compte encore de ce que $1(z-\zeta)$ est une fonction analytique pour $z\neq\zeta$

$$f_n(\zeta) - \frac{1}{2\pi i}\int\frac{f_n(z)}{z-\zeta}\,dz = -\frac{1}{2\pi}\iint\frac{1}{z-\zeta}\left[af_n + b\frac{\overline{\Pi}_n}{\Pi_n}\bar{f}_n\right]dx\,dy \tag{5}$$

Au second membre, la quantité entre crochets, coefficient de $1/(z-\zeta)$, est de module inférieur à $K\,|f_n|$, en désignant par K une borne supérieure de $|a|+|b|$ dans $\mathscr{D}$. Mais, d'autre part, on a (pour $\xi+i\eta=\zeta$)

$$\frac{1}{2\pi}\iint\frac{1}{|z-\zeta|}\,d\xi\,d\eta \leqslant 2R$$

Donc si nous intégrons encore par rapport à ζ dans l'aire Ω, l'égalité (5) entrainera l'inégalité

$$\iint_{\Omega}|f_n(z)|\,dx\,dy$$
$$\leqslant 2R\int_{\Sigma}|f_n(z)|+dz + 2KR\iint_{\Omega}|f_n(z)|\,dx\,dy$$

Si nous supposons maintenant R inférieur à $1/2K$, ceci pourra s'écrire

$$\iint_{\Omega}|f_n(z)|\,dx\,dy \leqslant \frac{2R}{1-2KR}\int_{\Sigma}|f_n(z)\,dz| \tag{6}$$

Dans le calcul qui précède, les α_p désignant n quelconque des zéros de la fonction u, lesquels, par hypothèse, peuvent être pris en nombre aussi grand que l'on veut à l'intérieur d'un cercle ω de centre O et de rayon arbitrairement petit ρ. Cela posé, z étant l'affixe d'un point intérieur au cercle Ω si $u(z)$ était différent de zéro en ce point, il serait également non nul et son module aurait une borne inférieure μ non nulle dans un cercle γ ayant ce point pour centre.

Deux points quelconques pris repectivement dans ω et dans γ auront entre eux une distance au plus égale à δ (distance des centres augmentée de la somme des rayons) pendant qu'un point de la circonférence Σ et un point de γ seront à une distance mutuelle au moins égale à Δ (différence des rayons), laquelle sera certainement supérieure à δ si les cercles ω et γ ont été pris assez petits. (6) aura lieu à fortiori, si, dans son premier menbre, nous n'étendons l'intégrale double qu'à l'intérieur de γ. Chaque $|f_n(z)|$ sera dès lors, dans cette intégrale, supérieur à μ/δ^n, pendant que la quantité analogue figurant sous le signe $\int$ au second membre sera inférieure à U/Δ^n, en appelant U un maximum de $|u|$. On devrait donc avoir

$$\mu\gamma<\frac{2R}{1-2KR}U\left(\frac{\delta}{\Delta}\right)^n\cdot\Sigma$$

en appelant $\Sigma=2\pi R$ la circonférence de Σ et γ l'aire du cercle de centre z.

Or, ceci conduit à une contradiction, puisque, toutes choses égales par ailleurs, l'exposant n auquel est élevée la quantité $\delta/\Delta<1$ peut être pris, par hypothèse, aussi grand qu'on le veut.

Il est donc impossible, dans les conditions indiquées, que $u(z)$ soit différent de zéro en quelque point que ce soit à *l'intérieur* de $\mathscr{D}$. On peut d'ailleurs étendre ce résultat, par une méthode classique, à des régions de plus en plus étendues: un point O' intérieur à $\mathscr{D}$, mais aussi voisin qu'on le veut de la circonférence, peut être pris comme point de départ pour recommencer le raisonnement précédent, avec la même valeur de R si l'on peut prendre la même valeur de K; et l'on pourra ainsi atteindre tout le domaine à la condition de prendre pour K une borne supérieure de $|a|+|b|$ dans tout $\mathscr{D}$, et de choisir R en conséquence.

Le fait que u ne peut, sans être identiquement nul, s'annuler tout le long d'une ligne intérieure à $\mathscr{D}$ est compris dans celui que nous venons d'établir.

Comme nous aruons l'occasion de le dire dans la suite, Carleman est parvenu à étendre son analyse à un système d'équations du premier ordre à un nombre quelconque d'inconnues, c'est à dire en somme au cas le plus génèral à deux variables indépendantes.

Par contre, il ne peut être question d'étendre sa méthode, pas plus que celle de M. Hans Lewy à $m>2$, puisqu'alors les caractéristiques cessent de former deux familles distinctes.

CHAPITRE Ⅵ PROBLÈMES MIXTES

§1 LE CAS DE $m=2$ ET LA MÉTHODE DE D'ALEMBERT

126. Comme nous l'avons vu en commençant, un problème mixte se présente toutes les fois qu'on étudie des phénomènes en milieu limité. Dans le diagramme d'espace-temps, la variété S sur laquelle sont inscrites des données se compose de deux parties dont l'une S' correspond à l'état initial du milieu et porte les données de Cauchy, tandis que l'autre S'', orientée dans le temps, représente les positions de la frontière de ce milieu au cours du temps. S'' sera donc une surface ou hypersurface cylindrique de génératrices parallèles à l'axe des t s'il s'agit d'une frontière fixe. En tout cas S'' sera toujours orienté dans le temps et, contrairement à S', portera des données du type Dirichlet. En conséquence, les méthodes de résolution—plus précisément, les fonctions auxiliaires qui auront à figurer dans les formules de résolution—devront faire intervenir d'une façon essentielle la forme de S'' (et, par conséquent, non seulement la forme de la frontière du milieu, mais, s'il y a lieu, le mouvement de cette frontière) alors qu'elles seront indépendantes de la forme de S'.

On peut séparer, dans l'étude d'un tel problème l'influence des deux sortes de données dont il dépend. C'est ce qui apparait dès le problème classique des cordes vibrantes dans l'emploi de la méthode de d'Alembert. Revenons sur cet exemple où le nombre m des variables indépendantes est égal à deux.

Ⅰ. On considère un point a intérieur à l'intervalle $(0, l)$ qui représente la longueur de la corde (considérée d'abord à l'instant initial $t=0$). Si on a en vue l'état en ce point pour une petite valeur positive t_1 de t, cet état ne peut être influencé que par celui qu'avaient à l'instant initial les points compris dans le segment $(a-\omega t_1, a+\omega t_1)$ de la corde, segment qui, si t_1 est assez petit (et a suffisamment éloigné des extrémités), sera compris dans la longueur totale $(0, l)$.

Il en sera ainsi tant que, sur le diagramme espace-temps, le point figuratif sera compris dans l'aire triangulaire qui a pour base le segment $(0,l)$ de l'axe $t=0$ et ses deux autres côtés suivant deux droites de coefficients angulaires $\pm 1/\omega$.

Ⅱ. À partir d'une certaine valeur de t_1, l'une ou l'autre des extrémités du petit segment correspondant atteindra une extrémité de la corde, de sorte que le point figuratif du diagramme d'espace-temps sortira du triangle initial. La poursuite de la méthode de d'Alembert-calcul, en dehors de l'intervalle $(0, l)$, des fonctions dont la somme fournit la valeur cherchée de l'inconnue-fait alors interventir l'une ou l'autre des conditions aux limites en donnant naissance à des ondes réfléchies se propageant dans un sens ou dans l'autre avec la vitesse constante ω. (Fig. 6. 1)

La même équation aux dérivées partielles $\frac{\partial^2 u}{\partial x^2}-\frac{1}{\omega^2}\frac{\partial^2 u}{\partial t^2}=0$ régit le mouvement vibratoire de l'air dans un tuyau sonore (sous "l'hypothèse des tranches"), mais avec une condition aux limites que l'on peut simplifier en imaginant que le tuyau, illimité dans un sens, soit fermé dans l'autre en un point σ seulement, pris pour origine des abscisses. Il n'y aura alors réflexion qu'en ce point. Sur les diagrammes d'espace-temps, l'angle des coordonnées positives sera divisé par ce que nous appellerons l'onde de démarcation Σ, ici la droite $x-\omega t=0$, en deux parties, l'une contenant l'axe des x, où les données initiales interviendront seules et où u se calculera par la résolution du problème de Cauchy; l'autre contenant le demi-axe positif des t.

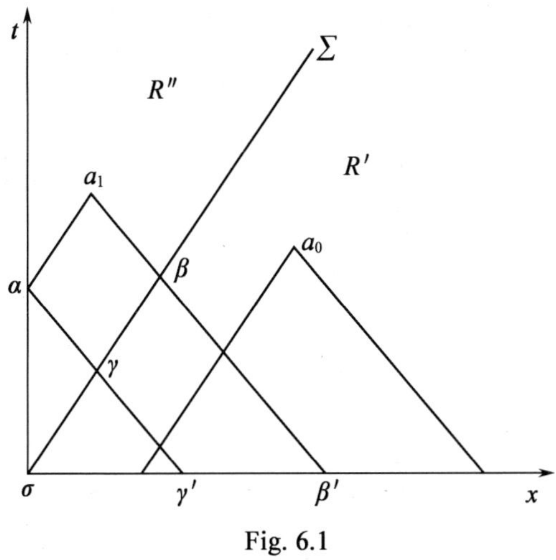

Fig. 6.1

L'interprétation concrète est la suivante: soit un déplacement produit, à l'instant initial $t=0$, sur un petit segment mm' du milieu, donc de S' (Fig. 6.2). Dans les instants immédiatement suivants, ce déplacement se propagera comme si le milieu était illimité en tous sens, et cela par deux ondes se propageant en ses contraires. L'une d'elles, celle qui chemine dans le sens négatif—$m\ n$, sur la figure—atteindra le point $x=0$ que nous supposons frontière du milieu, à un istant t_1 représenté par son ordonnée à l'orgine. À partir de cet instant, l'influence des conditions à la frontière s'exercera par une *onde réfléchie* dont le front sera représenté par la seconde caractéristique $n\ N$ issue du point n. Les points situés dans l'angle ($\Sigma\ S''$) seront en général influencés par le déplacement en m directement mais aussi par réflexion, au bout d'un temps plus ou moins long après le passage de ce front d'onde réfléchie.

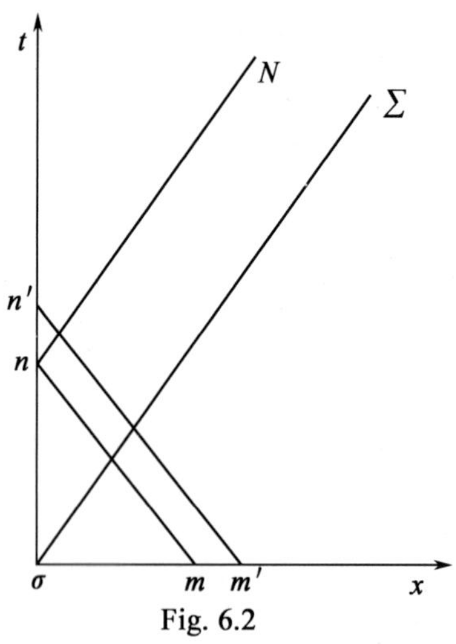

Fig. 6.2

Soit maintenant $\Sigma\sigma t$ cette deuxième région, autrement dit, l'angle compris entre l'onde de démarcation et la partie positive de l'axe des t. Si a_1 est, sur le diagramme d'espace-temps, un point de cet angle, l'une des caractéristiques rétrogrades issues de a_1 coupe l'axe des x en β' tandis que l'autre est arrêtée auparavant par S'' en un point α. Une seconde caractéristique rétrograde issue de α coupera l'axe des x en un point γ' et le segment $\sigma\gamma'$ de cet axe sera le lieu des points m dont l'état initial influencera a_1 tant par ondes directes que par ondes réfléchies; les points situés sur le segment $\gamma'\beta'$ de S' influenceront a_1 par ondes directes seulement; quant à ceux qui sont au delà de β', ils seront "hors d'onde"[①] avec a_1 : leur influence ne pourra s'exercer au point correspondant du milieu *qu'après* l'instant représenté par l'ordonnée de a_1.

126a. *Remarque.* On notera la complète symétrie entre les figures $m'mnN$ (Fig. 6.2) et $a_1\alpha\gamma'\beta'$ (Fig. 6.1), la première décrite à partir d'un point m de l'état initial dans le sens progressif, c'est-à-dire en faisant croître la variable temps, la seconde à partir du point a_1 dans le sens rétrograde (temps décroissants). La position du point a_1 par rapport à la première d'entre elles dépend de celle du point m par rapport à la seconde, la relation

---

① En milieu illimité, tel que nous l'avons considéré au Chap. précédent, et où nous avions à étudier le problème de Cauchy, la distinction entre points "hors d'onde", "en onde" et "sous onde" dépendait de la quantité Γ, le conoïde caractéristique de sommet a_1 considéré comme lieu de m, de même que le conoïde caractéristique de sommet m considéré comme lieu de a_1 ayant pour équation $\Gamma=0$. La théorie du problème mixte introduit de même une quantité analogue (Γ), étant l'extremum de la longueur $\int\sqrt{\mathscr{H}}\,ds$ (estimée à partir de notre forme métrique) d'une ligne brisée allant de a_1 à un point indéterminé de la srontière S'' et de ce dernier à m. Cette quantité (Γ) possèdes des propriétés analogues à celles de Γ et satisfera comme elle à l'équation caractéristique. Les deux points m, a_1 seront hors d'onde l'un par repport à l'autre, c'est-à-dire sans influence possible de l'un sur l'autre si (Γ) est négatif, sous onde réfléchie si (Γ) est positif. Dans le cas intermédiaire $(\Gamma)=0$, les deux points étant alors "en onde" l'un par rapport à l'autre, les deux côtés de la ligne brisée seront bicaractéristiques. L'un de ces points m par exemple, étant donné, le lieu de l'autre point pour qu'il en soit ainsi se composera d'une nappe de conoïde caractéristique de sommet m et d'une seconde nappe caractéristique passant par l'intersection de la première avec S''.

Les Fig. 6.1 et 6.2, complémentaires l'une de l'autre, représentent un seul et même phénomène suivi dans les deux sens. Elles pourraient se superposer l'une à l'autre en se pénétrant réciproquement; dans le cas (qui est celui de la figure ci-contre) où les points a_1 et m seraient supposés sous onde l'un avec l'autre, la caractéristique $m\,n$ serait comprise entre les deux γ' et β' auxquelles elle est parallèle, pendant que la caractéristique $n\,N$ passerait au dessus de a_1.

mutuelle entre a_1 (point influencé) et m (point influençant) étant symétrique ; c'est ce qu'on appelle en Physique le principe du "retour inverse" des rayons (spécialement des rayons lumineux).

126b. La méthode de d'Alembert conduit ainsi à la détermination de la fonction inconnue par deux calculs successifs distincts.

La première partie de nos opérations, à savoir la résolution du problème de Cauchy à partir de données portées par S', nous aura fait connaître la suite des valeurs que prend notre inconnue u le long de la ligne de démarcation. *Nous admettons qu'il doit y avoir continuité le long de cette ligne*[①].

Nous avons donc, pour déterminer u dans la seconde partie de son domaine d'existence, la connaissance des valeurs de u sur la caractéristique Σ et celle des valeurs de la même quantité le long de la partie positive de l'axe des t (ou, d'une manière générale, de S''). Ces données *suffisent à faire connaître u pour la région en question.*

On admet implicitement, toutefois, qu'une condition de possibilité, à savoir la condition de *concordance*[①], est vérifiée : concordance entre les deux valeurs assignées à u en σ suivant que ce point est considéré comme emprunté à la caractéristique Σ ou à S''.

126c. La division de la question qui apparait ainsi dans le problème des tuyaux sonores a également lieu pour les problème mixtes à un nombre quelconque m de variables indépendantes.

---

① La continuité de u le long de la ligne de démarcation est une condition inhérente à la nature du problème, lequel n'existerait pas sans elle. Mais la question pour comporter en outre la continuité des dérivées jusqu'à un certain ordre : dans ce cas, une série correspondante de conditions de concordance devrait être supposée. Voir nos *Leçons sur la propagation des ondes* (Paris, Hermann, 1903).

C'est ce que nous allons voir moyennant l'hypothèse, admise dans tout ce qui va suivre, que les hypersurfaces S' et S'' sont sécantes et nulle part tangentes.

Nous pourrons alors choisir des coordonnées telles que S' soit représentée par l'équation $x_0 = 0$ et S'' par $x_{m-1} = 0$. Les coordonnées $x_1, x_2, \cdots, x_{m-1}$ étant celles d'un point intérieur à S', nous pourrons donner à x_m une valeur (positive) assez petite pour que le conoïde caractéristique rétrogrqe ayant pour sommet le point ainsi défini détermine sur S' une région R_0 sans point commun avec S'' et dans laquelle, par conséquent, les données de Cauchy soient connues, ce qui nous permettra, en un tel point, de calculer la valeur de u.

Soit R la région de l'espace E_m où l'on doit prendre le point $(x_1, \cdots, x_{m-1}, x_m)$ pour qu'il en soit ainsi. La frontière de cette région est constituée par les points origines de conoïdes caractéristiques qui soient tangents à l'intersection $S' \cap S'' = \sigma$ de nos deux variétés données: autrement dit, cette frontière Σ ou *onde de démarcation* sera la caractéristique passant par σ et intérieure à l'angle que forment entre elles S' et S''.

La fonction cherchée u devant être continue au passage de Σ, ses valeurs le long de Σ seront connues par les opérations déjà effectuées dans R' et nous voyons que notre problème mixte est équivalent à celui qui consiste à *déterminer une solution u de l'équation par la connaissance des valeurs qu'elle prend sur deux hypersurfaces Σ, S'' dont la première est supposée caractéristique*, la condition de concordance étant encore supposée vérifiée le long de l'intersection $\Sigma \cap S''$.

C'est le problème que nous avions traité précédemment en supposant S'' également caractéristique.

127. Problème de Picard. Jusqu'ici, nous avons raisnné de même quel que soit le nombre $m \geqslant 2$ des variables indépendantes. Mais le problème que nous venons d'énoncer se présentera, suivant que $m=2$ ou que $m>2$, d'une manière assez notablement différente pour qu'il convienne de lui donner deux noms différents. Nous appellerons *problème de Picard* celui qui est relatif à $m=2$, c'est-à-dire qui consiste à intégrer l'équation hyperbolique pland (E) avec les conditions définies

$$((\Sigma)) \qquad u=u(x,\ 0)=g(x) \quad \text{pour } y=0$$

$$((S'')) \qquad u=h(y) \qquad \text{pour } x=\xi(y)$$

où $x=\xi(y)$ est une ligne donnée coupant l'axe des x (en un point que nous prendrons comme origine) et que, d'autre part, comme nous l'avons dit, nous supposons n'admettre aucune tangente parallère à cet axe, de sorte que la dérivée $\xi'(y)$ soit bornée. Pour déterminer u par ces conditions, nous n'aurons, comme l'a montré Picard, qu'à reprendre la marche suivie pour S'' caractéristiuqe. On commencera par opérer sur l'équation simple

$$\frac{\partial^2 u}{\partial x\ \partial y}=f(x,\ y)$$

cette équation, jointe à la première condition définie $((\Sigma))$, nous donne, comme précédemment

$$p=g'(x)+\int_0^y f(x,\ Y)\ \mathrm{d}Y \tag{1}$$

Pour calculer q, nous commencons par mener par notre point $a(x,\ y)$ une parallère à l'axe des x (Fig. 6.3), laquelle coupe la ligne S'' en un point α $(\xi=\xi(y),\ y)$ où la valeur de q est une fonction aisément calculable[①] $q=q_0(y)$. De celle-ci nous déduisons la valeur en a

$$q(a)=q(x,\ y)=q_0(y)+\int_\xi^x f(X,\ y)\ \mathrm{d}X \tag{2}$$

Enfin, u_a lui-même se déduit de u_a par intégration de p, savoir

① En vertu du théorème des fonctions composées, $((S''))$ donne

$$q_0=h'(y)-p\xi'(y)$$

$$u = h(y) + \int_{\xi}^{x} [g'(X) + \int_{p}^{y} f(X, Y) dY] dX$$

ou

$$u = g(x) + h(y) - g(\xi) + \iint_{R_1} f(X, Y)\, dX\, dY \quad (3)$$

l'aire d'intégration double étant, cette fois, le rectangle R_1 qui a une base suivant $a\,\alpha$, la base opposée s'appuyant sur l'axe des x: formules que nous écrirons en y séparant les termes qui dépendent de f de ceux qui ne contiennent que les autres données de la question, savoir

$$p = g'(x) + \int_{0}^{y} f(x, Y)\, dY \quad (1')$$

$$q(a) = q_0(y) + \int_{\xi}^{x} f(X, y)\, dX \quad (\xi = \xi_{(y)}) \quad (2')$$

$$u(x,y) = g(x) + h(y) - g(\xi) + \iint_{R_1} f(X, Y)\, dX\, dY \quad (3')$$

Nous n'aurons plus, maintenant pour passer à l'équation hyperbolique générale (ε), qu'à remplacer f, comme nous l'avons fait plus haut, par $f\text{-}Ap\text{-}Bq\text{-}Cu$: les équations (1), (2), (3) deviendront trois équations intégrales linéaires en p, q, u, et ces équations, possédant encore les propriétés du type de Volterra donneront, pour les corrections successives qui correspondent au passage d'une approximation à la suivante, des majorations toutes semblables à celles que nous avons obtenues plus haut.

127a. On peut écrire directement la solution du problème précédent, sans avoir à passer par un jeu indéfini d'approximations successives, si on a pu former une quantité auxiliaire analogue à la fonction de Green.

Reprenons à cet effet la figure du n° précédent en désignant toutjours par a le point (x, y) où l'on veut calculer la solution du problème de Picard et qui est supposée située dans la région comprise entre Σ et S''. Soit construit à nouveau le rectangle R

qui a une base $\beta\gamma$ le long de Σ et le quatrième sommet α sur S''. La fonction auxiliaire dont il s'agit ne sera autre, dans R, que la fonction V de Riemann relative à a; dans le triangle mixtiligne $\alpha\sigma\gamma$, ce sera encore une solution de l'équation adjointe, mais définie d'autre part par la double condition:

d'être nulle sur S'' (ou, plus exactement, sur l'arc $\sigma\alpha$ de S''), que le long du segment de caractéristique $\alpha\gamma$, la différence

$$v_1 - v \tag{4}$$

varie suivant la même loi exponentielle qui se présentait dans la méthode de Riemann, soit

$$v_1 - v = - v(\alpha) e^{-\int_{y\alpha}^{\gamma} A(\xi, y) dy} \tag{4'}$$

où, au second membre, le facteur de l'exponentielle est choisi de manière à faire concorder cette seconde condition avec la première.

La recherche de cette fonction v_1 relève du problème du n° précédent et, par conséquent, nous pouvons affirmer son existence pour chaque forme de la ligne S'' (sous les conditions géométriques précédemment posées).

Appliquons maintenant la formule fondamentale à u et à v dans l'aire $a\ \alpha\gamma\beta$, à u et à v_1 dans l'aire $\alpha\sigma\gamma$. Les intégrales curvilignes suivant $a\ \alpha$ et $\alpha\beta$ sont telles qu'on les rencontre dans la méthode de Riemann. La somme algébrique des intégrales suivant $\alpha\gamma$ (en tenant compte des sens d'intégration qui sont contraires) introduira la différence (4) en vertu de (4′) et se comportera aussi comme il arrive dans la méthode de Riemann. Au total①

$$u_a = (uv)_\alpha + (uv)_\beta - (u\bar{v})_\gamma + \int_{\alpha\sigma} \frac{1}{2} \frac{\partial v_1}{\partial \nu} ds - \int_{\sigma\beta} u[\cdots] dx$$

où $\bar{v}_\gamma = v_\alpha\ e^{-\int_\alpha^\gamma A(\xi, y) dy}$ et où l'intégrale qui constitue le dernier

① *Cf. Bull. Soc. Math. Fr.*, t. XXXI (1903), p. 208 ou C. p. 163.

terme porte sur uv_1 le long du segment $\sigma\gamma$ et sur uv le long du segment $\gamma\,\beta$.

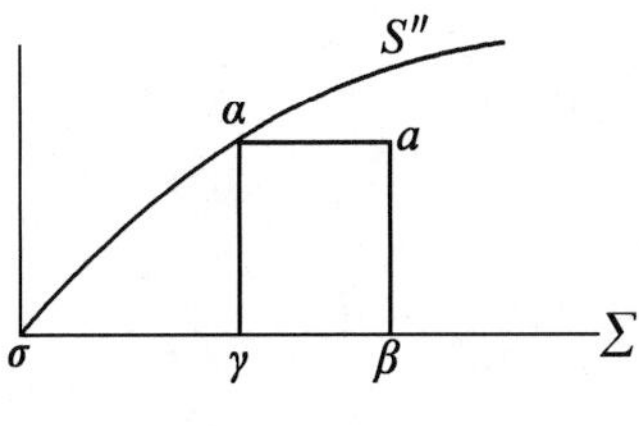

Fig. 6. 3

Le problème est ainsi résolu, mais moyennant la formation de l'expression v_1 (par laquelle s'exerce l'influence de la forme de S''). Ce que nous venons de dire ne dispense donc pas, au moins dans le cas général, de la démonstration donnée ci-dessus et qui est nécessaire pour affirmer l'existence de v_1 (mais elle dispense de la démonstration d'unicité, puisque, si une fonction v_1 possédant les propriétés requises existe, elle fournit une expression parfaitement déterminée pour la solution du problème traité dans le texte).

128. Les cordes vibrantes ou tout autre milieu à une dimension limité dans les deux sens donneront lieu à une onde de démarcation issue de chaque extrémité et, de plus, ces ondes se réfléchiront successivement aux deux bouts: la figure formée par ces deux lignes brisées qui parcourront alternativement le milieu dans les deux sens, forment une figure bien connue. D'une manière générale-équation hyperbolique générale et extrémités animées d'un mouvement quelconque-elles correspondront à l'application répétée de la méthode du n° **127** ou du n° **128**, dont nous adopterons la figuration, c'est-à-dire que nous rapporterons la figure à des axes caractéristiques. L'état initial du milieu sera représenté par un segment S' compris entre deux point $\overline{A}$, $\overline{\overline{A}}$ situés sur les axes et deux frontières $\overline{S}''$, $\overline{\overline{S}}''$ représenteront ces deux extrémités considérées dans le temps. (Fig. 6. 4, 6. 5)

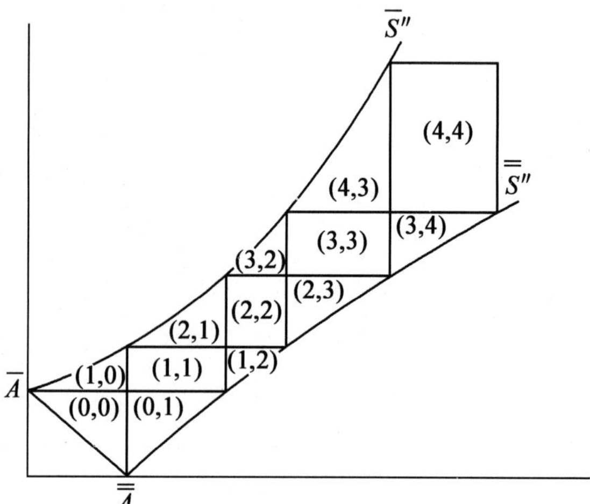

Fig. 6. 4

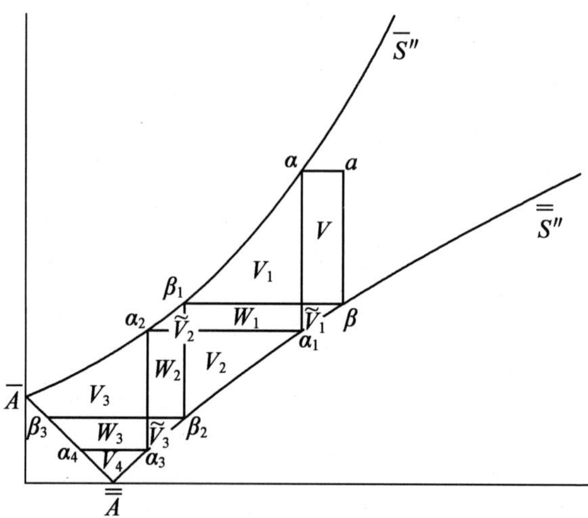

Fig. 6. 5

Toutes les ondes seront cette fois susceptibles de se réfléchir tant à l'une qu'à l'autre de ces deux extrémités et, par conséquent, se réfléchiront chacune un plus ou moins grand nombre de fois. Il en sera ainsi, tout d'abord, pour l'onde que nous avons appelée, il y a un instant, onde de démarcation, ou plutôt pour les deux ondes de cette espèce nées respectivement aux deux extrémités. Leurs réflexions délimitent, à l'intérieur de notre diagramme d'espace-temps, une série de régions dont la première, attenante à S', contiendra les points influencés par l'état initial seul, tandis que les suivantes (numérotées en conséquence) seront celles sur lesquelles l'état initial agira par l'intermédiaire d'une, deux, etc., réflexions successives tant à droite qu'à gauche (p réflexions d'un côté; $p-1$, p ou $p+1$ de l'autre).

Mais comme dans les n^{os} précédents, une figure tout analogue, s'imbriquant dans la première comme il a été indiqué précédemment (n^{os} **126**, **126**a, note) peut être construite à partir du point a du diagramme en lequel on veut calculer u. Par a on mènera les deux caractéristiques $a\alpha$, $a\beta$ rencontrant en α, β respectivement les deux arcs frontières $\overline{S}''$, $\overline{\overline{S}}''$; puis, par ces deux points respectivement, les deux nouvelles caractéristiques $\alpha\alpha_1$, et $\beta\beta_1$, la première rencontrant $\overline{\overline{S}}''$ en α_1, la seconde rencontrant $\overline{S}''$ en β_1. La figure formée par le premier arc frontière $\overline{S}''$ et les trois premières caractéristiques ($\beta\beta_1$ non comprise) est une partie de la figure du n° **127**.

Dans le rectangle délimité par $a\alpha$, $a\beta$, $\alpha\alpha_1$, $\beta\beta_1$, la fonction auxiliaire v à combiner avec l'inconnue u par la formule fondamentale ne sera autre (Cf. **127a**) que la fonction de Riemann formée à partir de a; dans l'angle entre $\alpha\alpha_1$ et l'arc frontière $\overline{\alpha A}$, ce sera la fonction v_1 définie comme nous l'avons dit au n° **127**a, c'est-à-dire s'annulant sur $\overline{S}''$ et présentant d'autre part avec v, le long de $\alpha\alpha_1$, la discontinuité (4).

On aura de même dans l'angle entre $\beta\beta_1$ et $\overline{\overline{S}}''$ la fonction v_1 nulle sur $\overline{\overline{S}}''_2$ et en discontinuité de forme analogue à (4) avce v

le long de $\beta\beta_1$.

Par α_1 sera tracée une nouvelle caractéristique $\alpha_1\alpha_2$ parallèle à $a\alpha$ rencontrant $\overline{S}_1''$ en α_2 et ainsi de suite, de manière à former, à partir de a, deux lignes brisées $a\alpha\alpha_1\alpha_2\cdots$ et $a\beta\beta_1\beta_2\cdots$ ayant chacune ses côtés alternativement parallèles à nos deux directions caractéristiques, ses sommets alternativement situés sur $\overline{S}_1''$ et sur $\overline{\overline{S}}_2''$ et aboutissant finalement sur S'.

Chaque couple de caractéristiques $\alpha_i\alpha_{i+1}$, $\beta_i\beta_{i+1}$ découpera sur nos deux lignes frontières des arcs $\alpha_i\beta_{i+1}$, $\beta_i\alpha_{i+1}$ et délimitera avec eux deux triangles mixtilignes dans lesquels nous aurons appris à former les fonctions v_{i+1} ou $\tilde{v}_{i+1}$. D'autre part, les deux caractéristiques en question et les deux suivantes forment un rectangle dans lequel la fonction auxiliaire, solution de l'équation adjointe, sera

$$w_{i+1}=v_{i+1}+\tilde{v}_{i+1}-w_i \tag{5}$$

laquelle sera, le long de chaque côté du dit rectangle, en discontinuité prpportionnelle à $\exp\int A\,\mathrm{d}y\ y$ où à $\exp\int B\ \mathrm{d}\ x$ avec un v_i ou un $\tilde{v}_i$.

Ayant ainsi défini, dans les triangles mixtilignes latéraux, les solutions v_i ou $\tilde{v}_i$ de l'adjointe (s'annulant toutes sur les lignes frontières) et, dans les rectangles médians, les quantitiés w_i données par la formule (5), la fonction V sera constituée par l'ensemble de ces diverses quantités définies respectivement dans les aires correspondantes. Introduisant la solution ainsi définie de l'adjointe en même temps que la fonction inconnue dans la formule fondamentale, on a l'inconnue en fonction des données de la question[①]: valeurs de cette inconnue u suivant $\overline{S}''$, $\overline{\overline{S}}''$; données de Cauchy suivant S'.

L'expression ainsi formée vérifie bien les conditions du problème puisque nous savons d'autre part (**127**) que celui-ci, réductible à une suite de problèmes de Picard, est possible pour cette raison.

129. Le cas limite. Au problème dont nous venons de nous occuper s'en rattache un autre qu'il est logique de considérer.

Soient menés à partir d'un même point O deux arcs $O\overline{\mu}$, $O\overline{\overline{\mu}}$. 1° S'ils sont situés dans deux angles opposés par le sommet formés par les caractéristiques (étant supposé que x et y varient l'un et l'autre de manière monotone le long de chacun d'entre eux), l'ensemble de ces deux arcs formera une ligne unique, le long de laquelle les données de Cauchy seront propres à déterminer une solution de l'équation aux dérivées partielles.

2° Si les deux arcs sont situés, par rapport aux caractéristiques dans deux angles adjacents, nous venons de constater qu'il y avait lieu de déterminer la solution par des données mixtes (données de Cauchy sur l'un d'eux; valeurs de l'inconnue ou autres données du type de Dirichlet pour l'autre).

---

① Les données relatives à $\overline{\overline{S}}''$ ou $\overline{\overline{S}}''$ interviennent d'une part par des intégrales prises suivant des arcs $\alpha_i\beta_{i+1}$ ou $\beta_i\alpha_{i+1}$ et toutes semblables à celles auxquelles conduit la méthode de Riemann au changement près de v en v_i ou $\tilde{v}_i$; de l'autre, par des termes finis introduisant, en chacun des points α_i et β_i, le produit de la valeur correspondante de u par la discontinuité que subissent au même point les fonctions auxiliaires en question.

L'intégrale suivant S' se présente de manière analogue sauf qu'elle contient sous $\int$ non seulement la valeur de u, mais la dérivée transversale $\mathrm{d}u/\mathrm{d}\nu$.

3° Quelle sera la réponse si (avec la même hypothèse de monotonie) les deux arcs sont situés *dans un seul et même angle* compris entre les caractéristique①?

Ce problème, contrairement aux précédents n'est pas posé par l'interprétation physique ou mécanique; mais il se pose comme cas limite de celui que nous venons de traiter en dernier lieu. On y est conduit en supposant que, dans les deux figures précédentes, le segment $\bar{A}\,\bar{\bar{A}}$, s'annule ses extrémités venant toutes deux en un même point O. On prévoit donc et nous pourrons vérifier qu'on aura un problème bien posé en se donnant pour une solution de notre équation, ses valeurs *le long de deux arcs* $O\bar{\mu}$, $O\bar{\bar{\mu}}$ *issue d'un même point* (chacune des coordonnées x, y étant monotone sur chacun d'eux)②.

Supposons donc que, les lignes $O\,\bar{\mu}$ et $O\,\bar{\bar{\mu}}$ ayant été tracées tout d'abord et coupées par l'arc $\bar{A}\bar{\bar{A}}$, celui-ci se déplace de manière à tendre vers le point unique O. Nos deux lignes brisées auront chacune un nombre indéfiniment croissant de côtés et donneront, dans la formule finale du n° précédent, un nombre infini de termes (tant termes finis qu'intégrales partielles) dépendant des données de la question, du moins ceux qui concernent $\bar{S}''$ que $\bar{\bar{S}}''$. Mais il en est autrement de l'intégrale suivant $\bar{A}\bar{\bar{A}}$, laquelle fait intervenir les valeurs encore inconnues de u, $\mathrm{d}u/\mathrm{d}\nu$.

---

① Si l'on représente une des lignes frontières, supposée droite, comme tournant autour de O, on passe du cas 1° à 2° ou de 2° à 3° au moment où cette ligne prend la direction caractéristique. La continuité est alors respectée grâce au fait que, dans la théorie actuelle, la connaissance des valeurs de u suivant une caractéristique entraine celle de sa dérivée, laquelle en donne la dérivée transversale.

② *Bull. Soc. Math. Fr.* tome XXXII (1904), p. 242 et suiv. spéc[t], p. 250 et suiv.

Il y a là une circonstance liée à la nature des choses. Traçons en effet, entre les points $\bar{\mu}$, $\bar{\bar{\mu}}$ des deux arcs donnés, un chemin quelconque et, sur ce chemin, assignons nous des données de Cauchy arbitraires. Jointes à celles qui sont déjà données, celles-ci posent un problème mixte dont la solution, qui peut être définie dans toute l'aire considérée, satisfait aux conditions que nous avons jusqu'ici imposées à notre inconnue. Réduit aux termes dans les quels nous l'avons formulé jusqu'ici, notre problème est donc *largement indéterminé*.

Il conviendra donc de spécifier une condition supplémentaire. Nous exigerons que la fonction solution soit *parfaitement continue* au voisinage de O, que u_M tende vers u_0 de quelque façon que M tende vers O (en restant dans l'aire $\bar{\mu}\, O\, \bar{\bar{\mu}}$).

On est alors assuré que le terme relatif à $\bar{A}\,\bar{\bar{A}}$ tend vers zéro avec le segment $\bar{A}\,\bar{\bar{A}}$ lui-même①, de sorte que la formule de résolution ne contient que les données de la question.

Nous venons de voir que le problème n'est nullement déterminé si l'on n'introduit pas cette hypothèse de continuité. Plusieurs auteurs ont dans cet ordre d'idées, obtenu des solutions diverses pour un même problème de cette espèce.

Une difficulté subsiste: celle de montrer d'abord que les opérations que nous venons d'indiquer sont convergentes, ensuite qu'elles fournissent un résultat satisfaisant aux conditions posées.

130. C'est à quoi l'on arrive plus aisément en traitant le problème par une autre voie, c'est-à-dire en le ramenant à une

① La loi de déformation de $\bar{A}\,\bar{\bar{A}}$ étant arbitraire, on simplifie le calcul en prenant pour cette ligne un segment de caractéristique.

équation intégrale, équation tout analogue à celes dont Volterra a construit la théorie par le Mémoire qu'il lui a consacre① en 1897. Nous avons déjà utilisé à plusieurs reprises les résultats qui concernent l'équation du type

$$f(x)-f(0)=\int_0^x K(u,\xi)\,y(\xi)\,\mathrm{d}\xi \qquad (6^*)$$

Mais le même travail traite aussi② d'équations où, au second membre, les limites d'intégration sont toutes deux variables. Si ces limites sont constamment croissantes avec x, un changement de variable évident permet de ramener la limite supérieure à n'être autre que x lui-même. Quant à la limite inférieure, le Mémoire fondamental de 1897 la suppose proportionnelle à x. Mais en 1910, M. Picone traite③ l'équation plus générale

$$f(x)-f(0)=\int_{l(x)}^x K(x,\xi)\,y(\xi)\,\mathrm{d}\xi \qquad (6)$$

avec les hypothèses suivantes sur les fonctions données K, l:

1° on suppose ces fonctions et leurs dérivées premières par rapport à x, régulières dans tout l'intervalle considéré $(0, a)$ fermé (c'est-à-dire limites comprises), 2° $K(x, x)$ étant différent de zéro dans tout cet intervalle pendant que la fonction $l(x)$ satisfait aux relations

$$0\leqslant l(x)\leqslant x,\ 0<l'(0)<1$$

les inégalités ne dégénérant en égalité que pour $x=0$.

Une équation (6) est de "première espèce"; mais, comme il arrive en général pour les équations de Volterra, elle devient de deuxième espèce et par conséquent se prête à la méthode des approximations successives si, remarquant que les deux mem-

---

① *Ann. Matematica*, t. 25 (1897), pp. 138-178.

② *loc. cit.*, Art, II, p. 156.

③ *Rendic. Circ. Mat. Palermo*, t. XXX (1910), pp. 149-176, et t. XXXI (1911), pp. 133-169: désignés dans ce qui suit par P 1 et P 2.

bres sont nuls ensemble pour $x=0$, on les remplace tous deux par leurs dérivées relativement à x, soit, pour (6)

$$f'(x)=K(x,x)y(x)-l'(x)K[x,l(x)]y[l(x)]+\int_{l(x)}^{x}K_2(x,\xi)\,y(\xi)\,\mathrm{d}\xi \tag{7}$$

$$K_2(x,\xi)=\frac{\partial K(x,\xi)}{\partial x}$$

ou, en résolvant par rapport à $y(x)$

$$y(x)=\psi(x)+l'(\pi)\lambda(x)y[l(x)]-\int_{l(x)}^{x}y(\xi)\,L(x,\xi)\,\mathrm{d}\xi \tag{7'}$$

en posant

$$\psi(x)=\frac{f'(x)}{K(x,x)},\ \lambda(x)=\frac{K[x,l(x)]}{K(x,x)},\ L(x,\xi)=\frac{K_2(x,\xi)}{k(x,x)}$$

Mais ceci fait, le cas que nous considérons maintenant se distingue du cas primitivement traité (limite inférieure fixe) par la présence d'un terme tout intégré contenant la fonction inconnue, lequel ne se présentait pas dans les exemples précédents.

131. De cette circonstance résulte que la nouvelle équation ainsi écrite peut être considérée, comme il pourra éventuellement nous être utile, même lorsque le noyau K est identiquement nul: elle donne alors l'équation aux *différences finies* qui est dans le cas de Volterra

$$y(x)-\alpha\lambda(x)y(\alpha x)=\varphi(x) \tag{8*}$$

et dans nos conditions actuelles

$$\varphi(x)=y(x)-l'(x)\lambda(x)y[l(x)] \tag{8}$$

Dans le premier cas α est essentiellement un nombre (que nous supposons ici① positif inférieur à l'unité pendant que $\lambda(x)\to1$ pour $x\to0$). Dans ces conditions, la série

① Volterra et après lui M. Picone considèrent aussi des intervalles de variation comprenant des valeurs des deux signes.

$$\varphi(x)+\alpha\lambda(x)\varphi(\alpha x)+a^2\lambda(x)\lambda(\alpha x)\varphi(\alpha^2 x)+$$
$$\alpha^3\lambda(x)\lambda(\alpha x)\lambda(\alpha^2 x)\varphi(\alpha^3 x)+\cdots \tag{9*}$$

est convergente du moment que la fonction φ reste bornée et donne la solution de (8*). Si nous considérons au même point de vue l'équation (8), le rôle du coefficient α sera joué par la dérivée $l'(x)$ ou plutôt par son maximum. Si ce maximum est inférieur à 1, nous pouvons dire ici ce que nous avons dit pour (8*).

Cette fois le cas contraire peut se présenter: le rapport $l(x)/x$ peut être inférieur à 1 sans que la différence soit bornée inférieurement. Demandonsnous ce qui adviendra alors de la série

$$\varphi+l'(x)\varphi[l(x)]+l'(x)l'[l(x)]\varphi[l^{(2)}(x)]+\cdots \tag{9}$$

analogue à (9*), dans laquelle les $l^{(i)}(x)$ désignent les itérées successives de l. Ces itérées sont fonctions décroissantes de l'indice i et par conséquent, pour $i\to\infty$, tendent vers une limite qui ne peut être autre que 0. Il pourrait nous être utile de remarquer que même alors la convergence absolue de la série (9), si elle ne résulte pas de l'existence d'une borne supérieure finie pour φ, est en tout cas assurée moyennant la convergence absolue de la série des valeurs correspondantes $|\varphi[l^{(i)}(x)]|$.

Si (6) est une équation intégrale, le noyau K n'étant pas nul, cette équation intégrale se traitera exactement comme l'équation de Volterra classique en partant d'une fausse position arbitraire $y^{(0)}(x)$ et définissant les fonctions successives $y^{(1)}(x), \cdots, y^{(n)}(x), \cdots$ par la relation de récurrence

$$y^{(n)}x=\psi(x)+l'(x)\lambda(x)y^{(n)}[l(x)]-$$
$$\int_{l(x)}^{x} y^{(n-1)}(\xi)\ L(x,\xi)\ \mathrm{d}\xi \tag{8a}$$

Les différences $y^{(n+1)}-y^{(n)}$ ne tendront plus vers zéro à la façon de $1/n!$ comme dans le cas usuel, mais seulement[①] à la façon d'une progression géométrique, ce qui suffira à assurer la convergence uniforme de la série correspandante et par conséquent l'existence d'une limite $y(x)$ fonction condinue de x.

Pour la même raison que dans le cas classique, la limite ainsi obtenue est indépendante de la fausse position $y^{(0)}(x)$, d'où résulte que la solution de l'équation précédente est unique.

Nous avons parlé de l'équation linéaire, le terme intégral contenant simplement l'inconnue u au premier degré. Mais, comme dans tous les problèmes analogues (voir la démonstration du théorème fondamental des équations différentielles ordinaires; la détermination d'une solution des équations hyperboliques à deux variables indépendantes par ses valeurs sur deux caractéristiques sécantes), on peut partir d'une hypothèse moins restrictive et, au lieu de supposer la quantité sous $\int$ linéaire en u, admettre simplement qu'elle vérifie une condition de Lipschitz

$$|K(x, y, u)-K(x, y, v)|<|u-v|q, \quad q=\text{const}$$

Cette nouvelle hypothèse rend les mêmes services dans notre théorie que l'ancienne. Toutefois deux cas sont à distinguer:

1° il peut arriver que le coefficient q puisse recevoir la même valeur si grandes que soient les quantités x, y, u, v. L'équivalence des deux hypothèses a lieu alors sans restriction.

Ce cas est, par exemple, celui qui se présente dans l'application qui peut être faite à l'équation aux dérivées partielles

$$\frac{\partial^2 u}{\partial x \, \partial y}=\sin u$$

---

① P 1, p. 371.

laquelle régit un problème important de Géométrie (recherche d'un surface à courbure constante négative connaissant la représentation sphérique de ses lignes asymptotiques). Il est cependant tout à fait exceptionnel. On est en général dans le cas.

2° Le nombre q ne peut être choisi constant que si l'on connait des bornes supérieures des quantités $|x|$, $|y|$. Celle qui est imposée à la première variable définit en ce qui la concerne un certain champ de variation connu; mais il n'en est pas de même de la limitation qui affecte l'inconnue y: une borne supérieure y_1 assignée à $|y^{(n-1)}|$ devra être telle que l'inégalité $|y^{(n-1)}| \leqslant y_1$ entraine, de par (8a), la même inégalité pour $y^{(n)}$; et ceci peut conduire et conduit en général à une nouvelle restriction du champ de variation précédemment défini (circonstance qui, elle aussi, se rencontrait dans les problèmes non linéaires étudiés précédemment à l'aide d'équations intégrales).

D'autre part, comme l'observe M. Picone①, la méthode peut être employée pour résoudre un système d'équations intégrales à plusieurs inconnues.

L'application à notre problème aux dérivées partielles peut s'effectuer de diverses manières.

Si l'équation différentielle a la forme la plus simple $\frac{\partial^2 u}{\partial x\ \partial y}=f(x, y)$, on peut recourir à une équation fonctionnelle en termes finis. Ayant fourni (Chap. I) une solution $F(x, y)$, la question sera de déterminer les deux fonctions $X(x)$, $Y(y)$ qui permettent d'en déduire l'intégrale générale.

Supposant—ce qui ne diminue pas la généralité—que l'une des deux lignes qui portent les données soit $y=x$; l'autre aura

① P 2, p. 138-140.

l'équation $y=l(x)$, avec $l(x)\leqslant x$ et les données du problème font connaitre en fonction de x, les deux quantités

$$u(x,\ x)=X(x)+Y(x)+F(x,\ x)$$
$$u[x,\ l(x)]=X(x)+Y[l(x)]+F[x,\ l(x)]$$

d'où, par soustraction, de manière à éliminer le premier terme $X(x)$, la différence

$$u(x,\ x)-u[x,\ l(x)]=Y(x)-Y[l(x)]+F(x,\ x)-F[x,\ l(x)]$$

Nous retombons ainsi sur une équation aux différences finies du type étudié au n° **131**.

Pour l'équation générale $s+Ap+Bq+Cu=f(x,\ y)$, on aura pu former la fonction de Riemann $v(x_0,\ y_0;\ x_1,\ y_1)$, moyennant quoi la formation de notre inconnue u est subordonnée à la connaissance en chauqe point de S, de la dérivée transversale $\frac{\mathrm{d}u}{\mathrm{d}\nu}$. En un point arbitraire $(x_1,\ y_1)$ de S_1, la valeur de u, laquelle est connue directement, peut d'autre part se former par la résolution du problème de Cauchy à données portées par un arc $\alpha\beta$ de S_0, à savoir celui qui est délimité sur S_0 par les deux caractéristiques $a\alpha, a\beta$. L'extrémité β de cet arc la plus éloignée de O aura l'abscisse x_1; l'abscisse x_0 de l'autre extrémité α sera donnée en fonction de y par l'équation $x=S_0(y)$ de S_0: la comparaison de cette équation avec celle $x=S_1(y)$ de S_1 donnera le rapport x_0/x_1, la situation respective des deux lignes étant supposée telle que ce rapport ait un maximum inférieur à l'unité. Si, le long de l'arc $\alpha\beta$ ainsi déterminé on écrit la formule donnée par la méthode de Riemann, le seul terme qui ne se calcule pas directement à l'aide des données de la question sera l'intégrale

$$\int_\alpha^\beta v(x,\ y;\ x_1,\ y_1)\ \frac{\mathrm{d}v}{\mathrm{d}\nu}\mathrm{d}x$$

S étant l'arc de S_0, une expression en fonction de x, fournissant une équation intégrale qui sera du type (6).

Mais des faits d'un caractère très nouveau ont été

découverts par M. Picone (P_1, P_2) et indépendamment par M. Mason[①] en partant d'une équation intégrale à deux variables indépendantes. Pour définir le champs d'intégraltion de l'integrale double, soient tracées dans le carré compris entre les quatre caractéristiques $x=\pm a$, $y=\pm a$, deux lignes:

l'une (l), d'équation $y=l(x)$, où la fonction l, définie dans l'intervalle ($-a$, $+a$), a toutes ses valeurs comprises dans le même intervalle;

l'autre (h), soit $x=h(y)$, la fonction h étant à son tour définie et ayant toutes ses valeurs dans ($-a$, $+a$);

en sorte que (l) joindra l'un à l'autre deux points appartenant aux côtés $x=\pm a$ et (h): pris sur les côtés $y=\pm a$.

Les deux lignes en question ont nécessairement un point commum O dans le carré. On suppose que ce point commun est unique, que les deux lignes n'y sont pas tangentes et que leurs tangentes *en ce point* ne sont caractéristiques.

On considère l'équation intégrale

$$u(x, y)= \varphi(x, y) + \int_{l(x)}^{y} \mathrm{d}\eta \int_{h(\eta)}^{x} \Phi[(x, y; \xi, \eta; u(\xi,\eta)]\mathrm{d}\xi$$

où u est l'inconnue et Φ une fonction donnée (linéaire en u ou satisfaisant en u à une condition de Lipschitz): équation qui se résout à la manière habituelle par la recurrence

$$u_{(n+1)}(x, y)$$
$$=\varphi(x, y) + \int_{l(x)}^{y} \mathrm{d}\eta\int_{h(\eta)}^{x} \Phi[(x, y; \xi, \eta; u_n(\xi,\eta)]\mathrm{d}\xi$$

et la sommation de la série $[u_{(n+1)}(x, y)-u_n(x, y)]$.

Soit maintenant une équation hyperbolique

$$s+Ap+Bq-Cu=f$$

ou même

$$s+Ap+Bq=C(u; x, y)$$

① *Math. Ann.*, t. LXV (1908), pp. 570-575.

Si l'on introduit les fonctions définies par

$$\frac{1}{\beta}\frac{\partial\beta}{\partial y}=A,\ \frac{1}{\alpha\beta}\frac{\partial\alpha\beta}{\partial x}=B$$

l'équation précédente s'écrit

$$\frac{\partial}{\partial x}\left(\alpha\frac{\partial\beta u}{\partial y}\right)=\alpha\beta\, C(u;\ x,\ y)-u\frac{\partial}{\partial x}\left(\alpha\frac{\partial\beta}{\partial y}\right)$$

et s'intègre (en traitant le second membre connu) à l'aide de deux fonctions arbitraires $X(x)$ et $Y(y)$.

On pourra déterminer une solution de cette équation en assignant deux données portées respectivement par les deux lignes précédemment tracées (l) *et* (h) la ligne l dépourvue de tangentes paralleles à l'axe des y peut avoir un nombre quelconque de tangentes paralleles à l'axe des x et de même la ligne h dépourvue de tangentes paralleles à l'axe des x peut avoir un nombre quelconque de tangentes paralleles à l'axe des y.

Il s'agit donc de cas qui n'étaient nullement admis dans les recherches dont nous avons parlé précédemment.

§2 NOMBRE DE VARIABLES SUPÉRIEUR À DEUX

132. On peut étendre aux équations à un nombre supérieur de variables les conclusions des numéros précédents; mais non, au moins jusqu'à présent, la méthode qui nous y a conduits. Les tentatives ayant pour objet de résoudre le problème en le ramenant à une équation intégrale n'ont pas jusqu'ici abouti à une démonstration irréprochable. Nous serons donc obligés de recourir à des méthodes de nature très différente et de commencer par supposer les données *analytiques*.

Comme il ressort de la discussion du problème de Cauchy à partir d'une variété caractéristique, on doit s'attendre à voir intervenir les bicaractéristiques (L_1) tracées sur Σ. Nous prendrons de nouvelles variables indépendantes x_1, x_2, $\cdots$, x_{m-2},

$x_{m-1}(=y)$, $x_m(=x)$, de manière que $x_m=0$ ne soit autre chose que Σ et que les (L_1) aient pour équations $x_1=\text{const}$, $x_2=\text{const}$, $\cdots$, $x_{m-2}=\text{const}$. Quant à y, nous le choisirons de manière que $y=0$ soit l'équation de la surface S'', ce qui n'introduira pas de singularités si l'on admet que S'' n'est tangente à aucune des lignes (L_1), dont chacune ne devrait être coupée par elle qu'en un point unique. Moyennant un tel choix de coordonnées et un changement simple d'inconnue, l'équation peut s'écrire (Cf. C, p. 107)

$$\frac{\partial^2 u}{\partial x\ \partial y}-F_1(u)=f(x_1,\ \cdots)=f_0+xf_1+x^2f_2+\cdots$$

le nouveau polynôme differentiel $F_1(u)$ ne contenant aucune dérivation par rapport à x, soit encore

$$\frac{\partial^2 u}{\partial x\ \partial y}=D_0(u)+xD_1(u)+\cdots+x^hD_h(u)+\cdots$$

où les coefficients D_h sont des polynômes différentiels dans lesquels, cette fois, x ne figure ni explicitement ni comme variable de différentiation. Si, maintenant, nous introduisons pour u un développement suivant les puissances de x

$$u=u_1+u_1x+\cdots+u_hx^h+\cdots$$

la substitution dans l'équation précédente donnera, en égalant aux deux membres les coefficients des puissances semblables de x, les conditions successives

$$\frac{\partial u_1}{\partial y}=F_1(u_0)+f_0$$

et d'une manière générale①, pour tout entire naturel h

$$h\ \frac{\partial u_h}{\partial y}=F_1(u_h-1)+f_{h-1}+\cdots \qquad (10)$$

u_0 reste arbitraire en fonction des variables autre que y ainsi

① x apparaît, en général, explicitement dans F_1 : les termes dûs à cette circonstance sont ceux que nous avons remplacés par des points dans le second membre de chaque équation (10) (pour $h=1$, on doit faire au second membre $x=0$).

que la valeur de u_h pour $y=0$ – ceci revenant au fait que nous nous serons donné des valeurs de u

$$\mathbf{u}(x_1,\cdots,x_{m-2},x)=u(x_1,\cdots,x_{m-2},x,0)$$
$$=\mathbf{u}_0+\mathbf{u}_1 x+\cdots+\mathbf{u}_h x^h+\cdots$$

pour $y=0$—moyennant quoi on aura, pour chaque h

$$u_h=\mathbf{u}_h+\int_0^y [F_1(u_h-1)+\cdots]\,\mathrm{d}y$$

d'où, pour u, une série entière en x qui donnera la solution cherchée si elle est convergente. Cette convergence se démontre par les méthodes classiques① en supposant la donnée $\mathbf{u}$ identiquement nulle (ce qui est licite moyennant un changement d'inconnue évident) et remplaçant les autres développements donnés par des majorants convenables.

En désignant par $p_h(1\leqslant h<m)$ et par $p_{hk}(1\leqslant h,\ k\leqslant m-1)$ les dérivées premières et secondes de la fonction inconnue, on prendra pour $F_1(u)$ un développement de la forme

$$M\frac{u+\sum\limits_{h=1}^{m-1}p_h+\sum\limits_{h,k=1}^{m-1}p_{hk}}{1-\dfrac{\dfrac{x}{l}+y+x_1+\cdots+x_{m-2}}{r}} \tag{11}$$

ne différant des développements classiques que par l'emploi de l'artifice de Goursat (division de la variable x par un paramètre auxiliaire $l<1$) et pour f un développement analogue de la forme

$$\frac{K}{1-\dfrac{\dfrac{x}{l}+y+x_1+\cdots+x_{m-2}}{r}} \tag{11'}$$

Si donc X représente la quantité

$$X=x+l(y+\sum_{h=1}^{m-2}x_h)$$

notre majorante sera définie par l'équation différentielle linéaire

① C, n° 52, pp. 111–113.

ordinaire

$$\frac{\mathrm{d}^2 Z}{\mathrm{d}X^2}=\frac{MZ+Ml(m-1)\dfrac{\mathrm{d}Z}{\mathrm{d}X}+K}{l-\dfrac{Mm(m-1)}{2}\,l^2-\dfrac{X}{r}} \tag{12}$$

jointe à des valeurs initiales nulles pour $X=0$.

On prendra le paramètre l de manière que $l-\frac{Mm(m-1)}{2}\,l_2>0$, moyennant quoi l'intégration de l'équation différentielle ordinaire précédente donnera pour Z un développement suivant les puissances de X à coefficients tous positifs, qui sera le majorant cherché.

Il en résulte que le problème admet dans ce cas une solution holomorphe et une seule.

133. Conformément à une remarque qu'a invoquée E. Holmgren dans sa démonstration du théorème d'unicité pour le problème de Cauchy, si la fonction à majorer se réduit à un polynôme, rien n'empêchera, dans la formation de la majorante (11) ou (11′), de choisir la quantité r à notre convenance et, en particulier, égale au diamètre du domaine dans lequel nous aurons à opérer.

Un tel choix de r peut éventuellement entrainer de très grandes valeurs pour les nombres M, K. Mais, bien que celles-ci interviennent dans l'équation différentielle (12), on sait, d'après les propriétés classiques des équations différentielles linéaires qu'il n'en résulte pas de limitation pour le rayon de convergence de la série entière qui développe Z en fonction de X, ce rayon étant donné par l'annulation du dénominateur de (12).

134. Cessons maintenant de supposer l'analyticité des données et voyons si l'on peut alors démontrer que *le problème mixte ne peut admettre plus d'une solution.* Commençons même par considérer à ce point de vue l'équation des ondes cylindriques

$$\frac{\partial^2 u}{\partial t^2}-\frac{\partial^2 u}{\partial x^2}-\frac{\partial^2 u}{\partial y^2}=0$$

(ou l'équation analogue dans l'espace à un nombre arbitrairement grand de dimensions, à laquelle s'applique le même traitement). Nous ne pouvons plus opérer exactement comme au Chap. II en multipliant le premier membre de l'équation par la valeur de l'inconnue, attendu que la forme caractéristique n'est plus une forme définie. Il est remarquable qu'on obtienne une expression introduisant encore une somme de carrés en multipliant non par u, mais par $\frac{\partial u}{\partial t}$, ce qui donne par une double application de notre transformation

$$\frac{\partial u}{\partial t}\left(\frac{\partial^2 u}{\partial t^2}-\frac{\partial^2 u}{\partial x^2}-\frac{\partial^2 u}{\partial y^2}\right)=\frac{1}{2}\frac{\partial}{\partial t}\left[\left(\frac{\partial u}{\partial t}\right)^2\right]-\frac{\partial}{\partial x}\left(\frac{\partial u}{\partial x}\frac{\partial u}{\partial t}\right)-\frac{\partial}{\partial y}\left(\frac{\partial u}{\partial y}\frac{\partial u}{\partial t}\right)+\frac{1}{2}\frac{\partial}{\partial t}\left[\left(\frac{\partial u}{\partial x}\right)^2+\left(\frac{\partial u}{\partial y}\right)^2\right] \quad (13)$$

où les carrés différentiés par rapport à t sont, comme dans le cas elliptique, *tous du même signe*, à savoir ici négatifs. L'application de notre formule fondamentale à l'identité précédente donne, pour un domaine D quelconque, la relation intégrale

$$\iiint_D \frac{\partial u}{\partial t}\left(\frac{\partial^2 u}{\partial t^2}-\frac{\partial^2 u}{\partial x^2}-\frac{\partial^2 u}{\partial y^2}\right)\mathrm{d}x\,\mathrm{d}y\,\mathrm{d}t$$

$$=\frac{1}{2}\iint_S\left[\left(\frac{\partial u}{\partial t}\right)^2+\left(\frac{\partial u}{\partial x}\right)^2+\left(\frac{\partial u}{\partial y}\right)^2\right]\cos(n,t)\,\mathrm{d}S-\iint_S\frac{\partial u}{\partial t}\frac{\mathrm{d}u}{\mathrm{d}n}\,\mathrm{d}S \quad (14)$$

$$\left(\frac{\mathrm{d}u}{\mathrm{d}n}=\frac{\partial u}{\partial x}\cos(n,x+\frac{\partial u}{\partial y}\cos(n,y)\right)$$

où le premier membre est supposé nul.

On a commencé par se placer dans des conditions particulièrement simples en prenant comme frontière temporelle S'' de D la surface latérale d'un cylindre parallère à l'axe des t

ayant pour base une aire S'_0 du plan des x y, ce cylindre étant limité d'une part, dans le sens des t négatifs, par la surface (spatiale) S'_0 elle-même, de l'autre part une autre surface également spatiale qu'il s'agira de préciser.

Le long de S'', cos (n, t) est nul et nous annulerons également les autres termes superficiels si, sur le contour de S'_0 et par conséquent sur S'', on a, quel que soit $t \geqslant 0$, soit $u=0$, soit $\mathrm{d}u/\mathrm{d}n=0$.

134a. La formule précédente a pu être appliquée de deux façons différentes à notre objet actuel.

Une première méthode revient à écrire le théorème des forces vives. Si, en effet, on prend pour domaine d'application de la formule (14) le cylindre limité obtenu en coupant notre demi-cylindre indéfini S'' par un second plan de section droite arbitraire $t=t_1>0$, on aura, le long de cette section droite, cos $(n, x)=$ cos $(n, y)=0$ et l'intégrale prise le long de cette section droite, soit (au signe et à un facteur numérique près)

$$\iint_{S'}\left[\left(\frac{\partial u}{\partial x}\right)^2+\left(\frac{\partial u}{\partial y}\right)^2+\left(\frac{\partial u}{\partial t}\right)^2\right]\mathrm{d}x\ \mathrm{d}y$$

représentera précisément l'énergie du milieu mobile S', le long de S'', u et, par conséquent, $\frac{\partial u}{\partial t}$ sont identiquement nuls, la formule précédente, appliquée dans ces conditions, prouve que l'énergie dont il s'agit est constante dans le temps. Si elle est nulle initialement, elle le sera quel que soit t: ceci ne peut être que si u est réduit à une constante, forcément nulle puisque u s'annule aux frontières.

L'intégrale double le long de l'aire cylindrique s'annulera encore si l'on a, tout le long de ce cylindre, $\frac{\mathrm{d}u}{\mathrm{d}n}=0$, c'est-à-dire si la dérivée suivant la normale n est nulle, ou même si u est nul sur une partie de S'' et sa dérivée normale sur le reste, de sorte que notre conclusion d'unicité s'applique au problème mêlé correspondant.

134b. Pour obtenir la même démonstration, Zaremba① part également du demi-cylindre parallère à l'axe des t limité à la section droite S'_0 située dans le plan $t=0$: mais il le limite supérieurement non plus à une seconde section droite, mais à une nappe caractéristique rétrograde ayant pour sommet un point intérieur quelconque (a_1, a_2, c). Le long d'une telle caractéristique la transversale n'est autre que la bicaractéristique correspondante, le long de laquelle seront prises les dérivées qui vont intervenir.

Au second membre de la formul (14) se substitue dans le cas général, comme conséquence de l'identité (13), l'expression

$$\frac{\gamma_3}{2}\left[\left(\frac{\partial u}{\partial t}\right)^2+\left(\frac{\partial u}{\partial x}\right)^2+\left(\frac{\partial u}{\partial y}\right)^2\right]-2\left(\gamma_1\frac{\partial u}{\partial x}+\gamma_2\frac{\partial u}{\partial y}\right)\frac{\partial u}{\partial t}$$

$$=\frac{1}{2\gamma_3}\left[\left(\gamma_3\frac{\partial u}{\partial t}-\gamma_1\frac{\partial u}{\partial x}-\gamma_2\frac{\partial u}{\partial y}\right)^2-\left(\gamma_1\frac{\partial u}{\partial x}-\gamma_2\frac{\partial u}{\partial y}\right)^2\right]$$

en désignant toujours par $\gamma_1, \gamma_2, \gamma_3$ les cosinus directeurs de la normale à S Iei, sur notre nappe caractéristique, on a $\gamma_3^2=\gamma_1^2+\gamma_2^2$ et l'expression précédente peut s'éerire

$$\frac{1}{2\gamma_3}\left[\left(\gamma_3\frac{\partial u}{\partial t}-\gamma_1\frac{\partial u}{\partial x}-\gamma_2\frac{\partial u}{\partial y}\right)^2+\left(\gamma_1\frac{\partial u}{\partial y}-\gamma_3\frac{\partial u}{\partial x}\right)^2\right]$$

c'est-à-dire se présente encore sous forme d'une somme de carrés et en annulant identiquement chacun des deux termes, il apparaîtra que u devra être constant—donc ici encore forcément nul—le long de chaque bicaractèristique.

Il est remarquable que l'on puisse opèrer de même en éloignant à l'infini dans tous les sens le cylindre S'' et prenant pour domaine d'intégration la nappe rétrograde de conoïde limitée uniquement au plan $t=0$; de sorte que nous retrouverons

① Zaremba, *Rendic. Acc. Lincei*, série 5. t. XXIV, p. 65 (1915). Un peu plus tard, *Monatsh. fiir Math. und Phys.*, t. XXX, p. 65 (1920), Rubinovicz a retrouvé un résultat du même genre.

à nouveau la propriété d'unicité pour le problème de Cauchy.

D'autre part nous avons vu (**122c**) que la division de notre région par une caractéristique de démarcation (la caractéristique Σ menée par l'intersection $\sigma = S' \cap S''$) en deux parties dans l'une desquelles le problème se réduit à celui de Cauchy, s'applique pour tout entier m.

Subsiste donc, ici encore, le fait que le problème mixte est équivalent, moyennant la résolution préalable d'un problème de Cauchy, à un problème de Picard-Goursat.

134c. Reprenant le mode de calcul de Zaremba et de Rubinowicz, MM. Friedrichs et Lewy① l'ont non seulement généralisé, mais exploité d'une manière très nouvelle. À leur exemple, et quoique ce cas ne soit précisément pas celui qui nous intéresse, nous opérerons sur l'équation à deux variables indépendantes

$$(\mathscr{E}) \qquad F(u)=Au_{tt}-Bu_{xx}+Cu_t+Du_x+Eu=0$$

u_x, u_t, u_{xx}, u_{tt} désignant des dérivées premières et secondes de l'inconnue u. Cette fois, les coefficients A, B seront en général *variables*; mais on aura, dans tout le domaine envisagé

$$A>0,\ B>0 \tag{15}$$

de sort que l'équation appartiendra au type hyperbolique. La distinction entre variétés spatiales et variétés temporelles étant arbitraire ici, ce seront les variétés $t=$ const. qui seront dites spatiales, ce qui s'exprime par l'inégalité

$$A\left(\frac{\mathrm{d}t}{\mathrm{d}n}\right)^2-B\left(\frac{\mathrm{d}x}{\mathrm{d}n}\right)^2>0 \tag{16}$$

Multipliant comme précédemment par u_t et appliquant la transformation habituelle au terme $u_t\, u_{tt}$, une double transformation à $u_t\, u_{xx}$, nous trouvons

$$u_tF(u)=\frac{1}{2}\ \frac{\partial}{\partial t}(Au_t^2+Bu_x^2)-\frac{\partial}{\partial x}(Bu_xu_t)-$$

① *Math. Annalen*, t. XCVIII, pp. 192-204(1927).

$$\frac{1}{2}\left(u_t^2 A_t+u_x^2 B_2\right)+u_x u_t B_x+C u_t^2+D u_x u_t+E u u_t$$

et par conséquent, pour une solution de ($\mathscr{E}$)

$$\left\{\begin{aligned} 0= & \mathbf{SS}\left(A u_t^2 \frac{\mathrm{d} t}{\mathrm{d} n}+B u_x^2 \frac{\mathrm{d} t}{\mathrm{d} n}-2 B u_x u_t \frac{\mathrm{d} x}{\mathrm{d} n}\right) \mathrm{d} S- \\ & \mathbf{SSS}\left(A_t u_t^2+B_t u_x^2-2 B u_x u_t\right) \mathrm{d} x \mathrm{~d} t+ \\ & 2 \mathbf{SSS}\left(C u_t^2+D u_x u_t+E u u_t\right) \mathrm{d} x \mathrm{~d} t \end{aligned}\right. \tag{17}$$

Nous appliquerons cette relation intégrale au domaine D compris entre deux variétés spatiales ayant même bord (Fig. 6.6), dont la première S_0' que nous pourrons supposer correspondre à $t=0$, portera des données de Cauchy, que nous pourrons même supposer nulles s'il s'agit de démontrer l'unicité de la solution. Dans le terme de frontière (ici intégrale simple), la quantitésous **SS**, en vertu de (15), (16) est, en u_x et u_t, une forme définie positive, de sorte qu'elle est avec

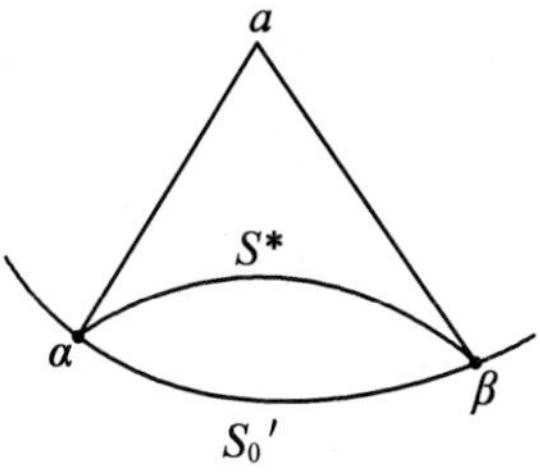

$$u_x^2+u_t^2 \tag{18}$$

dans un rapport compris entre deux bornes positives fixes.

Fig. 6.6

Les termes de volume contiennent sous **SSS** des expressions quadratiques en u_x, u_t, u, donc majorées, à un facteur numérique positif près, par la somme

$$u_x^2+u_t^2+u^2$$

celle-ci diffère de la précédente par la présence du terme u^2; mais comme u, que nous supposons nulle avec t, peut s'écrire $\int_0^t u_t \,\mathrm{d}t$, une intégrale portant sur u^2 est, on s'en assure aisément, dans un rapport borné avec une intégrale analogue portant sur (18).

Or① l'intégration de volume **SSS**, soit $\iint \mathrm{d}x \ \mathrm{d}t$ ou

① Cf. Friderichs, tome cité XCVIII des *Math. Annalen*, p. 202.

SSS $dx_1 \cdots dx_{m-1}dt$ pour $m>2$) peut se décomposer en une intégration **SS** et une quadrature simple par rapport à t. La première opération donnera un résultat qui sera au plus du même ordre que l'intégrale de frontière (17) formée tout à l'heure.

Mais l'intégration en t portera sur un invervalle arbitrairement petit pourvu que les deux surfaces frontières soient prises suffisamment rapprochées. Moyennant un tel choix de S_0', S^*, nous pouvons toujours faire que cette intégration de volume donne un résultat inférieur en valeur absolue au premier terme de (17) et qui par conséquent ne pourra changer le signe du total ni même empêcher qu'il ne soit avec le premier terme dans un rapport borné inférieurement à l'intérieur de tout le domaine dans lequel nous opérons.

Finalement, on aura entre les deux intégrales

$$J_S = \mathbf{SS}\ (u_x^2+u_t^2)\,dS$$

$$J_D = \mathbf{SSS}\ (u_x^2+u_t^2)\,dx\ dt$$

deux inégalités de la forme

$$J_S<PJ_D,\ J_D<pJ_S$$

dont la première comporte un factuer positif P ne dépendant que des données de la question—expressions des coefficients de l'équation, choix de la surface spatiale S'—et de la forme du domaine total considéré, pendant que le facteur positif p qui figure au dernier membre peut être rendu arbitrairement petit si la seconde surface S^* est prise suffisamment proche de la première. En faisant usage de cette faculte①, on peut évidemment s'arranger pour que les deux inégalités ainsi écrites soient *contradictoires* ou du moins ne puissent admettre de solution commune que si c'est le signe d'égalité qui intervient dans chacune d'elles, la solution commune étant nulle.

---

① Les auteurs coupent S' par les deux caractéristiques $a\alpha\beta$, $a\beta$ tracées à partir d'un point donné a et déforment la variété spatiale S (Fig. 6.6) qui ne casse de joindre les deux mêmes points α, β.

Il ressort de là que le problème de Cauchy posé à partir de S' ne peut admettre plus d'une solution. Cette condlusion n'a rien de nouveau et est par conséquent sans grande valeur pour nous; mais les considérations qui nous y ont conduits sont à la base des résultats relatifs au problème mixte obtenus par Schauder① seul ou en collaboration avec M. Krzyzanski① pour un nombre quelconque m de variables indépendantes. La méthode permet à la fois-fait remarquable-d'établir que le problème ne peut admettre plus d'une solution et qu'il en admet une.

135. Pour notre équation simplement hyperbolique, la forme caractéristique se compose d'un carré positif et de $m-1$ carrés négatifs. Le premier commence par le terme $A_{mm}\gamma_m^2$ et comprend tous les termes de A où figure l'indice m, de sorte que la partie restante est une forme définie négative $-A'$ en γ_1, $\gamma_2, \cdots, \gamma_{m-1}$.

Nous multiplierons le premier membre de l'équation par $\frac{\partial u}{\partial x_m}$ et nous intégrerons le produit dans un domaine limité, comme précédemment, par une variété spatiale S' portant des données de Cauchy, une variété temporelle S'' sur laquelle seront données les valeurs de u et une seconde variété spatiale auxiliaire S^*, qui n'est le siège d'aucune donnée. S^* pourra être choisie à notre gré: en fait, nous nous réservons de la rapprocher arbitrairement de S', la portion de S'' comprise entre elles deux étant arbitrairement petite.

135a. Par contre, les variétés S' et S'' sont des données de la question; mais nous pouvons soumettre l'ensemble de la figure à une transformation ponctuelle sur les variables indépendantes.

---

① Krzyzanski et Schauder, *Studia Mathematica*, t. VI (1936); Schauder, *Fundamenta Mathematicae*, XXIV (1935), pp. 213-246.

Avec Krzyzanski et Schauder, nous utiliserons cette faculté pour donner à S'' une orientation telle que sa normale intérieure fasse avec la direction positive de l'axe des x_m un angle aigu, soit, en désignant par $\gamma_1, \gamma_2, \cdots, \gamma_m$ les cosinus directeurs de cette normale intérieure

$$r_m > 0 \tag{19}$$

comme il est représenté sur la figure schématique ci-contre (section de la figure à m dimensions par un plan normal à σ).

Le transformation sera supposée telle que le domaine d'intégration soit, par rapport à S', du côté des x_m croissants, de sorte que (19) sera également vérifiée par la normale intérieure en tout point de S'.

(Mais l'inégalité contraire aura lieu pour la normale intérieure en un point quelconque de S^*.)

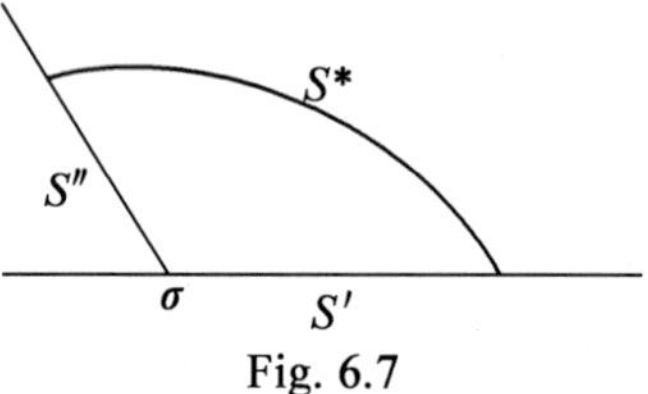

Fig. 6.7

136. Le mode de calcul précédent—multipliciation par $\frac{\partial u}{\partial x_m}$, simple application de l'identité

$$\frac{\partial u}{\partial x_m} \frac{\partial^2 u}{\partial x_m \partial x_h} = \frac{1}{2} \frac{\partial}{\partial x_h} \left(\frac{\partial u}{\partial x_m} \right)^2$$

si l'un des indices h, k est égal à m; double transformation (Cf. **133**)

$$\left\{\begin{aligned}2\frac{\partial u}{\partial x_m}A_{hk}\frac{\partial^2 u}{\partial x_h\partial x_k}=&\frac{\partial}{\partial x_h}\left(A_{hk}\frac{\partial u}{\partial x_k}\frac{\partial u}{\partial x_m}\right)+\frac{\partial}{\partial x_k}\left(A_{hk}\frac{\partial u}{\partial x_h}\frac{\partial u}{\partial x_m}\right)-\\&\frac{\partial}{\partial x_m}\left(A_{hk}\frac{\partial u}{\partial x_h}\frac{\partial u}{\partial x_k}\right)-\frac{\partial u}{\partial x_m}\frac{\partial u}{\partial x_k}\frac{\partial A_{hk}}{\partial x_h}-\\&\frac{\partial u}{\partial x_m}\frac{\partial u}{\partial x_h}\frac{\partial A_{hk}}{\partial x_k}+\frac{\partial u}{\partial x_h}\frac{\partial u}{\partial x_k}\frac{\partial A_{hk}}{\partial x_m}\end{aligned}\right.\tag{13'}$$

dans le cas contraire—donne l'identité intégrale①

$$\begin{aligned}&\mathbf{SS}\left[2\sum_{h,k=1}^{m}A_{hk}\frac{\partial u}{\partial x_k}\frac{\partial u}{\partial x_m}\cos(n,x_h)-\right.\\&\left.\sum_{h,k=1}^{m}A_{hk}\frac{\partial u}{\partial x_h}\frac{\partial u}{\partial x_k}\cos(n,x_m)\right]\mathrm{d}S\\&=\mathbf{SSS}\ \Phi\mathrm{d}x_1\mathrm{d}x_2\cdots\mathrm{d}x_m+\mathbf{SSS}f\ \mathrm{d}x_1\mathrm{d}x_2\cdots\mathrm{d}x_m\end{aligned}\tag{20}$$

où le second membre se compose d'intégrales de volume **SSS**.

Pour les intégrales **SS** de forntière, nous traiterons isolément chaque portion de la frontière en partant de son équation

$$g(x_1,x_2,\cdots,x_{m-1},x_m)=0$$

Supposons cette équation résoluble par rapport à x_m (ce qui a lieu immédiatement pour S', S^* et moyennant la transformation ponctuelle du n° **135**a pour S'') : on pourra introduire le nouveau système de variables

$$\eta_1=x_1,\ \eta_2=x_2,\ \cdots,\ \eta_{m-1}=x_{m-1},\ \eta_m=g\tag{21}$$

(différent, cette fois, suivant qu'il s'agit d'une portion de frontière ou d'une autre).

① A comprenant cette fois, en général, des termes rectangles où A_{hk} est toujours supposé égal à A_{kh}, cette symétrie ne se retrouve pas dans la transformation (13′) ni, par conséquent, dans ses résultats. On inscrira donc en notre formule intégrale des termes généralement différents l'un de l'autre l'un en A_{hk}, l'autre en A_{kh}, tout en étant libres à notre convenance, de remplacer l'un d'eux par l'autre.

On constate alors① que l'intégrale de frontière qui figure au premier membre de (20) porte sur une forme quadratique définie positive par rapport aux dérivées de u. Une telle forme (définie et non semi-définie) est dans un rapport borné inférieurement avec $u_2^2+u_t^2$ et le même rapport de grandeur a lieu entre des intégrales de surface portant sur ces deux quantités.

Quant aux termes de volume (le terme **SSS** fu dx dt étant mis à part) ils ne pourront, pour les mêmes raisons qu'au n° **134**c, troubler la conclusion précédente, pourvu que la seconde frontière spatiale S^* soit suffisamment rapprochée de S'.

Supposons dès lors qu'il s'agisse pour le moment de démontrer que le problème ne peut admettre qu'une solution. On remplacera donc par zéro toutes les données de la question, tant

① Par rapport au variable $(\eta_1, \cdots, \eta_m)$, u aura des dérivées partielles $\omega_1 = \frac{\partial u}{\partial \eta_1}$, $\omega_2 = \frac{\partial u}{\partial \eta_2}, \cdots, \omega_m = \frac{\partial u}{\partial \eta_m}$ liées à $\frac{\partial u}{\partial x_1}, \frac{\partial u}{\partial x_2}, \cdots, \frac{\partial u}{\partial x_m}$ par les relations

$$\frac{\partial u}{\partial x_h} = \omega_h + \omega_m \gamma_h \quad (h \neq m)$$

$$\frac{\partial u}{\partial x_m} = \omega_m \gamma_m$$

Nous aruons à opérer une telle substitution pour chaque partie de frontière S (donnant un g et des γ déterminés) et pour chaque terme de A. Si les indices h, k sont tous deux $\neq m$, la quantité multipliée par A_{hk} sous **SS** sera

$$\gamma_m(\omega_k + \gamma_k \omega_m)(\omega_m \gamma_h - \omega_h)$$

Elle se réduira, lorsque $k=h$, à

$$\gamma_m(\omega_m^2 \gamma_h^2 - \omega_h^2)$$

et, pour $k \neq h$, sera à combiner avec la quantité analogue en A_{kh}, ce qui donnera lieu à une réduction tout analogue avec, comme résultat

$$2\gamma_m A_{hk}(\omega_m^2 \gamma_h \gamma_k - \omega_h \omega_k)$$

Même calcul, en plus simple, si l'un des indices ou les deux sont égaux à m: d'où la somme totale

$$\gamma_m \left[\omega_m^2 \sum_{h,k=1}^{m} A_{hk} \gamma_h \gamma_k - \sum_{h,k=1}^{m-1} A_{hk} \omega_h \omega_k \right] > 0$$

C. Q. F. D.

le second membre f de l'équation que les données le long des frontières S', S''. Restent les seuls termes relatifs à S^* ; ceux-ci contiennent sous **SS** une forme définie par rapport aux dérivées de u et ne peuvent donner un résultat nul que si ces dérivées sont partout nulles.

C. Q. F. D.

137. Cessons maintenant de supposer les données nulles et demandonsnous dans ces conditions si la solution, nécessairement unique comme nous venons de le voir, existera.

C'est ce qui a lieu dans le cas analytique et, en particulier, si nous remplaçons les coefficients de l'équation, le second membre f et les expressions des données aux frontières par des polynômes, ce qui, comme nous l'avons montré dana l'Introduction et comme nous allons avoir besoin de le noter, entrainera une approximation analogue pour les dérivèes jusqu'à un certain ordre, elles-mêmes (si elles existent et sont continues) approchées par les dérivées correspondantes des polynômes d'approximation.

Nous ne pourrons plus, cette fois, dire que l'intégrale **SS** étendue à S' et l'intégrale **SSS** étendue à D s'annulent; mais nous pourrons affirmer qu'elles peuvent se majourer en fonction des données du problème.

Nous venons de voir (n° précédent) que les données de la question permettent de borner supérieurement chacune des intégrales

$$\mathbf{SS}\left(\frac{\partial u}{\partial x_i}\right)^2 \mathrm{d}S \text{ et } \mathbf{SSS}\left(\frac{\partial u}{\partial x_i}\right) \mathrm{d}x_1\, \mathrm{d}x_2 \cdots \mathrm{d}x_m$$

Mais *on peut étendre pareille condusion à des dérivées d'ordre supérieur*. On peut en effet①, en différentiant l'équation donnée

① Voir Krzyzanski et Schauder, *loc. cit.*, p. 169.

par rapport à chacune des variables x_1, x_2, $\cdots$, x_m former des équations différentielles auxquelles satisfont respectivement chacune des quantités $\frac{\partial u}{\partial x_1}$, $\frac{\partial u}{\partial x_x}$, $\cdots$, $\frac{\partial u}{\partial x_m}$ et que l'on peut traiter comme la primitive de manière à obtenir une borne supérieure de chacune des intégrales

$$\mathbf{SS}\ (D_2 u)^2 \mathrm{d}S, \qquad \mathbf{SSS}(D_2 u)^2 \mathrm{d}x_1\ \mathrm{d}x_2 \cdots \mathrm{d}x_m$$

et de nouvelles différentiations permettront d'obtenir la même conclusion pour les dérivées troisièmes, quatrièmes, etc.

138. Ici intervient une importante propriété générale des fonctions de variables réelles, introduite par Schauder①. Soit d'abord une fonction f d'une variable unique et supposons que nous connaissions une borne supérieure M de chacune des deux intégrales

$$\int_a^b |f(x)|^2 \mathrm{d}x, \quad \int_a^b |f'(x)|^2 \mathrm{d}x$$

Ceci *nous donnera une borne supérieure de f dans tout l'intervalle* (a, b). En effet, il existe nécessairement dans cet intervalle une valeur x' de la variable pour laquelle $|f(x')| \leqslant \sqrt{\frac{M}{b-a}}$ et de l'inégalité ainsi écrite en x' on peut déduire une limitation de la valeur de f en tout autre point de l'intervalle, par application de l'inégalité de Schwarz, laquelle donne, pour une telle valeur x de la variable

$$|f(x)| = |f(x')| + \int_{x'}^{x} f'(\xi)\mathrm{d}\xi | \leqslant | f(x')| + \int_a^b f'(\xi)\mathrm{d}\xi |$$

$$\leqslant \sqrt{\frac{M}{b-a}} + \sqrt{M(b-a)} = \sqrt{M}\left(\frac{1}{\sqrt{b-a}} + \sqrt{b-a}\right)$$

Soit maintenant une fonction f de m variables considérée

① *Fundamenta mathematicae*, XXIV (1935), p. 213 et suiv., particulièrement page 217, Hilfsatz I.

dans un “intervalle” à m dimensions D défini par les inégalités

$$a_p \leqslant x_p \leqslant b_p \quad (p=1, 2, \cdots, m)$$

Soit désignée, d'une manière générale, par $D_n f$ une quelconque des dérivées partielles d'ordre h de f et par J_h l'intégrale

$$J_h = \mathbf{SSS}(D_h f)^2 \mathrm{d}x_1 \, \mathrm{d}x_2 \cdots \mathrm{d}x_m$$

On a le

Théorème. *On peut limiter supérieurement f dans tout le domaine si l'on possède des bornes supérieures des $m+1$ intégrales*① $J_h (0 \leqslant h \leqslant m)$.

Nous donnerons à cet énoncé le nom de “théorème de rang m” pour rappeler la valeur de m à laquelle il se rapporte.

Nous venons de démontrer les théorèmes de rang 1. Nous allons supposer connus les théorèmes de rangs inférieurs à m et, dans ces conditions, démontrer le théorème de rang m. Pour cela, nous considèrerons la section $D' = D'(x_1)$ de D par un plan $x_1 = \text{const.}$ et nous désignerons par K_h l'intégrale

$$K_h = K_h(x_1) = \mathbf{SSS}(D_h f)^2 \mathrm{d}x_2 \mathrm{d}x_3 \cdots \mathrm{d}x_m$$

la notation **SSS** représentant une intégration $(m-1)^{\text{uple}}$ étendue à $D'(x_1)$: on a alors par définition

$$\int_{a_1}^{b_1} K_h(x_1) \mathrm{d}x_1 = J_h \leqslant M$$

d'où l'existence de valeurs x_1' telles que

$$K_h(x_1') \leqslant \frac{M}{b_1 - a_1} \tag{22}$$

D'autre part, on a pour la dériv4e

$$K_h'(x_1) = 2 \ \mathbf{SSS} \ D_h f \frac{\partial}{\partial x_1} (D_h f) \ \mathrm{d}x_2 \cdots \mathrm{d}x_m$$

$$= 2 \ \mathbf{SSS} \ D_h f D_{h+1} f \ \mathrm{d}x_2 \cdots \mathrm{d}x_m$$

d'où, pour l'intégrale du premier membre par rapport à x_1

① l'inégalité du texte est supposée vérifiée pour chacune des dérivées d'ordre h.

$$
\begin{aligned}
|K_h(x_1) - K_h(x'_1)| &= \left| \int_{x_1}^{x'_1} K'_h(x_1)\,\mathrm{d}x_1 \right| \\
&\leqslant 2 \,|\, \mathbf{SSS}\, D_h f D_{h+1} f \,|\, \mathrm{d}x_1 \mathrm{d}x_2 \cdots \mathrm{d}x_m \\
&\leqslant 2\sqrt{J_h(f)\, J_{h+1}(f)}
\end{aligned}
$$

ceci, étant donné (22), donne en fonction de M, une borne supérieure de K_h pour tout $h \leqslant m$ puisque $J_h f$ admet une majoration connue jusqu'à $h=m+1$.

Dès lors, on peut appliquer à f, dans D', le théorème de rang $m-1$; d'où une majoration de $|f|$ dans toute cette section, c'est-à-dire dans tout D puisque x_1 est arbitraire dans l'intervalle (a_1, b_1). Le théorème est donc démontré.

138a. D'après ce théorème de Schauder, les limitations des intégrales **SSS** $(D_h u)^2 \mathrm{d}x_1 \mathrm{d}x_2 \cdots \mathrm{d}x_m$, pour tous les h de 0 à $m+1$ inclus, nous permet de limiter les m dérivées partielles de f.

139. Revenons maintenant à notre problème mixte ou plutôt au problème de Picard-Goursat qui lui est équivalent moyennant la résolution préalable d'un problème de Cauchy. Les données aux frontières Σ, S'' ainsi que les valeurs des coefficients et du second membre de l'équation étant supposées admettre la différentiation jusqu'à l'ordre $m+1$ et conduisant à des bornes supérieures connues pour les intégrales J_h, les conditions ainsi écrites seront respectées:

1° lorsqu'on réduira les données sur Σ à zéro par un changement d'inconnue;

2° lorsqu'on remplacera les différentes quantités données par des polynômes d'approximation, pourvu que cette approximation (étendue aux dérivées d'ordre supérieur) soit suffisamment serrée, le nombre ε qui définit le voisinage entre chaque donnée du problème proposé et le polynôme qui y est substitué étant pris suffisamment petit.

140. Imaginons une suite indéfinie de semblables approximations de plus en plus serrées, les ε correspondants tendant vers zéro. Les limitations des intégrales J_h seront communes à tous ces problèmes approchés, chacun desquels admettra une solution représentable par un développement en série entière. Les considérations exposées dans ce qui précède entrainent les conclusions suivantes:

Ⅰ. (Cf. 133). Les développements en séries entières ainsi obtenus admettent pour leurs rayons de convergence une borne inférieure commune, égale au diamètre du domaine qui nous intéresse;

Ⅱ. Il résulte du théorème de Schauder que les dérivées premières de ces solutions approchées admettent une borne supérieure commune.

Dès lors, les dites solutions *seront également continues.* On pourra donc, de la suite qu'elles forment, extraire une suite uniformément convergentes.

Que la limite de cette suite soit solution du problème, c'est ce qui apparait sans difficulté: l'altération de la donnée suivant S'' par sa valeur approchée sera infiniment petite et il en sera de même de l'altération subie par le premier membre lorsque l'on remplacera chaque coefficient par son expression approchée.

140a. Dans le même Mémoire (§**9**, **10**), Krzyzanski et Schauder traitent le cas d'une équation quasi-linéaire, c'est-à-dire qu'ils supposent uniquement cette équation linéaire par rapport aux dérivées secondes, la fonction inconnue et ses dérivées premières pouvant figurer d'une manière régulière quelconque dans les coefficients de ces dérivées secondes ainsi que dans la partie qui en est indépendante.

Ils emploient à cet effet des méthodes d'Analyse fonctionnelle dont nous aurons à parler ultérieurement.

141. Le cas le plus simple et le plus anciennement connu du problème mixte, le problème des cordes vibrantes, a été tout d'abord traité par la méthode de d'Alembert. C'est elle que, dans ce qui précède, nous nous sommes proposé d'étendre à l'équation simplement hyperbolique générale, ou du moins nous avons généralisé la première conclusion, à savoir qu'un tel problème est bien posé.

Peu après d'Alembert, Bernouilli donnait au même problème une solution profondément différente, par l'introduction à cette occasion des séries trigonométriques.

Notre intention n'est pas de voir ce que devient, dans le cas général, cette seconde méthode, d'autant que la première nous a suffi pour la conclusion que nous avions en vue. Rappelons seulement comment elle se présente dans le cas véritablement important pour les applications, celui d'une équation du type

$$\frac{\partial^2 u}{\partial t^2}-F_1 u=0$$

où F_1 est un opérateur du second ordre elliptique à forme caractéristique définie positive, et D le domaine cylindrique du n° **134**. On cherche dans ce cas des solutions de la forme $u(x, t)=U(x_1, \cdots, x_m)\sin\lambda t$ ce qui donne pour l'inconnue U l'équation $F_1 U+\lambda U=0$ et conduit à choisir pour λ une "valeur propre", c'est-à-dire pour laquelle cette équation admet des solutions s'annulant sur le contour de S' sans s'annuler identiquement à l'intérieur. Les $U=U_i(i=1, 2, \cdots, \infty)$, multipliées respectivement par des coefficients arbitraires, permettront de représenter la solution du problème mixte.

142. Un intérêt particulier s'attache à la comparaison de ces deux méthodes, dont chacune présente des avantages et des inconvénients. Notre exposé précédent a pour base la division du domaine en deux ou plusieurs régions par une ou plusieurs "ondes de démarcation", certaines de ces régions donnant seules lieu à un problème nouveau de Picard-Goursat. Or ce caractère est entièrement masqué dans la seconde méthode dont nous venons de parler. Par contre, celle-ci met en évidence le rôle des valeurs propres et des fonctions propres correspondantes, donnant des vibrations propres (vibrations monochromatiques, s'il s'agit de phénomènes lumineux) du volume considére.

Ainsi il y a là deux aspects du phéomène donnant lieu à des études indépendantes: dualité en relation avec celle des aspects corpusculaire et ondulatoire qui s'impose dans la Mécanique ondulatoire contemporaine.

Nous n'insisterons pas non plus sur les transformations de Laplace et de Fourier (dont la seconde s'apparente à la méthode de Bernouilli en ce qu'elle représente la solution cherchée non plus par une série, mais par une intégrale de Fourier) qui a fait et qui fait l'objet d'une littérature de jour en jour plus importante①.

CHAPITRE VII
ÉQUATIONS SINGULIÈRES②

143. Le présent Chapitre est consacré aux équations aux dérivées partielles de la forme

$$\Phi(u)=u_{tt}+\frac{k}{t}u_t-Xu=0 \tag{1}$$

où $u=u\ (x_1, x_2, \cdots, x_m; t)$ ou pour abréger $=u(x; t)$ et X est un opérateur différentiel elliptique du second ordre par rapport

① Un certain nombre de résultats récents font l'objet d'un article de M. Ghizzetti (*Ann. di Mat.*, t. XXXIV_4 et Publication de *l'istituto per le Appl. del Calcolo*, *n°* 374, *Rome*).

② M. Weinstein a bien voulu se charger d'exposer cette étude, qui lui doit ses progrès les plus essentiels obtenus jusqu'à poésent. Le texte qui suit est rédigé d'après son texte anglais.

aux variables x_i seules. k est un nombre réel quelconque. Ces équations sont *singulières*, le coefficient de u_t devenant infini pour $t = 0$ (excepté si k est nul). Une théorie générale des équation aux dérivées partielles à coefficients singuliers n'ayant pas encore été développée, le type considéré ci-dessus est de particulière importance, spécialement quand $X=\pm\Delta$.

Si $X = \Delta$, l'équation est hyperbolique et (1) s'appellera équation d'Euler-Poisson-Darboux ou EPD; elle a été considérée pour $m=1$ par Euler, Poisson, Darboux et Riemann lequel a introduit à cette occasion sa méthode d'intégration. Le cas $m=3$, $k=2$ a été considéré par Poisson dans son célèbre travail sur l'équation des ondes dans l'espace E_3.

Si $X=-\Delta$, l'équation (1) est une équation elliptique à $m+1$ variables. Le cas $m=1$, $k=1$ donne l'équation de Laplace pour les potentiels à symétrie axiale. Nous parlerons de la théorie généralisée de ces potentiels axisymétriques (GASPT) pour m et k arbitraires. Certains cas ont été considérés dans la littérature classique. Par exemple $m=1$, $k=-1$ définit la fonction de courant de Stokes; les cas $m=1$; $k=3$ apparaissent dans la théorie de l'élasticité et Beltrami a étendu la théorie des fonctions analytiques en introduisant des fonctions associées dans les cas $m=1$, $k=p$ ou $k=-p$. Plus récemment les deux cas $X=\Delta$ et $X=-\Delta$ se sont présentés pour des valeurs particulières de k dans la théorie des équations de type mixte (équation de Tricomi: voir plus loin Chap. VIII).

§ 1 PRINCIPES FONDAMENTAUX

Un de nos principaux moyens d'action dans cette recherche sera le fait que l'expression $u_{tt}+\frac{k}{t}u_t$ est le Laplacien d'une fonction u dans l'espace E_{k+1} de coordonnées $x_1, x_2, \cdots, x_{k+1}$ lorsque

u ne dépend que de $R=\sqrt{\sum_{1}^{k+1} x_i^2}$. Grâce à cette remarque l'équation singulière précédente est, pour k entire positif, *ramenée à une équation non singulière.*

Deux identités différentielles. Désignons par D_k^2 l'expression différentielle

$$D_k^2 u = u_{tt} + \frac{k}{t} u_t \tag{2}$$

où u est considéré comme fonction d'une seule variable t, les variables x étant pour le moment considérées comme des paramètres fixes. On vérifie immédiatement les formules de Weinstein

$$t^{k-1} D_k^2(u) = D_{2-k}^2(t^{k-1}u) \tag{3}$$

$$\frac{1}{t}\frac{\partial}{\partial t} D_k^2(u) = D_{k+1}^2\left(\frac{1}{t}\frac{\partial u}{\partial t}\right) \tag{4}$$

le multiplicateur t et l'opérateur X (qui n'introduit que les x) étant évidemment permutables, autrement dit

$$t^{k-1} X(u) = X(t^{k-1}u) \tag{5}$$

$$\frac{1}{t}\frac{\partial}{\partial t} X(u) = X\left(\frac{1}{t}\frac{\partial u}{\partial t}\right) \tag{6}$$

Désignons une solution quelconque de l'équation (1) par la notation $u^{(k)}$ ou u^k: l'équation (1) peut s'écrire sous la forme

$$\Phi_{ku} = u_{tt}^{(k)} + \frac{k}{t} u_t^{(k)} - Xu^{(k)} = 0$$

et les transformations (3), (4) s'écrivent

$$t^{k-1} u^{(k)} = u^{(2-k)} \tag{7}$$

$$u_t^{(k)} = tu^{(k+2)} \tag{8}$$

La première fait correspondre à toute solution de $\Phi_k u = 0$ une solution bien déterminée de $\Phi_{2-k} u = 0$ et réciproquement. La relation (8) déduit de chaque solution de $\Phi_k u = 0$ une solution parfaitement définie de $\Phi_{k+2} u = 0$; nous pouvons montrer qu'étant donnée une fonction u^{k+2} on peut trouver des fonction u^k vérifiant (8), celles-ci étant déterminées à une solution près de

$X f(x) = 0$. Pour obtenir cette inversion, au moins localement, soit $u^{(k+2)}$ définie dans un domaine de l'espace des x, t contenant une portion de l'hyperplan $t = b$, $b \neq 0$. Pour trouver $u^{(k)}$, intégrons $u^{(k+2)}$ par rapport à t, écrivant

$$v(x,\ t) = \int_b^t \theta u^{(k+2)}(x,\ \theta)\ \mathrm{d}\theta + f(x)$$

avec introduction d'une fonction arbitraire $f(x)$ indépendante de t. v vérifiera l'équation $\Phi_k u = 0$ si f satisfait à l'équation

$$Xf = bu_t^{(k+2)}(x,\ b) + (k+1)u^{(k+2)}(x,\ b)$$

et toute solution de cette dernière équation pourra être prise pour f de manière à obtenir une u^k.

(7) a été trouvée par Darboux [6] pour le cas particulier de $m = 1$ et $X = \frac{\partial^2}{\partial x^2}$. Pour ce même cas, Darboux emploie, au lieu de (8), une formule équivalente à

$$\frac{k}{t}\ \frac{\partial u^{(k)}}{\partial t} = ku^{(k+2)}$$

ce qui rendrait l'inversion impossible pour $k = 0$.

144. Un opérateur intégral. Indépendamment des transformations qui viennent d'être indiquées, nous aurons l'occasion d'empolyer un opérateur intégral introduit, sous différents points de vue, par plusieurs auteurs [22, 11, 19, 31, 32, 21]. La présentation qui suit est en gros celle de Lions dans son Mémoire sur les opérateurs de Delsarte. Soit

$$w(t) = H_{\alpha\beta}v(t) = h_{\alpha\beta}\int_0^1 v(\xi t)(1 - \xi^2)^{\frac{\alpha-\beta-2}{2}}\xi^\beta \mathrm{d}\xi$$

avec

$$h_{\alpha\beta} = \frac{\Gamma(\frac{\alpha+1}{2})}{\Gamma(\frac{\alpha-\beta}{2})\Gamma(\frac{\beta+1}{2})}$$

et $\alpha > \beta \geqslant 0$.

La fonction v est supposée dérivable au second ordre, avec

$v'(0)=0$. Les notations D_α^2, D_β^2 ayant la même signification que plus haut, nous allons démontrer la relation

$$D_\alpha^2 H_{\alpha\beta} = H_{\alpha\beta} D_\beta^2 \tag{9}$$

On a, pour le premier membre de (9)

$$D_\alpha^2 H_{\alpha\beta} v = h_{\alpha\beta} \int_0^1 \xi^\beta (1-\xi^2)^{\frac{\alpha-\beta-2}{2}} [\xi^2 v''(\xi t) + \frac{\alpha \xi^2 v'(\xi t)}{\xi t}] d\xi$$

D'autre part

$$H_{\alpha\beta} D_\beta^2 v = h_{\alpha\beta} \int_0^1 \xi^\beta (1-\xi^2)^{\frac{\alpha-\beta-2}{2}} [v''(\xi t) + \frac{\beta}{\xi t} v'(\xi t)] d\xi$$

Donc

$$[H_{\alpha\beta} D_\beta^2 - D_\alpha^2 H_{\alpha\beta}]_v = \int_0^1 \xi^\beta (1-\xi^2)^{\frac{\alpha-\beta-2}{2}} (1-\xi^2) v''(\xi t) d\xi + \int_0^1 \frac{\beta - \alpha\xi^2}{\xi t} v'(\xi t) \xi^\beta (1-\xi^2)^{\frac{\alpha-\beta-2}{2}} d\xi$$

La première intégrale peut s'écrire

$$[\frac{v'(\xi t)}{t} \xi^\beta (1-\xi^2)^{\frac{\alpha-\beta}{2}}]_{\xi=0}^{\xi=1} - \int_0^1 \frac{v'(\xi t)}{\xi t} \xi^\beta (1-\xi^2)^{\frac{\alpha-\beta-2}{2}} (\beta - \alpha \xi^2) d\xi$$

la première expression entre crochets s'annule puisque $v'(0)=0$ (supposition inutile lorsque β est positif et non nul) et notre propriée de permutabilité (9) est démontrée.

Remarquons que l'opération qui précède peut être rattachée à l'intégrale d'ordre fractionnaire de Riemann-Liouville

$$I^\alpha g(t) = \frac{1}{\Gamma(\alpha)} \int_0^t (t-\theta)^{\alpha-1} g(\theta) d\theta, \quad \mathrm{Re}(\alpha) > 0$$

$$I^\alpha g(t) = \sum_{h=0}^{n-1} \frac{t^{\alpha+h} g^{(h)}(0)}{\Gamma(\alpha+h+1)} + I^{\alpha+n} g^{(n)}(t), \quad \mathrm{Re}(\alpha) > -n$$

telle que nous l'avons considérée au Chap. V. En faisant $t^2 = r$, nous avons

$$\frac{\tau^{\frac{\alpha-1}{4}}}{\Gamma(\frac{\alpha+1}{2})} H_{\alpha\beta} v(\tau^{\frac{1}{4}}) = \frac{1}{2\Gamma(\frac{\beta+1}{2})} I^{\frac{\alpha-\beta}{2}} [v(\sqrt{\tau}) \tau^{\frac{\beta-1}{2}}]$$

Cette formule, qui ramène l'opérateur $H_{\alpha\beta}$ à une intégrale de Riemann-Liouville, en permet aussi l'inversion, c'est-à-dire l'expression de $v(t)$ d'une manière bien déterminée lorsqu'on donne $w(t)$ (avec $w'(0)=0$). À cet effet, soit n un entier positif et même tel que $n-\frac{\alpha-\beta}{2}\geqslant 0$. La formule précédente donne par une intégration $I^{n-\frac{\alpha-\beta}{2}}$ qui, combinée avec $I^{\frac{\alpha-\beta}{2}}$, donne, en vertu de la propriété $I^{\alpha}I^{\beta}=I^{\alpha+\beta}$, une intégration I^{n}

$$\frac{2\Gamma(\frac{\beta+1}{2})}{\Gamma(\frac{\alpha+1}{2})}I^{n-(\frac{\alpha-\beta}{2})}[\tau^{\frac{\alpha-1}{4}}w(\sqrt[4]{\tau})]=I^{n}[v(\sqrt{\tau})\tau^{\frac{\beta-1}{2}}]$$

ce qui, en différentiant n fois, conduit à l'inversion demandée

$$\frac{v(\sqrt{\tau})\tau^{\frac{\beta-1}{2}}}{2\Gamma(\frac{\beta+1}{2})}=\frac{1}{\Gamma(\frac{\alpha+1}{2})}\frac{\mathrm{d}^{n}}{\mathrm{d}\tau^{n}}I^{\frac{2n-\alpha+\beta}{2}}[\tau^{\frac{\alpha-1}{4}}w(\sqrt[4]{\tau})]$$

145. Le problème de Cauchy régulier ou singulier pour l'équation EPD. Le problème de Cauchy est régulier pour l'équation (1) lorsque les données initiales sont portées par une variéte $t=\mathrm{const}\neq 0$. C'est pour lui et pour EPD que Riemann a introduit sa méthode et, pour $m>1$, la solution en est fournie par les résultats de J. Hadamard①.

Nous allons nous occuper du cas singulier, celui dans lequel les données sont portées par l'hyperplan $t=0$, donc, pour EPD, de celui qui consiste à trouver une solution de l'équation

$$u_{tt}+\frac{k}{t}u_{t}=\Delta u$$

avec les conditions initiales

$$u(x,0)=f(x)$$
$$u_{t}(x,0)=0$$

Le problème sera résolu en supposant pour f des dérivées

① Des solutions explicites du problème relatif à EPD ont été formées par Ruth Davis [7] et Copson [5].

jusqu'à un certain ordre dépendant de m et de k. Pour $k<m-1$, il est en tout cas suffisant que f ait au moins $\frac{1}{2}(m-k+3)$ dérivées par rapport à x; pour $k\geqslant m-1$, l'existence de deux dérivées suffirait. Mais les conditions de régularité peuvent être notablement réduites lorsque k augmente; et pour les grandes valeurs de k, Diaz et Ludford ont montré que la simple continuité de $f(x)$ est suffisant.

On connait quant à présent trois classes de méthodes générales pour la résolution du problème singulier relatif à EPD.

La valeur moyenne. La premiére, dûe à Weinstein, est basée sur le fait que la valeur moyenne de f sur la surface de la sphère Ω de centre x et de rayon t, sont $M(x, t; f)$, est une fonction u^{m-1}, c'est-à-dire une solution de $\Phi_{m-1}u=0$. C'est, dans E_3, le fait découvert par Poisson, dont le calcul a été étendu aux valeurs supérieures de m par Ghermanesco [14], puis par Asgeirson [1].

146. Le problème singulier pour $k>m-1$. Le cas où k, toujours supposé entier, est supérieur à $m-1$ se ramène au précédent par la méthode de descente. Une fonction de m variables, solution de $\Phi_k u=0$ sra considérée comme une fonction de $k+1$ variables, indépendante des $k+1-m$ dernières, ce qui aura lieu si les valeurs initiales, pour $t=0$, empolyées pour la definir sont elles-mêmes indépendantes de $x_{m+1}, x_{m+2}, \cdots, x_{k+1}$, la première condition initiale dont

$$u(x_1, \cdots, x_{k+1}, 0)=f(x_1, \cdots, x_m)$$

et la seconde condition restant telle que nous l'avons écrite précédemment

$$u_t(x_1, \cdots, x_{k+1}, 0)=0$$

La valeur moyenne d'une fonction f sur la surface de la sphère de centre $(x_1, \cdots, x_{k+1})$ et de rayon quelconque t peut s'écrire sous forme d'une moyenne prise sur la surface de la sphère-unité ω_{k+1} dans E_{k+1}

$$M(x, t; f)=\frac{1}{\omega_{k+1}}\mathbf{SSS}^{\omega}_{k+1}f(x_1+\alpha_1 t, x_2+\alpha_2 t, \cdots, x_{k+1}+\alpha_{k1}t)\,d\omega_{k+1} \tag{10}$$

o ù les x, t sont considérés jusqu'à nouvel ordre comme fixés et les α comme seules variables.

Si maintenant f est fonction uniquement des m premières coordonnées x et par conséquent, sous le signe **SSS** dans (10), des m premières quantités α, il y a lieu de décomposer l'intégration en deux opérations: d'une part, une intégration par rapport à α_1, α_2, $\cdots$, α_m; d'autre part, pour chaque système de valeurs de α_1, α_2, $\cdots$, α_m, une intégration le long de ω', en désignant par ω' la région de ω_{k+1} obtenue en assujettissant le point (α_1, α_2, $\cdots$, α_m) à rester dans un petit élément $d\alpha_1\, d\alpha_2 \cdots d\alpha_m$ de E_m. Dans ω', f est sensiblement constant, de sorte que cette deuxième intégrale donnera simplement le produit de cette valeur de f par l'aire de ω', laquelle est forcément de l'ordre de $d\alpha_1\, d\alpha_2 \cdots d\alpha_m$. En formant, avec Weinstein①, cette expression de ω', laquelle contient en facteur l'expression② ω_{k+-m} analogue à ω_{k+1} de l'aire d'une sphère-unité dans l'espace E_{k+1-m} on trouvera

$$u^k(x, t; f) = \frac{\omega_{k+1-m}}{\omega_{k+1}} \underset{\sum\limits_{i=1}^{m}\alpha_i^2 \leqslant 1}{\mathbf{SSS}} f(x_1+\alpha_1 t, x_2+\alpha_2 t, \cdots, x_m+\alpha_m t) \times (1-\sum_{1}^{m}\alpha_2^i)^{\frac{k-m-1}{2}} d\alpha_1\, d\alpha_2 \cdots d\alpha_m \tag{11}$$

① Weinstein, *C. R. Ac. Sc.*, Paris CCXXXIV (1925), p. 2584; *Bull. Am. Math. Soc.*, t. LIX (1953), p. 454; etc.

② Ce résultat serait immédiat s'il s'agissait d'une intégration non sur la surface ω_{k+1}, mais dans le volume de la sphère pleine correspondante: car $(1-\alpha^2)^{\frac{k-m-1}{2}}\omega_{k+1-m}$ est la section de ce volume par l'hyperplan $\alpha_1=$const, $\alpha_2=$const, $\cdots$, $\alpha_m=$const.

On a ainsi la solution sous l'hypothèese que cette solution existe.

147. D'autre part, nous n'avons parlé jusqu'ici que des valeurs entières de *l'indice*, c'est-dire de k.

Mais ce résultat peut être complété et généralisé autant qu'il est désirable grâce aux travaux récents de M. F Bureau [3]. Ce géomètre a observé que l'expression (11) que nous venons de former est solution de l'équation EPD pour toute valeur de k, *entière ou non*, suffisamment grande (ou de partie réelle suffisamment grande, s'il s'agit d'un k complexe); et cette conclusion qui s'applique à tout $k>m-1$ pourrait s'étendre à des valeurs plus petites par prolongement analytique par rapport à k si celles-ci ne pouvaient pas être ramenées aux premières comme il va être indiqué.

Avec. Fl. Bureau on peut, d'autre part, aller plus loin et étendre la méthode au cas où Xu, au lieu d'être égal à Δu, est l'opérateur elliptique général

$$A_{hk}\frac{\partial^2}{\partial x_h \partial x_k}+B_h\frac{\partial}{\partial x_h}+Cu \qquad (*)$$

Au lieu d'une sphère de centre a et de rayon t qui intervient dans les calculs relatifs à EPD, on a alors à considérer l'hypersurface $t=g$, en désignant par g la distance géodésique calculée à l'aide de la forme métrique $\mathscr{H}$ qui correspond à l'opérateur (∗). Cela étant, Fl. Bureau introduit une quantité

$$U\Gamma^p(\Gamma=k^2-g^2)$$

analogue à notre solution élémentaire, mais où l'exposant p, au lieu de la valeur $p=-(m-2)/2$, prendra la valeur $(-(m-2/2)+k$. À cette modification près, on n'aura, du moins en supposant les coefficients A holomorphes qu'à opèrer comme dans la formation de la solution élémentaire.

Outre cette méthode de Bureau, une autre répondant au même objet, c'est-à-dire applicable à des valeurs k supérieures à

$m-1$ mais non entières, est fournie par la transformation du n° **144**. Prenant pour β la valeur $m-1$, toutes les valeurs de α supérieures à celle-là donneront des équations relevant de la formule (9) ou, si l'on veut, de l'intégrale généralisée de Riemann-Liouville.

147a. L'équation EPD et ses généralisations pour $k<m-1$. Les valeurs de k inférieures à $m-1$ ont été traitées par Weinstein grâce aux identités fondamentales (7), (8), qu'il applique à EPD, mais qui permettent d'opérer de même pour l'équation générale de F. Bureau, du moment qu'on connait une solution pour des valeurs positives suffisamment grandes de k. Toutefois on sera obligé de laisser de côté les valeurs $k=-1$, -3, -5, $\cdots$: on verra que celles-ci sont en réalité exceptionnelles non seulement pour l'application de la méthode qui va être exposée, mais d'une manière intrinsèque.

Admettons, pour fixer les idées, que la solution est connue pour $k>m-1$ comme dans le cas de l'équation EPD (ou plus généralement pour $k>N$ avec quelque N); prenons maintenant $k<m-1$ mais différent de -1, -3, $\cdots$. Pour une telle valeur donnée de k, soit n un entier tel que $k+2n>m-1$ et soit $u^{(k+2n)}(x, t, f)$ la solution du problème de Cauchy avec les données initiales telles qu'elles nous sont assignées, (7) donne alors

$$t^{k+2n-1}u^{k+2n}=u^{(2-k-2n)}$$

et en appliquant n fois (8)

$$\left(\frac{\partial}{t\partial t}\right)^n\left(t^{k+2n-1}u^{k+2n}\right)=u^{(2-k)}$$

finalement, en appliquant encore (7)

$$u^k=t^{1-k}\left(\frac{\partial}{t\partial t}\right)^n\left(t^{k+2n-1}u^{k+2n}\right)$$

On doit différentier n fois la dernière parenthèse; mais comme, par hypothèse, $u^k(x, 0)=f(x)$ et $u_t^k(x, 0)=0$, on n'a à fiare porter les différentiations que sur le premier facteur. La quantité u^k prendrait initialement la valeur

$$u^k(x, 0) = (k+1)(k+3)\cdots(k+2n-1)f(x)$$

et doit en conséquence être divisée par le facteur numérique qui figure au second membre: donc

$$u^k(x, t, f) = \frac{t^{1-k}}{(k+1)(k+3)\cdots(k+2n-1)}\left(\frac{\partial}{t\partial t}\right)^n\left(t^{k+2n-1}u^{k+2n}\right)$$

L'inspection de cette formule montre que f doit voir $\frac{1}{2}(m-k+3)$ dérivées (elle donne celle que considère Bureau si l'on remplace $m-1$ par un entier N assez grand, p. ex. $N=m+3$).

Incidemment on peut remarquer que cette formule résulte par prolongement analytique, dans le plan de la variable complexe k, de celle que nous avons écrite tout à l'heure et aussi, si l'on veut, de l'emploi de l'intégrale de Riemann-Liouville, soit (pour l'équation EPD)

$$u^k(x, \sqrt{\tau}) = \frac{\Gamma\left(\frac{k+1}{2}\right)}{\Gamma\left(\frac{m}{2}\right)}\tau^{\frac{1-k}{2}} I^{\frac{k-m+1}{2}}\left\{M(x, \sqrt{\tau}; \tau^{\frac{m-2}{2}})\right\}$$

F. Bureau [3] a donné pour la solution d'autres formes équivalentes aux précédentes.

Diaz et Weinberger [10] ont été les premiers à mettre en lumière le principe de prolongement analytique, qui les a conduits également à d'autres formes de la solution

148. L'équation des ondes est celle qui correspond à $k=0$. On peut alors écrire les conditions de Cauchy sous leur forme habituelle $u(x, 0)=f(x)$, $u_t(x, 0)=g(x)$. L'identité (8) montre alors (l'équation étant dans ce cas à coefficients constants) qu'à toute solution $u^{(2)}$ de l'équation d'indice 2 correspond un $u^{(0)}$ solution de l'équation des ondes, s'annulant pour $t=0$ avec une dérivée $u_t=g$ donnée à l'avance; finalement, dans ce cas spécial, le problème de Cauchy est résolu par la formule

$$u(x,\ t)=u^{(0)}(x,\ t,\ f)+tu^{(2)}(x,\ t,\ g)$$

f étant assujetti à admettre $\frac{m+3}{2}$ dérivées et g à en admettre $\frac{m+1}{2}$.

La valeur $k=0$ est la seule qui donne lieu à un problème de Cauchy ainsi posé; pour tout autre indice k, une solution de l'équation ne saurait visiblement être régulière pout $t=0$ que si sa dérivée $\frac{\partial}{\partial t}$ s'y annule.

149. Le problème de Cauchy dans les cas exceptionnels de *k* entier impair négatif. La seule hypothèse admise jusqu'ici relativement à f était l'existence de dérivées jusqu'ê l'ordre $\frac{1}{2}(m+3-k)$. La situation est toute différente dans les cas exceptionnels $k=-1,\ -3,\ \cdots$: dans ces cas la solution $u^{(k)}$ existe encore sous les mêmes conditions de dérivabilité concernant f; mais sa dérivée partielle $\frac{\partial^{1-k}u^{(k)}}{\partial t^{1-k}}$ devient infinie pour $t=0$ comme log t à moins que $f(x_1,\ \cdots,\ x_m)$ ne soit polyharmonique d'ordre $-k$.

C'est ce qui peut se voir par les considérations élémentaires suivantes. Prenons d'abord $k=-1$ et supposons que $u_{tt}^{(-1)}(x,\ 0)$ existe. Cette dérivée seconde est par définition la limite, pour $t=0$, de

$$\frac{1}{t}\left(u_t^{(-1)}-u_t^{(-1)}(x,\ 0)\right)$$

le terme soustractif dans la parenthèse étant nécessairement nul. Dans ces conditions, l'équation EPD d'indice -1

$$u_{tt}-\frac{1}{t}u_t=\Delta u$$

va nous donner, pour $t=0$

$$\Delta u^{(-1)}(x,\ 0)=0$$

Il y a donc impossibilité si cette condition n'est pas remplie par les valeurs initiales f.

Pour $k=-3$, nous avons encore

$$\Delta u^{(-3)}(x,0)=\lim_{t\to 0}\left(\frac{-2u_t^{(-3)}}{t}\right) \tag{11}$$

Or la relation de récurrence (7) donne $t^{-1}u_t^{(-3)}=u^{(-1)}$. Si nous voulons que $\frac{\partial^4 u^{(-3)}}{\partial t^4}$ existe pour $t=0$, les dérivées d'ordre impair de $u^{(-3)}$ s'annulant, nous voyons que $\frac{\partial^2 u^{(-1)}}{\partial t^2}$ doit aussi exister pour $t=0$. Par conséquent $\Delta u^{(-1)(x,0)}=0$ et, en raison de (11), cette remarque se généralise aisément à toutes nos valeurs exceptionnelles.

Un exemple simple est donné par B. Friendman [33]: prenons $m=1$, $k=-1$, $f(x)=x^2$. On vérifie qu'une solution du problème de Cauchy est

$$u^{(-1)}(x,t;x_1^2)=x_1^2+t^2\log t$$

laquelle vérifie bien les conditions

$$u^{(-1)}(x,0)=x^2$$

$$u_t^{(-1)}(x,0)=0$$

Mais $u_n^{(-1)}=2\log t+3$, quantité qui devient infinie pour $t=$ 0.

149a. Pour démontrer dans sa généralitéle théorème d'existence formulé au commencement de ce n°, nous suivrons Blum [2], lequel donne le résultat le plus partair (voir aussi [10]. La méthode a été généralisée par Bureau. Faisons comme précédemment $\tau=t^2$. En tenant compte des réalisations (7) et (8), nous pouvons déduire de chaque $u^{(1)}$ la nouvelle quantité

$$u^{-(2r+1)}(x,\sqrt{\tau})=\tau^{r+1}\frac{\partial^{r+1}}{\partial\tau^{r+1}}(u^{(1)}(x,\sqrt{\tau})) \tag{12}$$

Si $u^{(1)}$ est tel que $\frac{\partial^{r+1}u^{(1)}}{\partial\tau^{r+1}}$ soit fini pour $\tau=0$, il faut que

$u^{-(2r+1)}(x, 0)=0$. Donc si (12) doit fournir des solutions pour des valeurs initiales arbitraires, $\frac{\partial^{r+1}u^{(1)}}{\partial\tau^{r+1}}$ devra avoir une singularité du type τ^{-r-1}, c'est à dire que $u^{(1)}$ devra avoir une singularité du type log τ. Pour $m=1$, une telle solution est donnée dans [6]. Pour m arbitraire, nous construirons $u^{(1)}$ comme suit:

Soit $k=1+2\varepsilon$, $\varepsilon>0$. Prenons le plus petit entier positif n tel que $k+2n>m-1$ et que $2-k+2n>m-1$. Nous construirons alors deux solutions dont la première prenne les valeurs f et dont la seconde devienne infinie pour $\tau=0$. La première s'obtient par la résolution du problème de Cauchy pour $k=1+2\varepsilon$ et la seconde par la relation de correspondance

$$u^{1+2\varepsilon}=t^{-2\varepsilon}u^{1-2\varepsilon}(x, t, f)$$

Alors $u^{(k)}=u_1^{(k)}-u_2^{(k)}$ est aussi une solution et on peut voir que $\frac{u^{(k)}}{2\varepsilon}$ devient une solution $u^{(1)}$ admettant une singularité logarithmique lorsque $\varepsilon\to 0$. Les formules (12), (7), (8) conduirent par un calcul direct à l'expression finale de $u^{-(2r+1)}$ et l'étude de la formule obtenue montre de nouveau que $\frac{\partial^{2r+2}u^{-(2r+1)}}{\partial t^{2r+2}}$ reste fini alors et alors seulement que f est polyharmonique. Nous renvoyons à cet égard au Mémoire de Blum, dont la solution est valable si f a $\frac{1}{2}(m+3-k)$ dérivées.

150. Unicité. Nous terminerons par quelques brèves remarques sur la question de l'unicité. Le fait que la solution est unique a été établi pour l'équation EPD par Asgeirsson à l'aide de la méthode de Hadamard et Zaremba. Une amélioration essentielle à été apport4e par Walter [23]. Dans le cas général une démonstration d'unicité a été donnée récemment par D. W. Fox. Toutefois pour $k<0$ il ne peut pas y avoir d'unicité, car n'importe quelle fonction du type $t^{1-k}u^{(2-k)}(x, t)$ s'annulant à l'origine avec ses dérivées par rapport à t peut être ajoutée à une solution u^k du problème de Cauchy.

La situation a été clarifiée jusqu'à un certain point par E. K. Blum (*Duke Math. Journal*, tome XXI, 1954, pp. 257 ~ 270) pour le cas de $m=1$. Il a montré que pour un k négatif arbitraire la différence de deux solutions quelconques est de la forme $t^{1-k}u^{(2-k)}(x, t)$ où $u^{2-k}(x, t)$ est une solution telle que

$$\lim_{t\to 0} t^{-\frac{k}{2}}u^{2-k}(x, t)=0, \lim_{t\to 0} t^{-\frac{k-1}{2}}u_t^{2-k}(x, t)=0$$

Remarques finales. Dans ces dernières années, il y a eu nombre de contributions à la théorie et aux applications de l'équation EPD. Nous mentionnerons une équation d'ordre supérieur [17], [29], des problèmes nonhomogénes ou non linéaires [9], [10], [16], la généralisation d'un problème de radiation [30], et le problème de Germain-Bader [13]. De plus, des Mémoires liés à la théorie de l'équation EPD font intervenir les solutions faibles et les distributions [20], [18].

BIBLIOGRAPHIE

[1] ASGEIRSSON L. Ueber eine Mittelwerteigenschaft von lösungen, homogener linearer partieller Differentialgleichungen zweiter Ordnune mit konstanten Koeffizienten [J]. Mathematische Annalen, Bd. 1937, 113:321-346.

[2] BLUM E K. The Euler-Poisson-Darboux Equation in the Exceptional Cases [J]. Porceedings of the American Mathematical Society, 1954,5:511-520.

[3] BUREAU F J. Divergent Integrals and Partial Differential Equations[J]. Communications on Pure and Applied Mathematics, 1955, 8:143 ~ 202.

[4] CIBRARIO M. Sulla riduzione a forma canonica della equazione lineare a tipo misto[J]. Rend. Ist. Lombardo, 1932, 65:839.

[5] COPSON E T. On a regular Cauchy problem for the Euler-Poisson-Darboux equation[J]. Proc. of the Royal Society, 1956,15.

[6] DARBOUX G. Leçons sur la théorie générale des surfaces II[M]. Paris:Locke's press, 1914.

[7] DAVIS, RUTH M. On a regular Cauchy problem for the Euler-Poisson-Darboux equation[J]. Annali di Matematica, 1956,22(5).

[8] DIAZ J B, LUDFORD G S S. On the Euler-Poisson-Darboux equation, integral operators, and the method of descent[J]. Proc. on Differential Equations, University of Maryland,1955,5.

[9] DIAZ J B, LUDFORD G S S. On the singular Cauchy problem for a generalization of the Euler-Poisson-Darboux in two space variables[J]. Annali di Matematica, 1955, 38(10).

[10] DIAZ J B, WEINBERGER H F. A solution of the singular initial value problem for the Euler-Poisson-Darboux equation[J]. Proc. of the American Mathematical Society, 1953,4:703-715.

[11] ERDELYI A. Singulartites of Generalized Axially Symmetric Potentials[J]. Communications on Pure and Applied Math. , 1956,9:403.

[12] FOX D W. Sur le principe de Huyghens pour un problème singulier de Cauchy [J]. Comptes-Rendus Acad. Sc. Paris, 1958,35.

[13] GERMAIN P et BADER R. Sur quelques problèmes relatifs à l'équation de type mixte de Tricomi[J]. Office National d'Étude et de Recherche Aéronautique, 1952,

54.
[14] GHERMANESCO M. Sur les moyennes successives des fonctions[J]. Société Math. de France, 1934,62:243-264.
[15] HADAMARD J. Lectures on Cauchy's problem in linear partial differential equation[M]. London:Yale University Press, 1952.
[16] KELLER J B. On solutions of non-linear wave equations [J]. Communications on Pure and Applied Math, 1957,10(4).
[17] KRAHN, DOROTHEE On the iterated wave equation [J]. Proc. Koninklijke Nederlandse Akad. van Wetenschappen, 1958,A.
[18] KRASNOV M L. The mixed boundray value problem and Cauchy's problem for degenerate hyperbolic equations[J]. Doklady Acad. Nauk., URSS,Tom, 1956, 107(6).
[19] LIONS J L. Opérateurs de Delsarte et problème mixtes [J]. Bull. de la Soc. Math. de France, Tome 84, Fasc.,1956,1.
[20] LIONS J L . Équations d'Euler - Poisson - Darboux généralisée [J]. Comptes Rendus Acad. Sc. Paris, 1958,5.
[21] OLEVSKIJ M N . Des relations entre l'équation des ondes généralisée et l'équation de conductivité thermique généralisée [J]. Doklady Acad. Nauk, URSS, t., 1955,101(1):21-24.
[22] OLEVSKIJ M N. The equation etc[J]. Doklady Acad. Nauk, URSS, t. 1953,93(6):975-978.
[23] WALTER W . Ueber die Euler - Poisson - Darboux Gleichung[J]. Math. Zeitschrift Band,1957,67(4).
[24] WEINSTEIN A . Sur le problème de Cauchy pour

l'équation de Poisson et l'équation des ondes [J]. Comptes-Rendus Acad. Sc. Paris, 1952,234:2584.

[25] WEINSTEIN A. On the Cauchy problem for the Euler-Poisson-Darboux equation [J]. Bull. Amer. Math. Soc., 1953,59:454.

[26] WEINSTEIN A. Generalized Axially Symmetric Potential Theory[J]. Bull. Amer. Math. Soc., 1953,59(1):20-38.

[27] WEINSTEIN A. On the wave equation and the equation of Euler-Poisson-Darboux[J]. Proc. 5th Symposium in Applied Math. 1952,137.

[28] WEINSTEN A. The singular solutions and the Cauchy Problem for generalized Tricomi equations[J]. Comm. Pure and Applied Math., 1954,7(1).

[29] WEINSTEIN A. On a class of partial differential equations of even order[J]. Annali di Matematica, 1955,4(39).

[30] WEINSTEIN A. The generalized radiation problem and the Euler-Poisson-Darboux equation[J]. Summa Brasiliensis Mathematicae, 1955,3(7).

[31] WEINSTEIN A. Sur un problème de Cauchy avec des données sous-harmoniques[J]. C. R. Paris, 1956, 243:1193.

[32] WEINSTEIN A. On a Cauchy problem with subharmonic initial values[J]. Annali di Matematica, 1957,7(4).

[33] FRIEDMAN B. An abstract formulation of the method of separation of variables[J]. Proc. of the Conf. on Differentiel Equations, 1955,7.

[34] ROSENBLUN P C. Linear Partial Differential Equations [J]. Massachusetts: Harvard University Pub, 1957.

CHAPITRE Ⅷ LE TYPE MIXTE

151. La distinction entre les différents types d'équations aux dérivées partielles, telle que nous l'avons établie au Livre II, repose sur les propriétés des coefficients des termes du second ordre. Elle peut être étudiée une fois pour toutes si ces coefficients sont constants: c'est le cas qui s'est présenté le premier à l'étude et qui a été le plus longuement approfondi.

Mais lorsque les coefficients des dérivées secondes sont des fonctions des variables indépendantes, une artre circonstance peut se présenter. Bornonsnous, comme nous allons le faire dans ce qui va suivre, au cas où le nombre de ces variables est $m=2$, l'équation étant

$$(\mathscr{E})\qquad A\frac{\partial^2 u}{\partial x^2}+2B\frac{\partial^2 u}{\partial x\,\partial y}+C\frac{\partial^2 u}{\partial y^2}+\cdots=f(x,\ y)$$

où les termes explicitement écrits sont ceux qui contiennent les dérivées secondes. La distinction entre les différents types dépend du signe de la quantité

$$\Delta=AC-B^2 \tag{1}$$

Or, du moment que cette quantité est fonction de x et de y, ce signe est susceptible de changer lorsque le point $(x,\ y)$ se déplace dans le plan; nous pourrons avoir à étudier l'équation dans des régions à l'intérieur desquelles un tel changement de signe de la quantité (1), donc un changement de type se présente. Nous dirons alors que nous avons affaire au *type mixte.* La région où se posera notre problème se composera d'une région "elliptique" où $\Delta>0$ et d'une région "hyperbolique" où $\Delta<0$, le passage entre les deux ayant lieu (si les coefficients sont continus) le long d'une ligne "singulière" ou "parabolique", d'équation $\Delta=0$.

Il était donné à S. A. Chaplygin de montrer que cette circonstance est susceptible d'une interprétation physique importante: cela dès 1904 dans son Mémoire *Sur les jets gazeux*①. Toutefois ses recherches fondamentales ne furent traduites du russe et, par conséquent, portées à la connaissance des géomètres occidentaux qu'en 1944②.

Ceux-ci les ignoraient donc lorsqu'en 1906, dans ses *Leçons sur l'intégration des équations différentielles aux dérivées partielles professées* à Stockholm③, Voterra signala occasionnellement la possibilité de la circonstance qui nous occupe. Il les ignorait encore lorsque, en 1922, M. F. Tricomi④ s'attaqua à ce type singulier d'équations. Volterra et F. Tricomi se plaçaient sur le terrain exclusivement logique et analytique et c'est notablement plus tard que Bateman, puis Frankl⑤ notèrent la signification physique du phénomène.

Le mouvement d'un fluide parfait compressible, supposé irrotationnel et plan, satisfera à l'équation aux dérivées partielles

$$(c^2-u^2)\frac{\partial^2\varphi}{\partial x^2}-2uv\frac{\partial^2\varphi}{\partial x\,\partial y}+(c^2-v^2)\frac{\partial^2\varphi}{\partial y^2}=0$$

où la vitesse (u, v) est supposée dérivee du potentiel des vitesses φ pendant que la constante c désigne la vitesse du son. Cette équation n'est pas linéaire, mais le devient lorsqu'on lui applique la transformation de Legendre en introduisant les nouvelles variables indépendantes u, v, autrement dit, lorsqu'on s'adresse à *l'hodographe* du mouvement-procédé classique en Hydrodynamique malgré la difficulté sérieuse que peut soulever la trans-

---

① *Imp. Univ. Moscow, Math. Phys. Soc.*, t. XXI (1904).

② Франкль, Ф., *Известия Акад емиинаук СССР*, *Сер. Mat.*, 8 (1944).

③ Volterra, V., Upsala, 1906.

④ Tricomi, *Mem. R. Acc. Lincei*, t. XIV_5, 1923.

⑤ Франкль, Ф., *Известия Акад емиинаук СССР*, *Сер. Mat.*, 8 (1944).

formation inverse nécessaire pour remonter de cet hodographe à la figure primitive. La transformée étant

$$(c^2-u^2)\frac{\partial^2\varphi}{\partial v^2}-2uv\frac{\partial^2\varphi}{\partial u\,\partial v}+(c^2-v^2)\frac{\partial^2\varphi}{\partial v^2}=0$$

la quantité Δ correspondante est

$$\Delta=-c^2(u^2+v^2-c^2)$$

Ainsi l'équation du mouvement, qui appartient au type elliptique pour des vitesses inférieures à celle du son, passe au type hyperbolique lorsque le mouvement devient suprasonique.

Ces conclusions de Bateman et de Frankl rejoignent ainsi celles qu'avait publiées un quart de siècle auparavant Chaplygin. Elles nous donnent d'autre part un merveilleux exemple de ce que peuvent être et devenir les relations entre la théorie et l'application. Chez Bateman et chez Frankl comme chez Chaplygin, l'existence de vitesses aériennes supérieures à la célérité de son restait purement théorique.

À ce moment là encore, qui pouvait prévoir l'importance vitale qu'une pareille circonstance devait prendre pour notre aviation, laquelle franchit quoitidiennement le "mur du son"? Aujourd'hui, les derniers progrès sur ce sujet sont accomplis par les deux ingénieurs MM. P. Germain et R. Badr.

152. La circonstance qui nous intéresse est directement liée à la question classique des *solutions ingulières*. On sait que, pour l'équation différentielle du premier ordre

$$f(x,\ y,\ \mathrm{d}y/\mathrm{d}x)=f(x,\ y,\ y')=0 \tag{2}$$

on est conduit à rechercher une solution singulière (enveloppe de la famille des courbes représentée par la solution générale) lorsqu'on a, en même temps que l'équation précédente, la relation

$$\frac{\partial f}{\partial y'}=0 \tag{2'}$$

autrement dit, lorsque (2) admet, en y', une racine double.

On avait même supposé et enseigné que l'existence des deux relations simultanées précédentes, c'est-à-dire d'une racine double, entrainait en général celle d'une solution singulière. On sait, depuis Darboux, qu'il n'en est rien: si, en éliminant y′ entre les deux équations dont il s'agit, on forme l'équation

$$\Delta(x, y)=0$$

de la courbe qui devrait donner la dite solution singulière, la tangente en un point quelconque de cette courbe n'aura pas pour coefficient angulaire la racine double y', si cette dernière ne vérifie pas en même temps (2) et (2′), la condition supplémentaire

$$\frac{\partial\Delta}{\partial x}+y'\frac{\partial\Delta}{\partial y}=0$$

ce qui n'a pas lieu en général; et, en général, la ligne $\Delta(x, y)=0$ ne sera pas l'enveloppe des courbes représent4es par la solution générale, mais bien① le lieu de leurs points de rebroussement.

Dans le cas qui nous occupe, nous pouvons appliquer ces considérations à l'équation différentielle des caractéristiques

$$Ady^2-2Bdxdy+Cdx^2=0=Ay'^2-2By'+C$$

la quantité Δ est alors celle que nous avons désignée tout à l'heure par cette notation. Lorsqu'elle s'annule, les deux directions caractéristiques se confondent, leur coefficient angulaire commun y' satisfaisant aux deux relations

$$Ay'-B=By'-C=0$$

En général, la quantité y' ainsi définie en un point quelconque de la courbe $\Delta=0$ *ne sera pas* le coefficient angulaire de la tangente à cette courbe: chaque point de celle-ci sera alors,

① Voir, par exemple, notre *Cours d'Analyse*, t. I.

pour une caractéristique, un point de rebroussement[①].

Il pourrait au contraire arriver que la direction caractéristique double se trouve coïncider avec celle de la tangente à la ligne singulière: si ceci avait lieu en chaque point, celle-ci serait alors l'enveloppe des courbes caractéristiques. Ici, comme dans ce qui précède, ce cas n'est pas celui qui se présente en fait, et nous en ferons abstraction.

152a. Que le second des deux cas distingués dans le texte relève de considérations toutes différentes de celles qui sont intervenues dans tout ce qui précède et doive être exclu, c'est ce que montre immédiatement l'exemple le plus simple qu'on puisse donner à cet égard, celui de l'équation

$$y\frac{\partial^2 u}{\partial y^2}+\frac{\partial^2 u}{\partial x^2}=0$$

Si l'on y fait $y=0$, cette équation se réduit à $\frac{\mathrm{d}^2 u}{\mathrm{d}x^2}=0$. On voit donc que cette fois, les valeurs de l'inconnue le long de l'axe des x ne peuvent plus être données arbitrairement à un degré quelconque: ce sont les valeurs d'un polynôme du premier degré en x.

153. Cherchons à simplifier la forme e notre équation par un choix convenable des variables indépendantes. Nous pourrons tout d'abord prendre pour axe des x la ligne parabolique. En désignant par x, y les variables données au premier abord, par x_1, y_1 celles que nous préférerons adopter, l'équation $\Delta=0$ de la ligne parabolique équivaudra donc à $y_1=0$.

D'autre part, nous nous proposerons d'annuler, dans l'équation des caractéristiques après transformation, le coeffi-

① Les deux "familles" de caractéristiques sont constituées chacune par un des deux arcs en lesquels une caractéristique arbitraire est divisée par son point commun, avec $\Delta=0$.

cient B du terme rectangle, la condition pour cela-c'est-à-dire, géométriquement parlant, la condition pour que les deux lignes coordonnées aient des directions conjuguées par rapport aux caractéristiques (l'une d'elles étant $y_1=0$)—sera pour l'autre

$$By'-C=0$$

Elle montre que, en un point de la ligne singulière, la direction x_1 = const. sera la direction caractéristiqe double. L'un ou l'autre des deux coefficients① A, C sera nul sur cette ligne singulière. Si, pour simplifier l'exposé, nous admettons② que ces coefficients soient des fonctions régulières de x, y, le coefficient qui s'annulera ainsi devra renfermer en facteur une puissance entière et positive y^p de y. Plusieurs auteurs, particulièrement M. Gellerstedt et Mme Cinquini-Cibrario③, ont étudié des valeurs supérieures de l'entier p (lesquelles ne donnent d'ailleurs lieu à ce que nous avons appelé le type mixte que pour p impair): nous nous bornerons au cas véritablement usuel, celui de $p=1$. Dans l'équation des caractéristiques

$$A\mathrm{d}y^2+C\mathrm{d}x^2=0 \tag{3}$$

A contient y en facteur. Nous supposerons que le facteur restant est différent de zéro dans la région que nous considèrerons; nous pourrons alors le réduire à l'unité, l'équation s'écrivant (en supposant cette transformation déjà effectuée et supprimant les indices 1 devenus inuitles)

---

① Nous supprimons maintenant pour les coefficients les indices 1, devenus inutiles.

② M. Protter traite des formes plus générales du coefficient en question. Nous renverrons à cet égard à ses récents travaux, p. ex. à son article *du Journal of rational Mech. and Analysis*, t. II, p. 107 (1953).

③ *Gellerstedt*, *Thèse*, *Upsal*; 1935; *Arkiv for Mat*, XXV A; Maria Cinquini—Cibrario, *Circ. Mat. Palermo*, t. LVI et t. LIX, 1932-1935; *Ann. Scuola Norm. Pisa*, série, 2 t. III, 1934.

$$y\frac{\partial^2 u}{\partial x^2}+C\frac{\partial^2 u}{\partial y^2}+\cdots=0$$

où le coefficient C sera essentiellement différent de zéro (la théorie pouvant comme d'habitude s'appliquer au cas où il y aurait en second membre fonction connue de x, y).

154. $A=A(y)$ étant supposé fonction croissante de y et nul pour $y=0$, sera positif dans la région $y>0$ et négatif pour $y<0$, qui seront respectivement les régions elliptique et hypergbolique. Pour chacune de ces deux régions, $y=0$ sera une ligne singulière au delà de laquelle, jusqu'à plus ample informé nous n'avons pas à prolonger les deux fonctions inconnues, de sorte que nous sommes provisoirement en présence de deux problèmes distincts:

I) intégration, dans le demi-plan $y\geqslant 0$ de l'équation ($\mathscr{E}$) du type elliptique, dégénéré le long de la ligne frontière $y=0$;

II) intégration dans le demi-plan $y\leqslant 0$, de l'équation ($\mathscr{E}$), équation du type hyperbolique dégénérée le long de $y=0$.

Ces deux questions ont été considérées dans ce qui précède; mais la résolution de l'une ainsi que de l'autre n'équivaut pas à celle du problème qui nous est actuellement posé: ce dernier consiste à déterminer UNE fonction, définie dans le plan total et y vérifiant ($\mathscr{E}$). Nous n'aurons donné un sens à notre problème qu'en spécifiant à quelles conditions l'ensemble d'une fonction u_e définie dans $y\geqslant 0$ et d'une fonction u_h définie dans $y\leqslant 0$ sera considéré comme une fonction unique u définie pour les divers $y\lesseqgtr 0$.

Nous conviendrons qu'il en sera ainsi s'il y a le long de la ligne singulière, *continuité des valeurs de u et de sa dérivée par rapport à y*: conditions qui sont précisément vérifiées pour le phénomène aérodynamique auquel s'applique notre équation.

Le domaine $\mathscr{D}$ dans lequel M. Tricomi se proposera de déterminer cette fonction unique u aura sa frontière formée:

1° d'une ligne L joignant, dans le demi-plan elliptique $\mathscr{D}_e$, deux points $x = \alpha_1$ et $x = \alpha_2$ de l'axe des x; 2° d'une arc $\alpha_1 I$ de caractéristique tracé à partir de $(\alpha_1, 0)$, forcément dans le sens des x croissants si, pour fixer les idées, nous supposons $\alpha_1 < \alpha_2$, et limité en I à l'arc de caractéristique analogue; 3° tracé à partir de $(\alpha_2, 0)$ dans le sens des x décroissants (Fig. 8.1). Il va démontrer que les données propres à déterminer une solution u de l'équation dans la région $\mathscr{D}$ ainsi délimitée sont les valeurs de cette inconnue le long de L et le long de *l'un* des arcs $\alpha_1 I$, $\alpha_2 I$. Tout d'abord on va voir qu'un tel problème, savoir:
déterminer une fonction u qui satisfasse à l'équation $(\mathscr{E})$ connaissant ses valeurs: 1° le long d'une ligne L, tracée dans le demi-plan elliptique $y \geqslant 0$ entre deux points $x = \alpha_1$ et $x = \alpha_2$ de la ligne parabolique; 2° d'un arc de caractéristique partant du point α_2 et limité à la branche de caractéristique du système opposé issue de α_1, *ne peut admettre plus d'une solution.*

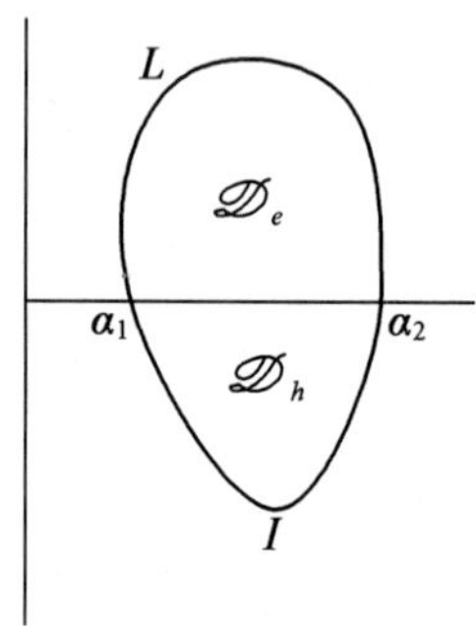

Fig. 8.1

154a. M. Tricomi d'une part, MM. Germain et Bader de l'autre, ont pu établir ce résultat par des raisonnements très différents l'un de l'autre et assez délicats. Mais, comme l'a montré M. M. H. Protter, on peut y parvenir par une extension de nos transformations fondamentales analogue à celles que nous avons étudiées à propos du problème mixte.

M. Protter se place dans des conditons aussi générales que

possible en ce qui regarde la forme de ce coefficient A de $\frac{\partial^2 u}{\partial x^2}$, en le supposant en tout cas du même signe que y et par conséquent nul sur la ligne parabolique. Quant à C, il sera positif dans tout le domaine qui nous intéressera et nous pourrons, sans diminuer la généralité, le prendre identiquement égal à 1.

155. Conformément à la méhode indiquée précédemment, et généralisée d'après une suggestion de K. O. Friedrichs, nous multiplierons le premier membre de cette équation par une expression de la forme

$$au+b\frac{\partial u}{\partial x}+c\frac{\partial u}{\partial y}$$

où a, b, c seront des fonctions restant à choisir. Le résultat peut être transformé comme nous l'avons fait au Chap. VI. En nous bornant, pour simplifier, au cas où A est fonction de y seul, ces transformations donnent l'identité

$$\left(au+b\frac{\partial u}{\partial x}+c\frac{\partial u}{\partial y}\right)\left(A\frac{\partial^2 u}{\partial x^2}+\frac{\partial^2 u}{\partial y^2}\right)=M+\frac{\partial P}{\partial x}+\frac{\partial Q}{\partial y}$$

avec

$$\begin{aligned}M=&-\left(aA+\frac{1}{2}A\frac{\partial b}{\partial x}-\frac{1}{2}A\frac{\partial c}{\partial y}-\frac{1}{2}cA'\right)\left(\frac{\partial u}{\partial x}\right)^2-\\&\left(\frac{\partial b}{\partial y}+A\frac{\partial c}{\partial x}\right)\frac{\partial u}{\partial x}\frac{\partial u}{\partial y}-\left(a+\frac{1}{2}\frac{\partial c}{\partial y}-\frac{1}{2}\frac{\partial b}{\partial x}\right)\left(\frac{\partial u}{\partial y}\right)^2+\\&\frac{1}{2}\left(A\frac{\partial^2 a}{\partial x^2}+\frac{\partial^2 a}{\partial y^2}\right)u^2\end{aligned}\tag{4}$$

$$\begin{cases}P=aAu\frac{\partial u}{\partial x}-\frac{1}{2}A\frac{\partial a}{\partial x}u^2+\frac{1}{2}bA\left(\frac{\partial u}{\partial x}\right)^2-\frac{1}{2}b\left(\frac{\partial u}{\partial y}\right)^2+cA\frac{\partial u}{\partial x}\frac{\partial u}{\partial y}\\Q=au\frac{\partial u}{\partial y}-\frac{1}{2}\frac{\partial a}{\partial y}u^2-\frac{1}{2}cA\left(\frac{\partial u}{\partial x}\right)^2+\frac{1}{2}c\left(\frac{\partial u}{\partial y}\right)^2+b\frac{\partial u}{\partial x}\frac{\partial u}{\partial y}\end{cases}\tag{5}$$

en désignant par A' la dérivée $\mathrm{d}A/\mathrm{d}y$.

Les quantités P, Q devront être, pour la validité de la formule fondamentale, continues même le long de l'axe des x et, à cet effet, nous supposerons qu'il en est de même des coefficients[1] a, b, c. En fait, nous prendrons a identiquement égal à 1 dans toute l'aire l'intégration, ce qui supprime un certain nombre de termes dans les expression M, P, Q formées ci-dessus. Quqnt à b, c, nous les supposerons en tout cas identiquement nuls dans le demi-plan elliptique et, dans le demi-plan hyperbolique, fonctions de y seul.

L'expression $\frac{\partial P}{\partial x}+\frac{\partial Q}{\partial y}$, intégrée dans $\mathscr{D}$, donnera, par la formule fondamentale, une intégrale curviligne $\int P\mathrm{d}y-Q\mathrm{d}x$ à prendre dans le sens direct, dans le demi plan hyperbolique et, moyennant la disposition de figure dont nous sommes convenus, dans le sens des x croissants, de α_1 à I et de I à α_2 suivant les caractéristiques. C'est de ces deux intégrales simples que nous allons d'abord nous occuper, en prenant pour u une solution de notre équation, supposée nulle suivant le trait L du demi-plan elliptique ainsi que suivant l'arc Ia_2 mais quelconque suivant $I\alpha_1$ sauf aux deux extrémités I et α_1 où elle doit être nulle.

Cette circonstance constitue évidemment la principale difficulté du calcul qui nous occupe et nous devons en conséquence porter avant tout notre attention sur l'intégrale relative à cet arc $\alpha_1 I$.

156. Commençons toutefois par ne pas distinguer entre les deux arcs caractéristiques dont il s'agit. Nous opérerons donc au début indifféremment sur l'un ou sur l'autre, en partant de leur

---

① Cette condition ne contredira pas la condinuité de b et de c du passage de la ligne $y=0$, nécessaire à l'application de la formule fondamentale sans terme relatif à cette ligne.

On rappelle que u et sa dérivée par rapport à y sont par hypothèse continues dans les mêmes condition.

équation différentielle commune (3) qu'il nous sera éventuellement commode d'écrire

$$A\frac{dy}{dx}=-\frac{dx}{dy} \tag{3'}$$

La quantité à intégrer est, moyennant les hypothèses simplificatrices formulées il y a un instant relativement à a, b, c

$$\begin{aligned}Pdy-Qdx &=u(A\frac{\partial u}{\partial x}dy+\frac{\partial u}{\partial y}dx)+\\ &\quad (b\ dy+c\ dx)(A(\frac{\partial u}{\partial x})^2-(\frac{\partial u}{\partial y})^2)+\\ &\quad (c\ Ady-bdx)\frac{\partial u}{\partial x}\frac{\partial u}{\partial y}\\ &=P_1dy-Q_1dx+P_2dy-Q_2dx \end{aligned} \tag{6}$$

Moyennant l'équation (3) des caractéristiques (ceci restant donc vrai sur une caractéristique de l'un comme de l'autre système) on a

$$cA\ dy-b\ dx=-\frac{dx}{dy}(b\ dy+c\ dx) \tag{7}$$

de sorte que l'expression précédente, dx/dy étant égal à$\pm\sqrt{-A}$, donne, pour les termes quadratiques en $\frac{\partial u}{\partial x}$, $\frac{\partial u}{\partial y}$

$$\begin{aligned}P_2\ dy-Q_2\ dx &=-\frac{1}{2}(b\ dy+c\ dx)(\frac{\partial u}{\partial y}+\frac{dx}{dy}\frac{\partial u}{\partial x})^2\\ &=-\frac{1}{2}(bdy+cdx)(\frac{du}{dy})^2\end{aligned} \tag{8}$$

L'arc $I\alpha_2$ porte des données (valeurs de u) nulles, du moment que u est la différence de deux solutions: le long de cet arc, P_2dy-Q_2dx est nul. Il en est visiblement de même de P_1dy-Q_1dx qui contient u en facteur.

如果说阿达玛代表着古典的风格,那么另一位法国著名数学家 R. Thom 则代表着近代的趋势,他在谈偏微分方程时指出:

在历史的进程中,偏微分方程理论有着一段奇异的经历.照道理讲,它们(偏微分方程)好像只是常微分方程某种简单的推广(当源空间的维数大于1时).然而,没有人否认常微分方程的理论是极其有用的.而且,自 Newton 以来,在力学与物理学中,它(后一理论)曾显示了微分学的强大力量.一个重要的定理,即如那确定了方程$\frac{\mathrm{d}X}{\mathrm{d}t}(x)=X(x)$的局部解存在性与唯一性的定理(其中$X(x)$是欧氏空间$\mathbf{R}^n$中的一个光滑向量场或流形),在科学的理论方面,曾扮演了一个重要的角色,因为它用易懂的决定论的术语,给出了一种精确的描述(在这个定理出现之前若干年,Laplace 也曾极好地描述过).因此人们可以预料,偏微分方程理论仅是常微分方程理论的一种简单的扩充.在18世纪,Bernoulli 和 Euler 以及后来的 Monge 和 Ampère 的工作,都是确切朝着这个方向的.但是,Euler 已经观察到,固定端点的弦振动方程具有导数不连续的解.到了19世纪,与复数域 $\mathbf{C}$ 同时,出现了解析函数的理论,且在接近19世纪中期有解析延拓,这个算法提供了一个典则方法,这个方法将一个函数外推到它的整个全纯区域上去(在实数的情形下,是外推到它的整个实截断区域上去).因此,解析理论提供了一个回答具哲学特性的疑问之方法:在同一空间的两个不相交的开集U_1,U_2上给定两个函数f_1,f_2,如何人们才能说它们属于同一个函数?我们注意到,这个问题的解答历史性地导致了现代科学的诞生以及 Galilée 在物理学上对 Aristote 决定性的胜利:被扔向高处的石头上升与它的下落显示相同的运动,虽然这两种运动概为不同质的:事实上它们具有相同的方程式$z=z_0-\frac{1}{2}gt^2$.

物理学定律的概念本身,需要函数这样的特性化判定.可是,显然在C^∞可微理论中不存在任何这类特性化判定.因为,一个已知在$[-1,0]$上可微的实函数,可以任意延拓到$[0,1]$上.因此物理定律的确定差不多必定导致数学研究对象的解析性.但是,解析延拓导致了一种令人生畏的现象:延拓的不唯一性,就像我们观察像$\sqrt{r(z)}$的函数($\mathbf{C}$上 Riemann 曲面的分支).常微分方程重解的存在性已为 Euler 从对数函数得知:照此,在决定论的苛求与延拓解必要的严格之间,就出现了不可克服的冲突.此外,Euler 也曾给过一个非常简单的常微分方程的例子，它的过原点的唯一解（原点是这个解的孤立奇点）具有一个发散级数展开 $\sum n!\ x^n$，这是一个不可能实现的形式解.

在 19 世纪期间，人们才逐渐认识到了这些困难. 人们研求尽可能向深远推展与整收敛级数操作联系的解析方法，这研究与适定问题概念和 Cauchy-Kowalewska 定理一起达到了顶峰. 在这种情形下，从包容空间中的超曲面上的 Cauchy 给定件出发，得到了事实上解的局部实现. 因此，常微分方程的基本定理的地位就被更新，但这一次是在无穷维泛函空间上（对适定的 Cauchy 给定件）. 更近时，定性动力学的发展，起自 19 世纪末 Poincaré-Birkhoff 工作的结果，显示了在抛射体的整体运动中，奇异现象经常具有决定性的重要性. 这个事实正如 Boussinesq 已看到的那样，一般地推翻了决定论——到处是混沌，围绕着它，人们已制造了那么多的噪音……

另一方面，实际的需求（在流体力学，在连续介质力学）迫使人去计算一些解，而其实际存在性并未被怀疑. 但是没有任何定理能保证它的数学存在性. 在这些困难面前，人们曾求助于两个解脱方法：

1）第一个方法，对常微分方程，借助于古典模式的离散化近似方法，即 Runge-Kutta 方法. 计算机的使用，允许有效地实现那许多可观的计算，但在网格上计算，需要一些专门的技术（此方法称之为有限元法）.

2）第二个方法更理论化，它把函数的概念推广到分布（distribution）的概念，人们已知在量子力学中这种方法的成功. 可是它带有两个不便：其一，结果的运用必然地变成统计学的；另外，代数与计算的可能性减弱了：形式主义本质上信赖向量空间理论的对偶性，这就在原则上禁止了乘法的使用，场的量子场论的主要部分被固定以解决这个问题为目标.

一般地，证明流体力学方程局部解存在的不可能性是留给偏微分方程理论的一个中心疑谜. 很多作者估计，问题的精确求解并不合理，因而，对带有边界条件的变分原理的合理整体逼近好像能更好地论证. 但是，解的局部决定问题仍未被解决. 这是施惟慧工作的价值.她赖用其兄施惟枢创造的称为“gradué associe de D”的一种专门方法,接触上述问题,并且对在理论上极为重要的某些情况,求得了解决(译者注:这里的“gradué associe de D”是求解偏微分方程这一特殊方法中的一个本质问题,因而其创造者将其称为“D 的本方程”).

为了处理偏微分方程的问题(特别为局部解研究)施惟枢精心制定的方法初看起来好像非常复杂.这个方法没有得到专家们的有利的采纳:依我看,特别在一开始,就涉及了社会的惰性现象.依照他的那些符号,这个方法是建立在 Ehresmann 的 jets 的理论之上的.这个理论已有了差不多四十多年的历史,但却并未成功地在大学的教学中占有一个恰当的地位;在纯数学中,它只被微分拓扑专家们应用,分析专家们更喜欢线性对象的使用,比如带有向量纤维的簇,微局部对象以及上同调方法.比起观察,人们宁愿计算:这样可以少费力气而更令人信服.的确,在施惟慧的学位论文中,人们会找到某种意义的同调(同调又称为 sectionnelle,其兄长施惟枢是创始人),但是我不相信她在这里所做至多是符号的运用……

重新回到施惟枢的 gradué 的主要构造上来.考虑两个 C^∞ 流形 V 和 Z.一个 r 阶的偏微分方程是一个在任一点 $x,z,x\in V,z\in Z$,连接 f 的 j 阶,$j\leqslant r$,偏微分之间的一个关系式,这里 f 是一个从 V(源流形)中点 x 的领域 U 到 Z(终流形)的点 z 的邻域 W 的 C^∞ 对应,jet 是通过 x 和 z 的局部图来定义的(以后,我们使用施的术语,偏微分方程即偏微分方程组).这些关系式可以用连接局部坐标的一些方程式来表示;更一般地,可以定义它们犹如 V 到 Z 的 jets 之空间 $J^r(V,Z)$ 的某个子集合 $E(r)$.那么,将 $E(r)$ 投影到 J^{r-i} 上,$i<r$,这就定义了集合 $E'(r-i)$;在这些集合上,运用 Ehresmann 运算的逆,这个逆运算典则地按照 $J^{r+1}(V,Z)\rightarrow J^1(V;J^r(V;Z))$ 来定义,这样,它就将 r 阶变成了$(r+1)$阶(事实上,一般说来,这就是联结偏导数的方程的求导).运用这两个互逆的运算,并且交替使用,应直到求出一个稳定的序列,它就定义了原方程式的本方程.这里提出一个原则的问题,据我所知还未被解决,即:是否确知这个程序终止在一个不变的序列上?后面我们将回到这个问题上来.

一旦得到了本方程,施惟枢就构造了空间 $E_{1,k}(V;Z)$ 与

$W_{1,k+1}(V;Z)$,它们位于原本非常复杂的空间里

$$E_{1,k}(V,Z)\subseteq G^*(TJ^k(V;Z)\times J^{k+1}(V;Z))$$

为了解释这些问题的引入,我想应该回忆一下一个古典问题:Pfaff问题.

假设 G^r 是 $\mathbf{R}^n$ 中过原点 O 的 r 维平面构成的 Grassmann 流形 $(r<n)$,典则纤维丛 $F(G^r)$ 由偶 $x\in\mathbf{R}^n, h(x)\in G^r(x)\subset T^*(x)$ 组成. 纤维空间 $F(G^r)\to\mathbf{R}^n$ 的一个连续截口是 $\mathbf{R}^n$ 上的一个 r 维平面场 h. Pfaff 问题是:对一个这样的场 $h(x)$,去寻找 $\mathbf{R}^n$ 中所有的流形,使得在每一点,它们切于这个场 h(原则上是去寻找具维数 r 等于这个场的维数的流形).

Pfaff 问题所关注的,就在于它对所有的偏微分方程的普适性. 事实上,一个 r 阶偏微分方程的问题(偏微分方程定义于 $J^k(V;Z)$ 中如前),回归到求解如下定义的一个 Pfaff 问题:

设集合(F)由这个方程式的一些关系 f 所定义,这个方程化归成它的本方程,在(F)的切平面上,添加上由 Cartan 理想子代数所定义的相切条件的集合,这个理想子代数是由 j 阶偏微分 p_w 的全微分表达式生成,这些表达式就是$(j+1)$阶偏微分之和 $\sum p_{w,i}\mathrm{d}x_i$. 这里我们假定关系式 f 定义了 $J^m(V;Z)$ 中的一个子流形(F). 施的 p-前集合(D)的集合论形式的结构是在这一方面最一般的.

为了对 $\mathbf{R}^n$ 中 k 维场 h 求解这一问题,我们寻找 s 维流形 $Y^s(n>s>(n-k))$,$(n-k)$是 h 在 $\mathbf{R}^n$ 中的余维数,使得场限制在 $h\cap Y^s$ 上是完全可积的. 这样做,我们不需要得出所有的解,而仅仅是余维数为$(n-k)$的层空间中的一些层. 在绝大多数情形下,对于$s=(n-k)+1$情况就是如此,因为这时就有由1-平面场($Y^{(n-k)+1}$中的方向场)定义的一些曲线. 我们假定在 $\mathbf{R}^n$ 中的余维数为$(n-k)$的场 $h(x)$是如下的一个向量集合:

在 $\mathbf{R}^n$ 的每点,它将线性无关的$(n-k)$个 Pfaff 形式系统$W_i(x_j)\in T^*(x_j)$化为零. 由对应 $f:Y\to\mathbf{R}^n$ 嵌入到 $\mathbf{R}^n$ 的一个流形 Y,如果它满足以下条件,就说它是 Pfaff 问题的解,条件是:在 Y 上,f 的诱导系统 $f^*(Y)=0$在 Y 内是完全可积的,就是说,它满足 Frobenius 定理:$f^*w_1\Lambda w_2\Lambda\cdots\Lambda w_{n-k}\Lambda\mathrm{d}w_j=0$.

此外,假定在每点f横截场h,这在绝大多数情形下都是对的,如果Y的维数大于$(n-k)$. 这时,对$y\in Y$,可以找到$T^*(y)$的一个局部基底,它由向量组$\boldsymbol{Y}_1,\boldsymbol{Y}_2,\cdots,\boldsymbol{Y}_{n-k},\cdots,\boldsymbol{Y}_m$组成,其中前$(n-k)$个向量$\boldsymbol{Y}_1,\boldsymbol{Y}_2,\cdots,\boldsymbol{Y}_{(n-k)}$组成了这些$w_j$的系统的诱导形式之向量空间的生成元$f^*(w_j)$的一组对偶基. 那么我们假定已经得到了$Y(m)$的维数为$(m)$的解流形. 为了局部地构造$Y(m+1)$的解流形,选择一个局部向量场$Z$,它横截$Y(m)$,并且以场$Z$的积分生成的微分同胚移动$Y(m)$,因此我们得到了一个$(m+1)$维的局部流形. 为了写出这个流形是一个解,就必须写出括号$[Z,Y_1],[Z,Y_2],\cdots,[Z,Y_m]$之每一个是$Y_i$和$Z$的一个线性组合,$0<i<m$. 因此在绝大多数情形下,只需用$m(n-m-1)$个无关条件去约束$Z$,这里$n-m-1=\dim \mathbf{R}^n-\dim Y(m+1)$即$Y(m+1)$的余维数. 在此过程中我们指出:当维数$m$接近数$n/2$时,解决 Pfaff 问题是更困难的.

现在我们回到施惟枢的算法上来. 这个算法以本质的方式在关于集合$E_{r,k}$和$W_{r,k}$的定义中引入几何对象 GTJ,这里G是一个 Grassmann 流形横截G^*. 当我们想按照r维截口单形的维数的归纳法来讨论一个k阶偏微分方程的求解问题时,后一个空间$W_{r,k}$扮演了一个基底空间的角色. 用施的方法,支配r-截口单形提升的 Cauchy 问题的态射对应$E_{rk}(D)\to W_{r,k}(D)$从 Pfaff 问题的角度来看,对应着从Y_m到Y_{m+1}的解的延伸运算. 在后一个问题中,我们有一个$J^r(1,G_m)\to\sum\to G_{m+1}$的典则对应,其中$\sum$是一个在$J^\infty(1,\dim.\ G_m)$中余维数为无穷的$p$-集合. 在 Pfaff 问题的情形下,这与按照 TGJ 构造的空间相对应. 那么,在施的理论中,我们就有 GTJ. 这种差别来自何方呢? 空间 GTJ 的建造,引进了大量的参数:施惟慧的矩阵计算研究(比如关于 Landau-Lifchitz 方程),似乎证明这些参数是过多了. 它们的引入能显示出一种无用的复杂——但是,空间$TJ^r(V;Z)$的引入有着技术上的理由. 不要忘记这个方法的目的是去建立解的一个形式 jet,这就要求按照归纳法从r阶开始去计算$(r+1)$阶 jet 的组成,这就好像 Cauchy-Kowalewska 定理是使用优级数方法一样,但是,如果M是一个流形,切丛T^*M与$J^1(M)$的差别只是差了一个因子M(终结空间),这里反向提升$J^1\cdot J^r(V;Z)$被 Ehresmann 映射之逆e^{-1}寄送到$J^{r+1}(V;Z)$. 因而可以这样来解释:施的

空间 G^*TJ^r 与 Pfaff 情形下我们的空间 TG_m 扮演着同样的角色,切空间 TG_m 差不多总是可以寄送到 G_{m+1} 中去的. 在施那里,形式主义地引进的、维数的多余部分,是为可信息化的一般描述所付出的代价.

当然,这些考虑一点也没有简化有效地寻求解的问题. 已知的 Pfaff 问题的那些结果像在施的技巧中一样,除了维数或余维数小于 2 的明显情况以外,都是建立在解析性的假设之上,这种假设引向 Cauchy-Kowalewske 定理的应用——或者引向将 Cauchy-Kowalewske 定理的情形推广到施惟枢的分层上去. 可是,施的技巧允许一些负面的定理,比如对某些方程,C^r 解的不存在性定理. 必须注意这样一个事实:在我们的作者这里,解与适定问题的概念与经典用法是有区别的:一般,要求关于 Cauchy 给定件的局部解的存在性和对于边界上给定件小扰动下解的稳定性(若干提升横截性的结果). 因此,这种方法几乎没有允许得到存在性定理,可是反过来这种方法允许叙述为了得到好解的必要条件.

这个作法,在某种意义下,从已被完满解决的问题出发,以它的新观点,提出了若干不容易懂的问题,已经取得的结果与 Nash 和 Serrin 曾发表过的文章中的某些结果的不相容性,使得这种新观点难以被接受. 我们很希望对施惟慧工作的细心阅读能够驱散这些怀疑,这样显然将会留下一个做解释的问题:如何从物理学的角度去理解施惟慧的、关于一般流体方程在超平面 $t=0$ 上的初值问题的不可能性? 很可能应该注意关于解的概念所做的稳定性假设. 这些认可的超平面是由末方程剔选出来的(不幸的术语! 因为实际上这些方程是一些不等式方程). 这就提出了一个一般性的问题:在他的整个理论结构中,以严格的方式强加上了源投影对应 $\alpha: J^r(V;Z)\to V$ 取最大秩的条件,施已除去了有如按一般嵌入 $F: V\to J^k(V;Z)$(并不必要横截 α)去考虑广义多重解的可能性. Hamilton 动力学告诉我们,这种解显示并给予了光学中的奇异现象(焦散面)以及声传播学(在 Riemann-Hugoniot 方程的特征方程中)击波的诞生. 为这种推广留有一席之地似乎是合乎逻辑的,即使这些相应的解会物理地带来冲击之产生. 在冲击产生的地方,应该观察施的末方程看成噪声产生的所在(对于 Landau-Lipschitz 方程的情形中一些一阶导数). 我们以为,广义解(多重)的使用,在实际流体力学中是必然的,在这个领域内,不能忽视 Hamilton 理论与

Lagrange 流形的奇异投影.

我们再谈谈关于潮涌理论这一离题的话题,在《结构稳定性与形态发生》一文中,我们已经解释过浪脊的涌动点有如双曲脐点型的 Lagrange 奇异性. 我们考虑无黏性,完全可压流体(当然,这是一种高度的虚构!):它的物质实现是由固体粒子的弹性碰撞所提供的. 如果没有任何碰撞,则其轨线就是$T^*(\mathbf{R}^3)$的 Hamilton 场在$\mathbf{R}^3$中的投影. 我们假定这种流动含有两种主要流,它们分别由不同的速度V_1,V_2所定义. 在一个以平均速度$\frac{1}{2}(V_1+V_2)$运动的参考系(M)中去观察以速度V_1的粒子与速度V_2的粒子的互撞,就像两个不同的粒子相遇. 由于它们的轨线是错开的,因而这种互撞并未影响它们相对于参考系(M)的速度,如果我们接受粒子的不可区别性的量子力学原理能扩展到我们的系统,我们就可看到在平均参考系中取消碰撞,每当保持一个具有相反值的多重速度场. 照此,设想一种不易压缩的液体,比如水,仍然可以局部地显现出一个多重虚拟速度场. 在速度偏差消失的地方(这出现在轨线投影的焦散包络面上),我们观察到一个曲面可能正好是水流的边界. 我们请读者在厨房里做一个简单的试验:让水龙头的柱形水流垂直流入洗涤槽内,以一个刀片切断水流,刀片的轴线保持水平,但在刀片的宽度方向,使刀面的垂线与水平方向成一个小角度θ. 那么来观察由曲线(P)限制的液面(S)的形成. 其上半部分好像是抛物线,而当液面离开刀片向下移动时,其边界则互相靠近,液面终止在一个多角点上,在那里,当两个边界在对称平面内合拢时,液面(S)以唯一的垂直流向下涌动.

解释是简单的:在初始流在刀片上的冲击点O切于刀片的水流在点O就具有一个 repulseur(纽结)奇点. 由于没有摩擦,粒子从这点出发,在刀片上就画出了一些抛物线,它们包含着一个包络面,它推广了炮兵部队中广为人知的古典安全抛物线;这就是液面(S)的边界. 在流动的下部,我们观察到由(P)导致的两个平均场的对称碰撞,它们在垂直跌落的流动中融为一体,液面(S)终止在对称轴的多角点上,这个点表现了对于系统扰动的一种很好的稳定性. 我们将可以看到,由 Stokes 在浪脊的涌动点上观察到的临界角的持续实现.

一种常见的对施惟枢方法的异议是,这种方法强调了关于偏微分方程的形式可解性与准确可解性,然而,在普通情形下,确切地去求解一系统之可能性是易于检验的,据我看,这正是一个优越之处. 目前,我们还不知道(除非在半线性的情形下)本方程的构成是否是一种构造性的运算(如果它能终停). 但无论如何,应该说服自己去重新察看两个偏微分方程组是否共轭的问题,即是否能通过在源空间与终空间上坐标变换将一个变成另一个. 这个问题很可能是不可解的. 因为,由于在原点奇异性的存在,使得态射 $f:\mathbf{R}^n\to\mathbf{R}^m$ 的芽空间(或模)是一个无穷维函数空间,允许对这个问题给予一个否定的回答. 在这个理论吸引了注意力到这形式观点中,施氏的工作演示着一种很有用的角色. 它们的相对朴实的来临已取得了一种通报信息的形象,即已经显示了某种可操作性. 无疑地,接下来要做与偏微分方程上具体应用相结合,种种迹象表明,这将很快导致成功.

对于同一数学分支,不同国家,不同的数学学派对其侧重及研究风格都是不同的,微分方程也是如此. 既然本书源自于俄罗斯,那我们就不妨看看 20 世纪中叶俄罗斯数学家眼中的微分方程理论和数学物理的某些尚未解决的问题:

В. И. Арнольд 的问题

1. n 次多项式的球函数的零点集,把球最多能分作几部分?

[已知 Courant 定理(对二维球) 给出上界为 $n^2/2+O(n)$,而 В. Н. Карпушкин 的例子给出下界为 $n^2/4+O(n)$.]

这样函数的极大值最大个数是怎样的?

2. 求非退化齐次方程 $\dot{x}=P(x)$ $(x\in\mathbf{R}^n)$ 的空间分量的个数,P 的分量是除坐标原点外无公共零点的二次齐次多项式.

[几何问题(当 $n=4$ 时) 化为研究四个一套二次曲面(椭圆面) 在投影空间的变形. 这些二次曲面容许退化,甚至消失,但不容许在一起有公共点. 问:互相不是同伦的四个一套共有几套? (当 $n=3$ 时——三个一套椭圆;在此情形回答是 2 套. 一个三个一套的椭圆互相不相交,而对另一个三个一套,每个椭圆隔开另外两个椭圆的两个交点.)]

3. n 个可积多项式的组在 n 次多项式小扰动时可以生成多少个极限环?

［问题化为研究积分 $I(h)=\oint\frac{P\mathrm{d}x+Q\mathrm{d}y}{M}$ 的零点的个数,其中 I 是沿着具有积分因子 M 的,方程组 $\dot{x}=X(x,y),\dot{y}=Y(x,y)$ 的围路 $H=h$ 上的积分,X,Y,P,Q 都是 n 次多项式. 这个问题连在 $n=2$ 时还尚未解决,且甚至在当 H 是多项式,$M=1$ 的情形也未解决. 在当 $M=1,H,P,Q$ 都是固定次数的多项式的情形,对零点的个数有一致的上界估计(А. Н. Варченко,А. Г. Хованский),但是这个估计对解决原问题尚无裨益.］

4. 回旋形数序列定义如下:

1,1,2,3,8,14,42,81,…. 设有一条无穷的河,从西南流向东方,用 n 座桥和一条无穷的大道相交,这大道从西一直通向东,这些桥沿着大道从西到东用数字 1,…,n 来标记. 在河上碰到桥的次序定义了数 1,…,n 的回旋形排列. 回旋形数 M_n 是由 n 个元组成的回旋形排列.

［回旋形数具有绝妙的性质,例如,M_n 非偶当且仅当 n 是二的阶(С. К. Ландо).］求出 M_n 当 $n\to\infty$ 时的渐近性.［已知,$c4^n<M^n<C16^n$,c,C 为常数.］

5. Navier-Stokes 方程(譬如,在二维环面上)最小吸引子的 Hausdorff 维数的极小随雷诺数的增大而增大,是否正确?

［甚至连存在至少有某些极小吸引子,其维数随雷诺数增大这一点也未证明. 已知的只是用雷诺数的幂次给出所有吸引子的维数的上界估计(Ю. С. Ильяшенко,М. И. Впшик 和 А. В. Бабин 的结果).］

М. И. Вишик 的问题

1. a) 考虑含有小参数 λ 的反应扩散方程组

$$\partial_t u=\Delta u-f(x,u,\lambda)-g(x)\equiv A(u,\lambda) \qquad ①$$

$$u=(u^1,\cdots,u^m),f=(f^1,\cdots,f^m)$$

$$|\lambda|\leqslant\lambda_0,x\in\Omega\subset\mathbf{R}^n$$

$$u|_{t=0}=u_0(x),\left.\frac{\partial u}{\partial v}\right|_{\partial\Omega}=0 \qquad ②$$

当 f 和 g 满足某些条件时,问题 ①,② 对应于作用在空间 $E=(H_1(\Omega))^m$ 的半群 $\{S_t(\lambda),t\geqslant0\}$ $(S_t(\lambda)u_0=u(t,\lambda)$,这里 $u(t,\lambda)$ 是问题 ①,② 的解),对任意的 $t\geqslant0$. $S_t(\lambda):E\to E$. 如果 $\lambda=0$ 时 $f(x,$

$u,0)=\nabla_u F(x,u)$,那么在满足某些条件下,建立 $u(t,\lambda)(u(t,\lambda)\in E,\forall t,\forall\lambda)$ 关于 λ 的稳定渐近的主要项 $\tilde{u}_0(t)$,这个渐近关于 t 和 $u_0(\|u_0\|_E\leqslant R)$ 是一致的. 函数 $\tilde{u}_0(t)=\tilde{u}_0(t,\lambda)$ 关于 t 分片连续,它依赖于 λ,它的连续部分满足 $\lambda=0$ 时的极限方程组

$$\partial_t\tilde{u}_0(t)=A(\tilde{u}_0(t),0)$$
$$\tilde{u}_0|_{t=0}=u_0=u_0(x) \qquad ③$$

所有 $\tilde{u}_0(t)$ 的连续部分,除了第一片外,属于③的解的有限参数族. 同时有估计

$$\sup_{0\leqslant t<\infty}\|u(t,\lambda)-\tilde{u}_0(t)\|_E\leqslant C|\lambda|^q$$
$$q>0,C=C(R) \qquad ④$$

问题在于求 $u(t,\lambda)$ 的稳定渐近的下一项,即建立关于 t 分片连续的这样的矢量函数 $\tilde{u}_1(t)\in E$,它第一个连续片外,属于曲线的有限参数族且满足估计

$$\sup_{t\geqslant 0}\|u(t,\lambda)-\tilde{u}_0(t)-\tilde{u}_1(t)\|\leqslant C_1|\lambda|^{q_1},q_1>q \qquad ⑤$$

b) 对具有耗散的、在 $\partial_t^2 u$ 前含有小参数 λ 的双曲型方程

$$\lambda\partial_t^2 u+\gamma\partial_t u=\Delta u-f(u)-g(x),u|_{\partial\Omega}=0,\gamma>0 \qquad ⑥$$

$$u|_{t=0}=u_0,\partial_t u|_{t=0}=p_0 \qquad ⑦$$

在 $f(u)$ 和 $g(x)$ 满足某些条件下求出了解 $u(t,\lambda)$ 关于 λ 稳定渐近的主要项 $\tilde{u}_0(t)$,它满足形如④的估计,其中 $E=H_1$. 函数 $\tilde{u}_0(t)$ 关于 t 分片连续,在间断点外是下列极限抛物型方程的解

$$\gamma\partial_t\tilde{u}_0(t)=\Delta\tilde{u}_0(t)-f(\tilde{u}_0(t))-g$$
$$\tilde{u}_0|_{t=0}=u|_{t=0}=0 \qquad ⑧$$

$\tilde{u}_0(t)$ 的所有连续片,除第一片外,属于⑧的解的有限参数族.

问题在于求 $u(t,\lambda)$ 的稳定渐近的这样的下一项 $\tilde{u}_1(t)$,它满足估计式⑤.

c) 还可提出关于求依赖于小参数 λ 的半群 $\{S_t(\lambda)\}$ 的轨迹 $u(t,\lambda)$ 的稳定渐近的第二项的类似问题. 这时假定半群 $\{S_t(\lambda)\}$, $|\lambda|\leqslant\lambda_0$,满足类似于问题①,②或⑥,⑦相对应的半群所满足的条件.

2. 在对大雷诺数 Re 的情形求二维 Navier-Stokes 方程组吸引子 $\mathscr{U}$ 的 Hausdorff 维数的下界估计. 定义指标 q,对它有估计式

$$C(\mathrm{Re})^q\leqslant\dim_H\mathscr{U} \qquad ⑨$$

($\dim_H \mathscr{U}$ 是 $\mathscr{U}$ 的 Hausdorff 维数).

注 1 对关于 x_1 有周期 $2\pi/a$(a 是小参数) 关于 x_2 有周期 2π 的 Колмогоров 周期流,在 ⑨ 中可以取$q=1$. 看来,这个估计可以改进.

3. 设已给方程组

$$\partial_t \tilde{u} = f(\tilde{u}), \tilde{u} = (\tilde{u}^1, \cdots, \tilde{u}^m), f = (f^1, \cdots, f^m) \tag{10}$$

$f'_u \geqslant -\boldsymbol{CI}$($\boldsymbol{I}$ 是单位矩阵). 此外,对 f 可能添加补充条件. 假定方程组 ⑩ 具有紧的最大吸引子. 设 $u(t,x,\varepsilon)$ 是下列偏微分方程边值问题的解

$$\partial_t u = \varepsilon \Delta u + f(u), \varepsilon > 0, x \in T^n, T^n \text{ 是环面} \tag{11}$$

$$u|_{t=0} = u_0(x) \tag{12}$$

问题在于求解 $u(t,x,\varepsilon)$ 关于 ε 的稳定渐近的主要项 $\tilde{u}$,这个渐近关于 $t(0 \leqslant t < +\infty)$ 和 $u_0(x)$($\|u_0(x)\|_C \leqslant R$) 是一致的. 同时对 $\tilde{u}$ 有估计

$$\sup_{0 \leqslant t < +\infty} |u(t,x,\varepsilon) - \tilde{u}(t,x,\varepsilon)| \leqslant C\varepsilon^q$$

$$q > 0, C = C(R)$$

Ю. С. Ильяшенко 的问题

所提问与第 16 问题紧密相连. 这个问题有几个互相加强的形式. 中间形式是这样的:证明:对任意 n 存在这样的 N,使得在实平面上 n 次多项式矢量场有不多于 N 个极限环. 在 20 世纪初,当问题被提出时,最自然的矢量场的有限参数族曾是固定次的多项式族. 在现时已普遍用"典型的"有限参数族.

1. Hilbert-Arnold 问题. 证明:在二维球上对光滑(即 C^∞ 类) 的矢量场的典型有限参数族存在这样的 N,使得族的方程有不多于 N 个极限环. 假定族的基是紧的. 这个问题与 Arnold 所提的问题接近,由此而得此名. 族的典型性条件是本质的,这是因为个别的 C^∞ 类矢量场可以有可数个极限环. 注意到,在典型的有限参数族中所遇到的光滑函数多数像是解析的.

下列两个问题是对前面的补充.

2. 初等复形环的分歧. 矢量场在平面上的奇点称作初等的,如果相应的线性场在这点的本征值至少有一个值不等于零. 复形环(分界线多边形) 被称作初等的,如果所有它的奇点都是初等的.

考虑平面上光滑矢量场的初等复形环. 假定它的单值变换(преобразование монодромии)有非恒等的Dirac级数. 要求证明:在任意有限参数光滑族中的这种复形环可分歧产生极限环,它的个数不超过一个常数,这个常数依赖于形变场,但不依赖于形变.

注2 所作假定不成立,也即,Dirac级数的修正等于零,这个条件分出余维为无穷的矢量场集合;由这个集合导出的方程,在典型的有限参数族中碰不到.

3. 族中奇异性的分解. Bendixson-Дюмортье经典定理确证;解析矢量场的孤立奇点或光滑矢量场的有限重奇点,经有限个 σ - 过程之后,可以分解成有限个初等奇点. 对矢量场的局部族类似的定理是否成立? 在二维相空间和有限维参数空间 B 的乘积空间的点(0,0)的领域中,详细考虑微分方程族 $\dot{x}=v(x,\varepsilon)$. 是否存在流形 M 和 M 上方向场 α,使得图1是可交换的,且满足下面这些要求:

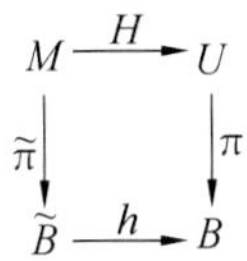

$$\begin{array}{ccc} M & \xrightarrow{H} & U \\ \downarrow{\scriptstyle \tilde{\pi}} & & \downarrow{\scriptstyle \pi} \\ \tilde{B} & \xrightarrow{h} & B \end{array}$$

图1

$\tilde{B}$ 是和 B 有相同维数的解析流形,h 是不一定一一单值的解析映射;π 是投影 $(x,\varepsilon)\to\varepsilon$;$M$ 是维数为 $\dim B$-2 的解析流形;$\tilde{\pi}$ 是解析映射,它的层是二维流形;方向场 a,在解析映射 H 的作用下,转化为这样的方向场,它是由 U 上的矢量场 $(v,0)$ 生成的;场 a 切于映射 $\tilde{\pi}$ 的层;在每一点附近将场 a 限制在每一层上,就产生只有初等奇点的矢量场.

A. C. Калашников 的问题

1. 令 $\Omega_T=\{(x,t)\mid x\in\mathbf{R}^N,0<t<T\}$,其中 $0<T\leqslant+\infty$,在 Ω_T 中考虑下列方程组

$$\frac{\partial u_i}{\partial t}a_i\Delta_x(u_i^m i)-b_iu_1^{p_i}u_2^{q_2},i=1,2 \tag{13}$$

和初始条件

$$u_i(x,+0)=u_{0i}(x),i=1,2 \tag{14}$$

的Cauchy问题. 这里

$$\begin{cases} a_i > 0, m_i \geqslant 1, p_i > 0, q_i > 0, i = 1,2 \\ b_1 > 0, b_2 \geqslant 0 \text{ 是常数} \\ u_{0i} \in L^\infty(\mathbf{R}^N), u_{0i}(x) \geqslant 0 \\ i = 1,2, \text{对几乎所有 } x \in \mathbf{R}^N \end{cases} \quad ⑮$$

问题⑬,⑭在Ω_T的广义解是矢量函数$(u_1,u_2):\Omega_T \to (\overline{\mathbf{R}}_+)^2$,属于$(L^\infty(\Omega_T))^2$,且在$\mathscr{D}'(\Omega_T)$中满足⑬和在$\mathscr{D}'(\mathbf{R}^N)$中满足⑭.

问题⑬,⑭在Ω_∞的广义解的存在性能由其他结果导出.

下列问题尚未研究:

a) 问题⑬,⑭在Ω_∞的广义解是否唯一?

b) 它的正则性如何?

2. 设(u_1,u_2)是问题⑬,⑭在Ω_∞的广义解,它满足假定⑮及下列补充条件

$$m_1 = m_2 = 1, a_1 = a_2, b_2 > 0, p_1 < 1, q_2 < 1, q_1 \geqslant q_2 \quad ⑯$$

$$\operatorname{ess}\inf_{\mathbf{R}^n}\{(1-p_1+p_2)^{-1}b_2[u_{01}(x)]^{1-p_1+p_2} - (1+q_1-q_2)^{-1}b_1[u_{02}(x)]^{1+q_1-q_2}\} > 0 \quad ⑰$$

于是,有如下结论:

a) $\operatorname{ess}\inf_{\Omega_\infty} u_1(x,t) > 0$;

b) 存在这样的T,使得$u_2(x,t)=0$对几乎所有$(x,t) \in \mathbf{R}^N \times [T,+\infty]$. 如果⑰不成立,那么结果a)和b)也不成立.

问题1 可不可以减弱条件⑯,特别是容许$m_i > 1, m_1 \neq m_2, a_1 \neq a_2$?

3. 设(u_1,u_2)是问题⑬,⑭在Ω_∞的广义解,它满足假定⑮及下面的补充条件

$$p_1 \geqslant 1, b_2 \geqslant 0, m_i > 1$$

$$u_{0i}(x) \text{ 是有界支集函数}(i=1,2), u_{01}(x) \not\equiv 0 \quad ⑱$$

于是根据关于存在有限扰动传播速度的已知结果,对几乎所有的$t \geqslant 0$,函数$u_i(x,t)$关于x是有界支集函数$(i=1,2)$. 当满足⑱及不等式

$$q_1 > m_2 - 1 + 2/N \quad ⑲$$

时,$u_1(x,t)$的支集与集合$\{(x,t) \in \Omega_\infty, |x| > L\}$(不论$L>0$为何数)有非空的交;如果

$$q_1 < m_2 - 1 + 2/N \quad ⑳$$

和

$$m_1 > m_2, b_2 = 0, N = 1 \quad ㉑$$

那么函数 $u_1(x,t)$ 被空间局部化，即 $u_1(x,t)=0$ 对几乎所有这样的 (x,t)：$|x| \geqslant L_0, 0 \leqslant t < +\infty$，这里 L_0 是属于 $(0, +\infty)$ 的某个常数.

问题 2 a) 在满足 ⑲ 的情形，当 $t \to +\infty$ 时，$u_1(x,t)$ 的支集的边界的渐近性是怎样的？b) 在满足 ⑳ 而不满足 ㉑ 时，函数 $u_1(x,t)$ 是否被空间局部化？

4. 现在将假定 ⑮ 改成下列形式

$$b_1 < 0, p_1 > 1, a_i > 0, m_i \geqslant 1, q_i \geqslant 0, i = 1,2$$
$$b_2 \geqslant 0, p_2 \geqslant 0 \quad ㉒$$

由于 ㉒ 中开头两个不等式，问题 ⑬，⑭ 在 Ω_T 中，一般说来，仅对充分小的 $T > 0$ 可解. 如果除 ㉒ 外还满足下列不等式

$$|b_1| (p_1 - 1)(\text{ess sup } u_{01}(x))^{p_1 - 1} \cdot$$
$$(\text{ess sup } u_{02}(x))^{1 + q_1 - q_2}$$
$$< b_2(1 + q_1 - q_2)(\text{ess inf } u_{01}(x))^{p_2} \quad ㉓$$

那么问题 ⑬，⑭ 在 Ω_∞ 的广义解存在，但是，当 ㉓ 不满足时，这个结论就将不成立.

问题 3 当 ㉓ 不满足时，对怎样的 T 可以保证问题 ⑬，⑭ 在 Ω_T 的广义解存在？

В. А. Кондратьев 的问题

考虑抛物型方程

$$\frac{\partial u}{\partial t} = \sum_{i,j=1}^{n} \frac{\partial}{\partial x_i} a_{ij}(x,t) \frac{\partial u}{\partial x_j} \quad ㉔$$

其中 $x = (x_1, \cdots, x_n)$，$(x,t) \in Q = \{(x,t) : |x - x_0| \leqslant a, t_0 < t < t_0 + \beta\}$，$a = \text{const} > 0$，$\beta = \text{const} > 0$. 假定 $a_{ij}(x,t)$ 是 Q 中有界可测函数且

$$\sum_{i,j=1}^{n} a_{ij}(x,t)\xi_i\xi_j \geqslant \lambda \sum_{i=1}^{n} \xi_i^2, \lambda = \text{const} > 0$$

方程 ㉔ 的（广义）解是这样的函数：$u(x,t) \in L_2(Q)$，$\frac{\partial u}{\partial x_i} \in L_2(Q)$，$i \leqslant n$，且

$$-\int_Q u\frac{\partial \Psi}{\partial t}\mathrm{d}x\mathrm{d}t+\int_Q\left[\sum_{i,j=1}^n a_{ij}\frac{\partial u}{\partial x_j}\frac{\partial \Psi}{\partial x_i}\right]\mathrm{d}x\mathrm{d}t=0$$

$$\forall \psi(x,t):\psi\in L_2(Q),\frac{\partial \psi}{\partial x_i}\in L_2(Q)$$

$$\psi|_{|x-x_0|=a}=0,\psi|_{t=t_0+\beta}=0$$

1. $a_{ij}(x,t)$ 满足怎样的条件，使得 $\frac{\partial u}{\partial t}\in L_2(Q)$ 成立？［如果 $|a_{ij}(x,t+h)-a_{ij}(x,t)|\leqslant Lh^{\gamma},i,j=1,\cdots,n,\gamma=\mathrm{const}>\frac{1}{2}$，那么这个断言不难证明.］是否能将限制 $\gamma>\frac{1}{2}$ 减弱？

2. 不难证明：$u(x,t)\in H^{0,\frac{1}{2}}(Q)$，即

$$\int\limits_{|x-x_0|\leqslant a}\iint\limits_{\substack{t_0<t<t_0+\beta\\ t_0\leqslant\tau\leqslant t_0+\beta}}\frac{|u(x,t)-u(x,\tau)|^2}{|t-\tau|^2}\mathrm{d}x\mathrm{d}t\mathrm{d}\tau<\infty$$

是否能证明，对任何 $s>\frac{1}{2}$ 有 $u(x,t)\in H^{0,s}$？

С. Н. Кружков 的问题

1. 设 $u_0(x)\in L_\infty(\mathbf{R}^1),u(t,x)\in L_\infty(\Pi_T)$，这里 $\Pi_T=(0,T]\times\mathbf{R}^1$，而且在 Π_T 有 $u_t+(u^2/2)_x=0,(u^2/2)_t+(u^3/3)_x\leqslant 0$，并在广义函数理论意义下 $u(t,x)\to u_0(x)$ 当 $t\to+0$.

考虑在给定函数 $u_0(x)$ 时关于函数 $u(t,x)$ 的唯一性问题.

2. 设 $u=(u^1,u^2)\in\mathbf{R}^2,\varphi(u)=(\varphi^1(u),\varphi^2(u))$，其中 $\varphi^1(u)$，$\varphi^2(u)$ 是 $\mathbf{R}^2$ 上的光滑函数，而且雅可比矩阵 $\varphi'(u)$ 有实的和不同的本征值. 在 $\mathbf{R}^2$ 上考虑线性双曲组

$$\varphi^1_{u^1}F_{u^1}+\varphi^2_{u^1}F_{u^2}=G_{u^1}$$
$$\varphi^1_{u^2}F_{u^1}+\varphi^2_{u^2}F_{u^2}=G_{u^2}$$

（可缩写为 $\varphi'(u)F_u=G_u$），其中 $F(u)$ 和 $G(u)$ 是 $\mathbf{R}^2$ 上两个李普希茨连续的标量函数，它们几乎处处满足这个方程组.

问：在 $\varphi(u)$ 满足什么条件下，存在一族依赖于参数 $k=(k^1,k^2)\in\mathbf{R}^2$ 的解 $F(u,k)$ 和 $G(u,k)$，它们具有下列性质：

1）$F(u,k)=F(k,u),G(u,k)=G(k,u)$；

2) $F(u,k) \geqslant 0$ 且 $F(u,k)=0 \Leftrightarrow u=k$;

3) 在任意紧集 $K \subset \mathbf{R}^2 \times \mathbf{R}^2$ 上满足不等式 $|G(u,k)| \leqslant C_k F(u,k)$, $C_k = \text{const}$;

4) 函数 $F(u,k)$ 关于 u 和关于 k 都是凸的? 考虑这个问题,对拟线性双曲型方程组理论,不论是整体提法还是局部提法,都是有意义的.

3. 设矢量函数 $\varphi(u)$ 满足前面问题的条件,而函数 $u_0(x) = (u_0^1(x), u_0^2(x))$ 的分量属于 $C_0^\infty(\mathbf{R}^1)$. 考虑抛物型方程组 $u_t^\varepsilon + (\varphi(u^\varepsilon))_x = \varepsilon u_{xx}^\varepsilon (\varepsilon = \text{const} > 0)$ 具有初始条件 $u^\varepsilon(0,x) = u_0(x)$ 的 Cauchy 问题.

是否存在这样的 $\varphi(u)$ 和 $u_0(x)$,使得对应的解 $u^\varepsilon(t,x)$ 当 $\varepsilon \to +0$ 时一致有界,而它们关于 x 的变差在不论怎样的固定区间上关于 ε 不是一致有界的?

4. 对抛物型方程 $u_t = u_{xx} + \operatorname{sgn} u_x$ 建立 Cauchy 问题和基本边值问题的理论.

5. 描述对 KdV 方程 $u_t + uu_x = u_{xxx}$ 具有初始条件 $u(0,x) = u_0(x)$ 的 Cauchy 问题广义解的可能的奇异性,其中 $u_0(x)$ 仅属于 $L_2(\mathbf{R}^1)$.

E. M. Ландис 的问题

1. 设 $\Omega \subset \mathbf{R}^n$ 是有界域, $L = \sum_{i,j=1}^n a_{ij}(x) \frac{\partial^2}{\partial x_i \partial x_j}$ 是 Ω 中具有可测有界系数的一致椭圆型算子. 设 f 是 $\partial\Omega$ 上的连续函数. 函数 $v(x) \in C^2(\Omega) \cap C(\bar{\Omega})$,在 Ω 满足 $Lv \leqslant 0 (Lv \geqslant 0)$ 和 $v|_{\partial\Omega} \geqslant f (v|_{\partial\Omega} \leqslant f)$,被称之为 Dirichlet 问题上(下)函数. 令 $u^+(x) = \inf v(x)$,这里下界是对所有上函数取的. 对应地, $u^-(x) = \sup v(x)$,这里上界是对所有下函数取的.

问题 4 a) $u^+(u^-)$ 局部地满足 Hölder 条件,是否正确?

b) 设 $x_0 \in \partial\Omega$ 是区域边界的正则点. 当 $x \to x_0 (x \in \Omega)$, $u^1(x) \to f(x_0)$ 是否正确?

c) 设 $a_{ij}^h(x)$ 是系数 a_{ij} 的平均值

$$L^h = \sum_{i,j=1}^n a_{ij}^h(x) \frac{\partial^2}{\partial x_i \partial x_j}$$

$\partial\Omega$ 的所有点都是 e - 正则的(可以认为 Ω 是球)且 $u^{(h)}$ 是 Dirichlet 问题:$L^h u^{(h)}=0, u^{(h)}|_{\partial\Omega}=f$ 的解. 由 Н. В. Крылов 和 М. В. Сафонов 定理及 e - 正则性条件导出,存在这样的序列 $\{u^{(h_k)}\}, h_k\to 0$,使得 $u^{(h_k)}\underset{\rightarrow}{\rightarrow}u^*$.

问:$u^-\leqslant u^*\leqslant u^+$ 是否正确?

d) $u^-\equiv u^+$ 是否正确?

2. 设 C_ρ 是半圆柱:$C_\rho=\{x\in\mathbf{R}^n, |x'|<\rho, 0<x_n<\infty\}, \rho>0$, $x'=(x_1,\cdots,x_{n-1})$. 设 $u(x)$ 是方程 $\Delta u=uf(|u|)$ 在 C_ρ 的解,其中 $f(t)$, $t>0$,是正的单调递增函数. 令 $M(t)=\sup\limits_{|x_n|=t}|u(x)|$. 若

$$\int_0^1\frac{\mathrm{d}t}{t\sqrt{f(t)}}<\infty \tag{25}$$

则在 C_ρ 存在解 $u(x)\not\equiv 0$,它对充分大的 x_n 等于零. 若 $\Delta u=0$ 或 u 是方程 $\Delta u=uf(|u|)$ 具有有界的 $f(t)$ 的解,则当 $x_n\to\infty$ 时,$M(x_n)$ 递减的极限速度(在此速度时 $u\not\equiv 0$)有阶

$$\exp(-A\exp x_n) \tag{26}$$

($A>0$ 依赖于 ρ). 可以证明,这个非零解的递减极限速度至少一直保持到 $f(t)\leqslant|\ln t|^{2-\delta}, \delta>0$(仅改变 A). 但是,在 $|\ln t|^{2-\delta}, |\ln t|^2$ 的中间某处,这个非零解的递减极限速度开始变化,因为存在这样的 $f(t)\leqslant C|\ln t|^2$,使得解可以以速度 $\exp(-\exp(\exp\cdot\cdots\cdot\exp t))$ 递减,而当 $f(t)\geqslant|\ln t|^{2+\delta}$ 时,㉕ 自然成立.

要求:a) 求 $f(t)$ 当 $t\to+0$ 时增长速度的准确界限,对此界限,当 $x_n\to\infty$ 时非零解的递减极限速度有 ㉖ 的形式;

b) 求函数

$$\varphi(\varepsilon)=\int_\varepsilon^1\frac{\mathrm{d}t}{t\sqrt{f(t)}}$$

当 $\varepsilon\to 0$ 时增长的速度和 $M(x_n)$ 当 $x_n\to\infty$ 时递减的可容许速度之间的依赖关系.

3. 设 $\Omega\subset\mathbf{R}^n, n>2$ 是有界域且坐标原点 O 属于 $\partial\Omega$. 假设在点 O 邻近 $\partial\Omega$ 包含在锥 $\{x\in\mathbf{R}^n: |x'|\leqslant a|x_n|, x_n\geqslant 0\}$ 之内,这里 $a>0$, $x'=(x_1,\cdots,x_{n-1})$,超平面 $x_n=0$,除点 O 外,属于点 O 邻近的 Ω. 设 f 是 $\partial\Omega$ 上的连续函数且 u_f 是 Dirichlet 问题 $\Delta u_f=0, u_f|_{\partial\Omega}=f$ 按 Wiener 定

义的广义解. 以 $v(x')$ 表示 u_f 在超平面 $x_n=0$(带有被挖去的坐标原点)上的界限. 令 $E_k=\{x\in\mathbf{R}^n:2^{-(k+1)}<|x|<2^{-k},x\in\Omega\}$. 已知,若 m 是非负整数,$0<a<1$ 且

$$\sum_{k=1}^{n}\operatorname{cap}E_k\cdot 2^{k(n-2)+m+a}<\infty \qquad ㉗$$

则 $v(x')$ 可以在点 O 预先定义,使得在点 O 邻近有 $v\in C^{m,a}$. 条件㉗是精确的.

要求这样地改变条件㉗,使得 v:

a) 属于给定的 Gevrey 类;

b) 成为解析函数且使得所求出的条件都是精确的.

В. М. Миллионщиков 的问题

1. 对每一个整数 $k>2$ 说明方程

$$x^{(k)}+(\cos t+\sin\sqrt{2}t)x=0$$

的零解是否稳定.($k=2$ 是不稳定的,这由 А. Ф. Филиппов 证明了.)

2. 是否存在 $a\in\mathbf{R}$,对此值方程

$$x+(\cos t+a\sin\sqrt{2}t)x=0$$

a) 是不可约的;b) 不是几乎可约的;c) 不是正则的?

О. А. Олейник 的问题

1. 考虑定常的线性弹性理论方程组

$$\frac{\partial}{\partial x_i}a_{kh}^{ij}(x)\frac{\partial u_j}{\partial x_h}=f_k,k=1,\cdots,n \qquad ㉘$$

其中

$$u=(u_1,\cdots,u_n),x=(x_1,\cdots,x_n),f=(f_1,\cdots,f_n)$$

$$a_{kh}^{ij}(x)=a_{ih}^{kj}(x)=a_{hk}^{ij}(x)$$

$$\lambda_1|\eta|^2\leqslant a_{ih}^{kj}\eta_i^k\eta_h^j\leqslant\lambda_2|\eta|^2,\eta_i^k=\eta_k^i,|\eta|^2=\eta_i^k\eta_i^k$$

这里和下面都假定重复指标是从 1 到 n 求和. 对方程组㉘在层带 $\Omega=\{x:0<x_n<1\}$ 中考虑具有边界条件

$$\sigma_k(u)\equiv a_{kh}^{ij}(x)\frac{\partial u_j}{\partial x_h}\boldsymbol{\nu}_i=0$$

$$\text{在 } x_n = 0 \text{ 和 } x_n = 1 \text{ 上}, k = 1, \cdots, n \tag{29}$$

的边值问题，其中$\boldsymbol{\nu} = (\nu_1, \cdots, \nu_n)$是$\partial\Omega$的外法向单位矢量. 可以证明，当$f = 0$时只要假定

$$\mathscr{D}(u, \Omega) = \int_\Omega \sum_{i,j=1}^{n} \left(\frac{\partial u_i}{\partial x_j}\right)^2 \mathrm{d}x < \infty$$

问题㉘,㉙的解仅是矢量函数$\boldsymbol{u} = \boldsymbol{A}x + \boldsymbol{B}$，这里$\boldsymbol{A}$是斜对称$(n \times n)$常矩阵，$\boldsymbol{B}$是常矢量. 有兴趣的是考虑问题㉘,㉙这样的解类，使得能量积分

$$E(u, \Omega) = \int_\Omega \sum_{i,j=1}^{n} \left(\frac{\partial u_i}{\partial x_j} + \frac{\partial u_j}{\partial x_i}\right)^2 \mathrm{d}x < \infty$$

是否能断言：当$f = 0$时，问题㉘,㉙在Ω的这个解类中，仅有形如$\boldsymbol{u} = \boldsymbol{A}x + \boldsymbol{B}$的解？对怎样的无界区域这个断言是不对的？

2. 对在域$\Omega \subset \mathbf{R}^2$中的重调和方程

$$\Delta\Delta u = f \tag{30}$$

和边界条件

$$u = 0, \operatorname{grad} u = 0, \text{在 } \partial\Omega \text{ 上} \tag{31}$$

的 Dirichlet 问题在 Соболев 空间$W_2^2(\Omega)$中的广义解，它在属于Ω的边界$\partial\Omega$的点O（点O取作坐标原点）邻近，满足估计式

$$|u(x)| \leqslant C_1 |x|^{1+\delta(\omega)}, C_1 = \text{const} \tag{32}$$

其中$\delta(\omega)$是超越方程

$$\sin^2(\omega\delta) = \delta^2 \sin^2 \omega$$

的解；常数ω由点O邻近中域Ω的几何结构所决定：即任意包含在交$\Omega \cap \{x: |x| = t\}$中的弧长不超过$\omega t$. 估计式㉜在所指定的域类中是精确的，当$1.24\pi \leqslant \omega \leqslant 2\pi$时.（估计式㉜在下述意义下是精确的；如果将㉜的右端改为$C_1 |x|^{1+\delta(\omega)+\varepsilon}$，$\varepsilon = \text{const} > 0$，那么它将是不对的.）

有兴趣的问题是：当$0 < \omega < 1.24\pi$时也能得到精确估计.

А. Ф. Филиппов 的问题

设$F(t,x)$在$\mathbf{R}^n$中是紧的，连续地依赖于t, x. 假设具有初始条件$x(t_0) = x_0$的微分包含$\dot{x} \in F(t,x)$的所有解当$t_0 \leqslant t \leqslant t^*$时存在，且$\boldsymbol{M}$是点$(t_0, x_0)$的积分“漏斗”(воронка)，即在这样一些解的图上点

(t,x) 的集合,$A(t_1)$ 是这个漏斗和平面 $t=t_1$ 的交,这里 $t_0<t_1<t^*$,M^+ 和 M^- 分别是漏斗 M 在半空间 $t\geqslant t_1$ 和 $t\leqslant t_1$ 的部分. 集合

$$T(B,x)=\overline{\lim_{h\to+0}}\frac{1}{h}(B-x)$$

称作在点 x 切于集合 B 的上切锥(拓扑上限). 已知,当 $x_1\in A(t_1)$ 时 $T(M^+,(t_1,x_1))$ 是(在 t,y 切空间的)集合,它和平面 $\tau=t-t_1\geqslant 0$ 的交用公式 $T(A(t_1),x_1)+(t-t_1)F(t_1,x_1)$ 来表达.

1. 描述集合 $T(M^-,(t_1,x_1))$.

2. 在怎样的条件下(不假定 $F(t,x)$ 和 $A(t)$ 的凸性)在点 $x_1\in\partial A(t_1)$ 切于 $A(t_1)$ 的上切锥和用 $\underline{\lim}$ 代替 $\overline{\lim}$ 类似定义的下切锥相重合?

M. A. Шубин 的问题

1. 任何一组数 $0=\lambda_1<\lambda_2<\cdots<\lambda_N$ 可以作为具有自由边界的平面薄膜的最初 N 个本征值,即算子 $(-\Delta)$ 在 Neumann 边值条件下在某个平面域中的最初 N 个本征值.

对固定边界的膜提类似的问题:怎样一组正数 $\lambda_1<\lambda_2<\cdots<\lambda_N$ 是算子 $(-\Delta)$ 在某个平面域中具有 Dirichlet 边界条件的最初 N 个本征值?

一系列结果表明,答案是十分复杂的. 例如,已知有下列这些不等式:$\lambda_{j+1}\leqslant 3\lambda_j$ 对所有 $j=1,2,\cdots$,$\lambda_3+\lambda_2\leqslant 6\lambda_1$,$\lambda_3+\lambda_2\leqslant(3+\sqrt{7})\lambda_1$,$\lambda_2/\lambda_1\leqslant 2.657\,8$,$\lambda_3\leqslant\lambda_1+\lambda_2+\sqrt{\lambda_1^2-\lambda_1\lambda_2+\lambda_2^2}$. 注意到域的同位相似给出了所有的数 $\lambda_1,\cdots,\lambda_N$ 乘以同一个正系数的可能性.

猜想:$\max\lambda_{n+1}/\lambda_n$ 对所有膜和所有 $n=1,2,\cdots$ 在圆的情形达到,且当 $n=1$ 时达到(对圆)$\lambda_2/\lambda_1=2.538\,73\cdots$. 证明这个猜想或许会给出某些信息来回答前面所提的问题. 然而注意到,甚至连 $\max\lambda_2/\lambda_1$ 在圆上达到,至今尚未能证明.

一般问题的另一个有趣的局部情形:对所有平面薄膜 $\max\lambda_3/\lambda_2$ 是怎样的?[由上面所作猜想推出,这个极大值在这样的域上达到,这个域由两个不相交的同样的圆组成.(对一个圆有 $\lambda_2=\lambda_3$,对一对同样的圆有 $\lambda_1=\lambda_2$,而 $\lambda_3=\lambda_4=\lambda_5=\lambda_6$ 则和一个圆的本征值 λ_2 重合.)

注意到,在所有的矩形域中 max λ_3/λ_2 是在具有边长比为3∶8的矩形域上达到(且等于1.75)].

2. 设X是紧的黎曼流形,M是它的具有诱导度量的万有覆盖.在M上考虑p-形式上的热传导方程,且设$\mathscr{E}_p=\mathscr{E}_p(t,x,y)$是它的基本解.(算子$\exp(-t\Delta_p)$的Schwarz核,这里$\Delta_p=\mathrm{d}\delta+\delta\mathrm{d}$是外$p$-形式上的Laplace算子.)设$L_p=L_p(x,y)$是$M$上平方可积调和$p$-形式的正交投影算子的核,即是热传导方程稳定解的形式.于是,可以期待,核

$$R_p(t,x,y)=\mathscr{E}_p(t,x,y)-L_p(x,y)$$

当$t\to+\infty$时递减.

假设 存在这样的$\varepsilon_p>0$,使得

$$R_p(t,x,y)=O(t^{-\varepsilon}p)$$

关于x,y一致地成立.上面的估计将给出对非单连通流形定义Roy-Singer型Neumann扭转的可能性.此外,可能的数ε_p的上确界$\overline{\varepsilon}_p$不依赖于X上的度量,且是非单连通光滑流形X的不变量.

能否用已知的微分拓扑不变量来表达不变量$\overline{\varepsilon}_p$?

最近笔者在关注教育的"内卷"问题,恰好看到了诞姐的一篇题为《哪有什么全民内卷化,是你自己"卷"了自己》的文章,觉得有些道理,兹摘录几段:

> 现代教育的本质,是因为工业革命带来了巨大的工作敞口,而相应的"人才"不够.当时的"人才",就是把农民培养成能坐在流水线上的工人,能识字,能操作机械线路,能进行简单的分工配合.头脑稍微灵活一点,对整个流水线能想得深入一些的,技能更熟练一些的,就可以成为生产小组长,或者厂长什么的.
>
> 社会发展需要这样的人,所以教育就开始刻意地培养这样的人,中产阶级这个阶层的出现,就是工业化教育的产物.
>
> 有本书叫作《下流社会》,讲日本的,书里说日本曾经是没有中产阶级的,一直到19世纪50年代,日本还是一个由极少人数的上流阶层(不工作却能够维持富庶奢侈生活的地

主、资本家等富人阶级)与人数众多的下流阶层(无论怎样辛勤劳动也摆脱不了贫困生活的穷人)所组成的等级化社会.

其实不只是日本,所有经历工业化的国家都是如此,教育,让一个人在一堆文盲中脱颖而出,听得懂指令,于是变成了工薪阶层,工薪阶层虽然并没有太多的个人财产,然而收入却年年增加,形成中产.这是英国、德国、日本、中国,各个社会,都百试不爽地让"下流阶层"上升到中产阶级的梯子.

这个梯子在中国至今仍然有用,但记住,它只是对下流阶层向中产跃升有用.

而中产(也就是曾经的下流阶级),想再往上跃升,就不管用了,或者说,作用就不那么大了.

但人嘛,总是有路径依赖的.所谓的路径依赖,就是你会下意识地延续曾经对自己有用的办法,不去想或者也想不出别的办法.

所以你看现在拼命"鸡娃",刷题的,给孩子规划小学、初中、高中、大学一条龙路线的,都是靠学习一路改变生存地位的中产家庭父母.因为曾经好好学习上好大学,太管用了.最早的一批大学生有福利房、铁饭碗、包分配;第二批的大学生就算不包分配但在人才市场上也是个"香饽饽".

时光流转到现在,普通大学生已经不好找工作了.家长能想到的唯一解就是:既然普通大学找工作不管用,那就985,211;985,211的名额又那么少,那就拼命地提前孩子学习的时间,增加孩子学习的密度.

而这,本质上就是一个陷阱.

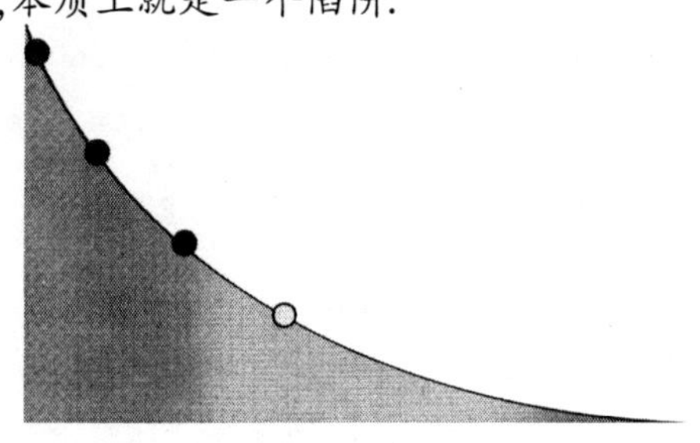

图1

大家看一下在图1中,四个球从各自的位置出发,从斜坡上滚下来,哪个球会最先滚到终点?是浅灰色那个离目的地最近的球吗?

非也.

这四个球会同时到达终点(图2).

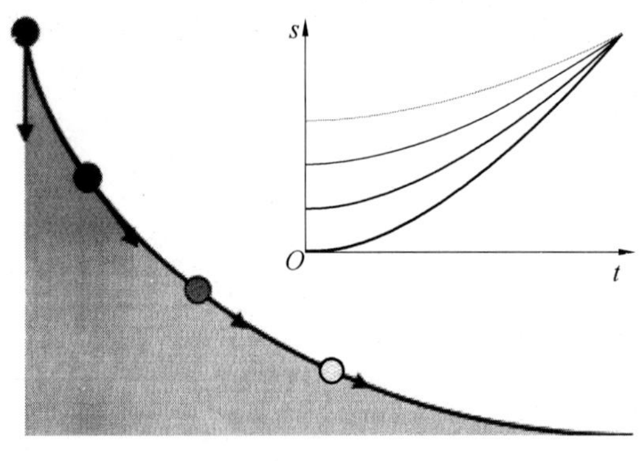

图2

中产阶级的教育焦虑以及各种抢跑,其实就是在重复这个过程,每个人都想变成那个浅灰色的球,以为离目的地近一点,再近一点,就能早点到达终点.

所以"鸡娃","鸡"的那叫一个热火朝天.大家拼命地想要在这个斜坡上尽量占位靠前一点,结果却不知道,在这个跑道上,你站得靠前不靠前啥用都没有.

这才是内卷化.

说起内卷,不得不澄清一个事实.

最早把"内卷"这个词引入中文世界的,是一位从海外回国的历史社会学家,叫黄宗智.黄宗智用内卷化来形容中国的小农经济劳动力过多,土地又有限,结果就是投入到土地中的人越多,平均每个人就越穷.

但其实他误读了"内卷"本来的含义.

"内卷"这个词,最早是美国人类学家亚历山大·戈登威泽(Alexander Goldenweiser)从艺术角度提出来的.他说图3这种装饰艺术,看起来相当复杂,特别精细,一看就知道花了很多功夫.

图 3

但这个复杂是一种单调的复杂. 精细倒是精细,但是精细得没有太多意思. 它就是几种模式不断地重复,没有什么创造力和多样性.

说白了就是没有什么价值,看着投入不少,但是就跟在斜坡上一样,拼老命地往前走,但其实不走在原地,也会同时落地.

你看像不像现在"跟风式鸡娃"?

看着家长和孩子都花了不少时间,灌输了比以前更多的知识,但是这些知识并没有转化成能力和创新力,就像肚子里灌了一堆水,看着肚子大了,挺强壮的,结果一去 PK,"歇菜"了.

并不是说这个社会没机会了,而是说这些人都挤在同一跑道,试图凭借路径依赖,抢跑"没有意义、没有创造力、没有效率"的复杂性.

我一直说,不要把一个社会现象局限地理解为某个国家的特色,学会在历史的维度去思考、去比较,就会有更加宏观的认识.

这种低水平的复杂消耗,并不只是在现在的中国. 日本 20 世纪 90 年代经济腾飞的时候,所有的人都在吹日本的"彩虹屁",什么东亚奇迹啊,全美学习榜样啊.

只有美国经济学家保罗·克鲁格曼，在1994年的时候在《外交杂志》上泼了一盆冷水，他说：亚洲的繁荣是高投入创造的数量增长，而非效率提升，建立于浮沙之上，迟早会幻灭.

1997年，亚洲金融危机，克鲁格曼再次发文，称亚洲的增长“主要来自汗水，而非灵感”. 啊，多么痛苦的感悟.

前一代人换来了奇迹与财富，换来了从下流社会到中流社会的演进；后一代人延续路径依赖，却早已失去同等的价值，这才是真正的内卷化.

这是为什么在《减负就是让你孩子什么都不干？信了你就傻了》那篇文章里，我说大家都误读了减负，减负不是“减掉负担”，而是“减掉冗余负担”，减负不是不努力，而是为了更高效.

在这里必须强调一句，我之所以说内卷化只存在于中产阶级，是因为中产阶级家长才给孩子加了过分的冗余、低效的负担. 没达到中产阶级的家庭，还处在把孩子留守的状态，对于这些家庭，反而是应该适当辅导和关注下孩子学习的.

这就又呼应了文章开头，一个阶段一个方法，就跟一个病一种药方一样，别随便拿着别人的方子乱吃药.

那中产如何逃离这种低水平、无效率的复杂呢？

想知道答案，我们再来看看前面那个四球落地的数学题.

就四球落地，伽利略提出过一个著名的问题：

他问，当一个球从同一个高度的斜坡滚下来，什么样的坡滚得最快呢？

这简直是解决中产内卷化的终极拷问. 大家都是中产，孩子基本都在同一个高度，怎样才能跑得快？

而且“大神”就是“大神”，早已洞悉真相，根本不说抢跑，他换了个问题，问的是哪个赛道快.

1696年，瑞士数学家约翰·伯努利向全欧洲的数学家提出公开挑战，解决当年伽利略提出的问题. 包括牛顿在内的几位“大神”解出了难题，如图4.

答案是反普通人直觉的.

"两点之间,直线最短"≠"两点之间,直线最快".

最快的坡并不是直线那个坡,反而是那个看似走了些弯路的曲线.

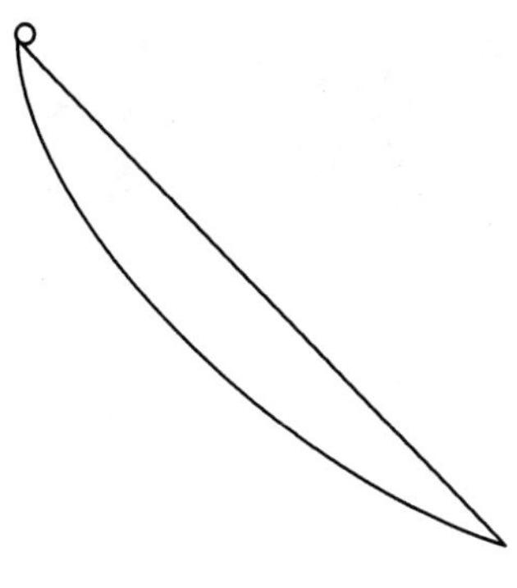

图 4

这是一个具有时代意义的隐喻,当大家拼命都在追求两点之间,直线最短的斜坡时,在这个直线斜坡上不停地抢跑,你有两个降维打击的组合拳.

第一,允许孩子犯点不那么致命的错误,有时候,走弯路是个好事,别急于给他安排一条看似最短的路线.

第二,从长计议,学着为新赛道做些准备.大家都拼奥数的时候,你娃没有奥数天分,那就仔细观察他天分在哪,然后在那个点上加强突击.

所以啊,就像我在之前的文里一直说的,阶级终究是要固化的,但并不是在现在的中国.

中产的内卷化并不只是发生在中国,美国、日本均如此.很多人对美国的情况有误解,大家可以把美国当成时光穿越机,因为中国在很多层面基本上在复制美国几十年前的情况,美国中产的现在就是我们几十年后的未来.

总而言之,跟风从众、进行低效化的努力和尝试,在某种程度上来说,其实是风险最小的,因为失败了,可以把责任归结于外部环境"不友好",而不是自己的问题.

可是,反思自己的低效,尝试为未来做准备,反而是痛苦,因为它需要反惰性,需要不停地进化大视野和大眼界.

当你拥有视野和眼界的那一天,你会发现,大部分人追求的所谓安全,都是最不安全的.或者说,这世界上本来就没有一条完全安全的路.

多读类似本书一样与国内多数数学著作风格不同的著作,是不是可以另辟赛道,避免在相同的赛道内过度竞争产生“内卷”,进而避免不慎跌落底层!

刘培杰

2021 年 1 月 14 日

于哈工大

刘培杰数学工作室
已出版(即将出版)图书目录——原版影印

书　　名	出版时间	定　价	编号
数学物理大百科全书.第1卷	2016—01	418.00	508
数学物理大百科全书.第2卷	2016—01	408.00	509
数学物理大百科全书.第3卷	2016—01	396.00	510
数学物理大百科全书.第4卷	2016—01	408.00	511
数学物理大百科全书.第5卷	2016—01	368.00	512
zeta 函数,q-zeta 函数,相伴级数与积分	2015—08	88.00	513
微分形式:理论与练习	2015—08	58.00	514
离散与微分包含的逼近和优化	2015—08	58.00	515
艾伦·图灵:他的工作与影响	2016—01	98.00	560
测度理论概率导论,第2版	2016—01	88.00	561
带有潜在故障恢复系统的半马尔柯夫模型控制	2016—01	98.00	562
数学分析原理	2016—01	88.00	563
随机偏微分方程的有效动力学	2016—01	88.00	564
图的谱半径	2016—01	58.00	565
量子机器学习中数据挖掘的量子计算方法	2016—01	98.00	566
量子物理的非常规方法	2016—01	118.00	567
运输过程的统一非局部理论:广义波尔兹曼物理动力学,第2版	2016—01	198.00	568
量子力学与经典力学之间的联系在原子、分子及电动力学系统建模中的应用	2016—01	58.00	569
算术域	2018—01	158.00	821
高等数学竞赛:1962—1991年的米洛克斯·史怀哲竞赛	2018—01	128.00	822
用数学奥林匹克精神解决数论问题	2018—01	108.00	823
代数几何(德文)	2018—04	68.00	824
丢番图逼近论	2018—01	78.00	825
代数几何学基础教程	2018—01	98.00	826
解析数论入门课程	2018—01	78.00	827
数论中的丢番图问题	2018—01	78.00	829
数论(梦幻之旅):第五届中日数论研讨会演讲集	2018—01	68.00	830
数论新应用	2018—01	68.00	831
数论	2018—01	78.00	832

刘培杰数学工作室
已出版(即将出版)图书目录——原版影印

书　　名	出版时间	定　价	编号
湍流十讲	2018—04	108.00	886
无穷维李代数:第 3 版	2018—04	98.00	887
等值、不变量和对称性:英文	2018—04	78.00	888
解析数论	2018—09	78.00	889
《数学原理》的演化:伯特兰·罗素撰写第二版时的手稿与笔记	2018—04	108.00	890
哈密尔顿数学论文集(第 4 卷):几何学、分析学、天文学、概率和有限差分等	2019—05	108.00	891
偏微分方程全局吸引子的特性:英文	2018—09	108.00	979
整函数与下调和函数:英文	2018—09	118.00	980
幂等分析:英文	2018—09	118.00	981
李群,离散子群与不变量理论:英文	2018—09	108.00	982
动力系统与统计力学:英文	2018—09	118.00	983
表示论与动力系统:英文	2018—09	118.00	984
初级统计学:循序渐进的方法:第 10 版	2019—05	68.00	1067
工程师与科学家微分方程用书:第 4 版	2019—07	58.00	1068
大学代数与三角学	2019—06	78.00	1069
培养数学能力的途径	2019—07	38.00	1070
工程师与科学家统计学:第 4 版	2019—06	58.00	1071
贸易与经济中的应用统计学:第 6 版	2019—06	58.00	1072
傅立叶级数和边值问题:第 8 版	2019—05	48.00	1073
通往天文学的途径:第 5 版	2019—05	58.00	1074
拉马努金笔记.第 1 卷	2019—06	165.00	1078
拉马努金笔记.第 2 卷	2019—06	165.00	1079
拉马努金笔记.第 3 卷	2019—06	165.00	1080
拉马努金笔记.第 4 卷	2019—06	165.00	1081
拉马努金笔记.第 5 卷	2019—06	165.00	1082
拉马努金遗失笔记.第 1 卷	2019—06	109.00	1083
拉马努金遗失笔记.第 2 卷	2019—06	109.00	1084
拉马努金遗失笔记.第 3 卷	2019—06	109.00	1085
拉马努金遗失笔记.第 4 卷	2019—06	109.00	1086
数论:1976 年纽约洛克菲勒大学数论会议记录	2020—06	68.00	1145
数论:卡本代尔 1979:1979 年在南伊利诺伊卡本代尔大学举行的数论会议记录	2020—06	78.00	1146
数论:诺德韦克豪特 1983:1983 年在诺德韦克豪特举行的 Journees Arithmetiques 数论大会会议记录	2020—06	68.00	1147
数论:1985—1988 年在纽约城市大学研究生院和大学中心举办的研讨会	2020—06	68.00	1148
数论:1987 年在乌尔姆举行的 Journees Arithmetiques 数论大会会议记录	2020—06	68.00	1149

刘培杰数学工作室
已出版(即将出版)图书目录——原版影印

书　名	出版时间	定　价	编号
数论:马德拉斯 1987:1987 年在马德拉斯安娜大学举行的国际拉马努金百年纪念大会会议记录	2020—06	68.00	1150
解析数论:1988 年在东京举行的日法研讨会会议记录	2020—06	68.00	1151
解析数论:2002 年在意大利切特拉罗举行的 C. I. M. E. 暑期班演讲集	2020—06	68.00	1152
量子世界中的蝴蝶:最迷人的量子分形故事	2020—06	118.00	1157
走进量子力学	2020—06	118.00	1158
计算物理学概论	2020—06	48.00	1159
物质,空间和时间的理论:量子理论	2020—10	48.00	1160
物质,空间和时间的理论:经典理论	2020—10	48.00	1161
量子场理论:解释世界的神秘背景	2020—07	38.00	1162
计算物理学概论	2020—06	48.00	1163
行星状星云	2020—10	38.00	1164
基本宇宙学:从亚里士多德的宇宙到大爆炸	2020—08	58.00	1165
数学磁流体力学	2020—07	58.00	1166
计算科学:第 1 卷,计算的科学(日文)	2020—07	88.00	1167
计算科学:第 2 卷,计算与宇宙(日文)	2020—07	88.00	1168
计算科学:第 3 卷,计算与物质(日文)	2020—07	88.00	1169
计算科学:第 4 卷,计算与生命(日文)	2020—07	88.00	1170
计算科学:第 5 卷,计算与地球环境(日文)	2020—07	88.00	1171
计算科学:第 6 卷,计算与社会(日文)	2020—07	88.00	1172
计算科学. 别卷,超级计算机(日文)	2020—07	88.00	1173
代数与数论:综合方法	2020—10	78.00	1185
复分析:现代函数理论第一课	2020—07	58.00	1186
斐波那契数列和卡特兰数:导论	2020—10	68.00	1187
组合推理:计数艺术介绍	2020—07	88.00	1188
二次互反律的傅里叶分析证明	2020—07	48.00	1189
旋瓦兹分布的希尔伯特变换与应用	2020—07	58.00	1190
泛函分析:巴拿赫空间理论入门	2020—07	48.00	1191
卡塔兰数入门	2019—05	68.00	1060
测度与积分	2019—04	68.00	1059
组合学手册. 第一卷	2020—06	128.00	1153
*一代数、局部紧群和巴拿赫 *一代数丛的表示. 第一卷,群和代数的基本表示理论	2020—05	148.00	1154
电磁理论	2020—08	48.00	1193
连续介质力学中的非线性问题	2020—09	78.00	1195

刘培杰数学工作室
已出版(即将出版)图书目录——原版影印

书　　名	出版时间	定　价	编号
典型群,错排与素数	2020－11	58.00	1204
李代数的表示:通过 gln 进行介绍	2020－10	38.00	1205
实分析演讲集	2020－10	38.00	1206
现代分析及其应用的课程	2020－10	58.00	1207
运动中的抛射物数学	2020－10	38.00	1208
2一纽结与它们的群	2020－10	38.00	1209
概率,策略和选择:博弈与选举中的数学	2020－11	58.00	1210
分析学引论	2020－11	58.00	1211
量子群:通往流代数的路径	2020－11	38.00	1212
集合论入门	2020－10	48.00	1213
酉反射群	2020－11	58.00	1214
探索数学:吸引人的证明方式	2020－11	58.00	1215
微分拓扑短期课程	2020－10	48.00	1216
抽象凸分析	2020－11	68.00	1222
费马大定理笔记	即将出版		1223
高斯与雅可比和	即将出版		1224
π与算术几何平均:关于解析数论和计算复杂性的研究	即将出版		1225
复分析入门	即将出版		1226
爱德华·卢卡斯与素性测定	即将出版		1227
通往凸分析及其应用的简单路径	即将出版		1229
微分几何的各个方面.第一卷	即将出版		1230
微分几何的各个方面.第二卷	2020－12	58.00	1231
微分几何的各个方面.第三卷	2020－12	58.00	1232
沃克流形几何学	2020－11	58.00	1233
仿射和韦尔几何应用	2020－12	58.00	1234
双曲几何学的陀螺向量空间方法	即将出版		1235
积分:分析学的关键	2020－12	48.00	1236
为有天分的新生准备的分析学基础教材	2020－11	48.00	1237
代数、生物信息和机器人技术的算法问题.第四卷,独立恒等式系统(俄文)	2020－08	118.00	1119
代数、生物信息和机器人技术的算法问题.第五卷,相对覆盖性和独立可拆分恒等式系统(俄文)	2020－08	118.00	1200
代数、生物信息和机器人技术的算法问题.第六卷,恒等式和准恒等式的相等 问题、可推导性和可实现性(俄文)	2020－08	128.00	1201

联系地址:哈尔滨市南岗区复华四道街10号　哈尔滨工业大学出版社刘培杰数学工作室

网　　址:http://lpj.hit.edu.cn/

邮　　编:150006

联系电话:0451－86281378　　13904613167

E-mail:lpj1378@163.com